estudo dos
insetos

Tradução da 7ª edição norte-americana

Dados Internacionais de Catalogação na Publicação (CIP)
(Câmara Brasileira do Livro, SP, Brasil)

Triplehorn, Charles A.
  Estudo dos insetos / Charles A. Triplehorn, Norman F. Johnson ; [tradução Noveritis do Brasil]. -- 2. ed. -- São Paulo: Cengage Learning, 2024.

  2. reimpr. da 2. ed. de 2016
  Título original: Borror and Delong's introduction to the study of insects.
  ISBN 978-85-221-2080-2

  1. Entomologia 2. Insetos - Estados Unidos I. Johnson, Norman F.. II. Título.

15-07901   CDD-595.7

Índice para catálogo sistemático:
  1. Insetos: Estudos: Zoologia   595.7

estudo dos insetos

Tradução da 7ª edição de Borror and Delong's introduction to the study of insects
2ª edição brasileira

Charles A. Triplehorn
The Ohio State University

Norman F. Johnson
The Ohio State University

Revisão técnica

Carlos Leandro Firmo

Mestre em Ciências Biológicas (Zoologia) pela Universidade Júlio de Mesquita Filho (Unesp – Campus de Botucatu). Docente da disciplina de Zoologia da Universidade São Judas Tadeu (USJT). Docente e pesquisador nas áreas de Arthropoda, Arachnida e Insecta na Universidade Guarulhos (UnG).

Austrália • Brasil • México • Cingapura • Reino Unido • Estados Unidos

Estudos dos insetos – Tradução da 7ª edição de Borror and DeLong's introduction to the study of insects 2ª edição brasileira

Charles A. Triplehorn e Norman F. Johnson

Gerente editorial: Noelma Brocanelli

Editora de desenvolvimento: Viviane Akemi Uemura

Supervisora de produção gráfica: Fabiana Alencar Albuquerque

Título original: Borror and DeLong's introduction to the study of insects – 7th edition

(ISBN 13: 978-0-03-096835-8; ISBN 10: 0-03-096835-6)

Tradução: All Tasks

Revisão técnica da 1ª edição: Cibele Stramare Ribeiro-Costa (coord.), Lúcia Massutti de Almeida de Almeida, Luciane Marinoni, Mario Antonio Navarro da Silva, Mirna Martins Casagrande

Revisão técnica desta edição: Carlos Leandro Firmo

Copidesque: Maria Dolores D. Sierra Mata

Revisão: Ricardo Franzin, Maria Lucia Bierrenbach

Diagramação: Triall

Capa: Edison Rizzato

Imagem da capa: Staffan Widstrand/Nature Picture Library/ Easypix Brasil

Especialista em direitos autorais: Jenis Oh

Pesquisa iconográfica: ABMM

Editora de aquisições: Guacira Simonelli

© 2005, 2011 Cengage Learning

© 2016 Cengage Learning Edições Ltda.

Todos os direitos reservados. Nenhuma parte deste livro poderá ser reproduzida, sejam quais forem os meios empregados, sem a permissão, por escrito, da Editora. Aos infratores aplicam-se as sanções previstas nos artigos 102, 104, 106 e 107 da Lei no 9.610, de 19 de fevereiro de 1998.

Esta editora empenhou-se em contatar os responsáveis pelos direitos autorais de todas as imagens e de outros materiais utilizados neste livro. Se porventura for constatada a omissão involuntária na identificação de algum deles, dispomo-nos a efetuar, futuramente, os possíveis acertos.

A Editora não se responsabiliza pelo funcionamento dos sites contidos neste livro que possam estar suspensos.

Para informações sobre nossos produtos, entre em contato pelo telefone **+55 (11) 3665-9900**

Para permissão de uso de material desta obra, envie seu pedido para
direitosautorais@cengage.com

ISBN 13: 978-85-221-2080-2

ISBN 10: 85-221-2080-3

Cengage
WeWork
Rua Cerro Corá, 2175 - Alto da Lapa
São Paulo - SP - CEP 05061-450
Tel.: +55 (11) 3665-9900

Para suas soluções de curso e aprendizado, visite
www.cengage.com.br

Impresso no Brasil
Printed in Brazil
2. reimpressão – 2024

PREFÁCIO

Estudo dos Insetos: esta é a tradução da sétima edição de um livro amplamente utilizado em aulas de entomologia na América do Norte há mais de 50 anos. Seu valor foi constatado pelo fato de que detém um lugar de destaque na biblioteca de entomólogos por muito tempo, mesmo após seus primeiros contatos com insetos em aula, como estudantes. Uma vez que o livro ficou amplamente conhecido pelos nomes de seus dois primeiros autores, foram acrescentados tais nomes ao título (na edição original em inglês). As contribuições destes dois especialistas, tanto em estilo quanto em conteúdo, serão imediatamente aparentes aos leitores mais bem informados, embora a autoria formal já tenha passado para gerações subsequentes. Preparamos esta edição em reconhecimento ao importante papel que o texto desempenhou na educação de biólogos de todas as áreas e na esperança de que ele continue a desempenhar esse papel no futuro. Norman F. Johnson ainda se lembra com clareza das noites e fins de semana em que ficava na Estação Biológica do Lago Cranberry, nas Montanhas Adirondack, em Nova York, debruçado sobre este livro, na inquietação por novas descobertas e com uma admiração cada vez maior pela diversidade dos insetos. Charles A. Triplehorn também foi muito influenciado por Borror e DeLong, porém de um modo mais direto. Ele participou de cursos de graduação ministrados por ambos e rapidamente abandonou suas metas originais em Herpetologia quando foi exposto ao "maravilhoso mundo dos insetos" no início de um curso de Entomologia lecionado por Borror.

Nesta edição, concentramos nossa atenção no tema da sistemática dos insetos. As alterações mais óbvias do conteúdo consistem na adição de um capítulo para uma ordem recentemente descrita, Mantophasmatodea, e a subordinação dos Homoptera em um conceito maior da ordem Hemiptera. Além disso, porém, a classificação de quase todas as ordens foi modificada, algumas vezes substancialmente, de modo a refletir novas descobertas e hipóteses científicas. O capítulo sobre besouros foi atualizado consideravelmente para refletir as mudanças do nosso entendimento sobre a diversidade e filogenia dos Coleoptera. Muitas famílias novas foram acrescentadas ao longo do livro, algumas refletindo revisões das classificações, mas muitas resultantes da descoberta de novos grupos nos Estados Unidos e Canadá, particularmente oriundos dos trópicos do Novo Mundo. Estas incluem as famílias Platystictidae (Odonata), Mackenziellidae (Collembola), Mantoididae (Mantodea) e Faurielllidae (Thysanoptera), para citar apenas algumas. As alterações nas classificações também são apresentadas pela ampla adoção dos métodos de sistemática filogenética e sua aplicação a uma nova fonte de informações nos relacionamentos de insetos, os dados de sequência molecular. Embora esses novos dados não auxiliem o estudante iniciante a identificar os espécimens, os resultados das análises moleculares estão começando a contribuir de modo significativo para o desenvolvimento de uma classificação robusta e preditiva. Portanto, nossas melhores hipóteses de filogenia dos insetos mudaram drasticamente desde a última edição deste título, com a incorporação de dados moleculares. A alteração mais evidente é o reconhecimento de que os Strepsiptera estão mais intimamente relacionados aos Diptera (moscas e pernilongos) que aos Coleoptera (besouros).

Uma vez que tentamos destacar as questões em sistemática e evolução dos insetos, haverá uma ideia mais precisa da magnitude da diversidade da vida e da Terra, assim como da ameaça que esta diversidade sofre em curto e longo prazo, que hoje é uma questão social. Nossa esperança é de que este texto continue a desempenhar um papel significativo na compreensão e preservação desta diversidade para benefício de todos.

Donald Joyce Borror foi o autor sênior das primeiras seis edições desta obra. Ele faleceu antes que a última edição fosse impressa. Foi insuperável na capacidade de construir chaves para a identificação de insetos, modificando-as constantemente para garantir que os leitores chegassem ao táxon correto. Redigia as discussões das várias famílias, apresentando fatos resgatados da literatura de forma impressionante, considerando-se que foram feitas antes que os computadores estivessem disponíveis. Além disso, todos os manuscritos foram datilografados por Borror em uma máquina de escrever antiga, manual. Borror tinha grandes conhecimentos de grego e latim e também conhecia taquigrafia. Sentimos a falta de sua influência na preparação desta edição, e esperamos que ela esteja à altura de sua aprovação.

CHARLES A. TRIPLEHORN
NORMAN F. JOHNSON

NOTA À 2ª EDIÇÃO BRASILEIRA

Considerado um clássico da entomologia e tendo lugar de destaque na biblioteca de muitos profissionais e estudantes, a 2ª edição brasileira de *Estudo dos insetos* apresenta novo layout e nova capa. A obra foi editada concentrando-se na necessidade dos alunos de graduação e procurou utilizar exemplos de espécies nativas. Além disso, o texto foi revisado segundo o Novo Acordo Ortográfico da Língua Portuguesa.

AGRADECIMENTOS

Queremos agradecer a todos aqueles que contribuíram de diversas maneiras para a revisão do manuscrito, indicando desde críticas e sugestões até a reformulação completa de alguns capítulos. Alguns especialistas são citados nos capítulos, porém aproveitamos a oportunidade para relacioná-los com os nossos mais sinceros agradecimentos: Robert Anderson, Richard W. Baumann, Brian Brown, George W. Byers, Kenneth Christiansen, Shawn M. Clark, Peter Cranston, Neal Evenhuis, Paul H. Freytag, Gary A. P. Gibson, Ronald Hellenthal, Ronald W. Hodges, Michael A. Ivie, David Kistner, Michael Kosztarab, Kumar Krishna, Robert E. Lewis, Jeremy A. Miller, Edward L. Mockford, John Morse, Luciana Musetti, Steve Nakahara, David Nickle, Manuel Pescador, Norman D. Penny, Hans Pohl, Jerry Powell, Roger Price, John E. Rawlins, Edward S. Ross, David Ruiter, James Slater, Manya Stoetzel, Catherine A. Tauber, Maurice J. Tauber, Kenneth J. Tennessen, Darrell Ubick, Tatyana S. Vshivkov, Thomas J. Walker, James B. Whitfield, Michael J. Whiting. Gostaríamos de agradecer Woodbridge A. Foster pela revisão cuidadosa do Capítulo 4, Comportamento e Ecologia.

Também reconhecemos com gratidão os serviços de Kathy Royer, Sue Ward e Bruce Leach pelo auxílio na preparação do manuscrito e localização de referências. Assumimos a responsabilidade por todos os erros e casos em que as chaves não funcionem, ou em que os táxons estejam omitidos ou erroneamente alocados. Esperamos que sejam poucos casos e nada sérios.

SUMÁRIO

1.	Os insetos e seus modos	1
2.	Anatomia, fisiologia e desenvolvimento dos insetos	6
3.	Sistemática, classificação, nomenclatura e identificação	54
4.	Comportamento e ecologia	64
5.	Filo Arthropoda: artrópodes	101
6.	Hexapoda	156
7.	Os hexápodes entognatos: Protura, Collembola e Diplura	173
8.	Os insetos apterigotos: Microcoryphia e Thysanura	180
9.	Ordem Ephemeroptera: efeméridas	184
10.	Ordem Odonata: libélulas e donzelinhas	197
11.	Ordem Orthoptera: gafanhotos, grilos e esperanças	213
12.	Ordem Phasmatodea: bicho-pau e bicho-folha	229
13.	Ordem Grylloblattodea: griloblatódeos	232
14.	Ordem Mantophasmatodea	234
15.	Ordem Dermaptera: tesourinhas	236
16.	Ordem Plecoptera: moscas-da-pedra	241
17.	Ordem Embiidina	248
18.	Ordem Zoraptera: zorápteros, insetos-anjo	251
19.	Ordem Isoptera: cupins	253
20.	Ordem Mantodea: louva-a-deus	261
21.	Ordem Blattodea: baratas	264
22.	Ordem Hemiptera: percevejos verdadeiros, cigarras, cercopídeos, psilídeos, moscas-brancas, pulgões e cochonilhas	269

23.	Ordem Thysanoptera: trips	323
24.	Ordem Psocoptera: psocídeos	330
25.	Ordem Phthiraptera: piolhos	345
26.	Ordem Coleoptera: besouros	354
27.	Ordem Neuroptera: sialídeos, crisopídeos, ascalafídeos e formigas--leão	447
28.	Ordem Hymenoptera: abelhas, vespas parasitárias, formigas, vespas e moscas-de-serra	459
29.	Ordem Trichoptera	534
30.	Ordem Lepidoptera: borboletas e mariposas	544
31.	Ordem Siphonaptera: pulgas	611
32.	Ordem Mecoptera: moscas-escorpião e bitacídeos	621
33.	Ordem Strepsiptera: estrepsíteros	627
34.	Ordem Diptera: moscas	631
35.	Coleção, preservação e estudo dos insetos	703
	Glossário	739
	Abreviações	755
	Tabelas de medidas	758
	Créditos	759

CAPÍTULO 1

OS INSETOS E SEUS MODOS

A ciência da taxonomia considera como seu ponto inicial arbitrário a publicação da 10ª edição do *Systema Naturae* de Linnaeus em 1758. Mais de dois séculos depois, quase um milhão de espécies de insetos foi descrito e nomeado. A biologia no século XXI transformou-se de inúmeros modos fundamentais, impulsionada, principalmente, pela revolução na biologia molecular. Ainda assim, o estudo da diversidade da vida na Terra não ficou abandonado no passado. Em vez disso, ele foi revigorado pelos avanços em outras ciências e na tecnologia. Continuamos a descobrir novas espécies com uma frequência cada vez maior, mesmo quando a destruição do *habitat* pelo crescimento da população humana traz ameaças de extinção. Em 2002, os entomologistas anunciaram a descoberta de uma nova ordem de insetos, a Mantophasmatodea, revelando que nossa compreensão mesmo dos principais grupos é imperfeita. Nossa meta ao escrever este livro é fornecer uma introdução à diversidade dos insetos e tudo o que se relaciona a eles, além de dispor um recurso para identificar a fauna de clima temperado na América do Norte. Assim, esperamos encorajar o estudo dessas fascinantes criaturas para que todos possamos compreender melhor o mundo em que vivemos.

Atualmente, os insetos constituem o grupo dominante de animais na Terra. De longe, seu número supera o de todos os outros animais terrestres e estão presentes em praticamente todos os locais. Várias centenas de milhares de diferentes tipos foram descritos – o triplo da quantidade que existe no resto do reino animal – e alguns especialistas acreditam que o número total de diferentes tipos pode se aproximar de 30 milhões. Mais de mil tipos podem habitar um quintal de tamanho razoável e suas populações frequentemente totalizam muitos milhões por acre.

Muitos insetos são extremamente valiosos para os humanos e, sem eles, a sociedade não poderia existir em sua forma atual. Por suas atividades de polinização, tornam possível a produção de muitas lavouras na agricultura, incluindo diversas frutas de pomar, frutas secas, trevos, vegetais e algodão; eles, ainda, fornecem mel, cera de abelha, seda e outros produtos de valor comercial; servem como alimento para muitos pássaros, peixes e outros animais benéficos; realizam serviços valiosos atuando como removedores de detritos; ajudam a manter animais e plantas nocivos sob controle; são úteis na medicina e na pesquisa científica; e pessoas de todas as camadas sociais os veem como animais interessantes. Alguns insetos são nocivos a outros seres vivos e causam enormes prejuízos todos os anos nas lavouras e em produtos estocados, e alguns insetos transmitem doenças que afetam seriamente a saúde de humanos e outros animais.

Os insetos vivem na Terra há aproximadamente 350 milhões de anos, em comparação aos menos de 2 milhões para os humanos. Durante este tempo, evoluíram em muitas direções, adaptando-se à vida em quase todos os tipos de *habitat* (com a notável e intrigante exceção do mar), e desenvolveram diversas características incomuns, pitorescas e até mesmo impressionantes.

Em comparação aos humanos, os insetos são animais de estrutura corporal peculiar. Os humanos podem interpretá-los como seres virados ao avesso, uma vez que seu esqueleto está no exterior, ou de cabeça para baixo, porque seu cordão nervoso se estende na extremidade inferior do corpo e o coração fica acima do canal alimentar. Eles não têm pulmões, mas respiram por vários pequenos orifícios na parede corporal – todos atrás da cabeça – e o ar que entra nesses orifícios é distribuído pelo corpo e diretamente para os tecidos por vários pequenos tubos ramificados. O coração e o sangue não são importantes para transportar oxigênio aos tecidos. Os insetos sentem cheiros com suas antenas, alguns sentem gostos com seus pés e outros escutam com órgãos especiais no abdômen, pernas frontais ou antenas.

Um animal cujo esqueleto está fora do corpo, em função de sua mecânica de suporte e crescimento, fica limitado a um tamanho relativamente pequeno. A maioria dos insetos *é* relativamente pequena: provavelmente três quartos ou mais têm menos de 6 mm de comprimento. Seu pequeno tamanho permite que vivam em lugares que não seriam possíveis para animais maiores.

Os insetos variam em tamanho de aproximadamente 0,25 a 330 mm de comprimento e de aproximadamente 0,5 a 300 mm de envergadura; uma libélula fossilizada tinha uma envergadura de mais de 760 mm! Alguns dos insetos mais longos são extremamente delgados (o inseto de 330 mm é um bicho-pau que existe em Bornéu), mas alguns besouros apresentam um corpo quase tão grande quanto o punho de uma pessoa. Os maiores insetos da América do Norte são algumas mariposas, com envergaduras de aproximadamente 150 mm, e o bicho-pau, com um comprimento corporal de aproximadamente 150 mm.

Os insetos são os únicos invertebrados com asas cuja origem evolutiva difere da dos vertebrados. As asas dos vertebrados voadores (aves, morcegos e outros) são modificações dos membros anteriores; as dos insetos são estruturas presentes *além dos* "membros" pareados e podem ser comparadas às asas do cavalo mítico Pégaso. Com as asas, os insetos podem deixar um *habitat* quando ele se torna inadequado; insetos aquáticos, por exemplo, adquirem asas quando adultos e, caso seu *habitat* seque, eles podem voar para outro. Em condições adversas semelhantes, peixes e outras formas aquáticas geralmente perecem.

As cores dos insetos variam desde as muito pardas até tons brilhantes; nenhum outro animal na Terra apresenta colorido mais radiante do que alguns insetos. Alguns deles, como o besouro japonês e a borboleta morfo, são brilhantes e iridescentes como joias vivas. Suas cores e formas inspiram artistas há milênios.

Alguns insetos apresentam estruturas que são impressionantes quando comparadas às dos vertebrados. As abelhas, vespas e algumas formigas têm um ovipositor, o órgão utilizado para depositar ovos, desenvolvido em um aguilhão de veneno (ferrão) que serve como um excelente meio de ataque e defesa. Alguns ichneumonídeos possuem um ovipositor semelhante a um pelo de 100 mm de comprimento que pode penetrar madeira sólida. Alguns besouros-bicudos têm a parte frontal da cabeça protraída em uma estrutura delgada mais longa que o resto do corpo, com mandíbulas minúsculas na extremidade. Algumas moscas possuem olhos situados nas extremidades de hastes longas e delgadas que, em uma espécie sul-americana, são tão longas quanto as asas. Alguns besouros cabra-loura têm mandíbulas com comprimento equivalente à metade de seus corpos e ramificadas como as galhadas de um veado. Alguns indivíduos entre as formigas-de-mel ficam ingurgitados com alimento e seus abdomens se distendem demasiadamente. Eles servem como depósitos vivos de alimentos, que regurgitam "quando necessário" para outras formigas da colônia.

Os insetos são criaturas de sangue frio. Quando a temperatura ambiental cai, sua temperatura corporal também cai e seus processos fisiológicos tornam-se mais lentos. Muitos insetos podem suportar períodos curtos de temperaturas congelantes, já outros podem suportar longos períodos de temperaturas congelantes ou subcongelantes. Outros insetos sobrevivem a essas baixas temperaturas armazenando etilenoglicol em seus tecidos, a mesma substância química utilizada nos radiadores de nossos automóveis para protegê-los do congelamento durante o inverno.

Os órgãos dos sentidos dos insetos muitas vezes parecem peculiares em comparação aos de humanos e outros vertebrados. Muitos insetos têm dois tipos de olhos – dois ou três olhos simples localizados na parte superior da face e um par de olhos compostos nas laterais da cabeça. Os olhos compostos frequentemente são muito grandes, ocupando a maior parte da cabeça, e consistem em milhares de "olhos" individuais. Alguns insetos ouvem por meio de tímpanos, enquanto outros escutam por meio de pelos muito sensíveis localizados nas antenas ou em outros locais do corpo. Um inseto que possua tímpanos pode apresentá-los nas laterais do corpo, na base do abdômen (gafanhotos), ou nas pernas frontais atrás dos "joelhos" (esperanças e grilos).

Em geral, os insetos apresentam grande capacidade reprodutora; a maioria das pessoas não percebe o quanto ela é eficiente. A capacidade de qualquer animal aumentar seu número pela reprodução depende de três fatores: o número de ovos férteis depositados por cada fêmea (que, em insetos, pode variar de um a muitos milhares), a duração de uma geração (que pode variar de alguns dias a vários anos) e a proporção correspondente de fêmeas em cada geração que produzirão a próxima geração (em alguns insetos não há machos).

Um exemplo que pode ser citado para ilustrar a capacidade reprodutora dos insetos é a drosophila, a mosca-da-fruta, que foi estudada por muitos geneticistas. Estas moscas se desenvolvem rapidamente e, em condições ideais, podem produzir 25 gerações em um ano. Cada fêmea deposita até 100 ovos, dos quais aproximadamente metade se desenvolve em machos e metade em fêmeas. Vamos supor que estejamos começando com um par dessas moscas, permitindo que elas aumentem seu número em condições ideais, sem controle sobre o aumento, durante um único ano – com a fêmea original e cada uma das outras depositando 100 ovos antes de morrer e cada ovo sendo chocado, desenvolvido até a maturidade e se reproduzindo novamente, em uma proporção sexual de 50:50. A partir de duas moscas na primeira geração, haveria 100 na segunda, 5 mil na terceira, e assim por diante, com a 25ª geração consistindo em aproximadamente 1.192×10^{41} moscas. Se essa quantidade de moscas fosse embalada em um espaço pequeno, 1 mil em uma polegada cúbica formaria uma bola de moscas de 96.372.988 milhas de diâmetro – ou uma bola que se estenderia aproximadamente da Terra até o Sol!

Em todo o reino animal, um ovo geralmente produz um único indivíduo. Em humanos e alguns outros animais, um ovo ocasionalmente gera dois indivíduos (ou seja, gêmeos idênticos) ou, em raras ocasiões, três ou quatro. Alguns insetos são portadores desse fenômeno de poliembrionia (a formação de mais de um indivíduo a partir de um único zigoto) de modo mais avançado; algumas vespas platigastrídeas possuem até 18, algumas vespas drinídeas têm até 60 e algumas vespas encirtídeas geram mais de 1 mil jovens que se desenvolvem de um único ovo. Alguns insetos têm outro método de reprodução incomum, a pedogênese (reprodução por larvas). Isto ocorre no mosquito galhador do gênero *Miastor* e nos besouros dos gêneros *Micromalthus, Phengodes* e *Thylodrias*.

Na natureza de seu desenvolvimento e ciclo de vida, os insetos variam de muito simples a complexos e até mesmo impressionantes. Muitos insetos sofrem pouquíssimas alterações enquanto se desenvolvem, com jovens e adultos apresentando hábitos semelhantes e diferindo principalmente em tamanho. A maioria dos insetos, em contrapartida, sofre alterações notáveis em seu desenvolvimento, tanto em aspecto quanto nos hábitos. A maioria das pessoas está familiarizada com a metamorfose dos insetos e provavelmente a considere um fato comum, o que, de fato, é. Considere o desenvolvimento de uma borboleta: um ovo eclode em uma lagarta semelhante a um verme; esta lagarta come vorazmente e a cada uma ou duas semanas troca seu exoesqueleto; após um tempo, ela se transforma em uma pupa, pendurada em uma folha ou ramo de árvore; e finalmente surge uma bela borboleta com asas. A maioria dos insetos tem um ciclo de vida como o da borboleta; os ovos originam larvas vermiformes, que crescem trocando periodicamente seu exoesqueleto externo (juntamente com o revestimento do intestino anterior, intestino posterior e canais respiratórios), finalmente se transformando em um estágio pupal inativo a partir do qual um adulto com asas emerge. Uma mosca cresce a partir de um gusano; um besouro cresce a partir de um coró; e uma abelha, vespa ou formiga cresce a partir de um estágio larval semelhante a um gusano. Quando esses insetos se tornam adultos, deixam de crescer; uma pequena mosca (em seu estágio alado) não cresce até ficar maior.

Um inseto com este tipo de desenvolvimento (metamorfose completa) pode viver como larva em um local muito diferente daquele em que viverá quando adulto. Uma mosca-doméstica comum passa sua vida larval no lixo ou em outro local sujo; outra mosca muito semelhante pode passar sua vida larval comendo o interior de um coró ou de uma lagarta. O besouro-de-maio, que voa contra as telas à noite, passa sua vida larval no chão e o besouro-chinês, visto nas flores, passa sua vida larval no tronco de uma árvore ou em uma tora de madeira.

Muitos insetos apresentam características incomuns de estrutura, fisiologia ou ciclo de vida, mas os fatos mais interessantes sobre os insetos estão provavelmente relacionados ao que eles fazem. Em muitos casos, o comportamento de um inseto parece superar em inteligência o comportamento dos humanos. Alguns insetos parecem ter uma capacidade de previsão impressionante, especialmente em relação à deposição dos ovos, considerando as necessidades futuras dos jovens. Os insetos têm hábitos alimentares muito variados, apresentam alguns meios de defesa interessantes, muitos têm o que poderia ser considerada uma força fantástica (em comparação à dos vertebrados) e muitos "inventaram" coisas que costumamos ver como realizações estritamente humanas. Alguns grupos de insetos desenvolveram comportamentos sociais complexos e fascinantes.

Os insetos se alimentam de fontes variadas e quase infinitas e o fazem de muitas maneiras diferentes. Milhares de espécies se alimentam de plantas e praticamente todos os tipos de plantas (na terra ou em água fresca) servem como alimento para algum tipo de inseto. Os que se alimentam de plantas podem consumir quase todas as partes; lagartas, vaquinhas e cigarrinhas se alimentam de folhas, pulgões se alimentam dos caules, coros-brancos se alimentam das raízes, algumas larvas de gorgulho e mariposas se alimentam de frutas, e assim por diante. Esses insetos podem se alimentar da parte externa da planta ou podem escavá-la. Milhares de insetos são carnívoros, alimentando-se de outros animais; alguns são predadores e alguns são parasitas. Muitos insetos que se alimentam de vertebrados são sugadores de sangue; alguns destes, como mosquitos, piolhos, pulgas e alguns percevejos, não apenas são pragas incômodas em função de suas picadas, mas também servem como vetores de doenças. Alguns insetos se alimentam de madeira morta, outros são nutridos por alimentos armazenados de todos os tipos, alguns se alimentam de tecidos e muitos se alimentam de materiais em decomposição.

As vespas cavadoras têm um método interessante para preservar o alimento colhido e armazená-lo para seus jovens. Elas cavam buracos no chão, suprindo-os com algum tipo de presa (em geral, outros insetos ou aranhas) e então depositam seus ovos (em geral, no corpo da presa). Se as presas já estivessem mortas ao serem colocadas nas escavações, elas ressecariam e teriam pouco valor alimentício no momento em que os ovos da vespa eclodissem. Por isso, as presas não são mortas; elas são picadas e paralisadas e, desse modo, "preservadas" em boas condições para as vespas jovens após a eclosão dos ovos.

Muitas vezes, os insetos têm meios interessantes e eficazes de defesa contra intrusos e inimigos. Muitos "fingem-se de mortos", seja caindo no chão e permanecendo imóveis ou "congelando-se" em uma posição característica. Outros são mestres na arte da camuflagem, sendo tão coloridos que se misturam à imagem de fundo e passam despercebidos; alguns se parecem claramente com o ambiente – folhas mortas, galhos, espinhos ou até mesmo excrementos de aves. Alguns insetos se escondem cobrindo-se com resíduos. Outros, que não possuem qualquer mecanismo de defesa especial, são muito parecidos com outra espécie que os possua, e supostamente conseguem alguma proteção em razão da semelhança. Muitas mariposas têm asas traseiras (que, em repouso, geralmente ficam ocultas atrás das asas frontais) de cores brilhantes ou intensas – algumas vezes com manchas que lembram os olhos de um animal maior (por exemplo, as mariposas de bicho-da-seda gigantes) – e, quando perturbadas, exibem essas marcas nas asas traseiras; o efeito pode ser suficiente para assustar um possível intruso. Alguns insetos sonoros (por exemplo, cigarras, alguns besouros e outros) produzem um som característico quando atacados e esse som muitas vezes afugenta o agressor.

Muitos insetos utilizam um tipo de "guerra química" como defesa. Alguns secretam substâncias de odor desagradável quando perturbados; marias-fedidas, percevejos-alidídeos, crisopídeos e alguns besouros também podem ser chamados de gambás do mundo dos insetos porque possuem um odor muito desagradável. Alguns insetos que usam esses mecanismos de defesa podem ejetar a substância como um spray e, em alguns casos, até direcioná-la para o intruso. Alguns insetos, como as borboletas monarcas, joaninhas e os besouros da família *Lycidae*, aparentemente têm fluidos corporais de sabor desagradável ou levemente tóxicos, portanto, os predadores os evitam.

Já muitos insetos infligem uma picada dolorosa quando manipulados. A picada pode ser simplesmente um pinçamento severo por mandíbulas potentes, porém as picadas de mosquitos, pulgas, borrachudos, besouros assassinos e outros são muito semelhantes a injeções hipodérmicas; a irritação é causada pela saliva injetada no momento da picada.

Outros meios de defesa incluem os pelos de algumas lagartas, que causam ardência (por exemplo, a lagarta-tanque e a larva da mariposa io), fluidos corporais que são irritantes (por exemplo, as cantáridas), simulação de morte (alguns besouros e alguns insetos de outras ordens) e avisos de advertência, como manchas parecidas com olhos localizadas nas asas (muitas mariposas e louva-a-deus) ou ainda outras estruturas e padrões bizarros ou grotescos.

Um dos meios de defesa mais eficazes dos insetos é o ferrão, que é desenvolvido nas vespas, abelhas e algumas formigas. O ferrão é um órgão para postura de ovos modificado; consequentemente, apenas as fêmeas podem ferroar. Está localizado na parte posterior do corpo, portanto, a extremidade "útil" de um inseto picador é a parte traseira.

Com frequência, os insetos realizam feitos de força que parecem quase impossíveis em comparação aos dos seres humanos. Não é incomum que um inseto seja capaz de levantar 50 vezes ou mais seu próprio peso. Pesquisadores descobriram que alguns besouros, quando aparelhados com uma couraça especial, podem levantar mais de 800 vezes seu próprio peso. Se fosse tão forte quanto esses besouros, um humano poderia levantar cerca de 60 toneladas e um elefante poderia levantar um edifício de tamanho razoável! Em se tratando de saltos, diversos insetos deixariam nossos melhores atletas olímpicos envergonhados. Muitos gafanhotos podem pular facilmente uma distância de 1 metro, o que é comparável a um salto à distância de um campo de futebol para humanos, e uma pulga, que pula vários centímetros no ar, é comparável a um humano saltando sobre um edifício de 30 andares.

Muitos insetos fazem coisas que podemos considerar estritamente atividades de humanos civilizados ou produtos da nossa tecnologia moderna. As larvas da mosca d'água provavelmente foram os primeiros organismos a usar redes para a captura de organismos aquáticos. As ninfas de libélula, em sua ingestão e expulsão de água para aerar as guelras no reto, estão entre as primeiras a usar a propulsão a jato. As abelhas-de-mel usavam ar-condicionado em suas colmeias muito antes de os humanos sequer aparecerem na Terra. Os vespões foram os primeiros animais a produzir papel a partir da polpa. Muito antes de os humanos começarem a fazer abrigos primitivos, muitos insetos já construíam abrigos de argila, pedra ou "toras de madeira", e alguns inclusive induzem as plantas a construir abrigos (galhas) para eles. Muito antes do aparecimento dos humanos na Terra, os insetos tinham "inventado" a luz fria e a guerra química e resolvido muitos problemas complexos de aerodinâmica e navegação celestial. Muitos insetos elaboraram sistemas de comunicação envolvendo substâncias químicas (para o sexo, alarme, seguimento de trilhas e outros feromônios), som (cigarras, muitos Orthoptera e outros), comportamento (por exemplo, a "linguagem" da dança das abelhas-de-mel), luz (vaga-lumes) e possivelmente outros mecanismos.

Estes são apenas alguns dos modos pelos quais os insetos se adaptaram à vida no mundo ao nosso redor. Algumas histórias detalhadas sobre esses animais são fantásticas e quase incríveis. Nos capítulos a seguir, apontaremos muitas características interessantes e frequentemente específicas da biologia dos insetos – métodos de reprodução, modos para obter alimentos, técnicas para deposição de ovos, métodos para criar os jovens e características da história de vida –, assim como as fases mais técnicas que lidam com a morfologia e a taxonomia.

CAPÍTULO 2

ANATOMIA, FISIOLOGIA E DESENVOLVIMENTO DOS INSETOS

O conhecimento de anatomia e fisiologia é essencial para a compreensão dos insetos. Também é necessário dar nomes às estruturas para que possamos referenciá-las. A nomenclatura da anatomia dos insetos deve ser vista como uma linguagem, uma ferramenta que possibilita discussões precisas sobre os insetos, e não como uma barreira à compreensão. Na verdade, muitos dos termos (por exemplo, fêmur, trocânter, mandíbula) têm significados análogos no contexto da anatomia dos vertebrados. Os termos que apresentam significados especiais em ordens individuais são discutidos nos capítulos apropriados. Além disso, todos os termos usados são definidos no glossário no final deste livro. Nosso objetivo principal neste capítulo é fornecer ao estudante uma compreensão básica acerca da anatomia dos insetos, que é necessária para a utilização do restante do livro.

Os insetos têm uma forma mais ou menos alongada e cilíndrica e são bilateralmente simétricos; ou seja, os lados direito e esquerdo do corpo são essencialmente iguais. O corpo é dividido em uma série de segmentos, os metâmeros, e estes são agrupados em três regiões distintas ou tagmata (*singular*, tagma): a cabeça, o tórax e o abdômen (Figura 2-1). As funções primárias da cabeça consistem na percepção sensorial, integração neural e coleta de alimentos. O tórax é um tagma locomotor e sustenta as pernas e as asas. O abdômen aloja a maior parte dos órgãos viscerais, incluindo componentes dos sistemas digestivo, excretor e reprodutor.

A PAREDE CORPORAL

O esqueleto de um animal suporta e protege o corpo e transfere as forças geradas pela contração dos músculos. Uma das características fundamentais dos artrópodes é o desenvolvimento de placas endurecidas, ou escleritos, e sua incorporação ao sistema esquelético do animal. Este geralmente é chamado de exoesqueleto, porque os escleritos fazem parte da parede corporal externa do artrópode. Na verdade, porém, os artrópodes

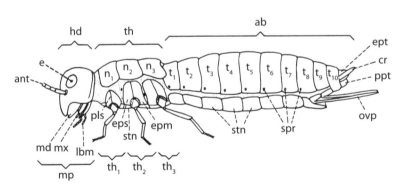

Figura 2-1 Estrutura geral de um inseto. *ab*, abdômen; *ant*, antena; *cr*, cerco; *e*, olho composto; *epm*, epímero; *eps*, episterno; *ept*, epiprocto; *hd*, cabeça; *lbm*, lábio; *md*, mandíbula; *mp*, peças bucais; *mx*, maxila; *n*, noto do tórax; *ovp*, ovipositor; *pls*, sutura pleural; *ppt*, paraprocto; *spr*, espiráculos; t_{1-10}, tergos; *th*, tórax; th_1, protórax; th_2, mesotórax; th_3, metatórax. (Ilustração extraída de Snodgrass, *Principles of Insect Morphology*, Cornell University Press, 1935.)

também possuem um extenso endoesqueleto de suporte, com reforços e cristas para fixação dos músculos. As características da parede corporal também influenciam o modo pelo qual substâncias como água e oxigênio se movem para dentro e para fora do animal.

O tegumento de um inseto consiste em três camadas principais (Figura 2-2): uma camada celular, a epiderme; uma camada acelular delgada abaixo da epiderme (ou seja, em direção à região interna), a membrana basal (ou lâmina basal); e outra camada acelular, externa e secretada pelas células da epiderme, a cutícula.

A cutícula é uma camada quimicamente complexa, diferindo não apenas em estrutura de uma espécie para outra, mas em suas características, diferindo até mesmo de uma região de um inseto para outra. Ela é composta por cadeias de um polissacarídeo, a quitina, embutidas em uma matriz proteica. A quitina consiste primariamente em monômeros do açúcar N-acetilglicosamina (Figura 2-3). Cadeias individuais de quitina são entrelaçadas para formar microfibrilas, as quais são frequentemente dispostas paralelamente em uma camada chamada de *lamina*.

A quitina em si é uma substância muito resistente, mas não torna a cutícula dura. A dureza é derivada de modificações da matriz proteica na qual as microfibrilas estão embutidas. A cutícula inicialmente secretada pela epiderme, chamada de *pró-cutícula*, é mole, maleável, de cor pálida e relativamente expansível. Mais tarde, há o processo de endurecimento e escurecimento ou esclerotização resultante da formação de ligações cruzadas entre as cadeias proteicas nas porções externas da pró-cutícula. A cutícula esclerotizada passa a ser chamada de *exocutícula* (Figura 2-2, exo). Abaixo da exocutícula pode haver uma cutícula não esclerotizada chamada *endocutícula* (Figura 2-2, end). A endocutícula, maleável, forma as "membranas" que conectam os escleritos e pode ser reabsorvida pelo organismo antes da muda.

Acima da endo e da exocutícula está uma camada acelular muito delgada, a epicutícula (Figura 2-2, epi). Esta também consiste em camadas: as que geralmente estão presentes são a cuticulina, uma camada de cera e uma camada de cimento.

A epicutícula não contém quitina. A camada de cera é muito importante para os insetos terrestres porque serve como mecanismo primário para limitar a perda de água através da parede corporal (tanto a exocutícula quanto a endocutícula são permeáveis à água). À medida que um corpo sólido diminui de tamanho (medido por volume, área superficial ou alguma dimensão linear), a proporção da área superficial em relação ao volume, ou seja, a quantidade relativa de área superficial aumenta. Portanto, a perda de água pela superfície corporal é relativamente muito mais importante para uma criatura pequena que para uma grande. Muitos animais terrestres pequenos, como lesmas e isópodes, não possuem esta camada de cera protetora, mas estas criaturas geralmente vivem apenas em regiões de umidade relativa elevada, o que diminui a taxa de perda de água de seu corpo. Acredita-se que a camada de cimento mais externa proteja da abrasão a camada de cera localizada abaixo.

Os escleritos da parede corporal frequentemente são subdivididos por estrias e cristas ou podem se projetar para dentro do corpo como suportes internos. Em geral, uma estria externa que marca uma dobra de cutícula na parede corporal externa é chamada de sulco (plural, sulcos) (Figura 2-4, su). O termo sutura, também amplamente utilizado, refere-se a uma linha de fusão entre dois escleritos previamente separados. A distinção é sutil e muitas vezes difícil ou impossível de ser

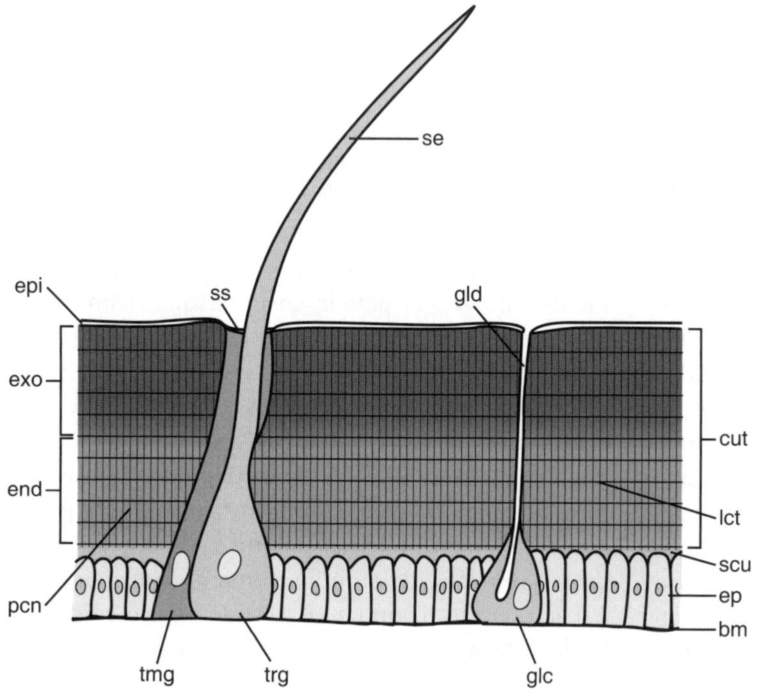

Figura 2-2 Estrutura da parede corporal (diagramática). *bm*, membrana basal; *cut*, cutícula; *end*, endocutícula; *ep*, epiderme; *epi*, epicutícula; *exo*, exocutícula; *glc*, célula glandular; *gld*, ducto da célula glandular; *lct*, camada da cutícula; *pcn*, canal do poro; *se*, seta; *ss*, soquete setal; *tmg*, célula tormógena (que forma o soquete setal); *trg*, célula tricógena (que forma a seta).

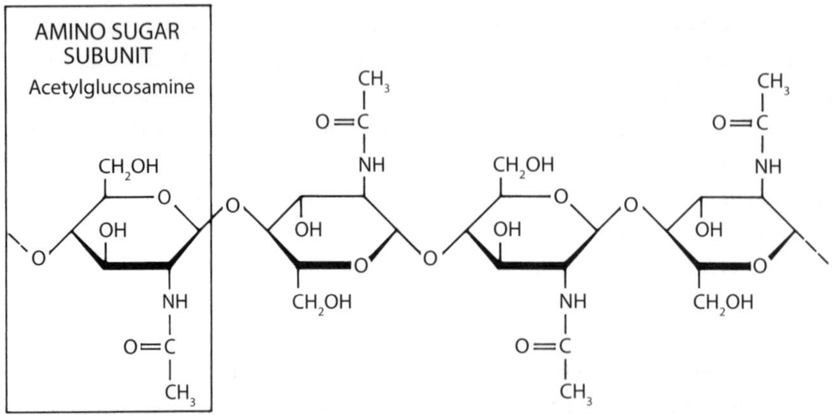

Figura 2-3 Estrutura química da quitina e seu componente monomérico primário, N-acetilglicosamina. (De Arms, Camp, 1987.)

feita simplesmente pelo exame da estrutura externa de um espécime. Portanto, neste livro, geralmente usamos estes termos mais ou menos como um sinônimo. As linhas de inflexão observadas externamente em geral correspondem a arestas internas ou costas (Figura 2-4, cos). As costas internas podem servir como braçadeiras de fortalecimento ou como locais de fixação muscular. Uma crista externa pode ser chamada de costa ou carena (ou qualquer número de nomes comuns como quilha). As projeções internas da cutícula também são conhecidas como apódemas ou apófises (Figura 2-4, apo).

ABDÔMEN

Começaremos nossa discussão dos três tagmata de insetos pelo abdômen porque, em contraste com a cabeça e o tórax, ele possui uma estrutura relativamente simples. Os artrópodes, como os vertebrados, são construídos em um plano básico de segmentos corporais repetidos ou metâmeros. Estes são mais claramente visíveis no abdômen. Em geral, o abdômen de um inseto é constituído por um máximo de 11 metâmeros (Figura 2-1, ab). Cada metâmero, em geral, tem um esclerito dorsal, o tergo (plural, tergos; Figura 2-1, t_1-t_{10}; Figura 2-5A, t); um esclerito ventral, o esterno (plural, esternos; Figura 2-1, stn; Figura 2-5A, stn); e uma região lateral membranosa, a pleura (plural, pleuras; Figura 2-5A, plm). As aberturas para o sistema respiratório, os espiráculos (Figura 2-1, spr), estão localizadas na pleura. Tergos e esternos podem ser subdivididos; estas partes são conhecidas como tergitos e esternitos. Os escleritos da parede pleural são chamados de pleuritos.

A segmentação do abdômen difere daquela encontrada em outros protostomados não artrópodes como

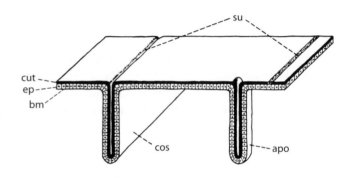

Figura 2-4 Diagrama das características externas e internas da parede corporal. *apo*, apófise; *bm*, membrana basal; *cos*, costa; *cut*, cutícula; *ep*, epiderme; *su*, sulco ou sutura.

os anelídeos (Annelida). Nestes, os sulcos externamente visíveis da parede corporal que delimitam os metâmeros servem como pontos de fixação para os músculos longitudinais dorsais e ventrais. Em artrópodes, estes músculos são fixados às costas internas, as antecostas, que estão próximas, mas não nas margens anteriores, dos tergos e esternos (Figura 2-5B, antc). Externamente, a posição da antecosta é indicada por um sulco, a sutura antecostal (Figura 2-5B, ancs). A região do tergo localizada anteriormente ao sulco antecostal é o acrotergito (Figura 2-5B, act). A área correspondente do esterno é o acroesternito (Figura 2-5B, acs). Os principais músculos longitudinais dorsais se estendem entre a antecosta de segmentos sucessivos. A contração destes músculos resulta em telescopia, ou retração, dos segmentos abdominais. Este plano corporal, no qual a segmentação externamente visível não corresponde à fixação de músculos longitudinais, é conhecida como segmentação secundária.

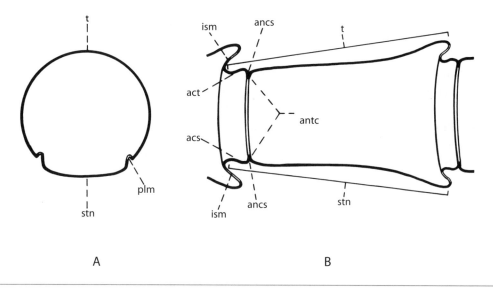

Figura 2-5 Estrutura de um segmento abdominal típico (diagramática). A, Corte transversal; B, Corte sagital. *acs*, acroesternito; *act*, acrotergito; *ancs*, sutura antecostal; *antc*, antecosta; *ism*, membrana intersegmentar; *plm*, membrana pleural; *stn*, esterno; *t*, tergo.

A genitália dos insetos geralmente está localizada nos segmentos abdominais 8 e 9 ou próximo a eles. Estes segmentos têm várias especializações associadas à cópula e à oviposição; nossa discussão sobre eles, portanto, está incluída na seção subsequente que aborda o sistema reprodutor. Os segmentos 1-7, anteriores à genitália, são os segmentos pré-genitais. Na maioria dos insetos alados adultos, estes segmentos não possuem apêndices. Nos insetos primitivamente ápteros[1] das ordens Microcoryphia e Thysanura, a porção ventral de um segmento pré-genital geralmente consiste em um esterno medial pequeno e duas grandes placas localizadas ao lado do esterno, os coxopoditos (Figura 8-1B, cxp e stn). Os coxopoditos são remanescentes das bases das pernas abdominais e apicalmente apresentam um estilo muscular (Figura 8-1A,B, sty). Os estilos provavelmente representam as porções apicais destas pernas (os telopoditos), mas não são articulados como as pernas torácicas. Os estilos geralmente funcionam como órgãos sensoriais e também sustentam o abdômen de um modo muito parecido com as lâminas de um trenó. Medialmente aos estilos estão um ou, às vezes, dois pares de vesículas eversíveis, que funcionam na absorção da água. Elas são evertidas por pressão hidrostática e retraídas por músculos específicos. Em muitos casos, os coxopoditos e o esterno estão fundidos em um único esclerito composto, o coxoesterno.

Os apêndices abdominais pré-genitais estão presentes nos insetos alados apenas em estágios imaturos (com exceção de machos de Odonata). Nos embriões, os apêndices do primeiro segmento abdominal, conhecidos como pleurópodos, estão presentes. São estruturas glandulares perdidas antes que o inseto saia do ovo. As larvas de alguns Neuroptera e Coleoptera (Figuras 26-16A e B) possuem estruturas laterais semelhantes a estilos, que são interpretadas de modo variável como rudimentos das pernas, estilos ou brânquias secundariamente desenvolvidas.

As náiades de Ephemeroptera possuem uma série de brânquias achatadas ao longo das porções laterais superiores do corpo. Exatamente a partir de quais estruturas estas brânquias foram derivadas e quais poderiam ser seus homólogos seriais no tórax tem sido um ponto de considerável debate.

Os estágios imaturos de diversas ordens apresentam falsas-pernas nos segmentos pré-genitais. Estas, em geral, são compostas de apêndices carnosos e curtos que são importantes para andar ou rastejar (ver, por exemplo, Figuras 30-3, prl; plg; e 28-31). Hinton (1955) concluiu que as falsas-pernas evoluíram independentemente várias vezes; outros, como Kukalová-Peck (1983), interpretam estas estruturas como pernas abdominais modificadas, tanto homólogas entre as ordens quanto serialmente homólogas às pernas torácicas articuladas.

Os segmentos pós-genitais são normalmente reduzidos nos insetos. Entre os hexápodes, os Protura são os únicos que apresentam 12 segmentos bem desenvolvidos no abdômen (representando 11 metâmeros e um telso não-metamérico apical). Em geral, as únicas

---

[1] Como descreveremos no Capítulo 6, estamos fazendo uma diferenciação entre os termos *Hexapoda* e *Insecta*, restringindo o último a referências a Pterygota, Thysanura e Microcoryphia.

indicações de um 11º segmento entre os insetos são o esclerito dorsal, o epiprocto, e os dois escleritos laterais, os paraproctos (Figura 2-1, ept, ppt). Entre estes estão inseridos os apêndices do segmento abdominal apical e os cercos (singular, *cerco*). Em geral, os cercos são órgãos sensoriais, mas em alguns casos são modificados como órgãos de defesa (como as pinças de Dermaptera, Figuras 15-1 e 15-2) ou podem ser especializados como órgãos copuladores acessórios. Os segmentos abdominais apicais são, com muita frequência, extremamente reduzidos ou retraídos no interior do corpo.

TÓRAX

O tórax é o tagma locomotor do corpo e sustenta as pernas e as asas. Ele é composto por três segmentos, o protórax (anterior), o mesotórax (mediano) e o metatórax (posterior) (Figura 2-1, th_1-th_3). Entre os insetos, um máximo de dois pares de espiráculos se abre no tórax, um associado ao mesotórax, outro ao metatórax. O espiráculo mesotorácico serve não apenas a este segmento, mas também ao protórax e à cabeça. Os tergos do tórax são chamados notos (singular, *noto*). Na maioria dos insetos contemporâneos, as asas estão situadas nos segmentos mesotorácicos e metatorácicos; estes dois segmentos são coletivamente chamados de pterotórax para refletir este fato (*pteron*, grego para "asa"). Estes segmentos têm várias modificações associadas ao voo que não são compartilhadas com o protórax.

O protórax é conectado à cabeça por uma região membranosa semelhante a um pescoço, o cérvix (Figura 2-6, cvx). Os músculos longitudinais dorsais se estendem do mesotórax através do protórax e são inseridos na cabeça; o pronoto não tem antecosta. Os movimentos da cabeça são coordenados com o resto do corpo por um ou dois pares de escleritos cervicais (Figura 2-6, cvs) que se articulam com o protórax posteriormente e com a cabeça anteriormente.

O sistema de segmentação secundária descrito há pouco em relação ao abdômen é modificado no pterotórax para acomodar a musculatura de voo. Os músculos longitudinais dorsais do meso e metatórax são bastante grandes e estão envolvidos no batimento das asas (Figura 2-7B, dlm). Como corolário, as antecostas do mesotórax, metatórax e dos primeiros segmentos abdominais – locais de inserção destes músculos – também são alargadas e se projetam para baixo no interior do tórax e na base do abdômen. Estas antecostas são chamadas de *primeiro*, *segundo* e *terceiro* fragmas, respectivamente (singular, *fragma*; Figura 2-7B, ph_1-ph_3). Externamente, o mesonoto e o metanoto são divididos transversalmente por um sulco que fornece maior flexibilidade. O sulco ou sutura divide cada noto em um escuto anterior (Figura 2-6, sct_2, sct_3) e um escutelo posterior (Figura 2-6, scl_2, scl_3). Além disso, as porções do noto que contêm o segundo e o terceiro fragmas frequentemente estão

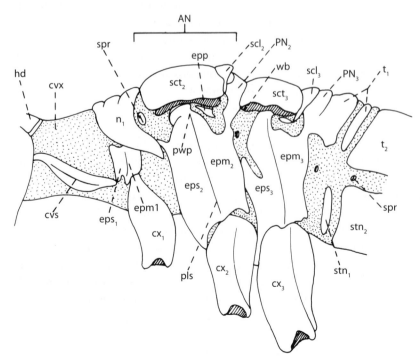

Figura 2-6 Tórax de *Panorpa*, vista lateral. *AN*, alinoto; *cvs*, esclerito cervical; *cvx*, cérvix; *cx*, coxa; *epm*, epímero; *epp*, epipleurito; *eps*, episterno; *hd*, cabeça; n_1, pronoto; *pls*, sutura pleural; *PN*, pós-noto; *pwp*, processo pleural alar; *scl*, escutelo; *sct*, escuto; *spr*, espiráculo; *stn*, esterno abdominal; *t*, tergo abdominal; *wb*, base da asa. (Ilustração extraída de Ferris e Rees, 1939.)

separadas do escuto seguinte, do qual são derivadas, e deslocadas para frente, algumas vezes até mesmo totalmente fundidas com os escleritos anteriores a elas. Estes escleritos que contêm o segundo e terceiro fragmas são chamados de pós-noto (Figuras 2-6 e 2-7, PN_2, PN_3).

A porção lateral do tórax em insetos alados é muito diferente do abdômen porque, em geral, é muito esclerotizada e relativamente rígida. A origem destes escleritos pleurais é motivo de considerável debate. Alguns pesquisadores argumentam que estes escleritos pleurais evoluíram sem precursores e não possuem homólogos em outras partes do corpo. Outros postulam que os escleritos pleurais representam a incorporação de um segmento basal das pernas, a subcoxa, na parede corporal. E, por fim, outros sugerem que, em essência, ambas as hipóteses estão corretas pelo fato de os pleuritos torácicos terem origem composta. Em qualquer caso, a porção esclerotizada da pleura é dividida por uma sutura que se estende da base da perna até a base da asa; esta é a sutura pleural (Figura 2-6, pls). Esta sutura divide a pleura em um episterno anterior (Figura 2-6, eps_1-eps_3) e um epímero posterior (Figura 2-6, epm_1-epm_3). De acordo com a teoria subcoxal da origem dos escleritos pleurais, os pleuritos originalmente consistiam em um par de anéis incompletos, acima da base da perna: um anapleurito superior e um catapleurito inferior (sendo que este último também é chamado de catepleurito, catapleurito ou coxopleurito). Estes escleritos são visíveis nos hexápodes primitivamente ápteros e em alguns poucos pterigotos. O catapleurito articula-se com a perna. Portanto, a combinação da sutura pleural e dos dois anéis da subcoxa teoricamente pode definir quatro regiões da pleura: anepímero, anepisterno, catepímero e catepisterno (por exemplo, veja a terminologia de McAlpine et al. 1981 para o tórax de dípteros no Capítulo 33). Além de sua articulação dorsal com o catapleurito, as pernas articulam-se anteroventralmente com um esclerito estreito (muitas vezes, totalmente fundido ao episterno), o trocantim. A asa repousa sobre o processo pleural alar (Figura 2-6, pwp), que forma o ápice dorsal da sutura pleural. Anteriormente ao processo pleural alar está um pequeno esclerito, o basalar (Figura 2-12A,B, ba); posteriormente ao processo pleural alar está outro esclerito, o subalar (Figura 2-12A, sb; ocasionalmente dois pequenos escleritos são encontrados aqui ao invés de um). Estes escleritos (às vezes chamados coletivamente de *epipleuritos*) estão fixados na base da asa e servem como um meio de controle do movimento das asas ou podem estar diretamente envolvidos em seu movimento.

A sutura pleural externa corresponde a uma costa interna, a crista pleural. Esta crista estende-se internamente em cada lado como um par de apófises pleurais (ou braços pleurais; Figura 2-7A, plap). Estas apófises pleurais estão conectadas a um par correspondente de apófises originadas no esterno (Figura 2-7A, fu). As duas podem estar conectadas por um músculo ou tendão ou, em alguns casos, fundidas. Com frequência, as bases das apófises esternais estão fundidas, principalmente nas espécies cujas pernas são contíguas ventralmente. As apófises têm, então, a forma de um Y e a estrutura é chamada de furca.

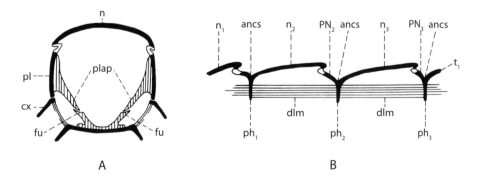

Figura 2-7 Endoesqueleto do tórax (diagramático). A, Corte transversal de um segmento torácico; B, Corte longitudinal do dorso torácico. *ancs*, sutura antecostal; *cx*, coxa; *dlm*, músculos longitudinais dorsais; *fu*, apófises esternais ou furca; *n*, noto; n_1, pronoto; n_2, mesonoto; n_3, metanoto; *ph*, fragmas; *pl*, pleura; *plap*, apófises pleurais; PN_2, mesoposnoto; PN_3, metaposnoto; t_1, primeiro tergo abdominal. (Ilustração extraída de Snodgrass, 1935, *Principles of Insect Morphology*, 1993, Cornell University Press.)

Pernas

As pernas torácicas dos insetos são esclerotizadas e subdivididas em vários segmentos. Normalmente, existem seis segmentos (Figura 2-8): a coxa (cx), o segmento basal; o trocânter (tr), um pequeno segmento (ocasionalmente dois segmentos) após a coxa; o fêmur (fm), geralmente o primeiro segmento longo da perna; a tíbia (tb), o segundo segmento longo; o tarso (ts), geralmente uma série de pequenas subdivisões além da tíbia; e o pretarso (ptar), consistindo em garras e várias estruturas semelhantes a coxins (almofadas) ou a setas no ápice do tarso. Um segmento real de um apêndice (incluindo os seis já descritos) constitui uma subdivisão com a musculatura inserida em sua base. As subdivisões do tarso, embora comumente chamadas de *segmentos tarsais* em inglês, não constituem segmentos reais neste sentido e, em português, são mais adequadamente chamadas de artículos ou *tarsômeros*. Em geral, o pretarso inclui uma ou mais estruturas semelhantes a coxins na base das garras ou entre elas. Um coxim ou lobo entre as garras geralmente é chamado arólio (Figura 2-8A,B, aro) e coxins localizados na base das garras geralmente são chamados pulvilos (Figura 2-8C, pul).

Os movimentos de uma perna dependem de sua musculatura e da natureza das junções entre seus segmentos. Estas junções da perna podem ser dicondílicas, com dois pontos de articulação, ou monocondílicas, com um único ponto de articulação (Figura 2-9). O movimento de uma articulação dicondílica é em grande parte limitado ao plano perpendicular em uma linha que conecta os dois pontos de articulação, enquanto uma articulação monocondílica (que é semelhante a uma articulação de tipo *ball-and-socket*) pode ser mais variada.

As articulações entre a coxa e o tórax podem ser monocondílicas. Se forem dicondílicas, o eixo de rotação geralmente será mais ou menos vertical e a perna se moverá para a frente e para trás (movimentos de promoção e remoção). As articulações coxotrocantérica, trocanterofemoral e femorotibial geralmente são dicondílicas. O movimento entre a coxa e o trocânter e entre o fêmur e a tíbia é dorsal e ventral (elevação e depressão da perna). A articulação tíbio-tarsal geralmente é monocondílica, permitindo, assim, movimentos mais variados.

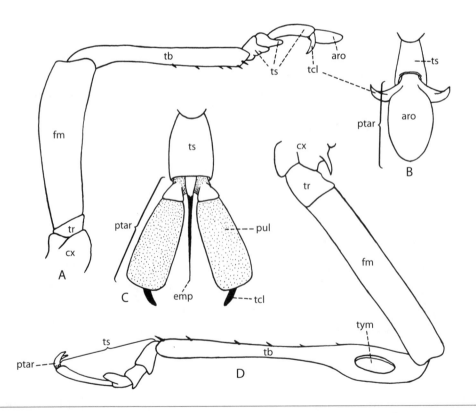

Figura 2-8 Estrutura da perna em insetos. A, Perna média de um gafanhoto (*Melanoplus*); B, Último artículo tarsal e pretarso de *Melanoplus*; C, Último artículo tarsal e pretarso de uma mosca-ladra; D, Perna anterior de uma esperança (*Scudderia*). *aro*, arólio; *cx*, coxa; *emp*, empódio; *fm*, fêmur; *ptar*, pretarso; *pul*, pulvilo; *tb*, tíbia; *tcl*, garra tarsal; *tr*, trocânter; *ts*, tarso; *tym*, tímpano.

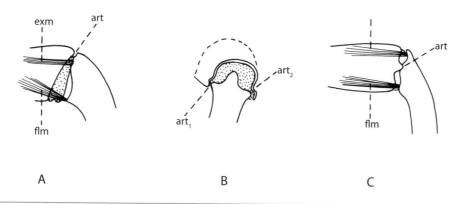

Figura 2-9 Mecanismos articulares das pernas dos insetos. A, Uma articulação monocondílica; B, C, Vista terminal e vista lateral de uma articulação dicondílica. *art*, pontos de articulação; *exm*, músculo extensor; *flm*, músculo flexor. (Ilustração extraída de Snodgrass, *Principles of Insect Morphology*, Cornell University Press, 1935.)

Asas

As asas dos insetos são expansões da parede corporal, localizadas dorsolateralmente entre os notos e as pleuras. Surgem como crescimentos saculares, mas quando totalmente desenvolvidas são achatadas, lembrando uma aba, e reforçadas por uma série de veias esclerotizadas. Entre os insetos vivos, asas totalmente desenvolvidas e funcionais geralmente estão presentes apenas no estágio adulto. A única exceção é a presença de asas funcionais no penúltimo instar de Ephemeroptera (o subimago). Quase sempre, dois pares de asas são encontrados nos insetos vivos, um no segmento mesotorácico e um no metatorácico. A maioria dos músculos que movimentam as asas está fixada aos escleritos na parede torácica e não diretamente nas asas e os movimentos das asas são produzidos indiretamente por alterações na forma do tórax.

As veias da asa são estruturas tubulares que podem conter nervos, traqueias e hemolinfa (sangue). O padrão de venação varia consideravelmente entre os diferentes grupos de insetos. Pouco se sabe sobre o significado funcional destas diferenças, mas o padrão de venação alar é muito útil para a taxonomia como um meio de identificação. Foram propostas diversas terminologias com base na venação e a mais amplamente utilizada é o sistema de Comstock-Needham (Comstock e Needham 1898, 1899) (ver Figura 2-10). Este sistema basicamente reconhece uma série de seis veias alares longitudinais principais (com suas abreviações entre parênteses): costa (C) na margem principal da asa, seguida pela subcosta (Sc), rádio (R), média (M), cúbito (Cu) e veias anais (A). Cada uma destas veias, com exceção da costa, pode ser ramificada. A subcosta pode se ramificar uma vez. Os ramos das veias longitudinais são numerados do sentido anterior para posterior ao redor da asa por meio de numerais subscritos: os dois ramos da subcosta são chamados de Sc_1 e Sc_2. O rádio origina inicialmente um ramo posterior, o setor radial (Rs), geralmente próximo à base da asa; o ramo anterior do rádio é R_1; o setor radial pode se bifurcar duas vezes, com quatro ramos atingindo a margem da asa. A média pode se bifurcar duas vezes, com quatro ramos atingindo a margem da asa. O cúbito, de acordo com o sistema de Comstock-Needham, bifurca-se uma vez, com os dois ramos sendo Cu_1 e Cu_2. De acordo com alguns outros especialistas, Cu_1 se bifurca distalmente mais uma vez, com os dois ramos sendo Cu_{1a} e Cu_{1b}. As veias anais não são ramificadas e, em geral, são chamadas do sentido anterior para o posterior de primeira veia anal (1A), segunda veia anal (2A) e assim por diante.

As veias transversais conectam as principais veias longitudinais e geralmente são nomeadas de um modo correspondente (por exemplo, veia transversal médio-cubital, m-cu). Algumas veias transversais têm nomes especiais: dois exemplos comuns são a veia transversal umeral (h) e a veia transversal setorial (s).

Os espaços na membrana alar entre as veias são chamados de células. As células podem ser abertas (estendendo-se até a margem da asa) ou fechadas (completamente cercadas por veias). As células são nomeadas de acordo com a veia longitudinal do lado anterior da célula; por exemplo, a célula aberta entre R_2 e R_3 é chamada de célula R_2. Quando duas células separadas por uma veia transversal ordinariamente apresentam o mesmo nome, elas são designadas individualmente por números; por exemplo, a veia transversal medial conecta M_2 e M_3 e divide a célula M_2 em duas células, a basal é designada de

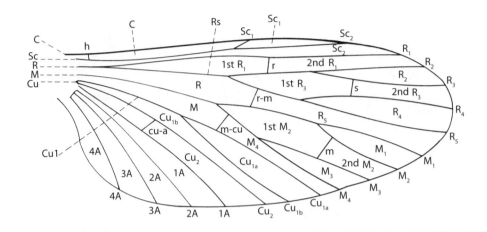

Figura 2-10 Venação alar generalizada, de acordo com Comstock; para uma legenda das letras, veja o texto. Em algumas ordens, a veia marcada aqui como Cu_1 é chamada de Cu no sistema de Comstock-Needham (e seus ramos, Cu_1 e Cu_2) e as veias remanescentes de veias anais.

primeira célula M_2 e a distal, de segunda célula M_2. Quando uma célula é limitada anteriormente por uma veia fusionada (por exemplo, R_{2+3}), ela é nomeada conforme o componente posterior da veia fusionada (célula R_3). Em determinados insetos, algumas células podem ter nomes especiais, por exemplo, os triângulos da asa de libélula e a célula discal de Lepidoptera.

As asas dos insetos estão fixadas ao tórax em três pontos (ver Figuras 2-11 e 2-12): ao noto nos processos notais anterior e posterior das asas (Figura 2-11, awp, pnwp) e ventralmente no processo pleural alar (Figura 2-12A, pwp). Além disso, pequenos escleritos, os escleritos axilares (ou pterália), na base da asa são importantes para converter os movimentos dos escleritos torácicos em movimentos alares. A maioria dos insetos vivos (Neoptera) possui três escleritos axilares (Figura 2-11, axs_1-axs_3). Anteriormente, o primeiro esclerito axilar se articula com o processo notal anterior da asa, a veia subcostal e o segundo esclerito axilar. O segundo esclerito axilar articula-se então com o primeiro, a veia radial, o processo pleural alar e o terceiro esclerito axilar. O terceiro esclerito axilar articula-se com o segundo, as veias anais e o processo notal posterior da asa. Nos Neoptera, um músculo (am) inserido no terceiro esclerito axilar o faz atuar em torno de um eixo sobre o processo notal posterior da asa e, consequentemente, dobrar as asas sobre as costas do inseto. (Alguns grupos de Neoptera, como as borboletas, perderam esta capacidade de flexionar as asas sobre a região dorsal.) Dois grupos de insetos alados, Ephemeroptera e Odonata, não desenvolveram este mecanismo de flexão da asa e seus escleritos axilares estão dispostos em um

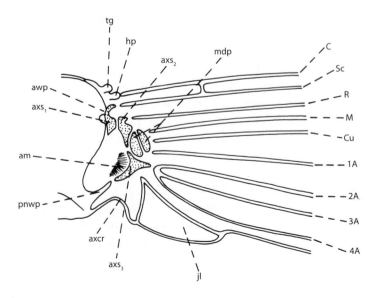

Figura 2-11 Diagrama mostrando a articulação da asa com o noto torácico. *am*, músculos axilares; *awp*, processo notal anterior da asa; *axcr*, corda axilar; *axs*, escleritos axilares 1-3; *hp*, placa umeral; *jl*, lobo jugal; *mdp*, placas medianas; *n*, noto; *pnwp*, processo notal posterior da asa; *tg*, tégula. As letras do lado direito da figura indicam as veias. (Ilustração extraída de Snodgrass, 1935, *Principles of Insect Morphology*, 1993, Cornell University Press.)

padrão diferente dos Neoptera. Alguns especialistas classificam estas duas ordens (juntamente com várias ordens extintas) como Paleoptera.

O sistema de Comstock-Needham envidou grandes esforços para reconhecer a homologia das veias das asas entre as ordens e para reduzir o número de nomes associados a elas. Kukalová-Peck (1978, 1983, 1985) e Riek e Kukalová-Peck (1984) propuseram uma reinterpretação da origem e da estrutura básica das asas dos insetos. Concluíram que as veias consistem em uma série de canais sanguíneos pareados que circulam a partir da base da asa até o ápice e retornam. Na circulação, a veia anterior sofre protrusão a partir da superfície dorsal (uma veia convexa) e a veia posterior na circulação sofre protrusão a partir de uma superfície ventral (uma veia côncava). A venação fundamental nesta interpretação consiste em oito sistemas de veias longitudinais principais: pré-costa, costa, subcosta, rádio, média, cúbito, veia anal e veia jugal. Portanto, a veia na margem costal dos insetos vivos é formada pela fusão da pré-costa, da costa e, algumas vezes, de porções da subcosta. Esta interpretação é aplicada às ordens Ephemeroptera e Odonata, casos nos quais peculiaridades na venação e na estrutura axilar levaram alguns estudiosos a postular que as asas em termos filogenéticos apareceram mais de uma vez dentro do grupo dos insetos (ver Capítulos 9 e 10).

Voo

A capacidade voo de muitos insetos é superior à dos demais animais voadores, uma vez que eles podem dirigir o voo com precisão e rapidamente, pairar e mover-se para os lados ou para trás. Apenas os beija-flores se igualam aos insetos em sua capacidade de manobrar as asas.

A maioria dos insetos possui dois pares de asas e as duas asas de cada lado podem ser sobrepostas na base ou enganchadas, de modo que possam se mover juntas ou executar movimentos independentes. Em muitos Odonata, as asas anteriores e posteriores movem-se independentemente e existe uma diferença de fase nos movimentos dos dois pares; ou seja, quando um par está se movendo para cima, o outro par está se movendo para baixo. Em outros Odonata e na maioria dos Orthoptera, a diferença de fase é menos evidente, com as asas anteriores movendo-se um pouco à frente das asas posteriores.

As forças necessárias para voar – elevação, impulso e controle de altitude – são geradas pelo movimento das asas no ar. Estes movimentos, por sua vez, são gerados pelos músculos torácicos que as tracionam diretamente na base da asa (mecanismo de voo direto) ou causam alterações na forma do tórax, o que por sua vez é convertido pelos escleritos axilares em movimentos alares (mecanismo de voo indireto). Na maioria dos insetos, os músculos primários de voo são indiretos: os músculos longitudinais dorsais (Figura 2-12A,B, dlm) fazem o noto ser arqueado, levantando assim os processos notais alares em relação ao processo pleural alar, deprimindo a asa. O movimento oposto é gerado pela contração do músculo tergoesternal (dorsoventral ou tergopleural) (Figura 2-12B, tsm); estes puxam o noto para baixo, levando os processos notais alares para baixo em relação ao processo pleural alar e, consequentemente, elevando a asa. Além disso, os músculos inseridos no basalar (Figura 2-12, bms) e subalar (Figura 2-12A, sbm) podem estar envolvidos na depressão direta da asa (por meio de sua conexão com a margem da asa em x_1 e x_2) ou podem ser úteis para controlar o ângulo em que a asa se move pelo ar.

Entretanto, voar não é uma simples questão de se bater as asas para cima e para baixo. As asas podem ser levadas para frente (promoção) e para trás (remoção) e viradas, ou seja, a margem da asa que lidera o movimento (anterior) vira para baixo (pronação) ou a margem da asa que segue o movimento principal é virada para baixo (supinação). A maneira pela qual estes movimentos alares são produzidos envolve uma integração complexa dos detalhes anatômicos da fixação da asa ao tórax e da contração dos músculos. Os detalhes de todas as espécies não são completamente conhecidos, apenas os de algumas poucas podemos começar a dizer que compreendemos totalmente. Na verdade, está claro que insetos de diferentes tamanhos e formas voam de modos diferentes. Uma vespa parasitária minúscula de aproximadamente 1 mm de comprimento move suas asas de modo diferente e tem asas de um formato diferente de uma mosca doméstica, por exemplo, e a aerodinâmica de seu voo provavelmente também é bastante diversa.

CABEÇA

A cabeça dos insetos consiste em uma série de segmentos corporais metaméricos, especializados em conjunto para coleta e manipulação de alimentos, percepção sensorial e integração neural. A quantidade exata de segmentos existentes na cabeça é uma questão de debate entre os morfologistas. Os números propostos variam de 3 a 7. A cabeça comporta os olhos, as antenas e as peças bucais. Sua forma difere muito entre os grupos

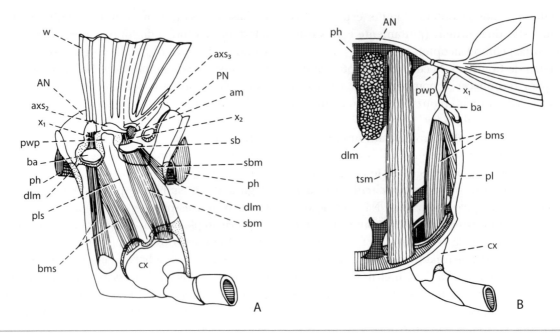

Figura 2-12 Diagrama dos músculos da asa de um inseto. A, Vista lateral; B, Corte transversal de um segmento incluindo a asa. *am*, músculos axilares; *AN*, alinoto; axs_2 e axs_3, segundo e terceiro escleritos axilares; *ba*, basalar; *bms*, músculos basalares; *cx*, coxa; *dlm*, músculos longitudinais dorsais; *ph*, fragma; *pl*, pleura; *pls*, sutura pleural; *PN*, pós-noto; *pwp*, processo pleural alar; *sb*, subalar; *sbm*, músculos subalares; *tsm*, músculos tergo-esternais; *w*, asa; x_1 e x_2, conexões entre basalar e subalar e a base da asa. (Ilustração extraída de Snodgrass, 1935, *Principles of Insect Morphology*, 1993, Cornell University Press.)

de insetos, mas alguns pontos característicos são consistentemente visíveis para permitir a identificação de suas partes componentes.

A cabeça é dividida por sulcos ou suturas em um número de escleritos mais ou menos distintos (Figura 2-13). Em geral, existe um sulco transverso que se estende pela parte inferior da face, imediatamente acima da base das peças bucais; a parte medial ou anterior a este sulco é o sulco epistomal (es), e as porções laterais acima das mandíbulas e das maxilas constituem os sulcos subgenais (sgs). A porção anterior da cápsula cefálica, acima do sulco epistomal e entre os grandes olhos compostos, é a fronte (fr). A área anterior, abaixo do sulco epistomal, é o clípeo (clp). A área abaixo do olho, na parte lateral da cabeça e acima do sulco subgenal, é a gena (ge). O topo da cabeça, entre os olhos, é o vértice (ver). Em muitos, se não na maioria dos insetos, a fronte, o vértice e as genas são áreas gerais da cabeça e suas bordas não são claramente definidas por sulcos.

A cabeça é conectada ao tórax por um cérvix membranoso (cvx). A abertura no lado posterior da cabeça é o forame occipital (ou forame magno; for); por ele passam o cordão nervoso ventral, as traqueias, o sistema digestivo, os músculos, às vezes o vaso sanguíneo dorsal e assim por diante. A linha de inflexão mais posterior na cápsula cefálica, fora do forame occipital, geralmente é a sutura pós-occipital (pos). Esta sutura define os limites do segmento posterior da cabeça, o segmento labial, que recebe este nome porque contém ventralmente o conjunto mais posterior de peças bucais, o lábio. A área atrás da sutura pós-occipital constitui o pós-occipício (po), a área na superfície lateral da cabeça anteriormente a esta sutura é a pós-gena (pg) e a porção dorsal da cabeça anteriormente a esta sutura é o occipício (ocp). Em alguns casos, um sulco occipital (os) está presente, definindo os limites anteriores do occipício e pós-genas (separando-os do vértice e genas), mas isto não está presente em todos os insetos.

Os pontos na cabeça onde os braços do tentório (um conjunto de braços internos, ver posteriormente) encontram a parede cefálica geralmente são marcados por depressões ou fendas visíveis externamente. As fóveas tentoriais anteriores (atp) estão nas extremidades laterais do sulco epistomal; as fóveas tentoriais posteriores (ptp) estão nas extremidades inferiores da sutura pós-occipital.

Em diferentes grupos de insetos, os sulcos e escleritos, descritos há pouco, podem estar ausentes ou suplementados por outros. A nomenclatura geralmente utiliza os pontos de referência mencionados; por

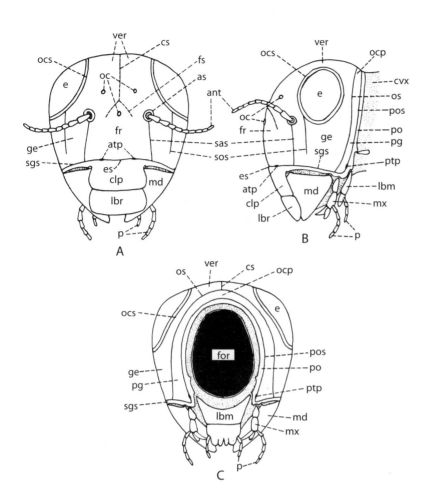

Figura 2-13 Estrutura geral da cabeça de um inseto. A, Vista anterior; B, Vista lateral; C, Vista posterior. *ant*, antena; *as*, sulco antenal; *atp*, fóvea tentorial anterior; *clp*, clípeo; *cs*, sutura coronal; *cvx*, cérvix; *e*, olho composto; *es*, sulco epistomal; *for*, forame magno; *fr*, fronte; *fs*, sutura frontal; *ge*, gena; *lbm*, lábio; *lbr*, labro; *md*, mandíbula; *mx*, maxila; *oc*, ocelo; *ocp*, occipício; *ocs*, sulco ocular; *os*, sulco occipital; *p*, palpos; *pg*, pós-gena; *po*, pós-occipício; *pos*, sutura pós-occipital; *ptp*, fóvea tentorial posterior; *sas*, sulco subantenal; *sgs*, sulco subgenal; *sos*, sulco subocular; *ver*, vértice. (Ilustração extraída de Snodgrass 1935, *Principles of Insect Morphology*, 1993, Cornell University Press.)

exemplo, os sulcos frontogenais constituem linhas de inflexão que separam a fronte das genas. Em muitos grupos, porém, a nomenclatura destas partes segue as tradições que taxonomistas especialistas nos diversos grupos desenvolveram ao longo dos últimos séculos e podem não ser padronizadas.

A cabeça é sustentada internamente por um grupo de apófises que formam o tentório (Figura 2-14). A estrutura geralmente tem forma de H, de X ou tem a forma da letra grega ϖ (pi), com os braços principais em um plano mais ou menos horizontal, estendendo-se das partes inferior e posterior da cabeça até a face. Os pontos em que os braços anteriores do tentório (Figura 2-14, ata) encontram a face são marcados externamente pelas fóveas tentoriais anteriores (atp), localizadas em uma das extremidades do sulco epistomal entre a fronte e o clípeo. Os braços posteriores do tentório encontram a parede cefálica nas fóveas tentoriais posteriores (ptp), que estão localizadas nas extremidades inferiores das suturas pós-occipitais. Estes braços unem-se de um lado para o outro, formando uma ponte tentorial (Figura 2-14, ttb). Alguns insetos apresentam braços dorsais no tentório (dta) que se estendem até a parte superior da face, próximo às bases da antena. O tentório serve para dar firmeza à cápsula cefálica durante a tração dos poderosos músculos mandibulares, como ponto de fixação para os músculos que movem os apêndices da cabeça e como proteção para o gânglio subesofágico e a faringe.

Os apêndices cefálicos dos hexápodes, que começam posteriormente e passam para frente, são (1) o lábio (Figura 2-13, lbm), (2) as maxilas (mx), (3) as mandíbulas (md), (4) o labro (lbr), e (5) as antenas (ant). Estes são descritos com mais detalhes posteriormente. Representam apêndices modificados, serialmente homólogos às pernas torácicas ambulatórias. Na condição ancestral, as peças bucais são dirigidas para baixo; este tipo de cabeça é o que se chama de hipognata. Em muitos predadores e espécies cavadoras, as peças bucais são direcionadas para a frente, a condição prognata. Finalmente, em alguns grupos, especialmente Hemiptera, as peças bucais são dirigidas para trás; esta é a condição opistognata (ou, ao se falar do rostro de Hemiptera, a condição opistorrinca).

A superfície posterior da cabeça, entre o forame e o lábio, é membranosa na maioria dos insetos, mas em alguns esta região é esclerotizada. Esta esclerotização pode ser o resultado de áreas hipostomais (áreas abaixo dos sulcos subgenais posteriormente às mandíbulas) que se estendem ventralmente e para a linha

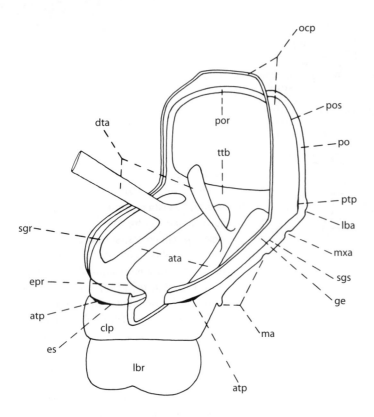

Figura 2-14 Cabeça de um inseto com uma seção da parede cefálica cortada para mostrar o tentório (diagramático). *ata*, braços tentoriais anteriores; *atp*, fóveas tentoriais anteriores; *clp*, clípeo; *dta*, braços tentoriais dorsais; *epr*, crista epistomal; *es*, sulco epistomal; *ge*, gena; *lba*, articulação labial; *lbr*, labro; *ma*, articulação mandibular; *mxa*, articulação maxilar; *ocp*, occipício; *po*, pós-occipício; *por*, crista pós-occipital; *pos*, sutura pós-occipital; *ptp*, fóvea tentorial posterior; *sgr*, crista subgenal; *sgs*, sulco subgenal; *ttb*, ponte tentorial. (Ilustração extraída de Snodgrass, 1935, *Principles of Insect Morphology*, 1993, Cornell University Press.)

média, formando o que é chamado de ponte hipostomal ou (particularmente em insetos prognatos) o resultado de suturas pós-occipitais que se estendem para frente até a superfície ventral da cabeça, com um esclerito se desenvolvendo entre estas suturas e o forame. No último caso, o esclerito é chamado de gula (ver Figura 26-4, gu) e as extensões anteriores das suturas pós-occipitais são chamadas de suturas gulares. Em alguns grupos, a ponte hipostomal pode ser recoberta por extensões das pós-genas, criando-se, assim, uma ponte pós-genal.

O número de segmentos que compõem a cabeça não é aparente no inseto adulto, uma vez que os sulcos cefálicos raramente coincidem com as suturas entre os segmentos originais. Os entomologistas não concordam sobre o número de segmentos na cabeça dos insetos, o único consenso é em torno dos três conjuntos posteriores de peças bucais correspondentes aos apêndices (serialmente homólogos às pernas torácicas) de três segmentos pós-orais (atrás da boca). A área anterior à boca apresenta os olhos compostos, os ocelos, as antenas e o labro; a interpretação desta região é um tema de debate e algumas destas hipóteses e evidência de suporte são sucintamente resumidas por Rempel (1975). Estudos moleculares e de desenvolvimento recentes sustentam a ideia de que tanto o labro quanto as antenas sejam apêndices modificados associados a segmentos cefálicos independentes.

Antenas

As antenas são apêndices segmentados e pareados localizados na cabeça, geralmente entre os olhos compostos ou abaixo deles. O artículo basal é chamado de escapo (Figura 2-15N, scp), o segundo artículo é o pedicelo (ped) e o restante é o flagelo (fl). Em insetos (Pterygota e ordens ápteras Thysanura e Microcoryphia), os "segmentos" do flagelo não possuem uma musculatura intrínseca e, por isso, acredita-se que representem subsegmentos do terceiro segmento antenal real, o apical. Estes frequentemente são chamados de artículos ou *flagerômeros* para distingui-los dos segmentos musculares reais (embora esta característica anatômica seja amplamente reconhecida, estes subsegmentos, ainda assim, são frequentemente chamados de segmentos, principalmente em inglês). Este tipo de antena é o que se chama de antena anelada, referindo-se à subsegmentação do flagelo.

Nas ordens Diplura e Collembola, mais que os três artículos antenais basais há músculos; estes são chamados de antenas articuladas. Uma antena se origina em um soquete ou tubérculo antenal membranoso, porém cercado por um esclerito antenal em forma de anel que muitas vezes possui um pequeno processo, o antenífero, sobre o qual o escapo gira. As antenas têm função primariamente sensorial e atuam como órgãos táteis, olfativos e, em alguns casos, auditivos.

As antenas dos insetos variam muito em tamanho e forma e são importantes para a identificação. Os

ANATOMIA, FISIOLOGIA E DESENVOLVIMENTO DOS INSETOS 19

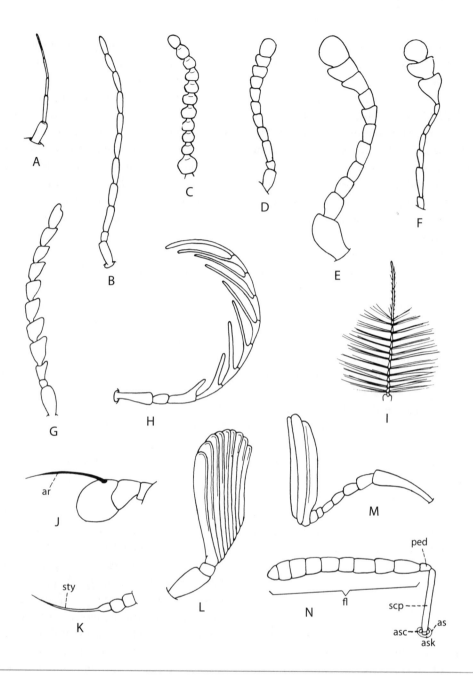

Figura 2-15 Tipos de antenas. A, Cetácea (libélula); B, Filiforme (carabídeo); C, Moniliforme (besouro-do-pinheiro); D, Claviforme (dragão-da-lua); E, Clavada (joaninha); F, Capitada (broca-dos-frutos); G, Serreada (besouro tec-tec); H, Pectinada (besouro cor-de-fogo); I, Plumosa (mosquito macho); J, Aristada (mosca sirfídea); K, Estilada (mosca Rhagionidae); L, Flabelada (besouro-do-cedro); M, Lamelada (besouro-de-maio); N, Geniculada (vespa galhadora). Antenas como as apresentadas em D-F, L e M também são chamadas de clavadas. *ar*, arista; *as*, sulco antenal; *asc*, esclerito antenal; *ask*, soquete antenal; *fl*, flagelo; *ped*, pedicelo; *scp*, escapo; *sty*, estilo.

seguintes termos são utilizados para descrever suas formas:

Setácea – semelhante a uma cerda, os artículos tornam-se mais delgados distalmente; por exemplo, libélula (Figura 2-15A), donzelinha, cigarrinha.

Filiforme – semelhante a um fio, os artículos têm tamanho quase uniforme e, em geral, são cilíndricos; por exemplo, carabídeo (Figura 2-15B), besouro-tigre.

Moniliforme – como uma série de contas, os artículos têm tamanho semelhante e forma mais ou menos esférica; por exemplo, besouro-do-pinheiro (Figura 2-15C).

Serreada – semelhante a um serrote; os artículos, particularmente aqueles da metade ou dos dois terços distais da antena, são mais ou menos triangulares; por exemplo, besouro tec-tec (Figura 2-15G).

Pectinada – semelhante a um pente, a maior parte dos artículos tem processos laterais longos e delgados; por exemplo, besouro cor-de-fogo (Figura 2-15H).

Clavada – os artículos aumentam de diâmetro distalmente (Figura 2-15D-F,L,M). Se o aumento for gradual, a condição pode ser chamada claviforme (Figura 2-15D,E). Este nome também é utilizado como sinonímia do termo clavada. Se os artículos terminais aumentarem repentinamente, a condição será chamada de capitata (Figura 2-15F). Se os artículos terminais se expandirem lateralmente para formar lobos em forma de placa arredondados ou ovais, a condição será chamada de lamelada (Figura 2-15M). Quando os artículos terminais apresentam lobos longos, de lados paralelos, semelhantes a lâminas ou semelhantes a uma língua estendendo-se lateralmente, a condição é chamada de flabelada (Figura 2-15L).

Geniculada – em cotovelo, com o primeiro artículo longo e os artículos seguintes pequenos e originados em um ângulo em relação ao primeiro; por exemplo, besouro cabra-loura, formiga, vespa-galhadora (Figura 2-15N).

Plumosa – como uma pluma, a maioria dos artículos possui espiral de pelos longos; por exemplo, mosquito macho (Figura 2-15I).

Aristada – com o último artículo geralmente alargado e portando uma cerda dorsal evidente, a arista; por exemplo, mosca-doméstica, mosca sirfídea (Figura 2-15J).

Estilada – o último artículo apresenta um processo em forma de estilete ou digitiforme terminal alongado, o estilo; por exemplo, mosca-ladra, mosca Rhagionidae (Figura 2-15K).

Peças bucais

As peças bucais dos insetos, em geral, consistem em um labro, um par de mandíbulas e um par de maxilas, um lábio e uma hipofaringe. Estas estruturas são modificadas, às vezes de modo significativo, em diferentes grupos de insetos e, muitas vezes, são utilizadas para classificação e identificação. Os tipos de peças bucais que um inseto possui determina como ele se alimenta e (no caso da maioria das espécies nocivas) que tipo de lesão produz. A seguir, descrevemos a estrutura básica das peças bucais, seguidas por algumas modificações significativas. Informações adicionais sobre as variações da estrutura das peças bucais podem ser encontradas nas discussões individuais das ordens de insetos.

Peças bucais mandibuladas

A condição mais generalizada das peças bucais é encontrada nos insetos mastigadores, como o grilo, nos quais são conhecidas como peças bucais "mastigadoras" ou "mandibuladas", em função das mandíbulas intensamente esclerotizadas que se movem no sentido transversal e são capazes de morder e mastigar partículas de alimento. É possível observar e estudar mais facilmente as peças bucais removendo-as uma de cada vez de um espécime preservado e examinando-as com um microscópio.

O labro, ou lábio superior (Figura 2-13, lbr; Figura 2-16E), é um lobo largo, com a forma de uma aba, localizado abaixo do clípeo na porção anterior da cabeça, na frente das outras peças bucais. Na região posterior ou ventral do labro, pode haver uma área de dilatação, a epifaringe.

As mandíbulas (Figura 2-13, md; Figura 2-16D) são estruturas pareadas, intensamente esclerotizadas, não articuladas, situadas imediatamente atrás do labro. Nos insetos alados e na ordem Thysanura, elas se articulam com a cápsula cefálica em dois pontos, um anterior e um posterior, e movem-se em sentido transversal (por isso, estes dois táxons são classificados em conjunto como Dicondylia). As mandíbulas dos insetos mastigadores podem variar um pouco em estrutura; em alguns insetos (incluindo o grilo), elas apresentam tanto cristas de corte quanto de trituração, enquanto em outros (como alguns besouros predadores) elas são longas e falciformes.

As maxilas (Figura 2-13, mx; Figura 2-16A) são estruturas pareadas situadas atrás das mandíbulas; são articuladas e cada uma delas possui um órgão semelhante a um tentáculo, o palpo maxilar (mxp). O artículo basal da maxila é o cardo (cd, plural *cardos*), o segundo artículo é o estipe (stp, plural *estipes*). O palpo está apoiado em um lobo dos estipes chamado de palpífero (plf). Os estipes possuem dois processos localizados em seu ápice: a lacínia (lc), uma estrutura alongada semelhante a uma mandíbula, e a gálea (g), uma estrutura semelhante a um lobo.

O lábio, ou lábio inferior (Figura 2-13, lbm; Figura 2-16C), é uma estrutura mediana única (embora seja derivada de duas peças bucais semelhantes a uma maxila que se fundem ao longo da linha média) situada atrás das maxilas. Ele é dividido por um sulco transverso em duas porções, um pós-mento (pmt) basal e um pré-mento (prmt) distal. O pós-mento pode ser dividido em um submento basal (smt) e um mento distal (mn). O pré-mento possui um par de palpos labiais (lp) e um grupo de lobos apicais que constituem a lígula (lg). Os palpos labiais estão apoiados nos lobos laterais do pré-mento, chamados de palpígeros (plg). A lígula consiste em um par de lobos mesais, as glossas (gl), e um par de lobos laterais, as paraglossas (pgl).

Se a mandíbula e a maxila de um lado de um espécime forem removidas, a hipofaringe (Figura 2-16B, hyp) torna-se visível; esta é uma estrutura em forma

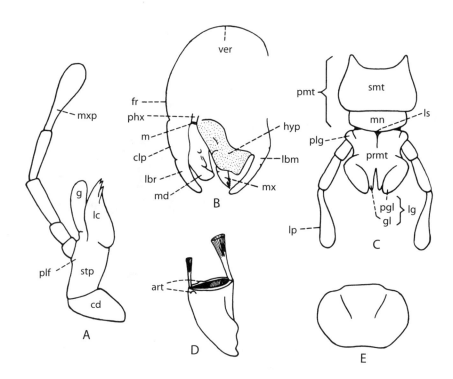

Figura 2-16 Peças bucais de um grilo (Gryllus). A, Maxila; B, Corte vertical mediano da cabeça, mostrando a relação da hipofaringe (hyp) com outras partes (relativamente diagramática); C, Lábio; D, Mandíbula, mostrando os pontos de conexão musculares e de articulação; E, Labro. *art*, pontos de articulação da mandíbula; *cd*, cardo; *clp*, clípeo; *fr*, fronte; *g*, gálea; *gl*, glossa; *hyp*, hipofaringe; *lbm*, lábio; *lbr*, labro; *lc*, lacínia; *lg*, lígula; *lp*, palpo labial; *ls*, sutura labial; *m*, boca; *md*, mandíbula; *mn*, mento; *mx*, maxila; *mxp*, palpo maxilar; *pgl*, paraglossa; *phx*, faringe; *plf*, palpífero; *plg*, palpígero; *pmt*, pós-mento; *prmt*, pré-mento; *smt*, submento; *stp*, estipe; *ver*, vértice.

de língua, curta, localizada imediatamente na frente ou acima do lábio e entre as maxilas. Na maioria dos insetos, os ductos das glândulas salivares abrem-se na hipofaringe ou próximo a ela. Entre a hipofaringe, as mandíbulas e o labro, situa-se a cavidade alimentar pré-oral, o cibário, que leva dorsalmente à boca.

Variações nas peças bucais de insetos

As peças bucais dos insetos podem ser classificadas em dois tipos gerais, mandibuladas (mastigadoras) e hausteladas (sugadoras). Em peças bucais mandibuladas, as mandíbulas movem-se em sentido transversal, ou seja, de um lado para o outro, e o inseto geralmente é capaz de morder e mastigar seu alimento. Insetos com peças bucais hausteladas não possuem mandíbulas deste tipo e não conseguem mastigar o alimento. Suas peças bucais têm a forma de uma probóscide, ou rostro, um tanto alongada, pela qual o alimento líquido é sugado. As mandíbulas nas peças bucais hausteladas são alongadas e têm forma de estilete ou estão ausentes.

Peças bucais dos Hemiptera. O rostro nesta ordem (Figura 2-17) é alongado, geralmente segmentado se origina da parte anterior (Heteroptera) ou posterior (Auchenorrhyncha, Sternorrhyncha) da cabeça. A estrutura segmentada externa do rostro é o lábio, que tem a forma de uma bainha e engloba quatro estiletes de perfuração: as duas mandíbulas e as duas maxilas. O labro é um lobo curto localizado na base do rostro na superfície anterior e a hipofaringe é um lobo curto na base do rostro. O lábio não realiza perfuração, mas dobra-se à medida que o estilete entra no tecido utilizado para alimentação. Os estiletes internos no rostro, as maxilas, são encaixados de modo a formar dois canais, um canal alimentar e um canal salivar. Os palpos estão ausentes.

Peças bucais dos Diptera. Os Diptera picadores na subordem Nematocera e Tabanomorpha incluem os mosquitos (Figura 2-18), os flebotomídeos, mosquitos-pólvora, borrachudos, mutucas e rágios (Rhagionidae). As fêmeas destes insetos possuem seis estiletes de perfuração: o labro, as mandíbulas, as maxilas e a hipofaringe; o lábio geralmente serve como bainha para os estiletes. Os estiletes podem ser muito delgados e em forma de agulha (mosquitos) ou mais largos e em forma de faca (outros grupos). Os palpos maxilares são bem desenvolvidos, porém os palpos labiais estão ausentes (alguns dipterologistas consideram os lobos labelares palpos labiais). O canal salivar está na hipofaringe e o canal alimentar está localizado entre o labro sulcado e a hipofaringe (por exemplo, em mosquitos) ou entre o labro e as mandíbulas (por exemplo, em mosquitos-pólvora e mutucas). O lábio não realiza perfuração e é dobrado ou retraído quando os estiletes entram no tecido perfurado.

Os Muscomorpha não possuem mandíbulas e as maxilas são representadas pelos palpos (os estiletes maxilares geralmente estão ausentes). A probóscide consiste no labro, na hipofaringe e no lábio. Existem duas modificações nas peças bucais destas moscas: (a) um tipo perfurador e (b) um tipo absorvente ou lambedor.

Os Muscomorpha com peças bucais perfuradoras incluem a mosca-do-estábulo (Figura 2-19), a mosca-tsé-tsé,

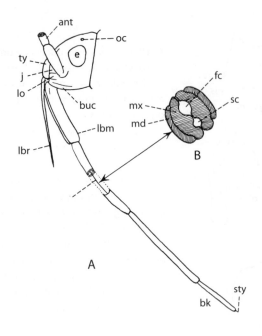

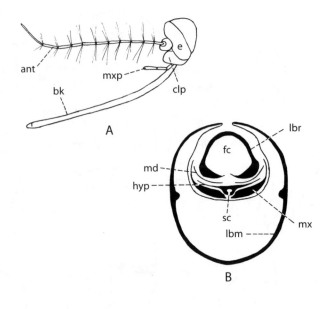

Figura 2–17 Peças bucais de um grande inseto fitófago, *Oncopeltus fasciatus* (Dallas). A, Vista lateral da cabeça mostrando o rostro, com o labro destacado do rostro frontal; B, Corte transversal dos estiletes (reativamente diagramático). *ant*, antena; *bk*, rostro; *buc*, búcula; *e*, olho composto; *fc*, canal alimentar; *j*, jugo; *lbm*, lábio; *lbr*, labro; *lo*, lórica; *md*, mandíbula; *mx*, maxila; *oc*, ocelo; *sc*, canal salivar; *sty*, estiletes; *ty*, tilo.

Figura 2–18 Peças bucais de um mosquito. A, Cabeça de *Aedes*, vista lateral; B, Corte transversal da probóscide de *Anopheles*. *ant*, antena; *bk*, probóscide; *clp*, clípeo; *e*, olho composto; *fc*, canal alimentar; *hyp*, hipofaringe; *lbm*, lábio; *lbr*, labro; *md*, mandíbula; *mx*, maxila; *mxp*, palpo maxilar; *sc*, canal salivar. (B, Ilustração extraída de Snodgrass, segundo Vogel 1921.)

a mosca-do-chifre e os hipoboscídeos. A principal estrutura de perfuração nestas moscas é o lábio; o labro e a hipofaringe são delgados e em forma de estilete, estando dispostos em um sulco dorsal do lábio. O lábio termina em um par de pequenas placas duras, as labelas, que estão armadas com dentes. O canal salivar está na hipofaringe e o canal alimentar está entre o labro e a hipofaringe. A probóscide nos hipoboscídeos (Hippoboscidae) encontra-se, às vezes, retraída em uma bolsa na superfície ventral da cabeça quando não em uso.

Os demais Diptera com peças bucais absorventes ou lambedoras incluem as espécies não picadoras, como a mosca-doméstica (Figura 2-20), as varejeiras e moscas-da-fruta. As estruturas das peças bucais são suspensas a partir de uma projeção membranosa cônica da parte inferior da cabeça chamada de rostro. Os palpos maxilares se originam na extremidade distal do rostro e a parte da probóscide localizada além dos palpos é chamada de haustelo. O labro e a hipofaringe são delgados e estão situados em um sulco anterior do lábio, que forma o maior volume do haustelo. O canal salivar está na hipofaringe e o canal alimentar está situado entre o labro e a hipofaringe. No ápice do lábio estão as labelas,

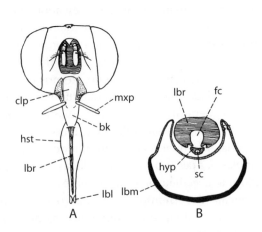

Figura 2-19 Peças bucais de uma mosca-do-estábulo, *Stomoxys calcitrans* (L.). A, Vista anterior da cabeça; B, Corte transversal pelo haustelo. *bk*, rostro; *clp*, clípeo; *fc*, canal alimentar; *hst*, haustelo; *hyp*, hipofaringe; *lbl*, labelo; *lbm*, lábio; *lbr*, labro; *mxp*, palpo maxilar; *sc*, canal salivar. (Ilustração extraída de várias fontes; relativamente diagramático.)

um par de grandes lobos ovais e macios. A superfície inferior destes lobos possui numerosos sulcos transversos que servem como canais alimentares. A probóscide geralmente pode ser dobrada contra a parte inferior da cabeça ou em uma cavidade ali situada. Estas moscas lambem os líquidos; o alimento pode já estar na forma líquida ou pode ser liquefeito primeiro por secreções salivares da mosca.

Peças bucais dos Lepidoptera. A probóscide de Lepidoptera adultos (Figura 2-21) geralmente é longa e espiralada. Ela é formada por duas gáleas das maxilas; o canal alimentar está entre as gáleas. O labro é uma banda transversal estreita entre a margem inferior da face e não há mandíbulas e hipofaringe (exceto em Micropterigidae). Os palpos maxilares geralmente são pequenos ou estão ausentes, porém os palpos labiais em geral são bem desenvolvidos.

Não há um canal salivar especial. Este tipo de estrutura de peça bucal às vezes é chamado de sifonador-sugador, porque geralmente não ocorre perfuração e o inseto simplesmente suga ou sifona os líquidos pela probóscide. Algumas mariposas do sudeste da Ásia e do norte da Austrália, porém, utilizam a probóscide para perfurar a superfície de frutas macias e então sifonam os líquidos dos tecidos subjacentes. Quando utilizada, a probóscide é desenrolada pela pressão sanguínea; ela volta a se enrolar por sua própria elasticidade.

MÚSCULOS DOS INSETOS

O sistema muscular de um inseto é compreendido por várias centenas a alguns milhares de músculos individuais. Todos consistem em células musculares estriadas, mesmo aqueles ao redor do canal alimentar e do coração. Os músculos esqueléticos, que são fixados à parede corporal, movimentam as várias partes do

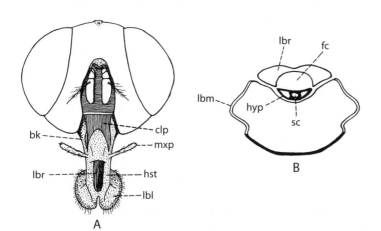

Figura 2-20 Peças bucais de uma mosca doméstica, *Musca domestica* L. A, Vista anterior da cabeça; B, Corte transversal pelo haustelo. *bk*, rostro; *clp*, clípeo; *fc*, canal alimentar; *hst*, haustelo; *hyp*, hipofaringe; *lbl*, labelo; *lbm*, lábio; *lbr*, labro; *mxp*, palpo maxilar; *sc*, canal salivar. (Ilustração extraída de Snodgrass, 1935, *Principles of Insect Morphology*, 1993, Cornell University Press.)

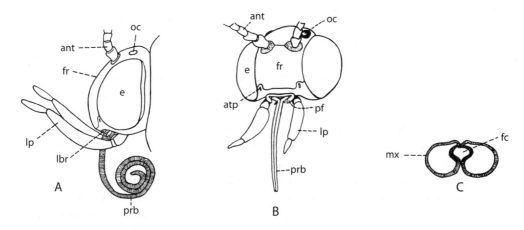

Figura 2-21 Peças bucais de uma mariposa. A, Vista lateral da cabeça; B, Vista anterior da cabeça; C, Corte transversal pela probóscide. *ant*, antena; *atp*, fóvea tentorial anterior; *e*, olho composto; *fc*, canal alimentar; *fr*, fronte; *lbr*, labro; *lp*, palpo labial; *mx*, maxila (gálea); *oc*, ocelo; *pf*, pilífero; *prb*, probóscide. (Ilustração extraída de Snodgrass, 1935, *Principles of Insect Morphology*, 1993, Cornell University Press.)

corpo, incluindo os apêndices. As membranas celulares do músculo e da epiderme são interdigitadas e interconectadas por desmossomos. A partir dos desmossomos, microtúbulos correm até a membrana celular epidérmica externa e, desta região, as fibras de fixação correm pela cutícula até a epicutícula. As fibras de fixação não são decompostas entre os períodos em que a epiderme é separada da cutícula antiga (apólise) ou no desprendimento da cutícula (ecdise; ver seção sobre a muda mais adiante). Portanto, os músculos permanecem fixados à parede corporal e o inseto continua capaz de se movimentar durante o período em que novas cutículas estão sendo formadas. As localizações dos pontos de fixação e conexão dos músculos esqueléticos às vezes são úteis para determinar as homologias de várias partes do corpo. Os músculos viscerais, que circundam o coração, o canal alimentar e os ductos do sistema reprodutor produzem movimentos peristálticos que movem os materiais ao longo destes tratos. Em geral, são constituídos em fibras musculares longitudinais e circulares.

Os músculos que movimentam os anexos ou apêndices estão dispostos de maneira segmentar, geralmente em pares antagonistas. Algumas partes dos apêndices (por exemplo, a gálea e lacínia das maxilas e pretarso) apresentam apenas músculos flexores. Estas estruturas geralmente são estendidas por uma combinação de pressão de hemolinfa e de elasticidade da cutícula. Cada segmento de um apêndice normalmente tem seus próprios músculos. Os "segmentos" tarsais e flagelares não possuem músculos próprios e, consequentemente, não constituem segmentos verdadeiros, sendo por isso chamados de artículos.

Os músculos dos insetos são muito fortes: muitos insetos podem levantar 20 vezes ou mais seu peso corporal e insetos saltadores frequentemente podem saltar distâncias inúmeras vezes maiores que seu próprio comprimento. Estes feitos parecem extraordinários quando comparados ao que os humanos conseguem fazer; eles são possíveis não porque os músculos dos insetos são inerentemente mais fortes, mas porque os insetos são menores. A força de um músculo varia com o tamanho de sua área transversal ou com o quadrado de sua largura; o que o músculo movimenta (a massa do corpo) varia com o cubo da dimensão linear. Portanto, à medida que um corpo se torna menor, os músculos tornam-se relativamente mais poderosos.

Os músculos dos insetos muitas vezes são capazes de uma contração extremamente rápida. Sabe-se que os insetos comumente atingem velocidades de batimento de asas de algumas centenas por segundo, sendo que alguns alcançam a marca de 1.000 ou mais por segundo. Nos insetos com velocidade de batimento de asas relativamente baixa e na maioria dos outros músculos esqueléticos, cada contração muscular é iniciada por um impulso nervoso. Estes músculos são chamados sincrônicos ou neurogênicos, em função desta correspondência individual entre os potenciais de ação e as contrações musculares. Nos insetos em que a frequência de batimento de asas é maior, os músculos se contraem mais frequentemente que a taxa com que os impulsos neurais podem chegar a eles. As taxas de contração nos músculos assincrônicos (encontrados principalmente em músculos de voo, mas também em outros sistemas oscilatórios) dependem das características dos próprios músculos e dos escleritos associados. Impulsos nervosos são necessários para iniciar as contrações, mas a partir daí geralmente servem para manter a taxa de contrações, em vez de estimular cada uma individualmente.

O fato de que os músculos dos insetos podem ter uma frequência de contração extremamente rápida, algumas vezes mantida por um período prolongado, atesta a eficiência de seu metabolismo. O sistema traqueal fornece os grandes volumes de oxigênio necessários para estas taxas metabólicas. Na maioria dos insetos, as traquéolas (através de cujas paredes ocorre a troca gasosa) recortam a membrana celular dos músculos, minimizando, assim, a distância na qual a difusão dos gases deve ocorrer. Os insetos utilizam uma variedade de combustíveis para o voo. Os carboidratos são importantes para muitas espécies; em outras, os lipídeos constituem o combustível primário; em algumas moscas (como a tsé-tsé), os aminoácidos formam o substrato para gerar a energia necessária para o voo.

SISTEMA DIGESTIVO

Os insetos se alimentam de quase todas as substâncias orgânicas encontradas na natureza e seus sistemas digestivos exibem uma variação considerável. O canal alimentar é um tubo, geralmente um pouco enrolado, que se estende da boca até o ânus (Figura 2-22). Ele é diferenciado em três regiões principais: o intestino anterior ou estomodeu, o intestino médio ou mesêntero, e o intestino posterior ou proctodeu. Tanto o intestino anterior quanto o posterior são derivados de tecido ectodérmico e revestidos internamente por uma camada fina de cutícula, a íntima. Esta cutícula é perdida em cada muda juntamente com o exoesqueleto.

A maioria dos insetos possui um par de glândulas situadas abaixo da parte anterior do canal alimentar (Figura 2-22, slg). Os ductos destas glândulas se

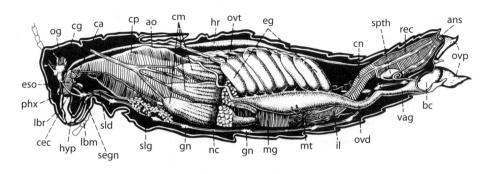

Figura 2-22 Órgãos internos de um gafanhoto, mostrados em um corte longitudinal (relativamente diagramático). *ans*, ânus; *ao*, aorta dorsal; *bc*, bolsa copuladora; *ca*, corpo alado; *cec*, conectivo circunesofagial; *cg*, gânglio cerebral (parte do cérebro); *cm*, ceco gástrico; *cn*, cólon; *cp*, papo; *eg*, ovos; *eso*, esôfago; *gn*, gânglios do cordão nervoso ventral; *hr*, coração; *hyp*, hipofaringe; *il*, íleo; *lbm*, lábio; *lbr*, labro; *mg*, intestino médio ou mesêntero; *mt*, túbulos de Malpighi; *nc*, cordão nervoso ventral; *og*, gânglio óptico (parte do cérebro); *ovd*, oviduto; *ovp*, ovipositor; *ovt*, túbulos ovarianos; *phx*, faringe; *rec*, reto; *segn*, gânglio subesofágico; *slg*, glândula salivar; *sld*, ducto salivar; *spth*, espermateca; *vag*, vagina. (Ilustração extraída de Robert Matheson: *Entomology for Introductory Courses*, Second Edition. Comstock Publishing Company, Inc.)

estendem para frente e se unem em um ducto comum que se abre perto da base do lábio ou da hipofaringe. Estas glândulas labiais (assim nomeadas porque se abrem na base do lábio) geralmente funcionam como glândulas salivares. Muitas vezes existe uma dilatação do ducto de cada glândula que serve como reservatório para a secreção salivar. As glândulas labiais de larvas de Lepidoptera, Trichoptera e Hymenoptera secretam seda, que é usada para fazer os casulos e abrigos e para a coleta de alimentos por moscas-d'água fiandeiras.

O intestino anterior geralmente é diferenciado em faringe (phx, imediatamente além da boca), esôfago (eso, um tubo delgado que se estende posteriormente a partir da faringe), papo (cp, uma dilatação da porção posterior do intestino anterior) e pró-ventrículo. Em sua extremidade posterior está a válvula estomodeal, que regula a passagem de alimentos entre o intestino anterior e o intestino médio. Em alguns grupos, como as baratas e os cupins, o pró-ventrículo pode conter uma armadura de dentes internamente; estes são utilizados para triturar ainda mais os alimentos antes que eles entrem no intestino médio. A íntima é secretada pelo epitélio do intestino anterior e é relativamente impermeável. A íntima e o epitélio são frequentemente dobrados longitudinalmente. Fora do epitélio está uma camada interna de músculos longitudinais e uma camada externa de músculos circulares. Os músculos longitudinais, às vezes, possuem inserções na íntima. A parte que antecede o intestino anterior é equipada com músculos dilatadores, que têm origem nas paredes e apódemas da cabeça e tórax, e por suas inserções nas camadas musculares estomodeais, no epitélio ou na íntima. Estes são mais bem desenvolvidos na região faríngea dos insetos sugadores, nos quais transformam a faringe em uma bomba sugadora. O papo é especializado no armazenamento temporário de alimentos. Pode consistir em uma dilatação simples do intestino anterior ou, como nos mosquitos e Lepidoptera, pode constituir um divertículo lateral do trato digestivo. Pouca ou nenhuma digestão de alimentos ocorre no intestino anterior.

O intestino médio (mg) geralmente é um tubo alongado de diâmetro bastante uniforme, algumas vezes diferenciado em duas ou mais partes. Com frequência possui divertículos, os cecos gástricos (cm), próximos a sua extremidade anterior. O intestino médio não é revestido por cutícula. A camada epitelial do intestino médio está envolvida tanto na secreção de enzimas digestivas na luz quanto na absorção dos produtos da digestão no corpo do inseto. As células epiteliais individuais do intestino médio geralmente têm vida mais curta e são substituídas constantemente. Estas células de divisão podem estar dispersas ao longo do intestino médio ou concentradas em bolsões de crescimento. Estas áreas às vezes são visíveis a partir da luz intestinal como criptas invaginadas e a partir da face lateral como saliências (chamadas de *ninhos*). O intestino médio é o local primário de digestão e absorção no canal alimentar. Em muitas espécies, o epitélio do intestino médio e o alimento são separados por uma membrana peritrófica – uma rede permeável, não viva de quitina e proteína que é secretada pelo epitélio. A função da membrana peritrófica é incerta. Pode servir para limitar a abrasão do epitélio, inibir o movimento de patógenos do alimento para os tecidos do inseto ou como meio para separar espaços endo e ectoperitróficos dentro dos quais a especialização digestiva pode ocorrer.

O intestino posterior se estende da válvula pilórica, situada entre o intestino médio e o intestino posterior, até o ânus. Posteriormente, é sustentado por músculos que se estendem até a parede abdominal. O intestino posterior geralmente é diferenciado em pelo menos duas regiões, um tubo intestinal anterior e o reto posterior (rec). O tubo intestinal anterior pode ser um tubo simples ou pode ser subdividido em um íleo anterior (il) e um cólon posterior (cn). Os túbulos de Malpighi (mt), que são órgãos excretores (ver posteriormente), surgem na extremidade anterior do intestino posterior e seu conteúdo é esvaziado nele. O intestino posterior constitui o ponto final para reabsorção de água, sais e qualquer nutriente das fezes e urina. O reto em várias espécies tem coxins retais espessos que são importantes para a remoção de água das fezes.

A câmara-filtro é uma modificação do canal alimentar, na qual duas partes normalmente distantes são mantidas juntas por tecido conjuntivo; ocorre em muitos Hemiptera e sua forma varia um pouco nos diferentes membros da ordem. O intestino médio destes insetos é diferenciado em três regiões: o primeiro, o segundo e o terceiro ventrículos. O primeiro e o segundo ventrículos são estruturas saculares imediatamente posteriores ao esôfago e o terceiro ventrículo é um tubo delgado. Em geral, o terceiro ventrículo gira para frente e fica próximo ao primeiro ventrículo, frequentemente se enrolando ao redor deste, sendo mantido no lugar por tecido conjuntivo. Este complexo – o primeiro ventrículo, o terceiro ventrículo espiralado e o tecido conjuntivo – forma a câmara-filtro (Figura 2-23). Além da câmara-filtro, o canal alimentar continua para trás, geralmente como um tubo delgado, entrando no reto. Os túbulos de Malpighi emergem da câmara de filtro ou imediatamente além desta.

Muitos Hemiptera vivem da seiva de plantas e geralmente ingerem-na em grandes quantidades. Os entomologistas acreditam que a câmara-filtro é um dispositivo que permite que a água da seiva ingerida passe diretamente da porção anterior do intestino médio para o intestino posterior, concentrando a seiva antes da sua digestão na parte posterior do intestino médio. Este excesso de fluido passa do ânus como *honeydew*. Contudo, uma vez que o *honeydew* frequentemente é rico em nutrientes, como carboidratos e aminoácidos, existem algumas dúvidas sobre a função exata da câmara-filtro.

A digestão é o processo de alteração química e física do alimento para que ele possa ser absorvido e nutrir várias partes do organismo. Este processo pode começar antes mesmo de o alimento ser ingerido, mas geralmente ocorre quando ele passa pelo trato digestivo. Alimentos sólidos são decompostos por vários meios mecânicos

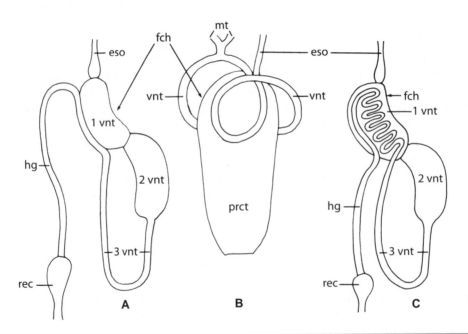

Figura 2-23 A câmara-filtro de Hemiptera (diagramática). A, Um tipo simples de câmara-filtro, na qual as duas extremidades do intestino médio (o primeiro e terceiro ventrículos) estão unidas entre si; B, A câmara–filtro de uma cochonilha (*Lecanium*); C, Uma câmara-filtro na qual a parte posterior do intestino médio (o terceiro ventrículo) se enrola sobre a parte anterior (o primeiro ventrículo), com o intestino posterior emergindo da extremidade anterior. Em A e B, a junção do intestino médio e do intestino posterior (pela qual os túbulos de Malpighi, não mostrados, entram no trato alimentar) constitui a câmara-filtro. *eso*, esôfago; *fch*, câmara-filtro; *hg*, porção anterior do intestino posterior; *mt*, túbulos de Malpighi; *prct*, proctodeu; *rec*, reto; *vnt*, ventrículo (1, primeiro; 2, segundo; 3, terceiro).

(principalmente pelas peças bucais e pelos dentes pró-ventriculares) e todos os alimentos estão sujeitos à ação de várias enzimas enquanto passam pelo trato digestivo.

Os insetos se alimentam de uma grande variedade de animais vivos, mortos e em decomposição, plantas e fungos e seus produtos. Em alguns casos, líquidos como sangue ou seiva podem constituir todo seu suprimento alimentar. O sistema digestivo varia consideravelmente com os diferentes tipos de alimentos consumidos. Os hábitos alimentares podem inclusive variar muito em espécies isoladas. Larvas e adultos geralmente possuem hábitos alimentares totalmente diferentes e tipos diferentes de sistemas digestivos. Alguns adultos sequer se alimentam.

A maioria dos insetos conduz o alimento ao corpo pela boca. Algumas larvas que vivem de modo endoparasita em um animal hospedeiro podem absorver o alimento pela superfície de seus corpos a partir dos tecidos do hospedeiro. Muitos insetos possuem mandíbulas e maxilas mastigadoras que cortam, trituram ou maceram os materiais alimentícios e os empurram para a faringe. Em insetos sugadores, a faringe funciona como uma bomba que traz o líquido alimentício pelo rostro até o esôfago. A ação peristáltica movimenta o alimento pelo canal alimentar.

Em geral, a saliva é acrescida ao alimento, seja quando ele entra no canal alimentar, seja no momento que o antecede, como é o caso de muitos insetos sugadores que a injetam nos fluidos que sifonam como alimento. A saliva geralmente é produzida pelas glândulas labiais que em muitos insetos também produzem amilase. Em algumas abelhas, estas glândulas secretam invertase, que mais tarde é introduzida no corpo com o néctar. Em insetos sugadores de sangue, como mosquitos, a saliva geralmente não contém enzimas digestivas, mas uma substância que impede a coagulação do sangue e o consequente tamponamento mecânico do canal alimentar. Esta saliva causa a irritação produzida pela picada de um inseto sugador de sangue.

Muitos insetos ejetam enzimas digestivas no alimento e uma digestão parcial pode ocorrer antes que o alimento seja ingerido. As larvas da mosca varejeira secretam enzimas proteolíticas em seus alimentos e pulgões injetam amilase nos tecidos de plantas, consequentemente digerindo o amido da planta de que se alimentam. Esta digestão extraintestinal também é encontrada nas larvas predadoras de formigas-leões, besouros mergulhadores predadores e insetos que se alimentam de sementes secas.

A maior parte da digestão química dos alimentos ocorre no interior do intestino médio. Algumas células epiteliais do intestino médio produzem enzimas e outras absorvem o alimento digerido. Às vezes as mesmas células realizam a secreção e a absorção. As enzimas podem ser liberadas na luz do intestino médio pela desintegração das células secretoras (secreção holócrina) ou por meio da liberação de pequenas quantidades de enzimas pela membrana celular (secreção merócrina).

Apenas determinadas espécies de insetos produzem enzimas que digerem celulose, mas algumas podem usar a celulose como alimento, em razão da presença de micro-organismos simbióticos em seus tratos digestivos. Estes micro-organismos, geralmente bactérias ou protozoários flagelados, podem digerir a celulose de modo que os insetos absorvam os produtos desta digestão. Estes micro-organismos estão presentes nos cupins e em muitos besouros perfuradores de madeira e, muitas vezes, alojados em órgãos especiais conectados ao intestino.

O corpo gorduroso é um órgão grande, frequentemente bastante amorfo, situado no abdômen e no tórax. De muitos modos sua função é análoga à do fígado entre os vertebrados. Ele serve como reservatório de alimento e representa um importante local de metabolismo intermediário. Em algumas espécies, também é importante na excreção por armazenamento (ver p. 27). O corpo gorduroso geralmente é mais bem desenvolvido nos instares de ninfa ou larva. No final da metamorfose, frequentemente está depletado. Alguns insetos adultos que não se alimentam retêm seu corpo gorduroso na vida adulta.

SISTEMA EXCRETOR

O sistema excretor primário de um inseto consiste em um grupo de tubos, os túbulos de Malpighi, que surgem como evaginações da extremidade anterior do intestino posterior (Figura 2-22, mt). Estes túbulos variam em número de um a várias centenas e suas extremidades livres distais são fechadas. A função destes túbulos é remover resíduos nitrogenados e regular, juntamente com o intestino posterior, o equilíbrio da água e vários sais na hemolinfa. Aparentemente, os íons são transportados de modo ativo pela membrana externa do túbulo, gerando um fluxo osmótico de água para a luz. Juntamente com esta água, um pequeno número de solutos – aminoácidos, açúcares e resíduos nitrogenados – entra passivamente no túbulo. Esta urina primária, portanto, é uma solução isomótica contendo as pequenas moléculas presentes na hemolinfa. Alguns destes solutos e a água podem ser reabsorvidos ativamente para a hemolinfa nas porções basais dos túbulos de Malpighi ou no intestino posterior. O principal

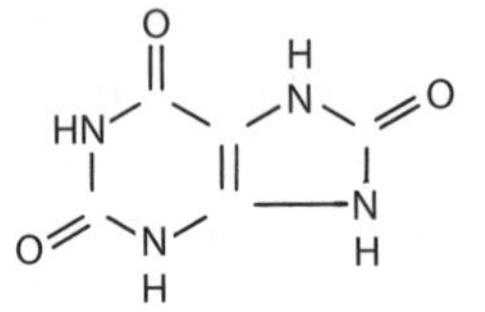

Figura 2-24 Estrutura do ácido úrico.

resíduo nitrogenado geralmente é o ácido úrico (Figura 2-24), um produto químico relativamente atóxico (e que, portanto, pode ser tolerado em concentrações maiores) e insolúvel em água (novamente, lembre-se dos problemas de equilíbrio hídrico inerentes aos pequenos organismos terrestres).

Em alguns insetos, notavelmente muitos besouros e larvas de mariposas, os túbulos de Malpighi estão ligados muito próximos ao intestino posterior, sendo chamados de criptonefrídios. Em espécies como o bicho-da-farinha, *Tenebrio molitor* L., que vivem em condições de alto estresse de ressecamento, esta organização dos túbulos aparentemente está envolvida na extração da água de grânulos fecais. O bicho-da-farinha, na verdade, pode extrair vapor de água do ar quando a umidade relativa excede 90%.

Além dos túbulos de Malpighi, vários insetos possuem uma série de métodos para a remoção dos resíduos ou das substâncias tóxicas da hemolinfa. O método consiste em armazenar produtos químicos, como ácido úrico, de um modo mais ou menos permanente em células individuais ou tecidos. Este processo é conhecido como excreção por armazenamento. As baratas armazenam ácido úrico em seu corpo gorduroso e o pigmento branco nas escamas de borboletas da família Pieridae é derivado do ácido úrico armazenado em seu interior. Na extremidade anterior do vaso sanguíneo dorsal pode haver um grupo de células, as células pericárdicas, que são importantes para absorver e decompor as partículas coloidais da hemolinfa. Em outros casos, células semelhantes podem estar amplamente distribuídas em toda a hemocele.

SISTEMA CIRCULATÓRIO

A principal função do sangue, ou hemolinfa, é o transporte de materiais – nutrientes, hormônios, resíduos e assim por diante. Na maioria dos casos, ela desempenha um papel relativamente pequeno no transporte de oxigênio e dióxido de carbono. A hemolinfa também está envolvida na osmorregulação, no equilíbrio de sais e água no organismo; esta função também envolve outros órgãos, particularmente os túbulos de Malpighi e o reto. A hemolinfa tem uma função esquelética importante – por exemplo, no processo de muda, na expansão das asas após a última muda e na protrusão de estruturas eversíveis, como vesículas eversíveis e genitália. Também pode funcionar nas defesas internas dos animais, na ação fagocítica dos hemócitos contra micro-organismos invasores, no tamponamento de feridas e para isolar alguns corpos estranhos, como endoparasitas. Finalmente, a hemolinfa também é um tecido de armazenamento, servindo como reservatório de água e materiais alimentares, como gorduras e carboidratos.

O sistema circulatório de um inseto é aberto. O vaso sanguíneo principal (muitas vezes, o único) está localizado dorsalmente ao trato alimentar e se estende pelo tórax e abdômen (Figura 2-22). Em qualquer outro local, a hemolinfa flui sem restrição pela cavidade corporal (a hemocele). A parte posterior do vaso sanguíneo dorsal, que é dividido por válvulas em uma série de câmaras, é o coração (hr), e a parte anterior delgada é a aorta (ao). Estendendo-se da superfície inferior do coração até as porções laterais dos tergos estão pares de bandas musculares laminares. Estas constituem um diafragma dorsal que mais ou menos separa a região ao redor do coração (o seio pericárdico) da cavidade corporal principal (ou seio perivisceral, às vezes adicionalmente dividido em um seio perivisceral e um seio perineural). O coração possui aberturas laterais pareadas chamadas de *óstios*, um par por câmara cardíaca, pelas quais a hemolinfa entra no coração. O número de óstios varia em diferentes insetos. Alguns têm apenas dois pares.

A hemolinfa geralmente é um líquido mais ou menos transparente no qual estão suspensas várias células (os hemócitos). Pode ser amarelada ou esverdeada, mas raramente é vermelha (isso ocorre em algumas larvas aquáticas de mosquito-pólvora e alguns Hemiptera aquáticos, em função da presença excepcional de hemoglobina). Constitui de 5% a 40% do peso corporal (geralmente cerca de 25% ou menos).

A parte líquida da hemolinfa (o plasma) contém muitas substâncias dissolvidas (como sais, açúcares, proteínas e hormônios). Estas variam consideravelmente – em diferentes insetos e no mesmo inseto em momentos diferentes. O plasma contém pouco oxigênio; o transporte de oxigênio é uma função do sistema respiratório e é desvinculado do sistema circulatório.

Os hemócitos variam bastante em número – de aproximadamente 1.000 a 100.000 por mm^3 –, mas correspondem em média a cerca de 50.000 por mm^3. Estas células variam muito em forma e função. Algumas circulam com a hemolinfa e outras aderem à superfície dos tecidos. As funções dos diversos tipos de hemócitos não são bem conhecidas, mas muitos são capazes de realizar fagocitose. Eles podem ingerir bactérias e desempenham um papel na remoção de células mortas e tecidos durante a metamorfose. A hemolinfa de diferentes insetos difere na capacidade de coagulação; os hemócitos podem migrar para feridas e formar um tampão. Muitas vezes se reúnem ao redor de corpos estranhos, como parasitoides e parasitas, formando uma bainha ao seu redor e isolando-os dos tecidos corporais. Além da ação dos hemócitos, os insetos não possuem um sistema imunológico comparável aos anticorpos dos vertebrados (facilitando, assim, os experimentos de transplantes).

A hemolinfa é movimentada por pulsações do coração e de outras partes do corpo, como a base das pernas e das asas, por órgãos pulsáteis acessórios. O batimento cardíaco é uma onda peristáltica que começa na extremidade posterior do vaso sanguíneo dorsal e segue para a frente. A hemolinfa entra no coração pelos óstios, que são fechados durante a fase sistólica do batimento cardíaco, e é bombeada anteriormente. A frequência de batimentos cardíacos varia muito: as frequências observadas em diferentes insetos variam de 14 a aproximadamente 160 batimentos por minuto. Esta taxa aumenta durante períodos de maior atividade. As pulsações do coração podem ser iniciadas no interior do músculo cardíaco (miogênicas) ou podem estar sob controle nervoso (neurogênicas). Uma inversão de direção da onda de contrações peristálticas, que consequentemente move a hemolinfa para trás e não para frente, não é rara.

Uma pressão muito pequena se desenvolve no fluxo geral da hemolinfa pelo corpo. A pressão da hemolinfa às vezes pode ser inferior à pressão atmosférica. Ela pode ser aumentada por contração muscular e compressão da parede corporal ou pela dilatação do canal alimentar (produzida por deglutição de ar). É deste modo que se desenvolve a pressão para se romper o restante do antigo exoesqueleto no momento da muda e para se inflarem as asas.

SISTEMA RESPIRATÓRIO

O transporte gasoso nos insetos é uma função do sistema traqueal. O sistema circulatório dos insetos, ao contrário dos vertebrados, geralmente desempenha apenas um pequeno papel neste processo.

O sistema traqueal (Figura 2-25) é um sistema de tubos cuticulares (as traqueias) que se abrem

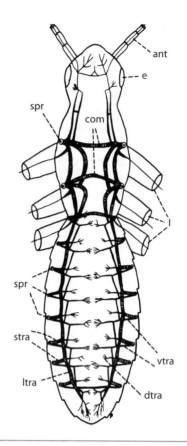

Figura 2-25 Diagrama de uma seção horizontal de um inseto mostrando a organização das principais traqueias. *ant*, antena; *com*, traqueia comissural; *dtra*, traqueia dorsal; *e*, olho composto; *l*, pernas; *ltra*, tronco traqueal longitudinal principal; *spr*, espiráculos; *stra*, traqueia espiracular; *vtra*, traqueia ventral.

externamente nos espiráculos (spr), internamente se ramificam e se estendem por todo o corpo. Terminam em ramos fechados muito finos, chamados de traquéolas, que permeiam e penetram nos tecidos vivos (com indentação, mas não rompendo realmente as membranas celulares). As traqueias são revestidas por uma camada de cutícula e, nos ramos maiores, esta é espessada formando anéis helicais, chamados de tenídias, que simultaneamente fornecem força (contra colapso) e flexibilidade (para curvatura e torção) à traqueia. As traquéolas (também revestidas com cutícula) são tubos intracelulares minúsculos com paredes finas e frequentemente contêm fluidos. É através das paredes das traquéolas que a troca gasosa realmente ocorre.

Os espiráculos estão localizados lateralmente na parede pleural e variam de 1 a 10 pares (algumas espécies não possuem espiráculos funcionais). Em geral, há um par na margem anterior tanto do meso quanto do metatórax, e um par em cada um dos primeiros oito (ou menos) segmentos abdominais. Variam em tamanho e forma e geralmente apresentam algum tipo de dispositivo de fechamento valvular. Portanto, estas válvulas desempenham um papel importante na retenção da água corporal.

Em insetos com sistema traqueal aberto (ou seja, com espiráculos funcionais), o ar entra no corpo pelos espiráculos, passa pelas traqueias até as traquéolas e o oxigênio em última análise entra nas células corporais por difusão. O dióxido de carbono deixa o organismo de um modo semelhante. Os espiráculos podem permanecer parcial ou completamente fechados por períodos prolongados em alguns insetos. Deste modo, a perda de água pelos espiráculos pode ser minimizada.

Os insetos geralmente possuem troncos traqueais longitudinais (conectivos, ltra) que ligam as traqueias de espiráculos adjacentes no mesmo lado do organismo e comissuras transversas (com) que ligam as traqueias em lados opostos do organismo, de modo que todo o sistema está interconectado. O movimento do ar pelo sistema traqueal ocorre por difusão simples em muitos insetos pequenos, mas, na maioria dos insetos maiores, este movimento é potencializado por ventilação ativa, principalmente por músculos abdominais; os movimentos de órgãos internos, ou das pernas e asas, também podem ajudar na ventilação. Quando ocorre ventilação, o ar pode se mover para dentro e para fora de cada espiráculo, mas, em geral, entra pelos espiráculos anteriores e sai pelos posteriores. Este fluxo de ar pelo sistema traqueal é efetuado pelo controle de quais espiráculos serão abertos e quando. As seções dos troncos traqueais principais frequentemente estão dilatadas formando sacos aéreos, o que ajuda na ventilação.

Os sistemas traqueais fechados têm os espiráculos permanentemente fechados, mas exibem uma rede de traqueias imediatamente abaixo do tegumento, distribuídas amplamente sobre o corpo ou particularmente abaixo de algumas superfícies (as brânquias). Alguns insetos aquáticos e parasitoides apresentam sistemas fechados. Nestas espécies, os gases entram e saem do corpo por difusão pela parede corporal entre as traqueias e o ambiente externo e movem-se pelo sistema traqueal por difusão.

Uma grande quantidade de insetos vive na água; eles obtêm seu oxigênio a partir de uma ou duas fontes (raramente ambas): o oxigênio dissolvido na água ou o oxigênio atmosférico. A troca gasosa em muitas náiades pequenas e larvas aquáticas de corpo mole (e, possivelmente, alguns adultos) ocorre por difusão pela parede corporal, geralmente para dentro e para fora de um sistema traqueal. A parede corporal em alguns casos não é modificada, exceto talvez pela presença de uma rede traqueal razoavelmente rica logo abaixo do tegumento. Em outros casos, existem extensões finas especiais da parede corporal que exibem um suprimento traqueal rico, pelo qual ocorre troca gasosa. Estas estruturas, chamadas de *brânquias traqueais*, surgem em formas variadas e podem se localizar em diferentes partes do corpo. As brânquias nas náiades de efemérida têm a forma de estruturas foliáceas nas laterais dos primeiros sete segmentos abdominais. Em náiades de libélula, elas se constituem em pregas no reto e a água é movimentada para dentro e para fora do reto e sobre estas pregas. Em ninfas de donzelinha (Odonata Zygoptera), as brânquias consistem em três estruturas foliáceas no final do abdômen, assim como em pregas no reto (Figura 10-1). Em ninfas de Plecoptera, as brânquias são estruturas digitiformes ou ramificadas localizadas ao redor das bases das pernas ou nos segmentos abdominais basais (Figura 16-2). A troca gasosa pode ocorrer através da superfície corporal geral destes insetos e, em alguns casos (como as ninfas de donzelinha), a troca pela superfície corporal pode ser mais importante do que aquela que ocorre pelas brânquias traqueais.

Insetos que vivem na água e retiram o oxigênio do ar atmosférico fazem isso utilizando um dos três métodos gerais: a partir de espaços aéreos em partes submersas de algumas plantas aquáticas, por espiráculos colocados na superfície aquática (com o corpo do inseto submerso) ou por um filme de ar mantido em algum local da superfície do corpo enquanto o inseto está submerso. Algumas larvas (por exemplo, as do besouro do gênero *Donacia* e as do mosquito do gênero *Mansonia*) possuem espiráculos em espinhos na extremidade posterior do corpo e estes espinhos são inseridos nos espaços aéreos de plantas aquáticas submersas. Muitos insetos aquáticos (por exemplo, escorpiões d'água, larvas cauda-de-rato e as larvas dos mosquitos culicídeos) possuem um tubo respiratório na extremidade posterior do corpo, que se estende até a superfície. Pelos hidrofóbicos ao redor da extremidade deste tubo permitem que o inseto fique dependurado no filme superficial e impedem que a água entre pelo tubo respiratório. Outros insetos aquáticos (por exemplo, remadores e larvas dos mosquitos anófeles) obtêm o ar por meio de espiráculos posteriores localizados na superfície da água. Estes insetos não possuem um tubo respiratório estendido.

Os insetos que obtêm seu oxigênio a partir do ar atmosférico na superfície da água não passam todo o seu tempo na superfície. Eles podem submergir e permanecer sob a água por um período considerável, retirando o oxigênio de um depósito de ar dentro ou fora do corpo.

Os depósitos de ar nas traqueias de uma larva de mosquito, por exemplo, permitem que a larva permaneça sob a água por um longo período.

Muitos percevejos e besouros aquáticos possuem um filme delgado de ar em algum local da superfície corporal quando submergem. Este filme geralmente está sob as asas ou na superfície ventral do corpo. O filme de ar atua como uma brânquia física, com o oxigênio dissolvido na água se difundindo para a bolha quando a pressão parcial de oxigênio no filme é inferior à da água. O inseto pode obter várias vezes a quantidade de oxigênio originalmente contida nesta estrutura temporária, em função das trocas gasosas entre o filme de ar e a água circundante. Alguns insetos (por exemplo, besouros elmídeos) têm uma camada de ar permanente ao redor da superfície corporal, mantida ali por uma cobertura corporal de pelos hidrofóbicos espessos, densos e finos; esta camada é chamada de plastrão. Os reservatórios de ar dos insetos aquáticos não apenas desempenham um papel na troca gasosa, mas também podem ter uma função hidrostática (como a bexiga natatória dos peixes). Dois sacos aéreos em forma de crescente nas larvas de *Chaoborus* (Diptera: Chaoboridae, Figura 34-29A) aparentemente são usados para regular a gravidade específica do inseto: para mantê-lo perfeitamente imóvel ou para permitir seu deslocamento para cima ou para baixo na coluna de água.

Insetos parasitários que vivem no interior do organismo do hospedeiro obtêm oxigênio de seus fluidos corporais por difusão através de seu tegumento ou (por exemplo, nas larvas da mosca taquinídea) de seus espiráculos posteriores, podendo estendê-los a partir da superfície corporal do hospedeiro ou fixá-los a um dos troncos traqueais do hospedeiro.

TEMPERATURA CORPORAL

Considera-se que insetos tenham sangue frio, ou seja, que sejam poiquilotérmicos; isto significa que sua temperatura corporal acompanha a temperatura ambiente. Este é o caso da maioria dos insetos, particularmente se não forem muito ativos. Porém, a ação dos músculos torácicos no voo geralmente eleva a temperatura dos insetos acima da ambiental. O resfriamento de um objeto pequeno é razoavelmente rápido e a temperatura corporal de um inseto pequeno durante o voo é muito próxima à do ambiente. Em insetos como borboletas e gafanhotos, a temperatura corporal durante o voo pode se elevar 5 °C ou 10 °C acima da temperatura ambiente, e nos insetos como mariposas e mamangabas (que são isolados por escamas ou pelos) o metabolismo durante o voo pode elevar a temperatura dos músculos de voo até 20 °C ou 30 °C acima da temperatura ambiente.

Na maioria dos insetos voadores, a temperatura dos músculos de voo pode ser mantida acima de um determinado ponto para que se produza a força necessária para voar. Muitos insetos podem aumentar previamente a temperatura de seus músculos de voo de modo ativo por um "tremor" ou uma vibração dos músculos da asa.

As abelhas melíferas permanecem na colmeia durante o inverno, mas não entram em estado de dormência no início do período frio (como a maioria dos outros insetos). Quando a temperatura fica abaixo de aproximadamente 14 °C, elas formam um agrupamento na colmeia e, pela atividade de seus músculos torácicos, mantêm a temperatura do agrupamento bem acima de 14 °C (até 34 °C a 36 °C quando estão criando as ninhadas).

SISTEMA NERVOSO

O sistema nervoso central de um inseto compreende um cérebro na cabeça acima do esôfago, um gânglio subesofágico (Figura 2-26, segn) conectado ao cérebro por dois nervos (os conectivos circunesofagiais, cec) que se estendem ao redor de cada lado do esôfago e um cordão nervoso ventral que se estende posteriormente a partir do gânglio subesofágico. O cérebro consiste em três pares de lobos, o protocérebro (br_1), o deutocérebro (br_2) e o tritocérebro (br_3). O protocérebro inerva os olhos compostos e os ocelos, o deutocérebro inerva as antenas e o tritocérebro inerva o labro e o intestino anterior. Os dois lobos do tritocérebro são separados pelo esôfago e são conectados por uma comissura que passa sob o esôfago (comn). O cordão nervoso ventral (Figura 2-22, nc) é duplo e tem gânglios segmentares (Figura 2-22, gn). Frequentemente, alguns destes gânglios são fusionados, particularmente perto do final do abdômen, resultando em menos gânglios visíveis que segmentos.

Os gânglios do sistema nervoso central (cérebro, gânglio subesofágico e gânglios segmentares do cordão nervoso central) servem como centros coordenadores. Cada um destes tem certa autonomia, ou seja, cada um pode coordenar os impulsos envolvidos nas atividades de regiões particulares do corpo. Atividades envolvendo todo o corpo podem ser coordenadas por impulsos do cérebro, mas muitas destas podem ocorrer com o cérebro ausente.

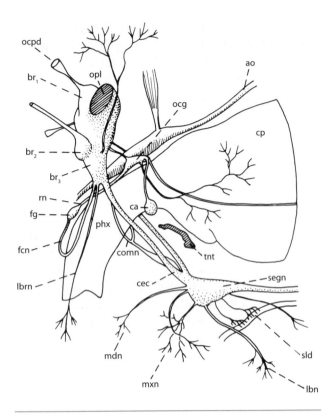

Figura 2-26 Parte anterior do sistema nervoso de um gafanhoto. *ao*, aorta dorsal; *br₁*, protocérebro; *br₂*, deutocérebro; *br₃*, tritocérebro; *ca*, corpo alado; *cec*, conectivo circunesofagial; *comn*, comissura tritocerebral; *cp*, papo; *fcn*, conectivo do gânglio frontal; *fg*, gânglio frontal; *lbn*, nervo labial; *lbrn*, nervo labral; *mdn*, nervo mandibular; *mxn*, nervo maxilar; *ocg*, gânglio occipital; *ocpd*, pedicelo ocelar; *opl*, lobo óptico; *phx*, faringe; *m*, nervo recorrente; *segn*, gânglio subesofágico; *sld*, ducto salivar; *tnt*, tentório. (Ilustração extraída de Snodgrass 1935, *Principles of Insect Morphology*, 1993, Cornell University Press.)

Órgãos sensitivos

Um inseto recebe informações sobre seu ambiente (incluindo seu próprio ambiente interno) por meio de seus órgãos sensitivos. Estes órgãos estão localizados principalmente na parede corporal e a maioria é de tamanho microscópico. Cada um geralmente é induzido apenas por um estímulo específico. Os insetos possuem órgãos de sentidos que reagem a estímulos químicos, mecânicos, auditivos e visuais, e possivelmente a estímulos como umidade relativa e temperatura também.

Sentidos químicos

Os quimiorreceptores – envolvidos nas sensações de paladar (gustação) e odor (olfato) – são partes importantes do sistema sensorial de um inseto e estão envolvidos em muitos tipos de comportamento. Alimentação, acasalamento, seleção de *habitat* e relações parasita-hospedeiro, por exemplo, muitas vezes são orientados pelos sentidos químicos dos insetos.

Geralmente, cada sensila consiste em um grupo de células sensoriais cujos processos distais formam um feixe que se estende até a superfície corporal (Figura 2-27C). As terminações dos processos sensoriais geralmente estão em uma estrutura de paredes finas, em forma de lingueta ou pino (scn). Este processo pode estar afundado em uma depressão ou os processos sensoriais podem terminar em uma placa cuticular fina localizada sobre uma cavidade na cutícula. Em alguns casos, as terminações dos processos sensoriais podem estar situadas em uma depressão na parede corporal e podem não estar cobertas por cutícula.

Os órgãos do paladar estão localizados principalmente nas peças bucais, mas alguns insetos (por exemplo, formigas, abelhas e vespas) também possuem órgãos de paladar nas antenas e muitos (por exemplo, borboletas, mariposas e moscas) possuem órgãos de paladar nos tarsos.

O mecanismo exato pelo qual uma substância específica inicia um impulso nervoso nas células sensoriais de um quimiorreceptor não é completamente compreendido. A substância pode penetrar nas células sensoriais e estimulá-las diretamente ou pode reagir com alguma coisa no receptor para produzir uma ou mais outras substâncias que estimulem as células sensoriais. Em qualquer caso, a sensibilidade de um inseto a diferentes substâncias varia; dois produtos químicos muito semelhantes (como as formas dextro e levo de um açúcar específico) podem ter efeitos estimulantes muito diferentes. Alguns aromas (por exemplo, o atrativo sexual produzido pela fêmea) podem ser detectados por um sexo (neste caso, o macho), mas não pelo outro. A sensibilidade dos quimiorreceptores a algumas substâncias é muito elevada. Muitos insetos podem detectar alguns odores em concentrações muito baixas em uma distância de até algumas milhas.

Sentidos mecânicos

Os órgãos sensitivos dos insetos que percebem estímulos mecânicos reagem ao tato, pressão ou vibração e fornecem-lhes informações que podem direcionar sua orientação, movimentos gerais, alimentação, fuga de inimigos, reprodução e outras atividades. Estes órgãos são de três tipos principais: sensilas tricoides, sensilas campaniformes e órgãos escolopóforos.

O tipo mais simples de receptor tátil é a sensila tricoide (Figuras 2-27A e 2-28). Um processo do neurônio sensorial se estende até a base da seta e os movimentos da seta iniciam os impulsos do neurônio. Em uma sensila campaniforme, a terminação do neurônio está situada imediatamente abaixo de uma área cupuliforme da cutícula (Figura 2-27B) e a distorção desta cúpula desencadeia uma resposta neuronal. Órgãos escolopóforos (também conhecidos como *órgãos cordotonais*) são sensilas mais complexas que consistem em um feixe de neurônios sensoriais cujos dendritos são fixados na parede corporal; eles são sensíveis aos movimentos do corpo (incluindo pressão e vibração). Estes órgãos, que estão amplamente distribuídos ao longo do corpo, incluem os órgãos subgenuais (geralmente localizados na extremidade proximal da tíbia), o órgão de Johnston (no segundo artículo antenal, sensível a movimentos do flagelo antenal) e os órgãos timpânicos (envolvidos na audição). Os estímulos mecânicos agem por deslocamento. Os estímulos podem vir de fora do inseto (por exemplo, tato e audição) ou do seu interior (estímulos resultantes da posição ou movimento). Os estímulos mecânicos iniciam uma série de impulsos nervosos, cuja característica é determinada pelo estímulo. Em alguns casos, os impulsos nervosos podem ser transmitidos em frequências tão elevadas quanto várias centenas por segundo.

O sentido do tato nos insetos é operado principalmente pelas sensilas pilosas (sensila tricoide). A característica dos impulsos nervosos iniciados é determinada pela taxa e direção da deflexão dos pelos. Este sentido geralmente é muito aguçado: pode ser necessária uma deflexão muito pequena dos pelos para iniciar uma série de impulsos neuronais.

Muitos insetos demonstram uma resposta à gravidade, por exemplo, quando insetos aquáticos retornam à superfície e em construções verticais criadas por alguns insetos (tocas no solo, favos em uma colmeia de abelhas etc.). Os insetos geralmente não possuem órgãos de equilíbrio comparáveis aos dos estatocistos dos crustáceos, embora bolhas de ar transportadas nas superfícies corporais por alguns insetos aquáticos quando estes submergem possam agir de maneira semelhante. As forças da gravidade e de pressão geralmente são detectadas por outros meios.

Muitas articulações em insetos possuem setas táteis que registram qualquer movimento, fornecendo ao inseto informações sobre a posição da articulação (isto é conhecido como *propriocepção*). A pressão na parede corporal, seja produzida pela gravidade, seja por alguma outra força, geralmente é detectada pelas sensilas campaniformes. A pressão nas pernas pode ser detectada por órgãos subgenuais ou por setas sensitivas no tarso.

Um inseto detecta movimentos do meio que o cerca (correntes de ar ou de água) principalmente pelas setas táteis. Ele recebe informações sobre seus próprios movimentos tanto por mecanorreceptores quanto por pistas visuais. Os movimentos do ar ou da água que passam por um inseto (tanto em um inseto que está parado enquanto o meio se move quanto em um inseto que está em movimento) são detectados em grande parte

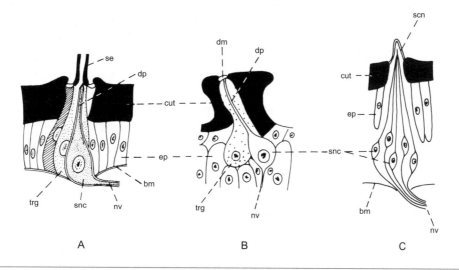

Figura 2-27 Sensilas de inseto. A, Sensila tricoide; B, Sensila campaniforme; C, Quimiorreceptor. *bm*, membrana basal; *cut*, cutícula; *dm*, camada cupuliforme da cutícula sobre a terminação nervosa; *dp*, processo distal da célula sensorial; *ep*, epiderme; *nv*, neurônio; *scn*, cone sensorial; *se*, seta; *snc*, célula sensorial; *trg*, célula tricógena. (A, C, Ilustração extraída de Snodgrass 1935, *Principles of Insect Morphology*, 1993, Cornell University Press.)

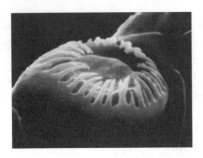

Figura 2-28 Fotografia de microscopia eletrônica por varredura da sensila na antena de um pulgão, ampliada 1750x;.

pelas antenas ou setas sensoriais no corpo. Em Diptera e Hymenoptera, as antenas parecem ser os detectores mais importantes destes movimentos. Em outros insetos, setas sensoriais na cabeça ou no pescoço podem ser os receptores mais importantes. Os halteres dos Diptera desempenham um papel importante para se manter o equilíbrio no voo. Eles se movem em um arco de aproximadamente 180 graus, em velocidades de até várias centenas de vezes por segundo. Qualquer alteração na direção do inseto estira a cutícula em função da propriedade giroscópica dos halteres com batimento rápido e é detectada pelas sensilas campaniformes distribuídas na base do haltere.

Audição

A capacidade de detectar sons (vibrações no substrato ou no meio circundante) é desenvolvida em muitos insetos, e os sons infuenciam muitos tipos de comportamento. Os insetos detectam sons transportados pelo ar por meio de dois tipos de órgãos sensitivos, as sensilas tricoides e os órgãos timpânicos. Eles detectam vibrações nos órgãos subgenuais de base.

Muitos insetos aparentemente podem detectar sons, mas os entomologistas nem sempre sabem quais sensilas estão envolvidas. Em alguns Diptera (por exemplo, os mosquitos), porém, os entomologistas sabem que as setas das antenas estão envolvidas na audição (com as sensilas correspondendo ao órgão de Johnston no segundo artículo antenal).

Os órgãos timpânicos são os órgãos escolopóforos nos quais as células sensoriais estão fixadas às membranas timpânicas (ou muito próximas a elas). O número de células sensoriais envolvidas varia de um ou dois (por exemplo, em algumas mariposas) até várias centenas. A membrana timpânica (ou tímpano) é uma membrana muito fina com ar nos dois lados. Os órgãos timpânicos estão presentes em alguns Orthoptera, Hemiptera e Lepidoptera. Os tímpanos de gafanhotos acrídios (Acrididae) estão localizados nas laterais do primeiro segmento abdominal. Em esperanças (Tettigoniidae) e grilos (Gryllidae), quando presentes, estão localizados na extremidade proximal da tíbia anterior (Figura 2-8D, tym). Os tímpanos das cigarras estão localizados no primeiro segmento abdominal (Figura 22-23, tym). Mariposas podem possuir tímpanos no metatórax ou na base do abdômen.

As vibrações no substrato podem ser iniciadas diretamente nele ou podem ser induzidas (por ressonância) pela vibração de sons transportados pelo ar. A detecção da vibração do substrato ocorre principalmente pelos órgãos subgenuais. A faixa de frequência à qual estes órgãos são sensíveis varia em diferentes insetos, porém está situada principalmente entre cerca de 200 e 3000 Hz. Alguns insetos (por exemplo, abelhas) podem ser bastante insensíveis ao som transportado pelo ar, mas podem detectar vibrações sonoras que os atinjam pelo substrato.

As setas sensoriais que detectam o som transportado pelo ar, em geral, são sensíveis apenas a frequências relativamente baixas (algumas centenas de Hertz ou menos; raramente alguns milhares). Provavelmente, os órgãos auditivos mais eficientes nos insetos são os órgãos timpânicos. Estes muitas vezes são sensíveis a frequências que se estendem até a faixa ultrassônica (até 100.000 Hz ou mais)[2], porém sua capacidade discriminatória é direcionada para uma modulação de amplitude e não uma modulação de frequência. A resposta de um inseto (seu comportamento e os impulsos nervosos que se originam em seus nervos auditivos) não é afetada por diferenças nas frequências do som, desde que estejam na faixa detectável; portanto, um inseto não detecta diferenças (ou alterações) no tom de um som, pelo menos nas frequências mais altas. Em contraste, os órgãos timpânicos são muito sensíveis à modulação por amplitude, ou seja, às características rítmicas do som. Estas são as características mais importantes da "musicalidade" de um inseto.

Visão

Os órgãos visuais primários dos insetos geralmente são de dois tipos, os ocelos frontais (singular, *ocelo*) e os olhos compostos multifacetados.

Os ocelos possuem uma lente corneana única que é um pouco elevada ou cupuliforme; por baixo desta

---

[2] O limite superior da audição em humanos geralmente corresponde a cerca de 15.000 Hz.

lente estão duas camadas celulares, as células secretoras da córnea e a retina (Figura 2-29A). As células que secretam a córnea são transparentes. A porção sensível à luz dos fotorreceptores dos insetos consiste em microvilosidades agrupadas em "pacotes" aproximados em um lado das células retinianas, chamados de rabdomas. Nos ocelos, os rabdomas estão na parte externa da retina. As porções basais das células retinianas muitas vezes são pigmentadas. Os ocelos aparentemente não formam imagens focalizadas (a luz é focalizada abaixo da retina); parecem ser órgãos sensíveis principalmente a diferenças na intensidade da luz.

Os receptores de luz mais complexos dos insetos são os olhos compostos ou facetados, que consistem em muitas (até vários milhares) unidades individuais chamadas omatídios (Figura 2-29C,D). Cada omatídio corresponde a um grupo alongado de células cobertas externamente por uma lente corneana hexagonal. As lentes corneanas geralmente são convexas em seu exterior, formando as facetas do olho. Abaixo desta lente corneana geralmente está um cone cristalino de quatro células de Semper (Figura 2-29D, cc) cercadas por duas células secretoras da córnea pigmentadas (pgc); abaixo do cone cristalino está um grupo de células sensoriais alongadas, geralmente em um total de oito, cercadas por uma bainha de células epidérmicas pigmentares (pgc). As porções estriadas das células sensoriais formam um rabdoma (rh) central ou axial no omatídio.

O pigmento que cerca um omatídio (Figura 2-29D, pgc) geralmente estende-se internamente o suficiente para que a luz que chega ao rabdoma atravesse apenas aquele omatídio; portanto, a imagem obtida por um inseto é um mosaico e um olho deste tipo é denominado de *olho de aposição*. Se o pigmento estiver localizado mais distalmente em relação ao rabdoma, a luz do omatídio adjacente pode atingir um determinado rabdoma; este é um olho de superposição. Em alguns insetos que voam durante o dia e a noite, como as mariposas, a migração do pigmento ao redor de uma omatídio funciona um pouco como a íris de um olho humano: com luz clara, o pigmento migra para dentro, cercando o rabdoma, de modo que a única luz que chega ao rabdoma é aquela vinda do omatídio (um olho de aposição); no escuro, o pigmento move-se para fora, de modo que a luz de omatídios adjacentes também possa atingir o rabdoma (um olho de superposição). O tempo necessário para a realização deste movimento pelo pigmento varia em diferentes espécies. Para a espécie *Cydia pomonella* (Lepidoptera, Tortricidae), varia de 30 a 60 minutos.

Muitos insetos imaturos (e alguns adultos) não possuem olhos compostos e em seu lugar pode haver pequenos grupos de órgãos visuais semelhantes aos ocelos quanto ao aspecto externo (Figura 2-29B). Estes são chamados de *estemas* (ou, às vezes, *ocelos laterais*). Estas estruturas variam muito em constituição, mas aparentemente todas representam olhos compostos altamente modificados (ver Paulus 1979). Na maioria das larvas de Holometabola, os olhos larvais sofrem degeneração durante a metamorfose e são substituídos por novos olhos compostos adultos.

A taxa de cintilação na qual a luz parece contínua é muito maior do que em humanos: 45 a 53 por segundo em humanos e até 250 ou mais nos insetos. Esta taxa maior significa que os insetos podem perceber formas mesmo durante o voo rápido e que eles são muito sensíveis ao movimento. Em alguns insetos (por exemplo, as libélulas), os omatídios de um olho estão orientados de modo que seus eixos apresentem uma intersecção com os do outro olho, permitindo uma visão estereoscópica. Se uma náiade de libélula for cega de um olho, a náiade não conseguirá avaliar a posição de sua presa de modo muito preciso.

A faixa de comprimentos de onda à qual os olhos dos insetos são sensíveis corresponde a aproximadamente 2.540 a 6.000 Å, em comparação a aproximadamente 4.500 a 7.000 Å em humanos. A variação visual dos insetos é desviada para comprimentos de onda mais curtos em comparação à de vertebrados. Muitos insetos parecem ser cegos para cores, mas alguns podem distingui-las, incluindo o ultravioleta. A abelha melífera, por exemplo, pode distinguir azul e amarelo, mas não consegue enxergar o vermelho. Exatamente como um inseto distingue as diferentes cores não é claro. Existem evidências de que isto pode resultar da diferença na sensibilidade das células da retina à luz de diferentes comprimentos de onda. Alguns insetos (por exemplo, a abelha melífera) são capazes de analisar a luz polarizada. A partir do padrão de polarização em uma pequena área do céu, eles podem determinar a posição do sol. A cápsula cefálica de alguns gorgulhos contém uma região que transmite apenas luz vermelha distante e infravermelha próxima. No gorgulho da alfafa, *Hypera postica*, este filtro de corte extraocular aparentemente trabalha em conjunto com os olhos compostos, permitindo que o inseto utilize pistas visuais para localizar e reconhecer sua planta hospedeira.

Outros órgãos sensitivos

Os insetos geralmente possuem um sentido de temperatura bem desenvolvido. Os órgãos de sentido envolvidos estão distribuídos ao longo do corpo, mas são mais numerosos nas antenas e nas pernas. Alguns insetos também possuem um sentido de umidade bem

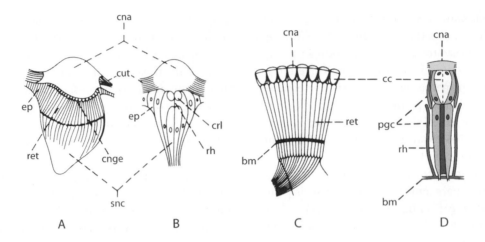

Figura 2-29 Estrutura ocular dos insetos (diagramática). A, Ocelo dorsal de uma formiga; B, Estemas laterais de uma lagarta; C, Corte vertical da parte de um olho composto; D, Omatídio de um olho composto. *bm*, membrana basal; *cc*, cone cristalino; *cna*, córnea; *cnge*, células secretoras da córnea; *crl*, lente cristalina; *cut*, cutícula; *ep*, epiderme; *pgc*, células pigmentares; *ret*, retina; *rh*, rabdoma; *snc*, células sensoriais da retina. (B, C, Desenho extraído de Snodgrass 1935, *Principles of Insect Morphology*, 1993, Cornell University Press; D, Ilustração extraída de Matheson 1951, *Entomology for Introductory Courses*, 1947.)

desenvolvido. As sensilas envolvidas nestes sentidos têm estruturas muito diversas e, em muitos casos, a relação entre a estrutura observada e a função não é bem compreendida (ver Altner e Loftus 1985).

SISTEMA ENDÓCRINO

Sabe-se que vários órgãos de um inseto produzem hormônios, cujas principais funções consistem no controle dos processos reprodutivos, de muda e metamorfose. Substâncias químicas semelhantes aos hormônios dos vertebrados, incluindo andrógenos, estrógenos e insulina, foram detectadas nos insetos, mas suas funções ainda são desconhecidas.

As células neurossecretoras no cérebro consistem em neurônios produtores de um ou mais hormônios que desempenham um papel no crescimento, metamorfose e atividades reprodutivas. Um destes, comumente chamado de *hormônio cerebral* ou *hormônio protoracicotrópico* (PTTH), desempenha um papel importante na muda estimulando um par de glândulas no protórax a produzir o hormônio ecdisona, que causa a apólise (separação da cutícula antiga da epiderme subjacente). Outros hormônios produzidos pelo cérebro podem ter outras funções. Por exemplo, os entomologistas acreditam que um hormônio cerebral atue na determinação de castas em cupins e na interrupção da diapausa em alguns insetos.

A ecdisona (Figura 2-30A) está relacionada ao crescimento e ao desenvolvimento e causa apólise. Este hormônio ocorre em todos os grupos de insetos estudados, em crustáceos e em aracnídeos, e provavelmente é o hormônio de muda de todos os artrópodes. Também desempenha um papel na diferenciação dos ovaríolos e das glândulas reprodutoras acessórias nas fêmeas e em várias etapas do processo de produção de ovos (oogênese). A ecdisona também é produzida nos ovários dos insetos.

Os corpora allata (Figura 2-26, ca) produzem um hormônio chamado de *hormônio juvenil* (JH) (Figura 2-30B), cujo efeito é a inibição da metamorfose. Várias substâncias, particularmente terpenos como farnesol, exibem uma considerável atividade semelhante ao hormônio juvenil. O JH também tem efeito sobre outros processos, além da inibição da metamorfose. Está envolvido na vitelogênese, na atividade das glândulas reprodutoras acessórias, na produção de feromônios e no comportamento sexual (ver Raabe 1986).

Substâncias quimicamente relacionadas à ecdisona e ao hormônio juvenil ocorrem em algumas plantas e podem evitar que os insetos se alimentem delas. Substâncias químicas análogas à ecdisona e ao hormônio juvenil estão sendo estudadas para que possam atuar como novos tipos de inseticidas.

SISTEMAS REPRODUTORES

Sistemas reprodutores internos

O sistema reprodutor interno da fêmea (Figura 2-31A) consiste em um par de ovários (ovy), em um sistema de ductos pelos quais os ovos passam para o exterior e em glândulas associadas. Cada ovário geralmente consiste em um grupo de ovaríolos (ovl). Estes levam posteriormente ao oviduto lateral (ovd) e são unidos anteriormente em um ligamento suspensor (sl), que em geral está afixado à parede corporal ou ao diafragma dorsal. O número de ovaríolos por ovário varia de 1 a 200 ou mais, mas geralmente está na faixa de 4 a 8. As oogônias (as células germinativas primárias) estão localizadas na porção apical anterior do ovaríolo, o germário. As oogônias sofrem mitose, originando os oócitos e os trofócitos (ou células nutritivas; os entomologistas não sabem que mecanismo determina quais células-filhas se transformarão em oócitos e quais se transformarão em trofócitos). Os ovaríolos, nos quais são produzidos os trofócitos, são chamados *ovaríolos meroísticos*; nenhum trofócito é produzido nos ovaríolos panoísticos. Os oócitos passam pelos ovaríolos, amadurecendo enquanto se deslocam. Portanto, a sequência espacial no ovaríolo reflete a sequência temporal de maturação do oócito. Os trofócitos podem estar conectados ao oócito por filamentos citoplasmáticos e permanecer no germário (ovaríolos telotróficos) ou passar pelo ovaríolo com cada oócito (em ovaríolos politróficos). Os trofócitos são importantes para a passagem de ribossomos e RNA para o oócito. Um oócito, o epitélio circundante e os trofócitos (em ovaríolos politróficos) formam juntos um folículo. As proteínas vitelínicas (vitelogeninas) são sintetizadas fora do ovaríolo e transportadas para o oócito pelo epitélio folicular. Nesta região do ovaríolo (o vitelário), os oócitos aumentam muito de tamanho em razão da deposição do vitelo (o processo de vitelogênese). O vitelo consiste em corpos proteicos (derivados em grande parte das proteínas da hemolinfa), gotículas lipídicas e glicogênio. Muitos insetos são portadores de micro-organismos em seus corpos e, em alguns casos, estes podem passar para o ovo durante seu desenvolvimento, geralmente pelas células do folículo. As divisões de maturação do oócito podem ocorrer aproximadamente no fim da vitelogênese ou mesmo após a inseminação, resultando em ovos com um número haploide de cromossomos. Na porção inferior do ovaríolo, uma membrana vitelínica é formada ao redor do oócito e o epitélio folicular secreta o córion (ou a casca do ovo) ao redor do oócito maduro.

Em muitos insetos, todos ou a maioria dos oócitos amadurecem antes de serem depositados, e ovários cheios de ovos podem ocupar uma grande parte da cavidade corporal e até mesmo distender o abdômen. Os dois ovidutos laterais geralmente são unidos posteriormente para formar um único oviduto comum (ou mediano), que se dilata posteriormente em uma câmara genital ou vagina. A vagina se estende para o exterior, com sua abertura sendo chamada de poro genital feminino (em referência à abertura pela qual os ovos são depositados) ou *vulva* (a abertura copulatória). Uma vez que a vagina geralmente também recebe a genitália masculina durante a copulação, às vezes ela é conhecida como *bolsa copuladora*. Associada à vagina, geralmente está uma estrutura em forma de saco chamada de espermateca, na qual os espermatozoides são armazenados, e frequentemente várias glândulas acessórias, que podem secretar material adesivo para grudar os ovos a algum objeto ou fornecer material para a cobertura da massa de ovos com um revestimento protetor.

Em muitos Lepidoptera (os Ditrysia), existem duas aberturas no trato reprodutor da fêmea. O oviduto comum leva à vagina e o poro genital feminino leva ao exterior no segmento 9. Durante a cópula, porém, o macho introduz sua genitália e deposita o espermatóforo em uma abertura separada, a vulva, no segmento 8. A vulva leva à bolsa copuladora, que está conectada à vagina e, então, à espermateca por um ducto espermático, pelo qual os espermatozoides devem se mover.

O desenvolvimento do ovo geralmente está completo aproximadamente no momento em que atinge-se o estágio adulto, porém, em alguns casos, ele é concluído mais tarde. Nos pulgões cujas fêmeas ovipositam os jovens paternogeneticamente, os ovos amadurecem e seu desenvolvimento começa antes que o estágio adulto seja atingido. No besouro do

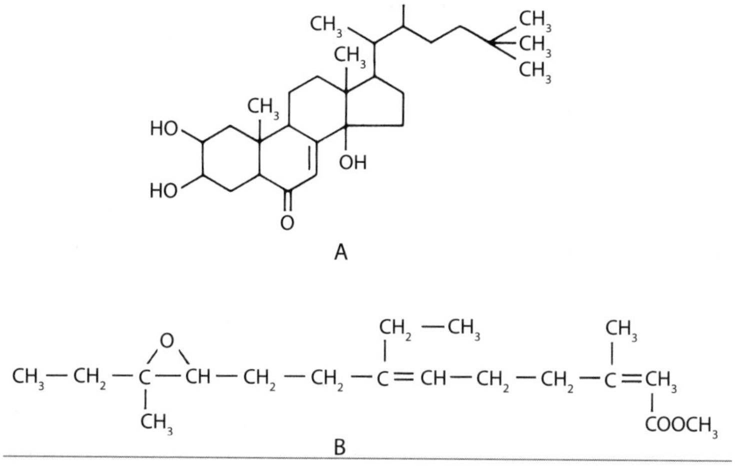

Figura 2-30 Estrutura de dois hormônios dos insetos. A, Ecdisona; B, Hormônio juvenil.

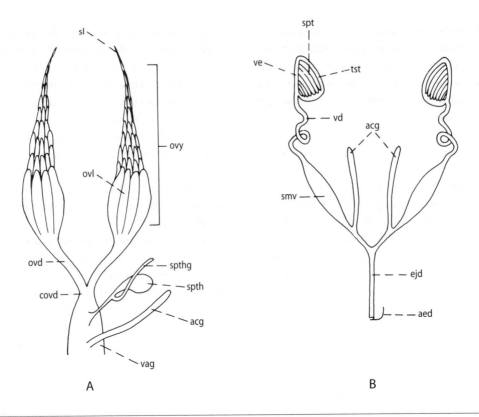

Figura 2-31 Sistema reprodutor dos insetos. A, Sistema reprodutor feminino; B, Sistema reprodutor masculino. *acg*, glândula acessória; *aed*, edeago; *covd*, oviduto comum; *ejd*, ducto ejaculatório; *ovd*, oviduto; *ovl*, ovaríolo; *ovy*, ovário; *sl*, ligamento suspensor; *smv*, vesícula seminal; *spt*, tubo espermático; *spth*, espermateca; *spthg*, glândula espermatecal; *tst*, testículo; *vag*, câmara genital ou vagina; *vd*, ducto deferente; *ve*, ducto eferente. (Ilustração extraída de Snodgrass 1935, *Principles of Insect Morphology*, 1993, Cornell University Press.)

gênero *Micromalthus*, os ovos amadurecem e começam seu desenvolvimento (sem fertilização) nos ovários das larvas e passam para o exterior (como ovos ou larvas) antes que a mãe se torne adulta. No cecidomiídeo do gênero *Miastor*, o desenvolvimento dos ovos também é concluído no estágio larval, mas, neste caso, as larvas (que se desenvolveram paternogeneticamente) saem dos ovários para a cavidade corporal e ali se desenvolvem. Cedo ou tarde, rompem a cutícula da larva mãe e escapam para o exterior. A reprodução que ocorre em um estágio pré-adulto é chamada *pedogênese*.

A produção de ovos parece ser controlada em muitos insetos por um ou mais hormônios dos corpora allata, incluindo o hormônio juvenil (Figura 2-30B), que atua controlando os estágios iniciais da oogênese e da deposição do vitelo. A remoção dos corpora allata impede a formação normal do ovo e sua reimplantação (seja de um macho, seja de uma fêmea) induz a atividade ovariana novamente. Os corpora allata possuem conexões nervosas com o cérebro e os impulsos nervosos afetam sua atividade. Os pesquisadores também acreditam que (pelo menos em alguns casos) as células neurossecretoras do cérebro possam produzir um hormônio que afeta a atividade dos corpora allata. Muitos fatores externos (por exemplo, fotoperíodo e temperatura) afetam a produção dos ovos e estes fatores provavelmente atuam pelos corpora allata.

O sistema reprodutor do macho (Figura 2-31B) é semelhante na organização geral ao da fêmea. Consiste em um par de gônadas, os testículos, ductos para o exterior e glândulas acessórias. Cada testículo (tst) consiste em um grupo de tubos espermáticos (spt) ou folículos cercados por uma bainha peritoneal. Cada folículo espermático se abre em um tubo conector curto, o **ducto eferente** (ve), e estes são conectados a um único **ducto deferente** (vd) em cada lado do animal. Os dois ductos deferentes geralmente são unidos posteriormente para formar um ducto ejaculatório mediano (ejd), que se abre no exterior em um pênis ou edeago (aed). Alguns insetos apresentam uma dilatação ou um divertículo lateral em cada ducto deferente em que são armazenados os espermatozoides: chamam-se *vesículas seminais* (smv). As glândulas acessórias (acg) secretam fluidos que servem como transporte para os espermatozoides ou endurecem ao seu redor formando uma cápsula que contém os espermatozoides, o espermatóforo.

Os espermatozoides começam seu desenvolvimento nas extremidades distais (anteriores) dos folículos espermáticos dos testículos e continuam o desenvolvimento à medida que passam para o ducto eferente. O processo de espermatogênese (produção de células germinativas haploides a partir de espermatogônias diploides) geralmente é concluído no momento em que o inseto atinge o estágio adulto ou logo depois.

Os espermatozoides de insetos ocorrem em uma variedade estarrecedora de formas e tamanhos, muitas vezes diferindo notavelmente das células típicas em forma de girinos que costumamos imaginar (ver Jamieson 1987). Uma característica notável é que o flagelo, ou axonema, é composto pelo arranjo de microtúbulos 9 + 2 típico, característico de flagelos e cílios, mas, além disso, possui um anel externo de 9 microtúbulos isolados que são derivados do anel de 9 pares. Este arranjo 9 + 9 + 2 é característico dos hexápodes como um todo. Além das células mais familiares em forma de filamento ou de girino, alguns hexápodes possuem espermatozoides com dois flagelos em vez de um, células nas quais o axonema está "encistado" e consequentemente imóvel e, em alguns Protura, ocorre inclusive células imóveis simples em forma de disco. Entre as espécies de *Drosophila*, os espermatozoides variam em comprimento de aproximadamente 55 μm a 15 mm (o comprimento corporal total do *D. melanogaster* doméstico corresponde a menos de 5 mm)!

Genitália externa

Em geral, acredita-se que a genitália externa da maioria dos insetos seja derivada de apêndices dos segmentos abdominais 8, 9 e possivelmente 10. A genitália masculina consiste em órgãos primariamente envolvidos com a cópula e a transferência de espermatozoides para a fêmea. A genitália feminina está envolvida na deposição de ovos sobre ou no interior de um substrato adequado. Estas estruturas são chamadas de *genitália externa*, embora possam ficar retraídas no interior dos segmentos abdominais apicais quando não estão em uso e frequentemente (especialmente nos machos) não sejam visíveis sem dissecção.

Acredita-se que o ovipositor apendicular dos insetos pterigotos tenha evoluído a partir de uma estrutura semelhante à encontrada atualmente na genitália feminina dos Thysanura (Figura 2-32A). Esta consiste em um ovipositor, que é formado a partir dos apêndices (gonopodos) dos segmentos 8 e 9. A primeira gonocoxa (o primeiro valvífero, do segmento 8, gcx_1) articula-se dorsalmente com tergo 8; a segunda gonocoxa (segundo valvífero, do segmento 9, gcx_2) articula-se com o tergo 9. Lateralmente, as gonocoxas possuem estilos, os **gonostilos**; supostamente, estes representam homólogos seriais dos estilos em segmentos pré-genitais e, consequentemente, representam os telopoditos derivados dos apêndices abdominais primitivos. Medialmente, cada gonocoxa apresenta um processo alongado conhecido como **gonapófise** (também chamado de *válvula*); as segundas gonapófises (gap_2, segmento 9) estão situadas acima das primeiras gonapófises (gap_1, segmento 8) e juntas formam o eixo do ovipositor (ovp). A coordenação do movimento destas quatro estruturas alongadas é obtida por dois mecanismos. Primeiro, as duas gonapófises em cada lado são conectadas por um mecanismo de encaixe duplo conhecido como **olisteter**. Além disso, um pequeno esclerito em cada lado, o **gonângulo**, articula-se com a segunda gonocoxa (da qual é derivado), a primeira gonapófise e o tergo 9. Novamente, isto interconecta os movimentos das primeiras e segundas gonapófises em cada lado.

Nos insetos pterigotos que retêm um ovipositor apendicular, o primeiro gonostilo é perdido e a segunda gonocoxa é alongada (talvez incorporando remanescentes do segundo gonostilo) para formar uma cobertura externa semelhante a uma bainha para o eixo ovipositor, as **gonoplacas** (também conhecidas como *terceiras válvulas*, Figura 2-32B, gpl). Na maioria dos insetos, as gonoplacas têm uma função tanto protetora quanto sensorial e não estão envolvidas na penetração do substrato para a postura dos ovos. Em Orthoptera, porém, as gonoplacas são estruturas de corte ou escavação, assumindo a função das segundas gonapófises, que são menores e funcionam como guia para os ovos.

Existem várias modificações desta estrutura ovipositora apendicular básica em pterigotos, porém a condição mais generalizada é encontrada em alguns Odonata, Hemiptera (Auchenorrhyncha), Orthoptera e Hymenoptera. Em muitos Holometabola, os componentes apendiculares do ovipositor são muito menores e não estão envolvidos na oviposição. Em vez disso, os segmentos abdominais terminais formam um tubo telescopado, chamado de *pseudovipositor* ou *oviscapto*, que a fêmea estende durante a postura dos ovos (Figura 2-32C). Em alguns casos, como nas moscas tefritídeas, este tipo de ovipositor comporta placas de corte apicais, permitindo que a fêmea coloque seus ovos profundamente em um substrato adequado.

A genitália externa dos insetos machos mostra uma diversidade tão incrível que é difícil para os entomologistas inferir as estruturas primárias a partir das quais

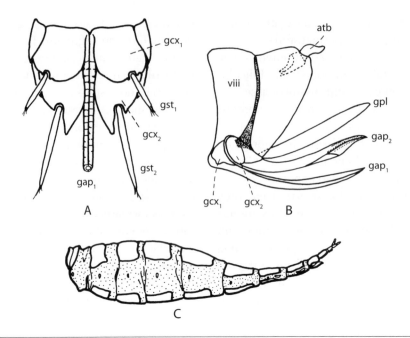

Figura 2-32 Ovipositor dos insetos. A, Ovipositor de Thysanura, vista ventral; B, Ovipositor de um cigarrinha, vista lateral com as partes espalhadas; C, Ovipositor secundário de Mecoptera, vista lateral. *atb*, tubo anal; *gcx₁*, primeira gonocoxa; *gcx₂*, segunda gonocoxa; *gap₁*, primeira gonapófise; *gap₂*, segunda gonapófise; *gpl*, gonoplaca; *gst₁*, primeiro gonostilo; *gst₂*, segundo gonostilo. (A, C, Ilustração extraída de Snodgrass 1935, *Principles of Insect Morphology*, 1993, Cornell University Press.)

elas evoluíram e homologar as partes em diferentes ordens. A genitália de Thysanura e Microcoryphia geralmente é semelhante à das fêmeas, porém com um edeago mediano adicional derivado do segmento 10 (Figura 2-33A). Contudo, a genitália masculina da traça-dos-livros e das traças saltadoras não está envolvida na cópula. Nestes insetos, assim como nos hexápodes entognatos, a transferência de espermatozoides é indireta: o macho deposita seu espermatóforo ou uma gotícula de esperma no substrato e a fêmea coloca-o ativamente em seu gonoporo. O edeago de lepismatídeos é usado para tecer uma rede de seda na qual o espermatóforo é depositado.

Existe um debate considerável sobre a origem da genitália masculina nos pterigotos. Alguns entomologistas defendem que eles são se originam apenas dos apêndices do segmento 9, enquanto outros incluem estes dois apêndices e o edeago no segmento 10 (como visto em Machilidae e Lepimastidae). Snodgrass (1957) sustentava que a genitália é derivada de crescimentos exteriores do esterno 10. Em termos muito gerais, a genitália consiste em órgãos de pinçamento externos com um órgão de penetração mediano (Figura 2-33B). As pinças externas, ou **parâmeros** (pmr), podem surgir a partir de uma base comum, a **gonobase**, ou anel basal (gb). O órgão penetrante mediano é o edeago (aed). A abertura do edeago pela qual o espermatóforo ou o sêmen passa é o **falotrema** (phtr). Em muitas espécies,

o ducto ejaculatório é evertido pelo falotrema durante a cópula; este revestimento eversível é chamado de *endofalo*. Existe tanta diversidade na estrutura e na nomenclatura da genitália masculina que está além do escopo deste livro descrevê-la com mais detalhes (ver Tuxen 1970 para uma representação ordem a ordem,

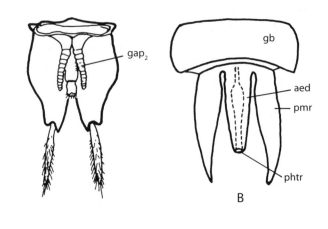

Figura 2-33 A, Genitália masculina de Machilidae, vista ventral; B, Genitália externa de pterigotos (diagramática). *aed*, edeago; *gap₂*, segunda gonapófise; *pmr*, parâmero; *phtr*, falotrema. (A, Ilustração extraída de Snodgrass 1935, *Principles of Insect Morphology*, 1993, Cornell University Press; B, Ilustração extraída de Snodgrass 1951.)

com explicação das estruturas genitais e da nomenclatura usada). Esta diversidade da estruturas é bastante útil para identificar muitos grupos de insetos em nível de espécie; esta identificação geralmente requer dissecção e montagem da genitália para um estudo mais atento.

DESENVOLVIMENTO E METAMORFOSE

Determinação do sexo

Os cromossomos dos insetos (assim como de outros animais) geralmente ocorrem em pares, mas em um sexo os membros de um par não têm correspondência ou são representados apenas por um único cromossomo. Os cromossomos deste conjunto ímpar são chamados de *cromossomos sexuais*; os dos outros pares, *autossomos*. Na maioria dos insetos, os machos possuem apenas um cromossomo X (sexual) (e são chamados de heterogaméticos) e a fêmea tem dois (homogamética). A condição masculina geralmente é referida como XO (se apenas um cromossomo neste par estiver presente) ou XY (com o cromossomo Y sendo diferente em tamanho ou forma do cromossomo X) e a fêmea como XX (dois cromossomos X). Uma exceção importante a esta generalização está nos Lepidoptera; na maioria das espécies desta ordem, a fêmea é que é heterogamética (o sistema é WZ/ZZ, fêmeas são WZ, machos ZZ).

Os autossomos parecem conter genes para a "masculinidade", enquanto os cromossomos X contêm os genes para "feminilidade". Mais exatamente, parece que o sexo é determinado pelo equilíbrio entre estes dois grupos de genes. Com dois autossomos de cada par e apenas um cromossomo X, os genes para a masculinidade predominam e o animal torna-se um macho. Com dois autossomos de cada par e dois cromossomos X, os genes para a feminilidade predominam e o animal torna-se uma fêmea.

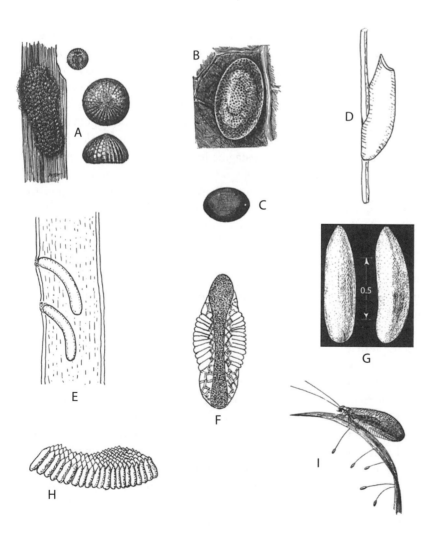

Figura 2-34 Ovos de insetos. A, Lagarta-do-cartucho, *Spodoptera frugiperda* (J. E. Smith); B, Lepidoptera, Pyralidae, *Desmia funeralis* (Hübner); C, Lagarta da raiz-do-milho, *Diabrotica undecimpunctata howardi* Barber; D, Gasterófilo, *Gasterophilus intestinalis* (De Geer); E, Grilo arborícola, *Oecanthus fultoni* Walker; F, Mosquito *Anopheles*; G, *Hylemya platura* (Meigen) Diptera, Anthomyiidae; H, Mosquito *Culex*, jangada de ovos; I, Crisopídeo, *Chrysopa sp.*

O sexo é determinado de modo um pouco diferente nos Hymenoptera e em alguns outros insetos. Nestes insetos, os machos geralmente são haploides (apenas muito raramente diploides) e as fêmeas são diploides. Os machos se desenvolvem a partir de ovos não fertilizados e as fêmeas se desenvolvem a partir de ovos fertilizados (um tipo de partenogênese chamada de *arrenotoquia*). Não se sabe exatamente como uma condição haploide produz um macho e uma condição diploide produz uma fêmea, porém os geneticistas acreditam que o sexo nestes insetos depende de uma série de alelos múltiplos (*Xa, Xb, Xc* e assim por diante): haploides e diploides homozigotos (*Xa/Xa, Xb/Xb, Xc/Xc* etc.) são machos, enquanto apenas diploides heterozigotos (*Xa/Xb, Xc/Xd* etc.) são fêmeas.

O desenvolvimento partenogenético que produz fêmeas ocorre em muitos insetos (este tipo é chamado de *telitoquia*). Em algumas destas espécies, os machos são relativamente raros ou desconhecidos. Estes insetos geralmente têm o mecanismo de determinação de sexo XO ou XY para os machos e XX para as fêmeas, o que significa que os ovos não sofrem meiose e são diploides ou sofrem meiose e dois núcleos de clivagem são fundidos para se restaurar a condição diploide. Alguns insetos (por exemplo, vespas galhadoras e pulgões) produzem tanto machos quanto fêmeas paternogeneticamente (em determinadas estações). A produção de um macho aparentemente envolve a perda de um cromossomo X e a produção de uma fêmea envolve ou uma fusão de dois núcleos de clivagem para restaurar a condição diploide ou ovos diploides originados de um tecido germinativo tetraploide.

Pesquisas recentes revelaram a presença difusa da bactéria *Wohlbachia* em uma grande diversidade de insetos. Em alguns casos, a bactéria mata os embriões que se desenvolveriam em machos.

Insetos individuais às vezes se desenvolvem com características sexuais aberrantes. Indivíduos que possuem alguns tecidos masculinos e alguns tecidos femininos são chamados *ginandromorfos*; estes indivíduos ocorrem algumas vezes em Hymenoptera e Lepidoptera. Em Hymenoptera, cujo mecanismo de determinação de sexo corresponde a haploidia = macho e diploidia = fêmea, um ginandromorfo pode se desenvolver a partir de um ovo binucleado, no qual apenas um dos núcleos é fertilizado, ou pode se desenvolver quando um espermatozoide adicional entra no ovo e sofre clivagem para produzir um tecido haploide (masculino) em um indivíduo que, de outro modo, é uma fêmea. Indivíduos com uma condição sexual intermediária entre a masculinidade e a feminilidade são chamados de *intersexos*. Estes geralmente resultam de um desequilíbrio genético, particularmente em poliploides (por exemplo, uma *Drosophila* triploide com um conteúdo de cromossomo sexual XXY constitui um intersexo e é estéril).

Ovos

Os ovos dos diferentes insetos variam muito em aparência (Figuras 2-34). A maioria é esférica, oval ou alongada (Figura 2-34B,C,G), mas alguns ovos têm forma de barril, outros têm forma de disco e assim por diante. O ovo é coberto por uma casca que varia em espessura, escultura e cor: muitos ovos possuem cristas, espinhos ou outros processos característicos e alguns têm cores vivas.

A maioria dos ovos de insetos é depositada de modo que recebam alguma proteção ou que os jovens, após a eclosão, tenham condições adequadas para o seu desenvolvimento. Muitos insetos envolvem seus ovos em um tipo de material protetor. Baratas, louva-a-deus e outros insetos envolvem seus ovos em uma cobertura ou uma cápsula. As lagartas de tenda cobrem seus ovos com um material semelhante à goma-laca. As mariposas ciganas depositam seus ovos em uma massa de seus pelos corporais. Gafanhotos, besouros-de-maio e outros insetos depositam seus ovos no solo. Grilos arborícolas inserem seus ovos em tecidos vegetais (Figura 2-34E). A maioria dos insetos que se alimentam de vegetais deposita seus ovos na planta que será o alimento dos jovens. Insetos cujos estágios imaturos são aquáticos geralmente depositam seus ovos na água ou em sua proximidade, frequentemente fixando-os em objetos na água. Insetos parasitoides geralmente depositam os ovos no interior ou sobre o corpo do hospedeiro. Alguns insetos depositam seus ovos isoladamente, enquanto outros depositam os ovos em grupos ou massas características (Figuras 2-34H). O número depositado varia de um em alguns pulgões a muitos milhares em alguns insetos sociais, mas a maioria dos insetos deposita de 50 a algumas centenas de ovos.

Grande parte dos insetos é ovípara, ou seja, os jovens eclodem dos ovos após sua postura. Em alguns insetos, os ovos se desenvolvem no interior do corpo da fêmea e os jovens vivos são depositados. O extremo neste caso é visto na mosca das ovelhas, por exemplo: a mosca fêmea retém o ovo e a larva no interior de seu corpo por um período de tempo prolongado. Quando finalmente ocorre o parto ("nascimento"), a larva quase imediatamente cava o solo e empupa. Portanto, o único estágio de alimentação ativa corresponde à mosca parasitária adulta.

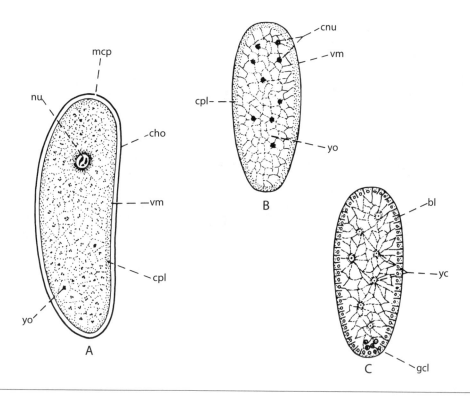

Figura 2-35 A, Diagrama de um ovo de inseto típico; B, Clivagem inicial; C, Formação da camada de blastoderme periférico. *bl*, blastoderme; *cho*, córion; *cnu*, núcleos de clivagem; *cpl*, citoplasma cortical; *gcl*, células germinativas; *mcp*, micrópila; *nu*, núcleo; *vm*, membrana vitelínica; *yc*, células vitelínicas; *yo*, vitelo. (Ilustração extraída de Snodgrass 1935, *Principles of Insect Morphology*, 1993, Cornell University Press.)

Desenvolvimento embrionário

O ovo de um inseto é uma célula com duas coberturas externas, uma membrana vitelínica fina envolvendo o citoplasma e um córion mais externo. O córion, que constitui a casca externa mais dura do ovo, possui um poro ou um conjunto de poros minúsculos (a micrópila) em uma extremidade, pelos quais o espermatozoide entra no ovo (Figura 2-35A). Na região imediatamente mais interna à membrana vitelínica está uma camada de citoplasma cortical. A porção central do ovo, no interior do citoplasma cortical, consiste em grande parte no vitelo.

A maioria dos ovos de insetos sofre o que é chamado de *clivagem superficial*. As clivagens iniciais envolvem apenas o núcleo, originando os núcleos-filhos dispersos pelo citoplasma (Figura 2-35B). Ao final, estes núcleos migram para a periferia do ovo (até a camada do citoplasma cortical). Após a migração nuclear, o citoplasma periférico é subdividido em células, geralmente com um núcleo cada, formando uma camada celular, o blastoderme (Figura 2-35C, bl). Este é o estágio de blástula. No blastoderme, na massa de material vitelino, estão algumas células que não participam da formação do blastoderme; estas consistem principalmente em células vitelínicas.

As células do blastoderme na superfície ventral do ovo tornam-se maiores e mais espessas, formando uma banda germinativa ou placa ventral que finalmente formará o embrião. As demais células do blastoderme transformam-se na serosa e (mais tarde) no âmnio. A banda germinativa se diferencia em uma área mediana ou uma placa média e em duas áreas laterais, as placas laterais (Figura 2-36A). O estágio de gástrula começa quando a mesoderme é formada a partir do ponto médio, de um de três modos: por uma invaginação desta placa (Figura 2-36B,C), pelo crescimento de placas laterais sobre ela (Figura 2-36D,E) ou pela proliferação de células a partir de sua superfície interna (Figura 2-36F). As células proliferam de cada extremidade da mesoderme e por fim crescem ao redor do vitelo. Estas células representam o início da endoderme e formam o revestimento do que será o intestino médio do inseto (Figura 2-37). Os vários órgãos e tecidos do inseto se desenvolvem a partir das 3 camadas germinativas – ectoderme, mesoderme e endoderme. A ectoderme origina a parede corporal, o sistema traqueal, o sistema nervoso, os túbulos de Malpighi e as extremidades anterior e posterior

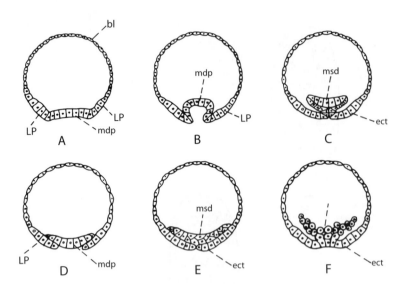

Figura 2-36 Diagramas em corte transversal mostrando a formação da mesoderme nos insetos. A, Banda germinativa diferenciada nas placas média e lateral; B, C, Estágios da formação da mesoderme por invaginação da placa média; D, E, Estágios da formação da mesoderme pelo crescimento de placas laterais sobre a placa média; F, Formação da mesoderme por proliferação interna a partir da placa média. *bl*, blastoderme; *ect*, ectoderme; *mdp*, placa média; *LP*, palca lateral; *msd*, mesoderme. (Ilustração extraída de Snodgrass 1935, *Principles of Insect Morphology*, 1993, Cornell University Press.)

do trato alimentar; a mesoderme origina o sistema muscular, o coração e as gônadas; a endoderme se desenvolve no intestino médio[3].

O trato alimentar é formado por invaginações de cada extremidade do embrião, que se estendem e se unem ao intestino médio primitivo (Figura 2-37). A invaginação anterior transforma-se no intestino anterior, a invaginação posterior torna-se o intestino posterior e a parte central (revestida por endoderme) torna-se o intestino médio. As células que revestem o intestino anterior e o intestino posterior têm origem ectodérmica e secretam cutícula.

A segmentação corporal torna-se razoavelmente evidente já no início do desenvolvimento embrionário, aparecendo primeiro na parte anterior do corpo. Ela envolve a ectoderme e a mesoderme, mas não a endoderme, e é refletida na disposição segmentar das estruturas que se desenvolvem a partir destas camadas germinativas (sistema nervoso, coração, sistema traqueal e anexos). Os apêndices aparecem logo após a segmentação tornar-se evidente. Em geral, cada segmento começa a desenvolver um par de anexos, porém a maioria deles é reabsorvida e não se desenvolve adicionalmente.

Os mecanismos moleculares que governam o padrão de desenvolvimento dos embriões constituem uma área de pesquisa particularmente ativa. A orientação inicial do embrião é mediada por proteínas derivadas do RNA materno no ovo. Subsequentemente,

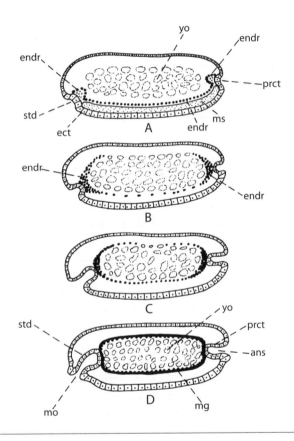

Figura 2-37 Diagramas mostrando a formação do canal alimentar. A, Estágio inicial no qual a endoderme é representada por rudimentos; B, C, Desenvolvimento da endoderme ao redor do vitelo; D, Conclusão do canal alimentar. *ans*, ânus; *ect*, ectoderme; *endr*, rudimentos endodérmicos; *mg*, intestino médio; *mo*, boca; *ms*, mesodermo; *prct*, proctodeu; *std*, estomodeu ou intestino anterior; *yo*, vitelo. (Ilustração extraída de Snodgrass 1935, *Principles of Insect Morphology*, 1993, Cornell University Press.)

---

[3] Observe que estes tecidos embrionários, em particular o chamado endoderme, podem não ser homólogos aos de deuterostomados.

a hierarquia dos genes é transcrita, definindo-se o padrão de segmentação do embrião. Particularmente interessante são os genes homeobox, ou genes HOX. Nos insetos estudados, existem oito genes HOX. Em *Drosophila*, todos estão localizados no cromossomo 3 e ocorrem na ordem lab, pb, dfd, scr, antp, ubx, abd-A e abd-B. Estas abreviações representam *labial, proboscídeo, deformado, pentes sexuais reduzidos, antenapedia, ultrabitórax, abdômen-A e abdômen-B*. Estes genes são expressos diferencialmente no embrião, tanto no espaço quanto no tempo, e são cruciais para definir os segmentos e a subsequente diferenciação dos membros. Também podem possuir papéis adicionais no desenvolvimento que ainda não foram claramente definidos. O interesse, do ponto de vista filogenético, surge porque muitos genes semelhantes são encontrados em filos distantemente relacionados, implicando uma origem evolutiva muito antiga. Além disso, a expressão destes genes e seus potencializadores forneceram testes de hipóteses subsequentes envolvendo a homologia das estruturas, por exemplo, as mandíbulas de Crustacea, Myriapoda e Hexapoda.

Em algum momento no início de seu desenvolvimento, o embrião é circundado por duas membranas, um âmnio interno e uma serosa externa. Mais tarde, ele adquire uma membrana cuticular secretada pela epiderme. A formação do âmnio e da serosa às vezes envolve a inversão da posição do embrião no ovo; o embrião inicialmente vira a cauda no vitelo na direção do blastoderme. Esta volta leva uma parte do blastoderme extraembrionário para o vitelo e, quando a volta está completa, a abertura para a cavidade embrionária é fechada. O blastoderme extraembrionário, deste modo, forma um revestimento (o âmnio) ao redor da cavidade embrionária, e a parte externa do blastoderme, que cerca o ovo, transforma-se na serosa. Mais tarde, o embrião volta para a sua posição original no lado ventral do ovo. Em outros casos, o âmnio e a serosa são formados por pregas do blastoderme, que crescem a partir da margem da banda germinativa e são unidas abaixo dela. Estas membranas geralmente desaparecem antes que o embrião esteja pronto para deixar o ovo. As coberturas cuticulares do embrião (às vezes chamadas de *membranas pró-ninfais*) ocorrem nos insetos com metamorfose simples e em alguns com metamorfose completa. Elas são eliminadas por um processo semelhante à muda, antes ou logo após a eclosão.

Um inseto jovem pode sair do ovo de vários modos. A maioria dos insetos com peças bucais mandibuladas abre seu caminho para fora do ovo fazendo uso delas. Muitos insetos possuem o que se chama de *perfuradores de ovo*: processos em forma de espinhos, facas ou serrotes na superfície dorsal da cabeça – utilizados para quebrar a casca do ovo. A casca do ovo às vezes é quebrada em linhas enfraquecidas, seja pela torção do inseto em seu interior, seja quando o inseto se enche de ar e rompe a casca por pressão interna. A saída dos ovos é chamada de *eclosão*.

A poliembrionia é o desenvolvimento de dois ou mais embriões a partir de um único ovo. Ocorre em alguns Hymenoptera parasitoides e em Strepsiptera. No desenvolvimento embrionário de um inseto deste tipo, o núcleo em divisão forma grupos celulares e cada um deles se desenvolve em um embrião. O número de embriões que cresce até a maturidade em um determinado hospedeiro depende do tamanho relativo das larvas parasitárias e do hospedeiro. Em alguns casos, existem mais larvas parasitárias do que suprimento alimentar (o conteúdo corporal do hospedeiro), portanto, algumas delas morrem e podem ser ingeridas pelas larvas sobreviventes. O número de jovens derivados de um único ovo varia em *Macrocentrus* (Braconidae) de 16 a 24, mas em *M. ancylivorus* Rohwer apenas uma larva parasitária deixa o hospedeiro. Em *Platygaster* (Platygastridae), de 2 a 18 larvas se desenvolvem a partir de um único ovo e em *Aphelopus* (Dryinidae), de 40 a 60 se desenvolvem a partir de um único ovo; em alguns Encyrtidae, mais de 1.500 jovens se desenvolvem a partir de um único ovo.

Crescimento pós-embrionário

A presença de um exoesqueleto representa um problema no que se refere ao crescimento. Para funcionar como um exoesqueleto, a parede corporal do inseto deve ser relativamente rígida, mas, se ela for rígida, não pode se expandir muito. Portanto, quando o inseto cresce ou aumenta de tamanho, o exoesqueleto deve ser eliminado periodicamente e substituído por um maior. O processo de digestão de porções da cutícula antiga e síntese de uma nova cutícula é chamado de *muda* (ou *troca de pele*), que culmina na eliminação da cutícula antiga (ecdise).

A muda envolve não apenas a cutícula da parede corporal, mas também os revestimentos cuticulares das traqueias, do intestino anterior, do intestino posterior e as estruturas do endoesqueleto. Os revestimentos traqueais geralmente permanecem fixados à parede corporal quando eliminados. Os revestimentos do intestino anterior e do intestino posterior geralmente se rompem e os pedaços passam pelo ânus. O tentório geralmente é quebrado em quatro partes, que são retiradas pelas fóveas tentoriais durante a muda. As peles desprendidas, chamadas exúvias, frequentemente mantêm a forma dos insetos dos quais foram eliminadas.

Os estágios iniciais no ciclo de muda são desencadeados pela liberação de PTTH (hormônio cerebral) das células neurossecretoras do cérebro. Ele estimula as glândulas protorácicas (às vezes chamadas também de *glândulas da muda*) a liberar ecdisona na hemolinfa. A ecdisona, por sua vez, estimula a separação da cutícula antiga da epiderme subjacente, um processo conhecido como *apólise*. A epiderme sofre mitose e cresce de tamanho; depois disso, uma nova cutícula é produzida. O líquido de muda secretado das células epidérmicas contém enzimas que digerem a endocutícula antiga (mas não afetam a epicutícula ou a exocutícula) e, quando uma nova cutícula é depositada, os produtos digestivos são reabsorvidos para o organismo. Quando este novo exoesqueleto está completo, o inseto está pronto para eliminar ou romper o antigo. A ecdise é desencadeada por um hormônio de muda e inicia uma divisão da cutícula antiga ao longo de linhas de fraqueza, geralmente na linha média da superfície dorsal do tórax. A força da ruptura é a pressão da hemolinfa (e às vezes ar ou água) forçada para o tórax por meio da contração dos músculos abdominais. Esta divisão do tórax cresce e o inseto por fim se contorce até sair da cutícula antiga.

Quando emerge inicialmente da cutícula antiga, o inseto tem cor pálida e sua cutícula é macia. Dentro de uma ou duas horas, a exocutícula começa a endurecer e escurecer. Durante este breve período, o inseto aumenta até o tamanho daquele instar, geralmente assimilando ar ou água. As asas (se presentes) são expandidas forçando-se hemolinfa para as veias. O trato alimentar muitas vezes serve como um reservatório do ar usado nesta expansão: se uma ninhada de baratas, por exemplo, for puncionada por uma agulha, o inseto não se expande e em vez disso colapsa; se as pontas das asas de um libélula emergente forem cortadas, a hemolinfa escapará da extremidade de corte e as asas não conseguirão se expandir. Além de permitir a expansão da cutícula, este período entre a ecdise e o endurecimento da cutícula permite que insetos empupados no solo, por exemplo, rastejem até a superfície e lá possam expandir a cutícula. Em algumas espécies, os pesquisadores identificaram um hormônio proteináceo, o bursicon, que controla o processo de esclerotização.

O número de mudas varia na maioria dos insetos entre 4 e 8, mas alguns Odonatas sofrem 10 ou 12 mudas e alguns Ephemeroptera podem sofrer até 28 mudas. Alguns hexápodes, como as ordens entognatas, as traças-dos-livros e as traças saltadoras, continuam a mudar após atingir o estágio adulto, porém insetos alados não sofrem mudas nem aumento de tamanho após o estágio adulto ter sido atingido. (Efemérdias podem conter um instar alado sexualmente imaturo precedendo o adulto, o subimago, que sofre muda.)

O estágio do inseto entre as ecdises geralmente é chamado de *instar*. O primeiro instar ocorre entre a eclosão e a primeira muda larval ou ninfal, o segundo instar ocorre entre a primeira e a segunda muda e assim por diante. Contudo, o processo total de muda não é instantâneo. Existe um período de tempo, geralmente curto, mas algumas vezes muito longo, entre a apólise e a ecdise durante o qual o instar seguinte do inseto permanece "escondido" no interior da cutícula antiga. Hinton (1971) sugeriu que o termo instar fosse usado para se referir ao período de tempo que compreende uma apólise até a seguinte e propôs o termo *instar farado* para se referir ao inseto durante o período de tempo entre a apólise e a ecdise. Em muitos casos, este período de tempo é suficientemente curto para que surja alguma confusão sobre qual evento sinaliza o final de um instar e o começo do seguinte. Contudo, em outros, como nos Diptera ciclorrafos, a distinção é importante. Nestas moscas, a apólise larval-pupal não é seguida por uma ecdise imediata. Em vez disso, a última cutícula larval é endurecida, formando um tipo de casulo no qual está situada a pupa farada. O desenvolvimento completo da pupa é seguido pela apólise pupal-adulto. A cutícula adulta é então formada e neste momento ocorre a ecdise, com a mosca adulta eliminando a última cutícula larval e pupal ao mesmo tempo.

O aumento do tamanho em cada muda varia nas diferentes espécies e em diferentes partes do corpo e pode ser influenciado por várias condições ambientais. Em muitos insetos, porém, o aumento geralmente segue uma progressão geométrica. O aumento no tamanho da cápsula cefálica larval em Lepidoptera, por exemplo, geralmente segue um fator de 1,2 a 1,4 em cada muda (regra de Dyar). Nas espécies em que as mudas individuais não são realmente observadas, a regra de Dyar às vezes pode ser aplicada a medidas da cápsula cefálica de uma série de larvas de tamanhos diferentes para se estimar o número de instares.

Metamorfose

A maioria dos insetos altera sua forma durante o desenvolvimento pós-embrionário e os diferentes instares não são todos iguais. Esta alteração é chamada de metamorfose. Alguns insetos sofrem alterações muito pequenas em sua forma e jovens e adultos são muito parecidos, exceto no tamanho (Figura 2-38). Em outros casos, os jovens e adultos são muito diferentes, tanto em hábitos quanto em forma (Figura 2-39).

Existem muitas variações na metamorfose que ocorre em diferentes grupos de insetos, mas estas variações podem ser grosseiramente agrupadas em

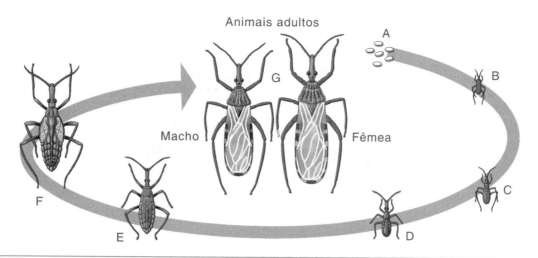

Figura 2-38 Estágios no desenvolvimento de um triatomídeo, *Triatoma* sp. A, Ovo; B, Primeiro instar; C, Segundo instar; D, Terceiro instar; E, Quarto instar; F, Quinto instar; G, Animais adultos.

dois tipos gerais: metamorfose simples e metamorfose completa. Na metamorfose simples, as asas (se houver) desenvolvem-se externamente durante os estágios imaturos e ordinariamente não existe um estágio quiescente precedendo a última muda (Figura 2-38). Na metamorfose completa, as asas (se houver) desenvolvem-se internamente durante os estágios imaturos e um estágio quiescente ou pupal normalmente precede a última muda (Figura 2-39). O estágio pupal é quiescente pelo fato de que o inseto neste momento normalmente não se move no ambiente, porém ocorre uma quantidade de alterações muito considerável (até o adulto) neste estágio.

As alterações durante a metamorfose são efetuadas por dois processos, histólise e histogênese. A histólise é um processo pelo qual as estruturas larvais decompõem o material que pode ser usado para o desenvolvimento de estruturas adultas. A histogênese é o processo de desenvolvimento de estruturas adultas a partir dos produtos da histólise. As principais fontes de material para histogênese são a hemolinfa, o corpo gorduroso e os tecidos histolizados, como os músculos larvais. As estruturas ectodérmicas, como asas e pernas, desenvolvem-se abaixo da cutícula larval como espessamentos epidérmicos chamados de *discos imaginais*. Estes tecidos respondem de modo muito diferente dos outros tecidos larvais ao ambiente hormonal do inseto. Nos instares larvais tardios, estes tecidos são elaborados para formar as estruturas adultas e, quando o inseto empupa, são evertidos (daí o nome dos insetos holometábolos, Endopterygota, referindo-se ao desenvolvimento de asas no interior do corpo da larva). Outros órgãos podem ser retidos da larva até o adulto ou podem ser completamente reconstruídos a partir de células regenerativas.

Metamorfose simples

Os jovens dos insetos com este tipo de metamorfose são chamados *ninfas*[4] e geralmente são muito semelhantes aos adultos. Se olhos compostos estiverem presentes no adulto, estarão presentes na ninfa. Se os adultos tiverem asas, as asas aparecerão como crescimentos externos em forma de um broto nos instares precoces (Figura 2-38) e aumentarão de tamanho apenas discretamente até a última muda. Após a última muda, as asas se expandem até seu tamanho adulto total. A metamorfose simples ocorre em hexápodes das ordens 1 a 22 (ver lista, Capítulo 6).

Diferenças no tipo e na quantidade de mudanças ocorrem nos insetos com metamorfose simples e alguns entomologistas reconhecem três tipos de metamorfose nestes insetos: ametábola, paurometábola e hemimetábola. Os insetos ametábolos ("sem" metamorfose) não têm asas quando adultos e a única diferença óbvia entre as ninfas e os adultos é o tamanho. Este tipo de desenvolvimento ocorre nas ordens apterigotas (Protura, Collembola, Diplura, Microcoryphia e Thysanura) e na maioria dos membros ápteros das outras ordens com metamorfose simples. Na metamorfose hemimetábola (com metamorfose "incompleta"), as ninfas são aquáticas (náiades) e respiram por brânquias, além de diferirem consideravelmente dos adultos em aspecto. Este tipo de desenvolvimento ocorre em Ephemeroptera, Odonata e Plecoptera, e os jovens destes insetos são chamados de *náiades*. Insetos paurometábolos (com metamorfose "gradual") incluem os demais insetos com metamorfose simples. Os adultos têm asas, as ninfas e os adultos vivem no mesmo *habitat* e as principais alterações

---

[4] Na literatura entomológica europeia, os estágios imaturos de todos os insetos geralmente são chamados de larvas.

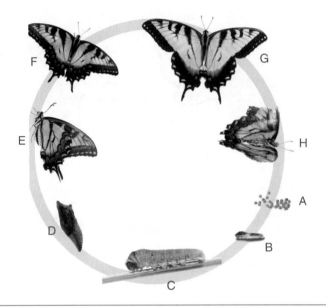

Figura 2-39 Estágios do desenvolvimento e ciclo de vida de um Lepidoptera (*Papilo glaucus*). A, Ovos; B, larvas emergentes; C, larva; D, pupa; E, animal recém-saído da pupa; F/G, Animais adultos; H, morte.

durante o crescimento ocorrem no tamanho, nas proporções corporais, no desenvolvimento dos ocelos e ocasionalmente na forma de outras estruturas.

Metamorfose completa

Os insetos que sofrem metamorfose completa geralmente são muito diferentes em forma nos estágios imaturos e adultos, frequentemente vivem em *habitats* diferentes e possuem hábitos distintos. Os instares iniciais frequentemente são razoavelmente vermiformes e os jovens neste estágio são chamados de *larvas* (Figuras 2-39 e 2-40). Os diferentes instares larvais, em geral, são semelhantes na forma, mas diferem no tamanho. As asas, quando presentes no adulto, desenvolvem-se internamente durante o estágio larval e não sofrem eversão até o final do último instar larval. As larvas geralmente possuem peças bucais mastigadoras, mesmo em ordens nas quais os adultos possuem peças bucais sugadoras.

Após o último instar larval, o inseto passa para um estágio chamado de *pupa* (Figura 2-41). O inseto não se alimenta neste estágio e geralmente é inativo. As pupas muitas vezes são cobertas por um casulo ou algum outro material protetor e muitos insetos passam o inverno no estágio pupal. A muda final ocorre no final do estágio pupal e o último estágio corresponde ao adulto. O adulto geralmente tem cor pálida logo que emerge da pupa e suas asas são curtas, macias e enrugadas. Em um curto período de tempo, de alguns minutos a várias horas, dependendo da espécie, as asas se expandem e endurecem, a pigmentação se desenvolve e o inseto está pronto para seguir seu caminho. Este tipo de metamorfose, que ocorre nas ordens 23 a 31, frequentemente é

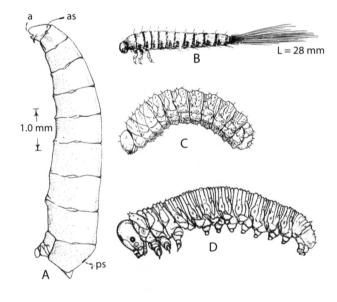

Figura 2-40 Larvas de insetos. A, Gusano ou larva vermiforme de *Hylemya platura* (Meigen) (Diptera, Anthomyiidae); B, Larva campodeiforme de *Attagenus megatoma* (Fabricius) (Coleoptera, Dermestidae); C, Larva vermiforme de *Cylas formicarius elegantulus* (Summers) (Coleoptera, Brentidae); D, Larva eruciforme de *Caliroa aethiops* (Fabricius) (Hymenoptera, Tenthredinidae). *a*, antena; *as*, espiráculo anterior; *L*, comprimento; *ps*, espiráculo posterior; *sp*, espiráculo.

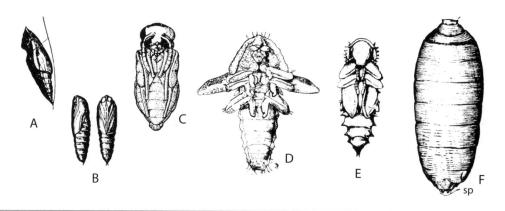

Figura 2-41 Pupas de insetos. A, Crisálida da borboleta *Colias eurytheme* Boisduval (Lepidoptera, Pieridae); B, Lagarta-do-cartucho, *Spodoptera frugiperda* (J. E. Smith) (Lepidoptera, Noctuidae); C, Vespa-galhadora do trifólio, *Bruchophagus platyptera* (Walker) (Hymenoptera, Eurytomidae); D, Gorgulho da batata-doce, *Cylas formicarius elegantulus* (Summers) (Coleoptera, Brentidae); E, Besouro-da-cevada, *Oryzaephilus surinamensis* (L.) (Coleoptera, Silvanidae); F, Larva do milho, *Hylemya platura* (Meigen) (Diptera, Anthomyiidae). A e B são pupas obtectas, C-E são pupas exaratas e F é uma pupa coarctada.

chamado de *holometábolo* (ver lista, Capítulo 6) e estas ordens são classificadas conjuntamente como os Holometabola.

A hipermetamorfose é um tipo de metamorfose completa na qual os diferentes instares larvais não são do mesmo tipo. O primeiro instar larval é ativo e geralmente campodeiforme e os instares larvais subsequentes são vermiformes ou escarabeiformes (ver definições destes termos mais adiante). A hipermetamorfose ocorre em insetos parasitoides; o primeiro instar procura o hospedeiro e, uma vez no hospedeiro, sofre mudas até um tipo de larva menos ativa. Este tipo de metamorfose completa ocorre em Meloidae e Ripiphoridae (Coleoptera), Mantispidae (Neuroptera), Strepsiptera e alguns Diptera e Hymenoptera.

Tipos intermediários de metamorfose

Nem todos os insetos têm um tipo de metamorfose que possa ser prontamente classificada como simples ou completa. Alguns possuem uma metamorfose que é intermediária entre estas duas modalidades. Este tipo de metamorfose é encontrado em trips (Capítulo 23), moscas-brancas (Capítulo 22) e cochonilhas machos (Capítulo 22). Na verdade, estes grupos contribuíram muito para a evolução da metamorfose completa independentemente das ordens que acabamos de discutir.

Os primeiros dois instares de trips (Thysanoptera) não têm asas, são ativos e geralmente chamados de *larvas*. Os dois instares seguintes (os próximos três na subordem Tubulifera) são inativos, com asas externas. O primeiro destes (os dois primeiros em Tubulifera) é chamado de *pré-pupa* e o último de *pupa*. O instar final é o adulto. Aparentemente, pelo menos parte do desenvolvimento das asas é interno durante os dois primeiros instares. Esta metamorfose lembra a metamorfose completa, já que pelo menos parte do desenvolvimento da asa é interno e um estágio "pupal" inativo precede o adulto. É semelhante à metamorfose simples porque os instares iniciais possuem olhos compostos e os brotos das asas externas estão presentes em mais de um instar pré-adulto.

As moscas brancas têm cinco instares, sendo o último o adulto. O primeiro instar é ativo e áptero e os três instares seguintes são inativos, sésseis e escamosos, com as asas se desenvolvendo internamente. O quarto instar, chamado de *pupa*, tem asas externas. Os primeiros três instares geralmente são chamados de *larvas*. A muda do último instar larval para a pupa ocorre no interior da última pele larval, que forma o pupário. Esta metamorfose é essencialmente completa, embora a maioria dos outros membros desta ordem (Hemiptera) apresente metamorfose simples.

Os machos das cochonilhas têm um tipo de metamorfose muito semelhante ao das moscas-brancas. O primeiro instar (Figura 22-32B), o "réptil", é ativo e sem asas, porém os instares pré-adultos restantes são sésseis e inativos. O último instar pré-adulto, que tem asas externas, é chamado de *pupa*. O desenvolvimento das asas ao menos em parte é interno.

Controle da metamorfose

A metamorfose dos insetos é controlada por três hormônios: PTTH (hormônio protoracicotrópico ou cerebral), ecdisona e JH (hormônio juvenil). O PTTH é produzido por células neurossecretoras do cérebro e estimula as glândulas protorácicas (também conhecidas como as *glândulas da muda*) a produzir ecdisona, que induz a apólise e promove o crescimento. O JH é produzido por células nos *corpora allata* e inibe a metamorfose, promovendo assim desenvolvimento larval ou ninfal adicional. A remoção do JH de uma larva ou ninfa (pela remoção dos *corpora allata*) causa o empupamento da larva e o desenvolvimento da ninfa até um adulto quando a ecdisona está presente. A injeção de hormônio juvenil em uma pupa (na presença de ecdisona) fará com que a pupa se desenvolva em uma segunda pupa. A injeção de JH em uma ninfa ou larva de último instar causa a produção de um outro estágio ninfal ou larval na muda seguinte. Os *corpora allata* estão ativos durante os instares iniciais e geralmente interrompem a secreção de JH no último instar pré-adulto. A ausência do hormônio neste instar resulta em metamorfose.

As alterações de um instar para outro em insetos com metamorfose simples geralmente são relativamente pequenas e graduais, sendo mais acentuadas na muda final para adulto, porém insetos com metamorfose completa exibem uma reorganização considerável no interior do inseto no estágio pupal. Algumas estruturas das larvas, como o coração, o sistema nervoso e o sistema traqueal, mudam pouco na metamorfose. Outras estruturas adultas estão presentes de forma rudimentar na larva e permanecem assim durante os instares larvais sucessivos. Então, de um modo mais ou menos súbito, elas se desenvolvem em sua forma adulta no estágio pupal. Outras estruturas adultas ainda não estão representadas na larva e devem ser desenvolvidas no momento da metamorfose.

Tipos de larvas

As larvas de insetos que sofrem metamorfose completa diferem consideravelmente em forma e vários tipos são reconhecidos:

Eruciforme – semelhante a uma lagarta (Figura 2-40D); corpo cilíndrico, cabeça bem desenvolvida, porém com antenas muito curtas, apresenta tanto pernas torácicas quanto falsas-pernas abdominais. Este tipo ocorre em Lepidoptera, Mecoptera e alguns Hymenoptera (subordem Symphyta).

Escarabeiforme – semelhante a um coró; geralmente curva, cabeça bem desenvolvida, com pernas torácicas, mas sem falsas-pernas abdominais;. relativamente inativa e lenta. Este tipo ocorre em alguns Coleoptera (por exemplo, Scarabaeidae).

Campodeiforme – lembra os Diplura do gênero *Campodea*; corpo alongado e um tanto achatado, cercos e antenas geralmente bem desenvolvidos, pernas torácicas bem desenvolvidas; geralmente são ativas. Este tipo ocorre em Neuroptera, Trichoptera e muitos Coleoptera.

Elateriforme – semelhante a uma larva de elaterídeo; corpo alongado, cilíndrico e de revestimento duro, as pernas são curtas e as cerdas corporais reduzidas. Este tipo ocorre em alguns Coleoptera (por exemplo, Elateridae).

Vermiforme – semelhante a um verme (Figura 2-40A,C); corpo alongado e vermiforme, sem pernas, com ou sem uma cabeça bem desenvolvida. Este tipo ocorre em Diptera, Siphonaptera, a maioria dos Hymenoptera (subordem Apocrita) e alguns Coleoptera e Lepidoptera.

Tipos de pupas

As pupas dos insetos com metamorfose completa variam e cinco tipos podem ser reconhecidos:

Obtecta – com apêndices mais ou menos colados ao corpo (Figura 2-41A,B). Este tipo ocorre em Lepidoptera e alguns Diptera (subordem Nematocera). A pupa em muitos Lepidoptera é coberta por um casulo de seda formado pela larva antes de sua muda para o estágio pupal.

Exarata – com os apêndices livres e não colados ao corpo (Figura 2-41C-E). Esta pupa se parece muito com um adulto pálido mumificado e geralmente não é coberta por um casulo. Este tipo ocorre na maioria dos insetos com metamorfose completa, com exceção de Diptera e Lepidoptera.

Coarctata – essencialmente como uma pupa exarata, porém permanecendo coberta por uma cutícula endurecida do último instar larval, que é chamada de pupário (Figura 2-41F). Este tipo ocorre em Diptera (subordem Brachycera).

Déctica – com mandíbulas articuladas de modo móvel com a cabeça. Este tipo também é exarato e ocorre em Neuroptera, Trichoptera e alguns Lepidoptera.

Adéctica – com as mandíbulas fixadas de modo imóvel à cabeça. Este tipo de pupa é encontrado nos demais grupos de insetos holometábolos.

VARIAÇÕES NA HISTÓRIA DE VIDA

A duração de uma geração e o modo como ela se adapta a diferentes estações varia bastante nos diferentes insetos. A maioria dos insetos em regiões de clima temperado possui o que os entomologistas chamam de "ciclo de vida heterodinâmico", ou seja, os adultos aparecem por um tempo limitado durante uma estação em particular e alguns estágios de vida e passam o inverno em um estado de dormência. O estágio que ocupa o inverno pode corresponder ao ovo (por exemplo, a maioria dos Orthoptera e Hemiptera), à ninfa (por exemplo, a maioria dos Odonata e muitos Orthoptera), à larva (por exemplo, muitos Lepidoptera) ou ao adulto (por exemplo, a maioria dos Hemiptera e muitos Coleoptera e Hymenoptera). Muitos insetos, particularmente aqueles que vivem nos trópicos, apresentam um ciclo de vida homodinâmico, ou seja, o desenvolvimento é contínuo e não ocorre um período regular de dormência.

A maioria dos insetos nos Estados Unidos apresenta uma única geração por ano. Alguns necessitam de dois anos ou mais para completar seu ciclo de vida, como geralmente é o caso dos insetos grandes que ocorrem na parte norte do país. Alguns dos grandes besouros, libélulas e mariposas nos estados do norte e no Canadá necessitam de dois ou três anos para completar seu desenvolvimento. Provavelmente, o ciclo de vida mais longo de qualquer inseto é o de algumas cigarras periódicas (*Magicicada* spp.), que dura 17 anos (ver Capítulo 22).

Muitos insetos têm mais de uma geração por ano. Em alguns casos, o número de gerações em um ano é constante dentro da distribuição geográfica das espécies. Em outros casos, as espécies podem ter mais gerações na porção sulista de sua distribuição. Alguns insetos, geralmente as espécies menores, que podem completar seu ciclo de vida em algumas semanas, têm muitas gerações por ano. Estes insetos continuam a se reproduzir durante a estação desde que as condições do clima sejam favoráveis. Insetos de origem tropical, como os domésticos e os que atacam produtos armazenados, podem continuar procriando pelo período completo de 12 meses.

Em muitos insetos, o desenvolvimento é interrompido durante um estágio específico do ciclo anual. Este período de dormência geneticamente programada (ou seja, predeterminada) é conhecido como *diapausa*, em contraste a períodos de quiescência em resposta a condições ambientais adversas. Um período de dormência no inverno em regiões de clima temperado ou ártico frequentemente é chamado de *hibernação*. Já um período de dormência durante altas temperaturas é chamado *estivação*.

A diapausa nos insetos é geneticamente controlada e tanto seu início quanto seu encerramento podem ser induzidos por fatores ambientais, como o fotoperíodo ou a temperatura. O principal fator que inicia a diapausa parece ser o fotoperíodo (duração do dia). Estudos com lagartas de Sphingidae mostraram que todos os indivíduos que entram no solo para pupação antes de uma determinada data completarão seu desenvolvimento, emergirão como mariposas e se reproduzirão, porém indivíduos que entram no solo após esta data entrarão em diapausa e não completarão seu desenvolvimento até a primavera seguinte. Este fator da duração do dia aparentemente opera de modo semelhante no caso da espécie *Cydia pomonella* (Lepidoptera, Tortricidae). Indivíduos da primeira geração empupam e emergem como adultos no verão, porém indivíduos da segunda geração (no outono), não. Em alguns casos (por exemplo, *Antheraea*, família Saturniidae), a duração do dia também pode controlar a emergência da diapausa. As larvas da segunda geração de *C. pomonella* em Ohio permanecem como larvas em diapausa em células revestidas por seda sob a casca de macieiras, exceto se submetidas a um curto período (cerca de três semanas) de baixas temperaturas (0 °C ou menos). Quando retornam às temperaturas de desenvolvimento normais, empupam e completam o seu desenvolvimento. O efeito da duração do dia geralmente é direto sobre o próprio inseto, mas ocasionalmente pode ser indireto, afetando o alimento ingerido por ele. O fotoperíodo também pode ser uma pista importante para o início da diapausa em insetos tropicais, embora as alterações na duração do dia sejam muito menores do que nas regiões de clima temperado. A diapausa nos insetos tropicais pode estar associada à alternância de estações úmidas e secas, às altas temperaturas ou à disponibilidade de alimentos apropriados, e não à fuga do inverno (Denlinger 1986).

Referências

Altner, H. e R. Loftus. 1985. "Ultrastructure and function of insect thermo and hygroreceptors". *Annu. Rev. Entomol.* 30:273–295.

Anderson, D. T. 1973. *Embryology and Phylogeny in Annelids and Arthropods*. Nova York: Pergamon Press, 495 p.

Arms, K., P. S. Camp. *Biology*. Philadelphia: Saunders College Publishing, 1142 p. 1987.

Chapman, R. F. *The Insects:* Structure and Function, 3rd ed. Cambridge, MA: Harvard University Press, 919 p. Commonwealth Scientific and Industrial Research Organization (CSIRO). 1970. The Insects of

Australia. Carlton, Victoria: Melbourne University Press, 1029 p. 1982.

Comstock, J. H.,; J. G. Needham. The wings of insects. *Amer. Nat.* 32:43–48, 81–89, 231–257, 335–340, 413–424, 561–565, 768–777, 903–911, 1898.

Comstock, J. H.,; J. G. Needham. "The wings of insects". *Amer. Nat.* 33:117–126, 573–582, 845–860, 1899.

Daly, H. V., J. T. Doyen,; P. R. Ehrlich. 1978. *An introduction to insect biology and diversity.* Nova York: McGraw-Hill, 564 p.

Davey, K. G. 1965. *Reproduction in the insects.* São Francisco: Freeman, 96 p.

Denlinger, D. L. Dormancy in tropical insects. *Annu. Rev. Entomol.* 31:239–264, 1986.

Dethier, V. G. *The Physiology of Insect Senses.* Nova York: Wiley, 266 p., 1963.

Dethier, V. G. *The Hungry Fly:* A Physiological Study of Behavior Associated with Feeding. Cambridge, MA: Harvard University Press, 489 p., 1976.

Eberhard, W. G. *Sexual selection and animal genitalia.* Cambridge, MA: Harvard University Press, 224 p., 1985.

Ferris, G. F. e B. E. Rees. The morphology of *Panorpa nuptialis* Gerstaecker (Mecoptera: Panorpide). *Microentomology* 4:79–108, 1939.

Fox, R. M. e J. W. Fox. *Introduction to Comparative Entomology.* Nova York: Reinhold, 450 p., 1964.

Gilbert, L. I. *The Juvenile Hormones.* Nova York: Plenum Press, 572 p., 1976.

Gordh, G. e D. H. Headrick. *A dictionary of entomology.* Wallingford, Oxon, UK: CABI Publishing, 1050 p., 2001.

Hepburn, H. R. (Ed.). *The Insect Integument.* Nova York: American Elsevier, 572 p., 1976.

Hinton, H. E. On the structure, function, and distribution of the prolegs of the Panorpoidea, with a criticism of the Berlese-Imms theory. *Trans. Roy. Entomol. Soc. Lond.* 106:455–545., 1955.

Hinton, H. E. Some neglected phases in metamorphosis. *Proc. Roy. Entomol. Soc. Lond.* (C) 35:55–64., 1971.

Hinton, H. E. *Biology of Insect Eggs.* 3 vols. Nova York: Pergamon Press, 1125 p., 1981.

Horn, D. J. *Biology of Insects.* Philadelphia: Saunders, 439 p., 1976.

Horridge, G. A. (Ed.). *The Compound Eye and Vision of Insects.* Nova York: Clarendon Press, 595 p., 1975.

Jacobson, M. *Insect Sex Hormones.* Nova York: Academic Press, 382 p., 1972.

Jamieson, B. G. M. *The Ultrastructure and Phylogeny of Insect Spermatozoa.* Cambridge, UK: Cambridge University Press, 320 p., 1987.

Jones, J. C. *The Circulatory System of Insects.* Springfield, IL: C. C Thomas, 255 p., 1977.

Kerkut, G. A. e L. I. Gilbert (Ed.). *Comprehensive Insect Physiology, Biochemistry and Pharmacology.* 13 vols. v. 1: Embryogenesis and Reproduction; 482 p. v. 2: Postembryonic Development; 505 p. v. 3: Integument, Respiration and Circulation; 625 p. v. 4: Regulation: Digestion, Nutrition, Excretion; 639 p. v. 5: Nervous System: Structure and Motor Function; 646 p. Johnson_ch02_005–051 4/6/04 2:36 PM Page 50 v. 6: *Nervous System*: Sensory; 710 p. v. 7: Endocrinology I; 564 p. v. 8: Endocrinology II; 595 p. v. 9: Behaviour; 735 p. v. 10: Biochemistry; 715 p. v. 11: Pharmacology; 740 p. v. 12: Insect Control; 849 p. v. 13: Cumulative Indexes; 314 p. Nova York: Pergamon Press. 1985.

Knowlton, G. F. Biological control of the beet leafhopper in Utah. *Proc. Utah Acad. Sci., Arts, Letters* 14:111–139., 1937.

Kukalová-Peck, J. Origin and evolution of insect wings and their relation to metamorphosis, as documented by the fossil record. *J. Morphol.* 156:53–126., 1978.

Kukalová-Peck, J. Origin of the insect wing and wing articulation from the arthropodan leg. *Can. J. Zool.* 61:1618–1669., 1983.

Kukalová-Peck, J. Ephemeroid wing venation based on new gigantic Carboniferous mayflies and basic morphology, phylogeny, and metamorphosis of pterygote insects. *Can. J. Zool.* 63:933–955, 1985.

Manton, S. M. *The Arthropoda, Habits, Functional Morphology, and Evolution.* Oxford, UK: ClarendonPress, 527 p., 1977.

Matheson, R. *Entomology for introductory courses.* Ithaca, NY: Comstock Publishing Company, Inc., 600 p., 1951.

Matsuda, R. Morphology and evolution of the insect thorax. *Mem. Entomol. Soc. Can.* No. 76; 431 p., 1970.

Matsuda, R. *Morphology and Evolution of the Insect Abdomen, with Special Reference to Developmental Patterns and Their Bearing on Systematics.* Nova York: Pergamon Press, 532 p., 1976.

McAlpine, J. F., B. V. Peterson, G. E. Shewell, H. J. Teskey, J. R. Vockeroth e D. M. Wood. *Manual of Nearctic Diptera,* vol. 1. Ottawa: Research Branch, Agricultural Canada Monograph No. 27, 674 p., 1981.

Menn, J. J. e M. Beroza (Ed.). *Insect Juvenile Hormones, Chemistry and Action.* Nova York: Academic Press, 341 p., 1972.

Nachtigall, W. *Insects in Flight* (translated from German by H. Oldroyd, R. H. Abbott e M. Biederman-Thorson). Nova York: McGraw-Hill, 153 p., 1968.

Neville, A. C. *Biology of the Arthropod Cuticle*. Nova York: Springer, 450 p., 1975.

Novak, V. J. A. (2. ed.). *Insect Hormones*. Nova York: Halsted, 600 p., 1975.

Paulus, H. F. Eye structure and the monophyly of Arthropoda. In *Arthropod Phylogeny*, ed. A. P. Gupta, p. 299-383. Nova York: Van Nostrand Reinhold, 762 p., 1979.

Payne, T. L., M. C. Birch e C. E. J. Kennedy (Ed.). *Mechanisms in Insect Olfaction*. Oxford, UK: Clarendon Press, 364 p., 1986.

Peterson, A. Larvae of Insects. Parte I. Lepidoptera and Hymenoptera. *Ann Arbor, MI: Edwards*, 315 p., 1948.

Peterson, A. Larvae of Insects. Parte II. Coleoptera, Diptera, Neuroptera, Siphonaptera, Mecoptera, Trichoptera. *Ann Arbor, MI: Edwards*, 416 p., 1951.

Raabe, M. Insect reproduction: Regulation of successive steps. *Adv. Ins. Physiol.* 19:29-154., 1986.

Rainey, R. C. (Ed.). *Insect Flight*: Proceedings of a Symposium. Nova York: Halsted, 288 p., 1976.

Readio, P. A. Studies on the biology of the genus *Corizus* (Coreidae: Hemiptera). *Ann. Entomol. Soc. Amer.* 21:189-201, 1928.

Rempel, J. G. The evolution of the insect head: The endless dispute. *Quaest. Entomol.* 11:7-25., 1975.

Riek, E. F. e J. Kukalová-Peck. A new interpretation of dragonfly wing venation based on Early Upper Carboniferous fossils from Argentina (Insecta: Odonatoidea) and basic character states in pterygote wings. *Can. J. Zool.* 62:1150-1166., 1984.

Rockstein, M. (Ed.). *The Physiology of Insecta*. 6 vols., illus. v. 1: Physiology of Ontogeny – Biology, Development, and Aging, 512 p. (1973). v. 2: The Insect and the External Environment. Part A. I. Environmental Aspects. Part B. II. Reaction and Interaction, 517 p. (1974). v. 3: The Insect and the External Environment. Part A. II. Reaction and Interaction. Part B. III. Locomotion, 517 p. (1974). v. 4: The Insect and the External Environment. Homoeostasis I. 488 p. (1974). v. 5: The Insect and the External Environment. Homoeostasis II. 648 p. (1974). v. 6: The Insect and the External Environment. Homoeostasis III. 548 p. (1974). Nova York: Academic Press, 1973-1974.

Rodriguez, J. G. (Ed.). *Insect and Mite Nutrition*. Nova York: American Elsevier, 701 p., 1972.

Roeder, K. D. *Nerve cells and insect behavior*. Cambridge, MA: Harvard University Press, 238 p., 1967 (rev. ed.).

Romoser, W. S. *The Science of Entomology*. Nova York: Macmillan, 499 p., 1973.

Rothschild, M., Y. Schlein e S. Ito. *A Colour Atlas of Insect Tissues via the Flea*. Londres: Wolfe, 184 p. 1986.

Sacktor, B. Biological oxidations and energetics in insect mitochondria. *In Physiology of Insecta*, ed. M. Rockstein, vol. 4, 271-353. Nova York: Academic Press, 1974.

Schwalm, F. *Insect Morphogenesis. Monographs in Developmental Biology*, vol. 20. Nova York: Karger, 356 p., 1988.

Scudder, G. G. E. Comparative morphology of insect genitalia. *Annu. Rev. Entomol.* 16:379-406, 1971.

Snodgrass, R. E. *Principles of Insect Morphology*. Nova York: McGraw-Hill, 667 p., 1935.

Snodgrass, R. E. *A Textbook of Arthropod Anatomy*. Ithaca: Comstock, 363 p., 1952.

Snodgrass, R. E. A revised interpretation of the external reproductive organs of male insects. Smithson. *Misc. Coll.* 135(6):1-60, 1957.

Stehr, F. (Ed.). 1987. *Immature Insects*. Dubuque, IA: Kendall/Hunt, 754 p.

Tuxen, S. L. (Ed.). *Taxonomist's Glossary of Genitalia in Insects*. Copenhagen: Munksgaard, 359 p., 1970.

Usherwood, P. N. R. Insect Muscle. Nova York: Academic Press, 622 p., 1975.

Vogel, R. Kritische und ergänzeude Mitteilungen zur Anatomie des Stechapparats der Culiciden und Tabaniden. *Zool. Jahrb. Anat.* 42:259-282, 1921.

Wigglesworth, V. B. *Insect Hormones*. San Francisco: Freeman, 159 p., 1970.

Wigglesworth, V. B. *The Principles of Insect Physiology*. Londres: Methuen, 827 p., 1973 (7th ed.).

Wigglesworth, V. B. *Insect Physiology*. Nova York: Chapman and Hall, 191 p., 1984 (8th ed.).

Wootton, R. J. "Function, homology and terminology in insect wings". *Syst. Entomol.* 28:81-93, 1979.

CAPÍTULO 3

SISTEMÁTICA, CLASSIFICAÇÃO, NOMENCLATURA E IDENTIFICAÇÃO

O tema diversidade inevitavelmente domina qualquer discussão sobre insetos e grupos relacionados. Não existe apenas um grande número de indivíduos (a massa biológica de formigas nos trópicos provavelmente ultrapassa a de todos os vertebrados juntos), mas também há um número altíssimo de diferentes tipos de insetos. O estudo da diversidade de organismos e das relações entre eles constitui o campo científico da **sistemática**. Esta disciplina também inclui o estudo da classificação, o campo da **taxonomia**. A sistemática forma a base de todas as outras disciplinas da área biológica. Os nomes dos organismos fornecem uma chave para a literatura publicada e permitem que nos comuniquemos uns com os outros. As classificações servem como sistemas de recuperação de informações e, na medida em que refletem as relações entre os organismos, também fornecem previsões da distribuição das características entre os organismos.

A unidade fundamental da sistemática é a **espécie**. Os conceitos de espécie e como ela se origina são fundamentados, em grande parte, nos estudos dos vertebrados. A extrapolação para outros animais, especialmente para organismos muito diferentes, pertencentes a outros reinos, deve ser feita com cautela. Basicamente, a maioria dos pesquisadores que trabalha com animais vivos define espécie como um grupo de indivíduos ou populações na natureza que (1) são capazes de entrecruzar entre si e produzir uma prole fértil e que, (2) em condições naturais, sejam reprodutivamente isolados de (ou seja, não cruzem) outros grupos. Este é o *conceito biológico de espécie*. Uma vez que estes critérios envolvem características dos organismos vivos, eles são difíceis, algumas vezes talvez impossíveis, de serem observados diretamente. Portanto, as primeiras etapas da sistemática geralmente envolvem tentativas de inferir os limites de uma espécie (a extensão de uma comunidade reprodutiva) pela observação da expressão fenotípica do *pool* genético – examinando o menor conjunto de homogeneidade fenotípica e, ao mesmo tempo, reconhecendo e incorporando aspectos de variabilidade conhecidos como dimorfismo sexual, estágios de desenvolvimento, alterações sazonais, variação geográfica e variabilidade individual. Assim, os pesquisadores muitas vezes dependem dos caracteres morfológicos ou de outros caracteres para definir limites específicos; é necessário cuidado, porque existem "boas" espécies (grupos reprodutivamente isolados) que não podem ser diferenciadas por caracteres morfológicos (conhecidas como espécies crípticas) e, ao contrário, dentro de uma única espécie pode haver muitas formas diferentes.

A categoria de subespécie algumas vezes é utilizada para fazer referência a populações reconhecidas e geograficamente restritas de uma espécie. Uma vez que as diferentes subespécies de determinada espécie são capazes de cruzar entre si, as diferenças entre elas geralmente não são nítidas, mas exibem alterações graduais, particularmente quando subespécies adjacentes entram em contato. Essa categoria foi utilizada de modo errôneo, especialmente no início do século XX, para referir-se a qualquer variante distinguível, muitas vezes uma variante de cor.

SISTEMÁTICA

A classificação dos insetos e grupos relacionados é o ponto central deste livro. As classificações são ferramentas que fornecem nomes para grupos de espécies e servem como um tipo de estenografia para transmitir informações sobre elas. Estes instrumentos, as classificações, são produtos utilitários que emergem da sistemática, o estudo da diversidade e da inter-relação dos organismos. Embora o campo da Sistemática seja antigo como qualquer área de pesquisa biológica, sofreu um ressurgimento notável nas últimas duas décadas.

Este renascimento foi estimulado por (1) avanços teóricos na natureza e análise dos dados de sistemática, (2) desenvolvimento de novas fontes de dados a partir de sequências de ácido nucleico, (3) desenvolvimento de computadores poderosos e acessíveis para a análise de tais dados, e (4) o crescimento do tamanho e escopo das coleções de história natural. Como resultado, o processo, que começou há aproximadamente 50 anos, transformou a sistemática de um campo dominado por fatos arcaicos e argumentações de autoridades em uma ciência orientada por dados, hipóteses explícitas e análises quantitativas. Mesmo assim, a sistemática mantém o apelo estético que vem da descoberta contínua de novas, belas, algumas vezes bizarras, mas sempre fascinantes formas de vida.

Os avanços conceituais na sistemática foram articulados coerentemente pela primeira vez pelo entomologista Willi Hennig, um especialista em Diptera. Hennig publicou seus princípios na Alemanha (Hennig 1950), porém suas ideias receberam atenção muito maior após a publicação em inglês (Hennig 1965, 1966). Ele denominou essa nova abordagem de *sistemática filogenética*; atualmente, ela é conhecida simplesmente como **filogenética** ou **cladística**. As ideias são razoavelmente simples. As características de uma espécie são passadas do ancestral para o descendente. As espécies, em geral, não cruzam entre si; portanto, as características de uma espécie não podem ser transferidas para uma linhagem paralela diferente. O aparecimento de novas linhagens, o processo de especiação, envolve a divisão de uma espécie ancestral em duas (ou possivelmente mais) espécies. Se uma característica mudar, ou seja, for modificada a partir de seu estado ancestral, a nova característica derivada aparecerá apenas na espécie na qual surgiu ou em seus descendentes. Portanto, a sequência de aparecimento das linhagens ao longo do tempo pode ser reconstruída pela documentação da distribuição de características derivadas.

Como em qualquer especialidade, a entomologia tem uma quantidade razoável de jargões que o estudante deve compreender. As características derivadas são chamadas de **apomorfias** (mesmo que a característica seja química, comportamental etc., e não morfológica). As características ancestrais são referidas como **plesiomorfias**. As ramificações da árvore filogenética são hipotetizadas com base nas características derivadas compartilhadas entre as espécies, chamadas de **sinapomorfias**. Estes grupos são considerados grupos **monofiléticos** (algumas vezes chamados de *holofiléticos*) e consistem em uma espécie ancestral e todos os seus descendentes. As características ancestrais compartilhadas são as **simplesiomorfias**; grupos definidos com base nas simplesiomorfias são **parafiléticos**. Grupos não naturais, como um grupo contendo apenas insetos e musgos, são **polifiléticos**. Este é um exemplo extremo, porém os grupos polifiléticos geralmente resultam da interpretação errônea das características, como a ideia de que duas estruturas são "a mesma" quando na verdade evoluíram de modo independente na espécie considerada. Portanto, a meta primária da sistemática filogenética é a descoberta de grupos monofiléticos.

A ideia de que determinada estrutura encontrada em duas espécies diferentes constitui a mesma estrutura, e que é compartilhada porque foi herdada de um ancestral comum, constitui a definição de uma **característica homóloga**. Como se vê, as definições de características homólogas e sinapomorfias são equivalentes. Características que não são homólogas, mas parecem ser, surgem por processos evolutivos de convergência, paralelismo e reversões. Convergência e paralelismo consistem no desenvolvimento independente de estruturas semelhantes em duas espécies diferentes. A reversão é uma característica que "parece" com uma condição ancestral, geralmente perda ou redução de algum aspecto. A ausência de uma estrutura pode ser decorrente do fato de que a espécie (e seus ancestrais) nunca a apresentou ou de sua perda subsequente. Geralmente é difícil, se não impossível, distinguir essas duas hipóteses simplesmente se estudando a característica em si. A conclusão depende da consideração de todas as evidências sobre a filogenia da espécie.

Como, então, é possível determinar se uma característica é ancestral ou derivada? Em primeiro lugar, devemos abandonar a ideia de que podemos realmente determinar a veracidade de qualquer declaração científica. Em vez disso, formularemos hipóteses que são fundamentadas em evidências e submetidas a testes. O meio dominante para a formulação de hipóteses sobre a polaridade das características, sejam ancestrais ou derivadas, consiste em analisar a forma em que a característica ocorre nos grupos fora de nosso grupo de interesse. A espécie estudada constitui o **grupo interno**; as espécies com as quais as características estão sendo comparadas para formular a hipótese de sua polaridade constituem o **grupo externo**. O estado no qual a característica é encontrada no grupo externo é considerado a condição plesiomórfica. Portanto, a escolha da espécie que será incluída no grupo externo é crítica para a análise. Finalmente, a análise do grupo externo é fundamentada pelo princípio de parcimônia (ver discussão mais adiante).

O padrão hierárquico de distribuição das sinapomorfias é representado por um diagrama de árvore conhecido como **cladograma** (Figura 3-1). Os dois grupos de espécies que divergem em um nodo são os **grupos-irmãos**. Um cladograma assemelha-se a muitas ilustrações clássicas da "árvore da vida", porém apresenta um detalhe importante. Em um cladograma, as unidades estudadas – frequentemente espécies, mas a unidade também pode consistir em um grupo de espécies – são apresentadas apenas no ápice do diagrama, nas extremidades dos ramos. Se uma espécie fóssil for incluída, ela é encontrada no final de um ramo, do mesmo modo que qualquer espécie viva. Os internós, então, não representam espécies ancestrais. A ordem na qual os grupos estão listados (por exemplo, de cima para baixo na Figura 3-1) não tem importância; o cladograma pode ser girado ao redor de qualquer um de seus nós. O significado de um cladograma depende da hierarquia ilustrada pelo diagrama de ramificação.

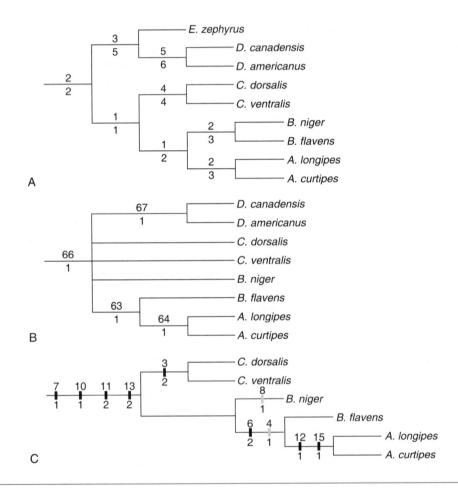

Figura 3-1 Tipos de desenhos para ilustrar cladogramas. A, Cladograma com um comprimento padrão utilizado para cada ramo. Os números acima de cada ramo representam o número de sinapomorfias que o definem, os números abaixo são dos suportes de Bremer, indicando o número mínimo de passos adicionais em um cladograma que não incluem aquele ramo. B, Cladograma ilustrando uma politomia (na base), uma área do cladograma em que não há evidência disponível para sua resolução em uma série de ramos dicotômicos ou para o qual os dados disponíveis estão em conflito. Neste caso, o número acima de uma ramificação é um valor de *bootstrap* (em %), indicando a frequência com que aquele ramo aparece quando o conjunto de dados é novamente amostrado aleatoriamente em relação aos caracteres; o número abaixo do ramo é o suporte de Bremer. C, Um cladograma no qual as sinapomorfias são indicadas nos ramos em que aparecem. O número acima do ramo representa o caráter, o número abaixo indica que estado o caráter exibe. O formato diferente do sombreamento (em preto ou cinza) é usado aqui para indicar se a sinapomorfia é única ou se também ocorre em outro local do cladograma. Nenhuma das ilustrações mostradas é padronizada e a legenda sempre deve explicar os detalhes ao leitor.

Relacionamento, no sentido da sistemática filogenética, é definida como a recentidade relativa dos ancestrais comuns. Em outras palavras, considerando três espécies – A, B e C –, as espécies A e B são mais intimamente relacionadas se compartilharem um ancestral comum mais recente entre si do que com a espécie C. Se considerarmos que o reino animal é monofilético, que todos os animais compartilham um ancestral comum, então qualquer par de animais está relacionado de algum modo. A questão crítica não é se duas espécies estão relacionadas, mas o quanto essa relação é próxima. Portanto, qualquer hipótese filogenética expressiva deve lidar com *pelo menos* três espécies.

No caso mais simples de três táxons (espécies ou grupos de espécies), existem apenas três padrões de relação possíveis: ou A+B são mais relacionados, ou A+C ou B+C. Com quatro táxons terminais (A a D), o número de padrões possíveis aumenta para 15; com cinco táxons, existem 105 padrões possíveis; para dez táxons, mais de 34 milhões de possibilidades; e o número continua a crescer exponencialmente. Quais critérios são utilizados para distinguir todas essas possibilidades?

A métrica mais comumente usada consiste no número de "passos" em cada árvore. Cada passo representa a mudança de uma característica da condição ancestral para a derivada. Essas alterações incluem a possível hipótese de que um caráter pode retornar ao que parece ser o estado ancestral, ou seja, uma reversão. Um método de análise dominante aplica, então, o princípio da parcimônia para selecionar o cladograma ótimo. O cladograma que apresenta o menor número de passos, o cladograma mais curto, é mantido como aquele com a melhor explicação para os dados disponíveis. Todos os outros cladogramas mais longos exigem hipóteses desnecessárias para as mudanças dos caracteres. O **princípio da parcimônia** (a navalha de Occam) sustenta que a melhor explicação para um fenômeno é a mais simples que represente os dados observados. Isto não deve ser interpretado como uma indicação de que a evolução ocorre do modo mais parcimonioso. Temos evidências nítidas de que essa noção seria falsa. Em vez disso, a parcimônia simplesmente exige que tenhamos evidências para sustentar as hipóteses de relacionamentos. Uma ação contrária significa que qualquer cladograma que agradasse ao pesquisador poderia ser declarado como o "melhor" por motivos que não teriam relação com a ciência.

As análises filogenéticas de dados sequenciais, muitas vezes, utilizam um critério de otimização diferente para julgar qual o melhor cladograma: a probabilidade máxima (*maximum likelihood*). Este método depende da especificação de um modelo de transformação de base; por exemplo, qual é a probabilidade de um resíduo de adenina sofrer alteração para timina em determinada posição? A probabilidade geral de um conjunto de cladogramas é calculada e aquele com a maior tem a preferência. Recentemente, métodos de análise bayesiana começaram a ser desenvolvidos para se encontrar a hipótese filogenética mais provável (cladograma) a partir dos dados observados e no modelo de substituição de base.

Muitas vezes, os internós de um cladograma são rotulados com informações que indicam o suporte da hipótese de que esse representa um grupo monofilético. Isto pode consistir em uma lista de caracteres apomórficos que definem aquela seção do cladograma; geralmente, também são encontrados valores de suporte de *bootstrap* ou valores de suporte de Bremer. Um valor de *bootstrap* representa a porcentagem de vezes que um agrupamento (ou clado) aparece quando se analisa um grande número de subgrupos do conjunto de dados originais. Alguns pesquisadores acreditam que um valor elevado (digamos, 98%) indica que os dados sustentam fortemente o grupo monofilético hipotetizado. Observe, porém, que esse não é um teste estatístico no sentido usual do termo. A hipótese, o grupo monofilético proposto, não é rejeitada com base nesse número. Um valor de suporte de Bremer indica o número de passos adicionais que seriam acrescentados ao cladograma inteiro se o clado sob consideração não fosse incluído e suas espécies fossem alocadas em um padrão diferente. A importância, então, depende do comprimento total do cladograma, que, por sua vez, depende do número de táxons e caracteres.

O estudante frequentemente verá cladogramas publicados em que o nó não origina dois ramos; em vez disso, origina três ou mais. Esta **politomia** indica que não há dados para sustentar qualquer um dos prováveis conjuntos de possibilidades dicotômicas naquele ponto ou que os dados estejam em conflito, de modo que nenhuma possibilidade é mais parcimoniosa (ou provável) que outra. As politomias são expressões de incerteza ou ambiguidade dos dados subjacentes. Embora seja biologicamente razoável acreditar que uma espécie ancestral possa originar, de modo mais ou menos simultânea, três ou mais espécies-irmãs, a metodologia da cladística e da ciência em geral nos impele a buscar um cladograma de ramificação completamente dicotômica. Fazer o contrário seria ignorar totalmente o sinal filogenético que existe nos dados.

Provavelmente neste ponto já está mais claro que o cálculo do cladograma mais parcimonioso para um grupo de qualquer tamanho requer o uso de um computador e um software de cladística. Apenas em casos com um número relativamente pequeno de espécies ou um conjunto de dados não ambíguos é possível chegar à melhor resposta manualmente. Atualmente, vários pacotes de software estão disponíveis para essas análises; os dois mais populares são o PAUP (Phylogenetic Analysis Using Parsimony) e o WinClada. O MacClade é uma ferramenta popular para a visualização e manipulação dos dados nos cladogramas. Contudo, mesmo com o hardware e o software mais poderosos, alguns problemas filogenéticos são inerentemente intratáveis. Na maioria dos casos, a análise resulta em um grande número de árvores igualmente parcimoniosas. Nestes casos, os autores muitas vezes recorrem à publicação de árvores de consenso para ilustrar, no mínimo, os componentes que todas as soluções possuem em comum.

CLASSIFICAÇÕES

Em uma classificação biológica formal, as espécies são reunidas em grupos monofiléticos. Estes grupos são chamados de **táxons** (singular, táxon). Eles são organizados em um padrão hierárquico. As categorias ou níveis mais comumente usados no sistema de classificação zoológica são os seguintes (relacionados do mais para o menos inclusivo):

Filo
 Subfilo
  Classe
   Subclasse
    Ordem
     Subordem
      Superfamília
       Família
        Subfamília
         Tribo
          Gênero
           Subgênero
            Espécie
             Subespécie

Neste esquema, o reino animal é dividido em vários filos (singular, filo). Cada filo é dividido em classes, as classes em ordens, as ordens em famílias, as famílias em gêneros (singular, gênero) e os gêneros em espécies. É possível fazer distinções mais refinadas nestes níveis por meio de prefixos anexados aos nomes das categorias, como *superfamílias* ou *subgêneros*.

A lista fornecida não é completa, mas ilustra as categorias que são normalmente usadas. A espécie é provavelmente o único nível que pode ser avaliado por critérios objetivos. Um gênero consiste em uma ou mais espécies classificadas juntas em um grupo monofilético, uma família consiste em um ou mais gêneros, e assim por diante. Qualquer esquema de classificação desenvolvido para um grupo de animais será afetado pelos caracteres particulares utilizados, o peso relativo que recebem e como são analisados. Se diferentes pessoas utilizarem diferentes caracteres ou diferentes "pesagens" de uma série de caracteres, poderão chegar a classificações diferentes.

Uma classificação é derivada de uma filogenia pela designação de grupos monofiléticos para cada categoria. Obviamente, um cladograma dicotômico de n espécies terá $n-1$ grupos monofiléticos. Para um cladograma de qualquer tamanho, particularmente em insetos, em que uma ordem pode ter mais de 100 mil espécies, nem todos esses grupos serão nomeados formalmente. A abordagem usual dos especialistas em sistemática é semelhante ao conselho hipocrático de não se fazer o mal, ou seja, alterar a classificação formal quando necessário para preservar o critério de monofilia, mas manter essas alterações no mínimo. Obviamente, aqui existe muito espaço para a interpretação individual e, como resultado, várias classificações alternativas podem estar em uso em qualquer momento no tempo, particularmente para grupos populares (como borboletas).

Muitos agrupamentos de insetos reconhecidos inicialmente pelos primeiros especialistas em sistemática, como Fabricius e Latreille, ainda são reconhecidos atualmente como grupos monofiléticos válidos. Exemplos incluem os Apocrita (Hymenoptera), Brachycera (Diptera), Ditrysia (Lepidoptera) e Polyphaga (Coleoptera). Contudo, nas classificações tradicionais, estes táxons frequentemente eram pareados em contraste com outro grupo, Symphyta *versus* Apocrita, Nematocera *versus* Brachycera. Estes táxons "irmãos" muitas vezes não são irmãos verdadeiros no sentido filogenético, já que se sabe amplamente que constituem grupos parafiléticos. Como tal, de acordo com os princípios da sistemática filogenética, eles não seriam formalmente reconhecidos. Na verdade, os entomólogos estão nesta direção, mas este é um processo lento e gradual. Continuamos a incluir alguns destes grupos nas classificações em cada capítulo, em parte porque os nomes são tão amplamente utilizados que é importante que o estudante os aprenda. No entanto, no final das contas, as classificações são fundamentadas em hipóteses científicas e estas hipóteses podem ser alteradas ou rejeitadas conforme a compreensão da diversidade dos insetos aumenta. Portanto, esteja preparado para ver mudanças nessas classificações refletindo a pesquisa científica subjacente e abrace as alterações como indicações dos avanços na compreensão da diversidade e das relações entre os insetos.

NOMENCLATURA

Os animais têm dois tipos de nomes, o científico e o comum. Os nomes científicos são usados em todo o mundo e todo táxon animal conhecido possui um nome científico específico para ele. Nomes comuns são nomes vernaculares e frequentemente são menos precisos que os nomes científicos. (Alguns nomes comuns são usados para mais de um táxon e determinado táxon animal pode possuir vários.) Muitos animais não possuem nomes comuns porque são pequenos ou raramente encontrados.

Nomenclatura científica

A nomenclatura científica dos animais segue algumas regras, descritas no *Código Internacional de Nomenclatura Zoológica* (ICZN 1999). Os nomes científicos são latinizados, mas podem ser derivados de qualquer idioma ou dos nomes de pessoas ou lugares. A maioria é derivada de palavras latinas ou gregas e geralmente se refere a alguma característica do animal ou do grupo nomeado.

Os nomes dos grupos acima do gênero são nomes latinizados no plural nominativo (caso subjetivo). Os nomes dos gêneros e subgêneros são nomes latinizados no nominativo singular. Nomes específicos e subespecíficos podem consistir de adjetivos (descritores ou modificadores), particípio presente ou passado, (formas) de verbos (palavras ou ação) ou substantivos (nomes de coisas ou lugares). Os adjetivos e particípios devem concordar em gênero (masculino, feminino ou neutro) com o nome do gênero e os substantivos estão incluídos no caso nominativo ou genitivo (possessivo).

O nome científico de uma espécie é um binômio, ou seja, consiste de duas palavras: o nome do gênero e um epíteto específico. O das subespécies é um trinômio: o nome do gênero, o epíteto específico e o epíteto da subespécie. Estes nomes devem ser impressos em *itálico* (se escritos à mão ou datilografados, o itálico pode ser indicado por um sublinhado). Nomes de espécies e subespécies algumas vezes são seguidos pelo nome do autor, a pessoa que descreveu a espécie ou a subespécie. Nomes de autores não estão em itálico. O nome do autor às vezes é importante quando se trata da sistemática de uma espécie ou em casos em que o mesmo nome tenha sido proposto para duas espécies diferentes (um caso de homonimia). Nos demais casos, simplesmente é supérfluo e não acrescenta nada além de uma falsa sensação de autoridade para a pessoa que cita o nome. Os nomes de gêneros e categorias mais elevadas sempre começam com letra maiúscula; isto não acontece com os nomes de espécies e subespécies e elas geralmente não são citadas sem o nome ou abreviação do gênero. Se o nome do autor estiver entre parênteses, isto significa que a espécie (ou subespécie, no caso do nome de uma subespécie) foi descrita em algum outro gênero e não aquele em que está alocada atualmente. Por exemplo,

Papilio glaucus Linnaeus[1] – a borboleta rabo-de-andorinha. A espécie *glaucus* foi descrita por Lineu no gênero *Papilio*.

Leptinotarsa decemlineata (Say) – o besouro-da-batata. A espécie *decemlineata* foi descrita por Thomas Say no gênero *Doryphora* e esta espécie foi transferida para o gênero *Leptinotarsa*.

Argia fumipennis (Burmeister) – a espécie *fumipennis* foi descrita por Hermann Burmeister em um gênero diferente de *Argia* e subsequentemente transferida para o gênero *Argia*. Existem três subespécies desta espécie no leste dos Estados Unidos: uma subespécie no norte (*violacea*) com asas claras e coloração violeta considerável, uma subespécie no sul (*fumipennis*) com asas enegrecidas e coloração também violeta e uma subespécie na Flórida peninsular (*atra*) com asas muito escuras e coloração marrom escura (não violeta). Estas três subespécies são relacionadas como *Argia fumipennis violacea* (Hagen), *Argia fumipennis fumipennis* (Burmeister) e *Argia fumipennis atra* Gloyd. O nome de Hagen entre parênteses significa que *violacea* foi descrita em um gênero diferente de *Argia*, mas agora não há modo de saber, a partir deste nome, se *violacea* foi originalmente descrita como espécie, como subespécie de *fumipennis* ou como subespécie de alguma outra espécie. O nome de Gloyd sem parênteses significa que *atra* foi descrita originalmente no gênero *Argia*, mas não há modo de saber a partir deste nome se *atra* foi descrita originalmente como espécie de *Argia*, como subespécie de *fumipennis* ou como subespécie de outra espécie de *Argia*. Na verdade, Hagen descreveu *violacea* originalmente como espécie de *Agrion* e Gloyd descreveu originalmente *atra* como subespécie de *Argia fumipennis*.

Alguns entomólogos usaram trinômios para o que chamaram de "variedades", por exemplo, *A-us b-us*, var. *c-us*. Outras classificações também podem ser encontradas, incluindo forma, estirpe, raça e assim por diante. Estes nomes, se publicados antes de 1961, são considerados nomes de subespécies, em cujo caso o "var." do nome é descartado ou, se for demonstrado que designam uma variante individual, são considerados categorias "infrassubespecíficas", que não são tratados pelo *Código Internacional de Nomenclatura Zoológica*. Os nomes publicados após 1960 são considerados para designar variantes individuais (categorias "infrassubespecíficas"), não cobertas por regras. As categorias taxonômicas ora relacionadas se aplicam a populações e não a variantes individuais como formas de cor, formas sexuais e formas sazonais.

Uma espécie citada, mas não nomeada, frequentemente é designada simplesmente por "sp." Por exemplo, "*Gomphus* sp." refere-se a uma espécie de *Gomphus*. Mais de uma espécie podem ser citadas por "spp."; por exemplo, "*Gomphus* spp." refere-se a duas ou mais espécies de *Gomphus*.

Os nomes de categorias de tribos até superfamílias possuem terminações padronizadas e, deste modo, podem ser sempre reconhecidos como referência a uma categoria em particular. Estes podem ser ilustrados por alguns táxons de abelhas, como se segue:

Os nomes de *superfamílias* terminam em *-oidea*; por exemplo, Apoidea: as abelhas. Observe que os nomes de alguns gêneros e categorias acima do nível de família podem ter a mesma terminação.

Os nomes de *famílias* terminam em *-idae*; por exemplo, Apidae: abelhas parasitas, abelhas cavadoras, abelhas carpinteiras, abelhas das orquídeas, mamanvabas e abelhas-de-mel.

Os nomes de *subfamílias* terminam em *-inae*; por exemplo, Apinae: abelhas das orquídeas, mamanvabas e abelhas-de-mel.

Os nomes de *tribos* terminam em *-ini*; por exemplo, Apini, abelhas-de-mel.

Tipos. Sempre que um novo táxon (de subespécie a superfamília) é descrito, o descritor supostamente designa um **tipo**, que serve para fixar o nome a um conceito taxonômico. O tipo de uma espécie ou subespécie constitui um espécime único (o tipo, ou **holótipo**), o tipo de um gênero ou subgênero constitui uma espécie (a **espécie tipo**) e o tipo de um táxon de uma tribo à superfamília é um gênero (o **gênero tipo**). Nomes de táxons de tribos às superfamílias (ver exemplos anteriores) são formados pela adição da terminação apropriada à raiz do nome do gênero tipo. Para o gênero tipo *Apis* nos exemplos anteriores, a raiz é *Ap-*. Se uma espécie for dividida em subespécies, a subespécie em particular que inclui o holótipo da espécie possui o mesmo nome subespecífico que seu nome específico (por exemplo, *Argia fumipennis fumipennis*). Do mesmo modo, se um gênero for dividido em subgêneros, o subgênero que inclui a espécie tipo do gênero terá o mesmo nome de subgênero que o nome do gênero – por exemplo, *Formica* (*Formica*) *rufa* L. (O nome entre parênteses é o subgênero.) À medida que conceitos dos limites de espécies ou outros táxons são revisados, muitas vezes torna-se necessário fazer referência aos tipos disponíveis (e, em última análise, aos holótipos das espécies relevantes) para determinar a quais conceitos de táxons do especialista em sistemática pertencem os tipos e, assim, determinar qual nome ou quais nomes são aplicáveis a eles. O significado dos holótipos relaciona-se com a nomenclatura; eles não representam um membro "típico" de uma espécie.

Prioridade. O ponto de partida da nomenclatura zoológica binomial moderna foi a publicação da 10ª edição do *Systema Naturae* de Lineu; a data considerada é 1º de janeiro de 1758. Com frequência, acontece de um táxon em particular ser descrito de maneira independente por duas ou mais pessoas e, deste modo, pode ter mais de um nome. Nestes casos, o primeiro nome usado a partir de 1758 (se o descritor tiver seguido algumas regras) é o nome correto e qualquer outro nome torna-se um sinônimo, não devendo mais ser usado. Muitas vezes determinado nome é usado por muito tempo antes que alguém descubra que outro nome tem prioridade sobre ele.

Algumas vezes, a pessoa que descreve um novo táxon dá a ele um nome que tinha sido usado previamente para outro táxon; se os táxons envolvidos estiverem no mesmo nível taxonômico, os nomes são chamados de homônimos e todos, com exceção do mais velho, devem ser descartados e os táxons, então, renomeados. Não pode haver duas (ou mais) espécies ou subespécies com o mesmo nome em determinado gênero. Não pode haver dois (ou mais) gêneros ou subgêneros no reino animal com o mesmo nome. Tampouco pode haver dois (ou mais) táxons em um grupo de categoria de família (tribo à superfamília) com o mesmo nome (embora os nomes das subdivisões típicas sejam os mesmos, com exceção das suas terminações). A regra fundamental é que cada táxon animal deve ter um nome único.

Em virtude do grande número de táxons animais e da vasta quantidade de literatura zoológica, não é fácil descobrir erros de nomenclatura (homônimos e sinônimos). Quando estes são descobertos, é necessário mudar os nomes, não apenas de gêneros e espécies, mas também de famílias e até mesmo de ordens. Os problemas de prioridade na nomenclatura científica muitas vezes são intrincados e é difícil determinar qual nome é o correto. Alterações dos nomes também podem resultar do aumento do conhecimento. Este conhecimento adicional pode indicar que grupos devem ser divididos ou combinados, resultando em alterações de nomes para alguns grupos envolvidos.

Nos casos em que dois ou mais nomes tenham seu uso razoavelmente difundido para um grupo, relacionamos neste livro primeiramente o nome que acreditamos ser o mais correto e os outros nomes entre parênteses.

Nomes comuns dos insetos

Como existem muitas espécies de insetos, e como grande parte delas são muito pequenas ou pouco conhecidas, relativamente poucas possuem nomes comuns. Estes nomes estão presentes em insetos particularmente vistosos ou de importância econômica. Os entomólogos americanos reconhecem como "oficiais" os nomes comuns que constam em uma lista publicada, com um intervalo de alguns anos, pela *Entomological Society of America*. Porém, esta lista não inclui todas as espécies de insetos (e outros artrópodes) às quais nomes comuns são aplicados.

Muitos nomes comuns de insetos referem-se a grupos como subfamílias, famílias, subordens ou ordens, e não a espécies individuais. O nome *besouro-da-casca*, por exemplo, refere-se às espécies da subfamília Scolytinae da família Curculionidae. O nome *vaquinha* aplica-se geralmente às espécies da família Chrysomelidae. O nome *besouro* aplica-se a todas as espécies da ordem Coleoptera. O nome *donzelinha* aplica-se à subordem Zygoptera, na qual existem centenas de espécies.

A maioria dos nomes comuns de insetos que consistem em uma única palavra refere-se a ordens inteiras (por exemplo, *besouro, percevejo, mosca, barata* e *cupim*). Alguns (como *abelha, donzelinha, gafanhoto* e *crisopídeo*) referem-se a subordens ou grupos de famílias. Alguns poucos (como *formigas*) referem-se a famílias. A maioria dos nomes comuns aplicados a famílias consiste em duas ou mais palavras, com a primeira associada ao nome de um grupo maior e as outras atuando como descritores (por exemplo, *besouro tec-tec* e *moscas soldados*).

Os membros de um grupo frequentemente são conhecidos por uma forma adaptada do nome de grupo. Por exemplo, insetos da ordem Hymenoptera podem ser chamados de himenópteros, as vespas da superfamília *Chalcidoidea* são chamadas calcidóideos, os Sphecidae são chamados de esfecídeos, e membros da subfamília Nyssoninae podem ser chamados de *nissoníneos*. É prática comum utilizar esta forma de nome de família ou subfamília como nome comum.

A IDENTIFICAÇÃO DOS INSETOS

Quando alguém encontra um inseto, uma das primeiras perguntas é "Que tipo de inseto é este?" (ou talvez esta seja a segunda, após "Ele vai me picar?") Um dos principais objetivos de quem se inicia em qualquer campo da biologia é conseguir identificar os organismos que estão sendo estudados. Porém, a identificação dos insetos difere da identificação de outros tipos de organismos e provavelmente é um pouco mais difícil, já que existem mais tipos de insetos do que qualquer outra coisa.

Quatro elementos complicam o processo de identificação. Primeiro, existem tantas espécies diferentes de insetos que o iniciante pode se sentir desencorajado a se transformar em um perito na identificação deste grupo. Em segundo lugar, a maioria dos insetos é pequena e frequentemente é difícil enxergar as características de identificação. Em terceiro lugar, muitos insetos são pouco conhecidos e, quando finalmente é identificado, pode haver apenas o nome técnico (que você pode não compreender) e poucas informações biológicas. Em quarto lugar, muitos insetos passam por estágios muito diferentes em sua história de vida; desse modo, você pode conhecer os insetos em um estágio de seu ciclo de vida e ainda saber muito pouco sobre ele em outro estágio.

Existem aproximadamente cinco modos pelos quais um estudante pode identificar um inseto desconhecido: (1) obtendo sua identificação por um especialista, (2) comparando-o com espécimes previamente identificados em uma coleção, (3) comparando-o com fotos, (4) comparando-o com descrições, (5) usando uma chave ou pela combinação de dois ou mais destes procedimentos. Entre estes, obviamente o primeiro é o mais simples, mas este método nem sempre está disponível, assim como o segundo método. Além disso, o uso de uma coleção tem valor limitado se você não souber as características que distinguem as espécies em um grupo específico. Na ausência de um especialista ou de uma coleção identificada, o melhor método geralmente é o uso de uma chave. No caso de insetos particularmente notáveis ou bem conhecidos, a identificação, com frequência, pode ser feita pelo terceiro método mencionado, mas em muitos grupos este método é insatisfatório. Nenhum livro pode ilustrar todos os tipos de insetos e ainda ser vendido por um preço acessível. Quando um inseto desconhecido não puder ser identificado de modo definitivo por meio de ilustrações, o melhor procedimento consiste em usar uma chave e, em seguida, confirmar a identificação pelo máximo número possível dos outros métodos mencionados. A identificação por fotos muitas vezes é pouco segura, porque em muitos casos um tipo de inseto se parece muito com outro.

Como regra geral, neste livro a identificação é realizada apenas até o nível de famílias. Um aprofundamento maior geralmente requer conhecimento especializado e está além do escopo desta publicação. A identificação de insetos ao nível de família reduz o número de nomes de muitos milhares para algumas centenas e, destas, provavelmente apenas 200 ou menos têm a probabilidade de ser encontrados por um estudante. Reduzimos o problema ainda mais ao fazer referências principalmente a adultos. Assim, a identificação dos insetos torna-se menos assustadora.

AS CHAVES DESTE LIVRO

As chaves são dispositivos utilizados para identificar todos os tipos de coisa, vivas e não vivas. Diferentes chaves podem ser dispostas de modos distintos, mas todas envolvem os mesmos princípios gerais. É possível pesquisar um inseto (ou outros organismos), ao longo de uma chave, seguindo etapas. Em cada etapa há o confronto de duas (raramente mais) alternativas, uma das quais deve ser aplicada ao espécime em mãos. Nas chaves deste livro, um número ou um nome segue a alternativa que se adapta melhor ao espécime. Se houver um número, a etapa seguinte corresponde às alternativas deste número. Assim, cada passo leva a outro com suas alternativas até que um nome seja obtido.

Os pares de alternativas destas chaves são numerados 1 e 1', 2 e 2', e assim por diante. Na primeira metade de cada par, após a primeira, há um número entre parênteses. Este número refere-se ao par de alternativas do qual ele proveio e isso permite que o estudante trabalhe de trás para a frente na chave se um erro for descoberto. Este método de numeração também serve para verificar a exatidão da organização da chave. Em algumas chaves longas, alguns pares podem ser alcançados a partir de um par prévio e este fato é indicado por dois ou mais números entre parênteses.

As chaves neste livro foram preparadas a partir de três fontes principais: outras chaves publicadas, descrições e um exame dos espécimes dos grupos envolvidos. Muitas foram tiradas em grande parte de chaves publicadas anteriormente (em geral, com algumas alterações na redação ou na organização), mas algumas representam uma nova abordagem. Nosso objetivo em cada chave foi preparar algo que fosse funcional para praticamente todas as espécies (ou espécimes) nos grupos tratados. A maioria destas chaves foi testada por estudantes durante muitos anos. Em muitas ordens de insetos (particularmente as maiores), algumas chaves de grupos conduzem a mais de um local. Este é o caso em dois tipos de situação: (1) quando houver variação significativa dentro do grupo e (2) em casos limítrofes em que o espécime parece se adequar a ambas as alternativas da chave. Na última situação, o espécime deve se encaixar corretamente em uma das alternativas. Embora nossa intenção seja apresentar chaves que funcionem para todos os espécimes, percebemos que as espécies ou os espécimes possuem caracteres instáveis em muitos grupos. Tentamos incluir o máximo possível destas formas atípicas em nossas chaves, mas algumas podem não ter sido encaixadas corretamente. Acreditamos que nossas chaves devam funcionar para 95% ou mais dos insetos dos Estados Unidos e Canadá. Acreditamos que o usuário de nossas chaves tenha maior probabilidade de chegar a um impasse em razão da incapacidade de ver ou interpretar um caráter do que por uma discrepância na chave.

Quando uma determinação for alcançada na chave, verifique o espécime quanto a qualquer ilustração ou descrição disponível. Se elas não corresponderem ao espécime, então foi cometido um erro em algum lugar ou o espécime é de um tipo que não funcionará corretamente na chave. Em último caso, guarde o espécime até que você possa apresentá-lo a um especialista. Pode ser algo raro ou incomum.

O sucesso de se chegar a um nome correto com uma chave depende em grande parte da compreensão dos caracteres utilizados. Muitas vezes, vários caracteres são fornecidos em cada alternativa. Se um caráter não puder ser observado ou interpretado, utilize os outros caracteres. Se em algum ponto da chave você não puder decidir qual caminho seguir, tente as duas alternativas e então verifique adicionalmente com ilustrações e descrições quando chegar ao nome.

Um grande número de famílias de insetos tem muito pouca probabilidade de ser encontrado por um colecionador porque contêm formas pequenas ou minúsculas que podem passar despercebidas, são muito raras ou, ainda, porque têm uma distribuição geográfica muito restrita. Estas famílias são indicadas na maioria de nossas chaves por um asterisco e o estudante iniciante muitas vezes pode pular as alternativas da chave que contêm estes grupos.

As medidas neste livro são fornecidas em unidade métricas. As tabelas para a conversão em unidades inglesas são apresentadas no fim do livro.

As chaves são feitas para pessoas que não conhecem a identidade de um espécime que tenham em mãos. Quando o espécime tiver sido identificado com uma chave, as identificações subsequentes deste mesmo inseto, muitas vezes, podem ser fundamentadas em caracteres como aspecto geral, tamanho, forma e cor, sem referência a características minuciosas.

Logo no início de seu trabalho de identificação de insetos, ficará clara a necessidade de um bom microscópio binocular para observar as inúmeras características do espécime. A maioria dos insetos, quando você souber o que está procurando, pode ser identificada com uma boa lupa manual (ampliação de aproximadamente 10 X).

A simples identificação e nomenclatura não deve ser o objetivo final no estudo dos insetos. Existem muito mais coisas interessantes sobre eles além de sua identificação. Continue e aprenda mais sobre seus hábitos, distribuição e importância.

COBERTURA GEOGRÁFICA DESTE LIVRO

O tratamento taxonômico de várias ordens de insetos e outros grupos de artrópodes deste livro aplicam-se à fauna da América do Norte acima do México. Alguns insetos de outras partes do mundo são mencionados, mas as características fornecidas para cada grupo (e as chaves) aplicam-se a espécies norte-americanas e podem não se aplicar a todas as outras espécies que ocorrem fora da América do Norte. Os termos América do Norte e norte-americano referem-se à porção do continente acima do México. Quando a distribuição geográfica de um grupo na América do Norte for mais ou menos limitada, serão fornecidas informações sobre esta distribuição. Os grupos que não apresentam informações sobre a variação estão distribuídos amplamente pela América do Norte.

Referências

Borror, D. J. *Dictionary of word roots and combining forms.* Palo Alto: Mayfield, 1960.

Brown, R. W. *Composition of scientific words.* Washington, DC: Smithsonian Institution Press, 1978.

Crowson, R. A. *Classification and biology.* Nova York: Atherton Press, 1970.

Eldredge, N.; J. Cracraft. *Phylogenetic patterns and the evolutionary process:* method and theory in comparative biology. Nova York: Columbia University Press, 1980.

Hennig, W. *Grundzüge einer Theorie der phylogenetischen systematik.* Berlim: Deutscher Zentralverlag, 1950.

Hennig, W. "Phylogenetic systematics", *Annu. Rev. Entomol.,* 10, p. 97–116, 1965.

Hennig, W. Phylogenetic Systematics. Urbana: University of Illinois Press, 1966.

International Commission on Zoological Nomenclature. *International Code of Zoological Nomenclature.* 4. ed. Londres: The International Trust for Zoological Nomenclature, 2000.

Mayr, E.; P. D. Ashlock. *Principles of systematic zoology.* 2. ed. Nova York: McGraw-Hill, 1991.

Schuh, R. T. *Biological systematics:* principles and applications. Ithaca: Comstock Publishing Associates, Cornell University Press, 2000.

Stoetzel, M. B. *Common names of insects & related organisms 1989.* College Park: Entomological Society of America, 1989.

Wiley, E. O. *Phylogenetics:* the theory and practice of phylogenetic systematics. Nova York: Wiley, 1981.

Winston, J. E. *Describing species:* practical taxonomic procedure for biologists. Nova York: Columbia University Press, 1999.

CAPÍTULO 4

COMPORTAMENTO E ECOLOGIA[1]

A importância dos insetos é determinada, em grande parte, pelo que eles fazem. As explicações de vários grupos de insetos neste livro dizem muito sobre seu comportamento e história natural. Neste capítulo, iremos discutir e ilustrar os princípios gerais do comportamento e da ecologia dos insetos, além de resumir os tipos de atividades comuns aos insetos em geral.

PROPRIEDADES DO COMPORTAMENTO

Um conceito errôneo, porém comum, é que, em comparação aos vertebrados, os insetos apresentam repertórios comportamentais simples e limitados, em razão do sistema nervoso reduzido e da vida curta. Apesar disso, como outros animais, os insetos não são autômatos previsíveis. Eles não permanecem inertes até que sejam provocados por estímulos particulares para realizar atos específicos e, quando estimulados para responder de um modo característico, não estão limitados a um conjunto de movimentos rígidos e pré-programados. Em vez disso, fica claro que grande parte do comportamento dos insetos é espontânea e pode ser ajustada a circunstâncias específicas. Os trabalhos realizados por insetos durante suas vidas são o resultado de uma interação complexa entre estímulos ambientais, estado interno e experiência. Por outro lado, o modo como suas atividades são organizadas muitas vezes é extremamente complexo.

Composição e padrão

A unidade básica do comportamento do inseto é o reflexo: um tipo de receptor, quando estimulado, causa a contração de um grupo específico de músculos, que é visível externamente como um movimento corporal. Ainda assim, mesmo as atitudes comportamentais mais simples que seguem esta regra de estímulo-resposta envolvem grandes conjuntos de reflexos, englobando dezenas ou centenas de receptores sensoriais e grupos musculares. Estes reflexos combinados resultam em um grupo coordenado de movimentos que desempenham algum aspecto útil do comportamento. Um exemplo é a mastigação de alimentos, que consiste em movimentos coordenados entre as mandíbulas, as maxilas, a hipofaringe e outras estruturas que manipulam e fragmentam o alimento após ser mordido, antes de ser deglutido. O estímulo que desencadeia um complexo específico de movimentos, em geral, é o que se chama de *liberador*. O comportamento resultante, após seu início, é exatamente o mesmo cada vez que ocorre, ou seja, é estereotipado e classificado como *padrão de ação fixa*. A maioria dos padrões motores, porém, varia de acordo com o estímulo recebido, ao ser iniciado e durante sua execução. Portanto, embora o resultado final seja o mesmo, o comportamento do inseto é ajustado para satisfazer as circunstâncias precisas da situação. Estes *padrões de ação modal* são menos estereotipados, em razão da constante adaptação a alterações na posição corporal em relação a objetos externos. Assim, os insetos caminham ou voam de acordo com uma sequência muito específica de movimentos das pernas ou das asas, operada por um *gerador de padrão*

---

[1] Este capítulo teve a contribuição de Woodbridge A. Foster.

central, mas fazem contínuos ajustes nestes movimentos para permanecer no curso sobre um terreno áspero ou em turbulência aérea. Até mesmo na construção de ninhos, que é um processo complicado e pode ser interrompido pela necessidade de se reunir mais material para o ninho, ou ainda na alimentação ou no descanso, é um padrão de ação modal no sentido amplo. Peça a peça, o inseto acrescenta material ao ninho, no local em que é mais necessário, faz ajustes de avarias e trabalha ao redor de obstáculos naturais. Contudo, os insetos adicionam material ao ninho de um modo específico por espécie. Portanto, os ninhos prontos de uma espécie são quase idênticos.

A *orientação* é a capacidade de um inseto ser direcionado por circunstâncias externas locais. O que, de forma técnica, é a modificação da posição ou do movimento corporal em relação a alguma variação na distribuição de estímulos ambientais. Mesmo padrões comportamentais iniciados espontaneamente, como a busca por alimento ou por um parceiro para o acasalamento, são normalmente orientados pela organização de vários estímulos visuais, químicos ou mecânicos.

Os movimentos orientados dos insetos são classificados como *cineses* ou *taxias*. *Cineses* são alterações na velocidade de locomoção ou na taxa de rotação quando um inseto se move e encontra maior ou menor intensidade de estímulo, sem relação com a direção, fonte ou gradiente do estímulo. As cineses têm o efeito, por movimentos aleatórios, de levar o inseto a uma zona favorável ou afastá-lo de uma desfavorável. Por exemplo, um inseto que exibe uma clinocinese positiva em relação à temperatura dará mais voltas até encontrar temperaturas cada vez mais favoráveis, por isso, tende a permanecer em zonas de temperatura ideal. *Taxias*, em contrapartida, consistem em posições e movimentos relativos à fonte, direção ou gradiente de um estímulo (por exemplo, quimiotaxia, fototaxia). Diferentes mecanismos podem estar envolvidos. Os insetos podem ampliar ou rebaixar um gradiente de estímulo (para mais perto ou mais longe de sua fonte) equilibrando os estímulos nos lados direito e esquerdo, virando de maneira alternada para a direita e para a esquerda ou testando os dois lados de forma simultânea (*clinotaxia* e *tropotaxia*, respectivamente) ou mantendo uma "fixação" na própria fonte (*telotaxia*). Também podem usar a telotaxia para permanecer em um ângulo fixo em relação à fonte do estímulo (*menotaxia*). Isto permite que mantenham a orientação correta em relação à luz solar ou à gravidade e caminhem ou voem em linha reta por paisagens variadas, usando o sol ou a lua como estrutura fixa de referência, como uma bússola. Estes tipos básicos de mecanismos de orientação, aplicados a problemas como a construção de ninhos em um local difícil, permitem que um inseto se comporte de modo eficiente diante de um mundo complexo e mutável, mesmo quando o comportamento orientado é totalmente independente da experiência.

Quando os insetos localizam alimentos e parceiros pela visão, som ou substâncias químicas, uma orientação precisa é essencial. Em geral, utilizam a tropotaxia ou a telotaxia para obter a orientação na direção de sons e objetos visuais atraentes a certa distância. Já para uma distância menor, seguem gradientes de substâncias químicas, temperatura ou umidade empregando clinotaxia ou tropotaxia. Contudo, em insetos voadores, a necessidade de localizar uma fonte distante de substâncias químicas voláteis representa um problema especial, pois, para esse tipo de insetos, é impossível conseguir uma fixação na fonte por meio da varredura do ambiente – e os gradientes de estímulo são perdidos após alguns centímetros da fonte, já que as substâncias químicas perdem-se no vento, em redemoinhos e filamentos diluídos. Por essa razão, orientam-se contra o vento (*anemotaxia* positiva) na presença de odores estimulantes, orientados em seu progresso anterógrado pela passagem de objetos no solo abaixo deles. Este comportamento os leva muito próximos à fonte do odor. Se o estímulo odorífero for perdido, o inseto deixa de voar contra o vento e faz voltas erráticas ou reverte para um voo de busca a favor do vento ou cruzando a corrente. Em mariposas, os machos que avançam contra o vento na presença de um feromônio sexual feminino fazem um movimento contínuo de zigue-zague pela coluna de odor, dificultando a perda total do aroma.

Alguns tipos de orientação permanecem enigmáticos. A migração das borboletas monarca é interessante porque elas viajam milhares de quilômetros entre suas áreas de distribuição ao norte e regiões específicas ao sul onde passam o inverno. A lenta migração para o norte envolve até três gerações sucessivas de borboletas. Assim, todos os adultos que sobreviveram ao inverno estarão mortos no momento em que a população chegar a seu limite setentrional durante o verão e os que voam de volta para o local de permanência de inverno no sul nunca estiveram lá antes. Evidências de pesquisas indicam que elas utilizam uma bússola solar compensada pelo tempo e talvez algumas pistas geomagnéticas para orientar-se na direção da longitude e latitude corretas. Se estiver certo, este fato sugere que as borboletas monarcas possuem um sentido inato das coordenadas corretas, que variam consideravelmente entre populações do leste e do oeste.

Modificação do comportamento

Todas as características comportamentais de um inseto são herdadas, mas não são expressas de forma constante, mesmo em condições ambientais idênticas. Os insetos respondem a alguns estímulos ou apresentam comportamentos específicos apenas quando órgãos internos, a química da hemolinfa e o próprio sistema nervoso estiverem diante de estados específicos. O estado de responsividade, ou motivacional, regula a expressão inclusive dos instintos mais rudimentares e estereotipados. Mesmo durante o aprendizado, o inseto tem a capacidade inata de modificar seu comportamento com o objetivo de adaptar-se a um determinado tipo de experiência.

Motivação: Uma variedade de fatores internos influencia o estado motivacional de um inseto.

Ritmos: Quase todos os insetos passam por ciclos de atividade e inatividade, sendo que o tipo mais comum é o ciclo diurno. Durante sua fase ativa, o inseto pode tornar-se ativo de forma espontânea e conduzir buscas para uma ou mais necessidades: parceiros sexuais, alimento, locais de oviposição ou abrigo. Por outro lado, neste momento, ele responde a estímulos específicos que ignora quando está inativo. Estes ritmos diurnos são mantidos por um relógio interno ajustado por períodos de escuridão e luz. Caso o inseto seja privado de modo artificial das transições claro-escuro que determinam o tempo natural em intervalos regulares, o ritmo continua, mas desvia-se do período de 24 horas, originando o termo *ritmo circadiano* (cerca de um dia).

Retroalimentação inibidora: O estado de responsividade de um inseto muda quando comportamentos específicos causam uma alteração fisiológica temporária. Após a alimentação, o limiar de resposta de um inseto a estímulos alimentares aumenta. Portanto, ele necessita de estímulos mais fortes antes de ingerir mais. Se tiver ingerido o suficiente, ele não responderá a estímulos de qualquer intensidade. Um exemplo clássico é o reflexo tarsolabelar da varejeira: caso seu papo esteja vazio e ela sinta o gosto do açúcar com seus tarsos anteriores, a mosca estenderá sua probóscide. Quando o papo tiver uma quantidade substancial de açúcar, os nervos receptores de estiramento do intestino anterior bloquearão o reflexo. O tempo necessário para um novo estímulo (ou seja, para que se apresente um limiar mais baixo do reflexo tarsolabelar) é o volume do papo e da taxa com que o papo se esvazia, o que, por sua vez, depende da rapidez com que o açúcar absorvido é depletado da hemolinfa. Algumas alterações são resultantes de processos internos cíclicos. Por exemplo, fêmeas de insetos não exibem comportamentos de oviposição até possuírem um lote de ovos pronto para a postura.

Alterações fisiológicas em longo prazo: Outras alterações comportamentais têm longa duração ou são permanentes. Muitas vezes resultam do desenvolvimento e da maturação. Após a muda final, os insetos adultos não expressam imediatamente comportamentos sexuais ou reprodutores de outro tipo, porém mudanças no sistema nervoso, induzidas por hormônios ou outras alterações internas, provocam sua manifestação e sua duração é permanente. O hormônio juvenil – um termo errôneo nestes casos – muitas vezes é o mediador. Por exemplo, o hormônio juvenil faz com que fêmeas adultas de mosquitos tornem-se sexualmente receptivas e, após o acasalamento e a inseminação, tornam-se não receptivas aos avanços sexuais dos machos. Primeiro os estímulos mecânicos da cópula e da inseminação e, em seguida, os estímulos químicos do sêmen masculino inibem sua receptividade por um longo período ou por toda a vida. A tendência a migrar ou a entrar em diapausa (discutida mais tarde neste capítulo) pode ocorrer apenas no início da vida adulta, quando o inseto está aglomerado entre outros durante o desenvolvimento ou quando o fotoperíodo diminui e as temperaturas começam a cair. A metamorfose completa é um exemplo extremo de comportamento alterado pelo desenvolvimento. As formas larvais e adultas do mesmo indivíduo muitas vezes são tão diferentes, tanto morfológica quanto ecologicamente, que agem como espécies diferentes com padrões comportamentais totalmente distintos.

Aprendizado: O aprendizado dos insetos consiste em uma modificação induzida pela experiência de padrões comportamentais instintivos, e não na formação de novos padrões comportamentais. O aprendizado difere do instinto pelo fato de envolver propriedades do sistema nervoso que permitem modificações úteis do comportamento, porém as distinções entre alteração motivacional, adaptação sensorial e aprendizado real nem sempre são óbvias. Mesmo nos casos nítidos de aprendizado existe uma faixa contínua entre comportamentos pré-programados e modificados e, deste modo, quatro categorias de comportamento são úteis (com base em Alcock, 1979): (1) *instintos fechados*, os programas fixos, como sequências de corte; (2) *instintos abertos*, nos quais a retroalimentação da experiência altera a programação, como obter-se melhor eficiência na coleta do néctar ou ignorar movimentos súbitos (habituação); (3) *aprendizado restrito*, no qual estímulos limitados alteram o comportamento de um modo preciso, como a associação de novos significados aos estímulos (condicionamento clássico); e (4) *aprendizado flexível*, em que uma experiência pode provocar grande variedade de mudanças no padrão comportamental, como a familiaridade com terrenos específicos (exploração ou aprendizado latente) e o reforço de um comportamento modificado (condicionamento operante). A capacidade de se chegar a qualquer um destes atos e as limitações impostas sobre eles têm base genética. A modificação por aprendizado é mais valiosa para espécies que vivem onde as informações permanecem confiáveis por longos períodos durante toda a vida do inseto, mas não são confiáveis para diversas gerações ou para toda a faixa de população. Informações que permaneçam confiáveis não precisam ser aprendidas e podem ser submetidas a uma programação rígida de estímulo-resposta. Portanto, com o instinto, insetos de vida curta fazem a coisa certa logo na primeira vez.

Os insetos, entre os animais conhecidos, são os que têm maior capacidade de tipos de aprendizado. Os primeiros três, aqui, são bem definidos: (1) *Habituação* é uma diminuição da resposta a um estímulo repetitivo sem consequências ou associações relevantes. Um exemplo na natureza é a capacidade de aprendizagem das vespas machos para evitar armadilhas em "acasalamentos" com flores de orquídea que mimetizam de maneira grosseira o aspecto e o odor das vespas fêmeas. Em cativeiro, os insetos se habituam a ruídos assustadores, movimentos e manipulação. (2) O *aprendizado associativo* assume duas formas principais: (a) no *condicionamento clássico*, um estímulo previamente neutro, quando comparado a um estímulo favorável ou desfavorável que, em geral, causa uma resposta específica, transforma-se em um estímulo condicionado, desencadeando, por si só, a resposta (o novo estímulo é associado ao antigo em função de seu efeito). Por exemplo, uma abelha-de-mel, instintivamente atraída para uma flor azul que tem odor neutro, obtém néctar e subsequentemente é atraída para aquele odor quando a cor azul estiver ausente. Uma variação disto é o *condicionamento pré-imaginal*, no qual um estímulo neutro encontrado por um inseto imaturo durante a alimentação em uma fonte adequada, como uma planta hospedeira incomum, transforma-se em um estímulo em que, após a metamorfose, a fêmea adulta escolhe para a oviposição. Isto é semelhante ao *imprinting*, bem conhecido em aves que são atraídas pelo aspecto de seus pais, porém o *imprinting* tem um período de sensibilidade estreito logo após a eclosão e ocorre sem um estímulo favorável ou desfavorável associado. (b) o *condicionamento operante* é um ato particular, seguido por uma consequência positiva ou negativa, que reforça a realização ou a abstenção daquele ato (o ato é associado à consequência); uma variante específica disto, algumas vezes, é conhecida como "aprendizado por tentativa e erro". Por exemplo, as formigas podem aprender a fazer voltas apropriadas para a esquerda e para a direita em um labirinto, sem o auxílio de um feromônio de trilha, se a recompensa for atingir seu ninho no final do labirinto. (3) No *aprendizado latente*, um inseto se familiariza com as relações entre vários estímulos neutros, mesmo que estes estímulos não tenham consequências positivas ou negativas imediatas. Isto é o que se chama de *aprendizado exploratório*. Um exemplo clássico é a capacidade de vespas cavadoras memorizarem a configuração dos pontos de referência ao redor de seus ninhos ocultos para encontrá-los mais tarde (Figura 4-1). (4) No *aprendizado por insight*, o animal combina informações de várias experiências de aprendizado e as aplica a uma situação inédita. É controverso se os insetos são capazes deste tipo avançado de aprendizado. Eles claramente podem fazer cálculos a partir de uma variedade de dados de sentidos, portanto, *a priori*, não há motivo pelo qual não poderiam processar as informações aprendidas de várias fontes e usá-las para responder a novas circunstâncias. A melhor evidência de cognição deste tipo vem de testes da capacidade de abelhas-de-mel formar mapas mentais. Alguns experimentos indicam que as abelhas podem decidir a rota mais direta para casa ou para uma estação de alimentação, a partir de locais onde nunca tinham estado. Isto exige que a abelha conheça a posição de pontos de referência distantes relacionados entre si e faça a interpolação da direção correta para seu destino

Figura 4-1 Vespa cavadora (Sphecidae) próxima ao seu ninho subterrâneo. Inicialmente, se familiariza com sua posição enquanto está cavando. Quando está prestes a partir, oculta o ninho enchendo a abertura com grãos de areia, de modo homogêneo com a superfície do solo. Ao voar para longe, atualiza sua memória de posição em relação aos pontos de referência ao redor, para que possa encontrá-lo quando voltar.

quando visualizar estes pontos de referência a partir de uma perspectiva específica.

Estrutura temporal do comportamento

Os insetos e outros animais fazem apenas uma coisa de cada vez e seus vários comportamentos não são realizados com uma sequência casual, embora muitas vezes exista um elemento aleatório na organização probabilística das diferentes atividades. Em vez disso, são orientados por um conjunto de regras que supostamente maximizam o seu sucesso reprodutivo ao longo do tempo. A partir do estudo destas regras, surge um princípio básico: comportamentos diferentes competem entre si e são mutuamente inibitórios e, em qualquer momento determinado, um deles é dominante. O estado de dominância ou subordinação é uma propriedade do *sistema causal* do comportamento fundamentado em dois fatores: o estado causal interno do inseto (ou estado motivacional) e sua situação de estímulo externo. Portanto, o que um inseto "decide" fazer (sem a implicação do envolvimento de uma cognição com base no aprendizado) reflete o estado dominante de um dos sistemas causais. Uma alteração do comportamento pode ocorrer em quatro casos: (1) Na *competição*, um sistema comportamental previamente inativo é ativado devido a alterações internas ou alterações nos estímulos externos, causando uma elevação do seu estado de dominância, ou seja, aumentando a tendência para a execução ou diminuindo o limiar de expressão. (2) No *encadeamento*, a execução do comportamento dominante causa uma retroalimentação que reduz seu estado, permitindo a dominância e a expressão de um comportamento previamente subdominante e, portanto, inibido. Cadeias fixas são determinantes e, em nível mais refinado, podem ser causadas por (a) *liberadores sequenciais* (como no caso de sequências preparatórias, veja discussão mais adiante neste capítulo), em que cada comportamento provoca um encontro com o liberador seguinte; (b) *liberadores interligados*, no qual cada comportamento provoca o liberador seguinte (por exemplo, a corte da borboleta-rainha, em que o macho e a fêmea interagem em uma cadeia de comportamentos alternados); e (c) as *sequências inflexivelmente ligadas*, em que um comportamento inexoravelmente segue outro, independentemente da retroalimentação (por exemplo, a série de elementos em algumas exibições de corte masculina). A alternativa às cadeias fixas são as cadeias de Markov, nas quais os comportamentos individuais seguem um ao outro de maneira probabilística, de acordo com os comportamentos que os precederam e com a duração de cada um, um padrão observado, com frequência, nos movimentos de limpeza do inseto. (3) Na *indução antagonista*, um inseto impedido pelas circunstâncias de executar o comportamento tem maior probabilidade de executá-lo quando houver oportunidade. Por exemplo, pulgões impedidos de voar por causa do vento voarão mais rápido que os pulgões não expostos ao vento. (4) Na *troca temporária*, os insetos expressam comportamentos competitivos aleatoriamente ou conforme um método de compartilhamento de tempo que atua independentemente da dominância.

Foram desenvolvidos modelos conceituais para ajudar as pessoas a compreender a organização destas regras subjacentes. O mais simples e com ampla aplicação aos insetos foi desenvolvido por etólogos europeus na metade do século XX e supõe que o controle comportamental é estritamente hierárquico. No topo da hierarquia estão os sistemas causais alternativos mais básicos (ou "centros"), como reprodução, alimentação e migração. Em cada sistema básico estão níveis de subsistemas e subsubsistemas competidores, cada um subordinado a um nível acima dele, compartilhando fatores causais e uma meta comum, porém controlando elementos mais refinados daquele comportamento. Por exemplo, no modo reprodutor, um inseto pode realizar o acasalamento, a construção de ninhos, a oviposição ou a coleta de alimentos para a cria, mas apenas uma tarefa de cada vez. Um macho no modo de acasalamento pode se envolver em questões de territorialidade ou de acasalamento, mas não nas duas simultaneamente. O sistema de procura para acasalamento controla comportamentos que progressivamente levam à sequência final: corte, aceitação do parceiro, monta, cópula e inseminação. Em cada nível, os comportamentos competidores são controlados por um sistema específico. A prontidão de um inseto ou sua tendência à resposta (estados que originam o conceito infeliz de "impulso") para cada comportamento é o resultado de estímulos internos e externos e do estado excitatório central. Conforme esta hipótese hierárquica, a expressão do comportamento controlada por cada sistema em cada nível é bloqueada até que seu suposto *mecanismo de liberação inata* receba um estímulo específico, o liberador, que muitas vezes constitui um simples "estímulo de sinal" ou "estímulo *token*". Entre as etapas sucessivas desta hierarquia, manifesta-se o *comportamento apetitivo*, em que movimentos orientados levam o inseto ao próximo liberador. Quando a meta é atingida e o *ato consumatório* muito estereotipado é realizado, a retroalimentação do sistema reduz seu estado motivacional em relação a outras subcategorias do comportamento e uma destas outras passa a ser dominante.

Os modelos hierárquicos foram muito expandidos e, portanto, complicados, para representar as alças de retroalimentação e a natureza probabilística da expressão comportamental. Contudo, à medida que os modelos tornam-se progressivamente mais completos, perdem seu valor heurístico, o que torna difícil formular hipóteses sobre insetos em particular. As alternativas aos modelos hierárquicos são usadas para testar e explicar uma manobra, sequência ou escolha específica entre duas alternativas, em vez de oferecer diretrizes para se compreender a organização de todo o repertório comportamental do inseto. Uma destas abordagens consiste nos *modelos de sistema de controle* (modelos cibernéticos), que adotam muitos conceitos da engenharia e utilizam fluxogramas, esquemas elétricos e notações semelhantes a um computador. Eles equivalem ao sistema nervoso: são mais flexíveis (podem ilustrar facilmente organizações hierárquicas e enredadas de

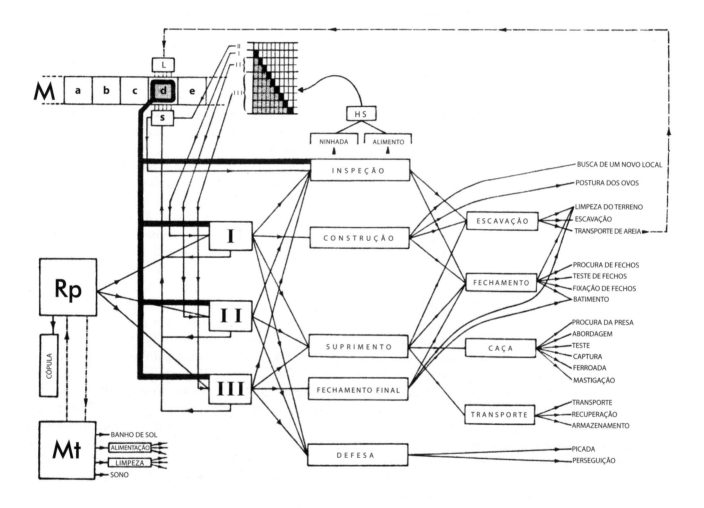

Figura 4-2 Controle hierárquico do suprimento do ninho na vespa cavadora *Ammophila adriaansei* (Sphecidae). O comportamento de manutenção de ninhos faz parte do sistema comportamental reprodutor (*Rp*), que compete com o sistema de manutenção (*Mt*). Vários ninhos (*a, b, c, d, e*) estão na memória (*M*) em determinado momento, mas durante uma fase de atividade em um ninho, a atenção não é desviada para os outros ninhos. As fases I, II e III são caracterizadas pela quantidade de alimento (lagartas) necessária e utilizam diferentes combinações de subsistemas e subsubsistemas. A Construção ocorre apenas na fase I e o Fechamento Final apenas na fase III. Cada fase começa com a Inspeção. Uma avaliação da presença de uma larva, seu tamanho e a quantidade de alimento restante determina, por resumo heterogêneo (*HS*), qual das três fases ocorrerá. Se nenhuma larva estiver presente ou se a fase estiver concluída, a vespa realizará uma busca (*S*) em sua memória e redirecionará a atenção para o ninho mais antigo não concluído. Se nenhum precisar de suprimento adicional naquele momento, será construído um novo e sua posição será aprendida (*L*) durante a escavação.

comportamentos) e minimizam o número de suposições necessárias. São formados a partir de padrões conceituais básicos de controle, como cadeias, malhas e alças de retroalimentação positiva e negativa. Por exemplo, são usados para explicar o mecanismo pelo qual um louva-a-deus pode esticar suas pernas anteriores na direção correta em relação à presa, embora sua cabeça se movimente independente do tórax e possa ser mantida em ângulos diferentes. Uma abordagem mais ampla emprega a *teoria da otimalidade*, a suposição evolucionária geral de que os animais avaliam suas variáveis de estado causal e tendem a tomar decisões que minimizem os custos e maximizem os ganhos de acordo com algum critério. Este tipo de modelagem pode incorporar regras probabilísticas e assume uma variedade de formas matemáticas. O método de *modelagem estocástica dinâmica*, amplamente usado em ecologia comportamental, depende intensamente de análise computadorizada para prever as sequências de decisões.

O modelo etológico simples pode explicar muitos aspectos da organização comportamental de um inseto, como o comportamento espontâneo, a alternação da dominância de diferentes comportamentos e as sequências que levam a uma meta. Um exemplo famoso de uma sequência apetitiva é a predação pela caçadora de abelhas *Philanthus*, uma vespa cavadora especializada em capturar abelhas-de-mel para suprir seus ninhos. A sequência tem início quando a vespa voa de flor em flor, procurando uma abelha. Quando visualiza um objeto em movimento, o estímulo visual libera o comportamento de pairar contra o vento até o objeto. Se o odor da abelha for percebido, isto libera a captura da abelha. E se o estímulo tátil (seja mecânico ou químico) for semelhante a uma abelha, então o comportamento da ferroada é liberado. Portanto, a meta é obtida por uma série de comportamentos, e cada um deles prepara o inseto para o encontro com o liberador seguinte. Uma série semelhante é executada por besouros que localizam plantas hospedeiras para oviposição, por mosquitos que localizam animais vertebrados para se alimentar de seu sangue e por mariposas machos localizando fêmeas com a liberação de feromônio para o acasalamento. No caso da *Philanthus*, os pesquisadores podem supor que a ferroada da presa seja o ato consumatório, que diminui a motivação para a captura da presa, de modo que um comportamento competidor conectado à reprodução torna-se dominante, provavelmente a oviposição, uma sequência que envolve o transporte da presa para o ninho e a deposição de um ovo sobre ela. Este processo também foi estudado com detalhes. Um caso que J. Henri Fabre tornou famoso é o da *Sphex*, uma vespa que cava um ninho no solo, então encontra e ferroa um gafanhoto e o leva até a entrada do ninho. A vespa descobre a entrada, faz uma visita de inspeção no túnel que termina em uma câmara, e retorna à superfície. Agarra a presa pelas suas antenas, puxa-a até a câmara, deposita um ovo sobre ela, então sai do túnel, cobre a entrada e parte. Além de questionar se a captura da presa e a provisão do ninho constituem uma ou duas sequências apetitivas, o estudo da *Sphex* é revelador, porque testa alguns limites da flexibilidade na sequência. Se, enquanto a vespa estiver fazendo sua visita de inspeção, a presa tiver sido afastada alguns centímetros da entrada do ninho, ao retornar à superfície puxam a presa de volta para a entrada e faz outra visita de inspeção. Fará isto repetidamente, indicando uma ligação estreita entre a aproximação da presa e a condução da inspeção. A falta de retroalimentação da inspeção prévia faz com que a vespa seja incapaz de improvisar nesta rara circunstância.

A complexidade de todo o repertório do comportamento de construção de ninhos e sua organização hierárquica é epitomizado em algumas espécies de vespas cavadoras (Figura 4-2). As fêmeas de *Ammophila adriaansei* podem manter vários ninhos ao mesmo tempo, em vários estágios de construção e com suprimento progressivo de lagartas. Experimentos demonstraram que, para cada ninho atendido, há três níveis de subsistemas no "sistema" reprodutor. O primeiro nível consiste em três fases, cada uma com seu próprio estado motivacional e começando com uma visita de inspeção antes do forrageamento para uma ou mais larvas: Fase 1, uma lagarta armazenada, seguida por oviposição; Fase 2, uma a duas outras lagartas fornecidas para a larva jovem; Fase 3, o acréscimo de cinco a sete lagartas e o ninho fechado pela última vez. Em cada fase existem quatro subsistemas (construção, suprimento, fechamento final e defesa), com a construção ocorrendo apenas na Fase 1 e o fechamento final apenas na Fase 3. Os quatro subsistemas, mais a inspeção, são expressos em um ou mais subsistemas ainda mais refinados: escavação, fechamento, caça e transporte. Cada um é composto de dois a seis comportamentos distintos, como a descrita sequência apetitiva de eventos envolvidos na caça. Durante a visita de inspeção, o estado da larva ou da presa remanescente determina a quantidade total de suprimento que será providenciado antes do início da próxima fase. Entre duas fases para um ninho, é realizada uma fase para um ou até outros dois ninhos. É particularmente notável a conclusão de que o estado motivacional de cada sistema persiste independente para cada um dos vários ninhos que estão sob cuidados simultâneos, cada um com sua própria localização memorizada. Por outro lado, a vespa alterna estas atividades reprodutivas com atividades de manutenção competitiva, como alimentação, limpeza, exposição ao sol e sono.

Estratégias da história de vida

Demanda de tempo e energia: A vida dos diferentes insetos, em nível mais amplo, é organizada para produzir o maior número de crias maduras bem-sucedidas. Este número define a adaptação de um inseto. Existem muitas maneiras de se maximizar a adaptação, mas todas envolvem economia de tempo e de energia, a moeda comum da vida. As estatísticas de tempo e energia são moldadas evolutivamente conforme os princípios de escassez e alocação. Isto significa que a estatística é ajustada para se adequar às piores condições que um inseto possa encontrar e que o tempo e a energia são alocados entre atividades de sobrevida e reprodução com o objetivo de se maximizar a adaptação. Cada sexo de uma espécie de inseto em geral aloca alguma porção de seu tempo realizando várias atividades necessárias, como alimentação, construção de ninhos, acasalamento, limpeza e quiescência. A quiescência serve para evitar inimigos naturais, clima hostil ou períodos de estresse durante o dia, enquanto se mantêm as atividades internas importantes, como a digestão dos alimentos. A energia obtida pela alimentação é, do mesmo modo, dividida entre as várias atividades que competem pelo uso da energia, como a atividade metabólica, a formação de espermatozoides ou ovos, a locomoção e os comportamentos para obtenção de nutrientes específicos, localização de parceiros sexuais e defesa. Os melhores orçamentos são aqueles que levam a um maior número de crias e são propagados pela seleção natural. Assim, supomos que o modo com que os insetos organizam e distribuem seus comportamentos seja otimizado para um nicho de insetos em particular. Seguindo essa linha de raciocínio, podemos dividir os insetos entre minimizadores de tempo, favorecidos por usar menos tempo para reunir alimentos, mas defendendo-os na maior parte do tempo (por exemplo, formigas territoriais ou besouros-coveiros), e maximizadores de energia, que têm a vantagem de usar a maior parte do tempo disponível para reunir alimentos até que este esteja quase terminado e, então, se dispersam para encontrar mais (por exemplo, moscas-varejeiras que se desenvolvem em carcaças). Estes extremos em uma sequência contínua de estratégias de estatística de tempo são convenientes para vários modelos de vida de insetos, em diferentes tipos de ambientes. Alguns correspondem a uma dicotomia muito simplificada da história de vida com base nas estratégias reprodutivas: estrategistas r produzem grande número de ovos fabricados com baixo custo, porém os ovos e os estágios imaturos sofrem uma mortalidade maciça (por exemplo, mosquitos de enchente); estrategistas K investem grandes quantidades de tempo e energia em poucos ovos e crias, cujas taxas de sobrevida são elevadas (por exemplo, moscas-tsé-tsé). Os estrategistas r crescem rapidamente e são bons colonizadores de recursos não explorados, enquanto os estrategistas K crescem lentamente, mas são bem-sucedidos contra competidores e inimigos naturais.

Estratégias condicionais: No decorrer de um ciclo de vida, um inseto alterna entre duas grandes fases, cada uma com seu próprio conjunto de comportamentos e prioridades: *vegetativa*, na qual o inseto imaturo está comprometido inicialmente com a alimentação, o crescimento e o armazenamento de alimentos, e *reprodutiva*, quando o inseto adulto está devotado inicialmente à dispersão e à reprodução. Por outro lado, podem ocorrer três alternativas táticas em qualquer fase: *ativa, migratória* e *dormente*. Estas são induzidas por condições ambientais particulares. Insetos ativos desempenham suas funções vegetativas ou reprodutivas porque as condições permitem. Tanto a capacidade de migração quanto a de dormência permitem que os insetos explorem recursos temporários. A dormência ocorre quando o inseto permanece no local, mas enfrenta condições hostis, como o inverno, uma estação seca ou um ressecamento imprevisível, quando o crescimento e a reprodução são impossíveis. Os insetos exibem comportamentos específicos para se preparar para a dormência, mas, de outro modo, são inativos. Durante a dormência, o inseto reduz sua taxa metabólica e ocorre um destes dois estados fisiológicos distintos: quiescência ou diapausa (consulte Capítulo 2).

Comportamento migratório: Como a dormência, a migração com frequência ocorre em função de condições hostis, mas, neste caso, o inseto foge no espaço e não no tempo, deslocando-se para um ambiente melhor. As migrações podem ser viagens de ida e volta ou apenas de ida e, ao contrário dos pássaros migratórios, a viagem de ida e volta pode ser realizada por membros de duas gerações distintas. Migrações bem conhecidas acomodam a deterioração sazonal dos recursos de um inseto, a redução ou a superexploração de recursos. A famosa migração da borboleta monarca, *Danaus plexippus* (L.), é uma viagem sazonal de ida e volta entre o norte da América do Norte, incluindo o sul do Canadá e seus locais mais amenos ao sul. Nesta migração, a dormência é uma parte integrante.

As borboletas que voam para o sul estão em estado de diapausa reprodutiva durante sua jornada de cerca de 3.300 km (2.000 milhas), embora continuem a se alimentar de néctar. Em seus principais *habitats* de inverno, na costa da Califórnia e no México central, em geral estão entorpecidas, mas voarão e beberão água em dias quentes. Apenas na primavera, quando começa sua jornada para o norte, se tornam reprodutivamente ativas, reproduzindo-se em plantas de seiva leitosa. Até três gerações se passam durante esta vagarosa migração de primavera. Muitos outros insetos que migram sazonalmente morrem no fim de sua migração para o norte quando o inverno se aproxima em vez de voltar para o sul. As migrações dos famosos gafanhotos-peregrinos são muito diferentes, como a do gafanhoto-do-deserto, *Schistocerca gregaria* (Forskal), que são espécies de gafanhotos (Acrididae) capazes de dimorfismo no desenvolvimento. Eles realizam uma viagem apenas de ida, sem diapausa, sem destino e periodicidade específicos e tampouco um prazo para acabar. A causa da migração é a redução de um *habitat* adequado, o que causa superpopulação, ao passo que a estimulação mútua de gafanhotos provoca a transformação de uma *fase solitária* para uma *fase gregária*. A transformação completa leva até três gerações e gafanhotos-peregrinos gregários são coloridos e têm comportamento diferente dos solitários. As formas gregárias permanecem como uma unidade coesa, mesmo quando suas nuvens chegam a dezenas de bilhões em número e cobrem até 1.000 km². Podem viajar por continentes, comendo plantas e se reproduzindo pelo caminho. Se não forem controlados, por fim serão levados pelo vento para regiões onde haja chuva e crescimento de forragem em áreas amplas, se dispersarão e voltarão a uma fase solitária pouco evidente. As migrações de gafanhotos-peregrinos, conhecidas em toda a história, ainda representam um problema sério na África e no Oriente Médio. Os gafanhotos-peregrinos também ocorrem na China, América do Sul e Austrália. A espécie que atacou as planícies da América do Norte, no século XIX, está extinta. Como os gafanhotos-peregrinos, quando pulgões se acumulam demasiadamente em uma planta, começam a desenvolver asas e migrar para novas plantas, também em uma viagem apenas de ida. A emigração de alguns pulgões tem um aspecto de ida e volta porque migram de uma espécie de planta hospedeira na primavera para outra no verão, com a mudança sendo causada por uma alteração fisiológica da planta na primavera. Os pulgões voltam para a espécie hospedeira de primavera no próximo ano. As colônias das formigas-de-correição tropicais (por exemplo, *Eciton*) executam impressionantes ataques diários a partir de um acampamento central, mas são nômades em perpétua viagem apenas de ida. Durante sua *fase nômade*, todo o acampamento, incluindo a rainha, deve se deslocar diariamente enquanto as larvas estão em crescimento, porque estes carnívoros depletam, de forma contínua, seus recursos locais, principalmente outros insetos como presa. Durante sua *fase estacionária*, o acampamento permanece em um lugar, e as partes responsáveis pelos suprimentos diários se estendem em todas as direções por muitos dias. A migração também ocorre por outros motivos, além da deterioração dos recursos. Alguns insetos fazem uma viagem de ida e volta entre dois tipos de recursos diferentes separados no espaço ou simplesmente se dispersa em uma única direção para colonizar novas áreas. Os mosquitos dos charcos de água salobra, como *Aedes taeniorhynchus* (Wiedemann), que eclodem e se desenvolvem em sincronia após uma maré excepcionalmente alta, fazem as duas coisas: seguem um êxodo espetacular após a emergência, o que resulta em dispersão, e, após se estabelecerem, as fêmeas se deslocam entre dois *habitats* durante cada ciclo reprodutivo. Muitas vezes encontram suas refeições sanguíneas em território terrestre, mas retornam ao charco para depositar seus ovos. A dispersão em revoadas de cupins alados que emergiram recentemente é um exemplo de migração puramente colonizadora.

Base genética do comportamento

Tanto os próprios instintos quanto a capacidade de modificá–los pelo aprendizado possuem base genética. Grande parte dos traços comportamentais dos insetos é hereditária, como mostram os métodos de genética clássicos, como a hibridização e o retrocruzamento, a mutação e a seleção artificial. Os entomologistas exploraram a expressão localizada dos traços no corpo do inseto pelo uso de mosaicos sexuais (ginandromorfos) e análises bioquímicas e demonstraram sua base molecular por manipulação do genoma. A identificação de unidades hereditárias subjacentes ao comportamento é difícil. Isto ocorre, em parte, porque o próprio comportamento não é facilmente fracionado em elementos isolados, cada um gerado pela expressão de um ou alguns genes. Ao contrário da cor ou de algumas características morfológicas, que podem ser expressas por um processo unitário do desenvolvimento, o comportamento requer a participação de receptores sensoriais, circuitos nervosos, estados neuroquímicos apropriados e um sistema muscular para movimentar as partes do corpo. Uma pequena diferença nos genes que controlam qualquer um destes componentes pode resultar em uma modificação no comportamento. Pesquisas indicam que, mesmo nos casos em que uma diferença geneticamente estabelecida entre dois insetos possa ser traçada até uma diferença específica em um circuito neural ou neuroquímico, tal diferença, em geral, é o resultado de muitos genes que possuem múltiplos efeitos; ou seja, o traço é poligênico e os genes têm efeitos pleiotrópicos. Entre os traços estudados com mais detalhes estão o cricrilar dos grilos, a reserva alimentar da abelha-de-mel, o comportamento higiênico da abelha-de-mel e uma série de comportamentos da mosca *Drosophila*: geotaxia, forrageamento larval, aprendizado de odor, ritmos de atividade circadianos, reconhecimento de sexo e canções de corte. Foi constatado, por experimentos de retrocruzamento, que o comportamento higiênico das abelhas-de-mel operárias em colônias resistentes às bactérias da loque americana consiste em dois procedimentos distintos: remoção de células de larvas infectadas e remoção de larvas infectadas da colmeia. Estes comportamentos são organizados de modo independente e a análise indica que, provavelmente, pelo menos três genes estão envolvidos.

Em alguns comportamentos, os pesquisadores descobriram o controle por um gene único. No caso do forrageamento larval, foram identificados dois tipos comportamentais na *Drosophila melanogaster* Macquart: viajantes, que perambulam ao redor do alimento, e fixas, que se deslocam pouco. Estes diferentes tipos ocorrem de forma natural, cada um sendo favorecido por diferentes condições alimentares. Híbridos entre viajantes e fixas produzem uma cria em proporção 3:1 viajante-fixa, sugerindo que o forrageamento é controlado por um único gene (*dg2*) e que o traço fixo é recessivo. Estes dois tipos comportamentais foram mapeados para um único *loco* em um cromossomo. Aparentemente, as diferenças no gene (ou seja, suas sequências de nucleotídeos no DNA) resultam em diferenças no modo como ocorre o *splicing* do RNA, dando origem a diferentes tipos e quantidades da enzima proteína quinase. A proteína quinase afeta a excitabilidade das células nervosas, o que provavelmente faz com que os receptores de alimentos ou os neurônios dirigidos para forrageamento disparem de modo mais rápido. A transferência experimental de DNA *dg2* de viajantes para fixas faz com que as fixas comportem-se como viajantes. No caso da genética do ritmo circadiano, os pesquisadores encontraram cepas mutantes de *Drosophila* que diferem do ritmo de atividade normal de 24 horas, apresentando ciclos de 19 horas, 28 horas ou até mesmo nenhum ciclo. Cada mutante difere apenas no *loco per* e apenas em um único par de nucleotídeos entre um grande grupo que codifica em uma proteína específica, diferindo em um único aminoácido. O *loco per* também é responsável pelas características tonais muito específicas da canção de corte do macho de *Drosophila*, importantes para a fêmea quanto ao reconhecimento da espécie e velocidade de acasalamento. Estas características foram atribuídas a uma parte muito pequena do gene. As canções características das espécies de *D. melanogaster* e *D. simulans* Sturtevant aparentemente derivam de uma diferença de apenas quatro aminoácidos na proteína translacionada a partir da região relevante do gene. Contudo, todo o ritual de corte masculino envolve uma série de movimentos orientados pela fêmea e dependentes do seu comportamento: confrontação, contato, rodeio, extensão das asas, lambedura e monta. Estes devem envolver muitos outros *locos*, todos contribuindo para propriedades do sistema nervoso que permitem o desenrolar desta sequência.

Uma vez que os traços comportamentais, como os morfológicos e moleculares, são hereditários e compartilhados entre táxons relacionados, são utilizados como ferramentas na sistemática dos insetos. Apesar de sua reputação de flexibilidade evolucionária, as características comportamentais exibem quase sempre a mesma variação, de estabilidade para volatilidade, das morfológicas. A construção de ninhos e a exibição de corte são mais úteis, porque são ricas em complexidade, fornecendo muitos traços diferentes que podem ser medidos ou classificados, um independente do outro. A construção de ninhos oferece a vantagem adicional de deixar para trás, na arquitetura do ninho, um registro permanente do comportamento que pode ser reunido e armazenado, mesmo para fósseis. Independentemente de seu uso para a compreensão de relacionamentos, as características comportamentais podem ser aplicadas a reconstruções filogenéticas com base em dados morfológicos e moleculares. A partir destes, os pesquisadores podem inferir a evolução do comportamento por seu aspecto e a modificação entre os vários grupos na árvore evolucionária. Do mesmo modo, a observação de comportamentos polimórficos em uma espécie reconhecida levou à descoberta de espécies distintas, porém ocultas, dentro do que se admite como um complexo de espécies.

INTERAÇÕES COMPORTAMENTAIS ENTRE INDIVÍDUOS DA MESMA ESPÉCIE

Acasalamento

Encontro sexual: A maioria das espécies de insetos é sexualmente dioica, ocorrendo como fêmea ou macho, e se envolve no acasalamento, mesmo quando as fêmeas têm a opção da partenogênese (consulte Capítulo 2). O acasalamento apresenta o problema de se encontrar um membro receptivo do sexo oposto e os insetos têm duas soluções. (1) Na *agregação sexual*, os indivíduos que precisam acasalar reúnem-se em locais especiais, com frequência em determinados horários do dia ou da noite, durante a estação de acasalamento. Estes locais podem ser de emergência, alimentação ou oviposição específicos da espécie ou pontos de referência distintos. Em geral, as agregações têm uma proporção operacional de sexos fortemente desviada para os machos. Grande parte da adequação dos machos depende da sua capacidade de obter parceiras sexuais, enquanto a adaptação de uma fêmea é distribuída entre atividades ligadas à alimentação e à construção de ninhos e múltiplos acasalamentos. Em razão desta competição intensa, os machos de muitas espécies estabelecem territórios que defendem de outros machos. Os territórios podem ter um valor real para as fêmeas para alimentação ou oviposição, como no caso das libélulas, ou podem ser *leks*, territórios simbólicos sem valor intrínseco, mas que são procurados pelas fêmeas e, portanto, valorizados pelos machos e defendidos pelos que apresentam melhor capacidade competitiva – por exemplo, a *Drosophila* havaiana nas folhas das plantas. Em geral, as agregações sexuais de alta densidade em pontos de referência no terreno são aéreas, com os machos formando uma agitada nuvem de acasalamento que torna o estabelecimento de um território virtualmente impossível. Neste caso, a competição é fundamentada na capacidade de um macho localizar rapidamente a fêmea quando ela se aproxima ou entra na nuvem, capturá-la e negar o acesso de outros machos antes da partida do casal. Nuvens de acasalamento dirigidas por machos são típicas de muitas formigas e pequenos dípteros nematóceros, como mosquitos-galhadores, mosquitos-pólvora e mosquitos comuns. (2) Na *atração sexual,* um sexo de uma espécie pode enviar um sinal visual, químico ou auditivo, indicando que o sinalizador quer acasalar, e os membros do sexo oposto utilizam o sinal para encontrar sua fonte. Para impedir acasalamentos híbridos inúteis, estes sinais devem ser específicos para as espécies presentes em determinada área e estação. Os sinais visuais são transmitidos pelas cores brilhantes das asas das borboletas à luz do sol e pelas luzes piscantes dos órgãos luminescentes dos vaga-lumes. Em espécies de vaga-lumes comuns, tanto os machos quanto as fêmeas produzem luz, com o macho voador fornecendo uma luz de chamada periódica e específica para a espécie e a fêmea sedentária respondendo com uma luz a partir do solo. Neste caso, é a fêmea que atrai o macho, respondendo a cada um de seus chamados após determinado intervalo de tempo, permitindo, desta maneira, sua localização. Os machos de algumas espécies de *Pteroptyx*, mais conhecidos no sudeste da Ásia, reúnem-se em árvores ao longo das margens dos rios e piscam em uníssono. Acredita-se que este esforço combinado seja eficaz para atrair fêmeas voadoras por longas distâncias. Em áreas mais próximas ainda, é necessária a atração individual. Os machos de algumas espécies de grilos arborícolas e de esperanças parecem fazer a mesma coisa, sincronizando suas canções de chamada. Os estímulos auditivos atraentes mais conhecidos são produzidos pelas cigarras e por vários Orthoptera, como grilos e esperanças (Figura 4–3). Os machos de cigarra zumbem vibrando rapidamente duas membranas (tímbales) dentro de câmaras do primeiro segmento abdominal.

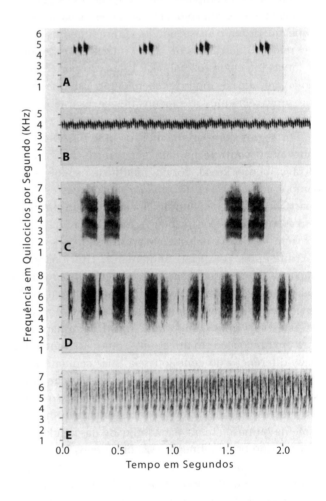

Figura 4-3 Audioespectrografias de alguns sons de inseto. A, Quatro estridulações da canção de chamada de um grilo do campo, *Gryllus* sp.; B, Uma porção da canção de chamada do grilo arborícola, *Oecanthus nigricornis* Walker; C, Duas canções de 2-pulsos da esperança verdadeira do norte, *Pterophylla camellifolia* (Fabricius); D, Sons estridulatórios produzidos pelo besouro serrador, *Monochamus notatus* (Drury) (o inseto ilustrado na Figura 26-39); E, Uma parte da canção de chamada da cigarra *Tibicen chloromera* (Walker). A frequência é apresentada aqui em quilo-hertz (ou quilociclos por segundo); 4 kHz correspondem ao tom da nota mais alta de um piano.

Os gafanhotos e fulgorídeos, muito mais silenciosos, também usam tímbales. Muitos machos ortópteros dependem da estridulação das asas. Uma palheta em uma asa faz atrito com uma lima estriada do outro lado, causando a vibração das asas. Alguns gafanhotos estridulam esfregando suas pernas contra as asas dobradas. Na atração química típica, como ocorre em mariposas, as fêmeas liberam um feromônio sexual volátil distinto para cada espécie (mesmo o isômero deve estar correto) que, com frequência, consiste em uma mistura de duas ou mais substâncias químicas em uma proporção específica. Os feromônios sexuais podem despertar reações em machos a muitos quilômetros da fêmea que fez o chamado. Como regra geral, os machos emitem estímulos atraentes arriscados ou desgastantes, como sons, e as fêmeas emitem estímulos atraentes com menor custo energético, como os feromônios. Os estímulos arriscados são aqueles que os predadores e parasitas podem utilizar para localizar o emissor.

Corte: Quando machos e fêmeas se encontram, podem prosseguir diretamente para a cópula ou primeiro se envolver em vários rituais, conhecidos como *corte*. Embora os dois sexos possam desempenhar papéis ativos, envolvendo comunicação de duas vias, em geral o macho conduz a maior parte do desempenho visível e parece estar em busca da aceitação. Ao que parece, é a fêmea que rejeita um possível parceiro. Estes rituais incluem exibição de pernas e asas, danças e canções, uso de armadilhas, guias de seda e vários dispositivos de alimentação. A alimentação inclui itens (presentes nupciais) como presas, secreções de glândulas no corpo do macho (chamadas de afrodisíacos), extensões grandes e comestíveis de espermatóforos ou do próprio corpo do macho. No último caso, se incluem as ocorrências famosas do louva-a-deus e da aranha viúva-negra, em que o macho tenta escapar com vida após inseminar a fêmea. A frequência de canibalismo sexual na natureza é controversa. Porém, no caso da aranha de costas vermelhas australiana, o macho se oferece para ser devorado. Os machos ganham com o autossacrifício a chance de contribuir para o desenvolvimento dos ovos no corpo da fêmea, que podem ser fertilizados por seu esperma.

A corte parece ter várias finalidades. Entre artrópodes com *inseminação indireta*, como escorpiões, alguns colêmbolos e a traça-dos-livros, uma dança facilita a transferência do espermatóforo do macho para o substrato e então para a fêmea. Entre os predadores, como as aranhas saltadoras, acredita-se que os sinais dos machos inibam a inclinação das fêmeas a matá-los. Os sinais da corte também podem permitir que a fêmea comunique ao macho se ela é receptiva, o que beneficia os dois sexos ao impedir o desperdício de tempo com as tentativas extenuantes e lesivas de cópula do macho. As duas explicações mais comuns para a corte consistem no isolamento da espécie e na escolha de acasalamento individual. Se as exibições de corte forem específicas para a espécie, uma fêmea capaz de discriminá-las pode evitar o acasalamento com machos de outras espécies e, portanto, evitar a postura de ovos não férteis ou a produção de uma cria aberrante. Por outro lado, se a fêmea conseguir discriminar o desempenho dos machos dentro de sua espécie, também tem a oportunidade de aceitar ou rejeitar indivíduos específicos, à medida que pareçam adequados. A maioria das evidências vem de estudos nos quais as fêmeas escolhem machos grandes em vez dos pequenos. Talvez o tamanho do corpo esteja entre as mensagens mais importantes comunicadas durante exibições visuais. Porém, pesquisas com *Drosophila* demonstram que as fêmeas também selecionam os machos conforme os sons de corte. A simetria do corpo do inseto também é importante. Qualquer aspecto da corte pode indicar características de adaptação subjacentes, como a capacidade de obter alimentos e resistir a parasitas. Fêmeas de Bittacidae (Mecoptera) aceitam mais esperma de machos que as presenteiam com presas maiores, o que pode indicar não apenas a importância do tamanho em si, mas da capacidade de obter presas. Muitas vezes, a via de seleção para o acasalamento parece provocar uma seleção sexual de machos com excepcional aspecto elaborado e desempenho que têm pouco a ver com sua saúde ou vigor. Em vez disso, garante sua capacidade de gerar crias estimulantes para as fêmeas. Por outro lado, as fêmeas que escolhem estes machos têm maior probabilidade de produzir filhas estimuladas por estes tipos de machos. O efeito combinado é uma "seleção sexual desenfreada". Uma alternativa à corte é a luta entre os machos, que fornece uma seleção sexual de natureza diferente. Se a fêmea for atraída para mais de um macho em determinado momento, ela não escolherá necessariamente entre eles. Em vez disso, ocorre uma luta, e a fêmea aceita o vencedor. A seleção intrassexual para a capacidade de lutar resultou em chifres evidentes e grandes mandíbulas nos besouros machos. Estes servem como armas contra os outros, e não como dispositivos para se defender de inimigos ou para impressionar as fêmeas, e provavelmente são nocivos para todos os outros aspectos da vida além da luta pelo acasalamento.

Cópula: A cópula e/ou inseminação constitui o resultado final de um acasalamento bem-sucedido. Em alguns insetos apterigotos, incluindo muitos Collembola, não apenas a transferência de esperma é indireta, mas o macho pode colocar os espermatóforos no substrato e nunca encontrar a fêmea que vai recolhê-los. Mesmo assim, ocorrem várias formas de corte com e sem contato nos Collembola. Mesmo a cópula, que envolve a transferência direta de esperma do macho para a fêmea, pode não ocorrer entre as genitálias, mas sim entre a genitália e alguma outra estrutura do parceiro. Esta *inseminação extragenital* é regra nas aranhas, em que os pedipalpos dos machos são modificados em órgãos de penetração secundários. Um macho deposita o esperma nestes pequenos apêndices antes do acasalamento e, durante a cópula, eles são introduzidos na abertura genital da fêmea. Um arranjo semelhante ocorre em Odonata. Neste caso, o macho deposita o esperma em um órgão na base de seu abdômen de modo que, no momento do acasalamento, ele segura o pescoço da fêmea com sua genitália primária na ponta do abdômen e ela curva seu abdômen ventralmente para frente para enganchar sua genitália secundária e receber o esperma. Esta estranha configuração com frequência é observada como "posição de coração" das libélulas e donzelinhas. Nos percevejos (Hemiptera: Cimicidae) e algumas espécies relacionadas, é a fêmea que possui uma estrutura sexual secundária: uma fenda e um órgão associado (espermalege ou Órgão de Ribaga ou Órgão Berlese) na cutícula e na superfície ventral de seu abdômen, que o macho perfura com seu forte edeago em forma de gancho.

O esperma injetado deve migrar posteriormente para atingir seu trato reprodutor. A vasta maioria dos insetos acasala por acoplamento genital, no qual as genitálias feminina e masculina são reunidas enquanto um espermatóforo ou sêmen livre é transferido para a fêmea. Todo o processo pode durar apenas alguns segundos ou prosseguir por horas. Durante este tempo o macho pode continuar com movimentos de corte. A genitália da fêmea tende a ser pouco complicada, enquanto a dos machos exibe uma diversidade de estruturas entre as espécies. Algumas são dispositivos para segurar a fêmea (por exemplo, pinças) ou para transferir o esperma, mas outras não têm função conhecida. Uma ideia antiga é que a genitália masculina elaborada adapta-se perfeitamente apenas as fêmeas da mesma espécie, de modo que o isolamento das espécies é garantido, o que é conhecido como a *hipótese de chave-e-fechadura*. Uma explicação mais recente é que, na maioria dos insetos, estas estruturas, como a própria corte, estimulam as fêmeas de maneiras específicas para que possam aceitar ou usar mais esperma de alguns machos do que de outros. Estes fenômenos, conhecidos como *corte copulatória* ou *corte interna*, são utilizados na escolha oculta da fêmea. Esta hipótese explicaria por que espécies com fêmeas polígamas também possuem machos com genitálias mais elaboradas, resultado da seleção sexual.

Sistemas de acasalamento: A variedade de sistemas de acasalamento dos insetos parece estar relacionada às grandes diferenças nas espécies quanto à escassez e distribuição de seus recursos e a consequente probabilidade de se encontrar o sexo oposto. Porém, as origens evolucionárias destes sistemas nem sempre são claras. A monogamia (possuir apenas uma parceira fêmea) tende a ser elevada quando há carência na distribuição das fêmeas ou os machos são abundantes. Alguns machos monogâmicos conservam suas parceiras sexuais para prevenir o adultério, como os Bibionidae (Diptera), que impedem o acesso das fêmeas a outros machos permanecendo em cópula por longo período. Outros ajudam as fêmeas nos cuidados com a cria, como os besouros-coveiros *Nicrophorus* (Silphidae) e os besouros rola-bosta *Lethrus* (Scarabaeidae). A poligamia é comum quando existe baixa proporção sexual operacional de machos. Quando as fêmeas estão concentradas em áreas limitadas, os machos tentam monopolizá-las, defendendo-as contra outros machos (por exemplo, moscas de esterco amarelas, *Scathophaga*) ou defendendo os territórios que contêm os recursos de que a fêmea precisa (libélulas). Quando o monopólio da fêmea é improvável, porque as fêmeas ou seus recursos não estão concentrados, os machos estabelecem *leks* (borboletas) ou formam unidades de acasalamento maciças (mosquitos) em pontos de referência da região. No último caso, a corte ou a escolha da fêmea não é evidente. Do ponto de vista feminino, a monandria (possuir um único parceiro sexual) é vantajosa, em especial quando o período de vida é curto e o acasalamento envolve tempo, energia ou risco. Porém, a poliandria fornece o reabastecimento de esperma, permite acesso a recursos e serviços dos machos (presentes nupciais, acesso a locais defendidos para alimentação ou oviposição, proteção de machos agressivos) e permite que a fêmea diversifique a paternidade de sua cria ou possivelmente selecione esperma entre vários acasalamentos. O conflito entre os interesses dos machos e das fêmeas deriva do fato de que os espermatozoides são numerosos e utilizam menos energia na sua produção, enquanto os ovos ocorrem em menor número e são dispendiosos. Este raciocínio leva à explicação da atividade sexual mais limitada das fêmeas, maior seletividade no acasalamento e investimento extensivo nos cuidados com a cria. Os machos perdem pouco ao cometer erros no acasalamento e podem obter maior adaptação inseminando várias parceiras em vez de ajudar nos cuidados com a cria de uma única parceira, especialmente se esta paternidade não for garantida. Por extensão, a assimetria entre os papéis sexuais também explica por que os machos realizam a maioria das exibições de corte, assumem os riscos, lutam, defendem territórios e protegem as fêmeas com as quais se acasalam. Existem algumas exceções a esta regra de papel sexual geral. Entre as baratas-d'água (Belostomatidae), as fêmeas de algumas espécies depositam seus ovos nas costas dos machos, que têm um cuidado especial com eles até a eclosão. O macho não permitirá que a fêmea deposite os ovos em suas costas sem que antes ele a insemine, garantindo sua paternidade das crias. As fêmeas de outras espécies de baratas-d'água depositam seus ovos em uma vegetação emergente e o macho cuida deles, naquele local. Outra fêmea pode tentar matar os ovos e tornar-se sua parceira, para que ele passe a guardar os seus ovos. As fêmeas de grilo mórmon cortejam os machos, cujos serviços de acasalamento são de excepcional valor, pois os machos produzem espermatóforos grandes e comestíveis. O macho suspende as fêmeas que fazem a corte (avaliando seu peso) e acasala com a mais pesada. As fêmeas mais pesadas produzem mais ovos, portanto, sua escolha resulta em um maior número de crias geradas por ele.

Construção dos ninhos e o cuidado parental

Os insetos exibem um amplo espectro de cuidado parental com suas crias. Alguns não exibem nenhum, como os bichos-paus, que simplesmente deixam os ovos no solo abaixo da vegetação da qual estão se alimentando. Porém, a maioria dos insetos solitários faz coisas que melhoram a possibilidade de sobrevivência da cria. Em geral, a fêmea faz isto sozinha, mas, em alguns casos, o par acasalado macho-fêmea trabalha em cooperação. A forma mais elementar de cuidados consiste na seleção do local para a oviposição. Fêmeas de espécies que se alimentam de plantas e animais com variedades limitadas de hospedeiros procuram aqueles nos quais suas larvas possam se desenvolver. O mesmo ocorre com insetos que se desenvolvem em *habitats* aquáticos muito específicos. Além disto, algumas fêmeas permanecem com os ovos, protegendo-os de inimigos naturais ou de avarias físicas até a eclosão ou algum tempo depois. Em uma etapa adicional, os insetos criam um ninho para proteger os ovos e a cria imatura, que pode ser simples como um orifício no solo ou uma folha curva. Outros constroem estruturas elaboradas e realizam a manutenção necessária. Já outros ainda fornecem alimentos à cria imatura, uma ou mais vezes conforme o desenvolvimento (suprimento progressivo). Por exemplo, besouros cavadores trabalham como pares acasalados para colocar um pequeno pássaro ou mamífero morto em uma cavidade do solo e prepará-lo como um ninho em forma de cálice no qual as larvas se desenvolvem. No início, alimentam-nas diretamente na boca e mais tarde permitem que devorem o próprio ninho. Entre as vespas solitárias que caçam as presas para suas crias, uma variedade de espécies realiza várias etapas para a construção de ninhos e preparação e suprimento de presas. As formas mais avançadas permanecem com as crias, alimentando-as, defendendo-as e limpando o ninho até que estejam maduras e possam cuidar de si mesmas.

Sistemas sociais

Os insetos que formam unidades cooperativas possuem duas grandes vantagens sobre os insetos que vivem sozinhos: (1) São rápidos para descobrir e monopolizar recursos, comunicando a localização de alimentos, organizando ataques maciços contra invasores e mantendo os territórios de modo a excluir os competidores. (2) Podem construir grandes ninhos rapidamente, protegendo-se e suas crias contra inimigos naturais, clima severo e ambientes estressantes, e sua associação próxima permite a fácil transmissão de organismos mutualistas.

Os rudimentos de sociabilidade avançada entre grupos de artrópodes são evidentes nos cuidados com as crias. Em uma classificação conveniente, insetos *pré-sociais* são divididos em *subsociais*, que criam suas ninhadas sozinhos, e *parassociais*, que compartilham as crias com outros ascendentes da mesma geração. Estes artrópodes pré-sociais incluem membros de muitas ordens de insetos e também crustáceos e aranhas. Cada subcategoria tem graduações que terminam na *eussocialidade*. Insetos eussociais, em geral, satisfazem três critérios: seus grupos contêm gerações sobrepostas, realizam cuidados cooperativos entre os membros da colônia e apresentam uma casta de indivíduos não reprodutivos, a "casta estéril". Na categoria subsocial de pré-socialidade estão formas primitivas que não apresentam a sobreposição completa de gerações, formas intermediárias cujas gerações são sobrepostas e formas avançadas nas quais as novas gerações da colônia permanecem com o grupo e compartilham o cuidado aos jovens subsequentes, incluindo as suas crias. No grupo parassocial, que consiste principalmente em abelhas, estão espécies primitivas cujas fêmeas constroem ninhos juntas, seja de forma gregária (entradas separadas para os ninhos) ou comunitária (entrada para o ninho compartilhada). As lagartas de tenda e lagartas-de-teia (ambos Lepidoptera) às vezes são consideradas comunitárias, porque constroem, expandem e reparam juntas seus ninhos protetores, além de cooperarem em expedições de forrageamento. Todavia, o grupo é composto apenas de seres imaturos e, portanto, não envolve o cuidado parental. Uma forma parassocial mais avançada é a *quasissocialidade*, na qual os responsáveis comunitários pelas colônias cooperam com o cuidado dos indivíduos. Ainda mais avançada é a *semissocialidade*, em que adultos de colônias cooperativas incluem alguns seres não reprodutivos. Ainda assim, este grupo abandona a colônia antes da geração seguinte e começa suas novas colônias em outra parte. Insetos primitivos eussociais satisfazem todos os três critérios, mas existe apenas uma casta estéril relativamente não diferenciada, as operárias. Eussociais progressivamente mais avançados demonstram maior diferenciação entre os membros da colônia, incluindo grandes diferenças de forma e comportamento entre os reprodutores e as operárias. As colônias de cupins avançados podem conter vários tipos de castas de operários e soldados. Sociedades de formigas avançadas possuem múltiplas subcastas de operárias, incluindo os grandes, os soldados e os médios, que realizam a maior parte do forrageamento, e os pequenos inferiores que nunca deixam o ninho.

Os insetos conhecidos por satisfazer os três critérios convencionais de eussocialidade são encontrados apenas nas ordens Isoptera (cupins), Hymenoptera (abelhas, vespas e formigas) e talvez Coleoptera (besouros). Todos os cupins e formigas (Formicidae) são eussociais. Entre as vespas, eussociais ocorrem em alguns Vespidae (todos os Vespinae, alguns Polistinae) e em uma espécie de Sphecidae. Entre as abelhas, ocorrem em alguns Halictidae (alguns Augochlorini e alguns Halictini dentro dos Halictinae) e alguns Apidae (alguns Ceratini dentro dos Xylocopinae, todos os Apinae). Entre os besouros, algumas espécies do besouro-ambrósia (Curculionidae: Platypodinae) parecem satisfazer os critérios de eussocialidade. Um artrópode não inseto é eussocial: o camarão-de-estalo *Synalpheus* (Decapoda: Alpheidae), cujas colônias vivem em esponjas. Entre os vertebrados, os únicos animais eussociais são os ratos-toupeiras pelados (Rodentia: Bathyergidae), cujas sociedades subterrâneas correspondem, de maneira grosseira, à dos cupins, com exceção de que os ratos podem ter vários machos reprodutivos ("reis").

O esquema precedente de insetos pré-sociais e eussociais não é inteiramente claro. Os pulgões, que em geral parecem ignorar um ao outro em um caule de planta, em alguns casos liberam um feromônio de alarme quando atacados, fazendo com que outros do grupo possam se salvar desprendendo-se da planta (Figura 4-4). As lagartas comunitárias vivem em grande parte como uma sociedade enquanto se desenvolvem, mas não podem se reproduzir, e os adultos são solitários. Os tripes galhadores australianos, que vivem como grupos familiares de múltiplas gerações no interior das galhas de plantas, possuem uma casta de soldados de anatomia distinta, assim como alguns insetos eussociais avançados. Porém, os soldados não voadores não são estéreis. E os pulgões do algodoeiro possuem uma casta de soldados-fêmeas estéreis para defender toda a família feminina da galha, mas não há cooperação nos cuidados com a ninhada. O cuidado da ninhada é uma necessidade principalmente dos insetos holometábolos, que têm larvas incapazes de se alimentar. Por outro lado, os membros de uma casta estéril de muitos insetos eussociais não são permanentemente estéreis, mas podem assumir funções reprodutivas, se necessário (como discutido mais tarde neste capítulo). A reprodução tardia dos adultos, as gerações sobrepostas e os cuidados cooperativos da ninhada não são raros em grupos de outros tipos de animais, incluindo pássaros e mamíferos, de modo que a demarcação entre pré-socialidade e eussocialidade pode ser pouco nítida. Ainda assim, não

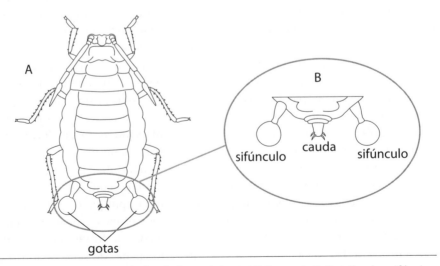

Figura 4-4 Um percevejo secretando gotículas de feromônio. A, Visão geral; B, Detalhe dos sifúncios.

possuem distinções morfológicas de castas e, por isso, podem ser considerados primitivamente eussociais, na melhor das hipóteses. Apesar de suas imperfeições, a classificação social fornece uma ferramenta útil para se compreender o quanto um inseto pode ter progredido para uma sociabilidade avançada. Exemplos vivos dos graus de subsocialidade e parassocialidade demonstram vias alternativas para a eussocialidade a partir de diferentes direções. Uma terceira, a via familiar polígina, proposta para alguns Hymenoptera e talvez aplicável também para aranhas, combina características de cada uma, progredindo da subsocialidade intermediária ou avançada para a quasissocialidade, quando fêmeas de diferentes gerações cuidam de suas ninhadas de forma cooperativa.

Os entomologistas utilizam três ideias básicas para explicar a emergência de sociedades, em particular para abordar a origem contraintuitiva evolucionária de castas estéreis com autossacrifício por seleção natural: (1) Na *agregação mutualista*, a vida em grupo e o altruísmo recíproco beneficiam todos os membros, em especial durante algumas condições ambientais; apenas um ou poucos podem se reproduzir e, ainda assim, todos têm chance de se tornar reprodutivos em algum momento. (2) Na *manipulação parental*, o indivíduo reprodutivo (a rainha) controla a nutrição de suas larvas impotentes; deste modo, ao restringir seus alimentos, ela diminui ou elimina sua capacidade reprodutiva. (3) Na *seleção por parentesco*, os membros do grupo são intimamente relacionados, portanto, os membros não reprodutivos obtêm uma *aptidão abrangente* (propagação genética) a partir do sucesso de seus parentes reprodutivos. A terceira ideia oferece uma explicação atraente para o fato de sociedades eussociais, dominadas por fêmeas, terem evoluído pelo menos 12 vezes entre Hymenoptera, em que todas possuem um método incomum de determinação sexual: os machos se desenvolvem a partir de ovos não fertilizados e são haploides; ao contrário, as fêmeas se desenvolvem a partir de ovos fertilizados e são diploides. Em razão desta organização, os himenópteros têm pedigrees nos quais, em média, irmãs completas estão mais intimamente relacionadas entre si (0,75) que sua própria cria feminina (0,5) ou seus irmãos (0,25). Isto significa que uma himenóptera fêmea pode propagar seus genes de maneira indireta e muito eficiente pelo autossacrifício, que beneficia direta ou indiretamente suas irmãs reprodutoras. Contudo, este tipo de altruísmo de favorecimento por pressão seletiva não explica a eussocialidade em insetos em que os dois sexos são diploides, principalmente os cupins. Os pesquisadores sugeriram um mecanismo de aptidão de larga abrangência, semelhante para cupins, como resultado de períodos alternados de endogamia e exogamia, assim como vários fatores ecológicos. Mesmo em Hymenoptera, é plausível que os três mecanismos propostos estejam envolvidos. Um pesquisador propôs que estes três mecanismos estariam integrados em um cenário atraente consistindo em cinco estágios: mutualismo da colônia, risco para reprodução, manipulação parental, reconhecimento e seleção de parentesco e o superorganismo. No estágio final de superorganismo, a colônia pode ser considerada uma unidade de seleção, um organismo único cujas castas estéreis constituem simples extensões celulares do corpo da rainha e cujos novos reprodutores são seus gametas. Uma diferença importante, porém, é que os indivíduos em uma colônia de insetos não possuem semelhanças genéticas, o que se revela ocasionalmente nos conflitos de interesse. Por exemplo, uma rainha de abelha-de-mel acasala múltiplas vezes, de modo que sua cria de operários vem de machos diferentes e não estão todos relacionados em 0,75. Operárias do mesmo macho (irmãs completas) cooperam entre si melhor que meias-irmãs.

Comunicação social

Os membros das sociedades de insetos se comunicam por feromônios voláteis, estimulação por contato e som. As mensagens que atuam como *liberadoras* do comportamento comunicam alarme, atração e reunião, recrutamento e reconhecimento. As que atuam como *preparadoras*, na maioria feromônios, estimulam ou inibem o desenvolvimento em uma casta específica ou impedem a expressão de comportamentos específicos. Os feromônios de preparação, em geral, são transmitidos durante a trofalaxia, a troca de alimentos e secreções, ou durante a limpeza. A trofalaxia boca a boca é típica de Hymenoptera, enquanto cupins transferem diversos materiais pelas suas fezes, e a comunicação, portanto, consiste em trofalaxia do ânus para a boca. Os sistemas de recrutamento mais compreendidos são a criação de trilhas por formigas e a dança das abelhas-de-mel (discutidas mais tarde). As substâncias químicas de contato são importantes para permitir que um operário identifique os estágios e as castas de seus companheiros de ninho e reconheça os companheiros mortos. Por outro lado, a capacidade geral de reconhecer os companheiros é universal entre os insetos sociais. O odor característico de cada colônia é carregado pelo inseto e parece envolver tanto fatores genéticos quanto ambientais. Um indivíduo que entra em outro ninho, mesmo que da mesma espécie, em geral é atacado.

Insetos sociais muitas vezes trabalham juntos para realizar tarefas extraordinárias, o que sugere planejamento e discernimento. As abelhas-de-mel são recrutadas para as melhores fontes de néctar, modelam as células de seus favos de cera em hexágonos estruturalmente ideais e realizam a termorregulação das colmeias. As formigas usam os trajetos mais curtos para os alimentos, fazendo movimentos de flanco durante os ataques, e constroem paredes limpas de espessura uniforme para lacrar o ninho. Os cupins constroem arcos subterrâneos para comunicação entre os ninhos. As formigas tecelãs, de maneira cooperativa, puxam as folhas juntas, de modo que outras larvas produtoras de seda possam se ligar a elas (discutido mais adiante). É possível perceber que todas estas atividades requerem uma compreensão de objetivos maiores ou um sistema extremamente complexo de comunicação, envolvendo instruções explícitas de um líder ou informações detalhadas passadas reciprocamente entre os membros individuais. Ainda assim, um exame atento dos indivíduos envolvidos em atividades cooperativas com frequência revela um aparente nível refinado de desorganização e caos. A efetividade emerge em um nível estatístico mais elevado pela ação em massa. Os estudos indicam que mesmo as atividades mais inteligentes e eficientes são realizadas por operários individuais seguindo regras comportamentais muito simples, por um processo de auto-organização. A comunicação viabiliza comportamentos de forma particular.

Comparação entre cupins e Hymenoptera eussociais

As sociedades eussociais de cupins e himenópteros são diferentes porque apenas os últimos apresentam metamorfose completa e são dominados por fêmeas. Os instares do desenvolvimento de cupins são funcionalmente semelhantes aos adultos. Após uma ou duas mudas, os cupins podem cuidar de si próprios e, de uma forma ou de outra, imaturos de ambos os sexos realizam a maior parte do trabalho na colônia. Em geral, os cupins possuem um único par reprodutor, um rei e uma rainha. Os himenópteros, em contrapartida, têm larvas que contribuem com pouco ou nada para a colônia e, como consequência, várias formas de fêmeas adultas fazem todo o trabalho. Os machos adultos também não contribuem e só estão presentes durante os períodos de acasalamento. Como regra geral, existe uma única reprodutora, a rainha.

A maioria dos cupins é pálida ou branca, enquanto as formigas tendem a ser amarelas, vermelhas, marrons ou pretas e possuem uma constrição estreita na base do abdômen. Mesmo assim, os cupins e muitas espécies de formigas compartilham semelhanças superficiais, como a apresentação de colônias que duram muitos anos, rei e rainha que perdem suas asas, operárias que nunca possuíram asas, formas de soldados e uma revoada de êxodo reprodutor de fácil visualização. Com frequência, seus ninhos são confeccionados de "papelão" (extraído de materiais de plantas mortas, fezes ou solo) ou estão localizados em cavidades protegidas em troncos de árvores, toras de madeira ou abaixo do solo. Estas semelhanças originaram o termo errôneo "formigas brancas" para designar os cupins.

Figura 4-5 Sinais de infestação por *Isoptera* (cupins) em madeiramento residencial.

Sociedades de cupins

As colônias de cupins podem ser completamente subterrâneas, estar em montes de terra que se elevam acima do solo, no interior de madeira morta (incluindo habitações humanas) (Figura 4-5) ou no alto de árvores vivas, dependendo da espécie. Funcionam por muitos anos; às vezes, décadas. Todas as espécies precisam de material de plantas mortas para a sua alimentação.

Sua capacidade efetiva de usar este alimento depende de uma relação mutualista com bactérias ou protistas internos, ou ainda com fungos cultivados. O ninho é constituído de câmaras e túneis formados a partir de lama, material de plantas e grânulos fecais. As câmaras específicas são dedicadas ao alojamento do rei e da rainha (câmara real), da ninhada, de material de plantas ou de um jardim de fungos. Os túneis funcionam como condutores entre as câmaras ou como chaminés de aquecimento e circuladores de ar. Mesmo em superfícies abertas, como ramos de árvores ou ao lado de uma casa, em geral os cupins se deslocam em vias de passagem cobertas. As várias formas corporais em uma típica colônia estão situadas em duas categorias: *castas não fixas* e *castas fixas*. As castas não fixas constituem os estágios em desenvolvimento, ou seja, ninfas (porém chamadas *larvas, pseudoergatos, pré-soldados* e *ninfas*, dependendo do estado de desenvolvimento), que servem como trabalhadores não fixos e, eventualmente, podem sofrer mudas para uma das castas fixas (operárias, soldados, reprodutores primários ou reprodutores secundários). Os membros das castas fixas não sofrem mudas adicionais. Operários e soldados podem ser vistos como imaturos com uma interrupção do desenvolvimento ou como adultos estéreis. Os operários são devotados à construção e reparo do ninho, nutrição das larvas, alimentação do par real e forrageamento de matéria vegetal. Os soldados protegem a colônia de ataques de invasores. Suas cabeças modificadas são usadas para segurar os inimigos com as grandes mandíbulas (soldados mandibulados) ou esguichar substâncias nocivas ou pegajosas de uma glândula na frente da cabeça (soldados nasutos). Em algumas espécies, os soldados podem fazer as duas operações. Cupins inferiores (primitivos) não possuem uma casta fixa de operários e todos os estágios e castas são divididos igualmente entre fêmeas e machos. Alguns cupins avançados podem possuir dois ou mais tipos de castas fixas de operários e soldados, cada uma constituída apenas de machos ou fêmeas. As colônias de algumas espécies de cupins com frequência contêm mais de uma fêmea reprodutora, em especial quando a colônia é grande e difusa.

Novas colônias de cupim são fundadas quando ninfas braquípteras (ou seja, ninfas com brotos de asa externamente visíveis) em colônias maduras sofrem muda aos milhares, transformando-se em seres alados (adultos com asas, que constituem os futuros reprodutores primários) que deixam o ninho ao mesmo tempo de outras colônias na área.

Estas revoadas de êxodo ocorrem durante o início de uma temporada quente ou úmida, desencadeadas por chuva intensa. Após um período de voo fraco, os alados aterrissam, os machos localizam as fêmeas por um feromônio feminino, ambos perdem as asas e o par, rastejando em tandem, rapidamente localiza um local para o novo ninho. Os reprodutores primários recém-estabelecidos (rei e rainha) começam a cultivar os descendentes, o que pode levar vários anos até que sua própria colônia seja capaz de produzir seres alados. Neste meio tempo, as larvas são desenvolvidas como pseudoergatos (operários não fixos que podem permanecer não comprometidos com uma casta fixa), pré-soldados e soldados, ninfas braquípteras ou reprodutores suplementares, dependendo das necessidades da colônia. Em colônias bem definidas de cupins primitivos e muitas de cupins avançados, um reprodutor suplementar com gônadas funcionais apenas aparece se ocorrer a morte da rainha ou do rei, com o substituto sofrendo muda a partir de uma larva mais antiga, um pseudoergato ou uma ninfa. Do contrário, feromônios (controladores do desenvolvimento) do rei e da rainha são usados em suas fezes para todos os membros da colônia pelo sistema de comunicação, denominado trofalaxia estomodeal ou trofalaxia anal, impedindo que cupins não fixos de cada sexo assumam tarefas reprodutoras. Se acidentalmente ocorrer uma substituição ou se vários reprodutores suplementares aparecerem de uma só vez, um feromônio de contato do reprodutor mais antigo faz com que os operários matem os outros. Um sistema de feromônio inibitório aparentemente também mantém os soldados em uma proporção pequena, mas constante, do número total de membros das colônias.

Sociedades de vespas de papel

As vespas de papel constroem seus ninhos com uma mistura de fibras de madeira e saliva, prensadas por suas mandíbulas em lâminas finas de papel que constituem tanto a estrutura geral do ninho quanto dos favos de células hexagonais nos quais criarão suas ninhadas (Figura 4-6). Em geral, estas células são invertidas, de modo que o crescimento da larva em cada uma delas seja orientado de cabeça para baixo. Nas vespas *Polistes* comuns da América do Norte, um único favo é fixo à superfície anterior do substrato pendurado (em geral, os beirais das casas em áreas residenciais) por um ou mais pedúculos. Em vespas americanas e vespões (por exemplo, gênero *Vespa, Vespula, Dolichovespula*) e também em muitas vespas de papel tropicais, são fixados diversos favos, um abaixo do outro, e todos os favos combinados são envolvidos em várias camadas de papel, perfuradas por uma abertura para a passagem das vespas adultas para dentro e para fora. Estes ninhos envelopados, de múltiplas camadas, podem ser fixados a galhos de árvores ou outras projeções ou situados em pilhas de rochas ou sob o solo com um túnel levando à superfície. Na maior parte da temporada de crescimento do ninho, a colônia consiste em uma rainha e numerosas fêmeas operárias discretamente menores. A rainha passa a maior parte do tempo no ninho, depositando ovos. As operárias não possuem ovários funcionais, coletam fibras de madeira, expandem o ninho, realizam o forrageamento de néctar, carne (presa ou cadáver) e água e defendem o ninho contra intrusos, utilizando um ferrão venenoso. Há uma tendência à especialização em algumas tarefas entre as operárias, mas são capazes de executar qualquer tarefa. As larvas indefesas contribuem para a colônia fornecendo nutrientes aos adultos por trofalaxia.

Novas colônias são fundadas por fêmeas inseminadas destinadas a ser rainhas. Em climas temperados, estas vespas fundadoras passam o inverno em locais abrigados, seja em grupos (*Polistes*), seja isoladas (por exemplo, *Vespula*). Na primavera, elas mesmas dão início aos novos ninhos (os ninhos antigos raramente são usados). As fundadoras de *Vespula* sempre realizam todas as tarefas de forrageamento, construção, postura de ovos, alimentação e defesa até que as primeiras operárias surjam como adultas. As fundadoras de *Polistes* algumas vezes trabalham com uma ou duas fêmeas da mesma geração, que assumem a hierarquia de fundadoras subordinadas com ovários não funcionais e realizam as tarefas das operárias. Caso a fundadora morra, uma das subordinadas revitalizará seu próprio sistema reprodutor, tornando-se a nova rainha.

Durante o crescimento da colônia, os ovos fertilizados são depositados em células de operárias e recebem quantidades moderadas de alimento. Perto do final da estação, a rainha começa a depositar ovos não fertilizados, que se desenvolvem em machos, e ovos fertilizados em células discretamente maiores que as das operárias (no caso da *Vespula*), que se desenvolvem em fundadoras-filhas. As últimas recebem mais alimento que as operárias e transformam-se em adultos maiores. Os machos aguardam as fundadoras-filhas perto dos ninhos ou em possíveis locais para a passagem do inverno, porém todos os machos estarão mortos no momento em que as fundadoras-filhas saírem do ninho. Em regiões subtropicais e tropicais, as vespas de papel podem ter muitas fundadoras e manter ninhos por períodos mais longos, com substituição periódica da rainha e produção sazonal de reprodutores para dispersão.

Sociedades de formigas

As espécies de formigas formam ninhos em uma grande variedade de locais: profundamente sob a terra, sob rochas, no interior de toras de madeira antigas, no interior de troncos ocos, dentro de câmaras fornecidas por plantas mutualistas (veja, a seguir, discussão das mirmecófitas neste capítulo) e no alto de árvores. Algumas constroem seus ninhos com papelão, outras com materiais vivos, como os ninhos de folhas das formigas tecelãs (*Oecophylla*), que são mantidos juntos por seda derivada das larvas, que as operárias manipulam em uma imediata ação de costura antes de formar os casulos. As formigas-de-correição nômades (como *Eciton*) e as formigas-safari ou viajantes (como *Dorylus*) formam ninhos temporários de corpos entrelaçados de operárias vivas. Os ninhos de construção sólida podem possuir túneis e câmaras destinadas à rainha, ninhadas, alimento ou jardins de fungos. Uma colônia de crescimento típico possui uma rainha sem asas e várias operárias fêmeas também sem asas. Algumas espécies de formigas, em especial aquelas com colônias grandes e dispersas, podem possuir rainhas reprodutoras secundárias

Figura 4-6 Ninho da vespa de papel *Polistes versicolor* (Oliver, 1791), com a fundadora (rainha), fundadoras subordinadas e operárias quase idênticas. As células do ninho localizadas mais acima com coberturas brancas contêm pupas. As células abertas mais próximas à periferia não são cobertas e contêm larvas em crescimento.

(operárias-rainhas intermediárias que depositam ovos) ou múltiplas rainhas. As operárias podem ser todas de um tipo ou divididas morfologicamente em várias subcastas com diferentes funções. Por vezes, as *menores* permanecem no interior do ninho, limpando e atendendo a ninhada. As *médias* executam a maior parte do forrageamento. As *maiores* (frequentemente conhecidas como soldados) têm corpo grande, com cabeças e mandíbulas excepcionalmente amplas, e defendem o ninho ou as colunas de operárias de forrageamento. No caso de formigas nômades, as maiores também protegem a procissão de todos os membros da colônia (muitos carregando uma larva) enquanto viajam para um novo acampamento. As formigas têm uma cadeia alimentar muito diversificada. As espécies ceifadeiras colhem sementes e as armazenam em câmaras. As coletoras de honeydew estão intimamente associados a Hemiptera produtoras de honeydew (discutido a seguir), em alguns casos armazenando o fluido abaixo do solo dentro dos corpos de operárias designadas (formigas pote-de-mel). As carnívoras podem ser predadores generalistas ou especialistas, que capturam artrópodes. As jardineiras de fungos (saúvas, tribo Attini) cortam folhas frescas e pétalas de arbustos e árvores, colocando-as em câmaras onde fungos são cultivados (veja posteriormente). As escravagistas são especializadas em atacar ou tomar posse de ninhos de outras espécies de formigas e usar o trabalho das operárias conquistadas. Parasitas de ninhos mantêm suas colônias inteiras no interior dos ninhos de outras espécies de formigas, muitas vezes não possuindo uma casta de operárias e dependendo do hospedeiro para defesa e alimento. Muitos tipos de formigas de forrageamento utilizam feromônios de trilhas para levar outras forrageadoras até a fonte de alimento. Uma forrageadora, ao encontrar alimento, deixa uma trilha no substrato enquanto volta diretamente para o ninho (tendo usado a bússola solar para rastrear sua posição em relação ao ninho), e então recruta outras formigas para seguir a trilha. Cada formiga que encontra alimento faz um acréscimo à trilha ao retornar, mas quando todo o alimento for removido, a trilha já não é reforçada e logo desaparece.

Em geral, as colônias de formigas começam como as das vespas de papel: produção periódica e dispersão de uma nova geração de reprodutores. Em uma estação específica, adultos com asas dos dois sexos deixam a colônia e os machos formam enxames aéreos de acasalamento nos quais as fêmeas entram para encontrar um parceiro. As fêmeas inseminadas, destinadas a se tornar rainhas, perdem suas asas e encontram um local para estabelecer sua própria colônia. Uma rainha começa depositando os ovos e alimentando as larvas a partir de seus depósitos metabólicos para desenvolver uma geração de operárias. À medida que a base operária se expande, a colônia torna-se capaz de automanutenção por forrageamento de alimento, alimentando as larvas e deixando a rainha para a produção de ovos. Após muitos anos, a colônia é grande o suficiente para que sejam produzidos machos e fêmeas reprodutores alados e ocorram voos de êxodo. Outro tipo de formação de colônia, observado nas formigas-de-correição, é a divisão da colônia original em dois grupos, um com a rainha antiga e outro com novas fêmeas reprodutivas não inseminadas. Todas, com exceção de uma, são removidas na nova colônia e abandonadas para morrer. A nova rainha restante é inseminada pelos machos da sua própria colônia ou de outras. O controle da casta feminina ocorre por via feromonal-nutricional. A rainha produz um feromônio que impede que as operárias alimentem larvas fêmeas com uma dieta real até o momento em que o êxodo alado se aproxima, quando a rainha também deposita ovos não fertilizados que receberão uma dieta masculina. As dietas larvais que permitem o desenvolvimento de várias subcastas femininas são determinadas pelas necessidades da colônia, supostamente também reguladas por feromônios.

Sociedade das abelhas-de-mel

Colônias de abelha-de-mel (*Apis mellifera* L.) são auxiliadas ou mantidas por humanos há milhares de anos para se obter seu mel armazenado ou promover-se a polinização, que são muito importantes para a agricultura. Por essa razão, representam os insetos sociais mais estudados e mais bem compreendidos.

Na natureza, os ninhos são estabelecidos em cavidades de rochas e de árvores que apresentem uma abertura estreita. No cultivo, as colônias são mantidas em cestos ou caixas de madeira (conhecidos como colmeias) com características semelhantes. O ninho consiste em uma série de favos paralelos, que diferem dos das vespas de papel porque são verticais e de cera, de modo que as células são horizontais e ocorrem dos dois lados do favo. Por outro lado, as células são usadas não apenas para criar as ninhadas, mas também para armazenar mel (néctar concentrado de flores) e pólen. Os favos também servem como plataformas onde as operárias trocam alimentos e informações. A colônia consiste em uma rainha alada, algumas centenas de machos alados (zangões) e muitos milhares de operárias fêmeas aladas menores. A exclusiva função da rainha é a produção e deposição dos ovos nas células. Os zangões estão presentes apenas durante a estação reprodutora, não contribuem para a colônia e acasalam com as novas rainhas de outras colônias. As operárias, em geral, seguem uma sequência de tarefas e atividades glandulares associadas: (1) produção de células de limpeza; (2) secreções salivares para alimentação de larvas (conhecido como *leite de abelha* ou *geleia real*) e pólen misturado com mel (pão de abelha); (3) construção de células, usando cera de suas glândulas cerígenas abdominais; (4) armazenamento de pólen e mel, que são recebidos das forrageadoras que chegam; (5) proteção da colônia, permanecendo próximo à entrada e atacando intrusos com um ferrão (Quando da sua utilização provoca danos irreparáveis no organismo da abelha levando à morte); e finalmente (6) forrageamento, que inclui a coleta de néctar, pólen, resinas e água, em até 8 quilômetros do ninho.

A comunicação entre as operárias inclui a liberação de feromônio de alarme do aparelho de ferrão, que permanece no intruso e atrai outras operárias ao local onde se encontra o ferrão, induzindo outras ferroadas. Um feromônio de reunião, liberado por uma forrageadora após voltar de uma expedição bem-sucedida, faz outras forrageadoras reunirem-se ao seu redor para obter informações sobre a fonte de alimento. Grande parte destas informações é transmitida durante uma dança, que tem componentes sugestivos de uma linguagem simbólica. A linguagem da dança difere discretamente entre as diferentes raças de abelhas-de-mel. O seguinte dialeto aplica-se à raça Carniolana do norte da Europa: quando o alimento está a menos de 20 metros do ninho, a forrageadora realiza uma *dança circular*, na qual caminha em um círculo quase completo, alternando entre o sentido horário e o anti-horário. Este padrão indica que a fonte está próxima, sua riqueza é indicada pela duração e vigor (vibrações) da dança e seu odor é comunicado pela dançarina. Entre 20 a 80 metros, é realizada uma *dança falciforme* transicional, que contém elementos da dança em oito. As forrageadoras realizam uma *dança em oito* perfeita quando o alimento está a mais de 80 metros de distância. Consiste em alternar semicírculos para a esquerda e para a direita, com a execução de um trajeto retilíneo entre eles, nos quais a abelha balança vigorosamente o abdômen de um lado para o outro enquanto anda para a frente. A riqueza e o odor da fonte de alimento são transmitidos em uma dança circular. A distância aproximada até o alimento é indicada pela duração do trajeto retilíneo e, consequentemente, pelo número de oitos na dança e de execuções da dança por unidade de tempo. A direção do alimento é indicada pelo ângulo entre a direção do trajeto retilíneo e a direção vertical para cima. Representa o ângulo entre a fonte de alimento e o azimute do sol, que corresponde à coordenada solar no horizonte. A dança ocorre dentro de um ninho quase completamente escuro em uma superfície vertical, de modo que as operárias recrutadas detectam suas características geométricas inteiramente por estímulos mecânicos originados pela abelha dançarina, que seguem durante o curso de sua dança, e a partir do sentido de gravidade. A característica mais abstrata desta comunicação é a representação do azimute real do sol em um plano horizontal pela direção "ascendente" em uma plataforma de dança vertical.

Novas colônias de abelhas-de-mel são fundadas quando uma grande colônia se divide em duas partes. O processo começa quando as operárias iniciam a construção de células reais, células grandes dependuradas verticalmente a partir da face de um favo de mel comum nas quais começam a criar as futuras rainhas. Em geral, a rainha antiga parte com cerca da metade das operárias em um *enxame primário*, uma massa de abelhas que repousará em um ramo de árvore ou outro local aéreo. Utilizando a superfície deste agrupamento de abelhas, as forrageadoras permanentes do local do ninho empregam uma dança em oito para recrutar outras às cavidades que poderiam ser adequadas. As danças indicam o melhor local e, de maneira gradual, recrutam mais operárias até uma massa crítica chegar a um acordo. Então, todas partem juntas com a rainha para se estabelecer na cavidade escolhida.

Ao mesmo tempo, no ninho antigo, a primeira nova fêmea reprodutora a emergir destrói as outras células de rainhas. Se duas emergirem ao mesmo tempo, lutarão até a morte, usando seus ferrões venenosos, de modo que apenas uma permaneça como rainha. Esta fêmea reprodutora, então, prosseguirá em um voo de acasalamento (voo nupcial) até um local alto no ar onde os zangões estejam ativos; os atrairá com um feromônio e acasalará sucessivamente com 10 a 15 deles, um processo que arranca a genitália de cada macho para fora do abdômen e causa sua morte. Quando preenchida com um suprimento de esperma para toda a vida, retorna ao ninho e começa a depositar ovos para reabastecer o estoque de operárias. Em climas temperados, o enxame ocorre no fim da primavera e pode envolver dois ou três enxames secundários após o primário. Um enxame secundário consiste em outra grande proporção de operárias e uma nova rainha, que será substituída por uma rainha subsequente ainda em desenvolvimento.

O controle da casta feminina é do tipo feromonal-nutricional. Como em outros himenópteros, os zangões são derivados de ovos não fertilizados que a rainha deposita em células de moderada grandeza próximas aos cantos dos favos. As operárias desenvolvem-se a partir de ovos fertilizados em pequenas células, idênticas às utilizadas para armazenar alimentos, em geral na parte central do favo. São alimentadas com geleia real (saliva da abelha enfermeira) durante os primeiros três dias de desenvolvimento, e depois com uma dieta estável de pão de abelha. As futuras rainhas, em contraste, são alimentadas com grandes quantidades de geleia real durante toda a vida larval. Se a rainha residente morre, as operárias de maneira rápida constroem células de rainha e transferem ovos diploides das células da ninhada de operárias para as células de rainha, para que novas rainhas possam ser criadas. (Em *Apis mellifera capensis*, mesmo as operárias que não possuem esperma podem produzir ovos diploides por si só.) As abelhas enfermeiras decidem qual dieta fornecer a uma larva avaliando seu desenvolvimento e o tipo de célula na qual está se desenvolvendo. Em última análise, é a rainha quem controla a casta, liberando um feromônio inibitório da glândula mandibular ("substância da rainha"), que passa pela colônia e impede que as operárias criem células de rainha. Os entomologistas acreditam que durante a estação de enxame a colônia já cresceu tanto que os feromônios tornam-se muito diluídos para que sejam eficazes ou que a própria rainha reduza sua produção, para que novas fêmeas reprodutoras possam ser produzidas.

ASSOCIAÇÕES COMUNITÁRIAS

Os artrópodes, em geral, são os principais atores em todas as comunidades bióticas. No ambiente marinho, os crustáceos têm papéis importantes, enquanto na terra e na água-doce os insetos são dominantes, porém virtualmente ausentes nas comunidades marinhas. As exceções são algumas espécies de insetos nas superfícies oceânicas e ao longo das praias marinhas e na zona entre as marés. As plantas verdes são produtoras universais de matérias orgânicas, usando a energia derivada do Sol. Artrópodes fitófagos (herbívoros) alimentam-se de plantas para obter estes materiais e, portanto, são os consumidores primários. Artrópodes zoófagos são consumidores secundários, terciários ou quaternários, alimentando-se em um elo um pouco mais distante na *cadeia alimentar*, seja de animais que se alimentam de plantas ou daqueles que se alimentam de outros animais. Os detritívoros se alimentam de matéria morta de qualquer um dos vários elos tróficos, complementando com os materiais orgânicos ali encontrados. Alguns insetos detritívoros são onívoros, alimentando-se oportunistamente, também, de tecido vegetal ou animal vivo. Em cada etapa da transferência de alimentos do consumido para o consumidor, cerca de 90% da energia contida no alimento é perdida. Portanto, a quantidade total de massa biológica entre os consumidores primários é elevada, mas no topo desta *pirâmide trófica* a massa biológica é pequena. Isto significa que o ambiente sustenta maior massa de herbívoros (gafanhotos e búfalos) que de carnívoros (piolhos e águias). As relações reais entre os membros em uma comunidade não formam uma pirâmide simples com base em algumas cadeias alimentares. Em vez disso, formam uma *rede alimentar*, em que cada espécie come ou serve de alimento para várias outras espécies (Figura 4-7). Isto ocorre porque em cada categoria alimentar as espécies apresentam, ao longo de um contínuo, diferentes preferências alimentares, de generalistas extremos a especialistas extremos. Por outro lado, nem todas as relações envolvem apenas comer e ser alimento. A natureza exata da relação entre uma espécie de inseto e outros organismos, com base em alimentos ou outro recurso vital, define seu papel ecológico ou nicho. Por convenção, no *mutualismo* os dois organismos se beneficiam da relação. No *comensalismo*, um se beneficia e o outro não é afetado. No *parasitismo*, o organismo pequeno (o parasita) tem benefícios e o maior (o hospedeiro) é prejudicado. Na *predação*, o organismo grande (o predador) tem benefícios e o menor (a presa) é morto. Entre o parasitismo e a predação, existem os *patógenos* (bactérias, protozoários, nematódeos, fungos) e *parasitoides* (insetos), que são pequenos parasitas que provocam sérios prejuízos ou matam de forma gradual o hospedeiro maior. O termo simbiose é reservado para relações fisicamente próximas e de longa duração observadas no mutualismo, comensalismo e parasitismo.

Relações microbianas

Mutualistas: Uma variedade de micro-organismos auxilia os insetos nutricionalmente, vivendo em associação próxima ou em seu interior. Em troca, o inseto fornece abrigo, fonte de alimento e mecanismo para transmissão a outros insetos. Muitos cupins e baratas que se alimentam de madeira abrigam colônias de protozoários flagelados e bactérias em uma câmara especial na parte anterior do intestino posterior. Estes micro-organismos decompõem a celulose, que não pode ser digerida de outro modo. São passados para cupins recém-eclodidos pela via de transmissão fecal-oral, utilizada também na comunicação. Do mesmo modo, mariposas da cera, que vivem em colônias de abelha-de-mel e comem a cera de seus favos de mel, contêm bactérias que digerem a cera. Outros insetos mantêm colônias de bactérias que fornecem nutrientes vitais, como vitaminas. Estas bactérias podem ser mantidas em criptas intestinais ou

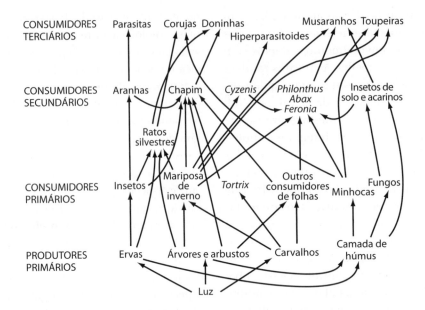

Figura 4-7 Principais elos alimentares em comunidade de uma região na Inglaterra, ilustrando a natureza geral das redes alimentares e o papel nelas exercido pelos insetos. *Tortrix* é uma mariposa, *Cyzenis* é uma mosca Tachinidae, *Philonthus* é um besouro Staphylinidae, *Abax* e *Feronia* são besouros Carabidae.

intracelularmente em micetócitos, que formam uma estrutura especial, o micetoma. Por exemplo, insetos que se alimentam de sangue de vertebrados durante todo o seu ciclo de vida (barbeiros, percevejos comuns, piolhos, moscas-tsé-tsé) obtêm vitamina B insuficiente a partir do sangue, porém as bactérias em seus intestinos, ou micetomas, fornecem estas vitaminas. As bactérias são transmitidas às novas gerações pelos ovos ou pelas fezes.

Alguns cupins e formigas cultivam fungos mutualistas em jardins como fonte de alimento e, em troca, os insetos fornecem aos fungos um substrato para crescimento e mecanismos de transmissão. Cupins avançados (Macrotermitinae) cultivam fungos *Termitomyces* em câmaras especiais em favos de grânulos fecais contendo fibras vegetais. Os cupins comem tanto os favos quanto os fungos, que contêm celulases que permitem a digestão. As saúvas (Attini) cultivam vários fungos basidiomicetos em uma matéria vegetal composta por folhas recém-cortadas e flores e comem as pontas dilatadas (gongilídios) das hifas. As formigas também impedem que os fungos mutualistas sejam destruídos por um fungo parasitário. Nos dois tipos de insetos cultivadores de fungos, novos reprodutores que deixam a colônia original carregam os fungos para semear um novo jardim. Alguns besouros-do-pinheiro (Scolytinae) e besouros-ambrósias (Platypodinae) também cultivam fungos (Ascomycetes e Fungi Imperfecti) em seus túneis abaixo das cascas das árvores e comem formas de crescimento especial.

Patógenos e parasitas: Os insetos são atacados por uma vasta variedade de micro-organismos, incluindo vírus, riquétsias, espiroquetas, eubactérias, protozoários e fungos. Os insetos também são infectados por trematódeos, tênias, nematelmintos, vermes górdios, acantocéfalos e insetos parasitários (veja discussão mais adiante). A maioria destas infecções resulta em morte do inseto hospedeiro e constitui a base de vários tipos de controle biológico bem-sucedido de insetos considerados pragas.

Vetores artrópodes de patógenos e parasitas: Com frequência, os artrópodes servem como vetores, transmitindo patógenos e parasitas internos a vertebrados ou plantas. Os vetores mais importantes de doenças humanas e do gado são os mosquitos e os carrapatos. Alguns patógenos são transmitidos acidental ou incidentalmente, não apresentando relação biológica com os artrópodes (*transmissão mecânica*), por exemplo, a grande variedade de vírus e bactérias transportados pelas moscas domésticas e baratas.

Nas relações vetor-patógeno (*transmissão biológica*) que são obrigatórias e específicas da espécie, o parasita completa seu ciclo extrínseco no vetor, por multiplicação (*propagativo*), multiplicação e transformação (*ciclopropagativo*), ou apenas transformação e crescimento (*cicloevolutivo*). Os patógenos propagativos incluem vírus, riquétsias, espiroquetas e eubactérias. Os patógenos ciclopropagativos incluem esporozoários e protozoários flagelados. Os parasitas cicloevolutivos incluem trematódeos, tênias, nematelmintos e acantocéfalos. Muitos deles causam doenças sérias em humanos e no gado, afetando centenas de milhões de pessoas. Mundialmente, entre as doenças mais notáveis no gado e nos animais domésticos (e seus vetores) estão a babesiose (carrapatos), teileriose (carrapatos), nagana (moscas-tsé-tsé), encefalite equina (mosquitos) e verme do coração em cães (mosquitos). Entre as doenças humanas estão a malária (mosquitos), cegueira do rio (borrachudos), elefantíase (mosquitos), encefalite (mosquitos), doença de Lyme (carrapatos), febre macular (carrapatos), dengue (mosquitos), tifo epidêmico (piolhos), febre recorrente (piolhos e carrapatos), doença de Chagas (barbeiro), febre amarela (mosquitos), doença do sono (moscas-tsé-tsé), leishmaniose (flebótomo) e peste (pulgas). A maioria dos vetores artrópodes alimenta-se de sangue (discutido mais adiante), oferecendo ao patógeno ou parasita a facilidade de transmissão entre os hospedeiros vertebrados e invertebrados sem exposição ao ambiente externo; porém, existem muitas variações na maneira exata de inoculação no hospedeiro. Estas incluem a autoinoculação de vertebrados com o vetor esmagado ou suas fezes ou a ingestão acidental do artrópode infectado. No interior dos vertebrados, o patógeno completa seu ciclo intrínseco e, de novo, torna-se infeccioso para o artrópode. Esta alternância entre os hospedeiros é conhecida como *transmissão horizontal*. Em contraste, alguns patógenos propagativos também são transmitidos de uma geração de artrópode para outra por transmissão transovariana, ou seja, *transmissão vertical*. Isto ajuda a manter a cadeia de infecção diante da imunidade dos vertebrados e em condições nas quais a transmissão horizontal é impossível, como durante o inverno.

Quando se referem a artrópodes que atuam como vetores de patógenos vegetais, os patologistas de plantas falam de patógenos *não persistentes* e *persistentes*, em vez de transmissão mecânica e biológica, porém os significados são semelhantes. Vírus, fitoplasmas, espiroplasmas e bactérias são patógenos comuns e economicamente importantes para as plantas que se multiplicam em seus insetos vetores. Em geral, os fungos são transportados de um modo mecânico. Os principais vetores são tripes, pulgões, cigarrinhas, fulgorídeos e insetos semelhantes que perfuram o tecido vegetal com aparato bucal do tipo sugador labial ou picador sugador. Porém, vários tipos de besouros também transmitem organismos mórbidos importantes. Entre as doenças conhecidas transportadas por vetores das colheitas (e seus vetores) estão o mosaico da cana-de-açúcar (pulgões), o mosaico do pepino (pulgões), o tumor da ferida (cigarrinhas), enrolamento das folhas de beterraba (cigarrinhas), fitoplasma de "aster yellows" (cigarrinhas), enfezamento do milho (cigarrinhas), mosqueado amarelo do arroz (fulgorídeos), vira-cabeça do tomateiro (tripes), enrolamento das folhas de algodão (moscas brancas), murcha bacteriana das curcubitáceas (besouros do pepino) e a doença do olmo holandês (besouros-dos-pinheiros).

Relações com as plantas

Polinização: A relação mutualista planta-inseto mais conhecida é a polinização cruzada de angiospermas por insetos que visitam as flores. Este método é muito mais eficiente que a polinização realizada pelo vento e acredita-se que tenha levado as angiospermas à dominância vegetal, assim como à diversidade de insetos associados a elas. As ordens Coleóptera, Hymenoptera, Diptera e Lepidóptera são as que realizam a maior parte da polinização. Em geral, os insetos transferem o pólen entre as plantas, recolhendo o pólen dos anteros de uma flor e depositando no estigma de outra. Na maioria dos casos, a atividade é puramente incidental por parte do inseto. O incentivo primário para os insetos é o alimento fornecido pela flor: néctar, solução de açúcares secretada com um teor variável de aminoácidos e excesso de pólen, uma fonte valiosa de proteínas e lipídios. Esta reciprocidade produziu diversas características especiais tanto dos polinizadores quanto das plantas. Os insetos possuem modificações corporais para carregar o pólen e armazenar o néctar e refinamentos comportamentais que os auxiliam a localizar rapidamente e explorar fontes de néctar e pólen: a capacidade de aprender e diferenciar cores e odores, um sentido de tempo preciso, permanência nas flores em cada expedição de forrageamento e uma tendência à especialização em apenas um tipo de planta (monolexia). Estas características comportamentais do inseto são promovidas pelas plantas, que se beneficiam delas. As plantas, por sua vez, desenvolveram características que auxiliam o inseto a localizar o néctar e ao mesmo tempo facilitam a transferência do pólen: fragrâncias, pétalas coloridas, guias de néctar (arranjos e marcas nas pétalas), plataformas de pouso, tempos de floração e fluxos de néctar confiáveis e sincrônicos, dispositivos mecânicos para a transferência de pólen, armadilhas temporárias de insetos e defesas contra ladrões de néctar. As flores azuis e amarelas tendem a ser visitadas por abelhas, flores laranja e vermelhas por borboletas e flores brancas por mariposas ou polinizadores generalistas de aparato bucal curto, como moscas e besouros. Com frequência, as flores promovem a monolexia secretando o néctar em uma corola que pode ser atingida apenas por um inseto com uma probóscide excepcionalmente longa. Algumas relações planta-polinizador são específicas, envolvendo o desenvolvimento do inseto no interior da flor. No caso da mariposas da iuca (Prodoxidae: *Tegitecula*), a fêmea reúne uma bola de pólen em seus tentáculos (palpos preênseis) em uma flor, então voa para outra, deposita seus ovos no ovário desta flor e coloca uma bola de pólen no estigma da flor de modo que as sementes se desenvolvam, sendo que algumas serão ingeridas pelas larvas da mariposa. As vespas-do-figo (Agaonidae) são ainda mais complexas. Os dois sexos da vespa se desenvolvem em ovários de flores femininas modificadas (neutras) de figueiras (*Ficus*) no interior da "fruta" do figo (o *sicônio*, um grande receptáculo revestido por flores). Os machos sem asas saem primeiro e acasalam com as fêmeas enquanto estão no interior de seus casulos. A fêmea deixa a fruta durante a fase de floração masculina, de modo a recolher o pólen. Então encontra uma fruta que está na fase feminina e poliniza as flores femininas normais, ao mesmo tempo em que deposita os ovos nas neutras. As flores normais, fertilizadas, desenvolvem sementes. Em algumas espécies de figos, predominantemente os masculinos, os tipos de frutas femininas ou neutras ocorrem em períodos diferentes do ano. O figo Smyrna comercial não possui vespas e deve ser polinizado por vespas de "caprifigos" que os cultivadores depositam nos pomares, para que a fruta se desenvolva com uma polpa espessa e comestível.

Nem toda visita à flor com polinização é mutualista. As mamangabas ladras, que não conseguem atingir o néctar das flores especializadas com suas peças bucais, cortam a lateral da corola para retirar o néctar sem fazer contacto com anteros ou estigmas. Os ladrões de néctar simplesmente retiram o néctar acessível, mas não possuem equipamento ou comportamento apropriado para a transferência do pólen. Na situação inversa, a planta utiliza uma ilusão para conseguir a polinização sem fornecer nada em troca ao inseto. Flores que liberam odores semelhantes à carne podre ou excremento atraem moscas e besouros saprófagos, que recolhem ou depositam o pólen enquanto perambulam ao redor da flor. Moscas varejeiras, atraídas para a flor-estrela (*Stapelia*), chegam a depositar seus ovos no centro da flor, onde as larvas chocadas morrem. Muitas destas flores são marrons ou púrpuras e o efeito de animal morto pode ser ampliado pela simulação de pelos. As orquídeas de solo da Europa (*Ophrys*) e da Austrália (*Drakonorchis*) lembram um pouco as fêmeas de Hymenoptera visualmente e também produzem substâncias químicas voláteis que mimetizam feromônios e a estimulação tátil parecida com espécies particulares de abelhas e vespas. Esta mimetização é suficiente para que os machos realizem tentativas repetidas de copular com uma sucessão de flores, transferindo pacotes pegajosos de pólen no processo.

Mirmecófitas: Os artrópodes têm uma variedade de relações mutualistas com plantas que não envolvem a polinização. Algumas são relativamente simples, como a planta que oferece uma fixação carnuda (elaiossomo) para suas sementes, tornando-as mais atraentes para formigas, que as dispersarão e enterrarão no processo de coleta. Isto é chamado de *mirmecocoria*. Muitas plantas recolhem a água da chuva graças aos ângulos formados por suas folhas ou outras estruturas, fornecendo um *habitat* especializado para insetos aquáticos. Em troca, os insetos processam a matéria orgânica que cai nestes *fitotelmas*, tornando os nutrientes disponíveis para a planta hospedeira de forma mais rápida. Ascídias insetívoras e suas larvas de mosquitos e moscas estão nesta categoria. Outras criam pequenos abrigos (domácias) para ácaros predadores ou possuem glândulas (nectários extraflorais) que fornecem açúcar para vespas parasitoides e formigas que patrulham a planta e perturbam ou atacam os insetos que se alimentam dela. As *mirmecófitas*, ou plantas de formigas, fornecem às formigas abrigo, alimento ou ambos em troca de proteção e possuem uma relação específica razoável com a espécie interdependente. A mais conhecida é a acácia chifre-de-búfalo, uma pequena árvore da área Neotropical que fornece tanto alimento quanto abrigo para uma colônia de formigas *Pseudomyrmex*. As formigas, incluindo a rainha e as larvas, ficam alojadas em espinhos grandes, duplos e ocos dispersos pelos ramos e galhos. O açúcar é fornecido por nectários extraflorais na base dos pecíolos da folha, proteína e gordura são derivadas de corpos de Acacia, extensões semelhantes a grânulos dos folíolos que as formigas recolhem e carregam até os espinhos para distribuição na colônia. De sua parte, as formigas agem como guardiãs corporais ferozes, mordendo e ferroando tanto insetos quanto vertebrados que entram em contato com a árvore. Também impedem que plantas competidoras cresçam ao redor da base da árvore. Um tipo totalmente diferente de relação ocorre entre as formigas *Philidris* e as epífitas bulbosas (Rubiaceae: *Myrmecodia* e *Hydnophytum*), que crescem em pequenas árvores em solos arenosos com poucos nutrientes do sudeste da Ásia. O pseudobulbo possui radículas que se prendem na árvore hospedeira e um único galho de folhas. É perfurado por cavernas, que alojam as formigas e fornecem cavidades para depósito de refugo: restos de presas e de formigas mortas. O revestimento destas cavidades parece ser capaz de absorver os nutrientes nitrogenados destes resíduos. As formigas efetuam um forrageamento amplo e são ineficientes na defesa tanto da árvore hospedeira quanto da epífita contra herbívoros.

Herbívoros: Pouquíssimas plantas terrestres ou de água doce não fazem parte da cadeia alimentar dos insetos. Juntos, os fitófagos constituem quase metade de todas as espécies de insetos. Tanto os que se alimentam de tecido quanto os sugadores de seiva podem ser considerados parasitas, pastadores ou predadores, dependendo da duração e do resultado da relação entre a planta e o inseto. Um único inseto que ataque as sementes (como percevejos-do-grão, gorgulhos-dos-cereais) sempre mata o embrião e alguns tipos de perfuradores de caule causam uma lesão suficiente no tronco principal para que toda a planta morra. Contudo, os pastadores típicos (insetos que alimentam-se de folhas, caules e raízes com peças bucais mastigadoras) e os parasitas (raspadores de folha, minadores de folhas, esqueletizadores de folhas e sugadores de floema ou xilema com peças bucais perfuradoras-sugadoras) apenas enfraquecem a planta ou mesmo estimulam um novo crescimento, exceto quando ocorrem em números extraordinários, como no caso dos gafanhotos-peregrinos. Mesmo quando as lagartas das mariposas ciganas desfolham completamente uma árvore, novas folhas são produzidas mais tarde, no mesmo ano ou no ano seguinte. Pequenos pulgões que se alimentam de floema, ectoparasitas equivalentes aos piolhos que se alimentam de sangue em mamíferos, muitas vezes têm um impacto imperceptível sobre a saúde da planta. Mesmo assim, infestações intensas de pulgões, cochonilhas, cigarrinhas e vários insetos perfuradores-sugadores podem causar efeitos significativos de murchidão, manchas, cor parda, queda de frutas e encrespamento das folhas, precipitando a morte da planta. Do mesmo modo, endoparasitas como os minadores de folhas, perfuradores de caule e galhadores podem apresentar efeitos marginais ou sérios. Em geral, perfuradores de caule matam o caule em que se desenvolvem e, como consequência, retardam o crescimento, já os besouros perfuradores de casca e perfuradores de madeira podem enfraquecer as árvores o suficiente para que morram em decorrência de uma infecção por patógenos microbianos. Os galhadores raramente ameaçam a vida da planta, mas, ao aplicar suas secreções, criam tumefações evidentes e, algumas vezes, desfigurantes na planta. As secreções subvertem o próprio programa de desenvolvimento da planta, produzindo uma estrutura vegetal distinta da qual um ou mais insetos podem se alimentar e crescer até a maturidade. A maioria destes efeitos é causada pelas vespas galhadoras (maioria Cynipidae) e mosquitos galhadores (Diptera: maioria Cecidomyiidae). As galhas também são criadas por outros Hymenoptera (alguns calcidoídeos, braconídeos e tentredinídios), outros Diptera (alguns tefritídeos e agromizídeos), Hemiptera (alguns pulgões, psilídios e coccídeos), Coleoptera (alguns gorgulhos, cerambicídeos e buprestídeos), Lepidoptera (alguns gelequiídeos) e Acari (alguns acarinos).

Os consumidores de plantas variam muito quanto à especificidade do hospedeiro, mas são convenientemente divididos em generalistas (polífagos) e especialistas (oligófagos e monófagos). Em geral, os pastadores que mastigam folhas, flores e frutas têm paladares mais amplos (como os besouros japoneses, as lagartas da espiga e as mariposas ciganas) e os parasitas, em especial os endoparasitas, são os mais específicos para hospedeiros (como minadores de folhas, galhadores). Ainda assim, muitas espécies com larvas mastigadoras de folhas tornaram-se dedicadas a tipos particulares de plantas que contêm substâncias tóxicas ou outras defesas que apenas um inseto especializado poderia superar (como borboletas-monarcas, as borboletas rabo-de-andorinha e as borboletas-zebra). Os herbívoros fazem a escolha do hospedeiro durante a sequência apetitiva, que leva de uma busca geral a respostas sucessivas e sobrepostas a produtos voláteis, aspecto visual, paladar e ingestão inicial ou oviposição. Os comportamentos muitas vezes são desencadeados por "estímulos de sinal" químicos, cairomônios e fagoestimulantes associados apenas com a família, gênero ou espécie da planta da qual o inseto está adaptado para alimentar-se. Os especialistas possuem equipamentos para detectar o hospedeiro e sistemas digestivos e metabólicos dedicados ao hospedeiro específico, fornecendo uma vantagem competitiva sobre os generalistas ou permitindo que comam plantas das quais os generalistas seriam excluídos. Outra vantagem é que o veneno da planta hospedeira pode ser incorporado ao corpo do inseto, fornecendo proteção contra seus próprios predadores. Contudo, os generalistas têm mais opções de alimento, tornando relativamente fácil a localização de uma planta hospedeira e fornecendo uma grande base de recursos para suas populações. Por outro lado, seus destinos evolucionários não estão ligados ao sucesso de uma ou algumas espécies de planta.

As defesas das plantas contra insetos fitófagos estão situadas nas categorias de defesa anatômica, química, evolutiva, comportamental e mutualista. As qualidades anatômicas incluem (1) dispositivos visuais como cores não atraentes e baixa reflexão, formatos de folhas divergentes em um gênero (tornando mais difícil o aprendizado e o reconhecimento de hospedeiros adequados) e uma mimetização visual de plantas não comestíveis; (2) dispositivos mecânicos e estruturais como tecidos espessos e fibrosos, espinhos, ganchos, pelos (tricomas) e seiva pegajosa como resposta às feridas; (3) sementes pequenas que tornam a procura e a alimentação ineficazes. As substâncias químicas incluem repelentes, substâncias de sabor desagradável, inseticidas naturais, inibidores das enzimas digestivas, antimetabólicos e reguladores do crescimento (mimetização de hormônios). Estas propriedades são produzidas por vários alcaloides, terpenoides, fenólicos, proteínas, glicosídeos e cianetos. As defesas evolutivas incluem táticas de semeadura que transformam as sementes e as mudas das plantas em uma fonte de alimento não confiável: ampla dispersão, produção errática e germinação imprevisível ou dormência longa. Outra defesa evolutiva associa a velocidade de crescimento a defesas químicas e estruturais em uma destas duas estratégias. Conforme a hipótese de aspecto das plantas, tendem a ser (1) *não aparentes* (crescimento rápido, herbáceas, anuais, com partes comestíveis disponíveis por curtos períodos e substâncias altamente tóxicas produzidas em baixas concentrações), são usadas como alimentos pelos insetos especialistas, ou (2) *aparentes* (crescimento lento, lenhosas, perenes, com tecidos duros, porém comestíveis e disponíveis por longos períodos e com substâncias de baixa toxicidade, mas em concentração elevada, tornando a digestão difícil e lenta), que servem como alimento dos generalistas. As defesas comportamentais ocorrem em ritmos diurnos de movimento ou em respostas aos ataques de insetos que dificultem ataques subsequentes. Estas defesas incluem o colapso de folhas e pecíolos e a maior produção de substâncias tóxicas tanto no local da lesão quanto nos tecidos saudáveis. As defesas mutualistas são características dos insetos que são inimigos naturais dos herbívoros. Nectários extraflorais estimulam formigas e vespas parasitoides a permanecer ao redor das plantas e atacar ou infectar os herbívoros. No caso de algumas mirmecófitas, esta característica representa uma interdependência com um profundo comprometimento (como já discutido). Outras plantas, quando danificadas por insetos fitófagos, liberam compostos voláteis que atraem vespas parasitoides. Estes inimigos naturais injetam ovos nos herbívoros e as larvas dos parasitoides provocam uma morte lenta.

Plantas insetívoras: Algumas plantas "viraram a mesa" em relação aos insetos se alimentando deles. Estas insetívoras são encontradas em solos pobres em nitrogênio, como os arenosos ou argilosos, e em pântanos ácidos; as presas são biodegradadas para liberar compostos nitrogenados elementares. As plantas obtêm energia com a fotossíntese e não são heterótrofas carnívoras. Armadilhas ativas, como a dioneia (*Dionaea*), possuem dispositivos de folhas especializadas que se fecham rapidamente, aprisionando pequenos artrópodes quando acionados por pelos sensitivos. No caso da utriculária aquática (*Utricularia*), a presa é sugada para uma câmara. Armadilhas semiativas, como dróseras (*Drosera*), pega-moscas (*Byblis*) e pinguícula (*Pinguicula*), possuem tentáculos ou pelos pegajosos em suas folhas para aprisionar os insetos, que são envolvidos de forma gradual formando um cálice digestivo. Armadilhas passivas, como as plantas com ascídias (*Sarracenia*, *Nepenthes* e assim por diante) e *Darlingtonia*, possuem folhas modificadas em vasos de água cercadas por pelos e espinhos voltados para baixo, o que torna a fuga quase impossível. A maior parte destas plantas possui características visuais ou químicas atraentes e algumas possuem nectários que estimulam os insetos a se alimentar próximos à entrada da armadilha. A digestão é processada com o auxílio de enzimas, mas, pelo menos nas plantas com ascídias, a degradação bacteriana do inseto afogado é igualmente importante.

Relações animais

Mutualistas: As formigas possuem duas relações trofobióticas bem conhecidas, uma com vários Sternorrhynca (Hemiptera) que produzem *honeydew* e uma com lagartas de borboleta (Lycaenidae) que são responsáveis pela produção de uma secreção glandular. No caso de pulgões e cochonilhas, a característica básica é que estes sugadores de planta defecam *honeydew* (um excesso de seiva do floema, rica em açúcares e aminoácidos) e as formigas os protegem. Contudo, algumas associações têm maior grau de comprometimento. Os pulgões podem reter seu *honeydew* até que uma formiga precise ou pode ter estruturas especiais para manter a gotícula em vez de descarregá-la. Outros possuem dispositivos de preensão possibilitando que se agarrem às formigas quando perturbados ou podem se reproduzir de modo vivíparo durante todo o ano, de forma que seus clones estejam constantemente produzindo grandes quantidades de *honeydew*. As formigas, por sua vez, solicitam *honeydew*, transportam os ovos de pulgão para o ninho de formigas durante o inverno, selecionam plantas alimentares apropriadas e transportam os pulgões até elas, aplicam substâncias semelhantes ao hormônio juvenil nos pulgões, impedindo que desenvolvam asas, respondem a um feromônio de alarme do pulgão procurando por possíveis inimigos, constroem abrigos na planta para alojar cochonilhas e transportam as cochonilhas em voos nupciais para estabelecê-las em novas colônias. Os Lycaenidae fornecem uma substância especial de uma glândula dorsal no abdômen, as formigas utilizam esta secreção e fornecem proteção às lagartas em troca. Quando perturbadas, as lagartas emitem um som que atrai as formigas e, no interior do ninho das formigas, as lagartas são nutridas e protegidas. Humanos e abelhas-de-mel também têm uma longa história de mutualismo com cuidados para a alimentação, embora não haja interdependência e sua base seja cultural em vez de genética.

Comensais: Uma elevada variedade de insetos consegue viver por meio de uma associação próxima a outros animais, causando pouco ou nenhum prejuízo com sua presença. Em geral, vivem no ninho do animal e são conhecidos coletivamente como *inquilinos*. Além de obter abrigo e proteção, ingerem os resíduos do hospedeiro, outros inquilinos ou os suprimentos alimentares do hospedeiro, com a última situação causando uma discreta perda de recursos e, portanto, cruzando a linha em direção ao parasitismo social. Algumas espécies de baratas domésticas e seus hospedeiros humanos estão nesta categoria. Cupins e formigas proporcionam um *habitat* clássico para muitos inquilinos especializados, chamados *termitófilos* e *mirmecófilos*, respectivamente. Estes podem ser classificados em três categorias: (1) Sinectros, são atacados pelos hospedeiros, mas conseguem escapar ou se proteger; ingerem alimentos ou resíduos. (2) Sinecetos, são ignorados pelo hospedeiro porque se movem rapidamente ou não parecem estranhos; em geral, ingerem alimentos ou resíduos, mas às vezes também matam e comem as formas imaturas do hospedeiro. (3) Sínfilos, são aceitos pelo hospedeiro como membros da colônia; podem ser alimentados, transportados e cuidados pelos hospedeiros. Os sínfilos compartilham várias características que os tornam adequados para este papel: secretam substâncias apaziguadoras que, para os hospedeiros, são atraentes e palatáveis; possuem semelhanças químicas, táteis ou visuais com o hospedeiro (mimetização wasmanniana) ou possuem uma carapaça de abrigo que impossibilita o contato dos hospedeiros com suas partes vulneráveis; exibem regressão morfológica, incluindo a incapacidade de voar, e redução ou perda dos olhos e apêndices; e utiliza sistemas de comunicação químicos e comportamentais do hospedeiro, incluindo alarme, atração, limpeza mútua, solicitação de alimentos e acompanhamento de trilhas.

Parasitas: Os artrópodes parasitam uma ampla variedade de animais, incluindo outros artrópodes. Os ectoparasitas típicos sugam a hemolinfa ou o sangue de seus hospedeiros, permanecendo no hospedeiro (ou seja, simbioticamente) (como piolhos, pulgas hospedeiras e alguns ácaros) ou visitando-o apenas periodicamente (como barbeiros, pulgas de solo, mosquitos e mutucas). Os mais adaptados têm várias características adequadas à vida em outros animais, incluindo a redução ou a eliminação das asas, pernas e olhos, dispositivos especiais de adesão e fixação e achatamento do corpo. Os que se alimentam periodicamente de sangue compartilham características comportamentais e fisiológicas, incluindo receptores especiais para a localização de hospedeiros, furtividade, picada indolor, propriedades anti-hemostáticas e anticoagulantes da saliva e presença de bactérias mutualistas (já discutido). Endoparasitas, como estrepsípteros parasitários em insetos e os ácaros da escabiose, ou *Gasterophylus,* em animais vertebrados, também possuem traços distintos que permitem localizar, penetrar e viver no interior do hospedeiro. A mosca do berne, cuja larva se desenvolve na pele de mamíferos e de pássaros grandes, é um adulto grande de vida livre. Para evitar a perturbação de seu hospedeiro durante a oviposição, deposita seus ovos em mosquitos ou pequenas moscas domésticas. Quando estes transportadores pousam na pele, as larvas eclodem imediatamente e escavam. Os endoparasitas obtêm oxigênio por meio de uma punção no sistema traqueal do hospedeiro (no caso de hospedeiros insetos) ou de um orifício na pele do hospedeiro, através do qual espiráculos podem ser expostos ao ar. As larvas de gasterófilos equinos evitam esta prática usando células de hemoglobina para armazenar o oxigênio que chega com o alimento do cavalo na forma de bolhas de ar ocasionais. Como ocorre com os consumidores de plantas, os parasitas animais localizam seus hospedeiros via uma série de manobras orientadas, começando com uma busca geral e terminando em desembarque, sondagem e alimentação. Os que se alimentam periodicamente de sangue utilizam estímulos químicos (cairomônios como os ácidos graxos das bactérias cutâneas e o dióxido de carbono da respiração) para localizar os mamíferos à distância, associados a estímulos visuais quando o hospedeiro está próximo, calor e umidade em proximidade muito grande e produtos químicos cutâneos durante o contato. Os estímulos de sinais específicos do hospedeiro, percebidos pelo parasita durante estas etapas, são críticos para a decisão de continuar ou desistir do ataque. Os parasitas tendem a ser relativamente específicos para o hospedeiro, um pouco menos no caso dos periódicos, muito mais para as espécies ectoparasitas contínuas e acima de tudo para os endoparasitas.

Variações importantes do tema dos parasitas são os *parasitoides* (com frequência referidos simplesmente como *parasitas*), cujas larvas, no início, agem como parasitas sobre ou no interior de um inseto hospedeiro aparentemente saudável, mas de forma gradual ingerem mais e mais dos órgãos internos do hospedeiro até que este se torne moribundo e morra. Essencialmente, a mesma coisa acontece quando uma vespa caçadora solitária paralisa sua presa, utiliza-a como provisão para o ninho e deposita seus ovos sobre ela, embora, neste caso, o hospedeiro deixe de funcionar normalmente. Em geral, os insetos parasitoides são pequenos e depositam seu(s) ovo(s) no hospedeiro, onde o encontrarem. Tendem a ser muito específicos para o hospedeiro e para o estágio, desenvolvendo-se, por exemplo, apenas em ovos de uma mariposa específica ou em parasitoides que se desenvolvem nestes ovos de mariposas (ou seja, hiperparasitoides). Estes últimos são extremamente pequenos. Porém, como um grupo, os parasitoides atacam uma grande variedade de insetos, incluindo muitas pragas, e, portanto, são úteis no controle biológico. As fêmeas podem depositar muitos ovos em um único hospedeiro. Desse modo, uma grande família pode se desenvolver nele. Entre alguns himenópteros parasitários (e.g., Braconidae) estão fêmeas que depositam apenas um ovo no hospedeiro, mas o ovo sofre poliembrionia, resultando em várias larvas. Os parasitoides podem transformar-se em pupas no interior do hospedeiro, se este desidratar-se no momento em que estiverem maduros. Normalmente saem do hospedeiro e empupam em sua cutícula ou próximo a ela (Figura 4-8). Os parasitoides são mais comuns entre Diptera e Hymenoptera. Os taquinídeos constituem as moscas parasitoides mais importantes; outros exemplos incluem sarcofagídeos, pirgotídeos, pipunculídeos, acrocerídeos e bombiliídeos. Os parasitoides himenópteros incluem muitas centenas de espécies em Ichneumonoidea, Chalcidoidea, Proctotrupoidea, Platygastroidea, Chrysidoidea e Vespoidea. Os besouros ripiforídeos, que sofrem hipermetamorfose, são parasitoides durante a segunda fase de suas vidas larvais. Os Strepsiptera também sofrem hipermetamorfose, mas não matam seus hospedeiros. Em vez disso, muitas vezes os esterilizam ou transformam em intersexos, portanto, em um sentido são parasitoides, porque podem matar o potencial reprodutor do hospedeiro.

Predadores: Artrópodes predadores incluem a maioria das ordens de Arachnida, todos os Odonata e Mantodea e quase todos os Neuroptera. Muitos Hemiptera, Coleoptera e Diptera também são predadores. Como parasitoides, suas presas são compostas de uma variedade de pequenos animais, mas principalmente outros artrópodes, e por isso são chamados de *entomófagos*. Os predadores com peças bucais mastigadoras devoram a maior parte ou toda a presa. Aqueles com peças bucais perfuradoras-sugadoras perfuram a cutícula de suas presas, injetam saliva lítica para liquefazer os tecidos e sugam o caldo resultante. Como nos consumidores de plantas e parasitas animais, existem generalistas e especialistas, mas, neste caso, os motivos da especialização são com

Figura 4-8 Larva de Lepidoptera em estágio final de parasitismo por *Hymenoptera* parasitoides da família Braconidae. As larvas completaram o desenvolvimento no interior da lagarta, então saem para tecer os casulos nos quais empuparão. Esta ninhada de parasitoides, em geral, resulta de um único ovo inserido na lagarta que sofre poliembrionia, criando uma família de crias idênticas.

menor frequência fisiológicos e estão mais relacionados a *habitats*, competição, métodos de caça e técnicas especiais de captura da presa. A maioria das espécies de libélulas, besouros assassinos, louva-a-deus e muitos tipos de formigas-de-correição e formigas viajantes devora diversos tipos de presas que ocorrem nos *habitats* frequentados. Por outro lado, diferentes gêneros de vespas cavadoras (Sphecidae: Sphecinae) são especializados em aranhas, baratas, gafanhotos, esperanças, grilos arborícolas, grilos reais, lagartas que vivem em plantas ou lagartas que vivem no solo. Existem duas abordagens básicas para a captura da presa: (1) A *caça* é mais eficiente se a presa for sedentária, de movimentos lentos ou mais abundante em locais onde o predador não possa esperar (por exemplo, no ar). O predador se desloca por *habitats* prováveis, aumentando suas chances de encontrar a presa. (2) *Aguardar à espreita* funciona bem quando a presa é móvel e é possível que passe pelo local. O predador permanece no mesmo lugar até que a presa seja detectada, para, em seguida, persegui-la e capturá-la.

O equipamento que ajuda os artrópodes predatórios a capturar suas presas inclui pernas anteriores raptoriais, muitas vezes com espinhos ou cerdas pegajosas, e peças bucais raptoriais, como o lábio extensível das náiades de Odonata e as mandíbulas longas e curvas das larvas do besouro mergulhador e do besouro-tigre. Insetos com uma picada ou um ferrão venenosos (aranhas, escorpiões, formigas-leões e fêmeas de himenópteros) podem paralisar as presas com uma única injeção bem posicionada, facilitando sua manipulação. As larvas de Berothidae subjugam as presas com uma substância química ejetada do ânus. Vespas-caçadoras realizam a caçada para prover os ninhos de suas larvas e a presa paralisada constituirá uma refeição viva quando estas larvas estiverem prontas para comer. Alguns predadores de espera possuem dispositivos que melhoram sua captura: armadilhas, engodos ou uma combinação dos dois. As armadilhas incluem as teias aéreas pegajosas das aranhas, as redes aquáticas de algumas larvas da mosca d'água e os buracos na areia da formiga-leão (Myrmeleontidae) e das larvas de Vermileonidae. Os engodos incluem as flores, que atraem a presa até uma distância viável para o ataque dos predadores que estão aguardando sobre ou atrás da flor. Aranhas-caranguejos e besouros de emboscada aplicam esta técnica. Muitas vezes, sua coloração é idêntica à da flor na qual estão aguardando (Figura 4-9) e alguns louva-a-deus parecem-se com as próprias flores. Não está claro se esta ocultação ou camuflagem facilita a captura da presa ou impede a predação pelos próprios inimigos dos predadores. Os engodos gerados por insetos incluem luzes brilhantes (vermes de Waitomo, larvas de micetofilídeos que vivem em cavernas na Nova Zelândia e atraem insetos para suas teias de fios pegajosos), luzes piscantes (fêmeas de vaga-lumes *Photuris* que atraem os machos de *Photinus* para a morte, mimetizando o sinal de resposta de uma fêmea *Photinus* receptiva) e substâncias químicas atraentes (aranhas-boleadeiras que mimetizam fêmeas de mariposas pela liberação de feromônios sexuais de mariposas, enganando os machos que se aproximam de suas bolas pegajosas). Os últimos dois exemplos exibem uma tática conhecida como *mimetização agressiva*.

Os artrópodes constituem a presa de muitos animais vertebrados. Formam grande parte da dieta dos peixes de água-doce, anfíbios, répteis (lagartos e pequenas cobras), muitos grupos de pássaros (como papa-moscas, abelheiros, pássaros-cantores, trepadeiras, pica-paus) e alguns mamíferos (musaranhos, pequenos morcegos e tamanduás). Mesmo os vertebrados que não são especializados em artrópodes fazem deles uma parte importante da sua dieta durante a estação de procriação (por exemplo, beija-flores, saguis) ou os incluem como um componente menor de suas dietas onívoras (por exemplo, arganazes, chimpanzés, humanos). A pressão da predação sobre as populações de artrópodes originou uma série espetacular de medidas protetoras dirigidas contra os predadores vertebrados, que podem ser classificadas da seguinte forma: (1) *Defesa e ofensa*, desencorajam o ataque por resistência, ameaça ou lesão do predador. Os dispositivos podem ser mecânicos, químicos ou visuais, podem envolver defensores mutualistas, como formigas belicosas (discutidas anteriormente), e ser

Figura 4-9 Aranha-caranguejo branca (Thomisidae) alimentando-se de uma mosca da família Syrphidae que foi capturada em uma flor. Os predadores, com esta tática de emboscada, muitas vezes misturam-se bem às flores em que estão aguardando para evitar a detecção por possíveis presas ou por seus próprios predadores.

usados de maneira ativa, passiva ou ambas. Defesas mecânicas ativas incluem picadas, perfurações, ferroadas e sons assustadores; defesas passivas incluem espinhos, cerdas e cutículas espessas e duras. Insetos com defesa química empregam alomônios, incluindo substâncias nocivas, dolorosas e venenosas que são ejetadas ativamente do corpo ou injetadas por ferrões no corpo da vítima, empregadas de forma passiva no interior do inseto ou presentes em espinhos semelhantes a agulhas que penetram no predador com o contato. As defesas visuais incluem um aspecto amedrontador ou ameaçador (movimentos súbitos, exibições assustadoras, cores vivas, exposição de marcas de olho, simulação de um predador = mimetização defensiva), aposematismo (cores, luzes e sons de advertência combinados a defesas químicas ou mecânicas aprendidas pelo predador) e mimetização mülleriana (sinais de advertência de sabor desagradável compartilhados entre várias espécies, servindo tanto como modelos quanto imitadores uns dos outros, fornecendo proteção mútua). Em geral, os insetos aposemáticos utilizam cores vistosas, como vermelho, laranja, amarelo ou branco, apresentadas como faixas, manchas, barras e anéis sobre um fundo escuro contrastante. Estes padrões são facilmente aprendidos e visualizados. Os insetos aumentam a eficácia destes padrões com um comportamento ostensivo (por exemplo, ficando expostos, andando e voando lentamente, agitando partes evidentes do corpo) e formando agregações. As mimetizações müllerianas mais conhecidas envolvem as vespas sociais agressivas e de cores alarmantes, que têm marcas amarelas e pretas. Os "anéis" müllerianos tropicais incluem uma variedade de borboletas e mariposas de asas longas e voo lento que compartilham um padrão de cor laranja-amarelo-preto e comportamentos comuns. Alguns membros destes anéis não têm sabor desagradável e, portanto, realizam uma mimetização batesiana, e não mülleriana. (2) O *disfarce* envolve a aparência de alguma outra coisa para que o ataque não seja iniciado. Isto inclui o seguinte: (a) *Mimetização batesiana*, na qual um imitador desprotegido lembra uma espécie de sabor desagradável – o modelo – com a qual o predador já teve uma experiência desagradável. Os sistemas de modelos de mimetização batesiana são onipresentes e vistos mais comumente entre várias moscas, besouros e mariposas, que mimetizam vespas e abelhas. Esta tática inclui insetos cujas partes do corpo lembram um inseto diferente. Uma mimetização batesiana muito citada na América do Norte é a da *Basilarchia archippus*, uma borboleta em geral comestível que lembra muito a monarca, cujo corpo, por sua vez, contém glicosídeos cardíacos venenosos derivados da seiva leitosa da qual a larva se alimenta. Uma variação da mimetização batesiana é a semelhança de um imitador comestível com um modelo de difícil captura, conforme o aprendizado do predador. Assim, alguns gorgulhos lembram muito moscas sarcofágicas. (b) A *mimetização wasmanniana*, em que sínfilos lembram seus hospedeiros sociais carnívoros e defensivos (discutido anteriormente) e, como consequência, impedem o ataque do hospedeiro. Os sínfilos que se deslocam para fora do ninho com seus hospedeiros com frequência desempenham também uma mimetização *batesiana*. (c) Na *semelhança com o objeto*, o inseto parece um objeto inanimado e não comestível, como uma pedra, graveto, folha (Figura 4-10) ou fezes. (d) Na *tanatose*, o inseto simula a sua morte. (3) Na *ocultação*, o inseto parece não estar ali. Esta abordagem inclui a semelhança com o plano de fundo, coloração de contraste (= sombreamento obliterativo: o corpo parece plano, e não sólido e tridimensional), eliminação de sombra (o corpo parece unido ao substrato), coloração disruptiva (o contorno do corpo é obliterado), camuflagem natural (o corpo é coberto por materiais naturais, como cascas de árvores, líquens vivos, restos das presas de um inseto ou suas próprias fezes) e ocultação em um local não exposto; os insetos podem se ocultar sob objetos físicos, em ninhos ou em envoltórios construídos por eles mesmos. A ocultação aberta funciona melhor quando o inseto permanece imóvel. (4) *Fuga e evasão* envolvem a dificuldade de ser capturado, para que o predador não consiga completar o ataque. Este método ocorre de duas formas: (a) Na *esquiva*, o predador não consegue perseguir ou realizar a captura, devido a uma escapada rápida (correndo, saltando, nadando, voando, caindo), manobras evasivas e partes do corpo destacáveis. (b) Na *desorientação*, várias estruturas ou comportamentos enganadores fazem com que o predador desista ou não consiga completar o ataque. Isto inclui *deflexão*, o uso de marcas evidentes, uma cabeça falsa e autotomia (deixar cair uma parte do corpo), para desviar a atenção do predador para itens dispensáveis enquanto a presa foge para uma direção imprevista; e *confusão*, o uso de formas e movimentos estranhos (o predador não reconhece a sua presa) e formação de enxame (o predador tem dificuldade em se concentrar em um indivíduo).

Existem dois fatos que se deve ter em mente sobre as categorias precedentes de dispositivos antipredadores: primeiro, nem todos os casos podem ser classificados de maneira clara em uma categoria única; em vez, disso combinam aspectos de duas ou mais táticas. Em segundo lugar, muitos casos específicos de disfarce, ocultamento, advertência e assim por diante são inferidos a partir de seu aspecto para o olho humano e ainda não foram testados. Ainda assim, até o momento, todas as inferências discutidas com cuidado foram confirmadas pela experimentação.

Detritívoros

Uma grande proporção de espécies de artrópodes se alimenta de plantas e animais mortos e em decomposição, reciclando-os em uma massa biológica viva. Estes artrópodes saprófagos ocorrem em muitas ordens, mas são encontrados principalmente em Acari, Blattodea, Isoptera, Coleoptera e Diptera. Todos possuem peças bucais mastigadoras, raspadoras ou quelíferas. A maioria é especializada em materiais vegetais ou animais, em parte porque os adultos ovipositores podem localizá-los por meios muito diferentes, mas também porque diferentes mecanismos digestivos são empregados. Tecnicamente, a maioria dos detritívoros não se alimenta apenas de material morto, e sim de uma mistura que inclui bactérias, fungos, nematódeos e outros organismos minúsculos que ocorrem no tecido morto e participam de sua decomposição. Os detritos também incluem predadores e parasitas que se alimentam dos detritívoros. O que torna os insetos saprófagos importantes é que, do ponto de vista ecológico, são relativamente grandes e móveis, dispersando grandes quantidades de detritos ao levá-los para o solo, transportá-los para locais difusos ou completar seus ciclos de vida sobre eles, de modo que a próxima geração possa voar para longe.

Em geral, os detritívoros vegetais vivem na vizinhança imediata de plantações perenes, como florestas, pastos e lagoas, onde o material morto se acumula no

Figura 4-10 Esperanças (Tettigoniidae) que lembram (A) uma folha doente ou morta, (B) folha completamente morta. Detalhes deste disfarce incluem desenhos que sugerem a presença de nervuras das folhas e métodos para esconder a presença de pernas.

solo ou em sedimentos aquáticos. Uma grande parte da microfauna de solo do mundo consiste em vários ácaros, diplópodes, colêmbolos e besouros que se alimentam de material vegetal perfeitamente dividido e de seus micro-organismos associados. Mais evidentes no solo das florestas são as folhas caídas, ramos e troncos de árvores, que também sustentam uma diversidade de artrópodes e aceleram sua conversão para o solo. Mesmo árvores mortas recentemente que ainda estejam em pé atraem os especialistas, cujas larvas se desenvolvem no interior da madeira. Ao processar os componentes maiores das plantas, os artrópodes grandes tornam o material vegetal mais facilmente disponível para artrópodes microscópicos, micro-organismos e, em última análise, para o sistema de raízes de plantas vivas na forma de nutrientes minerais.

Os animais detritívoros formam uma parte reduzida na maioria das comunidades, porque muito menos material animal está disponível para degradação. Alguns artrópodes, como as moscas-escorpiões adultas, são especializados em corpos mortos de outros artrópodes, porém os mais óbvios processam os corpos mortos de vertebrados de tamanho médio e grandes. Nos estágios iniciais de decomposição, uma carcaça é tão rica em nutrientes orgânicos e tão facilmente digerida que os insetos sarcófagos (= que se alimentam de carne ou de cadáveres) se envolvem em uma intensa e agitada competição. Os mais rápidos e eficientes são as moscas varejeiras e as moscas-do-berne, que com tempo quente e úmido podem reduzir um grande cadáver a um esqueleto em poucos dias. As fêmeas grávidas começam a depositar ovos nos orifícios de um animal após uma hora de sua morte e os ovos eclodem em menos de um dia (ou são depositados como larvas prontas para a alimentação, no caso das moscas-do-berne). Quando centenas ou milhares de larvas de mosca (corós) alcançam a maturidade, rastejam e empupam no subterrâneo próximo. Alguns outros insetos que se alimentam de cadáveres são especializados em pequenos pássaros e roedores. Um par de besouros-cavadores enterra a carcaça no solo e a converte em um ninho comestível para seus jovens (como discutido anteriormente).

Artrópodes que se alimentam de esterco (coprófagos) são, ecologicamente, detritívoros vegetais ou animais, dependendo da dieta do animal que produziu o esterco. Os insetos tendem a se especializar na utilização de fezes de diferentes animais, porque o tamanho e a consistência da massa fecal determinam sua forma e volume e, portanto, o seu prazo de ressecamento. Os besouros rola-bosta (Scarabaeidae), como um grupo, são capazes de usar ampla variação de tamanhos da massa fecal porque algumas espécies se desenvolvem no interior do esterco, *in situ*, enquanto outras reúnem as fezes em pacotes ou bolas que são levados para túneis sob o esterco ou roladas para suprir seus ninhos subterrâneos. Ainda assim, diferentes espécies de besouro rola-bosta lidam com as fezes de mamíferos herbívoros de diferentes tamanhos. O desenvolvimento larval das moscas ocorre no interior da própria massa fecal, de modo que pilhas de fezes relativamente grandes, como o "esterco de vaca" produzido por grandes ungulados, constituem o melhor meio de procriação. Uma consequência importante desta situação foi que a introdução de gado na Austrália também proporcionou uma grande fonte de fezes, com a qual os besouros rola-bosta do canguru nativo não conseguiram lidar, mas que era ideal para as moscas-do-bisão e as moscas-do-búfalo. A importância de besouros rola-bosta africanos, que desintegram o esterco de vaca, ajudou a manter as populações da praga de moscas sob controle.

Carcaças animais e pilhas de esterco são *"habitats fugazes"*, ambientes com recursos rápidos de dissipação. Durante o período de utilidade, são invadidos por ondas sucessivas e sobrepostas de insetos que lidam com alguns dos estágios da decomposição e do processo de ressecamento. Pilhas de esterco de vaca na América do Norte muitas vezes são invadidas primeiro por moscas-do-chifre e moscas-da-face, cujas fêmeas realizam a oviposição sobre a pilha logo após a queda das fezes no solo. Moscas de esterco, sepsídeos e moscas Ulidiidae chegam, e então partem, em vários estágios conforme o esterco esfria e uma crosta nele se forma. São seguidos por escaravelhos, besouros hidrofilídeos e besouros estafilinídeos que se alimentam dos ovos de outros insetos ou parasitam as larvas de mosca em desenvolvimento. Moscas-soldados aparecem mais tarde. Quando o esterco já está duro e a única umidade presente está no seu núcleo, é ocupado pelas larvas e pupas de moscas de crescimento lento e larvas de escaravelho, cada qual se desenvolve em zonas do esterco com características físicas diferentes (crosta, centro, base). A sucessão de artrópode nas carcaças segue um padrão semelhante, em geral com moscas-varejeiras primeiro e depois com besouros. Nos estágios tardios de decomposição, a comunidade da carcaça pode ser constituída de besouros dermestídeos e mariposas que se alimentam da pele e dos ligamentos ressecados. A composição exata das espécies e a taxa de mudança dependem não apenas da localização geográfica, mas também do *habitat* exato (as carcaças expostas ao sol ou à sombra sofrem diferentes estágios de transformação), do clima e da estação. O conhecimento do padrão e da velocidade de sucessão da fauna na carcaça pode ser crítico para investigadores forenses. A partir dos dados sobre espécies de artrópodes encontradas e seus estágios em um cadáver quando é descoberto, é possível estimar o intervalo *post-mortem* e também o momento da morte.

IMPACTO DOS INSETOS NAS COMUNIDADES BIÓTICAS E ECOSSISTEMAS

Diversidade dos insetos

Os insetos são membros de vital importância das comunidades bióticas por dois motivos: existem muitos deles e muitos tipos diferentes. A abundância média de qualquer espécie, em particular, é simplesmente uma função do quanto é pequena, do tamanho de sua base de recursos e de quantos inimigos podem explorá-la. Porém, os insetos são incomuns entre os organismos em sua abundância de espécies. De acordo com a teoria ecológica convencional, cada espécie ocupa um nicho único, um estilo de vida específico com um desempenho melhor que qualquer outra espécie, definido pelo local onde vive e pelo que consome. Em algumas comunidades, as espécies de insetos são tão aglomeradas que possuem nichos extensivamente sobrepostos, gerando competição, porém o particionamento e a instabilidade ambiental impedem a exclusão de um competidor pelo outro. A consequência disso é a localização de muitas guildas de insetos, grupos de espécies que usam a mesma fonte de alimento, mas de modo diferente (Figura 4-11). O fato de que mais da metade de todas as espécies descritas de organismos e aproximadamente três quartos de todas as espécies animais são insetos sugere que são excepcionais em sua capacidade de assumir uma infinidade de estilos de vida únicos.

Parece haver quatro motivos interligados para esta diversidade, todos resultando, de forma direta ou indireta, em uma elevada razão especiação-extinção: (1) *Exoesqueleto*: este é o mais forte e eficiente esqueleto dos animais de corpo pequeno. Além de fornecer suporte ao corpo, proteção externa e oportunidades para o desenvolvimento de uma grande variedade de ferramentas resistentes para se lidar com alimentos e outros materiais, proporciona força mecânica para apêndices longos, permitindo um suporte elevado do corpo e movimentos rápidos, além de oferecer resistência à dessecação. Estas características permitiram que os artrópodes se tornassem os primeiros animais a invadir a terra, assim como as plantas vasculares, de modo que uma enorme variedade de possíveis nichos estava disponível, permitindo que se diversificassem junto com as plantas. (2) *Pequeno tamanho*: mais nichos estão disponíveis para animais de corpo pequeno porque muitos tipos de alimento e espaço estão disponíveis apenas em pequenas quantidades e em tamanhos limitados. Os animais pequenos também possuem tempo de geração reduzido, o que permite rápida evolução e adaptação a novas condições. Além disso, apresentam uma grande razão superfície-volume, o que tem consequências benéficas: (a) proximidade dos órgãos entre si, o que permite o uso de sistemas respiratório e circulatório simples, (b) maior força muscular em relação ao tamanho, o que permite membros mais finos, e (c) maior resistência ao ar, o que permite asas maiores e a elevação do corpo, facilitando a dispersão pelo ar e a evolução do voo ativo. Contudo, uma grande área superficial é

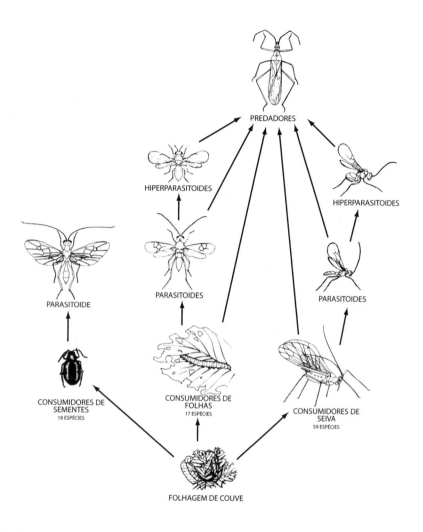

Figura 4-11 Rede de alimentos em uma única planta, ilustrando a presença de três guildas de insetos herbívoros: 18 espécies de consumidores de sementes, 17 espécies de consumidores de folhas e 59 espécies de consumidores de seiva. Os parasitoides e predadores destes insetos, não numerados, também formam guildas.

desvantajosa, porque a dessecação e a perda de calor são mais rápidas. (3) *Asas*: a maior mobilidade fornecida pelo voo permite que os animais explorem de maneira ampla os recursos dispersos, que formam nichos distintos. Por outro lado, permite a rápida colonização de novas áreas, reduzindo a probabilidade de extinção e gerando oportunidades para isolamento genético e formação de espécies. (4) *Metamorfose completa*: a transformação do corpo de um tipo de animal para outro tem as seguintes consequências: (a) um recurso temporário que faça parte de um nicho específico pode ser explorado sem que se precise sustentar todos os estágios ativos, (b) mais nichos específicos estão disponíveis, porque o "nicho combinado" de duas formas ativas diferentes (larva e adulto), como um todo, constitui outro nicho, reduzindo-se a competição com espécies sobrepostas e evitando-se a exclusão competitiva até mesmo pelas espécies que ocupam apenas um destes nichos, (c) os indivíduos escapam de seus inimigos naturais ao desaparecer de um dos seus micro-*habitats* antes que estes inimigos tornem-se muito numerosos, (d) a especialização no crescimento e armazenamento (larva) ou em dispersão e reprodução (adulto) resulta em maior eficiência em cada estágio. O fato de a maioria das espécies de insetos ocorrer em ordens com metamorfose completa sugere que esta característica é de extrema importância.

Tamanho da população e seu controle

O número de indivíduos em populações de insetos é determinado, em primeiro lugar, pelo tamanho de toda a comunidade em que possa existir, o seu biótopo. Por outro lado, sua densidade é controlada por uma série de fatores exógenos e endógenos que afetam as taxas de reprodução, morte e migração. Os principais fatores exógenos consistem de alimento, espaço, inimigos naturais (predadores, parasitas, patógenos) e clima. Os primeiros três variam em intensidade de acordo com a densidade da população e são chamados de fatores *dependentes da densidade*, responsáveis pela regulação da densidade dentro de limites razoavelmente estreitos ao redor da *densidade de equilíbrio* da espécie. Os fatores relacionados ao clima, em contrapartida, normalmente são *independentes da densidade* e apresentam um efeito proporcional ao número de insetos. Estes últimos são responsáveis por grandes e erráticas flutuações na população. Todos os fatores endógenos são dependentes da densidade, e incluem alterações nos níveis de estresse indutores de doenças, interações sociais, taxas de emigração e composição do *pool* genético. A distinção de dependência/independência da densidade é um conceito útil, mas as populações de insetos muitas vezes são controladas por uma interação complexa de fatores bióticos relacionados ao clima, de modo que as densidades de equilíbrio são superpostas em alterações erráticas ou sazonais causadas por alterações das condições físicas. Em outras palavras, um inseto pode ter inúmeras densidades de equilíbrio, dependendo do clima, e se o clima mudar com suficiente frequência, a regulação populacional, às vezes, é completamente obscurecida. Algumas populações de insetos podem nunca chegar ao ponto em que a redução dos recursos e o aumento da predação impeçam o crescimento adicional da população. Em outras, as flutuações são causadas por fatores dependentes da densidade, com efeitos que se estendem muito além da causa imediata (por exemplo, gafanhotos-peregrinos dos desertos, como mencionado anteriormente) ou que são resultantes de uma retroalimentação ambiental que atua sobre escalas de tempo de muitos anos (muitos Lepidoptera da floresta). Portanto,

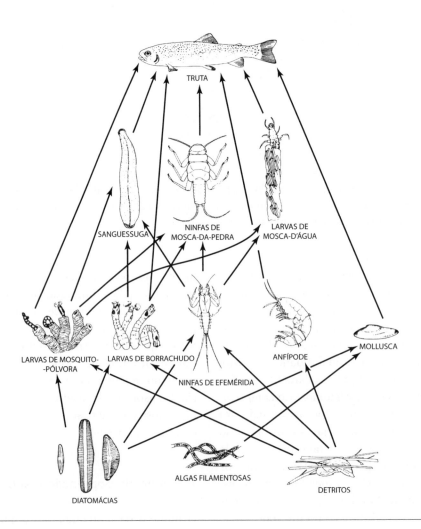

Figura 4-12 Rede alimentar simples de água-doce, apresentando os papéis centrais dos insetos nos níveis tróficos de consumidores primários e secundários.

pode ser necessário um conhecimento profundo do controle natural da população para que surtos de insetos possam ser previstos com confiabilidade.

Controle artificial: Os princípios que determinam a densidade populacional na natureza podem ser aplicados por humanos ao controle criterioso dos insetos que constituem pragas. O controle de pragas não é apropriado economicamente, exceto nos casos de pragas densas o suficiente para reduzir o valor de algum produto ou recurso além dos custos para impedir essa redução. O ponto de ruptura, a densidade da praga na qual o ganho em valor derivado do controle é igual ao custo do controle, constitui o *nível de dano econômico* ou NDE. Para insetos que dependem muito da densidade, a relação entre o NDE e a densidade de equilíbrio determina se medidas de controle devem ser tomadas. Algumas pragas causam danos relativamente pequenos às lavouras, ao gado ou à saúde humana, raramente excedendo seus NDEs porque suas densidades de equilíbrio são baixas, graças a inimigos naturais ou locais de reprodução restritos. Outros podem causar lesão extensiva, mas ainda raramente ultrapassam seus NDEs. Isto ocorre se o controle for muito dispendioso, o produto tiver baixo valor ou se for tolerante a um alto nível de lesão, de modo que a perda econômica seja pequena. Porém, quando as pragas ultrapassam um determinado nível inferior (o *limiar econômico*), indicando que logo excederão o NDE, medidas de controle devem ser implantadas de imediato para que sejam efetivas no momento em que o NDE for atingido. Além das preocupações ambientais, a decisão de controlar as pragas nos sistemas agrícolas tem uma base econômica. A decisão de controlar insetos de importância médica é complicada pela necessidade de se considerar não somente as perdas em produtividade humana e custos de tratamento, mas também a quantidade de sofrimento causado.

O conhecimento dos fatores que determinam a densidade de equilíbrio natural pode ser crucial para um gerenciamento efetivo do tempo. Por exemplo, a aplicação de pesticidas pode eliminar temporariamente inimigos naturais da praga, e não apenas a praga, causando seu rebote rápido e sua *liberação biótica*. Nesta reação, a densidade da praga aumenta muito até que se encontre uma nova posição de equilíbrio mais elevada, causando mais danos e exigindo uma aplicação mais constante de inseticida. Esta situação, que é dispendiosa e pode causar resistência ao inseticida mais rapidamente, é conhecida como a "roda do pesticida". Tanto para pragas independentes da densidade quanto dependentes da densidade, o conhecimento do modo como fatores relacionados ao clima e fatores bióticos são combinados para determinar o crescimento e a depressão populacional auxilia os entomologistas a prever condições em que o NDE será ultrapassado. A meta ideal é encontrar modos de baixo impacto de se alterar o ambiente da praga, de modo que o NDE nunca seja atingido e os inseticidas sejam desnecessários.

Papéis dos insetos nas cadeias e redes alimentares

Os insetos e outros artrópodes são componentes importantes das pirâmides tróficas em virtude da massa absoluta de indivíduos nas populações de cada espécie em todos os níveis de consumo. Em cada caso estudado, os insetos se alimentam e incorporam muito mais energia que os animais vertebrados nas mesmas comunidades.

Em campos da América do Norte, mais de três quartos do fluxo de energia das plantas passa por populações de algumas espécies de Orthoptera, ofuscando a importância de pássaros e camundongos. Em termos de massa biológica viva, apenas as formigas do mundo, uma única família constituída de cerca de 11 mil espécies, pesam tanto quanto os 6 bilhões de humanos do planeta. Na floresta tropical amazônica, formigas e cupins constituem cerca de um terço da massa biológica de todos os animais, de ácaros a antas, e o peso seco das formigas é quatro vezes maior que o peso seco de todos os vertebrados terrestres combinados. Mesmo carnívoros como águias e leões, chamados de predadores superiores, que em geral ocupam os níveis mais elevados das cadeias alimentares, tornam-se alimentos de piolhos, pulgas, mosquitos-pólvora picadores e ácaros de pele ectoparasitários. Por outro lado, os artrópodes são fundamentais em diversas intersecções nas cadeias alimentares (Figura 4-12) em razão de sua diversidade, que se reflete no número de espécies em toda a comunidade terrestre e de água-doce. Sem artrópodes envolvidos, é provável que as comunidades fossem compostas por menos níveis tróficos, com as ligações tróficas sendo drasticamente reduzidas entre os organismos remanescentes.

Referências

Alcock, J. *Animal behavior:* an evolutionary approach. 2. ed. Sunderland: Sinauer Associates, 1979. 532 p.

Andersson, M. *Sexual selection.* Princeton: Princeton University Press, 1994. 599 p.

Baerends, G. P. "The functional organization of behaviour", *Anim. Behav.,* 24, p. 726-738, 1976.

Barth, F. G. *Insects and flowers:* the biology of a partnership. Princeton: Princeton University Press, 1991. 408 p.

Barton Browne, L. *Experimental analysis of insect behaviour.* Nova York: Springer, 1974. 366 p.

Bell, W. J.; R. T. Cardé. (Ed.). *Chemical ecology of insects.* Sunderland.: Sinauer Associates, 1984. 524 p.

Cardé, R. T.; W. J. Bell. (Ed.) *Chemical ecology of insects 2.* Nova York: Chapman & Hall, 1995. 433 p.

Chapman, R. F. *The insects:* structure and function. 4. ed. Nova York: Cambridge University Press, 1998. 770 p.

Choe, J. C.; B. J. Crespi. (Ed.) *Evolution of social behavior in insects and arachnids.* Nova York: Cambridge University Press, 1997. 541 p.

Choe, J. C.; B. J. Crespi. (Ed.) *Mating systems in insects and arachnids.* Nova York: Cambridge University Press, 1997. 387 p.

Crozier, R. H.; P. Pamilo. *Evolution of social insect colonies:* sex allocation and kin selection. Nova York: Oxford University Press, 1996. 306 p.

Dawkins, R. Hierarchical organization: a candidate principle for ethology. In: P. P. G. Bateson; R. A. Hinde. (Ed.) *Growing points in ethology.* Nova York: Cambridge University Press, 1976. p. 7-54.

Dingle, H. (Ed.) *Evolution of insect migration and diapause.* Nova York: Springer, 1978. 284 p.

Dingle, H. *Migration:* the biology of life on the move. Nova York: Oxford University Press, 1996. 474 p.

Dyer, F. C. "The biology of the dance language", *Annu. Rev. Entomol.,* 47, p. 917-949, 2002.

Eberhard, W. G. *Female control:* sexual selection by cryptic female choice. Princeton: Princeton University Press, 1996. 501 p.

Evans, D. L.; J. O. Schmidt. (Ed.) *Insect defenses.* Albany: State University New York Press, 1990. 482 p.

Fraenkel, G. S.; D. L. Gunn. *The orientation of animals.* Nova York: Dover, 1961. 376 p.

Frank, S. A. *Foundations of social evolution.* Princeton: Princeton University Press, 1998. 268 pp.

Frisch, K. von. *The dance language and orientation of bees.* Cambridge: Belknap Press, 1967. 566 p.

Gadagkar, R. *Belonogaster, Mischocyttarus, Parapolybia,* and independent founding *Ropalidia.* In: K. G. Ross; R. W. Matthews. (Ed.) *The social biology of wasps.* Ithaca: Cornell University Press, 1991. pp. 149-100.

Holldobler, B.; E. O. Wilson. *The ants.* Cambridge: Belknap/Harvard University Press, 1990. 732 p.

Houston, A. I.; J. M. McNamara. *Models of adaptive behavior:* an approach based on state. Cambridge: Cambridge University Press, 1999. 378 p.

Ito, Y. *Behaviour and social evolution of wasps.* Nova York: Oxford University Press, 1993. 159 p.

Lloyd, J. E. "Bioluminescence and communication in insects", *Annu. Rev. Entomol.,* 28, p. 131-160, 1983.

Mangel, M.; C. W. Clark. *Dynamic modeling in behavioral ecology.* Princeton: Princeton University Press, 1988. 308 p.

Matthews, R. W.; J. R. Matthews. *Insect behavior.* Nova York: Wiley, 1978. 507 p.

McFarland, D. J. (Ed.) *Motivational control systems analysis.* Nova York: Academic Press, 1984. 522 p.

Michener, C. D. *The social behavior of bees:* a comparative study. Cambridge: Belknap/Harvard University Press, 1974. 404 p.

Mittelstaedt, H. "Control systems of orientation in insects", *Annu. Rev. Entomol.,* 7, p. 177-198, 1962.

Papaj, D. R.; A. C. Lewis. (Ed.) *Insect learning:* ecological and evolutionary perspectives. Nova York: Chapman & Hall, 1993. 398 p.

Price, P. W. *Insect ecology.* Nova York: Wiley, 1997. 874 p.

Real, L. A. (Ed.) *Behavioral mechanisms in evolutionary biology.* Chicago: University of Chicago Press, 1994. 469 p.

Roitberg, B. D.; M. B. Isman. (Ed.) *Insect chemical ecology.* an evolutionary approach. Nova York: Chapman & Hall, 1992. 359 p.

Thornhill, R.; J. Alcock. *The evolution of insect mating systems.* Cambridge: Harvard University Press, 1983. 547 p.

Tinbergen, N. *The study of instinct.* Londres: Oxford University Press, 1951. 228 p.

Wilson, E. O. *The insect societies.* Cambridge: Belknap/Harvard University Press, 1971. 548 p.

Yamamoto, D.; J.-M. Jallon; A. Komatsu. "Genetic dissection of sexual behavior in *Drosophila melanogaster",* *Annu. Rev. Entomol.,* 42, p. 551-585, 1997.

CAPÍTULO 5

FILO ARTHROPODA[1]
ARTRÓPODES

Neste livro, a principal referência são os insetos. No entanto, é importante apontar o seu lugar no reino animal e incluir pelo menos uma breve explicação a respeito dos animais mais intimamente relacionados e algumas vezes confundidos com eles.

Os insetos pertencem ao filo Arthropoda, cujas principais características são as seguintes:

1. Corpo segmentado, com segmentos, em geral, agrupados em duas ou três regiões distintas
2. Apêndices pares e segmentados (a partir dos quais o filo recebe seu nome)
3. Simetria bilateral
4. Um exoesqueleto quitinoso, que é descartado periodicamente e renovado à medida que o animal cresce
5. Um canal alimentar tubular, com boca e ânus
6. Um sistema circulatório aberto, em geral com um único vaso sanguíneo consistindo em uma estrutura tubular dorsal para o canal alimentar com aberturas laterais na região abdominal
7. Uma cavidade corporal, uma cavidade sanguínea ou hemocele, o celoma reduzido
8. O sistema nervoso consistindo em um gânglio anterior ou um cérebro localizado acima do canal alimentar, um par de conectivos que se estendem a partir do cérebro ao redor do canal alimentar e cordões nervosos ganglionares pares localizados abaixo do canal alimentar
9. Músculos esqueléticos estriados
10. Excreção, em geral por meio de tubos (os túbulos de Malpighi) que se esvaziam no canal alimentar, com o material excretado passando para o exterior pelo ânus
11. Respiração por meio de brânquias ou traqueias e espiráculos
12. Ausência de cílios ou nefrídeos
13. Sexos quase sempre separados

Na verdade, a posição dos Arthropoda no reino animal e sua realidade como um grupo monofilético são tema de pesquisa ativa e controvérsia. O desafio mais sério à hipótese da monofilia dos artrópodes começou nas décadas de 1940 e 1950 (veja, por exemplo, Tiegs e Manton 1958) e atingiu seu auge com a publicação de *The Arthropoda* de Sidnie Manton, em 1977. A essência desta posição é que o estudo detalhado da morfologia funcional dos artrópodes revela uma enorme diversidade, não apenas na estrutura, mas no modo como estas estruturas funcionam. Os próprios estudos de Manton tratam basicamente dos mecanismos mandibulares e locomotores e este trabalho foi suplementado por outras pesquisas sobre o desenvolvimento embrionário (Anderson 1973). As estruturas dos artrópodes modernos estão intimamente integradas e coordenadas, formando uma complexa estrutura funcional. São tão distintas entre os principais grupos que parece ser impossível encontrar um modelo intermediário comum a todos, que fosse funcional a um ancestral comum. Em consequência, estas características teriam evoluído independentemente no grupo que chamamos de *artrópodes*. Manton propôs e defendeu de forma enfática a ideia de que estes grupos tradicionalmente classificados como Arthropoda teriam, na verdade, desenvolvido de maneira independente as características relacionadas no início desta seção e,

---
[1] Arthropoda: *arthro*, articulação ou segmento; *poda*, pé ou *apêndice*.

portanto, os Arthropoda seriam polifiléticos. Esta posição foi também defendida por Fryer (1997).

O ponto fraco deste argumento é que ele aborda a fraqueza das evidências de monofilia, mas não propõe uma hipótese alternativa que possa ser testada.

Para demonstrar de forma adequada que uma hipótese de monofilia é falsa (ou seja, os Arthropoda não são monofiléticos), é necessário fornecer evidências mostrando que um ou mais táxons de "artrópode" estão mais intimamente relacionados a um grupo não artrópode. Porém, nenhuma evidência foi apresentada. Atualmente, a maioria dos pesquisadores aceita que as evidências disponíveis são limitadas pela hipótese de que os Arthropoda são, na verdade, monofiléticos.

Em geral, os pesquisadores consideravam os artrópodes relacionados, de forma mais íntima, aos Annelida e Onychophora. Os Annelida, que incluem os vermes segmentados (minhocas, vermes marinhos e sanguessugas) diferem dos artrópodes pela ausência de apêndices segmentados, de um exoesqueleto quitinoso e de um sistema traqueal. Possuem um sistema circulatório fechado, os músculos esqueléticos não são estriados e a excreção ocorre por meio de tubos ciliados chamados de nefrídeos. Algumas larvas de insetos não possuem apêndices e lembram superficialmente os anelídeos. Podem ser reconhecidas como insetos por sua organização interna (diferentes tipos de sistemas circulatório e excretor e a presença de traqueias). Os Onychophora lembram os artrópodes por possuírem (1) segmentação (o corpo é indistintamente segmentado, com a segmentação indicada pelas pernas, que não são articuladas, mas possuem garras em seu ápice), (2) um exoesqueleto quitinoso que é descartado e sofre renovações periódicas, (3) um sistema traqueal e (4) um sistema circulatório aberto. Lembram os anelídeos por possuir nefrídeos e músculos esqueléticos não estriados. Os Onychophora são animais semelhantes a vermes ou lesmas, com comprimento variando em alguns centímetros. Ocorrem apenas no hemisfério sul, onde vivem em condições de umidade.

Contudo, os estudos moleculares mudaram completamente a perspectiva das relações animais (Aguinaldo et al. 1997 e muitos trabalhos posteriores). Na classificação resultante, os Arthropoda são agrupados junto aos Nematoda e outros pequenos filos em Ecdysozoa. Este grande grupo de animais foi reconhecido por semelhanças nas sequências de DNA ribossomal, mas, aparentemente, todos são caracterizados por uma cutícula que sofre muda periódica (daí o nome: *ecdysis*, fuga de; *zoon*, animal). Vários estudos subsequentes, que incorporam outros dados, confirmaram este resultado. Atualmente, os vermes segmentados são classificados junto a outro grande grupo de animais protostomados, os Lophotrochozoa, que inclui não apenas os Annelida, mas também Mollusca, Platyhelminthes e Rotifera. Entretanto, ainda não há um consenso sobre a posição dos Onychophora, embora a maioria dos pesquisadores concorde que eles não devam ser classificados como Arthropoda. Esta classificação não é inequivocamente aceita e todo o tema é foco de pesquisas atuais.

CLASSIFICAÇÃO DOS ARTHROPODA

Existem diferenças de opinião sobre as relações entre os vários grupos de artrópodes e o nível taxonômico em que devem ser reconhecidos. Foram propostas várias e diferentes organizações taxonômicas para estes grupos. Aqui, seguiremos a classificação de Barnes (1987) e reconheceremos quatro grupos principais dentro dos artrópodes como subfilos; esta organização é a seguinte (com o sinônimo entre parênteses):

Filo Arthropoda – artrópodes
    Subfilo Trilobita – trilobitas (apenas fósseis)
    Subfilo Chelicerata
        Classe Merostomata – Límulos ou caranguejos-ferradura (Xiphosura) e euripterídeos fósseis (Eurypterida)
        Classe Arachnida – aracnídeos
        Classe Pycnogonida – aranhas-do-mar
    Subfilo Crustacea – crustáceos
        Classe Cephalocarida
        Classe Branchiopoda
        Classe Ostracoda
        Classe Copepoda
        Classe Mystacocarida
        Classe Remipedia
        Classe Tantulocarida
        Classe Branchiura
        Classe Cirripedia
        Classe Malacostraca
    Subfilo Atelocerata
        Classe Diplopoda – diplópodes
        Classe Chilopoda – centopeias ou lacraias
        Classe Pauropoda – paurópodes
        Classe Symphyla – sínfilos
        Classe Hexapoda (Insecta) – hexápodes

Às vezes, incluem-se três filos em Arthropoda: Onychophora, Tardigrada e Pentastomida (= Linguatulida). Os Onychophora são relativamente intermediários

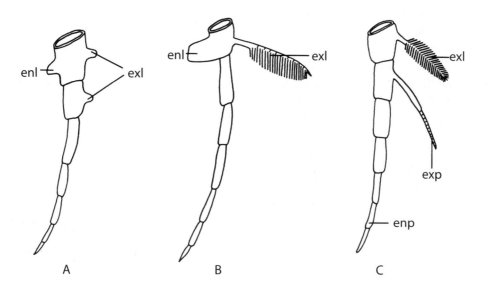

Figura 5-1 Algumas variações importantes nos apêndices de artrópodes. A, Generalizado; B, Trilobita; C, Crustáceo. *enl*, endito; *enp*, endopodito; *exl*, exito ou epipodito; *exp*, exopodito.

entre Annelida e Arthropoda (como observado), porém os outros dois grupos são um pouco degenerados em sua morfologia (por exemplo, não possuem órgãos circulatórios e excretores).

A organização anterior dos grupos de artrópodes baseia-se nas características dos apêndices (as mandíbulas e as pernas) e na natureza das regiões corporais. Os trilobitas, crustáceos e Atelocerata possuem antenas (em geral, dois pares em crustáceos) enquanto os quelicerados não possuem antenas. Os lobos enditos na base de alguns apêndices (gnatobase) funcionam como mandíbulas nos trilobitas, quelicerados e crustáceos enquanto (de acordo com Manton 1964, 1977) os Myriapoda e Hexapoda mordem com as pontas das mandíbulas. Contudo, estudos recentes da expressão do gene *distal-less* em peças bucais de artrópodes indicam que a mandíbula de hexápodes também tem natureza gnatobásica.

Os apêndices dos artrópodes estão sujeitos a uma grande variação, mas basicamente têm sete segmentos (Figura 5-1). Os segmentos basais (em número de um ou dois) em geral possuem lobos ou processos mesais (enditos) ou laterais (exitos ou epipoditos). Com frequência, estes lobos ou processos têm funções importantes e, às vezes, recebem nomes especiais. Os enditos de alguns apêndices têm uma função mastigadora em trilobitas, quelicerados e crustáceos e o epipodito ou exito do segmento basal funciona como uma brânquia em trilobitas e crustáceos. Nos crustáceos, o segundo segmento inclui um exito ou epipodito bem desenvolvido, que é segmentado e, às vezes, tão grande quanto o restante do apêndice ou ainda maior, dando ao apêndice um aspecto bifurcado, conhecido como birramificado. O exito ou epipodito do segundo segmento é chamado de exopodito e o restante do apêndice, de endopodito (Figura 5-1C).

Subfilo Trilobita[2]

Os trilobitas viveram durante a era Paleozoica (veja Tabela 8-2), mas foram mais abundantes nos períodos Cambriano e Ordoviciano. Estes animais eram um pouco alongados e achatados, com três divisões longitudinais distintas do corpo. (As divisões laterais correspondiam a extensões sobre as bases das pernas.) Os trilobitas tinham um par de antenas, com os demais apêndices semelhantes e em forma de pernas (Figura 5-1B). A parte anterior do corpo (a região pré-oral e os primeiros três segmentos pós-orais) era coberta por uma carapaça. As pernas tinham um exito ou epipodito do segmento basal, que continha uma série de lamelas e funcionava como brânquia (eram animais marinhos). Os enditos das pernas anteriores funcionavam como mandíbulas.

Subfilo Chelicerata[3]

Os animais que compõem o subfilo Chelicerata não possuem antenas e, em geral, têm seis pares de apêndices.

---

[2] Trilobita: *tri*, três; *lobita*, lobos (referindo-se às três divisões longitudinais do corpo).

[3] Chelicerata: com quelíceras.

O primeiro par são as quelíceras e os demais são semelhantes a pernas. Os enditos dos pedipalpos (o segundo par de apêndices em aracnídeos) ou os apêndices em forma de perna dos límulos ou caranguejos-ferraduras funcionam como mandíbulas. O corpo de um quelicerado, em geral, possui duas divisões distintas, uma região anterior chamada de *prossoma* (ou *cefalotórax*) e uma região posterior chamada de *opistossoma* (ou *abdômen*). O prossoma contém quelíceras e apêndices em forma de perna. Os ductos genitais abrem-se para o exterior próximo à extremidade anterior do opistossoma. Muitos quelicerados possuem um segmento de perna extra, a patela, entre o fêmur e a tíbia. Em geral, as pernas são unirramificadas; ou seja, não há um epipodito ou exopodito.

Classe Merostomata[4]

Subclasse Eurypterida[5]: Os Eurypterida viveram durante a era Paleozoica, do período Cambriano até o Carbonífero. Eram aquáticos e um pouco semelhantes aos Xiphosura atuais, mas alguns atingiam o comprimento de mais de 2 metros. O prossoma era composto por um par de quelíceras, cinco pares de apêndices em forma de perna e um par de olhos simples e outro de olhos compostos; o opistossoma possuía 12 segmentos, com apêndices em forma de placa ocultando as brânquias nos primeiros 5 segmentos, enquanto o telson tinha a forma de um espinho ou de um lobo.

Subclasse Xiphosura[6] – límulos, caranguejo-ferradura ou caranguejo-rei: Os límulos ou caranguejos-ferradura são formas marinhas muito comuns ao longo da Costa do Atlântico, do Maine ao Golfo do México. Vivem em água rasa e ao longo de praias arenosas ou lodosas, onde desovam. Sua principal fonte de alimentação é composta de vermes marinhos. São facilmente reconhecidos por sua carapaça oval característica e a cauda longa em forma de espinho (Figura 5-2).

Classe Arachnida – Aracnídeos[7]

Os Arachnida constituem, de longe, a maior e mais importante classe de Chelicerata (cerca de 65 mil espécies descritas, com cerca de 8 mil na América do Norte) e um estudioso dos insetos encontrará mais espécimes desta classe do que de qualquer outro grupo de artrópodes

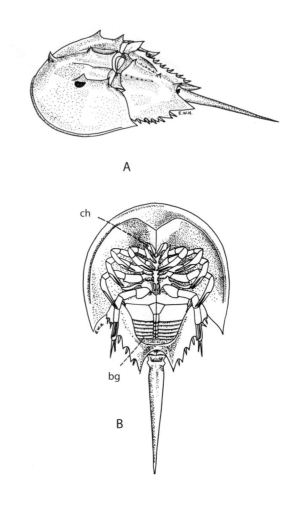

Figura 5–2 Um límulo ou caranguejo-ferradura, *Limulus sp.* (subclasse Xiphosura). A, Vista dorso lateral; B, Vista ventral. *bg*, brânquias foliáceas; *ch*, quelícera.

que não sejam insetos. Seus membros ocorrem em quase todos os lugares, muitas vezes em números consideráveis.

A maioria dos especialistas reconhece 11 grupos principais de aracnídeos (todos representados na América do Norte), mas nem todos concordam quanto aos nomes utilizados para estes grupos ou o nível taxonômico que representam. Chamamos estes grupos de ordens (alguns chamariam de subclasses) e vamos organizá-los da seguinte forma (com os outros nomes e organizações entre parênteses):

Scorpiones (Scorpionides, Scorpionida) – escorpiões
Palpigradi (Palpigrada, Palpigradida, Microthelyphonida) – palpígrados
Uropygi (Thelyphonida, Holopeltidia, Pedipalpida em parte) – escorpiões-vinagre

---

[4] Merostomata: *mero*, parte; *stomata*, boca.
[5] Eurypterida: *eury*, amplo; *pterida*, asa ou barbatana.
[6] Xiphosura: *xipho*, espada; *ura*, cauda.
[7] Arachnida: do grego, significa aranha.

Chave para as Ordens de Arachnida

1.	Opistossoma (abdômen) não segmentado ou, se segmentado, com fiandeiras posteriores na superfície ventral (Figura 5-7, ALS, PLS, PMS)	2
1'.	Opistossoma segmentado de maneira distinta, sem fiandeiras	3
2(1).	Opistossoma peciolado (Figura 5-8 a 5-12)	Araneae
2'.	Opistossoma não peciolado, mas amplamente ligado ao prossoma (Figuras 5-13 a 5-17)	Acari
3(1').	Opistossoma com um prolongamento em forma de cauda, espesso e terminado em um ferrão (Figura 5-3), ou delgado e mais ou menos semelhante a um chicote (Figura 5-4A,B); a maioria tropical	4
3'.	Opistossoma sem prolongamento em forma de cauda ou com um apêndice foliáceo muito curto	7
4(3).	Opistossoma terminado em ferrão (Figura 5-3); primeiro par de pernas não muito alongado; segundo segmento ventral do opistossoma com um par de órgãos lembrando um pente	Scorpiones
4'.	Opistossoma não terminado em ferrão; primeiro par de pernas mais longo que os outros pares (Figura 5-4A,B); segundo segmento ventral do opistossoma sem órgãos lembrando um pente	5
5(4').	Pedipalpos delgados, semelhante a pernas (Figura 5-4A); formas minúsculas, 5 mm ou menos de comprimento	Palpigradi
5'.	Pedipalpos, em geral, muito mais robustos que qualquer uma das pernas (Figura 5-4B); na maioria formas maiores	6
6(5').	Com dois olhos medianos em um tubérculo anterior e um grupo de três olhos em cada margem lateral; cauda longa, filiforme, e com muitos segmentos; pedipalpos quase retos ou curvos medialmente, estendendo-se para a frente e movendo-se lateralmente (Figura 5-4B); corpo enegrecido, mais de 50 mm de comprimento	Uropygi
6'.	Olhos ausentes; cauda curta, um a quatro segmentos; pedipalpos arqueados para cima, para a frente e para baixo e movendo-se verticalmente; corpo amarelado ou acastanhado, menos de 8 mm de comprimento	Schizomida
7(3').	Pedipalpos quelados (em forma de tenaz) (Figura 5-18); corpo mais ou menos oval, achatado, em geral com menos de 5 mm de comprimento	Pseudoscorpiones
7'.	Pedipalpos raptoriais ou em forma de pernas, mas não quelados; corpo não achatado; tamanho variável	8
8(7').	Quelíceras muito grandes, em geral tão longas quanto o prossoma e estendendo-se para a frente, corpo discretamente estreitado na metade (Figura 5-4C); cor amarelo--pálida a acastanhada; comprimento de 20 mm a 30 mm; em sua maioria, formas noturnas do deserto que ocorrem no oeste dos Estados Unidos	Solifugae
8'.	Sem a combinação precedente de características	9
9(8').	Primeiro par de pernas muito longo, com tarsos longos; opistossoma contraído na base; principalmente tropical	10
9'.	Primeiras pernas semelhantes às outras e em geral curtas (exceto em Opiliones); opistossoma particularmente relaxado na base	11
10(9).	Prossoma mais longo que largo e margens laterais quase paralelas, com uma sutura membranosa transversa no terço caudal; opistossoma com um apêndice terminal muito curto; comprimento de 5 mm a 8 mm (veja também passo 6')	Schizomida
10'.	Prossoma mais largo que longo e margens laterais arredondadas ou arqueadas, sem uma sutura transversa; opistossoma sem um apêndice terminal; comprimento variável, até cerca de 50 mm	Amblypygi
11(9').	Aracnídeos vermelho-alaranjados a castanhos, cerca de 3 mm de comprimento, com uma aba ampla na extremidade anterior do prossoma ocultando as quelíceras; não apresentam pernas longas, animal de aspecto um pouco semelhante a um ácaro ou um carrapato; registrado no Vale do Rio Grande do Texas	Ricinulei
11'	Tamanho e cor variáveis, porém sem uma aba ampla na extremidade anterior do prossoma cobrindo as quelíceras; pernas de comprimento variável, geralmente muito longas e delgadas (Figura 5–12); amplamente distribuído	Opiliones

Schizomida (Tartarides, Schizopeltida, Colopyga, parte dos Pedipalpida) – esquizomídeos
Amblypygi (Amblypygida, Phrynides, Phryneida, Phrynichida, parte dos Pedipalpida) – amblipígeos, aranhas-chicote
Araneae (Araneida) – aranhas
Ricinulei (Ricinuleida, Meridogastra, Podogonata, Rhinogastra) – ricinuleídeos
Opiliones (Phalangida, incluindo Cyphophthalmi) – opiliões
Acari (Acarina, Acarida) – ácaros e carrapatos
Pseudoscorpiones (Pseudoscorpionida, Chernetes, Chelonethida) – pseudoescorpiões
Solifugae (Solpugida) – escorpiões-do-vento

ORDEM **Scorpiones**[8] – Escorpiões: Os escorpiões são animais bem conhecidos que ocorrem nas regiões sul e oeste dos Estados Unidos. São aracnídeos de tamanho moderado, com comprimento de até 125 mm. O opistossoma é amplamente unido ao prossoma e é diferenciado em duas porções, um mesossoma amplo de sete segmentos e um metassoma posterior mais estreito de cinco segmentos que termina em um ferrão (Figura 5-3). O prossoma possui um par de olhos próximo à linha média e dois a cinco ao longo da margem lateral de cada lado. Os pedipalpos são longos e quelados. Na superfície ventral do segundo segmento opistossomal está um par de estruturas semelhantes a um pente, o pécten.

Os escorpiões são, em grande parte, noturnos e, durante o dia, ficam escondidos em locais protegidos. Quando um escorpião corre, os pedipalpos são mantidos estendidos e voltados para a frente; a extremidade posterior do opistossoma, em geral, está curvada para cima. Os escorpiões alimentam-se de insetos e aranhas, que capturam com seus pedipalpos e que às vezes ferroam. Os escorpiões são vivíparos e, por algum tempo após o nascimento, são transportados sobre as costas da mãe. Crescem lentamente, algumas espécies necessitam de vários anos para atingir a maturidade. A função do pécten não é conhecida, mas acredita-se que sejam órgãos táteis.

O efeito de uma picada depende da espécie de escorpião envolvida. A picada da maioria das espécies é dolorosa e acompanhada por entumescimento e alteração da cor local, mas não é perigosa. Das cerca de 40 espécies de escorpiões dos Estados Unidos, apenas uma – o *Centruroides sculpturatus* Ewing – é muito venenosa e sua picada pode ser fatal. Esta espécie é delgada e raramente ultrapassa 65 mm de comprimento.

Figura 5-3 Escorpião do gênero *Tityus*.

A cor varia entre o totalmente amarelo e o marrom-amarelado, com duas faixas pretas irregulares na região dorsal. Existe uma discreta protuberância dorsal na base do ferrão. Até onde se sabe, esta espécie ocorre apenas no Arizona.

Em geral, os escorpiões não atacam pessoas, mas ferroam rapidamente se forem perturbados. Em áreas onde há escorpiões, é preciso ter cuidado no manuseio de tábuas, pedras e objetos semelhantes e expulsar com um gesto rápido o escorpião que estiver caminhando em um corpo, em vez de tentar esmagá-lo.

ORDEM **Palpigradi**[9] – Palpígrados: Estes são pequenos aracnídeos, de 5 mm ou menos de comprimento, parecidos com as aranhas, porém com uma cauda longa segmentada (Figura 5-4A). Os pedipalpos têm forma de pernas e o primeiro par é mais longo. Em geral, vivem sob pedras ou no solo. Este grupo é representado nos Estados Unidos por três espécies no Texas e na Califórnia.

ORDEM **Uropygi**[10] – Escorpiões-vinagre: Os escorpiões-vinagre são tropicais e, nos Estados Unidos, ocorrem apenas no sul. São alongados e discretamente achatados, com uma cauda delgada, segmentada, quase tão longa quanto o corpo e pedipalpos poderosos (Figura 5-4B); o comprimento máximo do corpo corresponde a cerca de 80 mm e o comprimento total, incluindo a cauda, pode chegar a 150 mm ou mais.

---

[8] Scorpiones: do latim, significa escorpião.

[9] Palpigradi: *palpi*, palpo ou tentáculo; *gradi*, caminhar (referindo-se aos pedipalpos semelhantes a pernas).

[10] Uropygi: *uro*, cauda; *pygi*, anca (referindo-se à cauda semelhante a um chicote).

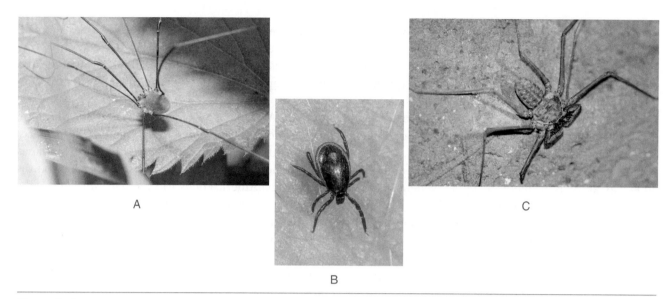

Figura 5-4 Aracnídeos. A, Opilião (Ordem Opiliones); B; Um carrapato (Ordem Acari); C, Um Amblipígeo (Ordem Amblypygi).

Parecem-se um pouco com escorpiões, mas possuem uma "cauda" muito delgada e sem ferrão. O primeiro par de pernas é delgado e usado como "antenas"; apenas os três pares traseiros de pernas são usados para caminhar. Quando perturbados, expelem (ou borrifam, até 0,5 metro) das glândulas localizadas na base da cauda uma substância com odor semelhante a vinagre, por isso recebe esse nome. Os escorpiões-vinagre são noturnos e predadores. São encontrados sob toras de madeira ou cavando na areia. Os ovos são transportados em um saco membranoso sob o opistossoma e as formas jovens são transportadas nas costas da fêmea por um longo período após a eclosão. O escorpião-vinagre com maior probabilidade de ser encontrado nos estados do sul é o *Mastigoproctus giganteus* (Lucas), que ocorre na Flórida e no sudoeste; tem um comprimento de cerca de 40 a 80 mm e é a maior espécie da ordem.

ORDEM **Schizomida**[11] – Esquizomídeos: Estes animais são parecidos com os Uropygi, mas muito menores e mais delgados. Por outro lado, o apêndice terminal não é longo e em forma de chicote; os pedipalpos são arqueados para cima e para a frente e movem-se verticalmente; existe uma sutura transversa no prossoma. As primeiras pernas são delgadas e não são usadas para caminhar. As quartas pernas são modificadas para saltos e, no campo, esses animais lembram pequenos grilos. Não há glândulas de veneno ou olhos. As oito espécies de Schizomida nos Estados Unidos ocorrem na Flórida e na Califórnia.

Trithyreus pentapeltis (Cook), da Califórnia, tem cor amarelada a marrom-avermelhada e mede cerca de 4,5 mm a 7,5 mm de comprimento; vive sob rochas e folhiço em regiões desérticas do sul da Califórnia. Uma espécie da Flórida, *Schizomus floridanus* Muma, tem cerca de 3,0 mm a 3,3 mm de comprimento e cor amarelada clara; vive em fendas nas cascas das árvores e em resíduos orgânicos, na área de Miami e em direção ao sul até as Florida Keys.

ORDEM **Amblypygi**[12] – Amblipígeos ou aranhas-chicote: Estes aracnídeos têm um aspecto parecido com o das aranhas, porém o opistossoma é distintamente segmentado e, embora estreitado na base, não é peciolado. Não há fiandeiras, os pedipalpos são grandes, poderosos e espinhosos (usados para capturar as presas) e as primeiras pernas são muito longas e em forma de chicote. O prossoma é mais largo que longo e tem laterais arredondadas. Não há glândulas de veneno. As poucas espécies da América do Norte variam em comprimento de cerca de 10 mm a 55 mm e ocorrem nos estados do sul. São encontradas sob cascas das árvores ou rochas (correndo de lado quando perturbadas) e algumas vezes entram em casas.

ORDEM **Araneae**[13] – Aranhas: As aranhas constituem um grupo grande, distinto e difuso, com mais de 3.700 espécies descritas na América do Norte e mais de 38 mil no mundo todo. A evidência mais antiga das aranhas vem de um fóssil Devoniano com mais de 380

---

[11] Schizomida: *schizo*, dividido (referindo-se à sutura transversa no prossoma).

[12] Amblypygi: *ambly*, cego; *pygi*, anca.

[13] Araneae: do latim, significa aranha. Esta seção foi editada por Jeremy A. Miller e Darrell Ubick.

milhões de anos de idade (Shear et al. 1989). As aranhas ocorrem em muitos tipos de *habitats* e costumam ser muito abundantes. Os *habitats* não desérticos típicos podem sustentar até 800 aranhas por metro quadrado. Estimativas da diversidade de aranhas variam de 20 espécies por hectare na zona temperada a mais de 600 espécies por hectare nas florestas tropicais (Coddington e Colwell 2001).

As características derivadas específicas que definem as aranhas incluem glândulas venenosas quelicerais (perdidas na família Uloboridae), fiandeiras abdominais e a modificação dos pedipalpos masculinos em órgãos de transferência de esperma.

Aranhas clinicamente importantes. Embora as picadas de aranha sejam muito temidas, poucas espécies são perigosas para os humanos. As aranhas marrons e espécies aparentadas (13 espécies norte-americanas, incluindo 2 gêneros exóticos de *Loxosceles*, família Sicariidae) e as viúvas-negras (5 espécies na América do Norte, gênero *Latrodectus*, família Theridiidae) são as aranhas mais importantes do ponto de vista médico nos Estados Unidos.

Loxosceles (Figuras 5-8I, 5-9) vive principalmente no meio-oeste e sudoeste. Uma espécie proveniente da Europa foi encontrada na região costeira do leste e em outros lugares dos Estados Unidos, porém o veneno desta espécie é relativamente leve (Gertsch, Ennick, 1983). O veneno da aranha marrom causa uma lesão necrótica pequena, seca, irregular, que tem lenta cicatrização. Ao contrário da crença popular, as picadas da aranha marrom não podem ser diagnosticadas de forma conclusiva a partir da ferida. Condições médicas sérias, incluindo doença de Lyme, queimadura química e infecção por antraz, foram erroneamente diagnosticadas como picadas de aranha marrom, retardando o tratamento adequado (Osterhoudt et al. 2002; Sandlin, 2002). Não é raro que estes diagnósticos errôneos ocorram fora da área de distribuição da aranha marrom (Vetter, Barger, 2002; Vetter, Bush, 2002).

Latrodectus é comum nos Estados Unidos. O veneno da viúva-negra é uma neurotoxina. Os sintomas típicos de envenenamento incluem inchaço dos nodos linfáticos, sudorese profusa, rigidez dos músculos abdominais, contorções faciais e hipertensão. Existe um soro acessível para neutralizar os efeitos do envenenamento por *Latrodectus*. Nenhuma morte foi atribuída a picadas de viúvas-negras nos Estados Unidos desde a década de 1940.

As espécies de *Loxosceles* e *Latrodectus* conhecidas na América do Norte não são agressivas. Ao contrário de grupos como pulgas, carrapatos, moscas picadoras e percevejos, as aranhas não se alimentam de sangue humano e, em geral, não picam as pessoas, exceto para a autodefesa.

Outras duas aranhas foram apontadas como causa de pequenas lesões necróticas. Ambas foram introduzidas da Europa. A *Tegenaria agrestis* (Walckenaer) (família Agelenidae) é encontrada na costa Noroeste; a *Cheiracanthium mildei* Koch (família Miturgidae) atualmente está difundida em edificações humanas na América do Norte. Há registros de que duas outras espécies na América do Norte, a *Cheiracanthium inclusum* (Hertz) (família Miturgidae) e a *Argiope aurantia* Lucas (família Araneidae), possuem veneno neurotóxico leve. Apesar de seu aspecto imponente, as tarântulas norte-americanas (família Theraphosidae) possuem venenos relativamente inócuos. Porém, são capazes de liberar uma nuvem de pelos urticantes que causam desconforto nas membranas mucosas de mamíferos.

Seda. A capacidade de produzir seda evoluiu independentemente em várias linhagens de artrópodes. Contudo, as aranhas representam o único grupo que utiliza a seda por toda a vida (Coddington e Colwell 2001). Além do uso evidente como armadilha para aprisionar presas, a seda é utilizada para revestir tocas, construir abrigos e câmaras de muda, confeccionar redes de esperma, proteger os ovos em desenvolvimento e servir como reboque. Armadilhas complexas, incluindo teias orbitais, incorporam vários tipos distintos de seda. Em determinadas épocas, algumas aranhas comem suas teias e são capazes de reciclar rapidamente a maior parte das proteínas na seda fresca (Peakall, 1971). As espécies pequenas e indivíduos imaturos usam a seda para produzir uma forma de deslocamento no ar chamada balonagem. Para isso, a aranha escala até um ponto elevado e libera seda no ar. Quando a resistência na seda ultrapassa a massa da aranha, a aranha se solta no ar.

A seda é uma fibra proteica produzida em glândulas que terminam em esguichos nas fiandeiras abdominais (Figuras 5-5, 5-7). Na glândula, a seda consiste em uma substância proteica líquida solúvel em água. À medida que a seda é tecida, passa por um banho ácido (Vollrath e Knight 2001). O ácido endurece a seda, causando a reorientação das moléculas. Regiões complementares da molécula da seda são alinhadas e unidas em pilhas de múltiplas camadas, formando cristais proteicos, que são intercalados em uma matriz de aminoácidos dispostos frouxamente. Os cristais proteicos fornecem força à seda, e a matriz garante elasticidade (Gosline et al. 1986).

As propriedades físicas da seda são notáveis. A força elástica corresponde ao maior estresse que o material pode tolerar antes da ruptura. A seda é mais forte que a maioria dos materiais naturais e tem aproximadamente a metade da força do aço. Contudo, a seda é extremamente extensível: pode suportar uma distorção substancial (tensão) antes da ruptura. O produto do estresse em relação à tensão é expresso como resistência e corresponde à quantidade total de energia que o material absorverá antes da quebra. A seda tem uma resistência extremamente elevada; o aço tolera muito pouca distorção em sua forma e, portanto, não é um material muito resistente.

Anatomia. O corpo de uma aranha é dividido em duas regiões, cefalotórax e abdômen (Figura 5-6). O abdômen, em geral macio e não esclerotizado, é afixado ao cefalotórax por um pedicelo estreito. O cefalotórax consiste em olhos, peças bucais, pernas, pedipalpos e estômago. O abdômen contém as estruturas reprodutoras primárias, o sistema respiratório, o intestino, o ânus, as glândulas sericígenas e as fiandeiras.

O cefalotórax é coberto dorsalmente pela carapaça e ventralmente pelo esterno. Anteriormente ao esterno existe um pequeno esclerito chamado de lábio, que pode estar fundido ao esterno. As aranhas primitivamente têm oito olhos simples, porém alguns táxons têm menos. O número e o arranjo dos olhos são importantes para a identificação das aranhas. A área entre o olho anterior e a borda da carapaça é o clípeo.

O primeiro par de apêndices é chamado de quelíceras, que possuem dois segmentos, uma base e um ferrão. A abertura para a glândula de veneno está localizada próxima à ponta do ferrão. A base pode ser bastante robusta e receber o ferrão em um sulco, que é revestido com fileiras de dentes. Em algumas famílias, as bases das quelíceras podem estar fundidas por uma lamela membranosa (Figura 5-8F,I). O segmento basal da quelícera, algumas vezes, possui uma pequena proeminência lateral arredondada (o côndilo) em sua base (Figura 5-6H, CN). Algumas aranhas possuem uma série de cristas semelhantes a limas na superfície lateral das quelíceras (Figura 5-6G, SS). As aranhas podem usar um plectro do pedipalpo para estridular contra estas cristas.

O segundo par de apêndices consiste nos pedipalpos. Os pedipalpos têm uma forma semelhante a pernas, com exceção de que não possuem metatarsos e têm apenas uma garra terminal (perdida em algumas aranhas). O segmento basal, o endito, é aumentado e forma parte da cavidade oral. Em geral, a margem anterior do endito possui uma sérrula para cortar a presa. O lábio está situado entre os dois enditos.

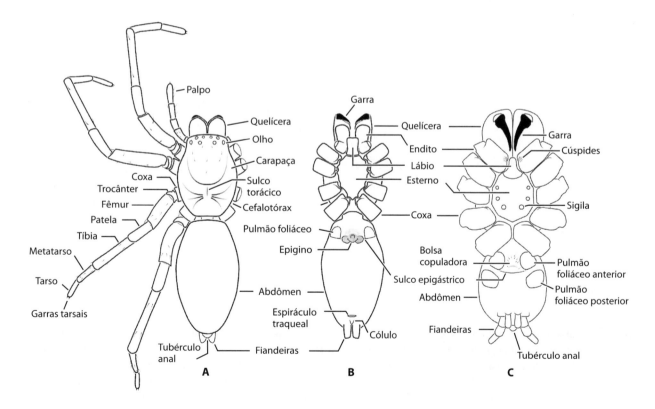

Figura 5-5 Características estruturais das aranhas. A, Vista dorsal (generalizada); B, Vista ventral, araneomorfa; C, Vista ventral, migalomorfa.

Machos de aranhas adultas possuem pedipalpos (ou simplesmente palpos) modificados em órgãos copulatórios (de transferência de esperma). A forma do órgão copulatório é extremamente variável e importante para a taxonomia das aranhas (Figuras 5-6I,J).

No mínimo, o órgão copulatório consiste em um bulbo contendo um ducto espermático e um êmbolo terminal. O bulbo é afixado ao palpo do tarso, chamado de címbio (Figura 5-6J, CY). O címbio pode ser escavado ventralmente, envolvendo parcialmente o bulbo do

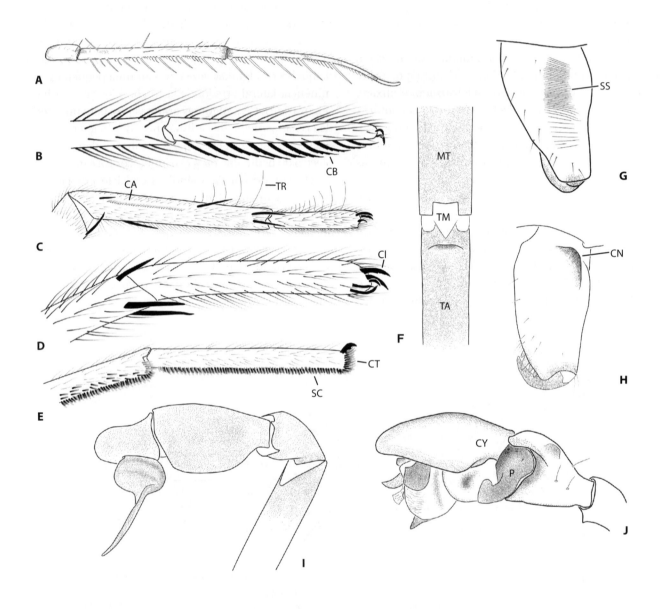

Figura 5-6 Características das pernas, quelíceras e palpo dos machos de aranhas. A, Primeiras pernas de *Mimetus puritanus* Chamberlin (Mimetidae); B, Quarto metatarso de *Achaearanea tepidariorum* (C. L. Koch) (Theridiidae); C, Quarto tarso e metatarso de *Callobius deces* (Chamberline e Ivie) (Amaurobiidae); D, Tarso de *Araneus diadematus* Clerck (Araneidae); E, Tarso de *Tibellus oblongus* (Keyserling) (Philodromidae); F, Membrana trilobada entre metatarso e tarso de *Heteropoda venatoria* (L.) (Sparassidae); G, Estrias estridulatórias na face lateral das quelíceras, *Mermessus dentiger*; H, Quelícera de *Araneus diadematus* apresentando um côndilo na parte proximolateral; I, Palpo do macho de uma aranha haplógina, *Latrodectus reclusa* Gertsch e Mulaik (Sicariidae); J, Palpo de um macho entelégino, *Mermessus dentiger* O. Pickard-Cambridge (Linyphiidae). *CA*, calamistro; *CB*, pente de cerdas ventrais; *Cl*, garras; *CN*, côndilo; *CT*, tufos de cerdas das garras; *CY*, címbio; *MT*, metatarso; *P*, paracímbio; *SC*, escópula; *SS*, estrias estridulatórias; *TA*, tarso; *TM*, membrana trilobada; *TR*, tricobótrio.

palpo. Um paracímbio é um apêndice originado do címbio (Figura 5-6J, P). Os testículos estão localizados no abdômen. Não há uma conexão entre os testículos e o pedipalpo. Em vez disso, o esperma sofre extrusão a partir do sulco epigástrico. Uma teia especial normalmente é tecida para receber o esperma. Em seguida, a aranha insere seu êmbolo na gotícula de esperma para transferi-lo e puxa o fluido para o órgão copulatório, provavelmente por ação capilar. Durante a cópula, o macho transfere o esperma para a fêmea inserindo o êmbolo na genitália feminina.

Os quatro pares de pernas ambulatórias, numeradas de I-IV de frente para trás, possuem sete segmentos (coxa, trocânter, fêmur, patela, tíbia, metatarso e tarso) e cada perna contém duas ou três garras terminais. Duas garras são pares; a terceira, se presente, é menor e fica localizada entre elas. A ponta do tarso pode apresentar numerosas cerdas, o tufo das garras, que podem ocultá-las (Figura 5-6E, CT). Em geral, os tufos das garras estão presentes apenas em aranhas com duas garras, mas existem exceções (indicadas posteriormente). Em algumas aranhas, a parte ventral do tarso (e algumas vezes o metatarso) é coberta por uma região muito densa de pelos modificados, a escópula (Figura 5-6E, SC). Esta estrutura permite que as aranhas caminhem em superfícies verticais lisas. Vários segmentos das pernas podem possuir tricobótrios (Figura 5-6C, TR). Estes pelos longos e retos são sensíveis a correntes de ar. A posição e o número de tricobótrios podem constituir uma característica taxonômica útil.

Perto da extremidade anterior do abdômen, na superfície ventral, está um sulco transversal chamado de sulco epigástrico, que contém o gonóporo em seu ponto médio. A fêmea armazena o esperma recebido dos machos nas espermatecas imediatamente anteriores a este sulco e fertiliza seus ovos pouco antes de exsudá-los pelo sulco epigástrico.

Na porção anterolateral do sulco epigástrico, estão os órgãos respiratórios anteriores, os pulmões foliáceos (raramente perdidos ou modificados em algumas famílias). Os pulmões foliáceos consistem em camadas alternadas de bolsões laminares de ar e lamelas preenchidas com hemolinfa (cheias de sangue). As regiões cheias de ar e hemolinfa são incrivelmente finas, o que facilita a troca gasosa. Primitivamente, as aranhas possuíam um segundo par de pulmões foliáceos imediatamente posterior ao par anterior. Na maioria das aranhas, os órgãos respiratórios posteriores são modificados em um sistema traqueal, que se abre para o ambiente via espiráculo traqueal, constituído de um par de fendas ventrolaterais ou uma única fenda ventral. O espiráculo traqueal único, em geral, está situado em posição imediatamente anterior às fiandeiras, porém, em alguns táxons, está mais próximo ao sulco epigástrico.

Em geral, as fiandeiras estão na parte posterior do abdômen (Figura 5-7). As espécies de aranhas viventes não possuem mais de seis fiandeiras funcionais: os pares anterior lateral, mediano posterior e lateral posterior. As fiandeiras medianas anteriores não são funcionais em nenhuma aranha viva. Contudo, acredita-se que um órgão de fiação em forma de placa, chamado cribelo (Figura 5-7A, CR), seja derivado das fiandeiras medianas anteriores. O cribelo foi perdido em muitas aranhas araneomorfas, porém um vestígio chamado de cólulo pode permanecer (Figura 5-7B-E). Posteriormente às fiandeiras está o tubérculo anal (Figura 5-5A,C). Esta estrutura, em geral, é muito pequena, mas está aumentada e modificada nos oecobídeos.

Reprodução e desenvolvimento. Com frequência, os dois sexos das aranhas diferem consideravelmente em tamanho, com a fêmea sendo maior e mais pesada e o macho menor, porém com pernas relativamente longas. O acasalamento é precedido por uma corte elaborada, que pode envolver uma variedade de movimentos do corpo, do pedipalpo ou estridulação. Em alguns casos, o macho pode presentear a fêmea com um inseto morto ou outro presente nupcial antes de acasalar. Os machos não vivem muito tempo após o acasalamento.

Os ovos fertilizados são depositados em um saco de seda que apresenta diferenças quanto à sua construção. Podem ficar suspensos em uma teia, ser depositados em algum lugar abrigado ou transportados pela fêmea. O número de ovos em um saco varia entre 1 e mais de 2 mil. Os ovos eclodem logo após sua postura, mas, se forem depositados no outono, as aranhas jovens podem permanecer no saco até a primavera seguinte.

As aranhas sofrem pouquíssima metamorfose durante seu desenvolvimento. Após a eclosão, parecem adultos em miniatura, porém sem a genitália desenvolvida. Caso as pernas sejam perdidas durante o desenvolvimento, podem ser regeneradas (Vollrath, 1991). O ponto onde as pernas se quebram pode constituir uma característica taxonômica útil. As aranhas sofrem de 3 a 15 mudas durante seu desenvolvimento até a maturidade. Os machos normalmente sofrem menos mudas que as fêmeas.

Migalomorfas e filistatídeas fêmeas continuam a sofrer mudas uma ou duas vezes por ano durante toda a vida. A maioria das aranhas vive 1 ou 2 anos, porém as migalomorfas, com frequência, levam vários anos para amadurecer e algumas fêmeas podem viver até 20 anos.

Ecologia. Todas as aranhas são predadoras e se alimentam principalmente de insetos. Algumas aranhas ocasionalmente podem se alimentar de pequenos vertebrados. A presa é morta ou incapacitada pelo veneno

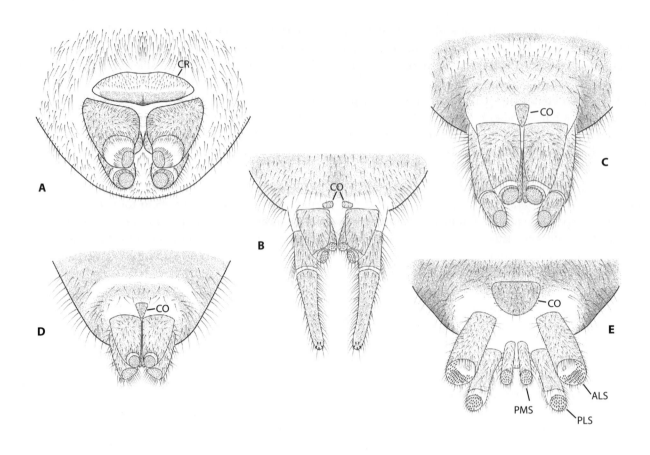

Figura 5-7 Características abdominais das aranhas. A, Fiandeiras de *Callobius deces* (Chamberlin e Ivie) (Amaurobiidae); B, Fiandeiras de *Agelenopsis oregonensis* Chamberline e Ivie (Agelenidae); C, Fiandeiras de *Cheiracanthium meldei* L. Koch (Miturgidae); D, Fiandeiras de *Clubiona obesa* Hentz (Clubionidae); E, Fiandeiras de *Scotophaeus blackswalli* (Thorell) (Gnaphosidae). *ALS*, fiandeiras laterais anteriores; *CO*, cólulo; *CR*, cribelo; *PLS*, fiandeira lateral posterior; *PMS*, fiandeira mediana posterior.

injetado pela sua picada. As diferentes aranhas capturam suas presas de modos diferente. As aranhas-lobo e as aranhas saltadoras procuram e agarram ativamente sua presa. Muitas aranhas-caranguejos são predadoras do tipo "senta e espera", aguardando suas presas em flores e alimentando-se dos polinizadores que as visitam enquanto outras capturam suas presas nas teias. Algumas aranhas são cleptoparasitas, ou seja, vivem nas teias de outras aranhas e roubam a presa do hospedeiro. Um pequeno número de espécies de aranha tem algum grau de organização social. Aranhas sociais podem cooperar para construir teias de vários metros cúbicos e alimentam-se comunitariamente de grandes presas que subjugam.

As aranhas desempenham um papel importante em quase todos os ecossistemas terrestres. Em geral, são bastante numerosas e seu impacto como predadoras controla o número de muitos outros animais, em particular insetos. Por sua vez, elas são as presas de vários outros animais, particularmente vespas. Existem evidências crescentes de que as aranhas podem manter o controle de populações de insetos considerados pragas em ecossistemas agrícolas (Wise 1993, Riechert 1999). Programas de controle de pragas convencionais tendem a depender de predadores e parasitoides, que atacam espécies específicas de pragas, porém populações densas de predadores generalistas, incluindo aranhas, podem restringir efetivamente algumas populações de pragas. Contudo, inseticidas de amplo espectro podem ser mais eficazes no extermínio de aranhas do que das pragas visadas. Práticas agrícolas que encorajam o aumento na densidade de aranhas podem reduzir consideravelmente a necessidade de inseticidas químicos, sem perda no rendimento da lavoura (Riechert 1999). O medo de aranhas (aracnofobia) é uma das fobias mais comuns na cultura ocidental. Porém, as aranhas realizam um serviço ao destruir insetos nocivos e não prejudicam os itens domésticos. Como já citado, a natureza venenosa das aranhas é muito exagerada. A maioria das aranhas não pica se manipulada com cuidado.

CLASSIFICAÇÃO DAS ARANHAS

As aranhas são divididas em duas subordens: Mesothelae e Opisthothelae. Atualmente, as Mesothelae estão restritas ao sudeste da Ásia e Japão. Estes táxons quase extintos conservam muitas características das aranhas primitivas, como segmentação abdominal e fiandeiras ventrais. A vasta maioria das aranhas pertence à subordem Opisthothelae, que é dividida em duas infraordens, Mygalomorphae e Araneomorphae. Ambas ocorrem na América do Norte. Alguns migalomorfos basais possuem vestígios de segmentação abdominal na forma de tergitos abreviados. Um escuto esclerotizado cobrindo a parte do abdômen é encontrado esporadicamente entre táxons de aranhas araneomorfas e não é derivado da segmentação abdominal primitiva. Aranhas mesótelas e migalomorfas possuem quelíceras orientadas de modo que os ferrões fiquem mais ou menos paralelos (Figura 5-5C); aranhas araneomorfas possuem ferrões em oposição (Figura 5-5B), embora alguns táxons possuam quelíceras secundariamente modificadas. Mesótelas, migalomorfas e a maioria dos grupos basais de aranhas araneomorfas possuem dois pares de pulmões foliáceos. Na América do Norte, apenas os hipoquilídeos entre as araneomorfas mantêm o par posterior de pulmões foliáceos. Na maioria das aranhas araneomorfas, o par posterior de pulmões foliáceos é modificado em um sistema traqueal (Figura 5-5B). Modificações secundárias do sistema respiratório ocorrem em alguns grupos derivados de aranhas araneomorfas.

Espécies individuais podem produzir até sete tipos diferentes de seda, cada um com uma função específica, como produção de reboque, construção do saco de ovos e das partes adesivas e não adesivas de uma teia. As aranhas araneomorfas basais produzem seda adesiva a partir de cribelo laminar imediatamente anterior às fiandeiras (Figura 5-7A, CR). O cribelo é coberto em pequenos tubos. A seda cribelar consiste em centenas de fibras finas de seda seca ao redor de algumas fibras centrais mais espessas. A base física da viscosidade da seda cribelar não é bem compreendida, porém a força adesiva é proporcional à área superficial de contato entre a seda e o objeto que está sendo sustentando (Opell 1994). A seda cribelar é penteada para fora do cribelo por meio do calamistro, um grupo de cerdas curvas especializadas localizado nos metatarsos das quartas pernas (Figura 5-6C, CA), que pode consistir em uma única fileira de cerdas, duas fileiras ou um campo oblongo. Machos de aranhas cribeladas maduras perdem a capacidade de produzir seda cribelada e normalmente conservam apenas um vestígio do cribelo e do calamistro. O cribelo e o calamistro foram perdidos várias vezes na evolução das aranhas. Um exemplo bem conhecido de seda pegajosa não cribelada vem das aranhas araneídeas, as construtoras de teias orbitais não cribeladas e seus descendentes. A seda pegajosa das araneídeas consiste em um par de linhas centrais pontilhadas por gotículas pegajosas. Os machos de aranhas adultas raramente tecem teias para a captura de presas e, algumas vezes, perdem a capacidade de produzir seda pegajosa.

A taxonomia das aranhas é fortemente embasada nas características da genitália. Por este motivo, em geral é impossível identificar as espécies de aranhas jovens, a menos que sejam encontradas em associação a adultos ou que a fauna local seja muito bem conhecida. Determinar se uma aranha é adulta pode ser difícil para um iniciante. Fêmeas de aranhas adultas possuem uma placa esclerotizada chamada de epigino (Figura 5-5B), localizada próximo ao sulco epigástrico entre os órgãos respiratórios anteriores (região genital). Em algumas aranhas (por exemplo, licosídeas), uma placa rudimentar e não funcional pode ser visível durante o desenvolvimento juvenil em um estágio tardio. As aranhas fêmeas, algumas vezes, não possuem uma placa esclerotizada externa e podem ser facilmente confundidas com formas jovens. Nestas, as fêmeas adultas diferem pela presença de pelos densos na região genital; os pelos da região genital não são diferenciados em formas jovens. Todas as aranhas fêmeas adultas possuem um conjunto de espermatecas, que pode ser examinado pela dissecção cuidadosa do tegumento anterior ao sulco epigástrico. São poucas as coleções de estudantes que contêm muitas espécies cuja fêmea não possui um epigino. Machos de aranhas adultas sempre possuem os segmentos distais do pedipalpo modificado. Machos jovens em estágio tardio podem apresentar um tarso do palpo entumescido, indicando que o órgão copulatório desenvolve-se em seu interior.

Infraordem Mygalomorphae
    Antrodiaetidae – aranhas-pedreiras
    Atypidae – aranhas-de-bolsa
    Mecicobothriidae
    Dipluridae
    Ctenizidae
    Cyrtaucheniidae
    Nemesiidae
    Theraphosidae – tarântulas
Infraordem Araneomorphae
    Hypochilidae – hipoquilídeas
    Haplogynae
        Filistatidae
        Caponiidae

Dysderidae
Segestriidae
Oonopidae
Pholcidae – aranhas de porão
Diguetidae
Plectreuridae
Ochyroceratidae
Leptonetidae
Telemidae
Sicariidae
Scytodidae – aranhas cuspideiras
Entelegynae
  Eresoidea
    Oecobiidae
    Hersiliidae
  Orbiculariae
    Uloboridae – tecedeiras de fibras vegetais
    Deinopidae – aranhas cara-de-ogro
    Araneidae
    Tetragnathidae
    Theridiosomatidae
    Symphytognathidae
    Anapidae
    Mysmenidae
    Mimetidae – aranhas-piratas
    Theridiidae – aranhas tecedeiras
    Nesticidae
    Linyphiidae
    Pimoidae
  Titanoecidae
  Clade RTA
    Dictynidae
    Zodariidae
    Hahniidae
    Agelenidae
    Cybaeidae
    Desidae
    Amphinectidae
    Amaurobiidae
    Tengellidae
    Zorocratidae
    Superfamília Lycosoidea
      Ctenidae – aranhas errantes
      Zoropsidae
      Miturgidae
      Oxyopidae – aranhas lince
      Pisauridae – aranhas da teia-berçário e aranhas pescadoras
      Trechaleidae
      Lycosidae – aranhas-lobo
    Clade Dionycha
      Clubionidae
      Anyphaenidae
      Corinnidae
      Liocranidae
      Zoridae
      Gnaphosidae
      Prodidomidae
      Homalonychidae
      Selenopidae
      Sparassidae – aranhas-caranguejo gigantes
      Philodromidae
      Thomisidae
      Salticidae – aranhas saltadoras

Chave para as famílias de aranhas da América do Norte

Esta chave foi adaptada de D. Ubick, Key to Nearctic Spider Families. Em D. Ubick, P. Paquin, P. E. Cushing, e V. Roth (Ed.), Spiders of North America: A Guide to Genera (disponível desde janeiro de 2005 pela American Arachnological Society). As seguintes abreviações são utilizadas na chave. *Olhos*: AER = fileira de olhos anteriores; PER = fileira de olhos posteriores; AME = olhos medianos anteriores; ALE = olhos laterais anteriores; PME = olhos medianos posteriores; PLE = olhos laterais posteriores; LE = olhos laterais. *Fiandeiras*: AMS = fiandeiras medianas anteriores; ALS = fiandeiras laterais anteriores; PMS = fiandeiras medianas posteriores; PLS = fiandeiras laterais posteriores. *Medidas*: L = comprimento; W = largura; PT/C é a proporção do comprimento de patela+tíbia dividida pelo comprimento da carapaça. O termo **procurva** refere-se a uma linha na qual as extremidades estão anteriores ao centro da linha; uma linha **recurvada** tem extremidades posteriores à sua metade.

1.	Quelíceras paraxiais, garras paralelas (Figura 5-5C); com 2 pares de pulmões foliáceos (Figura 5-5C); nunca com cribelo ou cólulo; com 8 olhos; pernas sólidas (PT/C < 2) (Mygalomorphae)	2	
1'.	Quelíceras diaxiais, garras em oposição entre si ou oblíquas (Figura 5-5B); em geral, com 1 par de pulmões foliáceos, no máximo (Figura 5-5B), se apresentar 2 pares de pulmões foliáceos, terá cribelo (Figura 5-7A) e pernas delgadas (PT/C = 3 a 5); cribelo ou cólulo podem estar presentes; com 8 olhos ou menos; espessura das pernas variável (Araneomorphae)	11	
2 (1).	Abdômen com 1-3 tergitos; tubérculo anal separado das fiandeiras	3	

2'.	Abdômen sem tergitos; tubérculo anal adjacente às fiandeiras	5
3 (2).	Enditos compridos, 3/4 da largura do esterno; lábio e esterno fundidos; sulco torácico (Figura 5-5A) quadrangular ou suboval; leste dos Estados Unidos	Atypidae
3'.	Enditos curtos, metade da largura do esterno na maioria; lábio e esterno separados por uma sutura, sulco ou, pelo menos, uma depressão; sulco torácico longitudinal ou arredondado e deprimido; distribuição difusa	4
4(3').	Segmento distal de PLS delgado, pelo menos 5X o comprimento da largura basal, afunilando na ponta, flexível, pseudossegmentado; Washington a Califórnia, Arizona	Mecicobothriidae
4'.	Segmento distal de PLS mais sólido, o comprimento corresponde a cerca de 3X a largura, nem flexível nem pseudossegmentado; distribuição difusa	Antrodiaetidae
5(2').	Tarso com 2 garras e tufos de cerdas nas garras (Figura 5-6E). Flórida ao sudoeste dos Estados Unidos	Theraphosidae
5'.	Tarso com 3 garras, ausência de tufos de cerdas nas garras (Figura 5-6D); distribuição difusa	6
6(5').	PLS longas, pelo menos metade do comprimento da carapaça, e delgadas, comprimento de segmento distal > 2X a largura	7
6'.	PLS curtas, no máximo metade do comprimento da carapaça, e sólidas, comprimento do segmento distal < 2X a largura	8
7 (6).	Enditos com cúspides (Figura 5-5C); superfície interna das quelíceras com fileiras de 4-7 cerdas curtas, pretas, em forma de bastão; sulco torácico transverso; PLS 1/2 a 2/3 X o comprimento da carapaça; tamanho 16 mm a 23 mm; vivem em tocas abertas; Califórnia	Nemesiidae (*Calisoga*)
7'.	Enditos não possuem cúspides; superfície interna das quelíceras sem fileiras de cerdas pretas, em forma de bastão; sulco torácico deprimido ou longitudinal; PLS pelo menos 3/4 X o comprimento da carapaça; tamanho 2,5 mm a 17 mm; vivem em tubos de seda ou teias laminares; Colúmbia Britânica ao Óregon, Arizona ao Texas, Carolina do Norte, Tennessee	Dipluridae
8(6').	Abdômen truncado posteriormente, esclerotizado, com sulcos longitudinais; sudeste dos Estados Unidos	Ctenizidae (*Cyclocosmia*)
8'.	Abdômen normal, arredondado posteriormente, não esclerotizado e sem sulcos	
9(8').	Fêmeas com uma escópula densa no tarso I (Figura 5-6E); margem anterior das quelíceras denteadas, margem posterior das quelíceras com uma fileira de tubérculos curtos, sólidos, arredondados; Texas	Cyrtaucheniidae (*Eucteniza*)
9'.	Machos ou fêmeas com tarso I sem escópula, porém com espinhos laterais; se o tarso I possuir escópula fraca e não tiver espinhos, a margem posterior das quelíceras não terá dentes (mas pode apresentar alguns dentículos); distribuição difusa	10
10 (9').	Tanto a margem anterior quanto a margem posterior das quelíceras denteadas; sulco torácico fortemente procurvo; tarsos anteriores e metatarsos das fêmeas com fileiras laterais de espinhos curtos	Ctenizidae (em parte)
10'	Apenas margem anterior das quelíceras denteadas; sulco torácico variando de fortemente procurvo a reto; tarsos e metatarsos anteriores das fêmeas com poucos espinhos, em geral longos e delgados	Cyrtaucheniidae (em parte)
11 (1').	Cribelo (Figura 5-7B-E) e calamistro ausentes	12
11'	Cribelo (Figura 5-7A) e calamistro (Figura 5-6C) presentes	14
12 (11).	Com 8 olhos	13
12'	Com menos de 8 olhos	27

13 (12).	Tarso com 3 garras, escópulas e tufos de cerdas nas garras ausentes (Figura 5-6D); a maioria, construtores de teias; se as pernas forem delgadas e relativamente delicadas, considere que os tarsos têm 3 garras	s51
13'.	Tarsos com 2 garras, em geral com escópulas e tufos de cerdas nas garras (Figura 5-6E); se os tufos de cerdas nas garras estiverem presentes, considere que os tarsos têm 2 garras	81
14 (11').	Com 2 pares de pulmões foliáceos (Figura 5-5C)	Hypochilidae (*Hypochilus*)
14'.	Com 1 par de pulmões foliáceos (Figura 5-5B)	15
15 (14').	Com menos de 8 olhos; cribelo inteiro	16
15'.	Com 8 olhos; cribelo inteiro ou dividido	17
16 (15).	Com 4 olhos; perna I muito aumentada; sul do Texas	Uloboridae (*Miagrammopes*)
16'.	Com 6 olhos; perna I não aumentada; distribuição difusa	Dictynidae (*Lathys*)
17 (15').	PME amplos, com várias vezes o diâmetro dos demais olhos (Figura 5-8G)	Deinopidae (*Deinopis*)
17'.	PME ligeiramente aumentados	18
18 (17').	Olhos agrupados em uma elevação central, ocupando < ½ da largura da cabeça	19
18'.	Olhos dispersos pela carapaça, ocupando > ½ da largura da cabeça	20
19 (18).	Tubérculo anal aumentado e franjado com cerdas longas; quelíceras livres; entelégino (epigino presente)	Oecobiidae (*Oecobius*)
19'.	Tubérculo anal ligeiramente modificado; quelíceras fundidas; haplógino (epigino ausente)	Filistatidae
20 (18').	Tíbia anterior com pelo menos 4 pares de espinhos ventrais	21
20'.	Tíbia anterior com menos espinhos ventrais	22
21 (20).	Tíbia anterior com 4 a 5 pares de espinhos ventrais; PER reta a fracamente procurva; tarsos II-IV com 2 garras; corpo de cor única; Arizona a Texas	Zorocratidae (*Zorocrates*)
21'.	Tíbia anterior com 6 a 7 pares de espinhos ventrais; PER recurvada; todos os tarsos com 2 garras; corpo desenhado; Califórnia (introduzido)	Zoropsidae (*Zoropsis*)
22 (20').	Calamistro estendendo-se sobre mais da metade do comprimento do metatarso IV	23
22'.	Calamistro estendendo-se sobre, no máximo, a metade do comprimento do metatarso IV	25
23 (22).	Fêmures II-IV com fileiras de tricobótrios longos; metatarso IV dorsalmente côncavo e com fileira ventral de espinhos curtos estendendo-se do ápice do tarso; cribelo inteiro	Uloboridae (em parte)
23'.	Fêmures II-IV sem fileiras de tricobótrios longos; metatarso IV ligeiramente modificado e sem fileira ventral de espinhos curtos; cribelo dividido ou inteiriço	24
24 (23').	Enditos convergindo apicalmente; cribelo inteiro; pernas, em geral, sem espinhos	Dictynidae (em parte)
24'.	Enditos paralelos; cribelo dividido; pernas com espinhos	Titanoecidae (*Titanoeca*)
25 (22').	Margens das quelíceras com 5 a 7 dentes sólidos; palpo do macho com êmbolo filiforme, incluído em um coletor membranoso; Califórnia, Texas a Flórida	Amphinectidae (*Metaltella*)
25'.	Margens das quelíceras, em geral, com 4 dentes, no máximo; em maior quantidade, os dentes são pequenos e delgados; palpo do macho com êmbolo variável; distribuição difusa	26
26 (25').	AME 1,4 X maiores que ALE; palpo do macho com êmbolo longo e sigmoide, envolvido em um condutor membranoso	Desidae (*Badumna*)

26'.	AME no máximo 1,2 X maiores que ALE; palpo do macho com êmbolo, em geral curto e sólido, se longo, então arqueado, nunca envolvido em condutor	Amaurobiidae (em parte)
27(12').	Olhos completamente ausentes (mas pode possuir pequenos pontos de olhos)	28
27'.	Pelo menos 2 olhos presentes	34
28(27).	Tíbia anterior com 2-3 pares de espinhos ventrais	29
28'.	Tíbia anterior com alguns espinhos ventrais dispersos ou nenhum	30
29(28).	ALS contíguas, mais longas que PLS	Cybaeidae (em parte)
29'.	ALS discretamente separadas, mais curtas que PLS	Dictynidae (em parte)
30(28').	Palpo do macho com bulbo exposto (Figura 5-6I), fêmea não possui epigino (haplógina)	31
30'.	Palpo do macho com bulbo envolvido por címbio (Figura 5-6J), fêmea com epigino (entelégina)	32
31(30).	Abdômen com crista esclerotizada anterodorsal; um par de espiráculos traqueais entre sulco epigástrico e fiandeiras; cólulo pentagonal, mais largo que ALS; Califórnia	Telemidae (Usofila)
31'.	Abdômen sem crista anterodorsal esclerotizada; com um espiráculo traqueal próximo às fiandeiras; cólulo ligeiramente modificado; Texas, Georgia	Leptonetidae (em parte)
32(30').	Tarso IV não possui pente ventral; margem posterior da quelícera denteada; quelícera em geral com lima estridulatória na face externa (Figura 5-6G); quebra da perna na junta patela-tíbia	Linyphiidae (em parte)
32'.	Tarso IV com pente ventral de cerdas serreadas (Figura 5-6B); margem posterior da quelícera edentada ou com pequenos dentículos; quelícera sem lima estridulatória; quebra da perna na junta coxa-fêmur	33
33(32').	Margem posterior da quelícera edentada, não possui dentes nem dentículos; palpo do macho com paracímbio escondido; sudeste do Arizona	Theridiidae (*Thymoites*)
33'.	Margem posterior da quelícera com pequenos dentículos; palpo do macho com grande paracímbio retrolateral; Califórnia, Texas, Montanhas Apalache	Nesticidae (em parte)
34(27').	Dois olhos presentes	Caponiidae (em parte)
34'.	Mais de dois olhos presentes	35
35(34').	Quatro olhos presentes	36
35'.	Seis olhos presentes	37
36(35).	Dois olhos pigmentados; tamanho 0,6 mm; aranhas de resíduos; Flórida	Symphytognathidae (*Anapistula*)
36'.	Todos os olhos despigmentados; tamanho 3,6 mm; aranhas de caverna; Tennessee	Nesticidae (*Nesticus*)
37(35').	Palpo do macho com bulbo exposto, não envolvido por címbio (Figura 5-6I); fêmea não possui epigino, mas pode apresentar alguma esclerotização na área epigástrica (haplógina)	38
37'.	Palpo do macho com bulbo parcialmente envolvido por címbio (Figura 5-6J), fêmea com epigino (entelégina)	48
38(37).	Quelíceras fundidas na base (Figura 5-8F)	39
38'.	Quelíceras não fundidas na base, podem ser afastadas (Figura 5-8E)	42
39(38).	Olhos em 2 tríades	Pholcidae (em parte)
39'.	Olhos em 3 díades (Figura 5-8G)	40
40(39').	Carapaça fortemente convexa	Scytodidae (*Scytodes*)
40'.	Carapaça plana	41
41(40').	PER fortemente recurvada; carapaça piriforme (Figura 5-8I)	Sicariidae (*Loxosceles*)
41'.	PER ligeiramente recurvada; carapaça oval	Diguetidae (*Diguetia*)

42(38').	Tamanho > 5 mm; espiráculos traqueais pares, evidentes, localizados próximos às aberturas do pulmão foliáceo (Figura 5-8H)	43
42'.	Tamanho < 5 mm; espiráculos traqueais pouco evidentes, se pares, estarão distantes dos pulmões foliáceos	44
43 (42).	Tarso com 2 garras; perna III não dirigida anteriormente	Dysderidae (*Dysdera*)
43'.	Tarso com 3 garras; perna III dirigida anteriormente	Segestriidae
44(42').	Abdômen com crista esclerotizada na superfície dorsal anterior	Telemidae (*Usofila*)
44'.	Abdômen sem crista esclerotizada	45
45(44').	Abdômen com 1 ou 2 escutos	Oonopidae (em parte)
45'.	Abdômen sem escutos	46
46(45').	Pernas relativamente longas (PT/C > 1,5); PME em geral deslocados posteriormente a partir dos LE, se olhos contíguos ocuparem menos de metade da largura do céfalo	Leptonetidae (em parte)
46'.	Pernas mais curtas (PT/C ≈ 1); olhos em arranjo transverso, se contíguos, ocupam mais de metade da largura do céfalo	47
47(46').	Olhos em grupo compacto; se em fileira transversa, então apresentará fêmur IV aumentado; cólulo ausente; distribuição difusa	Oonopidae (em parte)
47'.	Olhos em fileira transversa; fêmur IV não aumentado; cólulo grande, amplo; sudeste da Flórida	Ochyroceratidae (*Theotima*)
48(37').	Tíbia I com 2 a 3 pares de espinhos ventrais	49
48'.	Tíbia I com menos espinhos ventrais	50
49 (48).	ALS contíguas, mais longas que PLS; olhos pequenos, muito separados	Cybaeidae (*Cybaeozyga*)
49'.	ALS discretamente separadas, mais curtas que PLS; olhos grandes, em duas tríades de olhos contíguos	Dictynidae (em parte)
50(48').	Tarso IV com pente ventral de cerdas serreadas (Figura 5-6B); palpo do macho com grande paracímbio basal rígido	Nesticidae (em parte)
50'.	Tarso IV sem pente ventral; palpo do macho com paracímbio basal menor afixado de modo flexível por membrana (Figura 5-6J)	Linyphiidae (em parte)
51 (13).	Palpo do macho com bulbo exposto, não envolvido por címbio (Figura 5-6I); fêmea sem epigino (haplógina)	52
51'.	Palpo do macho com bulbo parcialmente envolvido por címbio (Figura 5-6J); fêmea com epigino (entelégina)	55
52 (51).	Olhos contíguos com AME envolvidos pelos outros	Caponiidae (*Calponia*)
52'.	Olhos ligeiramente organizados	53
53(52').	Olhos em 3 grupos, com AME formando uma díade e os outros, 2 tríades (Figura 5-8F); quelíceras fundidas na base (Figura 5-8F)	Pholcidae (em parte)
53'.	Olhos em 2 fileiras transversas; quelíceras fundidas ou não	54
54(53').	Quelíceras fundidas na base; enditos convergindo apicalmente	Plectreuridae
54'.	Quelíceras não fundidas; enditos paralelos	Tetragnathidae (em parte)
55(51').	Quelíceras fundidas na base (Figura 5-8F); olhos em 3 grupos com AME formando uma díade e os outros, 2 tríades (Figura 5-8F); pernas longas e delgadas, PT/C > 1,6, com tarsos flexíveis (Obs.: embora os folcídeos sejam haplóginos, alguns possuem genitália complexa e podem ser confundidos com enteléginos)	Pholcidae (em parte)
55'.	Quelíceras não fundidas; olhos ligeiramente arranjados; pernas em geral mais curtas com tarsos rígidos	56
56(55').	Tarso com um único tricobótrio, no máximo	57
56'.	Tarso com 2 ou mais tricobótrios (Figura 5-6C)	67

57(56).	PLS com segmento apical longo, aproximadamente o mesmo comprimento do abdômen; olhos agrupados em uma elevação no centro do céfalo; Texas, Flórida	Hersiliidae (*Tama*)
57'.	PLS mais curtas; arranjo ocular diferente; distribuição difusa	58
58(57).	Tíbias anteriores e metatarsos com fileiras prolaterais de espinhos curvos em série serreada (Figura 5-6A)	Mimetidae
58'.	Pernas anteriores sem estes espinhos	59
59(58').	Tarso IV com pente ventral de cerdas serreadas (algumas vezes indistintas, ausentes em *Argyrodes*) (Figura 5-6B); com frequência, pernas sem espinhos; quelíceras, em geral, com extensão basal; epigino sem escapo	60
59'.	Tarso IV sem pente ventral; pernas com espinhos; quelíceras sem extensão basal; epigino algumas vezes com escapo	61
60(59).	Lábio com margem anterior espessada; enditos paralelos; palpo do macho com grande paracímbio basal	Nesticidae (em parte)
60'.	Lábio com margem anterior inalterada; enditos convergindo apicalmente; palpo do macho com paracímbio pouco evidente ou representado por um entalhe apical ou ectal (externo)	Theridiidae (em parte)
61(59').	Tarsos com o mesmo comprimento ou mais longos que os metatarsos; aranhas pequenas, < 2 mm	62
61'.	Tarso mais curto que os metatarsos; tamanho em geral > 2 mm	63
62(61).	Pedicelo originado da abertura na inclinação posterior da carapaça; abdômen do macho com escuto; metatarso I do macho sem esporão para preensão; fêmea sem palpos	Anapidae (*Gertschanapis*)
62'.	Origem do pedicelo abaixo da margem da carapaça; abdômen do macho sem escuto; em geral, metatarso I do macho com esporão de preensão; fêmea com palpos	Mysmenidae
63(61').	Esterno com um par de fóveas na margem labial; tíbia IV com tricobótrios longos; pernas sólidas; tamanho < 2,5 mm	Theridiosomatidae (*Theridiosoma*)
63'.	Esterno sem estas fóveas; tíbia IV sem tricobótrios longos; pernas variáveis; tamanho geralmente maior	64
64(63').	Clípeo mais alto que 4 diâmetros de AME; quelíceras em geral com lima estridulatória na superfície lateral, sem côndilos (Figura 5-6G); pernas com pouca concentração de espinhos; tarsos cilíndricos; quebra da perna na junta da patela-tíbia; construtoras de teias laminares	65
64'.	Clípeo mais baixo que 3 diâmetros de AME; quelíceras sem lima estridulatória, em geral com côndilo (Figura 5-6H); pernas com espinhos fortes; tarsos afunilando distalmente; sem quebra da perna na junta patela-tíbia; construtoras de teias orbitais	66
65(64).	Címbio do macho com paracímbio retrolateral integral; címbio em geral com processo retromediano armado com espinhos ou cúspides; epigino da fêmea formando projeções sólidas, em forma de língua com aberturas apicais; tamanho > 5 mm	Pimoidae (*Pimoa*)
65'.	Címbio do macho com paracímbio retrolateral fixado por membrana (Figura 5-6J); címbio em geral não possui processo retromediano, se presente, não possui espinhos ou cúspides; epigino da fêmea variável; tamanho geralmente < 5 mm	Linyphiidae (em parte)
66(64').	Enditos quadrados ou retangulares; epigino em geral tridimensional e com escapo, uma projeção digitiforme central, plano em *Hypsosinga*, *Mastophora* e *Zygiella*; tíbia palpal em forma de cálice com margem distal irregular (exceto em *Zygiella*); construtoras de teias orbitais verticais	Araneidae
66'.	Enditos alongados, mais largos na borda distal; epigino ausente ou uma placa plana, com no máximo um intumescimento (*Meta*), ou pontiaguda (*Metleucauge*); tíbia palpal cônica; construtoras de teias orbitais horizontais (exceto *Nephila*)	Tetragnathidae (em parte)

67(56').	Tricobótrios tarsais e metatarsais em fileira dorsal, aumentando distalmente em comprimento (Figura 5-6C); pelo menos os trocanteres anteriores não entalhados	68
67'.	Tricobótrios tarsais e metatarsais em 2 fileiras irregulares; todos os trocanteres com entalhes rasos a profundos	78
68 (67).	ALS aumentadas, outras reduzidas; clípeo alto; enditos convergindo fortemente, sem sérrula	Zodariidae
68'.	ALS apenas ligeiramente maiores que as outras; enditos levemente convergidos; sérrula presente	69
69(68').	Cólulo grande e amplo, ocupando pelo menos a metade da largura da área de fiação	70
69'.	Largura de cólulo com menos de metade da área de fiação	71
70 (69).	Distribuição: sudeste da Flórida	Desidae (*Paratheuma*)
70'.	Distribuição: sudeste da Califórnia	Dictynidae (*Saltonia*)
71(69').	Fiandeiras dispostas em fileira transversa; espiráculo traqueal posicionado bem antes das fiandeiras	Hahniidae (em parte)
71'.	Arranjo de fiandeiras ligeiramente modificado; espiráculo traqueal próximo às fiandeiras	72
72(71').	Pernas com pelos plumosos; as duas fileiras de olhos fortemente procurvas, retas em *Tegenaria*, com marcas distintas no esterno	Agelenidae
72'.	Pernas sem pelos plumosos; fileiras de olhos retas; esterno normalmente de 1 cor	73
73(72').	ALS contíguas ou quase, mais espessas e, em geral, mais longas que PLS	Cybaeidae (em parte)
73'.	ALS distintamente separadas, mais curtas que PLS	74
74(73').	Tíbia anterior com 4 ou mais pares de espinhos ventrais	Hahniidae (em parte)
74'.	Tíbia anterior com 3 ou menos pares de espinhos ventrais	75
75(74').	Margem posterior da quelícera com 2 a 5 dentes de tamanho igual, sem dentículos	76
75'.	Margem posterior da quelícera com dentes e dentículos ou com mais de 5 dentes	77
76 (75).	Tamanho > 5 mm	Amaurobiidae (em parte)
76'.	Tamanho < 5 mm	Hahniidae (em parte)
77(75').	Pernas longas e delgadas, PT/C > 1,25; palpo do macho com címbio protraído apicalmente	Hahniidae (*Calymmaria*)
77'.	Pernas mais curtas e mais sólidas, PT/C < 1; palpo do macho com címbio normal	Dictynidae (em parte)
78(67').	Tarsos longos e flexíveis	Trechaleidae (*Trechalea*)
78'.	Tarsos inflexíveis	79
79(78').	Clípeo elevado; AME pequenos, outros maiores, formando um hexágono (PER procurva) (Figura 5-8A); margens das quelíceras com um único dente no máximo; trocanteres com entalhes rasos	Oxyopidae
79'.	Clípeo baixo; PER recurvada; quelíceras fortemente denteadas; trocanteres profundamente entalhados	80
80(79').	PER fortemente recurvada com PLE posteriores a PME de modo que os olhos aparecem como 3 fileiras (Figura 5-8C); palpo do macho não possui apófise tibial retrolateral	Lycosidae
80'.	PER levemente recurvada, PLE laterais a PME (Figura 5-8D); palpo do macho com apófise tibial retrolateral	Pisauridae
81(13').	Pernas lateralizadas: estendendo-se lateralmente a partir do corpo e viradas de modo que a superfície morfologicamente pró-lateral das pernas anteriores seja funcionalmente dorsal (Figura 5-10B)	82
81'.	Pernas avançadas: par anterior dirigido para a frente, par posterior para trás (Figura 5-10C)	85

82(81).	Pernas anteriores espessas e mais longas que as posteriores (Figura 5-10B); tarso não possui escópulas; quelíceras sem dentes (exceto *Isaloides*)	Thomisidae
82'.	Pernas anteriores ligeiramente aumentadas, embora pernas II possam ser significativamente mais longas que as outras; tarsos com escópulas; quelíceras com dentes ou dentículos	83
83(82').	Aranhas pequenas (tamanho < 10 mm); margem posterior das quelíceras sem dentes	Philodromidae (em parte)
83'.	Aranhas grandes (tamanho geralmente > 10 mm); margem posterior da quelícera com dentes ou dentículos	84
84(83').	Metatarso com membrana trilobada dorso-apical, permitindo hiperextensão dos tarsos (Figura 5-6F); tarsos com tufos de garras espessos; margem posterior da quelícera com dentes; trocanteres com entalhes profundos, se não entalhados, então margem posterior da quelícera com dentículos, e não dentes (*Pseudosparianthis*); sudoeste dos Estados Unidos e Flórida	Sparasiidae (em parte)
84'.	Metatarsos não possuem membrana trilobada dorso-apical; tarsos não possuem tufos de garras, porém apresentam escópulas tarsais protraídas apicalmente que podem dar a impressão de tufos; margem posterior da quelícera com dentes; trocanteres com entalhes rasos; Arizona, Novo México	Tengellidae (*Lauricius*)
85(81').	AME muito aumentados, PER na borda lateral da carapaça; carapaça truncada anteriormente, face quase vertical (Figura 5-8B)	Salticidae
85'.	Olhos e carapaça ligeiramente modificados	86
86(85').	PER fortemente recurvada, olhos aparecem como 3 fileiras com margem anterior de PLE na borda posterior de PME ou atrás dela	87
86'.	PER variável, mas levemente recurvada	90
87(86).	Tíbia anterior com pelo menos 5 pares de espinhos ventrais fortes	88
87'.	Tíbia anterior com menos espinhos ventrais	89
88(87).	AER fortemente recurvada com ALE pequenos e contíguos com PME e PLE; tamanho > 6 mm	Ctenidae
88'.	AER reta a discretamente recurvada; tamanho < 6 mm	Zoridae (*Zora*)
89(87').	Carapaça estreita, mais comprida que larga; aranhas de grama; distribuição difusa	Philodromidae (*Tibellus*)
89'.	Carapaça ampla, comprimento correspondente à largura; aranhas de solo; sul da Califórnia a Arizona	Homalonychidae (*Homalonychus*)
90(86').	Espiráculo traqueal na metade do abdômen; tufos de garras com cerdas amplas, lameliformes	Anyphaenidae
90'.	Espiráculo traqueal próximo às fiandeiras; tufos de garras de cerdas normais	91
91(90').	ALS cilíndricas, perceptivelmente separadas (podem parecer contíguas em *Micaria* e alguns *Orodrassus*) (Figura 5-7B); PME, em geral, modificados, elípticos, ovais ou triangulares; margens das quelíceras fracamente denteadas, apenas com dentículos, ou sem armadura, algumas vezes em quilha ou com apenas 2 a 3 dentes; enditos, com depressão mediana oblíqua distinta (não evidente em *Callilepis*); tufos de garras sempre presentes	92
91'.	ALS cônicas, contíguas na base (Figura 5-7A, C); PME, em geral, redondos, se ovais, então tíbias anteriores com 5 a 6 pares de espinhos ventrais; margens das quelíceras fortemente denteadas; enditos quase paralelos, muitas vezes alargados distalmente, não possui depressão mediana transversa (se houver, então tíbias anteriores com 5 a 6 pares de espinhos ventrais); tufos de garras presentes ou ausentes	93
92(91).	PER reta ou recurvada, raramente procurva (*Scopoides*); ALS com poucos tubos moderadamente alongados; garras tarsais e pelo menos a margem anterior das quelíceras denteadas	Gnaphosidae (em parte)
92'.	PER fortemente procurva; ALS com numerosos tubos evidentemente alongados; garras tarsais e margens das quelíceras sem dentes	Prodidomidae (em parte)

93(91').	PLS distintamente bissegmentadas, segmento distal cônico (Figura 5-7A)	Miturgidae
93'.	PLS unissegmentadas ou, se bissegmentadas, segmento distal arredondado	94
94(93').	Pernas sem espinhos, mas tíbias anteriores com cúspides ventrais	Corinnidae (Trachelinae)
94'.	Pernas com espinhos	95
95(94').	Tíbias anteriores com mais de 4 pares de espinhos ventrais	96
95'.	Tíbias anteriores com menos de 4 pares de espinhos ventrais	98
96(95).	Margem do esterno com processos triangulares apontando para as coxas (triângulos pré-coxais); trocanteres, no máximo com entalhes rasos	Corinnidae (Corinninae, Phrurolithinae)
96'.	Triângulos pré-coxais ausentes; trocanteres profundamente entalhados	97
97(96').	Tamanho > 5 mm; tarsos não pseudoarticulados	Tengellidae (em parte)
97'.	Tamanho < 4 mm; tarsos pseudoarticulados, posteriores dobrados	Liocranidae (*Apostenus*)
98(95').	Abdômen dos adultos com escuto, cobrindo todo o abdômen do macho e apenas a porção anterior da fêmea	Corinnidae (Castianeirinae)
98'.	Abdômen do adulto sem escuto	99
99(98').	Enditos côncavos ectalmente; triângulos pré-coxais presentes (veja passo 96)	Clubionidae
99'.	Enditos retos ou convexos ectalmente; triângulos pré-coxais, em geral ausentes, presentes em *Hesperocranum*, que possuem uma escova densa distinta de cerdas ventrais pares nas tíbias anteriores e nos metatarsos	Liocranidae (em parte)

Infraordem Mygalomorphae

Estas são as tarântulas e seus parentes, que possuem quelíceras grandes e poderosas com garras paralelas entre si e dois pares de pulmões foliáceos (Figura 5-5C). As fêmeas têm vida longa e sofrem mudas após a maturidade sexual. A maioria das espécies é grande (5 a 34 mm), de corpo pesado e pernas fortes. Muitas espécies são cavadoras; algumas fecham suas tocas com um alçapão ou um anel de seda. Este grupo é, em grande parte, tropical, mas 138 espécies ocorrem na América do Norte. A maioria ocorre no sul e sudoeste, mas algumas ocorrem no norte até Massachusetts e no sudeste do Alasca.

Família **Antrodiaetidae** – Aranhas-pedreiras: Os membros deste grupo possuem de um a três tergitos abdominais dorsais, alguma separação entre o lábio e o esterno e um sulco torácico longitudinal ou deprimido. As tocas destas aranhas são fechadas com um par de portas de seda flexíveis (*Antrodiaetus*) ou com uma única porta fina (*Aliatypus*), ou permanecem abertas em uma torre (*Atypoides*). São migalomorfas de tamanho médio (6 mm a 16 mm) com 25 espécies difusamente distribuídas na América do Norte.

Família **Atypidae** – Aranhas-de-bolsa: Estas aranhas moderadamente grandes (8 mm a 30 mm) possuem um tergito abdominal dorsal, por vezes aumentado em um escuto nos machos. O esterno e o lábio são fundidos e o sulco torácico é transverso. Estas aranhas constroem tubos de seda que podem ficar horizontalmente no solo ou se estender até a base de uma árvore. Os tubos são camuflados com resíduos. Se um inseto entra em contato com o tubo, a aranha pode picar através dele, agarrar o inseto e puxá-lo pelo tubo. Oito espécies ocorrem no leste dos Estados Unidos, estendendo-se para o norte até Wisconsin e a Nova Inglaterra.

Família **Mecicobothriidae**: Os membros deste grupo possuem um ou dois tergitos abdominais dorsais, fiandeiras posteriores longas e flexíveis, um sulco torácico longitudinal e separação entre esterno e lábio. Constroem teias que consistem em lâminas e tubos sob resíduos. São migalomorfas de tamanho pequeno a médio (4 mm a 18 mm), com seis espécies conhecidas no oeste da América do Norte.

Família **Dipluridae**: As espécies deste grupo não possuem tergitos abdominais e têm fiandeiras posteriores muito longas. Podem construir uma teia laminar com um funil ou um tubo de seda. Esta família inclui a espécie do Apalache *Microhexura montivaga* Crosby and Bishop, que consta da lista de espécies ameaçadas de extinção em decorrência da destruição do seu *habitat* associada ao pulgão lanígero do abeto invasivo (Hemiptera: Adelgidae). Com 4 mm, *Microhexura montivaga* é o menor migalomorfo da América do Norte, que tem cinco espécies conhecidas.

Família **Ctenizidae**: Aranhas das famílias Ctenizidae e Cytraucheniidae são aranhas-alçapão, que constroem túneis no solo e os fecham por meio de uma porta

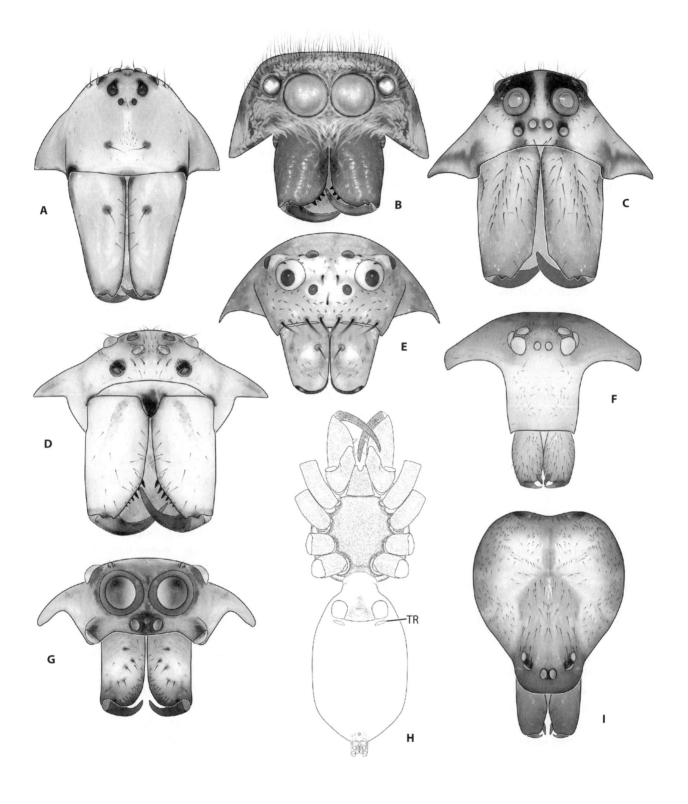

Figura 5-8 A-G, I, Arranjos de olhos das aranhas; H, Vista ventral. A, *Peucetia viridans* (Hentz) (Oxyopidae); B, *Salticus scenicus* (Clerck) (Salticidae); C, *Rabidosa rabida* (Walckenaer) (Lycosidae); D, *Pisaurina* sp. (Pisauridae); E, *Ozyptila pacifica* Banks (Thomisidae); F, *Pholcus phalangioides* (Fuesslin) (Pholcidae); G, *Deinopis spinosa* Marx (Deinopidae); H, *Dysdera crocata* C. L. Koch (Dysderidae); I, *Loxosceles reclusa* Gertsch e Mulaik (Sicariidae). *TR*, espiráculo traqueal.

articulada com seda. A porta se encaixa firmemente e em geral é bem camuflada.

Os túneis podem ser simples ou ramificados, e conter câmaras laterais fechadas, em relação ao túnel principal, por meio de portas articuladas. Durante a noite, estas aranhas podem ser vistas com frequência, posicionadas na entrada de uma porta discretamente aberta. Quando detectam a passagem de presas próximas, saem rapidamente, capturam-nas, e as levam para o túnel. Os ctenizídeos distinguem-se graças a fileiras de espinhos curtos e sólidos no primeiro e segundo tarsos e metatarsos e pela presença de um sulco torácico fortemente procurvo. Existem 15 espécies no sul e no oeste dos Estados Unidos, incluindo dois membros do gênero *Cyclocosmia*, que possuem a parte posterior do abdômen fortemente truncada e coberta em um disco intensamente esclerotizado. Quando a aranha é invertida, o abdômen se encaixa firmemente às paredes da toca, formando um fundo falso.

Família **Cyrtaucheniidae**: Estas aranhas-alçapão (veja informação precedente) possuem um sulco torácico transverso ou discretamente procurvo. Apenas a margem anterior das quelíceras é denteada, embora a margem posterior possa apresentar uma fileira de tubérculos baixos e arredondados. Existem 17 espécies no sul e no oeste dos Estados Unidos.

Família **Nemesiidae**: Estas aranhas constroem uma toca aberta, sem alçapão. São identificadas por uma fileira de 4 a 7 cerdas sólidas na superfície superior interna das quelíceras. Existem cinco espécies na Califórnia.

Família **Theraphosidae** – Tarântulas: Estas aranhas distintas, conspicuamente pilosas, de duas garras, estão entre as maiores espécies dos Estados Unidos (8 mm a 34 mm). Constroem tocas abertas, embora possam ser fechadas durante o dia por uma teia laminar fina ou tampada com terra no inverno. Apesar de sua reputação, o veneno das tarântulas da América do Norte não é perigoso. Porém, elas podem produzir nuvens de pelos urticantes ao esfregar o abdômen com suas pernas traseiras. Estes pelos podem irritar as membranas mucosas dos mamíferos, como os olhos e as vias respiratórias. Existem 57 espécies no sudoeste dos Estados Unidos.

Infraordem Araneomorphae

Este grupo contém a maior parte da diversidade das aranhas. Diferem das Mygalomorphae por possuir quelíceras articuladas na base que se movem para dentro e para fora, em vez de para cima e para baixo, como nas migalomorfas. Também possuem as garras articuladas em oposição entre si e não com movimento paralelo (Figura 5-5B). As Araneomorphae também são unidas pela origem do cribelo (Figura 5-7A), um órgão de fiação especializado aparentemente modificado a partir das fiandeiras medianas anteriores. A maioria das aranhas possui três pares de fiandeiras funcionais, embora algumas mesótelas possuam remanescentes não funcionais do quarto par. O cribelo foi perdido inúmeras vezes na evolução das aranhas. As Araneomorphae, excluindo Hypochilidae (e alguns de seus parentes que não ocorrem nos Estados Unidos), formam os Araneoclada, que se unem pela modificação do par posterior de pulmões foliáceos em um sistema de traqueias.

Família **Hypochilidae** – Aranhas abajur: Estas aranhas cribeladas, de pernas longas, são as únicas araneomorfas que retêm o segundo par de pulmões foliáceos. O cribelo não é dividido. As espécies da América do Norte vivem no centro de uma teia de malha circular, em geral construída em paredes rochosas ou na superfície inferior de bordas de penhascos salientes, geralmente ao longo de córregos. São aranhas frágeis, moderadamente grandes (8 mm a 12 mm). Existem 10 espécies norte-americanas nos Apalaches e no sudoeste.

Clado Haplogynae

O termo *condição haplógina* refere-se ao sistema reprodutor feminino, no qual o esperma é depositado e expelido pelas mesmas passagens (em contraste com Entelegynae). Esta condição é primitiva para as aranhas, sendo encontrada em mesótelas migalomorfas e hipoquilídias. Porém, o agrupamento em Haplogynae é sustentado como monofilético por outras linhas de evidência, incluindo a fusão das partes do palpo do macho para formar um bulbo piriforme (Figura 5-6I) e detalhes das fiandeiras (Platnick et al. 1991). Haplogynae inclui as 13 famílias relacionadas a seguir.

Família **Filistatidae**: Estas aranhas de tamanho pequeno a médio (3 mm a 15 mm) possuem os oito olhos proximamente agrupados em uma corcova arredondada, um clípeo quase horizontal, quelíceras fracas fundidas medialmente, fiandeiras e tubérculo anal avançados a partir da parte posterior do abdômen até a posição ventral e um cribelo dividido. São as únicas aranhas araneomorfas cujas fêmeas sofrem mudas após a maturidade sexual. Constroem teias laminares com linhas irradiadas e um refúgio central em forma de funil. Existem sete espécies no sul e oeste dos Estados Unidos.

Família **Caponiidae**: Esta família inclui apenas as aranhas de dois olhos, embora o número de olhos seja variável. A face lateral das quelíceras tem uma lima estridulatória. Estas pequenas aranhas (2 mm a 6 mm) não possuem pulmões foliáceos, apresentando órgãos respiratórios anteriores e posteriores modificados em traqueias. Oito espécies do sudoeste dos EUA foram descritas. Vivem em resíduos e sob pedras.

Família **Dysderidae**: Esta família é representada nos Estados Unidos por uma espécie introduzida, *Dysdera crocata* C. L. Koch, espécie não cribelada de duas garras que possui seis olhos dispostos em um agrupamento compacto e quelíceras muito grandes com projeção distal. As coxas dos dois pares de pernas anteriores são mais longas e mais finas que os dois pares posteriores (Figura 5-8H). Também podem ser distinguidas de outras famílias de aranhas, com exceção de Segestriidae e Oonopidae, por possuírem aberturas traqueais pares em posição imediatamente posterior aos pulmões foliáceos (Figura 5-8H). Estas aranhas vivem sob cascas de árvores ou pedras, onde podem construir um refúgio de seda e capturar isópodes como presas.

Família **Segestriidae**: Estas aranhas não cribeladas de três garras possuem seis olhos dispostos em três díades. São identificadas por apresentarem um terceiro par de pernas dirigidas anteriormente. O sistema traqueal é semelhante ao dos disderídeos. Segistrídias são difusas nos Estados Unidos, com sete espécies descritas.

Família **Oonopidae**: Pequenas aranhas (1,5 mm a 3 mm) não cribeladas, de duas garras, com seis olhos dispostos em um grupo compacto. Muitas espécies possuem grandes placas esclerotizadas em várias configurações que cobrem partes do abdômen. O sistema traqueal é o mesmo dos disderídeos. Estas aranhas podem ser encontradas em montes de folhas ou construções; algumas espécies são saltatórias. Existem 24 espécies norte-americanas, a maioria no sul dos Estados Unidos.

Família **Pholcidae** – **Aranhas de porão**: Aranhas de tamanho pequeno a médio (1,5 mm a 9 mm), não cribeladas, de três garras com quelíceras fundidas, seis ou oito olhos (Figura 5-8F) e pernas muito longas e finas, com tarsos subdivididos em muitos pseudoartículos. Ao contrário da maioria das haplóginas, a região genital feminina pode ser coberta por um "epigino" esclerotizado, como ocorre em grande parte das aranhas entelégynas. Contudo, os ductos da genitália dos folcídios são haplóginos. Os folcídios constroem teias irregulares e podem vibrar suas teias quando perturbados. Os ovos são transportados nas quelíceras, presos frouxamente com seda. São comuns em porões, garagens e outras estruturas rústicas. Trinta e quatro espécies estão representadas na América do Norte.

Família **Diguetidae**: Aranhas de tamanho pequeno a médio (4 mm a 10 mm), não cribeladas, de três garras, com seis olhos dispostos em três díades, pernas finas longas e o primeiro tarso dos machos subdividido em muitos pseudoartículos. As quelíceras são fundidas medialmente com uma membrana flexível, a superfície externa possui uma lima estridulatória. Um par de espiráculos traqueais está localizado anteriormente às fiandeiras a cerca de um terço da distância até o sulco epigástrico. Estas aranhas vivem em tubos de seda fixados a uma série de discos de seda sobrepostos, organizados como as telhas de um telhado e fixados à vegetação. Existem sete espécies no sudoeste dos Estados Unidos.

Família **Plectreuridae**: Aranhas de tamanho médio (5,5 mm a 12 mm), não cribeladas, de três garras, com oito olhos. As quelíceras são semelhantes às das diguetídeas. Constroem tubos de seda com fios irradiando-se para fora na entrada e, com frequência, são encontradas em *habitats* quentes e áridos. Existem 16 espécies no sudoeste dos Estados Unidos.

Família **Ochyroceratidae**: Aranhas pequenas (1 mm a 2 mm), não cribeladas, de seis olhos, três garras, com pernas finas e longas. Lembram folcídios, mas não possuem tarsos pseudoarticulados. As quelíceras são livres, embora uma lamela mediana esteja presente. Estas aranhas possuem uma distinta coloração apurpurada. Há uma espécie na Flórida.

Família **Leptonetidae**: Aranhas pequenas (1 mm a 3 mm), de três garras, que podem ter seis ou quatro olhos – ou ser cegas. A maioria das espécies de seis olhos possui uma díade posterior estabelecida separadamente de uma fileira anterior de quatro olhos. Existem 34 espécies, a maioria no sul dos Estados Unidos. Algumas vivem em cavernas; outras estão associadas a rochas e montes de folhas.

Família **Telemidae**: Aranhas pequenas (1 mm a 2 mm) de três garras que podem ter seis olhos ou ser cegas. As pernas são longas e finas. Os pulmões foliáceos são modificados em um conjunto anterior de traqueias. O abdômen possui um "zigue-zague" esclerotizado particular sobre o pedicelo. Existem quatro espécies no oeste da América do Norte, em geral associadas a cavernas ou montes de folhas úmidas.

Família **Sicariidae**: Aranhas de tamanho pequeno a médio (5 mm a 12 mm), de duas garras, com seis olhos dispostos em três díades amplamente separadas (Figura 5-8I). As quelíceras são fundidas basalmente; a face lateral possui estrias estridulatórias grosseiras. As pernas são relativamente longas e delgadas. Esta família é representada na América do Norte pelo gênero *Loxosceles*, que inclui as aranhas marrons (Figura 5-9). *Loxosceles* contém algumas das espécies mais venenosas encontradas na América do Norte. Entretanto, como mencionado, a frequência de envenenamento é exagerada. Treze espécies de *Loxosceles* podem ser encontradas no meio-oeste, sudoeste e costa do Atlântico.

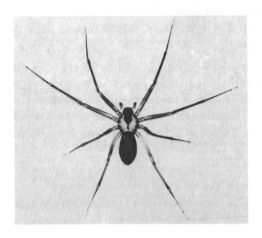

Figura 5-9 Aranha marrom, *Loxosceles recluse* Gertsch e Mulaik.

Família **Scytodidae – Aranhas cuspideiras**: Aranhas pequenas (3,5 mm a 5,5 mm), de três garras, com seis olhos dispostos em três díades amplamente separadas, carapaça em forma de cúpula quando vista de perfil, mais alta posteriormente. As quelíceras são fracas e fundidas basalmente e as pernas são longas e delgadas. Estas aranhas de movimento lento não constroem armadilhas, algumas capturam suas presas cuspindo uma substância mucilaginosa que envolve a presa e a prende ao substrato. Existem cinco espécies norte-americanas.

Clado Entelegynae

O termo condição entelógina refere-se à genitália feminina, que possui ductos separados para a recepção e expulsão de esperma.

Em geral, aranhas entelóginas possuem a genitália feminina coberta por uma placa esclerotizada, o epigino. A origem da condição entelógina é sinapomórfica para um grande grupo de aranhas, mas a reversão para a condição "haplógina" ocorreu diversas vezes. Aranhas entelóginas possuem um pedipalpo masculino bastante complexo, apresentando sacos infláveis e muitos escleritos. Antes da cópula, os sacos podem ficar cheios de hemolinfa, alterando radicalmente a configuração do bulbo do pedipalpo. Todas as aranhas a seguir pertencem a Entelegynae.

Clado Eresoidea

Este pequeno grupo de aranhas é tropical e contém algumas espécies sociais. Inclui aranhas cribeladas e não cribeladas de três famílias, duas das quais estão representadas na América do Norte.

Família **Oecobiidae**: Esta família de aranhas minúsculas (1 mm a 4,5 mm) de três garras é reconhecida por seu tubérculo anal grande e unido, franjado por longos pelos curvos. Apresenta quatro olhos bem desenvolvidos e outros quatro degenerados. As espécies norte-americanas possuem um cribelo dividido, embora outros membros da família não sejam cribelados. Esta família está amplamente distribuída e, com frequência, é encontrada em casas. Existem oito espécies norte-americanas.

Família **Hersiliidae**: Estas aranhas planas, não cribeladas, de três garras, são facilmente reconhecidas por suas fiandeiras posteriores extremamente longas e afiladas, cujo segmento distal tem aproximadamente o mesmo comprimento do abdômen. Duas espécies são encontradas raramente no sul do Texas e da Flórida.

Clado Orbiculariae

Este grande grupo de aranhas de três garras inclui as construtoras de teias orbitais (Figura 5-10A) e seus descendentes. Uloboridae e Deinopidae possuem um cribelo não dividido e compreendem os Deinopoidea; as 11 famílias restantes são não cribeladas e pertencem a Araneoidea. Muitas araneídeas possuem um paracímbio fixado à parte retrolateral do címbio (Figura 5-6J); esta estrutura tem importância taxonômica.

Família **Uloboridae – Tecedeiras de fibras vegetais**: Esta família de quatro a oito olhos não possui glândulas venenosas e constrói uma teia orbital completa ou reduzida. A família, de aranhas de tamanho pequeno a médio (2 mm a 6 mm), está espalhada pela América do Norte, com 14 espécies.

Família **Deinopidae – Aranhas cara-de-ogro**: Estas aranhas de hábitos noturnos são facilmente reconhecidas por seus olhos medianos posteriores extremamente grandes (Figura 5-8G). Possuem o corpo alongado (12 mm a 17 mm) e pernas longas e delgadas. Constroem uma teia orbital modificada, que seguram com seus primeiros dois pares de pernas e jogam como se fosse uma rede para capturar a presa. Existe uma espécie no sudeste dos Estados Unidos.

Família **Araneidae**: Esta é uma família diversa, em que quase todos os membros constroem uma teia orbital. Neste grupo, estão incluídas as inconfundíveis aranhas espinhosas de hábitos diurnos pertencentes aos gêneros *Gasteracantha* e *Micrathena*, as aranhas de jardim do gênero *Argiope* e as aranhas boleadoras (gênero *Mastophora*). As aranhas boleadoras abandonaram a teia orbital; utilizam uma mimetização química agressiva para enganar machos de mariposas, que são incapacitados ao serem atingidos por um glóbulo de seda pegajosa dependurado no final de uma linha. Existem

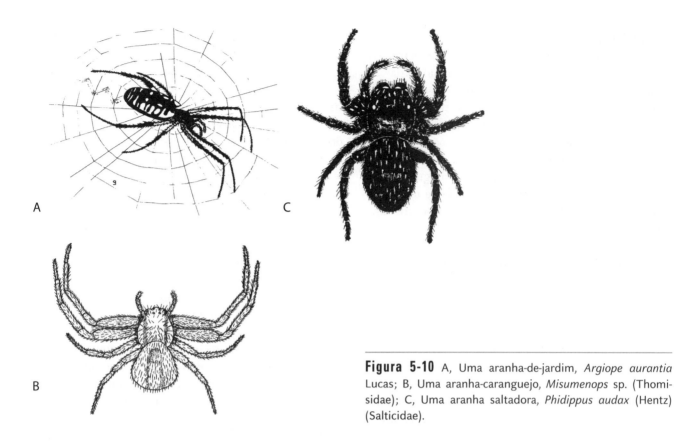

Figura 5-10 A, Uma aranha-de-jardim, *Argiope aurantia* Lucas; B, Uma aranha-caranguejo, *Misumenops* sp. (Thomisidae); C, Uma aranha saltadora, *Phidippus audax* (Hentz) (Salticidae).

164 espécies de araneídeas amplamente distribuídas na América do Norte.

Família **Tetragnathidae**: Esta família de construtoras de teias orbitais inclui a *Nephila clavipes* (L.), que constrói uma teia orbital dourada de até um metro de diâmetro. A fêmea de *Nephila* tem membros muito grandes (22 mm a 26 mm), já os machos são bem pequenos (6 mm a 8 mm) e podem não ser percebidos pelos coletores. *Nephila* pode ser comum nos estados do sul dos Estados Unidos. *Nephila* e a maioria das araneídeas constroem teias orbitais verticais; as demais tetragnatídeas normalmente constroem teias orbitais horizontais. Os membros do gênero *Tetragnatha* muitas vezes constroem teias sobre a água. Estas aranhas têm corpo longo, com quelíceras muito longas e protrusas, especialmente nos machos. Existem 43 espécies de tetragnatídeas amplamente distribuídas na América do Norte.

Família **Theridiosomatidae**: Estas pequenas construtoras de teias orbitais (1 a 2,5 mm) são reconhecidas pela presença de um par de fóveas na parte anterior do esterno adjacente ao lábio, por seu esterno truncado e pelos tricobótrios longos nas tíbias III e IV. No gênero que ocorre nos Estados Unidos, a aranha fica no centro de uma esfera orbital vertical, presa por um fio que sai da teia. Existem duas espécies no leste da América do Norte.

Família **Symphytognathidae**: As sinfitognatídeas e as anapídeas constroem pequenas teias orbitais horizontais. Estas teias são diferentes porque a aranha constrói uma segunda série de raios após a espiral pegajosa ser estabelecida. Como resultado, os fios espirais não mudam de direção em cada raio, como acontece em todas as outras teias orbitais. As teias das sinfitognatídeas diferem das teias das anapídeas por possuírem muitos destes raios secundários e pela ausência de qualquer raio fora do plano da teia (Eberhard 1982, 1986; Coddington 1986). As sinfitognatídeas são reconhecidas pela fusão basal de suas quelíceras, ausência de pedipalpos nas fêmeas (compartilhada com Anapidae), modificação dos pulmões foliáceos em traqueias e perda do sistema traqueal posterior. Existe uma espécie pequena (0,5 mm) de quatro olhos na Flórida.

Família **Anapidae**: As anapídeas se diferenciam de outras aranhas pela presença de um esporão originado imediatamente acima da cavidade oral, atrás e entre as quelíceras. A espécie de anapídea dos Estados Unidos consiste em uma aranha minúscula (1 mm a 1,3 mm), com oito olhos, encontrada no Óregon e na Califórnia. Os pulmões foliáceos são modificados em traqueias e o sistema traqueal posterior é perdido (variável na família). O abdômen do macho apresenta um escuto dorsal; a fêmea tem a superfície dorsal do abdômen coriácea e não possui pedipalpo.

Família **Mysmenidae**: Estas são aranhas minúsculas (0,5 mm a 2 mm) de oito olhos, com abdomens macios. As fêmeas possuem um pedipalpo. Na maioria das espécies norte-americanas, o macho tem um esporão de preensão no metatarso I. A história natural deste grupo é diversa. Algumas constroem teias horizontais semelhantes às das anapídeas; outras constroem uma teia orbital "tridimensional", com raios não restritos a um único plano (Eberhard 1982, 1986; Coddington 1986). Outras ainda abandonaram a construção de teias para viverem como cleptoparasitas em teias de outras aranhas. Cinco espécies são difundidas na América do Norte.

Família **Mimetidae – Aranhas-piratas**: As mimetídeas são caracterizadas por um padrão distinto de macrocerdas prolaterais no primeiro e segundo pares de pernas (Figura 5-6A). Estas cerdas são dispostas em um padrão repetitivo, com cada série contendo várias cerdas sequencialmente mais longas. As mimetídeas são araneófagas, mimetizadoras agressivas que normalmente invadem as teias de outras aranhas. Na teia, a locomoção das mimetídeas normalmente é muito lenta e caracterizada por pausas frequentes. As mimetídeas então sacodem ou puxam a teia, aparentemente imitando um inseto que luta ou um macho fazendo a corte. Quando a vítima se aproxima o suficiente, a mimetídea desfere uma picada letal de um veneno de ação rápida (Bristowe 1958). A classificação de nível maior das mimetídeas é controversa.

Família **Theridiidae – Aranhas tecedeiras**: As quatro famílias a seguir abandonaram a teia orbital em favor de uma teia de malha laminar ou tridimensional. As teridiídeas normalmente constroem teias, embora algumas tenham adotado um estilo de vida cleptoparasitário. Em geral, têm oito olhos (raramente com seis olhos ou cegas), com um clípeo elevado; podem ter um órgão estridulatório acima do pedicelo entre carapaça e abdômen. As teridiídeas possuem um pente de cerdas serreadas no quarto tarso (Figura 5-6B). O pente tarsal é utilizado para envolver a presa em seda antes do envenenamento. Raramente possuem dentes na margem retrolateral das quelíceras; podem ocorrer na margem anterior, mas são raros. O paracímbio, se presente, é fundido à parte retrodistal do címbio; a tíbia palpal nunca possui apófises. O cólulo é reduzido ou está ausente em algumas teridiídeas. Esta família inclui as aranhas viúvas-negras (*Latrodectus*), conhecidas por seu veneno potente (veja seção anterior sobre aranhas clinicamente importantes). Aranhas sociais (*Anelosimus*) e cleptoparasitas (*Argyrodes*) também estão representadas entre as aproximadamente 250 espécies norte-americanas de teridiídeas.

Família **Nesticidae**: As nesticídeas podem ter oito, seis, quatro olhos ou não possuir nenhum. Normalmente, têm cor pálida e muitas espécies são associadas a cavernas. As nesticídeas compartilham várias características com as teridiídeas, incluindo um pente no tarso IV; as nesticídeas possuem um cólulo bem desenvolvido. Os machos são facilmente distinguidos das teridiídeas pela presença de um paracímbio evidente fundido à parte retrobasal do címbio. Existem 37 espécies na América do Norte, a maioria endêmica na região das Montanhas Apalache.

Família **Linyphiidae**: As linifiídeas constituem a família de aranhas mais rica em espécies da América do Norte (> 800 espécies). Enquanto algumas espécies constroem teias laminares ou cupuliformes evidentes, a maioria das espécies é pequena (1 mm a 3 mm) e vive em montes de folhas. Os machos de algumas espécies possuem modificações bizarras na cabeça que estão associadas ao acasalamento. As linifiídeas normalmente são aranhas de oito olhos (raramente seis ou cegas) com um clípeo elevado, estrias estridulatórias na face lateral das quelíceras (Figura 5-6G) e uma tendência para a quebra das pernas na junta patela-tíbia. O palpo do macho apresenta um paracímbio pequeno, muitas vezes semelhante a um gancho fixado à parte retrobasal do címbio por uma membrana (Figura 5-6J). A tíbia palpal pode ou não possuir uma ou mais apófises.

Família **Pimoidae**: Estas aranhas lembram as linifiídeas, mas são maiores que a maioria daquela espécie (4,5 mm a 10,5 mm). Compartilham com as linifiídeas um clípeo elevado, estrias estridulatórias e quebra da perna na junta patela-tíbia; são bem diferentes delas quanto aos detalhes da genitália. O paracímbio das pimoídeas é fundido à parte retrobasal do címbio; a tíbia palpal nunca possui uma apófise. Treze espécies são representadas no oeste da América do Norte.

As demais aranhas pertencem a uma grande clade que, juntamente com alguns grupos não norte-americanos, constituem o grupo irmão das Orbiculariae. Até o momento, este grupo não possui um nome taxonômico formal. Nem todas as relações entre os táxons neste clado são bem definidas, mas alguns grupos distintos são observados.

Família **Titanoecidae**: Aranhas de tamanho pequeno a médio (3,5 mm a 8 mm) com um cribelo dividido e bem desenvolvido. Estas aranhas às vezes possuem tricobótrios tarsais curtos, pouco evidentes. Os machos possuem fileiras ventrais de macrosetas curtas nos metatarsos e nas tíbias I e II, reduzidas nas fêmeas. Quatro espécies estão disseminadas na América do Norte.

Clado RTA (apófise tibial retrolateral)

Este grande grupo de aranhas possui uma apófise retrolateral na tíbia do palpo do macho e tricobótrios no tarso, em geral com o comprimento aumentando distalmente (Figura 5-6C). Algumas famílias possuem duas fileiras de tricobótrios ou um agrupamento irregular; outras possuem tricobótrios reduzidos secundariamente ou perdidos. As licosídeas perderam a apófise tibial retrolateral.

Família **Dictynidae**: As dictinídeas são aranhas de oito olhos (ocasionalmente, seis olhos ou cegas) e de três garras. A família inclui membros cribelados e não cribelados; quando presente, o cribelo é íntegro, mas ocasionalmente é dividido. Algumas dictinídeas perderam os tricobótrios tarsais. Existem mais de 280 espécies norte-americanas.

Família **Zodariidae**: Estas aranhas não cribeladas de três garras são reconhecidas pela ausência de sérrulas na margem distal dos enditos e pela redução ou ausência das fiandeiras laterais posteriores e medianas posteriores. Existem cinco espécies norte-americanas.

Família **Hahniidae**: As haniídeas são aranhas de três garras, não cribeladas, construtoras de teias laminares. Muitas haniídeas norte-americanas são facilmente reconhecidas pela configuração das fiandeiras em fileiras transversais e pela posição avançada do espiráculo traqueal. Outras haniídeas não possuem estas características, mas são reconhecidas por fileiras de espinhos ventrais no metatarso e na tíbia I, pela presença de um cólulo não dividido e pela ausência de pelos plumosos.

Família **Agelenidae**: Estas aranhas de três garras são caracterizadas pela presença de um cólulo dividido (Figura 5-7B). Em geral, possuem pelos plumosos no abdômen, fiandeiras posteriores alongadas e constroem uma teia em forma de funil. Suas teias podem ser muito numerosas e evidentes. Existem 89 espécies norte-americanas.

Família **Cybaeidae**: Estas aranhas de três garras possuem fiandeiras anteriores contíguas que são mais longas que as fiandeiras posteriores e um cólulo íntegro mais ou menos transverso. Existem 44 espécies norte-americanas.

Família **Desidae**: Estas aranhas de três garras são caracterizadas por suas quelíceras muito aumentadas, com projeção distal. Existem apenas duas espécies na América do Norte. *Paratheuma* é uma aranha de três garras, não cribelada, com fiandeiras anteriores amplamente separadas. Está associada a *habitats* em zonas de intermarés da costa da Flórida. *Badumna* possui um cribelo dividido e foi introduzida na Califórnia.

Família **Amphinectidae**: Estas aranhas de três garras possuem um cribelo dividido e 5 a 7 dentes fortes nas duas margens das quelíceras. O palpo do macho possui um êmbolo filiforme envolvido em um condutor membranoso. Uma espécie foi introduzida na Califórnia e na região na costa do Golfo do México.

Família **Amaurobiidae**: As amaurobiídeas são aranhas de três garras, cribeladas ou não clibeladas. Podem construir grandes teias laminares ou viver em tubos de seda com apenas algumas linhas irradiando-se da abertura. Existem 124 espécies norte-americanas.

Família **Tengellidae**: As espécies norte-americanas são aranhas não cribeladas com duas ou três garras, tufos de garras e duas séries de tricobótrios tarsais. Existem 23 espécies norte-americanas, incluindo várias associadas a cavernas.

Família **Zorocratidae**: Estas grandes aranhas (5 mm a 13 mm) possuem um cribelo grande e dividido, tarsos escopulados e duas fileiras de tricobótrios tarsais. O tarso I possui três garras; nos outros tarsos, a terceira garra está ausente. As quelíceras possuem estrias laterais estridulatórias. Existem cinco espécies no sudoeste dos Estados Unidos.

Superfamília Lycosoidea

Lycosoidea inclui as sete famílias relacionadas a seguir. A condição primitiva para este grupo é a de construtores de teia cribelada. Com exceção de uma licosídea do sudeste dos Estados Unidos e uma espécie introduzida de zoropsídea, todos os membros norte-americanos deste grupo consistem em caçadoras errantes não cribeladas. Este grupo é unido por especializações dos olhos e características da genitália masculina. A maioria dos membros possui três garras tarsais, mas existem exceções.

Família **Ctenidae – Aranhas errantes**: Estas aranhas médias a grandes (6,5 mm a 30 mm) são reconhecidas por seus arranjos oculares nos quais pequenos olhos laterais anteriores são quase contíguos aos olhos medianos posteriores e laterais posteriores. Possuem duas garras e tufos de garras; as escópulas variam de ausentes a densas e se estendem para os metatarsos. Tricobótrios tarsais estão dispersos e não em uma linha definida. Este grupo é principalmente tropical; sete espécies ocorrem no sul dos Estados Unidos.

Família **Zoropsideae**: Estas aranhas de duas garras possuem de 6 a 7 pares de espinhos ventrais nas tíbias anteriores, um calamistro consistindo em uma área oval, em vez de uma ou duas fileiras de cerdas, e um cribelo dividido. Uma única espécie foi introduzida na Califórnia.

Família **Miturgidae**: Estas aranhas de duas garras não cribeladas possuem escópulas densas e tufos de garras. As fiandeiras posteriores têm dois segmentos distintos e o segmento distal é cônico (Figura 5-7A). A ausência de um sulco torácico é indicativa de *Cheiracanthium*, um gênero de miturgídeas com alguma importância médica. Existem 10 espécies na América do Norte.

Família **Oxyopidae – Aranhas-lince**: Estas aranhas de três garras podem ser reconhecidas pela organização dos olhos, com os pares de olhos anteriores laterais e posteriores formando um hexágono e os olhos anteriores medianos abaixo dos anteriores laterais (Figura 5-8A). O abdômen muitas vezes é afunilado até um ponto posteriormente, as pernas possuem muitas macrocerdas longas e os tarsos têm duas fileiras de tricobótrios; algumas apresentam uma distinta coloração verde-brilhante. A maioria das aranhas-lince caça sobre a folhagem e embosca suas presas; outras sentam e esperam em galhos ou ramos. Os membros do gênero *Oxyopes* são saltadores potentes. As espécies norte-americanas não constroem uma teia ou um refúgio, embora espécies construtoras de teias possam ser encontradas nos trópicos. Dezoito espécies ocorrem na América do Norte.

Família **Pisauridae – Aranhas da teia-berçário e aranhas pescadoras**: Estas aranhas médias a grandes (6,5 mm a 31 mm) lembram as aranhas-lobos, mas diferem na organização dos olhos: a fileira de olhos anteriores é variável, em geral menor que a posterior; a fileira posterior é fortemente recurvada, com os olhos de tamanho desigual (Figura 5-8D). O saco de ovos é transportado pela fêmea sob seu cefalotórax, mantido ali pelas quelíceras e pedipalpos. Antes da eclosão dos ovos, a fêmea fixa o saco a uma planta, constrói uma teia ao seu redor e monta guarda. As pisaurídeas procuram por suas presas e constroem teias apenas para suas crias jovens. Algumas aranhas neste grupo, particularmente as aranhas pescadoras do gênero *Dolomedes*, são muito grandes. Dolomedes vivem próximas à água e podem caminhar sobre sua superfície ou mergulhar para se alimentar de insetos aquáticos e, às vezes, de pequenos peixes. Existem 13 espécies na América do Norte.

Família **Trechaleidae** – Aranhas grandes (14 mm a 16 mm), achatadas, de movimentos rápidos, com três garras e tarso longo e flexível. Existe uma espécie no Arizona, encontrada próximo a córregos permanentes em regiões xéricas. As fêmeas podem carregar um envoltório de ovos em forma de disco fixado às fiandeiras.

Família **Lycosidae – Aranhas-lobo**: As licosídeas são aranhas distintas de três garras, reconhecidas por seu padrão ocular: olhos anteriores pequenos em uma fileira mais ou menos reta, olhos posteriores medianos muito grandes, olhos posteriores laterais menores, posicionados bem atrás dos posteriores medianos (Figura 5-8C). O palpo do macho não possui uma apófise tibial. A maioria das espécies norte-americanas é forrageadora, com exceção de *Sosippus*, que constrói uma teia laminar com refúgio em forma de funil. O saco de ovos é carregado pela fêmea, afixado à suas fiandeiras. Quando as formas jovens eclodem, são transportadas por um tempo nas costas da fêmea. As licosídeas são amplamente distribuídas, com mais de 250 espécies na América do Norte. Ocorrem em muitos *habitats* diferentes e costumam ser muito comuns.

Clado Dionycha

Dionycha inclui as 13 famílias relacionadas a seguir. Este é um grande grupo de aranhas não cribeladas, de duas garras e oito olhos (fauna norte-americana), provavelmente não monofilético. Exceto quando indicado de outro modo, possuem escópulas (pelo menos nos tarsos I e II, com frequência também nos metatarsos) e tufos nas garras. Todos os representantes norte-americanos realizam forrageamento sem uma teia, embora isto não ocorra no mundo todo. Sparassidae, Selenopidae, Philodromidae e Thomisidae são aranhas-caranguejos com pernas lateralizadas; as demais famílias possuem orientação anterior típica. As pernas lateralizadas são viradas de modo que a superfície morfologicamente prolateral seja dorsal.

Família **Clubionidae**: Estas aranhas pequenas a médias (2,5 mm a 10,5 mm) possuem tufos de garras densos e escópulas finas. Em geral, têm cor amarela-pálida ou cinza-clara. As clubionídeas normalmente passam o dia em refúgios de tubo de seda e procuram suas presas à noite. Existem 61 espécies na América do Norte.

Família **Anyphaenidae**: Estas aranhas lembram as clubionídeas, mas possuem o espiráculo traqueal avançado até pelo menos metade do caminho entre fiandeiras e sulco epigástrico, e os pelos dos tufos das garras são um pouco achatados. Os tarsos e metatarsos I e II possuem escópulas esparsas. Seu comportamento é semelhante ao das clubionídeas, retirando-se para tubos de seda durante o dia e buscando alimento à noite. Existem 39 espécies na América do Norte.

Família **Corinnidae**: As pernas possuem numerosas macrocerdas ventrais (ausente em *Trachelas*), tufos de garras densos e escópulas esparsas. O abdômen, muitas vezes, possui placas esclerotizadas. Algumas espécies mimetizam formigas. A América do Norte possui 122 espécies.

Família **Liocranidae**: Estas aranhas normalmente não possuem macrocerdas ventrais pares nas tíbias e nos metatarsos I e II; escópulas e tufos de garras estão ausentes ou são muito finos. Com frequência, o abdômen possui cerdas iridescentes ou um ou mais escutos. Existem oito espécies na América do Norte.

Família **Zoridae**: Estas aranhas de tamanho pequeno a médio (2,5 mm a 7 mm) possuem a fileira de olhos anteriores quase reta e a fileira de olhos posteriores fortemente recurvada. A tíbia possui 6 a 8 pares de macrossetas sobrepostas. Existem duas espécies na América do Norte.

Família **Gnaphosidae**: Estas aranhas possuem os olhos medianos posteriores achatados e de forma irregular. As fiandeiras anteriores são cilíndricas, esclerotizadas e separadas por pelo menos sua largura (Figura 5-7B). Os enditos têm uma depressão oblíqua na superfície ventral. Estas aranhas são escuras, mas algumas têm marcas claras no abdômen. Os machos, algumas vezes, possuem um escuto dorsal. Ao contrário das prodidomídias, as gnafosídeas possuem dentes nas garras tarsais e pelo menos a margem anterior das quelíceras denteada. São ativas à noite. Há mais de 250 espécies na América do Norte.

Família **Prodidomidae**: Estas aranhas lembram muito as gnafosídeas, mas são diferenciadas pela presença de uma fileira de olhos posteriores fortemente procurvos, ausência de dentes nas quelíceras e na garra tarsal e por detalhes das fiandeiras. Duas espécies vivem no sul dos Estados Unidos.

Família **Homalonychidae**: Aranhas moderadamente grandes (6,5 mm a 9 mm) com enditos fortemente convergentes; não possuem sérrulas na margem anterior dos enditos, dentes nas garras tarsais e cólulo. As formas jovens e as fêmeas adultas se cobrem com partículas de solo fino, que adere a cerdas modificadas, fornecendo camuflagem eficaz. Existem duas espécies no sudoeste dos Estados Unidos.

Família **Selenopidae**: Estas aranhas possuem um par de olhos posteriores avançados, de modo que a fileira de olhos anteriores parece incluir seis olhos; a fileira de olhos posteriores inclui dois olhos relativamente grandes, bastante afastados. Estas são aranhas achatadas, noturnas, de duas garras, movimentos rápidos, que não possuem cólulo. Existem seis espécies no sul dos Estados Unidos.

Família **Sparassidae – Aranhas-caranguejos gigantes**: Estas grandes aranhas (10 mm a 25 mm) são reconhecidas por uma membrana trilobada única na parte dorsoapical dos metatarsos (Figura 5-6F). Onze espécies estão confinadas ao sul dos Estados Unidos, mas algumas vezes são encontradas no norte em associação a remessas de bananas.

Família **Philodromidae**: Estas aranhas um pouco achatadas possuem escópulas densas e tufos de garras. Os olhos são desiguais em tamanho e não estão situados em tubérculos. Os dentes estão presentes na margem anterior das quelíceras, ausentes a partir da margem posterior. As pernas têm comprimento desigual ou as pernas II são mais longas que as outras. Existem quase 100 espécies na América do Norte.

Família **Thomisidae**: Estas aranhas um tanto achatadas não possuem escópulas e tufos de garras. Os olhos laterais, muitas vezes, são maiores que os medianos e posicionados em tubérculos (Figura 5-8E) As quelíceras quase nunca possuem dentes ou possuem as duas margens denteadas. As pernas I e II são mais longas e mais espessas que as pernas III e IV (Figura 5-10B). Uma espécie comum deste grupo é a aranha-flor, *Misumena vatia* (Clerk), que é branca ou amarela com uma faixa vermelha em um dos lados do abdômen. É um predador que senta e espera, muitas vezes ocupando uma flor e atacando os polinizadores. Ela pode mudar de cor por alguns dias, dependendo da cor da flor. Existem mais de 140 espécies de tomisídeas na América do Norte.

Família **Salticidae – Aranhas saltadoras**: Estas aranhas de corpo forte e pernas curtas possuem um padrão ocular distinto, com os olhos medianos anteriores muito maiores (Figuras 5-8B, 5-10C). O corpo é um tanto piloso e, com frequência, tem cores vivas ou iridescentes. Algumas espécies têm o aspecto semelhante ao de formigas. As aranhas saltadoras procuram as presas no período diurno. Abordam lentamente sua presa e, então, saltam repentinamente sobre ela. Podem pular, muitas vezes, o comprimento equivalente ao de seu próprio corpo. Antes de saltar, fixam um fio de seda de reboque, que podem usar para escalar de volta até sua posição inicial. As salticídeas constituem a família de aranhas mais diversificada do mundo, com mais de 330 representantes na América do Norte.

Ordem Ricinulei[14] – Ricinuleídeos

Este é um pequeno grupo de raros aracnídeos tropicais. Têm o aspecto um pouco parecido com o de carrapatos e uma de suas características distintas é uma aba móvel na extremidade anterior do prossoma que se estende sobre as quelíceras. Os tarsos do terceiro par de pernas dos machos são modificados em órgãos copuladores. Uma espécie, *Cryptocelo dorotheae* Gertsch e Mulaik, foi relatada no Vale do Rio Grande, no Texas. Este aracnídeo tem cerca de 3 mm de comprimento, cor vermelho-alaranjada a marrom, e ocorre sob objetos no

---

[14] Ricinulei: *Ricin*, um tipo de ácaro ou carrapato; *ulei*, pequeno (um sufixo diminutivo).

solo. Algumas espécies tropicais são maiores (até cerca de 15 mm de comprimento) e a maioria é encontrada em cavernas.

Ordem Opiliones[15] – Opiliões, Giramundo

Estes aracnídeos possuem o corpo arredondado ou oval, com o prossoma e o opistossoma amplamente unidos. Apresentam dois olhos, em geral localizados em cada lado de uma elevação mediana. Glândulas odoríferas estão presentes, com seus ductos abrindo-se na superfície externa acima da primeira ou segunda coxa. Estas glândulas secretam um fluido de odor peculiar quando o animal é perturbado. A maioria das espécies é predadora ou se alimenta de animais mortos ou seiva. Os ovos são depositados no solo durante o outono e eclodem na primavera. A maioria das espécies vive um ou dois anos. Esta ordem é dividida em três subordens, Cyphophthalmi, Laniatores e Palpatores.

Subordem Cyphophthalmi – Opiliões acariformes

São formas pequenas, semelhantes a ácaros, de pernas curtas, com 3 mm de comprimento ou menos, que diferem das outras duas subordens por possuírem aberturas de glândulas odoríferas em processos cônicos curtos. Os olhos, se presentes, são muito distantes e indistintos. Este grupo é representado nos Estados Unidos por quatro espécies, que ocorrem no sudoeste e no extremo oeste.

Subordem Laniatores

Este grupo é tropical, porém mais de 60 espécies ocorrem em estados do sul e do oeste dos Estados Unidos, muitas vezes em cavernas. Difere dos Palpatores por possuir os tarsos nas terceira e quarta pernas com duas ou três garras (ou uma garra com três dentes). Os pedipalpos são grandes e robustos, e seus tarsos são armados com uma garra forte. As pernas não são exageradamente longas.

Subordem Palpatores – Aranha-alho

Este grupo inclui o opilião comumente chamado de aranha-alho, que possui pernas muito longas e delgadas (Figura 5-11A). Cerca de 150 espécies ocorrem na América do Norte. O segundo par de pernas destas formas é o mais longo e os tarsos de todas as pernas possuem apenas uma garra. Os pedipalpos são menores e seus tarsos apresentam uma garra fraca ou nenhuma. Quatro famílias desta subordem ocorrem na América do Norte, porém a maioria das espécies dos Estados Unidos pertence aos Phalangidae.

Ordem Acari[16] – Ácaros e carrapatos

Acari constitui um grupo muito grande de animais pequenos a minúsculos. Mais de 30 mil foram descritos e estima-se que talvez mais 500 mil ainda não tenham sido relatados. O corpo geralmente é oval, com pouca (Figura, 5-12) ou nenhuma (Figuras 5-13 a 5-15) diferenciação das duas regiões corporais. As formas jovens recém-eclodidas, chamadas de larvas, possuem apenas três pares de pernas (Figuras 5-14B, 5-15A) e adquirem o quarto par após a primeira muda. Alguns acarinos possuem menos de três pares de pernas. Os instares entre larva e adulto são chamados de *ninfas*.

Os Acari ocorrem em praticamente todos os *habitats* onde qualquer animal seja encontrado e rivalizam com os insetos em suas variações de hábitos e

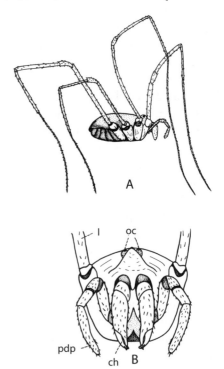

Figura 5-11 Um opilião ou aranha-alho (Ordem Opiliones). A, Vista lateral; B, Vista anterior. *ch*, quelícera; *l*, perna anterior; *oc*, olhos ou ocelo; *pdp*, pedipalpo. Os opiliões normalmente possuem dois olhos localizados em um tubérculo e as quelíceras em forma de garra, como apresentado em B.

---

[15] Opiliones: do latim, significa pastor.

[16] Acari: do grego, significa um ácaro.

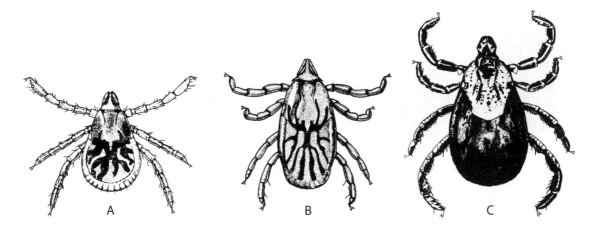

Figura 5-12 O carrapato canino americano, *Dermacentor variabilis* (Say) (Ixodidae). A, Larva; B, Ninfa; C, Adulto (não ingurgitado).

histórias de vida. Este grupo inclui formas aquáticas e terrestres e as formas aquáticas ocorrem tanto em água-doce quanto salgada. Os ácaros são abundantes no solo e resíduos orgânicos, onde superam o número de outros artrópodes. Muitos são parasitários, pelo menos durante parte do seu ciclo de vida, e tanto vertebrados quanto invertebrados (incluindo insetos) servem como hospedeiros. A maioria das formas parasitárias consiste em parasitas externos de seus hospedeiros. Muitas das formas de vida livre são predadoras e algumas capturam artrópodes indesejáveis. Alguns se alimentam de detritos e ajudam a decompor a serapilheira. Outros se alimentam de plantas e prejudicam as lavouras.

Algumas formas parasitárias constituem pragas para o ser humano e outros animais, causando lesões decorrentes de sua alimentação e algumas vezes servindo como vetores de doenças. Este grupo tem uma importância biológica e econômica considerável.

Os grupos de Acari foram organizados de modo variável por diferentes autoridades; seguiremos aqui a organização de Barnes (1987), mas chamaremos os três principais agrupamentos de Acari de "grupos" em vez de ordens. Esta organização (com outras grafias, nomes ou organizações entre parênteses) é a seguinte:

Ordem Acari – ácaros e carrapatos
    Grupo I. Opilioacariformes (Opilioacarida, Notostigmata; Parasitiformes em parte)
    Grupo II. Parasitiformes
        Subordem Holothyrina (Holothyrida, Tetrastigmata)
        Subordem Mesostigmata (Gamasida)
        Subordem Ixodida (Ixodides, Metastigmata) – carrapatos
    Grupo III. Acariformes
        Subordem Prostigmata (Trombidiformes, Actinedida)
        Subordem Astigmata (Sarcoptiformes, Acaridida)
        Subordem Oribatida (Oribatei, Cryptostigmata)

Grupo I. Opilioacariformes

Os membros deste grupo são alongados e razoavelmente coriáceos e possuem o abdômen segmentado. Têm cores vivas e são semelhantes a alguns opiliões (Opiliones). Em geral, são encontrados sob pedras ou em resíduos e são onívoros ou predadores. As espécies dos Estados Unidos ocorrem no sudoeste.

Grupo II. Parasitiformes

Estes são ácaros de tamanho médio a grande que possuem o abdômen não segmentado. Seu sistema traqueal possui espiráculos ventrolaterais.

SUBORDEM **Holothyrina**: Os membros deste grupo são ácaros de tamanho razoável (2 mm a 7 mm de comprimento), arredondados ou ovais, que ocorrem na Austrália, Nova Guiné, Nova Zelândia, alguma ilhas do Oceano Índico e nos trópicos americanos. São encontrados sob pedras ou em vegetação em decomposição e são predadores.

SUBORDEM **Mesostigmata**: Esta é a maior subordem dos Parasitiformes e inclui formas predadoras, detritívoras e parasitas. A maioria tem vida livre, é predadora e, em geral, são os ácaros dominantes em

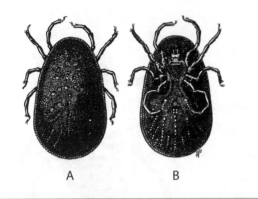

Figura 5–13 O carrapato-de-galinha, *Argas persicus* (Oken), fêmea adulta (Argasidae). A, Vista dorsal; B, Vista ventral.

montes de folhas, húmus e terra. Os ácaros parasitas deste grupo atacam aves, morcegos, pequenos mamíferos, cobras, insetos e raramente o ser humano. Uma espécie parasita, o piolho-de-galinha, *Dermanyssus gallinae* (De Geer), é uma praga séria das aves. Fica oculto durante o dia e ataca as aves sugando seu sangue à noite. Esta espécie também causa dermatite em humanos.

SUBORDEM **Ixodida – Carrapatos**: Duas famílias de carrapatos ocorrem na América do Norte, Ixodidae ou carrapatos duros e Argasidae ou carrapatos moles. Os carrapatos são maiores que os outros ácaros e são parasitas, alimentando-se do sangue de mamíferos, aves e répteis. Os que atacam humanos são pragas incômodas e algumas espécies servem como vetores de doenças. Os carrapatos são os vetores mais importantes de doenças em animais domésticos e perdem apenas para mosquitos como vetores de doenças em seres humanos. Alguns carrapatos, especialmente as fêmeas cheias de sangue, que se alimentam no pescoço ou próximo à base do crânio de seu hospedeiro, injetam um veneno que produz paralisia. A paralisia pode ser fatal se o carrapato não for removido. As doenças mais importantes transmitidas pelo carrapato são a febre macular das Montanhas Rochosas, a febre recorrente, a doença de Lyme, tularemia, babesiose bovina e febre do carrapato do Colorado.

Os carrapatos depositam seus ovos em vários locais, mas não no hospedeiro; as formas jovens procuram um hospedeiro após a eclosão. A maioria das espécies tem um ciclo de vida de três hospedeiros: a larva se alimenta em um hospedeiro, cai e sofre muda; a ninfa em um segundo; e o adulto em um terceiro. Os carrapatos duros fazem apenas uma refeição de sangue em cada um de seus três instares, permanecem no hospedeiro por vários dias enquanto se alimentam, mas, em geral, soltam-se para sofrer a muda. Os carrapatos moles se escondem em rachaduras durante o dia e se alimentam de seus hospedeiros à noite; cada instar pode se alimentar várias vezes. Os carrapatos duros comuns possuem dois ou três hospedeiros durante seu desenvolvimento enquanto os carrapatos moles podem ter muitos hospedeiros. O carrapato bovino, que transmite a babesiose bovina, alimenta-se do mesmo hospedeiro individual durante todos os três instares e o protozoário causador da doença é transmitido por via transovariana, ou seja, através dos ovos para a cria do carrapato. Os carrapatos duros (Figura 5-12) apresentam uma placa dorsal sólida chamada de *escuto* e possuem peças bucais com protrusão anterior e visível de cima para baixo. Os carrapatos moles (Figura 5-13) não possuem escuto e têm corpo mole; as peças bucais estão localizadas ventralmente e não são visíveis de cima.

Grupo III. Acariformes

São pequenos ácaros que possuem o abdômen não segmentado e os espiráculos próximos às partes bucais ou ausente.

SUBORDEM **Prostigmata**: Este é um grande grupo cujos membros variam consideravelmente nos hábitos. Alguns têm vida livre (em detritos, musgos ou água) e seus hábitos alimentares variam, outros são parasitários e outros ainda são parasitários enquanto larvas, porém predadores quando adultos. Este grupo inclui ácaros-aranha, ácaros galhadores, ácaros hidracnídeos, ácaros trombiculídeos, ácaros das penas e outros.

Os ácaros-aranha (Tetranychidae) alimentam-se de vegetais e algumas espécies provocam danos graves em árvores de pomar, lavouras e plantas de estufa. Consomem a folhagem ou as frutas e atacam uma variedade de plantas. São amplamente distribuídos, multivoltinos e, às vezes, ocorrem em números enormes. Os ovos são depositados na planta e, durante os dias quentes de verão, eclodem em 4 ou 5 dias. Existem quatro instares (Figura 5-14) e o crescimento do ovo até o estágio adulto requer cerca de três semanas. A maioria das espécies passa o inverno no estágio de ovo. Os instares imaturos são amarelados ou de cor pálida e os adultos são amarelados ou esverdeados. (Estes animais algumas vezes são chamados de ácaros vermelhos, mas raramente são vermelhos.) O sexo nestes ácaros é determinado pela fertilização do ovo. Os machos se desenvolvem a partir de ovos não fertilizados e as fêmeas, de ovos fertilizados.

Os ácaros galhadores (Eriophyoidea) são alongados e vermiformes e possuem apenas dois pares de pernas. Algumas espécies formam pequenas galhas em forma de bolsa nas folhas, mas a maioria se alimenta das folhas sem formar galhas, apenas produzindo ferrugem. Outros

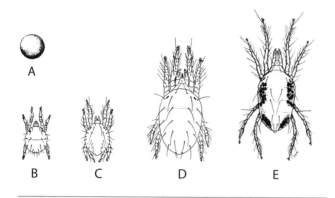

Figura 5-14 Ácaro-aranha *Tetranychus canadensis* (McGregor). A, Ovo; B, Primeiro instar ou larva; C, Segundo instar ou protoninfa; D, Terceiro instar ou deutoninfa; E, Quarto instar, fêmea adulta.

atacam os brotos e uma espécie forma as inconfundíveis galhas "vassoura-de-bruxa" em árvores frutíferas. Muitos ácaros galhadores são pragas importantes de pomares ou outras plantas cultivadas.

Os ácaros hidracnídeos (Hydrachnidia, com 45 famílias em nove superfamílias) incluem várias espécies amplamente distribuídas e comuns de água-doce e algumas formas de água salgada. Algumas espécies ocorrem em fontes termais. As larvas são parasitas de insetos aquáticos e a maioria das ninfas e adultos é predadora. Os ácaros hidracnídeos são pequenos, com o corpo redondo, de cores vivas (vermelho ou verde) e são muito comuns em lagoas. Rastejam no fundo e na vegetação aquática e depositam seus ovos na superfície de folhas ou em animais aquáticos (principalmente mexilhões de água-doce). As larvas do ácaro hidracnídeo (a maioria do gênero *Arrenurus*) muitas vezes são abundantes nos corpos de libélulas e donzelinhas. Elas rastejam da ninfa para o adulto quando a última forma emerge e podem permanecer lá por duas semanas, alimentando-se dos fluidos corporais do inseto e, por fim, soltando-se e completando seu desenvolvimento em adultos (se conseguirem chegar a um *habitat* adequado).

Os ácaros trombiculídeos (também chamados de *micuins* ou *percevejos vermelhos*) (Trombiculidae) são ectoparasitas de vertebrados em estágio larval, enquanto as ninfas e os adultos têm vida livre e são predadores de pequenos artrópodes e ovos de artrópodes. Ácaros trombiculídeos depositam seus ovos entre a vegetação e, após a eclosão, as larvas rastejam sobre a vegetação e fixam-se a um hospedeiro de passagem. Inserem suas peças bucais na camada externa da pele e sua saliva digere em parte os tecidos abaixo dela. As larvas permanecem no hospedeiro por alguns dias, alimentando-se do fluido tissular e de material celular digerido, e então se solta. Estes ácaros são pequenos e raramente percebidos. Suas picadas, porém, são muito irritantes e a coceira persiste por algum tempo após os ácaros terem saído. Nos humanos, estes ácaros parecem preferir áreas onde as roupas sejam apertadas. Uma pessoa em área infestada por micuins pode evitar seu ataque utilizando um bom repelente, como ftalato de dimetila ou dietil toluamida. Este repelente pode ser colocado nas roupas ou elas podem ser impregnadas com ele. Um bom produto para reduzir a coceira causada pelos micuins é a tintura de benzoato de benzila. Na Ásia, sudoeste do Pacífico e Austrália, alguns ácaros trombiculídeos servem como vetores do tifo rural ou da doença de tsutsugamushi. Esta doença causou mais de 7 mil mortes nas forças armadas dos Estados Unidos durante a Segunda Guerra Mundial.

Os ácaros das penas (19 famílias nas superfamílias Analgoidea, Pterolichoidea e Freyanoidea) constituem um grande grupo, cujos membros ocorrem nas penas, pele ou (raramente) no sistema respiratório de aves. Muitos são encontrados em penas ou áreas plumosas específicas de seus hospedeiros. Raramente têm importância econômica, embora geralmente ocorram em números consideráveis em granjas ou em aves domésticas. Parecem ser detritívoros, alimentando-se de fragmentos de penas e secreções oleosas das penas. Algumas espécies que ocorrem em aves aquáticas alimentam-se de diatomáceas.

Os Tarsonemidae são ácaros de uma grande família que inclui espécies associadas a insetos ou plantas, com alguns causadores de dermatite humana. Algumas espécies vivem nas galerias de besouros-do-pinheiro, onde se alimentam dos seus ovos. São transportados de uma galeria para outra nos corpos dos besouros. As espécies do gênero *Acarapis* ocorrem nos corpos de abelhas-de-mel. O *Acarapis madeirai* (Rennie) causa o que é conhecido como doença da Ilha de Wight em abelhas-de-mel. Algumas espécies (*Tarsonemus* e outros gêneros) foram detectadas em casos de dermatite humana.

SUBORDEM **Astigmata**: Os ácaros deste grupo são na maioria terrestres e não predadores. Alguns são parasitas e poucas destas formas constituem pragas importantes para pessoas e animais. Os ácaros mais importantes deste grupo são provavelmente os que infestam alimentos armazenados e aqueles que causam dermatite em humanos e animais.

Os Acaroidea são principalmente detritívoros, que ocorrem em ninhos de animais, alimentos armazenados e tecidos vegetais. Os que ocorrem em alimentos

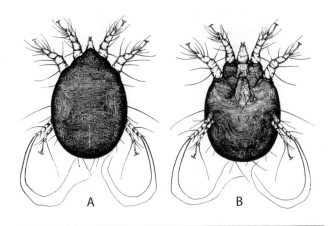

Figura 5-15 Um ácaro da sarna ovina, *Psoroptes ovis* (Hering), fêmea. A, Vista dorsal; B, Vista ventral.

armazenados (cereais, carne seca, queijos etc.) não apenas estragam ou contaminam estes alimentos, como também infectam as pessoas e causam uma dermatite chamada de prurido dos merceeiros ou prurido dos moleiros.

Os ácaros mais importantes desta subordem, que causam dermatite em humanos e animais, são das famílias Psoroptidae e Sarcoptidae. Os Psoroptidae incluem os ácaros da ronha, que atacam vários animais (Figura 5-15), e os Sarcoptidae incluem os ácaros da sarna. Estes ácaros cavam a pele e causam irritação severa. A coceira resultante muitas vezes provoca lesão adicional ou leva a uma infecção secundária. Um dos melhores tratamentos para a escabiose (infecção por estes ácaros) é a aplicação de uma solução de benzoato de benzila. Espécies de *Dermatophagoides* (Pyroglyphidae) são habitantes comuns de casas e foram detectadas em alergias domésticas ao pó.

SUBORDEM **Oribatida**: Este é um grande grupo de ácaros pequenos (0,2 mm a 1,3 mm), cuja forma varia consideravelmente. Alguns lembram pequenos besouros (Figura 5-15B) e são chamados ácaros-besouros. Algumas espécies possuem extensões laterais do noto semelhantes a uma asa. Em alguns casos, estas extensões, chamadas de pteromorfos, são articuladas, contêm "veias" e são supridas por músculos. Os ácaros oribatídeos são encontrados em montes de folhas, sob cascas de árvores, pedras e no solo. São principalmente detritívoros. Constituem uma grande porcentagem da fauna do solo e são importantes para a decomposição de matéria orgânica e promoção da fertilidade do solo. Foi constatado que algumas espécies de Oribatuloidea servem como hospedeiros intermediários de algumas tênias que infestam ovelhas, bovinos e outros ruminantes.

Ordem Pseudoscorpiones[17] – Pseudoescorpiões

Os pseudoescorpiões são pequenos aracnídeos que raramente ultrapassam 5 mm de comprimento. Lembram escorpiões verdadeiros por possuírem grandes pedipalpos quelados, porém o opistossoma é curto e oval, não há ferrão (Figura 5-16) e o corpo é bastante achatado. Os pseudoescorpiões diferem da maioria dos outros aracnídeos por não possuírem um segmento patelar nas pernas. Os olhos podem estar presentes ou ausentes; se presentes, existem dois ou quatro, localizados na extremidade anterior do prossoma.

Os Pseudoscorpiones constituem um grupo de tamanho razoável, com cerca de 200 espécies na América do Norte, e seus membros são animais comuns. Vivem sob cascas de árvores e pedras, em montes de folhas e musgos, entre as tábuas de construções ou situações semelhantes. Às vezes sobem em grandes insetos e são transportados por eles. A principal fonte de alimentação são os pequenos insetos, que agarram com seus pedipalpos. Estes animais possuem glândulas sericígenas, cujos ductos abrem-se nas quelíceras[18]. A seda é utilizada para fazer um casulo no qual o animal passa o inverno.

ORDEM **Solifugae**[19] – Escorpiões-do-vento: Este é um grupo de aracnídeos de tamanho razoável (cerca de 120 espécies na América do Norte) cujos membros ocorrem principalmente em regiões áridas ou desérticas do oeste (uma espécie ocorre na Flórida). São conhecidos por uma variedade de nomes: *escorpiões-do-vento* (correm "como o vento"), *escorpiões-do-sol*, *aranhas-solares* e *aranhas-camelo*. Medem cerca de 20 mm a 30 mm de comprimento, têm a cor pálida, são razoavelmente pilosos e o corpo é discretamente contraído no meio (Figura 5-4C). Uma de suas características mais marcantes consiste em suas quelíceras muito grandes (com frequência, do comprimento do prossoma), o que dá a eles um aspecto muito feroz. Podem picar, mas não possuem glândulas venenosas. Os machos exibem um flagelo na quelícera. As quartas pernas possuem, no lado ventral das coxas e trocanteres, cinco estruturas curtas e largas, em forma de T (fixadas pela base do T), chamadas de *raquetes* ou *maléolos*, que provavelmente têm função sensorial.

Os escorpiões-do-vento são noturnos, escondendo-se durante o dia sob objetos ou em tocas. Correm

---

[17] Pseudoscorpiones: *pseudo*, falso; *scorpiones*, escorpião.
[18] Outro nome dado a esta ordem, Chelonethida, refere-se a esta característica: *chelo*, garra; *neth*, tecer.
[19] Solifugae: *sol*, sol; *fugae*, fugir (referindo-se aos hábitos noturnos destes animais).

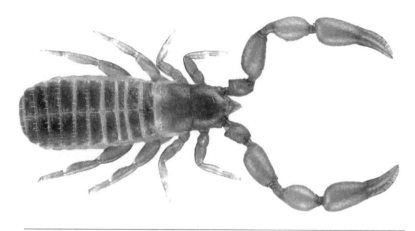

Figura 5-16 Aracnídeos. Um pseudoescorpião (Ordem Pseudoscorpiones).

rapidamente e são predadores, algumas vezes capturando até mesmo pequenos lagartos. Os pedipalpos e as primeiras pernas são usados como tentáculos e estes animais correm sobre os últimos três pares de pernas. Duas famílias ocorrem nos Estados Unidos, Ammotrechidae (primeiras pernas sem garras, borda anterior do prossoma arredondada ou pontiaguda) e Eremobatidae (primeiras pernas com uma ou duas garras e borda anterior do prossoma reta).

Classe Pycnogonida[20] – Aranhas-do-mar

Os picnogonídeos são formas marinhas, parecidas com as aranhas, de pernas longas. Ocasionalmente, são encontrados sob pedras próximas à marca da maré baixa, mas ocorrem em água profunda. São predadores e possuem uma probóscide sugadora. O corpo consiste principalmente no prossoma; o opistossoma é muito pequeno. O comprimento das aranhas-do-mar varia de um a vários centímetros. Pouco se sabe sobre seus hábitos, uma vez que são raras.

COLETANDO E PRESERVANDO QUELICERADOS

Para obter-se uma grande coleção de quelicerados, primeiro deve-se realizar a captura na maior variedade possível de *habitats*. Com frequência, os quelicerados são muito abundantes, muitas vezes tão abundantes quanto os insetos ou até mais. O coletor de insetos provavelmente encontrará mais aranhas e ácaros que qualquer outro tipo de quelicerado; portanto, as sugestões a seguir referem-se a estes grupos.

Quelicerados ocorrem em uma grande variedade de situações e, muitas vezes, podem ser capturados com as mesmas técnicas e equipamentos utilizados na captura de insetos. Muitos podem ser retirados da vegetação por varredura com uma rede de insetos. Já outros podem ser obtidos com equipamento para batimento, ou seja, colocando-se um lençol ou guarda-chuva abaixo de uma árvore ou arbusto e batendo-se na planta para derrubar os espécimes. As formas terrestres podem ser encontradas correndo no solo ou sob pedras, madeiras, cascas de árvores ou outros objetos. Muitas podem ser encontradas nas beiras de edificações e lugares protegidos semelhantes. Muitas formas menores podem ser encontradas em resíduos, na camada úmida do solo ou em musgo, e são mais bem capturadas por meio de um equipamento de peneiração como um funil de Berlese (Figura 35-5), uma peneira de tela ou por meio de armadilhas com alçapão. Muitos espécimes são aquáticos ou semiaquáticos e podem ser coletados em áreas pantanosas, com um equipamento de coleta aérea, ou, na água, com equipamento aquático. Em geral, as espécies parasitas (vários ácaros e carrapatos) devem ser procuradas em seus hospedeiros.

Muitos quelicerados são noturnos e, por essa razão, a captura à noite pode ser mais bem-sucedida que a coleta durante o dia. Muito poucos são atraídos para as luzes, mas podem ser vistos à noite com a ajuda de uma lanterna ou um iluminador frontal. Os olhos de muitas aranhas refletem a luz e, com um pouco de experiência e iluminação, é possível localizá-las à noite. Os escorpiões são fluorescentes e podem ser coletados à noite com uma luz ultravioleta portátil que os torne visíveis.

---

[20] Pycnogonida: *pycno*, espesso ou denso; *gonida*, cria (referindo-se aos ovos).

Quelicerados devem ser preservados em fluidos em vez de alfinetes. Muitas formas, como as aranhas, têm um corpo muito mole e murcham quando secas. Em geral, são preservados em álcool 70% a 80%. Deve haver bastante álcool no frasco em relação ao espécime e muitas vezes é desejável substituir o álcool após alguns dias. Muitos profissionais preservam ácaros em líquido de Oudeman, que consiste em 87 partes de álcool 70%, 5 partes de glicerina e 8 partes de ácido acético glacial. A principal vantagem deste conservante é que os ácaros morrem com seus apêndices estendidos, de modo que o exame subsequente torna-se mais fácil. O álcool não é adequado para preservação de ácaros galhadores. Estes ácaros são mais bem coletados embrulhando-se as partes da planta infestada em um lenço de papel macio e permitindo que sequem. Quando o material estiver seco, pode ser mantido indefinidamente, e os ácaros podem ser recuperados para estudo aquecendo-se o material seco em solução de Kiefer (50 gramas de resorcinol, 20 gramas de ácido diglicólico, 25 mililitros de glicerol e iodo suficiente para produzir a cor desejada, e cerca 10 mililitros de água). Os especialistas em ácaros preferem espécimes em via líquida em vez dos que são montados em lâminas microscópicas permanentes, de modo que todos os aspectos e estruturas podem ser estudados.

Os quelicerados podem ser capturados com o auxílio de redes, pinças, frascos, uma pequena escova ou com a mão. Para as formas que picam ou ferroam, é mais seguro não recolhê-los com os dedos. Espécimes capturados com uma rede podem ser transferidos diretamente para um frasco com álcool ou coletados em um frasco vazio e mais tarde transferidos para o álcool. Uma vez que algumas espécies são um tanto ativas, às vezes é preferível colocá-las primeiro em um frasco de cianeto e transferi-las para o álcool depois de estarem atordoadas e quietas. Os espécimes coletados no solo ou em resíduos podem ser capturados com pinças ou direcionados para o interior de um frasco; os espécimes menores (encontrados em qualquer situação) podem ser recolhidos com uma pequena escova umedecida com álcool.

Teias de aranha que sejam planas e não muito grandes podem ser coletadas e preservadas entre dois pedaços de vidro. Um pedaço de vidro é pressionado contra a teia (que grudará no vidro por causa do material viscoso de alguns fios de seda) e, então, o outro pedaço de vidro é aplicado ao primeiro. Muitas vezes é desejável manter as duas peças de vidro separadas por tiras finas de papel ao redor da sua borda. Quando a teia estiver entre os dois pedaços de vidro, prenda as bordas do vidro com uma fita adesiva. Teias de aranha são melhor fotografadas quando cobertas com umidade (orvalho ou neblina) ou poeira. Muitas vezes podem ser fotografadas secas quando iluminadas pela lateral e contra um fundo escuro.

Subfilo Crustacea[21] – Crustáceos

Os crustáceos constituem um grupo grande e variado de artrópodes, com mais de 44 mil espécies conhecidas. A maioria é marinha, mas muitos ocorrem em água-doce e alguns poucos são terrestres. Além dos tipos maiores e mais familiares, como lagostas, lagostins (Figura 5-17), caranguejos e camarões, uma diversidade de formas aquáticas pequenas a minúsculas são muito importantes nas cadeias alimentares aquáticas. Os apêndices e regiões corporais variam muito neste grupo, mas normalmente existem dois pares de antenas, a mandíbula funcional consiste em lobos enditos dos apêndices gnatais (mandíbula) e muitos dos apêndices são birramificados. Um apêndice birramificado contém um processo em sua base (originado do segundo segmento do apêndice) que tem mais ou menos a forma de uma perna, dando ao apêndice um aspecto de dois ramos (Figura 5-1C). Pode haver um lobo epipodito ou exito no segmento basal, como nos trilobitas, e em alguns casos isto funciona como uma brânquia. Existem diferenças na natureza das regiões do corpo neste grupo. Algumas vezes existem duas regiões corporais razoavelmente distintas (e de tamanhos quase iguais), o cefalotórax e o abdômen, com o cefalotórax contendo as antenas, os apêndices gnatais e as pernas. Às vezes, os apêndices abdominais ocupam apenas uma pequena porção do comprimento total do corpo e, em geral, existe um telson terminal. O cefalotórax em muitos crustáceos é coberto por uma porção semelhante a um escudo na parede corporal, chamada de carapaça. O abdômen não possui apêndices pares, com exceção dos Malacostraca.

Os crustáceos menores, em particular os Branchiopoda, Copepoda e Ostracoda, são abundantes em água salgada e doce. A principal importância da maioria das espécies é que servem de alimento para animais maiores e, portanto, constituem uma parte importante das cadeias alimentares que levam aos peixes e outros animais aquáticos maiores. Algumas espécies são parasitas de peixes e outros animais, e as cracas com frequência são incômodas quando ficam incrustadas em estacas, fundos de navios e outras superfícies. Muitos dos pequenos crustáceos são de fácil manutenção em aquários internos e, com frequência, são criados como alimentos para outros animais aquáticos.

---

[21] Crustacea: do latim, refere-se ao exoesqueleto semelhante a uma crosta, que muitos destes animais possuem.

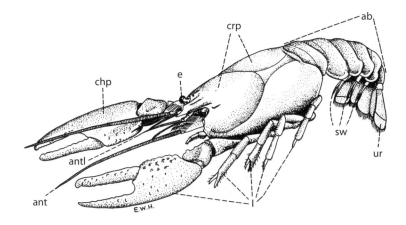

Figura 5-17 Um lagostim (*Cambarus* sp.), tamanho natural. *ab*, abdômen; *ant*, antena; *antl*, antênula; *chp*, quelípede; *crp*, carapaça; *e*, olho; *l*, pernas (incluindo quelípede); *sw*, nadadeiras; *ur*, uropodo.

Classe Brachiopoda[22]

A maioria dos membros da classe Brachiopoda ocorre em água-doce. Os machos são raros em muitas espécies e a partenogênese é um modo de reprodução comum. Reprodução unissexual (partenogenética) e bissexual ocorre em muitas espécies e os fatores que controlam a produção dos machos não são completamente compreendidos.

Existem diferenças de opinião acerca da classificação destes crustáceos, mas quatro grupos razoavelmente distintos são reconhecidos, Anostraca, Notostraca, Conchostraca e Cladocera. Os dois primeiros, às vezes, são inseridos em um grupo chamado Phyllopoda e os últimos são chamados de Diplostraca.

Os Anostraca[23] ou camarões-fadas (Figura 5-18A) têm o corpo alongado e distintamente segmentado, sem carapaça e com 11 pares de pernas natatórias e olhos pedunculados. Os camarões-fadas costumam ser abundantes em águas temporárias. Os Notostraca[24] ou camarões-girino possuem uma carapaça convexa oval que cobre a parte anterior do corpo, 35 a 71 pares de apêndices torácicos e dois apêndices caudais longos e filamentosos. Estes animais variam em tamanho de cerca de 10 mm a 50 mm e vivem apenas nos estados do oeste dos Estados Unidos. Os Conchostraca[25] ou camarões-de-concha têm um corpo um pouco achatado lateralmente, totalmente envolvido por uma carapaça bivalva e possuem 10 a 32 pares de pernas. A maioria das espécies tem 10 mm de comprimento ou menos. Os Cladocera[26] ou pulgas d'água (Figura 5-19A) possuem uma carapaça bivalva, porém a cabeça não está incluída na carapaça. Existem de quatro a seis pares de pernas torácicas. As pulgas d'água medem cerca de 0,2 mm a 3,0 mm de comprimento e são muito comuns em tanques de água-doce.

Três grupos de pequenos crustáceos que vivem em água-doce têm uma carapaça bivalva e os observadores podem confundir estes grupos. Os Ostracoda (Figura 5-19B,C) e os Conchostraca possuem o corpo completamente envolto pela carapaça enquanto nos Cladocera (Figura 5-19A) a cabeça está fora da carapaça. Os Ostracoda possuem apenas três pares de pernas torácicas; os Conchostraca possuem 10 a 32 pares.

Classe Copepoda[27]

Alguns copépodes nadam livremente e outros são parasitários de peixes. Com frequência, as formas parasitas têm um formato do corpo peculiar e são muito diferentes das formas de nado livre no aspecto geral. Este grupo inclui tanto espécies marinhas quanto de água-doce. As fêmeas da maioria dos copépodes carregam seus ovos em dois sacos localizados lateralmente perto da extremidade do abdômen (Figura 5-17B). Os copépodes parasitas, muitas vezes chamados de piolhos-dos-peixes, vivem nas brânquias, na pele ou escavam a pele de seus hospedeiros. Quando numerosos, podem prejudicar seriamente o hospedeiro. Algumas espécies servem como hospedeiros intermediários de parasitas humanos, por exemplo, as tênias do peixe *Diphyllobothrium latum* (L.).

---

[22] Brachiopoda: *brachio*, brânquia; *poda*, pé ou apêndice.
[23] Anostraca: *an*, sem; *ostraca*, concha.
[24] Notostraca; *not*, costas; *ostraca*, concha.
[25] Conchostraca: *conch*, concha ou marisco; *ostraca*, concha.
[26] Cladocera: *clado*, ramo; *cera*, antena.
[27] Copepoda: *cope*, remo; *poda*, pé ou apêndice.

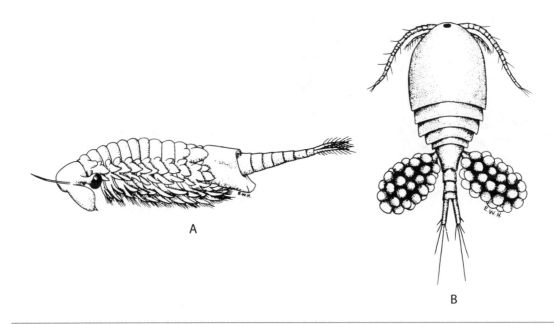

Figura 5-18 Crustáceos. A, Um camarão-fada, *Euramoipus* (subclasse Brachiopoda, ordem Anostraca), ampliado 6X; B, Uma fêmea de copépode, *Cyclops* sp., aumentada 50X, com dois sacos de ovos na extremidade posterior de corpo.

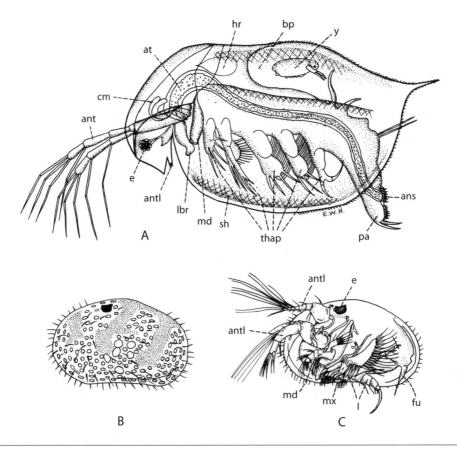

Figura 5-19 Crustáceos. A, Uma pulga d'água ou cladocera, *Daphnia* sp., aumentada 25X; B, Um ostracódeo, *Cypridopsis* sp., vista lateral; C, O mesmo, porém com a valva esquerda da carapaça removida. *ans*, ânus; *ant*, antena; *antl*, antênula; *at*, trato alimentar; *bp*, bolsa de ovos; *cm*, ceco; *e*, olho composto; *fu*, furca; *hr*, coração; *l*, primeira e segunda pernas torácicas; *lbr*, labro; *md*, mandíbula; *mx*, maxila; *pa*, pós-abdômen; *sh*, concha bivalva; *thap*, apêndices torácicos; *y*, jovem em desenvolvimento. (C, Modificado de Kesling.)

Classe Ostracoda[28]

Os ostracódos possuem uma carapaça bivalva que pode ser fechada por um músculo e, quando as válvulas estão fechadas, o animal parece um marisco em miniatura (Figura 5-19B,C). Quando as válvulas da carapaça estão abertas, os apêndices são protraídos e empurram o animal pela água. Muitas espécies são partenogênicas. A maioria dos ostracódos é marinha, mas também existem muitas espécies comuns de água-doce.

Classe Cirripedia[29]

Os membros mais conhecidos da classe Cirripedia [29] são as cracas, cujos adultos vivem fixados a rochas, estacas, algas marinhas, barcos ou animais marinhos e são envolvidos por uma concha calcária. Algumas espécies são parasitas, em geral de caranguejos ou moluscos. A maioria dos membros deste grupo é hermafrodita; ou seja, cada indivíduo possui órgãos tanto masculinos quanto femininos. Algumas cracas, como a lepa (Figura 5-20A), fixam a concha a algum objeto por meio de um pedúnculo. Outras, como a craca de rochedo (Figura 5-20B), são sésseis e não têm pedúnculos.

As classes de crustáceos menores

Incluídas entre os crustáceos menores estão as classes Cephalocarida[30], Mystacocarida[31], Branchiura[32], Tantulocarida[33] e Remipedia[34]. As nove espécies conhecidas de Cephalocarida são formas que vivem no fundo do mar e ocorrem com frequência em água muito profunda. Os Mystacocarida são formas marinhas minúsculas (a maioria tem cerca de 0,5 mm de comprimento) que vivem em zonas intermarés. Nove espécies desta classe foram descritas. Branchiura são ectoparasitas da pele ou das cavidades das brânquias de peixes (tanto peixes marinhos quanto de água-doce). Cerca de 130 espécies são conhecidas. Tantulocarida (quatro espécies conhecidas) são ectoparasitas de crustáceos de águas profundas. Remipedia (oito espécies conhecidas) têm o corpo longo e vermiforme e vivem em cavernas de ilhas ligadas ao mar.

Classe Malacostraca[35]

Os Malacostraca, a maior das classes de crustáceos, incluem as formas maiores e bem conhecidas, como lagostas, lagostins, caranguejos e camarões.

Diferem das classes anteriores (algumas vezes chamadas de Entomostraca) por possuírem apêndices (nadadeiras ou pleópodos) no abdômen. Normalmente, existem 19 pares de apêndices, com os primeiros 13 no cefalotórax e os últimos 6 no abdômen. Com frequência, os apêndices em forma de perna no cefalotórax são quelados. Esta classe contém 13 ordens. Apenas as mais comuns serão mencionadas.

ORDEM **Amphipoda**[36]: O corpo de um anfípode é alongado e mais ou menos comprimido; não há carapaça e sete (raramente seis) dos segmentos torácicos são distintos e sustentam os apêndices em forma de perna. Os segmentos abdominais são mais ou menos fundidos e, como consequência, seis ou sete segmentos torácicos constituem a maior parte do comprimento corporal (Figura 5-21). Este grupo contém formas marinhas e de água-doce. Muitos destes, como as pulgas-do-mar (Figura 5-21B), vivem na praia sob pedras ou vegetação em

---

[28] Ostracoda: do grego, significando "parecido com uma concha" (referindo-se à semelhança da carapaça com um molusco).
[29] Cirripedia: *cirri*, cirros ou cílios; *pedia*, pé ou apêndice.
[30] Cephalocarida: *cephalo*, cabeça; *carida*, camarão.
[31] Mystacocarida: *mystaco*, bigode; *carida*, camarão.
[32] Branchiura: *branchi*, brânquias; *ura*, cauda.

[33] Tantulocarida: *tantula*, pouca; *carida*, camarão.
[34] Remipedia: *remi*, remo; *pedia*, pé ou apêndice.
[35] Malacostraca: *malac*, mole; *ostraca*, concha.
[36] Amphipoda: *amphi*, dos dois lados, duplo; *poda*, pé ou apêndice.

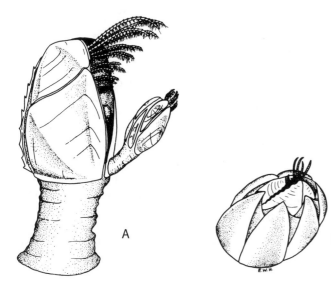

Figura 5-20 Cracas. A, Uma lepa, *Lepas* sp., aumentada 3X; B, Uma craca de rochedo, *Balanus* sp., aumentada 2X. A haste basal ou pedúnculo da lepa está na extremidade posterior do animal; os apêndices birramificados que fazem protrusão a partir da concha no topo da figura são as pernas torácicas posteriores; é possível observar um segundo indivíduo pequeno fixado ao primeiro.

decomposição. A maioria dos anfípodes é detritívora. Algumas espécies tropicais são comuns no solo de florestas úmidas.

ORDEM **Isopoda**[37]: Os isópodes são semelhantes aos anfípodes por não possuírem carapaça, mas são dorsoventralmente achatados. Os últimos sete segmentos torácicos são distintos e possuem apêndices em forma de perna. Os segmentos abdominais são mais ou menos fundidos e, consequentemente, os segmentos torácicos (com seus sete pares de pernas) constituem a maior parte do comprimento do corpo (Figura 5-22). Em geral, os apêndices abdominais anteriores das formas aquáticas possuem brânquias. Os apêndices abdominais terminais muitas vezes são grandes e semelhantes a tentáculos. Os isópodes são pequenos (a maioria tem menos de 20 mm de comprimento) e são em sua maior parte marinhos, porém alguns vivem em água-doce e outros são terrestres. As formas marinhas vivem sob pedras ou entre as algas, onde são detritívoras ou onívoras, mas algumas são perfuradoras de madeira (aparentemente, alimentando-se principalmente dos fungos da madeira) enquanto outras são parasitas de peixes ou outros crustáceos. Os isópodes mais comuns de oceano são os tatuzinhos, animais escuros, cinza ou acastanhados, em geral encontrados sob pedras, madeira ou cascas de árvores. Alguns tatuzinhos (muitas vezes chamados de *tatus-bolas*) podem envidar-se e adquirir a forma de uma bola. Em algumas áreas, os tatuzinhos são pragas importantes das plantas cultivadas.

ORDEM **Stomatopoda**[38] – Camarões louva-a-deus: São formas marinhas predadoras, a maioria medindo cerca de 5 cm a 36 cm de comprimento, com o corpo dorso-ventralmente achatado. Possuem três pares de pernas, na frente dos quais estão cinco pares de maxilípedes, sendo o segundo muito grande e quelado. Apresenta uma pequena carapaça que cobre o corpo na frente das pernas e o abdômen é um pouco mais largo que a carapaça. Os camarões louva-a-deus muitas vezes têm cores brilhantes: verde, azul, vermelho ou com padrões. Este grupo é principalmente tropical. A principal ocorrência destas espécies nos Estados Unidos se dá ao longo da costa do sul.

ORDEM **Decapoda**[39]: Esta ordem contém os maiores e provavelmente os mais conhecidos crustáceos: lagostas, lagostins (Figura 5-17), caranguejos (Figura 5-23) e camarões. A carapaça de um decápode cobre todo o tórax. Cinco pares de apêndices cefalotorácicos são semelhantes a pernas e o primeiro destes pares possui uma grande garra. O abdômen pode ser bem desenvolvido (lagostas e lagostins) ou muito reduzido (caranguejos). Este é um grupo extremamente importante, porque muitos de seus membros são usados como alimento e sua coleta e distribuição sustentam uma grande indústria costeira.

COLETA E PRESERVAÇÃO DE CRUSTÁCEOS

Os crustáceos aquáticos devem ser capturados com o auxílio de diversos tipos de equipamento para a coleta aquática. A maioria pode ser capturada com uma rede

---

[37] Isopoda: *iso*, igual; *poda*, pé ou apêndice.
[38] Stomatopoda: *stomato*, boca; *poda*, pé ou apêndice.
[39] Decapoda: *deca*, dez; *poda*, pé ou apêndice.

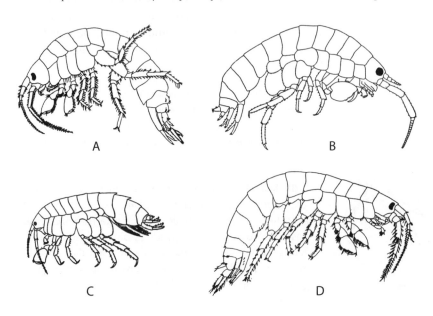

Figura 5-21 Anfípodes. A, Uma espécie comum de água doce, *Dikerogammarus fasciatus* (Say), 10 mm a 15 mm de comprimento; B, uma pulga-da-areia ou pulga-do-mar, *Orchestia agilis* Smith, abundante sob algas marinhas ao longo da costa perto da marca de maré alta; C, Uma espécie comum de água-doce, *Hyalella knickerbockeri* (Bate), cerca de 7 mm de comprimento; D, Uma espécie marinha, *Gammarus annulatus* Smith, uma forma costeira comum, com cerca de 15 mm de comprimento.

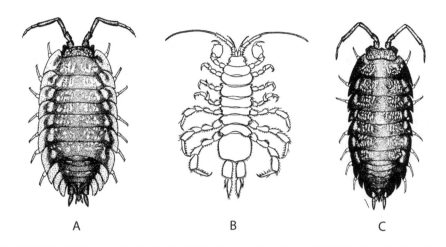

Figura 5-22 Isópodes. A, *Oniscus asellus* L., um tatuzinho comum; B, *Asellus communis* Say, um isópode comum de água-doce; C, *Cylisticus convexus* (DeGeer), um tatu-bola capaz de se enrolar e adquirir a forma de uma bola.

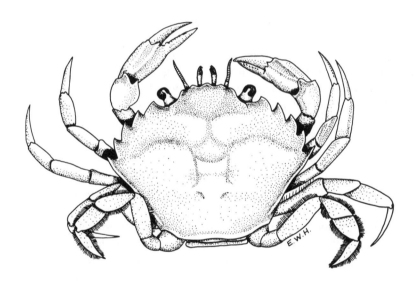

Figura 5-23 Um caranguejo-verde, *Carcinides* sp., $1\frac{1}{2}$X.

mergulhada. Para a coleta de algumas formas menores, um balde esmaltado branco é o melhor método. O balde é simplesmente mergulhado na água e qualquer animal pequeno recolhido pode ser visto com facilidade. As formas coletadas deste modo podem ser removidas com o auxílio de um conta-gotas ou (se razoavelmente grandes) de pinças. As formas menores em lagoas, lagos e no oceano muitas vezes são recolhidas com uma *rede de plâncton* de malha fina, erguida por um barco. Muitas formas maiores são coletadas por armadilhas. Estas armadilhas (ou "covo") constituem o meio-padrão para a coleta de lagostas e caranguejos. As formas que vivem na praia e em terra podem ser coletadas com a mão, pinças ou possivelmente (por exemplo, pulgas-do-mar) com uma rede para insetos aéreos. Manipule cuidadosamente as formas maiores com garras bem desenvolvidas, pois elas podem infligir lesões sérias. O modo seguro para se segurar um grande lagostim ou uma lagosta é por cima, segurando-se o animal na parte posterior da carapaça.

Para obter-se uma variedade de crustáceos, colete em locais diversificados. Ao coletar na água, investigue todos os possíveis nichos aquáticos. Alguns crustáceos nadam livremente, alguns cavam a lama do fundo, outros vivem sob pedras e muitos são encontrados na vegetação aquática. Em geral, as formas que vivem na praia estão sob pedras, resíduos ou vegetação em decomposição ao longo da costa.

Preserve os crustáceos em via líquida (por exemplo, álcool 70% a 95%). A maioria das formas menores deve ser montada em lâminas microscópicas para um estudo detalhado. Alguns Malacostraca menores podem ser preservados secos (por exemplo, em um alfinete), porém espécimes preservados em líquido são mais satisfatórios para estudo.

Subfilo Atelocerata[40]

Os membros deste subfilo possuem um único par de antenas e apêndices unirramificados (com uma ramificação). De acordo com Manton (1977), as mandíbulas destas espécies diferem das dos Crustacea porque o apêndice inteiro constitui a porção funcional da mandíbula (e não apenas a porção basal). Ela classificou os grupos incluídos aqui (a seguir) junto com os Onychophora, originando o filo Uniramia (concluindo que Arthropoda constitui um táxon polifilético). Acreditamos que esta posição não tem sustentação adequada. Em termos de sua conclusão relativa à estrutura da mandíbula, tanto Crustacea quanto Hexapoda possuem padrões de expressão semelhantes ao gene *distal-less*, falsificando a hipótese de que uma (a mandíbula do crustáceo) é gnatobásica enquanto a outra representaria o apêndice inteiro do segmento mandibular. Por outro lado, a conclusão de Manton pressupõe evidências de que um ou mais táxons atualmente classificados como artrópodes estejam mais intimamente relacionados a um grupo não artrópode. Até que esta evidência esteja disponível, continuaremos a tratar os Arthropoda como uma unidade monofilética e não consideraremos os onicóforos como artrópodes.

Além de Onychophora, os Atelocerata incluem os Myriapoda e os Hexapoda. Estudos moleculares recentes não deram grandes contribuições para diminuir a considerável incerteza relativa às inter-relações entre Crustacea, Myriapoda e Hexapoda. Alguns pesquisadores sugerem que miriápodes constituem um grupo polifilético ou parafilético; outros, que hexápodes estão mais intimamente relacionados a um subgrupo de crustáceos (e, portanto, que os Crustacea são parafiléticos).

Classe Diplopoda[41] – Diplópodes. Os diplópodes são animais vermiformes alongados, com muitas pernas (Figura 5-24). A maioria dos diplópodes possui 30 pares de pernas ou mais e a maior parte dos segmentos corporais possui 2 pares. O corpo é cilíndrico ou discretamente achatado e as antenas são curtas e têm sete artículos. As aberturas externas do sistema reprodutor estão localizadas na extremidade anterior do corpo, entre o segundo e o terceiro pares de pernas. Um ou ambos os pares de pernas do sétimo segmento do macho são modificados em gonópodos, que atuam na cópula. Em geral, olhos compostos estão presentes. O primeiro tergo atrás da cabeça é grande e chamado de *collum* (Figura 5-25A).

A cabeça da maioria dos diplópodes é convexa dorsalmente, com uma grande área epistomal, e plana ventralmente. A base das mandíbulas forma uma parte da superfície lateral da cabeça. Abaixo das mandíbulas, e formando a superfície ventral plana da cabeça, está localizada uma típica estrutura semelhante a um lábio chamada de *gnatoquilária* (Figura 5-25B, gna). Em geral, a gnatoquilária é dividida por suturas em várias áreas: uma placa mediana mais ou menos triangular, o mento (mn); dois lobos laterais, os estipes (stp); duas placas distais medianas, as lâminas linguais (ll); um esclerito basal transverso mediano, o pré-basalar (pbs), e dois pequenos escleritos laterobasais, os cardos (cd). O tamanho e a forma destas áreas diferem entre os grupos de diplópodes. A gnatoquilária muitas vezes fornece características pelas quais os grupos são reconhecidos.

Os diplópodes são encontrados em lugares úmidos: sob folhas, em musgos, sob pedras ou madeira, em madeira apodrecida ou no solo. Muitas espécies podem eliminar um líquido de odor desagradável pelas aberturas ao longo das laterais do corpo. Este líquido, às

---

[40] Atelocerata: *atelos*, defeituoso; *keras*, chifre; referindo-se ao fato de que as segundas antenas estão presentes nestes táxons apenas como rudimentos embrionários.

[41] Diplopoda: *diplo*, dois; *poda*, pé ou apêndice (referindo-se ao fato de que a maioria dos segmentos corporais possui dois pares de pernas).

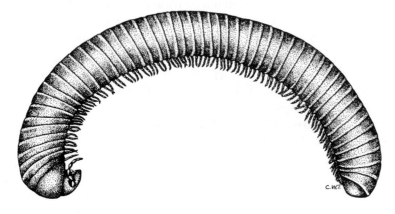

Figura 5-24 Um diplópode comum, *Narceus* sp. (ordem Spirobolida), 1½ X.

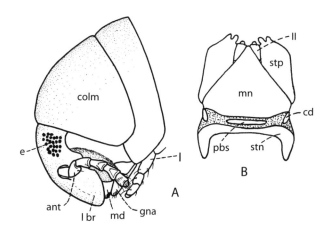

Figura 5-25 Estrutura da cabeça de um diplópode (*Narceus*, ordem Spirobolida). A, Vista lateral da cabeça; B, Gnatoquilária. *ant*, antena; *cd*, cardo; *colm*, collum, tergito do primeiro segmento corporal; *e*, olho; *gna*, gnatoquilária; *l*, primeira perna; *lbr*, labro; *ll*, lâmina lingual; *md*, mandíbula; *mn*, mento; *pbs*, pré-basilar; *stn*, esterno do primeiro segmento corporal; *stp*, estipe.

vezes, é forte o suficiente para matar insetos colocados em um jarro junto com o diplópode e foi demonstrado (pelo menos em alguns casos) que contém cianeto de hidrogênio. Os diplópodes não picam as pessoas. A maioria dos diplópodes é detritívora e se alimenta de material vegetal em decomposição, mas alguns atacam plantas vivas e às vezes causam danos sérios em estufas e jardins enquanto outros são predadores. Estes animais passam o inverno como adultos em situações protegidas e depositam seus ovos durante o verão.

Alguns constroem cavidades semelhantes a ninhos no solo, onde depositam seus ovos; outros depositam os ovos em lugares úmidos sem construir qualquer tipo de ninho. Os ovos são brancos e eclodem dentro de algumas semanas. Os diplópodes recém-eclodidos possuem apenas três pares de pernas, e as restantes são acrescentadas em mudas subsequentes.

Existem vários arranjos de ordens e famílias neste grupo. Seguimos o arranjo de Chamberlin e Hoffman (1958), descrito aqui (com nomes ou arranjos alternativos entre parênteses):

Subclasse Pselaphognatha (Pencillata)
    Ordem Polyxenida
Subclasse Chilognatha
    Superordem Pentazonia (Opisthandria)
        Ordem Glomerida (Oniscomorpha)
    Superordem Helminthomorpha (Olognatha, Eugnatha)
        Ordem Polydesmida (Proterospermophora)
        Ordem Chordeumida (Chordeumatida, Nematophora)
        Ordem Julida (Opisthospermophora em parte)
        Ordem Spirobolida (Opisthospermophora em parte)
        Ordem Spirostreptida (Opisthospermophora em parte)
        Ordem Cambalida (Opisthospermophora em parte)
    Superordem Colobognatha
        Ordem Polyzoniida
        Ordem Platydesmida

Chave para as principais ordens de Diplopoda

1.	Adultos com 13 pares de pernas; tegumento mole; pelos corporais que formam longos tufos laterais; 2 mm a 4 mm de comprimento	Polyxenida
1'.	Adultos com 28 pares de pernas ou mais; tegumento fortemente esclerotizado, pelos corporais não formam tufos longos; diplópodes maiores	2
2(1').	Corpo com 14 a 16 segmentos e com 11 a 13 tergitos; gonópodos masculinos na extremidade caudal do corpo, modificados a partir dos últimos 2 pares de pernas; sul e oeste dos Estados Unidos	Glomerida
2'.	Corpo com 18 segmentos ou mais; gonópodos do macho modificados a partir de pernas do sétimo segmento	3
3(2').	Cabeça pequena, muitas vezes oculta, mandíbulas muito reduzidas; 8 pares de pernas anteriores aos gonópodos masculinos	4
3'.	Cabeça e mandíbulas de tamanho normal; 7 pares de pernas anteriores aos gonópodos masculinos	5

4 (3).	Tergitos com sulco mediano; gnatoquilária com a maioria das partes típicas; em geral de cor rosa	Platydesmida
4'.	Tergitos sem sulco mediano; gnatoquilária consistindo em uma única placa ou várias placas indistintamente definidas; em geral de cor creme	Polyzoniida
5(3').	Corpo com 18 a 22 segmentos; olhos ausentes; corpo mais ou menos achatado, com carenas laterais	Polydesmida
5'.	Corpo normalmente com 26 segmentos ou mais; olhos, em geral, presentes; corpo cilíndrico ou quase e raramente (alguns Chordeumida) com carenas laterais	6
6(5').	Segmento terminal do corpo com 1 a 3 pares de papilas portadoras de cerdas; carenas laterais algumas vezes presentes; *collum* não sobreposto à cabeça; esternitos não fundidos com pleurotergitos; corpo com 26 a 30 segmentos	Chordeumida
6'.	Segmento terminal sem estas papilas; carenas laterais ausentes; *collum* grande, em forma de capuz, normalmente sobreposto à cabeça; esternitos em geral fundidos com pleurotergitos; 40 ou mais segmentos corporais	7
7(6').	Estipes do gnatoquilária claramente contíguos ao longo da linha média atrás das lâminas linguais	Julida
7'.	Estipes da gnatoquilária não contíguos, mas muito separados pelo mento e lâminas linguais (Figura 5-25B)	8
8(7').	Quinto segmento com 2 pares de pernas; terceiro segmento aberto ventralmente; do quarto segmento em diante, fechado	9
8'.	Quinto segmento com 1 par de pernas; terceiro segmento fechado ventralmente	Spirobolida
9 (8).	Lâminas linguais completamente separadas pelo mento; pares anteriores e posteriores de gonópodos presentes e funcionais, par posterior com flagelos longos; nenhuma perna no segmento 4	Cambalida
9'.	Lâminas linguais em geral unidas pelo mento; par posterior de gonópodos rudimentar ou ausente, par anterior elaborado; 1 par de cada perna nos segmentos 1-4	Spirostreptida

ORDEM **Polyxenida**[42]: Estes diplópodes são minúsculos (2 mm a 4 mm de comprimento) e têm corpo mole e cheio de cerdas. O grupo é pequeno (cinco espécies norte-americanas), e seus membros são amplamente distribuídos, mas não são comuns. São encontrados sob cascas de árvores ou em detritos. A ordem contém um único gênero, *Polyxenus*, na família Polyxenidae.

ORDEM **Glomerida**[43] – **Glomerídeos:** Estes diplópodes são chamados assim porque podem enrolar-se formando uma bola. São curtos e largos e lembram isópodes, mas possuem mais de sete pares de pernas. Os machos possuem gonópodos em forma de gancho na extremidade posterior do corpo. Os apêndices do sétimo segmento não são modificados. Estes diplópodes ocorrem nos estados do sudeste e na Califórnia. As espécies dos Estados Unidos são pequenas (8 mm ou menos de comprimento), mas algumas espécies tropicais, quando enroladas, têm quase o tamanho de uma bola de golfe.

ORDEM **Polydesmida**[44]: Os polidesmídios são diplópodes bastante achatados, com o corpo em quilha lateralmente e os olhos muito reduzidos ou ausentes. Os tergitos são divididos por uma sutura transversa, um pouco anterior à metade do segmento, em um prozonito anterior e um metazonito posterior. O metazonito estende-se lateralmente como um lobo amplo. O primeiro e os últimos dois segmentos corporais não possuem pernas; os segmentos 2 a 4 possuem um único par de pernas enquanto os demais segmentos possuem dois pares. O par de pernas anterior ao sétimo segmento do macho é modificado em gonópodos. Os diplossomitos (cujos segmentos possuem dois pares de pernas) são anéis continuamente esclerotizados. Não há suturas entre tergitos, pleuritos e esternitos.

Este é um grande grupo, com cerca de 250 espécies norte-americanas. Muitas exibem cores vivas e a maioria possui glândulas odoríferas. *Oxidus gracilis* (Koch), um diplópode de coloração castanha a preta, com cerca

---

[42] Polyxenida: *poly*, muitos; *xenida*, estrangeiro ou convidado.
[43] Glomerida: do latim, significa uma bola de lã (referindo-se ao modo como estes animais se enrolam formando uma bola).
[44] Polydesmida: *poly*, muitas; *desmida*, bandas.

de 19 mm a 22 mm de comprimento e 2,0 mm a 2,5 mm de largura, é uma praga comum em estufas. Esta ordem está dividida em 10 famílias e seus membros ocorrem em todo os Estados Unidos.

ORDEM **Chordeumida**[45]: Estes diplópodes possuem 26 a 30 segmentos e o tergito terminal contém de um a três pares de papilas com pelos nas pontas (fiandeiras). Em geral, o corpo é cilíndrico. A cabeça é ampla e livre e não encoberta pelo *collum*. Um ou ambos os pares de pernas do sétimo segmento do macho podem ser modificados em gonópodos. Este grupo relativamente grande possui cerca de 170 espécies na América do Norte. Algumas são predadoras.

Três subordens de Chordeumida ocorrem nos Estados Unidos. A subordem Chordeumidea, com nove famílias (algumas classificações colocam estes diplópodes em uma única família, a Craspedosomatidae), consiste em diplópodes pequenos (a maioria de 4 mm a 15 mm de comprimento), de corpo mole, sem quilhas nos metazonitos e sem glândulas odoríferas; não são muito comuns. A subordem Lysiopetalidea, com uma família, a Lysiopetalidae (= Callipodidae), contém diplópodes maiores, normalmente com quilhas. Estes diplópodes podem enrolar o corpo em uma espiral. As secreções das glândulas odoríferas são brancas, leitosas e muito odoríferas. A subordem Striariidea, com uma família (a Striariidae), não possui glândulas odoríferas, tem um segmento anal trilobado e uma carena mediodorsal elevada no metazonito. Estes diplópodes são distribuídos principalmente no sul e no oeste dos EUA.

ORDEM **Julida**[46]: Esta ordem e as próximas três são combinadas em uma única ordem por alguns especialistas, os Opisthospermophora. Estes quatro grupos possuem um corpo cilíndrico, com 40 segmentos ou mais. O *collum* é grande, em forma de capuz e sobreposto à cabeça, ou os dois pares de pernas do sétimo segmento do macho são modificados em gonópodos ou um par está ausente. Glândulas odoríferas estão presentes. Os diplossomitos não são diferenciados em prozonitos e metazonitos. Os diplópodes da ordem Julida possuem estipes da gnatoquilária claramente contíguos ao longo da linha média atrás das lâminas linguais. O segmento 3 e o segmento terminal não têm pernas, os segmentos 1, 2 e 4 possuem um par de pernas cada e os segmentos restantes possuem dois pares de pernas cada. Mais de 100 espécies de julídeos ocorrem na América do Norte e alguns atingem um comprimento de cerca de 90 mm.

ORDEM **Spirobolida**[47]: Os diplópodes desta ordem diferem dos Julida por possuírem estipes da gnatoquilária separados (Figura 5-25B) e, das duas ordens a seguir, por possuírem um par de pernas nos segmentos 1 a 5. Este grupo contém cerca de 35 espécies norte-americanas, incluindo algumas das maiores. *Narceus americanus* (Beauvois), de coloração marrom-escuro e espirais estreitas em vermelho, pode atingir o comprimento de 100 mm (Figura 5-24).

ORDEM **Spirostreptida**[48]: Os membros desta ordem possuem um par de pernas nos segmentos 1-4. O par posterior de gonópodos no sétimo segmento do macho é rudimentar ou está ausente. Os estipes da gnatoquilária são separados, mas as lâminas linguais são contíguas. Este grupo é principalmente tropical, mas três espécies ocorrem no sudoeste.

ORDEM **Cambalida**[49]: Estes diplópodes são muito semelhantes aos Spirostreptida, mas possuem lâminas linguais separadas pelo mento, os dois pares de pernas do sétimo segmento do macho são modificados em gonópodos e não há pernas no quarto segmento. O *collum* é bastante grande e a maioria das espécies possui cristas longitudinais proeminentes no corpo. Uma espécie desta ordem, *Cambala annulata* (Say), é predatória.

SUPERORDEM **Colobognatha**[50]: Os membros deste grupo possuem a cabeça pequena e peças bucais sugadoras e o corpo é um pouco achatado, com 30 a 60 segmentos. O primeiro par de pernas do sétimo segmento do macho não é modificado em gonópodos. Esta superordem contém duas ordens, Platydesmida[51] e Polyzoniida[52], que podem ser separadas pelas características fornecidas na chave. Estas ordens são representadas nos Estados Unidos por uma e duas famílias, respectivamente. *Polyzonium bivirgatum* (Wood), que atinge o comprimento de cerca 20 mm, ocorre em madeira apodrecida.

CLASSE CHILOPODA[53] – CENTOPEIAS OU LACRAIAS

As centopeias são animais alongados e planos com 15 ou mais pares de pernas (Figura 5-26), e cada segmento corporal contém um único par de pernas. Os últimos

---

[45] Chordeumida: do grego, significa salsicha.
[46] Julida: do grego, significa centopeia.
[47] Spirobolida: *spiro*, espiral; *bolida*, arremessar.
[48] Spirostreptida: *spiro*, espiral; *streptida*, dobrada.
[49] Cambalida: derivação desconhecida.
[50] Colobognatha: *colobo*, encurtada; *gnatha*, mandíbula.
[51] Platydesmida: *platy*, plano; *desmida*, bandas.
[52] Polyzoniida: *poly*, muitos; *zoniida*, cinto ou cinturão.
[53] Chilopoda: *chilo*, lábio; *poda*, pé ou apêndice (referindo-se ao fato de que mandíbulas venenosas são pernas modificadas).

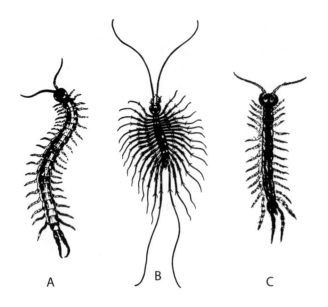

Figura 5-26 Centopeias. A, Uma grande centopeia, *Scolopendra obscura* Newport, com cerca de ¼ do tamanho natural; B, Uma centopeia doméstica, *Scutigera coleoptrata* (L.), com cerca de ½ do tamanho natural; C, Uma centopeia pequena, *Lithobius erythrocephalus* Koch, com um tamanho aproximadamente natural.

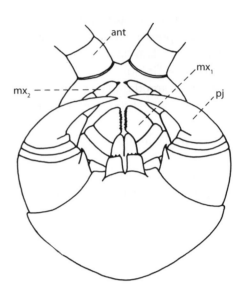

Figura 5-27 Cabeça de centopeia (*Scolopendra*, ordem Scolopendromorpha), vista ventral. *ant*, antena; mx_1, primeira maxila; mx_2, segunda maxila; *pj*, mandíbula venenosa ou toxicognato, uma perna modificada.

dois pares são dirigidos para trás e muitas vezes diferem em forma dos outros pares. As antenas consistem em 14 artículos ou mais. As aberturas genitais estão na extremidade posterior do corpo, em geral no penúltimo segmento. Os olhos podem estar presentes ou ausentes; se presentes, são compostos de numerosos omatídeos. A cabeça possui um par de mandíbulas e dois pares de maxilas. O segundo par de maxilas pode ter o formato um pouco semelhante a uma perna ou pode ser curto, com os segmentos basais das duas maxilas fundidos. Os apêndices do primeiro segmento corporal atrás da cabeça têm forma de garra e funcionam como mandíbulas venenosas (Figura 5-27).

As centopeias são encontradas em uma variedade de locais, mas em geral vivem em lugares protegidos como no solo, sob cascas de árvores ou toras de madeira. São animais muito ativos, que correm rapidamente e são predadores. Alimentam-se de insetos, aranhas e outros

Chave para as ordens de Chilopoda

1.	Adultos com 15 pares de pernas, formas jovens recém-eclodidas com 7 pares (subclasse Anamorpha)	2
1'.	Adultos e formas jovens recém-eclodidas com 21 pares de pernas ou mais (subclasse Epimorpha)	3
2 (1).	Espiráculos não pares, 7 em número, localizados na linha mediodorsal próximo à margem posterior dos tergitos; antenas longas e com muitos artículos; pernas longas (Figura 5-26B); olhos compostos	Scutigeromorpha
2'.	Espiráculos pares e localizados lateralmente; cada segmento portador de perna com um tergito separado; antenas e pernas relativamente curtas (Figura 5-26C); olhos não compostos, porém consistindo em facetas únicas ou grupos de faceta, ou até mesmo ausentes	Lithobiomorpha

3(1').	Antenas com 17 artículos ou mais; 21-23 pares de pernas; olhos com 4 ou mais facetas em cada lado	Scolopendromorpha
3'.	Antenas com 14 artículos; 29 pares de pernas ou mais; olhos ausentes	Geophilomorpha

pequenos animais. Todas as centopeias paralisam suas presas com mandíbulas venenosas. As centopeias menores do norte são inofensivas para as pessoas, porém as espécies maiores do sul e dos trópicos podem infligir picadas dolorosas. Passam o inverno como adultas em situações protegidas e depositam seus ovos durante o verão. Em geral, os ovos são pegajosos, cobertos com terra e depositados um a um. Em algumas espécies, o macho pode comer o ovo antes que a fêmea consiga cobri-lo com terra.

Algumas centopeias produzem seda, usada no acasalamento. O macho faz uma pequena teia na qual deposita um pacote de esperma e este pacote é recolhido pela fêmea.

ORDEM **Scutigeromorpha**[54]: Este grupo inclui a centopeia doméstica comum, *Scutigera coleoptrata* (L.) (Figura 5-26B), encontrada em todo o leste dos Estados Unidos e do Canadá. Seu *habitat* natural ocorre sob toras de madeira e lugares semelhantes, porém, com frequência, entra nas casas, onde se alimenta de moscas, aranhas etc. Nas casas, muitas vezes podem ser encontradas nos arredores de pias e ralos. É inofensiva para as pessoas. Esta ordem inclui a única família Scutigeridae.

ORDEM **Lithobiomorpha**[55] – **Centopeias da Pedra:** Estas são centopeias de pernas curtas, marrons, com 15 pares de pernas nos adultos (Figura 5-26C). Variam em comprimento de cerca de 4 mm a 45 mm. Alguns membros desta ordem são muito comuns, ocorrem sob pedras ou toras de madeira, sob cascas de árvores e em situações semelhantes. Quando perturbadas, algumas vezes utilizam suas pernas posteriores para arremessar gotículas de um material pegajoso em seus agressores. Esta ordem contém duas famílias, os Henicopidae (4 mm a 11 mm de comprimento, pernas sem espinhos fortes, os olhos consistindo em uma única faceta cada ou ausentes) e os Lithobiidae (10 mm a 45 mm de comprimento, pelo menos algumas pernas com espinhos fortes, os olhos consistindo em muitas facetas).

ORDEM **Scolopendromorpha**[56]: Este grupo é tropical e, nos Estados Unidos, ocorre principalmente nos estados do sul. Os escolopendrídeos incluem as maiores centopeias norte-americanas, que atingem o comprimento de cerca de 150 mm (Figura 5-26A). Algumas espécies tropicais podem ter meio metro ou mais de comprimento. Muitos escolopendrídeos têm cor esverdeada ou amarelada. Estas são as centopeias mais venenosas da América do Norte; a picada das espécies maiores é bastante dolorosa e também podem pinçar com o último par de pernas. Duas famílias desta ordem ocorrem nos Estados Unidos, os Scolopendridae (cada olho com quatro facetas) e Cryptopidae (cada olho com uma faceta).

ORDEM **Geophilomorpha**[57] – **Centopeias de Solo:** Os membros desta ordem são delgados, com 29 pares de pernas curtas ou mais e grandes mandíbulas venenosas; são esbranquiçados ou amarelados. A maioria das

[57] Geophilomorpha: *geo*, terra; *philo*, amor; *morpha*, forma.

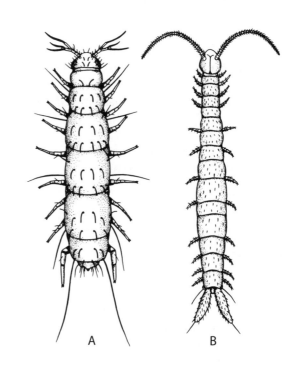

Figura 5-28 A, Um paurópode, *Pauropus* sp., ampliado 95X; B, Um sínfilo, *Scolopendrella* sp., ampliado 16X. (A, Modificado de Lubbock 1867; B, Modificado de Comstock 1933, segundo Latzel)

[54] Scutigeromorpha: *scuti*, escudo; *gero*, carregar ou portar; *morpha*, forma.
[55] Lithobiomorpha: *litho*, pedra; *bio*, vida (*Lithobius* é um gênero de centopeia); *morpha*, forma.
[56] Scolopendromorpha: *scolopendro*, centopeia (*Scolopendra* é um gênero de centopeia); *morpha*, forma.

espécies é pequena, mas algumas podem atingir o comprimento de 100 mm ou mais. Em geral, vivem no solo, em toras de madeira apodrecidas ou resíduos. Quando perturbadas, curvam-se e eliminam uma secreção que parece repelir possíveis predadores. As cinco famílias desta ordem nos Estados Unidos são separadas por características das mandíbulas.

Classe Pauropoda[58]

Paurópodes são miriápodes minúsculos, em geral esbranquiçados, de 1,0 mm a 1,5 mm de comprimento. As antenas possuem três ramos apicais. Os nove pares de pernas não estão agrupados em pares duplos como nos diplópodes. A cabeça pequena às vezes é coberta pela placa tergal do primeiro segmento corporal (Figura 5-33A). Os ductos genitais abrem-se próximos à extremidade anterior do corpo. Os paurópodes ocorrem sob pedras, em montes de folhas e locais semelhantes.

Classe Symphyla[59]

Os sínfilos são miriápodes delgados, esbranquiçados, de 1 mm a 8 mm de comprimento, com 15-22 (geralmente 15) segmentos corporais e 10-12 pares de pernas (Figura 5-33B). As antenas são delgadas e possuem múltiplos artículos, enquanto a cabeça é bem desenvolvida e distinta. As aberturas genitais estão localizadas perto da extremidade anterior do corpo. Os sínfilos vivem em solo com húmus, sob pedras, madeira em decomposição e em outras situações de umidade. Os sínfilos de jardim, *Scutigerella immaculata* (Newport), alimentam-se de raízes de plantas e algumas vezes constituem uma praga para as lavouras de vegetais, mudas de árvores de folhas largas e plantas de estufas.

Coletando e preservando miriápodes

Miriápodes podem ser mortos em um frasco com cianeto, mas estes espécimes muitas vezes ficam enrolados ou distorcidos. É melhor matar e preservá-los em álcool (cerca de 75%) ou álcool e glicerina (10 partes de álcool para 1 parte de glicerina). Os diplópodes podem ser capturados com as mãos ou com uma pinça. Exceto no caso de espécimes menores, é melhor manusear as centopeias com pinças, pois os espécimes maiores podem infligir uma picada dolorosa.

Classe Hexapoda[60]

A classe Hexapoda é incluída aqui para indicar-se sua posição no filo. Uma vez que a maior parte deste livro está envolvida com este grupo, não falaremos mais sobre ele aqui.

---

[58] Pauropoda: *pauro*, pequeno; *poda*, pé ou apêndice.
[59] Symphyla: do grego, significa crescendo juntos.
[60] Hexapoda: *hexa*, seis; *poda*, pernas.

Referências

Aguinaldo, A. M. A.; J. M. Turbeville; L. S. Linford; M. C. Rivera; J. R. Garey; R. A. Raff; J. A. Lake. "Evidence of a clade of nematodes, arthropods, and other moulting animals", *Nature*, 387, p. 489–493, 1997.

Anderson, D. T. *Embryology and phylogeny in Annelids and Arthropods.* Nova York: Pergamon Press, 1973. 495 p.

Barnes, R. D. *Invertebrate zoology.* 5. ed. Philadelphia: Saunders, 1987. 893 p.

Brusca, R. C.; G. J. Brusca. *Invertebrates.* Sunderland: Sinauer Associates, 1990. 922 p.

Clarke, K. U. *The Biology of Arthropods.* Nova York: American Elsevier, 1973. 270 p.

Cloudsley-Thompson, J. L. *Spiders, scorpions, centipedes, and mites.* Nova York: Pergamon Press, 1958. 228 p.

Eddy, S.; A. C. Hodson. *Taxonomic keys to the common animals of the north central States exclusive of the parasitic worms, insects and birds.* Minneapolis: Burgess, 1950. 123 p.

Edgecomb, G. D.; G. D. F. Wilson; D. J. Colgan; M. R. Gray; G. Cassis. "Arthropod cladistics: combined analysis of histone H3 and U2 snRNA sequences and morphology", *Cladistics*, 16, 2000.

Fortey, R. A.; R. H. Thomas (Eds.). *Arthropod relationships*. Londres: Chapman & Hall, 1997. 383 p.

Fryer, G. A defence of arthropod polyphyly. In: R. A. Fortey; R. H. Thomas (Ed.), *Arthropod relationships*. Chapman & Hall, Londres: 1997. 383 p., p. 23-33.

Giribet, G.; C. Ribera. "A review of arthropod phylogeny: New data based on ribosomal DNA sequences and direct character optimization", *Cladistics*, 16, p. 204-231, 2000.

Gupta, A. P. *Arthropod phylogeny*. Nova York: Van Nostrand Reinhold, 1979. 762 p.

Levi, H. V.; L. R. Levi; H. S. Zim. *Spiders and Their Kin*. Nova York: Golden Press, 1968. 160 p.

Manton, S. M. "Mandibular mechanisms and the evolution of the arthropods", *Phil. Trans. Roy. Soc.*, B 247, p. 1-183, 1964.

Manton, S. M. *The Arthropoda*: habits, functional morphology, and evolution. Oxford: Clarendon Press, 1977. 257 p.

Pimentel, R. A. *Invertebrate identification manual*. Nova York: Reinhold, 1967. 150 p.

Regier, J. C.; J. W. Shultz. "Molecular phylogeny of the major arthropod groups indicates polyphyly of crustaceans and a new hypothesis for the origin of hexapods", *Mol. Biol. Evol.*, 14, p. 902-913, 1997.

Snodgrass, R. E. *Principles of insect morphology*. Nova York: McGraw-Hill, 1935. 677 p.

Snodgrass, R. E. *A textbook of arthropod anatomy*. Ithaca: Comstock Associates, 1952. 363 p.

Tiegs, O. W.; S. M. Manton. "The evolution of the Arthropoda", *Biol. Rev.*, 33, p. 255-337, 1958.

Wägele, J.-W.; B. Misof. "On quality of evidence in phylogeny reconstruction: a reply to Zrzavy's defence of the 'Ecdysozoa' hypothesis", *J. Zool. Syst. Evol. Res.*, 39, p. 165-176, 2001.

Zrzavy, J. "Ecdysozoa versus Articulata: clades, artifacts, prejudices", *J. Zool. Syst. Evol. Res.*, 39, p. 159-163, 2001.

Zrzavy, J.; S. Mihulka; P. Kepka; A. Bezdìk; D. Tietz. "Phylogeny of the Metazoa based on morphological and 18S rDNA evidence", *Cladistics*, 14, p. 249-285, 1998.

Chelicerata

Arthur, D. R. *A Monograph of the Ixodoidea*. Cambridge: Cambridge University Press, 1959. 251 p. Parte V: The Genera *Dermacentor, Anocentor, Cosmiomma, Boophilus, and Margaropus*.

Baker, E. W.; T. M. Evans; D. J. Gould; W. B. Hull; H. L. Keegan. *A manual of parasitic mites of medical or economic importance*. Nova York: National Pest Control Association, 1956. 170 p.

Baker, E. W.; G. W. Wharton. *An introduction to acarology*. Nova York: Macmillan, 1952. 465 p.

Beatty, J. A. "The spider genus *Ariadna* in the Americas (Araneae, Dysderidae)", *Bull. Mus. Comp. Zool.*, 139, p. 433-517, 1970.

Beck, L.; H. Schubart. "Revision der Gattung *Cryptocellus* Westwood 1874 (Arachnida: Ricinulei)", *Senckenberg Biol.* 49, p. 67-78, 1968.

Bishop, S. C. "The Phalangida (Opiliones) of New York, with special reference to the species in the Edmund Niles Huyk Preserve", *Proc. Rochester Acad. Sci.*, 9, 3, p. 159-235. 1949.

Bristowe, W. S. *The world of spiders*. Londres: Collins, 1958.

Carico, J. E. "Revision of the genus *Trechalea* Thorell (Araneae, Trechaleidae) with a revision of the taxonomy of the Trechaleidae and Pisauridae of the Western Hemisphere", *J. Arachnol.*, 21, p. 226-257, 1993.

Chamberlin, J. C. "The arachnid order Chelonethida", *Stanford Univ. Publ. Biol. Ser.*, 7, 1, p. 1-284, 1931.

Coddington, J. A. The monophyletic origin of the orb web. In: W. A. Shear. (Ed.) *Spiders*: webs, behavior, and evolution. Stanford: Stanford University Press, 1986. p. 319-363.

Coddington, J. A.; R. K. Colwell. Arachnids. In: S. A. Levin (Ed.), *Encyclopedia Of biodiversity*. San Diego: Academic Press, 2001. p. 199-218.

Coddington, J. A.; H. W. Levi. "Systematics and evolution of spiders (Araneae)", *Annu. Rev. Ecol. Syst.*, 22, p. 565-592, 1991.

Corey, D. T.; D. J. Mott. "A revision of the genus *Zora* (Araneae, Zoridae) in North America", *J. Arachnol.*, 19, p. 55-61.

Coyle, F. A. "Systematics and natural history of the mygalomorph spider genus *Antrodiaetus* and related genera (Araneae, Antrodiaetidae)", *Bull. Mus. Comp. Zool.*, 141, p. 269-402, 1971.

Coyle, F. A. "The mygalomorph spider genus *Microhexura* (Araneae, Diplurdae)", *Bull. Amer. Mus. Nat. Hist.*, 170, p. 64-75, 1981.

Coyle, F. A. "A revision of the American funnel-web mygalomorph spider genus *Euagrus* (Araneae, Dipluridae)", *Bull. Amer. Mus. Nat. Hist.*, 187, p. 203-292, 1988.

Dondale, C. D.; J. H. Redner. *The crab spiders of Canada and Alaska (Araneae: Philodromidae and Thomisidae)*. Ottawa: Canadian Government Publishing Centre, 1978. 255 p. The Insects and Arachnids of Canada. Part 5.

Dondale, C. D.; J. H. Redner. *The sac spiders of Canada and Alaska (Araneae: Clubionidae and Anyphaenidae)*. Ottawa: Canadian Government Publishing Centre, 1982. 194 p. The Insects and Arachnids of Canada. Part 9.

Dondale, C. D.; J. H. Redner. *The wolf spiders, nursery-web spiders, and lynx spiders of Canada and Alaska (Araneae: Lycosidae, Pisauridae, and Oxyopidae)*. Ottawa: Canadian Government Publishing Centre, 1990. 383 p. The Insects and Arachnids of Canada. Part 9.

Eberhard, W. G. "Aggressive chemical mimicry by a bolas spider", *Science*, 198, p. 1173-1175, 1977.

Eberhard, W. G. "The natural history and behavior of the bolas spider *Mastophora dizzydeani* sp. n. (Araneidae)", *Psyche*, 87, p. 134-169, 1980.

Eberhard, W. G. "Behavioral characters for the higher classification of orb-weaving spiders", *Evolution*, 36, p. 1067-1095, 1982.

Eberhard, W. G. "Web-building behavior of anapid, symphytognathid and mysmenid spiders (Araneae)", *J. Arachnol.*, 14, p. 339-356, 1986.

Evans, G. O.; J. H. Sheals; D. Macfarlane. *The terrestrial acari of the british isles:* an introduction to their morphology, biology, and classification. Londres: British Museum, 1961. 219 p.

Ewing, H. E. "Scorpions of the western part of the United States, with notes on those occurring in northern Mexico", *Proc. U.S. Natl. Mus.*, 73, 9, p.1-24, 1928.

Ewing, H. E. "A synopsis of the order Ricinulei", *Ann. Entomol. Soc. Amer.*, 22, p. 583-600, 1929.

Foelix, R. F. *Biology of spiders*. 2. ed. Nova York: Oxford University Press, 1996.

Forster, R. R.; N. I. Platnick. "A review of the spider family Symphytognathidae (Arachnida, Araneae)", *Amer. Mus. Nov.*, 2619, p. 1-29, 1977.

Forster, R. R.; N. I. Platnick. "A review of the austral spider family Orsolobidae (Arachnida, Aranaea), with notes on the superfamily Dysderoidea", *Bull. Amer. Mus. Nat. Hist.*, 181, p. 1-229, 1985.

Gertsch, W. J. "The spider family Diguetidae", *Amer. Mus. Nov.*, 1904, p. 1-24, 1958.

Gertsch, W. J. "The spider family Hypochilidae", *Amer. Mus. Nov.*, 1912, p.1-28, 1958.

Gertsch, W. J. "The spider family Plectreuridae", *Amer. Mus. Nov.*, 1920, p. 1-58, 1958.

Gertsch, W. J. "The spider family Leptonetidae in North America", *J. Arachnol.*, 1, p. 145-203, 1973.

Gertsch, W. J. "The spider family Nesticidae (Araneae) in North America, Central America, and the West Indies", *Bull. Texas Mem. Mus.*, 31, p. 1-91, 1984.

Gertsch, W. J.; F. Ennik. "The spider genus *Loxosceles* in North America, Central America, and the West Indies (Araneae, Loxoscelidae)", *Bull. Amer. Mus. Nat. Hist.*, 175, p. 264-360, 1983.

Gertsch, W. J.; S. Mulaik. "Report on a new ricinuleid from Texas", *Amer. Mus. Nov.*, n. 1037, 1939.

Gertsch, W. J.; N. I. Platnick. "Revision of the trapdoor spider genus *Cyclocosmia* (Araneae, Cetnizidae)", *Amer. Mus. Nov.*, 2580, p. 1-20, 1975.

Gertsch, W. J.; N. I. Platnick. "A revision of the spider family Mecicobothriidae (Araneae, Mygalomorphae)", *Amer. Mus. Nov.*, 2687, p. 1-32, 1979.

Gertsch, W. J.; N. I. Platnick. "A revision of the American spiders of the family Atypidae (Araneae, Mygalomorphae)", *Amer. Mus. Nov.*, 2704, p. 1-39, 1980.

Gosline, J. M.; M. E. DeMont; M. W. Denny. "The structure and properties of spider silk", *Endeavour*, 10, p. 37-43, 1986.

Griswold, C. E. "Investigations into the phylogeny of the lycosoid spiders and their kin (Arachnida: Araneae: Lycosoidea)", *Smithson. Contrib. Zool.*, 539, p. 1-39, 1993.

Griswold, C. E.; J. A. Coddington; N. I. Platnick; R. R. Forster. "Towards a phylogeny of entelegyne spiders (Araneae, Araneomorphae, Entelegynae)", *J. Arachnol.*, 27, p. 53-63, 1999.

Griswold, C. E.; D. Ubick. "Zoropsidae: a spider family newly introduced to the USA (Araneae, Entelegynae, Lycosidae)", *J. Arachnol.*, 29, p. 111-113, 2001.

Hodgkiss, H. E. "The Eriophydae of New York: II. The maple mites", *New York Agric. Expt. Sta., Geneva Tech. Bull.*, 163, p. 5-45, 1930.

Hoff, C. C. "The pseudoscorpions of Illinois", *Ill. Nat. Hist. Surv. Bull.*, 24, 4, p. 411-498, 1949.

Hoff, C. C. "List of the pseudoscorpions of North America north of Mexico", *Amer. Mus. Nov.*, n. 1875, 1959.

Hormiga, G. "A revision and cladistic analysis of the spider family Pimoidae", *Smithson. Contrib Zool.*, 549, p. 1-104, 1994.

Jocque, R. "A generic revision of the spider family Zodariidae (Araneae)", *Bull. Amer. Mus. Nat. Hist.*, 201, p. 1-160, 1991.

Johnson, J. D.; D. M. Allred. "Scorpions of Utah", *Gr. Basin Natur.*, 32, 3, p. 157-170, 1972.

Johnston, D. E. *An atlas of the acari*. Columbus: Acarology Laboratory, Ohio State University, 1968. p. 110. I. The families of parasitiformes and opilioacariformes.

Kaston, B. J. "Spiders of Connecticut", *Conn. State Geol. Nat. Hist. Surv. Bull.*, 70, p. 1–874, 1948.

King, P. E. *Pycnogonida*. Nova York: St. Martin's, 1974. 144 p.

Krantz, G. W. *A manual of acarology*. 2. ed. Corvallis: Oregon State University Book Stores, 1978. 509 p.

Leech, R. "A revision of the Nearctic Amaurobiidae (Arachnida: Araneida)", *Mem. Ent. Soc. Can.*, 84, p. 1–182, 1972.

Lehtinen, P. T. "Classification of the cribellate spiders and some allied families, with notes on the evolution of the suborder Araneomorpha", *Ann. Zool. Fenn.*, 4, p. 199–468, 1967.

Maretic', Z. Latrodectism in mediterranean countries, including south Russia, Israel, and north Africa. In: *Venomous animals and their venoms*. v. 3: Venomous invertebrates. W. Bücherl, E. E. Buckley, V/ Deulofeu. Londres: Academic Press, 1971.

Maretic', Z. "European araneism", *Bulletin of the Brit. Arachnol. Soc.*, 3, p. 126–130, 1975.

Maretic', Z. "Latrodectism: Variations in clinical manifestations provoked by *Latrodectus* species of spiders", *Toxicon*, 21, p. 457–466, 1983.

Martens, J. "Spinnenriere, Arachnida: Weberknechte, Opiliones", *Die Tierwelt Deutschlands,* 64, p. 1–464, 1978.

McCloskey, L. R. *Marine flora and fauna of the northeastern United States*: Pycnogonida. National Oceanic and Atmospheric Administration Tech. Rep. National Marine Fisheries Service, Seattle, WA, Circ. 386, 1973. 12 p.

Muma, M. H. "The arachnid order Solpugida in the United States", *Bull. Amer. Mus. Nat. Hist.*, 97, p. 31–141, 1951.

Muma, M. H. "The arachnid order Solpugida in the United States", *Amer. Mus. Nov.*, n. 2902, supl. 1, 44 p., 1962.

Muma, M. H. A study of the spider family Selenopidae in North America, Central America, and the West Indies. *Amer. Mus. Nov.* 1619, p. 1–55, 1953.

Muma, M. H. "A synoptic review of North American, Central American, and West Indies Solpugida (Arthropoda: Arachnida)", *Arthropods of Florida and Neighboring Land Areas*, 5, p. 1–62. 1970.

Opell, B. D. "Revision of the genera and tropical American species of the spider family Uloboridae", *Bull. Mus. Comp. Zool.*, 148, p. 443–549, 1979.

Opell, B. D. "The ability of spider cribellar prey capture thread to hold insects with different surface features", *Funct. Ecol.*, 8, p. 145–150, 1994.

Osterhoudt, K. C.; T Zaoutis; J. J. Zorc. "Lyme disease masquerading as brown recluse spider bite", *Ann. Emerg. Med.*, 39, p. 558–561, 2002.

Parrish, H. M. "Deaths from bites and stings of venomous animals and insects", *Amer. Med. Assoc. Arch. Intern. Med.*, 104, p. 198–207, 1959.

Peakall, D. B. "Conservation of web proteins in the spider *Araneus diadematus*", *J. Exp. Zool.*, 176, p. 257, 1971.

Peck, W. B. "The Ctenidae of temperate zone North America", *Bull. Amer. Mus. Nat. Hist.*, 170, p. 157–169, 1981.

Peters, H. M. Fine structure and function of capture threads. In: W. Nentwig. (Ed.) *Ecophysiology of spiders*. Berlim: Springer, 1987. p. 187–202.

Platnick, N. I. "Spinneret morphology and the phylogeny of ground spiders (Araneae, Gnaphosidae)", *Amer. Mus. Nov.*, 2978, p. 1–42, 1990.

Platnick, N. I. A revision of the spider genus *Calponina* (Araneae, Caponiidae). *Amer. Mus. Nov.* 3100, p. 1–15, 1994.

Platnick, N. I. A revision of the spider genus *Orthonops* (Araneae, Caponiidae). *Amer. Mus. Nov.* 3150, p. 1–18, 1995.

Platnick, N. I. A revision of the Appalachian spider genus *Liocranoides* (Araneae: Tengellidae). Amer. Mus. Nov. 3285, p. 1–13, 1999.

Platnick, N. I. *The World Spider Catalog*. Version 3.5. Disponível em: http://research.amnh.org/entomology/spiders/catalog81-87/index.html. Acesso em: 10 nov. 2003.

Platnick, N. I.; J. A. Coddington; R. R. Forster; C. E. Griswold. "Spinneret evidence and the higher classification of the haplogyne spiders (Araneae, Araneomorphae)", *Amer. Mus. Nov.*, 3016, p. 1–73, 1991.

Platnick, N. I.; C. D. Dondale. *The ground spiders of Canada and Alaska (Araneae: Gnaphosidae)*. Ottawa: Canadian Government Publishing Centre, 1992. 297 p. The Insects and Arachnids of Canada. Part 19.

Platnick, N. I.; R. R. Forster. "On the spider family Anapidae (Araneae, Araneoidea) in the United States", *J. New York Entomol. Soc.*, 98, p. 108–112, 1990.

Platnick, N. I.; M. U. Shadab. "A review of the spider genus *Mysmenopsis* (Araneae, Mysmenidae)", *Amer. Mus. Nov.*, 2661, p. 1–22, 1978.

Platnick, N. I.; M. U. Shadab. "A review of the spider genus *Teminius* (Araneae, Miturgidae)", *Amer. Mus. Nov.*, 3285, p. 1–26, 1989.

Platnick, N. I.; D. Ubick. "A revision of the spider genus *Drassinella* (Araneae, Liocranidae)", *Amer. Mus. Nov.*, 2937, p. 1–24, 1989.

Platnick, N. I.; D. Ubick. "A revision of the North American spiders of the New Genus *Socalchemmis* (Araneae, Liocranidae)", *Amer. Mus. Nov.*, 3339, p. 1–25, 2001.

Pritchard, A. E.; E. W. Baker. "A revision of the spider mite family Tetranychidae", *Mem. Pac. Coast Entomol. Soc.*, 2, p. 1–472, 1955.

Ramírez, M. J.; C. J. Grismado. "A review of the spider family Filistatidae in Argentina (Arachnida, Araneae), with a cladistic reanalysis of filistatid genera", *Entomol. Scand.*, 28, p. 319–349, 1997.

Raven, R. J. "The spider infraorder Mygalomorphae (Araneae): cladistics and systematics", *Bull. Amer. Mus. Nat. Hist.*, 182, p. 1–180, 1985.

Reiskind, J. "The spider subfamily Castianeirinae of North and Central America (Araneae, Clubionidae)", *Bull. Mus. Comp. Zool.*, 138, p. 136–325, 1969.

Roth, V. "The spider family Homalonychidae (Arachnida, Araneae)", *Amer. Mus. Nov.*, 2790, p. 1–11, 1984.

Roth, V. *Spider genera of North America*. 3. ed. Gainesville: American Arachnological Society, 1993.

Roth, V. D.; P. L. Brame. "Nearctic genera of the spider family Agelenidae (Arachnida, Araneida)", *Amer. Mus. Nov.*, 2505, p. 1–52, 1972.

Sandlin, N. "Convenient culprit", *Amer. Med. News*, 45, p. 37–38, 2002.

Savory, T. *Arachnida*. 2. ed. Nova York: Academic Press, 1977. 350 p.

Schütt, K. "The limits of the Araneoidea (Arachnida: Araneae)", *Aust. J. Zool.*, 48, p. 135–153, 2000.

Shear, W. A. "The spider family Oecobiidae in north America, Mexico, and the West Indies", *Bull. Mus. Comp. Zool.*, 140, p. 129–164, 1970.

Shear, W. A.; J. M. Palmer; J. A. Coddington; P. M. Bonamo. "A Devonian spinneret: Early evidence of spiders and silk use", *Science*, 246, p. 479–481, 1989.

Stahnke, H. L. "Revision and keys to the higher categories of Vejovidae (Scorpionida)", *J. Arachn.*, 1, 2, p. 107–141, 1974.

Thorp, R. W.; W. D. Woodson. *The black widow spider*. Nova York: Dover, 1976.

Tuttle, D. M.; E. W. Baker. *Spider mites of southwestern United States and revisions of the family Tetranychidae*. Tuscon: University of Arizona Press, 1968. 150 p.

Ubick, D.; N. I. Platnick. "On *Hesperocranum*, a new spider genus from western North America (Araneae, Liocranidae)", *Amer. Mus. Nov.*, 3019, p. 1–12, 1991.

Vetter, R. S.; D. K. Barger. "An infestation of 2,055 brown recluse spiders (Araneae: Sicariidae) and no envenomations in a Kansas home: Implications for bite diagnoses in nonendemic areas", *J. Med. Entomol.*, 39, p. 948–951, 2002.

Vetter, R. S.; S. P. Bush. "Reports of presumptive brown recluse spider bites reinforce improbable diagnosis in regions of north America where the spider is not endemic", *Clin. Infect. Dis.*, 35, p. 442–445, 2002.

Vollrath, F. "Leg regeneration in web spiders and its implications for orb weaver phylogeny", *Bull. Brit. Arachnol. Soc.*, 8, p. 177–184, 1991.

Vollrath, F.; D. P. Knight. "Liquid crystalline spinning of spider silk", *Nature*, 410, p. 541–548, 2001.

Weygoldt, P. *The biology of pseudoscorpions*. Cambridge: Harvard University Press, 1969. 145 p.

Crustacea

Crowder, W. *Between the Tides*. Nova York: Dodd, Mead, 1931. 461 p.

Edmondson, W. T. (Ed.). *Fresh water biology*. Nova York: Wiley, 1959. 1248 p.

Green, J. *A biology of the Crustacea*. Chicago: Quadrangle Books, 1961. 180 p.

Klots, E. B. *The new book of freshwater life*. Nova York: Putnam's, 1966. 398 p.

Kunkel, B. W. "The Arthrostraca of Connecticut", *Bull. Conn. Geol. Nat. Hist. Surv.*, 26, p. 1–261, 1918.

Miner, R. W. *Field book of seashore life*. Nova York: Putnam's, 1950. 888 p.

Pennak, R. W. *Fresh-water invertebrates of the United States*. 2. ed. Nova York: Wiley Interscience, 1978. 803 p.

Willoughby, L. G. *Freshwater biology*. Nova York: Pica Press, 1976. 168 p.

Miriápodes

Bailey, J. W. "The Chilopoda of New York State, with Notes on the Diplopoda", *N. Y. State Mus. Bull.*, 276, p. 5–50, 1928.

Chamberlin, R. V.; R. L. Hoffman. "Checklist of the millipedes of north America", *U.S. Natl. Mus. Bull.*, 212, p. 1–236, 1958.

Comstock, J. H. *An introduction to entomology*. Ithaca: The Comstock Publishing, 1933. 1044 p.

Eason, E. H. *Centipedes of the british isles*. Londres: Frederick Wame, 1964. 294 p.

Johnson, B. M. "The millipedes of Michigan", *Pap. Mich. Acad. Sci,.* 39, 1953, p. 241–252, 1954.

Keeton, W. T. "A taxonomic study of the millipede family Spirobolidae (Diplopoda, Spirobolida)", *Mem. Entomol. Soc. Amer.*, n. 17, 1960.

Shear, W. A. "Studies in the millipede order Chordeumida (Diplopoda): A revision of the family Cleidogonidae and a reclassification of the order Chordeumida in the new world", *Bull. Mus. Comp. Zool. Harvard*, 144, 4, p. 151–352, 1972.

CAPÍTULO 6

HEXAPODA[1]

CARACTERÍSTICAS DOS HEXAPODA

As características que distinguem os Hexapoda podem ser relacionadas brevemente como se segue (Wheeler et al. 2001): presença de placa maxilar (ou seja, a cavidade bucal é fechada pela segunda maxila = lábio); corpo dividido em uma cabeça, um tórax e um abdômen distintos; tórax com três pares de pernas; pernas compostas por seis segmentos (coxa, trocânter, fêmur, tíbia, tarso, pré-tarso); abdômen composto de 11 segmentos; segundas maxilas fundidas para formar o lábio; crescimento segmentar epimórfico; omatídios com duas células pigmentares primárias; presença de trocantim e de arólio. Muitas destas características são atribuídas ao "plano básico" dos Hexapoda, embora os pesquisadores acreditem que elas tenham sido perdidas mais tarde por várias espécies. Para uma identificação rápida, os hexápodes podem ser reconhecidos pela combinação dos seguintes aspectos:

1. Corpo com três regiões distintas: cabeça, tórax e abdômen
2. Um par de antenas (raramente sem antenas)
3. Um par de mandíbulas
4. Um par de maxilas
5. Uma hipofaringe
6. Um lábio
7. Três pares de pernas, um em cada segmento torácico (alguns insetos não possuem pernas e algumas larvas possuem anexos em forma de pernas adicionais – como falsas pernas – nos segmentos abdominais)
8. Um gonóporo (raramente dois gonóporos) na porção posterior do abdômen
9. Nenhum anexo locomotor no abdômen do adulto (exceto em alguns hexápodes primitivos); anexos abdominais, se presentes, localizados no ápice do abdômen e consistindo em um par de cercos, um epiprocto e um par de paraproctos

CLASSIFICAÇÃO DOS HEXAPODA

A classe Hexapoda historicamente é dividida em ordens fundamentadas principalmente na estrutura das asas e peças bucais e no tipo de metamorfose. Os entomologistas diferem quanto aos limites de algumas ordens e seus nomes. Alguns grupos que consideraremos uma ordem única são divididos em dois ou mais por algumas autoridades, e outros especialistas combinam em um único táxon dois grupos que reconhecemos como ordens separadas. Alguns autores consideram certos grupos, que trataremos como ordens de hexápodes (as ordens entognatas), classes separadas de artrópodes. Uma sinopse das ordens de hexápodes, como reconhecidas neste livro, é fornecida na descrição a seguir. Outros nomes ou grupos são fornecidos entre parênteses. Os dados sobre os tamanhos das várias ordens são fornecidos na Tabela 6-1.

1. Protura (Myrientomata) – proturos
2. Collembola (Oligentomata) – colêmbolos
3. Diplura (Entognatha, Entotrophi, Aptera) – dipluros

Insecta

---

[1] Hexapoda: *hexa, seis*; *poda,* pé.

Tabela 6-1 Tamanho relativo das ordens de insetos

Número de espécies

Ordem	América do Norte[a]	Austrália[b]	Estimativas mundiais[c]	Famílias na América ao Norte do México[d]
Protura	73	30	500	3
Collembola	812	1.630	> 6.000	12
Diplura	125	31	800	4
Microcoryphia	24	7	350	2
Thysanura	20	28	370	3
Ephemeroptera	599	84	2.000	21
Odonata	435	302	5.000	11
Orthoptera	1.210	2.827	> 20.000	16
Phasmatodea	33	150	> 2.500	4
Grylloblattodea	10	—	25	1
Mantophasmatodea	—	—	3	—
Dermaptera	23	63	1.800	6
Plecoptera	622	196	2.000	9
Embiidina	11	65	< 200	3
Zoraptera	2	—	30	1
Isoptera	44	348	> 2.300	4
Mantodea	30	162	1.800	2
Blattodea	67	428	< 4.000	5
Hemiptera	11.298	5.650	35.000	90
Thysanoptera	695	422	4.500	7
Psocoptera	264	299	> 3.000	28
Phthiraptera	941	255	> 3.000	18
Coleoptera	24.085	28.200	> 300.000	128
Neuroptera	400	649	5.500	15
Hymenoptera	20.372	14.781	115.000	74
Trichoptera	1.415	478	> 7.000	26
Lepidoptera	11.673	20.816	150.000	84
Siphonaptera	314	88	2.380	8
Mecoptera	83	27	500	5
Strepsiptera	91	159	550	5
Diptera	19.782	7.786	> 150.000	103
Total	95.553	78.175	826.108	698

[a] De R.W. Poole e P. Gentili (Ed.), 1996, *Nomina Insecta Nearctica*: A checklist of the insects of North America. 4 v. Rockville, MD: Entomological Information Services, 1996.

[b] De CSIRO (Ed.). The insects of Australia: A textbook for students and research workers. 2 v. (Carlton, Victoria, Austrália: Melbourne University Press), 1991

[c] Retirado de numerosas fontes; os valores constituem em grande parte estimativas embasadas no número de espécies descritas e no número de espécies que ainda permanecem não descritas e não descobertas.

[d] Conforme utilizado neste texto.

4. Microcoryphia (Archaeognatha; Thysanura, Ectognatha e Ectotrophi em parte) – traças saltadoras
5. Thysanura (Ectognatha, Ectotrophi, Zygentoma) – traças-dos-livros, traças comuns

Pterygota – insetos alados e secundariamente não alados

6. Ephemeroptera (Ephemerida, Plectoptera) – efeméridas
7. Odonata – libélulas e donzelinhas
8. Orthoptera (Saltatoria, incluindo Grylloptera) – gafanhotos e grilos

9. Phasmatodea (Phasmida, Phasmatida, Phasmatoptera, Cheleutoptera; Orthoptera em parte) – bichos-pau e timemas
10. Grylloblattaria (Grylloblattodea, Notoptera) – griloblatódeos
11. Mantophasmatodea
12. Dermaptera (Euplexoptera) – tesourinhas
13. Plecoptera – moscas-da-pedra
14. Embiidina (Embioptera) – embiópteros
15. Zoraptera – zorápteros
16. Isoptera (Dictyoptera, Dictuoptera em parte) – cupins
17. Mantodea (Orthoptera, Dictyoptera, Dictuoptera em parte) – louva-a-deus
18. Blattodea (Blattaria; Orthoptera, Dictyoptera, Dictuoptera em parte) – baratas
19. Hemiptera (Heteroptera, Homoptera) – percevejos, cigarras, cercopídeos, psilídios, moscas-brancas, pulgões e cochonilhas
20. Thysanoptera (Physapoda) – tripes
21. Psocoptera (Corrodentia) – psocídeos
22. Phthiraptera (Mallophaga, Anoplura, Siphunculata) – piolhos
23. Coleoptera – besouros
24. Neuroptera (incluindo Megaloptera e Raphidiodea) – sialídeos, lixeiros, lacrainhas d'água, moscas-serpentes, crisopídeos, formigas-leão e ascalafídeos
25. Hymenoptera – formigas, vespas e abelhas, moscas-de-serra, icneumonídeos, calcidídeos
26. Trichoptera – moscas d'água
27. Lepidoptera (incluindo Zeugloptera) – borboletas e mariposas
28. Siphonaptera – pulgas
29. Mecoptera (incluindo Neomecoptera) – moscas-escorpião
30. Strepsiptera (Coleoptera em parte) – estrepsípteros
31. Diptera – moscas

FILOGENIA DOS HEXAPODA

Os hexápodes constituem um grupo muito antigo e altamente atraente. Sua história evolucionária e o

Tabela 6-2   Descrição do registro fóssil

Era	Milhões de anos atrás[a]	Período		Formas de vida
Cenozoico	70		Pleistoceno	Primeiro humano
		Terciário	Plioceno	
			Mioceno	Idade dos mamíferos e plantas florescentes; surgimento dos gêneros de insetos modernos; insetos em âmbar
			Oligoceno	
			Eoceno	
			Paleoceno	
Mesozoico	135	Cretáceo		Idade dos répteis; primeiras plantas com flores; maioria das ordens modernas de insetos; extinção das ordens de insetos fósseis
	180	Jurássico		Primeiras aves
	225	Triássico		Primeiros mamíferos
Paleozoico	270	Permiano		Surgimento das principais ordens de insetos modernos; extinção de muitas ordens fósseis
	350	Carbonífero		Primeiros insetos alados (em várias ordens, a maioria agora extinta; alguns insetos muito grandes neste período); surgem os répteis primitivos
	400	Devoniano		Primeiros hexápodes (colêmbolos); primeiros vertebrados terrestres (anfíbios); idade dos peixes
	440	Siluriano		Primeiros animais terrestres (escorpiões e diplópodes); ascensão dos peixes
	500	Ordoviciano		Primeiros vertebrados (ostracodermes)
	600	Cambriano		Primeiros artrópodes (trilobitos, xifosuros e branquiópodos)
Pré-Cambriano				Invertebrados primitivos

[a] A partir do início do período.

desenvolvimento de hipóteses sobre sua filogenia têm sido tema de estudo há muito tempo. Os dados que formam a base destes trabalhos são os mesmos para hexápodes e para qualquer outro grupo: o estudo comparativo das características de fósseis (Tabela 6-2) e espécies contemporâneas. Contudo, a diversidade leva a um estreitamento da especialização dos estudiosos dos hexápodes, dificultando o reconhecimento de homologias entre uma variedade tão grande de espécies.

Nos últimos anos, a ampla adoção dos princípios da sistemática filogenética, a emergência de dados moleculares como novas fontes de características, o desenvolvimento de tecnologias e softwares computadorizados e a descoberta contínua de novos táxons levaram ao ressurgimento do interesse no estudo da filogenia, em particular dos "problemas" clássicos que despertaram o interesse dos especialistas em sistemática por muitos anos. A discussão a seguir é fundamentada nas análises morfológicas e moleculares combinadas recentes de Wheeler et al. (2001). Este artigo deve ser consultado para detalhes sobre as características sinapomórficas dos táxons mais apicais.

O registro fóssil do período Pré-Cambriano é bastante escasso, mas no período Cambriano, os artrópodes marinhos estavam presentes, consistindo em trilobitos, crustáceos e xifosuros. Os primeiros artrópodes terrestres – escorpiões, aranhas e diplópodes – apareceram mais tarde, no período Siluriano, e os primeiros hexápodes apareceram no Devoniano. Relativamente, poucos fósseis são conhecidos do Devoniano, mas muitos são conhecidos do período Carbonífero em diante.

Acredita-se que os hexápodes tenham surgido a partir de um ancestral semelhante a um miriápode que possuía anexos pareados em forma de perna em cada segmento corporal. A mudança para a condição Hexapoda envolveu o desenvolvimento de uma cabeça, a modificação dos três segmentos atrás da cabeça em segmentos locomotores e uma perda ou redução da maioria dos anexos nos segmentos corporais restantes. Os primeiros hexápodes, sem dúvida, eram não alados e, portanto, algumas vezes são chamados de *apterigotos*.

Protura, Diplura e Collembola são grupos muito distintos que tradicionalmente eram classificados como insetos. Hoje, muitos especialistas os distribuem em três classes separadas, alguns concluíram que as características dos "hexápodes" evoluíram pelo menos quatro vezes de modo independente (por exemplo, ver Manton 1977). Outros rejeitam esta conclusão, mas concordam com a classificação, e ao fazê-lo enfatizam as diferenças em relação aos insetos verdadeiros. Estas três classes são primitivamente não aladas e possuem as porções laterais da cabeça prolongadas e fundidas ao lábio para formar uma bolsa, envolvendo assim as mandíbulas e maxilas. Esta última característica origina o nome de um táxon, às vezes usado para conter as três ordens, os Entognatha. Por enquanto, não existe um consenso quanto ao padrão de relação entre estas ordens. Geralmente, Protura e Collembola são reconhecidos como um grupo monofilético, os Ellipura. A monofilia dos Diplura é discutida. Estas ordens representam ramificações iniciais da linha hexápode. Os fósseis hexápodes mais antigos conhecidos (Devoniano) são claramente identificados como Collembola.

Outras duas ordens primitivamente não aladas são Microcoryphia e Thysanura, também conhecidas como Archaeognatha e Zygentoma, respectivamente. Estas criaturas, assim como os insetos alados, em geral apresentam peças bucais expostas (e daí o nome Ectognatha). Kristensen (1981) sugeriu restringir a palavra *"insetos"* para referir-se a estas espécies ectognatas e deixar *hexápodes* para incluir tanto as ordens entognatas quanto Ectognatha. Portanto, os termos *"inseto"* e *"hexápode"* não são sinônimos e a palavra mais abrangente *hexápode* faz referência à característica fundamental das espécies incluídas, ou seja, possuir seis pernas torácicas. Neste livro, usamos os termos neste sentido.

Duas linhas principais se desenvolveram nos insetos alados, ou Pterygota: os Paleoptera e os Neoptera. Estes dois grupos diferem (entre outras características) em sua capacidade de flexionar as asas: Paleoptera não podem flexionar as asas sobre o abdômen[2], enquanto os Neoptera podem. Esta flexão das asas é possível pela rotação do terceiro esclerito axilar sobre o processo notal posterior da asa (ver Capítulo 2). Várias ordens de Paleoptera estavam presentes no final do período Paleozoico, mas apenas Ephemeroptera e Odonata sobreviveram. Ainda não foi definitivamente estabelecido se Paleoptera constitui um grupo monofilético (ver Wheeler et al. 2001; Hovmöller, Pape e Källerjö 2002).

As relações entre as ordens de Neoptera estão longe de ser nítidas. Existem várias ordens, conhecidas como *ordens ortopteroides*, que são caracterizadas por metamorfose simples, peças bucais mandibuladas, um grande lobo anal na asa posterior, cercos e numerosos túbulos de Malpighi. Estes incluem as ordens atuais Orthoptera, Phasmatodea, Grylloblattaria,

---

[2] Uma exceção é a ordem extinta Diaphanapterodea. Estes insetos conseguiam flexionar as asas por um mecanismo diferente dos Neoptera (Kukalová-Peck 1991).

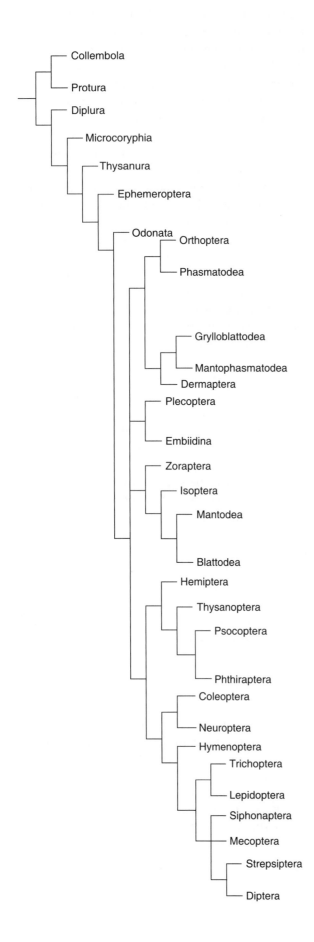

Mantophasmatodea, Mantodea, Blattaria, Isoptera, Dermaptera e Embiidina. Algumas autoridades classificam estas ordens conjuntamente no táxon Polyneoptera. Entre elas, Grylloblattaria e Mantophasmatodea não são aladas. Os Embiidina não possuem um grande lobo anal na asa posterior e não se sabe se esta característica representa um desenvolvimento secundário. A posição da ordem Plecoptera é discutida. Às vezes, ela é incluída na ordem Polyneoptera e, noutras, separada no grupo Paurometabola (ou Pliconeoptera). Wheeler et al. (2001) dividem estas ordens de modo distinto: fornecem evidências de um grupo monofilético composto por Orthoptera, Phasmida, Grylloblattaria e Dermaptera; de outro contendo Blattaria, Mantodea, Isoptera e Zoraptera; e de um terceiro para a relação de grupos-irmãos entre Plecoptera e Embiidina. Geralmente, os Zoraptera são classificados com os Paraneoptera (ver a seguir) com base no reduzido número de túbulos de Malpighi e gânglios abdominais. A análise combinada agrupa esta ordem com os chamados Dictyoptera (Mantodea, Blattaria e Isoptera) com base em várias características morfológicas que são convergentes em outras ordens, mas também com base em diversas características moleculares.

Os grupos hemipteroides (às vezes classificados como Paraneoptera) – Hemiptera, Thysanoptera, Psocoptera e Phthiraptera – são caracterizados por metamorfose simples, modificação das lacínias maxilares em estiletes, ausência de um grande lobo anal na asa posterior e venação um tanto reduzida, ausência de cercos, quatro túbulos de Malpighi e espermatozoides biflagelados.

A metamorfose completa apareceu com o ancestral comum das nove ordens restantes, os Holometabola ou Endopterygota. As relações basais entre estas ordens não foram estabelecidas, mas três linhas principais geralmente são reconhecidas: (1) Hymenoptera, (2) Neuropteroides: os Neuroptera e Coleoptera, e (3) Os Panorpoides: Lepidoptera, Trichoptera, Mecoptera, Siphonaptera, Strepsiptera e Diptera. A posição dos Strepsiptera gera controvérsias. Em geral, são colocados próximos, ou até mesmo dentro dos Coleoptera. Uma das características mais óbvias que sustenta esta relação é o posteromotorismo, ou seja, o uso apenas das asas posteriores para voar. Análises moleculares recentes seguidas de estudos morfológicos colocam o grupo como irmão das moscas verdadeiras, Diptera (Whiting et al. 1997, Whiting 1998, Wheeler et al. 2001). Carmean e

Figura 6-1 Filogenia das ordens de hexápodes (segundo Wheeler et al. 2001).

Crespi (1995) argumentaram que isso é um artifício das técnicas de análise filogenética, mas o fato é que a distribuição de estados dos caracteres simplesmente refletem a hipótese de que moscas e Strepsiptera são os parentes mais próximos uns dos outros.

Estes conceitos de filogenia das ordens dos insetos estão resumidos no diagrama da Figura 6-1, que também apresenta a sequência em que as ordens são abordadas neste livro.

Chave para as ordens de Hexápodes

Esta chave inclui adultos, ninfas e larvas. A porção da chave que cobre ninfas e larvas deve funcionar para a maioria dos espécimes, mas algumas formas muito jovens ou altamente especializadas podem não estar indicadas corretamente pela chave. O *habitat* às vezes representa uma característica importante para a classificação das larvas. Os grupos marcados com um asterisco (*) têm pouca probabilidade de localização pelo coletor geral.

1.	Com asas bem desenvolvidas (adultos)	2
1'.	Sem asas ou com asas vestigiais ou rudimentares (ninfas, larvas e alguns adultos)	28
2 (1).	Asas membranosas, não endurecidas ou coriáceas	3
2'.	Asas anteriores endurecidas ou coriáceas, pelo menos na base (Figura 6-2); asas posteriores, quando presentes, em geral são membranosas	23
3 (2).	Com apenas 1 par de asas	4
3'.	Com 2 pares de asas	10
4 (3).	Corpo semelhante a um gafanhoto; pronoto estendendo-se para trás sobre o abdômen e apontado apicalmente; pernas posteriores aumentadas (Figuras 6-2A e 11-4) (gafanhotos tetrigídeos, família Tetrigidae)	Orthoptera
4'.	Corpo diferente de um gafanhoto; pronoto diferente do item precedente; pernas posteriores com ligeiro aumento	5
5(4').	Antenas com pelo menos 1 artículo, portando um processo lateral longo; asas anteriores minúsculas, asas posteriores semelhantes a um leque (Figura 33-1A-C); insetos minúsculos (machos de estrepsípteros)	Strepsiptera*
5'.	Não exatamente como a descrição anterior	6

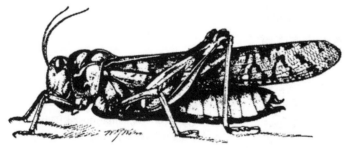

Figura 6-2 Um gafanhoto edipodino (Orthoptera), insetos com asas anteriores espessas e asas posteriores membranosas.

6 (5').	Abdômen com cerca de 1-3 filamentos caudais filiformes ou em forma de estilete; peças bucais vestigiais	7
6'.	Abdômen sem filamentos caudais, filiforme ou em forma de estilete; peças bucais quase sempre bem desenvolvidas, mandibuladas ou hausteladas (Figura 6-3)	8
7 (6).	Antenas longas e evidentes; abdômen terminando em um estilo longo (raramente 2 estilos); asas com uma única veia bifurcada (Figura 22-32A); halteres presentes, em geral terminando em uma cerda semelhante a um gancho; insetos minúsculos, com menos de 5 mm de comprimento (machos de cochonilhas)	Hemiptera*
7'.	Antenas curtas, semelhantes a cerdas, pouco evidentes; abdômen com dois ou três filamentos caudais filiformes; asas com numerosas veias e células; halteres ausentes; mais de 5 mm de comprimento (efemérides)	Ephemeroptera
8 (6').	Tarsos quase sempre com 5 artículos; peças bucais hausteladas; asas posteriores reduzidas a halteres (Figura 6-4A, hal) (moscas)	Diptera
8'.	Tarsos com 2 ou 3 artículos; peças bucais variáveis; asas posteriores reduzidas ou ausentes, diferentes de halteres	9
9 (8').	Peças bucais mandibuladas (alguns psocídios)	Psocoptera*
9'.	Peças bucais hausteladas (alguns fulgorídeos e algumas poucas cigarrinhas)	Hemiptera

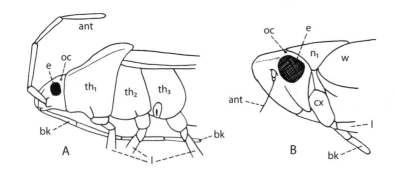

Figura 6-3 Vista lateral da parte anterior do corpo de A, Um percevejo ligeídeo (Hemiptera: Heteroptera) e B, Uma cigarrinha (Hemiptera: Auchenorrhyncha). *ant*, antena; *bk*, rostro; *cx*, coxa anterior; *e*, olho composto; *l*, pernas; n_1, pronoto; *oc*, ocelo; th_{1-3}, segmentos torácicos; *w*, asa anterior.

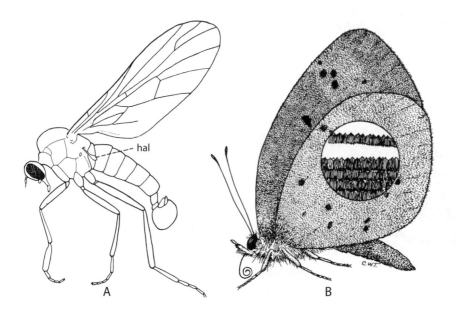

Figura 6-4 A, Uma mosca (Diptera); B, Uma borboleta (Lepidoptera), com um corte da asa ampliado para mostrar as escamas. *hal*, haltere.

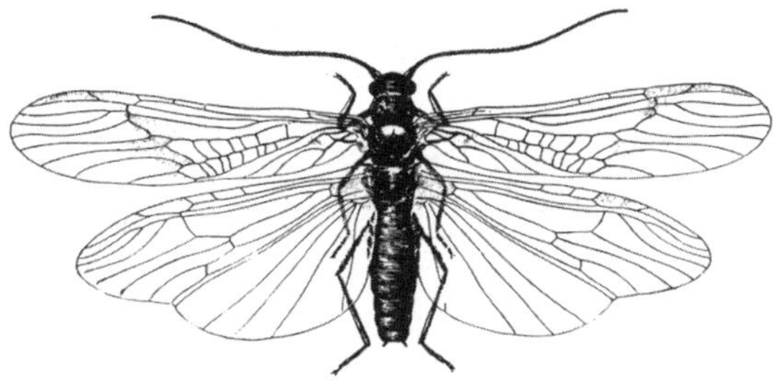

Figura 6-5 Uma mosca-da-pedra (Plecoptera).

10(3').	Asas em grande parte ou totalmente cobertas por escamas; peças bucais em forma de uma probóscide enrolada; antenas com muitos artículos (Figura 6-4B) (borboletas e mariposas)	Lepidoptera
10'.	Asas não cobertas por escamas; não apresenta peças bucais em forma de probóscide enrolada; antenas variáveis	11
11(10').	Asas longas e estreitas, sem veias ou com apenas 1 ou 2 veias, franjadas com pelos longos; tarsos com 1 ou 2 artículos, último segmento intumescido; insetos minúsculos, com menos de 5 mm de comprimento (tripes)	Thysanoptera
11'.	Asas diferentes da entrada anterior, ou se as asas forem um pouco lineares, os tarsos terão mais de 2 artículos	12
12(11').	Asas anteriores relativamente grandes e triangulares; asas posteriores pequenas e arredondadas; asas em repouso mantidas juntas sobre o corpo; asas com muitas veias e células; antenas curtas, semelhantes a cerdas, pouco evidentes; abdômen com cerca de 2 ou 3 filamentos caudais filiformes; insetos delicados, de corpo mole (efeméridas)	Ephemeroptera
12'.	Não exatamente como a descrição anterior	13
13(12').	Tarsos com 5 artículos	14
13'.	Tarso com 4 artículos ou menos	17
14(13).	Asas anteriores perceptivelmente pilosas; peças bucais muito reduzidas, com exceção dos palpos; antenas com o comprimento do corpo ou mais longas; insetos de corpo razoavelmente mole (moscas d'água)	Trichoptera
14'.	Asas anteriores não pilosas, no máximo com pelos microscópicos; mandíbulas bem desenvolvidas; antenas mais curtas que o corpo	15
15(14').	Corpo razoavelmente duro, insetos semelhantes a vespas, abdômen com frequência contraído na base; as asas posteriores menores que as asas anteriores, com poucas veias; asas frontais com 20 células ou menos (formigas, vespas e abelhas, moscas-de-serra, icneumonídeos, calcidídeos)	Hymenoptera
15'.	Insetos de corpo mole, diferentes de vespas, abdômen não contraído na base; asas posteriores com tamanho aproximado das asas anteriores e em geral com praticamente a mesma quantidade de veias; asas anteriores com mais de 20 células	16

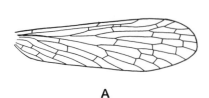
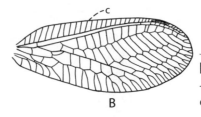

Figura 6-6 A, Asa frontal de uma mosca-escorpião (Mecoptera); B, Asa frontal de um crisopídeo (Neuroptera).

16(15').	Área costal da asa anterior quase sempre com numerosas veias cruzadas (Figura 6-6B), se não (Coniopterygidae, Figura 27-3A), então com asas posteriores mais curtas que as asas anteriores; peças bucais não prolongadas ventralmente em um rostro (lacrainhas d'água, lixeiros, crisopídeos e formigas-leão)	Neuroptera
16'.	Área costal das asas anteriores com no máximo 2 ou 3 veias cruzadas (Figura 6-6A); peças bucais prolongadas ventralmente para formar uma estrutura semelhante a um rostro (Figura 32-1) (moscas-escorpião)	Mecoptera
17(13').	Asas traseiras com o mesmo comprimento das asas anteriores e com a mesma forma ou mais largas na base; asas em repouso mantidas acima do corpo ou estendidas para fora (nunca mantidas planas sobre o abdômen); asas com muitas veias e células; antenas curtas, em forma de cerda, pouco evidentes; abdômen longo, delgado (Figura 6-7); tarsos com 3 artículos; comprimento de 20-85 mm (libélulas e donzelinhas)	Odonata
17'.	Não exatamente como a descrição anterior	18
18(17').	Peças bucais hausteladas	Hemiptera
18'.	Peças bucais mandibuladas	19
19(18').	Tarsos com 4 artículos; asas anteriores e posteriores com tamanho, forma e venação semelhantes (Figura 19-1); cercos minúsculos ou ausentes (cupins)	Isoptera
19'.	Tarsos com 3 ou menos artículos; asas posteriores geralmente mais curtas que as anteriores; cercos presentes ou ausentes	20
20(19').	Asas posteriores com área anal quase sempre aumentada e formando um lobo, que é dobrado como um leque em repouso; venação variando de normal a muito densa, asas anteriores geralmente contendo várias veias cruzadas entre Cu_1 e M e entre Cu_1 e Cu_2 (Figura 6-5); cercos presentes, muitas vezes razoavelmente longos; a maioria com 10 mm ou mais de comprimento; ninfas aquáticas, adultos encontrados perto da água (moscas-da-pedra)	Plecoptera

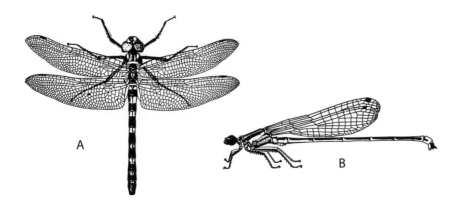

Figura 6-7 Odonata. A, Uma libélula; B, Uma donzelinha.

20'.	Asas posteriores sem área anal aumentada e sem apresentar dobra em repouso, sem veias cruzadas extraordinárias; cercos presentes (mas curtos) ou ausentes; a maioria com 10 mm de comprimento ou menos; ninfas não aquáticas, adultos não ficam necessariamente perto da água	21
21(20').	Tarsos com 3 segmentos, segmento basal dos tarsos anteriores aumentado (embiópteros)	Embiidina*
21'.	Tarsos com 2 ou 3 artículos, segmento basal dos tarsos anteriores não aumentado	23
22(21').	Cercos presentes; tarsos com 2 artículos; venação alar reduzida (Figura 18-1A); antenas moniliformes e com 9 artículos	Zoraptera*
22'.	Cercos ausentes; tarsos com 2 ou 3 artículos; venação alar não é particularmente reduzida (Figuras 24-3 e 24-6); antenas não são moniliformes, em geral longas e semelhantes a um pelo, com 13 artículos ou mais (Figura 24-7) (psocídios)	Psocoptera
23(2').	Peças bucais hausteladas, rostro alongado e geralmente articulado (Figura 6-3)	Hemiptera
23'.	Peças bucais mandibuladas	24
24(23').	Abdômen com cercos semelhantes a pinças; asas anteriores curtas, deixando a maior parte do abdômen exposto; tarsos com 3 artículos (tesourinhas)	Dermaptera
24'.	Abdômen sem cercos semelhante a pinças ou, se houver, as asas anteriores cobrem a maior parte do abdômen; tarsos variáveis	25
25(24').	Asas anteriores sem veias, em geral se encontrando em linha reta abaixo da metade do dorso; antenas com 11 artículos ou menos; asas posteriores estreitas, quando não estão dobradas são mais longas que as asas anteriores, com algumas veias (besouros)	Coleoptera
25'.	Asas anteriores com veias, mantidas como um telhado sobre o abdômen ou encobrindo o abdômen quando em repouso; antenas com mais de 12 artículos; asas posteriores amplas, em geral mais curtas que as asas anteriores, com muitas veias, dobradas como um leque em repouso	26
26(25').	Tarso com 4 artículos ou menos; geralmente insetos saltadores, com fêmures posteriores mais ou menos aumentados (Figura 11-4 e 11-6) (gafanhotos e grilos)	Orthoptera
26'.	Tarsos com 5 artículos; insetos que caminham ou correm, com fêmures posteriores não necessariamente aumentados (Figura 20-1)	27
27(26').	Protórax muito mais longo que o mesotórax; pernas anteriores modificadas para agarrar a presa (Figura 20-1) (louva-a-deus)	Mantodea
27'.	Protórax ligeiramente alongado; pernas anteriores não modificadas para agarrar presas (Figura 20-3) (baratas)	Blattodea
28(1').	Corpo geralmente em forma de inseto adulto, com pernas e antenas articuladas (adultos, ninfas e algumas larvas)	29
28'.	Corpo mais ou menos vermiforme, regiões corporais (exceto a cabeça) levemente diferenciadas, pernas torácicas segmentadas ausentes; antenas presentes ou ausentes (larvas e alguns adultos)	75
29(28).	Asas anteriores presentes, mas rudimentares; asas posteriores ausentes ou representadas por halteres; tarsos quase sempre com 5 artículos (algumas moscas)	Diptera*
29'.	Asas totalmente ausentes, ou com 4 asas rudimentares e nenhum halter; tarsos variáveis	30
30(29').	Antenas ausentes; comprimento de 1,5 mm ou menos; em geral, encontrados no solo ou em folhiço (proturos)	Protura*
30'.	Antenas geralmente presentes (algumas vezes pequenas); tamanho e *habitat* variáveis	31
31(1').	Ectoparasitas de aves, mamíferos ou abelhas-de-mel e, em geral, encontrados no hospedeiro; corpo mais ou menos coriáceo, achatado dorso ventral ou lateral	32

31'.	Vida livre (não ectoparasitários), terrestres ou aquáticos	35
32 (31).	Tarsos de 5 artículos; antenas curtas, em geral ocultas nos sulcos da cabeça; peças bucais hausteladas	33
32'.	Tarso com menos de 5 artículos; antenas, peças bucais variáveis	34
33 (32).	Corpo achatado lateralmente; em geral insetos saltadores, com pernas relativamente longas (Figura 6-8A) (pulgas)	Siphonaptera
33'.	Corpo achatado dorsoventral; insetos não saltadores, pernas curtas (hipoboscídeos, moscas-de-morcegos e piolhos-das-abelhas)	Diptera*
34 (32').	Antenas mais longas que a cabeça; tarsos com 3 artículos (percevejos comuns e percevejos de morcegos)	Hemiptera
34'.	Antenas não apresentam dimensões maiores que a cabeça; tarsos com 1 artículo (piolhos)	Phthiraptera
35 (31').	Peças bucais hausteladas, com rostro cônico ou alongado envolvendo estiletes	36
35'.	Peças bucais mandibuladas (algumas vezes ocultas na cabeça), não é semelhante a um rostro	39
36 (35).	Tarsos com 5 artículos; palpos maxilares ou labiais presentes	37
36'.	Tarso com 4 artículos ou menos; palpos pequenos ou ausentes	38
37 (36).	Corpo coberto com escamas; rostro geralmente na forma de um tubo enrolado; antenas longas e com muitos artículos (mariposas sem asas)	Lepidoptera
37'.	Não apresenta corpo coberto com escamas; nem rostro enrolado; antenas variáveis, mas geralmente curtas, com 3 artículos ou menos (moscas não aladas)	Diptera*
38 (36').	Peças bucais em forma de cone localizadas basalmente na superfície ventral da cabeça; palpos presentes, porém curtos; corpo alongado, em geral com menos de 5 mm de comprimento; antenas com comprimento aproximado da cabeça e do protórax combinados, não semelhante a cerda, 4 a 9 artículos; tarsos com 1 ou 2 artículos, sem garras (tripes)	Thysanoptera
38'.	Peças bucais na forma de um rostro segmentado alongado; palpos ausentes; outras características variáveis	Hemiptera
39 (35').	Abdômen distintamente contraído na base; antenas muitas vezes geniculadas; tarsos com 5 artículos; corpo duro, insetos semelhantes a formigas (formigas e vespas não aladas)	Hymenoptera

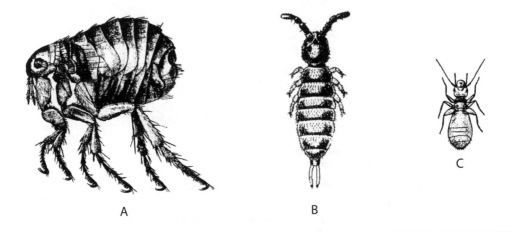

Figura 6-8 Hexápodes não alados. A, Pulga humana (Siphonaptera); B, Colêmbolo (Collembola); C, Psocídeo (Psocoptera).

39'.	Abdômen não contraído na base; antenas não geniculadas; tarsos variáveis	40
40 (39').	Abdômen com 3 filamentos caudais filiformes longos, com anexos semelhantes a estilos, em alguns segmentos abdominais; peças bucais mandibuladas, mas, em geral, levemente retraídas na cabeça; corpo quase sempre coberto por escamas; terrestres (traça-dos-livros, traças saltadoras)	41
40'.	Abdômen com apenas 2 filamentos caudais filiformes ou nenhum; se possuir 3 (ninfas de efemérida), é aquático; outras características variáveis	42
41 (40).	Olhos compostos grandes, em geral contíguos; corpo um tanto cilíndrico, com o tórax arqueado; ocelos presentes; coxas médias e posteriores quase sempre com estilos; estilos abdominais nos segmentos 2-9 (Figura 8-1)	Microcoryphia
41'.	Olhos compostos pequenos e muito separados, ou ausentes; corpo um tanto achatado dorsoventralmente, tórax não arqueado; ocelo presente ou ausente; coxas médias e posteriores sem estilos; segmentos abdominais 1-6 em geral sem estilos	Thysanura
42 (40').	Aquáticos, frequentemente com brânquias traqueais	43
42'.	Terrestres, sem brânquias traqueais	50
43 (42).	Ninfas; olhos compostos e, em geral, brotos alares presentes	44
43'.	Larvas; olhos compostos e brotos alares ausentes	46
44 (43).	Lábio preênsil, dobrado sob a cabeça em repouso e, quando estendido, muito mais longo que a cabeça (Figuras 10-1G, 10-2, e 10-9B) (ninfas de libélula e donzelinha)	Odonata
44'.	Lábio normal, diferente da descrição anterior	45
45 (44').	Com 3 filamentos caudais; tarsos com 1 garra; brânquias localizadas na margem lateral do tergo abdominal, geralmente foliáceas ou laminares (ninfas de efemérida)	Ephemeroptera
45'.	Com 2 filamentos caudais; tarsos com 2 garras; brânquias (raramente ausentes) mais ou menos digitiformes, em geral localizadas na parte inferior do tórax (Figuras 16-2) (ninfas de mosca-da-pedra)	Plecoptera
46 (43').	Com 5 pares de falsas pernas na superfície ventral dos segmentos abdominais, as falsas pernas possuem pequenos ganchos (colchetes) (lagartas aquáticas)	Lepidoptera*
46'.	Segmentos abdominais sem falsas pernas ou apenas com par terminal	47
47 (46').	Peças bucais consistindo em 2 estruturas delgadas e alongadas, mais longas que a cabeça; antenas longas e delgadas, pelo menos com um terço do comprimento do corpo; tarsos com 1 garra; vivendo em esponjas de água-doce (larvas de Sisyridae)	Neuroptera
47'.	Peças bucais, e geralmente também as antenas, curtas, diferentes da descrição anterior	48
48 (47').	Tarso com 2 garras; é abdômen com processos laterais longos e delgados e um longo e delgado processo terminal (Sialidae) ou com processos laterais delgados e um par de estruturas semelhantes a um gancho apicalmente (Corydalidae) (larvas de lacrainhas d'água e sialídeos)	Neuroptera
48'.	Tarso com 1 ou 2 garras; se 2, abdômen diferente da descrição anterior	49
49 (48').	Abdômen com par de ganchos, geralmente em falsas pernas anais, na extremidade posterior e sem processos laterais longos (mas algumas vezes com brânquias digitiformes); tarsos com 1 garra; vivem em envoltórios (larvas de mosca d'água)	Trichoptera
49'.	Abdômen com 4 ganchos na extremidade posterior (Figura 26-16A) ou nenhum, com ou sem processos laterais longos (Figura 26-16); tarsos com 1 ou 2 garras; não vivem em envoltórios (larvas de besouro)	Coleoptera

50 (42').	Peças bucais geralmente retraídas para a cabeça e não aparentes; abdômen com anexos em forma de estilos em alguns segmentos ou com anexo bifurcado próximo à extremidade do abdômen; em geral com menos de 7 mm de comprimento	51
50'.	Peças bucais distintas, mandibuladas ou hausteladas; abdômen sem anexos como descrito no item precedente; tamanho variável	52
51 (50)	Antenas longas, multiarticuladas, abdômen com pelo menos 9 segmentos com anexos semelhantes a estilos no lado ventral de alguns segmentos; sem anexos bifurcados próximos à extremidade do abdômen, mas com cercos bem desenvolvidos (Figura 7–1) (dipluro)	Diplura*
51'.	Antenas curtas, em geral com 4 artículos ou menos; abdômen com 6 segmentos ou menos, com anexo bifurcado próximo à extremidade posterior (Figura 6-8B) (colêmbolos)	Collembola
52 (50').	Corpo larviforme, tórax e abdômen não diferenciados; olhos compostos presentes (fêmea de besouros larviformes)	Coleoptera*
52'.	Corpo de forma variável, se larviforme, sem olhos compostos	53
53 (52').	Olhos compostos em geral presentes; corpo de forma variável, porém não vermiformes; brotos alares muitas vezes presentes (adultos e ninfas)	54
53'.	Olhos compostos e brotos alares ausentes; corpo vermiforme (larvas)	66
54 (53).	Tarsos com 5 artículos	55
54'.	Tarsos com 4 artículos ou menos	60
55 (54).	Peças bucais prolongadas ventralmente em uma estrutura semelhante a um rostro (Figura 32-5); corpo mais ou menos cilíndrico, com menos de 15 mm de comprimento (moscas-escorpiões não aladas)	Mecoptera*
55'.	Peças bucais diferentes da entrada anterior; forma e tamanho do corpo variáveis	56
56 (55').	Antenas com 5 artículos; Texas (algumas fêmeas de estrepsípteros)	Strepsiptera*
56'.	Antenas com mais de 5 artículos; amplamente distribuído	57
57 (56').	Cercos com 1 segmento; corpo e pernas muito delgados (Figura 12-1)	58
57'.	Cercos com 8 segmentos ou mais; formato do corpo variável	59
58 (57).	Cabeça prognata; amplamente distribuído	Phasmatodea
58'.	Cabeça hipognata; conhecido apenas na África	Mantophasmatodea*
59 (57').	Corpo achatado e oval, cabeça mais ou menos oculta pelo pronoto quando vista de cima; ocelos geralmente presentes; amplamente distribuídos (baratas)	Blattodea
59'.	Corpo alongado e cilíndrico, cabeça não oculta pelo pronoto quando vista de cima; ocelos ausentes; noroeste dos EUA e oeste do Canadá (griloblatódeos)	Grylloblattodea*
60 (54').	Cercos semelhantes a pinças; tarsos com 3 artículos	61
60'.	Cercos ausentes ou, se presentes, não semelhantes a pinças; tarsos variáveis	62
61 (60).	Antenas com mais da metade do comprimento corporal; cercos curtos; oeste dos Estados Unidos (timemas)	Phasmatodea*
61'.	Antenas menores que a metade do comprimento do corpo; cercos longos; amplamente distribuído (tesourinhas)	Dermaptera
62 (60').	Tarsos com 3 artículos, artículo basal dos tarsos anteriores dilatados (embiópteros)	Embiidina*
62'.	Tarsos com 2 a 4 artículos, artículo basal dos tarsos anteriores não dilatado	63

63 (62').	Insetos semelhantes a gafanhotos, com pernas posteriores aumentadas e adaptadas para saltar; comprimento acima de 15 mm (gafanhotos)	Orthoptera
63'.	Não são semelhantes a gafanhotos, as pernas posteriores diferem das citadas acima; comprimento inferior a 10 mm	64
64 (63').	Tarsos com 4 artículos; corpo pálido e macio, insetos que vivem na madeira ou no solo (cupins)	Isoptera
64'.	Tarsos com 2 ou 3 artículos; cores e hábitos variáveis	65
65 (64').	Cercos presentes, 1 segmento, terminando em uma cerda longa; antenas com 9 artículos, moniliformes (Figura 18-1B-D); olhos compostos e ocelos ausentes; tarsos com 2 artículos (zorápteros)	Zoraptera*
65'.	Cercos ausentes; antenas com 13 artículos ou mais, em geral semelhantes a pelos (Figura 6-8C); olhos compostos e 3 ocelos presentes; tarsos com 2 ou 3 artículos (psocídeos)	Psocoptera
66 (53').	Falsas pernas ventrais presentes em 2 segmentos abdominais ou mais (Figuras e 30-3)	67
66'.	Falsas pernas abdominais ausentes ou apenas no segmento terminal	69
67 (66).	Com 5 pares de falsas pernas (nos segmentos abdominais 3-6 e 10) ou menos, falsas pernas com pequenos ganchos (colchetes); vários estemas (geralmente 6) em cada lado da cabeça (lagartas, larvas de borboletas e mariposas)	Lepidoptera
67'.	Com 6 ou mais pares de falsas pernas abdominais, falsas pernas sem colchetes; número de estemas variáveis	68
68 (67').	Sete ou mais estemas em cada lado da cabeça; falsas pernas nos segmentos 1-8 ou 3-8, em geral pouco evidentes, estruturas pontiagudas (larvas da mosca-escorpião)	Mecoptera*
68'.	Um estema em cada lado da cabeça; falsas pernas robustas, não pontiagudas, em geral nos segmentos abdominais 2-8 e 10, algumas vezes em 2-7 ou 2-6 e 10 (Figura 28-31) (larvas de mosca-de-serra)	Hymenoptera
69 (66').	Mandíbula e maxila de cada lado unidas para formar uma mandíbula sugadora, ou seja, geralmente longa; tarsos com 2 garras; labro ausente ou fundido com a cápsula cefálica; palpos maxilares ausentes (Planipennia: larvas de crisopídeos e formigas-leão)	Neuroptera
69'.	Mandíbulas e maxilas diferentes da descrição anterior; tarsos com 1 ou 2 garras; labro e palpos maxilares geralmente presentes	70
70 (69').	Cabeça e peças bucais dirigidas para a frente (prognatos), cabeça com aproximadamente o mesmo comprimento na linha média ventral que na linha média dorsal, em geral cilíndricos ou um tanto achatados	71
70'.	Cabeça e peças bucais dirigidas ventralmente (hipognatos), cabeça muito mais longa na linha média dorsal que na linha média ventral e, em geral, arredondada	73
71 (70).	Tarso com 1 garra (algumas larvas de besouros)	Coleoptera
71'.	Tarso com 2 garras	72
72 (71').	Labro distinto e clípeo presente (Raphidioptera: larvas de mosca-serpente)	Neuroptera
72'.	Labro ausente ou fundido com a cápsula cefálica (maioria dos Adephaga: larvas de besouro)	Coleoptera
73 (70').	Pernas anteriores distintamente menores que os outros pares; pernas médias e posteriores projetando-se lateralmente muito mais que as pernas anteriores; pequeno grupo de estemas (em geral 3) em cada lado da cabeça atrás das bases das antenas; garras tarsais ausentes; comprimento inferior a 5 mm; em geral encontrados em musgo (larvas de Boreidae)	Mecoptera*
73'.	Pernas diferentes da descrição anterior, pernas anteriores e médias com aproximadamente o mesmo tamanho e posição; estemas variáveis; tarsos com 1-3 garras; tamanho e *habitat* variáveis	74

74 (73').	Tarsos com 1 ou 2 garras; abdômen sem filamentos caudais; antenas variáveis (larvas de besouros)	Coleoptera
74'.	Tarsos em geral com 3 garras; abdômen com 2 filamentos caudais, medindo cerca de um terço do comprimento do corpo (Figura 33-1D); antenas curtas, de 3 artículos (larvas triungulins de alguns besouros (Meloidae) e estrepsípteros)	Coleoptera* e Strepsiptera*
75 (28').	Aquáticos (larvas de moscas)	Diptera
75'.	Não aquáticos, mas terrestres ou parasitas	76
76 (75').	Sésseis, alimentando-se de plantas; corpo coberto por escamas ou material céreo; peças bucais hausteladas, longas e filiformes (fêmeas de cochonilhas)	Hemiptera
76'	Não exatamente como a descrição anterior	77
77 (76').	Cabeça e tórax mais ou menos fundidos, segmentação abdominal indistinta (Figura 33-1E); parasitas internos de outros insetos (fêmeas de estrepsípteros)	Strepsiptera*
77'	Cabeça não fundida com o tórax, segmentação distinta do corpo; *habitat* variável	78
78 (77').	Cabeça distinta, esclerotizada, em geral pigmentada e protrusa	79
78'.	Cabeça indistinta, parcialmente ou não esclerotizada, algumas vezes retraída para o tórax	86
79 (78).	Cabeça e peças bucais dirigidas para a frente (prognatos), cabeça com aproximadamente o mesmo comprimento a partir da linha média ventral e da linha média dorsal, em geral cilíndrica ou um pouco achatada	80
79'.	Cabeça e peças bucais dirigidas ventralmente (hipognato), cabeça muito mais longa na linha média dorsal que na linha média ventral e, em geral, arredondada	83
80 (79).	Segmento abdominal terminal com um par de processos curtos, pontiagudos; várias cerdas longas em cada segmento corporal (larvas de pulgas)	Siphonaptera*
80'.	Não exatamente como a descrição anterior	81
81 (80').	Lábio com fiandeiras salientes; antenas originadas em uma área membranosa na base das mandíbulas; mandíbulas bem desenvolvidas, em oposição; corpo mais ou menos achatado; falsas pernas ventrais normalmente com colchetes; principalmente minadores de folhas em plantas, cascas de árvores ou frutas (larvas de mariposas)	Lepidoptera
81'.	Lábio sem fiandeira; antenas, se presentes, originadas da cápsula cefálica; falsas pernas sem colchetes	82
82 (81').	Peças bucais distintamente mandibuladas, com mandíbulas em oposição; espiráculos geralmente presentes no tórax e 8 segmentos abdominais; forma do corpo variável (larvas de besouros)	Coleoptera
82'.	Peças bucais como na descrição anterior ou com ganchos bucais mais ou menos paralelos que se movem verticalmente; espiráculo variável, mas diferente da descrição anterior; corpo alongado (larvas de moscas)	Diptera
83 (79').	Segmentos abdominais com 1 ou mais dobras longitudinais lateralmente ou lateroventralmente; corpo em forma de "C", escarabeiforme (Figura 26-31); 1 par de espiráculos no tórax, em geral com 8 pares no abdômen (corós brancos: larvas de besouros)	Coleoptera
83'.	Segmentos abdominais sem pregas longitudinais ou, caso as pregas estejam presentes, os espiráculos são diferentes da descrição anterior	84
84 (83').	Cabeça com áreas adfrontais (Figura 30-3, adf); lábio com fiandeiras em projeção; antenas, se presentes, originadas em uma área membranosa na base das mandíbulas; geralmente com 1 ou mais estemas (geralmente 6) em cada lado da cabeça; falsas pernas ventrais, se presentes, com colchetes (larvas de mariposas)	Lepidoptera

84'.	Cabeça sem áreas adfrontais; lábio sem fiandeira; antenas e estemas diferentes da entrada anterior; falsas pernas, se presentes, sem colchetes	85
85 (84').	Mandíbulas levemente esclerotizadas e sem apresentar forma de escova; espiráculos geralmente presentes no tórax e na maioria dos segmentos abdominais, o par posterior não é aumentado; larvas localizadas em tecidos vegetais, como parasitas, ou em células construídas por adultos (Apocrita)	Hymenoptera
85'.	Em geral, as mandíbulas não apresentam forma de escova; espiráculos em geral diferentes da descrição anterior – se presentes em vários segmentos abdominais, par posterior muito maior que os outros; ocorrendo em locais úmidos, em tecidos vegetais ou como parasitas internos (larvas de moscas, principalmente Nematocera)	Diptera
86 (78').	Peças bucais de tipo mandibulado normal, com mandíbulas e maxilas em oposição; antenas geralmente presentes (larvas de besouros)	Coleoptera
86'.	Peças bucais reduzidas ou modificadas, com apenas mandíbulas em oposição ou com ganchos bucais paralelos presentes; antenas geralmente ausentes	87
87 (86').	Corpo constituído de 13 segmentos; larvas completamente desenvolvidas, em geral com placa ventral esclerotizada localizada ventralmente atrás da cabeça (larvas de Cecidomyiidae)	Diptera
87'.	Corpo consiste de menos segmentos; sem placa ventral esclerotizada	88
88 (87').	Peças bucais consistindo em 1 ou 2 (se 2, então paralelos, e não em oposição) ganchos bucais medianos, de cor escura, curvados para baixo (gusanos; larvas de Muscomorpha)	Diptera
88'.	Mandíbulas em oposição, algumas vezes reduzidas, sem ganchos bucais como descrito no item anterior (larvas de Apocrita)	Hymenoptera

Referências

Arnett, R. H. *American insects:* a handbook of the insects of America North of Mexico. Nova York: Van Nostrand Reinhold, 1985.

Borror, D. J.; R. E. White. *A field guide to the insects of America North of Mexico.* Boston: Houghton Mifflin, 1970. Edição brochura, 1974.

Boudreaux, H. B. *Arthropod phylogeny with special reference to insects.* Nova York: Wiley, 1979.

Brues, C. T.; A. L. Melander; F. M. Carpenter. "Classification of insects", *Bull. Mus. Comp. Zool. Harvard,* n. 108, 1954.

Carmean, D.; B. J. Crespi. "Do long branches attract flies?", *Nature,* n. 373, p. 234, 1995.

Chinery, M. *A field guide to the insects of Britain and northern Europe.* Boston: Houghton Mifflin, 1974.

Chu, P. *How to know the immature insects.* Dubuque: William C Brown, 1949.

Commonwealth Scientific and Industrial Research Organization (CSIRO). *The insects of Australia.* Carlton: Melbourne University Press, 1970.

Comstock, J. H. *An introduction to entomology.* 9. ed. Ithaca: Comstock, 1949.

Daly, H. V.; J. T. Doyen; P. R. Ehrlich. *An introduction to insect biology and diversity.* Nova York: McGraw-Hill, 1978.

Elzinga, R. J. *Fundamentals of entomology.* 2. ed. Englewood Cliffs: Prentice Hall, 1981.

Essig, E. O. *Insects and mites of western North America.* Nova York: Macmillan, 1958.

Friedlander, C. P. *The biology of insects.* Nova York: Pica Press, 1977. 190 p.

Grassé, P. P. *Traité de zoologie:* anatomie, systematique, biologie. Paris: Masson, 1949. v. 9. Insectes: Paleontologie, Géonémie, Aptérygotes, Ephéméroptères, Odonatoptères, Blattoptéroïdes, Orthoptéroïdes, Dermaptéroïdes, Coléoptères.

Grassé, P. P. *Traité de zoologie:* anatomie, systematique, biologie. Paris: Masson, 1951. p. 976–1948. v. 10: Insectes Supérieurs ET Hemiptéroïdes, Part I: Neuroptéroïdes, Mecoptéroïdes, Hemiptéroïdes, p. 1–975; Part II: Hymenoptéroïdes, Psocoptéroïdes, Hemiptéroïdes, Thysanoptéroïdes.

Hovmöller, R.; T. Pape; M. Källerjö. "The palaeoptera problem: basal pterygote phylogeny inferred from

18S and 28S rDNA sequences", *Cladistics*, 18, p. 313-323, 2002.

Imms, A. D. *Insect natural history*. Nova York: Collins, 1947.

Jacques, H. E. *How to know the insects*. 2. ed. Dubuque: William C Brown, 1947.

Klass, K.-D.; O. Zompro; N. P. Kristensen; J. Adis. "Mantophasmatodea: A new insect order with extant members in the Afrotropics", *Science*, 296, p. 1456-1459, 2002.

Kristensen, N. P. "The phylogeny of hexapod "orders": A critical review of recent accounts", *Z. Zool. Syst. Evolutions-Forsch*, 13, p. 1-44, 1975.

Kristensen, N. P. "Phylogeny of insect orders", *Annu. Rev. Entomol*, 26, p. 135-157, 1981.

Kukalová-Peck, J. Fossil history and the evolution of hexapod structures. In: I. D. Naumann et al. *The insects of Australia*. 2. ed. Melbourne: Melbourne University Press, 1991. p. 141-179

Linsenmaier, W. *Insects of the world*. Tradução: L. E. Chadwick. Nova York: McGraw-Hill, 1972.

Lutz, F. E. *Field book of insects*. Nova York: Putnam, 1935.

Manton, S. M. *The Arthropoda*: Habits, Functional Morphology, and Evolution. Oxford: Clarendon Press, 1977.

Martynov, A. V. "Uber zwei Grundtypen der Flugel bei den Insekten und ihre Evolution", *Z. Morphol. Okol. Tiere*, 4, p. 465-501, 1925.

Martynova, O. "Paleoentomology", *Annu. Rev. Entomol.*, 6, p. 285-294, 1961.

Matheson, R. *Entomology for introductory courses*. 2. ed. Ithaca: Comstock, 1951.

Merritt, R. W.; K. W. Cummins. *An introduction to the aquatic insects of North America*. Dubuque: Kendall/Hunt, 1978.

Naumann, I. D. et al. *Insects of Australia*. 2. ed. Melbourne: Melbourne University Press, 1991.

Oldroyd, H. *Elements of entomology:* an introduction to the study of insects. Londres: Weidenfield & Nicolson, 1970.

Pennak, R. W. *Fresh-water invertebrates of the United States*. 2. ed. Nova York: Wiley Interscience, 1978.

Peterson, A. "Keys to the orders of immature insects (exclusive of eggs and pronymphs) of north american insects", *Ann. Entomol. Soc. Amer.*, 32, p. 267-278, 1939.

Peterson, A. *Larvae of insects*. Ann Arbor: Edwards, 1948. Part I: Lepidoptera and Plant-Infesting Hymenoptera.

Peterson, A. *Larvae of insects*. Ann Arbor: Edwards, 1951. Part II: Coleoptera, Diptera, Neuroptera, Siphonaptera, Mecoptera, Trichoptera.

Richard, O. W.; R. G. Davies. *Imm's general textbook of entomology*. Londres: Chapman and Hall, 1977. v. 1, p. 1-418; v. 2, p. 419-1354.

Romoser, W. S. *The science of entomology*. Nova York: Macmillan, 1973.

Ross, H. H. "Evolution of the insect orders", *Entomol. News*, 66, p. 197-208, 1955.

Ross, H. H.; C. A. Ross; J. R. P. Ross. *A textbook of entomology*. 4. ed. Nova York: Wiley, 1982.

Smart, J. "Explosive evolution and the phylogeny of the insects", *Proc. Linn. Soc. Lond.*, 174, p. 125-126, 1963.

Stehr, F. *Immature insects*. Dubuque: Kendall/Hunt, 1987.

Swain, R. B. *The insect guide*. Nova York: Doubleday, 1948.

Swan, L. A.; C. S. Papp. *The common insects of North America*. Nova York: Harper & Row, 1972.

Usinger, R. L. *Aquatic insects of California, with keys to north american genera and California species*. Berkeley: University of California Press, 1956.

Wheeler, W. C.; M. Whiting; Q. D. Wheeler; J. M. Carpenter. "The phylogeny of the extant hexapod orders", *Cladistics*, 17, p. 113-169, 2001.

Whiting, M. F. "Phylogenetic position of the strepsiptera: review of molecular and morphological evidence", *Int. J. Insect Morphol. Embryol.*, 27, p. 53-60, 1998.

Whiting, M. F.; J. M. Carpenter; Q. D. Wheeler; W. C. Wheeler. "The strepsiptera problem: phylogeny of the holometabolous insect orders inferred from 18S and 28S ribosomal DNA sequences and morphology", *Syst. Biol.*, 46, p. 1-68, 1997.

CAPÍTULO 7

OS HEXÁPODES ENTOGNATOS
PROTURA, COLLEMBOLA E DIPLURA

Estas três ordens e as duas consideradas no Capítulo 8 consistem em hexápodes primitivamente não alados com metamorfose simples; alguns pterigotos também não possuem asas, porém sua condição não alada é secundária, porque derivam de ancestrais alados.

As três ordens abordadas neste capítulo são agrupadas como Entognatha, pois as peças bucais são mais ou menos retraídas no interior da cabeça. As porções laterais da cápsula cefálica são prolongadas ventralmente, fundindo-se às laterais do lábio e do labro para formar uma bolsa na qual as mandíbulas e as maxilas ficam escondidas. Além disso, nestas ordens, os artículos do flagelo da antena (quando presentes) apresentam músculos internos, os tarsos têm um artículo, os olhos compostos estão ausentes ou os omatídios são reduzidos em número (oito ou menos) e o tentório é rudimentar.

Manton (1977) concluiu que cada um destes três grupos evoluiu da condição hexápode de modo independente e, portanto, cada um deve ser tratado como uma classe separada. Seguiremos aqui as conclusões de Boudreaux (1979), seguidas das sugestões de nomenclatura de Kristensen (1981), e agruparemos todos como Entognatha. Como tal, constituem o grupo-irmão dos insetos (que inclui Microcoryphia, Thysanura e Pterygota). Em conjunto, Entognatha e Insecta constituem os Hexapoda.

Há divergências com relação ao estado taxonômico destes grupos e os nomes fornecidos. Nossos agrupamentos são descritos a seguir, com sinônimos e outros grupos entre parênteses.

Ordem Protura (Myrientomata) – proturos
    Eosentomidae
    Protentomidae (incluindo Hesperentomidae)
    Acerentomidae
Ordem Collembola – colêmbolos
    Poduridae
    Hypogastruridae
    Onychiuridae
    Isotomidae
    Entomobryidae
    Neelidae
    Sminthuridae
    Mackenziellidae
    Tomoceridae
    Cyphoderidae
    Oncopoduridae
    Paronellidae
Ordem Diplura (Entotrophi) – dipluros
    Campodeidae
    Procampodeidae
    Anajapygidae
    Japygidae (Iapygidae)

ORDEM PROTURA[1] – PROTUROS

Os proturos são hexápodes esbranquiçados, minúsculos, de 0,6 a 1,5 mm de comprimento. A cabeça é um pouco cônica, e não possui olhos ou antenas. As peças bucais não picam, mas são usadas para raspar partículas alimentares que são misturadas com saliva e sugadas para a boca. A principal função do primeiro par de pernas é sensorial e está posicionado de forma

---

[1] Protura: *prot*, primeira; *ura*, cauda.

elevada como antenas. Os tarsos apresentam um artículo e estilos estão presentes nos primeiros três segmentos abdominais.

No momento da eclosão do ovo, o abdômen do proturo possui 9 segmentos. Em cada uma das três mudas seguintes, segmentos são acrescentados à porção apical (o telson), de modo que o abdômen do adulto parece possuir 12 segmentos (11 segmentos metaméricos e o telson apical).

Estes hexápodes vivem em solo úmido ou húmus, em folhiço, sob cascas de árvores e madeira em decomposição. Alimentam-se de matéria orgânica em decomposição e esporos de fungos. São encontrados no mundo todo e cerca de 200 espécies são conhecidas até o momento.

Os Eosentomidae contêm oito espécies norte-americanas, todas pertencentes ao gênero *Eosentomon*. Os Protentomidae incluem três espécies norte-americanas

Chave para as famílias de Protura

1.	Traqueias presentes, tórax com 2 pares de espiráculos; anexos abdominais com 2 segmentos, com uma vesícula terminal	Eosentomidae
1'.	Traqueias e espiráculos ausentes; anexos abdominais no segmento 3, anexos de 1 segmento, com ou sem vesícula terminal	2
2 (1').	Pelo menos 2 pares de anexos abdominais com vesícula terminal; a maioria dos segmentos abdominais com uma fileira única transversa de cerdas dorsais	Protentomidae
2'.	Apenas o primeiro par de anexos abdominais com vesícula terminal; a maioria dos segmentos abdominais com 2 fileiras transversas de cerdas dorsais	Acerentomidae

um tanto raras, uma registrada em Maryland, uma em Iowa e a terceira na Califórnia. Os Acerentomidae constituem um grupo amplamente distribuído, com oito espécies norte-americanas.

ORDEM COLLEMBOLA[2,3] – COLÊMBOLOS

O nome comum do colêmbolo na língua inglesa ("springtail") é derivado da estrutura bifurcada ou fúrcula que impele estes minúsculos hexápodes pelo ar. Muitos Collembola (quase todos Onychiuridae, muitos Hypogastruridae e alguns Isotomidae) não possuem uma fúrcula, que tem origem na superfície ventral do quarto segmento abdominal e, quando em repouso, fica dobrada para a frente sob o abdômen e mantida no local por um anexo semelhante a um gancho, localizado no terceiro segmento abdominal e chamado de *tenáculo*. Quando perturbado, o animal pula, estendendo a fúrcula para baixo e para trás. Um colêmbolo de 3 a 6 mm de comprimento pode pular de 75 a 100 mm. Um grande número de espécies, em especial as que vivem no solo, possui mecanismos de salto reduzidos ou atrofiados.

Muitos colêmbolos possuem até oito omatídios em cada lado da cabeça, enquanto outros têm omatídios reduzidos ou são cegos. As peças bucais têm grandes variações, mas em geral são um pouco alongadas e estão sempre escondidas dentro da cabeça. Embora algumas espécies sejam carnívoras ou se alimentem de fluidos, a maioria se alimenta de material vegetal em decomposição e fungos, e possui mandíbulas com placas molares bem desenvolvidas.

Outras se alimentam de fluidos e têm peças bucais semelhantes a estiletes. As antenas são curtas, em geral com quatro artículos. Os tarsos têm um artículo e estão fundidos à tíbia. Estes hexápodes possuem um anexo tubular, o colóforo, na superfície ventral do primeiro segmento abdominal; uma vesícula bilobada, eversível, pode ser protraída em seu ápice. Originalmente, os entomologistas acreditavam que o colóforo permitisse ao animal prender-se à superfície percorrida (daí o nome da ordem), mas hoje se sabe que esta estrutura desempenha um papel na captação e excreção de água.

Os colêmbolos, embora sejam comuns e abundantes, raramente são observados em razão de seu pequeno tamanho (0,25 a 6 mm) e do hábito de viver ocultos. A maioria das espécies vive no solo ou em *habitats* como folhiço, sob cascas de árvores, madeira em decomposição e em fungos. Algumas espécies podem ser encontradas na superfície de tanques de água-doce ou ao longo das costas marítimas; outras ocorrem na vegetação e algumas poucas vivem em cupinzeiros e formigueiros, cavernas ou campos de neve e geleiras. As populações de colêmbolos são geralmente muito grandes: até 100.000/m³ de superfície de solo ou literalmente milhões por hectare.

---
[2] Collembola: *coll*, cola; *embola*, um pino ou cunha (referindo-se ao colóforo).
[3] Esta seção foi editada por Kenneth Christiansen.

A maioria dos colêmbolos que habitam o solo se alimenta de material vegetal em decomposição, fungos e bactérias. Outros se alimentam de fezes de artrópodes, pólen, algas e outros materiais. Algumas espécies ocasionalmente podem causar danos em jardins, estufas ou plantações de cogumelos.

Chave para as famílias de Collembola

Esta chave foi adaptada de Christiansen e Bellinger (1998).

Família **Poduridae:** Esta família contém apenas uma espécie, *Podura aquatica* L., onipresente, que vive na superfície de lagoas de água doce, com aproximadamente 1,3 mm de comprimento e cor azul escura a marrom avermelhada. Hoje, esta família é considerada mais relacionada às Sminthuridae e Neelidae.

Família **Hypogastruridae:** Os membros desta família têm, em geral, cerca de 1-2 mm de comprimento, com anexos curtos (algumas vezes com fúrcula reduzida ou ausente), variando de branco, castanho-claro, púrpura, azul e esverdeado a preto. Esta é a maior família da ordem, com 234 espécies norte-americanas. *Hypogastrura nivicola* (Fitch) é uma espécie de cor escura, encontrada alimentando-se de algas e esporos de fungos na neve durante o inverno. Algumas vezes, é considerada uma praga em depósitos de seiva de bordo, o plátano, árvore típica do Canadá. *Neanura muscorum* (Templeton) é uma espécie plana, com segmentos do corpo lobados e com cerdas curtas e fortes, que não possui uma fúrcula e vive em cascas de árvore soltas, madeira apodrecida ou em folhiço. Alimenta-se de fungos e suas peças bucais têm forma de cone. O colêmbolo, *Anurida maritima*

1.	Segmentos abdominais 2-4 separados por suturas dorsais, ou fúrcula rudimentar	2
1'.	No mínimo, segmentos abdominais 2-4 fundidos dorsalmente; todos os segmentos da furca distintos	10
2 (1).	Primeiro segmento torácico distinto, visível dorsalmente, com cerdas dorsais	3
2'.	Primeiro segmento torácico sem cerdas dorsais e muitas vezes oculto dorsalmente	5
3 (2).	Dentes da fúrcula mais de 3 vezes o comprimento do manúbrio, com anéis de grânulos distais	Poduridae
3'.	Dentes ausentes ou relativamente curtos e sem anéis	4
4 (3').	Pseudo-ocelos presentes, pelo menos na base da antena ou do dorso do segmento abdominal 5	Onychiuridae
4'.	Pseudo-ocelos ausentes	Hypogastruridae
5 (2').	Mucro da fúrcula piloso; artículo antenal 4 mais curto que o 3; corpo com escamas	Tomoceridae
5'.	Mucro com 1-2 setas no máximo; artículo antenal 4 pelo menos com o mesmo comprimento do 3; escamas do corpo presentes ou ausentes	6
6 (5').	Espinhos dos dentes serrilhados; comprimento do mucro aproximadamente igual ou maior que o comprimento dos dentes	Oncopoduridae
6'.	Espinhos dos dentes simples (raramente) ou ausentes; mucro geralmente muito mais curto que o dente	7
7 (6').	Órgão pós-antenal (PAO) presente ou ausente (em 3 espécies), geralmente liso ou ciliado unilateralmente; escamas ausentes	Isotomidae
7'.	Órgão pós-antenal (PAO) ausente; algumas cerdas ciliadas multilateralmente; escamas presentes	8
8(7').	Dentes crenulados dorsalmente e curvando-se para cima em espécimes preservados, basalmente alinhados com o manúbrio	Entomobryidae
8'.	Dentes não crenulados, retos	9
9(8').	Olhos e pigmentos ausentes; dentes com grandes escamas dorsais e sem lobo apical	Cyphoderidae
9'.	Olhos e pigmentos presentes; dentes sem escamas dorsais, com lobo apical	Paronellidae

10 (1').	Antenas mais curtas que a cabeça; olhos ausentes	Neelidae
10'.	Antenas mais longas que a cabeça, ou olhos com pelo menos 1 faceta, algumas vezes despigmentados	11
11 (10').	Corpo alongado, oval; dentes com 3 cerdas	Mackenziellidae
11'.	Corpo globular; dentes com muitas cerdas	Sminthuridae

(Guérin), é uma espécie azul-ardósia, algumas vezes encontrada em abundância ao longo da costa norte do Atlântico, entre as linhas de maré, ou na superfície de pequenos tanques, sob pedras, conchas e rastejando na praia. Estes colêmbolos ficam agrupados em bolsões aéreos sob rochas submersas na maré-alta.

Família **Onychiuridae:** Os membros desta família (85 espécies norte-americanas) são parecidos com os Hypogastruridae. Contudo, a maior diferença é a ausência de pigmento, excertos oculares e uma fúrcula. Entre suas características, possui pseudo-ocelos (estruturas semelhantes a poros) distribuídos na base das antenas, cabeça e segmentos do tronco. Quando perturbados exalam secreções nocivas ou tóxicas pelos pseudo-ocelos. Em cultura, foi demonstrado que espécies de *Tullbergia* e *Onychiurus* são partenogênicas e esta forma de reprodução provavelmente é comum entre as espécies que vivem no solo. Os membros dos Onychiuridae são encontrados em abundância em solos agrícolas e florestais.

Família **Isotomidae:** Os 197 membros norte-americanos desta família variam em cor de branco, amarelo e verde a azul, marrom e roxo-escuro, com faixas longitudinais ou bandas transversais. Ocorrendo em grande número, *Isotomurus tricolor* (Packard) é uma espécie comum nos pântanos, assim como nas beiras de florestas úmidas e, algumas vezes, em poças de água-doce. *Metisotoma grandiceps* (Reuter) é carnívoro e alimenta-se de outros Collembola. *Isotoma propinqua* Axelson é uma das várias espécies que exibem ecomorfose, um fenômeno que ocorre quando indivíduos desenvolvidos em temperaturas excepcionalmente elevadas diferem morfologicamente daqueles que se desenvolveram em temperaturas mais baixas, resultando em indivíduos previamente classificados em táxons diferentes.

Família **Entomobryidae:** Este é um grupo razoavelmente grande de espécies (138 espécies norte-americanas) de colêmbolos delgados que se parecem com os Isotomidae, porém possuem um quarto segmento abdominal grande. Além disso, algumas espécies têm cerdas robustas, escamas, antenas e pernas muito longas e combinações de cores notáveis. *Orchesella hexfasciata* Harvey é uma espécie comum amarela com marcas roxas, encontrada em montes de folhas mortas e sob cascas de árvore. *Lepidocyrtus paradoxus* Uzel é uma espécie azul-escura com o corpo cheio de escamas e um segmento mesotorácico aumentado, que lhe confere um aspecto "corcunda." Outra espécie, *Willowsia nigromaculata* (Lubbock), é encontrada em associação íntima com estruturas humanas e *habitats* muito protegidos; pode ser encontrada em todas as casas antigas. Esta é uma família extremamente diversificada, que, provavelmente, será dividida em várias famílias em revisões futuras.

Família **Neelidae:** Este é um grupo menor (sete espécies norte-americanas) de colêmbolos muito pequenos (0,27 a 0,70 mm de comprimento) coletados em áreas de florestas e cavernas. A maioria é encontrada em solos orgânicos, cavernas ou sob cascas de árvore. Não possui olhos e as antenas têm o comprimento reduzido, medindo menos que o diâmetro da cabeça. Vários membros da família são pigmentados, porém a maioria é incolor. O tórax é relativamente grande, dando ao animal a forma de uma semente. *Megalothorax minimus* (Willem) é uma das espécies mais comuns, atingindo o comprimento de 0,4 mm.

Família **Sminthuridae:** Estes colêmbolos (mais de 100 espécies norte-americanas) variam em tamanho de 0,75 a 3 mm, e são saltadores ativos de corpo oval. Muitas espécies são comuns na vegetação e algumas, como a *Bourletiella hortensis* (Fitch), podem ser pragas em jardins.

Outras, como a *Smithurus viridis* L., podem devastar plantações de alfalfa na Nova Zelândia e Austrália. Outras ainda vivem sob pedras ou cascas de árvores ou folhiço e algumas poucas são encontradas em superfícies de lagoas de água-doce. Em regiões de floresta, *Ptenothrix atra* (L.) e *P. marmorata* (Packard) muitas vezes são vistas em cogumelos ou vivendo em cones de pinhas velhas. Muitas espécies exibem hábitos elaborados de acasalamento.

Família **Mackenziellidae:** Os membros desta família possuem um corpo linear, em vez de globular, fusão incompleta dos segmentos e cerdas dispostas de modo uniforme e muito simples. Existe apenas uma espécie conhecida, *Mackenziella psocoides* Hammer, descrita no norte do Canadá, mas também conhecida na Alemanha, Noruega e nas Ilhas Canárias.

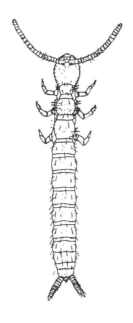

Figura 7-1 Dipluro. *Anajapyx vesiculosus* Silvestri (Anajapygidae).

Família **Tomoceridae:** As espécies desta família possuem escamas grosseiras reforçadas e cerdas ciliadas multilateralmente. O quarto segmento abdominal é mais curto ou tem o comprimento aproximadamente igual ao terceiro. Existem 16 espécies na região Neártica, todas do gênero *Tomocerus*, em geral distribuídas no solo, em detritos e cavernas. *Tomocerus flavescens* (Tullberg) e *T. elongatus* Maynard são encontradas em folhiço e sob cascas de árvore e são primariamente noturnas.

Família **Cyphoderidae:** Os membros desta família podem ser distinguidos dos entomobrídeos pela ausência combinada de ocelos, crenulações dentais e espinhos dentais. São comensais facultativos ou obrigatórios de insetos sociais. Algumas formas tropicais, incluindo várias conhecidas no México, possuem pernas ou peças bucais modificadas para a existência em vida livre. Apenas uma espécie, *Cyphoderus similis* Folsom, ocorre nos Estados Unidos, distribuída de maneira ampla (Califórnia, Iowa, Massachusetts, New Jersey e Louisiana), geralmente em associação com formigas.

Família **Oncopoduridae:** As espécies desta família possuem escamas transparentes e hialinas e cerdas multilateralmente ciliadas. A fúrcula possui muitas escamas ventralmente e apresenta tanto cerdas simples quanto ciliadas na superfície dorsal. O tenáculo é quadridentado e todas as espécies neárticas possuem uma fileira de cerdas rombas dorsalmente no quarto segmento abdominal. Existem dois gêneros: *Harlomillisia*, com uma espécie, *H. oculata* Mills (Flórida, Georgia, Carolina do Norte, Óregon, Tennessee e Maryland); e *Oncopodura*, com 11 espécies, encontradas em detritos, solo e cavernas.

Família **Paronellidae:** Nesta família, o quarto segmento abdominal é muito alongado. Existem três espécies neárticas amplamente distribuídas, todas do gênero *Salina*.

ORDEM DIPLURA[4] – DIPLUROS

Os dipluros assemelham-se às traças-dos-livros e traças saltadoras, mas não possuem um filamento caudal mediano e, portanto, exibem apenas dois filamentos ou anexos caudais. O corpo, em geral, não é coberto por escamas, olhos compostos e ocelos estão ausentes, os tarsos têm um artículo, as peças bucais são mandibuladas e retraídas na cabeça. As antenas são longas e multiarticuladas; estilos estão presentes nos segmentos abdominais 1-7 ou 2-7. Estes hexápodes são pequenos (em geral, menos de 7 mm de comprimento), têm cor pálida e são encontrados em lugares úmidos no solo, sob cascas de árvores, embaixo de pedras ou madeira, madeira apodrecida, em cavernas e em condições semelhantes de umidade.

Família **Campodeidae:** Esta é a maior família de dipluros (34 espécies norte-americanas) e contém os mais encontrados. A maioria tem cerca de 6 mm de comprimento. *Campodea folsomi* Silvestri é uma espécie razoavelmente comum desta família e é encontrada sob pedras, em madeiras úmidas e húmus.

Família **Procampodeidae:** O único membro norte-americano desta família é o *Procampodea macswaini* Condé e Pagés, que ocorre na Califórnia.

Família **Anajapygidae:** Esta família é representada nos Estados Unidos por uma única espécie rara, *Anajapyx hermosa* Smith, coletada em solo úmido e húmus em Placer County, Califórnia.

Família **Japygidae:** Este é um grupo amplamente distribuído, porém seus membros não são encontrados com frequência. Os Japigídeos e a próxima família podem ser reconhecidos pelos cercos semelhantes a pinças de 1 artículo. Vinte e oito espécies ocorrem nos Estados Unidos e todas são pequenas. Algumas espécies tropicais são maiores e uma espécie australiana de *Heterojapyx* atinge o comprimento de 50 mm.

Família **Parajapygidae:** Um grupo cosmopolita de cerca de 40 espécies, com apenas dois gêneros e 6 espécies encontradas nos Estados Unidos e Canadá. Em geral, com menos de 15 mm de comprimento, esta família

---

[4] Diplura: *dipl*, dois; *ura*, cauda.

distingue-se dos Japygidae pela ausência de tricobótrios nas antenas.

COLETA E PRESERVAÇÃO DE ENTOGNATHA

A maioria das espécies pode ser coletada peneirando-se resíduos ou procurando sob cascas de árvores, rochas ou fungos. Terra, folhiço ou outros materiais que possam conter estas espécies podem ser espalhados em uma superfície branca e os animais encontrados podem ser recolhidos com auxílio de uma escova umedecida ou um aspirador. Muitas formas são mais facilmente coletadas com o auxílio de um funil de Berlese (ver Capítulo 35). Os colêmbolos que ocorrem na vegetação podem ser coletados por varredura da vegetação, segurando-se um coletor esmaltado branco em um ângulo de 30º em relação ao solo.

Os hexápodes que caírem ou saltarem para o coletor podem ser facilmente vistos e recolhidos. Os colêmbolos aquáticos podem ser coletados com uma caneca ou um coador de chá. O melhor modo de se preservarem estes hexápodes é em um meio líquido de álcool 80% a 85%. Em geral, é necessário montá-los em lâminas microscópicas para um estudo detalhado.

Chave para as famílias de Diplura

1.	Cercos (dos adultos) com 1 artículo e semelhantes a pinças (Figura 7-4C)	2
1'.	Cercos multiarticulados, diferentes de pinças (Figura 7-1)	3
2 (1).	Palpos labiais ausentes; artículo 4 da antena sem tricobótrios	Parajapygidae
2_.	Palpos labiais presentes; artículos 4-6 da antena com tricobótrios	Japygidae
3 (1').	Cercos longos, do mesmo comprimento aproximado das antenas e multiarticulados; amplamente distribuídos	Campodeidae
3'.	Cercos curtos, mais curtos que as antenas, com 8 artículos (Figura 7-1); Califórnia	4
4(3').	Estilos nos segmentos abdominais 2-7; tricobótrios antenais começando no terceiro artículo	Procampodeidae
4'.	Estilos nos segmentos abdominais 1-7; tricobótrios antenais começando no quinto artículo	Anajapygidae

Referências

Bernard, E. C.; S. L. Tuxen. Class and order Protura. In: F. W. Stehr. *Immature insects.* v. 1. Dubuque: Kendall/Hunt, 1987. p. 47–54.

Betsch, J.-M. "Eléments pour une monographie des Collemboles Symphyplêones (Hexapodes, Aptérygotes)", *Mem. Mus. Nat. Hist. Natur.,* serie A, 116, p. 1–227, 1980.

Boudreaux, H. B. *Arthropod phylogeny with special reference to insects.* Nova York: Wiley, 1979.

Carapelli, A.; F. Frati; F. Nardi; R. Dallai; C. Simon. "Molecular phylogeny of the apterygotan insects based on nuclear and mitochondrial genes", *Pedobiologia,* 44, p. 361–373, 2000.

Christiansen, K. "Bionomics of Collembola", *Annu. Rev. Entomol.,* 9, p. 147–178, 1964.

Christiansen, K. A.; P. F. Bellinger. *The Collembola of North America north of the Rio Grande.* Grinnell: Grinnell College, 1988.

Christiansen, K. A.; R. J. Snider. Aquatic Collembola. In: R. W. Merritt; K. W. Cummins. *An introduction to the aquatic insects.* 2. ed. Dubuque: Kendall/Hunt, 1984. p. 82–93.

Ewing, H. E. "The Protura of North America", *Ann. Entomol. Soc. Amer.,* 33, p. 495–551, 1940.

Fjellberg, A. "Arctic Collembola I — Alaskan Collembola of the families Poduridae, Hypogastruridae, Odontellidae, Brachystomellidae, and Neanuridae", *Entomol. Scand. Suppl.,* n. 21, 1985.

Gisin, J. *Collembolenfauna Europas.* Genebra: Muséum d'Histoire Naturelle, 1960.

Hopkin, S. *The biology of springtails, Insecta:* Collembola. Nova York: Oxford University Press, 1997.

Kristensen, N. P. "Phylogeny of insect orders", *Annu. Rev. Entomol.*, 26, p. 135-157, 1981.

Lubbock, J. *Monograph of the Collembola and Thysanura.* Londres: Royal Society of London, 1873.

Manton, S. M. *The Arthropoda:* habits, functional morphology, and evolution. Oxford: Clarendon Press, 1977.

Paclt, J. *Biologie der primär flugellosen insekten.* Jena: Gustav Fischer, 1956.

Paclt, J. "Diplura", *Genera Insect.*, 212, p. 1-122, 1957.

Richards, W. R. "Generic classification, evolution, and biogeography of the Sminthuridae of the world (Collembola)", *Mem. Entomol. Soc. Can.*, 53, p. 1-54, 1968.

Salmon, J. T. "An index to the Collembola", *Bull. Roy. Soc. New Zealand,* v. 1, n. 7, p. 1-144; 1964. v. 2, p. 145-644, 1964; v. 3, p. 645-651, 1965.

Smith, L. M. "The families Projapygidae and Anajapygidae (Diplura) in North America", *Ann. Entomol. Soc. Amer.*, 53, p. 575-583, 1960.

Snider, R. J. Class and order Collembola. In: F. W. Stehr. *Immature insects.* v. 1. Dubuque: Kendall/Hunt, 1987. p. 55-64.

Szeptycki, A. *Chaetotaxy of the entomobryidae and its phylogenetical significance:* morpho-systematic studies on Collembola. IV. Cracóvia: Polska Akademia Nauk, 1979.

Tuxen, S. L. "The phylogenetic significance of entognathy in entognathous apterygotes", *Smithson. Misc. Coll.*, 137, p. 379-416, 1959.

Tuxen, S. L. *The Protura:* a revision of the species of the world with keys for determination. Paris: Hermann, 1964.

Wygodzinsky, P. Class and order Diplura. In: F. W. Stehr. *Immature insects.* v. 1. Dubuque: Kendall/Hunt, 1987. p. 65-67

CAPÍTULO 8

OS INSETOS APTERIGOTOS
MICROCORYPHIA E THYSANURA

As espécies destas duas ordens são formas não aladas de tamanho pequeno a médio com metamorfose simples. Os Microcoryphia e Thysanura são os descendentes vivos mais próximos dos insetos alados (ver Figura 8-1), porém diferem em vários aspectos. Algumas características da estrutura torácica dos Pterygota estão correlacionadas ao desenvolvimento das asas e estão presentes, inclusive, em membros não alados do grupo. Nos Pterygota, cada pleura torácica (com raras exceções) é dividida por uma sutura pleural em um episterno e um epímero e a parede torácica é fortalecida internamente por furcas e fragmas. Os Microcoryphia e Thysanura não possuem suturas pleurais e as furcas e fragmas não são desenvolvidos. Além disso, estas ordens, em geral, possuem anexos em forma de estilos em alguns segmentos abdominais pré-genitais. Os Pterygota adultos não possuem estes anexos.

Existem algumas diferenças entre estas ordens e os hexápodes primitivamente não alados. Os Microcoryphia e Thysanura são ectognatos; ou seja, as peças bucais são mais ou menos expostas e não estão cobertas por pregas cranianas. Os artículos do flagelo antenal não possuem músculos, os tarsos têm cerca de três a cinco artículos, olhos compostos estão presentes, o tentório é razoavelmente bem desenvolvido e o abdômen possui três filamentos caudais longos.

MICROCORYPHIA[1] – TRAÇAS SALTADORAS

Os Microcoryphia lembram as traças-dos-livros da ordem Thysanura. Porém, são mais cilíndricos, com o tórax um pouco arqueado, os olhos compostos são grandes e contíguos, ocelos estão sempre presentes, cada mandíbula possui um único ponto de articulação com a cápsula cefálica[2], os tarsos têm três artículos e as coxas médias e posteriores, em geral, possuem estilos, os quais algumas vezes estão ausentes nas coxas médias ou podem estar completamente ausentes. O abdômen consiste em um par de estilos nos segmentos 2-9 e cada um dos segmentos 2-7 possui três escleritos ventrais (os coxopoditos e o esterno mediano; o esterno, algumas vezes, é bastante reduzido). Os segmentos 1-7 apresentam um ou dois pares de vesículas eversíveis.

Estes insetos vivem em gramados ou áreas florestais sob folhas, cascas de árvores, madeira morta, sob pedras e rochas e penhascos e em ambientes semelhantes. A maioria é de hábito noturno e seus olhos brilham quando iluminados por lanternas. Os maiores membros da ordem têm cerca de 15 mm de comprimento.

Os Microcoryphia são muito ativos e saltam quando perturbados, algumas vezes a uma distância de 25-30 cm. As vesículas eversíveis do abdômen funcionam como órgãos para absorção de água. Antes da muda, fixam-se no substrato com uma espécie de cimento que parece ser de material fecal. Se esse material falhar ou se o substrato (como areia) não for firme, serão incapazes de realizar a muda e morrem. Os corpos destes insetos são cobertos por escamas, que às vezes formam padrões distintos. Em geral, as escamas são descartadas durante o processo de coleta ou quando os insetos são preservados em meio líquido. As traças saltadoras alimentam-se principalmente de algas, mas também ingerem líquen, musgo, frutas em decomposição e materiais semelhantes.

---

[1] Microcoryphia: *micro*, pequeno; *coryphia*, cabeça.

[2] A retenção desta forma primitiva de articulação mandibular é refletida em outra denominação comumente utilizada para esta ordem, Archaeognatha: *archaeo*, antigo; *gnatha*, mandíbula.

OS INSETOS APTERIGOTOS **181**

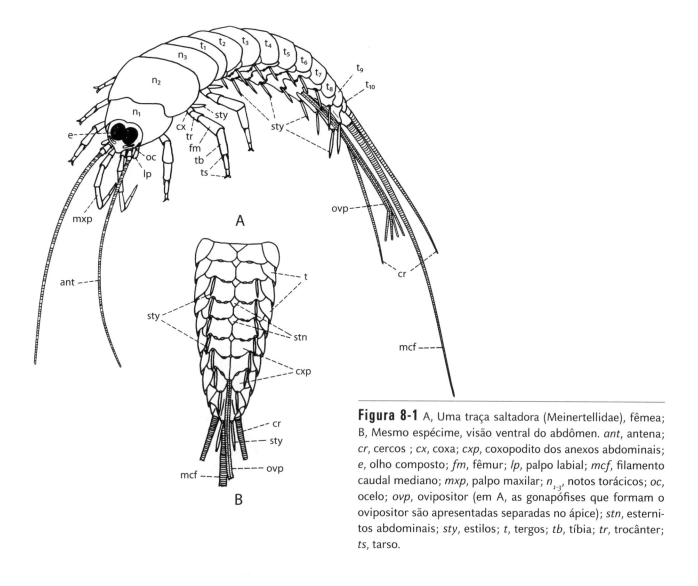

Figura 8-1 A, Uma traça saltadora (Meinertellidae), fêmea; B, Mesmo espécime, visão ventral do abdômen. *ant*, antena; *cr*, cercos ; *cx*, coxa; *cxp*, coxopodito dos anexos abdominais; *e*, olho composto; *fm*, fêmur; *lp*, palpo labial; *mcf*, filamento caudal mediano; *mxp*, palpo maxilar; n_{1-3}, notos torácicos; *oc*, ocelo; *ovp*, ovipositor (em A, as gonapófises que formam o ovipositor são apresentadas separadas no ápice); *stn*, esternitos abdominais; *sty*, estilos; *t*, tergos; *tb*, tíbia; *tr*, trocânter; *ts*, tarso.

Chave para as famílias de Microcoryphia

1.	Os dois artículos antenais basais intensamente escamosos; esternos dos segmentos abdominais 2–7 grandes e triangulares, estendendo-se lateralmente pelo menos até metade do comprimento de coxopodito; segmentos abdominais 2–7 com, pelo menos, 1 par de vesículas eversíveis, alguns segmentos com 2 pares	Machilidae p.
1'	Antenas sem escamas; esternos dos segmentos abdominais 2-7 muito pequenos, com protrusão apenas discreta ou ausente entre os coxopoditos, nunca se estendendo até a metade do comprimento dos coxopoditos (Figura 8-1B); segmentos abdominais 2-7 nunca excedendo 1 par de vesículas eversíveis, algumas vezes sem nenhuma	Meinertellidae

Família **Machilidae:** Estes insetos são castanhos, alongados e medem cerca de 12 mm de comprimento. Existem 19 espécies na América do Norte e são encontradas em folhas mortas, sob cascas de árvores, entre rochas ao longo da praia ou em antigas paredes de pedra. *Petrobius brevistylis* Carpenter ocorre em penhascos de pedra ao longo da costa marítima da Nova Inglaterra, geralmente 1,5 a 6 metros acima da marca da maré-alta.

Família **Meinertellidae:** Eles têm um aspecto semelhante aos maquilídios e são amplamente distribuídos. Cinco espécies ocorrem na América do Norte.

ORDEM THYSANURA – TRAÇAS-DOS-LIVROS[3]

As traças-dos-livros são insetos de tamanho moderado a pequeno, são alongados e um pouco achatados, com três anexos em forma de cauda na extremidade posterior do abdômen. O corpo quase sempre é coberto por escamas. As peças bucais são mastigadoras e cada mandíbula possui dois pontos de articulação com a cápsula cefálica. Os olhos compostos são pequenos e bastante separados (ou ausentes) e ocelos podem estar presentes ou ausentes. Os tarsos têm de 3 a 5 artículos. Os anexos em forma de cauda consistem nos cercos e um filamento caudal mediano. O abdômen possui 11 segmentos, mas o último segmento, em geral, é muito reduzido. Cada um dos segmentos 2-7 contém um único esclerito ventral não dividido ou um esternito e um par de coxopoditos e há estilos nos segmentos 2-9, 7-9 ou 8-9.

Família **Lepidotrichidae:** Esta família é representada nos Estados Unidos por uma única espécie, *Tricholepidion gertschi* Wygodzinsky, que vive sob cascas de árvores de abetos caídos em decomposição, no norte da Califórnia. Este inseto é avermelhado, alongado, seu corpo mede no máximo 12 mm, as antenas atingem 9 mm de comprimento e os anexos caudais, 14 mm.

Família **Nicoletiidae:** Este grupo contém duas subfamílias, que diferem em aspecto e hábitos. Os Nicoletiinae são delgados e com 7-19 mm de comprimento; não possuem escamas e os filamentos caudais e antenas são relativamente longos (metade do comprimento do corpo ou mais). Os Atelurinae são ovais (em geral, com o corpo afunilando na parte posterior); o corpo é coberto por escamas e os filamentos caudais e as antenas são mais curtos (com menos da metade do comprimento do corpo). Os Nicoletiinae são subterrâneos ou podem ser encontrados em cavernas e tocas de mamíferos. Os Atelurinae têm vida livre ou ocorrem em formigueiros ou cupinzeiros. Cinco espécies desta família foram relatadas na Flórida e no Texas.

Família **Lepismatidae:** Este grupo é representado na América do Norte por 14 espécies, algumas das quais são comuns e amplamente distribuídas. Os membros mais conhecidos desta família são as traças-dos-livros, *Lepisma saccharina* L, e a traça comum, *Thermobia domestica* (Packard), que são espécies domésticas que vivem nas casas. Alimentam-se de todo tipo de substâncias contendo amido e, geralmente, tornam-se pragas. Em bibliotecas, alimentam-se do amido de livros, pastas e etiquetas. Nas residências, consomem roupas engomadas, cortinas, lençóis, sedas e a cola de amido dos papéis de parede. Em lojas, alimentam-se de papel, vegetais e alimentos que contenham amido. A traça-dos-livros tem cor cinza, mede cerca de 12 mm de comprimento e é encontrada em ambientes frescos e úmidos. A traça comum tem cor castanha ou marrom, aproximadamente o mesmo tamanho da traça-dos-livros, e habita lugares quentes ao redor de fornos, aquecedores e encanamentos de vapor. As duas espécies são muito ativas e podem se movimentar de maneira rápida. Os lepismatídeos que ocorrem fora de edificações são encontrados em cavernas, resíduos, sob pedras e folhas e em formigueiros.

[3] Thysanura: *thysan*, cerda ou franja; *ura*, cauda.

Chave para as famílias de Thysanura

1.	Tarsos com 5 artículos; ocelos presentes; corpo não é coberto por escamas; norte da Califórnia	Lepidotrichidae
1'	Tarsos com 3 ou 4 artículos; ocelos ausentes; em geral, o corpo é coberto por escamas	2
2 (1').	Olhos compostos presentes; corpo sempre coberto por escamas; com ampla distribuição	Lepismatidae
2'	Olhos compostos ausentes; corpo com escamas (Atelurinae) ou sem escamas (Nicoletiinae); Flórida e Texas	Nicoletiidae

COLETA E PRESERVAÇÃO DE INSETOS APTERIGOTOS

As espécies internas como a traça-dos-livros e a traça comum podem ser aprisionadas (ver Capítulo 35) ou coletadas com pinças ou uma escova umedecida. A maioria das espécies externas pode ser coletada por meio da peneiração de resíduos ou da busca sob cascas de árvores, pedras ou em fungos. Terra, folhas mortas ou outros materiais que possam abrigar estes insetos podem ser espalhados sobre uma superfície branca e os insetos podem ser recolhidos com uma escova umedecida ou um aspirador. Muitas formas são capturadas de maneira mais fácil com o auxílio de um funil de Berlese. As traças saltadoras, algumas vezes, podem ser coletadas com mais facilidade à noite, iluminando-se com uma lanterna rochas ou folhas onde elas ocorrem. Em cerca de 15-20 minutos, os insetos começam a rastejar em direção à luz.

O melhor meio de se preservarem estes insetos é em um meio líquido de álcool 80% a 85%. As traças saltadoras talvez sejam mais bem preservadas em solução de Bouin alcoólica.

Referências

Paclt, J. *Biologie der primär flügellosen insekten.* Jena: Gustav Fischer, 1956.

Paclt, J. "Thysanura, family Nicoletiidae", *Genera Insect.*, fasc. 216e, 1963.

Remington, C. L. "The suprageneric classification of the order Thysanura (Insecta)", *Ann. Entomol. Soc. Amer.*, 47, p. 277–286, 1954.

Slabaugh, R. E. "A new thysanuran, and a key to the domestic species of Lepismatidae (Thysanura) found in the United States", *Entomol. News*, 51, p. 95–98, 1940.

Smith, E. L. "Biology and structure of some California bristletails and silverfish (Apterygota: Microcoryphia, Thysanura)", *Pan-Pac. Entomol.*, 46, p. 212–225, 1970.

Wygodzinsky, P. "On a surviving representative of the Lepidotrichidae (Thysanura)", *Ann. Entomol. Soc. Amer.*, 54, p. 621–627, 1961.

Wygodzinsky, P. "A revision of the silverfish (Lepismatidae, Thysanura) of the United States and the Caribbean area", *Amer. Mus. Nov.*, n. 2481, 1972.

Wygodzinsky, P. Order Microcoryphia. In: F. W. Stehr. *Immature insects.* v. 1. Dubuque: Kendall/Hunt, 1987. p. 68–70.

Wygodzinsky, P. Order Thysanura. In: F. W. Stehr. *Immature insects.* v. 1. Dubuque: Kendall/Hunt, 1987. p. 71–74.

Wygodzinsky, P.; K. Schmidt. "Survey of the Microcoryphia (Insecta) of the northeastern United States and adjacent provinces of Canada", *Amer. Mus. Nov.*, n. 2071, 1980.

CAPÍTULO 9

ORDEM EPHEMEROPTERA[1,2]
EFEMÉRIDAS

As efeméridas (em relação ao nome popular, também podemos utilizar o termo "efêmeras" são insetos alongados, de corpo muito mole, tamanho pequeno a médio, com duas ou três caudas longas e filiformes. São comuns nas proximidades de lagos e córregos. Os adultos (Figura 9-1) possuem asas membranosas com numerosas veias. As asas anteriores, em geral, são grandes e triangulares e as asas posteriores são pequenas e arredondadas. Algumas espécies possuem as asas anteriores mais alongadas, enquanto as asas posteriores são bem pequenas ou ausentes. As asas em repouso são mantidas juntas acima do corpo. As antenas são pequenas, semelhantes a cerdas e pouco evidentes. Os estágios imaturos são aquáticos e a metamorfose é simples.

As ninfas de efeméridas são encontradas em uma variedade de ambientes aquáticos. Algumas têm forma aerodinâmica e são muito ativas, outras têm hábitos cavadores. São reconhecidas pelas brânquias foliáceas ou plumosas ao longo das laterais do abdômen e três (raramente duas) caudas longas. As ninfas de mosca-da-pedra (Figura 16-2) são semelhantes, mas possuem apenas duas caudas (os cercos) e as brânquias estão no tórax (apenas raramente no abdômen) e não são foliáceas. As ninfas de efeméridas alimentam-se principalmente de algas e detritos. Muitas são mais ativas à noite.

Quando prontas para se transformar no estágio alado, uma ninfa de efemérida sobe à superfície da água, sofre a muda e uma forma alada voa uma curta distância até a praia, onde pousa na vegetação. Este estágio, que não corresponde ao adulto, é chamado de *subimago*. Ele sofre mais uma muda no dia seguinte, para se transformar em adulto. O subimago tem um aspecto fraco e um pouco pubescente. Existem cerdas ao longo da margem da asa e nos filamentos caudais (estas áreas são quase sempre nuas nos adultos) e a genitália não é totalmente desenvolvida. Em alguns gêneros, não ocorre o estágio de imago nas fêmeas; o subimago destas espécies acasala e deposita os ovos. Em geral, o adulto é liso e brilhante, tem pernas e caudas mais longas que o subimago e sua genitália é totalmente desenvolvida. As efeméridas são os únicos insetos que sofrem muda novamente após as asas se tornarem funcionais. As ninfas podem necessitar de um ano ou dois para se desenvolverem, mas os adultos (que possuem peças bucais vestigiais e não se alimentam) raramente vivem mais que um dia ou dois.

As efeméridas adultas muitas vezes participam de voos em enxame espetaculares, durante os quais ocorre o acasalamento. O tamanho destes enxames varia de pequenos grupos de indivíduos, voando para cima e para baixo sincronizadamente, a grandes nuvens de insetos voadores. Os enxames de algumas espécies ficam cerca de 15 metros ou mais acima do solo. Todos os indivíduos do enxame são machos. Mais cedo ou mais tarde as fêmeas entram no enxame; um macho, então, captura a fêmea e voa para longe com ela. O acasalamento ocorre durante o voo e a oviposição, em geral, ocorre logo após (em minutos ou, no máximo, algumas horas).

---

[1] Ephemeroptera: *ephemera*, por um dia, vida curta; *ptera*, asas (referindo-se à vida curta dos adultos).
[2] Este capítulo foi editado por Manuel L. Pescador.

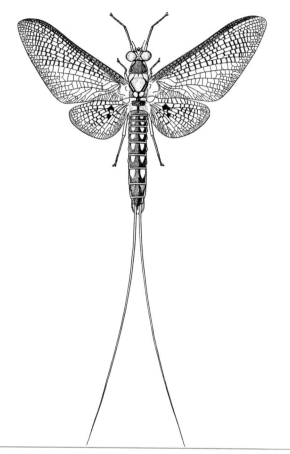

Figura 9-1 Uma efemérida, *Hexagenia bilineata* (Say) (Ephemeridae).

Figura 9-2 Ninfa de efemérida. *Anthopotamus* sp. (Potamanthidae).

Os ovos são depositados na superfície da água ou fixados a objetos na água. No caso de os ovos serem depositados na superfície da água, alguns podem ser simplesmente lavados da extremidade do abdômen ou depositados juntos, como um grumo. Cada espécie possui hábitos característicos para a postura dos ovos. Algumas espécies são ovovivíparas.

As efeméridas muitas vezes emergem de lagos e rios em quantidades enormes e às vezes acumulam-se ao longo da praia ou em estradas e ruas próximas. Pilhas de até 1,2 metro de profundidade foram observadas em Illinois (Burks, 1953), causando sérios problemas para o trânsito. Estas enormes emersões geralmente representam um incômodo considerável. Até meados da década de 1950, este tipo de evento ocorria ao longo das praias do lago Erie, mas alterações no lago (aumento da poluição) reduziram drasticamente o número destes insetos (e também o número de muitos peixes), por isso, hoje suas emersões não são tão notáveis quanto costumavam ser.

A principal importância econômica das efeméridas consiste em seu valor como alimento para peixes. Tanto os adultos quanto as ninfas constituem um importante alimento de muitos peixes de água-doce, inclusive muitas iscas artificiais utilizadas por pescadores são modeladas conforme estes insetos. As efeméridas também servem como alimento para muitos outros animais, incluindo aves, anfíbios, aranhas e muitos insetos predadores. A maioria das espécies de efeméridas no estágio de ninfa está restrita a tipos particulares de *habitats*. Consequentemente, a fauna de efeméridas de um *habitat* aquático pode servir como indicador das características ecológicas (incluindo grau de poluição) daquele *habitat*.

ALGUMAS CARACTERÍSTICAS DOS EPHEMEROPTERA

Cabeça. Com frequência, os olhos compostos diferem nos dois sexos, sendo maiores e mais próximos nos machos e menores e mais distantes nas fêmeas. Na maioria das espécies de menor tamanho, como os Caenidae, os olhos são pequenos e amplamente separados nos dois sexos. Os olhos do macho são maiores ou possuem facetas superiores de cor diferente das outras facetas. Em Baetidae e em alguns Leptophlebiidae, as facetas superiores são mais ou menos pedunculadas (estes olhos são descritos como turbinados). Os olhos da fêmea são uniformes quanto à cor e ao tamanho das facetas.

Pernas. Na maioria das efemérides, as pernas anteriores do macho são muito mais longas que as outras (com as tíbias e os tarsos muito alongados); algumas vezes, tão longas quanto o corpo ou mais. Nos Polymitarcyidae e Behningiidae, as pernas médias e posteriores do macho e todas as pernas das fêmeas são vestigiais.

Asas. A maioria das efemérides possui dois pares de asas, mas nos Caenidae, Leptohyphidae, Baetidae e alguns Leptophlebiidae as asas posteriores são muito reduzidas ou ausentes. O formato das asas anteriores é um pouco triangular na maioria das efemérides, e as asas anteriores são mais alongadas nas espécies que apresentam asas posteriores reduzidas ou que não as possuem. As asas são um pouco corrugadas, com as veias situadas em uma crista ou um sulco. Algumas veias contêm bolhas, áreas enfraquecidas que permitem que as asas se dobrem durante o voo.

Existe uma variação considerável nas terminologias de venação utilizadas por diferentes autoridades para este grupo. Aqui, será utilizada a terminologia de Edmunds e Traver (1954a; Figura 9-3), que difere um pouco da usada por muitos pesquisadores anteriores. Além disso, Kukalová-Peck (1985) propôs uma reinterpretação da venação das efemérides, alinhando-a com suas hipóteses sobre a estrutura fundamental das asas pterigotas. A Tabela 9-1 apresenta uma comparação destas três terminologias de venação (as veias rotuladas como I são intercalares).

Abdômen. O abdômen de uma efemérida tem 10 segmentos, com filamentos caudais originados no décimo segmento. Algumas efemérides possuem apenas dois filamentos caudais (os cercos), com o filamento mediano vestigial ou ausente; outras possuem todos os três filamentos bem desenvolvidos. O esterno do segmento 9 forma a placa subgenital. O macho possui um par de pinças genitais em forma de gancho na margem distal desta placa e pênis pareados (raramente, os pênis são mais ou menos fundidos) dorsais a esta placa (Figura 9-5). A placa subgenital da fêmea, formada pela parte posterior do nono esterno, varia em forma, e não há ganchos ou pênis. A característica dos ganchos às vezes é usada para separar as famílias, e tanto os ganchos quanto os pênis são muito importantes para separar as espécies.

Tabela 9-1 Comparação das terminologias de venação nos Ephemeroptera

Kukalová-Peck (1985)	Edmunds e Traver (1954a); Edmunds et al. (1976)*	Needham et al. (1935)[†]
C [‡]	C	C
ScP	Sc	Sc
RA	R_1	R_1
RP1	R_2	R_2
RP2	$R_{3(a+b)}$	
RP3-4	R_{4+5}	R_3
MA1-2	MA_1	R_4
	IMA	
MA3-4	MA_2	R_5
MP1-2	MP_1	M_1
	IMP	
MP3-4	MP_2	M_2
CuA1-2	CuA	Cu_1
Cu suplementar + CuA3-4	Cubitais intercalares	Cu_1
CuP (+ AA1)	CuP	Cu_2
AA2	1A	1A

*Usada neste livro e por muitos profissionais contemporâneos para Ephemeroptera.
[†] Usada por Burks (1953) e em edições anteriores deste livro.
[‡] A margem costal é formada pela fusão de PC, CA, CP e ScA1-2; Sc3-4 forma o suporte subcostal na base da asa (o suporte costal de Edmunds & Traver 1954a).

CLASSIFICAÇÃO DE EPHEMEROPTERA

Várias classificações superiores foram propostas recentemente para Ephemeroptera, variando de 0 a 4 subordens e muitas mais infraordens e superfamílias. No momento, a situação está em condição de fluxo ativo. A lista a seguir começa no nível relativamente estável de família e os nomes são relacionados em ordem alfabética. Os números de gêneros e espécies pertencem à lista de 2002 do website *Mayflies of North America*. Os grupos marcados com um asterisco são relativamente raros ou têm pouca probabilidade de ser encontrados pelo colecionador geral.

Acanthametropodidae (2): *Acanthametropus* (1), *Analetris* (1)
Ameletidae (34): *Ameletus* (34)
Ametropodidae (3): *Ametropus* (3)
Arthropleidae (1): *Arthroplea* (1)
Baetidae (135): *Acentrella* (6), *Acerpenna* (4), *Americabaetis* (3), *Apobaetis* (3), *Baetis* (22), *Baetodes* (6),

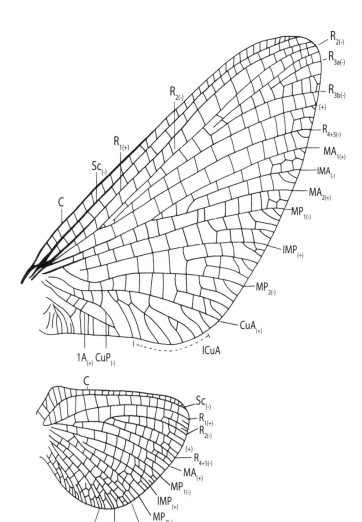

Figura 9-3 Asas de *Pentagenia* (Ephemeridae). As principais veias longitudinais convexas (+) e côncavas (-) estão indicadas.

Baetopus (1), *Barbaetis* (1), *Callibaetis* (12), *Camelobaetidius* (5), *Centroptilum* (15), *Cloeodes* (3), *Cloeon* (1), *Diphetor* (1), *Fallceon* (1), *Heterocloeon* (4), *Paracloeodes* (1), *Plauditus* (13), *Procloeon* (25), *Pseudocentroptiloides* (2), *Pseudocloeon* (6)

Baetiscidae (12): *Baetisca* (12)

Behningiidae (1): *Dolania* (1)

Caenidae (26): *Americaenis* (1), *Brachycercus* (10), *Caenis* (12), *Cercobrachys* (3)

Ephemerellidae (96): *Attenella* (4), *Caudatella* (7), *Caurinella* (1), *Dannella* (3), *Dentatella* (2), *Drunella* (15), *Ephemerella* (34), *Eurylophella* (15), *Serratella* (13), *Timpanoga* (2)

Ephemeridae (15): *Ephemera* (7), *Hexagenia* (5), *Litobrancha* (1), *Pentagenia* (2)

Heptageniidae (127): *Acanthomola* (1), *Anepeorus* (2), *Cinygma* (3), *Cinygmula* (10), *Epeorus* (19), *Heptagenia* (12), *Ironodes* (6), *Leucrocuta* (10), *Macdunnoa* (3), *Nixe* (11), *Raptoheptagenia* (1), *Rhithrogena* (22), *Stenacron* (7), *Stenonema* (20)

Isonychiidae (16): *Isonychia* (16)

Leptohyphidae (25): *Allenhyphes* (2), *Asioplax* (5), *Homoleptohyphes* (3), *Leptohyphes* (2), *Tricoryhyphes* (1), *Tricorythodes* (10), *Vacupernius* (2)

Leptophlebiidae (66): *Choroterpes* (5), *Farrodes* (1), *Habrophlebia* (1), *Habrophlebiodes* (4), *Leptophlebia* (7), *Neochoroterpes* (3), *Paraleptophlebia* (39), *Thraulodes* (3), *Traverella* (3)

Metretopodidae (9): *Metretopus* (2), *Siphloplecton* (7)

Neoephemeridae (4): *Neoephemera* (4)

Oligoneuriidae (6): *Homoeoneuria* (4), *Lachlania* (2)

Polymitarcyidae (6): *Campsurus* (2), *Ephoron* (2), *Tortopus* (2)

Potamanthidae (5): *Anthopotamus* (5)

Pseudironidae (1): *Pseudiron* (1)

Siphlonuridae (24): *Edmundsius* (1), *Parameletus* (4), *Siphlonisca* (1), *Siphlonurus* (18)

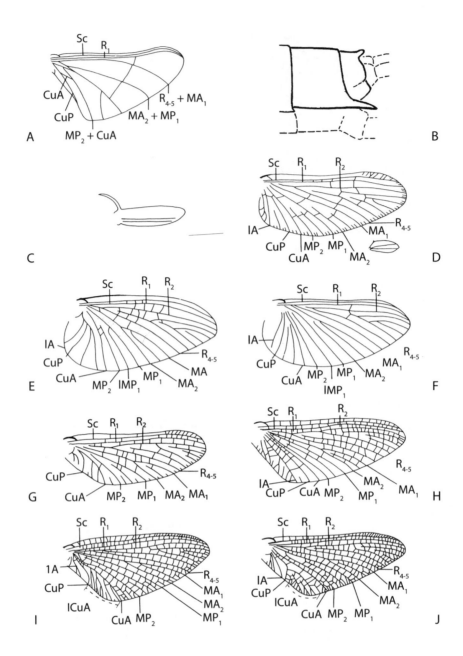

Figura 9-4 Asas de Ephemeroptera. A, *Lachlania*, Oligoneuriidae, asa anterior; B, *Neoephemera*, Neoephemeridae, tergos 9 e 10; C, *Leptohyphes*, Leptohyphidae, asa posterior do macho; D, *Baetis*, Baetidae, asas anteriores e posteriores; E, *Tricorythodes*, Leptohyphidae, asa anterior; F, *Caenis*, Caenidae, asa anterior; G, *Ephemerella*, Ephemerellidae, asa anterior; H, *Baetisca*, Baetiscidae, asa anterior; I, *Anthopotamus*, Potamanthidae, asa anterior; J, *Leptophlebia*, Leptophlebiidae, asa anterior.

Chave para as famílias de Ephemeroptera

As características de venação utilizadas referem-se à asa anterior, exceto quando indicado de outro modo. Esta chave foi modificada na última edição deste livro e de Edmunds e Waltz (1996) por Manuel L. Pescador e Janice Peters. Os grupos marcados com um asterisco (*) são relativamente raros ou têm pouca probabilidade de ser encontrados pelo colecionador geral. As chaves para as ninfas são fornecidas por Edmunds et al. (1963), Edmunds (1984) e Edmunds e Allen (1987).

1.	A venação da asa anterior parece reduzida, com apenas 3 ou 4 veias longitudinais atrás de R_1 (Figura 9-4A)	Oligoneuriidae
1'.	Venação da asa anterior completa ou moderadamente reduzida, com numerosas veias longitudinais presentes atrás de R_1	2
2 (1').	Bases de MP_2 e CuA da asa anterior fortemente divergentes e recurvadas a partir de MP_1 (Figuras 9-3, 9-4I) ou base recurvada de MP_2 próxima ou fundida à CuA (Figura 9-4D, H, J)	3
2'.	Bases de MP_2 e CuA da asa anterior um pouco divergentes de MP_1 (apenas MP_2 pode divergir de MP_1) (Figuras 9-6C,D)	7
3 (2).	Pernas médias e posteriores dos machos e todas as pernas das fêmeas atrofiadas (ou perdidas) além do trocânter; veia MA da asa anterior bifurcada na metade basal (Figura 9-6A, B)	4
3'.	Todas as pernas bem desenvolvidas nos dois sexos; veia MA da asa anterior bifurcada próximo à metade da asa (Figuras 9-3, 9-4I)	5
4 (3).	Machos apresentam pênis com o dobro do comprimento das pinças genitais; asas das fêmeas brancas	Behningiidae *
4'	Machos apresentam pênis mais curto que as pinças genitais; fêmea com asas hialinas	Polymitarcyidae
5 (3').	Tergo abdominal 9 com projeções posterolaterais bem desenvolvidas e ápice com aproximadamente o mesmo comprimento do tergo 10; corpo robusto	Neoephemeridae
5'.	Margens laterais do tergo abdominal 9 sem projeções como na descrição precedente; a maioria das espécies com corpo delgado	6
6 (5').	Veia 1A da asa anterior bifurcada perto da margem (Figura 9-4I)	Potamanthidae
6'.	Veia 1A da asa anterior não bifurcada, porém com três ou mais vênulas estendendo-se para a margem posterior da asa (Figura 9-3)	Ephemeridae
7 (2').	Intercalares cubitais da asa anterior com uma série de vênulas, em geral bifurcadas ou curvadas, estendendo-se de CuA para a margem posterior da asa (Fig. 9-6D); veia MA da asa posterior bifurcada; asas posteriores presentes	8
7'.	Intercalares cubitais da asa anterior diferentes da entrada anterior; veia MA da asa posterior bifurcada ou não bifurcada; asa posterior presente, reduzida ou ausente	11

8 (7).	Três filamentos caudais presentes, filamento mediano distintamente mais longo que o tergo abdominal 10; asa posterior com metade do comprimento da asa anterior ou mais; muito raro	Acanthametropodidae *
8'.	Dois filamentos caudais presentes, filamento medial vestigial; asa posterior com menos da metade do comprimento da asa anterior	9
9 (8').	Veia MP da asa posterior bifurcada perto da margem; pernas anteriores em grande parte ou totalmente escuras; pernas médias e posteriores pálidas	Isonychiidae
9'.	Veia MP da asa posterior bifurcada perto da base ou no meio da asa; pernas diferentes da descrição anterior	10
10 (9').	Garras tarsais de cada perna diferentes, uma pontiaguda, a outra arredondada ou em forma de coxim	Ameletidae
10'.	Garras tarsais em cada perna de formas semelhantes, pontiagudas	Siphlonuridae
11 (7').	Três filamentos caudais bem desenvolvidos (filamento mediano às vezes mais curto e mais fino que os cercos)	12
11'.	Dois filamentos caudais bem desenvolvidos (filamento mediano rudimentar ou ausente)	15
12 (11).	Asas posteriores presentes, em geral relativamente grandes com uma ou mais veias bifurcadas; projeção costal das asas posteriores, se presentes, menores que a largura da asa	13
12'.	Asas posteriores ausentes ou muito pequenas, apenas com 2 ou 3 veias simples; projeção costal das asas posteriores, se presentes, do mesmo comprimento ou maior que a largura da asa	20

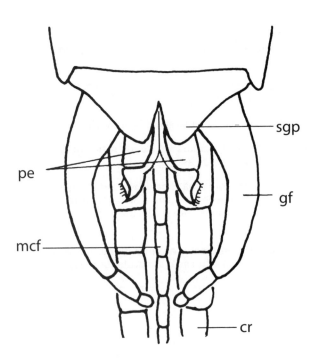

Figura 9-5 Ápice do abdômen de um macho de efemérida, *Leptophlebia cupida* (Say), vista ventral. *cr*, filamento caudal lateral (cerco); *gf*, pinça genital; *mcf*, filamento caudal mediano; *pe*, pênis; *sgp*, placa subgenital.

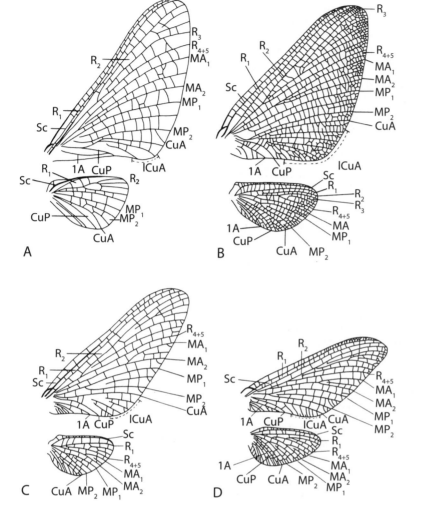

Figura 9-6 Asas de Ephemeroptera. A, *Campsurus*, Campsurinae, Polymitarcyidae; B, *Ephoron*, Polymitarcyinae, Polymitarcyidae; C, *Stenonema*, Heptageniidae; D, *Siphlonurus*, Siphlonuridae.

13 (12).	Asas anteriores com um par longo de intercalares cubitais paralelas e vários intercalares mais curtos entre CuA e CuP; veia 1A fixada à margem posterior da asa por uma série de vênulas marginais; oeste dos Estados Unidos	Ametropodidae*
13'.	Asa anterior com intercalares cubitais diferentes dos da descrição anterior; veia 1A diferente da descrição anterior; amplamente distribuídos	14
14 (13').	Asa anterior com vênulas marginais curtas, separada basalmente ao longo da margem externa de asa; veia CuA basalmente próxima ou sobreposta à base da veia CuP (Figura 9-4G); pinça genital do macho com um segmento terminal	Ephemerellidae
14'.	Asa anterior sem vênulas marginais separadas basalmente ao longo da margem externa da asa; base de CuA separada da base de CuP (Figura 9-4J); pinça genital masculina com 2 ou 3 segmentos terminais (Figura 9-5)	Leptophlebiidae
15 (11').	Intercalares cubitais ausentes na asa anterior e veia 1A estendendo-se para a margem externa da asa (Figura 9-4H); asa posterior com numerosas vênulas marginais longas e livres	Baetiscidae
15'.	Intercalares cubitais presentes na asa anterior e veia 1A estendendo-se para a margem posterior da asa (Figuras 9-4D, 9-6C); asa posterior (se presente) diferente da descrição anterior	16

16 (15').	Asa anterior com 1 ou 2 vênulas marginais curtas, separadas basalmente entre as veias longitudinais principais; bases das veias MA$_2$ e MP$_2$ separadas das suas respectivas raízes (Figura 9-4D); presença de uma intercalar cubital longa e de uma curta (Figura 9-4D); asa posterior pequena ou ausente; porção superior do olho do macho grande e localizada em um pedúnculo	Baetidae
16'.	Asa anterior com intercalares marginais unidas basalmente a outras veias (Figura 9-6C); bases das veias MA$_2$ e MP$_2$ unidas à MA$_1$ e MP$_1$; com 2 pares (raramente 1) de intercalares cubitais (Figura 9-6C); asas posteriores relativamente grandes; olhos dos machos não localizados em pedúnculos	17
17 (16').	Tarsos posteriores com 5 segmentos distintos	18
17'.	Tarsos posteriores com aparentemente 4 segmentos, segmento basal mais ou menos fundido à tíbia	19
18 (17).	Pinça genital do macho com 3 segmentos terminais curtos; MA da asa posterior não bifurcada; raro, do nordeste dos EUA estendendo-se para o oeste até Wisconsin	Arthropleidae*
18'.	Pinça genital do macho com 2 segmentos terminais curtos; MA da asa posterior em geral bifurcada (Figura 9-6C); muito comum, difundido	Heptageniidae
19 (17').	Olhos do imago macho separados com distância maior que a largura dos ocelos medianos; comprimento do segmento basal fundido do tarso posterior menor que metade do comprimento da tíbia; placa subgenital da fêmea com fenda mediana; esternos abdominais sem marcas medianas	Pseudironidae*
19'.	Olhos do imago macho contíguos (em contato) medialmente ou quase; comprimento do segmento basal fundido do tarso posterior maior que metade do comprimento da tíbia; placa subgenital da fêmea arredondada de maneira homogênea; esternos abdominais com pontos ou linhas medianos	Metretopodidae
20 (12').	Veias MP$_2$ e IMP da asa anterior estendendo-se por menos de 3/4 de distância da base da asa (Figura 9-4E); pinça genital do macho com 2 ou 3 segmentos; asas posteriores presentes ou ausentes; tórax preto ou cinza	Leptohyphidae
20'.	Veias MP$_2$ e IMP da asa anterior estendendo-se quase até a base da asa (Figura 9-4F); pinça genital do macho com 1 segmento; asas posteriores ausentes; cor do tórax variável, geralmente marrom	Caenidae

Família **Acanthametropodidae:** São conhecidos dois gêneros destas efeméridas raras e esporadicamente distribuídas na América do Norte, porém apenas um foi coletado no estágio de adulto. Possuem asas posteriores relativamente grandes, com o comprimento correspondendo à metade do comprimento da asa anterior ou mais e três filamentos caudais com o filamento mediano distintamente mais longo que o tergo abdominal 10. As ninfas possuem garras tarsais longas, delgadas (especialmente as garras tarsais posteriores), que permitem manter sua posição em correntes de fundo arenoso.

Família **Ameletidae:** Os adultos são semelhantes aos Siphlonuridae, dos quais se diferenciam pelos desnivelamentos nas garras tarsais de cada perna: uma pontiaguda e a outra arredondada ou em forma de coxim. As ninfas nadam rapidamente e vivem em vários tipos de *habitats*, variando de córregos de fluxo rápido a grandes rios, lagos e lagoas. Ocorrem entre seixos em substratos de cascalho, embora algumas ninfas tenham sido colhidas em meio a vegetação e resíduos.

Família **Ametropodidae:** Estas efeméridas possuem uma venação alar semelhante à de Heptageniidae (Figura 9-6C), mas possuem três filamentos caudais (dois em Heptageniidae) e os tarsos posteriores têm quatro segmentos. As ninfas vivem enterradas em areias lodosas nos fundos de grandes rios com corrente razoavelmente forte.

Família **Arthropleidae:** Os adultos são semelhantes aos Heptageniidae, porém a pinça genital do macho possui três segmentos terminais curtos e a veia MA da asa posterior não é bifurcada. A família é representada por uma espécie amplamente distribuída e rara, *Arthroplea bipunctata* (McDunnough). As ninfas vivem na vegetação de lagoas temporárias e áreas à margem de córregos. Elas se alimentam passando os palpos maxilares alongados pela água.

Família **Baetidae:** Esta é a maior família de efeméridas da América do Norte e seus membros são comuns e amplamente distribuídos. As ninfas ocorrem em uma variedade de *habitats* aquáticos. Os adultos são pequenos (asas anteriores com cerca de 2-12 mm), com asas anteriores alongado-ovais e asas posteriores muito pequenas ou ausentes. Os Baetídeos (Figura 9-4D) diferem de outras efeméridas que possuem asas posteriores pequenas ou ausentes (Caenidae, Figura 9-4F; Leptohyphidae, Figura 9-4E e alguns Leptophlebiidae) por possuírem apenas dois filamentos caudais, uma ou duas vênulas marginais curtas entre as veias longitudinais principais e as bases de MA_2 e MP_2 atrofiadas. Os olhos do macho são divididos, com a porção superior turbinada.

Família **Baetiscidae:** Estas efeméridas variam entre pequenas e médias (asa anterior com cerca de 8-12 mm) e apresentam dois filamentos caudais (que são mais curtos que o corpo). Com frequência, as asas são avermelhadas ou alaranjadas, pelo menos basalmente. A asa anterior não possui intercalares cubitais e apresenta 1A estendendo-se para a margem externa da asa (Figura 9-4H). As ninfas ocorrem em córregos de água fria e razoavelmente rápidos.

Família **Behningiidae:** Este grupo é representado nos Estados Unidos por uma única espécie rara, *Dolania americana* Edmunds e Traver, que foi encontrada nos estados do sudeste com um registro no Wisconsin. As ninfas cavam a areia no fundo dos grandes rios.

Família **Caenidae:** Estas efeméridas são muito pequenas (asa anterior com cerca de 2-6 mm), com três filamentos caudais e sem asas posteriores. São semelhantes aos Leptohyphidae, porém a bifurcação de MA é assimétrica e as veias IMP_1 e MP_2 estendem-se praticamente até a base da asa (Figura 9-4F). As ninfas ocorrem em uma variedade de *habitats* aquáticos, em águas calmas.

Família **Ephemerellidae:** Estas efeméridas têm tamanho médio (asa anterior com cerca de 6-19 mm) e, em geral, de cor acastanhada, com três filamentos caudais. Possuem vênulas marginais curtas, separadas basalmente ao longo da margem externa da asa anterior, e as veias cruzadas costais são reduzidas (Figura 9-4G). Os efemerelídios representam efeméridas comuns e amplamente distribuídas. As ninfas vivem em vários tipos de *habitats* aquáticos, em geral sob rochas ou detritos em córregos rápidos de água fria e clara ou pequenos lagos claros.

Família **Ephemeridae:** Estas efeméridas médias a grandes (asas anteriores com cerca de 10-25 mm) possuem dois ou três filamentos caudais. As asas são hialinas ou acastanhadas e, em *Ephemera*, têm manchas escuras. As ninfas têm hábito cavador e ocorrem na areia ou no lodo do fundo de córregos e lagos, algumas vezes em águas razoavelmente profundas. Adultos de *Hexagenia* (Figura 9-1) às vezes emergem de lagos em grandes quantidades.

Família **Heptageniidae:** Esta é a segunda maior família de efeméridas na América do Norte e seus membros são comuns e amplamente distribuídos. As ninfas são formas difusas, algumas vezes de cor escura, com a cabeça e o corpo achatados. A maioria das espécies ocorre na parte inferior das pedras em córregos, mas algumas ocorrem em rios arenosos e lagoas pantanosas. Os adultos possuem dois filamentos caudais e dois pares de intercalares cubitais que são mais ou menos paralelos (Figura 9-6C). A MA da asa posterior geralmente é bifurcada. Os tarsos posteriores possuem cinco segmentos.

Família **Isonychiidae:** Os adultos são de fácil identificação pela veia MP bifurcada das asas posteriores atrás da margem da asa e também pelas pernas anteriores largamente ou totalmente escuras e as pernas médias e posteriores pálidas. As ninfas, parecidas com um vairão (peixe fluvial), são encontradas principalmente em águas de corrente rápida, das quais filtram partículas para sua alimentação pela dupla fileira de cerdas longas nas tíbias e nos fêmures anteriores.

Família **Leptohyphidae:** Este grupo é em grande parte tropical, mas algumas espécies estendem-se até o Canadá. As ninfas ocorrem em rios e córregos. Os adultos são pequenos (asa anterior com cerca de 3-9 mm), com três filamentos caudais. As asas anteriores são alongado-ovais ou mais largas na base, sem vênulas marginais. MA forma uma bifurcação simétrica e MP_2 geralmente é livre na base (Figura 9-4E). As asas posteriores estão ausentes, porém os machos de alguns gêneros possuem asas posteriores pequenas com uma projeção costal longa e delgada (Figura 9-4C).

Família **Leptophlebiidae:** Este é um grupo razoavelmente grande e seus membros são relativamente comuns e bem distribuídos. As ninfas ocorrem em vários tipos de *habitats* aquáticos, em geral em águas paradas ou em córregos com corrente reduzida. Os adultos possuem três filamentos caudais e a venação (Figura 9-4J) é razoavelmente completa. Não há vênulas separadas e CuP é fortemente recurvado. Os olhos do macho são muito divididos, com a porção superior apresentando facetas maiores. O tamanho dos adultos (medido pelo comprimento da asa anterior) varia de cerca de 4 a 14 mm.

Família **Metretopodidae:** Em geral, as ninfas deste pequeno grupo vivem em grandes córregos de fluxo lento, em água rasa próxima à praia. Os adultos possuem uma venação alar semelhante à dos Heptageniidae (Figura 9-6C), porém os tarsos posteriores possuem quatro segmentos (cinco segmentos nos Heptageniidae). Estas efeméridas são distribuídas principalmente no norte, ocorrendo do Canadá até o sudeste dos EUA.

Família **Neoephemeridae:** Estas efeméridas são semelhantes aos efemerídeos, mas possuem veias cruzadas costais um pouco reduzidas e uma projeção costal aguda perto da base da asa posterior. São facilmente reconhecidas pelas projeções laterais agudas no tergo abdominal 9 (9-4B). As ninfas vivem em córregos lentos a moderadamente rápidos, em seus detritos. Este é um grupo pequeno, cujos membros ocorrem no leste dos Estados Unidos. Não são muito comuns.

Família **Oligoneuriidae:** Os adultos do gênero desta família apresentam venação alar muito reduzida (Figura 9-4A). As ninfas vivem em córregos com um fluxo de razoável rapidez agarradas a pedras ou à vegetação (*Lachlania*) ou parcialmente enterradas na areia (*Homoeoneuria*).

Família **Polymitarcyidae:** Estas efeméridas são semelhantes aos Ephemeridae, porém possuem pernas médias e posteriores do macho e todas as pernas da fêmea muito reduzidas ou vestigiais. São bem distribuídas, mas não muito comuns. Alguns (Polymitarcyinae) possuem uma densa rede de vênulas marginais (Figura 9-6B) e as pinças genitais do macho têm quatro segmentos. Outros (Campsurinae) possuem poucas vênulas marginais (Figura 9-6A) e as pinças genitais do macho têm dois segmentos.

Família **Potamanthidae:** As ninfas deste grupo vivem no lodo ou na areia do fundo de águas rasas de corrente rápida. Os adultos têm cor pálida, com o vértice e o dorso torácico castanho-avermelhado, e as asas anteriores medem cerca de 7-13 mm de comprimento. Existem três filamentos caudais e o filamento mediano é um pouco mais curto que os laterais. A venação alar é semelhante à de Ephemeridae, porém 1A é bifurcada perto da margem da asa (Figura 9-4I).

Família **Pseudironidae:** Os adultos desta família monogenérica são semelhantes aos Heptageniidae, mas possuem apenas quatro segmentos tarsais livres. O comprimento do segmento basal fundido do tarso posterior corresponde a menos da metade do comprimento da tíbia posterior. As ninfas possuem pernas longas semelhantes às de aranhas e são encontradas em rios arenosos de grande parte da América do Norte. As ninfas possuem peças bucais adaptadas para a predação, com os incisivos mandibulares modificados apicalmente e equipados com espinhos afiados e pontiagudos. Apenas uma espécie, *Pseudiron centralis* McDunnough, ocorre nos Estados Unidos.

Família **Siphlonuridae:** As ninfas destas efeméridas têm forma aerodinâmica e maior ocorrência em córregos e rios de fluxo rápido. Algumas são predadoras de larvas do mosquito-pólvora, que vive em tubos, e outros pequenos insetos aquáticos. Os adultos lembram Heptageniidae por possuírem MA bifurcada na asa posterior, porém não possuem dois pares paralelos de intercalares cubitais (comparar com a Figura 9-6C,D) e os tarsos posteriores têm quatro segmentos (cinco segmentos em Heptageniidae). Este é um grupo grande e bem distribuído. Seus membros variam em tamanho (medido pelo comprimento das asas anteriores) de cerca de 8 a 20 mm.

COLEÇÃO E PRESERVAÇÃO DE EPHEMEROPTERA

A maioria das efeméridas adultas é capturada com uma rede e podem ser recolhidas em enxames ou por meio de varredura da vegetação. Às vezes, é necessário utilizar uma rede com um cabo muito longo para alcançar enxames que ficam muito acima do solo. Algumas efeméridas podem ser recolhidas à noite com luzes, em especial quando as noites são quentes e o céu está nublado. Um elevado número de adultos pode ser obtido com uma armadilha, como a armadilha Malaise (Figura 35-5C). Cortinas de rede colocadas sobre um córrego podem atuar como uma superfície em que as efeméridas emergentes pousam e, a partir dela, podem ser coletadas.

Se os subimagos forem coletados (identificados pelo seu aspecto frágil e pubescente), é melhor esperar que sofram a muda até o estágio adulto. Isto é realizado os transferindo para pequenas caixas (sem manipulá-los, se possível, pois são muito delicados). Uma caixa de papelão com uma janela de plástico transparente é adequada para esta finalidade.

Em muitas espécies, o melhor modo de obter os adultos consiste em criá-los desde o estágio de ninfa em um recipiente em que os adultos possam ser capturados. As ninfas com brotos alares pretos estão quase maduras e são as melhores a serem selecionadas para a criação, uma vez que se transformam no estágio alado em um ou dois dias. Ao emergir, o subimago deve ser transferido para uma caixa, de modo que possa sofrer a muda para o estágio adulto.

As ninfas de efeméridas podem ser colhidas em vários tipos de *habitats* aquáticos pelos métodos de coleta de insetos aquáticos.

Efeméridas adultas são de extrema fragilidade e, por essa razão, devem ser manipuladas com muito cuidado. Podem ser preservadas secas, em alfinetes, em envelopes de papel ou em álcool. Os espécimes preservados secos retêm melhor a cor que os preservados em álcool, mas às vezes ficam um pouco enrugados e estão mais sujeitos à quebra. Os adultos preservados em álcool devem ser colocados em álcool 80%, de preferência com a adição de 1% de ionol.

É melhor colocar as ninfas diretamente em líquido de Carnoy modificado (10% de ácido acético glacial; 60% de etanol a 95%; 30% de clorofórmio). Após mais ou menos um dia, drene o líquido de Carnoy e substitua por álcool 80%. Um bom substituto para o líquido de Carnoy é o líquido de Kahle (11% de formalina; 28% de etanol 95%, 2% de ácido acético glacial, 59% de água). Depois de cerca de uma semana, drene o líquido e substitua por álcool 80%. Se nem líquidos de Carnoy nem de Kahle estiverem disponíveis, as ninfas podem ser preservadas em álcool 95%.

Referências

Allen, R. K.; G. F. Edmunds, Jr. "A revision of the genus *Ephemerella* (Ephemeroptera: Ephemerellidae). VIII. The subgenus *Ephemerella* in North America", *Misc. Publ. Entomol. Soc. Amer.*, 4, p. 244-282, 1965.

Bae, Y.; W. P. McCafferty. "Phylogenetic' systematics of the Potamanthidae (Ephemeroptera)", *Trans. Amer. Entomol. Soc.*, 117, p. 1-143, 1991.

Bae, Y. J.; W. P. McCafferty. "Phylogenetic systematics and biogeography of the Neoephemeridae (Ephemeroptera: Pannota)", *Aquatic Insects*, 20, p. 35-68, 1998.

Bednarik, A. F.; W. P. McCafferty. "Biosystematic revision of the genus *Stenonema* (Ephemeroptera: Heptageniidae)", *Can. Bull. Fish. & Aquatic Sci.*, 201, 73 p., 1979.

Berner, L. "A review of the family Metretopodidae", *Trans. Amer. Entomol. Soc.*, 104, p. 91-137, 1978.

Berner, L.; M. L. Pescador. *The mayflies of Florida.* Edição revisada. Gainesville: University of Florida Press, 1988. 415 p.

Brittain, J. E. "Biology of mayflies", *Annu. Rev. Entomol.*, 27, p. 119-147, 1982.

Burian, S. K. "A revision of the genus *Leptophlebia* Westwood in North America (Ephemeroptera: Leptophlebiidae: Leptophlebiinae)", *Bull. Ohio Biol. Surv.*, n.s. 13,3, 80 p., 2001.

Burks, B. D. "The mayflies of Ephemeroptera of Illinois", *Bull. Ill. Nat. Hist. Surv.*, 26, p. 1-216, 1953.

Day, W. C. Ephemeroptera. In: R. L. Usinger. (Ed.) *Aquatic insects of California.* Berkeley: University of California Press, 1956. p. 79-105.

Edmunds, G. F., Jr. "The type localities of the Ephemeroptera of North America north of Mexico", *Univ. Utah Biol. Ser.*, 12, 5, p. 1-39, 1962.

Edmunds, G. F., Jr. "Biogeography and evolution of the Ephemeroptera", *Annu. Rev. Entomol.*, 17, p. 21-42, 1972.

Edmunds, G. F., Jr. Ephemeroptera. In: R. W. Merritt; K. W. Cummins. (Ed.) *An introduction to the aquatic insects of North America.* 2. ed. Dubuque: Kendall/Hunt. 1984. p. 94-123.

Edmunds, G. F., Jr., R. K. Allen. Order Ephemeroptera. In: F. W. Stehr. (Ed.) Immature insects. v. 1. Dubuque: Kendall/Hunt, 1987. p. 75-94.

Edmunds, G. F., Jr.; R. K. Allen; W. L. Peters. "Na annotated key to the nymphs of the families and subfamilies of mayflies (Ephemeroptera)", *Univ. Utah Biol. Ser.*, 13, 1, p. 1-49, 1963.

Edmunds, G. F., Jr.; S. L. Jensen; L. Berner. *The mayflies of North and Central America.* Minneapolis: University of Minnesota Press, 1976. 300 p.

Edmunds, G. F., Jr.; J. R. Traver. "The flight mechanics of the wings of Ephemeroptera with notes on the archetype wing", *J. Wash. Acad. Sci.*, 44, 12, p. 390-400, 1954a.

Edmunds, G. F., Jr.; J. R. Traver. "An outline of a reclassification of the Ephemeroptera", *Proc. Entomol. Soc. Wash.*, 56, p. 236-240, 1954b.

Edmunds, G. F., Jr.; R. D. Waltz. Ephemeroptera. In: R. W. Merrit; K. W. Cummins. (Eds.) *An introduction to the aquatic insects of North America.* 3. ed. Dubuque: Kendall Hunt. Cap. 11, p. 126-136, 1996.

Funk, D. H.; B. W. Sweeney. "The larvae of eastern North American *Eurylophella* Tiensuu (Ephemeroptera: Ephemerellidae)", *Trans. Amer. Entomol. Soc.*, 120, p. 209-286, 1994.

Hubbard, M. D. *Mayflies of the world:* a catalog of the family and genus group taxa. Gainesville: Sandhill Crane Press, 1990. 119 p.

Hubbard, M. D.; W. L. Peters. "The number of genera and species of mayflies (Ephemeroptera)", *Entomol. News*, 87, p. 245, 1976.

Kondratieff, B. C.; J. R. Voshell, Jr. "The North and Central American species of *Isonychia* (Ephemeroptera: Oligoneuriidae)", *Trans. Amer. Entomol. Soc.*, 110, p. 129-244, 1984.

Kukalová-Peck, J. "Ephemeroid wing venation based upon new gigantic Carboniferous mayflies and basic morphology, phylogeny, and metamorphosis of pterygote insects", *Can. J. Zool.*, 63, p. 933–955, 1985.

Leonard, J. W.; F. A. Leonard. *Mayflies of Michigan trout streams*. Bloomfield Hills: Cranbrook Institute of Science, 1962. 137 p.

McCafferty, W. P. "The burrowing mayflies (Ephemeroptera: Ephemeroidea) of the United States", *Trans. Amer. Entomol. Soc.*, 101, p. 447–504, 1975.

McCafferty, W. P. "Toward a phylogenetic classification of the Ephemeroptera (Insecta): a commentary on systematics", *Ann. Entomol. Soc. Amer.*, 84, p. 343–360, 1991.

McCafferty, W. P. "The Ephemeroptera species of North America and index to their complete nomenclature", *Trans. Amer. Entomol. Soc.*, 122, p. 1–54, 1996.

McCafferty, W. P. "Additions and corrections to Ephemeroptera species of North America and index to their complete nomenclature", *Entomol. News*, 109, p. 266–268, 1998.

McCafferty, W. P.; G. F. Edmunds, Jr. "The higher classification of the Ephemeroptera and its evolutionary basis", *Ann. Entomol. Soc. Amer.* p. 72, 5–12, 1979.

McCafferty, W. P.; R. D. Waltz. "Revisionary synopsis of the Baetidae (Ephemeroptera) of North and Middle America", *Trans. Amer. Entomol. Soc.*, 116, p. 769–799, 1990.

McCafferty, W. P.; T.-Q. Wang. "Phylogenetic systematics of the major lineages of the pannote mayflies (Ephemeroptera: Pannota)", *Trans. Amer. Entomol. Soc.*, 126, p. 9–101, 2000.

Morihara, D. K.; W. P. McCafferty. "The *Baetis* larvae of North America (Ephemeroptera: Baetidae)", *Trans. Amer. Entomol. Soc.*, 105, p. 139–221, 1979.

Needham, J. G.; J. R. Traver; Y.-C. Hsu. *The biology of mayflies, with a systematic account of North America species*. Ithaca: Comstock, 1935. 759 p.

Peckarsky, B. L.; P. R. Fraissinet; M. A. Penton; D. J. Conklin, Jr. *Freshwater macroinvertebrates of northeastern United States*. Ithaca: Cornell University Press, 1990. 442 p.

Pescador, M. L.; L. Berner. "The mayfly family Baetiscidae (Ephemeroptera). Part II. Biosystematics of the genus *Baetiscas*", *Trans. Amer. Entomol. Soc.*, 107, p. 163–228, 1981.

Peters, W. L.; G. F. Edmunds, Jr. "Revision of the generic classification of the Eastern Hemisphere Leptophlebiidae (Ephemeroptera)", *Pac. Insects*, 12, 1, p. 157–240, 1970.

Provonsha, A. V. "A revision of the genus *Caenis* in North America (Ephemeroptera: Caenidae)", *Trans. Amer. Entomol. Soc.*, 116, p. 801–884, 1990.

Soldán, T. "A revision of the Caenidae with ocellar tubercles in the nymphal stage (Ephemeroptera)", *Acta Univ. Carl.*, 1982–1984, (Biol.), p. 289–362, 1986.

Wiersema, N. A.; W. P. McCafferty. "Generic revision of the North and Central American Leptohyphidae (Ephemeroptera: Pannota)", *Trans. Amer. Entomol. Soc.*, 126, p. 337–371, 2000.

Zloty, J. "A revision of the Nearctic *Ameletus* mayflies based on adult male, with descriptions of seven new species (Ephemeroptera: Ameletidae)", *Can. Entomol.*, 128, p. 293–346, 1996.

CAPÍTULO 10

ORDEM ODONATA[1,2]
LIBÉLULAS E DONZELINHAS

Os Odonata são insetos relativamente grandes e muitas vezes de belas cores, que passam a maior parte de seu tempo na forma alada. Os estágios imaturos são aquáticos e os adultos são encontrados perto da água. Todos os estágios são predatórios e alimentam-se de vários insetos e outros organismos e, do ponto de vista humano, são muito benéficos. Os adultos são inofensivos para as pessoas; ou seja, não picam ou ferroam. Alguns grupos são úteis como indicadores da qualidade do ecossistema.

As libélulas e donzelinhas adultas são de fácil identificação (ver Figura 10-11). Os olhos compostos são grandes e multifacetados e, com frequência, ocupam a maior parte da cabeça, com três ocelos. As antenas são muito pequenas e semelhantes a cerdas, e as peças bucais são do tipo mastigador. O tórax é constituído de um pequeno protórax e de um pterotórax maior. As superfícies dorsal e lateral do pterotórax, entre o pronoto e a base das asas, são formadas por escleritos pleurais. As quatro asas são membranosas e alongadas, contendo múltiplas veias. As pernas são relativamente longas e adequadas para o pouso e para segurar as presas, mas não para caminhar. O abdômen é longo e delgado, com 10 segmentos visíveis. Os cercos não são segmentados. A metamorfose é simples.

Os Odonata atuais variam em comprimento de cerca de 20 mm a mais de 135 mm. A maior libélula conhecida viveu há cerca de 250 milhões de anos e é conhecida apenas por fósseis; apresentava uma envergadura de 71 cm (28 polegadas)! As maiores libélulas dos Estados Unidos medem cerca de 85 mm a 115 mm de comprimento, embora muitas vezes pareçam bem maiores durante o voo.

As ninfas de Odonata são aquáticas e respiram pelo tegumento geral, com a troca gasosa suplementada por brânquias. As brânquias das ninfas de donzelinha (Zygoptera) têm a forma de três estruturas foliáceas no final do abdômen (Figura 10-1). Estas ninfas nadam via ondulações do corpo, com as brânquias funcionando como a cauda dos peixes. As brânquias das ninfas de libélula (Anisoptera) (Figura e 10-9A,B) têm a forma de cristas no reto. Quando uma ninfa de libélula respira, ela bombeia a água para o reto pelo ânus, expelindo-a em seguida. A rápida expulsão da água do ânus é um meio importante de locomoção, resultando em uma forma de "propulsão a jato".

Os hábitos das ninfas têm pouca variação, mas todas são aquáticas e se alimentam de vários tipos de pequenos organismos aquáticos. Em geral, ficam sobre uma planta ou mais ou menos enterradas no substrato, aguardando a presa. A presa é pequena, mas algumas ninfas maiores (em particular as Aeshnidae) atacam girinos e pequenos peixes em determinadas situações. Nas ninfas, o lábio é modificado em uma estrutura segmentar peculiar com a qual capturam a presa. O lábio fica dobrado sob a cabeça quando em repouso. Quando usado, é impelido para a frente de maneira rápida e a presa é apanhada por dois lobos móveis semelhantes a garras (os palpos) na ponta do lábio (Figura 10-2). O lábio, quando estendido, mede pelo menos um terço do comprimento do corpo (Figura 10–9B).

As ninfas podem sofrer de 9 a 17 mudas, porém o normal é de 9 a 13. Quando uma ninfa está desenvolvida,

---

[1] Odonata: do grego *odontos*, dente + *ata* (referindo-se aos dentes das mandíbulas).

[2] Este capítulo foi editado por K. J. Tennessen.

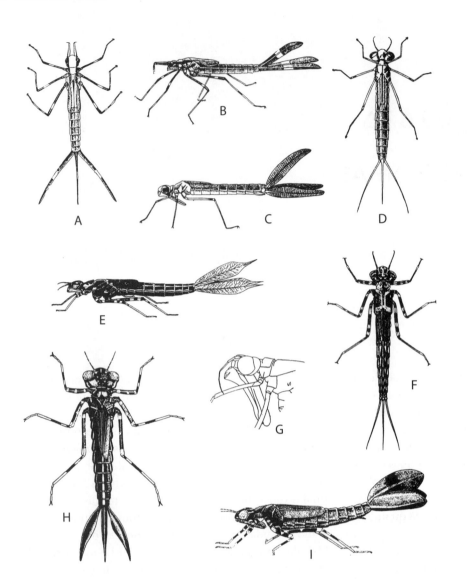

Figura 10-1 Ninfas de donzelinhas (Zygoptera), vista dorsal e lateral. A e B, *Calopteryx aequabilis* (Say) (Calopterygidae); C e D, *Lestes dryas* Kirby (Lestidae); E e F, *Ischnura cervula* Selys (Coenagrionidae); G, cabeça de *Lestes dryas*, vista lateral; H e I, *Argia emma* Kennedy (Coenagrionidae).

rasteja para fora da água para completar sua metamorfose em um caule de planta ou pedra, usualmente no início da manhã. As ninfas de algumas espécies vagueiam muitos metros a partir da água antes de sofrerem a muda para o estágio adulto. Quando sai da última exúvia ninfal, o adulto se expande até seu tamanho total dentro de cerca de 30 a 60 minutos.

Os adultos recém-emergidos apresentam um voo relativamente frágil, ainda não são totalmente coloridos e têm o corpo muito mole. Em geral, precisam de alguns dias até que desenvolvam sua completa capacidade de voo e até uma semana ou mais pode transcorrer antes que o padrão de cor se desenvolva totalmente. Muitos Odonata nos primeiros dias de vida adulta exibem uma cor ou um padrão de cores muito diferente daquele que terão após uma semana ou duas. Os adultos de corpo mole recém-emergidos, pálidos, são definidos como indivíduos *tenros*.

Os dois sexos na subordem Anisoptera têm cores semelhantes, embora as cores dos machos sejam mais vivas. Em alguns Libellulidae, os dois sexos diferem no padrão de cores das asas ou do abdômen, têm cores diferentes na maioria dos Zygoptera e os machos têm cores mais vivas, em especial em Coenagrionidae. Fêmeas de vários gêneros, dentro desta família, são polimórficas. Por exemplo, a maioria das fêmeas de *Ischnura verticalis* (Say) é heterocromática, sendo laranja e pretas quando acabam de emergir e com um tom azul razoavelmente uniforme quando maduras. Uma pequena proporção da população fêmea é homocromática.

Algumas espécies de Odonata voam apenas durante algumas semanas a cada ano, enquanto outras podem ser vistas por todo o verão ou por um período de vários meses. As observações feitas através de indivíduos marcados indicam que a donzelinha média possui uma vida adulta máxima de cerca de 3 ou 4 semanas e as libélulas podem viver cerca de 6 a 10 semanas. A maioria das espécies possui uma única geração por ano, com o ovo ou a ninfa passando pelo período de inverno. Sabe-se que alguns aeshnídeos e gonfídeos maiores passam dois anos ou mais no estágio ninfal.

Libélulas e donzelinhas são peculiares entre os insetos por possuírem os órgãos copuladores do macho localizados na extremidade anterior do abdômen, na superfície ventral do segundo e terceiro segmentos. A genitália masculina de outros insetos está localizada na extremidade posterior do abdômen. Os órgãos copuladores dos machos de Odonata, portanto, são considerados "genitália secundária." Antes do acasalamento, o macho de Odonata deve transferir o esperma da abertura genital localizada no nono segmento para o pênis, uma extensão do terceiro esterno abdominal situado no bolsão genital do segundo segmento. Esta transferência é realizada pela curvatura do abdômen para baixo e para a frente.

Com frequência, os dois sexos passam um considerável período de tempo "em tandem", com o macho agarrando a fêmea pela parte posterior da cabeça ou pelo protórax com os anexos no final de seu abdômen. A cópula tem início durante o voo, com a fêmea curvando seu abdômen para baixo e para frente, fazendo contato com a genitália secundária do macho. Este acoplamento é conhecido como "posição de coração". Em todos os Zygoptera e muitos Anisoptera, o par pousa para terminar a cópula. Na maioria dos Libellulidae, a cópula é breve e ocorre durante o voo.

Os Odonata depositam seus ovos sobre a água ou próximo a ela e podem fazê-lo enquanto estão em tandem ou sozinhos. Em algumas espécies, nas quais a fêmea se solta do macho antes de começar a oviposição, o macho permanece por perto "de guarda", enquanto a fêmea realiza a postura, e afugenta outros machos que se aproximem dela. Isto é conhecido como "guarda sem contato". Uma fêmea não protegida, após começar a postura, pode ser interrompida por outros machos, que podem agarrá-la e voar em tandem com ela. Os machos da maioria das espécies de Odonata podem deslocar o esperma de um acasalamento anterior no interior da espermateca da fêmea, uma forma de competição por esperma (Waage 1984). Os ovos não são fertilizados durante a cópula, mas durante a oviposição. Portanto, os machos que permanecem com a parceira enquanto esta realiza a postura têm maior probabilidade de garantir que seus genes sejam transmitidos para a próxima geração.

As fêmeas de Gomphidae, Corduliidae e Libellulidae não possuem ovipositor e, em geral, os ovos são depositados na superfície da água pela fêmea, enquanto voa baixo e mergulha seu abdômen na água, removendo os ovos por lavagem. As fêmeas da maioria das espécies, nestes grupos, realizam a oviposição sozinhas. Um ovipositor um tanto rudimentar é desenvolvido em Cordulegastridae, que realiza a postura pairando acima da água rasa com o corpo em uma posição mais ou menos vertical e batendo de maneira repetida o abdômen na água, depositando os ovos no fundo do corpo aquático. As fêmeas dos outros grupos (Aeshnidae, Petaluridae e todos os Zygoptera) possuem um ovipositor bem desenvolvido (Figura 10-3E) e inserem seus ovos em tecidos vegetais (em muitas espécies, enquanto ainda estão em tandem com os machos).

Os ovos são inseridos abaixo da superfície da água, não além do ponto que a fêmea pode atingir. Em alguns casos (por exemplo, algumas espécies de *Lestes*), os ovos são depositados nos caules de plantas acima da linha da água e, em outros (por exemplo, algumas espécies de *Enallagma*), a fêmea pode descer pelo caule da planta e inserir seus ovos na base da planta ou mais abaixo da superfície da água. Os ovos eclodem em um período que pode variar de uma a três semanas. Em algumas espécies (por exemplo, *Lestes*), porém, os ovos passam o inverno neste estágio e eclodem na primavera seguinte.

A maioria das espécies de Odonata possui hábitos de voo característicos. O voo da maioria das Libellulidae é muito errático. Eles voam em várias direções, muitas vezes pairando sobre um local por alguns momentos, e raramente voam muito longe em linha reta. Muitas espécies de córregos voam relativamente devagar para cima e para baixo pelo córrego, patrulhando uma extensão de 90 metros ou mais.

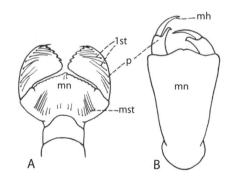

Figura 10-2 Lábios de ninfa de Odonata. A, *Plathemis* (Libellulidae); B, *Anax* (Aeshnidae). *lst*, cerdas laterais; *mh*, gancho móvel ou palpo; *mn*, mento; *mst*, cerdas do mento; *p*, palpo ou lobo lateral. (Redesenhado de Garman.)

Estas libélulas voam a alturas e velocidades que são características da espécie. Alguns gonfídeos, quando voam sobre áreas de terreno aberto, executam um voo muito ondulado, com cada ondulação cobrindo cerca de 1,2 metro a 1,8 metro na vertical e cerca de 0,6 metro a 0,9 metro na horizontal. Muitos corduliídeos e aeshnídeos voam cerca de 1,8 metro a 6,1 metros ou mais acima do solo e seu voo parece incansável. Alguns aeshinídeos alimentam-se durante o crepúsculo acima do topo das árvores. Muitas donzelinhas menores voam apenas de 25 mm a 50 mm acima da superfície da água. Algumas espécies de Anisoptera fazem longos voos de dispersão, até mesmo transoceânicos (ver Corbet 1999).

A maioria das libélulas alimenta-se de uma variedade de insetos que capturam durante o voo, mediante um arranjo das pernas semelhante a uma cesta ou com suas peças bucais. As libélulas podem comer suas presas durante o voo ou podem pousar para devorá-las. A presa consiste de pequenos insetos voadores, como mosquitos-pólvora, outros mosquitos e pequenas mariposas, porém libélulas maiores capturam abelhas, borboletas ou outras libélulas. Os Odonata capturam presas em movimento, mas algumas donzelinhas capturam presas estacionárias de poleiros. Se capturadas, as libélulas comerão ou mastigarão quase qualquer coisa que seja colocada em sua boca – até mesmo seu próprio abdômen!

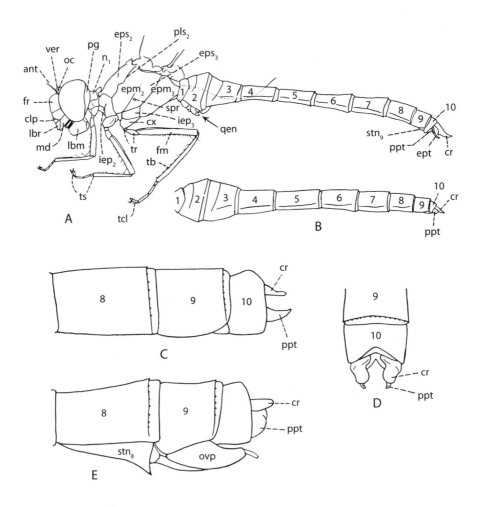

Figura 10-3 Características estruturais de Odonata. A, Vista lateral de *Sympetrum internum* Montgomery, macho; B, Vista lateral do abdômen de *S. internum*, fêmea; C, Segmentos abdominais terminais de *Enallagma hageni* (Walsh), vista lateral do macho; D, O mesmo espécime, vista dorsal; E, Segmentos abdominais terminais de *E. hageni*, fêmea, vista lateral. *ant*, antena; *clp*, clípeo; *cr*, cercos ; *cx*, coxa; *e*, olho composto; *epm$_2$*, mesepímero; *epm$_3$*, metepímero; *eps$_2$*, mesepisterno; *eps$_3$*, metepisterno; *ept*, epiprocto; *fm*, fêmur; *fr*, fronte; *gen*, aparelho copulador masculino; *iep$_2$*, mesinfraepisterno; *iep$_3$*, metinfraepisterno; *lbm*, lábio; *lbr*, labro; *md*, mandíbula; *n$_1$*, pronoto; *oc*, ocelo; *ovp*, ovipositor; *pg*, pós-gena; *pls$_2$*, sutura mesopleural (ou sutura umeral); *ppt*, paraprocto; *spr*, espiráculo; *stn*, esterno; *tb*, tíbia; *tcl*, garras tarsais; *tr*, trocânter; *ts*, tarso; *ver*, vértice; *1-10*, segmentos abdominais.

As espécies características de lagos são encontradas com vários e pequenos corpos globulares, avermelhados, fixados à superfície inferior do tórax ou do abdômen: são larvas de ácaros hidracnídeos, que se fixam às ninfas de Odonata na água e, quando a ninfa emerge para se transformar no estágio adulto, as larvas do ácaro passam para os adultos. Os ácaros passam de uma a três semanas nos adultos de libélula, alimentando-se de sua hemolinfa e se desenvolvendo. Em algum momento durante o retorno do hospedeiro Odonata à água, as larvas do ácaro caem e por fim completam seu ciclo de vida complexo, desenvolvendo-se em adultos predatórios de vida livre. Não é raro encontrar libélulas com dezenas de larvas de ácaros sobre elas. Os ácaros parasitários não parecem causar muitos danos aos Odonata.

CLASSIFICAÇÃO DOS ODONATA

Uma sinopse das quase 450 espécies de Odonata que ocorrem na América do Norte a partir do norte do México é fornecida a seguir, com sinônimos e ortografias alternativas entre parênteses. Os números entre parênteses após cada família correspondem aos números de espécies norte-americanas, extraídas principalmente de Westfall e May (1996) e Needham, Westfall e May (2000).

Subordem Anisoptera – libélulas
    Superfamília Aeshnoidea
        Petaluridae (2)
        Gomphidae (97) – gonfídeos
        Aeshnidae (Aeschnidae) (39) – aeshnídeos
    Superfamília Cordulegastroidea
        Cordulegastridae (Cordulegasteridae) (8) – cordulegasterídeos
    Superfamília Libelluloidea
        Corduliidae (58) – macromíideos, esmeraldas, escumadeiras de olhos verdes
        Libellulidae (114) – escumadeiras
Subordem Zygoptera – donzelinhas
    Calopterygidae (Agrionidae, Agriidae) (8) – agrionídeos
    Lestidae (18) – lestídeos
    Protoneuridae (Coenagrionidae em parte) (3) – protoneurídeos
    Coenagrionidae (Coenagriidae, Agrionidae) (99) – coenagriídeos
    Platystictidae (1) – platistictídeos

A separação das famílias de Odonata tem como base inicial as características das asas e da cabeça. Será utilizado o sistema de nomenclatura de venação alar de Comstock-Needham, que inclui alguns termos especiais não usados em outras ordens e ilustrados nas Figuras 10-4 e 10-5. Riek e Kukalová-Peck (1984) propuseram uma reinterpretação da venação alar das libélulas com base em espécimes fósseis. Uma comparação entre seu esquema e o aqui utilizado é apresentado na Tabela 10-1. A separação dos gêneros e das espécies é embasada na venação alar, padrão de cor, estrutura da genitália e outras características. Guias úteis recentes para a identificação dos gêneros e das espécies norte-americanas de Odonata são Westfall e May (1996) para Zygoptera e Needham, Westfall e May (2000) para Anisoptera.

Tabela 10-1 Comparação das Interpretações de Venação de Libélulas

Comstock-Needham	Riek e Kukalová-Peck (1984)
C	Margem costal (PC + CA + CP + ScA)
Sc	ScP
R + M basalmente	Ramos pareados ou fundidos de RA e RP
R_1	RA
Rs	Suplemento radial
M_{1+2}	RP1-2
M_1	RP1
M_2	RP2
M_3	RP3-4
M_4	MA
Cu basalmente	MP
Cu_1	MP
Cu_2	CuA
1A	CuP
Anal cruzada	CuP cruzada

Muitas espécies de Odonata podem ser reconhecidas em campo sem captura com a utilização de binóculos para visualizar seu tamanho, forma, cor ou hábitos característicos (Dunkle 2000). Graças à sua popularidade, a Dragonfly Society of the Americas projetou e padronizou uma lista de nomes nacionais em inglês de todas as espécies conhecidas com ocorrência na América do Norte (www.ups.edu/biology/museum/NAdragons.html).

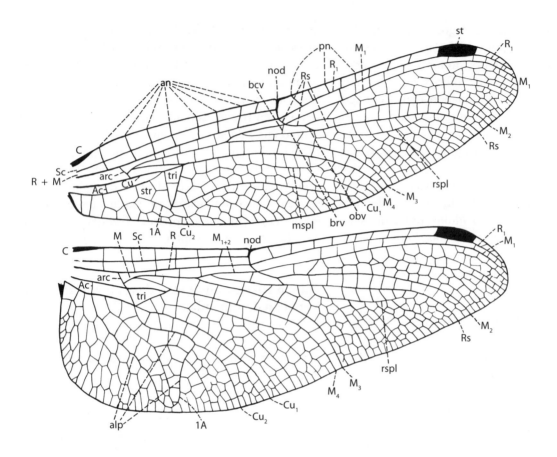

Figura 10-4 Asas de *Sympetrum rubicundulum* (Say) (Libellulidae), apresentando o sistema de terminologia de Comstock-Needham. *Ac*, Anal cruzada (uma ramificação posterior a partir de Cu; com frequência chamada de veia cruzada cúbito-anal); *alp*, alça anal (em forma de pé nesta espécie); *an*, veias antenodais; *arc*, árculo (a parte superior consiste em M e a parte inferior é uma veia cruzada); *bcv*, veia cruzada da ponte; *brv*, veia da ponte; *mspl*, suplementar medial; *nod*, nodo; *obv*, veia oblíqua; *pn*, veias cruzadas pós-nodais; *rspl*, suplementar radial; *st*, estigma; *str*, subtriângulo (com 3 células nesta asa); *tri*, triângulo (com 2 células na asa frontal, 1 célula na asa posterior). Os símbolos usuais são usados para as outras características de venação.

substratos macios ou soltos de córregos, lagoas ou lagos. O maior gênero desta família é *Gomphus*. A grande e impressionante *Hagenius breviestilo* Selys é preta e amarela e se alimenta de outras libélulas.

Família **Aeshnidae – Aeshnídeos:** Este grupo inclui as maiores e poderosas libélulas. Variam de 50 mm a 116 mm de comprimento, porém a maioria mede cerca de 65 mm a 85 mm. *Anax junius* (Drury),

Chave para as Famílias de Odonata

Esta chave aborda apenas adultos. Uma chave para as ninfas de Odonata pode ser encontrada em Westfall (1987).

| 1. | Asas anteriores e posteriores de forma semelhante, estreitas na base (Figuras 10-5, 10-6D, F, G); asas em repouso mantidas juntas acima do corpo ou discretamente divergentes; olhos compostos separados por uma distância maior que a largura de 1 olho; machos com 4 anexos na extremidade do abdômen (Figura 10-3C,D) (donzelinhas, subordem Zygoptera) | 2 |

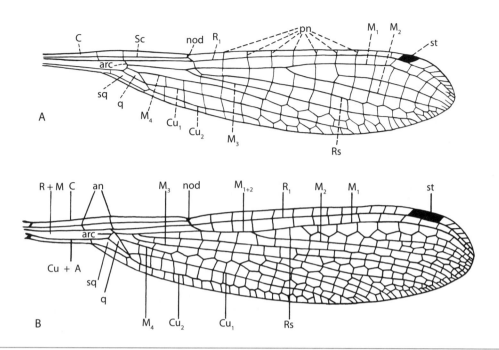

Figura 10-5 Asas posteriores de donzelinhas. A, *Enallagma* (Coenagrionidae); B, *Lestes* (Lestidae). *q*, quadrângulo; *sq*, subquadrângulo.

1'.	Asas posteriores mais largas que as anteriores, em particular na base (Figuras 10-4, 10-6A-C); asas em repouso mantidas na horizontal ou quase; olhos compostos contíguos ou separados por uma distância menor que a largura do olho; machos com 3 anexos na extremidade do abdômen (Figura 10-3A) (libélulas, subordem Anisoptera)	6
2 (1).	Dez ou mais veias antenodais (Figura 10-6D); asas não pecioladas, com frequência com marcas pretas, castanhas ou vermelhas; quadrângulo com várias veias cruzadas	Calopterygidae
2'.	Duas veias antenodais (Figuras 10-5 e 10-6F); asas pecioladas na base, hialinas ou discretamente coloridas em marrom (raramente pretas); quadrângulo sem veias cruzadas	3
3(2').	M_3 e Rs originadas mais perto do árculo que do nodo (Figura 10-5B); asas geralmente mantidas divergentes em repouso	Lestidae
3'.	M_3 e Rs originadas mais perto do nodo que do árculo (Figura 10-5A), em geral originadas abaixo do nodo; asas mantidas juntas em repouso	4
4(3').	Veia anal e Cu_2 longas, atingindo o nível do nodo; quadrângulo distintamente trapezoidal (Figura 10-5A)	Coenagrionidae
4'.	Veia anal e Cu_2 ausente ou reduzida ao comprimento de 1 célula; quadrângulo grosseiramente retangular (Figura 10-6F)	5
5(4').	Veia cruzada presente em espaço cúbito-anal proximal ao cruzamento anal (Figura 10-6F); Cu_1 de no mínimo 10 células de comprimento	Platystictidae
5'.	Ausência de veia cruzada no espaço cúbito-anal proximal ao cruzamento anal (Figura 10-6G); Cu_1 com no máximo 3 células de comprimento	Protoneuridae
6(1').	Triângulos nas asas anteriores e posteriores de forma semelhante, aproximadamente equidistantes do árculo (Figura 10-6A); a maioria das veias costais e subcostais cruzadas não estão alinhadas; em geral uma veia de suporte (uma veia cruzada oblíqua; Figura 10-6E, bvn) está presente atrás da extremidade proximal do pteroestigma	7

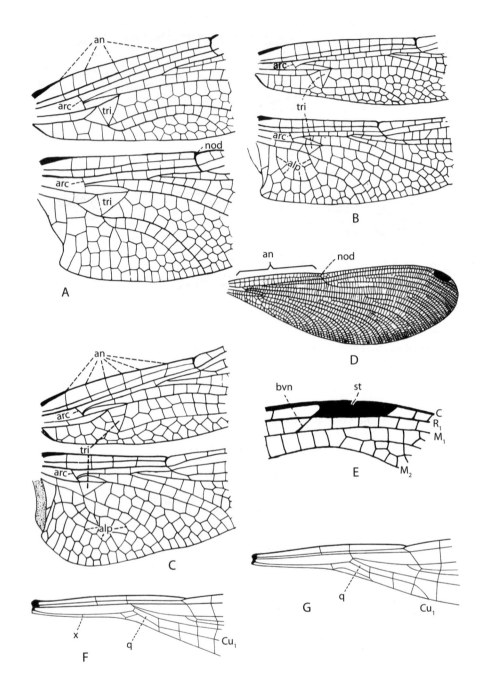

Figura 10-6 Asas de Odonata. A, Base da asa de *Gomphus* (Gomphidae); B, Base da asa de *Didymops* (Corduliidae); C, Base da asa de *Epitheca* (Corduliidae); D, Asa anterior de *Calopteryx* (Calopterygidae); E, Área estigmal da asa de *Aeshna* (Aeshnidae); F, Base da asa anterior de *Palaemnema domina* Calvert (Platystictidae); G, Base da asa anterior de *Neoneura aaroni* Calvert (Protoneuridae). *alp*, alça anal; *an*, veias antenodais; *arc*, árculo; *bvn*, veia de suporte; *nod*, nodo; *q*, quadrângulo; *st*, estigma; *tri*, triângulo; *x*, veia cruzada no espaço cúbito-anal.

6'.	Formato diferente dos triângulos nas asas anteriores e triângulo na asa anterior mais afastado distalmente do árculo que o triângulo na asa posterior (Figura 10-4, 10-6B,C); maioria das veias cruzadas costais e subcostais alinhadas; ausência de veia de suporte atrás da extremidade proximal do pteroestigma	10
7 (6).	Ausência de veia de suporte atrás da extremidade proximal do pteroestigma; olhos se encontrando ou discretamente separados dorsalmente; quando se encontram, contíguos em uma extensão menor que a largura do ocelo lateral	Cordulegastridae
7'.	Veia de suporte presente atrás da extremidade proximal do pteroestigma (Figura 10-6E, bvn); olhos amplamente contíguos em uma extensão maior que a largura do ocelo lateral ou muito separados	8
8 (7).	Olhos compostos contíguos no dorso da cabeça em uma extensão maior que a largura do ocelo lateral (Figura 10-7B)	Aeshnidae
8'.	Olhos compostos separados no dorso da cabeça por uma distância maior que a da largura de ocelo lateral (Figura 10-7A)	9
9(8').	Lobo mediano do lábio entalhado (Figura 10-8A); pteroestigma com pelo menos 8 mm de comprimento	Petaluridae

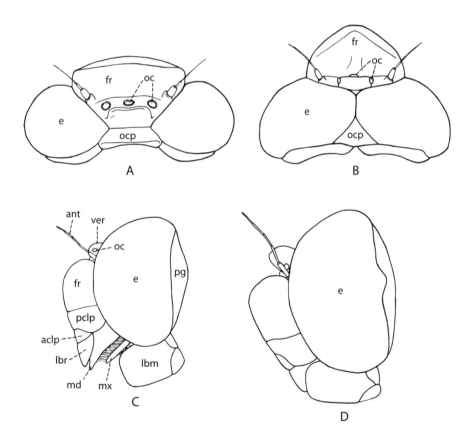

Figura 10-7 Estrutura da cabeça em libélulas. A, *Gomphus exilis* Selys (Gomphidae), vista dorsal; B, *Basiaeschna janata* (Say) (Aeshnidae), vista dorsal; C, *Sympetrum* (Libellulidae), vista lateral; D, *Epitheca* (Corduliidae), vista lateral. *aclp*, anteclípeo; *ant*, antena; *e*, olho composto; *fr*, fronte; *lbm*, lábio; *lbr*, labro; *md*, mandíbula; *mx*, maxila; *oc*, ocelo; *ocp*, occipício; *pclp*, pós-clípeo; *pg*, pós-gena; *ver*, vértice.

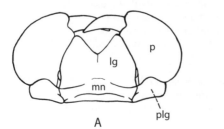
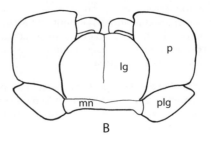

Figura 10-8 Lábios de libélulas adultas. A, *Tachopteryx* (Petaluridae); B, *Aeshna* (Aeshnidae). *lg*, lígula ou lobo mediano; *mn*, mento; *p*, palpo ou lobo lateral; *plg*, palpígero ou escama.

9'	Lobo mediano do lábio não entalhado (Figura 10-8B); pteroestigma com menos de 8 mm de comprimento	Gomphidae
10(6')	Margem posterior dos olhos compostos lobada (Figura 10-7D); machos com pequenos lobos em cada lado do segundo segmento abdominal; margem interna da asa posterior do macho um pouco entalhada; alça anal arredondada (Figura 10-6B) ou alongada; quando em forma de pé, com pequeno desenvolvimento do "grande artelho" (Figura 10-6C)	Corduliidae
10	Margem posterior do olho composto reta (Figura 10-7C); machos sem um pequeno lobo na lateral do segundo segmento abdominal; margem interna da asa posterior do macho não entalhada; alça anal com margem interna do "grande artelho", em geral, bem desenvolvida	Libellulidae

Subordem Anisóptera – Libélulas

As libélulas possuem as asas posteriores mais largas na base do que as anteriores e todas são mantidas na horizontal (ou quase) quando em repouso. As asas posteriores do macho em todas as espécies, com exceção de Libellulidae, são um pouco entalhadas no ângulo anal (Figura 10-6A-C), enquanto as asas posteriores de todas as Libellulidae e das fêmeas de outras famílias possuem um ângulo anal arredondado (Figura 10-4). A cabeça é um pouco arredondada ou com discreto alongamento no sentido transversal e, quando vista pela superfície dorsal, não é mais larga que o tórax. Os machos possuem três anexos no ápice do abdômen, dois cercos (os anexos superiores) e o epiprocto (o anexo inferior), que pode ser bífido. As fêmeas de alguns grupos possuem um ovipositor bem desenvolvido, enquanto outras têm um ovipositor pouco desenvolvido ou ausente. As ninfas têm cinco anexos curtos e rígidos no ápice do abdômen e possuem brânquias epiteliais no reto.

Família **Petaluridae**: Duas espécies desta família ocorrem na América do Norte: *Tachopteryx thoreyi* (Hagen), no leste dos Estados Unidos, e *Tanypteryx hageni* (Selys), no noroeste (Califórnia e Nevada até o sul da Colúmbia Britânica). Os adultos de *T. thoreyi* são marrom-acinzentados e medem cerca de 75 mm de comprimento. Em geral, podem ser encontrados ao longo de pequenos córregos em vales arborizados, onde pousam em troncos de árvores. As ninfas se escondem sob folhiço em áreas de infiltração. Os adultos de *T. hageni* são menores, com cerca de 55 mm de comprimento e marcas pretas e amarelas. São encontrados em elevações maiores. As ninfas desta espécie cavam o solo permanentemente úmido sob o musgo.

Família **Gomphidae – Gonfídeos:** Este é um grupo razoavelmente grande, e a maioria de seus membros vive ao longo de córregos ou praias de lagos. Os gonfídeos variam de 30 a 90 mm de comprimento e são escuros, com marcas amareladas ou esverdeadas. Quase todas as espécies têm asas transparentes. A maioria apresenta segmentos abdominais terminais tumefeitos, o que gerou o nome comum do grupo na língua inglesa (*clubtails*).

Em geral, pousam em superfícies planas e expostas, embora muitas espécies pousem na vegetação, e são mais discretos que as de outras famílias de libélulas. As larvas da maioria das espécies se enterram nos uma espécie comum e bem distribuída que vive ao redor de lagos, possui um tórax esverdeado, o abdômen azulado e uma marca semelhante a um alvo na parte superior da face. O gênero *Aeshna* inclui várias espécies, cuja maioria pode ser encontrada em pântanos no final do verão. São escuras com marcas azuis ou esverdeadas no tórax e abdômen. A maior espécie desta família é *Epiaeschna heros* (Fabricius), que pode ser encontrada no início do verão com cerca de 85 mm de comprimento, marrom-escura com marcas esverdeadas pouco distintas no tórax e abdômen.

Família **Cordulegastridae – Cordulegasterídeos:** Os cordulegasterídeos são grandes libélulas marrons ou pretas com marcas amarelas. Diferem dos Aeshnoidea por não possuir uma veia de suporte na extremidade proximal do pteroestigma. Em geral, são encontradas ao longo de córregos pequenos e claros das matas. Os adultos voam de maneira lenta para cima e para baixo ao longo da corrente, 0,3 m a 0,7 m acima da água, porém se perturbados podem voar muito rapidamente. O grupo é composto de poucos elementos e todas as espécies nos Estados Unidos pertencem ao gênero *Cordulegaster*.

Família **Corduliidae – Macromiídeos, esmeraldas, escumadeiras de olhos verdes:** Estas libélulas, em geral, são negras ou verde-metálicas, embora algumas sejam marrons. Suas marcas claras mais evidentes são amarelas. Os olhos de muitas espécies são verde-brilhantes. O voo é direto e muitas espécies podem interrompê-lo, pairando no ar por alguns períodos. A maioria dos membros deste grupo é mais comum no Canadá e no norte dos EUA que no sul.

Os macromiídeos (Macromiinae, anteriormente Macromiidae) podem ser diferenciados das esmeraldas pela alça anal arredondada que não possui uma linha divisória (Figura 10-6B). Dois gêneros ocorrem nos Estados Unidos, *Didymops* e *Macromia*. As espécies de *Didymops* são marrons claras com marcas amarelas claras no tórax e abdômen. Vivem ao longo de córregos e praias de lagos ou lagoas. Já os representantes de *Macromia* são espécies grandes que ocorrem ao longo praias de lagos e grandes córregos. São marrom-escuras a verde-escuras e brilhantes, com faixas amarelas no tórax e marcas amarelas no abdômen (Figura 10-9C,D). Os olhos de *Macromia* são verde-brilhantes e são voadores muito rápidos.

As esmeraldas (Corduliinae) são mais diversificadas que os macromiídeos. O gênero *Epitheca* contém libélulas que oscilam dos tons marrons aos enegrecidos, com cerca de 32 mm a 48 mm de comprimento. Muitas vezes, na base da asa posterior apresentam uma cor acastanhada. Ocorrem ao redor de lagos e pântanos. A

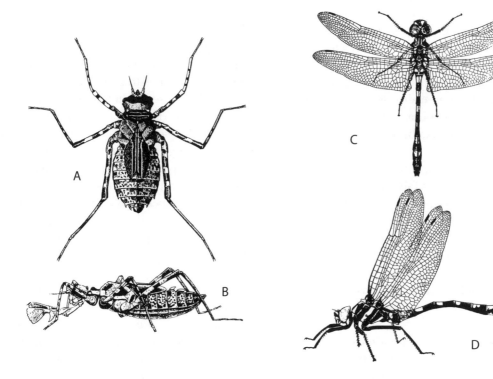

Figura 10-9 *Macromia magnifica* MacLachlan (Corduliidae). A, Ninfa, vista dorsal; B, Ninfa, vista lateral, com lábio estendido; C, Macho adulto, vista dorsal; D, O mesmo espécime, vista lateral.

espécie *Epitheca princeps* (Hagen) representa o único corduliídeo da América do Norte com grandes manchas marrons na ponta da asa. Mede cerca de 75 mm de comprimento, com três manchas escuras em cada asa: basal, nodal e apical. Pode ser encontrada ao redor de lagos. O maior gênero deste grupo é *Somatochlora*. As espécies deste grupo, em sua maioria, tem cor metálica e mais de 50 mm de comprimento e ocorre ao longo de pequenos córregos arborizados ou em brejos.

Família **Libellulidae** – Escumadeiras: A maioria das espécies deste grupo vive ao redor de lagos e pântanos e muitas são comuns. Estas libélulas variam em comprimento de cerca de 20 mm a 75 mm e muitas espécies têm asas marcadas por pontos ou faixas. O voo é errático. Este é um grupo grande e apenas alguns gêneros e espécies mais comuns serão mencionados.

O menor libelulídeo dos Estados Unidos é o *Nannothemis bella* (Uhler), com apenas 18-20 mm de comprimento. Podem ser localizados em brejos nos estados do leste. Os machos são azulados com asas transparentes, enquanto as fêmeas exibem um padrão em preto e amarelo e um terço basal ou mais das asas é marrom-amarelado. Em *Nannothemis*, a alça anal da asa posterior é aberta, uma exceção nesta família, na qual é fechada (Figura 10-4).

As espécies de libélulas grandes, que são comuns ao redor de lagos e possuem manchas pretas ou pretas e brancas nas asas, em sua maioria pertencem ao gênero *Libellula*. A espécie *L. pulchella* Drury tem uma envergadura de cerca de 90 mm e três manchas pretas (basal, nodal e apical) em cada asa; os machos exibem manchas brancas entre as manchas pretas. *L. luctuosa* Burmeister, que é discretamente menor, possui o terço basal de cada asa marrom-escuro e os machos apresentam uma faixa branca além da cor escura basal da asa.

Plathemis lydia (Drury) tem uma envergadura de cerca de 65 mm. O macho possui faixas amplas e escuras atravessando a metade de cada asa e a superfície dorsal do abdômen é quase branca. As fêmeas têm asas pontilhadas como as fêmeas de *L. pulchella* e não apresentam o abdômen branco. As espécies de *Celithemis* têm tamanho médio (envergadura de cerca de 50 mm), em sua maioria são avermelhadas ou acastanhadas com marcas escuras e apresentam manchas avermelhadas ou acastanhadas nas asas.

Perithemis tenera (Say), com uma envergadura de cerca de 40 mm, tem as asas de cor âmbar no macho e transparentes com manchas acastanhadas nas fêmeas. As espécies de *Sympetrum* são compostas de insetos de tamanho médio, que aparecem no fim do verão e vivem em pântanos. Sua cor varia de marrom-amarelado a vermelho-vivo e as asas são transparentes, com exceção de uma pequena mancha basal marrom-amarelada. As espécies de *Leucorrhinia* têm uma envergadura de cerca de 40 mm e são escuras, com uma face branca evidente. A espécie mais comum no leste é *L. intacta* Hagen, que possui uma mancha amarela na superfície dorsal do sétimo segmento abdominal.

Pachydiplax longipennis (Burmeister) é uma espécie comum de lagos, em particular no centro e sul dos Estados Unidos. Variam em cor de um padrão de marrom e amarelo até um azulado uniforme e as asas são tingidas de castanho. Possui uma célula longa logo atrás do pteroestigma e apresentam uma envergadura de 50 mm a 65 mm. *Erythemis simplicicollis* (Say) é um pouco maior que *P. longipennis*. Tem asas transparentes e a cor do corpo varia de verde-claro com padrões em preto, nas fêmeas e em machos imaturos, até um azul-claro uniforme nos machos maduros. Odonatas dos gêneros *Pantala* e *Tramea* são libélulas de tamanho médio a grande (envergadura de 75-100 mm), com ampla variação, com uma base muito larga nas asas posteriores. As asas observadas em *Pantala* são marrom-amareladas ou cinzas com uma mancha amarelada ou acastanhada na base da asa posterior. As de *Tramea* são em grande parte pretas ou escuras, marrom-avermelhadas com marcas pretas ou marrom-escuras na base da asa posterior.

Subordem Zygoptera – Donzelinhas

Apresentam asas anteriores e posteriores com formatos semelhantes, ambas estreitadas na base. As asas dos dois sexos têm forma semelhante e em repouso são mantidas juntas acima do corpo ou ligeiramente divergentes. A cabeça é alongada no sentido transversal e em vista dorsal é mais larga que o tórax. Os machos possuem quatro anexos no ápice do abdômen: um par de cercos (os anexos superiores) e um par de paraproctos (os anexos inferiores). As fêmeas possuem um ovipositor, que faz com que a extremidade do abdômen pareça um pouco tumefeita. As ninfas possuem três brânquias no ápice do abdômen, que podem ser foliáceas, em tríquetro ou saculares (Figura 10-1).

Família **Calopterygidae** – Os membros deste grupo são relativamente grandes com um gradual estreitamento na base das asas, não pecioladas como em outras famílias de Zygoptera. Estes insetos podem ser localizados ao longo de córregos. Dois gêneros ocorrem nos Estados Unidos, *Calopteryx* e *Hetaerina*. A espécie de *Calopteryx* comum no leste é *C. maculata* (Beauvois). As asas do macho são pretas e as das fêmeas são cinza-escuras com um pteroestigma branco. O corpo é preto-

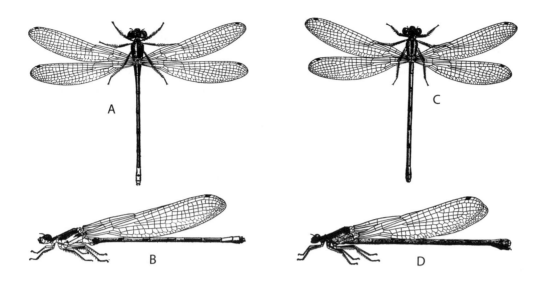

Figura 10-10 *Argia emma* Kennedy (Coenagrionidae). A e B, Macho; C e D, Fêmea.

-esverdeado-metálico. A espécie mais comum de *Hetaerina* é *H. americana* (Fabricius), que tem cor avermelhada, com uma mancha vermelha ou avermelhada no terço ou quarto basal das asas.

As outras quatro famílias de Zygoptera têm asas pecioladas na base, com apenas duas veias antenodais. A maioria das espécies tem entre 25 mm e 50 mm de comprimento e quase todas possuem asas transparentes.

Família **Lestidae** – **Lestídeos:** Em geral, os membros deste grupo vivem em pântanos e nas margens de lagoas e lagos, porém os adultos podem perambular a uma certa distância da água. Quando estão em repouso, estas libélulas mantêm o corpo na vertical ou quase, e as asas ficam parcialmente estendidas. Pousam em caules de plantas ou gramíneas. Existem duas espécies de *Archilestes* na América do Norte, mas a maioria destas espécies nesta região (16) pertence ao gênero *Lestes*.

Família **Platystictidae** – **Platistictídeos:** Uma espécie tropical deste grupo, *Palaemnema domina* Calvert, foi encontrada no sul do Arizona. É uma espécie azul, preta e marrom, com cerca de 37mm a 43 mm de comprimento, que prefere as margens sombreadas de córregos em terreno seco. O pouso é executado na horizontal com as asas unidas, ocasionalmente sacudindo-se as asas abertas, e é muito difícil encontrá-las entre raízes entrelaçadas e outra vegetação ribeirinha.

Família **Protoneuridae** – Protoneurídeos: Três espécies neste grupo tropical, *Neoneura aaroni* Calvert, *N. amelia* Calvert e *Protoneura cara* Calvert, ocorrem no sul do Texas. As espécies de *Neoneura* são vermelhas e pretas, enquanto as espécies de *Protoneura* são laranjas e pretas. Variam de 29 a 37 mm de comprimento. Os protoneurídeos voam baixo sobre áreas de fluxo rápido e de água parada em córregos de tamanho médio a grande, realizando a oviposição em tandem sobre pequenos pedaços de madeira flutuantes.

Família **Coenagrionidae** – Coenagriídeos: Esta grande família conta com muitos gêneros e espécies. Variam em comprimento de 20 mm a 50 mm. Estas libélulas podem ser encontradas em uma variedade de *habitats*, algumas ao longo de córregos e outras em volta de lagoas ou pântanos. Muitas são voadoras bastante frágeis e, quando em repouso, mantêm o corpo na horizontal e as asas unidas sobre o corpo (com exceção do *Chromagrion*, que mantém as asas ligeiramente abertas). Os dois sexos têm cores diferentes na maioria das espécies, com os machos apresentando cores mais vivas que as fêmeas. Muitas donzelinhas possuem belas cores em várias combinações de azul, violeta, vermelho, laranja, amarelo ou verde contrastando com marcas pretas.

As espécies de *Argia* (Figura 10-10) ocorrem em córregos e são facilmente reconhecidas pelos longos esporões muito próximos das tíbias e pelo corpo sólido. Os machos de *Argia fumipennis* (Burmeister), uma espécie comum ao longo dos córregos e praias de lagoas, têm uma bela cor violeta. A cor das asas varia de transparente nas regiões norte e oeste de sua distribuição, a marrom ou completamente preta no sudeste, ambos nos Estados Unidos. As *Nehalennia* também têm esporões tibiais razoavelmente

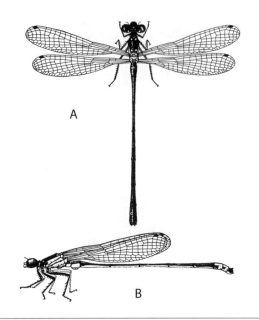

Figura 10-11 *Ischnura cervula* Selys, macho (Coenagrionidae). A, Vista dorsal; B, Vista lateral.

longos. São donzelinhas pequenas, delgadas, de cor verde-bronze, que vivem em brejos e pântanos. A *Amphiagrion saucium* (Burmeister) é uma donzelinha pequena, vermelha e preta, de corpo sólido, encontrada em brejos.

O maior gênero desta família na América do Norte é *Enallagma*. A maioria das espécies é azul-clara com marcas pretas, embora as laranjas ou vermelhas sejam predominantes. Várias espécies de *Enallagma* podem ser encontradas ao redor da mesma lagoa ou lago. Entre as variedades de *Ischnura* (Figura 10-11), *Ischnura verticalis* (Say) é uma espécie muito comum no leste (embora rara mais ao sudeste), que ocorre quase em todos os locais onde um Zygoptera possa ser encontrado. Os machos são pretos, com faixas estreitas verdes no tórax e azuis na ponta do abdômen. A maioria das fêmeas é verde-azulada, com marcas escuras fracas (indivíduos mais velhos), ou laranja-acastanhada com marcas pretas (indivíduos que emergiram recentemente). Algumas fêmeas têm cores semelhantes às dos machos.

COLECIONANDO E PRESERVANDO ODONATA

Muitos Odonata são voadores poderosos e sua captura com uma rede é um desafio. Algumas espécies são tão hábeis em voo que podem esquivar-se facilmente de uma rede, mesmo se esta for movimentada como um bastão de beisebol. Qualquer pessoa que queira capturar, fotografar ou observar com binóculos estes insetos de voo rápido deve estudar seus hábitos de voo. Muitas espécies têm trajetos específicos, ao longo dos quais voam em intervalos de razoável regularidade, ou locais frequentes de pouso. Uma pessoa familiarizada com os hábitos do inseto muitas vezes pode prever para onde voará e estar preparada. Uma libélula em voo deve ser capturada por trás. Se abordado pela frente, o inseto é capaz de ver a rede, conseguindo se desviar. Ao perseguir um espécime, use apenas movimentos mais lentos e tente se aproximar por trás. Cubra os movimentos de suas pernas e pés com vegetação o máximo possível, porque as libélulas percebem o movimento abaixo delas melhor que no seu próprio nível.

A rede usada para capturar um Odonata deve ser de malha aberta, com pouca resistência ao ar, para que possa ser movimentada de maneira rápida. O tamanho da boca e o comprimento do cabo dependem do colecionador, mas para muitas espécies é desejável ter uma boca relativamente grande (300-380 mm de diâmetro) e um cabo de pelo menos 1 metro de comprimento.

Libélulas além do alcance de uma rede (muitas estarão nesta categoria) muitas vezes podem ser capturadas com um estilingue carregado com areia ou com uma espingarda de ar comprimido carregada com chumbo-mostarda. Muitos espécimes capturados deste modo podem ser um pouco danificados, mas um espécime um pouco avariado é melhor que nenhum. Para uma fotografia mais próxima, o ideal é usar uma lente macro.

Os Odonata vivem em uma extensa variedade de *habitats* e, para observar um grande número de espécies, deve-se visitar ampla diversidade de *habitats*. Dois *habitats* que parecem semelhantes muitas vezes contêm espécies diferentes ou o mesmo *habitat* pode conter diversas espécies em estações diferentes. Muitas espécies têm uma extensão de voo sazonal curta, em especial aquelas cujo período de voo é restrito à primavera, e um observador deve estar em campo na estação certa para vê-las. A maioria é encontrada próxima a *habitats* aquáticos – lagos, córregos, pântanos etc. –, mas muitas têm uma distribuição ampla e podem ser encontradas em campos, matas e declives acima dos *habitats* aquáticos. Indivíduos emergentes podem ser encontrados ao longo de córregos e praias de lagos, em superfícies planas ou em superfícies verticais de rocha e vegetação.

É praticamente impossível se aproximar dos Odonata sem entrar na água porque eles voam a alguma distância das praias de lagos ou córregos. Muitas espécies, em particular as donzelinhas, podem ser capturadas por varredura da vegetação ao longo das praias de lagoas e pântanos ou proximidades. Outras patrulham a margem da vegetação emergente, onde a água tem alguma profundidade. As espécies de córregos, que são raras em coleções e têm distribuição local, são mais facilmente capturadas se o colecionador entrar nos córregos, caso sejam pequenos o suficiente. Com frequência, é necessário percorrer distâncias consideráveis.

Espécimes capturados para estudo devem ser colocados vivos em papel glassine ou envelopes de carta simples no campo, com as asas juntas acima do corpo. Anote os dados da localidade e a data da coleta na parte externa do envelope. Registre a cor dos olhos dos insetos vivos antes de colocá-los nos envelopes. Se os espécimes forem incluídos em uma coleção, devem ser mantidos de forma adequada até o momento de preservá-los.

As cores vivas de Odonata desbotam rapidamente após sua morte. Muitos padrões de cor podem ser preservados se os espécimes forem mortos em acetona e então deixados na acetona por 2 a 4 horas para Zygoptera e até 24 horas para Anisoptera. Após a imersão, seque os espécimes imediatamente, de preferência em uma sala com ar-condicionado. Quando estão secos, são extremamente frágeis e devem ser manipulados com muito cuidado. Se um Odonata for armazenado de forma temporária, é melhor mantê-lo em envelopes de plástico transparente ou envelopes de papel triangular (Figura 35-7), de preferência um espécime para cada envelope, até a incorporação em uma coleção entomológica.[3] Para exibição, os espécimes podem ser transpassados por alfinetes com as asas abertas, sobre uma prancha de montagem, ou, para economizar espaço de armazenamento, alfinete o espécime de lado, com o alfinete passando pelo tórax na base das asas e com o lado esquerdo do inseto mais para cima.

As ninfas de Odonata podem ser capturadas usando-se vários tipos de equipamento e métodos de coleta aquática descritos no Capítulo 35. As ninfas de Zygoptera devem ser preservadas em etanol 70% a 75%. As brânquias anais são importantes estruturas na identificação de ninfas de donzelinha quanto ao gênero e espécie, mas são facilmente descoladas do abdômen. Portanto, é melhor colocar apenas poucos indivíduos juntos no mesmo frasco e não colocar outros insetos nele. Ninfas de Anisoptera devem ser mortas em água fervente, resfriadas até a temperatura ambiente e então preservadas em etanol 75% a 80%. Preserve adultos de Odonata recentemente emergidos e suas exúvias juntos, de preferência em um frasco com álcool. Ninfas desenvolvidas colhidas em campo podem ser trazidas de volta ao laboratório, de preferência em musgo úmido, e criadas em um aquário equilibrado sem peixes. Um graveto ou um pedaço de tela deve ser fornecido para que as ninfas rastejem para fora da água e o aquário deve ser coberto com tela ou tecido.

---

[3] Existe um trabalho detalhado sobre os procedimentos de coleta e preservação dos exemplares de Odonata: Museu Nacional do Rio de Janeiro. *Arq. Mus. Nac. Rio de Janeiro*, v. 65, n.1, p. 3-15, 2007; inclusive contraindicando a utilização de acetona.

Referências

Bick, G. H. "Odonata at risk in conterminous United States and Canada", *Odonatologica*, 12, p. 209–226, 1983.

Borror, D. J. "A key to the New World genera of Libellulidae (Odonata)", *Ann. Entomol. Soc. Amer.*, 38, p. 168–194, ilus., 1945.

Bridges, C. A. *Catalogue of the family-group, genus-group, and species-group names of the Odonata of the world*. 3. ed. Champaign: C. A. Bridges, 1994.

Byers, C. F. "A contribution to the knowledge of Florida Odonata", *Univ. Fla. Publ. Biol. Ser.*, n. 1, 327 p., 1930.

Calvert, P. Odonata. In: *Biologia centrali americana*: Insecta Neuroptera. Londres: Dulau, 1901–1909. p. 17–342, supl. p. 324–420.

Corbet, P. S. *A biology of dragonflies*. Chicago: Quadrangle, 1963. 247 p.

Corbet, P. S. *Dragonflies:* behavior and ecology of Odonata. Ithaca: Cornell University Press, 1999. 829 p.

Dragonfly Society of the Americas. *The Odonata of North America*. http://www.ups.edu/biology/museum/NAdragons.html. Acesso: 20 de novembro de 2003.

Dunkle, S. W. *Dragonflies through binoculars:* a field guide to dragonflies of North America. Nova York: Oxford University Press, 2000. 266 p.

Fraser, F. C. *A reclassification of the Order Odonata*. Sydney: Roy. Soc. Zool. New South Wales, 1957. 133 p.

Gloyd, L. K.; M. Wright. Odonata. In: W. T. Edmondson. (Ed.) *Freshwater biology*. Nova York: Wiley, 1959. p. 917–940.

Johnson, C. "The damselflies (Zygoptera) of Texas", *Bull. Fla. State Mus. Biol. Sci.*, 16, 2, p. 55–128, 1972.

Johnson, C.; M. J. Westfall, Jr. "Diagnostic keys and notes on the damselflies (Zygoptera) of Florida", *Bull. Fla. State Mus. Biol. Sci.*, 15, 2, p. 45–89, 1970.

Kennedy, C. H. "Notes on the life history and ecology of the dragonflies of Washington and Oregon", *Proc. U.S. Natl. Mus.*, 49, p. 259–345, 1915.

Kennedy, C. H. "Notes on the life history and ecology of the dragonflies of central California and Nevada", *Proc. U.S. Natl. Mus.*, 52, p. 483–635, 1917.

Montgomery, B. E. "The classification and nomenclature of calopterygine dragonflies (Odonata: Calopterygoidea)", *Verh. XI. Int. Kongr. Ent. Wien*, 1960, 3,1962, p. 281–284, 1962.

Musser, R. J. "Dragonfly nymphs of Utah (Odonata: Anisoptera)", *Univ. Utah Biol. Ser.*, 12, 6, p. 1–66, 1962.

Needham, J. G.; E. Broughton. "The venation of the Libellulidae", *Trans. Amer. Entomol. Soc.*, 53, p. 157–190, 1927.

Needham, J. G.; H. B. Heywood. *A handbook of the dragonflies of North America*. Springfield: C. C. Thomas, 1929. 378 p.

Needham, J. G.; M. J. Westfall, Jr. *A manual of the dragonflies of North America (Anisoptera)*. Los Angeles: University of California Press, 1955. 615 p. (Reimpresso em1975).

Needham, J. G.; M. J. Westfall, Jr.; M. L. May. *Dragonflies of North America*. ed. revisada. Gainesville: Scientific Publ., 2000. 939 p.

Paulson, D. R.; S. W. Dunkle. "A checklist of North American Odonata", *Tacoma, University of Puget Sound Occ. Pap.*, 56, p. 1–86, 1999.

Pennak, R. W. *Fresh-water invertebrates of the United States*. 2. ed. Nova York: Wiley Interscience, 1978. 803 p.

Pritchard, G. "The operation of the labium in larval dragonflies", *Odonatologica*, 15, p. 451–456, 1986.

Riek, E. F.; J. Kukalová-Peck. "A new interpretation of dragonfly wing venation based upon early Upper Carboniferous fossils from Argentina (Insecta: Odonatoidea) and basic character states in pterygote wings", *Can. J. Zool.*, 62, p. 1150–1166, ilus., 1984.

Ris, F. *Collections Zoologiques du Baron Edm. De Selys Longchamps*. Bruxelles: Hayez, Impr. des Academies, 1909–1919. Fasc. IX–XVI, Libellulinen 4–8, 1278 p.

Robert, A. *Libellules du Québec*. Bull. 1. Serv. de La Faune, Ministère du Tourisme, de la Chasse et de La Pêche, Prov. Québec, 1963. 223 p.

Smith, R. F.; A. E. Pritchard. Odonata. In: R. L. Usinger. (Ed.) *Aquatic insects of California*. Berkeley: University of California Press, 1956. p. 106–153.

Tillyard, R. J. *The biology of Dragonflies*. Cambridge: The University Press, 1917. 396 p.

Waage, J. K. Sperm competition and the evolution of odonate mating systems. In: R. L. Smith. (Ed.) *Sperm competition and the evolution of animal mating systems*. Nova York: Academic Press, 1984. p. 251–290.

Walker, E. M. "North american dragonflies of the genus *Aeshna*", *Univ. Toronto Studies, Biol. Ser.*, n. 11, 214 p., 1912.

Walker, E. M. "The north american dragonflies of the genus *Somatochlora*", *Univ. Toronto Studies, Biol. Ser.*, n. 26, 202 p., 1925.

Walker, E. M. *The Odonata of Canada and Alaska*. v. 1: General, the Zygoptera—Damselflies. Toronto: University of Toronto Press, 1953. 292 p.

Walker, E. M. *The Odonata of Canada and Alaska*. v. 2: The Anisoptera—Four Families. Toronto: University of Toronto Press, 1958. 318 p.

Walker, E. M.; P. S. Corbet. *The Odonata of Canada and Alaska*. v. 3: the Anisoptera—three families. Toronto: University of Toronto Press, 1975. 307 p.

Westfall, M. J., Jr. Order Odonata. In: F. W. Stehr. (Ed.) *Immature insects*. v. 1. Dubuque: Kendall/Hunt, 1987. p. 95–177.

Westfall, M. J., Jr.; M. L. May. *Damselflies of North America*. Gainesville: Scientific Publishers, 1996. 649 p.

Westfall, M. J., Jr.; K. J. Tennessen. Odonata. In: R. W. Merritt; K. W. Cummins. (Ed.) *An introduction to the aquatic insects of North America*. 3. ed. Dubuque: Kendall/Hunt. 1996. p. 164–211.

Wright, M.; A. Peterson. "A key to the genera of anisopterous dragonfly nymphs of the United States and Canada (Odonata, suborder Anisoptera)", *Ohio J. Sci.*, 44, 4, p. 151–166, 1944.

CAPÍTULO 11

ORDEM ORTHOPTERA[1,2]
GAFANHOTOS, GRILOS E ESPERANÇAS

A ordem Orthoptera contém um conjunto variado de insetos, muitos dos quais são comuns e bem conhecidos. A maioria é fitófaga e alguns constituem pragas importantes de plantas cultivadas. Alguns são predadores, outros são detritívoros e ainda existem os que são mais ou menos onívoros.

Os Orthoptera podem ter asas ou não, e as formas aladas possuem quatro asas. As asas anteriores são alongadas, com múltiplas veias e um pouco espessadas, sendo chamadas de *tégminas* (singular *tégmina*). As asas posteriores são membranosas, amplas, possuem muitas veias e, quando em repouso, ficam dobradas como um leque sob as asas anteriores. Algumas espécies possuem um ou os dois pares de asas reduzidos ou ausentes. O corpo é alongado, os cercos são bem desenvolvidos (contendo de um a muitos segmentos) e as antenas são relativamente longas (algumas vezes, mais longas que o corpo) e multiarticuladas. Muitas espécies possuem um ovipositor longo, que às vezes tem o comprimento do corpo. Já em outras, o ovipositor é curto e mais ou menos escondido. Os tarsos possuem de três a quatro segmentos. As peças bucais são do tipo mastigador (mandibuladas) e a metamorfose é simples.

PRODUÇÃO DE SONS NOS ORTHOPTERA

Muitos tipos de insetos "cantam", mas os insetos cantores mais conhecidos (gafanhotos e grilos) são da ordem Orthoptera. As canções são produzidas principalmente por estridulação, ou seja, pela fricção de uma parte do corpo contra a outra. Os Orthoptera que cantam possuem órgãos auditivos – membranas timpânicas ou tímpanos ovais, localizados nas laterais do primeiro segmento abdominal (gafanhotos) ou na base da tíbia frontal (esperanças e grilos; Figura 11-2B, tym). Estes tímpanos são relativamente insensíveis a alterações de tom, mas podem responder a alterações rápidas e abruptas na intensidade. As canções de gafanhotos, esperanças e grilos desempenham um papel importante em seu comportamento e as canções das diversas espécies são diferentes, sendo que as diferenças mais importantes ocorrem no ritmo.

Os grilos (Gryllidae) e esperanças (Tettigoniidae) produzem suas canções atritando uma borda afiada (a palheta) na base da asa anterior ao longo de uma crista estriada (a lima) na superfície ventral da outra asa anterior. As bases das asas anteriores, quando em repouso, ficam uma sobre a outra. Nas esperanças, a esquerda fica por cima e, nos grilos, é a direita. As duas asas anteriores possuem uma lima e uma palheta, mas a lima é mais longa na asa anterior e a palheta é mais desenvolvida na asa posterior. Nas esperanças, a asa anterior inferior (direita) contém uma área mais membranosa que a superior. A lima da asa frontal inferior e a palheta da superior não são funcionais.

Quando a canção é produzida, as asas frontais são elevadas e movidas para a frente e para trás; em geral, apenas o movimento de fechamento das asas produz um som. O som produzido por um único movimento das asas anteriores é chamado de *pulso*. Cada pulso consiste em várias batidas individuais da palheta nos dentes da lima. A taxa de pulso de determinado inseto varia

---
[1] Orthoptera: *ortho*, reto; *ptera*, asas.
[2] Este capítulo foi editado por David A. Nickle e Thomas J. Walker.

com a temperatura, sendo mais rápida em temperaturas mais elevadas. Em diferentes espécies, varia de 4 ou 5 por segundo a até mais de 200 por segundo.

As canções das diferentes espécies diferem nas características dos pulsos, na taxa de pulsos e no modo com que os pulsos são agrupados. Os pulsos dos grilos (Figura 11-1) são relativamente musicais; ou seja, pode ser atribuído um tom definitivo a eles, que nas diferentes espécies pode variar cerca de 1.500 a 10 mil Hz (hertz ou ciclos por segundo). Os pulsos das esperanças (Figura 11-7) são mais ruidosos; ou seja, contêm uma faixa de frequência larga e não podem ser designados em um tom definitivo. As principais frequências das canções de alguns Orthoptera são muito elevadas, entre 10 mil e 20 mil Hz, e podem ser quase ou totalmente inaudíveis para algumas pessoas. Os pulsos podem ser emitidos em uma velocidade regular por um período considerável, produzindo um trilo prolongado (Figura 11-1E,F) ou um zumbido (Figura 11-7D). Podem ser emitidos em rajadas curtas, de um segundo ou menos de duração, ou separados por intervalos de silêncio de um segundo ou mais (alguns grilos arborícolas). Também podem ser emitidos em uma série curta de alguns pulsos por vez (Figura 11-1A,B,D), produzindo um cricrilar, ou ainda em séries alternadas regulares de pulsos rápidos e lentos (esperanças Copiphorinae, Figura 11-7B). O ritmo do pulso também pode ser mais complexo.

Os gafanhotos Gomphocerinae e Oedipodinae fazem ruídos batendo suas asas posteriores durante o voo. Os ruídos produzidos deste modo consistem em estalidos ou zumbidos. Os gafanhotos acridinos (Acridinae) "cantam" esfregando as pernas posteriores nas asas anteriores, produzindo um som suave, áspero. Os fêmures posteriores destes insetos possuem uma série de estruturas curtas em forma de pinos que funcionam um pouco como uma lima (Figura 11-2H, strp).

As fêmeas de alguns Orthoptera podem fazer ruídos suaves, mas os machos são os responsáveis pela maior parte do canto. Os gafanhotos se movem enquanto cantam, já os grilos e as esperanças permanecem parados. Em todas as esperanças Phaneropterinae dos EUA, porém, os machos cantam, as fêmeas respondem com um som de tique acústico e os machos então se movem em direção ao som produzido pela fêmea. Muitos Orthoptera, em particular alguns grilos e esperanças, podem produzir dois ou mais tipos diferentes de sons (Figura 11-1A-C). Cada tipo é produzido em uma circunstância e cada um produz uma reação característica nos outros indivíduos. O som mais alto e mais comumente ouvido é a "canção de chamada" (Figura 11-1A,D-F), que, em princípio, serve para atrair a fêmea. Se a fêmea estiver na mesma temperatura que o macho cantor, pode reconhecer a canção de sua espécie e mover-se em direção ao macho. Na presença de outro macho, os machos de algumas espécies produzem uma canção agressiva (Figura 11-1B); este tipo de canção é produzido quando o território de um macho é invadido por outros. Os grilos do campo e de chão (Gryllinae e Nemobiinae) produzem uma canção de corte especial na presença da fêmea (Figura 11-1C), que leva à cópula. Alguns Orthoptera (por exemplo, a esperança verdadeira do norte) produzem sons de "alarme" ou de "angústia" quando são perturbados ou sofrem ameaça de lesões.

A maioria dos Orthoptera cantores canta apenas no período noturno (Tettigoniidae e muitos Gryllidae), alguns cantam apenas durante o dia (gafanhotos Gomphocerinae e Oedipodinae) e alguns cantam nos dois períodos (grilos do campo, de chão e alguns arborícolas). Muitas espécies (por exemplo, algumas esperanças Copiphorinae e grilos arborícolas) fazem "coro", ou seja, quando um começa a cantar, outros indivíduos próximos também começam. Em alguns casos (por exemplo, os grilos arborícolas da neve), os pulsos individuais dos indivíduos em coro podem ser sincronizados, fazendo com que pareça ao ouvinte que apenas um inseto está cantando; em outros casos, a sincronização é menos evidente. No caso da esperança verdadeira do norte, um grupo cujas canções estejam sincronizadas alternará seu canto com o de outros grupos, produzindo o som pulsante "Katy did, Katy didn't" ouvido nas noites de verão do leste dos Estados Unidos.

CLASSIFICAÇÃO DOS ORTHOPTERA

Até muito recentemente, a ordem Orthoptera incluía não apenas os gafanhotos, grilos e esperanças, mas também os louva-a-deus (ordem Mantodea), bichos-pau (Phasmatodea), baratas (Blattodea) e griloblatódeos (Grylloblattodea). Poucos entomologistas negarão que estes grupos – juntamente com as tesourinhas (Dermaptera), fiandeiras (Embiidina) e cupins (Isoptera) – fazem parte da classe Neoptera de modo geral, e comumente são citados como das ordens ortopteroides. Preferimos manter uma abordagem conservadora quanto à classificação das ordens ortopteroides, embora admitindo que muitas afinidades apontadas por outros autores (como as presentes entre cupins, baratas e louva-a-deus) com certeza têm seus méritos e que muitas subfamílias que reconhecemos podem merecer uma classificação de família.

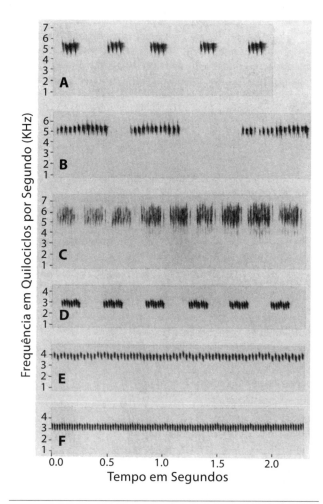

Figura 11-1 Audioespectrografias de canções de grilos. A, canção de chamada; B, canção agressiva e C, canção de corte de um grilo do campo, *Gryllus pennsylvanicus* Burmeister; D, canção de chamada de um grilo arborícola da neve, *Oecanthus fultoni* Walker; E, canção de chamada de um grilo arborícola, *Oecanthus argentinus* Saussure; F, canção de chamada de um grilo arborícola, *Oecanthus latipennis* Riley. A taxa de pulso em E corresponde a 34 por segundo e em F, 44 por segundo.

Uma sinopse dos Orthoptera norte-americanos, conforme a abordagem deste livro, é fornecida a seguir. Outras grafias, nomes e organizações são fornecidos entre parênteses.

CLASSIFICAÇÃO DOS ORTHOPTERA

Subordem Caelifera
    Infraordem Acridomorpha
        Superfamília Eumastacoidea
            Eumastacidae (Acrididae em parte)
        Superfamília Pneumoroidea
            Tanaoceridae (Eumastacidae em parte)
        Superfamília Acridoidea
            Romaleidae – gafanhotos-soldados
            Acrididae (Locustidae) – gafanhotos
                Cyrtacanthacridinae
                Podisminae
                Melanoplinae
                Leptysminae
                Oedipodinae
                Acridinae
                Gomphocerinae
    Infraordem Tetrigoidea
        Tetrigidae – gafanhotos-anões
    Infraordem Tridactyloidea
        Tridactylidae (Gryllidae em parte, Gryllotalpidae em parte) – grilos moles anões

Subordem Ensifera
    Superfamília Gryllacridoidea
        Stenopelmatidae – grilos de Jerusalém, grilos-das--dunas
        Gryllacrididae (Tettigoniidae em parte) – grilos enroladores de folhas
        Rhaphidophoridae (Ceuthophilinae) – grilos cavernícolas ou grilos-camelos
        Anostostomatidae – grilos-reis
    Superfamília Tettigonioidea
        Tettigoniidae – esperanças
            Copiphorinae
            Phaneropterinae
            Pseudophyllinae – esperanças verdadeiras
            Listroscelinae
            Conocephalinae
            Decticinae
            Saginae – esperanças matriarcais
            Meconematinae
            Tettigoniinae – esperança verde dos pinheiros
        Prophalangopsidae (Haglidae) – grilos corcundas
    Superfamília Grylloidea
        Gryllidae – grilos
            Oecanthinae – grilos arborícolas
            Eneopterinae – grilos de arbustos
            Trigonidiinae – grilos de arbustos
            Nemobiinae – grilos de chão
            Gryllinae – grilos caseiros e do campo
            Brachytrupinae – grilos de cauda curta
            Pentacentrinae – grilos anômalos
    Superfamília Gryllotalpoidea
        Gryllotalpidae – paquinhas
    Superfamília Mogoplistoidea
        Mogoplistidae – grilos escamosos
        Myrmecophilidae – grilos mirmecófilos

Chave para as Famílias de Orthoptera

Os adultos (e algumas ninfas) dos Orthoptera norte-americanos podem ser identificados quanto à família por meio da chave a seguir. As famílias marcadas com um asterisco (*) são relativamente raras e têm pouca probabilidade de ser encontradas por um colecionador amador.

1.	Pernas anteriores muito dilatadas e modificadas para cavar; tarsos com 3 segmentos; comprimento de 20 mm a 35 mm	Gryllotalpidae
1'.	Pernas anteriores pouco ou ligeiramente aumentadas (Tridactylidae), os tarsos anteriores e médios têm 2 segmentos e o inseto tem menos de 10 mm de comprimento	2
2(1').	Tarsos anteriores e médios com 2 segmentos, tarsos posteriores ausentes ou com 1 segmento; pernas anteriores relativamente dilatadas e adaptadas para cavar; abdômen com 2 pares de cercos aparentes, semelhante a estilos; 4 mm a 10 mm	Tridactylidae
2'.	Tarsos com 3 ou 4 segmentos ou, se os tarsos anterioress e médios tiverem 2 segmentos (Tetrigidae), então os tarsos posteriores possuem 3 segmentos; pernas anteriores não dilatadas; abdômen com um único par de cercos; comprimento acima de 10 mm	3
3(2').	Tarsos posteriores com 3 segmentos, tarsos anteriores e médios com 2 ou 3 segmentos; ovipositor curto; antenas curtas, raramente com mais da metade do comprimento do corpo (Figura a 11-4); órgãos auditivos (tímpanos), se presentes, nas laterais do primeiro segmento abdominal	4
3'.	Tarsos com 3 ou 4 segmentos; ovipositor alongado; antenas longas, do comprimento do corpo ou mais; órgãos auditivos, se presentes, na base da tíbia anterior (Figura 11-2B, tym)	8
4 (3).	Pronoto prolongado para trás sobre o abdômen e afilando posteriormente (Figura 11-4); asas anteriores vestigiais; sem arólios; tarsos anteriores e médios com 2 segmentos, tarsos posteriores com 3 segmentos	Tetrigidae
4'.	Pronoto não prolongado para trás sobre o abdômen; asas anteriores bem desenvolvidas se as asas posteriores estiverem presentes; arólios presentes (Figura 11-2C); todos os tarsos com 3 segmentos	5
5 (4').	Antenas mais curtas que os fêmures anteriores; asas ausentes; de 8 mm a 25 mm de comprimento; ocorrendo na região de Chaparral no sudoeste dos Estados Unidos	Eumastacidae*
5'.	Antenas mais longas que os fêmures anteriores; asas quase sempre presentes; tamanho variável, mas com mais de 15 mm de comprimento; amplamente distribuídos	6
6(5').	Asas e tímpanos quase sempre presentes; antenas comumente longas; machos sem lima no terceiro tergo abdominal; amplamente distribuídos	7
6'.	Asas e tímpanos ausentes; antenas muito longas, mais longas que o corpo nos machos; machos com uma lima no terceiro tergo abdominal; sudoeste dos Estados Unidos	Tanaoceridae*
7(6).	Tíbias posteriores com espinhos imóveis internos e externos no ápice (Figura 11-2F); prosterno com espinho mediano ou tubérculo	Romaleidae
7'.	Tíbias posteriores com apenas espinho imóvel interno no ápice, o externo ausente (Figura 11-2G); prosterno com ou sem espinho mediano ou tubérculo	Acrididae
8(3').	Todos os tarsos com 3 segmentos (Figura 11-2A,D,E); ocelos presentes ou ausentes; ovipositor cilíndrico ou em forma de agulha	9
8'.	Possui, pelo menos, tarsos médios e todos os tarsos com 4 segmentos (Figura 11-2); ocelos presentes; ovipositor em forma de sabre	11
9(8).	Sem asas, largamente ovais; fêmures posteriores muito aumentados; olhos pequenos e ocelos ausentes; cerca de 2 mm a 4 mm de comprimento; vivendo em formigueiros	Myrmecophilidae
9'.	Sem a combinação anterior de características	10
10(9').	Asas muito curtas ou ausentes; tíbias posteriores sem espinhos longos (porém com esporões apicais); corpo coberto com escamas; fêmures posteriores sólidos; sul dos Estados Unidos	Mogoplistidae

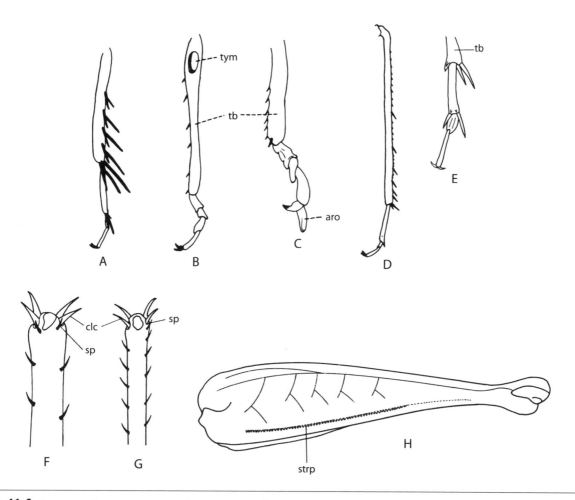

Figura 11-2 Estrutura das pernas em Orthoptera. A-E, tíbias e tarsos; F-G, porção apical do fêmur posterior esquerdo; H, fêmur posterior, vista lateral. A, *Nemobius* (Nemobiinae, Gryllidae), perna posterior; B, *Scudderia* (Phaneropterinae, Tettigoniidae), perna anterior; C, *Schistocerca* (Cyrtacanthacridinae, Acrididae); D, *Oecanthus* (Oecanthinae, Gryllidae), perna traseira; E, *Phyllopalpus* (Trigonidiinae, Gryllidae), tarso posterior; F, *Romalea* (Romaleidae); G, *Melanoplus* (Melanoplinae, Acrididae); H, Acridinae (Acrididae). *aro*, arólio; *clc*, espinhos móveis ou *calcaria*; *cx*, coxa; *fm*, fêmur; *sp*, espinhos imóveis; *stpr*, pinos estridulatórios; *tb*, tíbia; *ts*, tarso; *tym*, tímpano.

10'.	Asas bem desenvolvidas; tíbias posteriores quase sempre com espinhos longos (Figura 11-2A); corpo não coberto por escamas; fêmures posteriores com moderado aumento; amplamente distribuídos	Gryllidae
11(8').	Asas, em geral, ausentes, mas se presentes, com 8 ou mais veias longitudinais principais; machos não possuem estruturas estridulatórias nas asas anteriores; tíbias anteriores com ou sem tímpanos; cor cinza ou marrom	12
11'.	Asas presentes (algumas vezes muito pequenas) e com menos de 8 veias longitudinais principais; machos com estruturas estridulatórias nas asas anteriores; tíbias anteriores com tímpanos; cor variável, mas com frequência verde	15
12(11).	Antenas contíguas na base ou quase	Rhaphidophoridae
12'.	Antenas separadas na base por uma distância maior ou igual ao comprimento do primeiro artículo antenal	13
13(12').	Tarsos lobulados, mais ou menos achatados dorsoventralmente; fêmures posteriores estendendo-se além do ápice do abdômen; leste dos Estados Unidos	Gryllacrididae
13'.	Tarsos não lobulados e mais ou menos achatados lateralmente, fêmures posteriores não se estendem além do ápice do abdômen; oeste dos Estados Unidos	14

14(13').	Base do abdômen e cabeça muito mais largas que o tórax; tíbias curtas e espessas	Stenopelmatidae
14'.	Base do abdômen e cabeça quase com a mesma largura que o tórax; tíbias finas	Anostostomatidae*
15(11').	Soquetes antenais localizados entre a sutura epistomal e o vértice de cabeça; asas de tamanho reduzido, maiores no macho e menores nas fêmeas; ovipositor extremamente curto; fêmures posteriores estendendo-se até aproximadamente o ápice do abdômen; noroeste dos Estados Unidos e sudoeste do Canadá	Prophalangopsidae
15'.	Soquete antenais localizados perto do vértice de cabeça; asas e ovipositor variáveis; fêmures posteriores se estendendo além do ápice do abdômen	Tettigoniidae

SUBORDEM **Caelifera**: Os Caelifera são Orthoptera saltadores, com os fêmures posteriores ligeiramente aumentados, e incluem os gafanhotos e os grilos moles anões (Tridactylidae). As antenas quase sempre são relativamente curtas e os tarsos têm três segmentos ou menos. Os tímpanos, quando presentes, estão localizados nas laterais do primeiro segmento abdominal. As espécies que estridulam o fazem esfregando os fêmures posteriores sobre as tégminas ou o abdômen ou batendo as asas durante o voo. Todos possuem cercos curtos e um ovipositor.

Família **Eumastacidae**: Os membros deste grupo vivem em arbustos ou árvores na região do Chaparral, sudoeste dos EUA. Não são alados, mas são notavelmente ágeis, com capacidade de avançar por pequenas árvores e arbustos. Os adultos são delgados, medem cerca de 8 mm a 25 mm de comprimento e são acastanhados. A face é um pouco oblíqua, o vértice é pontiagudo e as antenas são muito curtas (não atingindo a borda posterior do pronoto). Os gafanhotos eumastacídios não possuem um órgão estridulatório nas laterais do terceiro segmento abdominal como os Tanoceridae. Este grupo é predominantemente tropical, com 13 espécies em 3 gêneros ocorrendo nos Estados Unidos. Estão presentes na Califórnia central, sul de Nevada e sul e sudoeste de Utah até o sul da Califórnia e sudeste do Arizona.

Família **Tanaoceridae**: Os membros desta família lembram os gafanhotos eumastacídios por não possuírem asas, são muito ativos e presentes nos desertos do sudoeste. Têm cor acinzentada a enegrecida, são relativamente robustos e medem cerca de 8 mm a 25 mm de comprimento. A face é menos oblíqua que nos gafanhotos eumastacídios e o vértice é arredondado. As antenas são longas e delgadas, mais longas que o corpo no macho e mais curtas que o corpo na fêmea. Os machos possuem um órgão estridulatório nas laterais do terceiro segmento abdominal. Estes gafanhotos são raramente encontrados. De hábitos noturnos, são encontrados no início da estação. Quatro espécies vivem nos Estados Unidos (dos gêneros *Tanaocerus* e *Mohavacris*), ocorrem do sul de Nevada até o sul da Califórnia.

Família **Romaleidae** – **gafanhotos-soldados:** São gafanhotos robustos e grandes (a maioria com comprimento de 25 mm a 75 mm), sua principal ocorrência é na área ocidental dos EUA. Algumas espécies possuem asas curtas e não voam, enquanto outras possuem asas posteriores com cores vivas. A única espécie deste grupo encontrada no leste é *Romalea microptera* (Beauvois), que ocorre da Carolina do Norte e Tennessee até a Flórida e Louisiana. Este inseto tem cerca de 40 mm a 75 mm de comprimento, com asas curtas e as asas posteriores vermelhas com a borda preta. Esta espécie é usada com frequência para estudos morfológicos em aulas de biologia e entomologia para iniciantes.

Família **Acrididae** – **gafanhotos:** Esta família inclui a maior parte dos gafanhotos, que são tão comuns nos campos e ao longo das rodovias durante a metade do verão até o outono. As antenas são muito mais curtas que o corpo, os órgãos auditivos (tímpanos) estão situados nas laterais do primeiro segmento abdominal, os tarsos possuem três segmentos e o ovipositor é curto. A maioria é cinza ou acastanhada e alguns têm cores brilhantes nas asas posteriores. Estes insetos se alimentam de plantas e podem ser muito destrutivos para a vegetação. A maioria das espécies passa o inverno no estágio de ovo, depositados no solo. Alguns passam o inverno como ninfas e muito poucos passam o inverno como adultos.

Muitos machos, neste grupo, cantam (durante o dia) esfregando a superfície interna do fêmur posterior contra a borda inferior da asa anterior ou batendo as asas posteriores durante o voo. Os machos do grupo anterior (a maioria dos gafanhotos Acrididae) possuem uma fileira de pequenos pinos estridulatórios na superfície interna do fêmur posterior (Figura 11-2H, strp), e o som produzido consiste em um zumbido baixo. No último grupo (gafanhotos Oedipodinae), a canção é um tipo de estalido.

Subfamília **Cyrtacanthacridinae**: O gênero *Schistocerca*, com 12 espécies, é o único gênero desta subfamília. A maioria é constituída de insetos voadores grandes e fortes. O gafanhoto do deserto, *S. gregaria* (Forkskål), da África, a espécie de "praga" mencionada na Bíblia, pertence a este grupo. É um dos insetos mais destrutivos do mundo.

Subfamília **Podisminae:** Estes gafanhotos são muito semelhantes aos Melanoplinae. Vinte e três espécies são conhecidas nos Estados Unidos.

Subfamília **Melanoplinae:** Esta é a maior subfamília de Acrididae, com mais de 300 espécies em 39 gêneros nos Estados Unidos, a maioria do gênero *Melanoplus*. Aqui estão os gafanhotos mais comuns e, também, os mais destrutivos.

A maior parte dos danos agrícolas nos EUA causados por gafanhotos migratórios é responsabilidade de quatro espécies de *Melanoplus*: o gafanhoto migratório, *M. sanguipes* (Fabricius); o gafanhoto diferencial, *M. diferencialis* (Thomas); o gafanhoto listrado, *M. bivittatus* (Say); e o gafanhoto de pernas vermelhas, *M. femurrubrum* (DeGeer).

Algumas espécies de gafanhotos migratórios ocasionalmente sofrem um tremendo aumento no número de indivíduos, que migram por distâncias consideráveis e causam danos catastróficos. As hordas migratórias destes insetos podem ser compostas por milhões e milhões de indivíduos e, literalmente, escurecem o céu. De 1874 a 1877, grandes nuvens de gafanhotos migratórios apareceram nas planícies a leste das Montanhas Rochosas e migraram para o vale do Mississippi e para o Texas, destruindo lavouras em qualquer lugar onde parassem durante seu voo. Este comportamento migratório, se segue a um aumento exagerado no número de indivíduos, resultante de uma combinação de condições ambientais favoráveis. Quando os números diminuem, os insetos não migram.

Subfamília **Leptysminae:** A maioria destes gafanhotos tem uma face vertical ou quase, porém alguns, como o gafanhoto delgado *Leptysma marginicollis* (Serville), possuem uma face muito inclinada e podem ser confundidos com alguns Gomphocerinae. Existem apenas duas espécies desta subfamília nos Estados Unidos.

Subfamília **Oedipodinae** – **gafanhotos edipodinos:** Estes insetos possuem asas posteriores de cores vivas e frequentam áreas de vegetação escassa. Muitas vezes pousam em solo sem vegetação, com as asas posteriores ocultas e as asas anteriores misturando-se ao fundo. São muito visíveis durante o voo, graças às cores vivas das asas posteriores e aos sons de estalido realizados pelas asas. Os Oedipodinae são os únicos gafanhotos Acrididae que estridulam durante o voo (a estridulação produz o som de estalido).

Uma das espécies mais comuns deste grupo é o gafanhoto da Carolina, *Dissosteira carolina* (L.), no qual as asas posteriores são pretas com uma borda pálida. *Camnula pellucida* (Scudder) é uma espécie de praga importante neste grupo. Tem asas posteriores transparentes.

Subfamília **Acridinae** – **gafanhotos acridinos silenciosos:** Os Acridinae diferem dos Gomphocerinae por não possuírem pinos estridulatórios na face interna do fêmur posterior do macho. O único membro dos EUA desta subfamília é *Metaleptea brevicornis* (Johannson), encontrado nos estados do leste do sul de Michigan e Wisconsin até o Texas e Louisiana.

Subfamília **Gomphocerinae** – **gafanhotos estridulatórios:** A face oblíqua destes gafanhotos os distingue da maioria dos outros Acrididae, com exceção dos gafanhotos muito delgados em Leptysminae. Os machos da maioria dos gêneros possuem uma fileira de

Chave para as subfamílias de Acrididae

Existem diferenças de opinião em relação ao número de subfamílias nesta família. Seguimos Amadegnato (1974) e Otte (1995 a, b), que reconhecem Romaleidae como diferente de Acrididae e dividem Acrididae em sete subfamílias em nossa fauna, que podem ser separadas pela seguinte chave:

1.	Prosterno com espinho mediano ou tubérculo (Figura 11-3A)	2
1'.	Prosterno sem espinho mediano ou tubérculo	4
2 (1).	Espécie muito grande (40 mm a 65 mm de comprimento); lobos mesosternais mais longos que largos, margem interna do lobo mesosternal do mesosterno angulada (Figura 11-3E) (*Schistocerca*)	Cyrtacanthacridinae
2'.	Espécies menores (com menos de 40 mm de comprimento); lobos mesosternais mais largos que longos, margem interna do lobo mesosternal do mesosterno arredondado (Figura 11-3D)	3

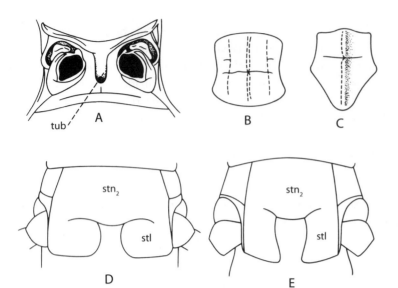

Figura 11-3 A, protórax de *Melanoplus* (Melanoplinae, Acrididae), vista ventral; B, pronoto de *Syrbula* (Acridinae, Acrididae), vista dorsal; C, pronoto de *Chortophaga* (Oedipodinae, Acrididae), vista dorsal; D, mesotórax de *Melanoplus* (Melanoplinae, Acrididae), vista ventral; E, o mesmo, *Schistocerca* (Cyrtacanthacridinae, Acrididae). *stl*, lobo mesosternal; stn_2, mesosterno; *tub*, tubérculo prosternal.

3 (2').	Espécies alongadas, delgadas, com faces oblíquas e amplas, antenas achatadas; margens internas dos lobos mesosternais em contato; ápice das asas posteriores geralmente pontiagudo	Leptysminae
3'.	Espécies alongadas ou robustas, com faces arredondadas e antenas finas e filiformes; margens internas dos lobos mesosternais não estão em contato; ápice das asas posteriores arredondado	Melanoplinae e Podisminae
4 (1').	Face vertical ou quase; antenas delgadas, filamentosas, não achatadas; pronoto com crista mediana forte, margem caudal projetada para trás e com angulação medial (Figura 11-3C); asas longas, atingindo ou ultrapassando o ápice do abdômen; asas posteriores geralmente coloridas, com faixas pretas, separando áreas transparentes ou coloridas; fêmures posteriores dos machos sem uma fileira de pinos estridulatórios; gafanhotos que, com frequência, estridulam durante o voo	Oedipodinae
4'.	Em geral, com face inclinada para trás, algumas vezes de modo intenso; antenas filiformes ou com um leve achatamento; pronoto plano, raramente com crista mediana; margem caudal de pronoto truncada ou arredondada, não angulada medialmente (Figura 11-3B); asas posteriores hialinas; asas de comprimento variável, às vezes curtas e atingindo o ápice do abdômen; gafanhotos que não estridulam durante o voo, mas com fileiras de pinos estridulatórios nos fêmures posteriores do macho (Figura 11-2H, strp), que são esfregados contra as tégminas quando o inseto está em repouso	Gomphocerinae e Acridinae

pequenos pinos estridulatórios na superfície interna do fêmur posterior (Figura 11-2H, strp). Estes pinos estão ausentes nas outras subfamílias da América do Norte. Os Gomphocerinae não possuem espinho ou tubérculo prosternal e as asas posteriores são hialinas.

Os Gomphocerinae não são tão abundantes quanto os Melanoplinae e Oedipodinae e o mais provável é que sejam encontrados ao longo das bordas de pântanos, em campos úmidos e locais semelhantes. Raramente são numerosos o suficiente para causar um grande dano à vegetação.

Família **Tetrigidae – tetrigídeos ou gafanhotos-anões:** Os tetrigídeos podem ser reconhecidos pelo pronoto característico, que se estende para trás sobre o abdômen e é estreitado posteriormente (Figura 11-4). A maioria das espécies mede entre 13 mm e 19 mm de comprimento e as fêmeas têm um corpo maior e mais pesado que os machos. Estão entre os poucos gafanhotos que passam o inverno como adultos. Os adultos são encontrados com mais frequência na primavera e no começo do verão. Os tetrigídeos não têm muita importância econômica. Na América do Norte, existem 27 espécies em seis gêneros.

Família **Tridactylidae – grilos moles anões:** Estes pequenos grilos (com comprimento de cerca de 4 mm a 10 mm) têm hábitos cavadores e podem ser encontrados ao longo das praias de córregos e lagos. São saltadores muito ativos e, quando pertubados, pode parecer que desapareçam repentinamente. Os tridactilídeos são peculiares entre os Orthoptera por possuírem o que parecem ser dois pares de cercos: quatro anexos delgados semelhantes a estilos no ápice do abdômen. Estes insetos não possuem órgãos timpânicos e os machos não cantam. Cinco espécies ocorrem na América do Norte, mas são amplamente distribuídas.

SUBORDEM **Ensifera:** Os Ensifera são Orthoptera saltadores, com fêmures posteriores ligeiramente aumentados. Incluem as esperanças e os grilos. As antenas quase sempre são longas e semelhantes a um pelo e os tarsos possuem três ou quatro segmentos. Os tímpanos, quando presentes, estão localizados na extremidade superior das tíbias frontais (Figura 11-2B). As espécies que estridulam o fazem esfregando a margem de uma asa anterior sobre a crista em forma de lima da superfície ventral da outra asa anterior. Quase todas possuem um ovipositor relativamente longo, em forma de sabre ou cilíndrico.

Família **Stenopelmatidae – grilos de Jerusalém ou grilos-da-duna:** Estes insetos têm cerca de 20 mm a 50 mm de comprimento, com a cabeça e o abdômen grandes e robustos. Em geral, são acastanhados, com manchas pretas no abdômen, e podem ser encontrados sob pedras ou no solo. Quatro espécies de *Stenopelmatus* e cinco espécies de *Cnemotettix* representam esta família na América do Norte. Ocorrem no oeste e são mais comuns nos estados da Costa do Pacífico.

Família **Gryllacrididae – grilo enrolador de folhas:** Este grupo é representado nos Estados Unidos por uma espécie, *Camptonotus carolinensis* (Gerstaecker), que ocorre no leste de Nova Jersey até Indiana e no sul da Flórida e Mississippi. Este inseto tem hábitos noturnos e sua principal fonte de alimentação são os pulgões. Durante o dia procura abrigo em uma folha enrolada e amarrada com seda secretada por peças bucais.

Família **Rhaphidophoridae – grilos cavernícolas ou grilos-camelos:** Estes insetos são acastanhados, parecem um pouco corcundas e vivem em cavernas, árvores ocas, sob toras de madeira e pedras e em outros lugares escuros e úmidos. Com frequência, as antenas são muito longas. A maioria das espécies deste grupo pertence ao gênero *Ceuthophilus*, com 89 espécies nos Estados Unidos e Canadá.

Família **Anostostomatidae – grilos-reis:** As cinco espécies (quatro no gênero *Cnemotettix*) pertencentes a esta família tecem seda a partir de suas glândulas maxilares. Todas são encontradas nas Ilhas Channel na costa da Califórnia.

Família **Tettigoniidae** – Esta é uma grande família, com 265 espécies em 50 gêneros na América do Norte, cujos membros podem ser reconhecidos pelas longas antenas filiformes, tarsos de quatro segmentos, órgãos auditivos (quando presentes) localizados na base das tíbias anteriores e ovipositor laminar lateralmente achatado. A maioria das espécies possui órgãos estridulatórios bem desenvolvidos e são cantoras notáveis. Cada espécie tem uma canção característica. Passa o inverno no estágio de ovo e em muitas espécies os ovos são inseridos em tecidos vegetais. A maioria das espécies é fitófaga, mas algumas são predadoras de outros insetos.

Subfamília **Copiphorinae:** São esperanças de corpo longo que possuem a cabeça cônica (Figura 11-6) e um ovipositor longo, em forma de sabre. Têm duas fases de cor, verde e marrom. Em geral, são encontradas na grama ou em ervas altas e são muito lentas. Suas mandíbulas são muito fortes e uma pessoa que manipule estes insetos sem cuidado pode receber um beliscão. Este grupo é pequeno, com apenas alguns poucos gêneros. A espécie mais comum no leste dos EUA pertence ao gênero *Neoconocephalus*. As canções dos Copiphorinaes variam. Na maioria dos casos, a canção é um zumbido prolongado (Figura 11-7D), porém, em *N. ensiger* (Harris), uma espécie comum no leste, consiste em uma série rápida de notas balbuciantes (Figura 11-7C). Estes insetos cantam apenas no período noturno.

Subfamília **Phaneropterinae:** Os membros desta e da próxima subfamília são bem conhecidos por suas canções, que são ouvidas ao entardecer e à noite. As esperanças desta subfamília podem ser reconhecidas pela ausência de espinhos no prosterno e pelas asas posteriores mais longas que as anteriores; algumas espécies ocidentais são braquípteras. Aproximadamente 10 gêneros ocorrem nos Estados Unidos. Os três gêneros mais comuns no leste são *Scudderia*, *Microcentrum* e *Amblycorypha*. As *Scudderia* têm asas anteriores com lados quase paralelos; as *Microcentrum* apresentam asas anteriores um pouco anguladas, com os fêmures posteriores não se estendendo além das asas anteriores. *Ambylcorypha* possuem asas anteriores alongado-ovais e os fêmures posteriores se estendem além do ápice das asas anteiores. Estas esperanças, em geral, são verdes, mas ocasionalmente podem ser da cor rosa, sendo que estas formas coloridas não constituem espécies distintas.

Subfamília **Pseudophyllinae – esperanças verdadeiras:** Estas esperanças têm hábitos arbóreos, vivem nas folhagens das árvores e arbustos. A esperança

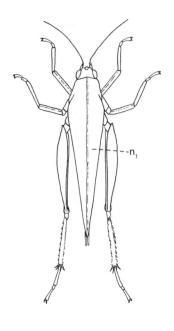

Figura 11-4 Um tetrigídeo, *Tettigidea lateralis* (Say), ampliado 3½X. n_1, pronoto.

verdadeira do norte, *Pterophylla camellifolia* (Fabricius), é o inseto cuja canção "Katy did, Katy didn't" é ouvida tão comumente nas noites de verão no nordeste dos Estados Unidos. Sua canção contém dois a cinco pulsos (Figura 11-7A). As representantes sulistas destas esperanças cantam uma canção um pouco mais longa e mais rápida, contendo até cerca de uma dúzia de pulsos.

Subfamília **Listroscelidinae:** Estas esperanças são muito semelhantes às Decticinae e os gêneros dos Estados Unidos (*Neobarrettia* e *Rehnia*) eram classificados anteriormente naquele grupo. Esta subfamília tem distribuição tropical e é representada nos Estados Unidos por algumas espécies nos estados do centro-sul, do Texas em direção norte até o Kansas.

Subfamília **Conocephalinae:** Estas esperanças de tamanho pequeno a médio, corpo delgado, esverdeadas, são encontradas em campos gramados úmidos e ao longo das margens de lagoas e córregos. Dois gêneros são comuns no leste dos Estados Unidos, *Orchelimum* (com mais de 18 mm de comprimento) e *Conocephalus* (com menos de 17 mm de comprimento).

Subfamília **Decticinae:** A cor destes insetos oscila do acastanhado ao negro, com asas curtas, e medem 25 mm ou mais de comprimento. O pronoto se estende para trás até o abdômen. A maioria das espécies se parece com um grilo. As espécies do leste, cuja maioria pertence ao gênero *Atlanticus*, ocorrem nas florestas secas em terrenos elevados. A maioria das Decticinae ocorre no oeste, onde podem viver em campos ou florestas. Algumas das espécies do oeste muitas vezes causam sérios danos em campos de lavouras. O grilo mórmon, *Anabrus simplex* Haldeman, é uma praga séria nos estados das Grandes Planícies, e o grilo *Peranabrus scabricollis* (Thomas) muitas vezes causa danos consideráveis em regiões áridas do noroeste do Pacífico. O trabalho das gaivotas da Califórnia (*Larus californicus*) no controle de um surto de grilos mórmon em Utah, em 1848, é atualmente celebrado por um monumento à gaivota em Salt Lake City.

Subfamília **Saginae:** *Saga pedo* (Pallas), a esperança matriarca, foi introduzida da Europa e estabelecida em Michigan. Não tem potencial de disseminação rápida e pode até ter desaparecido. Este inseto possui pernas anteriores e médias raptoriais e é predadora de outros insetos.

Subfamília **Meconematinae:** *Meconema thalassinum* (DeGeer), introduzida da Europa, foi estabelecida em Nova York e Pensilvânia e está se disseminando rapidamente. É um inseto pequeno, delicado, esverdeado, com a cabeça arredondada e as antenas inseridas entre os olhos. Esta subfamília está bem representada por cerca de 200 espécies na região Paleártica e na África.

Subfamília **Tettigoniinae:** Este grupo contém uma única espécie nos Estados Unidos, *Hubbellia marginifera* (Walker), a esperança verde do pinheiro, que ocorre no sudeste dos Estados Unidos.

Família **Prophalangopsidae** – **grilos corcundas:** Esta família é representada na América do Norte por duas espécies de *Cyphoderris*, que ocorrem nas montanhas do noroeste dos Estados Unidos e sudoeste do Canadá. Os adultos são acastanhados com marcas claras, relativamente robustos e medem cerca de 25 mm de comprimento. Nos Tettigoniidae, a asa anterior esquerda fica por cima e sua lima é a funcional. Neste grupo, qualquer uma das asas anteriores pode ficar localizada acima e os machos podem trocar a posição das asas durante o canto. A canção de *C. monstrosa* Uhler é um trilo alto, agudo (12-13 kHz), com cerca de 2 segundos de duração ou menos, que tem uma qualidade discretamente pulsante aparentemente devido à troca das asas anteriores durante a canção.

Família **Gryllidae** – **grilos:** Os grilos lembram as esperanças por possuírem antenas longas e afiladas, órgãos estridulatórios nas asas anteriores do macho e órgãos auditivos nas tíbias anteiores, porém diferem destas por possuírem no máximo três segmentos tarsais, o ovipositor em forma de agulha ou cilíndrico em vez de achatado e as asas anteriores dobradas para baixo e não de maneira aguda nas laterais do corpo. Muitos destes insetos são cantores bem conhecidos e cada espécie tem uma canção característica. A maioria das espécies passa o inverno no estágio de ovos, que são depositados no solo ou na vegetação. Esta família é representada nos Estados Unidos por sete subfamílias, que podem ser separadas pela chave a seguir.

Subfamília **Oecanthinae – grilos arborícolas:** A maioria dos grilos arborícolas é delgada, esbranquiçada ou verde pálido. Todos são excelentes cantores. Algumas espécies podem ser encontradas em árvores e arbustos; outras, em campos de ervas daninhas. Os grilos arborícolas da neve, *Oecanthus fultoni* Walker, um habitante de arbustos, cricrila a uma taxa muito regular, que varia com a temperatura (Figura 11-1D). A soma de 40 ao número de seus cricris em 15 segundos fornece uma boa aproximação da temperatura em graus Fahrenheit. A maioria das espécies de grilos arborícolas emite trilos altos. Algumas espécies que habitam as árvores produzem canções que consistem em rajadas curtas de pulsos. A maioria dos grilos arborícolas norte-americanos pertence ao gênero *Oecanthus*. O grilo arborícola *Neoxabea bipunctata* (DeGeer) difere do *Oecanthus* por não possuir dentes nas tíbias posteriores, por apresentar asas posteriores muito mais longas que as anteriores e por sua coloração amarelada. Os grilos arborícolas depositam seus ovos nas cascas das árvores ou em caules (Figura 2-34 E) e, muitas vezes, causam sérias lesões nos galhos com a postura dos ovos.

Subfamílias **Eneopterinae** e **Trigonidiinae – grilos de arbustos:** Os grilos de arbustos são habitantes de arbustos ou árvores e raramente são encontrados no solo (onde são encontrados os grilos de chão, um pouco semelhantes). Diferem dos outros grilos por possuírem o segundo segmento tarsal distinto, um pouco achatado e expandido lateralmente (Figura 11-2E). Este segmento é muito pequeno e um pouco comprimido nos outros grilos (Figura 11-2D). Os Eneopterinae diferem dos Trigonidiinae por serem muito maiores (comprimento de cerca de 11 mm a 23 mm nos Eneopterinae e cerca de 4 mm a 8,5 mm nos Trigonidiinae), pela forma do ovipositor e pela característica dos espinhos das tíbias posteriores (ver chave para subfamílias, passo 2). Os dois grupos são pequenos e ocorrem apenas nos estados do leste dos EUA.

A espécie mais comum de Eneopterinae é o grilo saltador, *Orocharis saltator* Uhler, que tem cor marrom-acinzentada e cerca de 14 mm a 16 mm de comprimento. As duas espécies mais comuns de Trigonidiinae são

Chave para as Subfamílias de Tettigoniidae[3]

1.	Asas anteriores ovais e convexas, campo costal amplo, com muitas veias transversais paralelas; espinho prosternal presente; cor verde	Pseudophyllinae
1'.	Asas anteriores de forma variável, porém o campo costal sem veias transversais como na descrição precedente; outras características variáveis	2
2(1').	Superfície dorsal do primeiro segmento tarsal sulcada lateralmente (Figura 11-5E); espinhos prosternais presentes (Figura 11-5D); asas anteriores com aproximadamente o mesmo comprimento das asas posteriores	3
2'.	Superfície dorsal do primeiro segmento tarsal uniformemente arredondada; espinhos prosternais ausentes; asas posteriores, em geral, mais longas que as asas anteriores	Phaneropterinae
3 (2).	Porção anterior do vértice cônica, algumas vezes acuminada, estendendo-se além do segmento antenal basal (Figura 11-5C, ver)	Copiphorinae
3'.	Porção anterior do vértice não cônica ou acuminada, não se estendendo além do segmento antenal basal (Figura 11-5A,B, ver)	4
4(3').	Porção anterior do vértice lateralmente comprimida, muito menos que a metade da largura do segmento antenal basal (Figura 11-5A, ver); sudoeste dos Estados Unidos	Listroscelidinae

[3] As subfamílias Saginae e Meconematinae, cada uma contendo uma espécie que foi introduzida e estabelecida nos Estados Unidos, não estão incluídas nesta chave. As subfamílias são discutidas no texto.

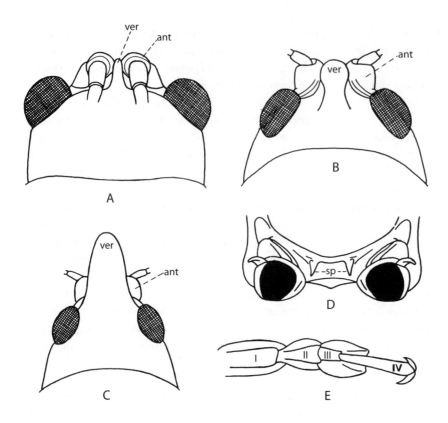

Figura 11-5 Características de Tettigoniidae. A, cabeça de *Rehnia* (Listroscelidinae), vista dorsal; B, cabeça de *Orchelimum* (Conocephalinae), vista dorsal; C, cabeça de *Neoconocephalus* (Copiphorinae), vista dorsal; D, protórax de *Orchelimum* (Conocephalinae), vista ventral; E, tarso posterior de *Neoconocephalus* (Copiphorinae), vista dorsal. *ant*, base da antena; *sp*, espinho prosternal; *ver*, vértice; *I-IV*, segmentos tarsais.

4'.	Porção anterior do vértice variável, mas sempre mais da metade da largura do segmento antenal basal; amplamente distribuído	5
5(4').	Um ou mais espinhos na superfície dorsal das tíbias anteriores	6
5'.	Sem espinhos na superfície dorsal das tíbias anteriores	Conocephalinae
6 (5).	Pronoto estendendo-se para trás no abdômen (com exceção de algumas poucas formas de asas longas); asas muito reduzidas; asas anteriores cinzas, marrons ou pontilhadas; espinhos prosternais presentes ou ausentes; amplamente distribuídos	Decticinae
6'.	Pronoto nunca se estende para trás até o abdômen; asas sempre bem desenvolvidas; asas anteriores verdes, raramente pontilhadas com marrom; espinhos prosternais presentes; sudeste dos Estados Unidos	Tettigoniinae

o grilo de Say, *Anaxipha exigua* (Say), que é acastanhado e possui de 6 mm a 8 mm de comprimento, e o *Phyllopalpus pulchellus* Uhler, que é escuro, com a cabeça e o pronoto vermelhos e mede cerca de 6 mm a 7 mm de comprimento. As espécies de *Cyrtoxipha* (Trigonidiinae), que ocorrem no sudoeste, têm cor verde-pálida.

Subfamília **Nemobiinae** – **grilos de chão:** Estes grilos são comuns em pastos, campos, ao longo de rodovias e em áreas arborizadas. Têm menos de 13 mm de comprimento e são acastanhados. As canções da maioria das espécies consistem em trilos ou zumbidos suaves, de tom alto e muitas vezes pulsantes.

Subfamília **Gryllinae** – **grilos caseiros e grilos do campo:** Estes grilos são muito semelhantes aos grilos de chão, mas em geral são maiores (mais de 13 mm de comprimento) e variam de acastanhados a pretos. Os grilos do campo são muito comuns em pastos, campos, ao longo de rodovias e em quintais, e alguns entram nas casas. As várias espécies de *Gryllus* são muito semelhantes morfologicamente e, no passado, considerava-se que representassem uma única espécie. Atualmente, várias espécies são reconhecidas, que diferem nos hábitos, comportamento e canções. A maioria das espécies de *Gryllus* cricrila (Figura 11-1A), porém uma espécie que ocorre no sudoeste, *G. rubens* Scudder, produz um trilo mais ou menos longo. A espécie mais comum de *Gryllus* no leste provavelmente é o grilo do campo, *G. pennsylvanicus* Burmeister. O grilo doméstico, *Acheta domesticus* (L.), uma espécie introduzida

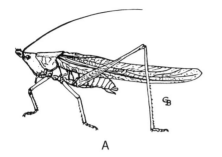
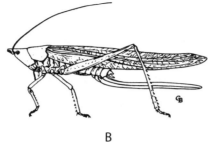

A B

Figura 11-6 Uma esperança Copiphorinae, *Neoconocephalus ensiger* (Harris). A, macho; B, fêmea.

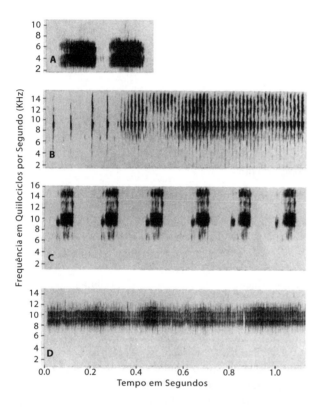

Figura 11-7 Audioespectrografias das canções de esperanças (Tettigoniidae). A, esperança verdadeira do norte, *Pterophylla camellifolia* (Fabricius), uma canção de dois pulsos, os pulsos fornecidos em uma taxa de cerca de 5 por segundo; B, uma esperança Conocephalinae, *Orchelimum nigripes* Scudder; C, uma esperança Copiphorinae, *Neoconocephalus ensiger* (Harris), os pulsos produzidos em uma frequência de cerca de 5 por segundo; D, outra esperança Copiphorinae, *N. nebrascensis* (Brunner), os pulsos produzidos em uma freqüência de cerca de 146 por segundo. B, C, e D apresentam apenas uma parte da longa canção destes insetos.

nos Estados Unidos da Europa e que entra nas casas, difere da espécie nativa de *Gryllus* por possuir a cabeça de cor clara com barras transversais escuras. Os membros deste grupo cantam tanto durante o dia quanto à noite. Outros gêneros desta subfamília (*Miogryllus* e *Gryllodes*) ocorrem no sul dos Estados Unidos.

Subfamília **Brachytrupinae** – grilos de cauda curta: Estes grilos recebem seu nome comum pelo fato de seus ovipositores serem muito curtos e não visíveis, em vez de longos e delgados como na maioria dos outros grilos. Os grilos de cauda curta têm hábitos cavadores e ocorrem em colônias, e suas tocas podem chegar a ficar 0,3 m ou mais abaixo da terra. Passam a maior parte do tempo, em suas tocas durante o dia e saem apenas à noite. Uma única espécie de grilo de cauda curta ocorre nos estados do sudeste, *Anurogryllus muticus* (DeGeer). Este inseto mede de 12 mm a 17 mm de comprimento e é castanho-amarelado.

Subfamília **Pentacentrinae** – **grilos anômalos:** Esta subfamília é representada nos Estados Unidos pela única espécie *Trogonidimimus belfragei* Caudell em Oklahoma e no norte do Texas. A espécie pode ser capturada por armadilha luminosa. Esta família tem uma distribuição tropical.

Família **Gryllotalpidae** – **paquinhas:** são insetos de coloração variando de castanho-claro a castanho-escuro, de corpo robusto, cilíndrico, pubescente, com cabeça mais estreita que o corpo, possuem antenas curtas. As pernas anteriores são fossorais, achatadas e com prolongamentos que auxiliam a escavarem o solo. Estes insetos cavoucam o solo úmido, próximo a lagos e córregos, a cerca de 150 mm a 200 mm abaixo da superfície. Há um tímpano na tíbia anterior e os machos cantam. Apenas sete espécies de paquinha ocorrem na América do Norte, seis no leste e uma no oeste. A espécie mais comum no leste é *Neocurtilla hexadactyla* (Perty). Este inseto mede cerca de 25 mm a 30 mm de comprimento e sua canção é muito parecida com a dos grilos arborícolas da neve (*Oecanthus fultoni* Walker), porém com tom mais baixo. As paquinhas do gênero *Scapteriscus* muitas vezes danificam lavouras de amendoim, tabaco, morango e vegetais nos estados do Atlântico sul e na Costa do Golfo do México.

Família **Mogoplistidae** – **grilos escamosos:** Os membros deste grupo são insetos pequenos, sem asas ou de asas muito curtas, corpo delgado, achatados, que têm distribuição tropical. Ocorrem em arbustos ou

Chave para as Subfamílias de Gryllidae

1.	Segundo segmento tarsal um pouco expandido lateralmente, achatado dorsoventralmente (Figura 11-2E)	2
1'.	Segundo segmento tarsal pequeno, achatado lateralmente (Figura 11-2A,D)	3
2 (1).	Tíbias posteriores com pequenos dentes entre espinhos mais longos; ovipositor cilíndrico, geralmente reto; comprimento de 11 mm a 23 mm	Eneopterinae
2'.	Tíbias posteriores sem pequenos dentes entre os espinhos mais longos; ovipositor comprimido, curvado para cima; comprimento de 4 mm a 8,5 mm	Trigonidiinae
3(1').	Antenas inseridas bem abaixo da metade da face	Pentacentrinae
3'.	Antenas inseridas na metade da face ou acima	4
4(3').	Ocelos presentes; cabeça curta, vertical; tíbias posteriores sem dentes entre os espinhos (Figura 11-2A); insetos pretos ou marrons	5
4'.	Ocelo ausente; cabeça alongada, horizontal; tíbias posteriores com dentes minúsculos entre os espinhos (Figura 11-2D); insetos em tom verde-pálido	Oecanthinae
5 (4).	Espinhos das tíbias posteriores longos e móveis (Figura 11-2A); último segmento dos palpos maxilares pelo menos com o dobro do comprimento do segmento anterior; corpo com menos de 12 mm de comprimento	Nemobiinae
5'.	Espinhos das tíbias posteriores sólidos e imóveis; último segmento dos palpos maxilares apenas um pouco mais longo que o segmento anterior; corpo com mais de 14 mm de comprimento	6
6(5').	Ocelos dispostos em uma fileira quase transversal; ovipositor muito curto, não visível; sudeste dos Estados Unidos	Brachytrupinae
6'.	Ocelos dispostos em um triângulo obtuso; ovipositor com pelo menos metade do comprimento dos fêmures posteriores; amplamente distribuídos	Gryllinae

abaixo de resíduos em localidades arenosas próximas da água. O corpo é coberto por escamas translúcidas, que podem ser facilmente raspadas. Os membros deste grupo nos estados do sul medem cerca de 5 mm a 13 mm de comprimento.

Família **Myrmecophilidae – grilos mirmecófilos:** Estes grilos são pequenos (de 2 mm a 4 mm de comprimento) e ovais, com fêmures posteriores muito dilatados. Vivem em formigueiros e se alimentam (pelo menos em parte) de secreções de formigas. Dentre as aproximadamente meia dúzia de espécies norte-americanas, apenas uma, *Myrmecophila pergandei* Bruner, ocorre no leste (de Maryland a Nebraska).

COLECIONANDO E PRESERVANDO ORTHOPTERA

Muitos dos Orthoptera, uma vez que são relativamente grandes e numerosos, são de fácil captura. O melhor momento para a captura da maioria das espécies vai da metade do verão até o final do outono; já algumas espécies devem ser localizadas no início do verão. As formas mais evidentes, como gafanhotos e grilos, são capturadas mais facilmente com uma rede, seja por varredura da vegetação ou com direcionamento para um indivíduo em particular. Algumas espécies mais discretas podem ser capturadas no período noturno, ouvindo-se suas canções e então as localizando com uma lanterna, ou por meio de vários tipos de armadilhas com iscas. Outras formas podem ser capturadas colocando-se melaço ou um material semelhante no fundo de uma armadilha, como apresentado na Figura 35-6A. Os insetos coletados deste modo podem ser simplesmente retirados da armadilha.

A maioria das ninfas e alguns espécimes adultos de corpo mole devem ser preservados em álcool, mas a maior parte dos adultos pode ser fixada em um alfinete. Alfinete os gafanhotos pelo lado direito da parte posterior do pronoto ou pela tégmina direita. Grilos devem ser alfinetados pela tégmina direita, na metade (da frente para trás) do corpo. Se o espécime tiver o corpo muito mole, apoie o corpo com uma peça de papelão ou alfinete ou ele cederá em uma das extremidades. No caso de gafanhotos, abra as asas, pelo menos de um lado, para que a cor e a venação da asa posterior possam ser vistas. Às vezes é desejável eviscerar alguns gafanhotos maiores antes que sejam alfinetados, para facilitar a secagem e a preservação. Faça uma incisão curta do lado direito ou do lado esquerdo do corpo perto da base do abdômen, e remova o máximo de vísceras possível.

Referências

Alexander, R. D. "The taxonomy of the field crickets of the eastern United States (Orthoptera, Gryllidae: Acheta)", *Ann. Entomol. Soc. Amer.*, 50, p. 584–602, 1957.

Alexander, R. D.; A. E. Pace; D. Otte. "The singing insects of Michigan", *Great Lakes Entomol.*, 5, p. 33–69, 1972.

Amedegnato, C. "Les genres d'Acridiens neotropicaux, leur classification par familles, sous-familles et tribus", *Acrida*, 3, p. 193–204, 1974.

Bailey, W. J.; D. C. F. Rentz. (Ed.) *The Tettigoniidae:* biology, systematics and evolution. Berlim: Springer Verlag, 1990. 395 p.

Blatchley, W. S. *Orthoptera of northeastern America.* Indianapolis: Nature, 1920. 785 p.

Capinera, J. L.; C. W. Scherer; J. M. Squitier. *Grasshoppers of Florida.* Gainsville: University Press Florida, 2001. 144 p.

Chopard, L. *La biologie des Orthoptères.* Paris: Lachevalier, 1938. 541 p.

Dakin, M. E. J.; K. L. Hays. "A synopsis of Orthoptera (sensu lato) of Alabama", *Bull. Agric. Exp. Sta. Auburn University*, 404, p. 1–118, 1970.

Dirsch, V. M. *Classification of the Acridomorphoid insects.* Oxford: E. W. Classey, 1975. 178 p.

Field, L. H. (Ed.) *The biology of wetas, king crickets and their allies.* Wallingford: CABI Publishing, 2001. 540 p.

Froeschner, R. C. "The grasshoppers and other Orthoptera of Iowa", *Iowa State Coll. J. Sci.*, 29, p. 163–354, 1954.

Gerhardt, H. C.; F. Huber. *Acoustic communication in insects and anurans:* common problems and diverse solutions. Chicago: University of Chicago Press, 2002. 531 p.

Grant, H. J., Jr.; D. Rentz. "Biosystematic review of the family Tanaoceridae, including a comparative study of the proventriculus (Orthoptera: Tanaoceridae)", *Pan-Pac. Entomol.*, 43, p. 65–74, 1967.

Gwynne, D. T. *Katydids and bush-crickets, reproductive behavior and evolution of the Tettigoniidae.* Ithaca: Cornell University Press, 2001. 317 p.

Helfer, J. R. *How to know the grasshoppers, cockroaches, and their allies.* 2. ed. Nova York: Dover Publications, 1987. 363 p.

Huber, F.; T. E. Moore; W. Loher. (Ed.). *Cricket behavior and neurobiology.* Ithaca: Cornell University Press, 1989.

Jago, N. D. "A revision of the Gomphocerinae of the world with a key to the genera (Orthoptera: Acrididae)", *Proc. Acad. Nat. Sci. Philadelphia*, 123, 8, p. 204–343, 1971.

Love, R. E.; T. J. Walker. "Systematics and acoustic behavior of the scaly crickets (Orthoptera: Gryllidae: Mogoplistinae) of eastern United States", *Trans. Amer. Entomol. Soc.*, 105, p. 1–66, 1979.

Morris, G. K.; D. T. Gwynne. "Geographical distribution and biological observations of *Cyphoderris* (Orthoptera: Haglidae) with a description of a new species", *Psyche*, 85, p. 147–166, 1978.

Nickle, D. A.; T. J. Walker; M. A. Brusven. Order Orthoptera. In: F. W. Stehr. (Ed.) *Immature insects.* v. 1. Dubuque: Kendall/Hunt, 1987. p. 147–170.

Otte, D. *The north american grasshoppers.* Cambridge: Harvard University Press, 1981. 275 p. v. 1: Acrididae, Gomphocerinae and Acridinae.

Otte, D. *The North American grasshoppers.* Cambridge: Harvard University Press, 1984. v. 2: Acrididae, Oedipodinae.

Otte, D. *Orthoptera species file.* n. 1: Crickets (Grylloidea) – A Systematic Catalog. Philadelphia: Philadelphia Academy of Sciences and The Orthoptera Society, 1994a. 120 p.

Otte, D. *The crickets of Hawaii:* origin, systematics, and evolution. Philadelphia: The Orthoptera Society, 1994b. 396 p.

Otte, D. *Orthoptera species file.* n. 4: Grasshoppers (Acridomorpha) C. Acridoidea (part) – A Systematic Catalog. Philadelphia: Philadelphia Academy of Sciences and The Orthoptera Society, 1995a.

Otte, D. *Orthoptera species file.* n 5: Grasshoppers (Acridomorpha) D. Acridoidea (part): A Systematic Catalog. Philadelphia: Philadelphia Academy of Sciences and The Orthoptera Society, 1995b. 630 p.

Otte, D. *Orthoptera species file.* n 6:, Tetrigoidea and Tridactyloidea: A Systematic Catalog. Philadelphia: Philadelphia Academy of Sciences and The Orthoptera Society, 1997a. 261 p.

Otte, D. *Orthoptera species file.* n. 7: Tettigonioidea – A Systematic Catalog. Philadelphia: Philadelphia Academy of Sciences and The Orthoptera Society, 1997b. 373 p.

Otte, D. *Orthoptera species file.* n. 8: Gryllacridoidea – A Systematic Catalog. Philadelphia: Philadelphia Academy of Sciences and The Orthoptera Society, 2000. 97 p.

Otte, D.; D. C. Eades; P. Naskrecki. *Orthoptera species file online (Version 2).* 2003. Disponível em: http://osf2.orthoptera. org/basic/HomePage.asp.

Rentz, D. C. F.; D. B. Weissman. "Faunal affinities, systematics, and bionomics of the Orthoptera of the California Channel Islands", *Univ. Calif. Publ. Entomol.*, 94, p. 1–240, 1981.

Vickery, V. R.; D. K. McE. Kevan. "The Grasshoppers, Crickets, and Related Insects of Canada and Adjacent Regions: Ulonata: Dermaptera, Cheleutoptera, Notoptera, Dictuoptera, Grylloptera, and Orthoptera", *The Insects and Arachnids of Canada.* Part 14. Ottawa: Canadian Government Publishing Centre, 1985. 918 p.

Vickerey, V. R.; D. E. Johnstone. "Generic status of some Nemobiinae (Orthoptera: Gryllidae) in northern North America", *Ann. Entomol. Soc. Amer.*, 63, p. 1740–1749, 1970.

Vickerey, V. R.; D. E. Johnstone. "The Nemobiinae (Orthoptera: Gryllidae) of Canada", *Can. Entomol.*, 105, p. 623–645, 1973.

Walker, T. J.; T. E. Moore. *Singing insects of North America.* 2003. Disponível em: http://buzz.ifas.ufl.edu/

CAPÍTULO 12

ORDEM PHASMATODEA[1]
BICHO-PAU E BICHO-FOLHA

Os membros desta ordem não possuem fêmures posteriores alargados (e não saltam) e os tarsos apresentam cinco artículos (três nos Timematidae). As espécies da América do Norte têm corpo alongado e semelhante a um graveto e as asas são bem reduzidas ou totalmente ausentes. Algumas formas tropicais (bicho-folha) são achatadas e expandidas lateralmente (possuem pelo menos as asas posteriores bem desenvolvidas), lembrando muito uma folha. Estes insetos não possuem tímpanos e órgãos estridulatórios, os cercos são curtos e uniarticulados e o ovipositor é curto e oculto.

Os bichos-pau são insetos herbívoros que se movem lentamente e, em geral, são encontrados em árvores ou arbustos. Têm um aspecto muito semelhante a gravetos e este mimetismo provavelmente tem valor protetor. Os bichos-pau podem expelir uma substância de odor desagradável pelas glândulas no tórax, comportamento que serve como meio de defesa. Ao contrário da maioria dos insetos, os bichos-pau podem regenerar pernas perdidas, ao menos em parte. Estes insetos não ocorrem em número suficiente para causar grandes danos a plantas cultivadas, mas, quando numerosos, podem provocar avarias sérias às árvores.

Algumas espécies são partenogênicas, sendo os machos completamente desconhecidos. Os ovos não são depositados de uma forma particular, mas simplesmente deixados aleatoriamente no solo. Existe uma única geração por ano, com o estágio de ovo permanecendo durante o inverno. Os ovos não eclodem até a primavera seguinte, e sim no segundo ano após terem sido depositados. Por este motivo, os bichos-pau são abundantes apenas em anos alternados. As formas imaturas são esverdeadas e os adultos são acastanhados.

Os bichos-pau são amplamente distribuídos (mais de 2 mil espécies no mundo todo), porém o grupo é mais diversificado nos trópicos, especialmente na região Indo-Malaia e, na região Neártica, é mais bem representado nos estados do sul. Os bichos-pau dos Estados Unidos não possuem asas, com exceção de *Aplopus mayeri* Caudell, que ocorre no sul da Flórida. Esta espécie possui asas anteriores curtas e ovais e as asas posteriores se projetam 2 ou 3 mm além das asas posteriores. Alguns bichos-pau tropicais medem cerca de 30 cm de comprimento.

Chave para as famílias de Phasmatodea

1.	Tarsos com 3 artículos	Timematidae
1'.	Tarsos com 5 artículos	2

[1] Este capítulo foi editado por David A. Nickle.

2 (1').	Mesotórax com comprimento nunca maior do que 3 vezes o comprimento do protórax; tíbias médias e posteriores com emarginação apical profunda, recebendo a base dos tarsos em repouso	Pseudophasmatidae
2'.	Mesotórax com comprimento pelo menos 4 vezes o comprimento do protórax; tíbias médias e posteriores sem emarginação apical profunda	3
3 (2').	Adultos com asas curtas; primeiro tergo abdominal com comprimento igual ou maior que o comprimento do metanoto (mais longo do que largo); cabeça com 2 espinhos robustos no vértice	Phasmatidae
3'.	Asas ausentes; primeiro tergo abdominal com comprimento muito menor que o metanoto (subquadrado); vértice sem espinhos robustos	Heteronemiidae

CLASSIFICAÇÃO DOS PHASMATODEA

Timematidae (Timemidae) – timemas
Pseudophasmatidae (Bacunculidae) – bichos-pau listrados
Heteronemiidae – bichos-pau comuns
Phasmatidae (Bacteriidae) – bichos-pau alados

Família **Timematidae** – São insetos mais robustos e menores do que a maioria dos outros bichos-pau e lembram um pouco as tesourinhas. Estes insetos são ápteros de pernas curtas, medindo de 15 a 30 mm de comprimento, e de cor esverdeada a rosa. Todos os tarsos possuem três artículos e garras pré-tarsais desiguais. Existem 10 espécies conhecidas, todas pertencentes ao gênero Timema, que ocorrem em árvores decíduas na Califórnia, Arizona e Nevada. Pelo menos uma espécie é partenogênica. São coletados batendo-se nas folhagens.

Família **Pseudophasmatidae – Bichos-pau listrados:** Nestes insetos, o tergo do primeiro segmento abdominal tem pelo menos o mesmo comprimento do metanoto torácico, ao qual é completamente fundido, e as tíbias médias e posteriores apresentam uma emarginação ampla e profunda apicalmente, recebendo a base do tarso em repouso. São amarelos-acastanhados (machos) ou marrons (fêmeas), com uma listra mediana e duas listras dorsais laterais escuras. Possuem glândulas defensivas com as quais podem borrifar um líquido espesso e leitoso. A fauna americana é restrita a duas espécies de *Anisomorpha*, que ocorrem na Flórida. São encontradas na grama ou em arbustos durante todo o ano.

Família **Heteronemiidae – Bichos-pau comuns:** São insetos mais parecidos com gravetos que os das outras três famílias de Phasmatodea. Existem 20 espécies em seis gêneros na América do Norte; oito destas pertencem ao gênero *Diapheromera*. O bicho-pau comum nos estados do nordeste da América do Norte é o *D. femoratum* (Say) (Figura 12-1), que algumas vezes se tornam abundante o suficiente para desfolhar seriamente as árvores de florestas. A esta família pertence o inseto mais longo dos Estados Unidos, *Megaphasma denticrus* (Stål), que atinge o comprimento de cerca de 150 a 180 mm. Ocorre no sul e no sudoeste.

Família **Phasmatidae – Bichos-pau alados:** Existem mais de 100 espécies neotropicais desta família, mas apenas uma, *Aplopus mayeri* Caudell, ocorre na América do Norte (sul da Flórida), alimentando-se da planta *Suriana maritima* e outras vegetações costeiras. Mede

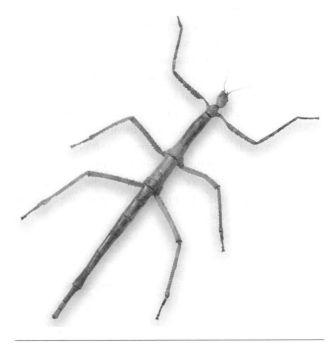

Figura 12-1 Exemplar de Phasmatodea, popularmente conhecido como "bicho-pau".

de 80 a 130 mm de comprimento e é o único bicho-pau norte-americano com asas. A cabeça possui dois espinhos robustos no vértice.

COLECIONANDO E PRESERVANDO PHASMATODEA

Os bichos-pau são relativamente grandes e se movem lentamente. Por isso, quando encontrados, sua coleta é razoavelmente fácil. A melhor época para coletar os adultos da maioria das espécies da América do Norte vai da metade do verão até o final do outono. Os adultos devem ser alfinetados na metade do corpo (de frente para trás). Se o espécime tiver o corpo muito mole, apoie-o com um pedaço de cartolina ou o prenda entre alfinetes, para que uma de suas extremidades não ceda e ele permaneça reto.

Referências

Bedford, G. O. "Biology and ecology of the Phasmatodea", *Annu. Rev. Entomol.*, 23, p. 125–149, 1978.

Bradley, J. C.; B. S. Galil. "The taxonomic arrangement of the Phasmatodea with keys to the subfamilies and tribes", *Proc. Entomol. Soc. Wash.*, 79, p. 176–208, 1977.

Gustafson, J. F. "Biological observations on Timema californica (Phasmoidea: Phasmidae)", *Ann. Entomol. Soc. Amer.*, 59, p. 59–61, 1966.

Helfer, J. R. *How to know the grasshoppers, cockroaches, and their allies*. 2. ed. Nova York: Dover Publications, 1987. 363 p.

Henry, L. M. "Biological notes on Timema californica Scudder", Pan-Pac. Entomol., 13, p. 137–141, 1937.

Nickle, D. A. Order Phasmatodea. In: F. W. Stehr. (Ed.) *Immature insects*. v. 1. Dubuque: Kendall/Hunt, 1987. p. 145–146. 754 p.; ilus.

Sellick, J. T. C. "Descriptive terminology of the phasmid egg capsule, with an extended key to the phasmid genera based on egg structure", *Syst. Entomol.*, 22, p. 97–122, 1997.

Strohecker, H. F. "New Timema from Nevada and Arizona (Phasmodea: Timemidae)", *Pan-Pac. Entomol.*, 42, p. 25–26, 1966.

Tilgner, E. "The fossil record of Phasmida (Insecta: Neoptera)", *Insect Syst. & Evol.*, 31, p. 473–480, 2000.

Tilgner, E. H.; T. G. Kiselyova; J. V. McHugh. "A morphological study of Timema cristinae Vickery with implications for the phylogenetics of Phasmida", *Deutsch. Entomol. Z.*, 46, p. 149–162, 1999.

Vickery, V.R. "Revision of Timema Scudder (Phasmatoptera: Timematodea) including three new species", *Can. Entomol*, 125, p. 657–692, 1993.

Vickery, V. R.; D. K. McE. Kevan. *The Grasshoppers, Crickets, and Related Insects of Canada and Adjacent Regions*. Ulonata: Dermaptera, Cheleutoptera, Notoptera, Dictuoptera, Grylloptera, and Orthoptera. Ottawa: Canadian Government Publishing Centre, 1985. 918 p. *The Insects and Arachnids of Canada, Part 14*.

CAPÍTULO 13

ORDEM GRYLLOBLATTODEA
GRILOBLATÓDEOS

O primeiro membro deste grupo não foi descoberto até 1914, quando Walker descreveu *Grylloblatta campodeiformis,* proveniente de Banff, Alberta, no Canadá. Griloblatódeos são insetos delgados, alongados, ápteros, que medem cerca de 15 a 30 mm de comprimento (Figura 13-1). O corpo tem cor pálida e é finamente pubescente. Os olhos são pequenos ou ausentes e não há ocelos. As antenas são longas e filiformes, compostas de 23 a 45 artículos. Os cercos são longos, com cinco ou oito artículos, e o ovipositor em forma de espada é quase tão longo quanto os cercos.

Existem apenas 25 espécies e quatro gêneros de griloblatódeos atualmente no mundo (Japão, Sibéria, China, Coreia, noroeste dos Estados Unidos e oeste do Canadá). Onze espécies, todas pertencentes ao gênero *Grylloblatta* na família Grylloblattidae, foram descritas na América do Norte.

Os Griloblatódeos vivem em lugares frios, como as escarpas na base de geleiras, e em cavernas geladas, frequentemente em grandes altitudes. São principalmente noturnos e seu principal alimento parece consistir de insetos mortos e outros tipos de matéria orgânica encontrada na neve e nos campos gelados. Apresentam corpo mole e são mais bem preservados em álcool.

Alguns especialistas consideram os griloblatódeos remanescentes da ordem extinta Protorthoptera, enquanto outros os consideram apenas uma subfamília primitiva separada de Orthoptera. Wheeler et al. (2001) propuseram, com base em evidências morfológicas e moleculares, que eles estariam mais relacionados aos Dermaptera.

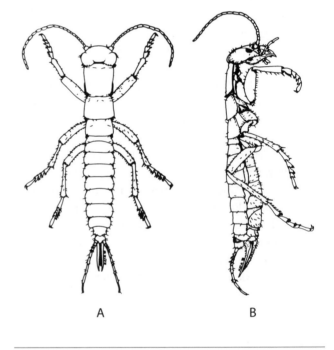

Figura 13-1 Um griloblatódeo, *Grylloblatta sp*. A, vista dorsal; B, vista lateral.

Referências

Ando, H. *Biology of the Notoptera*. Nagano: Kashiyo-Insatsu, 1982. 194 p.

Gurney, A. B. "The taxonomy and distribution of the Grylloblattidae", *Proc. Entomol. Soc. Wash.*, 50, p. 86–102, 1948.

Gurney, A. B. "Recent advances in the taxonomy and distribution of *Grylloblatta* (Orthoptera: Grylloblattidae)", *J. Wash. Acad. Sci.*, 43, p. 325–332, 1953.

Gurney, A. B. "Further advances in the taxonomy and distribution of *Grylloblatta* (Orthoptera: Grylloblattidae)", *Proc. Biol. Soc. Wash.*, 74, p. 67–76, 1961.

Helfer, J. R. *How to know the grasshoppers, cockroaches, and their allies*. Dubuque: William C Brown, 1987. 363 p.

Kamp, J. W. "Descriptions of two new species of Grylloblattidae and the adult of *Grylloblatta barberi*, with an interpretation of their geographic distribution", *Ann. Entomol. Soc. Amer.*, 56, p. 53–68, 1963.

Kamp, J. W. "The cavernicolous Grylloblattoidea of the western United States", *Ann. Speleology*, 25, p. 223–230, 1970.

Kamp, J. W. "Taxonomy, distribution and zoogeographic evolution of *Grylloblatta* in Canada (Insecta: Notoptera)", *Can. Entomol.*, 105, p. 1235–1249, 1973.

Nickle, D. A. Order Grylloblattodea (Notoptera). In: F. W. Stehr. (Ed.) *Immature insects*. v. 1. Dubuque: Kendall/Hunt, 1987. p. 143–144.

Rentz, D. C. F. A review of the systematics, distribution and bionomics of the North American Grylloblattidae. In: H. Ando. (Ed.) *Biology of the Notoptera*. Nagano: Kashiyo-Insatsu, 1982. 194 p.

Vickery, V. R.; D. K. McE. Kevan. The Grasshoppers, Crickets, and Related Insects of Canada and Adjacent Regions: Ulonata: Dermaptera, Cheleutoptera, Notoptera, Dictuoptera, Grylloptera, and Orthoptera; Ottawa: Canadian Government Publishing Centre, 1985. 918 p. *The Insects and Arachnids of Canada, Part 14*.

Walker, E. M. "A new species of Orthoptera, forming a new genus and family", *Can. Entomol.* 46:93–99, 1914.

Wheeler, W. C.; M. Whiting; Q. D. Wheeler; J. M. Carpenter. "The phylogeny of the extant hexapod orders", *Cladistics* 17, p. 113–169, 2001.

CAPÍTULO 14

ORDEM MANTOPHASMATODEA[1]

Mantophasmatodea é a mais recente adição ao grupo dos insetos. O gênero *Raptophasma* foi descrito pela primeira vez em 2001, para se referir a espécimes fósseis preservados em âmbar do Báltico, com idade aproximada de 30 milhões de anos (Zompro 2001). Espécimes semelhantes foram descobertos mais tarde em coleções da Namíbia e Tanzânia, na África, e uma nova ordem foi proposta. Desde então, espécimes dos Mantophasmatodea foram encontrados em vários locais na África do Sul, na Zona da Fauna do Cabo, uma área bem conhecida por sua riqueza de espécies e endemismo. A ordem contém apenas uma família, Mantophasmatidae, e três gêneros: os *Raptophasma* fósseis (uma espécie descrita), os gêneros viventes *Mantophasma* (duas espécies) e *Praedatophasma* (uma espécie). Os pesquisadores acreditam na existência de pelo menos três novas espécies na África do Sul.

Os Mantophasmatodea são pequenos, medindo de 2 a 3 cm de comprimento, e machos e fêmeas são ápteros. Têm peças bucais mastigadoras, a cabeça hipognata e as antenas são longas e filiformes. Os tarsos possuem cinco artículos e apresentam metamorfose simples. De acordo com van Noort (2003), os Mantophasmatodea lembram superficialmente um louva-a-deus imaturo, porém as pernas anteriores não são modificadas para a captura de presas. Entretanto, são insetos predadores. Os adultos têm vida razoavelmente curta, sobrevivendo apenas por algumas semanas.

Na descrição original da ordem, não ficou claro a quais ordens de insetos pertenceriam os parentes mais próximos dos Mantophasmatodea, porém Grylloblattodea e Phasmatodea foram sugeridas como possibilidades. Infelizmente, nenhuma análise filogenética precedeu a descrição. Neste momento, ainda não existe a certeza de que o reconhecimento deste grupo como uma ordem será aceito ou se eventualmente será classificado dentro de Grylloblattodea ou outro grupo.

Referências

Arillo, A.; V. M. Ortuño; A. Nel. "Description of an enigmatic insect from Baltic amber", *Bull. Soc. Entomol. France*, 102, p. 11–14, 1997.

Klass, K.-D.; O. Zompro; N. P. Kristensen; J. Adis. "Mantophasmatodea: a new insect order with extant members in the Afrotropics", *Science*, 296, p. 1456–1459, 2002.

---

[1] Mantophasmatodea: uma combinação de *Mantis* (Mantodea) e *Phasma* (Phasmatodea), referindo-se à suposta similaridade com estas duas ordens.

Picker, M. D.; J. F. Colville; S. van Noort. "Mantophasmatodea now in South Africa", *Science*, 297, p. 1475, 2002.

van Noort, S. "Order Mantophasmatodea (mantos)", disponível em *www.museums.org.za/bio/insects/mantophasmatodea/* Acesso em: 10 dez. 2003.

Zompro, O. "The Phasmatodea and Raptophasma n. gen., Orthoptera incertae sedis, in Baltic amber (Insecta: Orthoptera)", *Mitt. Geol.-Paläontol. Inst. Univ. Hamburg*, 85, p. 229–261, 2001.

Zompro, O.; J. Adis; W. Weitschat. "A review of the order Mantophasmatodea (Insecta)", *Zoologischer Anzeiger*, 241, 3, p. 269–279, 2002.

CAPÍTULO 15

ORDEM DERMAPTERA[1]

TESOURINHAS

As tesourinhas são insetos alongados, delgados, um pouco achatados, que lembram os besouros estafilinídeos, mas possuem cercos em forma de pinças (Figura 15-1). Os adultos podem ser ápteros ou alados, com um ou dois pares de asas. Se alados, as asas anteriores são curtas, coriáceas e sem veias (e são chamadas de *tégminas* ou *élitros*) e as asas posteriores, quando presentes, são membranosas e arredondadas, com veias irradiadas. Em repouso, as asas posteriores ficam dobradas abaixo das asas anteriores com apenas as extremidades se projetando. Os tarsos possuem três artículos, as peças bucais são do tipo mastigador e a metamorfose é simples.

As tesourinhas imaturas possuem menor número de artículos antenais em relação aos adultos, com artículos acrescentados em cada muda. As formas imaturas distinguem-se dos adultos pela combinação de um abdômen de 10 segmentos semelhante ao do macho (as fêmeas adultas possuem apenas 8 segmentos aparentes) com pinças retas semelhantes às das fêmeas (as pinças do macho adulto possuem as margens internas distintamente curvadas) (Figura 15-2).

A maioria das espécies tem hábitos noturnos e esconde-se durante o dia em fendas, rachaduras, sob cascas de árvores e em resíduos. Alimentam-se de matéria vegetal morta e em decomposição, mas algumas ocasionalmente se alimentam de plantas vivas e outras são predadoras.

Algumas formas aladas são boas voadoras, porém outras raramente voam. Os ovos são depositados em buracos no solo feitos por outros animais ou em resíduos, geralmente em grupos, e são protegidos pela fêmea até sua eclosão. Passam o inverno no estágio adulto.

Algumas espécies apresentam aberturas de glândulas na superfície dorsal do terceiro e quarto segmentos abdominais, por onde liberam um líquido de odor desagradável que serve como um meio de defesa. Existem espécies que podem esguichar este fluido a uma distância de 75 mm a 100 mm.

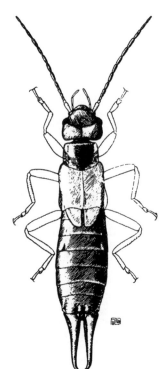

Figura 15-1 A tesourinha europeia, *Forficula auricularia* L., fêmea, ampliada aproximadamente 4x.

[1] Dermaptera: *derma*, pele; *ptera*, asas (referindo-se à textura das asas anteriores).

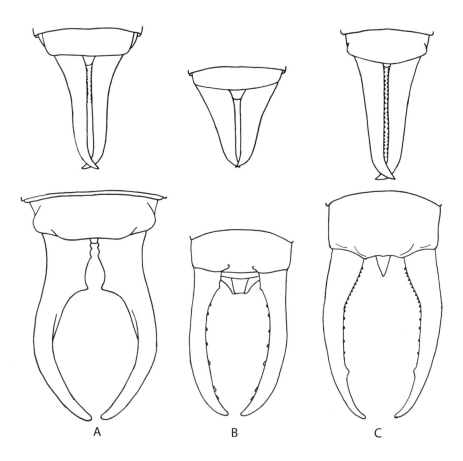

Figura 15-2 Pinças anais de Dermaptera. A, *Forficula auricularia* L.; B, *Labia minor* (L.); C, *Doru lineare* (Eschscholtz). Figuras superiores, pinças da fêmea; figuras inferiores, pinças do macho.

O nome do inseto em inglês, "earwing", é derivado de uma antiga superstição de que estes insetos entrariam nos ouvidos das pessoas. Essa crença é infundada. As tesourinhas não picam, mas, se manipuladas, tentarão pinçar com seus cercos. Seu abdômen é bastante móvel. As espécies maiores, em especial os machos, podem infligir um pinçamento doloroso.

CLASSIFICAÇÃO DOS DERMAPTERA

A ordem Dermaptera é usualmente dividida em três subordens, Arixenina, Diploglossata (Hemimerina) e Forficulina. Alguns especialistas consideram Arixenina como uma família (Arixenidae) de Forficulina. Os Arixenina são ectoparasitas de morcegos malaios e os Diploglossata são parasitas de roedores na África

Chave para as famílias de Dermaptera

1.	Segundo artículo tarsal estendendo-se distalmente abaixo da base do terceiro (Figura 15-3D); antenas com 12 a 16 artículos	2
1'.	Segundo artículo tarsal não se estendendo distalmente abaixo da base do terceiro (Figura 15-3C); antenas com 10 a 31 artículos	3
2(1).	Extensão distal do segundo artículo tarsal dilatada, mais largo que o terceiro artículo (Figura 15-3D) e sem uma escova densa de pelos abaixo; antenas com 12 a 16 artículos; em geral, amareladas ou acastanhadas; amplamente distribuídos	Forficulidae

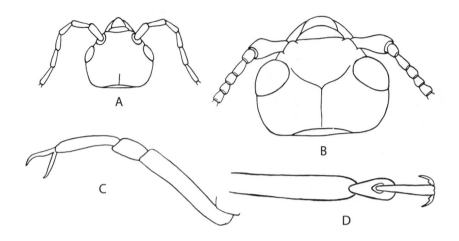

Figura 15-3 Características de um Dermaptera. A, Cabeça de *Labia minor* (L.), vista dorsal; B, Cabeça de *Labidura riparia* Pallas, vista dorsal; C, Tarso de *Labidura*; D, Tarso de *Forficula*.

2'.	Extensão distal do segundo artículo tarsal não dilatada, menor que o terceiro artículo e com escova densa de pelos abaixo; antenas com 12 artículos; pretas; Califórnia	Chelisochidae
3(1').	Arólio grande, em forma de almofada entre as garras tarsais; pinça do macho fortemente curvada para dentro; registrados perto de Miami, Flórida	Pygidicranidae
3'.	Nenhum arólio entre as garras tarsais; pinça do macho não fortemente curvada (Figura 15-2B,C); amplamente distribuídos	4
4(3').	Antenas com 25 a 30 artículos; pronoto marrom-claro com 2 faixas longitudinais escuras; comprimento de 20 mm a 30 mm; sul dos Estados Unidos, da Carolina do Norte até a Flórida e a Califórnia	Labiduridae
4'	Antenas com 10 a 24 artículos; pronoto de cor uniforme; comprimento de 4 mm a 25 mm; amplamente distribuídos	5
5(4').	Antenas com 14-24 artículos; tégminas presentes como abas arredondadas que não se encontram nas margens basais internas ou ausentes; pinça direita do macho mais fortemente curvada que a esquerda; comprimento de 9 mm a 25 mm	Anisolabididae
5'.	Antenas com 10 a 16 artículos; tégminas desenvolvidas e encontrando-se ao longo de toda a linha média; pinça do macho simétrica; comprimento inferior a 20 mm	Labiidae

do Sul. Forficulina é a única subordem que ocorre na América do Norte. Das 22 espécies de tesourinhas norte-americanas, 12 foram introduzidas da Europa ou dos trópicos. As espécies nos Estados Unidos representam seis famílias, cujos adultos podem ser separados pela seguinte chave.

Família **Pygidicranidae:** Esta família é representada nos Estados Unidos por uma única espécie, *Pyragropsis buscki* (Caudell), que é totalmente alada e mede de 12 mm a 14 mm de comprimento. Este inseto foi capturado no sul da Flórida e também ocorre em Cuba, na Jamaica e na ilha de Hispaniola.

Família **Anisolabididae (Carcinophoridae, Psalididae, Anisolabidae; Labiduridae em parte) – tesourinhas das praias e tesourinhas de pernas aneladas:** A tesourinha das praias, *Anisolabis maritima* (Bonelli), é um inseto marrom-escuro, sem asas, de 20 mm a 25 mm de comprimento com 20 a 24 artículos antenais. Esta é uma espécie introduzida que tem hábitos predatórios e é encontrada sob resíduos ao longo das costas marítimas. Atualmente ocorre, de modo local, ao longo das costas do Atlântico, Pacífico e do Golfo do México. O gênero *Euborellia* contém seis espécies norte-americanas, que medem de 9 mm a 18 mm de comprimento com 14 a 20 artículos antenais. Estas tesourinhas são encontradas em resíduos no solo e ocorrem principalmente nos estados do sul dos EUA. A espécie mais comum é a tesourinha de pernas aneladas, *E. annulipes* (Lucas), uma espécie não alada que é amplamente distribuída e às vezes invade as casas. *Euborellia cincticollis* (Gerstaecker) foi introduzida na Califórnia e no Arizona. Esta espécie possui três formas, com os indivíduos exibindo asas bem desenvolvidas, asas anteriores encurtadas com asas posteriores reduzidas ou ausentes, ou ápteros.

Família **Labiidae – Labiídeos:** Esta família possui oito espécies norte-americanas em três gêneros, sendo que a mais comum é *Labia minor* (L.), uma espécie introduzida. Este inseto mede de 4 mm a 7 mm de comprimento e é coberto por pilosidade dourada. É um bom voador e pode ser encontrado ao entardecer ou atraído por luzes à noite. O *Marava pulchella* (Audinet-Serville) é uma espécie maior (8 mm a 10 mm de comprimento), marrom-avermelhado-brilhante, cujos indivíduos podem ter asas bem desenvolvidas ou asas anteriores curtas com as posteriores reduzidas ou ausentes. Este inseto é encontrado nos estados do sul dos EUA. O gênero *Vostox* contém três espécies, das quais uma, *V. apicedentatus* (Caudell), mede de 9 mm a 12 mm de comprimento e é razoavelmente comum entre folhas mortas e cactos em regiões desérticas do sudoeste norte-americano.

Família **Labiduridae – tesourinhas listradas:** Este grupo inclui uma única espécie norte-americana, *Labidura riparia* (Pallas), introduzida, que ocorre na região sul dos Estados Unidos, do sul da Carolina do Norte até a Flórida, espalhando-se para oeste até a Califórnia. Esta espécie é facilmente reconhecida por seu grande tamanho (mede cerca de 20 mm a 30 mm de comprimento) e pelas faixas escuras longitudinais no pronoto e tégminas. É noturna e predadora, escondendo-se sob resíduos durante o dia.

Família **Chelisochidae – tesourinhas pretas:** Este grupo inclui uma única espécie norte-americana, *Chelisoches morio* (Fabricius), que é nativa dos trópicos (ilhas do Pacífico), mas se estabeleceu na Califórnia. Este inseto é preto e mede de 16 mm a 20 mm de comprimento.

Família **Forficulidae – tesourinhas europeias:** O membro mais comum desta família é a tesourinha europeia, *Forficula auricularia* L., um inseto preto-acastanhado medindo de 15 mm a 20 mm de comprimento (Figura 15-1). Amplamente distribuído desde o sul do Canadá até a Carolina do Norte, o Arizona e a Califórnia. Ocasionalmente, causa danos substanciais a lavouras de vegetais, cereais, árvores frutíferas e plantas ornamentais. As tesourinhas do gênero *Doru* são um pouco menores (12 mm a 18 mm de comprimento); em inglês, são chamadas de "spine-tailed earwig" porque o macho possui um espinho mediano curto no segmento abdominal terminal (Figura 15-2C).

COLETA E PRESERVAÇÃO DE DERMAPTERA

As tesourinhas, em geral, podem ser encontradas em vários locais protegidos: resíduos, fendas e rachaduras, sob cascas de árvores e raízes de gramíneas e junça. Não são frequentemente capturadas com rede. Algumas podem ser atraídas para a luz à noite e outras podem ser capturadas em armadilhas de solo (Figura 35-6A). São preservadas em via seca, em alfinetes ou pontos. Se alfinetadas, o alfinete deve passar pela tégmina direita, assim como nos besouros.

Referências

Blatchley, W. S. *Orthoptera of northeastern America*. Indianapolis: Nature, 1920.

Brindle, A. "A revision of the subfamily Labidurinae (Dermaptera: Labiduridae)", *Ann. Mag. Nat. Hist.*, 13, 9, p. 239–269, 1966.

Brindle, A. "A revision of the Labiidae (Dermaptera) of the Neotropical and Nearctic regions. II. Geracinae and Labiinae", *J. Nat. Hist.*, 5, p. 155–182, 1971a.

Brindle, A. "A revision of the Labiidae (Dermaptera) of the Neotropical and Nearctic regions. III. Spongiphorinae", *J. Nat. Hist.*, 5, p. 521–568, 1971b.

Brindle, A. "The Dermaptera of the Caribbean", *Stud. Fauna Curaçao and Other Caribbean Islands*, 38, p. 1–75, 1971c.

Brindle, A. Order Dermaptera. In: F. W. Stehr. *Immature insects*. v. 1. Dubuque: Kendall/Hunt, 1987. p. 171–178.

Cantrell, I. J. "An annotated list of the Dermaptera, Dictyoptera, Phasmatoptera, and Orthoptera of Michigan", *Mich. Entomol.*, 1, p. 299–346, 1968.

Eisner, T. "Defense mechanisms of arthropods. II. The chemical and mechanical weapons of an earwig", *Psyche*, 67, p. 62–70, 1960.

Giles, E. T. "The comparative external morphology and affinities of the Dermaptera", *Trans. Roy. Entomol. Soc. Lond.*, 115, p. 95–164, 1963.

Gurney, A. B. "Important recent name changes among earwigs of the genus *Doru* (Dermaptera, Forficulidae)", *Coop. Econ. Insect Rep. (USDA)*, 22, 13, p. 182–185, 1972.

Haas, F. "The phylogeny of the Forficulina, a suborder of the Dermaptera", *Syst. Entomol.*, 20, p. 85–98, 1995.

Haas, F.; J. Kukalová-Peck. "Dermaptera hindwing structure and folding: New evidence for familial, ordinal and superordinal relationships within Neoptera (Insecta)", *Eur. J. Entomol.*, 98, p. 445–509, 2001.

Hebard, M. "The Dermaptera and Orthoptera of Illinois", *Ill. Nat. Hist. Surv. Bull.*, 20, 3, p. 125–279, 1934.

Helfer, J. R. *How to know the grasshoppers, cockroaches, and their allies.* 2. ed. Nova York: Dover Publications, 1987.

Hinks, W. D. *A systematic monograph of the Dermaptera of the world based on material in the British Museum (Natural History).* Londres: British Museum (Natural History), 1955. Parte I: Pygidicranidae, Subfamily Diplatyinae.

Hinks, W. D. *A systematic monograph of the Dermaptera of the world based on material in the British Museum (Natural History).* Londres: British Museum (Natural History), 1959. Parte II: Pygidicranidae Excluding Diplatyinae.

Hoffman, K. M. "Earwigs (Dermaptera) of South Carolina, with a key to the eastern North American species and a checklist of the North American fauna", *Proc. Ent. Soc. Wash.*, 89, p. 1–14, 1987.

Knabke, J. J.; A. A. Grigarick. "Biology of the african earwig, *Euborellia cincticollis* (Gerstaecker) in California and comparative notes on *Euborellia annulipes* (Lucas)", *Hilgardia*, 41, p. 157–194, 1971.

Langston, R. L.; J. A. Powell. "The earwigs of California", *Bull. Calif. Insect Surv.*, 20, p. 1–25, 1975.

Popham, E. J. "A key to the Dermaptera subfamilies", *Entomologist*, 98, p. 126–136, 1965.

Popham, E. J. "Towards a natural classification of the Dermaptera", *Proc. 12th Int. Congr. Entomol. Lond. (1964)*, p. 114–115, 1965.

Popham, E. J. "The mutual affinities of the major earwig taxa (Insecta, Dermaptera)" *Z. Zool. Syst. Evol.-Forsch.*, 23, p. 199–214, 1985.

Steinmann, H. "A systematic survey of the species belonging to the genus *Labidura* Leach, 1815 (Dermaptera)", *Acta Zool. Acad. Sci. Hung.*, 25, p. 415–423, 1978.

Steinmann, H. "World Catalog of Dermaptera", *Series Entomologica*, 43, p. 1–934, 1989.

Vickery, V. R.; D. K. McE. Kevan. "The Grasshoppers, Crickets, and Related Insects of Canada and Adjacent Regions: Ulonata: Dermaptera, Cheleutoptera, Notoptera, Dictuoptera, Grylloptera, and Orthoptera", *The insects and arachnids of Canada*, Parte 14. Ottawa: Canadian Government Publishing Centre, 1985.

CAPÍTULO 16

ORDEM PLECOPTERA[1,2]
MOSCAS-DA-PEDRA

As moscas-da-pedra são insetos de tamanho médio ou pequeno, um tanto achatados, de corpo mole e coloração pardacenta, encontrados perto de córregos ou praias de lagos rochosos. Em geral, não são bons voadores e raramente são encontrados longe da água. A maioria das espécies possui quatro asas membranosas (Figura 16-1). As asas anteriores são alongadas e estreitas, e possuem uma série de veias transversais entre M e Cu_1 e entre Cu_1 e Cu_2. As asas posteriores são ligeiramente mais curtas que as asas anteriores e apresentam um lobo anal bem desenvolvido, que se dobra como um leque quando as asas estão em repouso. Algumas espécies de moscas-da-pedra possuem asas reduzidas ou não são aladas (machos). Quando em repouso, mantêm as asas planas sobre o abdômen. As antenas são longas, delgadas e multiarticuladas. Os tarsos possuem três artículos. Os cercos estão presentes e podem ser longos ou curtos. As peças bucais são do tipo mastigador, embora em muitos adultos (que não se alimentam) sejam reduzidas. As moscas-da-pedra sofrem metamorfose simples e os estágios ninfais de desenvolvimento são aquáticos, sendo chamados de náiades.

As náiades de mosca-da-pedra (Figuras 16-2) são alongadas, achatadas, com antenas e cercos longos e, com frequência, possuem brânquias ramificadas no tórax e nas bases das pernas. São muito semelhantes às náiades de efemérides, mas não possuem um filamento caudal mediano; ou seja, possuem apenas dois filamentos, enquanto as náiades de efemérides quase sempre têm três. As náiades de mosca-da-pedra possuem duas garras tarsais e as de efemérides possuem apenas uma; as brânquias também são diferentes: as náiades de efemérides têm brânquias foliáceas ao longo das laterais do abdômen, enquanto as brânquias da náiade de mosca-da-pedra são sempre digitiformes, simples ou ramificadas, e ocorrem apenas ventralmente (Figura 16-2B). As náiades muitas vezes são encontradas sob pedras em córregos ou ao longo de praias de lagos (razão do nome comum destes insetos), mas ocasionalmente podem ser encontradas em qualquer lugar de um córrego onde o alimento esteja disponível. Algumas espécies vivem na água abaixo da terra e suas náiades, às vezes, aparecem em poços ou em outros locais onde existam suprimentos de água potável. Algumas espécies se alimentam de plantas no estágio ninfal, e outras são predadoras ou onívoras. Há espécies de moscas-da-pedra que emergem, se alimentam e acasalam durante os meses de outono e inverno. As náiades destas espécies são fitófagas e os adultos alimentam-se de algas azul-verdes (cianobactérias) durante o dia. As que emergem durante o verão variam quanto aos hábitos de alimentação da ninfa. Muitas não se alimentam quando adultas.

Em muitas espécies de moscas-da-pedra, os sexos se encontram em resposta a sinais acústicos. Os machos tamborilam, batendo a extremidade do abdômen no substrato. As fêmeas virgens respondem a este som, tamborilando de modo particular durante ou imediatamente após o tamborilar do macho. Os machos tamborilam durante toda a sua vida adulta e os sinais são específicos para as espécies.

---

[1] Plecoptera: *pleco*, dobrada ou preguada; *ptera*, asas (referindo-se ao fato de que a região anal das asas posteriores fica dobrada quando as asas estão em repouso).
[2] Este capítulo foi editado por Richard W. Bauman.

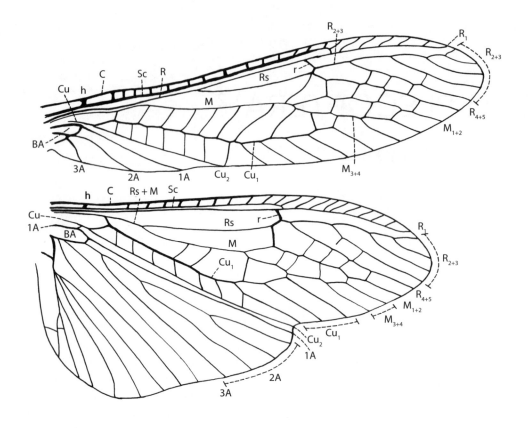

Figura 16-1 Asas de uma mosca-da-pedra perlídea. *BA*, célula anal basal.

CLASSIFICAÇÃO DOS PLECOPTERA

Esta ordem na América do Norte é dividida em dois grupos. Anteriormente, eram separados apenas pela estrutura do lábio, comparando-se o comprimento das glossas e paraglossas. Contudo, Zwick (1973) mostrou que as famílias Pteronarcyidae e Peltoperlidae pertencem ao grupo Systellognatha. Ele observou que a estrutura do lábio varia de acordo com o método de alimentação, com herbívoros exibindo glossas e paraglossas de tamanhos semelhantes e carnívoros possuindo modificações em seu tamanho e forma.

Diferentes especialistas reconhecem diferentes famílias. Aqui, seguimos a proposta de Stark et al. (1986), que reconhecem nove famílias na América do Norte. Esta proposta é descrita a seguir, com os nomes e organizações alternativas entre parênteses. Os números entre parênteses, representando o número de espécies norte-americanas, foram extraídos de Stark et al. (1986).

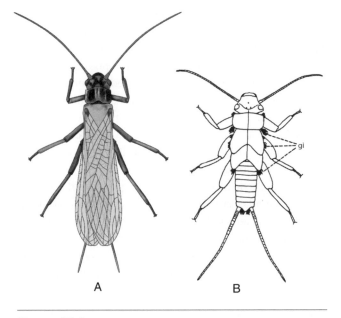

Figura 16-2 A, Uma mosca da pedra adulta, *Clioperla clio* Newman (Perlodidae); B, Uma náiade de mosca-da-pedra. *gi*, brânquias. (B redesenhado de Frison.)

Grupo Euholognatha (Filipalpia, Holognatha) (280)
  Taeniopterygidae (Nemouridae em parte) (33) – tenniopterigídeos
  Nemouridae (Nemourinae de Nemouridae) (64) – nemouríneos
  Leuctridae (Nemouridae em parte) (52) – leuctrídeos
  Capniidae (Nemouridae em parte) (131) – capniídeos
Grupo Systellognatha (Setipalpia, Subulipalpia) (257)
  Pteronarcyidae (Pteronarcidae) (10) – moscas-da-pedra gigantes
  Peltoperlidae (17) – peltoperlídeos
  Perlidae (44) – moscas-da-pedra comuns
  Perlodidae (incluindo Isoperlidae) (114)
  Chloroperlidae (72) – cloroperlídeos

As principais características utilizadas para separar as famílias de moscas-da-pedra são a venação alar, as características dos tarsos, os resquícios das brânquias e as peças bucais dos adultos. Os resquícios de brânquias são contraídos e de difícil visualização em espécimes alfinetados e secos. Os caracteres relativos às brânquias, nesse caso, são mais fáceis de observar quando os espécimes são preservados em álcool.

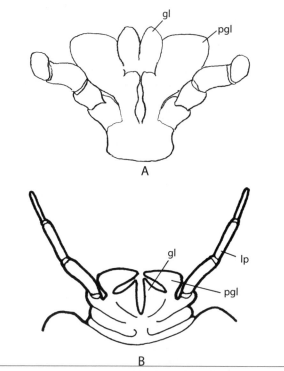

Figura 16-3 Lábios de moscas-da-pedra adultas, vista ventral. A, *Taeniopteryx nivalis* (Fitch) (Taeniopterygidae); B, *Perla* (Perlidae). *gl*, glossa; *lp*, palpo labial; *pgl*, paraglossa.

Chave para as famílias de Plecoptera

As chaves para as náiades são fornecidas por Claassen (1931), Jewett (1956), Pennak (1978), Harper (1984), Stewart e Stark (1984, 1988) e Baumann (1987).

1.	Lábio com glossas e paraglossas aproximadamente do mesmo tamanho, parecendo, assim, haver 4 lobos terminais semelhantes (Figura 16-3A)	2
1'.	Lábio com glossas muito pequenas, parecendo haver 2 lobos terminais (as paraglossas), cada um com um pequeno lobo basomesal (as glossas) (Figura 16-3B)	7
2(1).	Artículo tarsal basal curto, muito mais curto que o terceiro artículo (Figura 16-4E)	3
2'.	Artículo tarsal basal longo, quase tão longo quanto o terceiro artículo (Figura 16-4A-D)	4
3(2).	Região anal da asa anterior com 2 séries de veias transversais (Figura 16-5A); cabeça com 3 ocelos; resquício de brânquias nas laterais dos primeiros 2 ou 3 artículos abdominais; moscas-da-pedra grandes, com 25 mm de comprimento	Pteronarcyidae

3'.	Região anal da asa anterior sem fileiras de veias transversais (Figura 16-5B-E); cabeça com 2 ocelos; sem resquício de brânquias nos segmentos abdominais; comprimento inferior a 25 mm	Peltoperlidae
4 (2').	Segundo artículo dos tarsos com aproximadamente o mesmo comprimento de cada um dos outros 2 artículos (Figura 16-4A)	Taeniopterygidae
4'.	Segundo artículo dos tarsos muito mais curtos que cada um dos outros 2 artículos (Figura 16-4B-D)	5
5 (4').	Cercos curtos e unissegmentados; asa anterior com 4 ou mais veias tranversais cubitais, 2A bifurcada (Figura 16-5C)	6
5'.	Cercos longos e com 4 ou mais artículos; asa anterior com apenas 1 ou 2 veias transversais cubitais, 2A não bifurcada (Figura 16-5E)	Capniidae
6 (5).	Asas anteriores planas em repouso, com uma veia tranversal apical (Figura 16-5D, apc)	Nemouridae
6'.	Asas anteriores em repouso dobradas para baixo sobre as laterais do abdômen, sem veia tranversal apical (Figura 16-5C)	Leuctridae
7(1').	Asas anteriores com cu-a, quando presente, oposta à célula anal basal, ou a uma distância dela correspondente a, no máximo, seu próprio comprimento; resquício de brânquias ramificadas no tórax	Perlidae
7'.	Asas anteriores com cu-a, quando presente, em geral a uma distância da célula anal basal maior que seu próprio comprimento; sem brânquias ramificadas no tórax (alguns Perlodidae podem apresentar resquício de brânquias não ramificados ou digitiformes no tórax)	8
8(7').	Asas posteriores com lobo anal bem desenvolvido, com 5-10 veias anais; asas anteriores sem veia bifurcada originada da célula anal basal; pronoto retangular, com cantos agudos ou pouco arredondados; comprimento de 6 mm a 25 mm	Perlodidae
8'.	Asas posteriores com lobo anal reduzido (raramente ausente) e, em geral, com no máximo 4 veias anais; asas anteriores algumas vezes com a veia bifurcada originada da célula anal basal; pronoto com cantos arredondados; comprimento de 15 mm ou menos	Chloroperlidae

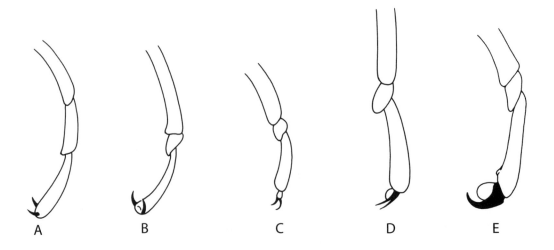

Figura 16-4 Tarsos posteriores de Plecoptera. A, *Taeniopteryx* (Taeniopterygidae); B, *Leuctra* (Leuctridae); C, *Nemoura* (Nemouridae); D, *Allocapnia* (Capniidae); E, *Pteronarcys* (Pteronarcyidae).

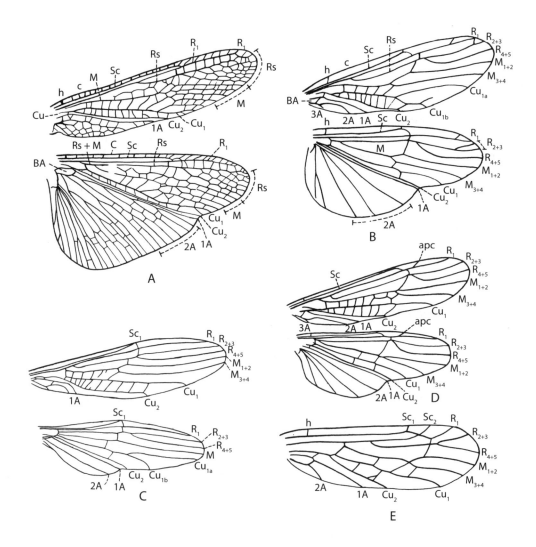

Figura 16-5 Asas de Plecoptera. A, *Pteronarcys* (Pteronarcyidae); B, *Taenionema* (Taeniopterygidae); C, *Leuctra* (Leuctridae); D, *Nemoura* (Nemouridae); E, asa anterior de um capniídeo. *apc*, veia transversal apical; *BA*, célula anal basal.

GRUPO **Euholognatha:** Estas moscas-da-pedra possuem glossas e paraglossas de tamanho semelhante (Figura 16-3A). Alimentam-se principalmente de plantas, tanto os adultos quanto as náiades. Este é o maior dos dois grupos e contém cerca de ⅗ das espécies norte-americanas.

Família **Taeniopterygidae – teniopterigídeos:** Os membros desta família são insetos marrom-escuros a pretos, com geralmente 13 mm ou menos de comprimento, que emergem de janeiro a junho. As náiades são fitófagas e ocorrem em grandes córregos e rios. Alguns adultos alimentam-se de flores. Duas espécies comuns do leste neste grupo são *Taeniopteryx maura* (Pictet), com 8 mm a 12 mm de comprimento, que emerge de janeiro a março, e *Strophopteryx fasciata* (Burmeister), que mede cerca de 10 mm a 15 mm de comprimento e emerge em março e abril.

Família **Nemouridae – nemouríneos:** Os adultos desta família são marrons ou pretos e emergem de abril a junho. As náiades alimentam-se de plantas e ocorrem em pequenos córregos com fundos rochosos.

Família **Leuctridae – leuctrídeos:** Estas moscas-da-pedra em sua maioria têm 10 mm de comprimento ou menos e são marrons ou pretas. As asas em repouso são dobradas para baixo nas laterais do abdômen. Estes insetos são mais comuns em regiões de colinas ou montanhosas, e as náiades ocorrem em pequenos córregos. Os adultos aparecem de março a dezembro.

Família **Capniidae – capniídeos:** Esta é a maior família da ordem e a maioria de seus membros, que são enegrecidos, mede cerca de 10 mm de comprimento ou menos; emergem durante os meses de inverno. As asas são curtas ou rudimentares em algumas espécies. A maioria dos capniídeos que ocorrem no leste pertence ao gênero *Allocapnia*.

Grupo **Systellognatha**: As famílias carnívoras Perlidae, Perlodidae e Chloroperlidae possuem glossas volumosas e paraglossas pequenas. As famílias de herbívoros Pteronarcyidae e Peltoperlidae possuem esses lobos labiais de tamanho e forma quase iguais.

Família **Pteronarcyidae – moscas-da-pedra gigantes:** Esta família inclui os maiores insetos da ordem; as fêmeas de uma espécie comum do leste, *Pteronarcys dorsata* (Say), algumas vezes pode atingir o comprimento (medido até a ponta das asas) de 55 mm. As náiades são fitófagas e ocorrem em rios de tamanho médio a grande. Os adultos têm hábitos noturnos e, com frequência, são atraídos pelas luzes. Os adultos não se alimentam. Emergem do final da primavera até o início do verão.

Família **Peltoperlidae – peltoperlídeos:** Esta família é chamada de "roachlike stoneflies" em língua inglesa porque as náiades têm um aspecto parecido como das baratas (*coachroach*, em inglês). A maioria destas moscas-da-pedra é distribuída no oeste ou no norte. A espécie mais comum no leste é marrom e mede cerca de 12 mm a 18 mm de comprimento.

Família **Perlidae – moscas-da-pedra comuns:** Esta família é composta pelas moscas-da-pedra capturadas com mais frequência. Os adultos emergem na primavera e no verão e não se alimentam. A maioria mede de 20 mm a 40 mm de comprimento. As náiades são predatórias.

Duas espécies do leste desta família possuem apenas dois ocelos, *Perlinella ephyre* (Newman) e *Neoperla clymene* (Newman). Ambas medem 12 mm de comprimento e são marrons, com asas um pouco acinzentadas. *Neoperla clymene* tem ocelos próximos entre si, enquanto em *P. ephyre* eles são distantes. *Perlinella drymo* (Newman) tem cerca de 10 mm a 20 mm de comprimento, é marrom, com duas manchas pretas na cabeça amarela e uma fileira de veias transversais na área anal da asa anterior. *Perlesta placida* (Hagen) tem de 9 mm a 14 mm de comprimento e hábitos noturnos. *Agnetina capitata* (Pictet) tem de 14 mm a 24 mm de comprimento e hábitos diurnos, com a borda costal da asa anterior amarela. Um dos maiores e mais comuns gêneros é *Acroneuria*. Os adultos deste gênero são relativamente grandes (medem de 20 mm a 40 mm de comprimento) e os machos possuem uma estrutura discoide na metade da porção posterior do nono esterno abdominal.

Família **Perlodidae:** Os membros mais comuns desta família têm asas verdes e amarelas ou corpo verde e medem de 6 mm a 15 mm de comprimento. A maioria dos adultos não se alimenta, porém os membros da subfamília Isoperlinae se alimentam, principalmente de pólen, e têm hábitos diurnos. Outras espécies menos comuns são marrons ou pretas e medem de 10 mm a 25 mm de comprimento. As náiades podem ser onívoras ou carnívoras.

Família **Chloroperlidae – Cloroperlídeos:** Os adultos desta família medem de 6 mm a 15 mm de comprimento, são amarelos ou verdes, e emergem na primavera. *Haploperla brevis* (Banks), uma espécie comum do leste, mede de 6 mm a 9 mm de comprimento, tem cor amarelo-brilhante e não possui um lobo anal na asa posterior. As moscas-da-pedra pertencentes ao gênero *Alloperla*, das quais existem várias espécies no leste, são verdes, medem em média de 8 mm a 15 mm e possuem um pequeno lobo anal na asa posterior.

COLETA E PRESERVAÇÃO DE PLECOPTERA

Durante os dias mais quentes de outono, inverno e primavera, os adultos podem ser encontrados repousando em pontes, cercas e outros locais próximos aos córregos nos quais as náiades se desenvolvem. Muitas espécies podem ser capturadas varrendo-se a folhagem ao longo da ribanceira dos córregos. O uso de uma bandeja de recolhimento constitui o método preferido de coleta de adultos. As pontes são o local de repouso favorito para muitas espécies durante todo o ano. Muitas formas que aparecem no verão são atraídas por luzes. As náiades podem ser encontradas em córregos, sob pedras ou em resíduos do fundo.

Tanto os adultos quanto as náiades devem ser preservados em álcool. Os adultos alfinetados em geral encolhem, tornando difícil distinguir algumas características, particularmente da genitália e das brânquias.

Referências

Baumann, R. W. Order Plecoptera. In: F. W. Stehr. (Ed.) *Immature insects*. v. 1. Dubuque, IA: Kendall/Hunt, 1987. 754 p., p. 186–195.

Baumann, R. W.; A. R. Gaufin; R. F. Surdick. "The stoneflies (Plecoptera) of the Rocky Mountains", *Mem. Amer. Entomol. Soc.*, 31, 208 p., 1977.

Claassen, P. W. "Plecoptera nymphs of America (north of Mexico)", *Thomas Say Foundation Publ.*, 3, 199 p., 1931.

Frison, T. H. "The stoneflies, or Plecoptera, of Illinois", *Ill. Nat. Hist. Surv. Bull.*, 20, 4, p. 281-471, 1935.

Frison, T. H. "Studies of north american Plecoptera, with special reference to the fauna of Illinois", *Ill. Nat. Hist. Surv. Bull.*, 22, 2, p. 231-355, 1942.

Gaufin, A. R.; A. V. Nebeker; J. Sessions. "The stoneflies (Plecoptera) of Utah", *Univ. Utah Biol. Ser.*, 14, p. 9-89, 1966.

Harper, P. P. Plecoptera. In: R. W. Merritt; K. W. Cummins. (Eds.) *An introduction to the aquatic insects of North America.* 2. ed. Dubuque: Kendall/Hunt, 1984. p. 182-230.

Hitchcock, S. W. "Guide to the insects of Connecticut. Part VII. The Plecoptera or stoneflies of Connecticut", *Conn. State Geol. Nat. Hist. Surv. Bull.*, 107, p. 1-262, 1974.

Illies, J. "Phylogeny and zoogeography of the Plecoptera", *Annu. Rev. Entomol.*, 10, p. 117-140, 1965.

Jewett, S. G., Jr. Plecoptera. In: R. L. Usinger. (Ed.) *Aquatic insects of California.* Berkeley: University of California Press, 1956. p. 155-181.

Jewett, S. G., Jr. "The stoneflies (Plecoptera) of the Pacific Northwest", *Ore. State Monogr.*, n. 3, 95 p., 1959.

Kondratieff, B. C.; R. F. Kirchner. "Additions, taxonomic corrections, and faunal affinities of the stoneflies of Virginia, USA", *Proc. Entomol. Soc. Wash.*, 89, p. 24-30, 1987.

Needham, J. G.; P. W. Claassen. "A monograph of the Plecoptera or stoneflies of America north of Mexico", *Thomas Say Foundation Publ.*, 2, 397 p., 1925.

Nelson, C. R.; R. W. Baumann. "Systematics and distribution of the winter stonefly genus *Capnia* (Plecoptera: Capniidae) in North America", *Gr. Basin Natur.*, 49, p. 289-363, 1989.

Pennak, R. W. *Fresh-water invertebrates of the United States.* 2. ed. Nova York: Wiley Interscience, 1978. 803 p.

Ricker, W. E. "Systematic studies in Plecoptera", *Ind. Univ. Stud. Sci. Ser.*, 18, p. 1-200, 1952.

Ricker, W. E. Plecoptera. In: W. T. Edmondson. (Ed.) *Fresh-water biology.* Nova York: Wiley. 1959. p. 941-957.

Ross, H. H.; W. E. Ricker. "The classification, evolution, and dispersal of the winter stonefly genus *Allocapnia*", *Ill. Biol. Monogr.*, n. 43, 240 p., 1971.

Stanger, J. A.; R. W. Baumann. "A revision of the stonefly genus *Taenionema* (Plecoptera: Taeniopterygidae)", *Trans. Amer. Entomol. Soc.*, 119, p. 171-229, 1993.

Stark, B. P.; C. R. Nelson. "Systematics, phylogeny and zoogeography of genus *Yoraperla* (Plecoptera: Peltoperlidae)", *Entomol. Scand.*, 25, p. 241-273, 1994.

Stark, B. P.; K. W. Stewart; W. W. Szczytko; R. W. Baumann. "Common names of stoneflies (Plecoptera) from the United States and Canada", *Ohio Biol. Surv. Notes*, 1, p. 1-18, 1998.

Stark, B. P.; S. W. Szczytko; R. W. Baumann. "North american stoneflies (Plecoptera): Systematics, distribution, and taxonomic references", *Gr. Basin Nat.*, 46, p. 383-397, 1986.

Stark, B. P.; S. W. Szczytko; C. R. Nelson. *American stoneflies:* a photographic guide to the Plecoptera. Columbus: Caddis Press, 1998. 126 p.

Stewart, K. W.; B. P. Stark. "Nymphs of north american Perlodinae genera (Plecoptera: Perlodidae)", *Gr. Basin Nat.*, 44, p. 373-415, 1984.

Stewart, K. W.; B. P. Stark. "Nymphs of north american stonefly genera (Plecoptera)", *Thomas Say Foundation Publ.*, 12, 460 p., 1988. Reimpresso em 1993 pela University of North Texas Press.

Surdick, R. F. "Nearctic genera of Chloroperlinae (Plecoptera: Chloroperlidae)", *Ill. Biol. Monogr.*, 54, p. 1-146, 1985.

Surdick, R. F.; K. C. Kim. "Stoneflies (Plecoptera) of Pennsylvania, a synopsis", *Bull. Penn. State Univ. Coll. Agr.*, 808, p. 1-73, 1976.

Szczytko, S. W.; K. W. Stewart. "The genus *Isoperla* (Plecoptera) of western North America; holomorphology and systematics, and a new stonefly genus *Cascadoperla*", *Mem. Amer. Entomol. Soc.*, 32, p. 1-120, 1979.

Unzicker, J. D.; V. H. McCaskill. Plecoptera. In: A. R. Brigham; W. U. Brigham. *Aquatic insects and Oligochaetes of North and South Carolina.* Mahomet: Midwest Aquatic Enterprises, 1982. 837 p.

Zwick, P. "Insecta: Plecoptera, phylogenetisches System und Katalog", *Das Tierreich*, 94, p. 1-465, 1973.

Zwick, P. "Phylogenetic system and zoogeography of the Plecoptera", *Annu. Rev. Entomol.*, 45, p. 709-746, 2000.

CAPÍTULO 17

ORDEM EMBIIDINA[1,2]

Os Embiídeos são insetos pequenos, delgados, tropicais, representados por 11 espécies no sul dos Estados Unidos. O corpo dos machos adultos é um pouco achatado, já o das fêmeas e das formas jovens é cilíndrico. A maioria das espécies mede cerca de 10 mm de comprimento. As antenas são filiformes, os ocelos são ausentes e a cabeça é prognata, com peças bucais mastigadoras. Os machos adultos não se alimentam e suas mandíbulas são usadas para abrir a entrada de uma galeria e agarrar a cabeça da fêmea antes da cópula. As pernas são curtas e robustas, os tarsos possuem três artículos e os fêmures posteriores são muito dilatados graças aos grandes músculos depressores tibiais que acionam um movimento reversivo de defesa. O artículo basal do tarso anterior é aumentado e contém glândulas sericígenas. A seda é tecida a partir de uma estrutura ejetora, em forma de seta, localizada na superfície ventral do segundo artículo tarsal e do basal, que transportam a seda líquida de numerosas glândulas globulares. Os machos da maioria das espécies são alados, mas alguns são ápteros ou apresentam asas vestigiais. Machos alados e ápteros podem ocorrer na mesma espécie. As fêmeas nunca têm asas e são neotênicas. As asas têm tamanho e forma semelhantes e venação um pouco reduzida. A venação é caracterizada por veias alargadas, de sangue sinusal com fundos cegos, que se enrijecem para o voo pela pressão sanguínea. Quando não estão em uso, as asas são muito flexíveis e podem se dobrar para a frente, de modo a reduzir o "efeito de arraste" durante os movimentos de reversão para a fuga de predadores. O abdômen de 10 segmentos, com rudimentos de um décimo primeiro, contém um par de cercos. Os cercos têm dois artículos, mas em machos adultos de algumas espécies o artículo distal do cerco esquerdo é fusionado ao basal. Os apêndices terminais das fêmeas são sempre simétricos, mas são assimétricos nos machos na maioria das espécies. Os Embiídeos sofrem metamorfose simples. Uma espécie do Mediterrâneo introduzida nos Estados Unidos é partenogênica.

Os Embiídeos passam a maior parte de suas vidas em um labirinto de galerias de seda tecidas em montes de folhas, sob pedras, em fendas do solo, em rachaduras de cascas de árvores e em plantas epífitas. A maioria dos outros insetos produtores de seda utiliza a seda produzida por glândulas retais modificadas ou glândulas salivares que se abrem perto da boca, mas os Embiídeos produzem seda em glândulas nos tarsos anteriores. Todos os instares, inclusive o primeiro, podem tecer seda. A maioria das espécies vive em colônias compostas por uma fêmea-mãe e sua prole. Muitas vezes simulam a morte quando perturbadas, mas podem se mover muito rápido para trás. Os ovos são alongado-ovais e depositados em uma área de uma única camada nas galerias. Na maioria das espécies, os ovos são revestidos por uma pasta endurecida de material mastigado do *habitat* ou grânulos fecais, o que deve reduzir as chances de parasitismo, pois evitam a oviposição por vespas parasitoides de ovos. As fêmeas protegem seus ovos e as ninfas durante o estágio inicial de desenvolvimento. Sua base alimentar é composta de material vegetal morto, que também constitui o substrato de suas galerias. Os Embiídeos são facilmente cultivados em tubos ou jarras contendo material do seu *habitat,* sendo este também o

---

[1] Embiidina: *embio*, vivo.
[2] Este capítulo é de autoria de Edward S. Ross, com pequenas alterações editoriais dos autores.

melhor método para obter machos adultos, que são necessários para a identificação da família. A identificação tem como base a forma das estruturas abdominais terminais (terminália). Os machos da maioria das espécies tornam-se maduros durante um período limitado a cada ano e os de algumas espécies, especialmente *Oligotoma*, voam para as luzes durante as noites quentes e úmidas.

Família **Anisembiidae**: Os Anisembiidae são representados nos Estados Unidos por três espécies: *Anisembia texana* (Melander) nos estados do centro-sul e *Dactylocerca rubra* (Ross) e *D. ashworthi* Ross no sudoeste. Em alguns *habitats*, podem ocorrer machos alados e ápteros em colônias de *A. texana*. Nas regiões úmidas, os machos são sempre alados, enquanto em regiões mais frias e áridas os machos são sempre ápteros.

Chave para as famílias de Embiidina

1.	Adultos e formas imaturas com 2 papilas vesiculares na superfície ventral do artículo basal do tarso posterior (*Haploembia*)	Oligotomidae (em parte)
1'.	Adultos e formas imaturas com apenas 1 papila vesicular na superfície ventral do tarso posterior	2
2(1').	Mandíbulas dos machos adultos denteadas apicalmente; cerco esquerdo com 2 artículos, superfície interna do artículo basal não possui setas fortes, inseridas lado a lado.	3
2'	Mandíbulas dos machos adultos não denteadas apicalmente; cerco esquerdo com 1 artículo, superfície interna do ápice com algumas setas fortes, inseridas lado a lado.	Anisembiidae
3(2).	MA bifurcada	Teratembiidae
3'	MA não bifurcada	Oligotomidae (em parte)

Família **Teratembiidae** (Oligembiidae): Esta família é representada no sudeste dos Estados Unidos por cinco espécies: *Oligembia hubbardi* (Hagen) na Flórida, *O. melanura* Ross na Louisiana e Texas, *Diradio lobatus* (Ross) na parte baixa do vale do Rio Grande no Texas, *D. caribbeanus* (Ross) na Florida Keys e *D. vandykei* (Ross) no sudeste.

Família **Oligotomidae**: Os Oligotomidae são representados nos Estados Unidos por três espécies introduzidas do Velho Mundo: *Oligotoma saundersii* (Westwood) nos estados do sudeste, *O. nigra* Hagen no sudoeste (estendendo-se para o leste até San Antonio, Texas) e *Haploembia solieri* (Rambur) no sudoeste (estendendo-se para o norte até o sul do Óregon). A última espécie é partenogênica, porém uma forma bissexual foi introduzida recentemente na Califórnia central.

COLETA E PRESERVAÇÃO DE EMBIIDINA

Os machos, que em geral são identificados mais facilmente que as fêmeas, costumam ser capturados com luzes, durante e após uma temporada de chuva, enquanto o solo ou as cascas das árvores estiverem úmidos. Nenhum Anisembiidae voa para a luz, nem os *Oligembia melanura* melânica. Machos bem pigmentados ou melânicos aparentemente nunca se dispersam à noite. A maioria dos indivíduos encontrados em colônias pode ser imatura, porém os dois sexos podem ser criados até a maturidade em jarros ou tubos grandes cobertos com algodão, contendo um pouco de grama e folhas secas mantidas um pouco umedecidas.

Os embiídeos, de preferência adultos, devem ser preservados em álcool 70%. Para um estudo detalhado, deve-se limpar os espécimes em hidróxido de potássio (KOH) e, seguindo os procedimentos adequados, montá-los em lâminas microscópicas (ver Ross 1940, p. 634).

Referências

Ross, E. S. "A revision of the Embioptera of North America", *Ann. Entomol. Soc. Amer.*, 33, p. 629–676, 1940.

Ross, E. S. "A revision of the Embioptera of the New World", *Proc. U.S. Natl. Mus.*, 94, 3175, p. 401–504, 1944.

Ross, E. S. "Biosystematics of the Embioptera", *Annu. Rev. Entomol.*, 15, p. 157–171, 1970.

Ross, E. S. "A synopsis of the Embiidina of the United States", *Proc. Ent. Soc. Wash.*, 86, p. 82–93, 1984.

Ross, E. S. Order Embiidina (Embioptera). In: F. W. Stehr. (Ed.) *Immature insects*. v. 1. Dubuque: Kendall/Hunt, 1987. p. 179–183.

Ross, E. S. "EMBIA, Contributions to the biosystematics of the insect order Embiidina. Parts 1 and 2", *Occ. Papers California Academy of Sciences*, n. 149, Part 1, 53 p.; part 2, 36 p., 2000.

Ross, E. S. "EMBIA. Contributions to the biosystematics of the insect order Embiidina. Part 3. The Embiidae of the Americas (Order Embiidina)", *Occ. Papers California Academy of Sciences*, n. 150, 86 p., 2001.

CAPÍTULO 18

ORDEM ZORAPTERA[1]
ZORÁPTEROS, INSETOS-ANJO

Os zorápteros são insetos minúsculos, com cerca de 3 mm ou menos de comprimento, que podem ser alados ou não. As formas aladas são escuras e as ápteras, pálidas. Os zorápteros têm um aspecto geral parecido com o dos cupins e são gregários. Essa ordem só foi descoberta em 1913.

Formas aladas e ápteras ocorrem nos dois sexos. As quatro asas são membranosas, com venação muito reduzida e as asas posteriores menores que as asas anteriores (Figura 18-1A). Os adultos perdem as asas como nas formigas e cupins, sobrando brotos fixados no tórax. As antenas são moniliformes e possuem nove artículos nos adultos. As formas ápteras (Figura 18-1D) não possuem olhos compostos e ocelos, porém as formas aladas têm olhos compostos e três ocelos. Os tarsos possuem dois artículos e cada tarso contém duas garras. Os cercos são curtos, não são articulados e terminam em uma grande cerda. O abdômen é curto, oval, com 10 segmentos. As peças bucais são do tipo mastigador e a metamorfose é simples. Aparentemente, existem quatro instares juvenis nas espécies comuns da América do Norte.

Os machos não alados de algumas espécies possuem uma fontanela cefálica. Isto ocorre em *Usazoros hubbardi* (Caudell). A glândula pode secretar um feromônio que ajuda a manter a comunidade gregária unida em seu *habitat* escuro. Delamare Deboutteville (1956) considerou que a fontanela de zorápteros provavelmente seria homóloga à dos cupins.

A ordem Zoraptera contém uma única família, os Zorotypidae, e sete gêneros. Em 1978, New relacionou 28 espécies descritas de zorápteros e, desde então, mais duas espécies foram encontradas no sudeste do Tibet. Três espécies ocorrem nos Estados Unidos. *Usazoros hubbardi* foi capturada em várias localidades em 33 estados nas regiões central, leste e sul dos Estados Unidos, em Maryland e no sul da Pensilvânia até o sul de Iowa e para o sul até a Flórida e Texas; *Zorotypus swezeyi* Caudell é conhecida no Havaí; *Floridazoros snyderi* (Caudell) ocorre na Flórida e na Jamaica. *Usazoros hubbardi* é encontrada sob placas de madeira enterradas em pilhas de serragem antiga. As colônias também são encontradas sob cascas de árvores e toras de madeira apodrecidas. O principal alimento dos zorápteros parece consistir de esporos de fungos, mas sabe-se que ingerem pequenos artrópodes mortos.

COLETA E PRESERVAÇÃO DE ZORAPTERA

Os zorápteros são localizados nos *habitats* indicados previamente e, em geral, são capturados peneirando-se resíduos do solo ou por meio de um funil de Berlese (Figura 35-5). Em locais onde zorápteros são abundantes, um aspirador é muito útil. Devem ser preservados em álcool 70% e podem ser montados em lâminas microscópicas para um estudo detalhado.

---

[1] Zoraptera: *zor*, puro; *aptera*, sem asas. Apenas indivíduos sem asas eram conhecidos quando esta ordem foi descrita, e os entomologistas acreditavam que a condição áptera representava uma característica específica da ordem.

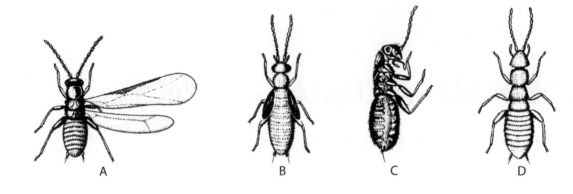

Figura 18-1 *Usazoros hubbardi* (Caudell). A, adulto alado; B, ninfa da forma alada; C, adulto alado com as asas retiradas, vista lateral; D, adulto não alado.

Referências

Caudell, A. N. "*Zorotypus hubbardi*, a new species of the order Zoraptera from the United States", *Can. Entomol.*, 50, p. 375–381, 1918.

Caudell, A. N. "Zoraptera not an apterous order", *Proc. Entomol. Soc. Wash.*, 22, p. 84–97, 1920.

Caudell, A. N. "*Zorotypus longiceratus*, a new species of Zoraptera from Jamaica", *Proc. Entomol. Soc. Wash.*, 29, p. 144–145, 1927.

Delamare Deboutteville, C. Zoraptera. In: S. L. Tuxen. (Ed.) *Taxonomist's glossary of genitalia in insects*. Copenhague: Munksgaard, 1956. p. 38–41.

Gurney, A. B. "A synopsis of the order Zoraptera, with notes on the biology of *Zorotypus hubbardi* Caudell", *Proc. Entomol. Soc. Wash.* 40, p. 57–87, 1938.

Gurney, A. B. "New distribution records for *Zorotypus hubbardi* Caudell (Zoraptera)", *Proc. Entomol. Soc. Wash.*, 61, p. 183–184, 1959.

Gurney, A. B. Class Insecta, Order Zoraptera. In: W. G. H. Coaton. (Ed.) *Status of the Taxonomy of the Hexapoda of Southern Africa*, RSA Dept. Agr. Tech. Serv., Entomol. Mem., 38, p. 32–34, 1974.

Kukalová-Peck, J.; S. B. Peck. "Zoraptera wing structures: Evidence for new genera and relationship with the blattoid orders (Insecta: Blattoneoptera)", *Syst. Entomol.*, 18, p. 333–350, 1993.

New, T. R. "Notes on Neotropical Zoraptera, with descriptions of two new species", *Syst. Entomol.*, 3, p. 361–370, 1978.

Riegel, G. T. "The distribution of *Zorotypus hubbardi* (Zoraptera)", *Ann. Entomol. Soc. Amer.*, 56, p. 744–747, 1963.

Riegel, G. T. "More Zoraptera records. Proc. North Central Branch", *Entomol. Soc. Amer.*, 23, 2, p. 125–126, 1969.

Riegel, G. T. Order Zoraptera. In: F. W. Stehr (Ed.), *Immature insects*, p. 184–185. Dubuque, IA: Kendall/Hunt. 1987.

Riegel, G. T.; S. J. Eytalis. "Life history studies on Zoraptera. Proc. North Central Branch", *Entomol. Soc. Amer.*, 29, p. 106–107, 1974.

Riegel, G. T.; M. B. Ferguson. "New state records of Zoraptera", *Entomol. News*, 71, 8, p. 213–216, 1960.

St. Amand, W. "Records of the order Zoraptera from South Carolina", *Entomol. News*, 65, 5, p. 131, 1954.

CAPÍTULO 19

ORDEM ISOPTERA[1,2]
CUPINS

Os cupins são insetos sociais de tamanho médio, que se alimentam de celulose e constituem a ordem Isoptera, um grupo de insetos relativamente pequeno, composta de cerca de 1.900 espécies no mundo todo. Vivem em sociedades altamente organizadas e integradas, as colônias, com indivíduos diferenciados morfologicamente em formas distintas ou castas – reprodutores, operários e soldados – que realizam diferentes funções biológicas. As quatro asas (presentes apenas na casta reprodutora) são membranosas. As asas anteriores e posteriores têm tamanho semelhante (Figura 19-1), razão para o nome Isoptera. As antenas são moniliformes ou filiformes. As peças bucais dos operários e reprodutores são do tipo mastigador. A metamorfose é simples. As ninfas têm o potencial de se desenvolver em qualquer uma das castas. Experiências comprovaram que hormônios e feromônios inibitórios secretados por reprodutores e soldados regulam a diferenciação das castas.

Embora os cupins sejam popularmente chamados de "formigas brancas", não são formigas e não têm nenhum grau de parentesco com elas, que são agrupadas com as abelhas e vespas em Hymenoptera, cujo sistema social evoluiu independente do observado nos Isoptera. O grau de parentesco dos cupins é maior com as baratas e os louva-a-deus (Thorne e Carpenter 1992, Wheeler et al. 2001). A espécie viva primitiva *Mastotermes darwiniensis* Froggatt, da Austrália, possui algumas semelhanças com algumas baratas, como o lobo anal dobrado na asa posterior e uma massa de ovos que lembra a ooteca de baratas e louva-a-deus. Contudo, a massa de ovos de *Mastotermes* difere em detalhes estruturais da ooteca e provavelmente é mais semelhante à massa de ovos de outros Orthoptera. A relação com o grupo monofilético de Blattodea + Mantodea sugere que os cupins evoluíram no final do período Permiano, há cerca de 200 milhões de anos (embora os cupins fósseis conhecidos datem apenas do período Cretáceo, há cerca de 120 milhões de anos). A sociedade dos cupins, portanto, é a mais antiga.

Existem várias diferenças importantes entre cupins e formigas. Os cupins têm um corpo macio e são claros, enquanto as formigas têm corpo duro e são escuras. As antenas nos cupins não são geniculadas como nas formigas. As asas anteriores e posteriores dos cupins têm tamanho semelhante e são mantidas planas sobre o abdômen em repouso, enquanto nas formigas as asas posteriores são menores que as asas anteriores e as asas em repouso são mantidas acima do corpo. Nos cupins, as asas, quando perdidas, quebram ao longo de uma sutura, deixando apenas a base da asa, ou "escama", fixada ao tórax. O abdômen dos cupins tem uma ampla ligação

Figura 19-1 Um cupim alado.

---

[1] Isoptera: *iso*, igual; *ptera*, asas.
[2] Este capítulo foi editado por Kumar Krishna.

com o tórax, enquanto em formigas é contraído na base, formando o característico pecíolo, ou "cintura", dos himenópteros.

As castas estéreis (operários e soldados) de cupins são constituídas pelos dois sexos e as castas reprodutoras e estéreis se desenvolvem de ovos fertilizados. Nas formigas, as castas estéreis são constituídas apenas por fêmeas e todas as fêmeas, estéreis e reprodutoras, se desenvolvem a partir de ovos fertilizados, enquanto os machos reprodutores se desenvolvem de ovos não fertilizados.

AS CASTAS DOS CUPINS

A função reprodutora na sociedade de cupins é realizada por reprodutores primários, o rei e a rainha – um par para uma colônia –, que se desenvolvem a partir de adultos totalmente alados (macrópteros) (Figura 19-2A). Estes são intensamente esclerotizados e possuem olhos compostos. O rei é pequeno, mas em muitas espécies a rainha desenvolve um abdômen aumentado como resultado de sua crescente capacidade de postura de ovos, podendo alcançar até 11 cm em algumas espécies tropicais (em comparação a 1 cm a 2 cm para o rei). Os reprodutores alados, a partir dos quais o rei e a rainha se desenvolvem, são produzidos sazonalmente em grandes números. Eles deixam a colônia em um enxame ou voo colonizador, perdem suas asas ao longo de uma sutura e, como pares individuais, procuram um local para construir ninhos, acasalar e estabelecer novas colônias. Algumas espécies apresentam uma revoada por ano; outras têm várias. Na espécie mais comum do leste, *Reticulitermes flavipes* (Kollar), a revoada ocorre na primavera; em algumas espécies do oeste, ocorre no final do verão, enquanto em outras espécies também ocorrem entre janeiro e abril.

Nos estágios iniciais da fundação da colônia, os reprodutores alimentam as formas jovens e tendem a manter o ninho, porém as ninfas jovens e operárias logo assumirão as tarefas de manutenção da colônia.

No caso da morte do rei e da rainha ou se parte da colônia for separada da colônia original, reprodutores suplementares se desenvolverão no ninho e assumirão a função de rei e rainha. Os reprodutores suplementares são discretamente esclerotizados e pigmentados, com brotos de asas curtas (braquípteros) ou sem brotos de asas (ápteros) e olhos compostos reduzidos. Desenvolvem-se a partir

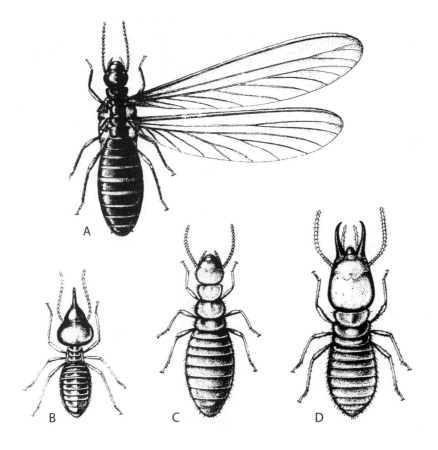

Figura 19-2 Castas de cupins. A, adulto alado, *Amitermes wheeleri* (Desneux), ampliado 10X (Termitidae); B, soldado nasuto de *Tenuirostritermes tenuirostris* (Desneux), 15X (Termitidae); C, operário e D, soldado de *Prorhinotermes simplex* (Hagen), 10X (Rhinotermitidae).

de ninfas e atingem a maturidade sexual sem chegar ao estágio adulto totalmente alado e sem deixar o ninho.

As castas de operários e soldados, constituídas pelos dois sexos, são estéreis, não aladas, cegas na maioria das espécies e, em algumas espécies, polimórficas, ou seja, têm dois ou mais tamanhos diferentes (Figura 19-2C,D).

Os operários são os indivíduos mais numerosos em uma colônia. São pálidos e têm o corpo macio, com peças bucais adaptadas para a mastigação. Realizam a maior parte do trabalho da colônia: construção e reparo de ninhos, forrageamento, alimentação e limpeza de outros membros da colônia. Devido a sua função de alimentação, a casta de operários causa a destruição difusa pela qual os cupins são famosos. Em famílias primitivas, uma casta operária real está ausente e suas funções são realizadas por ninfas não aladas chamadas de pseudoergatos, que podem sofrer mudas periódicas sem alteração de seu tamanho.

Os soldados possuem a cabeça grande, escura, alongada, altamente esclerotizada, adaptada para vários tipos de defesa. Nos soldados da maioria das espécies, as mandíbulas são longas, poderosas, em gancho e modificadas para operar com uma ação de cisalhamento para decapitar, desmembrar ou dilacerar inimigos ou predadores (em geral, formigas). Nos soldados de alguns gêneros, como *Cryptotermes*, a cabeça é curta e truncada na frente, usada na defesa para tampar os orifícios de entrada do ninho.

Os meios mecânicos de defesa algumas vezes são suplementados ou substituídos por meios químicos, nos quais um líquido pegajoso e tóxico é secretado pela glândula frontal e ejetado no inimigo por uma abertura. Em *Coptotermes* e *Rhinotermes*, a glândula ocupa uma grande porção da cabeça. Na subfamília *Nasutitermitinae*, o mecanismo de defesa é exclusivamente químico: as mandíbulas são reduzidas, a glândula frontal é muito aumentada e a cabeça desenvolve um tubo frontal ou nariz (Figura 19-2B) pelo qual uma secreção pegajosa e repelente é esguichada no inimigo.

Em alguns gêneros, como *Anoplotermes*, a casta de soldados está ausente e as ninfas e operárias defendem a colônia.

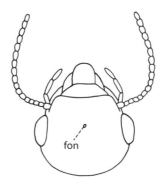

Figura 19-3 Cabeça de *Prorhinotermes*, vista dorsal, mostrando a fontanela (fon). (Modificado de Banks e Synder.)

OS HÁBITOS DOS CUPINS

Com frequência, os cupins limpam um ao outro com suas peças bucais, provavelmente como resultado da atração de secreções que estão disponíveis no corpo. O alimento dos cupins consiste em pele desprendida e fezes de outros indivíduos, indivíduos mortos e materiais vegetais como madeira e produtos de madeira.

Alguns cupins vivem em *habitats* subterrâneos úmidos e, outros, em *habitats* secos acima do solo. As formas subterrâneas, em geral, vivem na madeira enterrada ou em contato com o solo. Podem entrar na madeira a partir do solo, mas devem manter uma via de passagem ou uma galeria que as conecte ao solo, onde obtêm a umidade. Algumas espécies constroem tubos de terra entre o solo e a madeira localizada acima. Estes tubos são construídos de terra misturada com a secreção de um poro na frente da cabeça (a fontanela; Figura 19-3, fon). Os ninhos podem ser subterrâneos ou salientes acima da superfície: algumas espécies tropicais possuem ninhos (cupinzeiros) de 9 metros de altura. Os cupins de madeira seca, que vivem acima do solo (sem contato com o solo), vivem em estacas, tocos, árvores e edificações construídas de madeira. Sua principal fonte de umidade é a água metabólica (água resultante da oxidação dos alimentos).

Chave para as famílias de Isoptera (adultos alados)

1.	Fontanela presente (Figura 19-3, fon); asas com apenas 2 veias fortes na parte anterior da asa além da escama, R sem ramos anteriores (Figura 19-4A)	2
1'.	Fontanela ausente; asas com 3 ou mais veias fortes na parte anterior da asa além da escama, R com 1 ou mais ramos anteriores (Figura 19-4B)	3

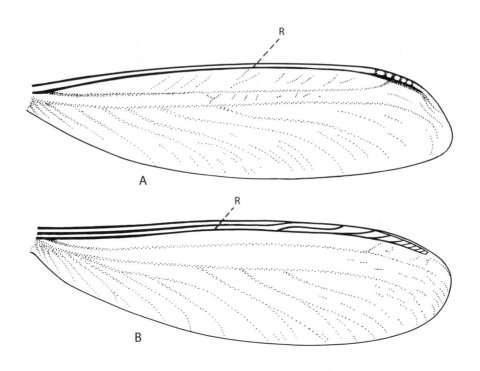

Figura 19-4 Asas de cupins. A, Rhinotermitidae; B, Kalotermitidae.

2(1).	Escama da asa anterior mais longa que o pronoto; pronoto plano; cercos com 2 segmentos; amplamente distribuídos	Rhinotermitidae
2'.	Escama da asa anterior mais curta que o pronoto; pronoto em forma de sela; cercos com 1 ou 2 segmentos; sudoeste dos Estados Unidos	Termitidae
3(1').	Ocelos presentes; tíbias sem espinhos; antenas com menos de 21 segmentos; cercos curtos com 2 segmentos; Flórida e oeste dos Estados Unidos	Kalotermitidae
3'.	Ocelos ausentes; tíbias com espinhos; antenas com mais de 21 segmentos; cercos longos com 4 segmentos; oeste dos Estados Unidos, sul da Colúmbia Britânica e Ilha Queen Charlotte	Termopsidae

Chave para as Famílias de Isoptera (Soldados)

1.	Mandíbulas vestigiais, a cabeça protraída anteriormente em uma projeção longa semelhante a um nariz (tubo frontal) (soldados nasutos; Figura 19-2B)	Termitidae
1'.	Mandíbulas normais, cabeça diferente da entrada anterior	2
2(1').	Cabeça mais longa que larga (Figura 19-2D); mandíbulas com ou sem dentes marginais proeminentes	3
2'.	Cabeça curta, escavada; mandíbulas sem dentes marginais; sul dos Estados Unidos (cupins-de-móveis ou cupim-de-madeira-seca)	Kalotermitidae
3(2).	Mandíbulas com um ou mais dentes marginais proeminentes; sul e oeste dos Estados Unidos	4
3'.	Mandíbulas sem dentes marginais (Figura 19-2D); amplamente distribuído	Rhinotermitidae

4(3).	Mandíbulas com apenas 1 dente marginal proeminente; cabeça estreitada anteriormente	Termitidae
4'.	Mandíbulas com mais de 1 dente marginal proeminente; cabeça não estreitada anteriormente	5
5(4').	Terceiro artículo antenal modificado; fêmures posteriores tumefeitos	Kalotermitidae
5'.	Terceiro artículo antenal não modificado; fêmures posteriores variáveis	6
6(5').	Fêmures posteriores tumefeitos; antenas com pelo menos 23 segmentos; eixo das tíbias com espinhos	Termopsidae
6'.	Fêmures posteriores não tumefeitos ou apenas discretamente tumefeitos; antenas com menos de 23 segmentos; eixo das tíbias sem espinhos.	Kalotermitidae

A celulose dos alimentos de um cupim é digerida por uma elevada quantidade de protozoários flagelados que vivem em seu trato digestivo. Um cupim que tenha estes flagelados removidos continuará a se alimentar, mas morrerá de fome porque o alimento não será digerido. Esta associação é um excelente exemplo de simbiose ou mutualismo. Alguns cupins abrigam bactérias em vez de flagelados. Os cupins envolvem-se em uma forma única de troca líquida anal (trofalaxia) e é deste modo que os micro-organismos intestinais são transmitidos de um indivíduo para outro.

Família **Kalotermitidae:** Esta família é representada nos Estados Unidos por 17 espécies e inclui cupins de madeira seca, de madeira úmida e de móveis. Estes cupins não têm uma casta operária e as formas jovens de outras castas realizam o trabalho da colônia. Os calotermitídeos não possuem fontanela e não constroem tubos de terra.

Os cupins de madeira seca (*Incisitermes*, *Pterotermes* e *Marginitermes*) atacam a madeira seca e saudável e não fazem contato com o solo. A maioria das infestações ocorre na estrutura de edificações, porém móveis, postes de serviços públicos e madeira empilhada também podem ser atacados. Os adultos são cilíndricos e medem cerca de 13 mm de comprimento e as formas reprodutoras são marrom-claras. A *Incisitermes minor* (Hagen) e a *Marginitermes hubbardi* (Banks) são espécies importantes nos estados do sudoeste dos EUA.

Desta família, os cupins *Neotermes* e *Paraneotermes* atacam madeira úmida e morta, raízes de árvores etc. Ocorrem na Flórida e no oeste dos Estados Unidos.

Os cupins de móveis (*Cryptotermes* e *Calcaritermes*) atacam a madeira seca (sem contato com o solo) e a reduzem a pó. Ocorrem no sul dos Estados Unidos. A *Cryptotermes brevis* (Walker) é uma espécie introduzida nos Estados Unidos. Ocorre ao longo da Costa do Golfo, próximo a Tampa e Nova Orleans, e foi encontrada mais ao norte até o Tennessee. O provável é que tenha sido introduzida por intermédio de móveis. Ataca móveis, livros, material de papelaria, mercadorias secas e madeira de construção, causando muitos danos. É encontrada em edificações, jamais em ambientes externos. Quando encontradas, suas colônias são numerosas, mas pequenas.

Família **Termopsidae – cupins de madeira úmida:** Este grupo inclui três espécies de *Zootermopsis*, que ocorrem ao longo da Costa do Pacífico estendendo-se para o norte até o sul da Colúmbia Britânica. Os adultos têm 13 mm de comprimento ou mais, são um pouco achatados e não possuem fontanela. Não há uma casta operária. Estes cupins atacam madeira morta e, embora não precise de contato com o solo, alguma umidade é necessária na madeira. São encontrados em toras de madeira morta, úmida ou apodrecida, mas com frequência causam danos em edificações, postes de serviços e lenha, principalmente nas regiões costeiras, onde há neblina considerável.

As espécies mais comuns neste grupo são a *Z. nevadensis* Banks e a *Z. angusticollis* (Hagen). A *Zootermopsis nevadensis* é pequena, mede 13 mm de comprimento, e vive em *habitats* relativamente secos (especialmente troncos de árvores mortas). As formas não aladas são pálidas, com a cabeça mais escura, e as formas aladas são marrom-escuras com a cabeça na cor castanha ou laranja. A *Zootermopsis angusticollis* é maior (cerca de 18 mm de comprimento) e pode ser encontrada em toras de madeira úmidas e mortas. Os adultos são pálidos, com cabeça marrom.

Família **Rhinotermitidae:** Este grupo é representado nos Estados Unidos por nove espécies (com uma espécie se estendendo para o norte até o Canadá) e inclui os cupins subterrâneos (*Reticulitermes* e *Heterotermes*) e os cupins de madeira úmida do gênero *Prorhinotermes* (Figura 19-2C,D). O *Reticulitermes* é muito distribuído, o *Heterotermes* é encontrado apenas no oeste e no sul dos Estados Unidos e os cupins de madeira úmida ocorrem apenas na Flórida. Estes cupins

Figura 19-5 Um grupo de cupins subterrâneos do leste, *Reticulitermes flavipes* (Kollar); observe o soldado na porção central à direita da figura.

são pequenos (os adultos medem cerca de 6 mm a 8 mm de comprimento). As formas não aladas são muito pálidas (os soldados têm a cabeça marrom-clara) e as formas aladas são pretas. Existe uma fontanela na região anterior da cabeça (Figura 19-3, fon). Os membros deste grupo ficam em contato com o solo. Muitas vezes constroem tubos de terra até a madeira que não esteja em contato com o solo. O cupim subterrâneo do leste, *Reticulitermes flavipes* (Kollar) (Figura 19-5), provavelmente constitui a espécie mais destrutiva desta ordem e representa o único cupim do nordeste dos Estados Unidos.

O cupim subterrâneo de Formosa, *Coptotermes formosanus* Shiraki, um nativo da China continental e de Taiwan, é uma das espécies mais destrutivas do mundo e foi estabelecido em muitas áreas, incluindo Japão, Guam, Havaí e África do Sul. Foi introduzida pela primeira vez na área continental dos Estados Unidos em 1965, em Houston, Texas, e desde então se espalhou para muitos estados do sul: Alabama, Louisiana, Mississippi, Georgia, Flórida, Tennessee e Carolinas do Norte e do Sul. Ataca árvores vivas, assim como tocos de árvores velhas, postes e outras estruturas de madeira. O ninho é subterrâneo ou construído no interior da madeira. Uma colônia pode levar vários anos para amadurecer, até que conte com vários milhões de indivíduos. Os soldados desta espécie podem ser reconhecidos por sua cabeça oval, com uma grande fontanela que se abre na margem frontal e secreta uma substância esbranquiçada e pegajosa.

Família **Termitidae:** Este grupo é representado nos Estados Unidos por 15 espécies, a maioria encontra-se no sudoeste. Inclui os cupins desprovidos de soldados (*Anoplotermes*), os cupins do deserto (*Amitermes* e *Gnathamitermes*) e os cupins nasutiformes (*Tenuirostritermes*). Os cupins desprovidos de soldados cavam

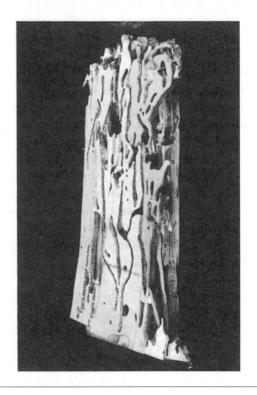

Figura 19-6 Dano causado por cupins.

abaixo de toras de madeira ou esterco de vaca e não têm importância econômica. Os cupins do deserto são subterrâneos e prejudicam a madeira de edificações, postes e estacas de cercas. Os cupins nasutiformes atacam arbustos do deserto ou outros objetos no solo e mantêm contato com ele.

IMPORTÂNCIA ECONÔMICA DOS CUPINS

Os cupins encerram duas posições do ponto de vista econômico. Por um lado, podem ser muito destrutivos, porque se alimentam e destroem várias estruturas ou materiais utilizados pelas pessoas: porções de madeira de edificações, móveis, livros, postes, estacas de cercas, muitos tecidos etc. (Figura 19-6). No mundo todo, são responsáveis por uma grande quantidade do metano atmosférico. Por outro lado, ajudam a converter árvores mortas e outros produtos vegetais em substâncias que possam ser aproveitadas pelas plantas.

O *Reticulitermes flavipes* é o cupim mais comum no leste dos Estados Unidos. Esta espécie ocorre em madeira enterrada, árvores caídas e toras de madeira. Precisam manter uma conexão com o solo para obter umidade. Não conseguem iniciar uma nova colônia na madeira de uma casa; primeiro, o ninho no solo deve ser estabelecido. Quando o ninho do solo já estiver estabelecido, estes cupins podem entrar nas edificações, a partir do solo, por uma das cinco etapas: (1) por toras de madeira que estejam em contato direto com o solo, (2) por aberturas em alicerces de pedra bruta, (3) por aberturas ou fendas em alicerces de blocos de concreto, (4) por fendas ou rachaduras decorrentes de expansão em pisos de concreto, ou (5) por meio de tubos de terra construídos sobre os alicerces ou em fendas e rachaduras ocultas na alvenaria.

As infestações por cupins subterrâneos em uma construção podem ser reconhecidas pela revoada das formas reprodutoras na primavera na parte interna ou nas proximidades do edifício, pela lama que sai de fendas entre tábuas ou vigas, ao longo de aberturas do porão, por tubos de terra que se estendem do solo até a madeira ou pela área oca da madeira na qual os insetos estejam cavando túneis. É possível empurrar uma lâmina de faca em uma tora de madeira escavada por cupins que ela se quebrará facilmente.

Os cupins subterrâneos em edifícios são controlados por meio de dois métodos: pela construção adequada, que as torne resistentes a cupins, e pelo uso de substâncias químicas. O primeiro envolve uma construção onde não haja contato da madeira com o solo, assim os cupins não conseguem atingir as partes de madeira da edificação, como degraus externos, soleiras ou pelo alicerce. O controle por produtos químicos envolve sua aplicação na madeira ou no solo. Postes e cercas que ficam em contato com o solo podem ser protegidos dos cupins por meio de tratamento químico.

O melhor método para eliminar os cupins de madeira seca consiste na fumigação química. Para os cupins de edifícios, uma grande tenda de plástico ou outro material impermeável é colocada sobre todo o edifício. A substância usada para a fumigação, em geral, é composta de fluoreto de sulforila, brometo de metila ou uma combinação de brometo de metila e dióxido de carbono, que é bombeada no local. Este é um procedimento de custo elevado. Os cupins de madeira seca também podem ser eliminados por meio de perfurações na madeira infestada, injetando-se uma pequena quantidade de veneno em pó nos orifícios, que devem ser tampados em seguida. Os cupins limpam-se constantemente uns aos outros e, assim que este pó ficar impregnado em alguns indivíduos, os outros membros da colônia serão contaminados e eliminados. Atualmente, iscas de cupim são usadas para o controle de cupins subterrâneos.

COLETA E PRESERVAÇÃO DE ISOPTERA

Os cupins podem ser encontrados revirando-se toras de madeira mortas ou escavando-se troncos mortos. Podem ser coletados com o auxílio de uma pinça ou uma escova umedecida ou podem ser chacoalhados para fora de toras de madeira infestadas em um papel. Preserve os cupins em álcool 70% a 80%. A maioria dos indivíduos tem corpo muito mole e encolhe ou fica distorcida se montada em alfinetes ou pontos. Muitas vezes é necessário montar estes insetos em lâminas microscópicas para um estudo detalhado.

Referências

Abe, T.; D. E. Bignell; M. Higashi (Eds.). *Termites:* evolution, sociality, symbioses, ecology. Dordrecht: Kluwer Academic, 2000. 488 p.

Constantino, R. "Catalog of the living termites of the New World (Insecta: Isoptera)", *Arquivos de Zoologia*, 35,2, p. 135–231, 1998.

Ebeling, W. "Termites: Identification, biology, and control of termites attacking buildings", *Calif. Agr. Expt. Sta. Extension Service Manual,* n. 38, 68 p., 1968.

Ebeling, W. *Urban entomology.* Berkeley: University of California Press, 1975. 695 p.

Ernst, E.; R. L. Araujo. *A bibliography of termite literature, 1966–1978.* Chichester, UK: Wiley, 1986. 903 p.

Forschler, B. T. Parte II. Subterranean termite biology in relation to prevention and removal of structural infestation. In: National Pest Control Association. (Ed.) *NPCA research report on subterranean termites.* Dunn Loring: National Pest Control Association, 1999. p. 31–52. 57 p.

Krishna, K. "A generic revision and phylogenetic study of the family Kalotermitidae (Isoptera)", *Bull. Amer. Mus. Nat. Hist.,* 122, 4, p. 307–408, 1961.

Krishna, K. "A key to eight termite genera", *Coop. Econ. Insect Rep. (USDA),* 16, 47, p. 1091–1098, 1966.

Krishna, K.; F. M. Weesner. (Ed.) Biology of termites. 2 v. Nova York: Academic Press, 1969, 1970. v. 1, 615 p.; v. 2, 658 p.

Miller, E. M. *A handbook of Florida termites.* Coral Gables: University of Miami Press, 1949. 30 p.

Skaife, S. H. *Dwellers in darkness.* Nova York: Doubleday, 1961. 180 p.

Snyder, T. E. *Our enemy the termite.* Ithaca: Comstock, 1935. 196 p.

Snyder, T. E. "Catalogue of the termites (Isoptera) of the world", *Smithson. Misc. Coll.,* 112, 3953, 1949. 490 p.

Snyder, T. E. *Order Isoptera:* the termites of the United States and Canada. Nova York: National Pest Control Association, 1954. 64 p. Snyder, T. E. "Annotated subject-heading bibliography of termites, 1350 B.C. to A.D. 1954", *Smithson. Misc. Coll.,* 130, 4258, 305 p., 1956.

Snyder, T. E."Supplement to the annotated subject heading bibliography of termites, 1955 to 1960", *Smithson. Misc. Coll.,* 143, 3, 137 p., 1961.

Snyder, T. E. "Second supplement to the annotated subject-heading bibliography of termites, 1961–1965", *Smithson. Misc. Coll.,* 152, 188 p., 1968.

Tamashiro, M.; N. - Y Su. (Ed.) *Biology and control of the Formosan subterranean termite:* Proc. International symposium on the Formosan subterranean termite. Honolulu: College of Tropical Agriculture and Human Resources, University of Hawaii, 1987. 61 p. 67th Meeting, Pacific Branch, Entomological Society of America, Honolulu, Hawaii, 1985.

Thorne, B. L. Parte I. Biology of subterranean termites of the genus *Reticulitermes*. In: National Pest Control Association. (Ed.) *NPCA research report on subterranean termites.* Dunn Loring: National Pest Control Association, 1999. p. 1–30, 57 p.

Thorne, B. L.; J. M. Carpenter. "Phylogeny of the Dictyoptera", *Syst. Entomol.,* 17, p. 253–268, 1992.

Weesner, F. M. "Evolution and biology of the termites", *Annu. Rev. Entomol.,* 5, p. 153–170, 1960.

Weesner, F. M. *The termites of the United States:* a handbook. Elizabeth: National Pest Control Association, 1965. 71 p.

Weesner, F. M. Order Isoptera. In: F. W. Stehr. (Ed.) *Immature insects.* Dubuque: Kendall/Hunt, 1987. p. 132–139.

Wheeler, W. C.; M. Whiting; Q. D. Wheeler; J. M. Carpenter. "The phylogeny of the extant hexapod orders", *Cladistics,* 17, p. 113–169, 2001.

CAPÍTULO 20

ORDEM MANTODEA[1,2]

LOUVA-A-DEUS

Os louva-a-deus são insetos grandes, alongados, de movimentos razoavelmente lentos, que têm uma aparência notável graças às suas pernas anteriores modificadas de modo peculiar (Figura 20-1). O protórax é muito longo e fixado de forma móvel ao pterotórax; as coxas anteriores são longas e móveis, e os fêmures e as tíbias anteriores são armados com espinhos fortes e adaptados para agarrar as presas. A cabeça é livremente móvel e são os únicos insetos que podem "olhar sobre seus ombros". São altamente predadores e alimentam-se de uma variedade de insetos (incluindo outros louva-a-deus). Em geral, deitam e aguardam as presas com as pernas anteriores em uma posição elevada. Esta posição deu origem aos nomes comuns "louva-a-deus" e "profeta", que muitas vezes são aplicados a estes insetos.

Os mantídeos passam o inverno no estágio de ovo, que é depositado em ramos ou caules de gramíneas em um envólucro semelhante a uma ooteca, secretada pela fêmea, que pode conter 200 ovos ou mais. Caso sejam mantidos aquecidos, os ovos eclodem no final do inverno ou no início da primavera, e as ninfas, a não ser que recebam alimentos, comerão uma às outras, até que apenas uma grande ninfa permaneça.

Existem mais de 1.500 espécies em oito famílias de louva-a-deus no mundo, e a maioria é tropical. Os Estados Unidos e o Canadá possuem apenas 17 espécies e todas, exceto uma, pertencem à família Mantidae. O louva-a-deus da Carolina, *Stagmomantis carolina* (Johannson), que mede cerca de 50 mm de comprimento (Figura 20-1), é a mais comum das várias espécies de mantídeos que ocorrem nos estados do sul da América do Norte. O grande louva-a-deus (75 mm a 100 mm de comprimento) que é comum nos estados do norte é uma espécie introduzida: o louva-a-deus chinês, *Tenodera aridifolia* (Stoll). Esta espécie foi introduzida nas vizinhanças da Filadélfia há cerca de 75 anos e, desde então, foi amplamente distribuída pelo transporte de massas de ovos. Outra espécie, *T. angustipennis* Saussure, o louva-a-deus de asa estreita, foi introduzida da Ásia. O louva-a-deus europeu, *Mantis religiosa* L., inseto verde-

Figura 20-1 O louva-a-deus do gênero *Cardioptera* sp.

---

[1] Mantodea, do grego, significa um profeta ou um tipo de gafanhoto.
[2] Este capítulo foi editado por David A. Nickle.

-claro com cerca de 50 mm de comprimento, foi introduzido nas vizinhanças de Rochester, Nova York, há cerca de 75 anos e atualmente ocorre na maioria dos estados do leste dos Estados Unidos.

A família Mantoididae tem apenas uma espécie nos Estados Unidos, o *Mantoidea maya* Saussura e Zehntner, que é pequena (tem cerca de 15 mm a 17 mm de comprimento), e o pronoto é aproximadamente tão largo quanto comprido. É encontrada no sul da Flórida, Estados Unidos, e em Yucatán, no México.

A fêmea de louva-a-deus se alimenta do macho logo após ou até mesmo durante o acasalamento. Não são

Chave para as famílias e subfamílias de Mantodea

1.	Pronoto quadrado ou apenas ligeiramente mais longo que largo; espécie pequena encontrada apenas no sul da Flórida	Mantoididae (*Mantoidea*, 1 sp.)
1'.	Pronoto distintamente mais longo que largo (Mantidae)	2
2(1').	Fêmur anterior com uma depressão ou sulco profundo entre o primeiro e segundo espinhos na margem ventral externa para receber a garra ventral apical da tíbia anterior	Liturgusinae (*Gonatista*, 1 sp.)
2'.	Fêmur anterior não possui depressão ou sulco profundo entre o primeiro e segundo espinhos na margem ventral externa	3
3(2').	Margem ventral externa do fêmur anterior apresentando de 5 a 7 espinhos; antena larga na base, achatada	Photinae (*Brunneria*, 1 sp.)
3'.	Margem ventral externa do fêmur anterior com 4 espinhos; antena fina, filiforme	4
4(3').	Tíbia anterior apresentando de 1 a 2 espinhos dorsoapicais; espécies longas e delgadas	Oligonychinae (*Oligonicella*, 2 spp., *Thesprotia*, 1 sp.)
4'.	Tíbia anterior sem espinhos dorsoapicais; espécies mais robustas	5
5(4').	Espécies pequenas, com menos de 35 mm de comprimento; olhos dorsalmente pontiagudos (*Yersiniops*, 2 spp.) ou margem costal da tégmina com revestimento denso de cerdas finas (*Litaneutra*, 1 sp.)	Amelinae
5'.	Espécies maiores, acima de 40 mm de comprimento; olhos globosos, com margem costal da tégmina glabra.	Mantinae (*Pseudovates*, 1 sp.; *Iris*, 1 sp., *Mantis*, 1 sp.; *Tenodera*, 2 spp., *Stagmomantis*, 5 spp.)

conhecidos machos de *Brunneria borealis* Scudder, uma espécie razoavelmente comum no sul e sudoeste dos Estados Unidos.

Os louva-a-deus são muito procurados como agentes de controle biológico e, nos Estados Unidos, podem ser comprados para ajudar no combate de insetos que constituem pragas. Porém, esta prática não é recomendada, pois os louva-a-deus não conseguem dar conta das populações de insetos nocivos e não diferenciam entre insetos destrutivos e úteis e, algumas vezes, tornam-se uma praga, em especial ao redor de colmeias de abelhas, onde podem ter um verdadeiro banquete com as abelhas-de-mel que circundam a colmeia.

COLETA E PRESERVAÇÃO DE MANTODEA

Os louva-a-deus são relativamente grandes e lentos e, quando encontrados, é bem fácil capturá-los. O melhor momento para capturar os adultos da maioria das espécies é o período da metade do verão até o final do outono. As massas de ovos são grandes e evidentes, em especial em galhos nus de árvores durante o inverno. Os adultos devem ser alfinetados próximo da metade do corpo, na altura da tégmina direita. Se o espécime tiver o corpo muito mole, apoie o corpo com um pedaço de cartolina ou alfinetes, caso contrário, ele cederá em uma das extremidades.

Referências

Blatchley, W. S. *Orthoptera of northeastern America*. Indianapolis: Nature, 1920.

Gurney, A. B. "Praying mantids of the United States", *Smithson. Inst. Rep.*, 1950, p. 339–362, 1951.

Hebard, M. "The Dermaptera and Orthoptera of Illinois", *Ill. Nat. Hist. Surv. Bull.*, 20, p. 125–179, 1934.

Helfer, J. R. *How to know the grasshoppers, cockroaches, and their Allies*. 2. ed. Nova York: Dover Publications, 1987.

Nickle, D. A. Order Mantodea. In: F. W. Stehr. *Immature insects*. v. 1. Dubuque: Kendall/Hunt, 1987. p. 140–142.

Vickery, V. R.; D. K. McE. Kevan. "The Grasshoppers, Crickets, and Related Insects of Canada and Adjacent Regions: Ulonata: Dermaptera, Cheleutoptera, Notoptera, Dictuoptera, Grylloptera, and Orthoptera", *The insects and arachnids of Canada*, Parte 14. Ottawa: Canadian Government Publishing Centre, 1985.

CAPÍTULO 21

ORDEM BLATTODEA[1,2]
BARATAS

As baratas são insetos cursoriais com tarsos de cinco artículos e nenhuma das pernas modificadas para cavar ou agarrar. Correm muito rápido, como é possível qualquer pessoa constatar quando tenta pisar uma delas. O corpo é oval e achatado e a cabeça fica oculta pelo pronoto quando em vista superior. Tímpanos e órgãos estridulatórios geralmente estão ausentes. As asas costumam estar presentes, embora muito reduzidas em algumas espécies. As fêmeas de muitas espécies têm asas mais curtas que os machos. Os cercos podem possuir de um a muitos segmentos e, em geral, são razoavelmente longos; as antenas são longas e filiformes. Estes insetos são consumidores bastante generalizados (onívoros). Os ovos são envolvidos em cápsulas ou ootecas, que podem ser depositados logo após sua formação, transportados em uma extremidade do abdômen da fêmea até a eclosão dos ovos ou transportados internamente em um útero ou bolsa incubadora por todo o período de gestação.

Em princípio, as baratas são insetos tropicais e a maioria das espécies norte-americanas ocorre na parte sul dos Estados Unidos. Algumas espécies tropicais ocasionalmente são trazidas para o norte em carregamentos de bananas ou outras frutas tropicais. As baratas mais encontradas no norte são as que invadem as casas, onde constituem sérias pragas. Nenhuma é conhecida como vetor específico de doenças, mas se alimentam de todos os tipos de coisas em uma casa. Contaminam os alimentos, possuem um odor desagradável e sua presença é bastante incômoda.

CLASSIFICAÇÃO DE BLATTODEA

Existem muitas diferenças de opinião sobre a classificação das baratas. Cerca de 40 grupos principais são tratados de modo variável como tribos, subfamílias ou famílias por diferentes autoridades. Em geral, aqui seguimos a classificação de McKittrick (1964), que agrupa as espécies norte-americanas (cerca de 50) em cinco famílias. Uma sinopse dos Blattodea da América do Norte é aqui fornecida, como tratados neste livro. Os grupos marcados com um asterisco (*) são relativamente raros ou têm pouca probabilidade de ser encontrados por um colecionador amador.

Blattidae – Baratas-orientais, americanas e outras
Polyphagidae (Cryptocercidae) * – baratas do deserto e outras
Blattellidae – Baratas-alemãs, do mato e outras
Blaberidae – Baratas gigantes e outras

---

[1] Blattodea: *blatta,* latim para barata.
[2] Contribuições valiosas para este capítulo foram realizadas por Philippe Grandcolas.

Chave para as famílias de Blattodea

1.	Comprimento de 3 mm ou menos; encontrada em formigueiros	2*
1'.	Comprimento acima de 3 mm; quase nunca é encontrada em formigueiros	3
2(1).	Clípeo grande e dividido; encontrada em associação a formigas carpinteiras (Formicinae: *Camponotus*) (*Myrmecoblatta*)	Polyphagidae*
2'.	Clípeo pequeno, não dividido; encontrada em associação com saúvas (Myrmicinae: Attini) (*Attaphila*)	Blattellidae*
3(1').	Fêmures médios e posteriores com numerosos espinhos na margem postero-ventral	4
3'.	Fêmures médios e posteriores sem espinhos na margem posteroventral, ou apenas com pelos e cerdas ou 1 ou 2 espinhos apicais	8
4 (3).	Pronoto e asas anteriores cobertos densamente por pubescência sedosa; comprimento de 27 mm ou mais (espécies tropicais acidentais nos Estados Unidos: *Nyctibora*)	Blattellidae (em parte)*
4'.	Pronoto e asas anteriores glabros ou apenas muito escassamente pubescentes	5
5(4').	Margem posteroventral dos fêmures anteriores com fileiras de espinhos que diminuem gradualmente de tamanho e comprimento em direção distal ou têm o comprimento quase igual durante o trajeto (Figura 21-1A)	6
5'.	Margem póstero-ventral dos fêmures anteriores com fileiras de espinhos espessos proximalmente e espinhos mais delgados e mais curtos distalmente (Figura 21-1B)	7
6(5).	Placa subgenital da fêmea dividida longitudinalmente (Figura 21-2C); estilos dos machos semelhantes, delgados, alongados e retos (Figura 21-2D); comprimento de 18 mm ou mais (*Blatta, Periplaneta, Eurycotis, Neostylopyga*)	Blattidae
6'.	Placa subgenital da fêmea inteira, não dividida longitudinalmente (Figura 21-2B); estilos dos machos variáveis, muitas vezes modificados, assimétricos ou de tamanho desigual (Figura 21-2E); comprimento variável, mas com menos de 18 mm (*Supella, Cariblatta, Symploce, Pseudomops, Blattella*)	Blattellidae (em parte)
7(5').	Fêmures anteriores com apenas 1 espinho apical; placa supra-anal levemente bilobada; marrom-claro-brilhante, com as laterais, a frente do pronoto e a parte costal basal das asas anteriores amareladas; 15 mm a 20 mm de comprimento; Flórida Keys (*Phoetalia, Epilampra*)	Blaberidae (em parte)*
7'.	Fêmures anteriores com 2 ou 3 espinhos apicais; placa supra-anal não bilobada; tamanho e cor variáveis; amplamente distribuídas (*Ectobius, Latiblattella, Ischnoptera, Parcoblatta, Euthlastoblatta, Aglaopteryx*)	Blattellidae (em parte)

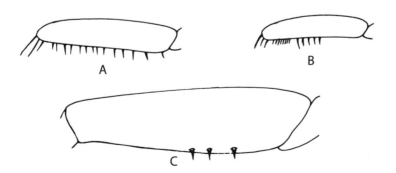

Figura 21-1 Fêmures anteriores de Blattodea. A, *Periplaneta* (Blattidae); B, *Parcoblatta* (Blattellidae); C, *Blaberus* (Blaberidae).

8(3').	Porção distal do abdômen (incluindo cercos) coberta pelo sétimo esclerito abdominal dorsal e sexto ventral, placa subgenital ausente; não alado, corpo com lados quase paralelos, marrom-avermelhado--brilhante, finamente pontilhado, 23 mm a 29 mm de comprimento; amplamente distribuídos, encontrados em toras de madeira apodrecidas (*Cryptocercus*)	Polyphagidae*
8'.	Porção distal do abdômen não tão coberta, placa subgenital presente; asas bem desenvolvidas (ausentes em algumas fêmeas); de forma oval; tamanho e cor variáveis; principalmente no sul dos Estados Unidos	9*
9(8').	Asas posteriores com uma porção apical (triângulo intercalado ou área apendicular) que se dobram quando as asas estão em posição de repouso (Figura 21-2A, it); 8,5 mm de comprimento ou menos, amarelado-brilhante, muitas vezes semelhante a um besouro; sudeste dos Estados Unidos (*Chorisoneura, Plectoptera*)	Blattellidae (em parte) *
9'.	Asas posteriores diferentes da descrição anterior	10*
10(9').	Fêmures anteriores com 1 a 3 espinhos na margem posteroventral e 1 na ponta (Figura 21-1C); comprimento acima de 40 mm; arólios presentes; sul da Flórida (*Blaberus, Hemiblabera*)	Blaberidae (em parte) *
10'.	Fêmures anteriores sem espinhos na margem posteroventral e com 1 ou alguns na ponta; tamanho variável; arólios presentes ou ausentes; leste e sul dos Estados Unidos	11*
11(10').	Asas bem desenvolvidas, área anal das asas posteriores dobradas como um leque em repouso; fronte plana, sem saliência; comprimento acima de 16 mm, cor verde-pálida (*Panchlora, Pycnoscelus, Nauphoeta, Leucophaea*)	Blaberidae (em parte) *
11'.	Área anal das asas posteriores plana não dobrada como um leque em repouso (algumas fêmeas não têm asas); frente espessada e um pouco saliente; (com exceção alguns *Arenivaga*) menos de 16 mm de comprimento e nunca verdes (*Holocompsa, Eremoblatta, Compsodes, Arenivaga*)	Polyphagidae*

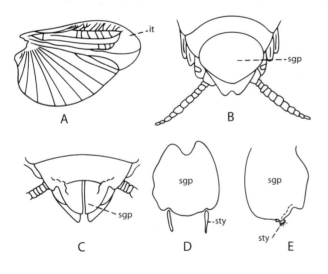

Figura 21-2 A, asa posterior de *Chorisoneura* (Blattellidae); B, ápice do abdômen de barata fêmea (Blattellidae), vista ventral; C, ápice do abdômen de barata fêmea (Blattidae), vista ventral; D, placa subgenital de barata macho (Blattidae), vista ventral; E, mesmo (Blattellidae). *it*, triângulo intercalado; *sgp*, placa subgenital; *sty*, estilo.

Família **Blattidae:** As baratas neste grupo são insetos relativamente grandes (a maioria tem cerca de 25 mm ou mais de comprimento). Várias espécies constituem importantes pragas domésticas. Uma das espécies de praga mais comuns, neste grupo, é a barata-oriental, *Blatta orientalis* L., que mede cerca de 25 mm de comprimento, é marrom-escura e amplamente oval com asas curtas. Várias espécies de *Periplaneta* também invadem casas; uma das mais comuns é a barata-americana ou barata de esgoto, *P. americana* (L.). Esta espécie mede cerca de 27 mm a 35 mm de comprimento e é marrom-avermelhada, com asas bem desenvolvidas. As *Eurycotis floridana* (Walker) são encontradas na Flórida e na parte mais ao sul do Mississippi, Alabama e Geórgia. Vivem sob vários tipos de coberturas em ambientes externos, emitem um líquido de odor muito desagradável e algumas vezes são chamadas de "baratas fedidas". São marrons a negras, com asas muito curtas e medem cerca de 30 mm a 39 mm de comprimento.

Família **Polyphagidae:** Em sua maioria, estas são baratas pequenas que possuem um pronoto razoavelmente piloso. Nas formas aladas, a área anal das asas posteriores é plana em repouso (não dobrada como um leque). Ocorrem nos estados do sul, da Flórida à Califórnia. A maioria das espécies do sudoeste (*Arenivaga* e *Eremoblatta*) é encontrada em áreas desérticas (algumas escavam a areia como toupeiras) e as fêmeas não são aladas. Algumas *Arenivaga* têm quase 25 mm de comprimento. Outras espécies têm 6,5 mm de comprimento ou menos.

As baratas xilófagas, *Cryptocercus punctulatus* Scudder, constituem uma espécie subsocial que ocorre em áreas de colina ou montanhosas, da Pensilvânia até a Geórgia e Alabama no leste, e de Washington até o norte da Califórnia no oeste. Esta barata não é alada, mede cerca de 23 mm a 29 mm de comprimento, é marrom-avermelhada brilhante com a superfície dorsal finamente pontilhada e tem formato um pouco alongado e de lados paralelos. Ocorrem em madeiras em decomposição, em especial nas toras de carvalho. Esta barata tem protozoários intestinais que decompõem a celulose ingerida (como nos cupins). A *Cryptocercus* tradicionalmente é colocada em sua própria família Cryptocercidae. Aqui, foram seguidos os resultados filogenéticos de Grandcolas e D'Haese (2001) e as agrupamos com Polyphagidae.

Família **Blattellidae:** Este é um grupo grande de baratas pequenas, em que a maioria mede cerca de 12 mm de comprimento ou menos. Várias espécies invadem as casas. Uma das mais importantes é a barata-alemã, *Blattella germanica* (L.), que é marrom clara com duas faixas longitudinais no pronoto. Outra é a barata de faixa marrom, *Supella longipalpa* (Fabricius). Várias espécies neste grupo ocorrem em ambientes externos; as mais comuns no norte são as baratas-do-mato, *Parcoblatta* spp., que vivem no lixo e resíduos em florestas. A maioria das espécies deste grupo ocorre no sul, onde podem ser encontradas em lixos e resíduos nos ambientes externos, sob placas nas árvores e em situações semelhantes. A barata-asiática, *Blattella asahinae* Mizukoba, é morfologicamente muito semelhante à *B. germanica*, e atualmente está estabelecida na Flórida (detectada pela primeira vez em 1986). A *Attaphila fungicola* Wheeler mede cerca de 3 mm ou menos de comprimento e vive no sul do Texas e da Louisiana em ninhos de formigueiros de saúvas. A classificação adequada deste gênero pequeno e comportamentalmente especializado é incerta.

Família **Blaberidae:** Este grupo é principalmente tropical e quase todas as onze espécies norte-americanas são restritas aos estados do sul. O grupo inclui as maiores baratas dos EUA (*Blaberus* e *Rhyparobia*), que podem atingir um comprimento de 50 mm. A maioria das espécies é acastanhada, mas uma que vive no sul do Texas e se estende para o leste até a Flórida, *Panchlora nivea* (L.), é verde-clara. A maioria dos membros deste grupo é encontrada em ambientes externos, em lixo ou resíduos. Algumas ocasionalmente entram nas casas, como a barata do Suriname, *Pycnoscelus surinamensis* (L.), e a barata da Madeira, *Rhyparobia maderae* (Fabricius). A barata da Madeira (com cerca de 38 mm a 51 mm de comprimento) pode estridular e emite um odor repulsivo.

COLETA E PRESERVAÇÃO DE BLATTODEA

As baratas são criaturas noturnas e o melhor momento para capturá-las é à noite. Podem ser encontradas em montes de folhas, sob cascas de árvores ou virando-se toras de madeira caídas. Muitas espécies, incluindo as pragas domésticas comuns, podem ser capturadas colocando-se melaço ou uma isca semelhante no fundo de uma armadilha, como apresentado na Figura 35-6A. Os insetos capturados por meio dessa técnica podem ser simplesmente retirados da armadilha.

A maioria das ninfas e alguns espécimes adultos de corpo mole devem ser preservados em álcool, porém a maioria dos adultos pode ser mantida em um alfinete. Passe o alfinete pela tégmina direita, próximo da metade (de frente para trás) do corpo. Se o espécime tiver o corpo muito mole, apoie-o com um pedaço de papelão ou alfinetes ou ele cederá em uma das extremidades.

Referências

Atkinson, T. H.; P. G. Koehler; R. S. Patterson. "Catalogue and atlas of the cockroaches of North America north of Mexico", *Misc. Publ. Entomol. Soc. Amer.*, 78, p. 1–85, 1991.

Deyrup, M.; F. W. Fisk. "A myrmecophilous cockroach new to the United States (Blattaria: Polyphagidae)", *Ent. News*, 95, p. 183–185, 1984.

Fisk, F. W. Order Blattodea. In: F. W. Stehr. *Immature insects*. v. 1. Dubuque: Kendall/Hunt, 1987. p. 120–131

Grandcolas, P. "The phylogeny of cockroach families: a cladistic appraisal of morpho-anatomical data", *Can. J. Zool.*, 74, p. 508–527, 1996.

Grandcolas, P.; C. D'Haese. "The phylogeny of cockroach families: is the current molecular hypothesis robust?", *Cladistics*, 12, p. 93–98, 2001.

Hebard, M. "The Blattidae of North America north of the Mexican boundary", *Mem. Amer. Entomol. Soc.*, 2, p. 1–284, 1917.

Helfer, J. R. *How to know the grasshoppers, cockroaches, and their allies*. 2. ed. Nova York: Dover Publications, 1987.

McKittrick, F. A. "Evolutionary studies of cockroaches", *Cornell Univ. Agr. Exp. Sta. Mem.*, n. 189, 1964.

McKittrick, F. A. "A contribution to the understanding of the cockroach–termite affinities", *Ann. Entomol. Soc. Amer.*, 58, p. 18–22, 1965.

Princis, K. "Zur Systematik der Blattarien", *Eos, Revista Española Entomol.*, 36, 4, p. 427–449, 1960.

Princis, K. "Fam. Blattellidae", *Orthopterorum Catalogus*, 13, p. 713–1038, 1969.

Rehn, J. W. H. "A key to the genera of north american Blattaria, including established adventives", *Entomol. News,* 61, 3, p. 64–67, 1950.

Rehn, J. W. H. "Classification of the Blattaria as indicated by their wings (Orthoptera)", *Mem. Amer. Entomol. Soc.*, n. 14, 1951.

Roth, L. M. "Evolution and taxonomic significance of reproduction in Blattaria", *Annu. Rev. Entomol.*, 15, p. 75–96, 1970.

Roth, L. M.; E. R. Willis. "The medical and veterinary importance of cockroaches", *Smithson. Misc. Coll.*, 134, 10, 1957.

Thorne, B. L.; J. M. Carpenter. "Phylogeny of the Dictyoptera", *Syst. Entomol.*, 17, p. 253–268, 1992.

Vickery, V. R.; D. K. McKevan. "The Grasshoppers, Crickets, and Related Insects of Canada and Adjacent Regions: Ulonata: Dermaptera, Cheleutoptera, Notoptera, Dictuoptera, Grylloptera, and Orthoptera", *The insects and arachnids of Canada,* Parte 14. Ottawa: Canadian Government Publishing Centre, 1985.

CAPÍTULO 22

ORDEM HEMIPTERA[1,2]
PERCEVEJOS VERDADEIROS, CIGARRAS, CERCOPÍDEOS, PSILÍDEOS, MOSCAS-BRANCAS, PULGÕES E COCHONILHAS

Este é um grupo grande e diversificado de insetos, que variam consideravelmente na forma do corpo, asas, antenas, histórias de vida e hábitos alimentares. Muitas espécies que parasitam plantas exibem uma estrutura simplificada, sem asas, olhos ou antenas. Considerando esta diversidade, não é surpreendente que as autoridades mais antigas reconhecessem duas ordens para estes insetos – os Hemiptera, ou percevejos verdadeiros, e os Homoptera, que incluíam as cigarras, os cercopídeos, os pulgões e seus companheiros. As classificações anteriores tinham os Homoptera divididos em duas subordens: a Auchenorrhyncha, contendo as cigarras e os cercopídeos, e a Sternorrhyncha, incluindo psilídeos, moscas-brancas, pulgões e cochonilhas.

A característica mais uniforme nesta mescla de diversidade consiste nas peças bucais, que são de um tipo picador-sugador específico (Figura 2-17), composto de quatro estiletes de perfuração (as mandíbulas e maxilas) envolvidos por uma bainha delgada e flexível (o lábio), normalmente segmentada. As maxilas se encaixam no rostro para formar dois canais, um canal alimentar e um canal salivar. Não há palpos, embora certas autoridades acreditem que algumas estruturas em forma de lobo no rostro de alguns percevejos aquáticos representem palpos vestigiais. As peças bucais dos Hemiptera são utilizadas para sugar a seiva de plantas, mas em muitos percevejos verdadeiros são utilizadas para sugar sangue (por exemplo, Reduviidae). O rostro origina-se na parte anterior da cabeça (Figura 22-1B) na subordem dos Heteroptera, na parte posterior da cabeça na subordem Auchenorryhncha e (quando presentes) do ponto entre as pró-coxas em Sternorrhyncha.

As asas anteriores dos Heteroptera (quando presentes) são muito características, consistindo em uma porção basal endurecida ou espessada e uma porção apical membranosa. Este tipo de asa é chamado de *hemiélitro*. As asas posteriores são completamente membranosas e um pouco mais curtas que as anteriores. As asas em repouso são mantidas planas sobre o abdômen com as porções apicais membranosas sobrepostas. Os Auchenorrhyncha e Sternorrhyncha alados possuem quatro asas. As asas anteriores têm uma textura uniforme em toda a sua extensão, seja membranosa ou discretamente espessada, e as asas posteriores são membranosas. As asas em repouso são mantidas como um telhado sobre o corpo, com as margens internas discretamente sobrepostas no ápice. Em alguns grupos, um ou ambos os sexos podem não ser alados, ou tanto indivíduos alados quanto não alados podem ocorrem no mesmo sexo. Os machos de cochonilhas possuem apenas um par de asas, localizado no mesotórax.

Em geral, os Hemiptera sofrem metamorfose simples. O desenvolvimento em moscas-brancas e cochonilhas lembra a metamorfose completa pelo fato de o último instar ninfal ser quiescente e semelhante a uma pupa.

As histórias de vida de alguns Sternorrhyncha são muito complexas, envolvendo gerações bissexuais e

---

[1] Hemiptera: *hemi*, metade; *ptera*, asas, referindo-se à característica dos Heteroptera de as asas anteriores possuírem a porção basal espessada e a porção distal membranosa.

[2] A seção dos Heteroptera deste capítulo foi editada por James A. Slater, a seção de Coccoidea, por Michael Kosztarab e a seção de Cicadidae, por Thomas E. Moore.

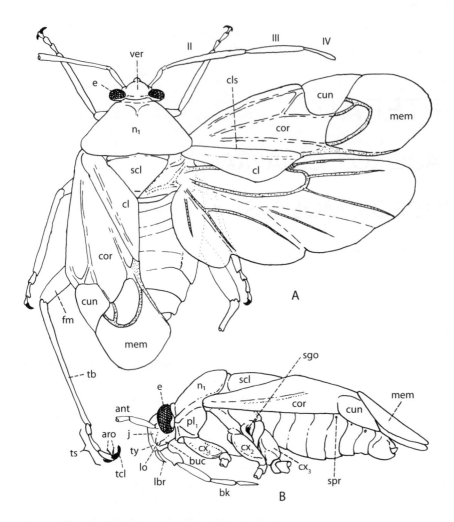

Figura 22-1 Estrutura de um percevejo de planta, *Lygus oblineatus* (Say), família Miridae. A, vista dorsal; B, vista lateral. *ant*, antena; *aro*, arólios; *bk*, rostro; *buc*, búcula; *cl*, clava; *cls*, sutura claval; *cor*, cório; *cun*, cúneo; *cx*, coxa; *e*, olho composto; *fm*, fêmur; *j*, jugo; *lbr*, labro; *lo*, lórica; *mem*, membrana; n_1, pronoto; pl_1, pró-pleura; *scl*, escutelo; *sgo*, abertura da glândula odorífera; *spr*, espiráculo; *tb*, tíbia; *tcl*, garra tarsal; *ts*, tarso; *ty*, tilo; *ver*, vértice; I-IV, artículos antenais.

partenogênicas, indivíduos e gerações alados e não alados e, algumas vezes, alternância regular das plantas que servem como alimento. Algumas espécies transmitem doenças aos vegetais e alguns Heteroptera são vetores de doenças de vertebrados de sangue quente, incluindo humanos. Muitas espécies constituem pragas sérias de lavouras. Algumas fornecem produtos úteis como goma-laca, corantes e outros materiais.

CLASSIFICAÇÃO DOS HEMIPTERA

A classificação dos percevejos verdadeiros, ou Heteroptera, segue Schuh e Slater (1995), com a inclusão de superfamílias relacionadas em Henry e Froeschner (1988).

Subordem Heteroptera
    Infraordem Enicocephalomorpha
        Superfamília Enicocephaloidea
            Aenictopecheidae
            Enicocephalidae – enicocefalídeos, percevejos de enxame
    Infraordem Dipsocoromorpha
        Superfamília Dipsocoroidea
            Ceratocombidae
            Dipsocoridae – percevejos saltadores
            Schizopteridae – percevejos saltadores
    Infraordem Gerromorpha
        Superfamília Hebroidea
            Hebridae – percevejos hebrídeos
        Superfamília Mesovelioidea
            Mesoveliidae – mesoveliídeos
        Superfamília Hydrometroidea
            Macroveliidae
            Hydrometridae – hidrometrídeos, aranhas-de-água
        Superfamília Gerroidea
            Veliidae – veliídeos, percevejos de correnteza
            Gerridae – percevejos-d'água
    Infraordem Nepomorpha
        Superfamília Nepoidea
            Belastomatidae – baratas-d'água
            Nepidae – escorpiões-d'água
        Superfamília Gelastocoroidea
            Gelastocoridae – gelastocorídeos
            Ochteridae – octerídeos
        Superfamília Corixoidea

Corixidae – corixídeos
Superfamília Naucoroidea
    Naucoridae – naucorídeos
Superfamília Notonectoidea
    Notonectidae – remadores
    Pleidae – pleídeos
Infraordem Leptopodomorpha
    Superfamília Leptopodoidea
        Saldidae – saldídeos
        Leptopodidae – leptopodídeos
Infraordem Cimicomorpha
    Superfamília Reduvioidea
        Reduviidae (incluindo Phymatidae, Ploiariidae) – percevejos assassinos, percevejos de emboscada, percevejos emesíneos
    Superfamília Thaumastocoroidea
        Thaumastocoridae – taumastocorídeos
    Superfamília Miroidea
        Microphysidae
        Miridae – percevejos-de-folha, percevejos-da-planta
    Superfamília Tingoidea
        Tingidae – percevejos de renda
    Superfamília Cimicoidea
        Nabidae – percevejos nabídeos
        Lasiochilidae
        Lyctocoridae
        Anthocoridae – percevejos piratas
        Cimicidae – percevejos comuns
        Polyctenidae – percevejos de morcegos
Infraordem Pentatomomorpha
    Superfamília Aradoidea
        Aradidae – aradídeos
    Superfamília Pentatomoidea
        Acanthosomatidae
        Cydnidae – percevejos castanhos
        Pentatomidae – marias-fedidas
        Scutelleridae – escutelerídeos
    Superfamília Lygaeoidea
        Berytidae – beritídeos
        Rhyparochromidae
        Lygaeidae – percevejos-de-grão
        Blissidae
        Ninidae
        Cymidae
        Geocoridae – percevejos de olhos grandes
        Artheneidae
        Oxycarenidae
        Pachygronthidae
        Heterogastridae
    Superfamília Piesmatoidea
        Piesmatidae – piesmatídeos
    Superfamília Pyrrhocoroidea
        Largidae
        Pyrrhocoridae – percevejos-vermelhos, manchadores do algodão
    Superfamília Coreoidea
        Alydidae – alidídeos
        Coreidae – percevejos da abóbora, coreídeos
        Rhopalidae – ropalídeos
Subordem Auchenorrhyncha
    Superfamília Cicadoidea
        Cicadidae – cigarras
        Cercopidae – cercopídeos, cigarrinhas espumosas
        Aetalionidae
        Membracidae – membracídeos
        Cicadellidae – cigarrinhas
    Superfamília Fulgoroidea
        Delphacidae
        Cixiidae
        Fulgoridae
        Achilidae
        Derbidae
        Dictyopharidae
        Tropiduchidae
        Kinnaridae
        Issidae (incluindo Acanaloniidae)
        Flatidae
Subordem Sternorrhyncha
    Superfamília Psylloidea
        Psyllidae – psilídeos, piolhos de plantas saltadores
    Superfamília Aleyrodoidea
        Aleyrodidae – moscas-brancas
    Superfamília Aphidoidea
        Aphididae (incluindo Eriosomatidae) – afídeos, pulgões
        Phylloxeridae
        Adelgidae – pulgões de pinheiros e abetos
    Superfamília Coccoidea
        Margarodidae – coccídeos gigantes, pérolas-da-terra
        Ortheziidae – cochonilhas-de-placa
        Pseudococcidae – cochonilhas-farinhentas
        Eriococcidae – eriococcídeos
        Cryptococcidae – criptococcídeos
        Kermesidae
        Dactylopiidae – cochonilhas do carmim
        Asterolecaniidae – asterolecaniídeos
        Cerococcidae – cochonilhas de cadeia
        Lecanodiaspididae – lecanodiaspidídeos
        Aclerdidae – aclerdídeos

Coccidae – coccídeos, coccídeos da cera, cochonilhas-de-carapaça
Kerriidae (Tachardiidae) – cochonilhas da laca
Phoenicococcidae – fenicococcídeos
Conchaspididae – falsas diaspidinas
Diaspididae – diaspidinas

CARACTERÍSTICAS UTILIZADAS NA IDENTIFICAÇÃO DE HEMÍPTEROS

As principais características usadas para separar as famílias dos Heteroptera são antenas, rostro, pernas e asas. As características do tórax e abdômen (particularmente a simetria ou assimetria da genitália, a natureza do falo e da espermateca e a posição dos espiráculos e dos tricobótrios) e características gerais como tamanho, forma, cor e *habitat* às vezes são usadas para separar as famílias.

As antenas podem ter quatro ou cinco artículos. Em alguns Heteroptera, como alguns Reduviidae, um dos artículos antenais pode ser dividido em vários subartículos. Na contagem dos artículos antenais, os artículos minúsculos entre os maiores não são contados. Nos Nepomorpha, as antenas são muito curtas e estão ocultas em sulcos na parte inferior da cabeça; em outras infraordens, são razoavelmente longas e evidentes. Em geral, o rostro possui três ou quatro segmentos e, em alguns grupos, fica encaixado em um sulco no prosterno quando não está em uso. Nos Pentatomoidea, as antenas de cinco artículos com frequência estão ocultas abaixo de uma crista na lateral da cabeça.

Os ângulos posterolaterais do pronoto às vezes são chamados *ângulos umerais* ou *úmeros*. O disco é a porção dorsal central do pronoto. Algumas vezes contém áreas discretamente elevadas anteriormente (os calos). Em alguns casos, a borda anterior do pronoto é mais ou menos separada do restante do pronoto por um sulco ou uma sutura, consequentemente formando um colar.

Alguns Heteroptera possuem um pronoto separado em duas partes ou dividido em um lobo anterior e um lobo posterior. Lateralmente, o pronoto pode exibir uma borda aguda (sendo descrito como "emarginado") ou pode ser arredondado.

As pernas anteriores de muitos Heteroptera predadores são modificadas para agarrar estruturas e são conhecidas como *raptoriais*. Uma perna raptorial (Figura 22-2) tem o fêmur aumentado e é armada com grandes espinhos na margem ventroposterior. A tíbia encaixa-se firmemente nesta superfície armada e muitas vezes também possui espinhos evidentes.

Em geral, os Heteroptera possuem dois ou três artículos tarsais, sendo que o último tem um par de garras. As garras são apicais na maioria dos Heteroptera, mas nos percevejos-d'água (Gerridae e Veliidae) são anteapicais; ou seja, originam-se em uma localização discretamente proximal em relação à extremidade do último artículo tarsal (Figura 22-3C,D). Muitos Heteroptera possuem arólios, ou coxins semelhantes a lobos, um na base de cada garra tarsal (Figura 22-3A, aro).

Os hemiélitros diferem consideravelmente nos diversos grupos de percevejos e os entomologistas dão nomes especiais a suas diferentes partes (Figura 22-4). A parte basal espessada do hemiélitro consiste em duas

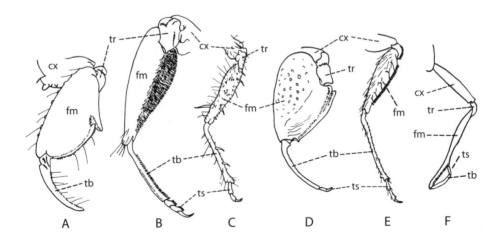

Figura 22-2 Pernas anteriores raptoriais de Hemiptera. A, *Phymata* (Reduviidae); B, *Lethocerus* (Belostomatidae); C, *Sinea* (Reduviidae); D, *Pelocoris* (Naucoridae); E, *Nabis* (Nabidae); F, *Ranatra* (Nepidae). *cx*, coxa; *fm*, fêmur; *tb*, tíbia; *tr*, trocânter; *ts*, tarso.

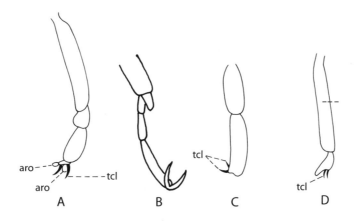

Figura 22-3 Tarsos de Hemiptera. A, tarso posterior de *Lygaeus* (Lygaeidae); B, tarso médio de *Nabis* (Nabidae); C, tarso anterior de *Gerris* (Gerridae); D, tarso anterior e tíbia de *Rhagovelia* (Veliidae). *aro*, arólios; *tb*, tíbia; *tcl*, garra tarsal.

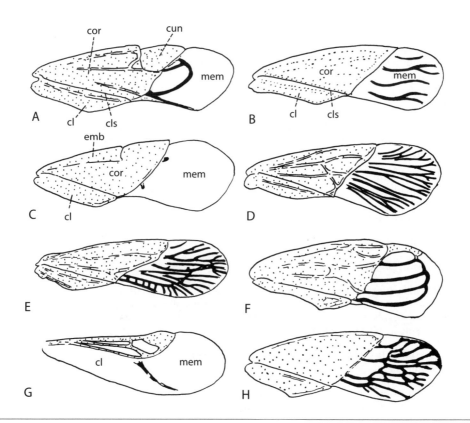

Figura 22-4 Hemiélitros de Heteroptera. A, *Lygus* (Miridae); B, *Ligyrocoris* (Rhyparochromidae); C, *Orius* (Anthocoridae); D, *Boisea* (Rhopalidae); E, *Nabis* (Nabidae); F, *Saldula* (Saldidae); G, *Mesovelia* (Mesoveliidae); H, *Largus* (Largidae). *cl*, clava; *cls*, sutura claval; *cor*, cório; *cun*, cúneo; *emb*, embólio; *mem*, membrana.

seções, o cório (cor) e a clava (cl), que são separadas pela sutura claval (cls). A parte apical fina do hemiélitro é a membrana (mem). Em alguns Heteroptera, uma faixa estreita de cório ao longo da margem costal é separada do restante do cório por uma sutura; esta consiste no embólio (Figura 22-4C, emb). Em alguns Heteroptera, um cúneo (Figura 22-4A, cun) é separado por uma sutura na parte apical do cório. Em geral, a membrana contém veias, cujos número e organização muitas vezes servem para separar as diferentes famílias.

Nos Auchenorrhyncha, as principais características usadas para separar as famílias envolvem o ocelo, a posição das antenas, a forma do pronoto, a disposição dos espinhos das pernas e a textura e venação das asas.

Os Sternorrhyncha são separados com base no número de artículos tarsais e antenais; na estrutura, textura, venação das asas e em outras características. As cochonilhas são separadas pelas características da fêmea adulta. Devem ser montadas em lâminas microscópicas para que sejam examinadas pela chave (veja os procedimentos para coleta e preservação, no final do capítulo).

Chave para as famílias de Hemiptera

Esta chave é baseada em adultos, mas funciona para algumas ninfas. Não surgirão dificuldades específicas para identificar os espécimes alados, porém as formas braquípteras e não aladas podem ser problemáticas. Alguns Aphidoidea não alados só poderão ser separados se a pessoa estiver familiarizada com sua história de vida. Famílias marcadas com um asterisco são relativamente raras ou têm pouca probabilidade de ser encontradas por um coletor.

1.	Rostro originado na parte de trás da cabeça ou aparentemente em um ponto entre as coxas anteriores; antenas variáveis (em forma de cerda ou com no máximo 5 artículos); asas anteriores de textura uniforme em sua totalidade, mantidas como um telhado sobre o abdômen, pontas não sobrepostas ou sobrepostas apenas discretamente	2
1'.	Rostro originado da parte anterior da cabeça; antenas com 4 ou 5 artículos, não semelhantes a cerdas; asas anteriores (se presentes) espessadas na base, membranosas apicalmente, as porções membranosas sobrepostas em repouso; asas posteriores uniformemente membranosas (subordem Heteroptera)	3
2(1).	Flagelo antenal curto, semelhante a uma cerda; rostro originado na parte de trás da cabeça; tarsos com 3 artículos; insetos ativos de vida livre (subordem Auchenorrhyncha)	65
2'.	Antenas longas e filiformes, com artículos evidentes; rostro, quando presente, originado entre coxas anteriores; tarsos (quando pernas presentes) originados entre as coxas anteriores; insetos muitas vezes não ativos (subordem Sternorrhyncha)	81
3(1').	Olhos compostos ausentes	Polyctenidae*
3'.	Olhos compostos presentes	4
4(3').	Cabeça contraída em sentido transversal, dividida em 2 lobos distintos; ocelos, quando presentes, situados no lobo posterior; asas anteriores de textura uniforme em sua totalidade, não divididas em cório e membrana (infraordem Enicocephalomorpha)	5
4'.	Cabeça não contraída e não dividida em lobos; asas anteriores divididas em um cório e uma membrana distintos	6
5(4).	Lobo pronotal posterior reduzido, apenas distinguível no contorno lateral; macrópteros com uma fratura costal curta; ovipositor presente; parâmeros distintos e móveis	Aenictopecheidae
5'.	Lobo pronotal posterior não reduzido, bem diferenciado em vista lateral; macrópteros sem fratura costal; ovipositor ausente ou vestigial; parâmeros invisíveis	Enicocephalidae
6(4').	Antenas mais curtas que a cabeça, ocultas nas cavidades atrás dos olhos (Figura 22-5A); sem arólios; aquáticos ou semiaquáticos (infraordem Nepomorpha)	7
6'.	Antenas com o comprimento da cabeça ou mais longas, livres e visíveis de cima; arólios presentes ou ausentes; hábitos variáveis	14
7(6).	Ocelos presentes (Figura 22-5B); 10 mm de comprimento ou menos	8
7'.	Ocelos ausentes; tamanho variável; espécies aquáticas	9

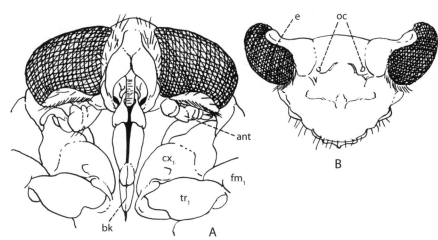

Figura 22-5 Estrutura da cabeça em Nepomorpha. A, *Lethocerus* (Belostomatidae), vista ventroanterior; B, *Gelastocoris* (Gelastocoridae), vista dorsoanterior. *ant*, antena; *bk*, rostro; cx_1, coxa anterior; *e*, olho composto; *fm*, fêmur; *oc*, ocelos; *tr*, trocânter.

8(7).	Antenas ocultas; pernas anteriores mais curtas que as médias; olhos visivelmente protuberantes (Figura 22-16); rostro curto, escondido pelos fêmures anteriores	Gelastocoridae
8'.	Antenas expostas; pernas anteriores do comprimento das médias; olhos levemente protuberantes; rostro longo, estendendo-se pelo menos até as coxas posteriores	Ochteridae*
9(7').	Tarsos anteriores com 1 artículo e modificados em estruturas em forma de colher (Figura 22-6); rostro muito curto e oculto, parecendo ter 1 segmento; superfície dorsal do corpo com linhas transversas finas	Corixidae
9'.	Tarsos anteriores diferentes da entrada anterior; segmentação do rostro claramente evidente; superfície dorsal do corpo diferente da descrição anterior	10
10(9').	Corpo com 2 filamentos terminais longos (Figura 22-15); tarsos com 1 artículo	Nepidae
10'.	Corpo sem filamentos terminais alongados ou, no máximo, com alguns terminais curtos; tarsos variáveis	11
11(10').	Pernas posteriores longas e semelhantes a um remo; tarsos posteriores sem garras; 5 mm a 16 mm de comprimento	Notonectidae
11'.	Pernas posteriores curtas; tarsos posteriores com garras; comprimento variável	12
12(11').	Oval, semelhante a um besouro, convexo, com 3 mm de comprimento ou menos, pernas anteriores não raptoriais	Pleidae*
12'.	Mais de 3 mm de comprimento, em geral mais de 20 mm; não fortemente convexo; pernas anteriores raptoriais com fêmures espessados	13

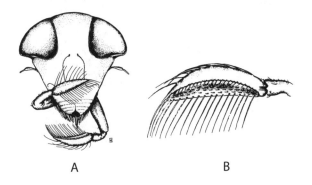

Figura 22-6 *Corixa* (Corixidae). A, cabeça, vista anterior; B, perna anterior.

13(12').	Membrana dos hemiélitros com veias; abdômen com filamentos terminais curtos; comprimento acima de 20 mm	Belostomatidae
13'.	Membrana dos hemiélitros sem veias; abdômen sem filamentos terminais (Figura 22-17); comprimento de 5 mm a 16 mm	Naucoridae
14(6').	Corpo linear, cabeça com o mesmo comprimento de todo o tórax e pernas muito delgadas (Figura 22-18); aquáticos ou semiaquáticos	Hydrometridae
14'.	Corpo de várias formas, mas, se linear, a cabeça é mais curta que o tórax e o inseto é terrestre	15
15(14').	Garras tarsais, em especial nas pernas anteriores, anteapicais (Figura 22-3C, D); ápice do último artículo tarsal mais ou menos fendido; aquático, habitante da superfície	16
15'.	Garras tarsais apicais; ápice do último artículo tarsal íntegro	17
16(15).	Pernas médias originadas mais perto das pernas posteriores que das anteriores; fêmures posteriores estendendo-se bem além do ápice do abdômen; todos os tarsos com 2 artículos; ocelos presentes, mas pequenos; cerca de 5 mm de comprimento	Gerridae
16'.	Pernas médias originadas aproximadamente a meio caminho entre as pernas anteriores e as posteriores; caso as pernas médias se originam mais perto das traseiras que das anteriores (*Rhagovelia*), os tarsos anteriores aparentarão 1 artículo (Figura 22-18B); fêmures posteriores estendendo-se pouco ou nada além do ápice do abdômen; tarsos com 1, 2 ou 3 artículos; ocelos ausentes, 1,6 mm a 5,5 mm de comprimento	Veliidae
17(15').	Antenas com 4 artículos	18
17'.	Antenas com 5 artículos	58
18(17).	Prosterno com sulco longitudinal mediano, finamente estriado (Figura 22-7B, stg); rostro curto, com 3 segmentos e a ponta encaixada no sulco prosternal; pernas anteriores raptoriais	Reduviidae
18'.	Prosterno sem estes sulcos; rostro mais longo, ponta não encaixada no sulco prosternal, 3 ou 4 segmentos; pernas anteriores variáveis	19

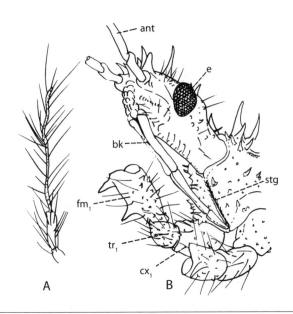

Figura 22-7 A, antena de *Cryptostematida* (Dipsocoridae); B, cabeça de *Sinea* (Reduviidae). *ant*, antena; *bk*, rostro; *cx*, coxa; *e*, olho composto; *fm*, fêmur; *stg*, sulco prosternal; *tr*, trocânter.

19(18').	Asas anteriores com várias células fechadas (reticuladamente esculpidas), sem divisão distinta em cório, clava e membrana (Figura 22-19); pronoto com processo triangular que se estende para trás sobre o escutelo; tarsos com 1 ou 2 artículos; ocelos ausentes; percevejos pequenos, um pouco achatados, com menos de 5 mm de comprimento	Tingidae
19'.	Asas anteriores com arranjo variável de células, porém cório, membrana e também clava diferenciados; pronoto sem processo triangular que se estende para trás sobre o escutelo; tarsos, ocelos e tamanhos variáveis	20
20(19').	Ocelos presentes	21
20'	Ocelos ausentes	51
21(20).	Tarsos, pelo menos nas pernas posteriores, com 2 artículos	22
21'.	Tarsos, pelo menos nas pernas posteriores, com 3 artículos	26
22(21).	Antenas com 2 artículos basais curtos e espessos, terceiro e quarto artículos muito delgados (Figura 22-7A); 2 mm de comprimento ou menos	26
22'.	Não exatamente como a definição anterior	23
23(22').	Clava e membrana dos hemiélitros de textura semelhante (como na Figura 22-4G) (alguns são braquípteros); corpo densamente revestido com pelos curtos e aveludados; percevejos de corpo robusto, semiaquáticos (*Merragata*)	Hebridae*
23'.	Clava e membrana dos hemiélitros de texturas diferentes; corpo diferente da descrição anterior	24
24(23').	Hemiélitros com cúneo; corpo preto brilhante, 1,2 mm de comprimento; registrados em Maryland e no Distrito de Colúmbia	Microphysidae*
24'.	Hemiélitros sem cúneo	25
25(24').	Cório e clava reticulados, com rede irregular de células pequenas, jugos estendendo-se consideravelmente além do tilo; pronoto com cristas longitudinais (Figura 22-33)	Piesmatidae
25'.	Cório e clava diferentes da descrição anterior, jugos não se estendendo consideravelmente além do tilo; pronoto sem cristas longitudinais	Thaumastocoridae*
26(21', 22).	Antenas com 2 artículos basais curtos e espessos, terceiro e quarto muito delgados (Figura 22-7A); tarsos e rostro com 3 artículos; 3,5 mm de comprimento ou menos	27
26'.	Artículos antenais semelhantes, diferentes da descrição anterior; tarsos e tamanho variáveis	30
27(26).	Cabeça (incluindo olhos), pronoto, asas anteriores e pernas anteriores muito espinhosos; terceiro e quarto artículos antenais não pilosos; fêmures anteriores espessados; 3 mm a 5 mm de comprimento; Califórnia	Leptopodidae*
27'.	Corpo não espinhoso; terceiro e quarto artículos antenais pilosos (Figura 22-7A); 1 mm a 2 mm de comprimento; amplamente distribuído	28
28(27').	Lobo pró-episternal amplo em vista lateral; na maioria das vezes inflado e estendendo-se abaixo do olho, articulação e parte basal da coxa anterior cobertas; fenda supracoxal longa	Schizopteridae*
28'.	Lobo pró-episternal estreito em vista lateral, não inflado e não se estendendo cefalicamente; articulação das coxas anteriores expostas lateralmente, fenda supracoxal extremamente curta a essencialmente ausente	29
29(28').	Fratura costal curta, com uma interrupção logo na margem da asa anterior, metapleura sem evaporatório; genitália masculina e abdômen simétricos ou assimétricos, asa anterior terminal para braquípteros ou, raramente, coleopteroides	Ceratocombidae*

29'.	Fratura costal atingindo aproximadamente metade da largura da asa anterior, metapleura com evaporatório; genitália masculina e abdômen assimétricos; asa anterior tegminal, macrópteros a braquípteros	Dipsocoridae*
30(26').	Hemiélitros com um cúneo; percevejos pequenos a minúsculos, 1,2 mm a 5 mm de comprimento, em geral de 2 mm a 3 mm	31
30'.	Hemiélitros sem cúneo; tamanho variável	34
31(30).	Rostro com 4 segmentos (Isometopinae)	Miridae
31'.	Rostro com 3 segmentos	32
32(31').	Tergos abdominais 1 e 2 com laterotergitos; tergos 3 a 8 formando placas únicas; sem inseminação traumática	Lasiochilidae*
32'.	Todos os tergos abdominais com laterotergitos	33
33(32').	Fêmeas com apófise interna na margem anterior do esterno abdominal 7	Lyctocoridae*
33'.	Fêmeas sem apófises no esterno abdominal 7	Anthocoridae
34(30').	Rostro com 3 segmentos	35
34'.	Rostro com 4 segmentos	36
35(34).	Membrana dos hemiélitros com 4 ou 5 células fechadas longas (Figura 22-4F)	Saldidae
35'.	Membrana dos hemiélitros sem veias, mais ou menos confluente com a clava membranosa (Figura 22-4G)	Mesoveliidae*
36(34').	Percevejos semelhantes a mesoveliídeos em aspecto geral, porém com células fechadas nas asas anteriores, pronoto com lobo em projeção posterior mediana cobrindo o escutelo; oeste dos Estados Unidos	Macroveliidae*
36'.	Sem a combinação de características da descrição anterior	37
37(36').	Extremidades distais das tíbias anteriores e médias com amplos processos apicais planos (Figura 22-3B); arólios ausentes; membrana dos hemiélitros (quando desenvolvidos) com numerosas células marginais (Figura 22-4E) (Nabinae)	Nabidae
37'.	Extremidades distais das tíbias anteriores e médias sem este processo; arólios presentes (Figura 22-3A); membranas dos hemiélitros variáveis	38
38(37').	Corpo e anexos longos e delgados; primeiro artículo da antena longo e aumentado apicalmente, último artículo fusiforme; fêmures claviformes	Berytidae
38'.	Forma do corpo variável; antenas e fêmures diferentes da descrição anterior	39
39(38').	Membrana dos hemiélitros com apenas 4 ou 5 veias (Figura 22-4B)	40
39'.	Membrana dos hemiélitros com muitas veias (Figura 22-4D)	49
40(39).	Sutura entre os esternos abdominais 4 e 5 em geral curvada para a frente lateralmente e raramente atingindo a margem lateral do abdômen; tricobótrios presentes na cabeça	Rhyparochromidae*
40'.	Sutura entre os esternos abdominais 4 e 5 não curvada para a frente, atingindo a margem lateral do abdômen; sem presença de tricobótrios na cabeça	41
41(40').	Espiráculos nos segmentos abdominais 2 a 7 localizados dorsalmente	Lygaeidae
41'.	Pelo menos um par (e frequentemente mais) de espiráculos nos segmentos abdominais 2 a 7 localizados ventralmente	42
42(41').	Espiráculos do segmento abdominal 7 ventrais, todos os outros dorsais	43
42'.	Pelo menos os espiráculos dos segmentos abdominais 6 e 7 ventrais	45
43(42).	Hemiélitros não pontilhados ou no máximo com pontuação muito tênue e dispersa	Blissidae
43'.	Hemiélitros em grande parte grosseiramente pontuados	44
44(43').	Ápice do escutelo bífido; clava em parte hialina; olhos um pouco pedunculados	Ninidae*

44'.	Ápice do escutelo pontiagudo e nunca bífido; clava totalmente coriácea; olhos não pedunculados	Cymidae
45(42').	Espiráculos dos segmentos abdominais 3 e 4 dorsais	Geocoridae
45'.	Espiráculos dos segmentos abdominais 3 a 7 ventrais	46
46(45').	Espiráculos do segmento abdominal 2 dorsais	47
46'.	Espiráculos do segmento abdominal 2 ventrais	48
47(46).	Margens pronotais laterais esplanadas ou laminadas	Artheneidae*
47'.	Margens pronotais laterais arredondadas ou discretamente carenadas, nunca claramente esplanadas	Oxycarenidae
48(46').	Fêmur anterior fortemente reforçado e intensamente espinhoso; sem veias cruzadas ou células fechadas basalmente na membrana da asa anterior	Pachygronthidae*
48'.	Fêmur anterior no máximo fracamente reforçado com alguns poucos espinhos presentes; uma célula fechada presente basalmente na base da membrana da asa anterior	Heterogastridae*
49(39').	Em geral, de cor escura, cerca de 10 mm de comprimento; glândulas odoríferas presentes na abertura entre as coxas médias e posteriores (Figura 22-1B, sgo)	50
49'.	Em geral, de cor pálida, menos de 10 mm de comprimento; glândulas odoríferas ausentes	Rhopalidae
50(49).	Cabeça mais estreita e mais curta que o pronoto; búculas (vista lateral) estendendo-se para trás além da base das antenas; coxas posteriores mais ou menos arredondadas ou quadradas.	Coreidae
50'.	Cabeça quase da mesma largura e comprimento do pronoto; búculas (vista lateral) mais curtas, não se estendendo para trás além da base das antenas; coxas posteriores mais ou menos transversais	Alydidae
51(20').	Tarsos com 1 artículo; rostro com 3 segmentos; pernas anteriores raptoriais, fêmures anteriores discretamente tumefeitos; alongados, delgados, 3,5 mm a 5,0 mm de comprimento, com constrição próxima ao meio do corpo; amarelados ou amarelo-esverdeados com marcas marrom-avermelhadas; leste dos Estados Unidos (Carthasinae)	Nabidae*
51'.	Tarsos com 2 ou 3 artículos; rostro com 3 ou 4 segmentos; pernas anteriores não raptoriais; tamanho, forma e cor variáveis	52
52(51').	Rostro curto, 3 segmentos, encaixados em um sulco no prosterno (Figura 22-7B); fêmures anteriores ligeiramente aumentados, raptoriais; cabeça mais ou menos cilíndrica, com sutura transversa próxima aos olhos (Emesinae e Saicinae)	Reduviidae
52'.	Rostro mais longo, 3 ou 4 segmentos, não encaixados no sulco no prosterno; fêmures anteriores e cabeça variáveis	53
53(52').	Rostro com 3 segmentos; asas vestigiais; ectoparasitas de aves e mamíferos	Cimicidae
53'.	Rostro com 4 segmentos (apenas 2 ou 3 dos segmentos podem ser vistos em alguns Aradidae); asas bem desenvolvidas.	54
54(53').	Hemiélitros com cúneo, membrana com 1 ou 2 células fechadas, raramente com outras veias (Figura 22-4A); raramente (por exemplo, *Halticus*) membrana ausente e neste caso o cúneo está ausente; fêmures posteriores aumentados; mesosterno e metasterno formados por mais de 1 esclerito	Miridae
54'.	Hemiélitros sem cúneo, membrana diferente da descrição anterior; mesosterno e metasterno formados por um único esclerito	55
55 (54').	Tarsos sem arólios; corpo muito plano; em geral de cor opaca, cinza, marrom ou preta (Figura 22-32)	Aradidae
55'.	Tarso com arólios; corpo não particularmente achatado; muitas vezes de cores brilhantes	56

56(55').	Percevejos pretos, alongados e brilhantes, com 7 mm a 9 mm de comprimento; fêmures anteriores moderadamente tumefeitos e armados inferiormente com 2 fileiras de dentes (*Cnemodus*)	Lygaeidae
56'.	Cor variável, mas não preto-brilhante; 8 mm a 18 mm de comprimento; fêmures anteriores não tumefeitos e não armados com dentes	57
57(56').	Pronoto marginado lateralmente; sexto esterno abdominal visível íntegro nos dois sexos	Pyrrhocoridae
57'.	Pronoto arredondado lateralmente; sexto esterno abdominal visível da fêmea fendido até a base	Largidae
58(17').	Tarsos com 2 artículos; corpo densamente revestido por pubescência aveludada; hemiélitros com clava e membrana de textura semelhante e sem veias; os dois artículos antenais basais mais espessos que os outros; percevejos semiaquáticos, 3 mm de comprimento ou menos (*Hebrus*)	Hebridae*
58'.	Tarsos com 3 artículos (2 artículos nos Acanthosomatidae); corpo não coberto por pubescência aveludada; hemiélitros com clava e membrana diferenciadas, membrana com veias; os 2 artículos antenais basais semelhantes aos outros; terrestres; mais de 3 mm de comprimento	59
59(58').	Ápice das tíbias anteriores e médias com processo apical amplo e plano (Figura 22-3B); escutelo com aproximadamente um quinto do comprimento do abdômen; percevejos pretos-brilhantes de 5 mm a 7 mm de comprimento; corpo alongado e estreitado anteriormente, pronoto distintamente mais estreito que a parte mais larga do abdômen (Prostemminae: *Pagasa*)	Nabidae*
59'.	Ápice das tíbias anteriores e médias sem este processo; tamanho variável; cor variável, porém preto-brilhante se o corpo for oval ou em forma de escudo	60
60(59').	Tíbias armadas com espinhos fortes (Figura 22-8A); cor preto-brilhante; 8 mm de comprimento ou menos	61
60'.	Tíbias não armadas com espinhos fortes (Figura 22-8B); cor raramente preto-brilhante; mais de 8 mm de comprimento	62
61(60).	Escutelo muito grande, bastante arredondado posteriormente, cobrindo a maior parte do abdômen; comprimento de 3 mm a 4 mm	Thyreocoridae
61'.	Escutelo mais ou menos triangular, não se estendendo até o ápice do abdômen; cerca de 8 mm de comprimento	Cydnidae
62(60').	Escutelo muito grande, bastante arredondado posteriormente, cobrindo a maior parte do abdômen; córío dos hemiélitros estreito, não se estendendo até a margem anal da asa	63

Figura 22-8 A, tíbia de *Pangaeus* (Cydnidae); B, tíbia de *Murgantia* (Pentatomidae).

62'	Escutelo mais curto, em geral mais estreito posteriormente e mais ou menos triangular (Figura 22-21), caso seja grande e bastante arredondado posteriormente (*Stiretrus*, família Pentatomidae, subfamília Asopinae), as cores são brilhantes e contrastantes; cório de hemiélitros amplos, estendendo-se até a margem anal da asa	64
63(62).	Laterais do pronoto com um dente proeminente ou lobo na frente do ângulo umeral; comprimento de 3,5 mm a 6,5 mm (*Amaurochrous*)	Pentatomidae*
63'.	Laterais do pronoto sem este dente ou lobo; comprimento de 8 mm a 10 mm	Scutelleridae
64(62').	Tarsos com 2 artículos; esterno do tórax com crista ou quilha longitudinal mediana	Acanthosomatidae
64'.	Tarsos com 3 artículos; esterno do tórax em geral sem quilha longitudinal mediana	Pentatomidae
65(2).	Antenas separadas da frente da cabeça por uma carena vertical, consequentemente originadas nas laterais da cabeça abaixo dos olhos (Figura 22-9C); tégulas presentes; 2 veias anais na asa anterior encontrando-se apicalmente para formar uma veia Y (Figura 22-10A, B, clv) (Superfamília Fulgoroidea)	66
65'.	Antenas não separadas da frente da cabeça por uma carena vertical, consequentemente originadas na frente da cabeça entre os olhos (Figuras 22-9A, 22-26); tégulas ausentes, sem veia Y na área anal da asa anterior (Figuras 22-11A, 22-12A) (superfamília Cicadoidea)	76
66(65).	Tíbias posteriores com esporões apicais amplos e móveis (Figura 22-10C, sp); um grande grupo de formas pequenas a minúsculas, muitas dimórficas (asas bem desenvolvidas ou curtas), os sexos são com frequência muito diferentes.	Delphacidae

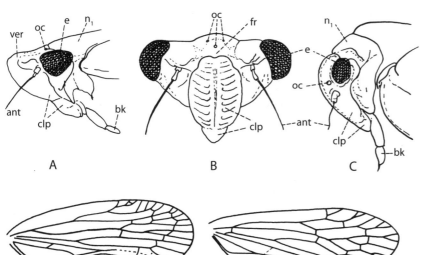

Figura 22-9 Estrutura cefálica em Auchenorrhyncha. A, cigarrinha espumosa (Cercopidae: *Philaenus*), vista lateral; B, cigarra (Cicadidae: *Magicicada*), vista anterior; C, fulgorídeo (Flatidae: *Anormenis*), vista lateral. *ant*, antena; *bk*, rostro; *clp*, clípeo; *e*, olho composto; *fr*, fronte; n_1, pronoto; *oc*, ocelo; *ver*, vértice.

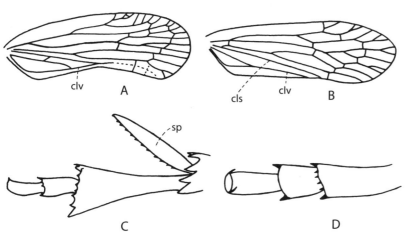

Figura 22-10 Características de Fulgoroidea. A, asa anterior de *Epiptera* (Achilidae); B, asa anterior de *Cixius* (Cixiidae); C, tarso posterior de um delfacídeo; D, tarso posterior de *Anormenis* (Flatidae). *cls*, sutura claval; *clv*, veia claval; *sp*, esporão apical da tíbia.

282 ESTUDO DOS INSETOS

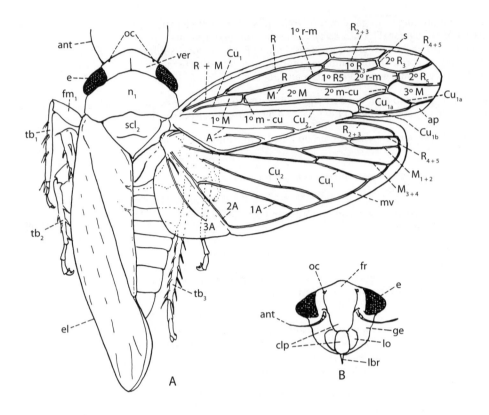

Figura 22-11 Estrutura de uma cigarrinha, *Paraphlepsius irroratus* (Say) (Cicadellidae). A, vista dorsal; B, vista anterior da cabeça. *ant*, antenas; *ap*, apêndice; *clp*, clípeo; *e*, olho composto; *el*, élitro ou asa anterior; *fm*, fêmur; *fr*, fronte; *ge*, gena; *lbr*, labro; *lo*, lórica; *mv*, veia marginal; n_1, pronoto; *oc*, ocelo; scl_2, mesoscutelo; *tb*, tíbia; *ver*, vértice. A terminologia de venação segue o sistema de Comstock-Needham, com exceção das veias posteriores à média. Em geral, os estudiosos das cigarrinhas utilizam uma terminologia diferente para as características de venação da asa anterior; uma comparação de sua terminologia com a usada aqui é apresentada na tabela a seguir.

Veias		Células	
Termos nesta Figura	Outros termos	Termos nesta Figura	Outros termos
R + M	primeiro setor	R	célula discal
R	ramo externo do primeiro setor	$1º R_3$	célula anteapical externa
M	ramo interno do primeiro setor	$2º R_3$	primeira célula apical
Cu_1	segundo setor	$1º R_5$	célula anteapical
Cu_2	sutura claval	$2º R_5$	segunda célula apical
A	veias clavais	$2º M$	célula anteapical interna
1º m-cu	primeira veia cruzada	$3º M$	terceira célula apical
2º m-cu	veia cruzada apical	Cu_{1a}	quarta célula apical
s	veia cruzada apical		
1º r-m	veia cruzada entre os setores		
2º r-m	veia cruzada apical		

ORDEM HEMIPTERA 283

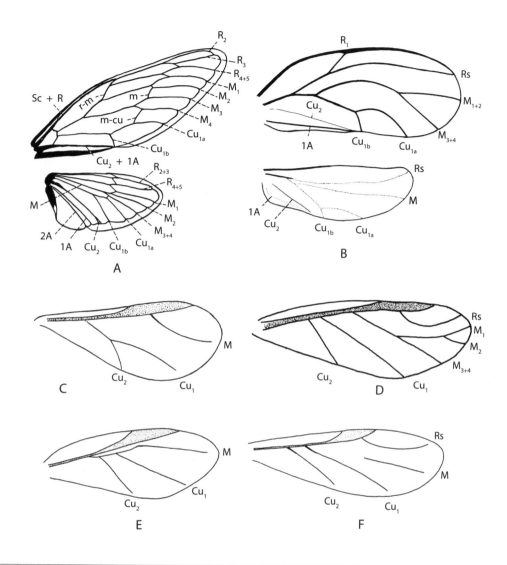

Figura 22-12 Asas de Auchenorrhyncha e Sternorrhyncha. A, Cicadidae (*Magicicada*); B, Psyllidae (*Psylla*); C, Phylloxeridae (*Phylloxera*); D, Aphididae (*Longistigma*); E, Adelgidae (*Adelges*); F, Aphididae (*Colopha*). C-F, apenas asas anteriores.

66'.	Tíbias posteriores sem esporão apical, amplas e móveis	67
67(66').	Área anal das asas posteriores reticulada, com muitas veias cruzadas	Fulgoridae
67'.	Área anal das asas posteriores não reticulada, sem veias cruzadas	68
68(67').	Segundo artículo dos tarsos posteriores com 2 espinhos apicais (1 em cada lado) e ápice arredondado ou cônico (Figura 22-10D)	69
68'.	Segundo artículo dos tarsos posteriores com uma fileira de espinhos apicais e com ápice truncado ou emarginado	72
69(68).	Asas anteriores com numerosas veias cruzadas costais, mais longas que o corpo, mantidas em repouso quase verticalmente nas laterais do corpo; clava com numerosos tubérculos pequenos, semelhantes a pústulas	Flatidae

69'.	Asas anteriores sem numerosas veias cruzadas costais (exceto, às vezes, apicalmente), tamanho e posição variáveis em repouso; clava sem numerosos tubérculos pequenos, semelhantes a pústulas	70
70(69').	Asas anteriores mais longas que o abdômen, com uma série de veias cruzadas entre a margem costal e o ápice da clava separando a porção apical, com venação mais densa da asa; delgados, esverdeados ou amarelados a acastanhados, com 7 mm a 9 mm de comprimento; sudeste dos Estados Unidos, Flórida a Louisiana	Tropiduchidae
70'.	Asas anteriores sem porção apical diferenciada como apresentado na descrição anterior; comprimento variável	71
71(70').	Asas anteriores muito amplas, venação reticulada, mais longas que o corpo, mantidas em repouso quase verticalmente nas laterais do corpo; tíbias posteriores sem espinhos exceto no ápice	Acanaloniidae
71'.	Asas anteriores de tamanho e forma variáveis, com frequência mais curtas que o abdômen, mas, se mais longas que o abdômen, em geral ovais; tíbias posteriores com espinhos nas laterais, além dos apicais	Issidae
72(68').	Segmento terminal do rostro curto, no máximo com um comprimento correspondente a 1,5 vez a largura	Derbidae
72'.	Segmento terminal do rostro mais longo, comprimento de pelo menos duas vezes a largura	73
73(72').	Asas anteriores sobrepostas no ápice; veia claval (uma veia Y) estendendo-se até o ápice da clava (Figura 22-10A, clv); corpo um pouco achatado	Achilidae
73'.	Em geral, asas anteriores não sobrepostas no ápice; veia claval não atingindo o ápice da clava (Figura 22-10B, clv); corpo não particularmente achatado	74
74(73').	Cabeça prolongada na frente ou, se não, a fronte possui 2 ou 3 carenas ou as tégulas estão ausentes e a sutura claval é obscura; sem ocelo mediano	Dictyopharidae
74'.	Cabeça não prolongada na frente (Figura 22-51A,D) ou apenas moderadamente; fronte sem carenas ou apenas com carenas medianas; tégulas presentes; sutura claval distinta; ocelo mediano presente	75
75(74').	Tergos abdominais 6 a 8 com a forma de um V invertido, algumas vezes afundado abaixo do restante dos tergos; 3 mm a 4 mm de comprimento; oeste dos Estados Unidos	Kinnaridae
75'.	Tergos abdominais 6 a 8 retangulares; tamanho variável; amplamente distribuído	Cixiidae
76(65').	Três ocelos (Figura 22-9B); insetos grandes com asas anteriores membranosas; machos possuem órgãos produtores de sons ventralmente na base do abdômen (Figura 22-23); insetos não saltadores	Cicadidae
76'.	Dois (raramente 3) ocelos (Figura 22-11B) ou nenhum; insetos pequenos, algumas vezes com asas anteriores espessadas; órgãos produtores de sons ausentes; insetos geralmente saltadores	77
77(76').	Pronoto estendendo-se para trás sobre o abdômen e ocultando o escutelo (Figura 22-24) ou pelo menos com um processo mediano projetado para trás que esconde parcialmente o escutelo (Figura 22-13A); tíbias posteriores sem esporões distintos ou espinhos longos	78
77'.	Pronoto não se estendendo para trás sobre o abdômen, escutelo quase sempre bem exposto (Figuras 22-13B, 22-25, 22-26); tíbias posteriores com ou sem esporões ou espinhos distintos	79
78(77).	Pronoto com um processo mediano estreito, projetado para trás, que oculta apenas parcialmente o escutelo e se estende entre as asas por um quarto do seu comprimento ou menos (Figura 22-13A), com frequência com um par de cristas ou processos foliáceos dorsalmente; rostro estendendo-se até as coxas posteriores (*Microcentrus*)	Aetalionidae

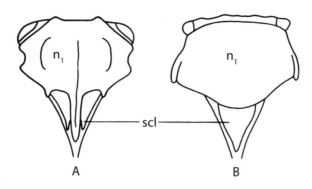

Figura 22-13 Pronoto e estruturas associadas em Aetalionidae, vista dorsal. A, *Microcentrus*; B, *Aetalion*. n_1, pronoto; *scl*, escutelo.

78'.	Pronoto estendido amplamente para trás sobre as asas e o abdômen, cobrindo completamente o escutelo e estendendo-se até a metade das asas ou quase, muitas vezes com espinhos ou outros processos ou parecendo arqueado (Figura 22-24); rostro não se estendendo até as coxas posteriores	Membracidae
79(77').	Tíbias posteriores com 1 ou mais fileiras de pequenos espinhos (Figura 22-14A); coxas posteriores transversas	Cicadellidae
79'.	Tíbias posteriores sem espinhos ou com 1 ou 2 espinhos robustos lateralmente e uma coroa de espinhos curtos no ápice (Figura 22-14B); coxas posteriores curtas e cônicas	80
80(79').	Tíbias posteriores sem espinhos, mas pilosas; rostro estendendo-se até as coxas posteriores; cabeça em grande parte coberta dorsalmente pelo pronoto (Figura 2-13B), fronte vertical ou quase; Flórida, sul do Arizona e Califórnia (*Aetalion*)	Aetalionidae
80'.	Tíbias posteriores com 1 ou 2 espinhos robustos lateralmente e coroa de espinhos curtos no ápice (Figura 22-14B); cabeça não coberta em grande parte pelo pronoto (Figura 22-25), fronte inclinada para trás; rostro de comprimento variável; amplamente distribuído	Cercopidae
81(2').	Tarsos com 2 artículos, com 2 garras; formas aladas com 4 asas; peças bucais bem desenvolvidas nos dois sexos, com rostro longo	82

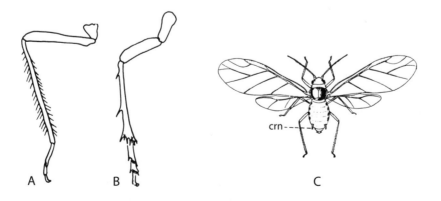

Figura 22-14 A, Perna posterior de uma cigarrinha (Cicadellidae); B, perna posterior de uma cigarrinha espumosa (Cercopidae); C, um afídeo alado (Aphididae). *crn*, cornículos.

81'.	Tarsos com 1 artículo (raramente 2 artículos em machos e algumas fêmeas de Margarodidae), com uma única garra (quando as pernas estão presentes); fêmea sempre sem asas e muitas vezes sem pernas, semelhante a uma escama ou a um coró e coberta com cera; macho com apenas 1 par das asas e sem rostro (superfamília Coccoidea)	86
82(81).	Antenas com 5 a 10 (geralmente 10) artículos; asas anteriores muitas vezes mais espessas que as asas posteriores; insetos saltadores	Psyllidae
82'.	Antenas com 3 a 7 artículos; asas membranosas ou esbranquiçadas opacas; insetos não saltadores	83
83(82').	Em geral, asas opacas, esbranquiçadas, e cobertas com um pó esbranquiçado; asas posteriores quase tão grandes quanto as asas anteriores; sem cornículos	Aleyrodidae
83'.	Asas membranosas e não cobertas por pó esbranquiçado; asas posteriores muito menores que as asas anteriores (Figura 22-14C); com frequência, cornículos presentes (superfamília Aphidoidea)	84
84(83').	Asas anteriores com 4 ou 5 (raramente 6) veias atrás do estigma estendendo-se até a margem da asa (Rs presente) (Figura 22-12D, F); em geral, cornículos presentes (Figura 22-14C); antenas com 6 artículos; fêmeas sexuais ovíparas, fêmeas partenogênicas vivíparas	Aphididae
84'.	Asas anteriores com apenas 3 veias atrás do estigma estendendo-se até as margens da asa (Rs ausente) (Figura 22-12C, E); cornículos ausentes; antenas com 3 a 5 artículos; todas as fêmeas ovíparas	85
85(84').	Asas em repouso mantidas como um telhado sobre o corpo; Cu_1 e Cu_2 na asa anterior separados na base (Figura 22-12E); fêmeas partenogênicas ápteras cobertas por uma lanosidade cérea; ocorrem em coníferas	Adelgidae
85'.	Asas em repouso mantidas horizontais; Cu_1 e Cu_2 na asa anterior pecioladas na base (Figura 22-12C); fêmeas partenogênicas ápteras não cobertas por lanosidade cérea (no máximo, cobertas com material pulvirulento)	Phylloxeridae
86(81').	Espiráculos abdominais presentes; em geral o macho com olhos compostos e ocelos	87
86'.	Espiráculos abdominais ausentes; macho apenas com ocelos	88
87(86).	Anel anal distinto, com numerosos poros e 6 cerdas longas; antenas com 3 a 8 artículos	Ortheziidae
87'.	Anel anal reduzido, sem poros ou cerdas; antenas com 1 a 13 artículos	Margarodidae
88(86').	Um grande espinho dorsal presente perto do centro do abdômen, espiráculos anteriores muito maiores que os posteriores; sudoeste dos Estados Unidos	Kerriidae
88'.	Sem espinho dorsal grande no centro do abdômen; todos os espiráculos de tamanho aproximadamente igual; amplamente distribuídos	89
89(88').	Abertura anal coberta por 2 placas triangulares (com exceção de *Physokermes*); abdômen com fenda anal bem desenvolvida	Coccidae
89'.	Abertura anal coberta por uma única placa ou nenhuma; fenda anal, se presente, não muito desenvolvida	90
90(89').	Ânus coberto por uma placa oval ou triangular única; margem caudal do corpo com sulcos ou cristas; em geral encontrados sob bainhas de folhas de gramíneas e junco	Aclerdidae
90'.	Sem placa cobrindo a abertura anal; margem caudal do corpo sem sulcos ou cristas	91
91(90').	Anel anal cercado por cerdas curtas e robustas; presença de uma placa com um grupo de poros, imediatamente abaixo de cada espiráculo torácico posterior; nordeste dos Estados Unidos, em bordos e faias	Cryptococcidae

91'.	Anel anal não cercado por cerdas robustas curtas; sem placas de agrupamento de poros; amplamente distribuído, em várias plantas hospedeiras	92
92(91').	Dorso com poros em forma de 8	93
92'.	Dorso sem poros em forma de 8	96
93(92).	Poros em forma de 8 no dorso e na banda submarginal no ventre; antenas com 1 a 9 artículos; em várias plantas hospedeiras	94
93'.	Poros em forma de 8 restritos ao dorso; antenas com 5 artículos; em carvalhos	Kermesidae
94(93).	Placa anal esclerotizada presente; antenas com 1 a 9 artículos	95
94'.	Placa anal esclerotizada ausente; antenas com 1 artículo	Asterolecaniidae
95(94).	Antenas com 1 artículo, com agrupamento associado de 5-7 poros loculares; placa anal triangular	Cerococcidae
95'.	Antenas com 7 a 9 artículos, sem um agrupamento associado de 5 a 7 poros loculares; placa anal triangular, muito mais larga que longa	Lecanodiaspididae
96(92').	Em geral, poros loculares em grupos, com ducto comum, dispersos sobre o dorso; corpo com numerosas cerdas espessas e truncadas; ocorrem em cactos	Dactylopiidae
96'.	Poros não dispostos como na descrição anterior, cerdas não truncadas; em várias plantas hospedeiras	97
97(96').	Segmentos abdominais terminais fundidos para formar o pigídio; abertura anal simples; corpo coberto por escamas finas em forma de escudo	98
97'.	Segmentos abdominais terminais não fundidos para formar pigídio; com frequência, abertura anal com cerdas; corpo não coberto por escamas finas semelhantes a um escudo	99
98(97).	Rostro e antenas com 1 artículo; pernas ausentes ou vestigiais; amplamente distribuídos	Diaspididae
98'.	Rostro com 2 segmentos, antenas com 3 ou 4 artículos; pernas presentes e bem desenvolvidas; conhecidos na Califórnia e Flórida	Conchaspididae
99(97').	Superfície do corpo com pequenas irregularidades; anel anal simples, com 0 a 2 cerdas e nenhum poro; sudoeste dos Estados Unidos, em palmeiras	Phoenicococcidae
99'.	Superfície corporal sem pequenas irregularidades; anel anal variável; amplamente distribuído, em várias plantas hospedeiras	100
100(99').	Ostíolos dorsais e geralmente 1-4 círculos ventrais presentes; em vida, cobertos por secreção pulvurulenta branca	Pseudococcidae
100'.	Ostíolos dorsais e círculos ventrais ausentes; em vida, geralmente nus, não cobertos por uma secreção pulvurulenta branca	101
101(100').	Em geral com lobos anais projetados; anel anal com poros e cerdas; plantas hospedeiras variadas	Eriococcidae
101'.	Sem lobos anais projetados; anel anal simples, sem poros e cerdas; ocorrem em carvalhos	Kermesidae

INFRAORDEM **Enicocephalomorpha:** Anteriormente, acreditava-se que a infraordem Enicocephalomorpha estava relacionada à Reduviidae devido a semelhanças na estrutura da cabeça. Atualmente, os entomologistas acreditam que seja diferente o suficiente dos outros Hemiptera para constituir uma subordem separada e provavelmente representa o grupo irmão do restante da ordem.

Família **Aenictopecheidae:** Esta é uma família rara contendo apenas duas espécies, incluindo uma única espécie americana, *Boreostolus americanus* Wygodzinsky e Stys. Esta espécie vive sob pedras grandes e planas e em substratos arenosos ao longo de córregos montanhosos nos Estados Unidos (Oregon, Washington e Colorado). Mede 5 mm de comprimento e ocorre em condições macróptera e braquíptera. Parece ser predadora.

Família **Enicocephalidae – Enicocefalídeos ou percevejos de enxame:** Percevejos pequenos (2 mm a 5 mm de comprimento), delgados, predadores, que possuem uma cabeça de forma peculiar e as asas anteriores totalmente membranosas. Em geral, vivem sob pedras ou cascas de árvores ou em resíduos, onde se alimentam de vários pequenos insetos. Algumas espécies formam grandes enxames e voam como mosquitos-pólvora ou outros mosquitos. Constituem um grupo tropical. Seis gêneros e 11 espécies ocorrem na América do Norte, 10 destas espécies estão no sudoeste e oeste. Uma espécie é encontrada nas Flórida Keys.

INFRAORDEM **Dipsocoromorpha:** A infraordem Dipsocoromorpha contém alguns percevejos pequenos e raramente encontrados, cuja posição na ordem não é bem compreendida.

Família **Ceratocombidae:** Insetos pequenos (2 mm de comprimento), com antenas longas e delgadas e uma fratura cuneal distinta. Dois gêneros e quatro espécies são conhecidos na América do Norte.

Família **Dipsocoridae:** Família de insetos pequenos tropicais. São alongados e achatados e medem cerca de 2 a 3 mm de comprimento. A cabeça é prognata. O lábio não excede as coxas anteriores e está presente um orifício metapleural da glândula odorífera distinto. O ventre abdominal é densamente piloso e a genitália masculina é fortemente assimétrica. Na América do Norte ocorre apenas um gênero (*Cryptostemma*), com duas espécies. Vivem em *habitats* úmidos perto de córregos claros, muitas vezes sob as pedras.

Família **Schizopteridae:** Hemípteros pequenos semelhantes a besouros (0,8 a 2 mm), em geral pretos com asas coleopteroides (semelhantes a besouros) e sem pelos alongados no corpo. São abundantes nos trópicos, mas apenas quatro gêneros e quatro espécies são conhecidos na América do Norte. Vivem principalmente em detritos do solo em áreas úmidas.

INFRAORDEM **Nepomorpha:** Os Nepomorpha são aquáticos (raramente habitantes da praia). As antenas são mais curtas que a cabeça e, em geral, ocultas em sulcos na superfície inferior da cabeça. Os tricobótrios estão ausentes.

Família **Nepidae – escorpiões-d'água:** Os escorpiões d'água são percevejos aquáticos predadores com pernas anteriores raptoriais e um longo sifão respiratório caudal formado pelos cercos. O sifão respiratório muitas vezes tem quase o mesmo comprimento do corpo e é impelido até a superfície conforme o inseto rasteja na vegetação aquática. Estes insetos movem-se lentamente

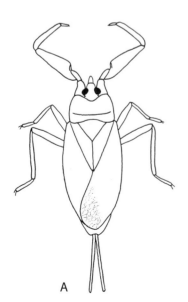
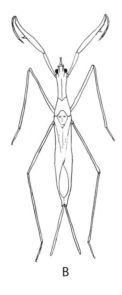

Figura 22-15 Escorpiões-d'água. A, *Nepa apiculata* Uhler, 2X; B, *Ranatra fusca* Palisot, de Beauvois, aproximadamente em tamanho natural.

e alimentam-se de vários tipos de pequenos animais aquáticos, que capturam com suas pernas anteriores. Os escorpiões-d'água podem infligir uma picada dolorosa quando manipulados. Possuem asas bem desenvolvidas, mas raramente voam. Os ovos são inseridos sobre ou no interior dos tecidos de plantas aquáticas ou no substrato perto da linha da água.

Três gêneros e 12 espécies de escorpiões-d'água ocorrem nos Estados Unidos e Canadá. As nove espécies de *Ranatra* são delgadas e alongadas com pernas muito longas e têm um aspecto um pouco semelhante ao dos bichos-pau (Figura 22-15B). A única espécie norte-americana de *Nepa*, *N. apiculata* Uhler, possui o corpo oval e um pouco achatado (Figura 22-15A). A forma do corpo em *Curicta* é relativamente intermediária entre *Ranatra* e *Nepa*. Os escorpiões-d'água norte-americanos mais comuns pertencem ao gênero *Ranatra*; *N. apiculata* é menos comum e ocorre nos estados do leste; as duas espécies de *Curicta* são relativamente raras e vivem no sudoeste.

Família **Belostomatidae – baratas-d'água:** Esta família contém os maiores percevejos da ordem, alguns dos quais (nos Estados Unidos) podem atingir o comprimento de 65 mm; já uma espécie na América do Sul mede mais de 100 mm de comprimento. Estes percevejos são alongados-ovais e um pouco achatados, com pernas anteriores raptoriais. São razoavelmente comuns em lagoas e lagos, onde se alimentam de outros insetos, caramujos, girinos e até mesmo pequenos peixes. Geralmente deixam a água e voam nas proximidades, e uma vez que costumam ser atraídos para as luzes, algumas vezes são chamados de "percevejos de luz elétrica". As baratas-d'água podem infligir uma picada dolorosa se manipuladas de forma descuidada. Em algumas espécies (*Belostoma* e *Abedus*), a fêmea deposita os ovos nas costas do macho, que os carrega até o momento da eclosão. Os ovos de outras espécies (*Lethocerus*) são fixados à vegetação aquática.

As 19 espécies de baratas-d'água da América do Norte são classificadas em três gêneros: *Lethocerus*, *Belostoma* e *Abedus*. Os dois primeiros são amplamente distribuídos, enquanto *Abedus* ocorre apenas no sul e no oeste. As espécies de *Lethocerus* correspondem a nossos maiores belostomatídeos (45 a 65 mm de comprimento) e possuem um segmento basal do rostro muito curto. A maioria das espécies de *Belostoma* mede cerca de 25 mm de comprimento e tem as membranas dos hemiélitros bem desenvolvidas. As espécies de *Abedus* têm membranas dos hemiélitros muito reduzidas. Uma espécie que ocorre no sudoeste (em geral em córregos) mede de 27 a 37 mm de comprimento, mas uma espécie relativamente rara nos estados do sudeste mede apenas de 12 a 15 mm de comprimento.

Família **Corixidae – corixídeos:** Esta é a maior família da infraordem, com cerca de 120 espécies norte-americanas, e seus membros são comuns em lagos e lagoas de água-doce. Ocasionalmente, ocorrem em córregos e algumas espécies vivem em poças de água salgada imediatamente acima da marca da maré alta ao longo da praia. O corpo é alongado-oval, algumas vezes achatado e cinza escuro. Com frequência, a superfície dorsal do corpo exibe linhas transversais. As pernas médias e posteriores são alongadas e as posteriores são semelhantes a um remo. O rostro é largo, cônico e não segmentado; as asas anteriores têm textura uniforme em sua totalidade e os tarsos anteriores têm a forma de colher (Figura 22-6B). Como todos os outros percevejos aquáticos, não possuem brânquias e captam o ar na superfície da água. Em geral, carregam uma bolha de ar sob a água, seja na superfície do corpo ou sob as asas. Nadam rapidamente, de modo errático, e sobem na vegetação por longos períodos.

A maioria dos corixídeos alimenta-se de algas e outros organismos aquáticos minúsculos. Alguns são predadores, alimentando-se de larvas de mosquito-pólvora e outros pequenos animais aquáticos. Aparentemente, podem ingerir partículas sólidas de alimentos, não apenas líquidos.

Em geral, os ovos dos corixídeos são fixados a plantas aquáticas. Em algumas partes do mundo (por exemplo, no México), as pessoas usam os ovos de corixídeos como alimento. Os ovos são colhidos das plantas aquáticas, secos e posteriormente triturados para formar uma farinha. Os corixídeos constituem um item alimentar importante para muitos animais aquáticos.

Família **Ochteridae – octerídeos:** Insetos de corpo oval, com 4 a 5 mm de comprimento, que vivem ao longo de praias de córregos calmos e lagoas, mas raros. São azul-aveludados ou pretos e predadores. Sete espécies ocorrem nos Estados Unidos.

Família **Gelastocoridae – gelastocorídeos:** Estes percevejos lembram pequenas rãs, tanto em aspecto quanto nos hábitos saltatórios. São curtos e largos, possuem olhos grandes e salientes (Figura 22-16) e são encontrados ao longo das margens úmidas de lagoas e córregos. Os gelastocorídeos capturam suas presas (outros insetos) agarrando-as com suas pernas anteriores. Os ovos são depositados na areia. Muitas espécies podem mudar de cor dependendo da cor do substrato. Esta família é pequena, com apenas sete espécies na América do Norte.

Família **Naucoridae – naucorídeos:** Percevejos acastanhados, largamente ovais e um pouco achatados, que

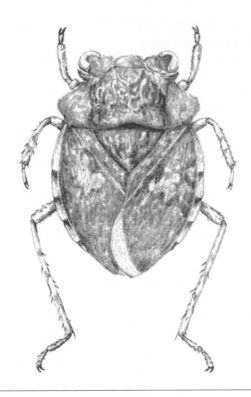

Figura 22-16 Um gelastocorídeo, *Gelastocoris oculatus* (Fabricius), ampliado 7 ½ X.

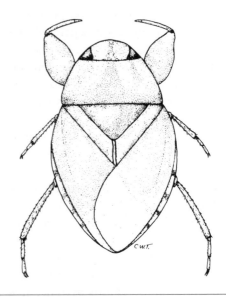

Figura 22-17 Um naucorídeo, *Pelocoris femoratus* (Palisot de Beauvois), ampliado 5X.

medem de 9 a 13 mm de comprimento. Os fêmures anteriores são muito espessados (Figura 22-22). São mais comuns em água calma, onde podem ser encontrados em vegetação submersa ou em resíduos. Alguns ocorrem em córregos. Alimentam-se de vários pequenos animais aquáticos. Picam muito rapidamente – e de modo doloroso – quando manipulados. Existem cerca de 20 espécies norte-americanas, das quais apenas duas (do gênero *Pelocoris*) ocorrem no leste.

Família **Notonectidae – remadores:** Os remadores são assim chamados porque nadam de cabeça para baixo. São muito semelhantes aos corixídeos em forma), porém têm a superfície dorsal do corpo mais convexa e exibem cores claras. Geralmente repousam na superfície da água, com o corpo angulado e a cabeça para baixo e as pernas traseiras posteriores estendidas. Podem nadar rapidamente, usando as pernas posteriores como remos.

Os remadores são predadores, alimentando-se de outros insetos e ocasionalmente girinos e pequenos peixes. Geralmente atacam animais maiores que eles mesmos e alimentam-se sugando os fluidos corporais de suas presas. Um método comum de captura de presa consiste em flutuar abaixo dela após liberar uma planta submersa na qual o agressor estava pendurado.

Estes insetos picam as pessoas quando manipulados e o efeito é muito semelhante a uma ferroada de abelha. Os ovos dos remadores são depositados nos tecidos de plantas aquáticas ou colados à sua superfície.

Os machos de muitas espécies de remadores estridulam durante a corte, esfregando as pernas anteriores contra o rostro. A estrutura das áreas estridulatórias muitas vezes fornece características taxonômicas valiosas para a separação das espécies.

Existem 34 espécies de remadores na América do Norte, em três gêneros: *Buenoa*, *Notonecta* e *Martarega*. As espécies de *Buenoa* são pequenas (de 5 mm a 9 mm de comprimento) e delgadas, com antenas de três artículos, hemiélitros glabros e o escutelo distintamente mais curto que a comissura claval. Os outros dois gêneros em geral são maiores (de 8 a 17 mm de comprimento) e um pouco mais robustos. As antenas têm quatro artículos e os hemiélitros são mais longos que a comissura claval. A maioria das espécies e dos espécimes coletados pertence ao gênero *Notonecta*.

Família **Pleidae – pleídeos:** Estes percevejos são semelhantes aos Notonectidae, mas são muito pequenos (de 1,6 mm a 2,3 mm de comprimento) e possuem a superfície dorsal do corpo muito convexa, com as asas formando uma carapaça dura. Sete espécies ocorrem na América do Norte.

INFRAORDEM **Gerromorpha:** Os membros deste grupo são semiaquáticos ou habitantes de praias, têm antenas evidentes e possuem três pares de tricobótrios na cabeça.

Família **Mesoveliidae** – **mesoveliídeos:** Em geral, estes percevejos são encontrados rastejando na vegetação flutuante nas margens de lagoas ou em toras de madeira que se projetam da água. Quando perturbados, correm rapidamente sobre a superfície da água. São pequenos (5 mm de comprimento ou menos), delgados e esverdeados ou verde-amarelados. Em uma espécie, alguns adultos são alados e outros não. Estes insetos alimentam-se de pequenos organismos aquáticos sobre e imediatamente abaixo da superfície da água.

Família **Hydrometridae** – **hidrometrídeos ou aranhas-de-água:** Percevejos pequenos (com cerca de 8 mm de comprimento), acinzentados e muito delgados. Lembram pequenos bichos-pau (Figura 22–18). A cabeça é muito longa e delgada, com os olhos lateralmente salientes de modo muito evidente. Em geral, estes insetos não são alados. Ocorrem em água rasa entre a vegetação e alimentam-se de organismos minúsculos. Andam em geral muito lentamente sobre a vegetação da superfície ou sobre a superfície da água. Os ovos, que são alongados e medem aproximadamente um quarto do comprimento do adulto, são depositados um a um e colados a objetos próximos à água. Apenas sete espécies, pertencentes ao gênero *Hydrometra*, ocorrem na América do Norte.

Família **Hebridae** – **percevejos hebrídeos:** Os hebrídeos são percevejos pequenos (menos de 3 mm de comprimento), oblongos, com o tórax parecendo largo e tem todo o corpo coberto por pelos aveludados. Ocorrem na superfície de água rasa onde houver abundância de vegetação aquática e no solo úmido perto da margem. Acredita-se que sejam predadores. Este grupo contém 15 espécies norte-americanas, em dois gêneros: *Merragata* (antenas com quatro artículos) e *Hebrus* (antenas com cinco artículos).

Família **Macroveliidae:** Este grupo é representado na América do Norte por duas espécies em dois gêneros nos estados do oeste. *Macrovelia hornii* Uhler lembra o mesoveliídeo em aspecto, mas difere dele por possuir seis células fechadas nos hemiélitros e pelo pronoto, que possui um lobo projetado para trás cobrindo o escutelo. Vivem ao longo de praias de fontes e córregos, em musgos ou outros lugares protegidos. Não frequentam a superfície da água, mas nunca foram capturados a mais de alguns metros da borda da água.

Família **Veliidae** – **veliídeos, percevejos de correnteza:** Estes percevejos aquáticos são pequenos (de 1,6 mm a 5,5 mm de comprimento) e marrons ou pretos, normalmente com marcas prateadas. Em geral, não possuem asas. Vivem na superfície da água ou nas praias adjacentes e alimentam-se de vários insetos pequenos. Os membros do gênero *Rhagovelia* são gregários, e uma

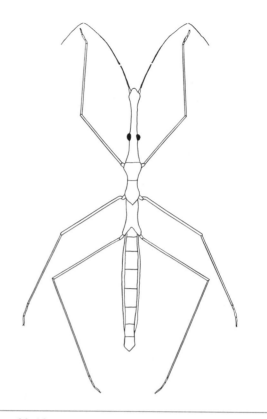

Figura 22-18 Um hidrometrídeo, *Hydrometra martini* Kirkaldy, ampliado 7½X.

única varredura com uma rede de afundamento pode capturar até 50 espécimes ou mais. Estes veliídeos vivem nas corredeiras de pequenos riachos ou próximo a eles, porém os membros de outros gêneros habitam partes mais calmas de córregos ou lagoas. Três gêneros amplamente distribuídos, com mais de 30 espécies, ocorrem nos Estados Unidos: *Rhagovelia*, *Microvelia* e *Paravelia*.

Família **Gerridae** – **percevejos-d'água:** Insetos de pernas longas que vivem na superfície da água, correndo ou deslizando sobre a superfície e alimentando-se de insetos que caem na água. As pernas anteriores curtas são usadas para capturar os alimentos; as pernas médias e posteriores são longas e usadas para locomoção. A maioria das espécies é preta ou de cor escura e o corpo é longo e estreito.

Os tarsos dos percevejos-d'água são revestidos por pelos finos e é difícil molhá-los. Esta estrutura tarsal permite que o percevejo-d'água deslize na superfície da água. Se os tarsos forem molhados, o inseto já não consegue permanecer no filme superficial e afundará, a não ser que possa rastejar para uma superfície seca. Quando estiverem secos, funcionarão normalmente.

Estes insetos são comuns em águas calmas em pequenas angras ou locais protegidos. Com frequência, vivem juntos em grandes números. As espécies que habitam os pequenos córregos intermitentes cavam a lama ou sob pedras quando a corrente seca e permanecem dormentes até que o córrego seja novamente preenchido com água. Os adultos hibernam nestas situações. Com exceção de um gênero, os percevejos-d'água estão restritos à água-doce. As espécies no gênero *Halobates* vivem na superfície do oceano, com frequência a muitos quilômetros da terra. Adultos alados e não alados ocorrem em muitas espécies e o inseto passa de uma região aquática para outra durante o estágio alado. Os ovos são depositados na superfície da água em objetos flutuantes.

INFRAORDEM **Leptopodomorpha**

Família **Saldidae – saldídeos:** Percevejos pequenos, ovais, achatados, marrons ou pretos e brancos que são encontrados normalmente ao longo de praias de córregos, lagoas ou no oceano. Alguns têm hábitos cavadores. Quando perturbados, voam rapidamente por uma distância curta e então correm para a vegetação ou para uma fenda. São predadores de outros insetos. Em geral, os saldídeos podem ser reconhecidos pelas quatro ou cinco células fechadas longas na membrana dos hemiélitros (Figura 22-4F). Existem cerca de 70 espécies norte-americanas de saldídeos.

Família **Leptopodidae – leptopodídeos:** Este é um grupo do Velho Mundo, do qual uma espécie, *Patapius spinosus* (Rossi), foi introduzida na Califórnia. Pode ser encontrada de Butte County estendendo-se para o sul até o município de Los Angeles. Este percevejo espinhoso mede 3,3 mm de comprimento e é marrom-amarelado com duas faixas transversais marrom-escuras nos hemiélitros.

INFRAORDENS **Cimicomorpha** e **pentatomomorpha:** Estes percevejos são todos terrestres, quase sempre possuem antenas evidentes e têm tricobótrios. A maioria é fitófaga, consumindo seiva, flores, frutas ou até mesmo sementes maduras, porém muitos táxons são predadores.

INFRAORDEM **Cimicomorpha**

Família **Thaumastocoridae – taumastocorídeos:** Este grupo é representado nos Estados Unidos por uma única espécie, *Xylastodoris luteolus* Barber, que ocorre na Flórida. Este inseto mede cerca de 2,0 mm a 2,5 mm de comprimento, é achatado, oblongo-oval e amarelo-pálido, com olhos avermelhados. Alimenta-se da palmeira real.

Família **Tingidae – percevejos de renda:** Grupo razoavelmente grande (cerca de 140 espécies norte-americanas) de percevejos pequenos (menores que 5 mm) que apresentam a superfície dorsal do corpo esculpida de um modo razoavelmente elaborado (Figura 22-19). O aspecto rendado é encontrado apenas nos adultos; as ninfas são espinhosas. Estes percevejos são fitófagos e, embora a maioria das espécies se alimente de plantas herbáceas, algumas das espécies mais comuns atacam as árvores. Sua alimentação causa uma mancha amarela na folha e, com a alimentação contínua, a folha fica totalmente marrom e cai. Algumas espécies causam danos consideráveis em árvores. Em geral, os ovos são depositados na superfície inferior das folhas. *Corythuca ciliata* (Say), uma espécie comum de cor um tanto leitosa, alimenta-se principalmente de sicômoro.

Família **Microphysidae:** Esta família é representada nos Estados Unidos por quatro espécies em quatro gêneros. Uma espécie, a *Mallochiola gagates* (McAtee e Malloch), lembra um mirídeo por possuir um cúneo, mas tem ocelos, genitália masculina simétrica e os tarsos possuem dois artículos; é claramente oval e um pouco achatada, preto brilhante e mede 1,2 mm de comprimento. É conhecida apenas em Maryland e no Distrito de Columbia.

Família **Miridae – percevejos-das-plantas ou percevejos-de-folha:** Esta é a maior família da ordem (cerca de 1.750 espécies norte-americanas) e seus membros são encontrados na vegetação de quase todos os lugares. Alguns são muito abundantes. A maioria das espécies alimenta-se de plantas, mas muitas são predadoras de outros insetos. Algumas espécies fitófagas constituem pragas de plantas cultivadas.

Os mirídeos são percevejos de corpo mole, a maioria com 4 a 10 mm de comprimento, que podem ter várias cores. Algumas espécies possuem marcas brilhantes em vermelho, laranja, verde ou branco. Os

Figura 22-19 Percevejo de renda. *Acalypta lillianis* Bueno, ampliado 14X. (A e B redesenhado de Froeschner e American Midland Naturalist; C, redesenhado de Osborn e Drake e Ohio Biological Survey.)

membros deste grupo podem ser reconhecidos pela presença de um cúneo e apenas uma ou duas células fechadas na base da membrana (Figuras 22-1 e 22-4A). As antenas e o rostro são compostos de quatro artículos, sem ocelos presentes (com exceção dos Isometopinae).

O percevejo-das-gramíneas, *Leptopterna dolobrata* (L.), é abundante em campos e pastos no início do verão e causa lesão considerável em gramíneas. Mede cerca de 7 mm a 9 mm de comprimento. O percevejo *Lygus lineolaris* (Palisot de Beauvois) é marrom com uma marca em forma de Y no escutelo. É um percevejo muito comum e causa danos sérios a legumes, vegetais e flores. Estas espécies ocorrem em todos os estados do leste e centrais. Outras espécies de *Lygus* constituem pragas sérias de lavouras no oeste. O percevejo de quatro listras, *Poecilocapsus lineatus* (Fabricius), é amarelado ou esverdeado com quatro faixas pretas longitudinais no corpo. Alimenta-se de um grande número de plantas e algumas vezes causa danos graves em plantações de groselha, groselheira espinhosa e algumas flores ornamentais. O percevejo-da-maçã, *Lygidea mendax* Reuter, um percevejo vermelho e preto de cerca de 6 mm de comprimento, em certa época foi considerado uma praga séria de macieiras no nordeste dos Estados Unidos, mas tornou-se menos importante nos últimos anos. O percevejo de planta *Adelphocoris rapidus* (Say) mede de 7 a 8 mm de comprimento e é marrom-escuro com margens amareladas nas asas anteriores. Alimenta-se principalmente de labaça, mas às vezes prejudica o algodão e os legumes. O percevejo-saltador das hortaliças, *Halticus bractatus* (Say), é um percevejo de folha comum, geralmente braquíptero. É um percevejo preto-brilhante, saltador, de cerca de 1,5 mm a 2,0 mm de comprimento, que se alimenta de muitas plantas cultivadas, mas constitui uma praga de leguminosas. As asas anteriores da fêmea (o sexo ilustrado) não possuem membrana e lembram os élitros de um besouro. Os machos têm asas normais, mas a membrana é curta.

Esta família é dividida em diversas subfamílias, uma das quais os Isometopinae, que às vezes recebem uma classificação de família. Estes mirídeos, comumente chamados de "percevejos saltadores", diferem dos outros mirídeos por possuírem ocelos. São encontrados em cascas de árvores e gravetos mortos e pulam rapidamente quando perturbados. O grupo é pequeno, com menos de uma dúzia de espécies norte-americanas, todas relativamente raras.

Família **Nabidae – percevejos nabídeos:** Os nabídeos são percevejos pequenos (de 3,5 mm a 11,0 mm de comprimento), relativamente delgados, com os fêmures anteriores ligeiramente aumentados (Figura 22-29) e membranas dos hemiélitros (quando desenvolvidas) apresentando várias pequenas células em volta da margem (Figuras 22-4E e 22-29A). Estes percevejos são predadores de muitos tipos diferentes de insetos, incluindo pulgões e lagartas.

Os percevejos nabídeos mais comumente encontrados são pálido-amarelados a acastanhados com asas bem desenvolvidas. *Nabis americoferus* Carayon é comum em todo os Estados Unidos. Alguns nabídeos podem possuir tanto asas longas quanto curtas, porém as formas com asas longas são muito raras e as de asas curtas são encontradas mais facilmente. Um nabídeo razoavelmente comum deste tipo é *Nabicula subcoleoptrata* (Kirby), um inseto preto-brilhante encontrado nos campos, onde se alimenta principalmente do percevejo-das-gramíneas, *Leptopterna dolobrata*.

Família **Lasiochilidae:** Estes percevejos possuem os hábitos dos Anthocoridae, mas não possuem a genitália assimétrica do macho e a inseminação ocorre na vagina da fêmea. Estas espécies medem de 3 a 4 mm de comprimento. A presença dos tergitos laterais dorsais nos segmentos abdominais um e dois parece ser diagnóstica. A maioria das espécies vive sob cascas de árvores. Mais de 30 espécies ocorrem na América do Norte, a maioria no sudoeste e oeste.

Família **Lyctocoridae:** Embora tenham um aspecto semelhante ao dos Anthocoridae, as espécies desta família diferem no tipo de genitália masculina assimétrica, com os dois parâmeros desenvolvidos e o edeago não "ancorado" em um sulco no parâmero esquerdo. Uma característica difícil, mas definitiva, é a presença de apófises na margem anterior do esterno abdominal 7. Cerca de 36 espécies ocorrem na América do Norte. Destas, a mais conhecida é *Lyctocoris campestris* (Fabricius), que é comum e amplamente distribuída. Pode ser uma espécie introduzida e sabe-se que algumas vezes vivem em ninhos de roedores e sugam o sangue de animais domésticos e humanos.

Família **Anthocoridae – percevejos piratas:** Esta família anteriormente incluía os Lyctocoridae e Lasochilidae. Na classificação atual, contém percevejos pequenos e achatados medindo de 2 mm a 5 mm de comprimento, alongados, com a genitália masculina assimétrica e um parâmero em falciforme; muitas espécies são pretas com marcas esbranquiçadas. Embora às vezes encontradas no solo e sob cascas de árvores, muitas espécies ocorrem em flores e frutas. A maioria das espécies é predadora, alimentando-se de vários insetos pequenos e de seus ovos. O percevejo da flor, *Orius insidiosus* (Say), é um predador importante dos ovos e larvas da lagarta da espiga de milho e muitas outras pragas. A picada deste percevejo é surpreendentemente dolorosa para um inseto tão pequeno. As espécies comuns de antocorídeos são encontradas em flores, mas algumas espécies vivem sob cascas de árvore soltas, em montes de folhas mortas e em fungos em decomposição. Cerca de 43 espécies ocorrem na América do Norte.

Família **Cimicidae – percevejos comuns:** Os percevejos comuns são planos, ovais, não alados, de cerca de 6 mm de comprimento, que se alimentam sugando o sangue de aves e mamíferos. O grupo é pequeno, mas algumas espécies são amplamente distribuídas e bem conhecidas. O percevejo comum que ataca as pessoas é o *Cimex lectularius* L. Esta espécie às vezes constitui uma praga em casas, hotéis, casernas e outras habitações. Também ataca outros animais além de humanos. Uma espécie tropical, a *Cimex hemipterus* (Fabricius), também pica as pessoas. Outras espécies nesta família atacam morcegos e várias aves.

O percevejo comum em grande parte é noturno e, durante o dia, fica escondido em fendas na parede, sob rodapés, nas molas da cama, sob a borda do colchão, embaixo do papel de parede e em locais semelhantes. Sua forma achatada torna possível que se esconda em rachaduras muito pequenas. Os percevejos comuns podem ser transportados de um lugar para o outro em roupas, bagagem ou móveis, ou podem migrar de uma casa para outra. Eles depositam seus ovos, de 100 a 250 por fêmea, em fendas. O desenvolvimento até o estágio adulto requer aproximadamente 2 meses em clima quente. Os adultos podem viver por vários meses e sobreviver por longos períodos sem alimento. Os percevejos comuns são importantes por suas picadas irritantes; aparentemente, não são vetores importantes de doenças.

Família **Polyctenidae – percevejos de morcegos:** Apenas duas espécies raras de percevejos de morcegos ocorrem nos Estados Unidos, uma no Texas e outra na Califórnia. São ectoparasitas de morcegos. Estes percevejos não possuem asas nem olhos compostos e ocelos. As pernas anteriores são curtas e achatadas, e as médias e posteriores são longas e delgadas. O corpo é coberto por cerdas. Estes percevejos medem de 3,5 a 4,5 mm de comprimento.

Família **Reduviidae – percevejos assassinos, barbeiros, percevejos de emboscada e percevejos emesíneos:** Este é um grande grupo (mais de 160 espécies norte-americanas) de percevejos predadores, e muitas espécies são razoavelmente comuns. Com frequência, são enegrecidos ou acastanhados e muitos têm cores vivas. A cabeça é alongada, com a área atrás dos olhos contraída e semelhante a um pescoço. O rostro é curto e possui três segmentos, com a ponta encaixando em um sulco estridulatório no prosterno (Figura 22-7B). O abdômen de muitas espécies é alargado no meio, expondo as margens laterais dos segmentos além das asas. A maioria das espécies é predadora de outros insetos, mas algumas são sugadoras de sangue e, com frequência, picam as pessoas. Muitas espécies infligem uma picada dolorosa se manipuladas de modo descuidado.

Um dos maiores e mais facilmente reconhecidos percevejos assassinos é o percevejo de roda, *Arilus cristatus* (L.), um percevejo acinzentado que mede de 28 mm a 36 mm de comprimento, com uma crista semicircular no pronoto que termina em dentes e lembra uma roda dentada. Esta espécie é razoavelmente comum no leste dos Estados Unidos. O percevejo caçador, *Reduvius personatus* (L.), é um percevejo preto acastanhado, que mede de 17 mm a 22 mm de comprimento e é encontrado nas casas. Alimenta-se de percevejos comuns, mas também pica as pessoas. As ninfas têm corpo mole e cobrem a si mesmas com partículas de poeira; são chamadas de "percevejos de pó" ou "caçadores de percevejos".

Os percevejos assassinos do gênero *Triatoma* também invadem as casas e picam as pessoas. Alimentam-se à noite, picando qualquer parte exposta (como a fronte) das pessoas que estão dormindo. Estes percevejos às vezes são chamados de "barbeiro" (devido a sua tendência de picar as pessoas perto da boca) ou "percevejos-franceses". Na América do Sul, espécies deste gênero servem como vetores de uma tripanossomíase humana conhecida como doença de Chagas (vários casos desta doença foram relatados recentemente nos Estados Unidos). Tatus, gambás e alguns ratos também servem de hospedeiro para o tripanossoma causador desta doença.

Já os percevejos de emboscada (Phymatinae) são percevejos pequenos, de corpo robusto, com os fêmures anteriores muito espessados e os artículos antenais terminais tumefeitos. A maioria dos percevejos de emboscada mede cerca de 13 mm de comprimento ou menos; mesmo assim, podem capturar insetos tão grandes quanto mamangavas de tamanho razoável. Aguardam suas presas em flores, particularmente solidago ou tango, nas quais se ocultam de modo excelente graças à sua cor amarelo-esverdeada. Alimentam-se principalmente de grandes abelhas, vespas e moscas.

Os percevejos emesíneos (Emesinae) são muito delgados, de pernas longas e lembram bichos-paus. Vivem em celeiros antigos, porões, moradias e em ambientes externos, sob cascas de árvores soltas e em tufos de grama, onde capturam e comem outros insetos. Um dos maiores e mais comuns percevejos emesíneos é o *Emesaya brevipennis* (Say), uma espécie amplamente distribuída que mede de 33 a 37 mm de comprimento. A maioria dos percevejos emesíneos é menor (até 4,5 mm de comprimento). O *Barce uhleri* (Banks) mede cerca de 7 a 10 mm de comprimento.

Família **Aradidae – aradídeos:** Quase 100 espécies deste grupo ocorrem na América do Norte. Medem cerca de 3 a 11 mm de comprimento, são percevejos marrom-escuros, muito planos, com uma superfície corporal um tanto granular. As asas são bem desenvolvidas, mas pequenas, e não cobrem todo o abdômen. As antenas e o rostro possuem quatro artículos (algumas vezes, apenas de dois a três segmentos do rostro são visíveis); os tarsos têm dois artículos e não há ocelos. Estes insetos são encontrados sob cascas de árvores soltas ou em fendas em árvores mortas ou em decomposição. Alimentam-se de fungos.

Família **Piesmatidae – piesmatídeos:** Estes pequenos percevejos (2,5 a 3,5 mm de comprimento) podem ser reconhecidos por seu cório e sua clava esculpidos de modo reticulado, os tarsos de dois artículos, as cristas do pronoto e os jugos que se estendem bem além do tilo. São fitófagos e provavelmente encontrados com mais frequência em carurus (*Amaranthus*), mas também se alimentam de outras plantas. As 10 espécies norte-americanas deste grupo pertencem ao gênero *Piesma*.

Família **Berytidae – beritídeos:** Os beritídeos são delgados e alongados e possuem pernas e antenas muito longas e delgadas. Lembram os hidrometrídeos (Figura 22-18) e os percevejos emesíneos, porém a cabeça não é muito alongada e nunca vivem na superfície da água (como os hidrometrídeos). Além disso, não possuem as pernas anteriores raptoriais (como os percevejos emesíneos). Vivem na vegetação e alimentam-se principalmente de plantas, embora algumas espécies sejam parcialmente predadoras. Medem de 5 mm a 9 mm de comprimento e são acastanhados.

Família **Rhyparochromidae:** Esta é uma grande família de espécies de cores foscas principalmente, que vivem no solo, com fêmures anteriores aumentados e espinhosos. Apesar de aparentarem possuir hábitos predadores devido aos seus pró-fêmures aumentados e espinhosos, alimentam-se de sementes maduras. É um grupo grande, com cerca de 165 espécies conhecidas que ocorrem na América do Norte. A sutura abdominal incompleta, curvada para frente entre os esternos 4 e 5, identifica estes insetos.

Família **Lygaeidae – percevejos-de-grão:** Até recentemente, esta era uma família abrangente, que hoje é dividida em 10 famílias separadas na América do Norte. Atualmente, a família contém apenas as antigas subfamílias Lygaeinae, Orsillinae e Ischnorthynchinae. São facilmente reconhecidas por possuírem todos os espiráculos abdominais dorsais. Muitas espécies têm cores vivas, laranja e preta ou vermelha e preta, e muitas se alimentam do oficial-de-sala e outras plantas de sabor desagradável ou tóxicas para outros animais. O *Oncopeltus fasciatus* (Dallas) foi usado extensivamente como animal experimental em laboratório e seus padrões de voo, estudados. As espécies se alimentam principalmente, mas não exclusivamente, de sementes e, embora algumas vivam no solo, a maioria na América do Norte tende a viver acima do solo, algumas vezes em árvores. Com frequência, o *Nysius ericae* Schilling e espécies relacionadas constituem pragas de lavouras. Cerca de 75 espécies ocorrem na América do Norte.

Família **Blissidae:** Esta família é caracterizada por possuir apenas os espiráculos do segmento abdominal 7 ventrais e pela ausência de pontilhados evidentes nos hemiélitros. Todas as espécies norte-americanas conhecidas são criadas apenas em plantas monocotiledônias e são sugadoras de seiva em vez de se alimentar de sementes. O percevejo-da-soja, *Blissus leucopterus* (Say) (Figura 22-20), provavelmente é o percevejo mais nocivo desta família, atacando trigo, milho e outros cereais. Algumas vezes torna-se uma praga séria de gramados. Mede cerca de 3,5 mm de comprimento e é preto com asas anteriores brancas. Cada asa anterior tem uma mancha preta perto da metade da margem costal. Nesta espécie, existem tanto formas de asas longas quanto de asas curtas (Figura 22-20 C,D).

Os percevejos-da-soja passam o inverno como adultos em torrões de grama, folhas caídas, cercas vivas e outros lugares protegidos. Emergem aproximadamente na metade de abril e começam a consumir pequenos grãos. Os ovos são depositados em maio, seja no solo ou na grama perto do solo, e eclodem cerca de 7 ou 10 dias mais tarde. Cada fêmea pode depositar várias centenas de ovos. As ninfas alimentam-se do suco de gramíneas e de grãos e atingem a maturidade em 4 a 6 semanas. No momento em que estas ninfas tornam-se adultas, os pequenos grãos (trigo, centeio, aveia e cevada) estão quase maduros e já não são mais suculentos e os adultos (juntamente com ninfas quase adultas) migram para outros campos com grãos mais suculentos, geralmente milho. Migram a pé, muitas vezes em grande número. As fêmeas depositam os ovos para uma segunda geração no milho. Esta geração atinge a maturidade no final do outono e então procura locais para hibernação. Quando os percevejos-da-soja são abundantes, podem destruir plantações inteiras de grãos. Um parente próximo do percevejo-da-soja, o *Blissus insularis* Barber, constitui a principal praga de relva nos estados do sudeste. São conhecidas 29 espécies de blissídeos na América do Norte.

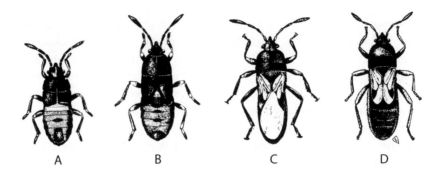

Figura 22-20 O percevejo-da-soja, *Blissus leucopterus* (Say). A, ninfa de quarto instar; B, ninfa de quinto instar; C, adulto; D, adulto de asas curtas.

Família **Ninidae:** Esta é uma pequena família facilmente reconhecida pelo ápice bífido do escutelo, pela clava parcialmente hialina e pelo rostro peculiar com dois degraus. Apenas uma única espécie, a *Cymoninus notabilis* (Distant), ocorre na América do Norte, onde é confinada aos estados do Golfo do México, da Flórida ao Texas. Crescem em várias ciperáceas.

Família **Cymidae:** Estes são percevejos pequenos, de amarelo-foscos a cor de palha, grosseiramente pontilhados, que muitas vezes lembram as sementes de ciperáceas e de junco nas quais vivem. As ninfas ficam particularmente ocultas. Dez espécies são reconhecidas na América do Norte atualmente.

Família **Geocoridae – percevejos de olhos grandes:** Os membros desta família são conhecidos como "percevejos de olhos grandes" devido aos olhos volumosos e reniformes (em forma de rim) que sofrem protrusão da cabeça e muitas vezes se curvam para trás sobre as margens externas do pronoto. A posição dorsal dos espiráculos nos segmentos abdominais 3 e 4 é diagnóstica. As espécies norte-americanas têm o corpo curto e a maior parte vive no solo ou perto dele. A maioria é predadora e é utilizada extensivamente em estudos de controle biológico. Contudo, também existem fitófagos, pelo menos parciais. Cerca de 27 espécies ocorrem na América do Norte.

Família **Artheneidae:** Esta é uma pequena família de percevejos um pouco achatados, que podem ir do amarelado à cor de palha, facilmente reconhecíveis pelas amplas margens esplanadas do pronoto. Esta família não é nativa da América do Norte, mas duas espécies Paleárticas, *Chilacis typhae* (Perris) e *Holcocranum saturejae* (Kolenati), se estabeleceram com sucesso. Crescem em amentilhos.

Família **Oxycarenidae:** Os membros desta família não possuem as margens esplanadas do pronoto encontradas nos Artheneidae, mas compartilham a posição dorsal dos espiráculos do segmento abdominal 2. Nos trópicos do Velho Mundo, alguns membros desta família constituem pragas de algodão e outras lavouras. Uma destas foi estabelecida nos trópicos americanos, mas ainda não atingiu a América do Norte. Atualmente, 10 espécies ocorrem na América do Norte, nove delas no oeste, onde várias vivem nas pinhas de coníferas.

Família **Pachygronthidae:** Os membros desta família são facilmente reconhecidos por possuírem todos os espiráculos abdominais ventrais e apresentarem um pontilhado grosseiro e fêmures anteriores fortemente reforçados e espinhosos. Sete espécies ocorrem na América do Norte. Um gênero (*Phlegyas*) é comum em gramados, os outros (*Oedancala*) alimentam-se de ciperácea e junco.

Família **Heterogastridae:** Esta família pode ser reconhecida pelos espiráculos abdominais ventrais e pela presença de uma grande célula fechada na base da membrana da asa anterior. São insetos de cor fosca, um tanto volumosos e alimentam-se de plantas urticáceas e semelhantes. Apenas duas espécies ocorrem na América do Norte, ambas no oeste.

Família **Largidae:** Estes percevejos são semelhantes aos pirrocorídeos em aspecto e hábitos. Alguns deles, como *Arhaphe carolina* (Herrich-Shäffer), têm um aspecto muito parecido com o das formigas e apresentam hemiélitros curtos. Estes percevejos ocorrem mais nos estados do sul.

Família **Pyrrhocoridae – percevejos-vermelhos e manchadores de algodão:** Estes são percevejos de tamanho médio (de 11 mm a 17 mm de comprimento), alongado-ovais, que possuem marcas de cor viva em vermelho ou marrom e preto. Lembram ligeídeos grandes, mas não possuem ocelos e têm muitas veias ramificadas e células na membrana dos hemiélitros (como na Figura 22-4H). Uma espécie de praga importante desta família é o manchador de algodão, *Dysdercus suturellus* (Herrich-Schäffer), que representa uma praga séria do algodão em algumas partes do sul. Ao se alimentar, mancha as fibras do algodão e reduz muito o seu valor. Esta família é pequena (sete espécies norte-americanas) e seus membros estão limitados aos estados do sul.

Família **Coreidae** *–* **coreídeos:** Este é um grupo de tamanho moderado (cerca de 80 espécies norte-americanas), cujos membros possuem glândulas odoríferas bem desenvolvidas. Estas glândulas abrem-se nas laterais do tórax entre as coxas médias e posteriores (Figura 22-1B, sgo). A maioria das espécies possui um odor particular (algumas vezes agradável outras não) quando manipuladas. A maioria dos coreídeos tem tamanho médio a grande, são um pouco alongados e de cor escura, com a cabeça mais estreita e mais curta que o pronoto. Algumas espécies possuem as tíbias posteriores expandidas e foliáceas, daí o nome "leaf-footed bug" (*percevejo com pé em forma de folha,* em tradução literal) que este grupo recebe em inglês.

Os Coreidae alimentam-se de plantas, mas alguns podem ser predadores. O percevejo da abóbora, *Anasa tristis* (DeGeer), uma praga séria de cucurbitáceas, é marrom-escuro e mede cerca de 13 mm de comprimento. Tem uma geração por ano e passa o inverno no estágio adulto em resíduos e outros locais abrigados. Os machos de muitas espécies de coreídeos possuem fêmures posteriores aumentados e armados com uma série de espinhos afiados. Estes machos estabelecem territórios, que são defendidos vigorosamente de outros machos. O percevejo da algaroba, *Thasus acutangulus* Stål, é um dos maiores coreídeos norte-americanos (35 a 40 mm de comprimento). É comum em algarobas no Arizona e no Novo México. As ninfas formam agregações que, quando perturbadas, produzem simultaneamente um vapor nocivo. Se uma árvore com percevejos da algaroba estiver em um jardim urbano, o proprietário pode ficar consideravelmente incomodado com a presença de tantos percevejos grandes.

Família **Alydidae** *–* **alidídeos:** Estes percevejos são semelhantes aos Coreidae, mas a cabeça é larga e quase tão longa quanto o pronoto e o corpo é longo e estreito. Também podem ser chamados de "percevejos fedidos", já que muitas vezes "fedem" muito mais que os membros dos Pentatomidae (ao qual o nome "maria-fedida" é aplicado). O odor lembra o de uma pessoa com um caso grave de halitose. As aberturas das glândulas odoríferas são ovais e evidentes entre as coxas médias e posteriores. Estes percevejos são razoavelmente comuns nas folhagens de ervas e arbustos ao longo de rodovias e áreas arborizadas. A maioria dos alidídeos é marrom-amarelada ou preta. Algumas das espécies pretas têm uma faixa vermelha atravessando a metade da superfície dorsal do abdômen. Uma espécie marrom comum no nordeste é a *Protenor belfragei* Haglund, que mede cerca de 12 mm a 15 mm de comprimento. Algumas das espécies pretas (por exemplo, *Alydus*; Figura 22-38D) parecem-se muito com formigas em seu estágio ninfal e os adultos no campo se parecem muito com algumas vespas.

Família **Rhopalidae** *–* **ropalídeos:** Estes percevejos diferem dos coreídeos por não possuírem as glândulas odoríferas bem desenvolvidas. Em geral, têm cores claras e são menores que os coreídeos. Alguns são muito semelhantes aos ligeídeos orsilíneos, mas podem ser reconhecidos pelas numerosas veias na membrana dos hemiélitros (Figura 22-4D). Vivem principalmente em ervas, mas alguns (incluindo o percevejo do ácer) são arbóreos. Todos são herbívoros.

O percevejo do ácer, *Boisea trivittata* (Say), é uma espécie comum e amplamente distribuída deste grupo. É escuro com marcas vermelhas e mede cerca de 11 mm a 14 mm de comprimento (Figura 22-38F). Com frequência, entra nas casas e outros lugares abrigados no outono, algumas vezes em números consideráveis. Alimenta-se de ácer e, ocasionalmente, de outras árvores.

Família **Cydnidae** *–* **percevejos-castanhos:** Estes percevejos são um pouco parecidos com as marias-fedidas em aspecto geral e estrutura da antena, mas são um pouco mais ovais e têm as tíbias espinhosas. São pretos ou marrom-avermelhados e medem menos de 8 mm de comprimento. Em geral, são encontrados sob pedras ou tábuas, na areia ou perto das raízes dos tufos de grama. Aparentemente, alimentam-se das raízes das plantas. O coletor mais provavelmente os verá quando se aproximarem das luzes à noite.

Família **Thyreocoridae:** Estes percevejos são pequenos (a maioria com 3 a 6 mm de comprimento), claramente ovais, fortemente convexos, preto-brilhantes e algumas vezes com aparência semelhante à de um besouro. O escutelo é muito grande e cobre a maior parte do abdômen e das asas. Estes insetos são comuns em gramíneas, ervas daninhas, frutas pequenas e flores.

Família **Scutelleridae** *–* **escutelerídeos:** Estes se parecem muito com as marias-fedidas (Pentatomidae), mas o escutelo é muito grande e se estende até o ápice do abdômen. As asas são visíveis apenas na borda do escutelo. A maioria das espécies na parte norte dos Estados Unidos e Canadá é marrom ou amarela, mas muitas espécies tropicais têm cores vivas, até mesmo iridescentes. Os escutelerídeos medem cerca de 8 mm a 10 mm de comprimento e são fitófagos. Algumas espécies, particularmente a praga dos cereais *Eurygaster* *integriceps* Puton, constituem pragas importantes de lavouras de grãos na Europa, Ásia Central e Oriente Médio.

Família **Pentatomidae – marias-fedidas:** Este é um grupo grande e bem conhecido (mais de 200 espécies norte-americanas) e seus membros são facilmente reconhecidos por sua forma redonda ou oval e antenas com 5 artículos. Podem ser diferenciados dos outros percevejos que possuem antenas de cinco artículos pelas características fornecidas na chave. As marias-fedidas são os percevejos mais comuns e abundantes dentre os que produzem um odor desagradável, mas alguns outros percevejos (particularmente os alidídeos) produzem um odor mais potente. Muitas marias-fedidas têm cores vivas ou marcas evidentes.

A família Pentatomidae é dividida em cinco subfamílias, os Asopinae, Discocephalinae, Edessinae, Podopinae e Pentatominae. As últimas quatro, que incluem a maioria das espécies da família, são fitófagas. O segmento basal do rostro é delgado e, em repouso, fica situado entre as búculas, que são paralelas. Os Asopinae, que são predadores, têm o segmento basal do rostro curto e espesso, apenas com a base situada entre as búculas, que convergem atrás do rostro.

Os ovos das marias-fedidas, que têm a forma de um barril e possuem a extremidade superior ornamentada com espinhos, costumam ser depositados em grupos, como diversos pequenos barris de cores brilhantes enfileirados lado a lado.

Uma espécie de praga bastante importante neste grupo é o percevejo-arlequim (*Murgantia histrionica* (Hahn). Este inseto de cores vivas com frequência é muito destrutivo para repolhos e outros plantas crucíferas, em particular no sul dos Estados Unidos. O percevejo verde, *Nezara viridula* (L.), é uma praga importante de uma ampla variedade de lavouras no sudeste dos Estados Unidos e nos trópicos de todo o mundo. Outros pentatomídeos fitófagos atacam gramíneas ou outras plantas e não têm uma importância econômica muito grande. O percevejo *Podisus maculiventris* (Say) é predador de larvas de lepidópteros. A espécie *Amaurochrous* spp. mede cerca de 3,5 a 6,5 mm de comprimento, é semelhante aos escuterídeos, mas pode ser identificada pelas características fornecidas na chave (passo 63). Anteriormente, era incluída em uma família específica, a Podopidae, que foi reduzida à subfamília Podopinae.

Família **Acanthosomatidae:** Este é um pequeno grupo intimamente relacionado aos Pentatomidae, mas facilmente diferenciado por possuir apenas dois em vez de três artículos tarsais. As fêmeas de várias das espécies da América do Norte protegem os ovos e as ninfas jovens. *Elasmucha lateralis* (Say) é muito comum em árvores de bétula nos estados do norte dos EUA e no sul do Canadá.

SUBORDEM **Auchenorrhyncha:** Os membros da subordem Auchenorrhyncha (cigarras e cercopídeos) consistem em insetos ativos, bons voadores ou saltadores. Seus tarsos possuem três artículos e as antenas são muito curtas e semelhantes a cerdas. As cigarras são insetos relativamente grandes, com asas membranosas e três ocelos. Os cercopídeos são insetos pequenos a minúsculos, com as asas anteriores mais ou menos espessadas, que têm dois ocelos (ou nenhum). Os machos de muitos Auchenorrhyncha podem produzir sons, mas com exceção do das cigarras, estes sons são quase inaudíveis para os humanos.

Família **Cicadidae – Cigarras:** Os membros desta família podem ser reconhecidos por sua forma característica, seu grande tamanho e três ocelos. Este grupo contém alguns dos maiores Hemiptera dos Estados Unidos, que podem atingir um comprimento de cerca de 50 mm. As menores cigarras medem um pouco menos de 25 mm de comprimento. Existem 157 espécies em 16 gêneros nos Estados Unidos.

Uma característica evidente das cigarras é sua capacidade de produzir sons. Outros Auchenorrhyncha (por exemplo, as cigarrinhas) podem fazer sons, porém muito fracos e detectados pelo substrato. Os sons produzidos pelas cigarras são muito altos e, produzidos pelos machos, cada espécie tem uma canção característica. Alguém que esteja familiarizado com estes padrões sonoros pode identificar a espécie apenas pela canção (Figura 22-22). Cada espécie também produz

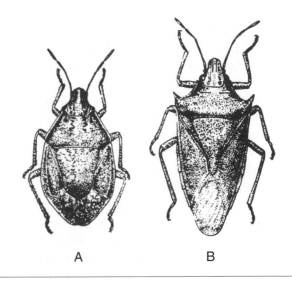

Figura 22-21 Pentatomídeos (subfamília Pentatominae). A, *Coenus delius* (Say), ampliado 3½X, B, *Oebalus pugnax* (Fabricius), ampliado 4½X.

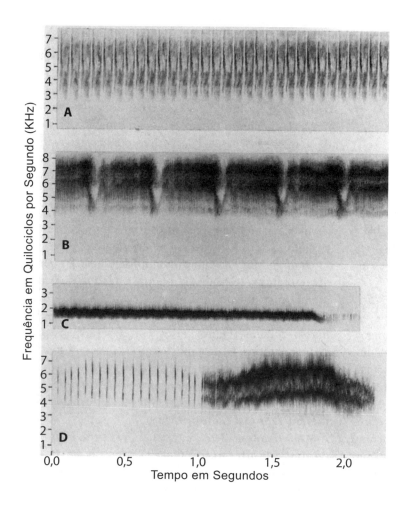

Figura 22-22 Audioespectrografias das canções de chamada das cigarras. A, uma cigarra de canícula, *Tibicen chloromera* (Walker), aproximadamente dois segundos de um ponto próximo à metade da canção; B, outra cigarra de canícula, algumas vezes chamadas de cigarra de apito, *T. pruinosa* (Say), um trecho da canção; C, uma cigarra periódica, *Magicicada septendecim* (L.), no final da canção; D, uma parte da canção de outra cigarra periódica, *M. cassini* (Fisher).

um som um pouco diferente (um grito de perturbação ou som de "protesto") quando manipulada ou perturbada e algumas espécies têm uma canção especial (chamada de canção de "corte"), que é produzida pelo macho ao abordar uma fêmea.

Os sons típicos das cigarras são produzidos por um par de tímbales localizados dorsalmente nas laterais dos segmentos abdominais basais dos machos (Figura 22-23, tmb).

Os tímbales consistem em uma placa posterior e várias faixas semelhantes a estrias situadas em uma membrana, algumas vezes completamente expostas. Nas cigarras de canícula (*Tibicen* spp.), são cobertas por uma aba abdominal. Os órgãos de audição, ou tímpanos (*tym*), estão situados abaixo dos tímbales em uma cavidade ventral, pela qual os tímbales ou os espaços dos timbales são expostos. Este espaço muitas vezes possui uma membrana amarelada (*mem*) que se conecta anteriormente ao tórax e é coberta ventralmente por um par de abas torácicas chamadas de opérculos (*op*). Internamente, o último segmento torácico e até cinco segmentos abdominais são totalmente preenchidos por um grande saco de ar traqueal que funciona como uma câmara de ressonância. Um par de grandes músculos percorre este saco aéreo, de cima dos tímpanos até a grande placa dos tímbales, e suas contrações fazem com que as estrias se dobrem repentinamente e produzam os sons. Os sacos aéreos e a tensão geral do corpo, mais outras estruturas, controlam o volume e a qualidade do som. Também existem grupos de cigarras que estridulam e batem as asas, produzindo assim seus sons característicos, algumas vezes nos dois sexos.

Dois tipos comuns desta família são as cigarras de canícula (várias espécies) e as cigarras periódicas (*Magicicada*). As cigarras de canícula são insetos grandes e escuros, em geral com marcas esverdeadas, que aparecem todos os anos em julho e agosto. As cigarras periódicas, que ocorrem no leste dos Estados Unidos, diferem das outras espécies do leste pelo fato de possuírem olhos avermelhados e veias nas asas, serem menores que a maioria das outras espécies do leste e pelo aparecimento dos adultos no fim de maio e início de junho. O ciclo de vida das cigarras de canícula é desconhecido, mas duas espécies japonesas necessitam de sete anos para amadurecer. O mais curto ciclo de vida conhecido em uma cigarra corresponde a quatro anos, para uma espécie que ocorre em pastagens. Nas

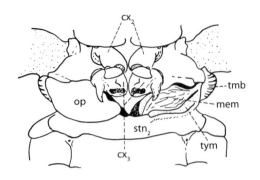

Figura 22-23 Tórax de uma cigarra (*Magicicada*), vista ventral, mostrando os órgãos produtores de sons; o opérculo à direita foi removido. *cx*, coxa; *mem*, membrana; *op*, opérculo; *stn*, esterno abdominal; *tmb*, tímbale; *tym*, tímpano.

cigarras de canícula, mesmo com ciclos de vida longos, as gerações são sobrepostas, de modo que alguns adultos aparecem todos os anos. O ciclo de vida das cigarras periódicas dura 13 ou 17 anos e, em determinada área, os adultos não estão presentes todos os anos.

Ocorrem 12 ninhadas de cigarras de 17 anos e três de cigarras de 13 anos. Estes imaturos emergem como adultos em anos diferentes e possuem distribuições geográficas diferentes. As cigarras de 17 anos estão presentes no norte e as cigarras de 13 anos no sul, mas existe uma sobreposição considerável e os dois tipos de ciclos de vida podem ocorrer nas mesmas florestas (mas emergiriam juntas apenas uma vez a cada 221 anos). A emergência de algumas ninhadas maiores é um evento notável, porque os insetos nestas ninhadas podem ser extremamente numerosos – até 3,6 milhões por hectare.

Existem sete espécies de cigarras periódicas, três com um ciclo de 17 anos e quatro com um ciclo de 13 anos. As espécies em cada grupo de ciclo de vida diferem em tamanho, cor e canção (veja a Tabela 22-1). Cada espécie de 17 anos possui uma espécie semelhante ou "irmã" em um ciclo de 13 anos, da qual pode ser reconhecida apenas por diferenças no ciclo de vida e na distribuição. A maioria das ninhadas em cada tipo de ciclo de vida contém mais de uma espécie e muitas contêm as três.

A maioria das cigarras insere os ovos em ramos vivos ou mortos de árvores e arbustos, algumas em gramíneas e herbáceas. Ramos vivos são prejudicados severamente por esta postura de ovos, que causa a morte de sua parte terminal. Os ovos em geral eclodem dentro de aproximadamente um mês (algumas espécies passam o inverno como ovos) e as ninfas caem no chão, entram no solo e alimentam-se de raízes, particularmente de plantas perenes. As ninfas permanecem no solo até que estejam prontas para sofrer a muda pela última (quinta) vez. No caso das cigarras periódicas, este período dura de 13 a 17 anos. Quando o último instar ninfal cava o seu caminho para fora da terra, escala algum objeto, em geral uma árvore, prende suas garras à casca da árvore e então ocorre a muda final. O estágio adulto dura um mês ou mais.

O principal dano causado pelas cigarras é provocado pela postura de ovos dos adultos. Quando os adultos são numerosos, como nos anos em que as cigarras periódicas emergem, podem ocorrer danos consideráveis em árvores jovens e em viveiros.

Família **Membracidae – membracídeos:** A maioria dos membros deste grupo pode ser reconhecida pelo grande pronoto que cobre a cabeça, se estende para trás sobre o abdômen e, com frequência, assume formas peculiares (Figura 22-24). Muitas espécies parecem corcundas. Outros possuem espinhos, cornos ou quilhas no pronoto e algumas espécies têm a forma de espinhos. As asas em grande parte são escondidas pelo pronoto. Estes insetos raramente medem mais de 10 mm ou 12 mm de comprimento.

Os membracídeos alimentam-se principalmente de árvores e arbustos e a maioria das espécies comuns ataca apenas tipos específicos de plantas hospedeiras. Algumas espécies alimentam-se de gramíneas e plantas herbáceas no estágio ninfal. Os membracídeos apresentam uma ou duas gerações por ano e passam o inverno no estágio de ovo.

Apenas algumas espécies deste grupo são consideradas de importância econômica, e a maior parte do dano é causada pela postura de ovos. O membracídeo *Stictocephala bizonia* Kopp e Yonke (Figura 22-24C) é uma espécie de praga comum que deposita seus ovos em ramos de macieiras e várias outras árvores. Os ovos são colocados em fendas cortadas nas cascas das árvores e a porção terminal do ramo além dos ovos com frequência morre. Os ovos permanecem durante o inverno e eclodem na primavera; as ninfas caem na vegetação herbácea, onde completam seu desenvolvimento, voltando às árvores para depositar seus ovos.

Família **Aetalionidae:** Dois gêneros desta família ocorrem na América do Norte: *Microcentrus*, que é amplamente distribuído, e *Aetalion*, que ocorre na Flórida, sul do Arizona e Califórnia. *Microcentrus* parece um membracídeo, porém o pronoto possui apenas um processo mediano estreito com projeção para trás, que se estende por uma curta distância entre as asas e cobre apenas parcialmente o escutelo (Figura 22-13A). Antigamente, era classificado na subfamília Centrotinae dos Membracidae, mas foi transferido por

Tabela 22-1 Resumo das cigarras periódicas (*Magicicada*)[a]

Características	Ciclo de 17 anos	Ciclo de 13 anos
Comprimento do corpo de 27 mm a 33 mm Pró-pleura e extensões laterais do pronoto entre os olhos e a base das asas avermelhadas Esternos abdominais primariamente marrom-avermelhados ou amarelos Canção: "phaaaaaroah", um zumbido baixo, de 1 a 3 segundos de duração, com uma queda no tom no final (Figura 22-22C)	Cigarra de 17 anos de Lineu, *M. septendecim* (L.)	Cigarra de 13 anos de Riley, *M. tredecim* Walsh e Riley
Comprimento do corpo de 20 mm a 28 mm Pró-pleura e extensões laterais do pronoto entre os olhos e bases das asas pretas Esternos abdominais pretos ou alguns com uma faixa estreita marrom-avermelhada ou amarela no terço apical; esta faixa, com frequência, é contraída ou interrompida medialmente Último artículo tarsal com a metade apical ou mais preto Canção: 2 a 3 segundos de estalidos alternados com zumbidos de 1 a 3 segundos, cuja intensidade do tom sobe e diminui (Figura 22-22D)	Cigarra de 17 anos de Cassin, *M. cassini* (Fisher)	Cigarra de 13 anos de Cassin, *M. tredecassini* Alexander e Moore
Comprimento do corpo 19 mm a 27 mm Pró-pleura e extensões laterais do pronoto entre os olhos e bases das asas pretas Esternos abdominais pretos basalmente, com uma faixa apical larga amarelo-avermelhada ou marrom na metade posterior de cada esterno; esta faixa não é interrompida medialmente Último artículo tarsal totalmente castanho ou amarelado ou, no máximo, o terço apical preto Canção: 20 a 40 frases curtas de tom elevado, cada uma como zumbidos e estalidos curtos e emitidos juntos, em uma velocidade de 3 a 5 por segundo, as frases são mais curtas e não possuem zumbido curto	A pequena cigarra de 17 anos, *M. septendecula* Alexander e Moore	A pequena cigarra de 13 anos, *M. tredecula* Alexander e Moore

[a] Dados de Alexander e Moore (1962).

Hamilton (1971) para a família Aetalionidae. *Aetalion* lembra um grande cercopídeo, mas não possui os espinhos nas tíbias posteriores característicos daquele grupo. O pronoto estende-se mais para a frente sobre a cabeça (Figura 22-13B) e a fronte é vertical. O rostro dos aetalionídeos se estende até as coxas posteriores. O rostro é mais curto na maioria dos cercopídeos, mas é ainda mais longo em outros (estendendo-se além das coxas posteriores em *Aphrophora* dos Cercopidae). *Microcentrus caryae* (Fitch), uma espécie amplamente distribuída, vive em nogueiras, carvalhos e outras árvores. *Aetalion* também vive em árvores e às vezes é criado por formigas ou (nos trópicos) abelhas meliponinas (Apidae).

Família **Cercopidae – cercopídeos ou cigarrinhas espumosas:** Os cercopídeos são insetos pequenos e saltadores, raramente com mais de 13 mm de comprimento, dos quais algumas espécies lembram a forma de pequenas rãs (Figura 22-25). São muito semelhantes às cigarrinhas, mas podem ser reconhecidos pela disposição dos espinhos das tíbias posteriores (Figura 22-14 A,B). Em geral, são marrons ou cinzas. Algumas espécies têm um padrão de cores característico.

Estes insetos alimentam-se de arbustos, árvores e plantas herbáceas, com diferentes espécies se alimentando de distintas plantas hospedeiras. As ninfas cercam a si mesmas com uma massa de espuma e são chamadas de "cigarrinhas espumosas". Às vezes, estas

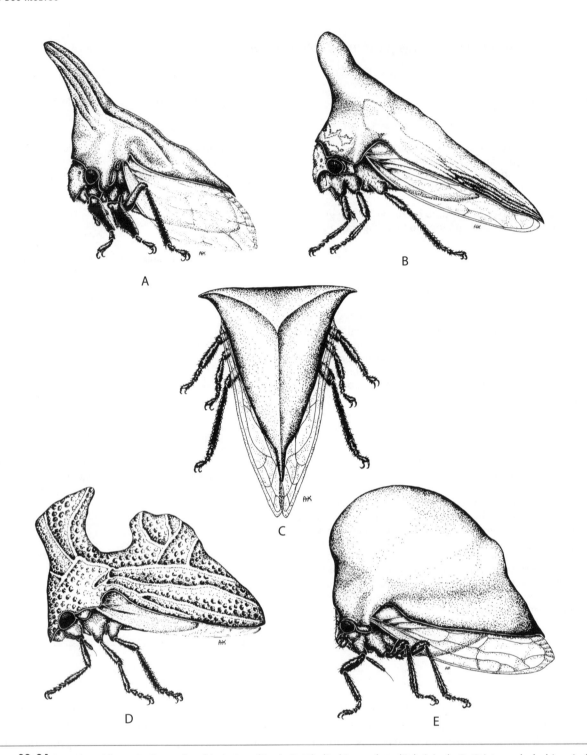

Figura 22-24 Membracídeos. A, *Campylenchia latipes* (Say); B, *Thelia bimaculata* (Fabricius); C, *Stictocephala bizonia* (Kopp e Yonke); D, *Entylia concisa* Walker; E, *Archasia galeata* (Fabricius). A, B, D e E, vista lateral; C, vista dorsal.

massas de espuma são muito abundantes nos campos. Cada massa contém uma ou mais cigarrinhas espumosas esverdeadas ou acastanhadas. Após a última muda, o inseto deixa a espuma e movimenta-se ativamente.

A espuma é composta por um fluido liberado do ânus e por uma substância mucilaginosa secretada pelas glândulas epidérmicas no sétimo e oitavo segmentos abdominais. Bolhas de ar são introduzidas na espuma por meio dos anexos caudais do inseto. Uma cigarrinha espumosa repousa de cabeça para baixo na planta e, à medida que a espuma se forma, flui sobre seu corpo e cobre o inseto. A espuma dura algum tempo, mesmo quando exposta a chuvas fortes, e fornece à ninfa um *habitat* úmido. Os adultos não produzem espuma.

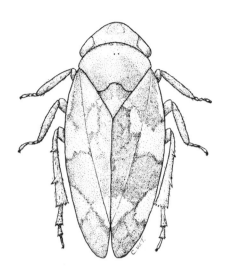

Figura 22-25 Um cigarrinha espumosa, *Philaenus spumarius* (L.).

A espécie mais importante economicamente de cigarrinha espumosa nos estados do leste dos Estados Unidos é *Philaenus spumarius* (L.) (Figura 22-25), uma espécie do campo que prejudica de forma séria o crescimento de plantas, em particular trifólios. Este inseto deposita seus ovos no final do verão em caules ou bainhas de gramíneas e outras plantas e os ovos eclodem na primavera seguinte. Ocorre uma geração por ano. Existem muitas variações de cor nesta espécie. A maioria das cigarrinhas espumosas ataca gramíneas e plantas herbáceas, mas algumas atacam árvores; *Aphrophora permutata* Uhler e *A. saratogensis* (Fitch) constituem pragas importantes de pinheiros.

Família **Cicadellidae – cigarrinhas:** As cigarrinhas constituem um grupo muito grande (cerca de 2.500 espécies norte-americanas) e têm várias formas, cores e tamanhos (Figura 22-26). São semelhantes aos cercopídeos e aetalionídeos do gênero *Aetalion*, mas possuem uma ou mais fileiras de pequenos espinhos que se estendem pelo comprimento das tíbias posteriores. Raramente ultrapassam 13 mm de comprimento e muitas medem apenas alguns milímetros. Muitas são marcadas por um belo padrão de cores.

As cigarrinhas vivem em quase todos os tipos de plantas, incluindo florestas, árvores de sombra e de pomar, arbustos, gramíneas e muitas plantações, lavouras e hortas. Alimentam-se principalmente das folhas dos vegetais. O alimento da maioria das espécies é bem específico e, portanto, o *habitat* é bem definido. Em muitos casos, um especialista neste grupo, após examinar uma série de espécimes capturados em determinado *habitat*, pode descrever aquele *habitat* e muitas vezes determinar a região geral do país de onde vieram os espécimes.

A maioria das cigarrinhas possui uma única geração por ano, mas algumas têm duas ou três. O inverno é passado no estágio adulto ou de ovo, dependendo da espécie.

Existem muitas espécies de pragas economicamente importantes neste grupo, que causam cinco principais tipos de danos nas plantas. (1) Algumas espécies removem quantidades excessivas de seiva e reduzem ou destroem a clorofila das folhas, fazendo com que as folhas sejam cobertas por minúsculas manchas brancas ou amarelas. Com a alimentação contínua, as folhas ficam amareladas ou acastanhadas. Este tipo de lesão é produzido em folhas de macieiras por várias espécies de *Erythroneura*, *Typhlocyba* e *Empoasca*. (2) Algumas espécies interferem com a fisiologia normal da planta, por exemplo, obstruindo mecanicamente os vasos de floema e xilema nas folhas de modo que o transporte do alimento fica prejudicado. A parte externa da folha e, por fim, toda sua extensão fica acastanhada. A cigarrinha-da-batata, *Empoasca fabae* (Harris) (Figura 22-26A), causa este tipo de lesão. (3) Algumas espécies prejudicam as plantas pela postura de ovos em ramos verdes, com frequência causando a morte da porção final do ramo. Várias espécies de *Gyponana* causam lesão deste tipo. As punções destes ovos são semelhantes às do membracídeo *Stictocephala bizonia*, porém menores. (4) Muitas espécies de cigarrinhas atuam como vetores de organismos que causam doenças em plantas. Fitoplasma de "aster yellows", enfezamento do milho, necrose do floema do olmo, doença de Pierce em videiras, doença da redução do porte do pessegueiro, nanismo amarelo da batata, enrolamento das folhas de beterraba e outras doenças vegetais são transmitidas por cigarrinhas, principalmente pelas espécies das subfamílias Agalliinae, Cicadellinae e Deltocephalinae. (5) Algumas espécies causam definhamento e encrespamento da folha, como resultado da inibição do crescimento na sua superfície inferior, onde as cigarrinhas se alimentam. A cigarrinha-da-batata, *Empoasca fabae*, também produz uma lesão deste tipo.

Muitas espécies de cigarrinhas emitem pelo ânus um líquido chamado "honeydew", que é uma substância açucarada que consiste em porções não utilizadas da seiva da planta, além de alguns produtos residuais do inseto.

Muitas cigarrinhas (assim como alguns outros cercopídeos) produzem sons (Ossiannilsson, 1949). Estes sons são todos muito fracos; alguns podem ser ouvidos se o inseto for mantido perto do ouvido, enquanto outros podem ser ouvidos apenas quando amplificados.

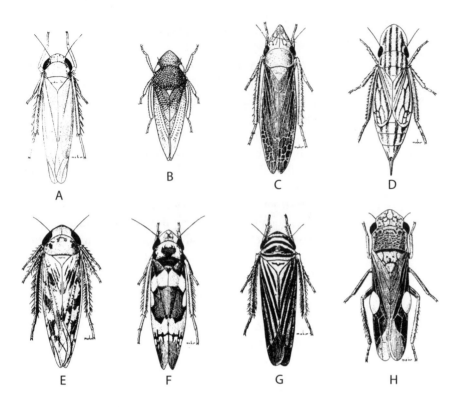

Figura 22-26 Cigarrinhas. A, a cigarrinha-da-batata, *Empoasca fabae* (Harris) (Typhlocybinae); B, *Xerophloea major* Baker (Ledrinae); C, *Draeculacephala mollipes* (Say) (Cicadellinae); D, *Hecalus lineatus* (Uhler) (Hecalinae); E, a cigarrinha da beterraba, *Circulifer tenellus* Baker (Deltocephalinae); F, *Erythroneura vitis* (Harris) (Typhlocybinae); G, *Tylozygus bifidus* (Say) (Cicadellinae); H, *Oncometopia undata* (Fabricius) (Cicadellinae).

Os sons são produzidos pela vibração de tímbales localizados dorsolateralmente na base do abdômen (no primeiro ou segundo segmento). Os tímbales são áreas de paredes finas da parede corporal e não são muito evidentes quando vistos externamente. Os sons produzidos por cigarrinhas do gênero *Empoasca* (Shaw et al. 1974) são de até cinco tipos (dependendo da espécie): um ou dois tipos de sons "comuns", sons de perturbação, sons de corte e os sons da fêmea. A maioria destes sons é diferente nas diferentes espécies e acredita-se que tenham participação no reconhecimento da espécie pelos insetos.

Algumas autoridades consideram as cigarrinhas representantes de uma superfamília (Cicadelloidea) e consequentemente as dividem em diversas famílias. As diferenças entre estas famílias não são tão grandes quanto as observadas entre as famílias de Fulgoroidea, e a maioria dos especialistas em cigarrinhas prefere tratá-las como uma família única dividida em subfamílias. Há diferenças de opinião quanto ao reconhecimento e aos nomes dados às subfamílias de cigarrinhas. O arranjo que seguimos neste livro é descrito aqui, com os outros nomes e arranjos entre parênteses. Após cada subfamília está uma lista dos gêneros daquele grupo mencionados neste livro.

Família Cicadellidae
    Ledrinae (Xerophloeinae) – *Xerophloea*
    Dorycephalinae (Dorydiinae em parte) – *Dorycephalus*
    Megophthalminae (Ulopinae; Agalliinae em parte)
    Agalliinae – *Aceratagallia, Agallia, Agalliana, Agalliopsis*
    Macropsinae – *Macropsis*
    Idiocerinae (Eurymelinae) – *Idiocerus*
    Gyponinae – *Gyponana*
    Iassinae (incluindo Bythoscopinae)
    Penthimiinae – *Penthimia*
    Koebeliinae – *Koebelia*
    Coelidiinae (Jassinae) – *Tinobregmus*
    Nioniinae – *Nionia*
    Aphrodinae – *Aphrodes*
    Xestocephalinae – *Xestocephalus*
    Neocoelidiinae – *Paracoelidia*
    Cicadellinae (Tettigellinae, Tettigoniellinae; incluindo Evacanthinae) – *Agrosoma, Carneocephala, Cuerna, Draeculacephala, Friscanus, Graphocephala, Helochara, Homalodisca, Hordnia, Keonolla, Neokolla, Oncometopia, Pagaronia, Sibovia, Tylozygus*
    Typhlocybinae (Cicadellinae) – *Empoasca, Erythroneura, Kunzeana, Typhlocyba*
    Deltocephalinae (Athysaninae, Hecalinae Euscelinae; incluindo Balcluthinae) – *Acinopterus, Chlorotettix, Circulifer, Colladonus, Dalbulus, Endria, Euscelidius, Euscelis, Excultanus, Fieberiella, Graminella, Hecalus Macrosteles, Norvellina, Paraphlepsius, Paratanus, Pseudotettix, Scaphoideus, Scaphytopius, Scleroracus, Texananus*

Chave para as subfamílias de Cicadellidae

1.	Asas anteriores sem veias cruzadas na direção basal das veias cruzadas apicais (Figura 22-27F); veias longitudinais indistintas basalmente; ocelos muitas vezes ausentes; ápice do primeiro artículo do tarso posterior com ponta afiada; cigarrinhas delgadas e frágeis	Typhlocybinae
1'.	Asas anteriores com veias cruzadas na direção basal das veias cruzadas apicais (Figura 22-27H); veias longitudinais distintas basalmente; ocelos presentes; ápice do primeiro artículo do tarso posterior truncado; cigarrinhas em geral relativamente robustas	2
2(1').	Episternos do protórax facilmente visíveis em perspectiva anterior, discretamente ocultados pelas genas (Figura 22-27A, eps$_1$).	3
2'.	Episternos do protórax em grande parte ou totalmente ocultados pelas genas em vista anterior (Figura 22-27B-E,G)	4
3(2).	Ocelos na coroa, distantes dos olhos e da margem anterior da coroa (Figura 22-27L); dorso coberto por fóveas arredondadas (Figura 22-26B)	Ledrinae
3'.	Ocelos nas margens laterais de cabeça, imediatamente na frente dos olhos (Figura 22-27J,K); dorso não coberto por fóveas arredondadas	Dorycephalinae
4 (2').	Ocelos na coroa (geralmente disco de coroa), suturas anteriores estendendo-se sobre a margem da coroa quase até os ocelos; clipelo amplo acima e estreitado abaixo; clípeo em geral tumefeito (Figura 22-27E)	Cicadellinae
4'.	Sem a combinação das características da descrição anterior	5
5(4').	Suturas anteriores terminando ou situadas discretamente acima das fóveas antenais, ou ocelos perto do disco da coroa e longe dos olhos ou ambos	6
5'.	Suturas anteriores estendendo-se além das fóveas antenais até os ocelos ou perto deles; ocelos nunca no disco da coroa	11
6(5).	Margens laterais do pronoto carenadas, moderadamente longas; saliência ou carena acima das fóveas antenais transversais ou quase	7
6'.	Margens laterais de pronoto curtas e não carenadas, ou apenas de modo indistinto; saliência acima das fóveas antenais, se presente, oblíqua	9
7(6).	Fronte côncava em perfil; asas anteriores com apêndice muito grande, primeira célula apical (interna) grande (área igual à da segunda e terceira células apicais combinadas)	Penthimiinae
7'.	Fronte em perfil não côncava, em geral distintamente convexa; asas anteriores com apêndice normal ou pequeno, primeira célula apical não aumentada	8
8(7').	Ocelos na coroa, em geral distantes da margem anterior da cabeça	Gyponinae
8'.	Ocelos na margem anterior da coroa	Iassinae
9(6').	Asas posteriores sempre presentes, com 3 células apicais (Figura 22-27I, AP); pronoto estendendo-se para frente além das margens anteriores dos olhos; distância entre ocelos maior que o dobro da distância entre os ocelos e o olho	Macropsinae
9'.	Asas posteriores presentes ou ausentes; se presentes, com 4 células apicais (Figura 22-27M, AP); pronoto não se estende para frente além da margem anterior dos olhos; distância entre os ocelos no máximo o dobro da distância entre o ocelo e o olho	10
10(9').	Fronte com carenas substituindo suturas anteriores acima das fóveas antenais; oeste dos Estados Unidos	Megophthalminae
10'.	Fronte sem estas carenas; amplamente distribuídos	Agalliinae
11(5').	Dorso com fóveas circulares; pronoto estendendo-se para a frente além da margem anterior dos olhos; cigarrinhas pretas brilhantes	Nioniinae
11'.	Dorso sem estas fóveas; pronoto não se estende para a frente além da margem anterior dos olhos; cor variável	12
12(11').	Distância entre os ocelos inferior à distância entre as fóveas antenais ou clipelo muito mais largo distalmente que basalmente e estendendo-se até o ápice da gena ou além	13

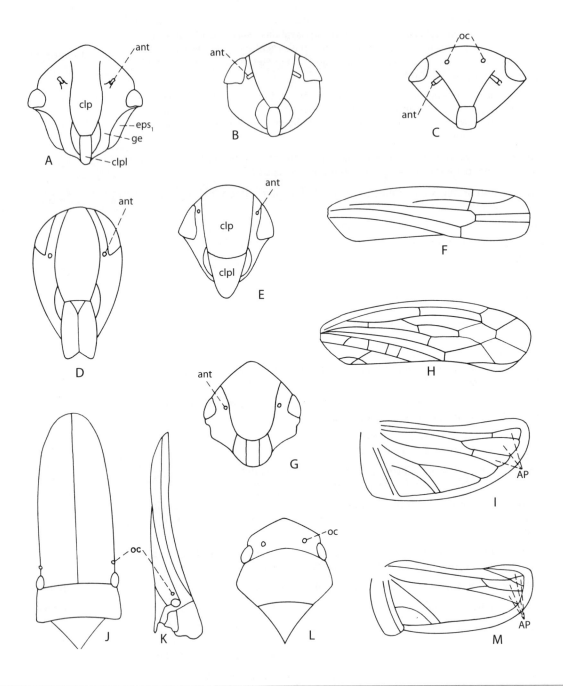

Figura 22-27 Características das cigarrinhas. A, fronte de *Xerophloea viridis* (Fabricius) (Ledrinae); B, fronte de *Paraphlepsius irroratus* (Say) (Deltocephalinae); C, fronte de *Idiocerus alternatus* (Fitch) (Idiocerinae); D, fronte de *Tinobregmus vittatus* Van Duzee (Coelidiinae); E, fronte de *Sibovia occatoria* (Say) (Cicadellinae); F, asa anterior de *Kunzeana marginella* (Baker) (Typhlocybinae); G, fronte de *Parabolocratus viridis* (Uhler) (Hecalinae); H, asa anterior de *Endria inimica* (Say) (Deltocephalinae); I, asa posterior de *Macropsis viridis* (Fitch) (Macropsinae); J, cabeça, pronoto e escutelo de *Dorycephlus platyrhynchus* (Osborn), vista dorsal (Dorycephalinae); K, mesma espécie, vista lateral; L, cabeça, pronoto e escutelo de *Xerophloea viridis* (Fabricius), vista dorsal (Ledrinae); M, asa posterior de *Aceratagallia sanguinolenta* (Provancher) (Agalliinae). *ant*, antenas; *AP*, células apicais; *clp*, clípeo; *clpl*, clipelo; *eps$_1$*, episterno do protórax; *ge*, gena; *oc*, ocelo.

12'.	Distância entre os ocelos igual ou maior que a distância entre as fóveas antenais ou clipelo de lados paralelos e, em geral, não se estendendo até o ápice das genas	14
13(12).	Clípeo longo e estreito, de largura quase uniforme (Figura 22-27D); coroa não mais larga que o olho; margem costal das asas posteriores das formas macrópteras expandida por uma curta distância perto da base; cabeça mais estreita que o pronoto	Coelidiinae
13'.	Clípeo curto, amplo, mais largo acima (Figura 22-27C); coroa mais larga que o olho; margem costal das asas posteriores não expandida basalmente; cabeça mais larga que o pronoto	Idiocerinae
14(12').	Ocelos na fronte	Koebeliinae
14'.	Ocelos na margem da cabeça ou próximos a ela	15
15(14').	Clípeo estendido lateralmente sobre as bases das antenas, formando assim fóveas antenais relativamente profundas; cigarrinhas pequenas com cabeça arredondada, olhos pequenos, clípeo oval, antenas perto da margem dos olhos e ocelos distantes dos olhos	Xestocephalinae
15'.	Clípeo não estendido lateralmente sobre as bases das antenas para formar as fóveas antenais; cigarrinhas variáveis, não possuindo a combinação de características da descrição anterior	16
16(15').	Saliência ou carena particular acima de cada fóvea antenal	17
16'.	Sem saliência ou carena acima de cada fóvea antenal	Deltocephalinae
17(16).	Saliência acima de cada fóvea antenal oblíqua; fronte fortemente convexa (vista de cima)	Neocoelidiinae
17'.	Saliência acima de cada fóvea antenal transversal; fronte ampla e relativamente plana	Aphrodinae

Subfamília **Ledrinae:** Este grupo é representado na América do Norte por cerca de oito espécies de *Xerophloea*. Alimentam-se de gramíneas e algumas vezes tornam-se pragas de pastos. Possuem o dorso coberto por numerosas fóveas e os ocelos estão no disco da coroa (Figura 22-26B).

Subfamília **Dorycephalinae:** Este é outro pequeno grupo de insetos (cerca de nove espécies norte-americanas) que se alimentam de gramíneas e são distribuídos principalmente no sul. São alongados e um pouco achatados. A cabeça é longa, com a margem fina e foliácea (Figura 22-27J,K).

Subfamília **Megophthalminae:** Os membros deste pequeno grupo (sete espécies norte-americanas) são conhecidos apenas na Califórnia. Seus alimentos vegetais são desconhecidos.

Subfamília **Agalliinae:** Este é um grupo razoavelmente grande (cerca de 70 espécies norte-americanas) que apresenta a cabeça curta, os ocelos na fronte e as suturas anteriores terminando nas fóveas antenais. Os hábitos alimentares são bastante variáveis. Algumas espécies deste grupo atuam como vetores de doenças vegetais. Por exemplo, espécies de *Aceratagallia*, *Agallia* e *Agalliopsis* servem como vetores do nanismo amarelo da batata.

Subfamília **Macropsinae:** Neste grupo (mais de 50 espécies norte-americanas), a cabeça é curta e ampla e os ocelos estão na fronte. A margem anterior do pronoto se estende para frente além das margens anteriores dos olhos. A superfície dorsal, da coroa até o escutelo, é um pouco áspera – rugosa, pontilhada ou estriada. Estas cigarrinhas alimentam-se de árvores e arbustos.

Subfamília **Idiocerinae:** Este grupo (cerca de 75 espécies norte-americanas) é semelhante aos Macropsinae, mas o pronoto não se estende para a frente além das margens anteriores dos olhos. Estas cigarrinhas também se alimentam de árvores e arbustos.

Subfamília **Gyponinae:** Este é um grupo grande (mais de 140 espécies norte-americanas) de cigarrinhas relativamente robustas e um pouco achatadas, que possuem seus ocelos na coroa, afastados dos olhos e para trás da margem anterior da cabeça. A coroa tem forma variável e pode ser estendida e foliácea ou curta e amplamente arredondada na frente. Algumas espécies alimentam-se de plantas herbáceas e outras consomem árvores e arbustos. Uma espécie, *Gyponana angulata* (Spangberg), atua como vetor de fitoplasma de "aster yellows" e outra, *G. lsmina* DeLong, atua como vetor de doença-X do pêssego.

Subfamília **Iassinae:** Estas cigarrinhas são relativamente robustas e um pouco achatadas, com uma cabeça curta e os ocelos na margem anterior da coroa, aproximadamente na metade do caminho entre os olhos e o ápice da cabeça. O grupo é pequeno (23 espécies norte-americanas) e seus membros vivem principalmente no oeste. Pouco se sabe sobre seus alimentos vegetais, mas algumas espécies alimentam-se de arbustos.

Subfamília **Penthimiinae:** Este grupo é representado na América do Norte por apenas duas espécies de *Penthimia*, que ocorrem no leste. São pequenas, ovais e um pouco achatadas. Os ocelos estão localizados na coroa, aproximadamente na metade do caminho entre os olhos e a linha média, e as asas anteriores são amplas, com um apêndice largo. As plantas usadas em sua alimentação não são conhecidas.

Subfamília **Koebeliinae:** Este grupo é representado nos Estados Unidos por quatro espécies de *Koebelia*, que ocorrem no oeste e alimentam-se de pinheiros. A cabeça é mais larga que o pronoto e a coroa é plana, com uma margem foliácea e um sulco amplo e raso na linha média. Os ocelos ficam na fronte.

Subfamília **Coelidiinae:** Este é um grupo pequeno (10 espécies norte-americanas) de cigarrinhas relativamente grandes e robustas. O clípeo é longo e estreito e de largura quase uniforme (Figura 22-27D; na maioria das outras cigarrinhas, o clípeo é mais largo dorsalmente). A cabeça é mais estreita que o pronoto, com os olhos grandes e a coroa pequena, e os ocelos ficam na margem anterior da coroa. Este grupo é principalmente neotropical e é conhecido por se alimentar de arbustos e plantas herbáceas.

Subfamília **Nioniinae:** Este grupo é representado na América do Norte por uma única espécie, *Nionia palmeri* (Van Duzee), que ocorre nos estados do sul. Seus alimentos vegetais não são conhecidos. Esta cigarrinha é preta brilhante, com uma coroa curta e ampla e os ocelos situados na margem anterior, distantes dos olhos. A margem anterior do pronoto estende-se para frente além das margens anteriores dos olhos e a parte anterior do dorso contém numerosas fóveas circulares.

Subfamília **Aphrodinae:** Este é um grupo pequeno (seis espécies norte-americanas), mas seus membros são comuns e amplamente distribuídos. São curtos, largos e um pouco achatados, com os ocelos na margem anterior da coroa. A cabeça e o pronoto são rugosos ou grosseiramente granulosos. Espécies de *Aphrodes* atuam como vetores do fitoplasma de "aster yellows", do enfezamento do trevo e da filódia do trevo.

Subfamília **Xestocephalinae:** Este é um grupo pequeno (três espécies de *Xestocephalus*), mas amplamente distribuídos, cujos membros são pequenos e robustos, com a cabeça e os olhos pequenos. A coroa é arredondada anteriormente, com os ocelos na margem anterior.

Subfamília **Neocoelidiinae:** Este é um grupo pequeno (26 espécies norte-americanas) e muitos de seus membros têm uma forma bastante alongada. A fronte é fortemente convexa e os ocelos estão na coroa, perto da margem anterior e dos olhos. Algumas espécies (*Paracoelidia*) vivem em pinheiros.

Subfamília **Cicadellinae:** Este é um grupo razoavelmente numeroso (quase 100 espécies norte-americanas), com muitas espécies comuns. A maioria das espécies é relativamente grande e algumas são bastante robustas. Os ocelos ficam na coroa e as suturas anteriores se estendem sobre a margem da cabeça quase até os ocelos. Alguns membros deste grupo têm cores muito notáveis. Uma das nossas maiores e mais comuns espécies é a *Graphocephala coccinea* (Foerster), que é semelhante em tamanho e forma à *Draeculacephala mollipes* (Say) (Figura 22-26C), possuindo asas avermelhadas com faixas verdes vivas. As ninfas desta espécie são amarelas vivas. Esta espécie é encontrada em forsítia e outros arbustos ornamentais. Muitas espécies deste grupo servem como vetores de doenças vegetais: as espécies de *Carneocephala, Cuerna, Draeculacephala, Friscanus, Graphocephala, Helochara, Homalodisca, Neokolla, Oncometopia* e *Pagaronia* servem como vetores da doença da uva de Pierce; as espécies de *Draeculacephala, Graphocephala, Homalodisca* e *Oncometopia* servem como vetores de doença da redução do porte do pessegueiro.

Subfamília **Typhlocybinae:** Este é um grupo grande (com mais de 700 espécies norte-americanas, das quais mais da metade é do gênero *Erythroneura*) de cigarrinhas pequenas, frágeis e, com frequência, de cores vivas (Figura 22-26A,F). Os ocelos podem estar presentes ou ausentes e a venação das asas anteriores é um pouco reduzida, sem veias cruzadas, exceto na porção apical. Os alimentos vegetais são variados. Este grupo inclui várias espécies de pragas dos gêneros *Empoasca, Erythroneura* e *Typhlocyba*.

Subfamília **Deltocephalinae:** Esta é a maior subfamília de cigarrinhas (mais de 1.150 espécies norte-americanas) e seus membros variam em relação à forma e à sua alimentação vegetal. Os ocelos quase sempre estão na margem anterior da coroa e não há uma saliência acima das fóveas antenais. Muitos membros deste grupo são vetores importantes de doenças vegetais. O fitoplasma de "aster yellows" é transmitido por espécies de *Scaphytopius, Macrosteles, Paraphlepsius* e *Texananus*. O enrolamento das folhas de beterraba é transmitido por *Circulifer tenellus* (Baker). A necrose do floema do olmo é transmitida por *Scaphoideus luteolus* Van Duzee. A filódia do trevo é transmitida por espécies de *Macrosteles, Chlorotettix, Colladonus* e *Euscelis*. O enfezamento do milho é transmitido por espécies de *Dalbulus* e *Graminella*.

SUPERFAMÍLIA **Fulgoroidea** – fulgorídeos: Este é um grupo grande, mas seus membros raramente são tão abundantes quanto as cigarrinhas ou os cercopídeos. As espécies nos Estados Unidos não medem mais de 10 ou 12 mm de comprimento, mas algumas espécies tropicais atingem um comprimento de 50 mm ou mais. Muitos fulgorídeos possuem a cabeça modificada de modo peculiar, com a parte na frente dos olhos muito aumentada e mais ou menos semelhante a um focinho.

Os fulgorídeos diferem das cigarrinhas por possuírem apenas alguns espinhos grandes nas tíbias posteriores e tanto de cigarrinhas quanto de cercopídeos por exibirem antenas originadas abaixo dos olhos compostos. Os ocelos estão localizados imediatamente na frente dos olhos, na lateral (e não na superfície anterior ou dorsal) da cabeça (Figura 22-9C). Muitas vezes há um ângulo agudo separando a lateral da cabeça (onde estão localizados os olhos compostos, as antenas e os ocelos) e a fronte.

As plantas que servem como alimento destes insetos variam de árvores e arbustos até plantas herbáceas e gramíneas. Os fulgorídeos alimentam-se de seiva e, como muitos outros Auchenorrhyncha e Sternorrhyncha, produzem "honeydew" (uma substância espessa rica em açúcares, produzida pelos insetos quando se alimentam da seiva). Muitas das formas ninfais são ornamentadas com filamentos céreos. Muito poucos fulgorídeos causam prejuízo econômico a plantas cultivadas.

Família **Delphacidae:** Esta é a maior família de fulgorídeos e seus membros podem ser reconhecidos pelo grande esporão achatado no ápice das tíbias posteriores (Figura 22-10C, sp). A maioria das espécies é pequena e muitas possuem asas reduzidas. A cigarrinha da cana-de-açúcar, *Perkinsiella saccharicida* Kirkaldy, que durante algum tempo constituiu uma praga muito destrutiva no Havaí, é um membro desta família.

Família **Derbidae:** Estes fulgorídeos são tropicais e se alimentam de fungos da madeira. A maioria das espécies é alongada com asas longas e tem constituição muito delicada.

Família **Cixiidae:** Esta é uma das maiores famílias de fulgorídeos. Seus membros são amplamente distribuídos, mas a maioria das espécies é tropical. Algumas espécies são subterrâneas e se alimentam das raízes de gramíneas durante seu estágio ninfal. As asas são hialinas e, com frequência, ornamentadas com manchas ao longo das veias.

Família **Kinnaridae:** Estes fulgorídeos lembram os Cixiidae, mas são bastante pequenos e não possuem manchas escuras nas asas. Nossas seis espécies (*Oeclidius*) ocorrem no sudoeste, mas algumas espécies das Índias Ocidentais podem ocorrer no sul da Flórida.

Família **Dictyopharidae:** Os membros deste grupo são insetos que se alimentam principalmente de gramíneas e são encontrados nos campos. Os membros orientais mais comuns deste grupo (*Scolops*) possuem uma cabeça prolongada anteriormente em um longo processo delgado. Outros dictiofarídeos têm a porção anterior da cabeça estendida de um modo um pouco triangular ou não estendida.

Família **Fulgoridae:** Este grupo contém alguns dos maiores fulgorídeos; algumas espécies tropicais apresentam uma envergadura de cerca de 150 mm. Os maiores fulgorídeos norte-americanos têm uma envergadura de um pouco mais de 25 mm e um comprimento corporal de cerca de 13 mm. Algumas espécies tropicais possuem uma cabeça muito inflada anteriormente, o que produz um processo semelhante a um amendoim. Os primeiros entomologistas, que nunca haviam visto espécimes vivos, acreditavam que ele fosse luminoso, e consequentemente deram ao inseto, hoje conhecido como jequitiranaboia, o nome de "lanternária". A maioria das espécies norte-americanas tem uma cabeça curta. Os membros desta família podem ser reconhecidos pela área anal das asas posteriores reticuladas.

Família **Achilidae:** Estes fulgorídeos podem ser reconhecidos por suas asas anteriores sobrepostas. A maioria das espécies é acastanhada e seu comprimento varia de cerca de 4 a 10 mm. As ninfas costumam viver sob cascas de árvores soltas ou em depressões na madeira morta.

Família **Tropiduchidae:** Este é um grupo tropical, porém três espécies foram encontradas na Flórida e a família se estende pelo extremo oeste até a Louisiana. O membro mais comum provavelmente é *Pelitropis rotulata* Van Duzee, que possui três quilhas longitudinais no vértice, no pronoto e no escutelo; as do escutelo encontram-se anteriormente.

Família **Flatidae:** Estes fulgorídeos possuem um aspecto em forma de cunha quando em repouso e, em geral, há numerosas veias cruzadas na área costal das asas anteriores. A maioria das espécies é verde-pálida ou marrom-escura. Parecem se alimentar principalmente de videiras, arbustos e árvores e costumam ser encontrados em áreas arborizadas.

Família **Acanaloniidae:** Estes fulgorídeos são um pouco semelhantes aos Flatidae, mas têm uma forma ligeiramente diferente e não apresentam muitas veias cruzadas na área costal das asas anteriores. Estes insetos são esverdeados, com marcas dorsais marrons.

Família **Issidae:** Este é um grupo grande e amplamente distribuído. A maioria deles tem cor escura e uma constituição razoavelmente forte; alguns possuem asas curtas e um focinho semelhante a um gorgulho.

SUBORDEM **Sternorrhyncha:** Os membros desta subordem são em sua maior parte insetos relativamente inativos e alguns (por exemplo, a maioria das cochonilhas) são bastante sedentários. Os tarsos têm um ou dois artículos e as antenas (quando presentes) são longas e filiformes. Muitos membros desta subordem não são alados e algumas cochonilhas não possuem pernas nem antenas e não se parecem muito com um inseto.

Família **Psyllidae – piolhos de plantas saltadores ou psilídeos:** Estes insetos são pequenos, com 2 mm a 5 mm de comprimento, e sua forma lembra a de cigarras em miniatura (Figuras 22-28B). São um pouco parecidos com pulgões, mas possuem fortes pernas saltadoras e antenas relativamente longas. Os adultos dos dois sexos são alados e o rostro é curto e tem três segmentos. As ninfas de muitas espécies produzem grandes quantidades de uma secreção cérea branca, fazendo com que lembrem superficialmente os pulgões lanígeros. Os psilídeos alimentam-se de seiva de plantas e, como ocorre com a maior parte dos Sternorrhyncha, as relações com os alimentos vegetais são bastante específicas.

Duas espécies importantes de pragas deste grupo, o psilídeo da pera, *Cacopsylla pyricola* (Foerster), e o sugador da maçã, *Cacopsylla mali* (Schmidberger), foram importados da Europa. Uma espécie do oeste, o psilídeo da batata ou do tomate, *Paratrioza cockerelli* (Sulc), transmite um vírus que causa o amarelão transmitido por psilídeos em batatas, tomates, pimentas e berinjelas. Esta doença reduz a produção por interrupção do crescimento e alteração da cor da planta.

O psilídeo algodonoso do amieiro, *Psylla floccosa* (Patch), é um membro comum deste grupo no nordeste norte-americano. As ninfas alimentam-se do amieiro e produzem uma grande quantidade de cera; os grupos de ninfas nos ramos do amieiro lembram massas de algodão (Figura 22-28A). Estes insetos às vezes podem ser confundidos com o pulgão lanígero, *Prociphilus tessellatus* (Fitch). O psilídeo costuma ser encontrado no amieiro apenas no início do verão, porém o pulgão ocorre até o outono. Os adultos do psilídeo algodonoso do amieiro (Figura 22-28B) são verde-claros.

Alguns Psilídeos são formas galhadoras. As espécies de *Pachypsylla* produzem pequenas galhas nas folhas de *Celtis sinensis* (Figura 22-29).

Família **Aleyrodidae – moscas-brancas:** As moscas-brancas são insetos minúsculos, raramente com mais de 2 mm ou 3 mm de comprimento, que lembram pequenas mariposas. Os adultos dos dois sexos são alados e as asas são cobertas por um pó branco ou um pó céreo. Em geral, os adultos são insetos esbranquiçados ativos que se alimentam de folhas.

A metamorfose das moscas-brancas é um pouco diferente da maioria dos outros Hemiptera. As formas jovens de primeiro instar são ativas, porém os instares imaturos subsequentes são sésseis e parecidos com escamas. A cobertura semelhante a escamas consiste em uma secreção cérea do inseto e tem um aspecto razoavelmente característico. As asas desenvolvem-se internamente durante a metamorfose e os instares iniciais são chamados de *larvas*. O penúltimo instar é quiescente e, em geral, é chamado de *pupa*. As asas são evertidas na muda do último instar larval.

As moscas-brancas são mais abundantes nos trópicos e subtrópicos e as espécies de pragas mais importantes nos Estados Unidos são aquelas que atacam árvores cítricas e plantas de estufas. A lesão é realizada pela ação de sucção da seiva das folhas. Uma das pragas mais sérias deste grupo é a *Aleurocanthus woglumi* Ashby, que ataca árvores cítricas e é bem estabelecida no Caribe e no México. Um fungo fuliginoso indesejável muitas vezes cresce no "honeydew", substância açucarada excretada pelas moscas-brancas, e interfere com a fotossíntese. Estes fungos são mais comuns no sul e nos trópicos que no norte.

Figura 22-28 O psilídeo do amieiro, *Psylla floccosa* (Patch). A, grupos de ninfas no amieiro (estes grupos formam massas algodonosas brancas nos ramos, em particular na base dos pecíolos das folhas); B, um adulto recém-emergido; abaixo do adulto está a exúvia desprendida da ninfa, ainda coberta pelas secreções algodonosas características das ninfas desta espécie.

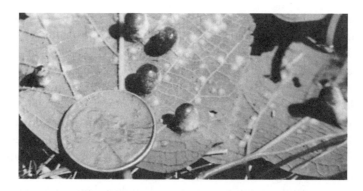

Figura 22-29 Galhas de *Pachypsylla celtidismamma* (Riley) em *Celtis sinensis*.

Família **Aphididae – afídeos ou pulgões:** Os pulgões constituem um grupo grande de insetos pequenos, de corpo mole, que, com frequência, são encontrados em grande número sugando a seiva dos caules ou folhas de plantas. Estes grupos de pulgões muitas vezes incluem indivíduos em todos os estágios de desenvolvimento. Os membros desta família podem ser reconhecidos por sua forma piriforme característica, um par de cornículos ou sifúnculos na extremidade posterior do abdômen e pelas antenas razoavelmente longas. As formas aladas podem ser reconhecidas pela venação e pelo tamanho relativo das asas anteriores e posteriores (Figura 22-14C). As asas, quando em repouso, são mantidas verticalmente sobre o corpo.

Os cornículos dos pulgões são estruturas tubulares, originadas da superfície dorsal do quinto ou sexto segmento abdominal, que secretam um fluido defensivo. Em algumas espécies, o corpo é mais ou menos coberto por fibras céreas brancas, secretadas por glândulas dérmicas. Os pulgões também excretam "honeydew" do ânus, que consiste principalmente no excesso de seiva ingerida pelo inseto, ao qual são acrescentados açúcares e materiais residuais excedentes. Esta substância pode ser produzida em quantidades suficientes para deixar a superfície dos objetos abaixo dos insetos pegajosa e é o alimento favorito de muitas formigas; algumas espécies, como o pulgão-da-raiz do milho, *Anuraphis maidiradicis* (Forbes), são criadas como gado por algumas espécies de formigas.

O ciclo de vida de muitos pulgões é bastante incomum e complexo (Figura 22-30). A maioria das espécies passa o inverno em estágio de ovo e estes ovos eclodem na primavera, gerando fêmeas vivíparas que se reproduzem paternogenicamente. Várias gerações podem ser produzidas deste modo durante a estação, gerando apenas fêmeas produzidas viviparamente. A primeira geração ou as duas primeiras consistem em indivíduos não alados, mas depois aparecem indivíduos alados. Em muitas espécies, estas formas aladas migram para uma planta hospedeira diferente e o processo reprodutor continua. No final da estação, os pulgões migram novamente para a espécie de planta hospedeira original e surge uma geração consistindo em machos e fêmeas. Os indivíduos desta geração bissexual acasalam e as fêmeas depositam os ovos, que passam o inverno neste estágio.

Este método de reprodução pode acumular populações enormes de pulgões em um período de tempo relativamente curto. Os pulgões seriam muito mais destrutivos para a vegetação se não fossem os seus inúmeros parasitas e predadores. Os principais parasitas de pulgões são os braconídeos e os calcidídeos e os predadores mais importantes são as joaninhas, os crisopídeos e as larvas de algumas moscas sirfídeas.

Esta família contém várias pragas graves de plantas cultivadas. Os pulgões causam enrolamento ou murchamento da planta devido a sua alimentação, e servem como vetores de várias doenças importantes em vegetais. Várias doenças são transmitidas por pulgões, incluindo os mosaicos dos grãos, da cana-de-açúcar e dos pepinos, por espécies de *Aphis*, *Macrosiphum* e *Myzus*, o mosaico da beterraba por *Aphis rumicis* L. e a mancha anular do repolho, o mosaico das crucíferas e o nanismo amarelo da batata por *Myzus persicae* (Sulzer).

O afídeo rosado da macieira, *Dysaphis plantaginea* (Passerini), passa o inverno em macieiras e outras espécies de árvores e também são encontradas as gerações do início do verão. Posteriormente emigra para o plantago como hospedeiro secundário. Mais tarde na estação, migra de volta para as macieiras (Figura 22-30). O pulgão das sementes de maçã, *Rhopalosiphum fitchii* (Sanderson), tem a macieira como sua planta hospedeira primária e migra no início do verão para as gramíneas, incluindo o trigo e a aveia. Outras espécies de importância são o pulgão da maçã, *Aphis pomi* De-Geer; o pulgão do algodoeiro (ou pulgão do melão), *A. gossypii* Glover; o pulgão da batata, *Macrosiphum euphorbiae* (Thomas); o pulgão roxo da roseira, *M. rosae* (L.); o pulgão-da-ervilha, *Acyrthosiphon pisum* (Harris), e o pulgão da couve, *Brevicoryne brassicae* (L.). O maior pulgão no leste é o pulgão gigante das árvores, *Longistigma caryae* (Harris), de 6 mm de comprimento, que se alimenta de nogueira, sicômoro e outras árvores.

O pulgão-da-raiz do milho, *Anuraphis maidiradicis* (Forbes), algumas vezes constitui uma praga séria do milho e tem uma relação interessante com as formigas. Os ovos deste pulgão passam o inverno nos ninhos das formigas pastoras, principalmente do gênero *Lasius*. Na primavera, as formigas transportam os pulgões jovens para as raízes de pimenta d'água e outras ervas das quais os pulgões se alimentam. Mais tarde na estação, as formigas transferem os pulgões para as raízes do milho. Quando os ovos do pulgão são depositados no outono, são reunidos pelas formigas e armazenados em seus ninhos para o inverno. Durante toda a estação, os pulgões são criados pelas formigas, que os transferem de uma planta para a outra. As formigas alimentam-se do "honeydew" produzido pelos pulgões.

Nos pulgões lanígeros e galhadores (Eriosomatinae), os cornículos são reduzidos ou ausentes e as glândulas céreas são abundantes. As formas sexuais não possuem peças bucais e a fêmea ovipositora produz apenas um ovo. Quase todos os membros desta família alternam suas plantas hospedeiras. O hospedeiro primário (no qual os ovos são depositados para passar o inverno) consiste em uma árvore ou arbusto e o hospedeiro secundário é uma planta herbácea. Estes pulgões podem se alimentar das raízes da planta hospedeira ou de uma parte da planta acima do solo. Muitas espécies produzem galhas ou malformações dos tecidos do hospedeiro primário, mas não produzem galhas no hospedeiro secundário.

O pulgão lanígero da macieira, *Eriosoma lanigerum* (Hausmann), é um exemplo comum e importante deste grupo. Esta espécie alimenta-se principalmente de raízes e de cascas de árvores e pode ser reconhecida pelas massas algodonosas de cera características em seu corpo. Em geral, passam o inverno no olmo e as primeiras gerações da estação permanecem naquele hospedeiro. No início do verão, formas aladas aparecem e migram para macieiras, espinheiros e outras árvores. Mais tarde na estação, alguns migram de volta para o olmo, onde a geração bissexual é produzida e os ovos são depositados para passar o inverno. Outros indivíduos migram dos ramos da macieira para as raízes, onde produzem crescimentos semelhantes a galhas. As formas que habitam as raízes podem permanecer lá por um ano ou mais, passando por várias gerações. Este pulgão transmite o cancro perene.

O pulgão lanígero do amieiro, *Prociphilus tessellatus* (Fitch), com frequência é encontrado em massas densas

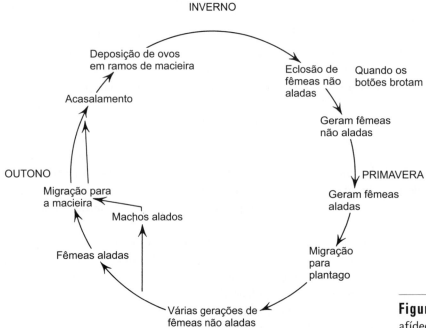

Figura 22-30 Diagrama da história de vida do afídeo rosado da macieira, *Dysaphis plantaginea* (Passerini).

nos ramos de amieiro e bordo. Todas as gerações podem ser passadas no amieiro ou as espécies podem passar o inverno no bordo e migrar para o amieiro no verão, e então voltar para o bordo no outono, onde as formas sexuais são produzidas. As espécies podem passar o inverno no estágio de ovo ou ninfa.

Algumas das espécies galhadoras (Figura 22-31) mais comuns deste grupo são *Colopha ulmicola* (Fitch), que causa a galha "crista-de-galo" em folhas de olmo; *Hormaphis hamamelidis* (Fitch), que causa galhas nas folhas de hamamélia; *Hamamelistes spinosus* Shimer, que forma uma galha espinhosa nos brotos de flores de hamamélia; e *Pemphigus populitransversus* Riley, que forma uma galha esférica nos pecíolos das folhas de choupo.

Família **Adelgidae – pulgões de pinheiros e abetos:** Os membros deste grupo alimentam-se apenas de coníferas. Formam galhas em forma de cone no abeto e, em outros hospedeiros, ocorrem como tufos algodonosos brancos nas cascas de árvores, ramos, galhos, agulhas ou pinhas, dependendo da espécie. A maioria das espécies alterna entre duas coníferas diferentes em sua história de vida, formando galhas apenas na árvore hospedeira primária (abeto). Todas as fêmeas são ovíparas. As antenas têm cinco artículos nas formas aladas, quatro artículos nas formas sexuais e três nas fêmeas não aladas, que se reproduzem paternogenicamente. O corpo muitas vezes é coberto por fios céreos, e as asas em repouso são mantidas como um telhado sobre o corpo. Cu_1 e Cu_2 na asa anterior são separadas na base (Figura 22-12E).

O pulgão galhador do abeto, *Adelges abietis* (L.), é uma espécie razoavelmente comum no leste que ataca o abeto no sudeste do Canadá e na parte nordeste dos Estados Unidos, formando galhas em forma de abacaxi nos seus ramos. Tem duas gerações por ano e ambas consistem integralmente de fêmeas. Não há geração bissexual. As duas gerações vivem no abeto. As ninfas com crescimento parcial passam o inverno fixadas às bases dos brotos de abeto. As ninfas amadurecem em fêmeas nos meses de abril ou maio seguintes e depositam seus ovos na base dos brotos. A alimentação destas fêmeas nas agulhas dos novos brotos causa a tumefação das agulhas. Os ovos eclodem em cerca de uma semana e as ninfas se estabelecem nas agulhas que ficaram tumefeitas devido à alimentação da mãe. A tumefação do ramo continua, uma galha é formada e as ninfas completam seu desenvolvimento nas cavidades da galha. Mais tarde no verão, fêmeas aladas emergem das galhas e depositam seus ovos nas agulhas dos ramos próximos. Estes ovos eclodem, e ali as ninfas passam o inverno.

Este grupo possui dois gêneros, *Adelges* e *Pineus*, cujos membros atacam o abeto e várias outras coníferas. Talvez a espécie mais importante no oeste seja o adelgídeo galhador do abeto, *Adelges cooleyi* (Gillette), que também é amplamente distribuída no leste da América do Norte e na Europa. As galhas desta espécie no abeto medem cerca de 12 mm a 75 mm de comprimento e são verde-claras a púrpura-escuras, e cada câmara da galha contém de 3 a 30 pulgões não alados. O hospedeiro alternativo desta espécie no oeste é o abeto de Douglas, onde os insetos formam tufos algodonosos brancos em novas agulhas, brotos e pinhas em desenvolvimento. Uma infestação severa pode causar desfolhamento intenso e os danos, particularmente em áreas de árvores de natal, pode ser considerável.

Família **Phylloxeridae – filoxeras:** As antenas neste grupo têm três artículos em todas as formas e as asas em repouso são mantidas planas sobre o corpo. Cu_1 e Cu_2 na asa anterior são pediculadas na base (Figura 22-12C). Estes insetos não produzem fios de cera, mas algumas espécies são cobertas por um pó céreo. As filoxeras alimentam-se de espécies diferentes de coníferas e sua história de vida, com frequência, é muito complexa.

A filoxera da videira, *Daktulosphaira vitifoliae* (Fitch), é uma espécie comum e economicamente importante deste grupo. Sua forma minúscula ataca tanto as folhas quanto as raízes da videira, formando pequenas galhas nas folhas e tumefações semelhantes a galhas nas raízes. Os vinhedos europeus são muito mais suscetíveis aos ataques deste inseto que os vinhedos nativos americanos.

Algumas filoxeras produzem galhas nas árvores. Uma destas espécies que ocorre no leste é o afídeo galhador da nogueira, *Phylloxera caryaecaulis* (Fitch). Estas galhas atingem um diâmetro de 16 a 18 mm e cada uma contém um grande número de pulgões.

Figura 22-31 Galhas em folhas de videira causada pela filoxera da videira, *Darktulospharia vitifoliae*.

SUPERFAMÍLIA **Coccoidea – cochonilhas:** Este é um grande grupo e contém formas minúsculas e altamente especializadas. Muitas são tão modificadas que parecem muito pouco com outros Hemiptera. Portanto, são tratadas por algumas autoridades como uma subordem (Coccinea).

As fêmeas não possuem asas e, em geral, não têm pernas e são sésseis, enquanto os machos possuem apenas um único par de asas ou, raramente, não são alados. Os machos adultos não possuem peças bucais e não se alimentam; o abdômen termina em um (raramente dois) longo processo semelhante a um estilo (Figura 22-32A); as asas posteriores são reduzidas a pequenos processos semelhantes a halteres, que terminam em uma cerda em gancho. As antenas da fêmea podem estar ausentes ou ter até 11 artículos; as antenas do macho possuem de 10 a 25 artículos. Machos de cochonilhas se parecem muito com pequenos mosquitos, mas, em geral, podem ser reconhecidos pela ausência de peças bucais e pela presença de um processo semelhante a um estilo no final do abdômen.

O desenvolvimento das cochonilhas varia um pouco nas diferentes espécies, mas na maioria dos casos é bastante complexo. As ninfas de primeiro instar têm pernas e antenas e são insetos razoavelmente ativos; com frequência, são chamadas de "répteis". Após a primeira muda, as pernas e antenas são perdidas e o inseto torna-se séssil, e uma cobertura cérea ou semelhante a escamas é secretada, cobrindo o corpo. Nas diaspidinas (Diaspididae), esta cobertura é separada do corpo do inseto. As fêmeas permanecem sob a cobertura de escamas quando se tornam adultas para depositar os ovos ou produzir viviparamente as formas jovens. Os machos se desenvolvem de modo muito semelhante ao das fêmeas, exceto pelo fato de o último instar antes do estágio adulto ser quiescente e, com frequência, chamado de pupa. As asas se desenvolvem externamente na pupa.

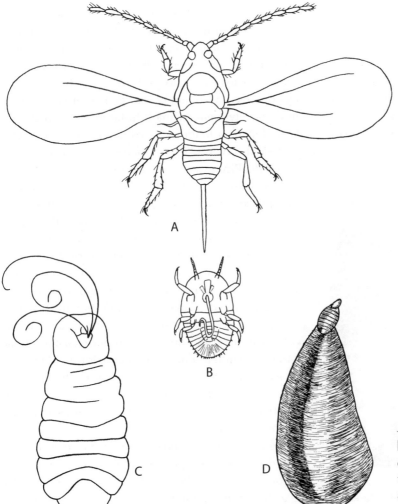

Figura 22-32 Estágios da cochonilha de concha, *Lepidosaphes ulmi* (L.). A, macho adulto; B, forma jovem recém-eclodida ou réptil; C, fêmea adulta; D, escama da fêmea.

Família **Margarodidae – coccídeos gigantes e pérolas-da-terra:** Esta família contém cerca de 45 espécies norte-americanas e inclui algumas das maiores espécies da superfamília. Algumas espécies de *Llaveia* e *Callipappus* podem atingir um comprimento de cerca de 25 mm. O nome "pérolas-da-terra" vem do aspecto semelhante a pérolas dos cistos céreos das fêmeas do gênero *Margarodes*, que vivem nas raízes das plantas. Os cistos das espécies tropicais de *Llaveia* são usados para se fazer verniz. A cochonilha australiana, *Icerya purchasi* Maskell, é uma praga importante de plantas cítricas no oeste. Várias espécies do gênero *Matsucoccus* são pragas de pinheiros.

Família **Ortheziidae – cochonilhas-de-placa:** As fêmeas deste grupo são distintamente segmentadas, alongado-ovais e cobertas por placas céreas brancas e duras. Algumas carregam um saco branco de ovos na extremidade posterior do corpo. Estes insetos podem viver em quase qualquer parte da planta hospedeira, incluindo as raízes. Existem 31 espécies de cochonilhas-de-placa nos Estados Unidos, 21 das quais pertencem ao gênero *Orthezia*. Destas, *O. insignis* Marronse é uma praga comum e importante de estufas.

Família **Pseudococcidae – cochonilhas-farinhentas:** O nome "cochonilha-farinhenta" é consequência das secreções pulverulentas ou céreas que cobrem os corpos destes insetos. O corpo da fêmea é alongado-oval, segmentado e possui pernas bem desenvolvidas. Algumas espécies depositam ovos e outras são vivíparas. Quando os ovos são depositados, são colocados em uma cera algodonosa frouxa. As cochonilhas-farinhentas podem ser encontradas em quase qualquer parte da planta hospedeira.

Este é um grande grupo, com cerca de 240 espécies na América do Norte. Existem várias espécies de pragas importantes neste grupo. A cochonilha-farinhenta da laranjeira, *Planococcus citri* (Risso), é uma praga séria de plantas cítricas e também ataca plantas de estufas. Com frequência, a cochonilha *Pseudococcus longispinus* (Targioni-Tozzetti) é encontrada em estufas, onde ataca uma variedade de plantas. *Pseudococcus affinis* (Maskell) é uma praga disseminada em plantas de matas e herbáceas.

Esta família inclui a cochonilha do maná, *Trabutina mannipara* (Ehrenberg), que se acredita tenha produzido o maná mencionado na Bíblia. Esta espécie alimenta-se de plantas do gênero *Tamarix* e as fêmeas excretam grandes quantidades de "honeydew". Nas regiões áridas, a substância açucarada se solidifica nas folhas e é acumulada em camadas espessas, formando um material doce, semelhante ao açúcar, chamado de *maná*.

Família **Eriococcidae – eriococcídeos:** Estes insetos são semelhantes aos pseudococcídeos, mas o corpo é nu ou apenas discretamente coberto por cera. A fêmea e seus ovos com frequência são totalmente envolvidos em um saco semelhante ao feltro. Este é um grupo amplamente distribuído, com cerca de 55 espécies nos Estados Unidos. A cochonilha do olmo, *Gossyparia spuria* (Modeer), é uma praga comum de olmos na América do Norte e Europa. Um fungo fuliginoso se desenvolve no "honeydew" secretado por este inseto. A cochonilha da azaleia, *Acanthococcus azaleae* (Comstock), é uma praga importante de azaleias. A eriococcina do carvalho, *Acanthococcus quercus* (Comstock), é uma praga comum de carvalhos na América do Norte.

Família **Cryptococcidae – criptococcídeos:** Esta família é representada nos Estados Unidos por duas espécies de *Cryptococcus*, que ocorrem nos estados do nordeste. São encontradas em rachaduras de cascas de árvores de faia e bordo.

Família **Kermesidae:** As fêmeas deste grupo são arredondadas e lembram pequenas galhas. Além das 13 espécies não localizadas e incertas, cerca de 22 espécies ocorrem nos Estados Unidos e são encontradas nos ramos ou nas folhas de carvalho.

Família **Dactylopiidae – cochonilhas do carmim:** Estes insetos lembram as cochonilhas-farinhentas em aspecto e hábitos. As fêmeas são vermelhas, têm formato basicamente oval, são distintamente segmentadas e o corpo é coberto por cera branca. O grupo é representado nos Estados Unidos por três espécies de *Dactylopius*, que vivem em cactos (*Opuntia* e *Nopalea*). Uma espécie mexicana, *D. coccus* Costa, é uma fonte importante do corante carmesim e ainda é cultivada nas Ilhas Canárias e nas regiões tropicais das Américas. As fêmeas maduras são varridas dos cactos, passam por um processo de secagem e os pigmentos são extraídos de seus corpos. Estes insetos eram mais importantes comercialmente até aproximadamente 1875, quando foram introduzidos os corantes à base de anilinas.

Família **asterolecaniidae – asterolecaniídeos:** Estes insetos são chamados "pit scales" em inglês porque muitos produzem fóveas ou depressões semelhantes a galhas na casca de seus hospedeiros. Este grupo é pequeno, com 17 espécies nos Estados Unidos, que atacam uma variedade de hospedeiros. Alguns vivem nas cascas das árvores e outros vivem nas folhas do hospedeiro.

Família **Cerococcidae – cochonilhas-de-cadeia:** Este grupo é representado na América do Norte por cinco espécies de *Cerococcus*, que vivem em uma variedade de plantas hospedeiras. *Cerococcus kalmiae* Ferris é ocasionalmente uma praga de azaleias e oxicocos. Os cerococcídeos do carvalho, *C. quercus*

Comstock, vivem em carvalhos da Califórnia e do Arizona e a secreção e excreção açucaradas nas quais se envolvem já foram usadas como goma de mascar pelos nativos americanos.

Família **Lecanodiaspididae – lecanodiaspidídeos:** Este grupo é representado nos Estados Unidos por cerca de cinco espécies de *Lecanodiaspis*. Algumas são muito comuns e ocasionalmente constituem pragas de azaleias, azevinho e outras plantas ornamentais. Com frequência, produzem depressões e tumefações nos ramos.

Família **Aclerdidae – aclerdídeos:** Esta é uma família pequena (14 espécies norte-americanas), cuja maioria dos membros se alimenta de gramíneas. Em geral, estas cochonilhas vivem abaixo das bainhas das folhas ou na base das plantas, algumas vezes nas raízes. Duas espécies norte-americanas alimentam-se de barbino e algumas espécies tropicais atacam orquídeas.

Família **Coccidae – coccídeos, incluindo coccídeos da cera e cochonilhas-de-carapaça:** As fêmeas deste grupo são alongado-ovais, convexas, mas algumas vezes achatadas, com um exoesqueleto duro, liso ou coberto por uma cera macia. Em geral, as pernas estão presentes e as antenas estão ausentes ou muito reduzidas. Os machos podem ser alados ou não.

Este é um grande grupo, com cerca de 105 espécies norte-americanas, das quais muitas são pragas importantes. As escamas marrons, *Coccus hesperidium* L., e a cochonilha negra, *Saissetia oleae* (Olivier), são pragas importantes de plantas cítricas no sul. A cochonilha hemisférica, *Saissetia coffeae* (Walker), é uma praga comum de samambaias e outras plantas domésticas e de estufa. Várias espécies deste grupo atacam árvores de sombra e frutíferas. A cochonilha da magnólia, *Toumeyella liriodendri* (Gmelin), é uma das maiores cochonilhas dos Estados Unidos, com a fêmea adulta medindo cerca de 8 mm de comprimento. A cochonilha algodonosa do bordo, *Pulvinaria innumerabilis* (Rathvon), é uma espécie relativamente grande (cerca de 6 mm de comprimento), cujos ovos são depositados em uma grande massa algodonosa que se projeta na extremidade da escama (Figura 22-33). Muitos coccídeos atacam uma variedade de plantas e com frequência constituem pragas de estufas.

O coccídeo chinês da cera, *Ericerus pela* Chavannes, é uma espécie oriental interessante e importante. Os machos secretam grandes quantidades de uma cera branca pura, que era usada para fazer velas. A cera também é produzida pelos coccídeos da cera do gênero *Ceroplastes*. O coccídeo indiano da cera, *C. ceriferus* Anderson, produz uma cera usada para fins medicinais.

Família **Kerriidae – cochonilhas da laca:** As famílias deste grupo têm forma globular, não possuem pernas e vivem em células de resina. Sete espécies de *Tachardiella* ocorrem no sudoeste, onde se alimentam de plantas do deserto. Todas produzem laca, algumas das quais altamente pigmentadas.

A maioria dos membros desta família tem distribuição tropical ou subtropical e um deles, a cochonilha indiana da laca, *Laccifer lacca* (Kerr), tem um valor comercial considerável. Ocorre em diferentes plantas em Sri Lanka, Taiwan, na Índia, Indochina e nas Ilhas Filipinas. Os corpos das fêmeas são cobertos por exsudatos intensos de cera ou laca e às vezes os insetos são tão numerosos que os ramos são revestidos com uma espessura de 5 mm a 15 mm de laca. Os ramos são cortados e a laca é derretida, refinada e usada na produção de goma-laca e vernizes. Cerca de 1.800 toneladas deste material são colhidas anualmente.

Família **Phoenicococcidae – fenicococcídeos:** Este grupo é representado nos Estados Unidos por uma única espécie, o fenicococcídeo vermelho, *Phoenicococcus marlatti* (Cockerell), que ocorre em tamareiras nos estados do sudoeste. Em geral, é encontrado nas bases dos pecíolos de folhas ou sob a cobertura fibrosa dos troncos.

Família **Conchaspididae – falsas diaspidinas:** Apenas duas espécies deste grupo ocorrem nos Estados Unidos: *Conchaspis angraeci* Cockerell ocorre na Califórnia e na Flórida, onde vive em orquídeas. *Asceloconchaspis milleri* Williams é encontrada no sul da Flórida e alimenta-se de acaçu (*Coccoloba diversifolia* Jacq.). As fêmeas são semelhantes às de Diaspididae, mas têm pernas bem desenvolvidas e as antenas possuem quatro artículos.

Família **Diaspididae – diaspidinas:** Esta é a maior família de cochonilhas (cerca de 310 espécies norte-americanas em 86 gêneros) e contém várias espécies de pragas muito importantes. As fêmeas são muito

Figura 22-33 A cochonilha algodonosa do bordo, *Pulvinaria innumerabilis* (Rathvon).

pequenas, têm o corpo mole e ficam ocultas sob uma cobertura de escamas que, em geral, fica separada do corpo do inseto. A cobertura de escamas é formada por cera secretada pelo inseto, juntamente com excreções e exúvias desprendidas dos instares iniciais. As escamas variam nas diferentes espécies. Podem ser circulares ou alongadas, lisas ou ásperas e têm cores variáveis. As coberturas de escamas do macho são menores e mais alongadas que as das fêmeas. O corpo das fêmeas adultas é pequeno, achatado, discoide e a segmentação, com frequência, é obscura. Não possuem olhos e pernas e as antenas estão ausentes ou são vestigiais. Os machos são alados e possuem pernas e antenas bem desenvolvidas.

A reprodução pode ser bissexual ou partenogênica. Algumas espécies são ovíparas e outras, vivíparas. Os ovos são depositados sob a cobertura de escamas. As formas jovens de primeiro instar são insetos ativos e podem percorrer alguma distância antes de encontrar um local adequado para se estabelecer. São capazes de viver vários dias sem alimento. Uma espécie é disseminada no primeiro estágio, seja pela locomoção em si ou pelo transporte destas formas pelo vento, nas patas de aves ou por outros meios. Por fim se estabelecem e inserem suas peças bucais na planta hospedeira. As fêmeas permanecem sésseis pelo resto de suas vidas.

Estes insetos danificam as plantas pela extração de seiva e, quando numerosos, podem matar a planta. As diaspidinas alimentam-se de árvores e arbustos e algumas vezes podem cobrir intensamente os galhos ou os ramos com crostas. Várias espécies constituem pragas importantes de pomares e árvores de sombra.

A escama de São José, *Quadraspidiotus perniciosus* (Comstock), é uma praga muito séria. Apareceu pela primeira vez na Califórnia em 1880, provavelmente da Ásia, e desde então se espalhou pelos Estados Unidos. Atacam várias árvores e arbustos diferentes, incluindo árvores de pomar, árvores de sombra e arbustos ornamentais, e, quando numerosos, podem matar a planta hospedeira. A cobertura de escamas tem um formato relativamente circular. Esta espécie é vivípara.

A cochonilha de concha, *Lepidosaphes ulmi* (L.), é outra espécie economicamente importante. Recebe este nome devido à forma de sua escama. Esta espécie amplamente distribuída ataca várias plantas, incluindo a maioria das árvores frutíferas e muitas árvores e arbustos ornamentais. Plantas com infestação intensa com frequência morrem. A cochonilha de concha deposita ovos que passam o inverno sob a cobertura de escamas da fêmea.

Várias outras diaspidinas são um pouco menos importantes que as outras duas mencionadas. *Chionaspis furfura* (Fitch) é uma cochonilha comum com uma cobertura de escamas esbranquiçada que ataca várias árvores e arbustos frutíferos e ornamentais. A cabeça-de-prego, *Aulacaspis rosae* (Bouché), é um inseto avermelhado com uma escama branca, que ataca vários tipos de pequenas frutas e roseiras. As plantas com infestação intensa parecem ter sido caiadas. A cochonilha da agulha do pinheiro, *Chionaspis pinifoliae* (Fitch), é comum em todos os Estados Unidos e Canadá em pinheiros e às vezes ataca outras coníferas.

Várias espécies tropicais ou subtropicais deste grupo atacam citros e plantas de estufas. A cochonilha-vermelha da Califórnia, *Aonidiella aurantii* (Maskell), é uma praga importante de plantas cítricas na Califórnia. A fêmea possui uma cobertura de escamas circulares discretamente maior que a da escama de São José.

COLETA E PRESERVAÇÃO DE HEMIPTERA

Os percevejos aquáticos podem ser capturados com o auxílio de equipamentos de coleta aquática e pelos métodos descritos no Capítulo 35. Algumas espécies aquáticas, em particular os corixídeos e as baratas-d'água, podem ser coletadas com luzes. Deve-se examinar uma variedade de *habitats* aquáticos porque diferentes espécies ocorrem em diferentes tipos de situações. As formas terrestres podem ser coletadas com uma rede (particularmente por varredura da vegetação), luzes ou pelo exame de *habitats* especializados, como montes de folhas, sob cascas de árvores e em fungos.

Um frasco-bisnaga, com um tubo de saída longo contendo álcool 70%, às vezes é útil para capturar percevejos ativos que vivem no solo, como os saldídeos. Uma borrifada de álcool deixará o inseto mais lento para que possa ser apanhado com pinças.

Os métodos de coleta e preservação de Auchenorrhyncha e Sternorrhyncha variam conforme o grupo envolvido. As espécies ativas são coletadas e preservadas de modo muito semelhante a outros insetos, porém técnicas especiais são usadas para formas como pulgões e cochonilhas.

A maioria das espécies ativas é capturada mais facilmente por varredura. Diferentes espécies vivem em diferentes tipos de plantas; para garantir um grande número de espécies, deve-se coletar a maior quantidade possível de tipos de plantas diferentes. Espécies saltadoras menores podem ser removidas da rede com um aspirador ou o conteúdo de toda a rede pode ser atordoado e separado mais tarde. Formas que não sejam muito ativas podem ser coletadas diretamente das folhagens ou ramos em um frasco mortífero, sem o uso de uma rede. Algumas cigarras, que passam a maior parte do tempo no alto das árvores, podem ser coletadas com uma rede de cabo longo, podem ser deslocadas com um graveto longo na esperança de que aterrissem dentro do alcance da rede ou podem ser derrubadas. Um estilingue carregado com areia ou uma espingarda carregada com chumbo mostarda podem ser usados para coletar cigarras que estejam fora de alcance.

O melhor tipo de frasco mortífero para a maioria dos Hemiptera é um frasco pequeno, como o apresentado na Figura 35-2, que deve ser parcialmente preenchido com pequenos pedaços de lenços ou de papel para limpeza de lentes. Vários destes frascos devem ser trazidos porque espécimes grandes e de corpo pesado não devem ser colocados no mesmo frasco com espécimes pequenos e delicados. Após a morte dos espécimes, tire-os do frasco e coloque-os em caixas para comprimidos que estejam parcialmente preenchidas com lenços de limpeza ou lenços de papel.

A maioria dos Heteroptera deve ser preservada seca, em alfinetes ou triângulos. Os espécimes maiores devem ser alfinetados pelo escutelo e os menores pelo hemiélitro direito. Ao se alfinetar um percevejo, deve-se ter cuidado para não destruir as estruturas na superfície ventral do tórax que serão usadas para a identificação. A maioria dos Heteroptera com menos de 10 mm de comprimento deve ser montada em triângulos. Monte os espécimes de modo que o rostro, as pernas e a superfície ventral do corpo não sejam cobertos pela cola. O triângulo não deve se estender além da metade da superfície ventral do inseto.

As cigarras, vários cercopídeos, moscas-brancas e psilídeos são montados secos, em alfinetes ou triângulos. Se um cercopídeo maior for montado em alfinete, este deve ser passado pela asa direita. Moscas-brancas e psilídeos às vezes são preservados em líquidos e montados em lâminas microscópicas para estudo. Pulgões montados em alfinetes ou triângulos em geral encolhem. Preserve estes insetos em líquidos e monte-os em lâminas microscópicas para estudo detalhado.

É desejável montar estes insetos, em particular os de corpo mole, o mais rápido possível após sua captura. Uma captura de campo pode ser armazenada em álcool 70% ou 75% até que os espécimes possam ser montados, porém o álcool desbota algumas cores. Preserve todas as ninfas em álcool.

As cochonilhas podem ser preservadas de dois modos: a parte da planta que contém as escamas pode ser coletada, passar por um processo de secagem e ser montada (em alfinete ou em uma montagem de Riker) ou os insetos podem ser tratados especialmente e montados em uma lâmina de microscópio. Nenhuma técnica especial está envolvida no primeiro método, que é satisfatório se houver interesse apenas na forma da escama. Os insetos em si devem ser montados em lâminas microscópicas para estudo detalhado. A melhor maneira de capturar machos de cochonilhas é criá-los a partir das colônias encontradas nas plantas hospedeiras, pois poucos são capturados com rede.

Ao se montar uma cochonilha em uma lâmina de microscópio, o inseto é removido, limpo, tingido e montado. Algumas sugestões gerais para a montagem de insetos em lâminas microscópicas são fornecidas no Capítulo 35. Os procedimentos a seguir são recomendados especificamente para a montagem de cochonilhas:

1. Coloque a cochonilha seca ou espécimes frescos, que tenham permanecido em álcool 70% por pelo menos 2 horas, em hidróxido de potássio 10% e aqueça-os em baixa temperatura até que o conteúdo do corpo esteja mole.
2. Enquanto o espécime ainda estiver no hidróxido de potássio, remova o conteúdo corporal fazendo um pequeno orifício no corpo (na extremidade anterior ou na lateral, onde nenhuma característica taxonomicamente importante seja danificada) e pressione o inseto com uma espátula plana.
3. Transfira o espécime para álcool acético por 20 minutos ou mais. O álcool acético é preparado misturando-se 1 parte de ácido acético, 1 parte de água destilada e 4 partes de álcool 95% por volume.
4. Tinja em fucsina ácida por 10 minutos ou mais, quando necessário. Em seguida, transfira para álcool 70% por 5 a 15 minutos para remover o excesso de corante.
5. Transfira o espécime para álcool 95% por 5 a 10 minutos.
6. Transfira o espécime para álcool 100% por 5 a 10 minutos.
7. Transfira o espécime para óleo de cravo por 10 minutos ou mais.
8. Monte em bálsamo do Canadá.
9. Seque as lâminas por duas semanas em estufa de secagem a 40 °C antes da rotulagem permanente e estudo.

Os pulgões devem ser preservados em álcool 80% e, com frequência, podem ser coletados diretamente da planta em um frasco de álcool. As formas aladas são necessárias para identificação específica e devem ser montadas em lâminas de microscópio.

Referências

Alexander, R. D.; T. E. Moore. "The evolutionary relationships of 17-year and 13-year cicadas, and three new species (Homoptera, Cicadidae, *Magicicada*)", *Misc. Publ. Mus. Zool. Univ. Mich.*, n. 121, 59, 1962.

Ben-Dov, Y. *A systematic catalogue of the soft scale insects of the world (Homoptera: Coccoidea: Coccidae) with data on geographical distribution, host plants, biology, and economic importance.* Gainesville: Sandhill Crane Press, 1993. 536 p. Flora and Fauna Handbook n. 9.

Ben-Dov, Y. *A systematic catalogue of the mealybugs of the world (Insecta: Homoptera: Coccoidea: Pseudococcidae, and Putoidae) with data on geographical distribution, host plants, biology, and economic importance.* Andover: Intercept Limited, 1994. 686 p.

Blatchley, W. S. *Heteroptera or true bugs of eastern North America, with special reference to the faunas of Indiana and Florida.* Indianapolis: Nature, 1926. 1116 p.

Bobb, M. L. "The insects of Virginia. No. 7. The aquatic and semi-aquatic Hemiptera of Virginia", *Va. Polytech. Inst. State Univ. Res. Div. Bull.*, 87, p. 1–196, 1974.

Deitz, L. L. "Classification of the higher categories of the New World treehoppers (Homoptera: Membracidae)", *N.C. Agr. Expt. Sta. Bull.*, 225, p. 1–177, 1975.

DeLong, D. M. "The leafhoppers, or Cicadellidae, of Illinois (Eurymelinae-Balcluthinae)", *Ill. Nat. Hist. Surv. Bull.*, 24, 2, p. 91–376, 1948.

DeLong, D. M. "The bionomics of leafhoppers", *Annu. Rev. Entomol.*, 16, p. 179–210, 1971.

DeLong, D. M.; P. H. Freytag. "Studies of the world Gyponinae (Homoptera, Cicadellidae): a synopsis of the genus *Ponana*", *Contrib. Amer. Entomol. Inst.*, 1, 7, p. 1–86, 1967.

Doering, K. "Synopsis of North American Cercopidae", *J. Kan. Entomol. Soc.*, 3, p. 53–64 e 81–108, 1930.

Drake, C. J.; N. T. Davis. "The morphology, phylogeny, and higher classification of the family Tingidae, including the descriptions of a new genus and species of the subfamily Vianaidinae (Hemiptera-Heteroptera)", *Entomol. Amer.*, 39, p. 1–100, 1960.

Drake, C. J.; F. A. Ruhoff. "Lace-bug genera of the world (Hemiptera: Tingidae)", *Proc. U.S. Natl. Mus.*, 122, p. 1–105, 1960.

Drake, C. J.; F. A. Ruhoff. "Lacebugs of the world: A catalogue (Hemiptera: Tingidae)", *Bull. U.S. Natl. Mus.*, 243, p. 1–634, 1965.

Duffels, J. P.; P. A. van der Laan. *Catalogue of the Cicadoidea (Homoptera, Auchenorrhyncha), 1956–1980.* The Hague: Junk, 1985. 414 p.

Dybas, H. S.; M. Lloyd. "The habitats of 17-year periodical cicadas (Homoptera: Cicadidae: *Magicicada* spp.)", *Ecol. Monogr.*, 44, 3, p. 279–324, 1974.

Eastop, V. F.; D. H. R. Lambers. *Survey of the world's aphids.* The Hague: Junk, 1976. 574 p.

Emsley, M. G. "The Schizopteridae (Hemiptera:Heteroptera) with the description of a new species from Trinidad", *Mem. Amer. Entomol. Soc.*, 25, 154 p., 1969.

Evans, J. W. "The phylogeny of the Homoptera", *Annu. Rev. Entomol.*, 8, p. 77–94, 1963.

Ferris, G. F. *Atlas of the scale insects of North America.* Stanford: Stanford University Press, 1937–1955. 7 v.

Froeschner, R. C. "Contributions to a synopsis of the Hemiptera of Missouri. Parte 1: Scutelleridae, Podopidae, Pentatomidae, Cydnidae, Thyreocoridae", *Amer. Midl. Nat.*, 26, 1, p. 122–146, 1941. "Parte 2: Coreidae, Aradidae, Neididae", *Amer. Midl. Nat.*, 27, 3, p. 591–609, 1942. "Parte 3: Lygaeidae, Pyrrhocoridae, Piesmidae, Tingidae, Enicocephalidae, Phymatidae, Ploiariidae, Reduviidae, Nabidae". *Amer. Midl. Nat.*, 31, 3, p. 638–683, 1944. "Parte 4: Hebridae, Mesoveliidae, Cimicidae, Anthocoridae, Cryptostemmatidae, Isometopidae, Miridae", *Amer. Midl. Nat.*, 42, 1, p. 123–188, 1949. "Parte 5: Hydrometridae, Gerridae, Veliidae, Saldidae, Ochteridae, Gelastocoridae, Naucoridae, Belostomatidae, Nepidae, Notonectidae, Pleidae, Corixidae", *Amer. Midl. Nat.*, 67, 1, p. 208–240, 1961.

Froeschner, R. C. "Cydnidae of the Western Hemisphere", *Proc. U.S. Natl. Mus.*, 111, p. 337–680, 1960.

Gill, R. J. The Scale Insects of California: Parte 1. The Soft Scales of California. Tech. Series in Agric. Biosyst. & Plant Path., No. 1. Sacramento: California Department of Food and Agriculture, 1988. 132 p.

Gill, R. J. *The scale insects of California:* Parte 2. The Minor Families (Homoptera:Coccoidea): Margarodidae, Ortheziidae, Kerriidae, Asterolecaniidae, Lecanodiaspididae, Cerococcidae, Aclerdidae, Kermesidae, Dactylopiidae, Eriococcidae, and Phoenicoccidae. Sacramento: California Department of Food and Agriculture, 1993. 241 p. Tech. Series in Agric. Biosyst. & Plant Path., n. 2.

Gill, R. J. *The scale insects of California:* Parte 3. The Armoured Scales (Homoptera:Diaspididae). Sacramento: California Department of Food and Agriculture, 1997. 307 p. Tech. Series in Agric. Biosyst. & Plant Path., n. 3.

Gullan, P. J.; M. Kosztarab. "Adaptations in scale insects", *Ann. Rev. Entomol.*, 42, p. 23–50, 1997.

Hamilton, K. G. A. "Placement of the genus *Microcentrus* in the Aetalionidae (Homoptera: Cicadelloidea), with a redefinition of the family", *J. Georgia Entomol. Soc.,* 6, p. 229-236, 1971.

Hamon, A. B.; M. L. Williams. "The soft scales of Florida", *Arthropods of Florida and Neighboring Land Areas,* 11, p. 1-194, 1984.

Harris, K. F.; K. Maramorosch. *Aphids as virus vectors.* Nova York: Academic Press, 1977. 570 p.

Hendricks, H.; M. Kosztarab. *Revision of the tribe serrolecaniini (Homoptera: Pseudococcidae).* Nova York: de Gruyter, 1999. 237 p.

Henry, T. J. "Phylogenetic analysis of family groups within the infraorder Pentatomomorpha (Hemiptera: Heteroptera), with emphasis on the Lygaeoidea", *Ann. Entomol. Soc. Amer.* 90, p. 275-301, 1997.

Henry, T. J.; R. C. Froeschner. (Ed.) *Catalog of the Heteroptera, or true bugs, of Canada and the Continental United States.* Leiden: Brill, 1988. 958 p.

Herring, J. L. "Keys to the genera of Anthocoridae of America north of Mexico, with description of a new genus (Hemiptera: Heteroptera)", *Fla. Entomol.,* 59, p. 143-150, 1976.

Herring, J. L.; P. D. Ashlock. "A key to the nymphs of the families of Hemiptera (Heteroptera) of America north of Mexico", *Fla. Entomol.,* 54, p. 207-213, 1971.

Hoffman, R. L. "The insects of Virginia, No. 4: Shield bugs (Hemiptera; Scutelleroidea; Scutelleridae, Corimelaenidae, Cydnidae, Pentatomidae)", *Va. Polytech. Inst. State Univ. Res. Div. Bull.,* 67, 61 p., 1971.

Howell, J. O.; M. L. Williams. An annotated key to the families of scale insects (Homoptera: Coccoidea) of America, north of Mexico, based on characteristics of the adult female. Ann. Entomol. Soc. Amer. 69:181-189. 1976.

Hungerford, H. B. "The Corixidae of the Western Hemisphere", *Univ. Kan. Sci. Bull.,* 32, p. 1-827, 1948.

Kennedy, J. S.; H. L. G. Stroyan. "Biology of aphids", *Annu. Rev. Entomol.,* 4, p. 139-160, 1959.

Knight, H. H. "The plant bugs or Miridae of Illinois", *Ill. Nat. Hist. Surv. Bull.,* 22, 1, p. 1-234, 1941.

Kopp, D. D.; T. R. Yonke. "The treehoppers of Missouri", *J. Kan. Entomol. Soc.,* Parte 1, 46, p. 42-64,1973; Parte 2, 46, p. 233-276, 1973; Parte 3, 46, p. 375-421, 1973; Parte 4, 46, p. 80-130, 1974.

Kosztarab, M. Homoptera. In: S. P. Parker. (Ed.) *Synopsis and classification of living organisms.* Nova York: McGraw-Hill, 1982. p. 459-470.

Kosztarab, M. *Scale insects of northeastern North America:* Identification, Biology, and Distribution. Martinsville: Virginia Museum of Natural History, 1996. 650 p., Publ. Esp. n. 3.

Kosztarab, M.; M. P. Kosztarab. *A selected bibliography of the Coccoidea (Homoptera). Third supplement (1970-1985)* Virginia Polytechnic Institute and State University, Agric. Expt. Sta. Bull., 88-1, p. 1-252, 1988.

Kosztarab, M.; L. B. O'Brien; M. B. Stoetzel; L. L. Dietz; P. H. Freytag. Problems and needs in the study of Homoptera in North America. In: M. Kosztaraband; C. W. Shaefer. (Ed.) *Systematics of the North American insects and arachnids:* status and needs. Blacksburg: Virginia Polytechnic Institute and State University, 1990. 247 p., illus. Va. Agric. Expt. Sta. Inform. Ser. 90-1, p. 119-145.

Kramer, J. P. "Taxonomic study of the planthopper family Cixiidae in the United States (Homoptera: Fulgoroidea)", *Trans. Amer. Entomol. Soc.,* 109, p. 1-58, 1983.

Lambdin, P. L.; M. Kosztarab. "Morphology and systematics of the adult females of the genus *Cerococcus* Comstock (Homoptera: Coccoidea: Cerococcidae)", *Virginia Polytechnic Institute and State University, Res. Div. Bull.,* 128, 252 p., 1997.

Lambers, D. H. R. "Polymorphism in Aphididae", *Annu. Rev. Entomol.,* 11, p. 47-78, 1966.

Lauck, D. R.; A. S. Menke. "The higher classification of the Belostomatidae (Hemiptera)", *Ann. Entomol. Soc. of Amer.,* 54, p. 644-657, 1961.

Lent, H.; P. Wygodzinsky. "Revision of the Triatominae (Hemiptera, Reduviidae), and their significance as vectors of Chagas' disease", *Bull. Amer. Mus. Nat. Hist.,* 163, 3, p. 125-520, 1979.

Marshall, D. C.; J. R. Cooley. "Reproductive character displacement and speciation in periodical cicadas, with description of a new species, 13-year *Magicicada neotredecim*", *Evolution,* 54, p. 1313-1325, 2000.

Matsuda, R. *The Aradidae of Canada (Hemiptera: Aradidae).* Ottawa: Canadian Government Publishing Centre, 1977. 116 p., The Insects and Arachnids of Canada. Parte 3.

McKenzie, H. L. *The mealybugs of California.* Berkeley: University of California Press, 1967. 525 p.

McPherson, J. E. *The pentatomoidea (Hemiptera) of northeastern North America.* Carbondale: Southern Illinois University Press, 1982. 241 p.

Miller, D. R.; M. Kosztarab. "Recent advances in the study of scale insects", *Ann. Rev. Entomol.,* 24, p. 1-27, 1979.

Moore, T. E. "The cicadas of Michigan (Homoptera: Cicadidae)", *Pap. Mich. Acad. Sci.* 51, p. 75-96, 1966.

Moore, T. E. Acoustical behavior of insects. In: V. J. Tipton. (Ed.) *Syllabus, slides and cassettes for an introductory course (Entomological Society of America).*

Provo: Brigham Young University Press. 1973. p. 310–323.

Moore, T. E. Accoustic signals and speciation in cicadas (Insecta: Homoptera: Cicadidae). In: D. R. Lees; D. Edwards. (Ed.) *Evolutionary patterns and processes*. Londres: Academic Press. 1993. p. 269–284. Linnaean Society Symposium n. 14.

Oman, P. W.; W. J. Knight; M. W. Nielsen. *Leafhoppers (Cicadellidae):* a bibliography, generic checklist and index to the world literature 1956–1985. Wallingford: CAB International, 1990. 368 p.

Ossiannilsson, F. "Insect drummers: A study of the morphology and function of the sound-producing organs of Swedish Homoptera Auchenorrhyncha", *Opusc. Entomol. Suppl.* 10, p. 1–146, 1949.

Polhemus, J. T. *Shore bugs (Heteroptera:Hemiptera: Saldidae):* a world overview and taxonomy of middle american forms. Englewood: The Different Drummer, 1985. 252 p.

Putchkov, V. G.; P. V. Putchkov. *A catalog of assassin bug genera of the world (Heteroptera, Reduviidae).* Kiev: published by the authors, 1985. 137 p.

Russell, L. M.; M. Kosztarab; M. P. Kosztarab. *A selected bibliography of the Coccoidea*. Washington: U.S. Department of Agriculture, 1974. 122 p., Segundo Supl., Misc. Publ. 1281.

Schaefer, C. W. "The morphology and higher classification of the Coreoidea (Hemiptera-Heteroptera)", *Ann. Entomol. Soc. Amer.*, 57, p. 670–684, Partes 1 e 2, 1964.

Schaefer, C. W. "The morphology and higher classification of the Coreoidea (Hemiptera-Heteroptera). Parte 3. The families Rhopalidae, Alydidae, and Coreidae", *Misc. Publ. Entomol. Soc. Amer.*, 5, 1, p. 1–76, 1965.

Schaefer, C. W.; M. Kosztarab. "Systematics of insects and arachnids: Status, problems, and needs in North America", *Amer. Entomologist,* 37, p. 211–216, 1991.

Schuh, R. T. "The influence of cladistics on heteropteran classification", *Annu. Rev. Entomol.*, 31, p. 67–93, 1986.

Schuh, R. T. *Plant bugs of the world (Insecta):* (Heteroptera: Miridae). Nova York: New York Entomological Society, 1995. 1329 p.

Schuh, R. T.; B. Galil; J. T. Polhemus. "Catalog and bibliography of Leptopodomorpha (Heteroptera)", *Bull. Amer. Mus. Nat. Hist.*, 185, p. 243–406, 1987.

Schuh, R. T.; J. A. Slater. *True bugs of the world (Hemiptera: Heteroptera):* Classification and Natural History. Ithaca: Comstock, Cornell University Press, 1995. 336 p.

Schuh, R. T.; J. A. Slater. *True bugs of the world (Hemiptera: Heteroptera):* Classification and Natural History. Ithaca: Cornell University Press, 1995. 336 p.

Schuh, R. T.; P. Štys. "Phylogenetic analysis of cimicomorphan family relationships (Heteroptera)", *J. N.Y. Entomol. Soc.*, 99, p. 298–350, 1991.

Shaw, K. C.; A. Vargo; O. V. Carlson. "Sounds and associated behavior of *Empoasca* (Homoptera: Cicadellidae)", *J. Kan. Entomol. Soc.*, 47, p. 284–307, 1974.

Slater, J. A. *A catalogue of the Lygaeidae of the world.* v. 1 e 2. Storrs: University of Connecticut, 1964. 1688 p.

Slater, J. A. Hemiptera. In: S Parker. (Ed.) *Synopsis and classification of living organisms.* Nova York: McGraw-Hill. 1982. p. 417–447.

Slater, J. A.; R. M. Baranowski. *How to know the true bugs.* Dubuque: William C Brown, 1978. 256 p.

Slater, J. A.; J. O'Donnell. "A catalogue of the Lygaeidae of the world (1960–1994)", *J. N.Y. Entomol. Soc.*, 410 p., 1995.

Smith, C. F. "Bibliography of the Aphididae of the world", *N.C. Agr. Expt. Sta. Tech. Bull.*, 216, p. 1–717, 1972.

Staddon, B. W. "The scent glands of Heteroptera", *Advances in Insect Physiology*, 14, p. 351–418, 1979.

Stys, P. "Phylogenetic systematics of the most primitive true bugs (Heteroptera: Enicocephalomorpha, Dipsocoromorpha)", *Prace Slov. Entomol. Spol. SAV*, Bratislava 8, p. 69–85, 1989.

Stys, P.; A. Jansson. "Check-list of recent familygroup names of Nepomorpha (Heteroptera) of the world", *Acta Entomol. Fenn.*, 50, p. 1–44, 1988.

Stys, P.; I. Kerzhner. "The rank and nomenclature of higher taxa in recent Heteroptera", *Acta Entomol. Bohemoslovaca,* 72, p. 64–79, 1975.

Sweet, M. H. "The seed bugs: a contribution to the feeding habits of the Lygaeidae (Hemiptera-Heteroptera)", *Ann. Entomol. Soc. Amer.*, 53, p. 317–321, 1960.

Usinger, R. L. "A revised classification of the Reduvoidea with a new subfamily from South America (Hemiptera)", *Ann. Entomol. Soc. Amer.*, 36, p. 602–618, 1943.

Usinger, R. L. Aquatic Hemiptera. In: R. L. Usinger. (Ed.) *Aquatic insects of California, with keys to north american Genera and California species.* Berkeley: University of California Press, 1956. Illus., p. 182–228.

Usinger, R. L. "Monograph of the Cimicidae (Hemiptera-Heteroptera)", *Thomas Say Foundation Publ.*, 7, p. 1–585, 1966.

Usinger, R. L.; R. Matsuda. *Classification of the Aradidae (Hemiptera: Heteroptera).* Londres: British Museum (Natural History), 1959. 410 p.

Wade, V. "General catalogue of the Homoptera: Species index of the Membracoidea and fossil Homoptera (Homoptera: Auchenorrhyncha). A supplement to fascicle 1, Membracidae of the general catalogue of the Homoptera", *N.C. Agr. Expt. Sta. Pap.*, n. 2160, 2, 40 p., 1966.

Way, M. J. "Mutualism between ants and honeydew-producing Homoptera", *Annu. Rev. Entomol.*, 8, p. 307-344, 1963.

Wheeler, A. G., Jr. *Biology of the plant bugs*. Ithaca: Cornell University Press, 2001. 507 p.

Wheeler, A. G., Jr.; T. J. Henry. *A synthesis of the Holarctic Miridae (Heteroptera):* distribution, biology, and origin, with emphasis on North America. Lanham: The Thomas Say Foundation, Entomological Society of America, 1992. 282 p.

Wheeler, W. C.; R. T. Schuh; R. Bang. "Cladistic relationships among higher groups of Heteroptera: Congruence between morphological and molecular data sets", *Entomol. Scand.*, 24, p. 121-137, 1993.

Williams, M. L.; M. Kosztarab. "Morphology and systematics of the Coccidae of Virginia, with notes on their biology (Homoptera: Coccoidea)", *Va. Polytech. Inst. State Univ. Res. Div. Bull.*, 74, 215 p., 1972.

Wygodzinsky, P. "A monograph of the Emesinae (Reduviidae: Hemiptera)", *Bull. Amer. Mus. Nat. Hist.*, 133, 614 p., 1966.

Wygodzinsky, P.; K. Schmidt. "Revision of the new world enicocephalomorpha (Heteroptera)", *Bull. American Mus. Nat. Hist.*, 200, 165 p., 1991.

Young, D. A. "A reclassification of western hemisphere Typhlocybinae (Homoptera, Cicadellidae)", *Univ. Kan. Sci. Bull.*, 35, p. 3-217, 1952.

Young, D. A. "Taxonomic study of the Cicadellinae (Homoptera: Cicadellidae). Parte 1: Proconiini", *Smithson Inst. Bull.*, 261, 287 p., 1968.

Young, D. A. "Taxonomic study of the Cicadellinae (Homoptera: Cicadellidae). Parte 2: New World Cicadellini and the genus *Cicadella*", *N.C. Agr. Exp. Sta. Bull.*, Raleigh, N. C. 235, 1135 p., 1977.

CAPÍTULO 23

ORDEM THYSANOPTERA[1,2]
TRIPS

Os trips são insetos minúsculos, de corpo delgado, que medem cerca de 0,5 mm a 5,0 mm de comprimento (algumas espécies tropicais têm quase 13 mm de comprimento). Podem ou não apresentar asas. Quando totalmente desenvolvidas, as quatro asas são muito longas e estreitas, com poucas ou nenhuma veia, franjadas e com longos pelos. A franja de pelos nas asas dá o nome à ordem.

As peças bucais (Figura 23-1) são do tipo sugador e a probóscide é uma estrutura robusta, cônica, assimétrica, localizada na parte posterior na superfície ventral da cabeça. O labro forma a parte anterior da probóscide, as porções basais das maxilas formam as laterais e o lábio forma a parte posterior. Existem três estiletes: uma mandíbula (à esquerda; a mandíbula direita é vestigial) e as lacínias das duas maxilas. Tanto palpos maxilares quanto labiais estão presentes, mas são curtos. A hipofaringe é um pequeno lobo mediano na probóscide. As peças bucais dos trips foram descritas como "perfuradoras e sugadoras": a mandíbula é utilizada para romper as células da planta e os dois estiletes maxilares são unidos para formar um tubo pelo qual os líquidos das plantas ou esporos fúngicos são sugados e ingeridos (Heming 1993, Kirk 1997). O alimento é ingerido em forma líquida, mas, às vezes, minúsculos esporos também o são.

As antenas são curtas e possuem de quatro a nove artículos. Os tarsos têm um ou dois artículos, com uma ou duas garras, e são vesiculares na ponta. Alguns trips possuem ovipositor; em outros, a extremidade do abdômen é tubular e o ovipositor é ausente.

A metamorfose dos trips é intermediária entre simples e completa (Figura 23-2). Os primeiros dois instares não possuem asas externas e são chamados de *larvas*. Pelo menos em alguns casos, as asas se desenvolvem internamente durante estes dois instares. Na subordem Terebrantia, o terceiro e o quarto instares (apenas o terceiro instar em *Franklinothrips*) são inativos, não se alimentam e possuem asas externas; o terceiro instar é chamado de *pré-pupa* e o quarto, de *pupa*. A pupa às vezes é envolvida em um casulo. Na subordem Tubulifera, o terceiro instar pró-pupa (sem asas externas) é seguido por dois instares, o quarto e o quinto. O estágio seguinte ao de pupa corresponde ao adulto. Este tipo de metamorfose lembra a metamorfose simples pelo fato de um instar pré-adulto (com exceção de *Franklinothrips*) possuir asas externas. Lembra a metamorfose completa porque pelo menos parte do desenvolvimento da asa é interna e existe um instar quiescente (pupal) precedendo o adulto.

Os dois sexos dos trips têm aspecto semelhante, mas os machos são menores. A partenogênese ocorre em muitas espécies. Os trips que possuem ovipositor inserem seus ovos em tecidos vegetais, enquanto os que não possuem normalmente depositam seus ovos em rachaduras ou sob cascas de árvores. Os trips jovens são relativamente inativos. Em geral, ocorrem várias gerações por ano.

Uma boa parte dos trips é fitófaga e ataca flores, folhas, frutas, ramos ou brotos. Alimentam-se de uma grande variedade de plantas. São particularmente abundantes nas corolas de margaridas e dentes-de-leão.

---

[1] Thysanoptera: *thysano*, franja; *ptera*, asas.
[2] Este capítulo foi editado por Steve Nakahara.

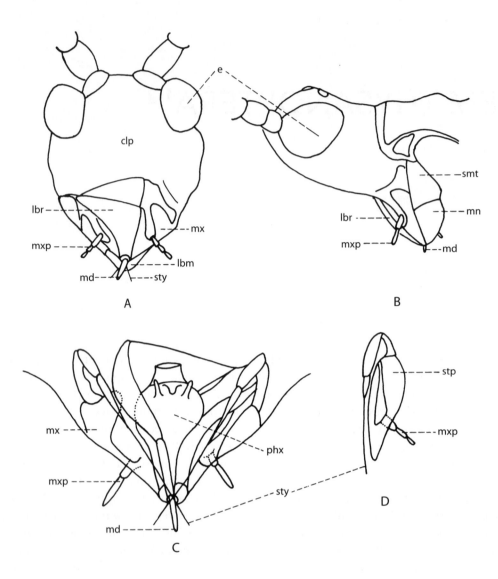

Figura 23-1 Peças bucais de trips. A, cabeça, vista ventroanterior; B, cabeça, vista lateral; C, peças bucais, vista posterior; D, uma maxila. *clp*, clípeo; *e*, olho composto; *lbm*, lábio; *lbr*, labro; *md*, mandíbula esquerda; *mn*, mento; *mx*, maxila; *mxp*, palpo maxilar; *phx*, faringe; *smt*, submento; *stp*, estipes; *sty*, estilete maxilar. (Redesenhado de Peterson, 1915.)

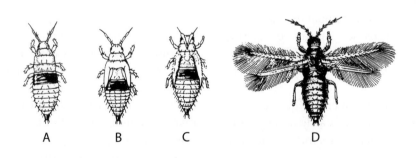

Figura 23-2 O trips de faixa vermelha, *Selenotrips rubrocinctus* (Giard) (Thripidae). A, larva totalmente desenvolvida; B, pré-pupa; C, pupa; D, adulto.

Destroem as células vegetais com sua alimentação e algumas espécies atuam como vetores de doenças de plantas. Muitas espécies constituem pragas sérias de plantas cultivadas. Alguns trips alimentam-se de esporos de fungos e outros são predadores de pequenos artrópodes. Estes insetos algumas vezes ocorrem em números elevados e algumas espécies podem picar as pessoas.

CLASSIFICAÇÃO DOS THYSANOPTERA

Esta ordem é dividida em duas subordens, Terebrantia e Tubulifera. Atualmente, os Terebrantia são compostos de sete famílias. Apresentam o último segmento abdominal mais ou menos cônico ou arredondado, as fêmeas possuem ovipositor, as asas anteriores apresentam veias e setas, os cílios da franja são originados de soquetes basais e a superfície normalmente possui numerosas microtríquias. Hoje, os Tubulifera são compostos de duas famílias. Apresentam um último segmento abdominal tubular, as fêmeas não possuem ovipositor e seus segmentos abdominais distais têm forma igual à dos machos, as asas anteriores não apresentam veias e setas exceto na base, os cílios da franja não têm soquetes basais e a superfície não exibe microtríquias. Sete famílias de trips ocorrem na América do Norte: uma de Tubulifera e seis de Terebrantia. As famílias de Terebrantia são separadas em grande parte por características das antenas, particularmente o número de artículos antenais e a natureza das sensilas do terceiro e quarto artículos. Estas sensilas têm a forma de cones sensoriais salientes simples ou são bifurcadas ou planas e circulares, ou ainda ovais, alongadas e orientadas longitudinal ou transversalmente próximo ao ápice.

Subordem Tubulifera
    Phlaeothripidae
Subordem Terebrantia
    Adiheterothripidae
    Aeolothripidae
    Fauriellidae
    Merothripidae
    Heterothripidae
    Thripidae

Chave para as famílias de Thysanoptera

1.	Último segmento abdominal tubular, fêmea sem ovipositor; asas anteriores, quando presentes, não possuem veias longitudinais e setas exceto na base, superfície sem microtríquias, cílios da franja sem soquetes basais (subordem Tubulifera)	Phlaeothripidae
1'.	Último segmento abdominal cônico ou arredondado apicalmente, dividido ventralmente; fêmea com ovipositor; asas anteriores, quando presentes, com veias longitudinais e setas, superfície com microtríquias, cílios da franja com soquetes basais (subordem Terebrantia)	2
2(1).	Artículos antenais 3 e 4 com um cone sensorial cada, simples ou bifurcado; ovipositor curvado para cima	3
2'.	Artículos antenais 3 e 4 com sensilas não salientes, planas; ovipositor curvado para cima ou para baixo	4
3(2).	Antenas com artículos 3 e 4 com um cone sensorial cada, 9 artículos	Adiheterothripidae
3'	Antenas com artículos 3 e 4 com um cone sensorial delgado cada, simples ou bifurcado, com 6 a 9 artículos.	Thripidae
4(2').	Artículos 3 e 4 das antenas apresentando fileira apical ou faixa de pequenas sensilas envolvendo o artículo	Heterothripidae
4'.	Artículos antenais 3 e 4 sem uma fileira ou faixa de pequenas sensilas	5
5(4').	Antena com 8 artículos, artículos 3 e 4 com sensilas apicais, semelhantes a um tímpano, razoavelmente grandes; pronoto com uma sutura longitudinal em cada lado; ovipositor reduzido; segmento abdominal 10 com um par de tricobótrios	Merothripidae
5'.	Antena com 9 artículos, artículos 3 e 4 com sensilas ovais, alongadas longitudinalmente ou transversas perto do ápice; pronoto sem suturas laterais longitudinais; ovipositor bem desenvolvido, com dentes; segmento abdominal 10 com ou sem pequenos tricobótrios	6

6(5').	Asas anteriores amplas, pontas arredondadas; sensilas nos artículos antenais 3 e 4 ovais, alongados longitudinalmente, ou lineares e transversos ou oblíquos perto do ápice; tergito abdominal 10 com um par de pequenos tricobótrios; ovipositor curvado para cima	Aeolothripidae
6'.	Asas anteriores pontiagudas apicalmente; sensórios nos artículos antenais 3 e 4 transversais perto do ápice; tergito abdominal 10 sem tricobótrios; ovipositor curvado para baixo	Fauriellidae

Família **Adiheterothripidae:** Vários membros desta família pequena eram classificados anteriormente com os Heterothripidae. As duas espécies da América do Norte são diferenciadas de outras famílias pelos artículos antenais 3 e 4, que possuem um cone sensorial. *Oligothrips oreios* Moulton ocorre em botões de *Arbutus* e de uva-de-urso na Califórnia e no Oregon; *Heratythrips sauli* Mound e Marullo foi descoberta recentemente na Califórnia.

Família **Aeolothripidae:** As asas anteriores deste grupo são relativamente amplas, com duas veias longitudinais estendendo-se a partir da base da asa quase até o topo e com várias veias cruzadas. Os adultos são escuros e muitas vezes as asas possuem faixas transversais ou longitudinais. Existem cerca de 62 espécies nominais na América do Norte. A maioria pertence ao gênero *Aeolothrips*, que inclui várias espécies predadoras. A espécie mais comum deste grupo, *Aeolothrips fasciatus* (L.), mede cerca de 1,6 mm de comprimento, é marrom-escura, com três faixas brancas nas asas anteriores. As larvas são amareladas e na fase posterior adquirem um tom de laranja. Esta espécie ocorre em várias plantas e é comum nas corolas de flores de trifólios. Alimenta-se de outros trips, pulgões, ácaros e outros insetos pequenos. É amplamente distribuída na América do Norte e Europa.

Família **Fauriellidae:** Uma espécie recentemente descrita na Califórnia, *Parrellathrips ullmanae* Mound e Marullo, colhida em *Garrya veatchii* Kellogg (Garryaceae), é a única representante na América do Norte desta pequena família. No total, o grupo consiste apenas de cinco espécies em quatro gêneros. Esta família se diferencia de outras famílias da América do Norte pelas antenas de 9 artículos com numerosas microtríquias na maioria dos artículos, pela sensila transversal perto das extremidades dos artículos 3 e 4, a asa anterior pontiaguda no ápice e o ovipositor curvado para baixo.

Família **Merothripidae:** Os membros deste grupo podem ser reconhecidos pelas sensilas no ápice dos artículos antenais 3 e 4, que são semelhantes a um tímpano e, em geral, relativamente largas, por um par de tricobótrios no segmento abdominal 10, duas suturas longitudinais no pronoto, grandes fêmures anteriores e posteriores e a frequente presença de um processo semelhante a um gancho no ápice interno da tíbia anterior. Uma espécie comum, *Merothrips morgansi* Hood, ocorre no leste dos Estados Unidos sob cascas de árvores, em resíduos e fungos. *Merothrips floridensis* Watson também ocorre em *habitats* semelhantes nos estados do leste e do sul e em outros países.

Família **Heterothripidae:** Esta família é conhecida apenas no hemisfério ocidental e apenas um gênero, *Heterothrips*, ocorre na América do Norte. Os adultos são escuros, o abdômen possui muitas microtríquias nos segmentos abdominais, a asa anterior tem duas fileiras completas de setas venais e as sensilas nos artículos antenais 3 e 4 são pequenas e dispostas em uma fileira ou faixa que envolve o ápice do artículo. Várias espécies de *Heterothrips* ocorrem em árvores (castanheiras, carvalhos e salgueiros) e flores (azaleia, rosa silvestre e nabo selvagem) e em brotos de videiras selvagens.

Família **Thripidae – trips comuns:** Esta família é a maior família de Terebrantia na América do Norte e contém a maioria das espécies de importância econômica. As asas são mais estreitas e mais pontiagudas que nos Aeolothripidae. As antenas possuem de seis a nove artículos, e cada um dos artículos 3 e 4 possui um cone sensorial saliente, simples ou bifurcado. A maioria das espécies é macróptera, mas também pode haver formas ápteras ou braquípteras. A maioria das espécies alimenta-se de plantas. Os membros do gênero *Scolothrips* são predadores e algumas espécies de outros gêneros ocasionalmente são predadoras.

Os trips da pereira, *Taeniothrips inconsequens* (Uzel), atacam brotos, botões, folhas jovens e frutas de pereiras, ameixeiras, cerejeiras e outras plantas. Os adultos são marrons com asas pálidas, medem cerca de 1,2 mm a 1,3 mm de comprimento e possuem uma pequena garra distinta na ponta do tarso anterior. Esta espécie tem uma única geração por ano e passa o inverno nos estágios de pupa e adulto, no solo. Os adultos emergem no início da primavera, alimentam–se e realizam a postura nos pecíolos de folhas e frutas. As formas jovens alimentam-se até junho, quando caem no solo e cavam o solo para empupar.

Esta espécie ocorre nos estados da costa oeste e na Columbia Britânica, nos estados do nordeste e do sul até a Virginia, e nos estados dos Grandes Lagos e províncias.

Thrips calcaratus Uzel é outra espécie de trips invasiva, de coloração marrom, dentes no tarso anterior e ciclo de vida semelhante ao dos trips da pereira. Estes trips danificam a tília americana nativa na área dos Grandes Lagos de Wisconsin e Minnesota e são encontrados ao leste até Vermont.

Os trips do gladíolo (*Gladiolus*), *Taeniothrips simplex* (Morison), são uma praga séria de gladíolos, danificam as suas folhas e reduzem muito o tamanho, o desenvolvimento e a cor das flores. Têm o corpo, as asas anteriores e antenas marrons, com exceção do artículo antenal 3, que é amarelo. Os trips da cebola, *Thrips tabaci* Lindeman, fazem parte de uma espécie amplamente distribuída que ataca cebolas, grãos e muitas outras plantas. São insetos amarelados ou acastanhado-pálidos, com cerca de 1 mm a 1,2 mm de comprimento. Eles são vetores do *Tospovirus*, gênero que causa a doença do vira-cabeça do tomateiro em tomates e outras plantas. *Heliothrips haemorrhoidalis* (Bouché) é uma espécie tropical que ocorre em ambientes externos nas partes mais quentes do mundo e constitui uma praga séria em estufas no norte. Os machos desta espécie são muito raros. Os trips de flores, *Frankliniella tritici* (Fitch), fazem parte de uma espécie comum e polífaga da metade leste dos Estados Unidos e constituem uma praga de árvores frutíferas, flores, grãos e plantações de verduras. São delgados, amarelos com áreas marrons claras nos tergitos abdominais; nas regiões do norte, podem ser marrons. A praga mais grave entre os trips de muitas lavouras é *F. occidentalis* (Pergande), que ocorre em toda a América do Norte, tanto em ambientes externos quanto em estufas. Sob temperaturas mais frias ou em maiores elevações, é predominantemente marrom, mas em temperaturas amenas é amarela com áreas marrons nos tergitos abdominais. Além dos danos causados por sua alimentação, é vetor de vários tospovírus que causam doenças como o vira-cabeça do tomateiro. Durante a primavera na Califórnia, estes trips alimentam-se de ácaros-aranhas em algodoeiros. Os trips do tabaco, *F. fusca* (Hinds), também são polífagos e vetores do vírus do vira-cabeça do tomateiro no amendoim nos estados do sul. São marrons com uma asa anterior marrom-clara e podem ser macrópteros ou braquípteros. Os trips *Scolothrips sexmaculatus* (Pergande) têm pouco menos de um milímetro de comprimento e são amarelos com três manchas pretas em cada asa anterior. São predadores de ácaros fitófagos. Os trips dos cereais, *Limothrips cerealium* (Haliday), são marrom-escuros a pretos, medem cerca de 1,2 mm a 1,4 mm de comprimento, e se alimentam de cereais e gramíneas. Às vezes são abundantes, formam grandes enxames e podem picar as pessoas.

Família **Phlaeothripidae:** Esta é a maior família de Thysanoptera, a maioria das espécies é grande e tem o corpo mais sólido do que o dos trips da subordem Terebrantia. Uma espécie australiana, *Idolothrips marginatus* Haliday, mede cerca de 10 mm a 14 mm de comprimento. Estes trips são na maioria marrom-escuros ou pretos, com frequência possuem asas de cores claras ou pontilhadas. A maioria deles alimenta-se de micélios e esporos de fungos e do produto da decomposição por ação fúngica. Alguns são predadores, alimentando-se de pequenos insetos e ácaros. Uns poucos são fitófagos e alguns destes podem ter importância econômica. Os trips do bulbo do lírio, *Liothrips vaneeckei* Priesner, são uma espécie de cor escura com cerca de 2 mm de comprimento, que se alimentam de lírios e prejudicam seus bulbos. Os trips do loureiro, *Gynaikothrips ficorum* (Marchal), alimentam-se das folhas de *Ficus*, uma planta tropical que cresce em ambientes externos e internos. A alimentação de colônias em desenvolvimento causa o encrespamento das folhas. *Haplothrips leucanthemi* (Schrank) são trips pretos, comuns em margaridas e flores de trevos-dos-prados. Os trips do verbasco, *H. verbesci* (Osborn), são encontrados no verbasco europeu. *Haplothrips kurdjumovi* Karny captura ovos de ácaros e mariposas e é encontrado nos estados do leste e do norte e no Canadá. Os trips pretos, *Leptothrips mali* (Fitch), são uma espécie predadora razoavelmente comum. *Aleurodothrips fasciapennis* (Morgan), que é comum na Flórida, é predador de moscas-brancas.

COLETA E PRESERVAÇÃO DE THYSANOPTERA

Os trips podem ser encontrados em flores, folhagens, frutas, cascas de árvores, fungos e detritos. As espécies que ocorrem na vegetação são coletadas mais facilmente por varredura. Estas podem ser removidas da rede após o atordoamento de todo o conteúdo, selecionando-se os trips mais tarde, ou o conteúdo líquido da rede pode ser sacudido em um papel e os trips capturados com um aspirador ou com um pincel de pelo de camelo umedecido. Espécies escuras são mais bem visualizadas sobre um papel claro e as espécies claras em um papel escuro. Se os dados do hospedeiro forem desejáveis, colete os espécimes diretamente na planta hospedeira. O melhor modo para capturar as espécies que frequentam flores é colher as flores em um saco de papel e examiná-las mais tarde no laboratório. As espécies que ocorrem em detritos e situações semelhantes são colhidas por meio de um funil de Berlese (Figura 35-5) ou peneirando-se o material em que ocorrem. Um pano de batimento ou equivalente é muito eficaz para espécies em todos os micro-*habitats*.

Os trips devem ser preservados em líquido e montados em lâminas microscópicas para estudo detalhado. Podem ser montados em triângulos, porém esse tipo de montagem não é o ideal. A melhor solução para o extermínio é o AGA, que contém 8 partes de álcool 95%, 5 partes de água destilada, uma parte de glicerina e uma parte de ácido acético glacial. Após algumas semanas, transfira os espécimes desta solução para etanol 60% para preservação permanente (Mound e Pitkin 1972). Se não houver AGA disponível, pode-se utilizar etanol 60%. Evite concentrações significativamente maiores, porque endurecem o corpo e os anexos, criando problemas para a limpeza dos espécimes e esticando os anexos.

Referências

Bailey, S. F. "The distribution of injurious thrips in the United States", *J. Econ. Entomol.* 33, 1, p. 133–136, 1940.

Bailey, S. F. "The genus *Aeolothrips* Haliday in North America", *Hilgardia*, 21, 2, p. 43–80, 1951.

Bailey, S. F. "The thrips of California. Parte 1: Suborder Terebrantia", *Bull. Calif. Insect Surv.*, 4, 5, p. 143–220, 1957.

Bailey, S. F.; H. E. Cott. "A review of the genus *Heterothrips* Hood (Thysanoptera: Heterothripidae) in North America, with descriptions of two new species", *Ann. Entomol. Soc. Amer.*, 47, p. 614–635, 1954.

Cott, H. E. *Systematics of the suborder Tubulifera (Thysanoptera) in California.* Berkeley: University of California Press, 1956. 216 p.

Heming, B. S. Order Thysanoptera. In: F. W. Stehr. (Ed.) *Immature insects.* v. 2. Dubuque: Kendall/Hunt. 1991, p. 1–21.

Heming, B. S. Structure, function, ontogeny, and evolution of feeding in thrips (Thysanoptera). In: F. C. W. Schaefer; R. A. B. Leschen. (Ed.) *Functional morphology of insect feeding.* Lanham: Entomological Society of America, 1993. 162 p. Thomas Say Publications in Entomology, Proceedings.

Huntsinger, D. M.; R. L. Post; E. U. Balsbaugh, Jr. *North Dakota Terebrantia (Thysanoptera).* Fargo: Entomology Department, North Dakota State University, 1982. 102 p. North Dakota Insects Schafer-Post Series, n. 14.

Kirk, W. D. J. Feeding. In: T. Lewis. (Ed.) *Thrips as crop pests.* Nova York: CAB International, 1997. 740 p.

Lewis, T. *Thrips:* their biology, ecology and economic importance. Nova York: Academic Press, 1973. 350 p.

Mound, L. A.; B. S. Heming; J. M. Palmer. "Phylogenetic relationships between the families of recent Thysanoptera", *Zool. J. Linn. Soc. London,* 69, p. 111–141, 1980.

Mound, L. A.; R. Marullo. "The thrips of Central and South America: an introduction (Insecta: Thysanoptera)", *Mem. Entomol. Internat.,* 6, p. 1–487, 1996.

Mound, L. A.; R. Marullo. "Two new basal-clade Thysanoptera from California with Old World affinities", *J. New York Entomol. Soc.,* 106, p. 81–94, 1998.

Mound, L. A.; K. O'Neill. "Taxonomy of the Merothripidae, with ecological and phylogenetic considerations (Thysanoptera)", *J. Nat. Hist.,* 8, p. 481–509, 1974.

Mound, L. A.; B. R. Pitkin. "Microscopic wholemounts of thrips (Thysanoptera)", *Entomol. Gaz.,* 23, p. 121–125, 1972.

Nakahara, S. "The genus *Thrips* Linnaeus (Thysanoptera: Thripidae) of the New World", *USDA Tech. Bull.,* 1822, p. 1–183, 1994.

Nakahara, S. "Review of the Nearctic species of *Anaphothrips* (Thysanoptera: Thripidae)", *Insecta Mundi,* 9, p. 221–248, 1995.

Nakahara, S. "*Ewartithrips,* new genus (Thysanoptera: Thripidae) and four new species from California", *J. New York Entomol. Soc.,* 103, p. 229–250, 1995.

O'Neill, K.; R. S. Bigelow. "The *Taeniothrips* of Canada", *Can. Entomol.,* 96, p. 1219–1239, 1964.

Pesson, P. "Ordre des Thysanoptera Haliday, 1836 (= Physapoda Burm., 1838) ou thrips", *Traité de Zoologie,* 10, p. 1805–1869, 1951.

Peterson, A. "Morphological studies on the head and mouthparts of the Thysanoptera", *Ann. Entomol. Soc. Amer.,* 8, p. 20–67, 1915.

Sakimura, K.; K. O'Neill. "*Frankliniella,* redefinition of genus and revision of *minuta* group species (Thysanoptera: Thripidae)", *USDA Tech. Bull.,* 1572, 49 p., 1979.

Stannard, L. J. "The phylogeny and classification of the North American genera of the suborder Tubulifera (Thysanoptera)", *Ill. Biol. Monogr.,* n. 25, 200 p., 1957.

Stannard, L. J. "The thrips, or Thysanoptera, of Illinois", *Bull. Ill. Nat. Hist. Surv.,* 29, p. 215–552, 1968.

Thomasson, G. I.; R. L. Post. *North Dakota Tubulifera (Thysanoptera)*. Fargo: Department of Entomology, Agricultural Experiment Station, North Dakota State University, 1966. 58 p. North Dakota Insects Publ. n. 6.

Vance, T. C. "Larvae of Sericothripini (Thysanoptera: Thripidae), with reference to other larvae of the Terebrantia of Illinois", *Bull. Ill. Nat. Hist. Surv.*, 31, p. 143–208, 1974.

Wilson, T. H. "A monograph of the subfamily Panchaetothripinae (Thysanoptera: Thripidae)", *Mem. Amer. Entomol. Inst.*, 23, p. 1–354, 1975.

CAPÍTULO 24

ORDEM PSOCOPTERA[1,2]
PSOCÍDEOS

Os psocídeos são insetos pequenos, de corpo mole, a maioria medindo menos de 6 mm de comprimento. As asas podem estar presentes ou ausentes e algumas espécies apresentam tanto indivíduos de asas longas quanto curtas. As formas aladas possuem quatro asas membranosas (raramente duas, com as asas posteriores vestigiais). As asas anteriores são um pouco maiores que as posteriores e as asas em repouso geralmente são mantidas como um telhado sobre o abdômen. Em geral, as antenas são razoavelmente longas, os tarsos têm dois ou três artículos e os cercos estão ausentes. Os psocídeos possuem peças bucais mandibuladas e o clípeo é grande e razoavelmente dilatado. A metamorfose é simples).

São conhecidos cerca de 85 gêneros e 340 espécies de psocídeos nos Estados Unidos e Canadá, mas apenas algumas espécies são comuns e vivem nas casas ou em outras edificações. A maioria das espécies encontradas nas casas não é alada e vive entre livros ou papéis, sendo em geral chamadas de *piolhos-dos-livros*. A maioria dos psocídeos consiste de espécies de ambientes externos com asas bem desenvolvidas, vivem nas cascas ou folhagens de árvores e arbustos, sob cascas de árvores ou pedras ou em folhiço. Estes psocídeos algumas vezes são chamados de *piolhos-de-casca*.

Alguns psocídeos se alimentam de algas e líquen, outros consomem fungos, cereais, pólen, fragmentos de insetos mortos e materiais semelhantes. O termo "piolho" nos nomes "piolho-dos-livros" e "piolho-de-casca" é enganoso porque nenhum destes insetos é parasita, embora alguns sejam foréticos em aves e mamíferos. Poucos têm a aparência de um piolho. As espécies que vivem em edificações raramente causam muitos danos, mas costumam ser incômodas.

Os ovos dos psocídeos são depositados de maneira isolada ou em grupos e algumas vezes são cobertos com seda ou resíduos. A maioria das espécies passa por seis instares ninfais. Algumas espécies são gregárias, vivendo sob finas redes de seda. Uma espécie do sul dos Estados Unidos, *Archipsocus nomas* Gurney, geralmente cria teias de razoável destaque em troncos e ramos de árvores.

Foi constatado que alguns psocídeos (espécies de *Liposcelis* e *Rhyopsocus*) são capazes de atuar como hospedeiros intermediários do cestódeo ovino *Thysanosoma ostinioides* Diesing.

CLASSIFICAÇÃO DOS PSOCOPTERA

Várias classificações diferentes foram utilizadas para Psocoptera e estas diferem nos principais critérios usados para dividir a ordem no número de famílias reconhecidas e na posição de alguns gêneros. As principais classificações são as de Pearman (1936), Roesler (1944),

---

[1] Psocoptera: *psoco*: pequeno atrito; *ptera*, asas (referindo-se ao hábito de mastigar destes insetos).
[2] Este capítulo foi editado por Edward L. Mockford.

Badonnel (1951) e Smithers (1972). Seguimos aqui a organização de Badonnel, com pequenas modificações.

Uma sinopse dos Psocoptera dos Estados Unidos e do Canadá é fornecida a seguir, com os nomes e classificações alternativas entre parênteses. Os grupos marcados com um asterisco (*) são encontrados raramente.

Subordem Trogiomorpha
    Lepidopsocidae
    Trogiidae (Atropidae)
    Psoquillidae (Trogiidae em parte)
    Psyllipsocidae (Psocatropidae)
    Prionoglarididae (Psyllipsocidae em parte)*
Subordem Troctomorpha
    Liposcelididae
    Pachytroctidae
    Sphaeropsocidae (Pachytroctidae em parte)*
    Amphientomidae
Subordem Psocomorpha (Eupsocida)
    Epipsocidae
    Ptiloneuridae (Epipsocidae em parte)*
    Caeciliusidae (Caeciliidae, Polypsocidae)
    Stenopsocidae (Caeciliusidae)
    Amphipsocidae (Stenopsocidae, Polypsocidae)
    Dasydemellidae (Amphipsocidae)
    Asiopsocidae (Caeciliusidae)*
    Elipsocidae (Pseudocaeciliidae em parte)
    Philotarsidae (Pseudocaeciliidae em parte)
    Mesopsocidae (Pseudocaeciliidae em parte)
    Lachesillidae (Pseudocaeciliidae em parte)
    Peripsocidae (Pseudocaeciliidae em parte)
    Ectopsocidae (Pseudocaeciliidae em parte, Peripsocidae em parte)
    Pseudocaeciliidae
    Trichopsocidae (Pseudocaeciliidae em parte)
    Archipsocidae (Pseudocaeciliidae em parte)
    Hemipsocidae (Pseudocaeciliidae em parte) *
    Myopsocidae
    Psocidae

Chave para as famílias de Psocoptera

As famílias marcadas com um asterisco (*) são pequenas e têm pouca probabilidade de ser encontradas pelos coletores. Esta chave é apropriada para identificação dos adultos (para uma chave de ninfas, consulte Mockford 1987). Todas as ninfas de psocídeos possuem tarsos com dois artículos, brotos alares ausentes ou brotos alares robustos e genitália externa ausente (Figura 24-1F). É necessário fazer preparações em lâmina, pelo menos temporárias, para algumas partes desta chave; ver a seção Coleção e preservação de Psocoptera, no final deste capítulo.

1.	Antenas com mais de 20 artículos; nunca anulares secundariamente; tarsos com 3 artículos (subordem Trogiomorpha)	2
1'.	Antenas com 17 artículos ou menos; se houver mais de 13 artículos presentes, alguns ou todos os artículos flagelares serão secundariamente anulares (Figura 24-2A); tarsos com 2 ou 3 artículos	6
2 (1).	Fêmea com válvulas ovipositoras de lados opostos, podem estar separadas por um espaço, em contato com os ápices ou próximas (Figura 24-1A); placa subgenital não muito reduzida (Figura 24-1A); nas formas com asas longas, veias Cu_2 e 1A da asa anterior terminando juntas ou muito próximas na margem da asa (Figura 24-3B); asas posteriores com uma célula fechada; asas não são revestidas por escamas ou pelos densos; venação persistente nas formas de asas curtas	3

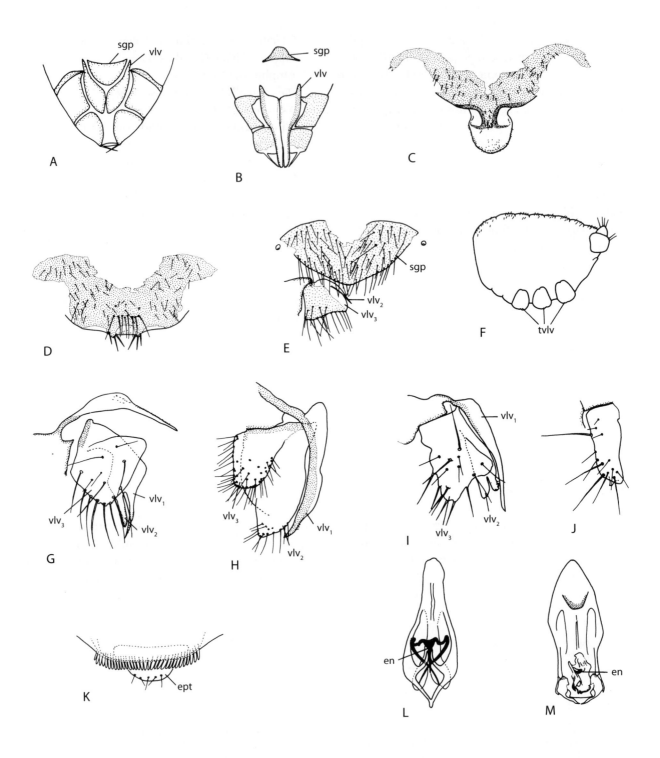

Figura 24-1 Estruturas abdominais de Psocoptera. A, *Psyllipsocus*, fêmea (Psyllipsocidae), segmentos abdominais terminais, vista ventral; B, *Echmepteryx*, fêmea (Lepidopsocidae), segmentos abdominais terminais, vista ventral; C, placa subgenital da fêmea de *Mesopsocus* (Mesopsocidae); D, placa subgenital da fêmea de *Elipsocus* (Elipsocidae); E, placa subgenital e válvulas de oviposição esquerdas de *Archipsocus* (Archipsocidae); F, vista lateral do abdômen de ninfa de Amphipsocidae; G, válvulas de oviposição de *Trichopsocus* (Trichopsocidae); H, válvulas de oviposição de *Peripsocus* (Peripsocidae); I, válvulas de oviposição de *Nepiomorpha* (Elipsocidae); J, válvulas de oviposição esquerdas de *Lachesilla* (Lachesillidae); K, pente do décimo tergo abdominal do macho de *Ectopsocus* (Ectopsocidae); L, falossoma de macho de *Peripsocus* (Peripsocidae); M, falossoma de macho de *Ectopsocus* (Ectopsocidae). *en*, endofalo; *ept*, epiprocto; *sgp*, placa subgenital; *tv*, vesícula transversal; vlv_{1-3}, válvulas de oviposição 1-3.

ORDEM PSOCOPTERA **333**

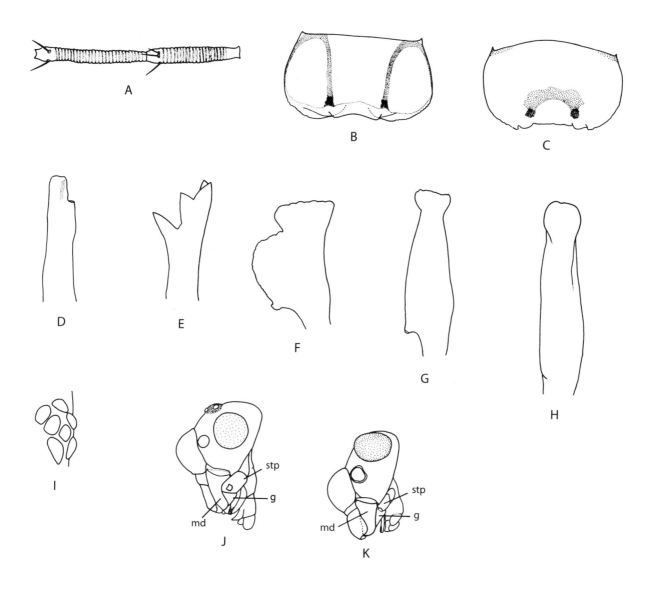

Figura 24-2 Estruturas cefálicas de Psocoptera. A, artículos flagelares 1 e 2 de *Liposcelis* (Liposcelididae); B, labro de *Loneura* (Ptiloneuridae); C, labro de *Indiopsocus* (Psocidae); D, extremidade distal da lacínia de *Speleketor* (Prionoglarididae); E, extremidade distal da lacínia de *Psyllipsocus* (Psyllipsocidae); F, extremidade distal da lacínia de *Asiopsocus* (Asiopsocidae); G, extremidade distal da lacínia de *Teliapsocus* (Dasydemellidae); H, extremidade distal da lacínia de *Valenzuela* (Caeciliusidae); I, ocelos de *Liposcelis* (Liposcelididae); J, vista lateral da cabeça de *Teliapsocus*; K, vista lateral da cabeça de *Mesopsocus* (Mesopsocidae). *g*, gálea; *md*, mandíbula; *stp*, estipe.

2'. Fêmea com válvulas de oviposição dos lados opostos tocando-se ao longo da linha mediaventral (Figura 24-1B); placa subgenital muito reduzida; em formas com asas longas, veias Cu_2 e 1A da asa anterior terminando de maneira separada na margem da asa (Figura 24-3C); asa posterior sem células fechadas ou, se houver uma célula fechada, pelo menos a asa anterior será densamente revestida por escamas ou pelos (Figura 24-3D); asas reduzidas em algumas formas (venação ausente em algumas destas) 4

334 ESTUDO DOS INSETOS

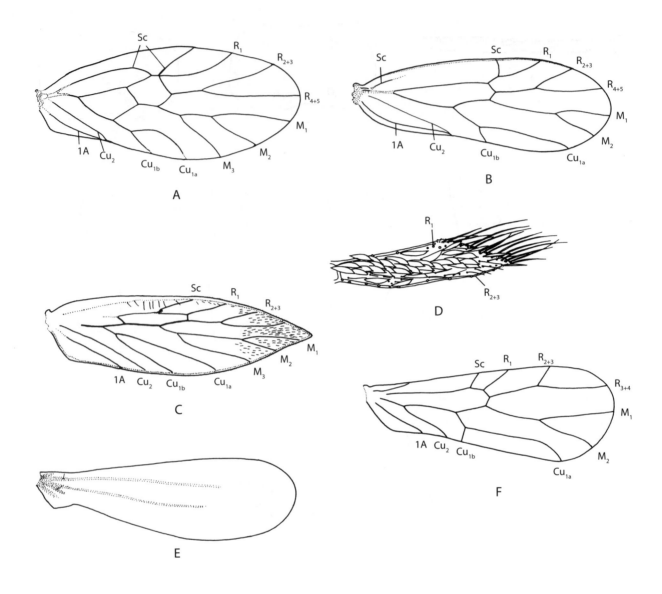

Figura 24-3 Asas anteriores de Trogiomorpha e Troctomorpha. A, *Speleketor* (Prionoglarididae); B, *Psyllipsocus* (Psyllipsocidae); C, *Echmepteryx*, escamas e pelos marginais removidos (Lepidopsocidae); D, *Echmepteryx*, célula R_1, aumentada, escamas e pelos marginais intactos; E, *Embidopsocus* (Liposcelididae); F, *Nanopsocus* (Pachytroctidae).

3 (2).	Sc da asa anterior curvada e unindo-se outra vez a R1 distalmente (Figura 24-3A); lacínia totalmente ausente ou pelo menos sem pontas terminais (Figura 24-2D)	Prionoglarididae*
3'.	Segmento de Sc na asa anterior ausente a partir de um ponto perto da base da asa até a base do pteroestigma (Figura 24-3B); lacínia presente em adultos e com pontas terminais (Figura 24-2E)	Psyllipsocidae
4 (2')	Corpo e asas frontais densamente revestidos por escamas ou pelos longos ou ambos (Figura 24-3D); asas anteriores em geral bem desenvolvidas, pontiagudas apicalmente (Figura 24-3C), não são reduzidas a brotos alares que se estendem por menos de um quarto do comprimento do abdômen	Lepidopsocidae

4'.	Corpo e asas sem escamas; asas anteriores com desenvolvimento variável, com desenvolvimento total a quase ausentes	5
5 (4').	Asas anteriores bem desenvolvidas ou reduzidas, mas sempre com veias (Figura 24-4C); asas posteriores desenvolvidas ou ausentes	Psoquillidae
5'.	Asas anteriores reduzidas a pequenas escamas ou botões (Figura 24-4B), nunca com veias	Trogiidae
6 (1')	Antenas com 11 a 17 artículos, com anulações secundárias (Figura 24-2A) (subordem Troctomorpha)	7
6'.	Antenas com 13 artículos, sem anulações secundárias (subordem Psocomorpha)	10

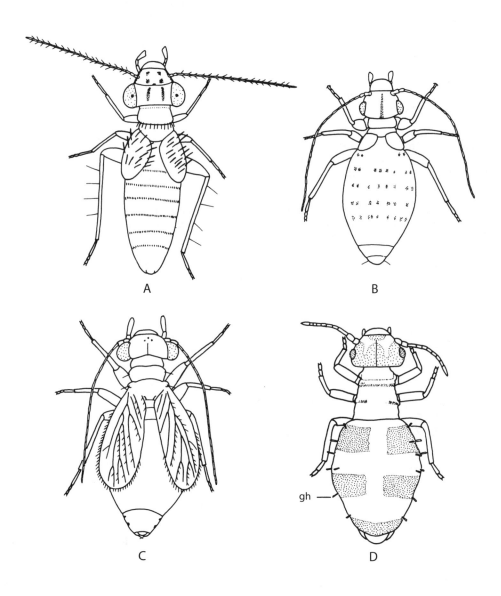

Figura 24-4 Psocoptera de asa curta. A, *Neolepolepis occidentalis* (Mockford) (Lepidopsocidae); B, *Trogium pulsatorium* (L.) (Trogiidae); C, *Rhyopsocus bentonae* Sommerman (Psoquillidae); D, *Nepiomorpha perpsocoides* Mockford (Elipsocidae). *gh*, pelo glandular.

7 (6).	Asas, quando presentes, sem escamas; mantidas planas sobre o corpo quando em repouso, com a asa anterior de um lado cobrindo grande parte da asa do outro lado, ou asas anteriores em élitro; geralmente, asas reduzidas ou ausentes	8
7'.	Asas sempre presentes, não são mantidas planas sobre o corpo em repouso; asas anteriores revestidas com escamas, nunca em élitro	Amphientomidae
8 (7).	Asas anteriores, quando presentes, com venação completa (Figura 24-3F); mesotórax e metatórax separados de maneira distinta nas formas aladas e não aladas	Pachytroctidae
8'.	Asas anteriores, quando presentes, com venação muito reduzida (Figura 24-3E); em todas as formas ápteras, mesotórax e metatórax fundidos de maneira indistinguível	9
9(8')	Nas formas aladas, tanto asas anteriores quanto posteriores presentes, planas e delicadas; olhos próximos ao vértice, hemisféricos, compostos; nas formas ápteras, olhos removidos do vértice, cada um composto em 2 grandes ocelos ou precedidos por 8, ou menos, ocelos menores (Figura 24-2I); esternos torácicos amplos e com cerdas (Figura 24-5A)	Liposcelididae
9'.	Nas formas aladas, asas anteriores, convexas, em élitro; em todas as formas, olhos removidos do vértice, compostos por poucos ocelos, nenhum muito aumentado; esternos torácicos estreitos, sem cerdas	Sphaeropsocidae*
10(6').	Cabeça longa dorsoventralmente; labro com 2 cristas oblíquas, tão fortemente esclerotizadas internamente que são visíveis externamente (Figura 24-2B); em geral, as asas são muito reduzidas; forma de asas longas com Rs e M da asa anterior separadas, conectadas por uma veia cruzada distinta (Figura 24-6A,B)	11
10'.	Cabeça curta, larga; labro internamente em um dos lados com apenas um pequeno tubérculo esclerotizado, os dois, às vezes, conectados por um arco esclerotizado; abaixo do arco ou entre o par de tubérculos está situada uma área evidente semicircular que limita a margem anterior (Figura 24-2C); as formas de asas longas com Rs e M da asa anterior variáveis, unidas por uma curta distância, ou em um ponto, ou por veia cruzada	12

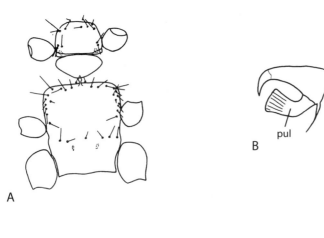
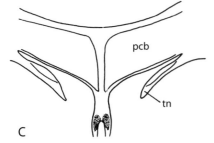
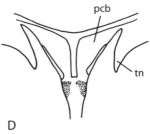

Figura 24-5 Estruturas torácicas de Psocoptera. A, esternos torácicos e bases das pernas *Embidopsocus* (Liposcelididae); B, garra tarsal de *Teliapsocus* (Amphipsocidae); C, mesosterno de *Mesopsocus* (Mesopsocidae); D, mesosterno de *Trichadenotecnum* (Psocidae). *pul*, pulvilo; *pcb*, ponte pré-coxal; *tn*, trocantim.

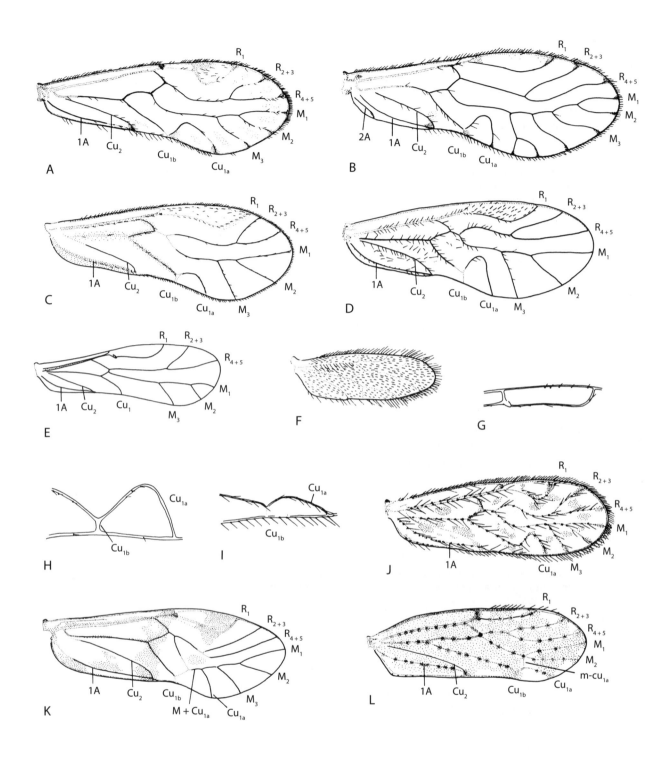

Figura 24-6 Asas anteriores, de Psocomorpha. A, *Epipsocus* (Epipsocidae); B, *Loneura* (Ptiloneuridae); C, *Valenzuela* (Caeciliusidae); D, *Teliapsocus* (Dasydemellidae); E, *Palmicola*, macho (Elipsocidae); F, *Archipsocus*, fêmea (Archipsocidae); G, pteroestigma de *Ectopsocus* (Ectopsocidae); H, célula Cu_{1a} de *Lachesilla* (Lachesillidae); I, célula Cu_{1a} de *Trichopsocus* (Trichopsocidae); J, *Aaroniella* (Philotarsidae); K, *Indiopsocus* (Psocidae); L, *Hemipsocus* (Hemipsocidae).

11 (10).	Asa anterior com 1 veia anal (Figura 24-6A) ou asas muito reduzidas; tarsos com 2 artículos	Epipsocidae
11'.	Asas anteriores jamais reduzidas, com 2 veias anais (Figura 24-6B); tarsos com 3 artículos	Ptiloneuridae *
12 (10').	Mandíbulas pelo menos um pouco alongadas, em geral côncavas na parte posterior (Figura 24-2J), a concavidade é preenchida por estipe e gálea salientes; labro amplo; dentículo pré-apical ausente nas garras tarsais (Figura 24-5B)	13
12'.	Mandíbulas curtas, não necessariamente côncavas na parte posterior (Figura 24-2K), estipe e gálea relativamente planos; labro arredondado, aderindo próximo ao contorno das mandíbulas; dentículo pré-apical presente ou ausente nas garras tarsais	17
13 (12).	Abdômen com 2 ou 3 vesículas transversas ventralmente com capacidade de serem infladas (Figura 24-1F); ponta da lacínia variável, mas não muito ampla (Figura 24-2G,H)	14
13'.	Abdômen sem vesículas transversas ventralmente, ponta da lacínia muito ampla (Figura 24-2F) (*Asiopsocus*)	Asiopsocidae*
14 (13).	Cerdas das veias alares anteriores relativamente curtas, inclinadas distalmente, na maior parte em fila única (Figura 24-6C); veia cruzada pteroestigma-rs presente, ou não, na asa frontal	15
14'.	Cerdas das veias alares frontais relativamente longas, verticais, maioria em mais de uma fila (Figura 24-6D), veia cruzada pteroestigma-rs ausente	16
15 (14).	Veia cruzada pteroestigma-rs e veia cruzada m-cu$_{1a}$ presentes na asa anterior; asa posterior com cerdas marginais restritas à célula R3	Stenopsocidae
15'.	Veias cruzadas pteroestigma-rs e m-cu$_{1a}$ ausentes; asa posterior com cerdas marginais ao redor da maior parte da asa	Caeciliusidae
16 (14').	Cílios da margem da asa posterior restritos à célula R3, escassos; M na asa anterior com 3 ramos	Dasydemellidae
16'.	Cílios contínuos ao redor da maior parte da margem da asa posterior; M na asa anterior com 2 ramos (*Polypsocus*)	Amphipsocidae
17 (12').	Asas totalmente desenvolvidas ou com discreta redução	18
17'.	Asas muito reduzidas; características de venação não utilizadas	32
18 (17).	Pontes pré-coxais mesotorácicas estreitas no ponto de junção com trocantim (Figura 24-5D), trocantim amplo basalmente, afunilando distalmente	19
18'.	Pontes pré-coxais mesotorácicas largas no ponto de junção com trocantim (Figura 24-5C), trocantim estreito em toda a extensão	21
19 (18).	Tarsos com 2 artículos	20
19'.	Tarsos com 3 artículos	Myopsocidae
20(19).	Cu$_{1a}$ da asa anterior unido diretamente a M; M na asa anterior com 3 ramos (Figura 24-6K)	Psocidae
20'.	Cu$_{1a}$ na asa anterior unido a M por uma veia cruzada; M na asa anterior com 2-ramos (Figura 24-6L)	Hemipsocidae*
21 (18').	Margem da asa anterior com "pelos cruzados" entre as veias R$_{4+5}$ e Cu$_{1a}$ (Figura 24-6J)	22
21'.	Margem da asa anterior sem "pelos cruzados"	24
22 (21).	Tarsos com 3 artículos	Philotarsidae
22'.	Tarsos com 2 artículos	23
23 (22').	Superfície da asa anterior densamente pilosa, venação da asa anterior obscura (Figura 24-6F); formas vivendo em colônias sob teias densas	Archipsocidae
23'.	Superfície da asa anterior com pelos largamente confinados a veias e margem; venação das duas asas distinta; formas solitárias vivendo livremente ou em poucas teias	Pseudocaeciliidae

24 (21').	Tarsos com 3 artículos	25
24'.	Tarsos com 2 artículos	26
25 (24).	Asas nuas; placa subgenital com um único lobo central, direcionado posteriormente (Figura 24-1C)	Mesopsocidae
25'.	Asas com pelos evidentes nas veias e margens; placa subgenital sem o lobo central, direcionado posteriormente, em geral com 2 lobos (Figura 24-1D)	Elipsocidae
26 (24').	Veia Cu_1 na asa anterior ramificada (Cu_{1a} presente)	27
26'.	Veia Cu_1 na asa anterior simples (Cu_{1a} ausente)	29
27 (26).	Alça cubital na asa anterior baixa (Figura 24-6I); numerosas cerdas nas veias e margens das asas; fêmeas com 3 pares completos de válvulas de oviposição (Figura 24-1G)	28
27'.	Alça cubital na asa anterior mais alta (Figura 24-6H) ou unida a M; cerdas escassas ou ausentes nas veias e margens das asas; válvulas de oviposição reduzidas a uma única válvula de cada lado (Figura 24-1J)	Lachesillidae
28 (27).	Formas pálidas e delicadas encontradas na folhagem	Trichopsocidae
28'.	Formas de corpo mais escuro encontradas em troncos de árvore e afloramentos rochosos (machos de *Reuterella*)	Elipsocidae
29(26').	Pteroestigma contraído basalmente (como na Figura 24-6A-E,J,K); se M da asa anterior tiver 3 ramos, cerdas escassas ou ausentes nas veias e margem da asa; se M da asa anterior tiver 2 ramos, cerdas abundantes nas veias e na margem da asa	30
29'.	Pteroestigma não contraído basalmente (Figura 24-7G); M da asa anterior com 3 ramos	Ectopsocidae
30 (29).	M na asa frontal com 2 ramos; cerdas abundantes nas veias e na margem da asa anterior (*Notiopsocus*)	Asiopsocidae*
30'.	M na asa anterior com 3 ramos; cerdas escassas ou ausentes nas veias e na margem da asa anterior	31
31 (30').	Formas de vida livre (fêmeas) e corpo com numerosos "pelos glandulares", ou seja, os pelos mais largos apicalmente; formas solitárias (machos) vivendo sob teias densas; terceira válvula de oviposição grande, cobrindo a maior parte da segunda em posição normal (Figura 24-1I) (*Nepiomorpha* e *Palmicola*)	Elipsocidae
31'.	Corpo sem "pelos glandulares," formas não vivem sob teias; terceira válvula de oviposição muito menor que a segunda (Figura 24-1H)	Peripsocidae
32 (17').	Tarsos com 3 artículos; apenas fêmeas, todas com uma única projeção posterior central na placa subgenital (Figura 24-1C); formas grandes e robustas com asas reduzidas a pequenos botões, cerca de 4 mm a 5 mm de comprimento	Mesopsocidae
32'.	Tarsos com 2 artículos; formas menores, incluindo machos	33
33 (32').	Machos e fêmeas apresentam uma marca branca, cruzada, evidente dorsalmente no abdômen (Figura 24-4D), e corpo com numerosos pelos glandulares (Figura 24-4D, ver passo 29) (*Nepiomorpha*)	Elipsocidae
33'.	Corpo não marcado como na descrição anterior; pelos glandulares, se presentes, de distribuição muito restrita	34
34 (33').	Fêmeas com 2 pares de válvulas ovipositoras (Figura 24-1E) ou nenhuma; placa subgenital arredondada de modo uniforme na margem posterior (Figura 24-1E); machos sem pente transversal na margem posterior do tergo abdominal 10; formas subtropicais e tropicais vivendo sob teias densas	Archipsocidae
34'.	Fêmeas com 1 ou 3 pares de válvulas ovipositoras; margem posterior da placa subgenital com desenvolvimento variável; machos com pente transversal na margem posterior do tergo abdominal 10; formas de vida livre, vivendo em pequenos grupos sob poucas redes ou mesmo formas que vivem solitárias sob teias densas	35

35 (34').	Fêmeas, com 1 ou 3 pares de válvulas de oviposição	36
35'.	Machos com falossoma (Figura 24-1L,M) visível pela cutícula do nono esterno abdominal	40
36 (35).	Ovipositor reduzido a uma única válvula com a forma de um polegar de cada lado (Figura 24-1J)	Lachesillidae
36'.	Ovipositor com 3 pares de válvulas	37
37 (36').	Formas relativamente grandes, mais de 3 mm de comprimento; terceira válvula de oviposição sem redução extrema; placa subgenital com um único lobo central (*Camelopsocus* e *Blaste*)	Psocidae
37'.	Formas menores, menos de 3 mm de comprimento; terceira válvula de oviposição algumas vezes reduzida (Figura 24-1H); placa subgenital com desenvolvimento variável	38
38 (37').	Aletas frontais relativamente grandes, pelo menos um terço do comprimento do abdômen; terceira válvula de oviposição reduzida (Figura 24-1H)	Peripsocidae
38'.	Aletas frontais muito menores ou ausentes; terceira válvula de oviposição não reduzida	39
39 (38').	Aletas definidas, de nítida saliência na superfície torácica; vértice da cabeça com algumas cerdas evidentes mais longas que o pedicelo antenal	Ectopsocidae
39'.	Aletas reduzidas a discretos entumescimentos na superfície torácica; vértice da cabeça com cerdas muito curtas, nenhuma tão longa quanto o pedicelo antenal; formas vivendo solitárias sob teias densas	Elipsocidae
40 (35').	Vértice com cerdas distintas; falossoma com endofalo assimétrico (Figura 24-1M)	Ectopsocidae
40'.	Vértice apenas com cerdas minúsculas ou nenhuma; falossoma com endofalo simétrico (Figura 24-1L)	Peripsocidae

Subordem Trogiomorpha

Os membros da subordem Trogiomorpha possuem mais de 20 artículos antenais, palpos labiais com dois artículos e tarsos com três. Os artículos flagelares da antena nunca são secundariamente anelares, embora algumas vezes anéis de microtríquias semelhantes a anelações estejam presentes.

Família **Lepidopsocidae:** Estes psocídeos vivem em árvores, arbustos e afloramentos rochosos. As asas são delgadas, em geral pontiagudas apicalmente e tanto as asas quanto o corpo são cobertos por escamas. O grupo é de origem tropical, com 15 espécies nos Estados Unidos. *Echmepteryx hageni* (Packard) é comum em árvores e afloramentos rochosos em todos os estados do leste.

Família **Trogiidae:** A maioria dos membros desta família tem asas reduzidas, mas nenhum é completamente não alado. Espécies de *Cerobasis* são comuns em arbustos e árvores do sudoeste. Algumas espécies vivem em edificações: *Lepinotus inquilinus* Heyden é encontrado, geralmente, em silos e *Trogium pulsatorium* (L.) vive em casas, celeiros e silos no nordeste dos Estados Unidos. As fêmeas de alguns trogiídeos produzem som batendo o abdômen no substrato.

Família **Psoquillidae:** Os membros desta família podem ser completamente alados ou apresentar asas em vários estágios de redução, mas sempre com venação distinta. *Psoquilla marginepunctata* Hagen vive em casas no sudeste americano. Espécies de *Rhyopsocus* vivem em folhas mortas, penduradas em plantas e em detritos do solo nos estados do sul dos EUA.

Família **Psyllipsocidae:** Os psilipsocídeos têm cores pálidas e vivem em várias condições. *Psyllipsocus ramburii* Selys-Longchamps vive em lugares úmidos e escuros, como porões e cavernas. É comum ao redor das aberturas de barris de vinho e vinagre. *Psyllipsocus oculatus* Gurney vive em folhas secas de iúca em áreas áridas do sudoeste dos Estados Unidos. Na maioria das espécies, ocorrem tanto indivíduos de asas longas quanto de asas curtas.

Família **Prionoglarididae:** Esta família é representada nos Estados Unidos pelo gênero *Speleketor*, que apresenta formas de tamanho médio, relativamente pálidas, com asas amplas e não marcadas. Vivem em cavernas e nas beiras da palmeira nativa *Washingtonia filifera*, no sudoeste norte-americano.

SUBORDEM **Troctomorpha:** Os membros desta subordem possuem mais de 13 mas menos de 20 artículos antenais, com os artículos flagelares secundariamente anelados (Figura 24-2A). Os palpos labiais possuem dois artículos e os tarsos, três.

Família **Liposcelididae:** A maioria das espécies deste grupo vive sob cascas de árvores, folhas e gramíneas mortas e em ninhos de pássaros e mamíferos.

São completamente alados e mantêm as asas planas sobre o corpo em repouso, ou completamente não alados. Várias espécies de *Liposcelis* costumam viver em edificações. São encontrados em locais empoeirados, onde a temperatura e umidade são elevadas, em estantes, fendas no parapeito de janelas, atrás de papel de parede solto e condições semelhantes. São psocídeos não alados com cerca de 1 mm de comprimento, com fêmures posteriores aumentados. *Liposcelis bostrychophila* Badonnel tornou-se uma praga de relativa importância em casas e depósitos na Europa, Austrália e alguns locais da América do Norte.

Família **Pachytroctidae:** Apenas seis espécies desta família ocorrem nos Estados Unidos. *Nanopsocus oceanicus* Pearman vive em casas do sudeste. Esta e várias espécies de *Tapinella* vivem em folhas de palmeiras nativas nos estados do Golfo do México.

Família **Sphaeropsocidae:** Estes são psocídeos pequenos com asas anteriores em élitro. Duas espécies foram encontradas em detritos do solo na Califórnia.

Família **Amphientomidae:** Estes psocídeos lembram os Lepidopsocidae por possuir as asas e o corpo cobertos por escamas. Em geral, são tropicais, mas uma espécie de *Stimulopalpus*, *S. japonicus* Enderlein, foi introduzida da Ásia e, em geral, vive em estruturas de cimento e afloramentos rochosos em áreas de florestas da Virgínia e Carolina do Norte, estendendo-se para oeste até o Arkansas.

SUBORDEM **Psocomorpha:** Em geral, as antenas destes psócidos possuem 13 artículos, nunca mais. Os palpos labiais são uniarticulados e os tarsos têm dois ou três artículos.

Família **Epipsocidae:** Esta família é representada nos Estados Unidos por quatro espécies. Duas espécies de *Bertkauia* são moderadamente comuns: uma em afloramentos rochosos com sombra e troncos de árvore adjacentes, a outra em detritos do solo da floresta. Duas espécies de *Epipsocus*, provavelmente introduzidas dos trópicos americanos, ocorrem no sul da Flórida.

Família **Ptiloneuridae:** Este grupo neotropical é intimamente relacionado aos Epipsocidae. É representado nos Estados Unidos por uma única espécie rara que ocorre em afloramentos rochosos no sul do Arizona.

Família **Caeciliusidae:** Estes são psocídeos que habitam folhas de coníferas e árvores de folhas largas. A maior parte tem asas longas, mas algumas espécies presentes em detritos de solo possuem fêmeas de asas longas e curtas. Cinco gêneros são conhecidos nos Estados Unidos, com 33 espécies.

Família **Stenopsocidae:** Estes são psocídeos que habitam folhas, semelhantes aos ceciliusídios, mas com as duas veias cruzadas, mencionadas na chave, e com as cerdas na margem posterior da asa restritas à célula R_3. A única espécie nos Estados Unidos, *Graphopsocus cruciatus* (L.), é comum nos estados do sudeste e na Costa do Pacífico da Califórnia, seguindo para o norte até Washington. É provável que tenha sido introduzida da Europa.

Família **Amphipsocidae:** Estes psocídeos lembram os ceciliusídios, mas são maiores e têm pelos relativamente mais longos nas asas e antenas. Também são

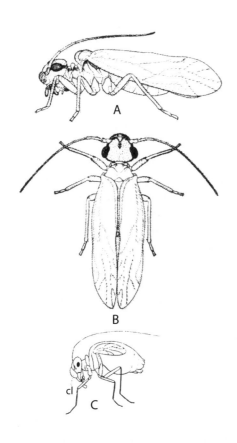

Figura 24-7 Psocídeos. A, *Valenzuela manteri* (Sommerman), fêmea, vista lateral (Caeciliusidae); B, *Valenzuela manteri*, fêmea, vista dorsal; C, *Psocathropos* sp., vista lateral (Psyllipsocidae), *cl*, clípeo.

habitantes das folhas. Uma única espécie, *Polypsocus corruptus* Hagen, é conhecida nos Estados Unidos.

Família **Dasydemellidae:** Como os Amphipsocidae, estes são psocídeos relativamente grandes. As cerdas das asas são mais escassas e as da asa posterior estão restritas à margem na célula R_3. Estes psocídeos são encontrados em troncos de árvores e folhas mortas. A única espécie nativa, *Teliapsocus conterminus* (Walsh), é encontrada nas duas costas, na área territorial até as montanhas do leste e oeste, ao redor dos Grandes Lagos e até a baía do Mississippi, estendendo-se para o sul até o Missouri. Uma segunda espécie, *Dasydemella sylvestrii* Enderlein, nativa do México, foi coletada na fronteira com o Texas.

Família **Asiopsocidae:** Estes psocídeos são habitantes de ramos de pequenas árvores e arbustos. Uma espécie de *Asiopsocus*, o *A. sonorensis* Mockford e Garcia-Aldrete, ocorre no sul do Arizona. Cada um dos gêneros tropicais *Notiopsocus* e *Pronotipsocus* possui um representante no sul da Flórida.

Família **Elipsocidae:** Esta família inclui formas que possuem tarsos com 2 e 3 artículos. Quinze espécies em seis gêneros são conhecidas nos Estados Unidos. O *Cuneopalpus cyanops* (Rostock) foi introduzido da Europa e estabeleceu-se nas regiões costeiras da Califórnia e Nova York. É provável que quatro espécies de *Elipsocus* tenham sido introduzidas da Europa, vivem em coníferas e árvores de folhas largas no noroeste do Pacífico. Espécies nativas deste gênero, algumas ainda não descritas, são encontradas nas Montanhas Rochosas e outros terrenos elevados, assim como em florestas de coníferas no norte de Wisconsin. *Propsocus pulchripenis* (Perkins) tem origem desconhecida e está estabelecido em algumas áreas costeiras da Califórnia. *Reuterella helvimacula* Enderlein, também conhecido da Europa, vive em afloramentos rochosos e troncos de árvore em vários estados do norte. Espécies de *Palmicola* vivem em palmeiras, carvalhos e coníferas nos estados do sudeste americano.

Família **Philotarsidae:** Esta é uma de várias famílias nas quais as cerdas da margem posterodistal da asa anterior formam uma série de pares cruzados (Figura 24-6J). As espécies norte-americanas possuem três artículos tarsais. Embora apenas seis espécies sejam conhecidas nos Estados Unidos, estes insetos podem se tornar abundantes no final do verão. *Philotarsus kwakiutl* Mockford é comum em coníferas no noroeste do Pacífico; *Aaroniella badonnedi* (Danks) é abundante em troncos e ramos de árvores e em afloramentos rochosos na parte sul do meio-oeste americano.

Família **Mesopsocidae:** Estes são psocídeos relativamente grandes encontrados em ramos de coníferas e de árvores de folhas largas. Apenas três espécies desta família, derivadas do Velho Mundo, ocorrem nos Estados Unidos. *Mesopsocus unipunctatus* (Müller) ocorre no norte dos Estados Unidos, ao sul, nos Apalaches até a Carolina do Norte e na costa do Pacífico até o sul da Califórnia, assim como no norte, da Europa, África e Ásia. É um dos primeiros psocídeos a aparecer na primavera. A fêmea tem asas muito curtas e o macho, asas longas.

Família **Lachesillidae:** Os membros desta grande família são habitantes de folhas secas de uma grande variedade de plantas. Alguns habitam a folhagem de coníferas e outros vivem em gramíneas. Atualmente, embora 54 espécies sejam conhecidas nos Estados Unidos, o número de espécies na América Latina é muito maior.

Família **Peripsocidae:** Esta é uma de duas famílias nas quais não há uma alça cubital na asa anterior, ou seja, a veia Cu_1 é simples. Têm tamanho médio e habitam ramos, galhos e troncos de coníferas e árvores de folhas largas. Atualmente, cerca de 14 espécies são conhecidas nos Estados Unidos.

Família **Ectopsocidae:** Esta é outra família na qual a alça cubital está ausente na asa anterior. São habitantes relativamente pequenos de folhas secas. *Ectopsocopsis cryptomeriae* (Enderlein) parece prosperar em áreas agrícolas onde existem poucos outros psocídeos. Ocasionalmente, invadem depósitos em qual são armazenados alimentos. Treze espécies ocorrem nos Estados Unidos.

Família **Pseudocaeciliidae:** Esta é outra família que exibe pares de pelos cruzados na margem posterodistal da asa anterior. As espécies norte-americanas possuem dois artículos tarsais. Apenas três espécies ocorrem nos Estados Unidos, e é provável que todas tenham sido introduzidas. *Pseudocaecilius citricola* (Ashmead) é uma espécie amarela comum em árvores cítricas na Flórida.

Família **Trichopsocidae:** Estas são formas pálidas e delicadas, habitantes de folhas, que lembram ceciliusídios. Apenas duas espécies ocorrem nos Estados Unidos; *Trichopsocus clarus* (Banks) é comum na costa da Califórnia.

Família **Archipsocidae:** Esta é a terceira família na qual existem pares de pelos cruzados na margem posterodistal da asa anterior. Restringem-se na América do Norte à Flórida, à costa do Golfo e à costa do Atlântico, estendendo-se para o norte até a Carolina do Sul. São construtores de teias comunais. Os machos têm asas curtas, enquanto as fêmeas ocorrem em formas de asas curtas e longas. Cerca de oito espécies ocorrem nos Estados Unidos.

Família **Hemipsocidae:** Esta é uma família de origem tropical, com apenas duas espécies nos Estados Unidos, ambas no sudeste. *Hemipsocus pretiosus* Banks vive em montes de folhas e folhas secas de pequenas palmeiras no sul da Flórida.

Família **Myopsocidae:** Embora este grupo seja em grande parte tropical, é representado na fauna da América do Norte por 10 espécies, e todas medem cerca de 4 mm a 5 mm de comprimento, possuindo asas anteriores pontilhadas. Vivem em afloramentos rochosos com sombra e estruturas de cimento sombreadas, assim como pontes, troncos e ramos de árvores.

Família **Psocidae:** Esta é a maior família dos Estados Unidos, com cerca de 75 espécies. Os Psocidae têm tamanho de moderado a grande, com a alça cubital sempre unida a M com certa distância na asa anterior. Em geral, vivem em ramos e troncos de vários tipos de árvores, folhagem de coníferas e afloramentos rochosos sombreados. *Cerastipsocus venosus* Burmeister é uma espécie grande, de cor escura, que forma grupos de até várias centenas de indivíduos em troncos e ramos de árvores. Ocorre em todo o leste dos Estados Unidos.

COLETA E PRESERVAÇÃO DE PSOCOPTERA

Em geral, os psocídeos que vivem em ambientes externos podem ser capturados batendo-se nos galhos de árvores e arbustos e por meio de varredura de gramíneas. Árvores coníferas e ramos caídos com folhas secas constituem locais de frequente concentração. Algumas espécies são encontradas sob cascas de árvores soltas, em afloramentos rochosos, detritos do solo e ninhos de pássaros e mamíferos. As espécies de ambientes internos podem ser encontradas em papéis e livros antigos, grãos armazenados e cereais, superfícies de madeira e porões mofados. Os indivíduos podem ser recolhidos com um aspirador ou uma pequena escova umedecida com álcool.

Os psocídeos podem ser preservados em álcool 70% a 80%, mas haverá algum grau de desbotamento da cor. Espécimes montados em alfinetes mantêm melhor suas cores, porém encolhem e devem ser restaurados em líquidos para estudo.

Muitas vezes é necessário montar espécimes ou partes como pernas, asas, peças bucais e segmentos abdominais terminais em lâminas microscópicas para estudo. Para este fim, outras partes além de pernas ou asas devem ser parcialmente limpas por imersão em uma solução aquosa fria de KOH 10% a 15% por alguns minutos. Em seguida, podem ser lavadas em água e montadas em meio de Hoyer (ver Capítulo 35). O material não digerido do intestino posterior deve ser removido com agulhas finas, com o espécime sob a água.

Referências

Badonnel, A. Ordre des Psocoptères. In : P. P. Grassé. *Traité de zoologie*. Paris: Masson, 1951. v. 10, fasc. 2, p. 1301–1340.

Chapman, P. J. "Corrodentia of the United States of America. I. Suborder Isotecnomera", *J. N. Y. Entomol. Soc.*, 39, p. 54–65, 1930.

Eertmoed, G. E. "The life history of *Peripsocus quadrifasciatus* (Psocoptera: Peripsocidae)", *J. Kan. Entomol. Soc.*, 39, p. 54–65, 1966.

Eertmoed, G. E. "The phenetic relationships of the Epipsocetae (Psocoptera): The higher taxa and the species of two new families", *Trans. Amer. Entomol. Soc.*, 99, p. 373–414, 1973.

Garcia Aldrete, A. N. "A classification above species level of the genus *Lachesilla* Westwood (Psocoptera: Lachesillidae)", *Folia Entomol. Mex.*, 27, p. 1–88, 1974.

Garcia Aldrete, A. N. "New north american *Lachesilla* in the *forcepeta* group (Psocoptera Lachesillidae)", *Rev. Biol. Trop.*, 47, p. 163–188, 1999.

Gurney, A. B. Corrodentia. In: C. J. Weinman. "Pest Control Technology", *Entomology Section*. Nova York: National Pest Control Association, 1950. p. 129–163,

Lee, S. S.; I. W. B. Thornton. "The family Pseudocaeciliidae (Psocoptera): a reappraisal based on the Discovery of new Oriental and Pacific species", *Pac. Insects Monogr.*, n. 18, 1967.

Lienhard, C. "Faune de France 83. Psocoptères Euro-Mediterranéens", *Fed. Franç. Soc. Sci. Nat. Paris*, 1999.

Lienhard, C.; C. N. Smithers. *Psocoptera (Insecta) world catalogue and bibliography*. Geneva: Muséum d'Histoire Naturelle, 2002. Instrumenta Biodiversitatis V.

Mockford, E. L. "Life history studies on some Florida insects of the genus *Archipsocus* (Psocoptera) ", *Bull. Fla. State Mus.*, 1, p. 253–274, 1957.

Mockford, E. L. "The *Ectopsocus briggsi* complex in the Americas (Psocoptera: Peripsocidae)", *Proc. Entomol. Soc. Wash.* 61, p. 260–266, 1959.

Mockford, E. L. "The genus *Caecilius* (Psocoptera: Caeciliidae). Parte I: Species groups and the North

American species of the *flavidus* group", *Trans. Amer. Entomol. Soc.* 91, p. 121-166, 1965.

Mockford, E. L. "The genus *Caecilius* (Psocoptera: Caeciliidae). Parte II: Revision of the species groups, and the north american species of the *fasciatus*, *confluens*, and *africanus* groups", *Trans. Amer. Entomol. Soc.*, 92, p. 133-172, 1966.

Mockford, E. L. "The genus *Caecilius* (Psocoptera: Caeciliidae). Parte III: The North American species of the *alcinus*, *caligonus*, and *subflavus* groups", *Trans. Amer. Entomol. Soc.*, 95, p. 77-151, 1969.

Mockford, E. L. "Parthenogenesis in psocids (Insecta: Psocoptera)", *Amer. Zool.*, 11, p. 327-339, 1971a.

Mockford, E. L. "*Peripsocus* species of the *alboguttatus* group (Psocoptera: Peripsocidae)", *J. N.Y. Entomol. Soc.*, 79, p. 89-115, 1971b.

Mockford, E. L. "A generic classification of family Amphipsocidae (Psocoptera: Caecilietae)", *Trans. Amer. Entomol. Soc.*, 104, p. 139-190, 1978.

Mockford, E. L. Order Psocoptera. In: F. W. Stehr. *Immature insects.* Dubuque: Kendall/Hunt, 1987. p. 196-214.

Mockford, E. L. "Systematics of north american and Greater Antillean species of *Embidopsocus* (Psocoptera: Liposcelidae)", *Ann. Entomol. Soc. Amer.* 80, p. 849-864, 1987.

Mockford, E. L. "*Xanthocaecilius* (Psocoptera: Caeciliidae), a new genus from the western hemisphere. I: Description, species complexes and species of the *quillayute* and *granulosus* complexes", *Trans. Amer. Entomol. Soc.*, 114, p. 265-294, 1989.

Mockford, E. L. *North american Psocoptera (Insecta):* flora and fauna handbook No. 10. Gainesville: Sandhill Crane Press, 1993.

Mockford, E. L. "Generic definitions and species assignments in the family Epipsocidae (Psocoptera)", *Insecta Mundi*, 12, p. 81-91, 1998.

Mockford, E. L. "A classification of the psocopteran family Caeciliusidae (Caeciliidae Auct.)", *Trans. Amer. Entomol. Soc.*, 125, p. 325-417, 2000.

Mockford, E. L.; A. B. Gurney. "A review of the psocids, or book-lice and bark-lice, of Texas (Psocoptera)", *J. Wash. Acad. Sci.*, 46, p. 353-368, 1956.

Mockford, E. L.; D. M. Sullivan. "Systematics of the graphocaeciliine psocids with a proposed higher classification of the family Lachesillidae (Psocoptera)", *Trans. Amer. Entomol. Soc.*, 112, p. 1-80, 1986.

Mockford, E. L.; D. M. Sullivan. "*Kaestneriella* Roesler (Psocoptera: Peripsocidae): New and littleknown species from the southwestern United States and Mexico and a revised key", *Pan-Pac. Entomol.*, 66, p. 281-291, 1990.

New, T. R. "Psocoptera. Roy. Entomol. Soc. Lond. Handbooks Identif", *Brit. Insects,* 1, 7, p. 1-102, 1974.

New, T. R. "Biology of the Psocoptera", *Oriental Insects*, 21, p. 1-109, 1987.

Pearman, J. V. "On sound production in the Psocoptera and on a presumed stridulatory organ", *Entomol. Mon. Mag.*, 64, p. 179-186, 1928.

Pearman, J. V. "The taxonomy of the Psocoptera; preliminary sketch", *Proc. Roy. Entomol. Soc. Lond.*, Ser. B, 5, 3, p. 58-62, 1936.

Roesler, R. "Die Gattungen der Copeognathen", *Stn. Entomol. Ztg.*, 105, p. 117-166, 1944.

Smithers, C. N. "A catalog of the Psocoptera of the world", *Austral Zool.*, 14, p. 1-145, 1967.

Smithers, C. N. "The classification and phylogeny of the Psocoptera", *Austral. J. Zool.*, 14, p. 1-349, 1972.

Smithers, C. N.; C. Lienhard. "A revised bibliography of the Psocoptera (Arthropoda: Insecta)", *Tech. Rept. Australian Mus.*, n. 6, p. 1-86, 1992.

Sommerman, K. M. "Bionomics of *Ectopsocus pumilis* (Banks) (Corrodentia: Caeciliidae)", *Psyche,* 50, p. 55-63, 1943.

Sommerman, K. M. "Bionomics of *Amapsocus amabilis* (Walsh) (Corrodentia: Psocidae)", *Ann. Entomol. Soc. Amer.*, 37, p. 359-364, 1944.

Sommerman, K. M. "A revision of the genus *Lachesilla* north of Mexico (Corrodentia; Caeciliidae)", *Ann. Entomol. Soc. Amer.*, 39, p. 627-661, 1946.

CAPÍTULO 25

ORDEM PHTHIRAPTERA[1,2]
PIOLHOS

Os piolhos são ectoparasitas pequenos e não alados de aves e mamíferos. Estes insetos eram divididos em duas ordens distintas, Mallophaga (piolhos mastigadores) e Anoplura (piolhos sugadores). A subordem Anoplura contém várias espécies que são parasitas de animais domésticos e duas espécies que atacam humanos. Estes insetos são pragas irritantes e alguns constituem vetores importantes de doenças. Muitos piolhos mastigadores (subordens Amblycera e Ischnocera) são pragas de animais domésticos, particularmente aves de granja. Estes piolhos causam irritação considerável, e animais com infestação intensa apresentam aparência abatida e perda de peso. Se não forem realmente mortos pelos piolhos, tornam-se presa fácil de outras doenças. Diferentes espécies de piolhos atacam diferentes tipos de aves e mamíferos domésticos e cada espécie infesta uma parte particular do corpo do hospedeiro. Não se tem conhecimento de nenhum piolho mastigador que ataque humanos. Pessoas que lidam com aves ou outros animais infestados podem ocasionalmente adquirir estes piolhos, mas eles não permanecem por muito tempo. O controle dos piolhos mastigadores envolve o tratamento do animal infestado com um pó ou banho adequado. Uma terceira subordem de piolhos mastigadores, Rhynchophthirina, contém apenas três espécies, parasitárias de elefantes e alguns porcos africanos.

Os Anoplura alimentam-se do sangue de seus hospedeiros. As peças bucais de um piolho sugador consistem em três estiletes de perfuração que normalmente ficam retraídos em um saco de estiletes na cabeça (Figura 25-1). As peças bucais são altamente especializadas e é difícil compará-las às de outros insetos. Existe um rostro curto (provavelmente o labro) na extremidade anterior da cabeça, a partir do qual os três estiletes perfuradores sofrem protrusão. O rostro é eversível e armado internamente com pequenos dentes recurvados.

Os estiletes têm aproximadamente o mesmo comprimento da cabeça e, quando não estão sendo usados, ficam retraídos em uma estrutura longa e sacular abaixo do canal alimentar. O estilete dorsal provavelmente representa as maxilas fundidas. Suas bordas são curvadas para cima e para dentro, formando um tubo que serve como um canal alimentar. Já o estilete intermediário é muito delgado e contém o canal salivar; este estilete provavelmente corresponda à hipofaringe. O estilete ventral é o principal órgão perfurador; é uma estrutura em forma de calha e provavelmente corresponde ao lábio. Não há palpos.

Quando um anopluro se alimenta, os estiletes são evertidos por um rostro na parte frontal da cabeça. O rostro possui pequenos ganchos com os quais o piolho se fixa ao hospedeiro durante a alimentação. Os piolhos mastigadores têm peças bucais mandibuladas e alimentam-se de pedaços de pelos, penas ou pele do hospedeiro. Os ocelos estão ausentes e os olhos são reduzidos ou ausentes. As antenas são curtas e possuem de três a cinco artículos.

Os tarsos dos piolhos sugadores têm um segmento e possuem uma única garra grande, que se encaixa em um processo semelhante a um polegar na extremidade da tíbia. Isto cria um mecanismo eficiente para se prender aos pelos do hospedeiro.

---

[1] Phthiraptera: *phthir*, piolhos; *a*, sem; *ptera*, asas.
[2] Este capítulo foi editado por Ronald A. Hellenthal e Roger D. Price.

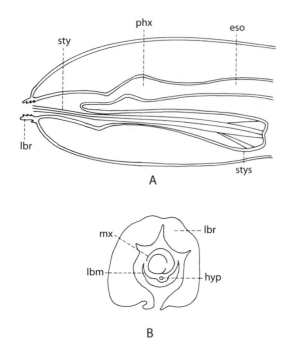

Figura 25-1 Peças bucais de um piolho sugador. A, corte sagital da cabeça; B, corte transversal pelo rostro. *eso*, esôfago; *hyp*, estilete intermediário (provavelmente hipofaringe); *lbm*, estilete ventral (provavelmente lábio); *lbr*, rostro (provavelmente labro); *mx*, estilete dorsal (provavelmente as maxilas fundidas); *phx*, faringe; *sty*, estiletes; *stys*, saco do estilete (Redesenhado de Snodgrass.).

Os Phthiraptera sofrem metamorfose simples (Hemimetábalo). As fêmeas da maioria das espécies depositam de 50 a 150 ovos, que quase sempre são fixados aos pelos ou penas do hospedeiro. Os ovos eclodem em cerca de uma semana e, na maioria das espécies, o piolho em desenvolvimento passa por três instares ninfais.

CLASSIFICAÇÃO DOS PHTHIRAPTERA

Os entomologistas discordam sobre a classificação mais elevada dos piolhos. Atualmente, a maioria dos pesquisadores reconhece uma única ordem, os Phthiraptera, com quatro subordens (sendo que uma corresponde aos Anoplura).

Os piolhos sugadores claramente formam um ramo filogenético distinto e merecem reconhecimento separado em algum nível. É a classificação dos piolhos mastigadores que causa problemas. Kim e Ludwig (1978b, 1982) levantaram a hipótese de que as características que distinguem os piolhos de seus parentes mais próximos, os Psocoptera, evoluíram paralelamente várias vezes como resultado do nicho ectoparasitário que ocupam; portanto, Kim e Ludwig preconizam o reconhecimento de duas ordens, Mallophaga e Anoplura. Porém, as relações entre as subordens de piolhos são pouco compreendidas. Kim e Ludwig (1982) resumem as evidências a favor e contra vários esquemas alternativos. O único elemento comum é que todos os piolhos juntos formam uma unidade monofilética, cujo grupo-irmão consiste nos Psocoptera. Até que a filogenia seja mais bem compreendida, reconheceremos uma única ordem de piolhos, os Phthiraptera. Aqui, foi seguida a classificação de famílias de Kim et al. (1986) dentro da subordem Anoplura e de Price et al. (2003) para as outras subordens. Estes grupos, com sinônimos e outros arranjos entre parênteses, são os seguintes:

Subordem Rhynchophthirina (Mallophaga em parte)
    Haematomyzidae – piolhos de elefantes e porcos africanos
Subordem Amblycera (Mallophaga em parte)
    Gyropidae (incluindo Abrocomophagidae) – piolhos de cobaias
    Trimenoponidae – piolhos de chinchilas, cobaias e mamíferos neotropicais
    Boopiidae (Boopidae) – piolhos de marsupiais e cães
    Menoponidae – piolhos de aves
    Laemobothriidae – piolhos de aves
    Ricinidae – piolhos de aves
Subordem Ischnocera (Mallophaga em parte)
    Philopteridae (incluindo Heptapsogasteridae) – piolho de aves
    Trichodectidae – piolho de mamíferos
Subordem Anoplura
    Echinophthiriidae – piolhos de focas, leões-marinhos, morsas e lontras de água-doce
    Enderleinellidae (Hoplopleuridae em parte) – piolho de esquilos
    Haematopinidae – piolhos de ungulados (porcos, gado bovino, cavalos, cervídeos)
    Hoplopleuridae – piolhos de roedores e insetívoros
    Linognathidae – piolhos de ungulados com número par de dedos (gado bovino, ovino, caprino, cervídeos) e canídeos (cães, raposas, coiotes)
    Pecaroecidae – piolhos de queixadas
    Pediculidae – piolhos da cabeça e do corpo de humanos
    Polyplacidae (Hoplopleuridae em parte) – piolhos de roedores e insetívoros
    Pthiridae (Phthiridae, Phthiriidae) – o chato de humanos

Chave para as famílias de Phthiraptera

1.	Cabeça prolongada em um rostro com mandíbulas apicais (parasita de elefantes e suínos africanos) (subordem Rhynchophthirina)	Haematomyzidae
1'.	Cabeça não prolongada em um rostro com mandíbulas apicais	2
2(1').	Cabeça tão ou mais larga que o protórax (Figuras 25-2 a 25-4); peças bucais mandibuladas; parasitas de aves (com 2 garras tarsais) e mamíferos (com 1 garra tarsal)	3
2'.	Cabeça mais estreita que o protórax (Figuras 25-5, 25-6); peças bucais com *haustellum*; parasitas de mamíferos, com uma grande garra tarsal (subordem Anoplura)	10
3(2).	Antenas mais ou menos clavadas e ocultas em sulcos; palpos maxilares presentes (Figura 25-2A e 25-3) (subordem Amblycera)	4

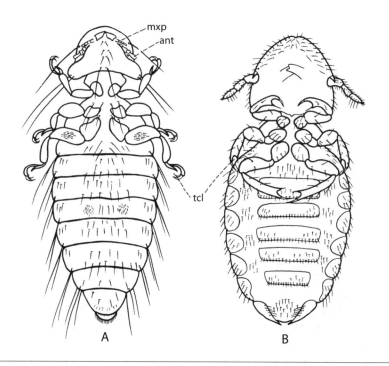

Figura 25-2 A, piolho da raque do frango, *Menopon gallinae* (L.) (Menoponidae); vista ventral da fêmea; B, piolho mastigador do gado, *Bovicola bovis* (L.) (Trichodectidae), vista ventral da fêmea. *ant*, antena; *mxp*, palpo maxilar; *tcl*, garras tarsais.

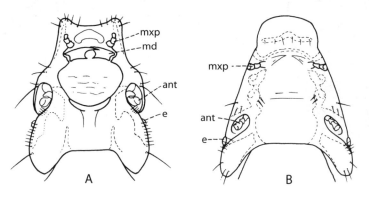

Figura 25-3 A, cabeça de *Laemobothrion* (Laemobothriidae), vista ventral; B, cabeça de um ricinídeo (Ricinidae), vista ventral. *ant*, antena; *e*, olho; *md*, mandíbula; *mxp*, palpo maxilar.

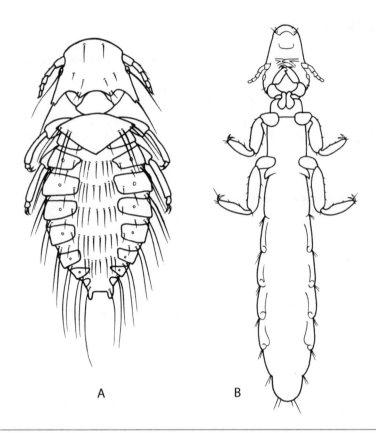

Figura 25-4 Philopteridae. A, o piolho grande do peru, *Chelopistes meleagridis* (L.), vista dorsal; B, *Anaticola crassicornis* (Scopoli), um piolho da marreca-de-asa-azul, vista ventral.

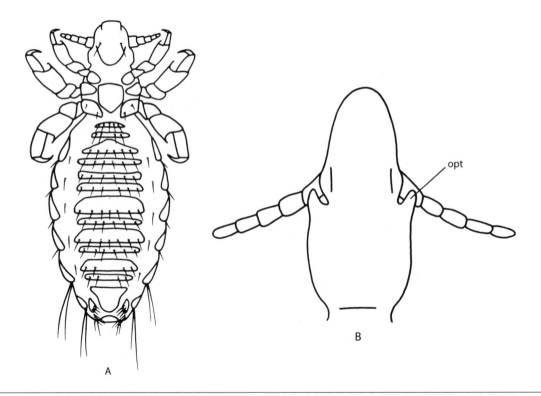

Figura 25-5 A, um piolho espinhoso do rato, *Polyplax spinulosa* (Burmeister), fêmea, vista ventral (Polyplacidae); B, cabeça do piolho do porco, *Haematopinus suis* (L.), vista dorsal (Haematopinidae). *opt*, ponto ocular.

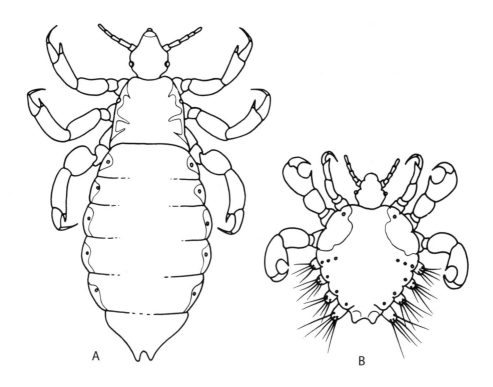

Figura 25-6 Piolhos humanos. A, o piolho de corpo, fêmea; B, o chato, fêmea. ampliados 20X.

3'.	Antenas filiformes e expostas; palpos maxilares ausentes (Figuras 25-2B e 25-4) (subordem Ischnocera)	9
4(3).	Com 1 garra tarsal ou nenhuma; parasitas de cobaias	Gyropidae
4'.	Com 2 garras tarsais; parasitas de aves, marsupiais e cães	5
5(4').	Com apenas 5 pares de espiráculos abdominais; parasitas de cobaias, chinchilas e marsupiais do Novo Mundo, com exceção de gambás norte-americanos	Trimenoponidae
5'.	Com 6 pares de espiráculos abdominais	6
6(5').	Antenas com 5 artículos e fortemente clavadas; pernas longas e delgadas; parasitas de marsupiais australianos e cães	Boopiidae
6'.	Antenas de 4 artículos e menos intensamente clavadas; pernas não particularmente longas e delgadas; parasitas de aves	7
7(6').	Antenas em sulcos nas laterais da cabeça; cabeça amplamente triangular e expandida atrás dos olhos (Figura 25-2A)	Menoponidae
7'.	Antenas em cavidades que se abrem ventralmente; cabeça não amplamente triangular e expandida atrás dos olhos (Figura 25-3)	8
8(7').	Laterais da cabeça com entumescimento evidente na frente dos olhos na base de antena (Figura 25-3A)	Laemobothriidae
8'.	Laterais da cabeça sem entumescimento (Figura 25-3B)	Ricinidae
9(3').	Tarso com 2 garras; antenas com 5 artículos (Figura 25-4); parasitas de aves	Philopteridae
9'.	Tarso com 1 garra; antenas com 3 artículos (Figura 25-2B); parasitas de mamíferos	Trichodectidae
10(2')	Cabeça com olhos distintos (Figura 25-6) ou com pontos oculares subagudos nas laterais da cabeça atrás das antenas (Figura 25-5B, opt)	11
10'.	Cabeça sem olhos ou pontos oculares proeminentes (Figura 25-5A)	14

11(10).	Cabeça com olhos, mas sem pontos oculares (Figura 25-6); parasitas de humanos e queixadas	12
11'.	Cabeça sem olhos, mas com pontos oculares proeminentes (Figura 25-5B, opt); parasitas de ungulados	Haematopinidae
12(11).	Cabeça longa e delgada, mas muito mais longa que o tórax; sudoeste dos Estados Unidos, em queixadas	Pecaroecidae
12'.	Cabeça com aproximadamente o mesmo comprimento do tórax (Figura 25-6); parasitas de humanos	13
13(12')	Abdômen com aproximadamente o mesmo comprimento de sua largura basal e com lobos laterais proeminentes (Figura 25-6B); pernas médias e posteriores mais robustas que as pernas anteriores	Pthiridae
13'.	Abdômen muito mais longo que sua largura basal e sem lobos laterais (Figura 25-6A); pernas médias e posteriores não mais robustas que as pernas anteriores	Pediculidae
14(10').	Corpo coberto densamente por espinhos curtos e robustos, abdômen com escamas; parasitas de focas, morsas e lontras de água-doce	Echinophthiriidae
14'.	Corpo com apenas algumas cerdas, abdômen sem escamas; parasitas de mamíferos terrestres	15
15(14').	Pernas anteriores e médias de tamanho e forma semelhantes, ambas menores, mais delgadas que as pernas posteriores; parasitas de esquilos	Enderleinellidae
15'.	As pernas anteriores são as menores dos três pares, pernas médias e posteriores de tamanho e forma semelhantes (Figura 25-5A) ou pernas posteriores maiores; parasitas de ungulados, canídeos, roedores e insetívoros	16
16(15').	Coxas anteriores amplamente separadas; parasitas de ungulados com número par de dedos e canídeos	Linognathidae
16'.	Coxas anteriores contíguas ou quase; parasitas de roedores e insetívoros	17
17(16').	As pernas posteriores são as maiores dos 3 pares; esternitos do segundo segmento abdominal se estendendo lateralmente para cada lado, articulando-se com o tergito	Hoplopleuridae
17'.	Pernas médias e posteriores de tamanho e forma semelhantes (Figura 25-5A); esternito do segundo segmento abdominal não se estendendo lateralmente em cada lado e não articulando com o tergito	Polyplacidae

Família **Haematomyzidae:** As três espécies, neste grupo, são encontradas em elefantes asiáticos e africanos, no javali africano e no porco da selva africana. Sua cabeça alongada distinta é única entre os Phthiraptera. É encontrado tanto em elefantes selvagens quanto naqueles que estão em cativeiro há muito tempo.

Família **Gyropidae:** Os membros deste grupo estão confinados principalmente às Américas Central e do Sul. Duas espécies ocorrem nos Estados Unidos em porquinhos-da-índia. O *Pitrufquenia coypus* Marelli foi coletado em ratões-do-banhado no sudeste dos Estados Unidos. *Macrogyropus dicotylis* (Macalister) vive em caititus.

Família **Trimenoponidae:** Todas as espécies, com exceção de uma, estão restritas a roedores e marsupiais neotropicais. O *Trimenoponon hispidum* (Burmeister) ocorre em porquinhos-da-índia e, com seu hospedeiro, atualmente tem distribuição mundial.

Família **Boopiidae:** Este grupo é representado nos Estados Unidos por uma espécie: a *Heterodoxus spiniger* Enderlein, que vive em cães e coiotes nos estados do sudoeste. É um hospedeiro intermediário de vários parasitas internos de canídeos. A maioria dos membros desta família ocorre na Austrália, onde são parasitas de marsupiais.

Família **Menoponidae:** Este é um grande grupo cujos membros atacam aves. Duas pragas importantes de aves de granja deste grupo são o piolho do corpo do frango, *Menacanthus stramineus* (Nitzsch), e o piolho da raque do frango, *Menopon gallinae* (L.) (Figura 25-2A).

Família **Laemobothriidae:** Este é um grupo pequeno de piolhos grandes, cujos membros são parasitas de aves aquáticas e aves de rapina. Oito espécies, todas do gênero Laemobothrion, ocorrem nos Estados Unidos.

Família **Ricinidae:** Este é um pequeno grupo cujos membros são parasitas de aves, incluindo beija-flores e aves passeriformes.

Família **Philopteridae:** Esta é a maior família da ordem e contém espécies que parasitam uma grande variedade de aves. Duas pragas importantes de aves de granja deste grupo são o piolho da cabeça do frango, *Cuclotogaster heterographus* (Nitzsch), e o piolho grande do peru, *Chelopistes meleagridis* (L.) (Figura 25-4A).

Família **Trichodectidae:** Os tricodectídeos são parasitas de mamíferos. Algumas espécies de pragas importantes neste grupo são: o piolho mastigador do gado, *Bovicola bovis* (L.) (Figura 25-2B), o piolho mastigador do cavalo, *Bovicola (Werneckiella) equi* (Denny), e o piolho mastigador do cão, *Trichodectes canis* (DeGeer).

Família **Echinophthiriidae:** As cinco espécies norte-americanas deste grupo atacam mamíferos aquáticos (focas e leões-marinhos, morsas e lontras de água-doce). Algumas espécies escavam a pele de seus hospedeiros.

Família **Enderleinellidae:** Este é um grupo amplamente distribuído, com 10 espécies norte-americanas, cujos membros são parasitas de esquilos. Podem ser reconhecidos pelo fato de que as pernas anteriores e médias têm tamanho semelhante e são mais delgadas que as pernas posteriores. A maioria das espécies norte-americanas pertence ao gênero *Enderleinellus*. O *Microphthirus uncinatus* (Ferris), um parasita de esquilos voadores, tem menos de 0,5 mm e é o menor piolho desta ordem.

Família **Haematopinidae:** Os piolhos neste grupo atacam porcos, gado bovino, cavalos e cervídeos. Diferem de outros piolhos sugadores por possuir pontos oculares nas laterais da cabeça atrás dos olhos (Figura 25-5B, opt). Esta família contém quatro espécies norte-americanas, incluindo o piolho do porco, *Haematopinus suis* (L.), o piolho sugador do cavalo, *H. asini* (L.), e duas espécies de *Haematopinus* que atacam o gado bovino.

Família **Hoplopleuridae:** Os membros deste grupo (17 espécies norte-americanas) atacam roedores, lebres, toupeiras e musaranhos. Estes piolhos diferem de outros Anoplura que atacam tais hospedeiros (Polyplacidae) pela forma do esternito do segundo segmento abdominal e pelo tamanho relativo das diferentes pernas (ver chave, dicotomia 17).

Família **Linognathidae:** Este grupo inclui 10 espécies norte-americanas que são parasitas de gado bovino, ovelhas, cabras, cervídeos, renas, cães, coiotes e raposas. Inclui o piolho sugador do cão, *Linognathus setosus* (Olfers), o piolho-sugador dos caprinos, *L. stenopsis* (Burmeister), e o piolho-sugador dos bovinos, *L. vituli* (L.). A última espécie difere dos hematopinídeos que atacam gado bovino por não possuir pontos oculares na cabeça.

Família **Pecaroecidae:** Este grupo inclui uma única espécie norte-americana, a *Pecaroecus jayvalii* Babcock e Ewing, que ocorre no sudoeste em queixadas. Esta espécie representa o maior anopluro norte-americano e pode atingir o comprimento de 8 mm.

Família **Pediculidae:** Este grupo inclui os piolhos da cabeça e do corpo de humanos, *Pediculus humanus capitis* DeGeer e *P. h. humanus* L., respectivamente, que são considerados subespécies de uma única espécie, o *P. humanus*. Estes piolhos (Figura 25-6A) são mais estreitos e alongados que os chatos. A cabeça é um pouco mais estreita que o tórax e o abdômen não possui lobos laterais. Os adultos medem cerca de 2,5 mm a 3,5 mm de comprimento.

Os piolhos de cabeça e de corpo possuem características semelhantes, mas diferem um pouco nos hábitos. Os primeiros ocorrem na cabeça e seus ovos são afixados ao cabelo. Os últimos ocorrem no corpo e seus ovos são depositados nas roupas, ao longo das costuras. Os ovos eclodem em cerca de uma semana e todo o ciclo de vida do ovo até o adulto dura cerca de um mês. Os piolhos alimentam-se em intervalos frequentes e as refeições individuais duram alguns minutos. Os piolhos de corpo ficam dependurados nas roupas enquanto se alimentam e, muitas vezes, permanecem nas roupas quando são removidas. O piolho de cabeça é transmitido de uma pessoa para outra pela troca de pentes, escovas, bonés ou chapéus. O piolho de corpo é transmitido pelo vestuário pessoal e pela roupa de cama. À noite, pode migrar de uma pilha de roupas para outra.

O piolho de corpo (também chamado "muquirana" ou "piolho-de-roupa") é um vetor importante de doenças humanas. A doença transmitida mais importante é o tifo epidêmico, que ocorre em surtos durante guerras ou situações em que haja escassez de alimentos, às vezes com alta taxa de mortalidade. Os piolhos do corpo podem ser infectados ao se alimentar de paciente com tifo e podem infectar outra pessoa uma semana depois ou mais. A infecção resulta da raspagem das fezes do piolho na pele quando a pessoa se coça ou esmaga o piolho. Esta doença não é transmitida pela picada em si. Outra doença importante causada pelo piolho é a febre recorrente, que é transmitida pelo piolho infectado esmagado ou quando a pessoa se coça. Nem as fezes nem a picada do piolho são infecciosas. Uma terceira doença transmitida por piolhos é a febre das trincheiras, que ocorreu em proporções epidêmicas durante a Primeira Guerra Mundial, mas, desde então, não tem sido muito importante.

Pessoas que tomam banho e trocam de roupas regularmente raramente são infestadas por piolhos, mas quando ficam por longos períodos sem fazê-lo e vivem em condições de aglomeração, a infestação provavelmente será inevitável. As últimas condições muitas vezes são comuns durante períodos de guerra, quando as habitações estão abarrotadas e as pessoas passam longos períodos sem trocar de roupa. Doenças transmitidas por piolhos, como o tifo, em uma população intensamente infestada por piolhos de corpo, podem ter uma rápida evolução até o estágio de epidemia.

O controle dos piolhos de corpo envolve a pulverização de pessoas com um inseticida. As vestimentas também devem ser tratadas, porque os ovos são depositados nelas e os piolhos adultos aderem nas roupas quando elas são removidas. O tratamento do vestuário envolve fumigação química ou esterilização por calor.

Epidemias de tifo assolaram muitos acampamentos militares e muitas vezes causaram mais mortes que o combate em si. Até a Segunda Guerra Mundial, não havia um método de controle simples e de fácil aplicação para os piolhos de corpo. O DDT, que foi utilizado pela primeira vez durante esta guerra, mostrou ser ideal para o controle dos piolhos. No outono de 1943, quando uma epidemia de tifo ameaçava Nápoles, na Itália, a pulverização de milhares de pessoas com DDT controlou completamente a epidemia em apenas alguns meses. Nos anos seguintes, os piolhos de corpo desenvolveram resistência ao DDT e este inseticida deixou de ser tão eficaz para seu controle.

Família **Polyplacidae:** Esta família é a maior família da subordem, com 26 espécies norte-americanas. Seus membros atacam roedores, lebres, toupeiras e musaranhos. Algumas espécies em outras partes do mundo atacam primatas (macacos e lêmures).

Família **Pthiridae:** O único membro desta família na América do Norte é o chato de humanos, *Pthirus pubis* (L.) (Figura 25-6B), mas também existe uma espécie africana (*P. gorillae* Ewing) que ataca gorilas. O *Pthirus pubis* é oval e tem forma semelhante a um caranguejo, com as garras das pernas médias e posteriores muito desenvolvidas, a cabeça muito mais estreita que o tórax e os segmentos abdominais com lobos laterais. Os adultos medem cerca de 1,5 mm a 2,0 mm de comprimento. Em geral, este piolho ocorre na região púbica, mas em pessoas peludas pode ocorrer em quase qualquer parte do corpo. Os ovos (lêndeas) são fixados aos pelos corporais. O chato é uma praga irritante, mas, até onde se sabe, não transmite nenhuma doença.

COLETA E PRESERVAÇÃO DE PHTHIRAPTERA

A única maneira eficaz de encontrar piolhos é pelo exame cuidadoso de seus hospedeiros. Outros hospedeiros, além de animais domésticos, precisam ser mortos a tiros ou presos em armadilhas. Os piolhos também são encontrados fixos à pele de aves ou mamíferos em museus. Animais hospedeiros pequenos, colhidos em campo, que serão examinados mais tarde, devem ser colocados em um saco sem envolver a cabeça, hermeticamente fechado. Qualquer piolho que caia ou rasteje para fora do hospedeiro poderá, então, ser encontrado no saco. Para ter certeza da relação com o hospedeiro, coloque espécies diferentes, ou de preferência indivíduos diferentes de hospedeiros, em sacos separados.

Examine todas as partes do hospedeiro, pois diferentes espécies de piolhos muitas vezes ocorrem em diferentes partes do mesmo hospedeiro. O melhor modo para se localizar os piolhos consiste em examinar cuidadosamente o hospedeiro com pinças, ou mesmo um pente com dentes finos pode ser utilizado com sucesso. Os piolhos às vezes podem cair quando o hospedeiro se sacode sobre uma folha de papel. Os piolhos podem ser recolhidos com pinça ou com um pincel de pelo de camelo umedecido em álcool.

Preserve os piolhos em álcool 70% a 75%, com os dados da coleta e do hospedeiro. Utilize um frasco diferente para os piolhos de cada hospedeiro. Os dados da coleta (em uma etiqueta do lado de fora do frasco) devem incluir a espécie hospedeira, a data, a localidade e o nome do colecionador.

Os piolhos devem ser montados em lâminas permanentes e analisados sob microscópio para estudo detalhado; para espécimes preservados em alfinetes, os resultados não são satisfatórios. Para detalhes dos procedimentos de montagem, ver Kim et al. (1986, p. 3-5).

Referências

Clay, T. "The Amblycera (Phthiraptera: Insecta)", *Bull. Brit. Mus. (Nat. Hist.) Entomol.*, 25, p. 73–98, 1970.

Cruickshank, R. H.; K. P. Johnson; V. S. Smith; R. J. Adams; D. H. Clayton; R. D. M. Page. "Phylogenetic analysis of partial sequences of elongation factor

1 alpha identifies major groups of lice (Insecta: Phthiraptera)", *Mol. Phylog. Evol.* 19, p. 202–215, 2001.

Durden, L. A.; G. G. Musser. "The sucking lice (Insecta: Anoplura) of the world: A taxonomic checklist with records of mammalian hosts and geographical distribution", *Bull. Amer. Mus. Nat. Hist.*, 218, p. 1–90, 1994a.

Durden, L. A.; G. G. Musser. "The mammalian hosts of the sucking lice (Anoplura) of the world: A host-parasite list", *Bull. Soc. Vector Ecol.*, 19, p. 130–168, 1994b.

Ferris, G. F. "The sucking lice", *Mem. Pac. Coast Entomol. Soc.*, 1, p. 1–321, 1951.

Hopkins, G. H. E.; T. Clay. *A check list of the Genera and species of Mallophaga.* Londres: British Museum (Natural History), 1952.

Kim, K. C. (Ed.). *Coevolution of parasitic arthropods and mammals.* Nova York: Wiley, 1985.

Kim, K. C. Order Anoplura. In: F. W. Stehr. *Immature insects.* Dubuque: Kendall/Hunt, 1987. p. 224–245.

Kim, K. C.; H. W. Ludwig. "The family classification of the Anoplura", *Syst. Entomol.*, 3, p. 249–284, 1978a.

Kim, K. C.; H. W. Ludwig. "Phylogenetic relationships of parasitic Psocodea and taxonomic position of the Anoplura", *Ann. Entomol. Soc. Amer.*, 71, p. 910–922, 1978b.

Kim, K. C.; H. W. Ludwig. "Parallel evolution, cladistics, and classification of parasitic Psocodea", *Ann. Entomol. Soc. Amer.*, 75, p. 537–548, 1982.

Kim, K. C.; H. D. Pratt; C. J. Stojanovich. *The sucking lice of North America.* University Park: Pennsylvania State University Press, 1986.

Lyal, C. H. C. "A cladistic analysis and classification of trichodectid mammal lice (Phthiraptera: Ischnocera)", *Bull. Brit. Mus. (Nat. Hist.) Entomol.*, 51, p. 187–346, 1985.

Price, M. A.; O. H. Graham. "Chewing and sucking lice as parasites of mammals and birds", *U. S. Dept. Agric. Tech. Bull.*, 1849, 1997.

Price, R. D. Order Mallophaga. In: F. W. Stehr. *Immature insects.* Dubuque: Kendall/ Hunt, 1987. p. 215–223.

Price, R. D.; R. A. Hellenthal; R. L. Palma; K. P. Johnson; D. H. Clayton. *The chewing lice:* world checklist and biological overview. Champaign: Illinois Natural History Survey, 2003. Illinois Nat. Hist. Surv. Special Publ. 24.

Werneck, F. L. Os malófagos de mamíferos. Rio de Janeiro: Edição da *Revista Brasileira de Biologia*, 1948. Parte I. Amblycera e Ischnocera (Philopteridae e parte de Trichodectidae).

Werneck, F. L. Os malófagos de mamíferos. Rio de Janeiro: Edição da *Revista Brasileira de Biologia*, 1950. Parte II: Ischnocera (continuação de Trichodectidae) e Rhynchophthirina.

CAPÍTULO 26

ORDEM COLEOPTERA[1,2]
BESOUROS

Os Coleoptera constituem a maior ordem de insetos, com cerca de 40% das espécies conhecidas de Hexapoda. Mais de 250 mil espécies de besouros já foram registradas e cerca de 30 mil ocorrem nos Estados Unidos e Canadá. Variam em comprimento (nos Estados Unidos) de menos de um milímetro até cerca de 75 mm. Algumas espécies tropicais podem atingir um comprimento de cerca de 125 mm. Os besouros diferenciam-se amplamente em hábitos e são encontrados em quase todos os lugares. Muitas espécies têm grande importância econômica.

Uma das características mais evidentes dos coleópteros é a estrutura das asas. A maioria dos besouros possui quatro asas, com o par anterior espessado, coriáceo ou rígido e quebradiço. Chamadas de *élitros* (singular, *élitro*), estas asas anteriores se encontram em uma linha reta ao longo da porção mediana do dorso, cobrindo as asas posteriores (daí o nome da ordem). As asas posteriores são membranosas, mais longas que as asas anteriores, e, quando em repouso, costumam permanecer dobradas sob estas (Figura 26-1). Os élitros normalmente servem como estojos de proteção e são mantidos imóveis durante o voo, que é acionado pelas asas posteriores. As asas anteriores ou posteriores são muito reduzidas em alguns besouros.

As peças bucais nesta ordem são do tipo mastigador e as mandíbulas, bem desenvolvidas. As mandíbulas de muitos besouros são robustas e utilizadas para quebrar sementes ou raspar a madeira; em outros, elas são delgadas e afiadas. Nos gorgulhos, a parte anterior da cabeça prolonga-se em um rostro mais ou menos longo, com as peças bucais no ápice.

Os besouros sofrem metamorfose completa. As larvas variam consideravelmente em forma nas diferentes famílias; a maioria das larvas é campodeiforme ou escarabeiforme, mas algumas são platiformes, elateriformes e umas poucas são vermiformes.

Os besouros podem ser encontrados em quase todos os tipos de ambientes frequentados por insetos e alimentam-se de todos os tipos de materiais vegetais e animais. Muitos são fitófagos, predadores ou fungívoros, enquanto outros são detritívoros e alguns poucos parasitas. Alguns têm hábitos subterrâneos, muitos são aquáticos ou semiaquáticos e outros vivem como

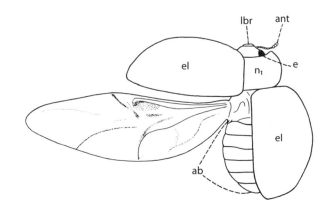

Figura 26-1 Vista dorsal de uma joaninha (*Adalia* sp.), com as asas esquerdas estendidas. *ab*, abdômen, *ant*, antena; *e*, olho composto; *el*, élitro; *lbr*, labro; n_1, pronoto.

---

[1] Coleoptera: *coleo*, estojo; *ptera*, asas (referindo-se aos élitros).
[2] A seção sobre Chrysomelidae foi editada por Shawn Clark e a seção sobre Curculionoidea, por Robert S. Anderson.

comensais em ninhos de insetos sociais ou mamíferos. Algumas espécies fitófagas alimentam-se de folhagens, enquanto outras perfuram madeira ou frutas ou vivem como minadoras de folhas. Alguns besouros atacam as raízes e outros se alimentam de partes de flores ou mesmo de pólen. Qualquer parte de uma planta pode servir de alimento para algum tipo de besouro. Muitos besouros alimentam-se de produtos vegetais ou animais armazenados, incluindo vários tipos de alimentos, roupas e outros materiais orgânicos. Uma espécie da Califórnia é notória pela capacidade de perfurar o revestimento de chumbo usado antigamente nos cabos telefônicos. Muitos besouros têm valor para o homem porque destroem insetos nocivos ou atuam na remoção de detritos.

A duração do ciclo de vida nesta ordem varia de quatro gerações por ano até uma geração em vários anos; a maioria das espécies apresenta uma geração por ano. Podem passar o inverno em qualquer um dos estágios de vida, dependendo da espécie. Muitos o passam como larvas parcialmente desenvolvidas, muitos como pupas em câmaras no solo ou na madeira ou em qualquer outro local protegido e muitos outros passam o inverno como adultos; relativamente poucas espécies passam o inverno no estágio de ovo.

PRODUÇÃO DE SONS EM COLEOPTERA

A produção de sons é relatada em cerca de 50 famílias de Coleoptera, mas os sons são fracos e muito menos estudados que os dos Orthoptera e das cigarras. Pouco se sabe sobre o papel que os sons desempenham no comportamento.

Os sons dos besouros são produzidos de quatro principais maneiras: (1) durante as atividades normais, como voo e alimentação, (2) pelo impacto de alguma parte do corpo contra o substrato, (3) por estridulação e (4) quimicamente.

Os sons de voo, produzidos pelos movimentos das asas, são semelhantes aos produzidos por outros insetos voadores. Os de alimentação dependem do tamanho dos besouros e do material que é utilizado como alimento, mas em alguns casos estes sons podem ser relativamente altos. Uma larva robusta de um besouro perfurador de madeira que esteja se alimentando em uma tora, pode, eventualmente, ser ouvida a uma certa distância. Sons de alimentação, como os de larvas perfuradoras de madeira ou besouros que se alimentam de grãos, provavelmente não desempenham papel de comunicação entre besouros, mas indicam (comunicam) aos humanos a presença (e a alimentação) dos insetos.

Os besouros adultos "deathwatch" (relógio da morte) (*Anobium* sp. e *Xestobium* spp., família Anobiidae) produzem sons batendo a região ventral de suas cabeças contra as paredes das galerias (na madeira). Em ambientes silenciosos, estes sons são ouvidos. No Arizona e Califórnia, os adultos de *Eupsophulus castaneus* Horn (Tenebrionidae) causam certo incômodo batendo seus abdomens contra portas e janelas com telas, produzindo um barulho surpreendentemente alto. Outro tenebrionídeo, *Eusattus reticulatus* (Say), produz um som batendo rapidamente o ápice do abdômen contra o solo.

Quando um besouro tec-tec (Elateridae) é colocado de costas e "salta", ocorre um "click" característico. Não está claro se este som é causado pela batida do corpo no substrato ou pelo espinho prosternal ao ser abruptamente encaixado na fosseta mesoesternal.

Nos Coleoptera, a maioria dos sons, incluindo os que possam estar envolvidos na comunicação, é produzida por estridulação. As estruturas estridulatórias podem estar localizadas em quase qualquer parte do corpo e envolvem uma área que possui uma série de cristas (a "lima") e uma "palheta", normalmente uma crista, botão ou espinho rígido, que é esfregada contra a lima. A maioria das estruturas estridulatórias está presente nos adultos, mas em algumas espécies as larvas, ou até mesmo as pupas, podem estridular.

As estruturas estridulatórias dos besouros podem envolver a cabeça e o pronoto (Nitidulidae, Tenebrionidae, Endomychidae, Curculionidae), os apêndices cefálicos (em geral, peças bucais; alguns Scarabaeidae), o pronoto e o mesonoto (comuns em Cerambycidae), as pernas e o tórax (Anobiidae, Bostrichidae), as pernas e o abdômen (alguns Scarabaeidae), as pernas e as pernas (adultos e larvas de Passalidae, Lucanidae e alguns Scarabaeidae), o abdômen e as asas posteriores (Passalidae) ou os élitros e o abdômen (Hydrophilidae, Curculionidae).

As estridulações são produzidas em quatro tipos de situações gerais: (1) quando o inseto é manipulado ou atacado (sons de "estresse"), (2) em situações agressivas, como luta, (3) em chamados (atrair o sexo oposto) e (4) antes do acasalamento (som de "corte"). Provavelmente, a maioria dos besouros que estridula produz sons de estresse e estes sons podem ajudar a intimidar possíveis predadores. Estes sons podem ser os únicos produzidos por alguns besouros, enquanto outros (por exemplo, os hidrofilídeos do gênero *Berosus* e os besouros-da-casca) podem produzir outros tipos.

Um outro tipo de som é produzido pelos besouros de solo (Carabidae) do gênero *Brachinus*. Duas substâncias químicas mantidas em reservatórios na extremidade do abdômen são expelidas ao mesmo tempo e misturadas no ar, gerando uma reação química que libera calor.

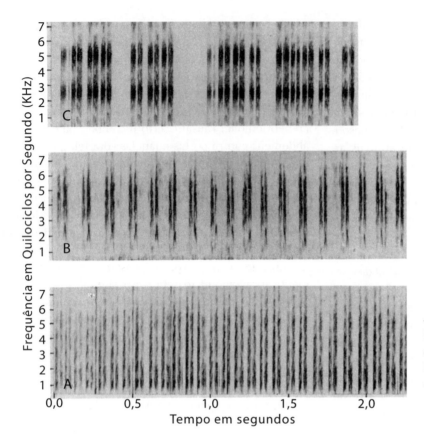

Figura 26-2 Audioespectrografias das estridulações de três espécies de gorgulhos: A, *Conotrachelus carinifer* Casey; B, *C. naso* LeConte; C, *C. posticatus* Casey.

Este processo produz um som de estalo distinto, como uma pequena explosão, que provavelmente intimida os predadores.

Os sons dos besouros variam quanto às suas características, dependendo da espécie e de como os sons são produzidos, mas em geral poderiam ser descritos como um chilro, um guincho ou um som raspador. A maioria apresenta uma ampla faixa de frequência (Figura 26-2). Os sons de estresse e alguns sons agressivos são produzidos em uma velocidade irregular de no máximo, apenas alguns por segundo. Nos sons de chamada e de corte, os chilros são produzidos em uma velocidade mais rápida e regular, que varia em diferentes espécies (Figura 26-2).

Os sons produzidos por besouros do gênero *Berosus* (Hydrophilidae) são de dois tipos, um de alarme e outro de pré-acasalamento. O som de alarme, produzido quando o besouro é manipulado (e algumas vezes de modo aparentemente aleatório), consiste em chilros de intervalos irregulares, cerca de 1 a 3 por segundo. O som de pré-acasalamento consiste em uma série rápida de chilros curtos, cerca de 0,3 a 3,6 segundos de duração, com os chilros emitidos rapidamente a uma velocidade regular. Os sons de pré-acasalamento de diferentes espécies simpátricas são diferentes e acredita-se que atuem como mecanismo para o isolamento das espécies.

Em *Dendroctonus* (Curculionidae: Scolytinae), os dois sexos estridulam e os sons produzidos são de três tipos gerais: (1) chilros simples (cada um produzido por um único movimento do aparelho estridulatório), (2) chilros interrompidos (cada um produzido por um único movimento do aparelho estridulatório, interrompido por um ou mais momentos breves de silêncio) e (3) estalidos (cada um representado por um pico de som único, produzido pelas fêmeas quando sozinhas nas cascas das árvores). A estridulação ocorre durante situações de estresse (por exemplo, quando um besouro é manipulado), durante agressão e durante a corte. Os sons produzidos pelas fêmeas nas cascas das árvores podem ter uma função territorial; ou seja, podem limitar a profundidade das escavações. Os machos emitem chilros interrompidos tanto durante uma luta com um macho rival quanto quando atraídos para a galeria de uma fêmea virgem. A fêmea responde à estridulação do macho na entrada da galeria com chilros simples. O comportamento de corte na galeria envolve a emissão de chilros simples pelo macho enquanto a fêmea permanece em silêncio.

Pouco se sabe sobre os mecanismos auditivos dos besouros; não possuem tímpanos, mas alguns órgãos cordotonais e sensilas são sensíveis à vibração. Estes órgãos estão situados em uma das pernas ou antenas.

CLASSIFICAÇÃO DOS COLEOPTERA

Os coleopterólogos têm opiniões diferentes quanto aos relacionamentos dos vários grupos de besouros, aos grupos que devem ter status de família e a organização das famílias dentro das superfamílias. A recente publicação de *American Beetles* (Arnett et al. 2001, 2002) reflete a opinião de mais de 80 especialistas colaboradores. O arranjo das subordens, superfamílias e famílias seguido neste livro se assemelha muito à classificação apresentada por eles. Alguns táxons daquela classificação diferem radicalmente do tradicionais, mas a maioria é bem fundamentada e foi alcançada por métodos taxonômicos modernos. Em poucos casos, preferimos reunir os táxons para facilitar o uso da chave. Muitas autoridades indicam o status de família a mais grupos do que fizemos neste livro.

Uma descrição dos grupos da ordem Coleoptera, como são tratados neste livro, é fornecida aqui. Os nomes entre parênteses representam diferentes ortografias, sinônimos ou outros tratamentos do grupo. As famílias marcadas com um asterisco (*) são relativamente raras ou têm pouca probabilidade de ser coletadas por um colecionador menos experiente. A maioria dos nomes comuns das famílias corresponde aos usados em Arnett et al. (2001, 2002).

Subordem Archostemata
    Cupedidae (Cupesidae, Cupidae) – cupedídeo*
    Micromalthidae – micromaltídeos*
Subordem Myxophaga
    Microsporidae (Sphaeriidae) – microsporídeos*
    Hydroscaphidae (Hydrophilidae, em parte) – hidroscafídeos*
Subordem Adephaga
    Rhysodidae (Rhyssodidae) – risodídeos
    Carabidae (incluindo Cicindelidae, Paussidae, Tachypachidae, Omophronidae) – besouros de solo e besouros-tigres
    Gyrinidae – besouro-d'água-do-nado-circular
    Haliplidae – haliplídeos
    Noteridae (Dytiscidae, em parte) – besouros aquáticos fossadores*
    Amphizoidae – anfizoídeos*
    Dytiscidae – besouros aquáticos predadores
Subordem Polyphaga
    Série Staphyliniformia
        Superfamília Hydrophiloidea
            Hydrophilidae (incluindo Hydrochidae, Spercheidae, Sphaeridiidae e Georyssidae) – hidrofilídeos
            Sphaeritidae – esferitídeos*
            Histeridae (Niponiidae) – histerídeos
        Superfamília Staphylinoidea
            Hydraenidae (Limnebiidae; Hydrophilidae em parte) – hidrenídeos*
            Ptiliidae (Ptilidae, Trichopterigidae; incluindo Limulodidae) – ptilídeos e limulodídeos
            Agyrtidae (Silphidae, em parte) – agirtídeos
            Leiodidae (Liodidae, Anisotomidae, Leptodiridae, Leptinidae, Platypsyllidae Catopidae; Silphidae, em parte) – besouros-de-ninhos-de-mamíferos*
            Scydmaenidae – cidmenídeos*
            Silphidae (Necrophoridae) – besouros-da-carniça
            Staphylinidae (incluindo Micropeplidae, Pselaphidae, Scaphidiidae, Dasyceridae, Brathinidae) – estafilinídeos
    Série Scarabaeiformia
        Superfamília Scarabaeoidea
            Lucanidae – besouros cabra-loura
            Passalidae – passalídeos
            Diphyllostomatidae*
            Ceratocanthidae (= Acanthoceridae)*
            Glaphyridae*
            Pleocomidae – pleocomídeos*
            Geotrupidae – geotrupídeos
            Ochodaeidae*
            Hybosoridae*
            Glaresidae*
            Trogidae – trogídeos
            Scarabaeidae – escaravelhos
    Série Elateriformia
        Superfamília Scirtoidea
            Eucinetidae (Dascillidae, em parte) – eucinetídeos*
            Clambidae – clambídeos
            Scirtidae (Helodidae, Cyphonidae; Dascillidae, em parte) – cirtídeos
        Superfamília Dascilloidea
            Dascillidae (Atopidae, Dascyllidae; incluindo Karumiidae) – dascilídeos
            Rhipiceridae (Sandalidae, em parte) – besouros parasitas de cigarras
        Superfamília Buprestoidea
            Buprestidae (incluindo Schizopodidae) – buprestídeos
        Superfamília Byrrhoidea
            Byrrhidae – birrídeos
            Elmidae (Limniidae, Helminthidae) – besouros de correnteza
            Dryopidae (Parnidae) – driopídeos

Lutrochidae – lutroquídeos
Limnichidae (Dascillidae, em parte) – limniquídeos*
Heteroceridae – heterocerídeos
Psephenidae (incluindo Eubriidae) – psefenídeos
Ptilodactylidae (Dascillidae, em parte)
Chelonariidae* – quelonariídeos
Eulichadidae (Dascillidae, em parte)*
Callirhipidae (Rhipiceridae, em parte, Sandalidae, em parte)*
Superfamília Elateroidea
Artematopodidae (Eurypogonidae; Dascillidae, em parte)*
Brachypsectridae – braquipsectrídeos*
Cerophytidae – cerofitídeos*
Eucnemidae (Melasidae, Perothopidae) – eucnemídeos
Throscidae (Trixagidae)
Elateridae (incluindo Plastoceridae e Cebrionidae) – besouros tec-tec
Lycidae – licídeos
Telegeusidae – telegeusídeos*
Phengodidae – trenzinho*
Lampyridae – vaga-lumes, pirilampos
Omethidae – ometídeos
Cantharidae (Telephoridae, Chauliognathidae) – cantarídeos
Série Bostrichiformia
Jacobsoniidae*
Superfamília Derodontoidea
Derodontidae – derodontídeos*
Superfamília Bostrichoidea
Nosodendridae – nosodendrídeos*
Dermestidae (incluindo Thorictidae) – besouros-do-couro
Bostrichidae (incluindo Lyctidae, Psoidae, Apatidae) – carunchos
Anobiidae (incluindo Ptinidae e Gnostidae) – anobiídeos
Série Cucujiformia
Superfamília Lymexyloidea
Lymexylidae – limexilídeos
Superfamília Cleroidea
Trogossitidae (Ostomatidae, Ostomidae) – trogossitídeos
Cleridae (Corynetidae) – clerídeos
Melyridae (Malachiidae, Dasytidae) – melirídeos
Superfamília Cucujoidea
Sphindidae – esfindídeos*
Brachypteridae – braquipterídeos
Nitidulidae – nitidulídeos
Smicripidae – esmicripídeos
Monotomidae (Rhizophagidae) – monotomídeos
Silvanidae
Passandridae – passandrídeos
Cucujidae – cucujídeos
Laemophloeidae – lemofleídeos
Phalacridae – falacrídeos
Cryptophagidae – criptofagídeos
Languriidae – languriídeos
Erotylidae – erotilídeos
Byturidae – biturídeos
Biphyllidae – bifilídeos
Bothrideridae – botriderídeos
Cerylonidae – cerilonídeos
Endomychidae – endomiquídeos
Coccinellidae – joaninhas
Corylophidae – corilofídeos
Latridiidae – latridiídeos
Superfamília Tenebrionoidea
Mycetophagidae – micetofagídeos
Archeocripticaidae*
Ciidae (Cisidae, Cioidae) – ciídeos
Tetratomidae – tetratomídeos*
Melandryidae (incluindo Synchroidae, Anaspididae e Serropalpidae) – melandriídeos
Mordellidae – mordelídeos
Ripiphoridae (Rhipiphoridae) – ripiforídeos
Colydiidae (incluindo Adimeridae, Merycidae e Monoedidae) – colidiídeos
Zopheridae (incluindo Monommatidae, Monommidae) – zoferídeos
Tenebrionidae (incluindo Alleculidae e Lagriidae) – dragão-da-lua
Prostomidae – prostomídeos*
Synchroidae
Oedemeridae – edemerídeos
Stenotrachelidae (Cephaloidae) – estenotraquelídeos*
Meloidae – meloídeos
Mycteridae (incluindo Hemipeplidae) – micterídeos
Boridae – besouros das coníferas
Pythidae – pitídeos
Pyrochroidae (incluindo Pedilidae e Cononotidae) – pirocroídeos
Salpingidae – salpingídeos
Anthicidae – anticídeos
Aderidae (Euglenidae) – aderídeos*
Scraptiidae – escraptiídeos
Polypriidae – poliprídeos
Superfamília Chrysomeloidea

Cerambycidae (incluindo Disteniidae, Parandridae e Spondylidae) – longicórnios
Megalopodidae
Orsodacnidae
Chrysomelidae (incluindo Bruchidae, Cassididae, Cryptocephalidae, Hispidae e Sagridae) – vaquinhas
Superfamília Curculionoidea (Rhynchophora)
Nemonychidae (Cimberidae) – nemoniquídeos
Anthribidae (Platystomidae, Bruchelidae, Choragidae, Platyrrhinidae) – antribídeos
Belidae – belídeos
Attelabidae (Rhynchitidae) – atelabídeos
Brentidae (Brenthidae, incluindo Apionidae e Cyladidae) – brentíneos e apioníneos
Ithyceridae – iticerídeos
Curculionidae (incluindo Cossonidae, Rhynchophoridae, Platypodidae e Scolytidae) – besouros-bicudos, gorgulhos verdadeiros e besouros-da-casca

CARACTERÍSTICAS UTILIZADAS NA IDENTIFICAÇÃO DOS BESOUROS

As principais características dos besouros utilizadas na identificação são as da cabeça, antenas, escleritos torácicos, pernas, élitros e abdômen. Ocasionalmente, também podem ser utilizadas características como tamanho, forma e cor. Na maioria dos casos, a facilidade para reconhecer estas características depende do tamanho do besouro. Algumas requerem observação cuidadosa, com grande ampliação, para uma interpretação correta.

Características da cabeça

A principal característica da cabeça utilizada para identificação envolve o desenvolvimento de um rostro. Nos Curculionoidea, a cabeça é mais ou menos prolongada para a frente, formando um rostro. As peças bucais têm tamanho reduzido e estão localizadas no ápice desta estrutura e as antenas localizam-se em suas laterais. O artículo basal da antena, o escapo, encaixa-se em um sulco (o *escrobo*; Figura 26-3, *agr*) no rostro. Em muitos casos (Figura 26-3), o rostro é distinto, ocasionalmente com o mesmo comprimento ou mais longo que o corpo. Em outros casos (por exemplo, Scolytinae e Platypodinae), o rostro é pouco desenvolvido e não muito evidente. As famílias de Curculionoidea às vezes são alocadas em um grupo separado, Rhynchophora. Estes besouros diferem da maioria dos outros membros da ordem por possuírem suturas gulares fundidas (Figura 26-3C). Existe um certo desenvolvimento do rostro em alguns besouros fora desta superfamília, mas nestes besouros as suturas gulares são separadas (Figura 26-4, *gs*).

Antenas

A antena dos Coleoptera consiste de apenas três artículos verdadeiros, ou seja, subdivisões caracterizadas por musculatura intrínseca. O artículo basal é o escapo, seguido pelo pedicelo e o flagelo. Na maioria dos insetos, o flagelo é ainda dividido em subartículos não musculares, algumas vezes em grande número.[2]

---
[2] O termo "segmento" não tem sido usualmente aplicado em Coleoptera e em outros grupos, portanto foi substituído por "artículo". (NRT)

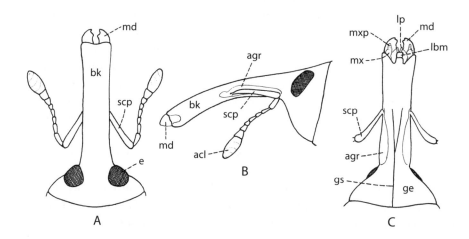

Figura 26-3 Cabeça de um bicudo (*Pissodes*, Curculionidae). A, vista dorsal; B, vista lateral; C, vista ventral. *acl*, clava antenal; *agr*, escrobo, sulco no rostro para recepção da antena; *bk*, rostro; *e*, olho composto; *ge*, gena; *gs*, sutura gular; *lbm*, lábio; *lp*, palpo labial; *md*, mandíbula; *mx*, maxila; *mxp*, palpo maxilar; *scp*, escapo da antena.

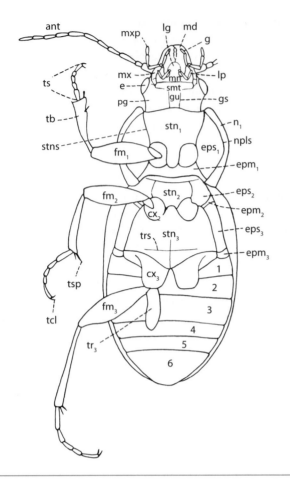

Figura 26-4 Vista ventral de um besouro de solo (*Omaseus* sp.). *ant*, antena; *cx*, coxa; *e*, olho composto; *epm₁*, proepímero; *epm₂*, mesepímero; *epm₃*, metepímero; *eps₁*, proepisterno; *eps₂*, mesepisterno; *eps₃*, metepisterno; *fm*, fêmur; *g*, gálea; *gs*, sutura gular; *gu*, gula; *lg*, lígula; *lp*, palpo labial; *md*, mandíbula; *mn*, mento; *mx*, maxila; *mxp*, palpo maxilar; *n₁*, pronoto; *npls*, sutura notopleural; *pg*, pós-gena; *smt*, submento; *stn₁*, prosterno; *stn₂*, mesosterno; *stn₃*, metasterno; *stns*, sutura prosternal; *tb*, tíbia; *tcl*, garras tarsais; *tr*, trocânter; *trs*, sutura transversa no metasterno; *ts*, tarso; *tsp*, esporões tibiais; *1-6*, ventritos 1-6.

As antenas dos besouros estão sujeitas a uma considerável variação nos diferentes grupos e estas diferenças são usadas na identificação. O termo *clavado*, como usado na chave, refere-se a qualquer condição na qual os artículos apicais sejam maiores que os precedentes, incluindo artículos apicais *claviformes* (artículos apicais aumentando gradualmente e apenas discretamente, como na Figura 2-15D,E), *capitados* (artículos apicais abruptamente alargados como na Figura 26-5F-I), *lamelados* (artículos apicais expandidos de um lado em placas arredondadas ou ovais, como na Figura 26-6A,C-G) e *flabelados* (artículos apicais expandidos de um lado em processos em forma de língua, longos, finos e de lados paralelos, como na Figura 26-6B). A distinção entre algumas destas variações antenais (por exemplo, entre filiforme e discretamente clavada ou entre filiforme e serrada) não é muito nítida e algumas condições podem ser interpretadas de formas diferentes. Este fato é considerado na chave, uma vez que os espécimes serão identificados corretamente a partir de muitas alternativas em vários pontos da chave.

O número de artículos apicais que forma a clava (nas antenas clavadas) muitas vezes serve como característica distintiva. Os artículos entre o escapo (o artículo basal) e a clava às vezes são chamados de *funículo*.

Características torácicas

O pronoto e o escutelo normalmente são as únicas áreas torácicas visíveis de cima. As outras áreas são visíveis apenas em vista ventral. O pronoto, quando visto de cima, pode variar muito em forma e sua margem posterior pode ser convexa, reta ou sinuosa (Figura 26-7E-G). Lateralmente, o pronoto pode ser marginado (com uma borda lateral aguda, semelhante a uma quilha) ou arredondado. A superfície do pronoto pode ser glabra ou pubescente e pode ser lisa ou com várias pontuações ou dentes, cristas, sulcos, tubérculos ou outras características. A superfície inferior do pronoto é chamada de hipômero. O escutelo (o mesoescutelo) é visível como um pequeno esclerito triangular logo atrás do pronoto, entre as bases dos élitros. Apenas ocasionalmente tem forma arredondada ou de coração e, às vezes, está oculto.

As principais características torácicas aparentes em vista ventral que são importantes para a identificação consistem em várias suturas, no formato de alguns escleritos e em escleritos particulares adjacentes às coxas anteriores e médias. Alguns besouros (os Adephaga, Myxophaga e Cupedidae) possuem suturas notopleurais (Figura 26-4, *npls*) que separam o pronoto da propleura. A maioria dos besouros possui suturas prosternais (Figura 26-4, *stns*) que separam o prosterno do restante do protórax. Em geral, a margem anterior do prosterno é reta. Quando é um pouco convexa (como na Figura 26-8A), costuma-se dizer que é lobada. O prosterno muitas vezes tem um processo ou um lobo que se estende para trás entre as coxas anteriores e, às vezes (por exemplo, nos besouros tec-tec, Figura 26-8A), este processo é espinhoso.

Quando os escleritos do protórax estendem-se posteriormente ao redor das coxas anteriores, costuma-se dizer que estas cavidades coxais são fechadas (Figura 26-7B). Quando o esclerito imediatamente atrás das coxas anteriores é um esclerito do mesotórax, dizemos

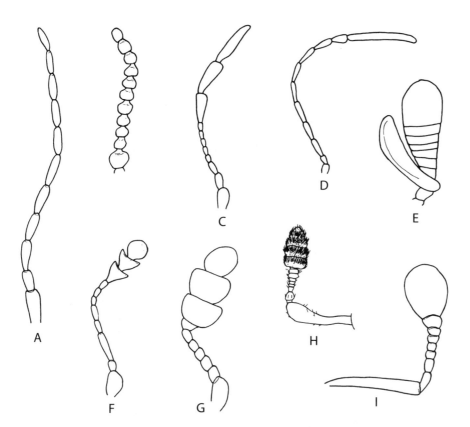

Figura 26-5 Antenas de Coleoptera. A, *Harpalus* (Carabidae); B, *Rhysodes* (Rhysodidae); C, *Trichodesma* (Anobiidae); D, *Arthromacra* (Tenebrionidae); E, *Dineutus* (Gyrinidae); F, *Lobiopa* (Nitidulidae); G, *Dermestes* (Dermestidae); H, *Hylurgopinus* (Curculionidae); I, *Hololepta* (Histeridae) (H, redesenhado de Kaston.).

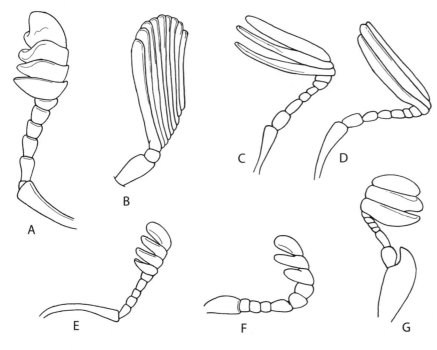

Figura 26-6 Antenas de Coleoptera. A, *Nicrophorus* (Silphidae); B, *Sandalus*, macho (Rhipiceridae); C, *Phyllophaga* (Scarabaeidae), artículos apicais expandidos; D, mesma espécie, artículos apicais unidos formando uma clava; E, *Lucanus* (Lucanidae); F, *Odontotaenius* (Passalidae); G, *Trox* (Trogidae).

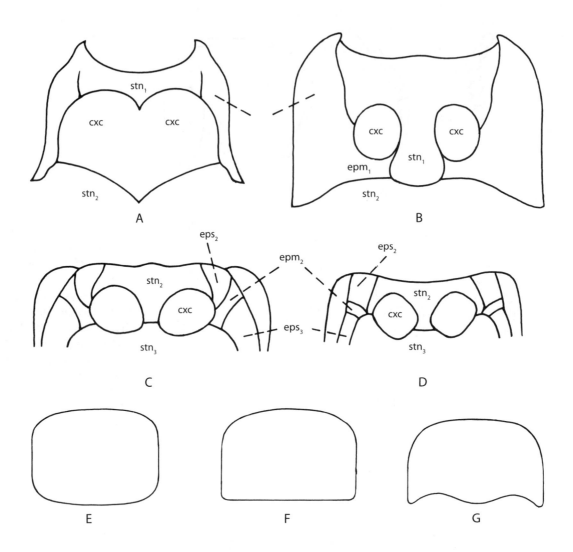

Figura 26-7 Estrutura torácica de Coleoptera. A e B, prosternos mostrando cavidades coxais abertas (A) e fechadas (B); C e D, mesosternos mostrando cavidades coxais abertas (C) e fechadas (D); E-G, pronotos com a margem posterior convexa (E), reta (F) ou sinuosa (G). *cxc*, cavidade coxal; *epm₁*, proepímero; *epm₂*, mesepímero; *eps₂*, mesepisterno; *eps₃*, metepisterno; *stn₁*, prosterno; *stn₂*, mesosterno; *stn₃*, metasterno.

que estas cavidades são abertas (Figura 26-7A). Quando as coxas médias estão cercadas por esternos e não são tocadas por qualquer esclerito pleural, dizemos que as cavidades coxais são fechadas (Figura 26-7D). Quando pelo menos alguns escleritos pleurais tocam as coxas médias, costuma-se dizer que as cavidades coxais são abertas (Figura 26-7C).

O "mecanismo de click" consiste em um longo processo prosternal intercoxal, com a superfície dorsal ou dorsoapical do ápice entalhada de modo a se encaixar em uma discreta projeção da margem anterior da cavidade coxal média, que é relativamente grande e profunda. Em algumas espécies compactas, existe uma face ventral marginada em forma de placa até a porção pós-coxal do processo intercoxal que é recebida firmemente pelo mesosterno profundamente emarginado. Nestes casos, o verdadeiro ápice do prosterno fica oculto em uma cavidade profunda entre as coxas médias.

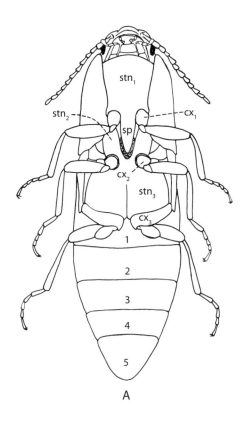
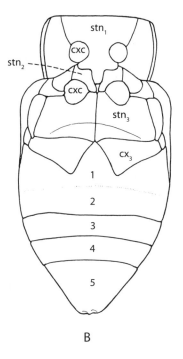

Figura 26-8 A, vista ventral de um besouro tec-tec (*Agriotes*); B, vista ventral do tórax e abdômen de um buprestídeo (*Chrysobothris*). *cx*, coxa; *cxc*, cavidade coxal; *sp*, espinho prosternal; *stn₁*, prosterno; *stn₂*, mesosterno; *stn₃*, metasterno; 1-5, ventritos 1-5.

Características das pernas

As coxas dos besouros variam muito em tamanho e forma. Em alguns casos, são globosas ou arredondadas e projetam-se apenas discretamente. Quando são mais ou menos alongadas lateralmente e sem se projetarem muito, dizemos que são transversas. Algumas vezes, são mais ou menos cônicas e visivelmente projetam-se para a região ventral. A face posterior distinta da coxa posterior pode ser vista pela observação do espécime em vista lateral. Alguns besouros possuem um esclerito pequeno, o trocantino, na porção anterolateral da cavidade coxal (Figura 26-9B, *tn*).

Quando perturbados, muitos besouros retraem seus apêndices para próximo do corpo e "fingem-se de mortos". Estes besouros possuem sulcos no corpo ou em algumas partes da perna, onde os apêndices se encaixam quando retraídos. Besouros com pernas retráteis possuem sulcos nas coxas (particularmente nas coxas médias ou posteriores), nos quais os fêmures se encaixam quando as pernas são retraídas, mas podem possuir sulcos em outras partes das pernas.

O tarso dos besouros é dividido em unidades não musculares. Como na antena, estas subdivisões são conhecidas como "artículos", mas são chamadas de forma mais correta de *tarsômeros*. O número, tamanho relativo e a forma dos tarsômeros são características muito importantes para a identificação dos besouros. Para identificar um inseto usando-se a chave, é necessário examinar os tarsos de quase qualquer besouro. O número de tarsômeros na maioria dos besouros varia de três a cinco. Em geral, é o mesmo em todos os tarsos, mas alguns grupos têm um tarsômero a menos nos tarsos posteriores em comparação aos médios e anteriores, enquanto outros possuem menos tarsômeros nos tarsos anteriores. A fórmula tarsal é uma parte importante de qualquer descrição de grupo e é fornecida como 5-5-5, 5-5-4, 4-4-4, 3-3-3 e assim por diante, indicando-se, o número de tarsômeros nos tarsos anteriores, médios e posteriores, respectivamente. A maioria dos Coleoptera possui a fórmula tarsal 5-5-5.

Em alguns grupos, incluindo besouros muito comuns, o penúltimo tarsômero é muito pequeno e pouco evidente. Pode ser muito difícil visualizar este tarsômero, exceto com exame cuidadoso e grande ampliação. Estes tarsos, portanto, parecem apresentar um tarsômero a menos do que realmente há e são descritos deste modo na chave. Por exemplo, um tarso com 5 tarsômeros como o apresentado na Figura 26-10A é descrito na chave como "aparentemente tetrâmero". Alguns grupos possuem o tarsômero basal muito pequeno (Figura 26-10D) e visível apenas se o tarso estiver em uma orientação adequada. Caso os tarsos de um besouro aparentem ter quatro tarsômeros e o terceiro for relativamente grande e mais ou menos em forma de U (Figura 26-10A), são pentâmeros, com o quarto tarsômero muito pequeno. Se os tarsos parecerem tetrâmeros e o terceiro tarsômero for delgado e não muito diferente do tarsômero apical, então realmente serão tetrâmeros ou pentâmeros com o tarsômero basal muito pequeno.

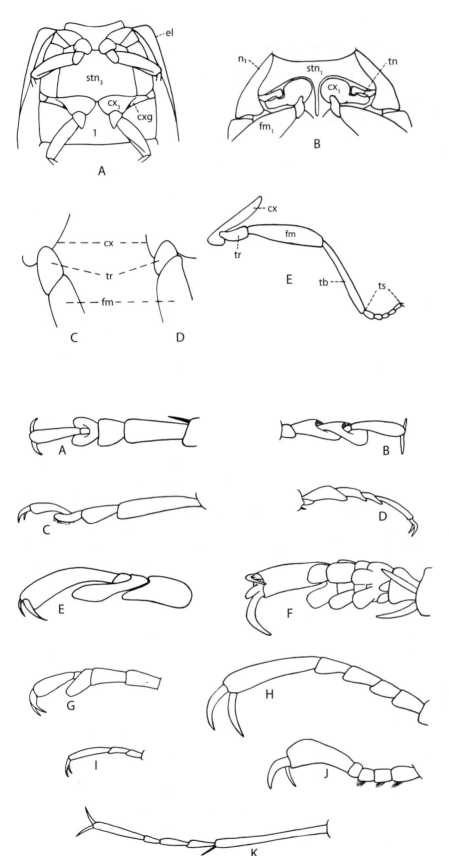

Figura 26-9 Estrutura da perna em Coleoptera. A, tórax de *Dermestes* (Dermestidae), vista ventral, mostrando coxas posteriores com sulco; B, protórax de *Psephenus* (Psephenidae), vista ventral, mostrando o trocantim; C, base da perna posterior de *Apion* (Brentidae); D, base da perna posterior de *Conotrachelus* (Curculionidae); E, perna posterior de *Trichodesma* (Anobiidae), mostrando o trocânter intersticial. *cx*, coxa; *cxg*, sulco na coxa; *el*, élitro; *fm*, fêmur; n_1, pronoto; stn_1, prosterno; stn_3, metasterno; *tb*, tíbia; *tn*, trocantim; *tr*, trocânter; *ts*, tarso; *1*, primeiro ventrito.

Figura 26-10 Tarsos de Coleoptera. A, *Megacyllene*, (Cerambycidae); B, *Necrobia* (Cleridae); C, *Nacerda* (Oedemeridae), perna posterior; D, *Trichodes* (Cleridae); E, *Chilocorus* (Coccinellidae); F, *Sandalus* (Rhipiceridae); G, *Scolytus* (Curculionidae); H, *Psephenus* (Psephenidae); I, um latridiídeo; J, *Parandra* (Cerambycidae); *Platypus* (Curculionidae).

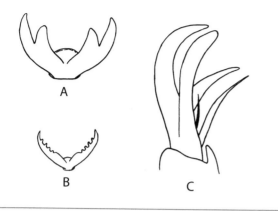

Figura 26-11 Garras tarsais de Coleoptera. A, denteadas (Coccinellidae); B, pectinadas (Tenebrionidae: Alleculinae); C, fendidas (Meloidae).

As garras pré-tarsais dos besouros variam bastante. Na maioria dos casos, são simples, ou seja, sem subdivisões ou dentes, mas em alguns casos são denteadas, pectinadas ou fendidas (Figura 26-11).

Élitros

Os élitros normalmente se encontram em uma linha reta mais abaixo da metade do corpo. A linha de união dos élitros é chamada de *sutura*. A sutura pode se estender até as ápices dos élitros ou as ápices podem ser discretamente separadas. Os ângulos anterolaterais dos élitros são chamados de *úmeros*. Os élitros se inclinam gradualmente a partir da sutura até a margem externa. Quando exibem uma dobra abrupta para baixo lateralmente, esta porção dobrada para baixo é chamada de *epipleura* (plural *epipleuras*).

Os élitros variam principalmente em forma, comprimento e textura. Em geral, possuem lados paralelos anteriormente e são afilados posteriormente. Algumas vezes, são mais ou menos ovais ou hemisféricos. Os élitros de alguns besouros são truncados no ápice, já os de alguns grupos são esculpidos de modo variável, com cristas, sulcos ou estrias, pontuações, tubérculos etc. Em outros casos, são bastante lisos. Se os élitros parecem pilosos sob pouca ou média ampliação, dizemos que são *pubescentes*. Em alguns besouros, os élitros são muito duros, rígidos e curvados sobre as laterais do abdômen em algum grau. Em outros, são macios e maleáveis e ficam situados frouxamente no topo do abdômen, sem envolvê-lo firmemente.

Abdômen

A estrutura do primeiro segmento abdominal diferencia as duas principais subordens de Coleoptera. Nos Adephaga, as coxas posteriores estendem-se para trás e dividem o primeiro esterno abdominal, de modo que, em vez de se estender completamente pelo corpo, este esterno é dividido e consiste em duas partes laterais separadas pelas coxas posteriores (Figuras 26-4 e 26-12A). Em Polyphaga, as coxas posteriores se estendem para trás em distâncias diferentes nos diversos grupos, porém o primeiro esterno abdominal nunca é completamente dividido e sua borda posterior se estende completamente pelo corpo.

O abdômen dos besouros muitas vezes possui um ou dois segmentos basais altamente reduzidos e visíveis apenas por dissecação. Os coleopterólogos chamam os esternos abdominais visíveis restantes de *ventritos* e a numeração começa a partir da base, com o ventrito 1 aparecendo adjacente ao metatórax. O número de ventritos varia em diferentes grupos e é usado repetidamente na chave. Em alguns casos (por exemplo, Buprestidae), os primeiros dois esternos visíveis são mais ou menos fundidos e a sutura entre eles, a condição conata (Figura 26-8B), é muito menos distinta que

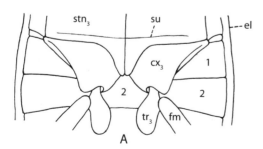 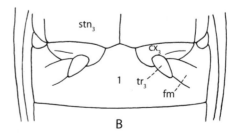

Figura 26-12 Base do abdômen, vista ventral, mostrando a diferença entre Adephaga e Polyphaga. A, besouro-tigre (Adephaga); B, erotilídeo (Polyphaga). cx_3, coxa posterior; *el*, élitro; *fm*, fêmur posterior; stn_3, metasterno; *su*, sutura metasternal transversa; tr_3, trocânter posterior; *1, 2*, ventritos 1, 2.

as outras suturas abdominais. Esta condição pode ser detectada por (1) uma diferença no aspecto da sutura entre os ventritos que são conatos e os que não são; (2) pela ausência de uma membrana entre os ventritos; ou (3) por uma redução da profundidade da própria sutura, em especial na região mediana. O modo mais correto e fácil para se determinar esta condição consiste em visualizar a porção lateral do ventrito, que é direcionada para cima e mantida contra o élitro. Ventritos conatos são obviamente imóveis nesta perspectiva e não possuem a forma articulada do estado móvel livre. Se as suturas entre os esternos abdominais forem todas igualmente distintas, então nenhum segmento será considerado fundido.

O último tergo abdominal, frequentemente chamado de pigídio, às vezes está exposto além dos ápices dos élitros.

Outras características

Características como tamanho, forma ou cor não devem ser particularmente difíceis de inferir. O termo *base* é usado para distinguir as duas extremidades das partes do corpo. Quando nos referimos a um anexo, a base corresponde à extremidade mais próxima do corpo. A base da cabeça ou pronoto é a extremidade posterior e a base dos élitros ou do abdômen é a extremidade anterior. As subdivisões dos tarsos (tarsômeros) ou antenas (artículos) são numeradas a partir da base em sentido distal.

Chave para as famílias de Coleoptera

A filogenia e a classificação dos besouros constituem uma área de intenso interesse de pesquisa e houve várias alterações desde a última edição deste livro. A chave a seguir é em grande parte uma generosa contribuição do Dr. Michael A. Ivie (Montana State University), cujo auxílio é reconhecido com gratidão. A chave é muito longa, não apenas porque esta é a maior ordem de insetos, mas também porque existem algumas variações em muitas famílias. A chave é construída de modo a levar em conta esta variação e também a incluir espécimes cujas características sejam razoavelmente limítrofes. Muitos espécimes são identificados corretamente na chave a partir de qualquer alternativa em certos pontos da chave. Os grupos marcados com um asterisco (*) são relativamente raros ou não têm muita probabilidade de ser encontrados pelo colecionador menos experiente. A chave refere-se a adultos. Chaves para larvas são fornecidas por Lawrence *et al* (1991).

1.	Élitros presentes, completos, curtos ou reduzidos a brotos alares no mesotórax	2
1'.	Élitros totalmente ausentes	193
2(1).	Suturas notopleurais presentes (Figura 26-4, npls)	3
2'.	Suturas notopleurais ausentes	12
3(2).	Coxas posteriores fundidas de modo imóvel ao metasterno, dividindo completamente o primeiro ventrito (Figuras 26-4, 26-12A); élitros lisos com pontuações dispersas, microesculturados, simplesmente pontuados ou estriados; corpo raramente com escamas (Adephaga).	4
3'.	Coxas posteriores livres, primeiro ventrito estendendo-se totalmente pelo ventre atrás das coxas (Figuras 26-8, 26-12B)	10
4(3).	Coxas posteriores muito alargadas, uma placa ventral escondendo o trocânter e a metade basal do fêmur, cobrindo a maior parte dos 3 ventritos basais (Figura 26-16B)	Haliplidae
4'.	Coxas posteriores muito alargadas ou não; se a coxa posterior for muito alargada, todos os ventritos serão visíveis lateralmente e a coxa não esconderá o trocânter, a metade basal do fêmur ou os 3 primeiros ventritos (Figuras 26-4, 26-15)	5
5(4').	Tíbia anterior com órgão de limpeza das antenas no ângulo apical interno; cabeça com cerdas supraorbitais	6
5'.	Tíbia anterior sem órgão de limpeza das antenas no ângulo apical interno; cabeça sem cerdas supraorbitais	7

6(5).	Mento expandido, fundido lateralmente à cápsula cefálica, cobrindo completamente as peças bucais ventrais quando as mandíbulas estão fechadas, mento estendendo-se anteriormente além das outras peças bucais para formar borda cortante; ângulo externo da tíbia anterior com unco grande, curvado para dentro; corpo cilíndrico; antena moniliforme; cabeça, pronoto e élitros com sulcos canaliculados profundos	Rhysodidae
6'	Mento não fundido lateralmente à cápsula cefálica ou estendendo-se além das outras peças bucais, maxila e lábio com pelo menos os palpos visíveis (Figura 26-4); ângulo externo da tíbia anterior com dentes ou espinhos retos ou curvados para fora (Figura 26-4); cabeça, pronoto e élitros sem sulcos canaliculados profundos; formas do corpo e da antena variáveis	Carabidae
7(5')	Pedicelo da antena muito aumentado, desviado-se da linha principal da antena, flagelo muito curto e compacto, não se estendendo além da margem posterior da cabeça (Figura 26-5E); pernas médias e posteriores muito curtas (Figura 26-15B); olhos divididos em 2 partes isoladas em cada lado (Figura 26-15C), raramente com apenas um processo muito estreito (o cantus) estendendo-se entre as porções superior e inferior	Gyrinidae
7'.	Pedicelo da antena normal, antena estendendo-se além da margem posterior da cabeça; pernas médias e posteriores não exatamente curtas; olhos não divididos	8
8(7').	Fêmur e tíbia posteriores estreitos e subcilíndricos em corte transversal; tarso posterior mais curto que a tíbia e não afunilado distalmente; corpo não aerodinâmico, contorno do tórax e élitro descontínuos, base do pronoto distintamente mais estreita que os élitros; 11 mm a 16 mm de comprimento	Amphizoidae
8'.	Fêmur e tíbia posteriores mais ou menos distintamente comprimidos em especial nas espécies maiores (comprimento ≥ 6 mm); tarso posterior usualmente tão longo ou maior que a tíbia, distintamente afilado distalmente; corpo aerodinâmico, contorno do pronoto e élitro usualmente arredondados conjuntamente (Figuras 26-17A,C); 1 mm a 40 mm de comprimento	9
9(8').	Corpo com 1 mm a 5,0 mm de comprimento; tarso anterior com 5 tarsômeros distintos; olhos em geral com desenvolvimento normal	Noteridae
9'.	Corpo > 6 mm de comprimento; se menor, então com escutelo visível ou tarso anterior pseudotetrâmero ou ainda olhos compostos ausentes ou de tamanho muito reduzido e indistintos	Dytiscidae
10(3')	Élitros reticulados com fileiras de pontos quadrados; corpo recoberto por escamas; comprimento > 5 mm	Cupedidae
10'.	Élitros glabros; comprimento < 2 mm	11
11(10')	Corpo hemisférico; élitros cobrindo todos os tergos abdominais; abdômen com 3 ventritos; antena com 11 artículos, 9 a 11 formando clava	Microsporidae
11'.	Corpo mais alongado-oval e comprimido dorsoventralmente; élitros curtos, 3 a 4 tergitos abdominais expostos; abdômen com 6 a 7 ventritos; antena com 9 artículos, artículo 9 formando clava estreita	Hydroscaphidae
12(2').	Antena com clava muito assimétrica, lamelada, de 3 a 8 artículos (Figuras 26-6C-G); coxa anterior grande, muito transversa ou cônica e projetando–se abaixo do prosterno; cavidade coxal anterior fechada; trocantim oculto (exceto em Diphyllostomatidae); tíbia anterior achatada, com 1 ou mais dentes na margem externa; tarsos com 5 tarsômeros distintos, nenhum deles lobados ou densamente pubescentes	13
12'.	Antena não lamelada, ou coxas, tíbias ou tarsos diferentes da descrição anterior	24
13(12).	Antena com 11 artículos	14
13'.	Antena com menos de 11 artículos	15

14(13).	Clava antenal com 4 a 7 artículos alongados	Pleocomidae
14'.	Clava antenal com 3 artículos circulares ou ovais	Geotrupidae
15(13').	Corpo capaz de se enrolar em uma bola contrátil; tíbias médias e posteriores achatadas e dilatadas	Ceratocanthidae
15'.	Corpo oblongo, sem a capacidade de se enrolar em uma bola; tíbias médias e posteriores não significativamente achatadas e dilatadas	16
16(15').	Esporão apical das tíbias médias mais longo, pectinado ao longo de uma margem	Ochodaeidae
16'.	Esporão apical das tíbias médias mais longo, simples e não pectinado	17
17(16').	Artículos da clava antenal incapazes de ser firmemente fechados juntos (Figuras 26-6E-F)	18
17'.	Artículos da clava antenal capazes de ser firmemente fechados juntos (Figuras 26-6C,D,G)	20
18(17).	Abdômen com 7 ventritos, o primeiro dividido pela coxa posterior; cabeça comprimida atrás dos olhos; tíbia anterior sem esporões apicais; trocantim exposto; coxa média cônica e saliente; 5 mm a 9 mm de comprimento	Diphyllostomatidae
18'.	Abdômen com 5 a 6 ventritos, o primeiro não dividido; cabeça não comprimida atrás dos olhos; tíbia anterior com 1 ou 2 esporões apicais; trocantim oculto; coxa média não saliente; 8 mm a 60 mm de comprimento	19
19(18').	Mento com ápice profundamente emarginado (Figura 26-13A); cavidade coxal média fechada lateralmente; corpo distintamente achatado dorsalmente	Passalidae
19'.	Mento com ápice simples, sem recorte (Figura 26-13D); cavidade coxal média aberta lateralmente; corpo uniformemente convexo dorsalmente	Lucanidae
20(17').	Clava antenal com 3 artículos, sendo o primeiro escavado para alojar o segundo	Hybosoridae
20'.	Clava antenal com 3 a 7 artículos, o primeiro simples, sem escavação para alojar o segundo (por exemplo, ver Figura 26-6C)	21
21(20').	Abdômen com 5 ventritos; superfície dorsal áspera ou tuberculada, sem brilho	22
21'.	Abdômen com 6 ventritos; superfície dorsal variavelmente esculturada, brilhante ou não	23
22(21).	Olhos sem divisão pelo cantus; clípeo com laterais estreitadas apicalmente; coloração marrom, cinza ou preta; fêmur e tíbia posteriores não alargados e não cobrindo o abdômen	Trogidae
22'.	Olhos divididos pelo cantus proeminente; clípeo com lados subparalelos a divergentes anteriormente; coloração marrom-avermelhada-clara a escura; fêmures e tíbias posteriores alargados, cobrindo a maior parte do abdômen	Glaresidae
23(21').	Élitros encurtados e muito divergentes no ápice (com exceção de *Lichnanthe lupina*), não cobrindo o pigídio; oitavo segmento abdominal morfológico com espiráculo	Glaphyridae
23'.	Élitros não encurtados ou muito divergentes no ápice, pigídio exposto ou não (Figura 26-19); oitavo segmento abdominal morfológico sem espiráculo	Scarabaeidae
24(12').	Tarso posterior com 2 a 5 tarsômeros, mas nunca pseudotetrâmero (terceiro de 5 tarsômeros na perna posterior não lobado ventralmente e envolvendo o quarto, pequeno; qualquer outra configuração possível) (Figuras 26-10C-F,H-K)	25
24'.	Tarso posterior pseudotetrâmero, com o penúltimo tarsômero aparente lobado ventralmente, envolvendo e quase escondendo o quarto verdadeiro tarsômero (Figuras 26-10A-B,G, 26-47G-I)	26

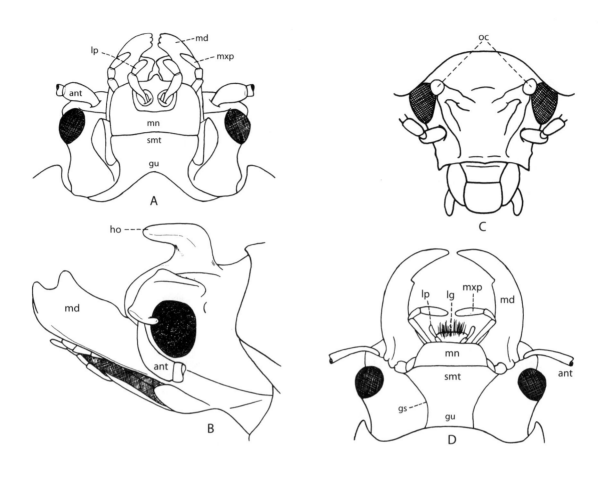

Figura 26-13 Cabeças de Coleoptera. **A**, vista ventral e **B**, vista lateral, de *Odontotaenius disjunctus* (Illiger) (Passalidae); **C**, *Derodontus* (Derodontidae); D, *Pseudolucanus* (Lucanidae). *ant*, base da antena; *gs*, sutura gular; *gu*, gula; *ho*, corno; *lg*, lígula; *lp*, palpo labial; *md*, mandíbula; *mn*, mento; *mxp*, palpo maxilar; *oc*, ocelo; *smt*, submento.

25(24).	Palpos muito curtos, geralmente fixos de modo imóvel e não visíveis; cabeça com rostro, prolongada em um bico ou antena geniculada com clava compacta	27
25'.	Palpos mais longos, flexíveis e evidentes (por exemplo, ver Figura 26-4); cabeça sem rostro, se presente ou com antena geniculada e clava compacta, os palpos serão mais longos e flexíveis	38
26(24').	Coxa posterior sem face posterior exposta; antena nunca reta e clavada; com um dos seguintes caracteres: antena longa e simples, antena geniculada e clavada, cabeça com rostro (Figuras 26-47A,C) ou fêmur posterior alargado	27
26'.	Coxa posterior com face posterior distinta (pelo menos medianamente) separada da superfície ventral por uma carena ou borda saliente, ou antena clavada forte ou fracamente, mas não geniculada e cabeça nem um pouco prolongada em rostro	77

27 (25,26).	Antena sem clava distinta, filiforme, moniliforme, serrada ou pectinada (Figuras 26-5A-B); cabeça não prolongada em rostro; se a antena for distintamente clavada, então a clava terá 5 ou mais artículos, comprimento da cabeça do vértice até a margem do clípeo ≤ que a largura da cabeça imediatamente atrás dos olhos	28
27'.	Antena com clava distinta de 4 ou menos artículos (Figuras 26-5H, 26-45A-D, 26-47A-G) ou, se antena moniliforme (Figura 26-5B), então cabeça distintamente prolongada em rostro ou, se clava com 5 ou mais artículos, então comprimento da cabeça até o vértice da margem do clípeo > que a largura da cabeça logo atrás dos olhos	32
28(27).	Prosterno na frente das coxas anteriores mais longo que o processo intercoxal; comprimento do corpo < 5 mm; mandíbula com cavidade setosa dorsal, coberta pelo clípeo quando fechada; com ou sem tubérculo dorsobasal que se encaixa na lateral do clípeo; achatado dorsalmente; élitros recobertos por cerdas finas, moderadamente densas, suberetas a eretas (Psammoecini)	Silvanidae
28'.	Prosterno mais curto ou quase igual ao tamanho do processo intercoxal; se for mais longo, então o comprimento do corpo será > 7 mm; mandíbula sem cavidade setosa dorsal e tubérculo dorsobasal; forma do corpo e das cerdas variável	29
29(28').	Antena mais longa que a metade do comprimento do corpo, com frequência inserida em uma proeminência, capaz de ser flexionada para trás sobre o corpo; tíbia com 2 esporões apicais nítidos; primeiro artículo mais longo que o segundo; pigídio nunca esclerotizado e exposto; 3 mm a 75 mm de comprimento na América do Norte	Cerambycidae
29'.	Antena menor que a metade do comprimento do corpo, raramente inserida em uma proeminência, não flexionável para trás sobre o corpo; tíbia com 0 a 2 esporões apicais; comprimento do primeiro artículo raramente com mais de 2 a 3 vezes o comprimento do segundo; pigídio de algumas espécies esclerotizado e exposto; comprimento < 12 mm na América do Norte	30
30(29').	Todas as tíbias com 2 esporões apicais distintos; a anterior sem sulcos em forma de X; mesonoto com ou sem lima estridulatória; lígula grande, membranosa, bilobada; edeago com suportes medianos e tégmen bilobado	31
30'.	Pelo menos uma tíbia com menos de dois esporões apicais ou a anterior com sulcos profundos em forma de "X"; mesonoto sem lima estridulatória; lígula normal; edeago sem suportes medianos	Chrysomelidae
31(30).	Cabeça com têmpora curta, mas distinta atrás dos olhos, separada do pescoço estreitado; ápice da mandíbula bidenteada; lígula com um único lobo; mesonoto com lima estridulatória	Megalopodidae
31'.	Cabeça sem têmporas, estreitada de modo uniforme da parte de trás dos olhos até o pescoço; ápice da mandíbula unidenteada ou bidenteada; lígula bilobada; mesonoto sem lima estridulatória	Orsodacnidae
32(27').	Antena geniculada (raramente parecendo reta ou quase reta), clava compacta (Figura 26-47A; trocânter posterior não cilíndrico, fêmur fundido obliquamente	Curculionidae
32'.	Antena reta, clava pouco compacta ou não evidente; se a antena for geniculada (muito raro), o trocânter posterior será cilíndrico e fundido ao fêmur em ângulo reto	33
33(32').	Labro visível e livre; segundo tarsômero não esponjoso ventralmente; palpos maxilares normais	34
33'.	Labro nunca livre; tarsos variáveis; palpos maxilares rígidos	35
34(33).	Antena situada adjacente ou lateralmente ao olho, próximo da base de um rostro curto e plano dorsoventralmente; ápice do terceiro artículo atingindo muito além da margem do olho; todas as tíbias sem esporões ou com esporões vestigiais; suturas notosternais indistintas a obsoletas	Anthribidae

34'.	Antena situada distalmente em um longo rostro cilíndrico; ápice do terceiro artículo atingindo por pouco ou não atingindo a margem anterior do olho; todas as tíbias com esporões; suturas notosternais distintas	Nemonychidae
35(33').	Antena moniliforme e corpo alongado (Brentinae, Cyphagoginae, Trachelizinae) ou antena reta e clavada, corpo piriforme, trocânter posterior cilíndrico, fundido ao fêmur em ângulo reto (Apioninae, Nanophyinae) ou antena geniculada, corpo piriforme e trocânter posterior cilíndrico, fundido ao fêmur em ângulo reto (Nanophyinae) ou antena com 9 a 10 artículos e corpo alongado, cilíndrico (Figura 26-46) (Cyladinae, Nanophyinae)	Brentidae
35'.	Antena reta, não geniculada, com 11 artículos, clava distinta (Figuras 26-45C-D); trocânter posterior triangular ou em forma de diamante, fundido obliquamente ao fêmur; forma do corpo variável	36
36(35').	Gena projetada anteriormente de cada lado, visível em vista frontal como um grande dente em cada lado do ápice do rostro, lateralmente à mandíbula; superfície dorsal com cerdas nítidas, reclinadas, semelhantes a escamas; superfície do corpo sem reflexo metálico; comprimento 12 mm ou mais	Ithyceridae
36'.	Gena não projetada anteriormente; superfície superior glabra ou com cerdas finas, semelhantes a pelos; superfície corporal com um reflexo metálico distinto; comprimento variável, na maioria < 10 mm	37
37(36').	Antena separada do olho por uma distância pelo menos igual à largura do primeiro artículo, posicionada lateralmente em um rostro quadrado e longo (Figura 26-45H) ou muito próxima ao olho na base de um rostro curto e robusto; tíbia anterior com face anterior apicalmente plana, simples, não distinta do resto da superfície; fêmur posterior com margem dorsal discreta a moderadamente arqueada; pigídio oblíquo a vertical; élitro com estríola escutelar; superfície corporal com um reflexo metálico distinto	Attelabidae
37'.	Antena situada imediatamente na frente do olho, na base de um rostro longo e cilíndrico; tíbia anterior apresentando face frontal com área apical sulcada rasa, preenchida por uma pilosidade curta e fina; fêmur posterior com margem dorsal acentuadamente arqueada, com forma semelhante à de um remo, fêmur quase tão largo quanto longo; pigídio quase horizontal; élitro sem estríolas escutelares; superfície corporal sem um reflexo metálico	Belidae
38(25').	Comprimento ≤ 1,2 mm; antena longa, fina, com clava pouco compacta a indistinta; artículos com uma espiral de cerdas longas no ápice cada um; asa franjada com cerdas longas, mais longas que a largura da asa, ou asas ausentes	Ptiliidae
38'.	Comprimento variável, antena diferente da descrição anterior, asas raramente com franjas mais longas que a largura da asa	39
39(38').	Cabeça com ocelos pareados (Figura 26-13C)	40
39'.	Cabeça sem ocelos pareados (um único ocelo mediano pode estar presente)	42
40(39).	Borda anterior do escutelo elevada de modo abrupto e agudo acima do mesoscuto; metepisterno atingindo a cavidade coxal média e fazendo contato com o primeiro ventrito para separar a coxa posterior da margem do élitro	Derodontidae
40'.	Borda anterior do escutelo sem elevação abrupta, contínua ao mesoscuto; metepisterno variável	41
41(40').	Élitros cobrindo completamente o abdômen; antenas curtas, não atingindo a metade do pronoto, com 9 artículos, clava composta por 5 artículos pubescentes; superfície ventral com pubescência muito curta e densa (Ochthebiinae)	Hydraenidae

41'.	Um ou mais tergos abdominais expostos além dos élitros; antena curta a longa, atingindo além da metade do pronoto nas espécies com élitros longos; clava antenal, se presente, não envolvendo 5 artículos; região ventral do corpo sem pubescência curta e densa (Omaliinae)	Staphylinidae
42(39').	Élitros muito curtos, deixando 3 ou mais tergitos abdominais expostos	43
42'.	Élitros mais longos, deixando no máximo 1 ou 2 tergitos abdominais expostos	64
43(42).	Tarso posterior com 1 tarsômero a menos que o tarso médio	44
43'.	Tarsos médios e posteriores com o mesmo número de tarsômeros.	47
44(43).	Corpo muito achatado dorsoventralmente; abdômen com 5 ventritos (Inopeplinae)	Salpingidae
44'.	Corpo não muito achatado; abdômen com 6-7 ventritos	45
45(44').	Antenas serradas, pectinadas, flabeladas, bipectinadas ou biflabeladas	Rhipiphoridae
45'.	Antenas, no máximo, fracamente serradas	46
46(45').	Garra pré-tarsal com processo longo e agudo ou lâmina partindo da base, com mais da metade do comprimento da garra, raramente (*Hornia*) reduzida a um espinho hialino; antena filiforme; corpo corpulento e macio	Meloidae
46'.	Garra pré-tarsal simples; antena fracamente clavada; corpo cilíndrico (Euaesthetinae)	Staphylinidae
47(43').	Olhos grandes, separados frontalmente por distância menor que o diâmetro do terceiro artículo; asas bem desenvolvidas, dobradas longitudinalmente em repouso; palpo maxilar complexo; artículos 9 a 11 menores que a metade da largura dos artículos 3 a 5 (*Atractocerus*)	Lymexylidae
47'.	Olhos separados por uma distância maior que o diâmetro do terceiro artículo; asas, se bem desenvolvidas, dobradas em sentido transversal; palpos maxilares simples; antenas diferentes da descrição anterior	48
48(47').	Estria escutelar presente; os dois ventritos basais conatos, sutura não diminuída medianamente; antena dos machos pectinada a flabelada ou plumosa; serrada nas fêmeas	Buprestidae
48'.	Estria escutelar ausente; todos os ventritos livres ou 4 ventritos conatos; antena variável	49
49(48').	Antena com clava distinta (Figuras 26-5C-I, 26-6A)	50
49'.	Antena não clavada (Figuras 26-5A-B)	55[3]
50(49).	Tarso médio com 2 a 4 tarsômeros	Staphylinidae
50'.	Tarso médio com 5 tarsômeros	51
51(50').	Antena com 4 artículos apicais expandidos em clava assimétrica, o primeiro brilhante, os outros 3 tomentosos (Figura 26-6A); élitros com alguma combinação de preto e laranja, mas às vezes totalmente pretos; quinto tergito com um par de carenas longitudinais cobertas por limas estridulatórias; ≥ 12 mm de comprimento, em geral 15 mm (Nicrophorinae)	Silphidae[4]

[3] Se um erro for cometido no início da chave, a família de mixófagos Hydroscaphidae será incluída aqui. Estes pequenos besouros (1,0 mm a 1,2 mm de comprimento) podem ser reconhecidos pelo último artículo alongado e estreito, que não se encaixa na opção "clava distinta" ou "não clavada", assim como pela presença de suturas notopleurais.

[4] Thanatophilus (Silphidae) pode ser incluído aqui para indivíduos com abdômen estendido; não possui as limas estridulatórias do quinto tergito e mede de 8 mm a 14 mm de comprimento, mas em outros aspectos combina com a descrição desta chave devido à configuração das antenas.

51'.	Antena diferente da descrição anterior; quinto tergito sem limas estridulatórias; cor variável; 13 mm de comprimento ou menos, em geral < 10 mm	52
52(51').	Antena com 3 artículos; pronoto com bolsões antenais anterolateralmente acima das margens laterais; dorsoventralmente achatado, parasitas de castores semelhantes a piolhos (*Platypsyllus*)	Leiodidae
52'.	Antena com 9 a 11 artículos; pronoto sem bolsões antenais	53
53(52').	Cavidade coxal anterior aberta	Staphylinidae
53'.	Cavidade coxal anterior fechada	54
54(53').	Margens laterais do pronoto completas, ou seja, com margem elevada da borda anterior à borda posterior do pronoto; abdômen com 5 ventritos	Nitidulidae
54'.	Margens laterais do pronoto incompletas; abdômen com 6 ventritos (*Cylidrella*)	Trogossitidae
55(49').	Tarso médio com 4 tarsômeros ou menos	Staphylinidae
55'.	Tarso médio com 5 tarsômeros	56
56(55').	Mesosterno escavado medianamente, formando uma cavidade para alojar o processo prosternal prolongado; sudoeste dos Estados Unidos (Cebrioninae)	Elateridae
56'.	Mesosterno não escavado para alojar o processo prosternal prolongado; distribuição ampla	57
57(56').	Antena com 12 artículos; antena bisserrada, bipectinada ou birramosa	Phengodidae
57'.	Antena com menos de 12 artículos; tipo de antena variável	58
58(57').	Últimos palpômeros maxilares e labiais longos, quase tão longos quanto a antena ou mais	Telegeusidae
58'.	Últimos palpômeros maxilares e labiais muito mais curtos que as antenas	59
59(58').	Parte de cima da cabeça coberta pelo pronoto (Figura 26-27A); com órgãos luminescentes no abdômen	Lampyridae
59'.	Cabeça visível de cima; nunca com órgãos luminescentes	60
60(59').	Borda anterior do escutelo abruptamente elevada, com degrau distinto até o mesoscuto (fêmea de *Anorus*)	Dascillidae
60'.	Borda anterior do escutelo no mesmo plano do mesoscuto	61
61(60').	Pronoto com vesículas eversíveis laterais (Malachiinae)	Melyridae
61'.	Pronoto sem vesículas eversíveis	62
62(61').	Asa posterior enrolada como um charuto; cavidades com cerdas medianas presentes nos ventritos 3 a 5 do macho; trocantim oculto; escutelo emarginado posteriormente; < 3 mm de comprimento	Micromalthidae
62'.	Asa posterior, se totalmente desenvolvida, dobrada normalmente; ventritos sem cavidades com cerdas; trocantim exposto ou oculto; escutelo variável; comprimento variável	63
63(62').	Élitros individualmente arredondados, não se encontrando apicalmente na sutura; mandíbula longa e estreita	Cantharidae
63'.	Élitros truncados, encontrando-se na sutura apicalmente; mandíbula curta e larga	Staphylinidae
64(42').	Ápices de cada um dos penúltimos 2 ou 3 artículos completamente anelados por sulco com microcerdas (goteiras periarticulares) (devem ser visualizados distalmente, difícil de observar em espécimes muito pequenos ou naqueles com clava antenal muito compacta); antena com clava pouco compacta distinta a indistinta; protórax com margens laterais agudas; abdômen com 5 a 6 ventritos; trocantim anterior exposto ou oculto, se for oculto e houver antena com 11 artículos, então o artículo 8 será menor que o 7 ou o 9 (Figura 26-4)	65

64'.	Antena sem goteiras periarticulares na clava antenal; outros caracteres variáveis; se goteiras periarticulares completas estiverem presentes, o trocantim anterior será oculto, a antena terá 11 artículos e o artículo 8 não será menor que o 7 e o 9	66
65(64).	Esporões tibiais posteriores de comprimento desigual; besouros pequenos (1 mm a 6 mm), de arredondados a alongado-ovais, brilhantes, granulados ou transversalmente estriados; élitros glabros ou pubescentes, estriados ou não; protórax com a largura dos élitros; coxas anteriores muito salientes e comprimidas pela cavidade coxal; muitas vezes capaz de contrair-se na forma de uma bola, curvando a cabeça e o protórax sob o corpo; antena distintamente clavada, com 11 artículos, 5 dos quais fazem parte da clava e o artículo 8 é menor que o 7 ou o 9. Alguns gêneros com 10 ou 11 artículos e clava distinta de 3 ou 4 artículos; estes com fêmur posterior achatado, externamente marginado, porção apical escavada para alojar a tíbia; fórmula tarsal altamente variável, 3-3-3, 4-4-4, 5-4-4, 5-5-4 ou 5-5-5; um gênero (*Colon*) com 11 artículos e antena ligeiramente clavada gradualmente sem o oitavo artículo pequeno, élitros pubescentes, com forma característica e estrias suturais (ver também descrição 124)	Leiodidae[5]
65'.	Esporões tibiais posteriores claramente desiguais; besouros de tamanho moderado (4 mm a 14 mm), ligeiramente achatados e brilhantes; élitros estriados e glabros; pronoto ligeiramente estreitado em relação aos élitros; coxa anterior fortemente saliente ou transversa; corpo não retrátil; antena longa, clava pouco compacta e indistinta, oitavo artículo nunca menor que o 7 e o 9; fêmur simples; tarsos 5-5-5	Agyrtidae
66(64').	Tarso médio com 3 tarsômeros aparentes, claramente com 3 tarsômeros (Figura 26-10I) ou segundo tarsômero fortemente lobado e escondendo o penúltimo (terceiro) tarsômero pequeno (Figura 26-10E)	67
66'.	Tarso médio com 4 ou 5 tarsômeros distintos ou primeiro tarsômero distintamente lobado, englobando o segundo muito pequeno e o terceiro pequeno dentre os 4 tarsômeros, parecendo haver 2 ou 3 tarsômeros	75
67(66).	Tarso médio pseudotrímero, com o segundo tarsômero fortemente lobado, escondendo o penúltimo (terceiro) pequeno tarsômero (Figura 26-10E)	68
67'.	Tarso médio realmente com três tarsômeros, segundo tarsômero não muito lobado	70
68(67).	Cavidade coxal anterior fechada (exceto em *Holopsis*); cabeça pequena, coberta pelo pronoto em forma de capuz; se a cabeça estiver exposta quando vista de cima, então as cavidades coxais anteriores serão fechadas; na maioria, pequenos besouros < 2 mm	Corylophidae
68'.	Cavidade coxal anterior aberta; cabeça visível de cima, na frente do pronoto; tamanho variável, até 11 mm	69
69(68').	Sutura frontoclipeal distintamente marcada; todos os ventritos livres; primeiro ventrito sem linhas pós-coxais; pronoto frequentemente com linhas sublaterais	Endomychidae
69'.	Sutura frontoclipeal ausente; 2 ventritos basais conatos, primeiro ventrito com linhas pós-coxais; pronoto sem linhas sublaterais	Coccinellidae
70(67').	Olhos ausentes (*Anommatus*)	Bothrideridae
70'.	Olhos presentes	71
71(70').	Cabeça gradualmente estreitada atrás dos olhos, sem têmporas distintas ou pescoço; cavidade coxal anterior aberta; corpo oval ou alongado-oval com a base do pronoto apresentando largura quase igual à da base dos élitros	72

[5] Três gêneros muito aberrantes e ecologicamente restritos que não possuem antenas distintamente clavadas são incluídos aqui. Glacicavicola está restrito a cavernas congeladas em Idaho e Wyoming e é caracterizado por cabeça alongada, pronoto e élitros, cada um separadamente comprimido; cutícula translúcida, brilhante; olhos ausentes, com pernas e antenas alongadas e delgadas. Dois gêneros de Platypsyllinae estão associados a mamíferos e seus ninhos, são caracterizados por corpo oval, fortemente achatado dorsoventralmente, pubescência reclinada, uma crista occipital sobreposta à margem anterior do pronoto e olhos ausentes ou apenas indicados.

71'.	Cabeça bruscamente estreitada atrás dos olhos ou têmporas, com pescoço distinto; cavidade coxal anterior aberta ou fechada; corpo alongado ou alongado-oval, com a base do pronoto distintamente mais estreita que os élitros	73
72(71).	Escapo antenal normal, mais curto que a clava; funículo mais longo que toda a clava; margem posterior do último ventrito crenulada (*Ostomopsis*)	Cerylonidae[6]
72'.	Escapo antenal grande, desigual em comprimento à clava; funículo com 3 artículos, mais curto que o primeiro artículo da clava (*Micropsephodes*)	Endomychidae
73(71').	Abdômen com 6 ventritos; cabeça estreitada imediatamente atrás dos olhos, têmporas ausentes; cavidade coxal anterior aberta; margem lateral do pronoto grossamente denteada; trocantim exposto; cavidade coxal média aberta (*Dasycerus*)	Staphylinidae
73'.	Abdômen com 5 ventritos; cabeça atrás dos olhos com têmporas distintas; cavidade coxal anterior aberta ou fechada; margem lateral do pronoto simples a finamente denteada ou ausente; trocantim oculto; cavidade coxal média variável	74
74(73').	Abdômen muito curto, com metade do comprimento do metasterno; pronoto não marginado lateralmente; escutelo oculto; élitro na base com uma fóvea na extremidade de sulco impresso; Flórida	Jacobsoniidae
74'.	Abdômen mais longo que o metasterno; (exceto *Akalyptoischion*, Califórnia); margem lateral do pronoto ausente a finamente denteada; escutelo pequeno, mas visível; élitros estriados; comuns e amplamente distribuídos	Latridiidae
75(66').	Antena com 9 artículos, últimos 5 formando a clava; abdômen com 6 a 7 ventritos; pequeno esclerito intercoxal presente entre as coxas posteriores; palpo maxilar longo em relação à antena; superfície ventral com pubescência repelente de água; ≤ 3,0 mm de comprimento	Hydraenidae
75'.	Sem a combinação anterior de caracteres	76
76(75').	Antena com 7 a 9 artículos, artículos 7 a 9 formando uma clava pouco compacta e tomentosa, artículo 6 muitas vezes formando uma cúpula na base de clava; palpo maxilar com o mesmo comprimento ou mais longo que a antena (Figura 26-18), sempre mais longo que metade do comprimento antenal; coxa posterior com carena ventroposterior separando uma face posterior convexa que gira contra uma escavação anterior do primeiro ventrito; planos da superfície ventral da coxa posterior e primeiro ventrito descontínuos; trocânter posterior inserido na superfície ventral (não posterior) da coxa (Figura 26-18B), fêmur mantido contra a face ventral da coxa, e não contra a face posterior da coxa, ou achatado na superfície abdominal quando totalmente retraído	Hydrophilidae
76'.	Antena variável, mas diferente da descrição anterior; palpo maxilar muito mais curto que a antena; coxa posterior configurada de modo diferente	77
77(26',76').	Coxas posteriores com face posterior distinta (pelo menos medianamente), separada da superfície ventral por carena ou margem, face posterior escavada; superfície ventral da coxa posterior não contínua com primeiro ventrito; fêmur posterior inserido na face posterior da coxa, mantido posteriormente à coxa quando retraído; cavidade coxal anterior aberta; tarsos médios e posteriores com número igual de tarsômeros	78
77'.	Coxa posterior sem face posterior distinta; trocânter posterior inserido na superfície ventral ou em uma pequena projeção medial da coxa, nunca recebido em escavação coxal e mantido em repouso ventralmente à coxa na posição retraída; superfície ventral da coxa posterior mais ou menos contínua com primeiro ventrito ou, se não, o tarso posterior terá um tarsômero a menos que o tarso médio; cavidade coxal anterior aberta ou fechada	118

[6] A família de mixófagos Microsporidae será incluída aqui se ocorrer um erro na dicotomia 2. As características da antena nesta dicotomia são correspondentes, mas não possuem crenulação no último ventrito. Estes pequenos besouros (0,5 mm a 1,2 mm de comprimento) podem ser facilmente reconhecidos por possuir apenas três ventritos (cinco em Ost*omopsis*).

78(77).	Abdômen com 7 a 8 ventritos, tarso posterior com 5 tarsômeros	79
78'.	Abdômen com 6 ventritos ou menos; tarso posterior com 5 ou 4 tarsômeros	84
79(78).	Cabeça com ocelos medianos (*Thylodrias*)	Dermestidae
79'.	Cabeça sem ocelos medianos	80
80(79').	Antena com 12 artículos, birramosa (macho de *Zarhipis*)	Phengodidae
80'.	Antena com 11 artículos, simples a uniramosa ou birramosa	81
81(80')	Coxas médias distintamente separadas; élitros reticulados, no mínimo fracamente carenados; fêmur ou tíbia achatados; pronoto com carena mediana longitudinal, sulco ou células distintas, ocasionalmente restritos à base ou disco	Lycidae
81'.	Coxas médias contíguas ou quase; élitros não reticulados; fêmur e tíbia raramente achatados; pronoto raramente com carena mediana longitudinal, sulco ou células distintas	82
82(81').	Pronoto estendendo-se para a frente, cobrindo a cabeça em vista dorsal; 1 ou mais ventritos com órgãos luminescentes (mais nítidos nos machos); inserções antenais separadas por uma distância ≤ do que o diâmetro da fossa antenal	Lampyridae
82'.	Cabeça exposta em vista dorsal quando estendida; se coberta pelo pronoto, antenas separadas por quase duas vezes o diâmetro da fossa antenal; abdômen sem órgãos luminescentes	83
83(82').	Labro não distinto, membranoso e não visível abaixo do clípeo; abdômen com aberturas glandulares pareadas na borda lateral dos tergitos; tarsômero 4 com lobos ventrais bífidos	Cantharidae
83'.	Labro distinto e esclerotizado; abdômen sem aberturas glandulares pareadas nos tergitos; tarsômeros 3 e 4 com lobos ventrais bífidos	Omethidae
84(78').	Ângulos posteriores do protórax agudos, englobando úmeros elitrais (Figura 26-26A,C); tarso posterior com 5 tarsômeros; 3 ou mais ventritos conatos; protórax dorsoventralmente móvel em relação ao mesotórax; processo intercoxal do prosterno longo, deprimido dorsalmente, alojado na cavidade coxal média profunda como mecanismo de encaixe; se o mecanismo de encaixe não for visível porque a porção visível do processo intercoxal for plana ventralmente e alojada firmemente no mesosterno profundamente emarginado, então sutura esternopleural ou hipômero sulcados para alojar a antena	85
84'.	Ângulos posteriores do protórax não agudos e englobando úmeros elitrais, ou raramente um pouco agudos e englobando fracamente os úmeros; tarso posterior com 4 ou 5 tarsômeros; ventritos variáveis; processo prosternal variável, se grande e alojado em mesosterno profundamente emarginado, então ápice do processo prosternal não deprimido dorsalmente nem capaz de encaixe; se grande processo prosternal alojado firmemente na cavidade coxal média profunda e região ventral do protórax sulcada para alojar antena, então tarso posterior com 4 tarsômeros	87
85(84).	Labro oculto externamente; abdômen com 5 ventritos conatos	Eucnemidae
85'.	Labro livre e visível; abdômen com 3 a 5 ventritos conatos	86
86(85').	Antena indistinta a distintamente clavada, ápice alojado em cavidade marginada da porção posterolateral do hipômero, imediatamente antes da perna anterior retraída; metasterno com ou sem sulco marginado oblíquo para recepção do tarso médio; prosterno com mecanismo de encaixe oculto por uma superfície ventral em forma de placa do processo intercoxal pós-coxal, que se encaixa firmemente na porção exposta da cavidade mesosternal; élitros fortemente estriados e recobertos por cerdas subrecumbentes; abdômen com 5 ventritos conatos; 1 mm a 5 mm de comprimento	Throscidae

86'.	Antena variável (filiforme, serrada, pectinada etc.), mas não clavada; sulco antenal, se presente, sobre ou próximo à sutura esternopleural; metasterno sem sulcos marginados para o tarso médio; se houver um mecanismo de encaixe oculto como na descrição anterior, os élitros não serão fortemente estriados e as cerdas serão suberetas; abdômen com 3 ou 4 ventritos conatos; 1 mm a 60 mm de comprimento (Figura 26-26A,C)	Elateridae
87(84').	Cavidade coxal média fechada lateralmente, mesosterno e metasterno encontrando-se lateralmente à coxa média; ou antenas alongadas, artículos 3 a 8 com longos ramos, 9 a 11 achatados, alongados serrados; pronoto geralmente em forma de capuz, cobrindo a cabeça	88
87'.	Cavidade coxal média aberta lateralmente, mesosterno e metasterno separados lateralmente da coxa média pelo mesepímero ou mesepímero e mesepisterno; antena diferente da descrição anterior; pronoto variável	89
88(87).	Trocânter posterior cilíndrico, curto a longo, articulado ao fêmur em ângulo reto, separando distintamente a coxa e a tíbia	Anobiidae
88'.	Trocânter posterior curto, triangular, articulado obliquamente ao fêmur de modo que o fêmur e a coxa sejam adjacentes ou estreitamente separados em um dos lados	Bostrichidae
89(87').	Margem anterior do escutelo com carena abruptamente elevada que se encaixa na margem posterior do pronoto, ou escutelo ausente ou não visível	90
89'.	Escutelo visível, margem anterior sem elevação abrupta, encaixada sob a margem posterior sobreposta do pronoto	113
90(89).	Coxa anterior forte e distintamente saliente abaixo do prosterno, um terço ou mais do comprimento dorsoventral abaixo do processo intercoxal; coxa anterior cônica ou cônicotransversa	91
90'.	Coxa anterior com pouca ou nenhuma saliência abaixo do prosterno; se coxa anterior cônica, então situada longitudinalmente com pouca ou nenhuma projeção ventralmente abaixo do processo intercoxal	98
91(90).	Tarso com 4 tarsômeros distintos; placas coxais posteriores muito expandidas, escondendo a maior parte do primeiro ventrito; asa posterior, quando desenvolvida, franjada com longas cerdas; 0,7 mm a 2 mm de comprimento	Clambidae
91'.	Tarso com 5 tarsômeros distintos; placas coxais posteriores distintas não escondendo a maior parte do primeiro ventrito; asa não franjada; tamanho variável	92
92(91').	Antena com clava distinta e simples com 3 artículos (Figura 26-5G)	93
92'.	Antena com conformação variável, mas sem clava simples com 3 artículos compactos	95
93(92).	Élitros truncados; pigídio esclerotizado e completamente ou quase completamente exposto	Sphaeritidae
93'.	Élitros completos; pigídio não esclerotizado, completamente coberto ou com apenas uma pequena porção exposta	94
94(93').	Superfície dorsal do corpo glabro; corpo retrátil; tíbia anterior alojada anteriormente ao fêmur, cobrindo a antena na cavidade hipomeral quando retraída (Orphilinae)	Nosodendridae
94'.	Superfície dorsal do corpo variavelmente pubescente, setosa ou escamiforme; corpo não contrátil; tíbia anterior alojada posteriormente ao fêmur, a clava antenal não é coberta pela perna quando retraída	Dermestidae
95(92').	Base do pronoto crenulada; escutelo em geral com fenda medianamente na margem anterior; inserção antenal não elevada; mandíbula moderada e curvada de modo uniforme; labro grande, esclerotizado, localizado dorsalmente às mandíbulas	Ptilodactylidae

95'.	Base do pronoto simples; margem anterior do escutelo sem fenda; margem dorsal da inserção antenal elevada e protuberante; mandíbula grande, curvada abruptamente em posição mesal em um ângulo quase reto; labro curto e membranoso ou estendendo-se entre e abaixo das mandíbulas	96
96(95').	Empódio oculto entre as bases das garras ou ausente; base do pronoto quase reta	Dascillidae
96'.	Empódio grande, um terço do comprimento da garra; base do pronoto fortemente sinuosa ao redor do escutelo (Figura 26-20)	97
97(96').	Tarsômeros 1 a 4 com grandes lobos membranosos divididos (Figura 26-10F); antena lamelada (machos) ou gradualmente serrada apicalmente (fêmeas)	Rhipiceridae
97'.	Tarsos simples, sem lobos ventrais; antena serrada a pectinada	Callirhipidae
98(90').	Cabeça com ocelo mediano único	Dermestidae
98'.	Cabeça sem ocelo	99
99(98').	Antena curta, não atingindo a metade do pronoto; escapo e pedicelo (artículos 1 a 2) relativamente grandes, somando em conjunto um terço ou mais do comprimento total; artículos 3 ao último transversos; corpo recoberto por setas densas	100
99'.	Antena curta a longa, escapo e pedicelo (artículos 1 a 2) não correspondendo a um terço do comprimento total; artículos 3 ao último variáveis; revestimento do corpo variável	102
100(99).	Cabeça distintamente prognata, mandíbulas fortemente salientes para frente; fêmur anterior alargado medianamente e provido externamente com espinhos fortes; tarso médio com 4 tarsômeros	Heteroceridae
100'.	Cabeça distintamente hipognata, mandíbulas dirigidas ventralmente ou não visíveis; fêmur anterior simples, nem alargado medianamente nem provido de grandes espinhos; tarso médio com 5 tarsômeros	101
101(100').	Metasternito com linhas pós-coxais delimitando a posição retrátil das tíbias médias; antena escondida no sulco subocular e cavidade entre a cabeça e o pronoto; corpo oval	Lutrochidae
101'.	Metasternito sem linhas pós-coxais; sulco subocular ausente ou muito fracamente desenvolvido, antena não escondida no pronoto; corpo de lados quase paralelos	Dryopidae
102(99').	Escapo e pedicelo alojados em prosternos e mesosternos profundamente escavados entre as coxas anteriores e médias; pedicelo mais longo que o escapo, escapo e pedicelo correspondendo juntos a mais de dois terços do comprimento do flagelo serrado; corpo fortemente retrátil, todas as pernas alojadas em cavidades; tarso médio com 5 tarsômeros, com lobo longo no terceiro tarsômero, quarto tarsômero pequeno e às vezes difícil de visualizar (pseudotetrâmero)	Chelonariidae
102'.	Antena não alojada em escavação entre as coxas anteriores e médias; antena diferente da descrição anterior; tarso médio não pseudotetrâmero	103
103(102').	Cabeça com carenas subgenais que se encaixam nas coxas anteriores quando a cabeça é retraída	Scirtidae
103'.	Cabeça sem carenas subgenais, genas sem contato com as coxas anteriores	104
104(103').	Dois ventritos basais conatos, com sutura entre eles parcialmente obliterada medianamente ou, se sutura entre os ventritos 1 e 2 não indistintas medianamente, suturas esternopleurais pelo menos moderadamente sulcadas para alojar as antenas	105

104'.	Todos os ventritos livres, ou 3 ou 5 ventritos conatos; suturas dos ventritos e esternopleurais variáveis	106
105(104).	Sutura entre os 2 ventritos basais distintos medianamente; tarso médio com pequeno empódio bissetoso; antena filiforme a distintamente clavada; corpo fortemente convexo	Byrrhidae
105'.	Sutura entre os 2 ventritos basais fraca a ausente medianamente (Figura 26-8B); tarso médio sem empódio visível; antena serrada, pectinada ou flabelada; corpo fracamente achatado dorsoventralmente	Buprestidae
106(104').	Pernas retráteis, giradas para a frente em repouso, com a tíbia posicionada anteriormente ao fêmur; fêmur anterior com carena na face posterior cobrindo a escavação tibial, tíbia anterior sulcada para alojar o tarso; com escavações marginadas na propleura, no mesosternito e nos ventritos para alojar as pernas	107
106'.	Se pernas retráteis, tíbia anterior posicionada posterior ou ventralmente ao fêmur; carena femoral anterior, se presente, localizada na face anterior	108
107(106).	Mento fortemente esclerotizado, expandido, cobrindo o lábio e as maxilas; cabeça não retraída; antena coberta pelas pernas anteriores em um amplo bolsão esternopleural; ventritos 1 e 2 escavados para a perna posterior; tíbias médias com espinhos marginais; 4 mm a 9 mm de comprimento	Nosodendridae
107'.	Mento normal, cabeça retrátil no pronoto até a margem anterior dos olhos (1 exceção); antena alojada em uma cavidade pronotal interna abaixo da cabeça, em uma cavidade pronotal anterior externa ou parcialmente em sulcos esternopleurais e parcialmente sob as pernas contra o hipômero; a escavação para a perna posterior, se presente, estará limitada ao ventrito 1; margem das tíbias médias não espinhosa; 1 mm a 2 mm de comprimento	Limnichidae
108(106').	Élitros com processo digitiforme na margem lateral da face ventral, próximo à curva subapical, encaixando-se no ventrito (os élitros devem ser separados da lateral do abdômen para a visualização desta característica)	Artematopodidae
108'.	Élitros sem a capacidade de encaixe acima	109
109(108').	Ângulos posteriores do pronoto com carenas discais curtas; cavidade coxal anterior com extensão lateral estreita na sutura pleurosternal	Brachypsectridae
109'.	Ângulos posteriores do pronoto sem carenas discais curtas; cavidade coxal anterior ampla na sutura pleurosternal	110
110(109').	Propleura estendida medianamente atrás da coxa anterior por aproximadamente metade do comprimento do trocantim; 10 mm a 15 mm de comprimento	111
110'.	Margem da propleura curvada em direção lateral posteriormente, não se estendendo medianamente atrás da coxa anterior; 1 mm a 8 mm de comprimento	112
111(110).	Margem posterior do pronoto crenulada; espinhos tibiais médios de tamanho quase igual, lisos; antena comprimida serrada; tarsômeros simples; empódio grande e setáceo	Eulichadidae
111'.	Margem posterior do pronoto simples; espinhos tibiais médios de tamanho quase igual, finamente serrados; antena cilíndricas serrada; tarsômeros 1 a 4 com grandes lobos membranosos divididos; empódio ausente	Dascillidae
112(110').	Borda posterior do pronoto simples; último tarsômero muito mais longo que os outros, com metade ou mais do comprimento total do tarso	Elmidae
112'.	Borda posterior do pronoto crenulada; último tarsômero de comprimento quase igual ao primeiro	Psephenidae
113(89').	Cabeça com carenas subgenais que se encaixam nas coxas anteriores quando a cabeça é retraída; prosterno estreito em frente à coxa, mais curto que o processo intercoxal	Scirtidae

113'.	Cabeça sem carenas subgenais, genas geralmente sem contato com as coxas anteriores; prosterno em frente à coxa quase do mesmo comprimento ou mais longo que o processo intercoxal	114
114(113').	Placa coxal posterior, em forma de placa, mais longa medianamente que o metasternito, escondendo a maior parte do fêmur posterior, mesmo quando totalmente estendido	Eucinetidae
114'.	Placa coxal posterior estreita, formando uma placa paralela ou uma carena simples; fêmur posterior totalmente visível	115
115(114').	Comprimento do corpo ≥ 4X a largura máxima; palpo maxilar do macho complexo e multilobulado	Lymexylidae
115'.	Comprimento do corpo < 2,5X a largura máxima; palpo maxilar não ramificado	116
116(115').	Processo intercoxal prosternal completo, atingindo a parte de trás da coxa anterior até o nível do mesosterno; porção posterior do hipômero não se estendendo por trás da coxa anterior; epipleura do élitro com borda carenada internamente completa até a sutura; cabeça com face estreitada; margem do clípeo reta; 3 ventritos basais conatos	Psephenidae
116'.	Processo intercoxal prosternal incompleto, não atingindo além do ponto médio da coxa anterior; porção posterior do hipômero variável atrás da coxa anterior; epipleura do élitro estreitada antes de atingir a sutura (completa em 1 gênero); cabeça com face não muito estreitada; margem do clípeo emarginada; todos os ventritos livres	117
117(116').	Élitros com 9 ou 10 estrias pontuadas; porção posterior do hipômero estendendo-se por metade da distância até a borda mediana da coxa anterior; 7 mm a 14 mm de comprimento	Agyrtidae
117'.	Élitros sem estrias pontuadas, variável em outros aspectos, irregularmente pontuadas, com esculturação rasa complexa) ou com até 3 carenas; porção posterior do hipômero não se estendendo atrás da coxa anterior ou estendendo-se apenas por curta distância medianamente à borda lateral da coxa anterior; 7 mm a 45 mm de comprimento	Silphidae
118(77').	Coxas posteriores amplamente separadas por um processo intercoxal largo e truncado do primeiro ventrito	119
118'.	Processo intercoxal do primeiro ventrito ausente, agudo ou arredondado	121
119(118).	Cavidade coxal média aberta lateralmente, fechamento envolvendo mesepisterno (Georissinae)	Hydrophilidae
119'.	Cavidade coxal média aberta ou não; se aberta, o fechamento envolverá apenas mesepímero	120
120(119').	Antena geniculada, clava com 3 artículos; élitros curtos e truncados expondo dois tergos não flexíveis; corpo compacto	Histeridae
120'.	Antena não distintamente geniculada, com ou sem clava; élitros raramente expondo 2 tergos; se houver 2 tergos expostos, haverá segmentos abdominais expostos flexíveis; corpo não ovalado ou cilíndrico e compacto	121
121(118', 120').	Coxa anterior com trocantim exposto	122
121'.	Trocantim não visível ou ausente	140
122(121).	Coxa posterior estendendo-se lateralmente para atingir a epipleura do élitro ou a região lateral do corpo, sem contato visível entre o metatórax e o primeiro ventrito	123
122'.	Coxa posterior não atingindo o élitro; primeiro ventrito e metatórax visivelmente em contato lateralmente com a coxa (Figuras 26-8A,B)	128
123(122).	Tarso posterior com 5 tarsômeros	124

123'.	Tarso posterior com 4 tarsômeros	169
124(123).	Cabeça com têmporas e carena occipital distinta, carena occipital encaixada firmemente ao pronoto, cabeça contraída na região posterior em um pescoço distinto (difícil visualizar quando a cabeça está retraída com a carena e as têmporas contra o pronoto); élitros com fortes estrias suturais características, nenhuma outra estria evidente; 11 artículos, clava gradual com 3 a 4 artículos; abdômen com 4 (fêmeas) ou 5 (machos) ventritos (*Colon*, ver descrição 65)	Leiodidae
124'.	Cabeça sem carena e pescoço contraído que se encaixa no pronoto; élitros estriados ou não, mas diferentes da descrição anterior; antena variável; pelo menos 5 ventritos.	125
125(124').	Processo prosternal entre as coxas distintamente elevado acima do nível do prosterno, ápice muito curvado dorsalmente, atingindo o nível das extensões pós-coxais do hipômero; escleritos cervicais ausentes; antena não clavada; élitros glabros ou subglabros; 8 mm a 20 mm de comprimento	Cerambycidae
125'.	Processo prosternal sem elevação entre as coxas nem ápice curvado dorsalmente; escleritos cervicais presentes; antena clavada ou não; élitros densa a esparsamente setosos, subglabros ou glabros; 1 mm a 24 mm de comprimento	126
126(125').	Coxa anterior sem projeção distinta abaixo do processo intercoxal, larga e transversa; antena distintamente clavada; protórax com margens laterais agudas; se a coxa anterior se projetar discretamente, a antena será distintamente clavada, os tarsos não serão lobados ventralmente e o inseto não será vermelho-vivo	Trogossitidae
126'.	Coxa anterior com projeção distinta abaixo do processo intercoxal, cônica ou transversa; antena variável; margem do protórax variável; se a coxa anterior apresentar apenas projeção discreta, a antena será fracamente clavada, os tarsos serão lobados ventralmente e corpo será vermelho-vivo	127
127(126').	Tarsos não lobados ventralmente; cavidade coxal anterior fortemente transversa; labro subtruncado a convexo, arredondado ou agudo; olhos não emarginados; antena raramente com clava apical distinta; se presente, clava com 5 ou mais artículos; élitros pontuados de modo confuso; pronoto e abdômen algumas vezes com glândulas eversíveis	Melyridae
127'.	Tarso com lobos em múltiplos tarsômeros; cavidade coxal anterior circular, alongada ou discretamente transversa; labro subtruncado a côncavo ou profundamente emarginado; olho emarginado; antena em geral clavada apicalmente, clava com um ou mais artículos; élitros com estrias pontuadas; pronoto e abdômen nunca com glândulas eversíveis	Cleridae
128(122').	Élitros curtos, expondo completamente 1 ou mais tergitos	129
128'.	Élitros cobrindo todo o abdômen ou expondo o ápice de 1 tergito	132
129(128).	Cavidade coxal anterior amplamente aberta (em mais da metade da largura da coxa); lábio com 2 palpômeros; processo abdominal truncado; pigídio e último ventrito mais longo que os 4 anteriores juntos	Smicripidae
129'.	Cavidade coxal anterior fechada ou estreitamente aberta em menos da metade da largura da coxa; lábio com 3 palpômeros ou sem articulação; processo abdominal agudo a amplamente arredondado ou ausente; pigídio variável	130
130(129').	Palpos labiais sem articulação; processo prosternal elevado entre as coxas anteriores e fortemente curvado dorsalmente	Brachypteridae
130'.	Lábio com 3 palpômeros; processo prosternal plano ou elevado entre as coxas anteriores, mas não muito curvado dorsalmente	131
131(130').	Antena com 10 artículos, clava com apenas um artículo; élitros com comprimento duas vezes maior que a largura (Rhizophaginae)	Monotomidae

131'.	Antena com 10 ou 11 artículos, clava com 3 ou mais artículos; élitros com comprimento duas vezes maior que a largura	Nitidulidae
132(128').	Tarso médio com 4 tarsômeros; lobos tarsais, quando presentes, são pequenos e não escondem o penúltimo tarsômero	133
132'.	Tarso médio com 5 tarsômeros, quinto possivelmente escondido pelo aumentado lobo do quarto (pseudotetrâmero)	135
133(132).	Margem lateral do pronoto crenulada; inserções antenais ocultas quando vistas de cima (*Sphindocis*)	Ciidae
133'.	Margens laterais do pronoto lisas ou minimamente denticuladas; inserções antenais visíveis de cima	134
134(133').	Corpo quase esférico, capaz de enrolar-se e assumir o formato de uma bola; mandíbulas em repouso apoiadas sobre o metasterno quando retraídas (*Cybocephalus*)	Nitidulidae
134'.	Corpo achatado e cilíndrico, ligeiramente esférico (Mycetophaginae)	Mycetophagidae
135(132').	Antena com 10 artículos, clava com 1 (Rhizophaginae)	Monotomidae
135'.	Antena com 10 ou 11 artículos; se clavada, clava com 2 ou mais artículos	136
136(135').	Corpo extremamente achatado; élitros de lados quase paralelos, disco quase perfeitamente plano entre carenas laterais arqueadas que se estendem dos úmeros até próximo aos ápices, separando os lados verticais e uma margem epipleural; grandes (> 10 mm) e avermelhados, com têmporas expandidas, ou pequenos (< 5 mm) e marrom-opacos, sem têmporas	Cucujidae
136'.	Corpo não muito distintamente achatado; élitros muito arqueados transversalmente; não corresponde a outras combinações da descrição anterior	137
137(136').	Face dorsal da mandíbula com tubérculo que se encaixa em cavidade no clípeo, cavidade setosa na base, não visível quando as mandíbulas estão fechadas (micângia); élitros com estria escutelar; antena com 2 ou 3 artículos formando clava; corpo oval a cilíndrico	Sphindidae
137'.	Mandíbula sem micângia dorsal; élitros sem estria escutelar; forma da antena e do corpo variável	138
138(137').	Tarsos médios e posteriores com mesmo número de tarsômeros; antena com clava distinta	139
138'.	Tarso posterior com 1 tarsômero a menos que o médio; antena distintamente clavada ou não	169
139(138).	Pigídio pelo menos parcialmente exposto, muito esclerotizado, pontuado, distintamente diferente dos outros tergitos (Figuras 26-31A,B); tíbias espinhosas ou denticuladas na margem externa	Nitidulidae
139'.	Pigídio não exposto, não esclerotizado, semelhante a outros tergitos; tíbias lisas na margem externa	Byturidae
140(121').	Inserções antenais ocultas quando vistas de cima pela expansão lateral da fronte; três ventritos basais conatos, quarto e quinto móveis; cavidade coxal anterior fechada por extensão em direção ao meio da região posterior do hipômero; processo coxal anterior não expandido lateralmente no ápice para fechar a cavidade coxal anterior; antena com 11 artículos (raramente com 9 ou 10)	Tenebrionidae
140'.	Sem esta combinação de caracteres	141
141(140').	Abdômen com os primeiros 4 ventritos conatos	142
141'.	Abdômen com menos de 4 ventritos conatos	143

142(141).	Antena serrada ou pectinada; inserção antenal exposta quando vista de cima; coxa posterior atingindo lateralmente a epipleura; processo intercoxal do prosterno com projeção apical longa e fendida, alojada na cavidade mesosternal profunda para formar mecanismo de salto; último ventrito sem sulco submarginal; mento sem fóvea com cerdas	Cerophytidae
142'.	Antena moniliforme, clavada ou capitada; inserção antenal não visível dorsalmente; coxa posterior não atingindo o élitro, primeiro ventrito e metepímero em contato lateralmente à coxa e medianamente à epipleura; processo prosternal amplo, alargado apicalmente; último ventrito com sulco submarginal; machos muitas vezes com fóvea de cerdas mediana no mento	Zopheridae
143(141').	Tarso posterior com 5 tarsômeros, tarsômero basal reduzido, muitas vezes difícil de visualizar, oculto na escavação apical das tíbias posteriores, ou mais curto que um quarto do comprimento do segundo tarsômero e inserido obliquamente abaixo dele (pode ser visível apenas ventralmente em um ângulo distal oblíquo, ver Figura 26-10D); élitros cobrindo o pigídio	Bostrichidae
143'.	Primeiro tarsômero pouco reduzido; se reduzido, pronoto diferente da forma de capuz, cabeça não hipognata ou tarso posterior de 4 tarsômeros, pigídio exposto	144
144(143').	Tarso médio com 4 tarsômeros distintos	145
144'.	Tarso médio com 5 tarsômeros, ou tarso pseudotetrâmero.	156
145(144).	Cavidade coxal média fechada lateralmente	146
145'.	Cavidade coxal média aberta lateralmente	152
146(145).	Inserção antenal oculta quando vista de cima	147
146'.	Inserção antenal exposta quando vista de cima	148
147(146).	Olhos presentes; se ausentes, os élitros têm tubérculos planos	Colydiidae
147'.	Olhos ausentes, élitros lisos (*Aglenus*)	Salpingidae
148(146').	Genas com par de cornos dirigidos anteriormente e estendendo-se além do lábio, visíveis de cima	Prostomidae
148'.	Genas sem cornos	149
149(148').	Abdômen com 6 ventritos; pronoto usualmente amplo, em forma de capuz, cobrindo total ou parcialmente a cabeça; pigídio em geral exposto; epipleura incompleta; sutura frontoclipeal ausente; comprimento < 2 mm	Corylophidae
149'.	Abdômen com 5 ou 6 ventritos; se 6, então comprimento ≥ 4 mm e sutura frontoclipeal presente; pronoto nunca em forma de capuz, cabeça visível de cima; pigídio e epipleura variáveis	150
150(149').	Antena longa, atingindo ou ultrapassando a metade do pronoto, clava pouco compacta; pronoto com par de carenas discais ou sulcos sublaterais, estendendo-se a partir da base lateralmente às fóveas basais; corpo em geral redondo a oval	Endomychidae
150'.	Antena curta, não atingindo além da metade do pronoto, clava compacta; se pronoto com carenas ou sulcos discais, então usualmente com forma de um sulco ou fóvea medianos e corpo alongado	151
151(150').	Margem posterior do último ventrito crenulado ou corpo distintamente ovalado, comprimento no máximo duas vezes a largura máxima; antena com 8 a 10 artículos; trocânter posterior articulado obliquamente ao fêmur, mas separando distintamente a coxa do fêmur	Cerylonidae
151'.	Margem posterior do último ventrito nunca crenulada; corpo alongado, pelo menos 2,75 vezes a largura máxima; antena com 10 a 11 artículos; trocânter posterior deslocado de modo que o fêmur e coxa estejam quase ou em contato	Bothrideridae

152(145').	Coxas posteriores separadas por distância maior que a metade do diâmetro transversal da coxa	153
152'.	Coxas posteriores separadas por distância menor que a metade do diâmetro transversal da coxa	154
153(152).	Cavidade coxal anterior estreitamente fechada; coxas anteriores e médias fortemente transversas; mandíbula dobrada na cavidade quando fechada, não visíveis de lado; antena com 9 artículos, os últimos 5 formando clava; pronoto não sulcado ou carenado no disco; besouros pequenos, < 2 mm de comprimento (*Orthoperus*)	Corylophidae
153'.	Cavidade coxal anterior estreita a amplamente aberta; coxas anteriores e médias arredondadas a discretamente transversas; mandíbula visível lateralmente; antena com 8 a 11 artículos; se clavada, clava com 1 a 3 artículos; pronoto geralmente com sulcos ou carenas submarginais, em especial na região basal; tamanho 1 a 10 mm, se < 2 mm e sem sulcos ou carenas no pronoto (*Eidoreus*), então antena com 10 ou 11 artículos, dos quais 1 ou 2 formam clava distinta	Endomychidae
154(152').	Processo intercoxal do primeiro ventrito ausente, nenhuma parte do ventrito estendendo-se entre as coxas para fazer contato com o metasternito; primeiro ventrito sem cavidades coxais posteriores marginadas; coxa posterior cônica e saliente; corpo mole; parte triangular pequena do esternito abdominal verdadeiro 2 em geral visível lateralmente à coxa posterior (ou seja, ventrito 1 pequeno e dividido); colorido, com manchas vermelhas, amarelas, azuis ou verde-metálicas; 5 mm a 12 mm de comprimento (Psoinae)	Bostrichidae
154'.	Processo intercoxal do primeiro ventrito completo; primeiro ventrito com cavidades coxais marginadas; coxa posterior transversa; corpo totalmente esclerotizado, ventrito 1 fechando um ângulo anterolateral entre a coxa posterior e o abdômen; nunca metálico; 0,5 mm a 6,5 mm de comprimento	155
155(154').	Corpo oval-alongado e ligeiramente cilíndrico; pronoto muito convexo em corte transversal, bordas muitas vezes dirigidas ventralmente; pronoto sem depressões basais ou impressões; cabeça ou pronoto do macho frequentemente com cornos ou tubérculos; antena com 8 a 10 artículos e clava formada por 2 a 3 artículos; machos muitas vezes com fóvea mediana pubescente no primeiro ventrito; cabeça sem têmporas distintas ou pescoço	Ciidae[7]
155'	Corpo de oval a oval-alongado, geralmente um pouco achatado dorsoventralmente; pronoto em geral pouco convexo e transverso, bordas dirigidas lateralmente; pronoto com 2 depressões ou impressões basais lateralmente ao escutelo, às vezes no sulco marginal posterior e difíceis de discernir; cabeça e pronoto sem cornos ou tubérculos; antena com 11 artículos, últimos 2 a 5 formando clava; todos os ventritos livres, sem fóvea mediana	Mycetophagidae[8]
156(144').	Abdômen com 6 ventritos; tarso posterior com 5 tarsômeros; palpômero maxilar terminal (4) mais curto e mais estreito que o penúltimo; forma do palpo bastante característica; 0,6 mm a 2,7 mm de comprimento	Scydmaenidae
156'.	Abdômen com 4 a 5 ventritos; tarso posterior variável; palpômero maxilar terminal (3 ou 4) tão largo quanto ou mais largo ou tão longo ou mais longo que o penúltimo; tamanho variável	157
157(156').	Cada lado da área pré-gular, com depressão setosa ou cavidade próxima da extremidade de um sulco antenal distinto; primeiro ventrito com linhas pós-coxais	Biphyllidae
157'.	Área pré-gular sem depressão setosa ; sulcos antenais e linhas pós-coxais variáveis	158

[7] Uma espécie da Califórnia possui pronoto relativamente plano com margens crenuladas lateralmente, antena com 11 artículos 3 formando a clava, mas dois esternitos basais são conatos.

[8] Um gênero raro (comprimento < 2 mm) um pouco cilíndrico, com pronoto muito convexo em corte transversal e com a cabeça abruptamente comprimida atrás das têmporas curtas para formar um pescoço distinto.

158(157').	Primeiro ventrito muito mais longo que o segundo, medido atrás da coxa; élitros sem estrias pontuadas ou impressas (traços de estrias ocasionalmente visíveis através da cutícula, mas não expressas na superfície); epipleura distinta na metade basal, não atingindo o ápice, geralmente estreitada no nível do terceiro ventrito; gena carenada e com projeção ventral entre o olho e o mento; ápice dos élitros com sutura dupla ou "brecha subapical" devido à borda ampla do sistema de acoplamento dos élitros; élitros completos, expondo no máximo o ápice do último tergito	Cryptophagidae[9]
158'.	Com outra combinação de caracteres ou com o primeiro ventrito curto, élitros estriados, epipleura completa alcançando o ápice, gena plana entre o olho e o mento; ou élitros não cobrindo a maior parte do pigídio	159
159(158').	Trocânter posterior transversal ou obliquamente articulado ao fêmur, mas separando distintamente o fêmur da coxa (Figuras 26-9A-E)	160
159'.	Trocânter posterior obliquamente articulado ao fêmur e deslocado de modo que o fêmur encoste na coxa	169
160(159).	Inserções antenais aproximadas ou separadas por menos da metade da largura da cabeça atrás dos olhos; pronoto sem carenas laterais; tarso posterior com 5 tarsômeros; trocânter posterior alongado, cilíndrico (Ptininae)	Anobiidae
160'.	A combinação de inserções antenais aproximadas e de carenas laterais no pronoto não ocorre; outros caracteres variáveis	161
161(160').	Pronoto com linhas ou sulcos sublaterais que se estendem da base até a margem anterior, ou pelo menos além do ponto médio; cabeça com linhas sublaterais que se estendem da margem mediana do olho até o pronoto; margens laterais do pronoto lisas, onduladas ou com alguns ângulos obtusos, denticuladas ou serradas; cabeça não comprimida em um pescoço distinto; corpo oval a alongado, de subcilíndrico a muito achatado dorsoventralmente	Laemophloeidae
161'.	Pronoto sem linhas sublaterais ou sulcos que se estendem anteriormente até o ponto médio; cabeça variável; corpo variável, muitas vezes relativamente convexo, oval ou arredondado; se corpo achatado e pronoto com sulcos sublaterais, então margens laterais do pronoto finamente denticuladas, ângulos anteriores com projeção aguda ou cabeça nitidamente constrita atrás de têmporas pequenas	162
162(161').	Cavidade coxal média aberta lateralmente	163
162'.	Cavidade coxal média fechada lateralmente	165
163(162).	Antena com 10 artículos, distintamente clavada; élitros encurtados, expondo todo o pigídio; cabeça abruptamente constrita para formar pescoço; 1 mm a 4 mm de centímetro	Monotomidae
163'.	Não corresponde a um ou mais caracteres da entrada anterior	164
164(163').	Tarsos médios e posteriores com o mesmo número de tarsômeros; corpo alongado, achatado (Figura 26-32A); cabeça normalmente com têmporas distintas antes de um pescoço abruptamente constrito; coxa anterior fechada atrás ou aberta; se aberta (Brontinae), os élitros serão transversalmente planos ou discretamente côncavos entre as leves a distintamente elevadas interestrias entre as estrias 6 e 7; élitro com estria escutelar; base da mandíbula com depressão setosa dorsal (micângia) escondida abaixo do clípeo quando fechada; antena filiforme, com escapo medindo mais de três vezes o comprimento do pedicelo	Silvanidae
164'	Tarso posterior com 1 tarsômero a menos que o médio; outros caracteres variáveis	169

[9] Dois gênero de pequenos criptofagídeos (< 1,3 mm) (Amydropa, Baja, Califórnia, e Hypocoprus, região das Montanhas Rochosas) não possuem carenas subgenais. Hypocoprus possui os primeiros dois ventritos não iguais e o pigídio é exposto, enquanto Amydropa não exibe a sutura dupla nos élitros. As outras características se encaixam nestes dois gêneros raros. Amydropa tem olhos muito reduzidos (10 facetas ou menos), e Hypocoprus possui têmporas distintas.

165(162').	Corpo brilhante, oval e fortemente convexo; pronoto envolvendo firmemente os élitros, pronoto laterobasalmente com borda fina, translúcida, que se estende sobre área lisa na base do ângulo umeral do élitro; esta área do élitro é delimitada posteriormente por uma carena fina; pronoto e élitros com propleura e epipleura amplas, margens laterais finas, expandidas, fortemente voltadas para a região ventral de modo que as margens laterais ficam muito abaixo do nível da coxa anterior e medianamente à margem epipleural, superfície dorsal formando um "U" invertido em corte transversal; garra pré-tarsal denteada ou apendiculada.	Phalacridae
165'.	Corpo em geral não tão uniformemente oval; pronoto diferente da descrição anterior; margens laterais do pronoto e élitros direcionados mais lateral do que ventralmente em relação à coxa anterior e à epipleura; garras pré-tarsais denteadas apenas em grupos com pronoto estreitado posteriormente	166
166(165').	Tarsos médios e posteriores com o mesmo número de tarsômeros; face com margens laterais ornamentadas	167
166'.	Tarso médio com 1 tarsômero a mais que o posterior; face sem margens laterais ornamentadas	169
167(166).	Suturas gulares confluentes; gena expandida anteriormente, em forma de placa, encobrindo a maxila	Passandridae
167'.	Suturas gulares separadas ou ausentes; gena não muito expandida	168
168(167').	Cavidade coxal anterior aberta atrás; palpômero maxilar terminal estreito, alongado; se a cavidade coxal anterior for fechada atrás, o fechamento ocorre por extensão mediana do hipômero; comprimento < 3 mm e pronoto ligeiramente estreitado próximo da base (*Cryptophilus*)	Languriidae
168'.	Cavidade coxal anterior fechada atrás por expansão lateral do processo prosternal; palpômero maxilar terminal geralmente com forma de machado ou estreito e alongado; 3 mm a 22 mm de comprimento	Erotylidae
169 (123',138', 159',164', 166').	Último segmento visível do abdômen formando um espinho terminal (Figura 26-35); corpo em forma de cunha, com corcunda dorsal; cabeça retraída em posição hipognata; tíbias e tarsos posteriores geralmente com carenas serradas oblíquas ou transversas, em forma de pente, localizadas subapicalmente nas faces laterais	Mordellidae
169'.	Abdômen não prolongado em espinho terminal; corpo variável sob outros aspectos; tíbias e tarsos posteriores sem carenas serradas em forma de pente como na descrição anterior; se pentes semelhantes estiverem presentes, serão apicais	170
170(169').	Garra pré-tarsal com uma lâmina ou lobo alongado ventralmente (reduzido a um grande dente fusionado que termina a cerca de 2/3 do comprimento da lâmina superior em *Phodaga*, sudoeste dos Estados Unidos); cabeça abrupta ou gradualmente constrita atrás dos olhos, formando um pescoço distinto	171
170'.	Garra pré-tarsal sem lâmina ou lobo alongado ventralmente; se possuir garras denteadas ou apendiculadas, então será diferente da descrição anterior; cabeça costrita ou não	172
171(170).	Apêndice ventral da garra pré-tarsal usualmente em forma de lobo, membranoso, ocasionalmente em forma de lâmina e esclerotizado; élitros se encontram ao longo da sutura até muito próximo do ápice, que pode ser estreito e separadamente arredondado; margem lateral do pronoto ausente, completa ou marcada apenas na base; antena sem clava, ou com clava indistinta a distinta e com 3 artículos; cavidades coxais médias em geral estreitamente separadas, ocasionalmente contíguas; maxilas não formam tubo sugador; asa posterior com célula radial bem desenvolvida; se a margem do pronoto estiver completamente ausente, haverá antena ao menos com uma vaga indicação de clava nos últimos 3 artículos e cavidades coxais médias estreitamente separadas; se élitros arredondados e amplamente separados, pronoto com carena lateral na base	Stenotrachelidae

171'	Apêndice ventral da garra pré-tarsal em forma de lâmina e esclerotizada; élitros usualmente divergindo ao longo da sutura antes do ápice, amplamente e separadamente arredondados; pronoto sem carena marginal lateralmente; antena sem clava com 3 artículos; cavidades coxais médias contíguas; maxilas em geral normais, às vezes formando um tubo sugador; célula radial ausente na asa posterior; se os élitros se encontram na sutura até um ponto muito próximo do ápice, as maxilas serão modificadas em um tubo sugador que se estende além dos ápices mandibulares	Meloidae
172(170').	Base do pronoto com sulco marginal que se estende lateralmente para o hipômero, terminando em uma depressão próxima à margem posterior da coxa; pronoto estreitado posteriormente, não marginado lateralmente; cabeça abruptamente constrita para formar um pescoço estreito atrás das têmporas distintas; élitros com cerdas esparsas a densas	Anthicidae
172'.	Sulco basal do pronoto, se presente, não terminando em depressão no hipômero; pronoto marginado lateralmente ou não; élitros com ou sem cerdas, comprimento variável	173
173(172').	Cavidade coxal média fechada lateralmente	174
173'	Cavidade coxal média aberta lateralmente	176
174(173).	3 ventritos basais conatos; antena com 11 artículos, submoniliformes a triangulares, filiformes, serrados a subflabelados; escleritos cervicais presentes	Mycteridae
174'.	Dois ou nenhum ventrito conato; antena com 10 a 11 artículos, moniliformes a capitados; escleritos cervicais ausentes	175
175(174').	Protórax com sutura pleurosternal terminando em uma ampla depressão com cerdas na margem anterolateral da cavidade coxal anterior; 2 ventritos basais conatos; antena com 11 artículos; 1,5 mm a 3,8 mm de comprimento; desertos do oeste do Estados Unidos, de Idaho até a fronteira com o México (*Cononotus*)	Pyrochroidae
175'.	Protórax com ou sem sutura pleurosternal, sem ampla depressão com cerdas na margem anterior da cavidade coxal anterior; todos os ventritos livres ou 2 ventritos basais conatos (*Aegialites*); antena com 10 a 11 artículos; 1,5 mm a 7 mm de comprimento; ocorre amplamente em florestas e praias do Pacífico (*Aegialites*); se em desertos, antena com 10 artículos (*Dacoderus*)	Salpingidae
176(173').	Corpo deprimido, leve a distintamente cuneiforme; antena serrada, pectinada ou flabelada, bipectinada ou biflabelada; vértice, em vista frontal, muitas vezes inflado e estreitado acima dos olhos e em geral estendendo-se dorsalmente sobre o pronoto plano em vista lateral; vértice e pronoto coplanares; garras tarsais denteadas, bífidas ou pectinadas; lobos maxilares às vezes em forma de estilete, estendendo-se além das extremidades das mandíbulas	Rhipiphoridae
176'.	Corpo usualmente não deprimido e não cuneiforme; se deprimido e cuneiforme, então antena simples e cabeça coplanar com o pronoto ou alojada sob a margem anterior do pronoto; garras tarsais variáveis; lobos maxilares não semelhantes a estiletes	177
177(176').	Pronoto sem carena lateral	178
177'.	Pronoto com carena lateral presente, completa ou incompleta	182
178(177).	Coxas posteriores estendendo-se lateralmente até o élitro ou lateral do corpo, separando completamente o metepisterno e o primeiro ventrito	179
178'.	Coxas posteriores não atingindo o élitro ou a lateral do corpo, metepisterno e primeiro ventrito em contato lateralmente à coxa posterior	181
179(178).	Tarsos aparentando 4-4-3 (na verdade 5-5-4, pseudotetrâmero/pseudotrímero); olhos grossamente facetados, parecendo pilosos, cerdas entre as facetas tão grossas, longas e densas quanto as da fronte e da região lateral da cabeça adjacente aos olhos; 1 mm a 4 mm de comprimento	Aderidae

179'.	Tarsos distintamente 5-5-4; olhos com ou sem cerdas entre as facetas; se presentes, não tão grossas, longas ou evidentes como as da fronte e da região lateral da cabeça adjacente aos olhos; 4 mm a 21 mm de comprimento	180
180(179').	Cabeça prognata, não constrita abruptamente em um pescoço estreito, sem têmporas distintas; porção anterior do prosterno com o mesmo comprimento ou mais longa que o processo prosternal	Oedemeridae
180'.	Cabeça distintamente inclinada para baixo, abruptamente constrita para formar um pescoço estreito atrás de têmporas distintas; porção anterior do prosterno mais curta que o processo prosternal (Eurygeniinae)	Anthicidae
181(178').	Élitros distintamente com cerdas; olho emarginado anteriormente; penúltimo tarsômero com grande lobo ventralmente	Pyrochroidae
181'.	Élitros glabros; olho não emarginado; penúltimo tarsômero simples (*Pytho* e *Priognathus*)	Pythidae
182(177').	Coxas posteriores estendendo-se lateralmente até os élitros ou a lateral do corpo, separando completamente o metepisterno e o primeiro ventrito; esporões tibiais médios serrados, pectinados ou pubescentes	183
182'.	Coxas posteriores não atingindo os élitros ou a lateral do corpo, metatórax e primeiro ventrito no mínimo fechando de modo estreito a cavidade coxal posterior lateralmente; esporões tibiais médios variáveis	185
183(182).	Cabeça estreitada verticalmente atrás dos olhos para formar um pescoço estreito, não alojada no protórax ou saliente, dirigindo-se além da margem pronotal ou encaixando-se firmemente contra a margem pronotal, de modo que, em vista lateral, a cabeça apresenta uma carena ou crista posterior que atinge a margem anterior do pronoto	Scraptiidae
183'.	Cabeça gradualmente estreitada atrás dos olhos, encaixada no pronoto de maneira telescopada	184
184(183').	Tarso sem lobos no penúltimo tarsômero; estrias suturais profundamente impressas próximo do ápice dos élitros, distintamente mais impressas que na metade basal; 2 ventritos basais conatos; tíbias posteriores mais longas que o primeiro tarsômero; 7 mm a 13 mm de comprimento	Synchroidae
184'.	Tarso com o penúltimo tarsômero lobado ventralmente ou tíbia posterior mais curta que o primeiro tarsômero; se estrias suturais profundamente impressas próximo do ápice, então também impressas na metade basal; 2 mm a 20 mm de comprimento	Melandryidae
185(182').	Cavidade coxal anterior fechada atrás; primeiros 2 ventritos conatos; corpo fortemente arredondado	Archeocripticaidae
185'.	Cavidade coxal anterior aberta atrás; ventritos conatos ou livres; forma do corpo variável, alongada	186
186(185').	Élitros com margens suturais e epipleurais elevadas, com carena fortemente elevada estendendo-se do ângulo umeral até quase o ápice e resultando em um disco elitral distintamente côncavo; pronoto com carena longitudinal mediana elevada no terço basal, sulcos transversos profundos com depressões em cada extremidade nos dois lados da carena (*Ischalia*)	Anthicidae
186'.	Élitros e pronotos sem carenas fortemente elevadas, disco elitral convexo	187
187(186').	Processo intercoxal prosternal incompleto ou ausente, não separando as coxas anteriores	188
187'.	Processo intercoxal prosternal completo, separando totalmente as coxas anteriores	189
188(187).	Antena filiforme; palpômeros labiais e maxilares terminais expandidos apicalmente; prosterno mais curto que o diâmetro da coxa anterior; esporões tibiais médios pubescentes ou serrados; tarsos lobados nos penúltimos tarsômeros (Osphyinae)	Melandryidae

188'.	Antena com clava longa e serrada formada pelos 3 últimos artículos; palpômero labial e maxilar terminal cilíndrico; prosterno tão longo quanto o diâmetro da coxa posterior; esporões tibiais médios lisos; tarsos não lobados (*Trimitomerus*)	Pythidae
189(187').	Tarsos simples, sem lobos ventralmente	190
189'.	Pelo menos alguns tarsômeros distintamente lobados ventralmente	192
190(189).	Linha longitudinal mediana (*discrimen*) do metasterno curta, estendendo-se da margem posterior até menos da metade do comprimento total do esclerito; coxa média normal, convexa e pontuada anteriormente à inserção do trocânter	191
190'.	Linha longitudinal mediana (*discrimen*) do metasterno mais longa, estendendo-se da margem posterior até mais da metade do comprimento total do esclerito; coxa média com uma face ventral única e polida, anteriormente à inserção do trocânter	Tetratomidae
191(190).	Antena curta, não atingindo a metade do pronoto; 3 artículos apicais formando uma clava distinta e relativamente abrupta	Boridae
191'.	Antena mais longa, atingindo a base do élitro; artículos apicais pouco mais largos que os basais, mas não formando clava abrupta (*Sphalma*)	Pythidae
192(189').	Antena filiforme; cerdas nos élitros curtas e indistintas, mais curtas que o diâmetro das pontuações; élitros de cor uniforme; Califórnia e Nevada (*Tydessa*)	Pyrochroidae
192'.	Antena fortemente serrada; cerdas nos élitros evidentes, muito mais longas que o diâmetro das pontuações; élitros avermelhados com manchas escuras, uma mácula ao redor do escutelo e uma faixa transversa no terço apical, usualmente unidas por uma linha ao longo da sutura; sul do Texas	Polypriidae
193(1').	Uma garra pré-tarsal; olhos reduzidos a um único omatídio	194
193'.	Duas garras pré-tarsais; olhos compostos variáveis: normais, reduzidos ou com um único omatídio	195
194(193).	Gonóporo presente (fêmeas)	Phengodidae
194'.	Gonóporo ausente	Coleoptera larval
195(193').	Cabeça com ocelo mediano (fêmea de *Thylodrius*)	Dermestidae
195'.	Cabeça sem ocelo mediano	196
196(195').	Cabeça prognata; pronoto expandido anteriormente, estendendo-se sobre a cabeça quando retraída (*Phausis*, *Microphotus*) ou cabeça retrátil em protórax tubular (*Pterotus*); distinta a discretamente achatado dorsoventralmente; antena com 9 artículos ou menos; algumas espécies, possivelmente todas, são bioluminescentes; amplamente distribuídas (fêmeas)	Lampyridae
196'.	Cabeça hipognata, não retrátil no protórax; corpo globular-cilíndrico; antena com 11 artículos; não bioluminescentes; Flórida ou nas imediações de regiões fronteiriças dos EUA (fêmeas de Ripidiinae, fêmeas desconhecidas na América do Norte)	Ripiphoridae

SUBORDEM **Archostemata**: Os coleopterólogos não concordam sobre as relações das duas famílias consideradas aqui como representantes da subordem Archostemata. A maioria das autoridades considera os Cupedidae um grupo muito primitivo que merece ser tratado subordem, mas alguns (por exemplo, Arnett 1968) colocariam os Micromalthidae na subordem Polyphaga porque não possuem suturas notopleurais. As duas famílias desta subordem são pequenas (apenas cinco espécies norte-americanas) e raramente encontradas.

Família **Cupedidae – cupedídeos:** Grupo pequeno e pouco conhecido, com quatro gêneros, cada um com uma espécie ocorrendo nos Estados Unidos. Todos são densamente escamosos, com os élitros reticulados e os tarsos distintamente pentâmeros. O prosterno estende-se para trás como um processo estreito que se encaixa em um sulco no mesosterno, de modo parecido ao dos besouros tec-tec (Elateridae). A espécie mais comum no leste dos Estados Unidos, *Cupes capitatus* Fabricius, mede de 7 mm a 10 mm de comprimento e é cinza-acastanhada. Nas Montanhas Rochosas e na Serra Nevada, a mais comum é *Priacma serrata* (LeConte), que é cinza com faixas pretas fracas nos élitros. Estes besouros são encontrados sob cascas de árvores.

Família **Micromalthidae:** Esta família inclui uma única espécie rara, *Micromalthus debilis* LeConte, que foi capturada em várias localidades no leste dos Estados Unidos, Colúmbia Britânica e Novo México. Os adultos medem cerca de 1,8 mm a 2,5 mm de comprimento, são alongados e com lados paralelos, escuros e brilhantes, com pernas e antenas amareladas. Os tarsos são pentâmeros. Este inseto tem um ciclo de vida notável, com larvas pedogênese. As larvas podem se reproduzir por partenogênese (de modo tanto ovíparo quanto vivíparo). Estes besouros foram encontrados em toras de madeira em decomposição, principalmente carvalho e castanheira.

SUBORDEM **Myxophaga:** Esta subordem contém duas pequenas famílias de besouros minúsculos, que vivem na água ou em locais úmidos e aparentemente se alimentam de algas filamentosas (às quais o nome da subordem faz referência). Os Myxophaga se diferenciam pelas características das asas e das peças bucais e pela presença de suturas notopleurais. Todos possuem tarsos trímeros e antenas clavadas. As duas famílias de Myxophaga são classificadas na chave com base na presença de suturas notopleurais (a partir da descrição 2 na chave). Os Microsporidae são muito pequenos e pode ser muito difícil observar as suturas notopleurais, portanto, esta família também pode ser encontrada na chave a partir da descrição 2' (suturas notopleurais ausentes).

Família **Microsporidae – microsporídeos:** Os microsporídeos são besouros pequenos (de 0,5 mm a 0,75 mm de comprimento), ovais, convexos, brilhantes, enegrecidos, com uma cabeça grande e proeminente e antenas capitadas. Podem ser encontrados na lama e sob pedras próximas à água, entre raízes de plantas e no musgo de lugares pantanosos. Diferem de outros besouros parecidos, também encontrados nestes ambientes, por apresentarem tarsos trímeros e pela característica do abdômen, no qual o primeiro ventrito consiste em uma peça triangular entre as coxas posteriores, o segundo é uma faixa transversal estreita e o terceiro ocupa a maior parte da região ventral do abdômen. O grupo é representado nos Estados Unidos por três espécies que ocorrem nos estados do leste, Texas, Arizona, sul da Califórnia e Washington.

Família **Hydroscaphidae – hidroscafídeos:** Medem cerca de 1,5 mm de comprimento, com tarsos trímeros e élitros curtos, e têm um aspecto geral semelhante aos estafilinídeos. As antenas têm oito antenômeros com uma clava composta por um artículo. Vivem em algas filamentosas que crescem em pedras nos córregos. O grupo é representado nos Estados Unidos por uma única espécie, *Hydroscapha natans* LeConte, que ocorre no sul da Califórnia, sul de Nevada e Arizona.

SUBORDEM **Adephaga:** Os membros da subordem Adephaga possuem as coxas posteriores dividindo o primeiro esterno abdominal visível (Figura 26-12A). A margem posterior deste esterno não se estende completamente pelo abdômen, mas é interrompida pelas coxas posteriores. Quase todos os Adephaga possuem antenas filiformes e tarsos 5-5-5; apresentam suturas notopleurais e a maioria é predadora.

Família **Rhysodidae – risodídeos:** Os membros deste grupo são besouros delgados e acastanhados, de 5,5 mm a 7,5 mm de comprimento, com três sulcos longitudinais razoavelmente profundos no pronoto e antenas moniliformes. Os sulcos pronotais são completos nos *Omoglymmius*, mas estão presentes apenas no terço posterior do pronoto em *Clinidium*. Estes besouros são encontrados sob cascas de árvores de faia, freixo, olmo ou pinho em decomposição. Oito espécies ocorrem nos Estados Unidos, uma de cada gênero no oeste e as outras no leste.

Família **Carabidae (incluindo Cicindelidae) – besouros de solo e besouros-tigres:** Esta é a terceira maior família de besouros da América do Norte (os Staphylinidae e Curculionidae são maiores), com mais de 2.600 espécies agrupadas em 189 gêneros neste continente. Seus membros exibem uma variação considerável de tamanho, forma e cor. A maioria das espécies é escura, brilhante, ligeiramente achatada e com élitros estriados.

Os besouros de solo são encontrados sob pedras, toras de madeira, folhas, cascas de árvores, resíduos ou correndo no solo. Quando perturbados, correm rapidamente, mas raramente voam. A maioria das espécies se esconde durante o dia e alimenta-se à noite. Muitos são atraídos pela luz. Quase todos são predadores de outros insetos e muitos são muito benéficos. Os membros de alguns gêneros (por exemplo, *Scaphinotus*) alimentam-se de lesmas. As larvas também são predadoras e vivem em tocas no solo, sob cascas de árvores ou em detritos.

Os besouros de solo de maior tamanho e também os de cores mais brilhantes pertencem ao gênero *Calosoma*; são frequentemente chamados de "caçadores-de-lagartas" porque se alimentam principalmente de lagartas, em particular daquelas que atacam árvores e arbustos. A maioria destes besouros mede 25 mm de comprimento ou mais. Quando manipulados, emitem um odor muito desagradável. *Calosoma sycophanta* L., um besouro esverdeado brilhante com pronoto azul escuro, foi introduzido na Europa para ajudar no controle da mariposa-cigana. Estes besouros são atraídos pela luz.

As espécies do gênero *Brachinus* são chamadas de "besouros bombardeiros" porque ejetam do ânus o que parece ser uma nuvem de fumaça. Este líquido glandular é ejetado com um som de explosão e vaporizado em uma nuvem quando entra em contato com o ar. A descarga de algumas espécies pode irritar a pele sensível. Aparentemente, serve como meio de proteção e ataque.

Alguns carabídeos são fitófagos. Os adultos de *Stenolophus lecontei* (Chaudoir), chamados de "seed-corn beetle", e de *Clivina impressifrons* LeConte às vezes atacam sementes de milho no solo e impedem seu brotamento. Este comportamento ocasionalmente causa danos consideráveis, em especial durante as primaveras frias, quando a germinação é tardia na América do Norte.

Os membros do gênero *Omophron*, chamados "round sand beetles" (e anteriormente incluídos em uma família separada, os Omophronidae), diferem dos outros carabídeos pelo escutelo não visível. São besouros pequenos (5 mm a 8 mm de comprimento), ovais e convexos, que vivem na areia úmida ao longo das margens de lagos e córregos. Podem ser encontrados correndo na areia ou cavando (em particular sob pedras) e, ocasionalmente, podem ser encontrados correndo na superfície da água. Correm quando perturbados e raramente voam. Adultos e larvas são predadores, mas as larvas às vezes se alimentam de mudas de lavouras plantadas no solo úmido.

Os besouros-tigres (subfamília Cicindelinae) são os favoritos dos colecionadores de besouros devido a suas cores brilhantes e ao desafio de capturá-los. São considerados uma família separada dos Carabidae por alguns profissionais. Existem 111 espécies em quatro gêneros de besouros-tigres na América do Norte, a maioria pertencente ao gênero *Cicindela*.

Os besouros-tigre adultos são metálicos ou iridescentes e, muitas vezes, possuem um padrão de cor definido. Podem ser reconhecidos por sua forma característica (Figura 26-14) e a maioria mede de 10 mm a 20 mm de comprimento.

A maioria dos besouros-tigres consiste em insetos ativos, de cores vivas, encontrados em ambientes abertos e ensolarados, comuns em praias arenosas. Podem correr ou voar rapidamente, são muito alertas e difíceis de capturar. Levantam voo rapidamente, algumas vezes após correr alguns metros, e normalmente pousam a certa distância, encarando o perseguidor. São predadores e alimentam-se de uma variedade de pequenos insetos, que capturam com suas mandíbulas longas e falciformes. Quando manipulados, algumas vezes mordem e a mordida é dolorosa.

As larvas são predadoras e vivem em tocas verticais no solo em veredas secas, campos ou praias arenosas. Ficam escoradas na entrada de suas tocas, com as mandíbulas bem afastadas, como uma armadilha, esperando para capturar algum inseto que passe no local. A larva possui ganchos no quinto tergo abdominal com os quais pode se ancorar na toca e, deste modo, evitar que seja puxada ao capturar uma presa grande. Após

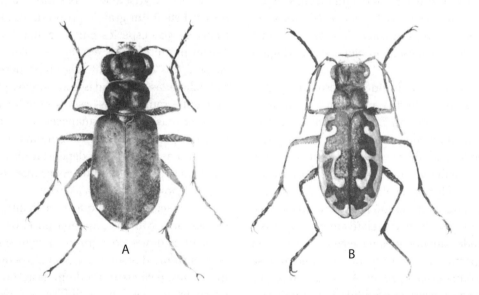

Figura 26-14 Besouros-tigres. A, *Cicindela sexguttata* (Fabricius); B, *C. hirticollis* Say, ampliado 3X.

dominar a presa, a larva a arrasta para o fundo da toca, muitas vezes a 0,3 m abaixo do nível do solo, e a ingere.

Família **Gyrinidae – besouro-d'água-do-nado-circular:** Os girinídeos são besouros pretos ovais, que podem ser vistos nadando em movimentos giratórios intermináveis na superfície de lagoas e córregos calmos. Ficam igualmente à vontade na superfície da água ou abaixo dela. São nadadores extremamente rápidos e nadam principalmente por meio das pernas médias e posteriores fortemente achatadas, que se movem em sincronia (como nos Dytiscidae); as pernas anteriores são alongadas e delgadas (Figura 26-15). Estes insetos são peculiares por possuírem cada olho composto dividido. Assim, apresentam um par de olhos compostos na região superior da cabeça e outro na região inferior (Figura 26-15C). As antenas são muito curtas, razoavelmente clavadas, e seu terceiro artículo é muito expandido, um pouco parecido ao formato de uma orelha (Figura 26-5E). Os dois esternos abdominais basais são fundidos, e a sutura que os separa é indistinta.

Os besouro-d'água-do-nado-circular adultos são principalmente detritívoros, alimentando-se de insetos que caem na superfície da água. As larvas são predadoras, alimentando-se de uma variedade de pequenos animais aquáticos e, com frequência, são canibais. Muitos adultos emitem um odor de fruta característico quando manipulados. Os adultos costumam ser gregários, formando grandes agrupamentos na superfície da água.

Os ovos dos girinídeos são depositados em agrupamentos ou fileiras na face ventral das folhas de plantas aquáticas, em particular vitórias-régias e espigas d'água. A pupa ocorre em câmaras de lodo na margem ou em plantas aquáticas.

A maioria das 56 espécies norte-americanas de girinídeos pertence aos gêneros *Gyrinus* e *Dineutus*. As espécies de *Dineutus* medem cerca de 8,5 mm a 15,5 mm de comprimento e o escutelo não é visível (Figura 26-15A).

Família **Haliplidae – haliplídeos:** Besouros pequenos, ovais, convexos, medindo de 2,5 mm a 4,5 mm de comprimento, que vivem na água ou próximo dela. São amarelados ou acastanhados com manchas pretas (Figura 26-16A) e podem ser diferenciados de outros besouros aquáticos semelhantes por suas coxas posteriores, muito grandes e em forma de placa (Figura 26-16B). São mais comuns em reservatórios ou nas proximidades, nadando ou movendo-se de modo relativamente vagaroso. Vivem em grandes quantidades na vegetação, sobre ou próximo da superfície da água. Os adultos alimentam-se de algas e outros materiais vegetais. As larvas são predadoras. Existem 63 espécies de Haliplidae na América do Norte. Os dois gêneros comuns do leste da América do Norte, neste grupo, podem ser separados pela presença ou ausência de duas manchas pretas na base do pronoto. Estas manchas estão presentes em *Peltodytes* (Figura 26-16A) e ausentes em *Haliplus*.

Família **Noteridae – besouros aquáticos fossadores:** Estes besouros são muito semelhantes aos ditiscídeos, mas o escutelo não é visível e apresentam duas garras iguais no tarso posterior. São ovais, lisos, acastanhados a pretos, medem de 1,2 mm a 5,5 mm de comprimento e têm hábitos semelhantes aos dos ditiscídeos. O nome comum deste grupo é "burrowing water beetles", referindo-se às larvas que cavam a lama ao redor de raízes de plantas aquáticas e que, aparentemente, se alimentam de algas. Existem 14 espécies nos Estados Unidos e Canadá.

Família **Amphizoidae – Anfizoídeos:** Esta família contém seis espécies do gênero *Amphizoa*, três distribuídas no oeste da América do Norte e as outras três na China. Estes besouros são ovais, escuros e medem de 11 mm a 15,5 mm de comprimento. Os adultos e larvas da maioria das espécies vivem na água fria de córregos de montanha, onde rastejam sobre objetos submersos ou madeira flutuante. Uma espécie que ocorre próximo à Seattle vive em águas relativamente quentes e calmas. As larvas não possuem brânquias e precisam obter o oxigênio da superfície da água. Com frequência, rastejam para fora da água até gravetos ou objetos flutuantes. Quando desalojadas, flutuam até que possam agarrar outro objeto, uma vez que aparentemente não nadam. Os adultos nadam pouco e com frequência correm nas margens de córregos à noite. Tanto os adultos quanto as larvas são predadoras, alimentando-se em grande parte (se não totalmente) de ninfas de moscas da pedra (Plecoptera).

Família **Dytiscidae – besouros aquáticos predadores:** Este é um grande grupo de besouros aquáticos (mais de 500 espécies em 52 gêneros na América do Norte) muito comuns em lagoas e córregos calmos. O corpo é liso, oval e muito rígido, as pernas posteriores são achatadas e franjadas com longos pelos formando excelentes remos. Estes besouros obtêm ar na superfície da água, mas podem permanecer submersos por longos períodos porque carregam ar em uma câmara sob os élitros. Muitas vezes, ficam dependurados de cabeça para baixo na superfície da água. Estes insetos podem deixar a água à noite e voar para as luzes.

Os ditiscídeos são muito semelhantes a outro grupo de besouros comuns em água doce, os Hydrophilidae. Os adultos destes dois grupos podem ser diferenciados pela estrutura das antenas e dos palpos maxilares e, algumas vezes, pela estrutura do metasterno. Os ditiscídeos possuem antenas longas, filiformes e palpos maxilares muito curtos (Figura 26-17), enquanto as antenas dos

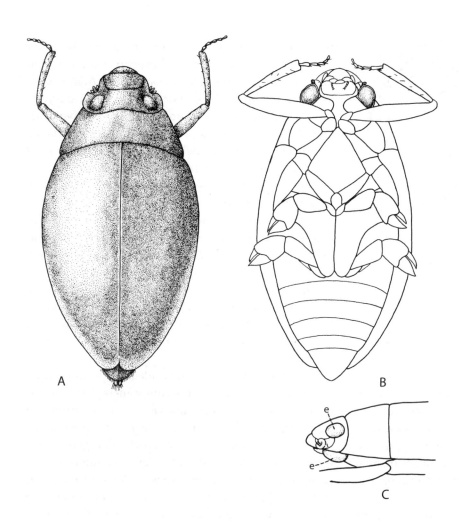

Figura 26-15 Um besouro-d'água-do-nado-circular, *Dineutus americanus* (Say), ampliado 7X. A, vista dorsal; B, vista ventral; C, vista lateral.

hidrofilídeos são curtas e clavadas e os palpos maxilares quase sempre são tão ou mais longos que as antenas (Figura 26-18). O metasterno de muitos hidrofilídeos é prolongado posteriormente em um longo espinho (Figura 26-18B). Uma excelente característica de campo para distinguir estes dois grupos é seu modo de nadar. Os ditiscídeos movem as pernas posteriores ao mesmo tempo, como um par de remos, enquanto os hidrofilídeos movem as pernas posteriores alternadamente, como se estivessem correndo pela água.

Tanto adultos quanto larvas de ditiscídeos são predadores vorazes e alimentam-se de uma variedade de pequenos animais aquáticos, incluindo pequenos peixes. As larvas são chamadas de "water tigers" (tigres aquáticos). Possuem mandíbulas longas e falciformes, que são ocas, e quando atacam a presa sugam seus fluidos corporais pelos canais das mandíbulas. Estas larvas são muito ativas e não hesitam em atacar um animal muito maior que elas.

Os ditiscídeos adultos variam em comprimento de 1,2 mm a 40 mm. A maioria é acastanhada, enegrecida ou esverdeada. Os machos de algumas espécies (Figura 26-17B) possuem tarsos anteriores peculiares com grandes discos de sucção usados para segurar os élitros lisos e escorregadios da fêmea durante o acasalamento. Algumas das espécies maiores possuem uma faixa amarelo-pálida ao longo da margem lateral do pronoto e dos élitros (Figura 26-17A). Alguns membros deste grupo possuem tarsos com um padrão 4-4-5.

SUBORDEM **Polyphaga:** Os membros desta subordem diferem dos demais besouros pelo fato de o primeiro esterno abdominal visível não ser dividido pelas coxas posteriores e sua margem posterior se estender completamente pelo abdômen. Os trocanteres posteriores são pequenos e deslocados para a linha média como nos Adephaga (Figura 26-12B) e as suturas notopleurais estão ausentes. Esta subordem inclui as demais famílias de besouros, que variam muito na forma das antenas, na fórmula tarsal e em outras características.

Família **Hydrophilidae – hidrofilídeos:** Besouros ovais, ligeiramente convexos, que podem ser reconhecidos pelas antenas curtas e clavadas e pelos palpos maxilares longos (Figura 26-18). A maioria das espécies é aquática e tem um aspecto muito semelhante ao dos

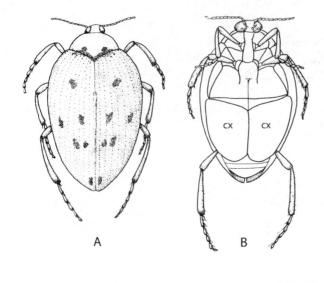

Figura 26-16 Um haliplídeo, *Peltodytes edentulus* (LeConte), ampliado 11X. A, vista dorsal; B, vista ventral. *cx*, coxa posterior.

Dytiscidae. As espécies aquáticas são pretas e seu comprimento varia de alguns milímetros a até cerca de 40 mm. O metasterno em algumas espécies é prolongado posteriormente como um espinho afiado (Figura 26-18B). Este espinho pode ser inserido nos dedos de uma pessoa que esteja manipulando um destes insetos sem cuidado.

Os hidrofilídeos diferem um pouco dos ditiscídeos quanto aos hábitos. Raramente ficam dependurados de cabeça para baixo na superfície da água, como os ditiscídeos fazem muitas vezes, e carregam o ar com eles embaixo da água, em um filme prateado na superfície ventral do corpo. Ao nadar, os hidrofilídeos movem as pernas opostas alternadamente, enquanto os ditiscídeos movem as pernas opostas simultaneamente, como um sapo. Os adultos são principalmente detritívoros, porém as larvas são predadoras. As larvas dos hidrofilídeos diferem das larvas de ditiscídeos por possuírem apenas uma única garra pré-tarsal (as larvas de ditiscídeos possuem duas), as suas mandíbulas são denteadas. As larvas são vorazes e alimentam-se de todos os tipos de animais aquáticos.

Os hidrofilídeos (284 espécies norte-americanas) são insetos comuns em lagoas e córregos calmos. Uma espécie grande e comum, *Hydrophilus triangularis* Say, é preto-brilhante e mede cerca de 40 mm de comprimento (Figura 26-18). A maioria dos hidrofilídeos é aquática, mas alguns (subfamília Sphaeridiinae) são terrestres e vivem no esterco. Diferem dos hidrofilídeos aquáticos por possuírem o primeiro tarsômero dos tarsos posteriores relativamente longo e os palpos maxilares mais curtos que as antenas. A espécie mais comum que habita esterco é *Sphaeridium scarabaeoides* (L.), que apresenta uma mancha vermelha pálida e uma amarela ainda menos diferenciada em cada élitro. Algumas das espécies aquáticas são atraídas pelas luzes à noite. As espécies aquáticas depositam seus ovos em envoltórios de seda, que são fixados a plantas aquáticas. As larvas completamente desenvolvidas deixam a água para empupar em câmaras de terra no subterrâneo.

Família **Sphaeritidae** – **esferitídeos:** Este grupo é representado na América do Norte por uma única espécie que vive em carniça, esterco e fungos em decomposição, ocorrendo do Alasca ao norte de Idaho e Califórnia. Esta espécie, *Sphaerites politus* Mannerheim, mede cerca de 3,5 mm a 5,5 mm de comprimento, é preta com um brilho azulado metálico. Assemelha-se muito a alguns histerídeos, porém as antenas não são geniculadas, as tíbias são menos expandidas e sem dentes externamente e apenas o último segmento abdominal fica exposto além dos élitros.

Família **Histeridae** – **histerídeos:** Besouros pequenos (de 0,5 mm a 10,0 mm de comprimento), nitidamente ovais, pretos e brilhantes. Os élitros são truncados no ápice, expondo um ou dois segmentos abdominais apicais. As antenas (Figura 26-5I) são geniculadas e clavadas. As tíbias são dilatadas e as anteriores são denteadas ou possuem espinhos. Os histerídeos são encontrados junto a matéria orgânica em decomposição, como esterco, fungos e carniça, mas aparentemente são predadores de outros insetos pequenos que vivem nestes materiais. Algumas espécies, que são muito planas, vivem sob cascas de árvores soltas de tocos ou toras de madeira, outras vivem em formigueiros ou cupinzeiros. Algumas espécies são alongadas e cilíndricas, vivem em galerias de insetos broqueadores de madeira. Quando perturbados, os histerídeos retraem suas pernas e antenas e ficam imóveis. Os apêndices se encaixam de modo tão firme nos sulcos rasos da região ventral do corpo que é difícil visualizá-los, mesmo com uma ampliação considerável. Cerca de 435 espécies ocorrem nos Estados Unidos e Canadá.

Família **Hydraenidae** – **hidrenídeos:** Estes besouros são semelhantes aos hidrofilídeos, mas diferem por possuir seis ou sete esternos abdominais (apenas cinco em Hydrophilidae). São besouros alongados ou ovais, de cor escura, medindo cerca de 1,2 mm a 1,7 mm de comprimento, e vivem na vegetação rasteira ao longo das margens de córregos, em musgo molhado e ao longo da costa. Tanto as larvas quanto os adultos alimentam-se de algas. Existem 95 espécies em seis gêneros na América do Norte.

Família **Ptiliidae** – **ptiliídeos:** Esta família inclui alguns dos menores besouros conhecidos. Poucos

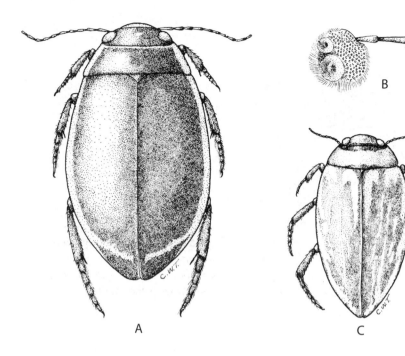

Figura 26-17 Besouros aquáticos predadores d'agua. A, *Dytiscus verticalis* (Say), fêmea, ampliado 2X; B, mesma espécie, tarso anterior do macho; C, *Coptotomus interrogatus* (Fabricius), ampliado 7X.

ultrapassam 1 mm e muitos medem menos de 0,5 mm de comprimento. O corpo é oval, as asas posteriores possuem uma longa franja de pelos que muitas vezes se estendem além dos élitros e as antenas possuem espirais de pelos longos. Estes besouros vivem em madeira apodrecida, esterco e montes de folhas mortas; alimentam-se principalmente de esporos de fungos. Na América do Norte, são conhecidos 27 gêneros e quase 120 espécies.

Esta família inclui os besouros anteriormente alocados em Limulodidae, que medem alguns milímetros ou menos de comprimento e têm aspecto geral bastante semelhante ao dos caranguejos-ferraduras (límulos). Apresentam forma oval, com os élitros curtos e o abdômen ligeiramente afunilado, e são amarelados a acastanhados. As asas posteriores e os olhos compostos estão ausentes. Estes besouros são encontrados em formigueiros, onde permacecem sobre o corpo das formigas, alimentando-se dos exsudatos de seus corpos. Este grupo é pequeno (quatro espécies nos Estados Unidos), mas é amplamente distribuído.

Família **Agyrtidae – agirtídeos:** Este é um pequeno grupo (11 espécies norte-americanas) anteriormente incluído nos Silphidae. São besouros de 4 mm a 14 mm de comprimento, com forma oblonga a alongada, levemente achatados e glabros. São encontrados em matéria vegetal ou animal em decomposição. Existe uma espécie no leste; as outras 10 ocorrem nos estados da Costa do Pacífico.

Família **Leiodidae – leiodídeos, besouros-de-ninhos de mamíferos:** Os leiodídeos, com cerca de 324 espécies em 30 gêneros na América do Norte, constituem um grupo variável que anteriormente era dividido em pelo menos duas famílias. Os Leiodinae são besouros convexos, brilhantes, ovais, de 1,5 mm a 6,5 mm de comprimento, marrons a pretos. Muitas espécies quando perturbadas retraem a cabeça e o protórax sob o corpo e enrolam-se formando uma bola, escondendo assim todos os apêndices. Estes besouros vivem em fungos, sob cascas de árvores, em madeira em decomposição e ambientes semelhantes. Os Catopinae (anteriormente incluídos na família Leptodiridae) são alongado-ovais, um pouco achatados, acastanhados a pretos, pubescentes e medem cerca de 2 mm a 5 mm de comprimento. Com frequência, apresentam estrias transversais indistintas nos élitros e no pronoto e na maioria deles o oitavo artículo é mais curto e tem diâmetro menor que o sétimo e o nono. A maioria destes besouros vive na carniça, mas alguns são encontrados em fungos, outros se alimentam de esporos e, outros ainda, vivem em formigueiros. O altamente modificado *Glaciacavicola bathyscoides* Westcott ocorre apenas em cavernas geladas de Idaho.

Os leiodídeos anteriormente classificados separadamente como Leptinidae e Platypsyllidae são acastanhados, oblongo-ovais, semelhante a piolhos, de 2 mm a 5 mm de comprimento e com olhos reduzidos ou ausentes. As espécies de *Leptinus* (três na América do Norte) vivem em ninhos e no pelo de camundongos, musaranhos e toupeiras e, ocasionalmente, em ninhos de Hymenoptera construídos no solo. As espécies de *Leptinillus* (duas na América do Norte) vivem em ninhos e no pelo de castores, uma espécie no castor comum (*Castor*) e outra

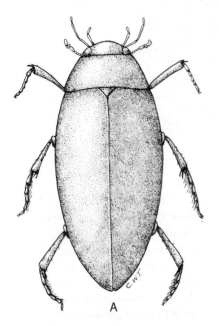
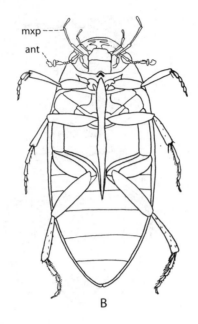

Figura 26-18 Um hidrofilídeo, *Hydrophilus triangularis* Say. A, vista dorsal; B, vista ventral. *ant*, antena; *mxp*, palpo maxilar.

no castor da montanha (*Aplodontia*). A única espécie de *Platypsylla*, *P. castoris* Ritsema, é um ectoparasita do castor comum.

Família **Scydmaenidae – cidmenídeos:** Os membros deste grupo têm a forma semelhante à das formigas. São besouros de pernas longas, acastanhados, um pouco pilosos, e medem cerca de 1 mm a 5 mm de comprimento. As antenas são levemente claviformes e os fêmures são claviformes. Vivem sob pedras, no musgo, montes de folhas e em formigueiros. Estes besouros têm hábitos discretos, mas às vezes voam em grandes números durante o crepúsculo. Existem 217 espécies na América do Norte.

Família **Silphidae – besouros-da-carniça:** As espécies mais comuns deste grupo são relativamente grandes, em geral apresentam cores vivas e vivem ao redor dos corpos de animais mortos. O corpo é mole e um tanto achatado, as antenas são clavadas (claviformes ou capitadas) e os tarsos são pentâmeros. O comprimento dos silfídeos varia de 3 mm a 35 mm, mas a maioria das espécies mede mais de 10 mm.

Dois gêneros comuns neste grupo são *Silpha* e *Nicrophorus* (= *Necrophorus*). Em *Silpha*, o corpo é nitidamente oval e achatado, medindo de 10 mm a 24 mm de comprimento, os élitros são arredondados ou pontiagudos no ápice e quase cobrem o abdômen. Em algumas espécies (por exemplo, *S. americana* L.), o pronoto é amarelado com uma mancha preta no centro. Em *Nicrophorus* o corpo é mais alongado, os élitros são curtos e truncados apicalmente e a maioria das espécies é vermelha e preta. Os besouros do gênero *Nicrophorus* são conhecidos como "besouros-coveiros". Escavam abaixo do corpo morto de um camundongo ou outro animal pequeno e o corpo afunda no solo. Estes besouros são notavelmente fortes. Dois indivíduos podem mover um animal do tamanho de um rato por vários metros até chegar a um local adequado para enterrá-lo. Após o corpo ter sido enterrado, os ovos são depositados sobre ele. Tanto os adultos quanto as larvas alimentam-se de carniça e são encontrados abaixo dos corpos de animais mortos.

Outras espécies de silfídeos vivem em vários tipos de material animal em decomposição. Alguns vivem em fungos, outros vivem em formigueiros e pelo menos uma espécie, *Silpha bituberosa* LeConte, alimenta-se de materiais vegetais. Algumas espécies são predadoras de larvas e outros animais que vivem em matéria orgânica em decomposição. Em algumas espécies (por exemplo, *Nicrophorus*), as larvas recém-eclodidas são alimentadas pela carniça regurgitada pelos pais. Nos Estados Unidos e Canadá, existem 30 espécies em oito gêneros.

Família **Staphylinidae – estafilinídeos:** Os estafilinídeos são delgados e alongados e podem ser reconhecidos pelos élitros muito curtos. Os élitros não são muito mais longos que sua largura e uma porção considerável do abdômen fica exposta além dos ápices elitrais. Os seis ou sete esternos abdominais visíveis os diferenciam dos Nitidulidae de asa curta (como *Conotelus*). As asas posteriores são bem desenvolvidas e, em repouso, ficam dobradas sob os élitros curtos. São insetos ativos que correm ou voam rapidamente. Ao correr, levantam o ápice do abdômen, de modo muito semelhante aos escorpiões. As mandíbulas são muito longas, delgadas, afiadas e se cruzam na frente da cabeça.

Alguns estafilinídeos maiores podem morder quando manipulados e sua mordida é dolorosa. A maioria destes besouros é preta ou marrom. Variam consideravelmente em tamanho, porém os maiores medem cerca de 25 mm de comprimento.

Esta é uma das duas maiores famílias de besouros, com 4.153 espécies norte-americanas. Estes besouros vivem em uma grande variedade de ambientes, mas provavelmente são vistos com mais frequência em materiais em decomposição, particularmente esterco ou carniça. Também vivem sob pedras e outros objetos do solo, ao longo de praias, córregos, fungos, montes de folhas, em ninhos de aves, de mamíferos, em formigueiros e cupinzeiros. A maioria das espécies parece ser predadora. As larvas vivem nos mesmos ambientes e alimentam-se dos mesmos materiais que os adultos. Algumas são parasitas de outros insetos.

Os besouros pselafíneos (subfamília Pselaphinae) consistem em pequenos besouros amarelados ou acastanhados, de 0,5 mm a 5,5 mm de comprimento (a maioria com cerca de 1,5 mm), encontrados principalmente sob pedras e toras de madeira, em madeira apodrecida e musgo. Alguns vivem em formigueiros, cupinzeiros e ninhos de mamíferos. Estes besouros possuem élitros curtos e truncados e lembram os estafilinídeos comuns, mas possuem apenas três tarsômeros (a maioria dos estafilinídeos apresenta um número maior), o pronoto é mais estreito que os élitros e as antenas são clavadas de forma abrupta. Este grupo, algumas vezes considerado uma família separada, é grande, com 710 espécies na América do Norte. Os membros de uma tribo de pselafíneos, os Clavigerini, são peculiares por possuírem antenas com dois artículos e tarsos com apenas uma garra. Estes besouros vivem em formigueiros, onde são usados pelas formigas que se utilizam de suas secreções corpóreas para alimentação. Acredita-se que a maioria dos pselafíneos seja predadora.

A subfamília Dasycerinae inclui o gênero *Dasycerus*, que anteriormente era alocado na família Latridiidae. Inclui apenas quatro espécies na América do Norte, três no leste e uma no oeste. Estes besouros diferem dos Latridiidae pelas cavidades coxais anteriores abertas atrás e coxas anteriores contíguas. Seus hábitos são semelhantes aos dos Latridiidae.

Família **Lucanidae – besouros cabra-loura:** Os lucanídeos às vezes são chamados de "pichingbugs", que significa "besouros de pinça", devido às grandes mandíbulas dos machos. Em alguns deles, as mandíbulas têm metade do comprimento do corpo ou mais e são ramificadas como os chifres de um ruminante (daí o nome "besouros cabra-loura"). Os besouros cabra-loura são intimamente relacionados aos Scarabaeidae, porém os artículos apicais (Fig. 26-6E) não podem ser mantidos firmemente juntos como nos escarabeídeos e famílias relacionadas (Figura 26-6C,D,G). O comprimento dos besouros cabra-loura norte-americanos varia de cerca de 10 mm a 60 mm. A maioria dos espécimes maiores mede de 25 mm a 40 mm de comprimento. Existem 24 espécies em oito gêneros nos Estados Unidos e Canadá.

Estes insetos são encontrados em madeira, mas algumas espécies vivem em praias arenosas. Os adultos muitas vezes são atraídos pela luz à noite. As larvas são encontradas em madeira em decomposição e são semelhantes aos corós brancos encontrados em solo com grama. Alimentam-se de líquido da madeira em decomposição.

Família **Passalidae – passalídeos:** Possuem uma variedade de nomes em língua inglesa: "bessbugs", "bessiebugs", "betsy beetles" e outros. A família está intimamente relacionada aos Lucanidae, mas difere deles porque o mento do lábio é profundamente deprimido. Quatro espécies ocorrem nos Estados Unidos. A espécie mais disseminada no leste, *Odontotaenius disjunctus* (Illiger), é um besouro preto, brilhante, de 32 mm a 36 mm de comprimento, com sulcos longitudinais nos élitros e um corno característico na cabeça (Fig. 26-13B). *Odontotaenius floridanus* Schuster é encontrado na Flórida. Duas espécies ocidentais da família foram encontradas no Arizona, mas não são observadas neste estado há muitos anos.

Os passalídeos são relativamente sociais e suas colônias ocorrem em galerias nos troncos de madeira em decomposição. Os adultos podem produzir um som agudo esfregando áreas espessadas presentes na face inferior das asas em áreas semelhantes da superfície dorsal do abdômen. As larvas também estridulam. Este som é produzido quando o inseto é perturbado. Em condições normais, porém, provavelmente serve como meio de comunicação. Os adultos preparam o alimento (madeira em decomposição) com suas secreções salivares e assim alimentam as formas jovens.

Família **Diphyllostomatidae:** Esta pequena família consiste em três espécies de *Diphyllostoma*, todas da Califórnia. Estas espécies foram descritas originalmente na família Lucanidae e diferem de todos os outros escarabeídeos por possuírem sete ventritos abdominais, protrocantim exposto e nenhum esporão tibial. As pernas e o corpo são intensamente setosos. As fêmeas diferem dos machos por possuírem olhos reduzidos e asas vestigiais. As larvas não foram descritas e pouco se sabe sobre sua ecologia e hábitos.

Família **Ceratocanthidae:** Besouros redondos, escuros, medindo cerca de 5 mm a 6 mm de comprimento, com as tíbias médias e posteriores muito dilatadas, apresentando fileiras de espinhos por todo o seu comprimento. Quando perturbados, retraem suas pernas e antenas e formam uma massa hemisférica, permanecendo imóveis nesta posição. Vivem sob cascas de árvores, troncos e tocos de madeira apodrecidos e, ocasionalmente, em flores. Três espécies ocorrem nos Estados Unidos: duas espécies de *Germarostres*, que são amplamente distribuídas em todo o leste, e *Acanthocerus aeneus* MacLeay, que ocorre no sudeste.

Família **Glaphyridae:** Os membros deste grupo são alongados e acastanhados e possuem um corpo muito piloso. Os élitros são curtos, expondo dois ou três terços abdominais. São afunilados posteriormente e separados no ápice. Estes besouros medem cerca de 13 mm a 18 mm de comprimento. As espécies norte-americanas pertencem ao gênero *Lichnanthe*. Algumas ocorrem no nordeste e outras no oeste. Todas são muito raras.

Família **Pleocomidae – pleocomídeos:** Estes besouros são chamados de "rain beetles" porque os machos voam e procuram suas parceiras durante as chuvas de outono na América do Norte. As fêmeas não são aladas. As 26 espécies e 6 subespécies ocorrem na região ocidental e são relativamente raras. As larvas vivem no solo e alimentam-se de raízes de árvores e gramíneas. Os adultos vivem em tocas no solo, saindo apenas no crepúsculo ou após uma chuva. Os membros do gênero *Pleocoma* têm corpo robusto e relativamente grande (cerca de 25 mm de comprimento) e são razoavelmente pubescentes. As tocas de *P. fimbriata* LeConte têm cerca de 25 mm de diâmetro e até 0,6 m de profundidade.

Família **Geotrupidae – geotrupídeos:** São muito semelhantes a alguns outros escaravelhos coprófagos, mas possuem antenas com 11 artículos. São besouros de corpo robusto, convexos, ovais, pretos ou marrons escuros. Os élitros são sulcados ou estriados, os tarsos são longos e delgados e as tíbias anteriores são alargadas e denteadas ou onduladas nas margens externas. Os élitros cobrem completamente o abdômen. Estes besouros variam em comprimento de 5 mm a 25 mm e são encontrados sob esterco de vaca, esterco de cavalo ou carniça. Alguns vivem em troncos de madeira ou fungos em decomposição. As larvas vivem em esterco, carniça ou debaixo destes. Alimentam-se deste material e, consequentemente, são importantes como detritívoros. Doze gêneros e 28 espécies de Geotrupidae ocorrem na região Neártica.

Família **Ochodaeidae:** Estes besouros podem ser diferenciados de outros escarabeídeos por possuírem um esporão apical mais longo e pectinado ao longo de uma borda, na tíbia posterior. Existem 35 espécies em quatro gêneros na América do Norte, que variam em comprimento de 3 mm a 10 mm. Pouco se sabe sobre sua biologia, exceto que a maioria é, às vezes, atraída pela luz. Uma espécie, *Ochodaeus musculus* (Say), um besouro oval, marrom avermelhado, de 5 mm a 6 mm de comprimento, com élitros estriados, ocorre nos estados do norte dos Estados Unidos.

Família **Hybosoridae:** Estes besouros podem ser diferenciados de outros escarabeídeos pelas mandíbulas e labro proeminentes, antenas com 10 artículos com uma clava formada por 3 artículos na qual o artículo basal da clava é escavado para alojar os dois apicais. Duas espécies são conhecidas nos Estados Unidos, *Hybosorus illigeri* Reiche, que foi introduzida da Europa na década de 1840, e *Pachyplectrus laevis* (LeConte), uma espécie muito rara que pode ser encontrada no Arizona e sul da Califórnia.

Família **Glaresidae**: Esta é uma pequena família, que possui 15 espécies no gênero *Glaresis* na América do Norte. Estas espécies foram anteriormente incluídas na família Trogidae, mas diferem destes porque apresentam olhos divididos por um cantus e porque os fêmures e as tíbias posteriores são aumentados e cobrem o abdômen. Os adultos vivem em áreas arenosas secas e são atraídos pela luz. Estes besouros são pequenos (de 2,5 mm a 6 mm de comprimento).

Família **Trogidae – trogídeos:** Os membros deste grupo possuem a região dorsal do corpo muito rugosa. O segundo artículo se origina antes da extremidade do primeiro e não no seu ápice (Figura 26-6G). Estes besouros são oblongos, convexos, marrom-escuros (e, com frequência, recobertos com terra) e têm uma forma muito semelhante à dos escarabeídeos. Em geral, são encontrados em carcaças velhas e secas de animais, onde se alimentam de pele, penas, pelos ou tecidos secos dos ossos. Indicam um dos últimos estágios na sucessão de insetos que vivem em carcaças de animais. Algumas espécies vivem em peletas de corujas, embaixo das cascas de árvores ou nas raízes. Quando perturbados, estes besouros retraem suas pernas e ficam imóveis, lembrando terra ou lixo, assim não são vistos. Passam o inverno como adultos embaixo de folhas e em detritos. Dois gêneros, *Trox*, com 25 espécies, e *Omorgus*, com 16 espécies, distribuem-se nos Estados Unidos e Canadá.

Família **Scarabaeidae – escaravelhos:** Este grupo contém cerca de 1.400 espécies norte-americanas e seus membros variam muito em tamanho, cor e hábitos. Os escaravelhos são besouros de corpo pesado, oval ou alongado, convexo, com tarsos pentâmeros (raramente os tarsos anteriores estão ausentes) e antenas lameladas com 8 a 11 artículos. Os últimos três artículos (raramente mais) são expandidos em estruturas semelhantes a placas, que podem ser separadas (Figura 26-6C) ou unidas para formar uma clava terminal compacta (Figura 26-6D). As tíbias anteriores são mais ou menos dilatadas, com a margem externa denteada ou ondulada.

Os hábitos dos escaravelhos variam consideravelmente. Muitos se alimentam de esterco ou de materiais vegetais em decomposição, carniça etc. Alguns vivem em ninhos ou tocas de vertebrados ou em formigueiros e cupinzeiros. Alguns se alimentam de fungos. Muitos consomem materiais vegetais como gramíneas, folhagem, frutas e flores e alguns destes constituem pragas sérias de gramíneas, campos de golfe e várias lavouras agrícolas. As larvas são fortemente curvadas em forma de "C" e, em muitas espécies, constituem o estágio prejudicial ("coró").

Subfamília **Scarabaeinae (=Coprinae) – besouros coprófagos e rola-bosta**: Besouros robustos, que medem cerca de 5 mm a 30 mm de comprimento e alimentam-se principalmente de esterco. A maioria é preto-fosco, mas alguns são verde-metálicos. Os besouros rola-bosta (principalmente *Canthon* e *Deltochilum*) são pretos, com cerca de 25 mm de comprimento ou menos, tíbias médias e posteriores razoavelmente delgadas, sem cornos na cabeça ou no pronoto. Outros gêneros desta subfamília têm as tíbias médias e posteriores dilatadas na extremidade distal e possuem um corno. Em *Phanaeus*, que mede pouco menos de 25 mm de comprimento, o corpo é verde-brilhante com o pronoto dourado e os machos possuem um corno longo no dorso da cabeça. Os besouros coprófagos dos gêneros *Copris* e *Dichotomius* (= *Pinotus*) são pretos, com estrias evidentes nos élitros. *Copris*, de cerca de 18 mm de comprimento ou menos, tem oito estrias em cada élitro e *Dichotomius,* de cerca de 25 mm de comprimento e muito robusto, possui sete. Outros gêneros desta subfamília têm menos de 10 mm.

Os besouros rola-bosta são comuns em pastos e é interessante observá-los. Eles destacam com as mandíbulas uma porção de esterco, trabalham-na fazendo uma bola e rolam esta bola por uma distância considerável. Em geral, eles trabalham aos pares, um puxando e o outro empurrando, rolando a bola com suas pernas posteriores. A bola é enterrada no solo e os ovos são depositados na bola, assim as larvas têm um suprimento alimentar garantido, enquanto a localização oculta da bola fornece proteção.

O escaravelho sagrado do antigo Egito, *Scarabaeus sacer* L., é um membro deste grupo e possui hábitos semelhantes aos dos besouros rola-bosta. Na mitologia egípcia, a bola de esterco representava o sol e seu movimento no céu.

Subfamília **Aphodiinae – afodiíneos**: Este é um grupo razoavelmente grande (mais de 200 espécies norte-americanas) de pequenos besouros coprófagos e alguns são muito comuns, particularmente em esterco de vaca. Em geral, são pretos ou vermelhos e pretos. Uma espécie, *Ataenius spretulus* (Haldeman), tornou-se recentemente uma praga importante de torrões de gramíneas, em especial em campos de golfe.

Subfamília **Melolonthinae – melolontíneos**: Este é um grupo grande e amplamente distribuído, com todos os seus membros fitófagos. Muitas espécies têm importância econômica considerável. Os besouros mais conhecidos deste grupo nos Estados Unidos são os "june beetles" ou "may beetles", às vezes chamados de "junebugs", que são marrons e comuns ao redor das luzes na primavera e início do verão. A maioria pertence ao gênero *Phyllophaga* (= *Lachnosterna*), que contém mais de 200 espécies no leste americano. Os adultos alimentam-se à noite de folhagem e flores. As larvas são os conhecidos "white grubs" (corós brancos) que se alimentam no solo das raízes de gramíneas e outras plantas. Os "white grubs" são insetos muito destrutivos e causam muitos danos em pastagens, grameíneas e lavouras de milho, pequenos grãos, batatas e morangos. São necessários dois ou três anos para que possam completar seu ciclo de vida. O maior dano em lavouras ocorre quando há mudança nos campos de gramíneas ou pasto para milho, outra gramínea.

Esta subfamília também contém os melolontíneos *Macrodactylus*. O representante *M. subspinosus* (Fabricius), conhecido na América do Norte como "rose chafer", é um besouro delgado, castanho, de pernas longas, que se alimenta de flores e folhagem de roseiras, videiras e várias outras plantas. Com frequência, consome pêssegos e outras frutas. As larvas são corós pequenos e brancos que vivem em solo não compactado e causam sérios danos às raízes. Aves domésticas que comem estes besouros ficam muito doentes e morrem.

Muitos outros besouros desta subfamília são robustos, ovais e acastanhados e lembram os "june beetles" (embora a maioria seja menor). Os besouros do gênero *Dichelonyx* são alongados e delgados, com élitros esverdeados ou cor de bronze e garras pré-tarsais simples.

Subfamília **Rutelinae – rutelíneos**: As larvas destes besouros alimentam-se das raízes de plantas e os adultos, de folhagens e frutas. Muitos adultos têm cores vivas. Várias espécies de pragas importantes estão incluídas nesta subfamília.

Uma das pragas mais sérias deste grupo é o besouro-japonês, *Popillia japonica* Newman. Esta espécie foi introduzida no leste dos Estados Unidos, procedente de viveiros do Japão, por volta de 1916. Desde então, espalhou-se por uma grande parte do leste dos Estados Unidos, onde constitui uma praga séria de gramados, campos de golfe, frutas e arbustos. A forma adulta é muito bonita. A cabeça e o tórax são verde-brilhantes, os élitros são acastanhados e manchados de verde nas bordas e há manchas brancas ao longo das laterais do abdômen. Esta espécie possui uma geração por ano e passa o inverno em estágio larval no solo.

Outra espécie muito comum e destrutiva nos Estados Unidos é *Pelidnota punctata* (L), conhecida como "grape pelidnota". O adulto mede 25 mm de comprimento ou mais e se parece com um grande "june beetle", mas é amarelado com três manchas pretas em cada élitro. A maior parte do dano desta espécie é causada pelo adulto. As larvas se alimentam principalmente de madeira apodrecida.

Os membros do gênero *Cotalpa* são besouros grandes, uniformemente verdes ou amarelados na região dorsal e escuros na região ventral. As larvas causam danos consideráveis em raízes de pequenas frutas, milho e gramíneas. Uma espécie distinta deste gênero é *C. lanigera* (L.), de 20 mm a 26 mm de comprimento e totalmente amarela, com um brilho metálico. Vive nas catalpas ou nas proximidades.

Da Baixa Califórnia até Utah, os membros comuns de Rutelinae são espécies pretas e marrons avermelhadas do gênero *Paracotalpa*. No Texas e Arizona, são encontradas as verdadeiras joias desta subfamília, as espécies pertencentes ao gênero *Chrysina* (= *Plusiotis*). Estes grandes escaravelhos são verde-brilhantes, algumas vezes com linhas longitudinais adicionais de uma cor dourado-metálica. São itens favoritos entre os colecionadores.

Subfamília **Dynastinae – besouros-rinocerontes, besouros Hércules e besouros-de-chifre**: Este grupo contém alguns dos maiores besouros norte-americanos, alguns dos quais podem atingir um comprimento de 65 mm. A superfície dorsal do corpo é arredondada e convexa e os machos têm cornos na cabeça ou no pronoto. As fêmeas não possuem estes cornos.

Os maiores Dynastinae são os besouros Hércules (*Dynastes*), que ocorrem principalmente nos estados do sul. *Dynastes tityus* (L.), a espécie do leste norte-americano, mede cerca de 50 mm a 65 mm de comprimento e é cinza-esverdeada, pontilhada, com grandes áreas pretas. O corno pronotal do macho estende-se para a frente sobre a cabeça. A espécie do oeste, *D. granti* Horn, é semelhante, mas ligeiramente maior e têm um corno pronotal mais longo. Os besouros-de-chifre (*Strategus*) são grandes escaravelhos marrons, de 35 mm a 50 mm de comprimento, que ocorrem de Rhode Island até o Kansas e o Texas. Têm três cornos no pronoto do macho (um na fêmea), mas nenhum na cabeça. No besouro-rinoceronte, *Xyloryctes jamaicensis* (Drury), um escaravelho marrom escuro com pouco mais de 25 mm de comprimento, os machos possuem um único corno vertical grande na cabeça. As fêmeas apresentam um pequeno tubérculo ao invés de um corno. A larva desta espécie alimenta-se das raízes de freixo. Os besouros rinocerontes ocorrem de Connecticut até o Arizona. Os membros do gênero *Phileurus*, que medem cerca de 25 mm de comprimento, possuem dois cornos na cabeça e ocorrem no sul e sudoeste da América do Norte.

Os menores membros desta subfamília, particularmente espécies dos gêneros *Ligyrus* e *Euetheola*, constituem pragas sérias de milho, cana-de-açúcar e lavouras de cereais. Tanto no estágio adulto quanto no de larva causam prejuízos.

Subfamília **Cetoniinae – besouros-das-flores e outros**: Os membros deste grupo alimentam-se principalmente de pólen e são comuns em flores. Muitos vivem sob cascas de árvores soltas ou em detritos e alguns vivem em formigueiros. As larvas alimentam-se de matéria orgânica no solo e algumas espécies danificam as raízes das plantas. Esta subfamília inclui os besouros-golias da África, que estão entre os maiores insetos conhecidos. Algumas espécies atingem um comprimento de 100 mm ou mais.

Vários gêneros desta subfamília (incluindo *Cotinis*, *Euphoria* e *Cremastocheilus*) possuem os mesepímeros visíveis de cima, entre os ângulos posteriores do pronoto e os úmeros dos élitros (Figura 26-19). Os membros do gênero *Cotinis* medem mais de 18 mm de comprimento e o escutelo pequeno é recoberto por um lobo mediano do pronoto, que se projeta para trás. *Euphoria* e *Cremastocheilus* são menores e possuem um escutelo grande e exposto (Figura 26-19). *Cotinis nitida* (L.) é um besouro verde-escuro comum com quase 25 mm de comprimento. Os adultos alimentam-se de uvas, frutas maduras e milho jovem; as larvas causam sérios danos em gramados, campos de golfe e várias lavouras. Os besouros do gênero *Euphoria* são um pouco semelhantes às abelhas mamangabas e são chamados de "bumble flower beetles" nos Estados Unidos. São amarelo-acastanhados e pretos, muito pubescentes e agem de modo muito semelhante às mamangabas. Estes besouros não estendem seus élitros durante o voo. Ao invés disso, as asas posteriores são estendidas por emarginações rasas nas laterais dos élitros (Figura 26-19).

Talvez os membros menos conhecidos e mais interessantes desta subfamília sejam os do gênero *Cremastocheilus*. Estes besouros, que medem cerca de 9 mm a 15 mm de comprimento, são mantidos cativos em formigueiros para fornecer às formigas um líquido

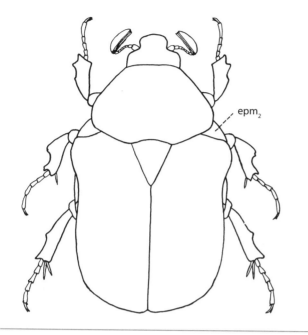

Figura 26-19 Um cetoniíne *Euphoria inda* (L.) (Cetoniinae), ampliado 5X. *epm₂,* mesepímero.

nutritivo. As formigas sobem no tórax do besouro e mastigam áreas glandulares pubescentes nos mesepímeros expostos. Mais de 30 espécies pertencentes a este gênero são conhecidas nos Estados Unidos.

Em outro gênero comum de Cetoniinae, os mesepímeros não são visíveis de cima. A espécie *Osmoderma eremicola* Knoch é um inseto preto acastanhado de cerca de 25 mm de comprimento, com os élitros mais longos que largos. As larvas alimentam-se de madeira em decomposição e os adultos são encontrados sob cascas de árvores mortas ou em cavidades de árvores. Os adultos emitem um odor muito desagradável quando perturbados. Em *Valgus* e *Trichiotinus*, os élitros têm comprimento e largura aproximadamente iguais. As espécies de *Valgus* são pequenas, com menos de 7,5 mm de comprimento, castanhas e recobertas por escamas. Os besouros *Trichiotinus* têm cores vivas e pubescentes. Os adultos destes dois gêneros vivem em vários tipos de flores e as larvas vivem em madeira em decomposição.

Família **Eucinetidae – eucinetídeos:** Besouros pequenos (2,5 mm a 3 mm de comprimento), ovais, convexos, que têm a cabeça inclinada para baixo e não visível quando vista de cima. Existem seis esternos abdominais visíveis, e as coxas posteriores são dilatadas em placas amplas que se estendem até os élitros e cobrem a maior parte do primeiro esterno abdominal visível (de onde vem o nome comum em língua inglesa, "plate-thigh beetles"). Onze espécies ocorrem na América do Norte e são encontradas sob cascas de árvores ou em fungos.

Família **Clambidae – clambídeos:** Besouros minúsculos (cerca de 1 mm de comprimento), ovais, convexos, acastanhados a pretos, que são capazes de retrair a cabeça e o protórax sob o corpo e enrolar-se como uma bola. Lembram os leiodídeos neste aspecto, mas diferem destes porque são pubescentes, possuem as coxas posteriores dilatadas em placas amplas e apresentam uma franja de cerdas longas nas asas posteriores. Estes besouros vivem em material vegetal em decomposição. O grupo é pequeno (12 espécies norte-americanas) e seus membros não são encontrados com frequência.

Família **Scirtidae – cirtídeos:** Besouros ovais, com 2 mm a 4 mm de comprimento, que vivem na vegetação de lugares pantanosos e em resíduos úmidos, apodrecidos. Existem 50 espécies na América do Norte. Algumas apresentam os fêmures posteriores alargados e são saltadoras ativas. As larvas, que possuem antenas longas e delgadas, são aquáticas.

Família **Dascillidae – dascilídeos:** Besouros ovais a alongados, de corpo mole, pubescentes, a maioria medindo de 3 mm a 14 mm de comprimento. A cabeça é visível de cima e algumas espécies apresentam mandíbulas relativamente grandes e evidentes. O mais provável é que sejam encontrados na vegetação próxima da água, mas não são muito comuns. Este grupo contém cinco espécies norte-americanas no Arizona e na Califórnia.

Família **Rhipiceridae – besouros parasitas de cigarras:** Estes besouros são alongado-ovais, acastanhados, de 12 mm a 24 mm de comprimento, com antenas de cor alaranjada e mandíbulas proeminentes (Figura 26-20). As antenas são flabeladas no macho e serradas ou pectinadas na fêmea. Estes besouros lembram

Figura 26-20 Um besouro parasita de cigarras, *Sandalus petrophya* Knoch, fêmea (Rhipiceridae), ampliado 3X.

Chave para as subfamílias de Scarabaeidae

1.	Pigídio completamente coberto (ou quase) pelos élitros; na maioria espécies menores (1,5 mm a 13 mm de comprimento)	Aphodiinae
1'.	Pigídio completamente exposto; espécies maiores (mais de 5,0 mm)	2
2(1')	Inserção antenal visível de cima; clípeo com lados constritos medianamente, pouco antes dos olhos	Cetoniinae
2'.	Inserção antenal não visível de cima; clípeo com lados não constritos	3
3(2').	Esternitos abdominais distintamente estreitados medianamente; comprimento de todos os esternitos juntos menor que o comprimento do metasterno; escutelo usualmente não visível	Scarabaeinae
3'.	Esternitos abdominais não estreitados medianamente; comprimento de todos os esternitos juntos maior que o comprimento do metasterno	4
4(3').	Garras dos tarsos médios e posteriores de comprimento desiguais e independentemente móveis; tarsômero 5 apicalmente com fenda longitudinal mediana ventral	Rutelinae
4'.	Garras dos tarsos médios e posteriores com comprimento igual e não independentemente móveis; tarsômero 5 no ápice sem fenda longitudinal mediana ventral; em vez disso, com 2 fendas paralelas em ambos os lados do meio na superfície ventral	5
5(4').	Garras dos tarsos médios e posteriores simples; base do pronoto e élitros de largura diferente; ápice da tíbia posterior sempre com 2 esporões; mandíbulas expostas dorsalmente	Dynastinae
5'.	Garras dos tarsos médios e posteriores fendidas; ápice da tíbia posterior com 1 ou 2 esporões ou esporões ausentes; mandíbulas não visíveis dorsalmente	Melolonthinae

superficialmente os melolontíneos "june beetles" e são bons voadores. As larvas são parasitas de ninfas de cigarras. Este grupo é pequeno (cinco espécies norte-americanas de *Sandalus*), mas amplamente distribuído.

Família **Buprestidae – buprestídeos**: Os adultos deste grupo medem cerca de 3 mm a 100 mm (em geral, menos de 20 mm) de comprimento e muitas vezes são metálicos – acobreados, verdes, azuis ou pretos –, em especial na região ventral do corpo e na região dorsal do abdômen. Possuem um corpo rígido, de constituição compacta, e uma forma característica (Figuras 26-21 e 26-22). Muitos buprestídeos adultos são atraídos para árvores que estejam mortas ou morrendo, troncos de madeira e brejos. Outros vivem na folhagem de árvores e arbustos. Estes besouros correm ou voam rapidamente, o que dificulta a sua captura. Alguns têm a mesma cor da casca da árvore e são muito pouco evidentes quando permanecem imóveis. Muitos besouros maiores deste grupo são comuns em ambientes ensolarados. Existem cerca de 762 espécies norte-americanas de Buprestidae.

A maioria das larvas de buprestídeos perfura a casca da árvore ou a madeira, atacando árvores vivas ou troncos e ramos recentemente cortados ou que estejam apodrecendo. Muitas causam danos graves a árvores e arbustos. Os ovos são depositados em fendas nas cascas das árvores. As larvas, ao eclodirem, fazem um túnel sob a casca e algumas espécies por fim perfuram a madeira. As galerias sob a casca são tortuosas e preenchidas com fezes ("frass"*). As galerias da madeira são ovais em corte transversal e usualmente inclinadas em relação à superfície do tronco (Figura 26-23). As pupas formam-se nas galerias. Como as larvas de buprestídeos possuem a extremidade anterior expandida e achatada (Figura 26-24), são conhecidas como "flatheaded borers", brocas de cabeça chata. As larvas de algumas espécies fazem galerias sinuosas sob a casca de ramos (Figura 26-25B); outras produzem galhas (Figura 26-25A) e uma espécie envolve os ramos.

As larvas de *Chrysobothris femorata* (Olivier) atacam várias árvores e arbustos e causam danos graves em árvores frutíferas. As larvas de diferentes espécies de *Agrilus* atacam framboesas, amoreiras e outros arbustos. *Agrilus champlaini* Frost forma galhas em madeira dura (Figura 26-25A) e *A. ruficollis* (Fabricius) forma

---

* Fragmentos de plantas deixados por um inseto perfurador de madeira, em geral misturados com excrementos. (NRT)

galhas em framboesas e amoreiras. *Agrilus arcuatus* (Say) envolve os ramos. Os adultos do gênero *Agrilus* são razoavelmente longos e estreitos (Figura 26-22C); a maioria tem cor escura com tons metálicos e alguns possuem manchas claras. A "emerald ash borer", *Agrilus planipennis* Fairmaire, uma espécie verde iridescente, foi introduzida recentemente no meio-oeste dos Estados Unidos (Michigan e Ohio neste momento) e ameaça tornar-se uma praga importante do freixo. As larvas das espécies de *Brachys* (Figura 26-21D) são minadores de folhas. A maioria dos buprestídeos voa quando perturbada, porém os besouros do gênero *Brachys* retraem as pernas, "fingem-se de mortos" e caem da folhagem para o solo. Estes buprestídeos menores são encontrados na folhagem.

Família **Byrrhidae** – **birrídeos**: Os birrídeos são ovais, convexos e medem cerca de 1,5 mm a 10,0 mm de comprimento. A cabeça é dobrada para baixo e não visível dorsalmente; as coxas posteriores são amplas e estendem-se até os élitros. Estes insetos geralmente vivem em locais arenosos, como margens de lagos, onde podem ser encontrados sob detritos. As espécies de *Byrrhus* e *Cytilus* ocasionalmente atacam mudas de espécies florestais. Quando perturbados, retraem as pernas, com os fêmures encaixando-se em sulcos coxais, e permanecem imóveis. Existem 35 espécies registradas nos Estados Unidos e Canadá.

Família **Elmidae** – **besouros-de-correnteza**: Em geral, vivem em pedras ou detritos nas correntezas de córregos. Algumas espécies vivem em lagoas ou pântanos, e outras são terrestres. Os Elmidae têm uma forma ligeiramente cilíndrica, com élitros muito lisos ou um pouco carenados. A maioria mede 3,5 mm de comprimento ou menos. As larvas da maioria das espécies, que vivem nos mesmos locais que os adultos, são longas e delgadas. As de *Phanocerus* são levemente achatadas e elípticas. Existem 85 espécies nos Estados Unidos e Canadá.

Família **Dryopidae** – **driopídeos**: Os driopídeos são alongado-ovais, medindo de 1 mm a 8 mm de comprimento, cinza-foscos ou marrons, com a cabeça mais ou menos retraída no protórax. O corpo em algumas espécies é recoberto por uma pubescência fina. As antenas são muito curtas, com a maioria dos artículos mais largos que longos, e estão escondidas abaixo do lobo prosternal. Estes besouros sobem em objetos em córregos. Algumas vezes, são vistos rastejando no fundo dos córregos ou ao longo das margens. Os adultos podem deixar os córregos e voar pelas redondezas, em especial à noite. Muitas larvas conhecidas são vermiformes e vivem no solo ou em madeira em decomposição (e não na água). Treze espécies ocorrem na América do Norte.

Família **Lutrochidae** – **lutroquídeos**: O pequeno tamanho (2 mm a 6 mm de comprimento), a pubescência densa, o corpo sólido, as antenas muito curtas e as mandíbulas alongadas caracterizam os membros desta pequena família, que contém três espécies de *Lutrochus* na América do Norte. Tanto adultos quanto larvas são aquáticos e alimentam-se de algas e madeira encharcada.

Família **Limnichidae** – **limniquídeos**: Os membros desta e das duas famílias a seguir possuem garras pré-tarsais muito longas (como na Figura 26-10H), e os primeiros três esternos abdominais visíveis são mais ou menos fundidos. As larvas da maioria das espécies (em geral, também os adultos) são aquáticas. Os limniquídeos são besouros pequenos (1 mm a 4 mm de comprimento), ovais, convexos, cujo corpo é revestido por uma pubescência fina. Os limniquídeos mais comuns (*Lutrochus*) possuem 11 artículos. Estes besouros são encontrados na areia ou em solo úmido ao longo das margens de córregos. Existem 28 espécies nos Estados Unidos.

Família **Heteroceridae** – **heterocerídeos**: Os heterocerídeos constituem um grupo de besouros achatados, oblongos, pubescentes, que vivem na lama ou na areia ao longo das margens de riachos ou lagos. Superficialmente, lembram pequenos escaravelhos. A maioria é escura ou acastanhada, com faixas ou manchas amarelo-foscas, medindo cerca de 4 mm a 6 mm de comprimento. As tíbias são providas com fileiras de espinhos grossos e achatados. Os tarsos são 4-4-4, com os tarsômeros 1 e 4 muito mais longos que os 2 e 3. As antenas são curtas, com os últimos sete artículos formando uma clava serrada oblonga. As tíbias anteriores e médias são muito dilatadas e espinhosas e são usadas para cavar. Quando a margem dos riachos é alagada pelos respingos da água, estes besouros podem ser forçados a deixar suas tocas que ali se localizam. Existem 34 espécies nos Estados Unidos e Canadá.

Família **Psephenidae** – **psefenídeos**: Estes besouros recebem o nome comum de "water-penny beetles" devido à forma peculiar das larvas. As larvas (chamadas de "water pennies", moedas d'água) são muito planas, quase circulares, e vivem sob pedras ou outros objetos em riachos e nas areias da margem varridas pelos respingos d'água. *Psephenus herricki* (DeKay) é uma espécie comum do leste dos Estados Unidos. O adulto é um besouro ligeiramente achatado, escuro, de 4 mm a 6 mm de comprimento, que é encontrado sobre pedras na água ou ao longo das margens dos córregos onde vivem as larvas. Outras quinze espécies, a maioria ocidentais, ocorrem nos Estados Unidos.

Família **Ptilodactylidae**: Os membros deste grupo têm forma alongado-oval, são acastanhados, medem

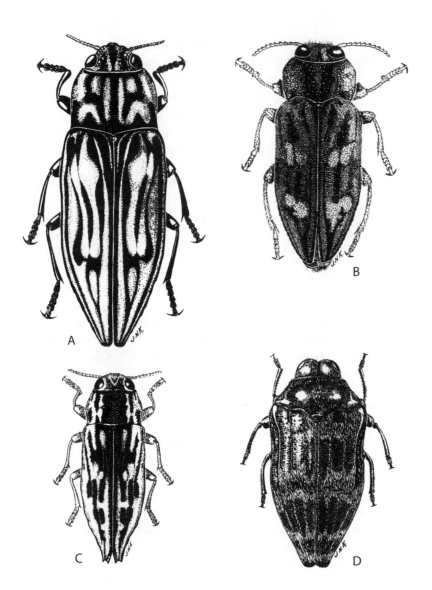

Figura 26-21 Buprestídeos. A, *Chalcophora fortis* LeConte, que se multiplica em pinheiro branco morto; B, *Chrysobothris floricola* Goryo; C, *Dicerca lepida* LeConte, ; D, *Brachys ovatus* Weber, que é minador de folhas de carvalho.

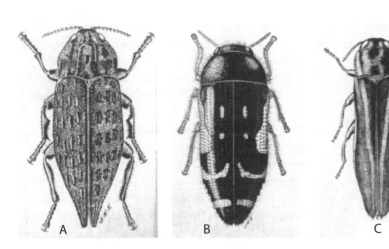

Figura 26-22 Buprestídeos. A, *Dicerca tenebrosa* (Kirby), ampliado $3\frac{1}{2}$X; B, *Acmaeodera pulchella* (Herbst), ampliado 6X; C, *Agrilus bilineatus* (Weber), ampliado 6X.

cerca de 4 mm a 6 mm de comprimento e a cabeça não é visível de cima. As antenas são serradas nas fêmeas e pectinadas nos machos (cada um dos artículos 4 a 10 possui um processo basal delgado aproximadamente do mesmo comprimento do artículo). Os tarsos são 5-5-5, com o terceiro tarsômero lobado ventralmente e o quarto, com frequência, minúsculo. Os ptilodactilídeos vivem na vegetação, principalmente em locais pantanosos. Algumas larvas são aquáticas e outras vivem em troncos de madeira úmida e morta. Existem 28 espécies em seis gêneros na América do Norte.

Família **Chelonariidae – quelonariídeos**: Apenas uma espécie rara de quelonariídeo ocorre nos Estados Unidos, *Chelonarium lecontei* Thomson, que se distribui pelo sudeste, da Carolina do Norte até o leste do Texas, e no sul até a Flórida e Louisiana. Este inseto é oval, convexo, mede cerca de 4 mm a 5 mm de comprimento, é preto com áreas de pubescência branca nos élitros. As pernas são retráteis. A cabeça é retraída no prosterno, expondo apenas os olhos e as antenas. Os artículos basais estão situados em um sulco prosternal e os demais se estendem para trás ao longo do mesosterno. As larvas destes besouros são aquáticas e os adultos são encontrados na vegetação.

Família **Eulichadidae**: Este grupo inclui uma única espécie norte-americana, *Stenocolus scutellaris* LeConte, que anteriormente era incluída na família Dascillidae. Esta espécie, que ocorre nas montanhas do norte da Califórnia, mede cerca de 15 mm a 26 mm de comprimento e tem a forma semelhante à de um besouro tec-tec (Elateridae), com um revestimento de pelos finos. As mandíbulas são proeminentes e muito encurvadas apicalmente, com o ápice em forma de colher. As larvas, que constituem o estágio encontrado no inverno, vivem em córregos e provavelmente se alimentam de vegetação em decomposição.

Família **Callirhipidae**: A única espécie norte-americana desta família é *Zenoa picea* (Beauvois), um besouro alongado, marrom-escuro, brilhante, de 11 mm a 15 mm de comprimento. Suas antenas são serradas (machos) ou pectinadas (fêmeas). Este é um besouro raro, encontrado sob troncos de madeira e cascas de árvores, e foi encontrado em Ohio, Indiana, Pensilvânia, Kansas, Louisiana e Flórida.

Família **Artematopodidae**: Esta é uma família pequena (oito espécies norte-americanas), anteriormente alocada junto com os Dascillidae (subfamília Dascillinae), aos quais são muito semelhantes. São besouros alongados, pubescentes, de 4 mm a 7,5 mm de comprimento, com a cabeça defletida e antenas longas e filiformes. Os tarsos possuem um quarto tarsômero pequeno e os tarsômeros 2 a 4 são lobados. Os colecionadores capturam indivíduos das espécies de *Eurypogon* por varredura da vegetação.

Família **Brachypsectridae – braquipsectrídeos**: Esta família é representada nos Estados Unidos por uma única espécie muito rara, *Brachypsectra fulva* LeConte, um besouro marrom-amarelado de 5mm a 6 mm de comprimento, que às vezes é chamado de besouro do Texas. Lembra um besouro tec-tec no aspecto geral, mas não possui o espinho prosternal e a fossa mesosternal característica dos Elateridae. Este inseto ocorre no Texas, Utah, Colorado, Novo México e Califórnia.

Família **Cerophytidae**: Este grupo inclui duas espécies muito raras de *Cerophytum*, uma ocorre no leste dos Estados Unidos e outra na Califórnia e Óregon. Estes besouros têm forma alongado-oblonga, são ligeiramente achatados, medem cerca de 7,5 mm a 8,5 mm de comprimento, são acastanhados a pretos. Os trocânteres posteriores são muito longos, quase do mesmo comprimento dos fêmures. Os adultos podem "saltar" da mesma maneira que os besouros tec-tec. Estes besouros vivem em madeira apodrecida e sob cascas de árvores mortas.

Família **Eucnemidae – eucnemídeos**: Esta família (85 espécies na América do Norte) tem uma relação muito próxima com os Elateridae. Seus membros são besouros relativamente raros, encontrados na madeira que começa a se decompor, principalmente faia e bordo. A maioria é acastanhada e mede cerca 10 mm de comprimento ou menos. O pronoto é muito convexo, as antenas são inseridas na frente da cabeça, próximas uma da outra, e não há um labro distinto. As garras pré-tarsais são serradas no gênero *Perothops*, antigamente alocado em uma família separada. Estes besouros agitam suas antenas quase constantemente, ao contrário dos Elateridae. Alguns, do mesmo modo que os besouros tec-tec, podem estalar e saltar.

Família **Throscidae**: Este é um grupo pequeno (20 espécies norte-americanas) de besouros oblongo-ovais, acastanhados a pretos, que medem em sua maioria 5 mm de comprimento ou menos. São semelhantes aos elaterídeos, porém são mais ovais. Alguns (*Aulonothroscus* e *Trixagus*) possuem antenas clavadas. O prosterno é lobado anteriormente e quase esconde as peças bucais. O protórax parece fortemente fundido ao mesotórax, mas pelo menos alguns destes besouros podem estalar e saltar como os elaterídeos. Os adultos são encontrados principalmente na vegetação e em montes de folhas. No tempo fresco, ocorrem em detritos, mas voam ou sobem na vegetação próxima quando o clima é mais quente. Não parecem ter preferência por qualquer espécie particular de planta.

Figura 26-23 Galerias de larvas de buprestídeos.

Família **Elateridae – besouros tec-tec**: Os besouros tec–tec constituem um grande grupo (cerca de 965 espécies neárticas) e muitas espécies são bastante comuns. Estes besouros são peculiares pela sua capacidade de emitir um "click" e saltar. Na maioria dos grupos relacionados, a união do protórax e do mesotórax ocorre de tal modo que pouco ou nenhum movimento é possível neste ponto. O mecanismo do "click" é possível graças à flexibilidade da união entre o protórax e o mesotórax e a um espinho prosternal que se encaixa em um sulco no mesosterno (Figura 26-8A).

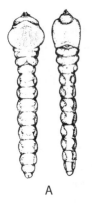
A
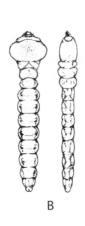
B
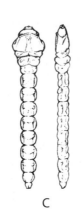
C
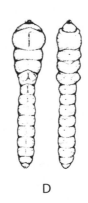
D

Figura 26-24 Larvas de Buprestidae. A, *Chrysobothris trinerva* (Kirby); B, *Melanophila drummondi* (Kirby); C, *Dicerca tenebrosa* (Kirby); D, *Acmaeodera prorsa* Fall. Vista dorsal à esquerda e vista lateral à direita, em cada figura.

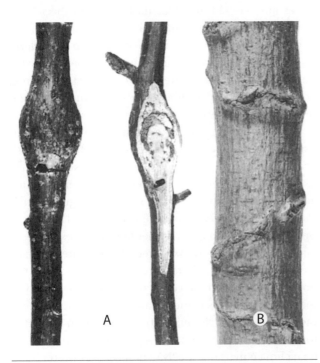

Figura 26-25 A, galhas de *Agrilus champlaini* Frost, (*Ostrya*); B, marcas de *Agrilus bilineatus carpini* Knull em carpino (*Carpinus*).

Se um destes besouros for colocado de costas em uma superfície lisa, não conseguirá se endireitar com o auxílio de suas pernas. Então, curva a cabeça e o protórax para trás, de modo que apenas as extremidades do corpo toquem a superfície na qual está repousando. Depois, com um solavanco súbito e um som de estalo, endireita o corpo. Este movimento projeta o espinho prosternal para o sulco mesosternal e arremessa o inseto no ar, fazendo-o girar sobre si mesmo. Se o inseto não aterrissar com a superfície do corpo para cima, continuará estalando até conseguir.

Os besouros tec-tec podem ser reconhecidos por sua forma característica (Figura 26-26A,C). O corpo é alongado, com lados paralelos e arredondados em cada extremidade. Os ângulos posteriores do pronoto são prolongados para trás em pontas agudas ou espinhos. As antenas são serradas (ocasionalmente filiformes ou pectinadas). A maioria destes besouros mede entre 12 mm e 30 mm de comprimento, mas alguns ultrapassam estes limites. A espécie maior e mais facilmente reconhecida é *Alaus oculatus* (L.), um besouro cinza, pontuado, com duas grandes manchas pretas no pronoto semelhantes a olhos (Figura 26-25C). Esta espécie pode atingir cerca de 40 mm ou mais de comprimento. A maioria dos elaterídeos tem cores pouco evidentes, preto ou marrom.

Os besouros tec-tec adultos são fitófagos e vivem em flores, sob cascas de árvores ou na vegetação. A maioria das larvas é delgada, de corpo rígido e brilhante, e são comumente chamadas de "bicho arame" (Figura 26-26B). As larvas de muitas espécies são muito destrutivas, alimentando-se de sementes recentemente plantadas e raízes de feijões, algodão, batata, milho e cereais. Muitas larvas de elaterídeos vivem em troncos de madeira apodrecidos e algumas alimentam-se de outros insetos. As pupas ocorrem no solo, sob cascas de árvores ou em madeira morta.

Espécies de *Pyrophorus* nos estados do sul e nos trópicos possuem duas áres produtoras de luz na borda posterior do protórax e uma no abdômen. A luz é muito mais forte que a dos lampirídeos e um grande número voando à noite constitui uma visão notável.

Os membros da subfamília Cebrioninae são besouros alongados e acastanhados, de 15 mm a 25 mm de comprimento, com mandíbulas semelhantes a ganchos que se estendem anteriormente, na frente da cabeça. Alguns têm um corpo muito piloso. As larvas e as fêmeas (que são ápteras) vivem no solo. Os machos são bons voadores e em grande parte noturnos. Todas as 30 espécies norte-americanas são encontradas no sul ou no sudoeste.

Família **Lycidae** – licídeos: Os licídeos (76 espécies norte-americanas) são besouros alongados de asas moles, medindo cerca de 5 mm a 18 mm de comprimento. São um pouco semelhantes aos besouros da família Cantharidae, mas podem ser facilmente reconhecidos pela rede peculiar de linhas elevadas nos élitros, com as cristas longitudinais mais distintas que as cristas transversais. Algumas espécies do oeste dos Estados Unidos (*Lycus*) possuem um "focinho" distinto. Os élitros, em algumas espécies, são ligeiramente alargados posteriormente. Os adultos vivem em folhagem e troncos de árvores, em áreas arborizadas. Alimentam-se de sucos de materiais vegetais em decomposição e ocasionalmente de outros insetos. As larvas são predadoras. Um dos membros mais comuns deste grupo é *Calopteron reticulatum* (Fabricius), de 11 mm a 19 mm de comprimento. Os élitros são amarelos, com a metade posterior e uma faixa transversal estreita na parte anterior pretas. O pronoto deste inseto é preto, com uma margem amarela. A maioria dos licídeos é escura, porém muitos têm cores brilhantes em vermelho, preto ou amarelo. Aparentemente, têm um sabor desagradável para os predadores e sua coloração é mimetizada por outros besouros (alguns Cerambycidae) e algumas mariposas (por exemplo, alguns Arctiidae).

Família **Telegeusidae:** Os Telegeusidae são representados na América do Norte por duas espécies de besouros pequenos e raros que ocorrem no Arizona e na Califórnia. Sua característica mais distintiva é a forma dos palpos maxilares e labiais, que possuem o segmento apical muito aumentado. Os tarsos são pentâmeros, as antenas são serradas e os élitros curtos cobrem menos que a metade dos segmentos abdominais sete ou oito. Os telegeusídeos são delgados e medem cerca de 5 mm a 8 mm de comprimento, lembrando pequenos estafilinídeos. As asas posteriores não se dobram, mas se estendem para trás sobre o abdômen além dos ápices dos élitros. As fêmeas, que provavelmente são larviformes, e as larvas de telegeusídeos são desconhecidas.

Família **Phengodidae** – trenzinhos: Este é um grupo pequeno (23 espécies na América do Norte) de besouros relativamente pouco comuns e intimamente relacionados aos Lampyridae. A maioria é larga e plana, com élitros curtos e pontiagudos e a parte posterior do abdômen coberta apenas por asas posteriores membranosas, não dobradas, em forma de leque. As antenas são serradas, porém, em alguns machos, podem ser pectinadas ou plumosas. O comprimento destes insetos varia de 10 mm a 30 mm e são encontrados em folhagens ou no solo. As fêmeas adultas de todas as espécies conhecidas não são aladas e são bioluminescentes, como nos Lampyridae, e parecem-se muito com as larvas. As larvas são predadoras.

Família **Lampyridae** – pirilampos, vaga-lumes: Muitos membros deste grupo comum e bem conhecido possuem uma "cauda luminosa" – segmentos próximos à extremidade do abdômen com os quais os insetos

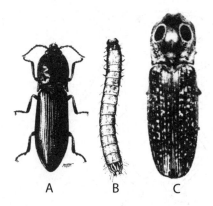

Figura 26-26 A, adulto e B, larva, de um besouro tec-tec, *Ctenicera noxia* (Hyslop) (ligeiramente ampliado); C, *Alaus oculatus* (L.) (aproximadamente de tamanho natural).

produzem luz. Estes segmentos luminosos podem ser reconhecidos, mesmo quando não estão brilhando, por sua cor verde-amarelada. Durante algumas estações, em geral no início do verão, estes insetos voam à noite e são evidentes por suas luzes amarelo-piscantes.

Os lampirídeos são besouros alongados e de corpo muito mole, medindo cerca de 5 mm a 20 mm de comprimento, no qual o pronoto se estende para a frente sobre a cabeça, de modo que a cabeça permanece em grande parte ou totalmente escondida quando vista de cima (Figura 26-27A). Os élitros são moles, flexíveis e razoavelmente planos, com exceção das epipleuras. A maioria dos membros maiores deste grupo possui órgãos luminescentes, porém os menores não.

A luz emitida por estes insetos é única por ser fria. Quase 100% da energia emitida assume a forma de luz. Nas luzes elétricas, apenas 10% da energia é luminosa e os outros 90% são liberados como calor. A luz dos vaga-lumes é produzida pela oxidação de uma substância chamada *luciferina*, fabricada nas células dos órgãos luminosos. Estes órgãos possuem um grande suprimento de traqueias e o inseto controla a emissão da luz ao controlar o suprimento de ar para estes órgãos. Quando ocorre o contato com o ar, a luciferina (na presença de uma enzima chamada *luciferinase* ou *luciferase*) é quase imediatamente oxidada, liberando energia na forma de luz. A iluminação dos vaga-lumes serve para atrair o sexo oposto e cada espécie possui um ritmo de iluminação característico. As fêmeas de algumas espécies predadoras imitam as luzes de outras espécies e, assim, atraem os machos amorosos e pouco afortunados daquelas espécies para um destino fatal.

Durante o dia, os lampirídeos são encontrados na vegetação. As larvas são predadoras e alimentam-se de vários insetos menores e lesmas. As fêmeas de muitas espécies não são aladas e se parecem muito com as larvas. Estas fêmeas não aladas e a maioria das larvas de lampirídeos são luminescentes e chamadas de "trenzinhos". Existem cerca de 125 espécies de vaga-lumes nos Estados Unidos e Canadá, a maioria no leste e no sul.

Família **Omethidae** – **ometídeos**: Os ometídeos são besouros de corpo mole que lembram os lampirídeos ou cantarídeos, com os quais algumas vezes são associados. Existem 10 espécies em sete gêneros nos Estados Unidos. Pouco se sabe sobre sua ecologia ou hábitos alimentares. Foram coletados em folhagens durante o dia e alguns em detritos no solo de florestas.

Família **Cantharidae** – **cantarídeos**: Os cantarídeos são besouros alongados, de corpo mole, medindo de 1 mm a 15 mm de comprimento. São muito semelhantes aos vaga-lumes (Lampyridae), porém a cabeça se estende para a frente além do pronoto e é visível de cima (não é escondida pelo pronoto como nos Lampyridae). Estes besouros não possuem órgãos produtores de luz.

Os cantarídeos adultos são encontrados em flores. As larvas são predadoras de outros insetos. Uma espécie comum, *Chauliognathus pennsylvanicus* (DeGeer) (Figura 26-27B), mede cerca de 13 mm de comprimento e cada élitro é amarelado com uma mancha ou faixa preta. Os membros de outro gênero são amarelados, pretos ou marrons. Existem 473 espécies de cantarídeos na América do Norte.

Família **Jacobsoniidae** – **jacobsoniídeos**: Estes pequenos besouros (menos de 1 mm de comprimento) podem ser reconhecidos por sua forma alongada, pela ausência de um escutelo, pelo metasterno do mesmo comprimento ou mais longo que os cinco ventritos juntos e por uma clava antenal formada por um ou

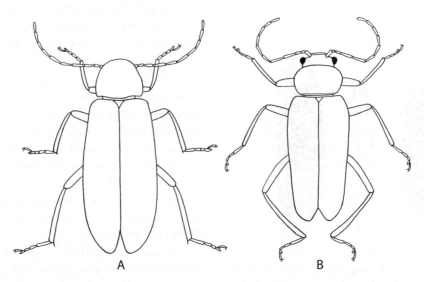

Figura 26-27 A, um vaga-lume (*Photuris*); B, um cantarídeo (*Chauliognathus*); ampliado 3,75X.

dois artículos. Suas relações com outras famílias de besouros não estão claras. Duas espécies de *Derolathrus*, relatadas recentemente no sul Flórida, foram capturadas em armadilhas de interceptação de voo (Peck e Thomas 1998). Pelo menos uma parece ter se estabelecido nos Estados Unidos.

Família **Derodontidae – derodontídeos**: Os derodontídeos (9 espécies norte-americanas) são pequenos, acastanhados, de 3 mm a 6 mm de comprimento e possuem um par de ocelos na cabeça próximo das margens internas dos olhos compostos (Figura 26-13C). Os membros do gênero *Derodontus* possuem três ou quatro dentes fortes ou com emarginações nas margens laterais do pronoto. Outros gêneros não possuem estes dentes. Os élitros cobrem completamente o abdômen e cada um possui muitas fileiras de grandes pontos quadrados ou manchas escuras polidas. Estes besouros vivem nos fungos de madeira e sob as cascas de troncos apodrecidos. *Laricobius erichsonii* Rosenhauer foi trazido da Europa para o Oregon, onde se estabeleceu como um predador importante do pulgão lanígero de coníferas.

Família **Nosodendridae – nosodendrídeos**: Esta família inclui duas espécies de *Nosodendron*, uma ocorrendo no leste e outra no oeste dos Estados Unidos. A espécie do leste, *N. unicolor* Say, é um besouro oval, convexo e preto, de 5 mm a 6 mm de comprimento. Vive em secreções de árvores danificadas (algumas vezes em grandes números), sob cascas de troncos mortos e detritos. Os nosodendrídeos são semelhantes aos Byrrhidae, porém a cabeça é visível de cima e os élitros exibem fileiras de tufos de pelos curtos amarelos.

Família **dermestidae – dermestídeos ou besouros-do-couro**: Este grupo (123 espécies norte-americanas) contém várias espécies que são muito destrutivas e economicamente importantes. Os dermestídeos são principalmente detritívoros e alimentam-se de uma grande variedade de produtos vegetais e animais, incluindo couro, peles de animais, peles, espécimes de museus, artigos de lã ou seda, tapetes, alimento armazenados e carniça. A maior parte dos danos é causada pelas larvas.

Os dermestídeos adultos são besouros pequenos, ovais ou alongado-ovais, convexos, com antenas clavadas curtas e variam de 2 mm a 12 mm de comprimento. Em geral, têm muitas cerdas ou são recobertos por escamas (Figura 26-28A-C). Todos os adultos, com exceção dos membros do gênero *Dermestes*, possuem um ocelo mediano (algumas vezes muito pequeno). Podem ser encontrados nos materiais mencionados anteriormente e muitos se alimentam de flores. Alguns são pretos ou têm cores foscas, mas muitos possuem um padrão de cor característico. As larvas são acastanhadas e cobertas por longas cerdas.

Os maiores dermestídeos pertencem ao gênero *Dermestes*. O besouro-da-despensa, *D. lardarius* L., é uma espécie comum deste gênero. Mede um pouco mais de 6 mm de comprimento, é preto, com uma faixa marrom clara transversal na base dos élitros. Consome uma variedade de alimentos armazenados, incluindo carnes e queijos, e ocasionalmente danifica os espécimes de coleções de insetos.

Alguns dos menores dermestídeos são muito comuns em residências e causam danos sérios em carpetes, estofados e roupas. Duas espécies comuns deste tipo são o besouro-de-carpete-preto, *Attagenus megatoma* (Fabricius) e o besouro-de-carpete, *Anthrenus scrophular* (L.). O primeiro é um besouro preto acinzentado, de 3,5 mm a 5 mm de comprimento (Figura 26-28B), e o segundo é uma espécie pequena e bonita, com um padrão em preto e branco, medindo ampliade 3 mm a 5 mm de comprimento (Figura 26-28A). A maior parte dos danos causados por estas espécies é efetuada pelas larvas. Os adultos são encontrados em flores.

Este é um grupo de insetos que todo estudante de entomologia encontrará mais cedo ou mais tarde. Tudo que o estudante precisa fazer para obter alguns dermestídeos é iniciar uma coleção de insetos e *não* protegê-la contra estas pragas. Os dermestídeos cedo ou tarde encontrarão a coleção e podem arruiná-la. Muitas espécies deste grupo constituem pragas sérias em residências, mercados e depósitos de alimentos.

Este grupo contém uma das piores pragas de produtos armazenados do mundo, o besouro de Khapra, *Trogoderma granarium* Everts. Nativo da Índia, este besouro é frequentemente interceptado nos portos de entrada deste país e, em 1953, foi estabelecido na Califórnia, Arizona e Novo México. Aparentemente está erradicado nos Estados Unidos no momento.

Embora muitos dermestídeos constituam pragas sérias, ainda assim são valiosos como detritívoros, ajudando a remover a matéria orgânica morta. Algumas espécies que se alimentam de carniça, notavelmente espécies de *Dermestes*, são usadas por zoólogos de vertebrados para limpar esqueletos para estudo. Uma espécie desta família, *Thylodrias contractus* Motschulsky, é incomum por possuir antenas filiformes e fêmeas larviformes não aladas.

Família **Bostrichidae – carunchos de ramos e galhos e brocas**: A maioria dos besouros deste grupo (mais de 70 espécies norte-americanas) é alongada e ligeiramente cilíndrica, a cabeça fica dobrada para baixo e é pouco visível de cima, com exceção dos Lyctinae. As antenas são retas, com uma clava pouco compacta de três ou quatro artículos. A maioria das espécies varia de 3,5 mm a 12,0 mm de comprimento, mas uma espécie

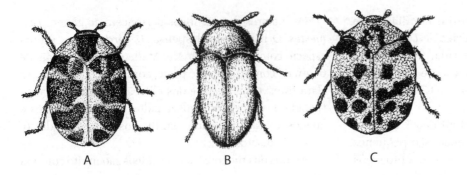

Figura 26-28 Besouros dermestídeos. A, o besouro-de-carpete, *Anthrenus scrophulariae* (L.), adulto; B, o besouro-de-carpete preto, *Attagenus megatoma* (Fabricius), adulto; C, o besouro-de-móveis, *Anthrenus flavipes* LeConte, adulto.

da região ocidental dos Estados Unidos, *Dinapate wrighti* Horn, que se alimenta de palmeiras, atinge 52 mm de comprimento. A maioria das espécies deste grupo broqueia madeira e ataca árvores vivas e galhos. *Amphicerus bicaudatus* (Say) ataca os ramos de macieiras, pereiras, cerejeiras e outras árvores. *Rhizopertha dominica* (Fabricius), o besourinho-dos-cereais, é uma praga importante de grãos armazenados no mundo todo.

Uma espécie desta família que ocorre no oeste dos Estados Unidos, *Scobicia declivis* (LeConte), é bastante incomum pelo fato de que os adultos perfuram o revestimento de chumbo antigamente usado para isolar cabos de telefone. Este inseto normalmente perfura madeira de carvalho, bordo e outras árvores. Os besouros faziam orifícios de cerca de 2,5 mm de diâmetro no revestimento, permitindo a entrada de umidade no cabo, o que causava um curto-circuito nos fios e consequentemente interrompia o serviço. Este inseto é comumente conhecido como "lead-cable borer" (broca do cabo telefônico) ou "short-circuit beetle" (besouro do curto-circuito).

Os bostriquídeos da subfamília Psoinae, que ocorrem principalmente no oeste dos Estados Unidos, diferem dos outros bostriquídeos porque a sua cabeça é ampla e facilmente visível de cima e as suas mandíbulas são grandes e fortes. Os membros do gênero *Polycaon* medem de 14 mm a 28 mm de comprimento, são marrons ou pretos e causam grandes danos em pomares na Califórnia e Oregon ao desbastar severamente as árvores. As larvas abrem túneis pelo cerne destas árvores, mas os adultos raramente penetram na madeira. *Psoa maculata* (LeConte), de 6 mm de comprimento, é uma espécie da Califórnia. Desenvolve-se apenas em ramos mortos de árvores ou arbustos, é preto-azulada ou esverdeada, com densa pilosidade cinza e algumas manchas grandes e mais claras nos élitros.

Os membros da subfamília Lyctinae são conhecidos como "brocas" porque perfuram a madeira seca e temperada, reduzindo-a a pó. Espécies de *Lyctus* podem destruir completamente móveis, vigas de madeira (particularmente em celeiros e cabanas), cabos de ferramentas e pisos de madeira. Vivem abaixo da superfície durante meses e as tábuas das quais os adultos emergiram podem ficar salpicadas com pequenos orifícios, como se um tiro de chumbo fino tivesse sido disparado nelas (Figura 26-29). Estes besouros não entram na madeira pintada ou envernizada. As brocas são delgadas e alongadas, com uma cor marrom a preta uniforme, e medem de 2 mm a 7 mm de comprimento; a cabeça é proeminente quando vista de cima e as antenas possuem uma clava de dois artículos. Existem 11 espécies na América do Norte.

Família **Anobiidae – anobiídeos**: Os anobiídeos são besouros cilíndricos a ovais, pubescentes, com 1 mm a 9 mm de comprimento. A cabeça é inclinada para baixo e fica escondida pelo pronoto, que tem forma de capuz quando visto de cima. A maioria tem os últimos três artículos aumentados e alongados (Figura 26-5C). Alguns têm estes artículos alongados, mas não aumentados, e outros possuem antenas serradas ou pectinadas. Existem 464 espécies conhecidas na região Neártica, incluindo o México.

Figura 26-29 Uma tábua danificada por brocas, com os orifícios de saída dos besouros visíveis.

A maioria dos anobiídeos vive em materiais vegetais secos, como em troncos de madeira, ramos ou sob cascas de árvores mortas. Outros passam o estágio larval em fungos ou sementes e caules de várias plantas. Algumas espécies, como *Xestobium rufovillosum* (DeGeer), são chamados de "death watch beetles"(besouros relógio da morte) porque fazem um som de tique-taque quando perfuram a madeira, que é audível para o ouvido humano quando em condições de silêncio (como em um velório).

Alguns anobiídios são pragas comuns e destrutivas. O caruncho-do-pão, *Stegobium paniceum* (L.), infesta vários medicamentos e cereais. O besourinho do fumo, *Lasioderma serricorne* (Fabricius), é comum em tabaco seco, espécimes de museu, coleções de insetos e vários produtos domésticos. Em algumas partes dos Estados Unidos, constitui uma praga doméstica comum, infestando páprica, pimenta, pimenta-do-reino, ração de animais, cereais e outros materiais. Algumas espécies perfuradoras de madeira, como os besouros-da-mobília, *Anobium punctatum* (DeGeer), perfuram tábuas, artigos de madeira e móveis; *Hemicoelus gibbicollis* (LeConte), a broca do Pacífico, danifica edifícios ao longo da costa do Pacífico da Califórnia até o Alasca, alimentando-se principalmente de madeira temperada.

Os besouros da subfamília Ptininae têm pernas longas, medem de 1 mm a 5 mm de comprimento e apresentam a cabeça e o pronoto muito mais estreitos que os élitros, parecendo-se um pouco com as aranhas. A cabeça é quase ou completamente não visível quando vista de cima. Muitas espécies constituem pragas menores de produtos armazenados. Algumas se alimentam de produtos vegetais e animais e atacam espécimes de museu. Uma espécie passa o estágio larval em fezes de ratos e outra (*Ptinus californicus* Pic) alimenta-se do pólen armazenado em ninhos de abelhas solitárias. Existem cerca de 69 espécies desta subfamília na América do Norte.

Família **Lymexylidae** – **limexilídeos:** Este grupo é representado nos Estados Unidos por duas espécies raras que vivem sob cascas de árvores, troncos e tocos de madeira mortos. Causam grande parte dos danos por perfuração em castanheiras e carvalhos. Estes besouros são longos e estreitos, medindo de 9 mm a 13,5 mm de comprimento; a cabeça é dobrada para baixo e estreitada atrás dos olhos para formar um pescoço curto, as antenas são filiformes a serradas, os tarsos são pentâmeros e os palpos maxilares dos machos são longos e flabelados. Uma espécie europeia destes limexilídeos é muito destrutiva para a madeira de navios. Uma das duas espécies norte-americanas, *Elateroides lugubris* (Say), é comumente chamada de "sapwood timberworm" (broca do alburno) e vive em troncos de álamo razoavelmente frescos.

Família **Trogossitidae** – **trogossitídeos:** Este grupo (59 espécies nos Estados Unidos e Canadá) contém quatro subfamílias que se diferem acentuadamente na forma. Os membros da maior subfamília, Trogossitinae, são alongados, com a cabeça quase da mesma largura do pronoto e com o pronoto razoavelmente bem separado da base dos élitros (Figura 26-30). Os Peltinae são ovais ou elípticos, com a cabeça medindo aproximadamente a metade da largura do pronoto e este unido de modo razoavelmente próximo à base dos élitros. Os Peltinae são muito semelhantes a alguns nitidulídeos, porém a maioria das espécies possui cerdas longas e eretas nos élitros, enquanto os nitidulídeos, apesar da forma semelhante, possuem élitros glabros ou com pubescência curta. Os Trogossitinae são principalmente predadores de insetos que vivem sob cascas de árvores, porém os Peltinae alimentam-se, em geral, de fungos.

Os trogossitídeos medem de 2,6 mm a 20 mm de comprimento e a maioria é acastanhada ou escura. Alguns são azulados ou esverdeados. *Tenebroides mauritanicus* (L.) (Figura 26-30) vive comumente em silos. Acredita-se que sua alimentação nos grãos seja composta de outros insetos e dos próprios grãos. *Temnochila virescens* (Fabricius), uma espécie muito comum e amplamente distribuída, é um besouro azul-esverdeado brilhante de cerca de 20 mm de comprimento. Pode morder com suas poderosas mandíbulas. Adultos e larvas de trogossitídeos são encontrados sob cascas de árvores, em fungos de madeira e em matéria vegetal seca.

Família **Cleridae** – **clerídeos:** Besouros alongados, muito pubescentes, medindo cerca de 3 mm a 24 mm de comprimento (a maioria de 5 mm a 12 mm). Muitos possuem cores brilhantes. O pronoto é mais estreito que a base dos élitros e, algumas vezes, mais estreito que a cabeça. Os tarsos são pentâmeros, mas em muitas espécies o primeiro ou o quarto tarsômero é muito pequeno e difícil de ser observado. As antenas são clavadas, mas às vezes são serradas, pectinadas ou (raramente) filiformes. Existem 291 espécies de Cleridae na América do Norte.

A maioria dos clerídeos é predadora, quando adultos e quando larvas. Muitos são comuns sobre ou no interior de troncos de árvores e troncos de madeira caída, onde capturam larvas de vários insetos broqueadores de madeira (principalmente besouros-da-casca, Curculionidae: Scolytinae). Outros vivem em flores e folhagens. Alguns (por exemplo, *Trichodes*) alimentam-se de pólen no estágio adulto e, às vezes, também no estágio

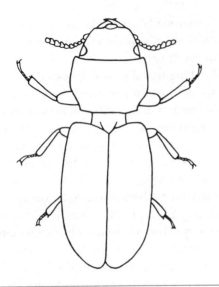

Figura 26-30 Um besouro trogossitídeo, *Tenebrioides* sp., ampliado 7½X.

larval. As larvas de *Trichodes* algumas vezes se desenvolvem nas posturas de gafanhotos ou em ninhos de abelhas e vespas.

Alguns especialistas têm posicionado alguns clerídeos, os que possuem o quarto tarsômero muito pequeno e difícil de visualizar, em uma família separada, os Corynetidae. Estes besouros têm aspecto geral e hábitos semelhantes aos de outros clerídeos. Uma espécie deste grupo, *Necrobia rufipes* DeGeer, o "redlegged ham beetle" (besouro de pernas vermelhas do presunto), ocasionalmente causa danos em carnes estocadas.

Família **Melyridae** – **melirídeos**: Os membros desta família (520 espécies em 58 gêneros na América do Norte) são besouros alongado-ovais, de corpo mole, com 10 mm de comprimento ou menos. Muitos têm cores brilhantes em marrom ou vermelho e preto. Alguns melirídeos (Malachiinae) possuem estruturas vesiculares cor-de-laranja peculiares nas laterais do abdômen, que podem ser evertidas ou retraídas para dentro do corpo, pouco evidentes. Alguns melirídeos possuem os dois artículos basais muito aumentados. A maioria dos adultos e das larvas é predadora, porém muitos são comuns em flores. As espécies norte-americanas mais comuns pertencem ao gênero *Collops* (Malachiinae); *C. quadrimaculatus* (Fabricius) é avermelhado, com duas manchas preto-azuladas em cada élitro.

Família **Sphindidae** – **esfindídeos**: Besouros claramente ovais a oblongos, convexos, marrom-escuros a pretos, de 1,5 mm a 3 mm de comprimento. Possuem fórmula tarsal 5-5-4 e as antenas de 10 artículos terminam em clavas com dois ou três artículos. Os esfindídeos vivem em esporos de mixomicetos de árvores mortas, troncos e tocos de árvores e fungos secos, como os encontrados em troncos de árvores. Nove espécies relativamente raras ocorrem nos Estados Unidos.

Família **Brachypteridae** – **braquipterídeos**: Esta pequena família (11 espécies nos Estados Unidos e Canadá) era tratada anteriormente como uma subfamília de Nitidulidae, aos quais alguns membros são similares. O pigídio é exposto, os palpos labiais não são articulados e a clava antenal de 3 artículos não é bem definida. As larvas se desenvolvem em cápsulas de sementes de várias plantas e os adultos se alimentam de pólen e pétalas de flor das mesmas plantas.

Família **Nitidulidae** – **nitidulídeos**: Os membros desta família (cerca de 165 espécies norte-americanas) variam consideravelmente em tamanho, forma e hábitos. A maioria é pequena, medindo 12 mm de comprimento ou menos, alongada ou oval, e em muitas espécies os élitros são curtos, expondo o último segmento abdominal (Figura 26-31). As antenas possuem uma clava com 3 artículos, porém algumas espécies apresentam o artículo apical anelado, fazendo com que a clava pareça ter quatro artículos (Figura 26-31B,C). A maioria dos nitidulídeos é encontrada em locais nos quais líquidos vegetais estejam fermentando ou azedando – por exemplo, frutas em decomposição ou melões, seiva e alguns tipos de fungos. Alguns vivem em carcaças secas ou animais mortos ou em sua proximidade, e vários vivem em flores. Outros são muito comuns embaixo de cascas de árvore soltas de tocos e troncos de madeira morta, especialmente se estiverem úmidos o suficiente para criar mofo.

Dois membros do gênero *Glischrochilus*, *G. quadrisignatus* (Say) e *G. fasciatus* (Oliver), ambos preto-brilhantes com duas manchas amareladas em cada élitro, são chamados de "picnic beetles". Com frequência, tornam-se tão abundantes nestas ocasiões que, embora não causem prejuízos, fazem com que as pessoas acabem se deslocando para ambientes fechados. *Carpophilus lugubris* Murray (Figura 26-31B) é uma praga séria do milho verde, especialmente o milho cultivado para ser enlatado. As larvas alimentam-se no interior dos grãos na ponta da espiga e não são vistas durante a operação de enlatamento.

Família **Smicripidae** – **esmicripídeos**: Os membros desta família lembram muito alguns Nitidulidae e, antigamente, eram incluídos nesta família. Os élitros truncados, deixando os dois últimos tergitos abdominais expostos, o labro livre e proeminente e as mandíbulas curtas e claramente triangulares são característicos. A fórmula tarsal pode ser tanto 4-4-4 quanto 5-5-5. Duas

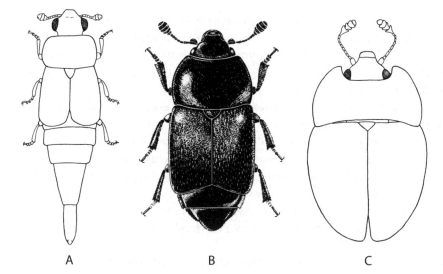

Figura 26-31 Nitidulidae representativos. A, *Conotelus obscurus* Erichson, ampliado 15X; B, *Carpophilus lugubris* (Murray), ampliado 15X; C, *Lobiopa* sp., ampliado 7½X.

espécies de *Smicrips* representam esta família na América do Norte. Adultos e larvas são encontrados na vegetação em decomposição, em montes de folhas e sob as cascas de árvores.

Família **Monotomidae:** Besouros pequenos, delgados, de cor escura e medindo cerca de 1,5 mm a 3 mm de comprimento. Em geral, vivem sob cascas de árvores ou em madeira apodrecida. Algumas espécies vivem em formigueiros e outras em galerias dos besouros-da-casca (Scolytinae), onde se alimentam dos ovos e das formas jovens destes últimos. As antenas possuem 10 artículos com uma clava formada por 1 ou 2 artículos, o último tarsômero é alongado e os outros são curtos, o ápice do abdômen é exposto além dos élitros e o primeiro e quinto esternos abdominais são mais longos que os outros. Cinquenta e cinco espécies ocorrem na América do Norte.

Família **Silvanidae:** Os membros desta família lembram os cucujídeos e antigamente foram incluídos entre eles. Possuem antenas longas, delgadas, algumas vezes capitadas e a cabeça é constrita atrás dos olhos. A fórmula tarsal é 5-5-5. Embora o grupo seja principalmente tropical, existem 32 espécies em 14 gêneros na América do Norte. A maioria das espécies parece ser fungívora e algumas constituem pragas importantes de cereais, incluindo os besouros da cevada (*Oryzaephilus*, Figura 26-32A) e *Ahasverus advena* (Waltl).

Família **Passandridae** – passandrídeos: Esta família era considerada uma subfamília dos Cucujidae. Seus membros lembram os cucujídeos, porém a confluência das suturas gulares, as genas expandidas e as antenas moniliformes robustas separam esta pequena família dos outros besouros planos. Existem três espécies com ampla distribuição em dois gêneros na América do Norte.

Família **Cucujidae** – cucujídeos: A maioria dos besouros deste grupo (três espécies norte-americanas em dois gêneros) é extremamente plana e avermelhada, acastanhada ou amarelada. Os cucujídeos são encontrados sob as cascas de árvores recém-cortadas, principalmente de bordo, faia, olmo, freixo e álamo. A única espécie norte-americana de *Cucujus*, *C. clavipes* Fabricius, é uniformemente vermelha e mede cerca de 13 mm de comprimento.

Família **Laemophloeidae** – lemofleídeos: Estes besouros são muito planos, com linhas sublaterais distintas na cabeça, no pronoto e nos élitros, e têm antenas longas e delgadas. Eram considerados uma subfamília de Cucujidae, com os quais se parecem muito. Várias espécies do gênero *Cryptolestes* constituem pragas menos importantes de grãos armazenados e acredita-se que algumas sejam predadoras. Existem 52 espécies em 13 gêneros nos Estados Unidos. A família tem distribuição principalmente tropical.

Família **Phalacridae** – falacrídeos: Os falacrídeos são besouros ovais, brilhantes, convexos, medindo de 1 mm a 3 mm de comprimento, com antenas clavadas e acastanhadas. Os adultos alimentam-se de pólen e às vezes são muito comuns em flores de solidago e outras compostas. As larvas alimentam-se de esporos de fungos. Cerca de 122 espécies ocorrem na América do Norte.

Família **Cryptophagidae** – criptofagídeos: Estes besouros (145 espécies na América do Norte) medem de 1 mm a 5 mm de comprimento, têm forma alongado-oval, são castanho-amarelados e recobertos por uma pubescência sedosa. Alimentam-se de fungos, vegetação em decomposição e materiais semelhantes e, em geral, vivem em matéria vegetal em decomposição. Algumas espécies vivem em ninhos de vespas ou mamangabas.

Família **Languriidae – languriídeos**: Os languriídeos são estreitos e alongados, medem de 2 mm a 10 mm de comprimento e possuem um pronoto avermelhado e élitros pretos (Figura 26-32B). Os tarsos são 5-5-5, com o quarto tarsômero muito pequeno e os tarsômeros 1 a 3 densamente pubescentes ventralmente. As antenas possuem 11 artículos, com uma clava formada por 3 a 6 artículos. Os adultos alimentam-se de folhas e pólen de muitas plantas comuns, incluindo solidago, erva-de-santiago, pulicária e trevo. As larvas são broqueadoras de caules; as larvas da *Languria mozardi* Latreille, "clover stem borer", atacam trevos e, às vezes, causam danos consideráveis. Existem 33 espécies na América do Norte.

Família **Erotylidae – erotilídeos**: Besouros de tamanho pequeno a médio, ovais e brilhantes, que são encontrados em fungos ou podem ser atraídos pela seiva. Muitas vezes, vivem abaixo das cascas de tocos de árvores mortas, em especial onde houver abundância de fungos decompositores. Alguns erotilídeos possuem um padrão de cores vivas em laranja ou vermelho e preto. As espécies deste grupo que possuem os tarsos distintamente pentâmeros são alocadas por alguns especialistas em uma família separada, os Dacnidae. As maiores espécies de dacnídeos (*Megalodacne*) medem cerca de 20 mm de comprimento e são pretas, com duas faixas vermelho-alaranjadas transversais nos élitros. Em outros erotilídeos, o quarto tarsômero é muito pequeno, de modo que os tarsos parecem tetrâmeros. Estes besouros são menores, com 8 mm de comprimento ou menos. Existem cerca de 50 espécies norte-americanas e algumas são insetos razoavelmente comuns.

Família **Byturidae – biturídeos**: Besouros pequenos, ovais, pilosos, marrons pálidos a laranjas, que em sua maioria medem de 3,5 mm a 4,5 mm de comprimento, com antenas clavadas. O segundo e o terceiro tarsômeros são lobados ventralmente. O grupo é pequeno, com apenas duas espécies nos Estados Unidos. A única espécie comum do leste é *Byturus unicolor* Say, um besouro amarelo-avermelhado a escuro de 3,5 a 4,5 mm de comprimento, que se alimenta de flores de framboesa e amora selvagem. A larva, chamada de "raspberry fruitworm" (broca da framboesa), às vezes causa danos sérios às frutas.

Família **Biphyllidae – bifilídeos**: Esta família está intimamente relacionada aos Byturidae. Os adultos possuem lobos tarsais delgados nos tarsômeros dois e três, cavidades pró-coxais fechadas e linhas laterais no primeiro esternito abdominal. Vivem sob cascas de árvores e aparentemente alimentam-se de fungos. Três espécies em dois gêneros, *Anchorius* e *Diplocoelus*, são conhecidas nos Estados Unidos.

Família **Bothrideridae**: Estes besouros eram antigamente incluídos nos Colydiidae. A maioria é longa e delgada, com uma clava antenal distinta e fórmula tarsal 4-4-4. As inserções antenais são expostas e os trocânteres são muito reduzidos, de modo que o fêmur e a coxa estão em contato ou quase. Muitas espécies são predadoras dos besouros broqueadores de madeira e outras se alimentam de fungos. Existem 18 espécies em oito gêneros na América do Norte.

Família **Cerylonidae – cerilonídeos**: Esta família inclui um grupo de gêneros anteriormente incluídos em Colydiidae (*Cerylon, Philothermus, Euxestus* e os cinco gêneros da subfamília Murmidiinae). São ligeiramente mais ovais e achatados que a maioria dos colidiídeos e medem de 2 mm a 3 mm de comprimento. As antenas possuem 10 artículos com uma clava abrupta de 1 ou 2 artículos e são alojadas em uma cavidade no protórax, com as coxas amplamente separadas. São incomuns por possuírem peças bucais perfuradoras-sugadoras no estágio larval e em alguns adultos. As 19 espécies norte-americanas deste grupo são amplamente distribuídas. *Cerylon castaneum* Say é razoavelmente comum sob cascas de árvores mortas, mas outras espécies são relativamente raras.

Família **Endomychidae – endomiquídeos**: Estes são besouros pequenos e ovais, na maioria com 3 mm a 8 mm de comprimento. São lisos e brilhantes e têm cores vivas. São um pouco semelhantes aos Coccinellidae, porém a cabeça é facilmente vista de cima. O pronoto é amplamente escavado ou sulcado lateralmente, com

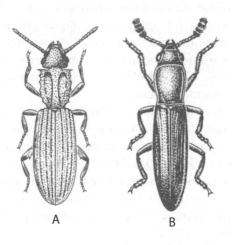

Figura 26-32 A, o besouro-da-cevada, *Oryzaephilus surinamensis* (L.) (Silvanidae), ampliado 17X; **B**, adulto do "clover stem borer" (broca da haste do trifólio), *Languria mozardi* Latreille (Languriidae), ampliado 6X.

as laterais estendidas para frente e as garras pré-tarsais simples. Alguns membros deste grupo (os Mycetaeinae, com 15 espécies norte-americanas) possuem tarsos que parecem tetrâmeros, com o terceiro tarsômero facilmente visível. Os outros (28 espécies norte-americanas, em quatro subfamílias) possuem o terceiro tarsômero muito pequeno e os tarsos parecem ser trímeros. A maioria dos endomiquídeos vive sob cascas de árvores, em madeira apodrecida, fungos ou frutas em decomposição e alimenta-se de fungos e mofo. Alguns Mycetaeinae são encontrados em flores. Uma espécie, *Mycetaea subterranea* (Fabricius), ocasionalmente constitui uma praga em silos e depósitos porque dissemina uma infecção por fungos.

Família **Coccinellidae** – **joaninhas**: As joaninhas (micholas) constituem um grupo bem conhecido de insetos pequenos (0,8 mm a 10 mm de comprimento), ovais, convexos e de cores vivas. Há cerca de 475 espécies norte-americanas em 57 gêneros. A cabeça permanece escondida pelo pronoto expandido quando vista de cima. Podem ser diferenciadas dos crisomelídeos, muitos dos quais possuem uma forma semelhante, pelos três tarsômeros distintos (crisomelídeos parecem ter quatro tarsômeros). A maioria das joaninhas é predadora, tanto as larvas quanto os adultas, e alimenta-se principalmente de pulgões. Costumam ser bastante comuns, particularmente na vegetação em que haja pulgões em abundância. As joaninhas hibernam quando adultas, com frequência em grandes agregações sob folhas ou em detritos. A joaninha asiática multicolorida, *Harmonia axyidris* (Pallas), é uma espécie introduzida que se alimenta de pulgões e cochonilhas-pulverulentas (pseudococcídeos). Atingiram altas populações e muitas vezes se tornam uma praga incômoda quando entram em edifícios durante o clima frio.

As larvas de joaninhas (Figura 26-33C) são alongadas, ligeiramente achatadas e recobertas por minúsculos tubérculos ou espinhos. Em geral, possuem manchas ou faixas de cores brilhantes. Estas larvas muitas vezes são encontradas em colônias de pulgões.

Duas espécies fitófagas razoavelmente comuns deste grupo são pragas sérias de jardim: o "Mexican bean beetle" (besouro-mexicano-do-feijão), *Epilachna varivestis* Mulsant, e o "squash beetle" (besouro-da-abóbora), *E. borealis* (Fabricius). *Epilachna varivestis* é amarelado, com oito manchas em cada élitro. *Epilachna borealis* é laranja-amarelado pálido, com três manchas no pronoto e uma dúzia ou mais de grandes manchas dispostas em duas fileiras nos élitros, mais um grande ponto preto próximo da ápice dos élitros. Estas duas espécies são as únicas joaninhas pubescentes grandes dos Estados Unidos. As larvas destas espécies são amarelas e têm formato oval, com espinhos bifurcados no corpo. Tanto larvas quanto adultos são fitófagos e, com frequência, muito destrutivos.

Com exceção das duas espécies de *Epilachna*, as joaninhas constituem um grupo de insetos muito benéfico. Alimentam-se de pulgões, cochonilhas e outros insetos e de ácaros nocivos. Durante surtos sérios de pulgões ou cochonilhas, às vezes grandes números de joaninhas são importados para as áreas infestadas para servir como meio de controle. A "cottony cushion scale" (cochonilha australiana), *Icerya purchasi* Maskell, uma praga de árvores cítricas na Califórnia, foi mantida sob controle por muitos anos graças a uma joaninha importada da Austrália, *Rodolia cardinalis* (Mulsant).

Família **Corylophidae** – **corilofídeos**: Estes besouros são arredondados ou ovais e medem menos de 1 mm de comprimento. Os tarsos são tetrâmeros, porém o terceiro tarsômero é pequeno e fica escondido em uma emarginação do terceiro tarsômero bilobado, daí que

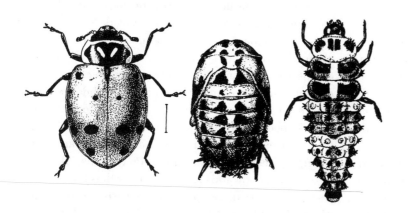

Figura 26-33 Uma joaninha, *Hippodamia convergens* Guérin-Méneville. A, adulto; B, pupa; C, larva. A linha no lado direito do adulto indica o tamanho real.

os tarsos parecem trímeros. As antenas são clavadas e a clava geralmente é trímera. As asas posteriores são franjadas com cerdas. Estes besouros vivem em matéria vegetal em decomposição e em detritos, onde aparentemente alimentam-se de esporos de fungos. Sessenta e uma espécies ocorrem na América do Norte.

Família **Latridiidae** – **latridiídeos**: Os latridiídeos (140 espécies norte-americanas) são besouros alongado-ovais, marrons avermelhados, de 1 mm a 3 mm de comprimento. O pronoto é mais estreito que os élitros e cada élitro contém seis ou oito fileiras de pontos. Os tarsos são trímeros (Figura 26-10I) ou (nos machos) 2-3-3 ou 2-2-3. Estes besouros são encontrados em material mofado (incluindo produtos alimentícios armazenados), detritos e às vezes em flores.

Família **Mycetophagidae** – **micetofagídeos**: Besouros claramente ovais, achatados e razoavelmente pilosos, de 1,5 mm a 5,5 mm de comprimento (Figura 26-60A). São marrons a pretos, com manchas vivas em vermelho ou laranja. Estes besouros vivem sob cascas de árvores, em fungos orelha-de-pau (Basidiomycetes) e em material vegetal mofado. Existem 26 espécies de micetofagídeos na América do Norte. *Typhaea stercorea* (L.) é uma praga razoavelmente comum em produtos armazenados.

Família **Archeocripticaidae**: Esta família é muito semelhante aos Tenebrionidae, aos quais está historicamente associada. A principal característica que a separa dos tenebrionídeos consiste nas extensões posterolaterais do processo prosternal, que fecha parcialmente as cavidades pró-coxais. A família é principalmente pantropical, com uma espécie, *Enneboeus caseyi* Kaszab, que ocorre no sudeste dos Estados Unidos e estende-se pelo sul até a América Central.

Família **Ciidae** – **ciídeos**: Os ciídeos são besouros acastanhados a pretos, com 0,5 mm a 6 mm de comprimento, que têm aspecto semelhante ao dos besouros-da-casca (Curculionidae: Scolytinae) e dos Bostrichidae. O corpo é cilíndrico, a cabeça é inclinada para baixo e não visível de cima, os tarsos são tetrâmeros (com os primeiros três tarsômeros curtos e o quarto longo), as antenas terminam em uma clava com 3 artículos e o dimorfismo sexual é evidente. Estes besouros (84 espécies na América do Norte) vivem sob cascas de árvores, em madeira apodrecida ou em fungos de madeira seca, em números consideráveis. Alimentam-se de fungos.

Família **Tetratomidae** – **tetratomídeos**: Os membros desta família eram anteriormente associados aos Melandryidae. O corpo pubescente, relativamente grande, com olhos compostos emarginados e as coxas anteriores separadas por um processo prosternal caracterizam esta pequena família (26 espécies em 10 gêneros nos Estados Unidos). A maioria alimenta-se de fungos ou em cascas de árvores com crescimento fúngico. Os tetratomídeos mais comuns são os representantes de *Penthe*, ovais e pretos, encontrados no leste dos Estados Unidos, que medem de 5 mm a 15 mm de comprimento e são comuns sob cascas de árvores velhas e mortas: *P. pimelia* (Fabricius) é totalmente preto e *P. obliquata* (Fabricius) possui um escutelo com cor laranja vivo.

Família **Melandryidae** – **melandriídeos**: Os membros deste grupo (60 espécies norte-americanas em 24 gêneros) são besouros alongado-ovais, ligeiramente achatados, em geral encontrados sob cascas de árvores ou troncos de madeira. Algumas espécies vivem em flores e folhagem, outras em fungos. Em sua maioria, têm cores escuras e medem de 3 mm a 20 mm de comprimento. Podem ser usualmente reconhecidos pela fórmula tarsal 5-5-4, pelas cavidades coxais anteriores abertas e por duas marcas impressas próximo da borda posterior do pronoto (Figura 26-34A).

Família **Mordellidae** – **mordelídeos**: Estes besouros possuem um formato de corpo razoavelmente característico (Figura 26-35): o corpo tem uma aspecto parecido ao de uma cunha, ligeiramente corcunda, a cabeça é dobrada para baixo e o abdômen é pontiagudo apicalmente, estendendo-se além das ápices dos élitros. A maioria dos mordelídeos (mais de 200 espécies norte-americanas) é preta ou cinza pontuada e o corpo é recoberto por uma pubescência densa. A maioria mede de 3 mm a 7 mm de comprimento, mas alguns atingem 14 mm. Estes besouros são comuns em flores, especialmente compostas. São muito ativos e correm ou voam rapidamente quando perturbados. Seu nome comum (em inglês: "tumbling flower beetle") deriva dos movimentos de rolamento que fazem para tentar escapar de uma captura. As larvas vivem na madeira em decomposição e no cerne de plantas. Algumas são predadoras.

Família **Ripiphoridae** – **ripiforídeos**: Estes besouros, que medem de 4 mm a 15 mm de comprimento, são semelhantes aos Mordellidae, mas possuem o abdômen rombo em vez de pontiagudo no ápice. Os élitros são ligeiramente pontiagudos apicalmente e, em geral, não cobrem a extremidade do abdômen. Em algumas espécies, os élitros são muito curtos. As antenas são pectinadas nos machos e serradas nas fêmeas. Os besouros adultos alimentam-se de flores, particularmente solidago, mas não são muito comuns. Algumas vezes são encontrados em tocas de abelhas halictídeas. Os estágios larvais são parasitas de várias vespas (Vespidae, Scoliidae e Tiphiidae) e abelhas (Halictidae e Apidae). Sofrem hipermetamorfose semelhante à dos

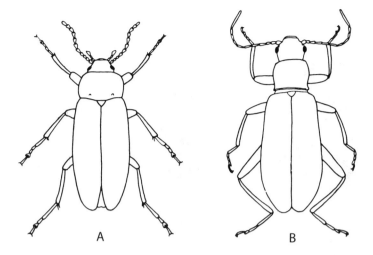

Figura 26-34 A, *Emmesa labiata* (Say) (Melandryidae); B, *Arthromacra* sp (Tenebrionidae, Lagriinae); ampliado 4X.

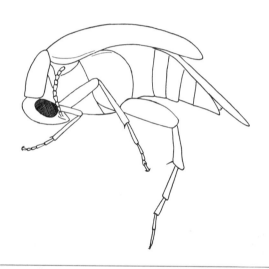

Figura 26-35 Um mordelídeo, *Mordella marginata* Melsheimer, ampliado 15X.

Meloidae. Algumas fêmeas nesta família são ápteras e larviformes. Existem 51 espécies norte-americanas.

Família **Colydiidae – colidiídeos**: Os colidiídeos são besouros de corpo rígido, brilhantes, com 1 mm a 8 mm de comprimento. Algumas espécies são ovais ou oblongas e ligeiramente achatadas, enquanto outras são alongadas e cilíndricas. As antenas possuem 10 ou 11 artículos, terminando em uma clava com 2 ou 3 artículos, e os tarsos possuem 4 tarsômeros. Estes besouros vivem sob cascas de árvores mortas, em fungos orelha-de-pau (Basidiomycetes) ou em formigueiros. Muitas espécies são predadoras, outras são fitófagas e algumas (no estágio larval) são ectoparasitas de larvas e pupas de vários besouros broqueadores de madeira. Existem 73 espécies na América do Norte.

Família **Monommatidae:** Os monomatídeos são besouros ovais pretos, de 5 mm a 12 mm de comprimento, achatados ventralmente e convexos dorsalmente. Possuem fórmula tarsal 5-5-4, com o primeiro tarsômero relativamente longo. As cavidades coxais anteriores são abertas atrás, as pernas são fortemente retráteis e as antenas terminam em clava com 2 ou 3 artículos, sendo alojadas em sulcos na região ventral do protórax. Os adultos são encontrados em montes de folhas mortas e as larvas vivem em madeira apodrecida. O grupo é pequeno, com seis espécies ocorrendo nos estados do sul, da Flórida ao sul da Califórnia.

Família **Zopheridae – zoferídeos**: Esta família, do modo como é constituída no momento, contém representantes antigamente alocados em Tenebrionidae e Colydiidae. Os maiores possuem tegumento extremamente rígido e difícil de alfinetar, daí seu nome comum. As antenas são curtas e robustas e as cavidades pró-coxais, abertas. Existem nove gêneros com cerca de 30 espécies nos Estados Unidos, 19 no gênero *Zopherus*. Todas se distribuem no oeste dos Estados Unidos com exceção de *Phellopsis obcordata* (Kirby), que ocorre na Nova Inglaterra, Tennessee e Virgínia em fungos orelha-de-pau (Basidiomycetes).

Família **Tenebrionidae – dragões-da-lua**: Os tenebrionídeos constituem um grande e variado grupo, mas podem ser diferenciados pela fórmula tarsal 5-5-4, pelas cavidades coxais anteriores fechadas atrás (Figura 26-7B), pelos olhos usualmente emarginados, pelas antenas quase sempre com 11 artículos e filiformes ou moniliformes e pelos cinco esternos abdominais visíveis. A maioria dos tenebrionídeos é preta ou acastanhada (Figura 26-36), mas alguns – por exemplo, *Diaperis* (Figura 26-36B) – exibem manchas vermelhas nos élitros. Muitos são pretos e lisos e lembram os besouros de solo. Algumas espécies que se alimentam de fungos

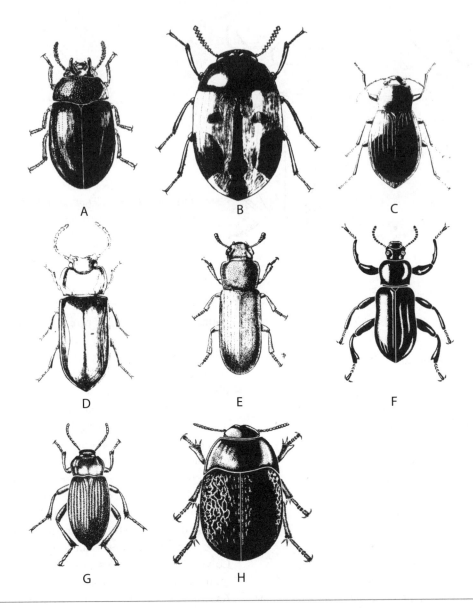

Figura 26-36 Dragões-da-lua (Tenebrionidae). A, *Neomida bicornis* (Fabricius), ampliado 8X; B, *Diaperis maculata* (Olivier), ampliado 6X; C, *Helops aereus* Germar, ampliado 4X; D, *Adelina plana* (Say), ampliado 7X; E, o besouro confuso da farinha, *Tribolium confusum* du Val, 10X; F, *Merinus laevis* (Oliver), ampliado 1½X; G, *Eleodes suturalis* (Say), ampliado 0,75X; H, *Eusattus pons* Triplehorn, ampliado 3X.

orelha-de-pau (Basidiomycetes) são acastanhadas, têm o corpo áspero e se parecem com pedaços de casca de árvore. Uma destas espécies, *Bolitotherus cornutus* (Panzer), possui duas protuberâncias semelhantes a cornos que se estendem para frente a partir do pronoto. Os representantes dos "fungus-inhibiting"(inibidores de fungos) do gênero *Diaperis* têm aspecto geral similar ao das joaninhas (Figura 26-36B). Alguns tenebrionídeos têm o corpo muito rígido.

Nas regiões áridas dos Estados Unidos, estes besouros assumem o nicho ecológico ocupado pelos Carabidae em áreas mais verdejantes, sendo muito comuns sob pedras e entulho e abaixo de cascas de árvores soltas, sendo também atraídos pelas luzes à noite.

O hábito mais característico dos representantes do amplo gênero *Eleodes* (Figura 26-36G) é a posição ridícula que assumem ao correr de um possível perigo: o ápice do abdômen é elevado em ângulo de cerca de 45º do solo e o besouro parece estar quase em pé quando corre. Quando perturbados ou capturados, exalam um fluido preto-avermelhado com um odor muito desagradável.

A maioria dos tenebrionídeos alimenta-se de algum tipo de material vegetal. Alguns constituem pragas comuns de grãos armazenados e farinha e são muito destrutivos. Os besouros do gênero *Tenebrio* são pretos ou marrom-escuros e medem de 13 mm a 17 mm de comprimento, alimentando-se de grãos nos estágios larval e adulto. As larvas são comumente conhecidas como "mealworms" e são muito semelhantes às larvas de elaterídeos. Os membros do gênero *Tribolium* são besouros marrons oblongos, de 5 mm de comprimento ou menos (Figura 26-36E). Tanto adultos quanto larvas costumam viver em farinha, fubá, ração de cachorros, cereais, frutas secas e materiais semelhantes.

Os membros da subfamília Alleculinae, os aleculíneos, são pequenos, com 5 mm a 15 mm de comprimento, alongado-ovais e acastanhados ou pretos, com aspecto ligeiramente lustroso ou brilhante resultante da pubescência no corpo. Podem ser reconhecidos pelas garras pré-tarsais pectinadas (Figura 26-11B). Os adultos são encontrados em flores e folhagens, fungos e sob cascas de árvores mortas. As larvas se parecem com as dos elaterídeos e vivem em madeira apodrecida, restos vegetais ou fungos.

Os Lagriinae são besouros delgados que podem ser reconhecidos por seu formato característico (Figura 26-34B) e pelo artículo apical alongado (Figura 26-5D). Medem cerca de 10 mm a 15 mm de comprimento e são metálicos escuros. Os adultos são encontrados na folhagem ou ocasionalmente sob cascas de árvores. As larvas desenvolvem-se em resíduos de plantas e sob a casca de árvores caídas.

Os Tenebrionidae constituem a quinta maior família de besouros, com até 1.000 espécies norte-americanas, e muitos dos seus representantes são insetos comuns. A maioria das espécies norte-americanas distribui-se na região ocidental.

Família **Prostomidae** – **prostomídeos**: Apenas uma espécie desta família, *Prostomis mandibularis* (Fabricius), é encontrada na América do Norte. Havia sido alocada em Cucujidae e se diferencia principalmente pelas características larvais. Um aspecto para diferenciação é a cabeça muito grande com mandíbulas robustas, proeminentes e salientes. As larvas e os adultos estão associados à madeira morta.

Família **Synchroidae**: Estes besouros lembram superficialmente os besouros tec-tec (Elateridae) quanto à forma, mas são heterômeros e possuem as cavidades coxais anteriores abertas. Antigamente, eram incluídos em Melandryidae. Adultos e larvas são encontrados em madeira em decomposição e sob cascas de árvores, onde se alimentam de fungos. Existem dois gêneros, *Synchroa* e *Mallodrya*, cada um com uma espécie no leste da América do Norte.

Família **Oedemeridae** – **edemerídeos**: Os edemerídeos são besouros delgados, de corpo mole, medindo de 5 mm a 20 mm de comprimento. Muitos são pretos com um pronoto laranja, enquanto outros são pálidos com manchas azuis, amarelas, vermelhas ou laranjas. Estes besouros têm uma fórmula tarsal 5-5-4 e o penúltimo tarsômero é dilatado e densamente piloso ventralmente (Figura 26-10C). O pronoto é alargado anteriormente e mais estreito posteriormente que a base dos élitros, e os olhos são emarginados. Os adultos costumam ser encontrados em flores ou folhagens e são atraídos pelas luzes à noite. As larvas vivem em madeira úmida em decomposição, especialmente madeira flutuante. As larvas de *Nacerdes melanura* (L.) alimentam-se de madeira muito úmida, como estacas de cais, sob os edifícios próximos da água e em estufas; o adulto mede de 7 mm a 15 mm de comprimento e é amarelo-avermelhado com os ápices dos élitros pretos. Existem 87 espécies nos Estados Unidos e Canadá.

Família **Stenotrachelidae** – **estenotraquelídeos:** Besouros alongados, convexos e um pouco semelhantes a um cerambicídeo em forma. São acastanhados a escuros e medem de 8 mm a 20 mm de comprimento; a cabeça tem uma forma um pouco semelhante a um diamante e é estreitada atrás dos olhos, formando um pescoço delgado. Possuem fórmula tarsal 5-5-4, garras pré-tarsais (6 das 10 espécies norte-americanas) pectinadas e existe uma almofada longa (larga a estreita) sob cada garra. Pouco se sabe sobre os hábitos destes besouros, exceto que os adultos são encontrados algumas vezes em flores e que as larvas foram encontradas em troncos de madeira apodrecida muito velha. Dez espécies são conhecidas nos Estados Unidos.

Família **Meloidae** – **meloídeos**: Os meloídeos (mais de 400 espécies norte-americanas) são estreitos e alongados, os élitros são macios e flexíveis e o pronoto é mais estreito que a cabeça ou os élitros. Estes besouros são chamados de "blister beetles" (besouros-bolha) devido aos fluidos corporais das espécies mais comuns, que contêm cantaridina, uma substância que causa bolhas na pele.

Várias espécies de meloídeos são pragas importantes, alimentando-se de batatas, tomates e outras plantas. Duas destas espécies são chamadas de "old fashioned potato beetles" (besouros da batata fora de moda): *Epicauta vittata* (Fabricius) (com faixas longitudinais laranjas e pretas) e *Epicauta pestifera* Werner (pretos, com margens dos élitros e faixa sutural cinza). Estes besouros medem de 12 mm a 20 mm de comprimento. O "black blister beetle" (besouro-bolha-preto), *E. pennsylvanica* (DeGeer), é um meloídeo comum preto, de 7 mm a 13 mm de comprimento, em geral encontrado em flores de solidago.

As larvas de muitas cantáridas são consideradas benéficas porque se alimentam de ovos de gafanhotos. Algumas vivem em ninhos de abelhas no estágio larval, onde se alimentam de ovos de abelha e do alimento armazenados nas células com os ovos.

A história de vida dos meloídeos dos gêneros *Epicauta* é bastante complexa. Estes insetos sofrem hipermetamorfose, com os vários instares larvais apresentando muitas diferenças na forma. O primeiro instar, uma forma ativa de pernas longas chamada de *triungulino*, procura um ovo de gafanhoto ou um ninho de abelha e então sofre a muda. Na espécie que se desenvolve em ninhos de abelha, o triungulino sobe em uma flor e fixa-se a uma abelha que visite a flor. A abelha carrega o triungulino até o ninho, onde ele ataca os ovos da abelha. O segundo instar é um pouco semelhante ao triungulino, mas as pernas são mais curtas. No terceiro, quarto e quinto instares, a larva torna-se robusta e relativamente escarabeiforme. O sexto instar apresenta um exoesqueleto escuro e mais espesso e não possui apêndices funcionais. Este instar é conhecido como *larva coarctata* ou *pseudopupa* e é o instar que hiberna. O sétimo instar é pequeno, branco e ativo (embora sem pernas), mas aparentemente não se alimenta e logo se transforma na verdadeira pupa.

Os membros do gênero *Meloe*, alguns dos quais medem cerca de 25 mm de comprimento, possuem élitros muito curtos, que ficam sobrepostos logo atrás do escutelo, e não possuem asas posteriores. Estes insetos são azul-escuros ou pretos (Figura 26-67A). Algumas vezes são chamados de "oil beetles" (besouros-óleo) porque secretam uma substância oleosa das articulações das pernas quando perturbados.

Os meloídeos do gênero *Nemognatha* são especiais por possuírem as gáleas prolongadas em um tubo sugador do mesmo comprimento ou maior que o corpo. Estes besouros são acastanhados (às vezes escuros ou marrons e pretos) e medem de 8 mm a 15 mm de comprimento. São amplamente distribuídos.

A maioria dos meloídeos é alongada e ligeiramente cilíndrica, mas as espécies de *Cysteodemus*, que ocorrem no sudoeste do Texas até o sul da Califórnia, apresentam élitros claramente ovais e muito convexos, e superficialmente lembram as aranhas. Estes besouros são pretos, muitas vezes com reflexos azulados ou purpúreos e medem cerca de 15 mm de comprimento.

Família **Mycteridae** – **micterídeos:** Alguns membros desta família (*Hemipeplus*, duas espécies, encontradas na Flórida e na Geórgia) lembram muito os cucujídeos. São besouros alongados, delgados, muito planos, amarelados, de 8 mm a 12 mm de comprimento, com as cavidades coxais anteriores fechadas. Estes besouros são encontrados sob as cascas de árvores. Outros micterídeos (Mycterinae) possuem as cavidades coxais anteriores abertas e alguns (por exemplo, *Mycterus*, de cerca de 10 mm de comprimento) apresentam a cabeça estendida anteriormente, de modo muito parecido com os gorgulhos da subfamília Entiminae. O corpo é mais robusto e não achatado. Estes besouros são encontrados sob rochas, em detritos ou na vegetação. Acredita-se que tanto os adultos quanto as larvas sejam predadores. Os Mycterinae eram incluídos em Salpingidae, mas diferem destes por possuírem o penúltimo tarsômero lobado. Nos Salpingidae, este tarsômero é delgado e semelhante aos outros tarsômeros.

Família **Boridae** – **borídeos:** Estes besouros lembram os tenebrionídeos, mas possuem cavidades coxais anteriores abertas e carenas pronotais laterais distintas. Eles já foram incluídos em várias famílias (por exemplo, Salpingidae e Pyrochroidae). Tanto larvas quanto adultos vivem sob cascas de árvores. Existem dois gêneros, *Boros* e *Lecontia*, cada um com uma espécie nos Estados Unidos.

Família **Pythidae** – **pitídeos:** Esta família, que é melhor caracterizada pelos estágios larvais, é representada na América do Norte por sete espécies em quatro gêneros; quatro das espécies são do gênero *Pytho* (Figura 26-64C). Vários pesquisadores incluem estas espécies em Pyrochroidae, Salpingidae, Boridae e Mycteridae. As larvas alimentam-se das cascas de árvores coníferas e decíduas.

Família **Pyrochroidae:** Os pirocroídeos medem de 6 mm a 20 mm de comprimento e geralmente são pretos, com o pronoto avermelhado ou amarelado. Cerca de 50 espécies ocorrem na América do Norte, com 30 no gênero *Pedilus*. A cabeça e o pronoto são mais estreitos que os élitros e estes são ligeiramente mais largos posteriormente. As antenas são serradas a pectinadas (raramente filiformes) e, em alguns machos, quase plumosas, com processos longos e delgados nos artículos 3 a 10. Os olhos são muito grandes. Os adultos têm vida curta e são encontrados em folhagens e flores e, às vezes, sob cascas de árvores. As larvas vivem sob cascas de árvores mortas.

Família **Salpingidae** – **salpingídeos:** Este é um grupo extremamente variável e de difícil caracterização. A maioria das 20 espécies norte-americanas de salpingídeos é preta, alongada e ligeiramente achatada. Os adultos e as larvas são predadores. Os adultos vivem sob pedras e cascas de árvores, em montes de folhas e na vegetação. As espécies de *Aegialites*, que ocorrem ao longo da Costa do Pacífico, da Califórnia até o Alasca, vivem em fendas de rochas abaixo da linha da maré alta. Estes besouros são alongado-ovais, medem de 3 mm a 4 mm de comprimento e são pretos com um brilho metálico. Cinco espécies de *Elacatis* "false tiger beetles" (falsos besouros-tigres) ocorrem nos Estados Unidos. Antigamente, eram formalmente alocadas em uma família separada e, atualmente, são consideradas uma subfamília (Othniinae) de Salpingidae.

Família **Anthicidae – anticídeos:** Estes besouros medem cerca de 2 mm a 12 mm de comprimento e têm aspecto um pouco semelhante ao de formigas, com a cabeça inclinada para baixo e fortemente constrita atrás dos olhos, com pronoto oval. O pronoto de muitas espécies (*Notoxus* e *Mycinotarsus*) possui um processo anterior semelhante a um corno que se estende para frente sobre a cabeça. Os anticídeos vivem em flores e folhagens; alguns vivem sob pedras e troncos de madeira e em detritos, e outros, em dunas de areia. Existem cerca de 230 espécies na América do Norte.

Família **Aderidae – aderídeos:** Os aderídeos (48 espécies em 11 gêneros na América do Norte) são amarelo-avermelhados a escuros e medem 1,5 mm a 3,0 mm de comprimento. São muito semelhantes aos anticídeos, mas podem ser diferenciados pelos olhos com cerdas espessamente facetados e pela cabeça abruptamente constrita na base.

Família **Scraptiidae – escraptiídeos:** A maioria dos escraptiídeos pode ser reconhecida pelos seus corpos moles, olhos profundamente emarginados e pelo revestimento do corpo com cerdas. Já foram alocados em Melandryidae, Mordellidae e outras famílias. Os adultos de algumas espécies são encontrados em flores e outros vivem sob cascas de árvores. Na fauna norte-americana, existem 46 espécies em 13 gêneros.

Família **Polypriidae – polipriídeos:** Uma única espécie, *Polypria cruxrufa* Chevrolat, distribui-se pelo sul do Texas. É um besouro de tamanho moderado, com antenas fortemente serradas, olhos profundamente emarginados e élitros marrons com uma mancha avermelhada em forma de cruz. Nada se sabe sobre a biologia desta família e as larvas são desconhecidas.

Família **Cerambycidae – longicórnios:** Esta família é grande, com cerca de 900 espécies em 300 gêneros ocorrendo nos Estados Unidos e Canadá, e seus representantes são todos fitófagos. A maioria dos longicórnios é alongada e cilíndrica, com antenas longas; os olhos em geral são fortemente emarginados ou até mesmo completamente divididos. Muitos destes besouros apresentam cores vivas. Variam de 3 mm a 60 mm de comprimento. Os tarsos parecem tetrâmeros com o terceiro tarsômero bilobado, mas na verdade são pentâmeros. O quarto tarsômero é pequeno e fica escondido na reentrância do terceiro e é difícil visualizá-lo (Figura 26-10A). Tanto Cerambycidae como Chrysomelidae possuem este tipo de estrutura tarsal e, às vezes, é difícil distinguir estes grupos. Em geral, podem ser separados pelas características fornecidas na chave (descrição 29).

A maioria dos cerambicídeos adultos, particularmente os de cores vivas, alimenta-se de flores. Muitos sem cores vivas têm hábitos noturnos e, durante o dia, podem ser encontrados sob cascas de árvores ou repousando em árvores ou troncos de madeira. Muitos ceramicídeos fazem um som estridente quando capturados.

A maioria dos Cerambycidae são brocas caulinares no estágio larval; muitas espécies causam sérios danos a florestas, pomares, árvores e madeira recém-cortada. Os adultos depositam seus ovos em fendas nas cascas de árvores e as larvas perfuram a madeira. As galerias das larvas na madeira (Figura 26-37) são circulares em corte transversal (ao contrário da maioria das galerias dos buprestídeos, que são ovais em corte transversal) e usualmente se aprofundam em linha reta por uma curta distância antes de se curvarem. Diferentes espécies atacam diferentes tipos de árvores e arbustos. Algumas atacam árvores vivas, porém a maioria das espécies parece preferir troncos de madeira recém-cortados ou árvores ou ramos doentes e enfraquecidos. Algumas marcam os ramos circularmente e depositam seus ovos imediatamente acima da banda. Outras perfuram os caules de plantas herbáceas. As larvas são alongadas, cilíndricas, esbranquiçadas, ápodas e diferem das larvas dos Buprestidae porque a extremidade anterior do corpo não é alargada e achatada. Com frequência, são chamadas de "round-headed borers" (brocas-de-cabeça-

Figura 26-37 Galerias da "poplar borer" (broca-do-álamo), *Saperda calcarata* Say.

-redonda) para diferenciá-las das "flat-headed borers" (broca-de-cabeça-achatada) (larvas de Buprestidae).

Esta família é dividida em oito subfamílias, que podem ser separadas pela chave a seguir:

Subfamília **Disteniinae**: *Distenia undata* (Fabricius) é o único representante desta subfamília na América do Norte; ocorre nos estados do leste. As mandíbulas têm forma de cinzel, não são serradas na margem interna, o tórax é espinhoso nas laterais e os élitros, no ápice. Vive sob cascas de árvores de nogueira e carvalho e na folhagem de videira selvagem.

Subfamílias **Parandrinae e Spondylidinae**: Estes besouros diferem dos outros cerambicídeos por possuírem o quarto tarsômero plenamente visível e os tarsos claramente pentâmeros (Figura 26-38E). A subfamília Parandrinae contém três espécies, duas no gênero *Parandra*. Estes besouros são alongado-ovais, ligeiramente achatados, marrons avermelhados vivos e medem de 9 mm a 18 mm de comprimento. Parecem-se um pouco com pequenos lucanídeos. Vivem sob as cascas de pinheiros mortos. As larvas escavam a madeira seca e morta de tocos e troncos de árvores.

A subfamília Spondylidinae contém duas espécies nos Estados Unidos, *Spondylis upiformis* Mannerheim, que ocorre a oeste dos Grandes Lagos, e *Scaphinus muticus* (Fabricius), que ocorre no sudeste. Estes besouros são pretos, opacos e medem de 8 mm a 20 mm de comprimento. Seus hábitos são semelhantes aos de *Parandra*.

Subfamília **Prioninae**: Este grupo contém os maiores cerambicídeos da América do Norte, alguns dos quais podem atingir um comprimento de cerca de 75 mm. Os Prioninae diferem das duas subfamílias anteriores por possuírem os tarsos parecendo tetrâmeros e das subfamílias a seguir por possuírem o pronoto marginado lateralmente. A maioria possui espinhos ou dentes ao longo das margens do pronoto e alguns apresentam antenas serradas que contêm 12 ou mais artículos. A espécie mais comum deste grupo pertence ao gênero *Prionus*.

Estes besouros são largos e ligeiramente achatados, marrons escuros, com três dentes amplos nas margens laterais do pronoto, e medem de 17 mm a 60 mm de comprimento (alguns representantes deste gênero da região oeste dos Estados Unidos são ainda maiores). As antenas contêm 12 ou mais artículos e são serradas nas fêmeas. Os representantes do gênero *Ergates*, que ocorrem no oeste norte-americano, também são marrons escuros, porém possuem 8 ou 10 pequenos espinhos em cada lado do pronoto e os olhos são profundamente emarginados. Medem de 35 mm a 65 mm de comprimento. *Orthosoma brunneum* (Forster), uma espécie razoavelmente comum no leste norte-americano, é longa e estreita, marrom-avermelhado-clara e mede de 24 mm a 48 mm de comprimento. Possui dois ou três dentes nas margens laterais do pronoto.

Subfamília **Aseminae**: Os membros deste pequeno grupo (22 espécies em seis gêneros na América do

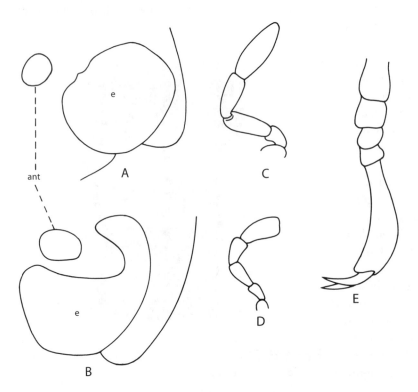

Figura 26-38 Características de Cerambycidae. A e B, vista dorsolateral do olho composto esquerdo e da base da antena. A, base da antena não contornada pelo olho (*Toxotus*, Lepturinae); B, base da antena parcialmente contornada pelo olho (*Elaphidion*, Cerambycinae); C e D, palpos maxilares; C, *Monochamus* (Lamiinae); D, *Anoplodera* (Lepturinae); E, tarso posterior de *Parandra* (Parandrinae). *ant*, base da antena; *e*, olho composto.

Chave para as subfamílias de Cerambycidae

1.	Mandíbulas em forma de cinzel (escalpriformes); clípeo oblíquo em relação à fronte: asas sem esporão na veia transversal radiomediana (*Distenia*)	Disteniinae
1'.	Mandíbulas diferentes da descrição anterior, asas com um esporão na veia transversal radiomediana	2
2(1').	Tarsos distintamente 5-5-5, sem lobo ventral pubescente; terceiro tarsômero não dilatado, escondendo o quarto, que é pequeno (Figura 26-10J); antenas curtas, usualmente não atingindo a base do pronoto	3
2'.	Tarsos pseudotetrâmeros, com lobo pubescente ventralmente; terceiro tarsômero dilatado, escondendo o quarto tarsômero verdadeiro (Figura 26-10A); antenas longas a muito longas, estendendo-se muito além da base do pronoto	4
3(2).	Pronoto com margens laterais elevadas; labro fusionado com o epistoma	Parandrinae
3'.	Pronoto sem margens laterais; labro livre	Spondylidinae
4(2').	Cabeça vertical ou retraída; margem genal sempre dirigida posteriormente	Lamiinae
4'.	Cabeça obliquamente inclinada em direção anterior ou subvertical, margem genal nunca dirigida posteriormente	5
5(4').	Pronoto com margens laterais elevadas; labro fusionado com o epistoma; coxas anteriores fortemente transversas	Prioninae
5'.	Pronoto sem margens laterais; labro livre; coxas anteriores globulares	6
6(5').	Placa estridulatória do mesonoto ampla (ausente em alguns), não dividida	Cerambycinae
6'.	Placa estridulatória do mesonoto dividida por faixa longitudinal mediana	7
7(6').	Cabeça curta, não estreitada atrás dos olhos; segundo artículo mais longo que largo, quase metade do comprimento do terceiro artículo	Aseminae
7'.	Cabeça alongada, estreitada atrás dos olhos; segundo artículo não mais longo que largo, muito menor que a metade do comprimento do terceiro artículo	Lepturinae

Norte) são besouros alongados, de lados paralelos, ligeiramente achatados, em geral pretos (às vezes, com élitros acastanhados) e, na maioria, medindo de 10 mm a 20 mm de comprimento, com antenas relativamente curtas. A maior parte possui olhos profundamente emarginados (os olhos são completamente divididos em *Tetropium*) e envolvendo parcialmente as bases das antenas. As larvas destes besouros atacam principalmente pinheiros mortos e tocos de pinheiros.

Subfamília **Lamiinae**: Os membros desta subfamília podem ser reconhecidos pelo segmento apical pontiagudo dos palpos maxilares (Figura 26–38C) e pela face razoavelmente vertical. São alongados, de lados paralelos e ligeiramente cilíndricos, com pronoto pouco mais estreito que a base dos élitros (Figura 26–39). Este grupo é grande e muitas espécies têm importância econômica considerável.

Os besouros do gênero *Monochamus* (Figura 26–39) muitas vezes são chamados de "serradores". Em geral, medem 25 mm de comprimento e são pretos ou cinza manchado. O primeiro artículo possui uma área semelhante a uma cicatriz próximo da ápice. As antenas dos machos às vezes têm aproximadamente o dobro do comprimento do corpo. As larvas alimentam-se de sempre-vivas, em troncos recém-cortados, e algumas vezes podem atacar árvores vivas. Os orifícios feitos pelas larvas apresentam diâmetro quase tão grande quanto o de um lápis e os de algumas espécies medem quase 13 mm de diâmetro.

O gênero *Saperda* contém várias espécies de pragas importantes. Estes besouros medem cerca de 25 mm de comprimento e algumas vezes têm cores notáveis. *Saperda candida* Fabricius é branco, com três faixas longitudinais marrons, largas no dorso. A larva é broqueadora de maçã e outras árvores e é comumente chamada de "round-headed aplee tree borer" (broca-de-cabeça-redonda-da-macieira). Outras espécies importantes deste gênero são a "poplar borer" (broca-do-álamo), *S. calcarata* Say, e a "elm borer" (broca-do-olmo), *S. tridentada* Oliver.

As espécies do gênero *Oberea* são muito delgadas e alongadas. A "raspebrry cane borer" (broca-do-caule-da-framboesa), *O. bimaculata* (Olivier), é preta, com o pronoto amarelo e apresenta duas ou três manchas pretas. As larvas são pragas sérias em caules de framboesas e amoras.

As espécies de *Tetraopes* medem cerca de 13 mm de comprimento e são vermelhas com manchas pretas. Os olhos compostos são divididos de um modo que pareça haver dois olhos compostos em cada lado da cabeça. *T. tetraophthalmus* (Forster) é uma espécie comum que se alimenta em asclepias.

O serra-pau *Oncideres cingulata* (Say) deposita os ovos sob cascas de árvores, próximo das pontas dos ramos vivos de nogueira, olmo, macieira e outras árvores decíduas. Antes que o ovo seja depositado, o besouro define um sulco profundo ao redor do galho com as mandíbulas, circundando-o. O galho por fim morre e cai no solo, e a larva completa seu desenvolvimento nele.

O besouro chinês, *Anoplophora glabripennis* (Motschulsky), foi introduzido recentemente nos Estados Unidos em material de embalagem de madeira. Pode se transformar em uma praga importante de árvores de madeira dura, como bordo, olmo, salgueiro e álamo.

Subfamília **Lepturinae**: Os longicórnios deste grupo lembram os Cerambycinae por possuírem o segmento terminal dos palpos maxilares rombos ou truncados no ápice (Figura 26-38D). Diferem dos Cerambycinae por terem as coxas anteriores cônicas e as bases das antenas não envolvidas pelos olhos (Figura 26-38A). Muitos Lepturinae possuem élitros afilados posteriormente ou o pronoto mais estreito que a base dos élitros, dando a eles um aspecto razoavelmente alargado.

Uma espécie notável deste grupo no leste norte-americano é o longicórnio-do-sabugueiro, *Desmocerus palliatus* (Forster). Este é um besouro azul-escuro de cerca de 25 mm de comprimento, com o terço basal dos élitros laranja-amarelado e com os artículos 3 a 5 espessados nos ápices. O adulto vive nas flores e folhagens de sabugueiro e a larva perfura a medula desta planta. Várias outras espécies de *Desmocerus* vivem em sabugueiros nos estados do oeste. São semelhantes na coloração geral, com os machos apresentando élitros escarlates brilhantes e o pronoto preto. As fêmeas possuem élitros verdes muito escuros, com bordas vermelhas estreitas ao longo da margem externa.

Esta subfamília contém muitas espécies encontradas em flores. Na maioria delas, os élitros são mais largos na base e estreitados em direção ao ápice. Alguns gêneros comuns são *Stictopleptura*, *Typocerus*, *Toxotus* e *Stenocorus*. A maioria destes besouros tem cores vivas, com listras ou faixas amarelas e pretas. Em muitos casos, os élitros não cobrem o ápice do abdômen. Todos são excelentes voadores.

Subfamília **Cerambycinae**: Este grupo é grande, e seus representantes variam consideravelmente em tamanho e aspecto geral. Uma das espécies mais marcantes desta subfamília é a "locust borer" (broca-de-leguminosas) *Megacyllene robiniae* (Forster), cuja larva perfura os troncos da acácia-falsa. O adulto é preto com manchas amareladas vivas e relativamente comum em solidago no final do verão nos Estados Unidos. Outra espécie facilmente reconhecida neste grupo é *Eburia quadrigeminata* (Say), uma espécie acastanhada com 14 mm a 24 mm de comprimento, que possui dois pares de elevações de cor marfim em cada élitro. Os membros de alguns gêneros neste grupo (*Smodicum* e outros) são ligeiramente achatados e possuem antenas relativamente curtas. Outros (por exemplo, *Euderces*) são pequenos, menores que 9 mm e têm aspecto um pouco semelhante ao de formigas.

Família **Megalopodidae**: Este grupo pequeno, representado nos Estados Unidos por nove espécies de *Zeugophora*, era anteriormente considerado uma subfamília de Chrysomelidae. Os adultos medem de 3 mm a 4 mm de comprimento e vivem principalmente em álamo, nogueira e carvalho.

Família **Orsodacnidae**: Esta pequena família contém apenas quatro espécies norte-americanas em 3 gêneros. *Orsodacne atra* (Ahrens), um besouro amplamente distribuído, de cor extremamente variável e medindo de 7 mm a 8 mm de comprimento, é encontrado principalmente em uma grande variedade de flores, incluindo as de salgueiro e cornisolo.

Família **Chrysomelidae – vaquinhas:** As vaquinhas são aparentadas com os Cerambycidae e os dois grupos apresentam uma estrutura tarsal semelhante (Figura 26-10A), sendo fitófagos. As vaquinhas têm antenas mais curtas, são menores e têm uma forma mais oval que os cerambicídeos. Quase todos os crisomelídeos dos Estados Unidos medem menos de 12 mm; a maioria dos cerambicídeos é maior. Muitos crisomelídeos têm cores vivas.

As vaquinhas adultas alimentam-se principalmente de flores e folhagens. As larvas são fitófagas, mas variam um pouco em aspecto e hábitos. Algumas larvas têm alimentação livre na folhagem, algumas são minadoras de folhas, algumas se alimentam de raízes, outras

Figura 26-39 O serrador do nordeste dos Estados Unidos, *Monochamus notatus* (Drury), fêmea à esquerda, macho à direita. Aproximadamente ampliado ½X.

consomem as sementes e algumas são brocas dos caules. Muitos membros desta família constituem pragas sérias de plantas cultivadas. A maioria das espécies passa o inverno na forma adulta.

A família Chrysomelidae é grande, com cerca de 1.720 espécies norte-americanas distribuídas em 195 gêneros. É dividida em várias subfamílias e as que ocorrem na América do Norte podem ser separadas pela chave a seguir:

Subfamília **Bruchinae – besouro-das-sementes:** Os membros desta subfamília (134 espécies na América do Norte) são besouros curtos, de corpo robusto, na maioria medindo menos de 5 mm de comprimento, com os élitros encurtados e não cobrindo o ápice do abdômen. O corpo é ligeiramente estreitado anteriormente (Figura 26-40) e, em geral, é acinzentado fosco ou acastanhado. A cabeça é estendida anteriormente em um rostro curto e amplo.

As larvas da maioria dos bruquíneos alimentam-se do conteúdo das sementes e empupam nos grãos. Os adultos realizam a postura em sementes que estejam totalmente desenvolvidas ou quase, mas alguns efetuam a oviposição em frutos jovens. Algumas espécies desenvolvem-se em grãos armazenados. Alguns bruquíneos, particularmente os que atacam plantas leguminosas, constituem pragas sérias. Duas espécies comuns desta subfamília são o caruncho-do-feijão, *Acanthoscelides obtectus* (Say) (Figura 26-40), e o caruncho-da-ervilha, *Bruchus pisorum* (L.). Estes besouros depositam seus ovos nas vagens de feijões ou ervilhas e as larvas perfuram as vagens em direção às sementes. Os adultos emergem por pequenos orifícios redondos cortados na semente. O caruncho-do-feijão pode se multiplicar em ambientes fechados durante todo o ano em feijões armazenados, porém o caruncho-da-ervilha ataca as ervilhas apenas no campo e não realizam posturas em ervilhas secas. Estes insetos causam danos sérios em grãos armazenados que não estejam protegidos. As donas de casa com frequência veem os carunchos-do-feijão pela primeira vez quando os besouros tentam escapar pelas janelas e não conseguem entender de onde eles vieram, até que, mais tarde, encontram um saco de feijões secos cheios de orifícios.

Subfamília **Donaciinae – donaciíneos:** Besouros alongados e delgados que possuem antenas longas (Figura 26-41). A maioria das 56 espécies norte-americanas tem cor escura e metálica, mede de 5,5 mm a 12,0 mm de comprimento, é preta, esverdeada ou cor de cobre. São besouros ativos, de voo rápido, e neste aspecto lembram os besouros-tigres. Os donaciíneos raramente são vistos longe da água. Os adultos são

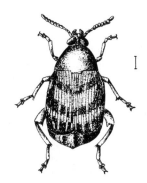

Figura 26-40 O caruncho-do-feijão, *Acanthoscelides obtectus* (Say) (Chrysomelidae, Bruchinae). A linha à direita representa o comprimento real.

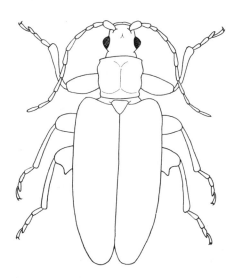

Figura 26-41 Um donaciíneo, *Donacia* sp. (Chrysomelidae, Donaciinae), ampliado 7½X.

Chave para as subfamílias de Chrysomelidae

1.	Protórax geralmente com magem lateral bem definida	2
1'.	Protórax geralmente sem margem lateral definida	7
2(1).	Cabeça opistognata, fronte ou vértice projetando-se fortemente para frente; fórmula tarsal 4-4-4	Hispinae
2'.	Cabeça usualmente prognata ou hipognata, fronte ou vértice sem projeção forte para frente; fórmula tarsal 5-5-5, pseudotetrâmero, com o penúltimo tarsômero minúsculo e em geral escondido entre os lobos do tarsômero 3	3
3(2').	Epipleura elitral fortemente angulada perto do terço basal, escavada atrás da angulação para alojar o ápice do fêmur posterior; pronoto com sulcos nas laterais do prosterno para a recepção da antena	Lamprosomatinae
3'.	Epipleura elitral não escavada abruptamente perto do terço basal (pode ser fortemente encurvada); sulcos prosternais para a recepção das antenas usualmente ausentes	4
4(3').	Abdômen com ventritos 2 a 4 muito encurtados medianamente; corpo subcilíndrico, compacto; cabeça profundamente inserida no protórax; pigídio usualmente exposto, vertical	Cryptocephalinae
4'.	Abdômen com ventritos intermediários não encurtados anormalmente; cabeça não inserida profundamente no protórax; corpo não subcilíndrico	5
5(4').	Inserções antenais estreitamente separadas, usualmente por uma distância menor que o comprimento do artículo basal	Galerucinae
5'.	Inserções antenais amplamente separadas, usualmente por uma distância muito maior que o comprimento do artículo basal	6
6(5').	Coxas anteriores transversas; lobo ventral do tarsômero 3 inteiriço ou fracamente emarginado apicalmente	Chrysomelinae
6'.	Coxas anteriores globulares; lobo ventral do tarsômero 3 profundamente bilobado	Eumolpinae (em parte)
7(1').	Olhos inteiros, não emarginados próximo das inserções antenais	8
7'.	Olhos emarginados próximo das inserções antenais	9
8(7).	Garras pré-tarsais bífidas ou apendiculadas; cabeça sem sulco mediano profundo entre as antenas	Eumolpinae (em parte)
8'.	Garras pré-tarsais simples; cabeça usualmente com sulco mediano profundo entre as antenas	Donaciinae
9(7').	Pigídio amplamente exposto; fêmur posterior muito alargado, frequentemente com grandes dentes ventrais	Bruchinae
9'.	Pigídio usualmente não exposto; fêmur posterior não muito maior que os fêmures médio e anterior	10
10(9').	Cabeça com sulco em forma de "X" entre os olhos; élitros usualmente não pubescentes; pigídio não exposto	Criocerinae
10'	Cabeça sem sulco em forma de "X" entre olhos; élitros pubescentes; pigídio exposto (mas não tão amplamente)	Eumolpinae (em parte)

encontrados em flores ou folhagens de vitórias-régias, espigas d'água, ciperáceas e outras plantas aquáticas. Os ovos de muitas espécies são depositados na superfície das folhas de vitória-régia, em massa esbranquiçada, de forma crescente, próximo de um orifício circular pequeno cortado na folha pelo adulto. As larvas se alimentam das partes submersas das plantas aquáticas e obtêm ar por intermédio de seus caules. Empupam em casulos que são fixados à vegetação abaixo da superfície da água.

Subfamília **Criocerinae**: Os membros desta subfamília possuem a cabeça estreitada atrás dos olhos formando um pescoço delgado e as pontuações dos élitros são arranjadas em fileiras. Cinco gêneros ocorrem nos Estados Unidos: *Crioceris*, *Oulema*, *Neolema*, *Lioceris* e *Lema*. Alguns destes besouros constituem pragas importantes.

O gênero *Crioceris* inclui duas espécies, ambas importadas da Europa, que atacam aspargos e causam danos sérios. As duas espécies medem cerca de 7 mm de comprimento. O "striped aspargus beetle" (besouro-listrado-do-aspargo), *C. asparagi* (L.), possui protórax vermelho e manchas amarelas claras nos élitros verde-azulados. O "spotted aspargus beetle" (besouro-manchado-do-aspargo), *C. duodecimpunctata* (L.), é laranja, com seis grandes manchas pretas em cada élitro. Os adultos e as larvas de *C. asparagi* alimentam-se de brotos novos e causam danos na planta em crescimento. As larvas de *C. duodecimpunctata* alimentam-se no interior de pequenas frutas e não prejudicam os brotos.

A "cereal leaf beetle" (vaquinha-dos-cereais), *Oulema melanopus* (L.), é preto-azulada com pronoto vermelho e mede cerca de 6 mm de comprimento (Figura 26-42A). Esta praga séria de grãos foi introduzida e atualmente está disseminada por grande parte da América do Norte. Os adultos e as larvas alimentam-se de folhas de cereais (e várias outras gramíneas).

Cerca de 15 espécies de *Lema* ocorrem no leste e no sul dos Estados Unidos. A espécie mais importante provavelmente é o "three-lined potato beetle" (besouro com três linhas da batata), *L. trilinea* Branco, que se alimenta de batatas e plantas relacionadas. Este besouro mede de 6 mm a 7 mm de comprimento, é amarelo-avermelhado com três faixas largas pretas nos élitros.

Subfamília **Lamprosomatinae**: Esta é uma das menores subfamílias de crisomelídeos. Apenas uma espécie, *Oomorphus floridanus* (Horn), ocorre nos Estados Unidos, no sul da Flórida e nas Flórida Keys.

Subfamília **Cryptocephalinae (incluindo Clytrinae e Chlamisinae) – criptocefalíneos**: Os membros desta grande subfamília (mais de 325 espécies nos Estados Unidos) são besouros pequenos, robustos, ligeiramente cilíndricos, que têm a cabeça inserida no protórax quase até os olhos. Quando perturbados, recolhem as pernas, caem no solo e permanecem imóveis. Muitos destes besouros têm cor escura, com manchas avermelhadas ou amareladas. As larvas são pequenos corós carnudos que rastejam arrastando um pequeno envoltório protetor, feito com seu próprio excremento. Estes envoltórios são mais curtos que o corpo e a porção posterior da larva é encurvada para baixo e para frente no envoltório. As larvas da maioria dos criptocefalíneos alimentam-se de folhas ou de folhiço. As larvas de algumas espécies vivem em formigueiros, onde se alimentam de restos vegetais. As pupas destes besouros ocorrem no interior do envoltório.

Subfamília **Eumolpinae (incluindo Synetinae e Megascelidinae)**: Esta é uma das maiores famílias de crisomelídios, com cerca de 145 espécies em 25 gêneros na América do Norte. Estes besouros são oblongos e convexos, marrons a pretos. Alguns têm cor metálica ou são amarelados e manchados. O "dogbane beetle" (besouro-das-apocináceas), *Chrysochus auratus* (Fabricius), que vive em apócino e asclépias, é uma das vaquinhas de cores mais brilhantes. É azul-verde iridescente com um tom acobreado e mede de 8 mm a 11 mm de comprimento. Uma espécie intimamente relacionada, *C. cobaltinus* LeConte, ocorre no oeste da América do Norte. É mais escura e mais azul que *C. auratus* e mede de 9 mm a 10 mm de comprimento.

O "western grape rootworm" (broca da raiz da videira do ocidente), *Bromius obscurus* (L.), causa danos sérios em vinhedos, principalmente na Califórnia, e também ocorre na Europa e Sibéria. Na área de sua distribuição

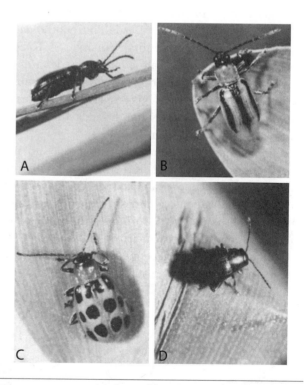

Figura 26-42 Vaquinhas. A, a "cereal leaf beetle" (vaquinha-dos-cereais), *Oulema melanopus* (L.) (Criocerinae); B, a "striped cucumber beetle" (vaquinha-listrada-das-curcubitáceas), *Acalymma vittatum* (Fabricius) (Galerucinae); C, a "spotted cucumber beetle" (vaquinha-manchada-das-curcubitáceas), *Diabrotica undecimpunctata howardi* Barber (Galerucinae); D, um alticíneo (Galerucinae).

nos Estados Unidos, do Alasca até o Novo México, seu hospedeiro usual é o epilóbio vermelho. Espécies semelhantes encontradas em videiras no leste pertencem ao gênero *Fidia* e são pequenas, ovais, pilosas e marrons escuras a pretas.

Syneta albida LeConte, que danifica os brotos de muitos tipos de árvores frutíferas ao longo da costa do Pacífico Norte, é um membro da tribo Synetini.

Subfamília **Chrysomelinae**: A maioria dos membros desta grande subfamília (135 espécies na América do Norte) é oval, convexa, de colorido vivo, medindo de 3,5 mm a 12,0 mm de comprimento e com cabeça inserida no protórax quase até os olhos. O "Colorado potato beetle" (besouro-da-batata-do-Colorado), *Leptinotarsa decemlineata* (Say), é a espécie mais conhecida e mais importante deste grupo. Este é um grande besouro amarelo com faixas pretas e constitui uma praga muito séria em plantações de batatas na maior parte dos Estados Unidos. Aparentemente, o nome comum deste inseto é inadequado, porque tanto o besouro quanto suas plantas hospedeiras nativas, várias espécies de erva-moura (*Solanum*), são originárias do México. O besouro se adaptou à batata cultivada e espalhou-se rapidamente para o leste, mas a partir de Nebraska, e não do Colorado. Desde a introdução da batata, este besouro se disseminou por todo os Estados Unidos e foi transportado até a Europa, onde também constitui uma praga importante. Este grupo também inclui o gênero *Chrysolina*, cujas espécies provindas da Europa foram introduzidas nos Estados Unidos para controlar a erva de Klamath.

A maior parte das outras espécies nesta subfamília alimenta-se de várias plantas selvagens e tem pouca importância econômica. Espécies de *Labidomera* (besouros relativamente grandes, vermelhos e pretos) alimentam-se de asclépias, *Phratora* (azul-metálico ou púrpura) alimenta-se de salgueiro e álamo e *Calligrapha* (esbranquiçado, com estrias e manchas escuras) alimenta-se de salgueiro, amieiro e outras plantas.

Subfamília **Galerucinae (incluindo Alticinae)**: Besouros pequenos, de corpo mole, na maioria com 2,5 mm a 11 mm de comprimento e muitos deles amarelados com manchas ou faixas escuras. A "spotted cucumber beetle" (vaquinha-manchada-das-cucurbitáceas), *Diabrotica undecimpunctata howardi* Barber (Figura 26-42C), e a "striped cucumber beetle" (vaquinha-listrada-das-cucurbitáceas), *Acalymma vittatum* (Fabricius) (Figura 26-42B), alimentam-se de pepinos e plantas relacionadas. Estes besouros causam danos sérios em cucurbitáceas devido a sua alimentação, e atuam como vetores do murchamento das curcubitáceas. Os bacilos do murchamento passam o inverno no trato alimentar dos besouros e novas plantas são inoculadas quando os besouros começam a alimentar-se delas na primavera. As larvas destas duas espécies são pequenas, brancas, têm corpo mole e alimentam-se das raízes e caules subterrâneos das cucurbitáceas. A larva da vaquinha-manchada-das-cucurbitáceas também se alimenta das raízes de milho e outras plantas e, às vezes, é chamada de "southern corn rootworm" (lagarta-da-raiz-do-milho do sul) na América do Norte.

Duas outras lagartas-da-raiz-do-milho – a lagarta-da-raiz-do-milho do norte, *Diabrotica barberi* Smith e Lawrence, e a lagarta-da-raiz-do-milho do oeste, *D. virgifera* LeConte – são pragas sérias do milho no meio-oeste. Tanto adultos quanto larvas causam danos, as larvas pela alimentação nas raízes e os adultos pela alimentação na paina. A última atividade impede a polinização e o consequente desenvolvimento do grão.

O "elm leaf beetle" (besouro-do-olmo), *Xanthogaleruca luteola* (Müller), é outra praga importante deste grupo. É um besouro amarelo esverdeado com algumas manchas pretas na cabeça e no pronoto e uma faixa preta descendo pela margem externa de cada élitro.

Os alticíneos (Tribo Alticini) são besouros pequenos, saltadores, que possuem os fêmures posteriores muito aumentados. Muitos são azul-metálicos ou esverdeados, mas outros são marrons, pretos ou pretos com manchas

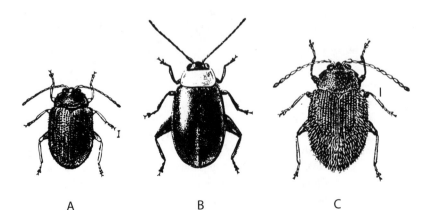

Figura 26-43 Alticíneos (Galerucinae, Alticini). A, o "potato flea beetle" (alticíneo da batata), *Epitrix cucumeris* (Harris); B, o "spinach flea betle" (alticíneo-do-espinafre), *Disonychia xanthomelas* (Dalman); C, o "egg-plant flea beetle" (alticíneo-da-berinjela), *Epitrix fuscula* Crotch.

claras (Figura 26-81). Vários alticíneos constituem pragas muito importantes de hortas e lavouras. O *Epitrix hirtipennis* (Melsheimer) ataca tabaco, o *E. cucumeris* (Harris) alimenta-se de batatas e pepinos e o *E. fuscula* Crotch alimenta-se de berinjelas e tomates. Estes são pequenos besouros acastanhados ou escuros, medindo cerca 2 mm de comprimento. *Altica chalybea* Illiger, um besouro preto-azulado de 4 mm a 5 mm de comprimento, alimenta-se de brotos e folhas de videira. Os alticíneos adultos alimentam-se das folhas do vegetal, deixando pequenos orifícios. As folhas de uma planta com infestação intensa parecem ter recebido um tiro de chumbinho fino. As larvas alimentam-se das raízes da mesma planta.

O alticíneo do milho, *Chaetocnema pulicaria* Melsheimer, é um vetor da doença de Stewart do milho. O organismo causador, uma bactéria, passa o inverno no trato alimentar do besouro adulto e é transmitido para as mudas de milho quando o besouro se alimenta. Esta doença é especialmente importante no milho verde recém-plantado. Em alguns casos, campos inteiros foram destruídos pela doença.

Subfamília **Hispinae – vaquinhas minadoras e besouros-tartarugas**: Os membros minadores de folhas desta subfamília (mais de 100 espécies nos Estados Unidos) têm de 4 mm a 7 mm de comprimento, são alongados e apresentam carenas peculiares. A maioria é minadora de folhas no estágio larval e alguns constituem pragas muito sérias. O "locust leaf miner" (gafanhoto-minador), *Odontota dorsalis* (Thunberg), um besouro laranja-amarelado com uma faixa preta larga ao longo da metade do dorso, é uma praga séria da falsa-acácia. Suas minas constituem manchas irregulares na metade apical dos folíolos e, quando numerosas, podem causar desfolhamento considerável.

Os besouros-tartarugas são claramente ovais ou circulares, com élitros amplos e a cabeça em grande parte ou totalmente recoberta pelo pronoto. Alguns têm uma forma muito semelhante à das joaninhas. Muitos besouros-tartarugas menores (5 mm a 6 mm de comprimento) têm um colorido muito brilhante, com cores ou manchas douradas; o besouro-tartaruga manchado, *Deloyala guttata* (Olivier), tem manchas pretas em um fundo dourado avermelhado e o besouro-tartaruga dourado, *Charidotella sexpunctata* bicolor (Fabricius), é dourado brilhante ou cor de bronze, com pequenas manchas pretas, mas sem um padrão manchado forte. Um dos maiores membros desta subfamília é o besouro-tartaruga Argos, *Chelymorpha cassidea* (Fabricius), que mede de 9,5 mm a 11,5 mm de comprimento e tem uma forma muito semelhante à de uma tartaruga-caixa. É vermelho, com seis manchas pretas em cada élitro e uma mancha preta ao longo da sutura sobrepondo ambos os élitros (Figura 26-44B).

As larvas de besouros-tartarugas são alongado-ovais e ligeiramente achatadas. Na extremidade posterior do corpo está um processo bifurcado que, em geral, é dobrado para cima e para a frente sobre o corpo. As exúvias desprendidas e os excrementos são fixados a este processo, formando um escudo semelhante a uma sombrinha sobre o corpo (Figura 26-44A). As larvas e os adultos de besouros-tartarugas alimentam-se principalmente de ipomeias e plantas relacionadas.

SUPERFAMÍLIA **Curculionoidea**: Os membros deste grupo às vezes são chamados de "besouros-bicudos" porque a maioria possui a cabeça mais ou menos prolongada anteriormente em um rostro. Este termo é menos apropriado (e raramente é usado) para Platypodinae e Scolytinae, porque esta estrutura é pouco desenvolvida nestas duas subfamílias de Curculionoidea. Os Curculionoidea anteriormente eram tratados como uma subdivisão de Coleoptera chamada de Rhynchophora.

Algumas outras características além do desenvolvimento de um rostro distinguem os Curculionoidea dos besouros já descritos. As suturas gulares são quase sempre confluentes ou ausentes, sem uma gula desenvolvida (Figura 26-3C) (são curtas, mas amplamente separadas nos Nemonychidae). As suturas prosternais estão ausentes (com exceção dos Anthribidae) e, na maioria das espécies, os palpos são rígidos ou invisíveis e o labro está ausente (Figura 26-3A,B). As peças bucais são pequenas e ligeiramente escondidas na maioria

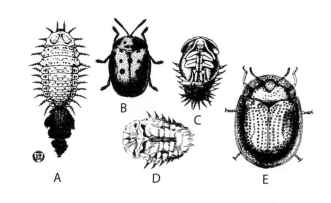

Figura 26-44 Besouros-tartaruga (Hispinae). A-D, o besouro-tartaruga Argos, *Chelymorpha cassidea* (Fabricius), ampliado 1½X; E, o besouro-tartaruga-da-berinjela, *Cassida pallidula* Boheman, ampliado 5X. A, larva, com a bifurcação anal estendida e recoberta por material fecal; B, adulto; C, pupa, vista ventral; D, pupa, vista dorsal.

destes besouros. As mandíbulas, localizadas no ápice do rostro, são as únicas estruturas das peças bucais facilmente visíveis sem dissecção. Os tarsos são pentâmeros, mas parecem tetrâmeros (o quarto tarsômero é muito pequeno e fica escondido entre os lobos do terceiro). Os gorgulhos cegos da subfamília Raymondionyminae de Curculionidae possuem tarsos realmente tetrâmeros.

Este é um grupo grande e importante de besouros, com mais de 3.500 espécies ocorrendo na América do Norte. Praticamente todos se alimentam de materiais vegetais e a maioria das larvas tem hábitos escavadores, infestando nozes, ramos etc. As larvas são esbranquiçadas, em forma de "C", ligeiramente cilíndricas e ápodas. Muitas delas têm importância econômica considerável como pragas de lavouras ou hortas, árvores de importância florestal, de árvores de sombra e frutíferas ou produtos armazenados. Recentemente, muitas espécies foram introduzidas na América do Norte para o controle biológico de uma variedade de ervas daninhas ou nocivas.

Os entomólogos têm diferentes opiniões quanto à classificação dos besouros desta superfamília. Lawrence e Newton (1995) agrupam as espécies norte-americanas em 7 famílias, porém Alonso-Zarazaga e Lyal (1999) subdividem este grupo em 13 famílias separadas. A classificação mais conservadora, que reconhece apenas 7 famílias, é seguida aqui.

Família **Nemonychidae – nemoniquídeos**: Este é um grupo pequeno, com apenas cinco gêneros e 15 espécies na América do Norte. Estes besouros medem de 3,0 mm a 4,5 mm de comprimento, e apresentam o rostro com aproximadamente o mesmo comprimento do protórax, ligeiramente achatado e estreitado na base. Diferem das outras famílias de Curculionoidea (exceto Anthribidae) por possuírem o labro distinto e os palpos flexíveis. As larvas destes besouros se desenvolvem em flores com estames de várias coníferas. Os adultos são encontrados em coníferas, mas ocasionalmente podem ser encontrados em ameixeiras ou pessegueiros. Kuschel (1989) fornece uma chave para os gêneros e espécies.

Família **Anthribidae – antribídeos**: Os antribídeos são alongado-ovais, medindo de 0,5 mm a 30 mm de comprimento (em geral, menos de 10 mm), com o rostro curto e amplo, e as antenas não geniculadas. Algumas espécies possuem antenas delgadas que podem ser mais longas que o corpo (por isso se parecem um pouco com alguns Cerambycidae) e outras têm antenas curtas com uma clava de 3 artículos. Os élitros sempre cobrem a base do pigídio, que fica parcialmente exposto em vista lateral, mas, em geral, não é visível de cima. Os adultos deste grupo são encontrados em ramos mortos ou debaixo das cascas de árvores soltas. Os hábitos das larvas variam, algumas se alimentam de fungos na madeira, outras se alimentam de fungos de algumas culturas (por exemplo, a ferrugem do milho), algumas se alimentam de sementes e algumas poucas são brocas de madeira morta. O caruncho-do-café, introduzido, *Araecerus fasciculatus* (DeGeer), é uma praga importante de sementes, pequenas frutas e frutas secas. Existem cerca de 90 espécies descritas de Anthribidae nos Estados Unidos e Canadá, além de mais de 30 que ainda não foram descritas.

Família **Belidae – belídeos**: Apenas duas espécies desta família ocorrem nos Estados Unidos, *Rhopalotria slossoni* (Schaeffer) e *R. mollis* (Sharp), ambas do sul da Flórida. Os adultos e as larvas alimentam-se em pinhas masculinas de araruta (*Zamia*). Os adultos possuem antenas não geniculadas (retas), os élitros são truncados (expondo o último ou os dois últimos tergitos) e as pernas anteriores são muito robustas nos machos. O papel destes besouros na polinização de cicadáceas foi estudado por Norstog e Fawcett (1989).

Família **Attelabidae – enroladores-de-folhas, rinquitíneos**: Esta família reúne os tradicionais Attelabinae e Rhynchitinae, apesar de suas diferentes estruturas e biologia.

Os Attelabinae, ou enroladores-de-folhas, são pequenos e robustos, medem de 3 mm a 6 mm de comprimento. A maioria é preta, avermelhada ou preta com manchas vermelhas. A característica mais interessante deste grupo é seu modo de realizar a postura, de onde seu nome comum é derivado. Quando a fêmea está pronta para ovipositar, faz dois cortes próximo da base da folha, em cada margem até a nervura central, e enrola a parte da folha além destes cortes em uma bola compacta. Um único ovo é depositado próximo do ápice da folha, na face ventral, antes que a folha seja enrolada. Em seguida, mastiga a nervura central da folha (no final dos cortes basais), separando-a parcialmente em duas, e por fim a folha enrolada cai no solo. A larva alimenta-se da porção interna desta folha enrolada e empupa dentro dela ou no solo. Existem cinco gêneros e 7 espécies de Attelabinae na América do Norte. A maioria das espécies vive em carvalhos ou nogueiras, mas uma espécie – *Attelabus nigripes* LeConte, de cor vermelha e medindo de 3,5 mm a 4,5 mm de comprimento – alimenta-se de sumagre e outra – *Himatolabus pubescens* (Say), de 4,5 mm a 5,5 mm de comprimento e de cor vermelho-escura a preta – se alimenta de amieiro e aveleira.

O "thief weevil" (gorgulho-ladrão), *Pterocolus ovatus* (Fabricius), é um parasita das ninhadas de seus parentes, os Attelabinae. Adultos deste pequeno gorgulho azul metálico entram nas folhas enroladas de vários atelabíneos, destroem o ovo e depositam seu próprio ovo. Então, as larvas comem o rolo de folha preparada pelo hospedeiro atelabíneo.

Os Rhynchitinae são chamados de "tooth-nosed weevil" em inglês porque possuem dentes nas bordas das mandíbulas (Figura 26-45I). Medem de 1,5 mm a 6,5 mm de comprimento e vivem em vegetação baixa. Existem cerca de 45 espécies norte-americanas destes gorgulhos em oito gêneros. Uma espécie comum deste grupo é o "rose curculio" (curculionídeo-da-roseira), *Merhynchites bicolor* (Fabricius), que vive nas rosas. O adulto mede cerca de 6 mm de comprimento, é vermelho com o rostro e a região ventral do corpo pretos; parece ter um tórax amplo. As larvas se alimentam dos frutos das roseiras. Outras espécies deste grupo proliferam em brotos, frutas e nozes. As larvas das espécies de *Eugnamptus* são minadoras de folhas mortas.

Família **Brentidae – brentíneos e apioníneos**: Apesar de seus tamanhos e aspectos notavelmente diferentes, esta família reúne os tradicionais Brentinae, Apioninae (incluindo Nanophyinae) e Cyladinae.

Os Brentinae são besouros estreitos, alongados e cilíndricos, medindo de 5,2 mm a 42,0 mm de comprimento, avermelhados ou acastanhados e brilhantes, com o rostro projetando-se reto para frente. O rostro é mais longo e mais delgado na fêmea que no macho (Figura 26-45G,H). Este grupo é principalmente tropical e apenas seis espécies em 6 gêneros ocorrem na América do Norte. A única espécie comum no leste é *Arrhenodes minutus* (Drury), que vive sob as cascas soltas de carvalhos, álamos e faias mortos. As larvas são brocas de madeira e algumas vezes atacam árvores vivas.

Os membros dos Apioninae são pequenos (4,5 mm de comprimento ou menos), ligeiramente piriformes,

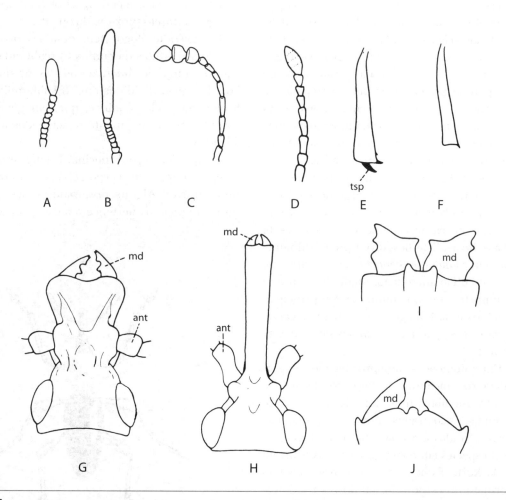

Figura 26-45 Características dos besouros-bicudos. A-D, antenas; E-F, tíbias; G-H, cabeças; I-J, ápice do rostro. A, *Cylas*, fêmea (Brentidae, Cyladinae); B, mesma espécie, macho; C, *Rhynchites* (Attelabidae, Rhynchitinae); D, *Ithycerus* (Ithyceridae); E, *Attelabus* (Attelabidae, Attelabinae); F, *Rhynchites* (Attelabidae, Rhynchitinae); G, *Arrhenodes*, macho (Brentidae, Brentinae); H, mesma espécie, fêmea; I, *Rhynchites* (Attelabidae, Rhynchitinae); J, *Attelabus* (Attelabidae, Attelabinae). *ant*, antena; *e*, olho composto; *md*, mandíbula; *tsp*, esporão tibial.

escuros, e as antenas não são geniculadas (exceto nos Nanophyinae, nos quais as antenas são geniculadas). A maior parte das mais de 150 espécies norte-americanas pertence ao gênero tradicional *Apion*, muitas das quais vivem em legumes e compostas. As larvas perfuram as sementes, caules e outras partes da planta. Os adultos da espécie introduzida "hollyhock weevil" (gorgulho-da-malva-rosa), *A. longirostre* Olivier, alimentam-se de folhas e brotos de malva-rosa, enquanto as larvas alimentam-se das sementes desta planta. O "pine gall weevil" (gorgulho-galhador-do-pinheiro), *Podapion gallicola* Riley, forma galhas nos ramos dos pinheiros. Nos últimos anos, alguns autores subdividiram o grande gênero tradicional *Apion* em numerosos gêneros menores.

O gorgulho-da-batata-doce, *Cylas formicarius elegantulus* (Summers), é uma espécie introduzida que vive principalmente nos estados do sul dos Estados Unidos. Este besouro é delgado, alongado, semelhante a uma formiga e mede de 5 mm a 6 mm de comprimento. O pronoto é marrom-avermelhado e os élitros são preto-azulados (Figura 26-46). As larvas são chamadas de "sweet potato root borers" (brocas-da-raiz-da-batata-doce). Este inseto é uma praga séria de batatas-doces porque as larvas perfuram as trepadeiras e as raízes e, com frequência, as plantas morrem. As larvas podem continuar a cavar pelos tubérculos após a colheita e os adultos podem emergir após as batatas-doces serem armazenadas ou comercializadas.

Família **Ithyceridae**: Esta família inclui uma única espécie, o "New York weevil" (gorgulho de Nova York), *Ithycerus noveboracensis* (Forster), que vive no leste da América do Norte estendendo-se para oeste até Nebraska e Texas. Este besouro é preto-brilhante, revestido com áreas de pubescência cinza e marrom e apresenta um escutelo amarelado. Mede de 12 mm a 18 mm de comprimento. Os adultos vivem principalmente nos galhos e na folhagem de nogueiras, carvalhos e faias. As larvas se desenvolvem nas raízes destas mesmas árvores.

Família **Curculionidae – besouros-bicudos e gorgulhos verdadeiros, incluindo os besouros-da-casca e da-ambrósia:** Os membros desta família são de longe os Curculionoidea encontrados com mais frequência. Podem ser encontrados em quase todos os lugares e mais de 3 mil espécies em quase 500 gêneros ocorrem na América do Norte. Exibem variação considerável no tamanho, formato do corpo e forma do rostro. O rostro é razoavelmente bem desenvolvido na maioria das espécies, com as antenas situadas na metade do rostro (Figura 26-3B). Em alguns "nut weevils" (gorgulhos-das-nozes) (Figura 26-47C), o rostro é longo e delgado, do mesmo comprimento ou maior que o corpo. Scolytinae, Platypodinae e alguns Cossoninae não possuem rostro.

Todos os membros desta família (exceto alguns que ocorrem em formigueiros) são fitófagos, ingerindo plantas vivas e mortas, e muitos representam pragas sérias. Quase todas as partes de uma planta podem ser atacadas, das raízes para cima. As larvas alimentam-se no interior dos tecidos vegetais e os adultos fazem orifícios nas frutas, nozes e outras partes da planta.

A maioria dos besouros-bicudos, quando perturbados, recolhe as pernas e antenas, caem no solo e permanecem imóveis. Muitos têm cor similar a pedaços de casca de árvore ou terra e, quando permanecem imóveis, é muito difícil visualizá-los. Alguns besouros-bicudos (por exemplo, *Conotrachelus*, subfamília Molytinae) podem estridular, esfregando tubérculos rígidos no dorso do abdômen contra carenas semelhantes a uma lima na região ventral dos élitros. Estes sons de *Conotrachelus* (Figura 26-2) são extremamente fracos e podem ser ouvidos apenas quando se segura o inseto próximo do ouvido.

Os coleopterólogos têm opiniões divergentes em relação aos limites da família Curculionidae. Seguimos aqui o arranjo do *American Beetles*, no qual os Curculionidae estão divididos em 18 subfamílias, incluindo Scolytinae e Platypodinae, que, em geral, são agora considerados intimamente relacionados aos besouros-bicudos.

Subfamília **Dryophthorinae – gorgulhos-dos-grãos:** Estes besouros têm corpo robusto, cilíndrico e tamanho variável. Alguns dos maiores besouros-bicudos norte-americanos pertencem a este grupo. As antenas

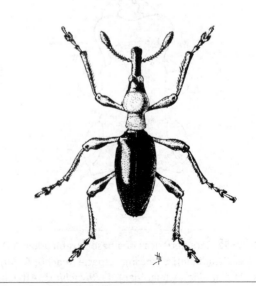

Figura 26-46 O gorgulho-da-batata-doce, *Cylas formicarius elegantulus* (Summers), fêmea.

Chave para as subfamílias de Curculionidae

Esta chave deve servir para identificar a maior parte dos espécimes que o colecionador menos experiente provavelmente encontrará. Sua utilização é difícil em algumas passagens que necessitam de alta ampliação e, às vezes, dissecções. Houve mudanças significativas na classificação dos Curculionidae desde a última edição deste livro. A chave e a classificação utilizadas aqui seguem o tratamento recente da família no livro *American Beetles* (Arnett et al. 2001, 2002), volume 2. O detalhe mais importante é o menor número de subfamílias. Isto se deve, em grande parte, ao agrupamento de subfamílias tradicionalmente reconhecidas em Curculioninae e Molytinae.

1.	Suturas pré-gulares presentes; esclerito pré-gular distinto, localizado entre a sutura gular mediana e a articulação labial; cabeça com rostro praticamente ausente; pelo menos 1 par de tíbias com dentículos ou setas robustas com soquetes ao longo da margem dorsal (externa)	2
1'.	Suturas pré-gulares ausentes; esclerito pré-gular não evidente; cabeça com rostro variável de muito longo e cilíndrico até curto e largo ou (raramente) quase ausente; tíbia sem dentículos ou setas robustas com soquetes ao longo da margem dorsal (externa)	3
2(1).	Tarso com tarsômero 1 do mesmo comprimento dos tarsômeros 2 a 5 juntos; cabeça tão larga quanto o pronoto; pronoto usualmente com constrição lateral próximo do meio; clava antenal sem suturas; dentículos laterais nas tíbias anteriores sem soquetes	Platypodinae
2'.	Tarso com tarsômero 1 não mais longo que o tarsômero 2 ou 3; cabeça mais estreita que o pronoto, escondida pelo pronoto quando vista dorsalmente; pronoto não constrito lateralmente; clava antenal com suturas; dentículos laterais nas tíbias anteriores com soquetes (raramente ausentes)	Scolytinae
3(1').	Tarso com 4 tarsômeros subiguais; olhos ausentes; tamanho do corpo pequeno (< 5 mm); corpo vermelho-alaranjado-pálido ou marrom-pálido; tíbia no ângulo apical interno com dente pequeno muito mais curto que a garra pré-tarsal	Raymondionyminae
3'.	Tarso com 5 tarsômeros, porém com o 4 muito pequeno e difícil de se visualizar entre os lobos do tarsômero 3; olhos ausentes ou presentes, bem desenvolvidos ou de tamanho reduzido e representados apenas por 1 ou poucas facetas; tamanho do corpo variável; cor do corpo variável; tíbia no ápice variável, porém se os olhos forem ausentes ou quase, então tíbia com grande dente situado no ângulo apical externo	4
4(3').	Tarso com garras amplamente separadas por lobos dermais que se estendem entre eles a partir das superfícies dorsal e ventral do ápice do tarsômero 5; peças bucais com pré-mento retraído para a cavidade oral, palpos na sua maior parte ou totalmente escondidos; antena inserida próximo da base do rostro, com escapo longo, projetado a uma distância além da margem posterior do olho e não se encaixando no escrobo antenal (exceções: *Dryophthorus*, *Orthognathus* e *Yuccaborus*, que apresentam uma inserção das antenas mais distal, possuem um escrobo e o escapo não ultrapassa ou ultrapassa apenas discretamente a margem posterior do olho); antena com clava de 2 partes básicas, com a porção basal glabra e brilhante e a porção apical uniformemente pilosa; funículo com 4, 5 ou 6 artículos; superfície corporal sem escamas largas e planas; pigídio formado pelo tergito 7 nos machos	Dryophthorinae[2]

[2] Em espécimes pequenos, pode ser difícil visualizar o estado das garras pré-tarsais e das peças bucais. Apenas dois gêneros de tamanho pequeno de Dryophthorinae estão incluídos aqui. *Dryophthorus* pode ser reconhecido pelo funículo antenal de quatro artículos em conjunto com a característica da clava antenal, enquanto *Sitophilus* pode ser reconhecido pela forma do ápice das tíbias posteriores, que apresenta um pequeno dente pré-apical na margem interna além de um dente maior, em forma de gancho, no ângulo apical interno (com as tíbias parecendo pinças), em conjunto com a característica da clava antenal.

estão situadas próximas dos olhos e o escapo estende-se posteriormente ao olho (Figura 26-48E). Os dois terços basais ou mais da clava antenal são lisos e brilhantes. Um dos maiores "billbugs", como são chamados em inglês, é o *Rhynchophorus cruentatus* (Fabricius), que mede de 20 mm a 30 mm de comprimento e vive em palmeiras. O "clocklebur" (gorgulho-do-cardo), *Rhodobaenus tredecimpunctatus* (Illiger), um bicudo comum do leste norte-americano, mede de 7 mm a 11 mm de comprimento, é avermelhado com pequenas manchas pretas nos élitros. O gênero *Sphenophorus* (Figura 26-49) inclui os "corn billbugs", que vivem em várias gramíneas, incluindo capim-rabo-de-rato e milho. Os adultos alimentam-se de folhagem e as larvas são brocas dos caules. Entre as pragas mais importantes deste grupo estão o caruncho-dos-grãos-armazenados, *Sitophilus granarius* (L.) e o caruncho-do-arroz, *S. oryzae* (L.). Estes besouros são pequenos e acastanhados, com 3 mm a 4 mm de comprimento, que atacam grãos armazenados (trigo, milho, arroz e assim por diante). Tanto adultos quanto larvas alimentam-se dos grãos e as larvas se desenvolvem no seu interior.

Subfamília **Erirrhininae**: Este é um grupo pequeno, mas amplamente distribuído. Os adultos são encontrados próximos da água, uma vez que as larvas de muitas espécies se desenvolvem em diversas plantas aquáticas. Muitas espécies são boas nadadoras.

Subfamília **Raymondionyminae**: Este é um grupo pequeno com apenas três gêneros de gorgulhos pálidos e sem olhos, encontrados na Califórnia e Óregon. Os tarsos destes pequenos gorgulhos possuem apenas 4 tarsômeros. Os adultos são capturados em montes de folhas.

Subfamília **Curculioninae**: Esta subfamília constitui um grande conjunto de táxons de relações questionáveis. Inclui as tribos Curculionini, Anthonomini, Gymnetrini, Otidocephalini, Rhamphini e Tychiini.

Os "acorn weevil" (gorgulho-da-noz-de-carvalho) e "nut weevil" (gorgulhos-das-nozes) do gênero *Curculio* são marrons claros e apresentam um rostro muito longo e delgado, que pode ser tão longo ou maior que o comprimento dos seus corpos (Figura 26-47C). Com seus rostros longos, os adultos perfuram a noz de carvalho e outras nozes e depositam seus ovos em alguns dos orifícios feitos para sua alimentação. As larvas se desenvolvem no interior da noz. Existem 27 espécies na América do Norte; *C. nasicus* Say e *C. occidentis* (Casey) atacam avelãs e *C. caryae* (Horn) é uma praga importante de noz-pecã.

Cerca de 200 espécies de Anthonomini vivem na América do Norte (mais de 100 no gênero *Anthonomus*) e várias constituem pragas importantes de plantas cultivadas. Os adultos alimentam-se de frutas e depositam os ovos em algumas depressões produzidas pela alimentação e as larvas desenvolvem-se no interior das frutas. O bicudo-do-algodoeiro, *A. grandis* Boheman, conhecido como "boll weevil" na América do Norte, é uma praga séria e bem conhecida de algodoeiro nos estados do sul. Entrou nos Estados Unidos vindo do México no fim do século XIX e, desde então, se espalhou pela maior parte das áreas de cultivo de algodão do país. Os adultos medem cerca de 6 mm de comprimento, são avermelhados a castanhos, com um rostro delgado de aproximadamente metade do comprimento do corpo. Alimentam-se de frutas ou das cápsulas e brotos de flores e depositam seus ovos nos orifícios feitos durante a alimentação. As larvas alimentam-se no interior dos brotos e das cápsulas e, eventualmente, os destroem. Outras espécies de importância econômica deste grupo são o gorgulho-do-broto-do-morango, *A. signatus* Say; o "cranberry weevil" (gorgulho-do-oxicoco), *A. musculus* Say; e o "apple curculio" (curculio-da-maçã), *A. quadrigibbus* Say. Algumas espécies estão associadas aos viscos. Burke (1976) publicou uma análise da biologia dos Anthonomini.

Os "flea weevils" (gorgulhos-pulga) são chamados assim devido a seus hábitos saltadores. Os fêmures posteriores são relativamente robustos. As larvas são minadoras em folhas de salgueiro, olmo, amieiro, cerejeira e macieira. O grupo é amplamente distribuído e é representado na América do Norte por 13 espécies em três gêneros: *Orchestes*, *Isochnus* e *Tachyerges*.

As larvas da maioria dos Tychiini alimentam-se de sementes de várias leguminosas e os adultos vivem nas flores. Quatro espécies de *Tychius*, incluindo o "clover seed weevil" (gorgulho-das-sementes-de-*Trifolium*), *Tychius picirostris* (Fabricius), uma praga importante de *Trifolium* sp. no noroeste, foram introduzidas na América do Norte.

Os gorgulhos mirmecoides são pequenos e brilhantes, com protórax oval e estreitado na base, consequentemente lembrando formigas. Algumas espécies se desenvolvem em galhas de cinipídeos em carvalhos, enquanto outras se desenvolvem em ramos e caules. Este grupo é pequeno (na América do Norte) e seus membros, cuja maioria pertence ao gênero *Myrmex*, não são muito comuns.

Apenas sete espécies de Mecinini ocorrem na América do Norte, porém algumas delas são razoavelmente comuns. Algumas espécies se desenvolvem em vagens de sementes de verbasco (*Verbascum*), algumas em vagens de sementes de *Lobelia* e outras se desenvolvem em galhas na base do plantago (*Plantago*). As seis espécies dos gêneros *Gymnetron* e *Mecinus* foram introduzidas na América do Norte.

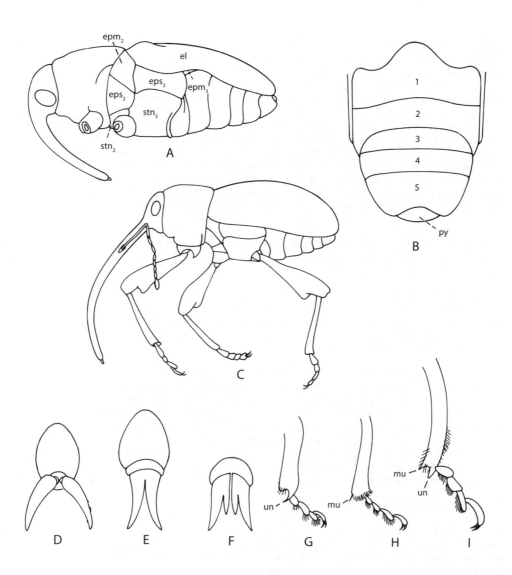

Figura 26-47 Características dos besouros-bicudos. A, vista lateral do corpo de *Odontocorynus* (Baridinae); B, vista ventral do abdômen de *Tychius* (Curculioninae, Tychiini); C, um "nut weevil" (gorgulho-das--nozes), *Curculio* sp., vista lateral (Curculioninae); D-F, garras tarsais; D, garras livres e simples (*Ophriastes*, Entiminae); E, garras conatas (*Cleonus*, Lixinae); F, garras denteadas (*Rhyssematus*, Molytinae); G-I, tíbia e tarso; G, tíbia uncinada (*Laemosaccus*, Mesoptiliinae); H, tíbia mucronada (*Tychius*, Curculioninae, Tychiini); I, tíbia mucronada e uncinada (*Erethistes*, Molytinae). *el*, élitro; *epm₂*, mesepímero; *eps₂*, mesepisterno; *eps₃*, metepisterno; *mu*, mucro; *py*, pigídio; *stn₂*, mesosterno; *stn₃*, metasterno; *un*, unco; *1-5*, ventritos 1-5.

Subfamília **Bagoinae**: Dois gêneros constituem esta subfamília na América do Norte, todo, com exceção de uma espécie, do gênero *Bagous*. Os adultos são encontrados em ambientes aquáticos e semiaquáticos. Apresentam um revestimento semelhante a verniz no corpo e têm aspecto muito similar ao dos Erirhininae aquáticos.

Subfamília **Baridinae**: Esta é a maior subfamília de Curculionidae, com cerca de 500 espécies norte-americanas. São besouros pequenos, que têm o corpo robusto e podem ser reconhecidos pelos mesepímeros que se estendem para cima, algumas vezes não visíveis dorsalmente (Figura 26-47A). A maioria das espécies alimenta-se de várias plantas herbáceas; algumas atacam plantas cultivadas. O "potato stalk borer" (broca-do-caule-da-batata), *Trichobaris trinotata* (Say), ataca batatas, berinjelas e plantas relacionadas. As larvas perfuram os caules e os adultos alimentam-se de folhas. *Trichobaris mucorea* (LeConte) danifica o tabaco do mesmo modo. O "grape cane gallmaker" (galhador-da-videira), *Ampeloglypter sesostris* (LeConte), um besouro de corpo robusto marrom-avermelhado, medindo de 3 mm a 4

4'.	Tarso com garras simples, conatas na base ou separadas, porém com as superfícies dorsal e ventral no ápice do tarsômero 5 não estendidas entre as bases das garras pré-tarsais; peças bucais com pré-mento visível, não retraídas, palpo na maior parte visível; antenas inseridas de modo variável ao longo do comprimento do rostro, a uma distância da base, com escapo curto ou longo e encaixado no escrobo antenal, mas, na maioria das espécies, apenas discretamente projetado além da margem posterior do olho; antena com clava variável, mas quase sempre com 3 artículos, cada um piloso em alguma extensão, artículo basal nunca ou raramente brilhante, comprimento diferente dos outros artículos ou raramente mais longo de modo variável que os outros 2 artículos juntos e com suturas evidentes entre todos os artículos; funículos com 5, 6 ou 7 artículos; superfície corporal basicamente com escamas amplas e planas ou escamas finas, semelhantes a pelos; pigídio formado pelo tergito 8 no macho	5
5(4').[3]	Macho com edeago apresentando "tecto" e "pedon" separados*, tégmen do mesmo comprimento ou mais longo que o edeago (incluindo apódemas); espécies associadas a ambientes de água doce, muitas com revestimento semelhante a verniz sobre as escamas ou com escamas densas repelentes à água	Erirrhinae
5'.	Macho com edeago apresentando "tecto" e "pedon" fundidos, tégmen mais curto que o edeago (incluindo apódemas); espécies associadas a vários ambientes, a maioria com escamas presentes de densidade variável, mas sem revestimento semelhante a verniz (exceção: *Bagous*, reconhecido pela presença do canal prosternal) ou completamente sem escamas	6
6(5').[4]	Pernas usualmente com dentes em forma de gancho bem desenvolvidos, grandes no ápice das tíbias anteriores, médias e posteriores: dentes situados em (a) ângulo apical externo, (b) ponto médio da margem apical ou (c) ângulo apical interno, mas se no ângulo apical interno, dente na tíbia posterior mais ou menos do mesmo comprimento ou mais longo que a garra pré-tarsal e a face curvada externa do dente é contínua com o ápice da margem tibial externa ou está ligada a ela por uma carena distinta, contínua e aguda que atravessa a face apical da tíbia; pente apical de cerdas presente ou ausente; se presente, orientado transversalmente, obliquamente ou subparalelamente ao comprimento da tíbia	7
6'.	Pernas com ápice das tíbias anteriores médias e posteriores com um dente, se presente, pequeno a moderadamente grande (maior nas tíbias anteriores ou médias), menor que a garra pré-tarsal, situado no ângulo apical interno e com a face externa curvada distintamente separada e não contínua com a margem tibial externa ou com uma carena atravessando a face apical da tíbia; pente apical de cerdas orientado transversalmente ao comprimento da tíbia	18
7(6).	Mesepímero fortemente ascendente, truncado pelos úmeros elitrais e visível (ou quase) em vista dorsal entre o pronoto e os élitros; tarso com 1 (raramente) ou 2 garras.	Baridinae (maior parte)
7'.	Mesepímero não ascendente, não visível em vista dorsal entre o pronoto e os élitros (exceção; *Laemosaccus*, reconhecido pelo rostro curto e reto, margem basal dos élitros estendida sobre a base do pronoto, pigídio exposto e um dente pequeno e agudo na margem interna do fêmur anterior); tarso com 2 garras.	8
8(7').	Rostro em repouso alojado no canal ventral, que pode estar limitado ao prosterno ou estender-se até o meso ou metasterno	9

[3] Infelizmente, a dissecção de um macho é necessária para verificar a condição da característica primário usada aqui.

* Para melhor entendimento destas estruturas, consultar Wanat, M. "Alignment and homology of male terminalia in Curculionoidea and other Coleoptera", Invertebrate Syst*ematics, 21, p. 147*-171, 2007. (NRT)

[4] Com frequência, é difícil visualizar claramente e avaliar esta característica. Alguns grupos (como muitos Baridinae e alguns Curculioninae) se confundem e consequentemente são encaixados nas duas partes desta descrição. Em geral, os táxons associados a plantas lenhosas tendem a desenvolver um dente apical maior e curvo, enquanto aqueles associados a plantas herbáceas apresentam um dente ou espinho apical menos desenvolvido ou ausente.

8'.	Rostro em repouso não alojado no canal ventral, mas pode repousar entre as coxas anteriores, médias ou posteriores	14
9(8).	Olhos grandes, alongado-ovais, subcontíguos (ou quase) dorsalmente, fronte muito estreita; olhos situados na direção da parte frontal superior da cabeça, em vista lateral com a margem inferior do olho situada claramente acima do nível do dorso da base do rostro	Conoderinae
9'.	Olhos de tamanho pequeno a moderado, ligeiramente arredondados, mais separados dorsalmente, fronte ampla; olhos situados na direção lateral da cabeça, em vista lateral com margem inferior do olho situada próximo ou abaixo do nível do dorso da base do rostro	10
10(9').	Rostro muito curto, não muito mais longo que largo, amplo e plano dorsalmente, subquadrado; revestimento dorsal do pronoto e élitros parcialmente bífido	Lixinae (parte: *Bangasternus*)
10'.	Rostro moderadamente longo, muitas vezes mais longo que largo, alongado e estreito; revestimento dorsal, se presente, simples	11
11(10').	Canal ventral estendido além do prosterno para o meso ou metasterno	Cryptorhynchinae
11'.	Canal ventral limitado ao prosterno (embora o rostro em repouso possa ficar situado no meso ou metasterno e em alguns ventritos abdominais)	12
12(11').	Tíbia posterior com a face externa no ápice sem pente apical lateralmente à base do dente apical; corpo com escamas amplas, distintas e densas, suberetas ou eretas, corpo de alguns espécimes com revestimento crostoso	Cossoninae (parte: Acamptini, *Acamptus*)
12'.	Tíbia posterior com face externa no ápice apresentando pente apical de cerdas lateralmente à base do dente apical; revestimento do corpo variável, porém superfície sem revestimento crostoso	13
13(12').	Corpo sem revestimento nítido, com revestimento liso semelhante a um verniz sobre as escamas; élitros tuberculados ou não; pernas alongadas, delgadas; comumente associados a ambientes aquáticos.	Bagoinae
13'.	Corpo com revestimento de escamas achatadas ou escamas semelhantes a pelos suberetas ou eretas, sem apresentar revestimento liso semelhante a verniz sobre as escamas, ou revestimento nítido ausente; élitros tuberculados ou não; pernas mais robustas; raramente associados a *habitats* aquáticos	Molytinae
14(8').	Peças bucais com palpos labiais de 3 segmentos, porém curtos, globulares, telescopados e parecendo compostos por 1 segmento situado ventralmente no ápice do grande pré-mento; fêmea com sacos simbiontes grandes, pareados, fixos à vagina perto da base dos gonocoxitos; tamanho do corpo de médio a grande (> 5 mm) (exceção: *Microlarinus*)	Lixinae
14'.	Peças bucais com palpos labiais de 3 segmentos distintos, mas alongados, não telescopados, situados dorsalmente no ápice do pré--mento de tamanho variável; fêmeas sem sacos simbiontes grandes, pareados, fixos à vagina perto da base dos gonocoxitos; tamanho do corpo de pequeno a médio (< 10 mm)	15
15(14').	Um ou mais entre os escleritos mesepisterno, mesepímero, metepisterno e metepímero com revestimento de pelos plumosos densos (pectinados), raramente os pelos são escassos, finos, e quase sempre bífidos apenas na porção anterior do metepisterno	16
15'.	Mesepisterno, mesepímero, metepisterno e metepímero com revestimento, se presente, simples, não plumoso ou bífido	17
16(15).	Dente no ápice da tíbia grande e semelhante a um gancho, maior que a garra pré-tarsal; pronoto apenas discretamente mais estreito que a base dos élitros em vista dorsal; élitros com a margem basal nos intervalos 2 a 4 estendendo-se anteriormente e sobrepondo-se à base do pronoto	Mesoptilinae

16'.	Dente no ápice da tíbia pequeno, quase sempre de comprimento diferente da garra pré-tarsal; pronoto distintamente mais estreito que a base dos élitros em vista dorsal; élitros com margem basal nos intervalos 2 a 4 reta, não sobreposta à base do pronoto	Curculioninae (parte: Otidocephalini)
17(15').	Tíbia posterior com a face externa no ápice apresentando pente apical de cerdas lateralmente à base do dente apical, orientado transversalmente, obliquamente ou subparalelamente ao comprimento da tíbia	Molytinae (maior parte)
17'.	Tíbia posterior com face externa no ápice sem pente apical de cerdas lateralmente à base do dente apical	Cossoninae (maior parte)
18(6').	Mandíbula com cicatriz proeminente na face externa apical indicando ponto de fixação de processo decíduo ou então revestida na face apical externa por muitas escamas finas ou cerdas, mandíbulas geralmente robustas e espessas; rostro curto e largo, usualmente quadrado ou subquadrado, frequentemente expandido lateralmente em direção ao ápice e semelhante em machos e fêmeas quanto ao comprimento ou forma	Entiminae (maior parte)
18'.	Mandíbula sem cicatriz, portanto, não apresentando processo decíduo, glabra ou com poucas setas pequenas na face externa apical, mandíbulas geralmente menos robustas, menores e mais finas; rostro mais alongado e cilíndrico, usualmente com o mesmo comprimento ou mais longo que o pronoto ou (raramente) mais curto que o pronoto e com comprimento às vezes diferente em machos e fêmeas	19
19(18').	Rostro em repouso alojado em um canal ventral distinto no prosterno (raramente no mesosterno)	20
19'.	Rostro em repouso não alojado no canal ventral, mas pode repousar entre as coxas, médias ou posteriores.	23
20(19).	Rostro muito amplo, mais ou menos triangular em vista dorsal, encaixando-se em grande emarginação profunda na frente das coxas anteriores; emarginação limitada posteriormente por um pequeno prosterno triangular	Entiminae (parte: Thecesternini, *Thecesternus*)
20'.	Rostro mais alongado e de forma mais cilíndrica, canal prosternal estendendo-se além das coxas anteriores (raramente sobre o mesosterno) e rostro (quando em repouso) estendendo-se entre ou além das coxas anteriores	21
21(20').	Antena apresentando funículo com 5 artículos; protórax sem lobos pós--oculares; garras livres e simples; dorso recoberto por revestimento semelhante a pelos finos e eretos	Curculioninae (parte: Mecinini, *Cleopomiarus*)
21'.	Antena apresentando funículo com 6 ou 7 artículos; outros caracteres variáveis	22
22(21').	Pigídio coberto pelos élitros; rostro mais longo que o pronoto, reto e delgado, com uma atenuação abrupta imediatamente além da inserção antenal; antena com o artículo 2 do funículo longo, mais ou menos com metade do comprimento do escapo	Baridinae (parte: Madarini, Zygobaridina, *Amercedes*)
22'.	Pigídio não coberto pelos élitros; rostro com comprimento variável, reto ou discretamente curvo, de largura mais ou menos uniforme em toda sua extensão, sem atenuação abrupta; antena com artículo 2 do funículo curto, muito menos da metade do comprimento do escapo	Ceutorhynchinae (parte)
23(19').	Mesepímero fortemente ascendente, truncado pelos úmeros elitrais e visível dorsalmente entre o pronoto e os élitros; pigídio não coberto pelos élitros	Ceutorhynchinae (parte)
23'.	Mesepímero não ascendente, não visível dorsalmente entre o pronoto e os élitros; pigídio na maior parte coberto pelos élitros	24
24(23').	Tarso com garras separadas, cada uma com um processo basal	Curculioninae (parte)
24'.	Tarso com garras separadas, simples	25
25(24').	Olhos arredondados, rostro muito alongado, delgado e cilíndrico em corte transversal; antena com escapo não atingindo ou atingindo por pouco a margem anterior do olho	Curculioninae (parte)

25'.	Olhos mais ou menos alongado-ovais, rostro mais curto, mais robusto e subquadrado em corte transversal; antena com escapo atingindo por pouco ou ultrapassando a margem anterior do olho	26
26(25').	Pronoto com margem anterolateral apresentando um lobo pós-ocular característico	Cyclominae
26'.	Pronoto com margem anterolateral reta e simples ou lobo pós-ocular no máximo muito discretamente desenvolvido	27
27(26').	Revestimento com pelo menos algumas escamas bífidas (limitado em alguns espécimes aos esternos torácicos), se escamas bífidas parecerem ausentes, úmeros obviamente quadrados; úmeros quadrados a subquadrados, raramente arredondados; se úmeros arredondados, escamas bífidas distintas no dorso	Hyperinae
27'.	Revestimento simples, não possuindo escamas bífidas; úmeros arredondados	Entiminae (parte)

mm de comprimento, faz galhas em brotos de videira. Muitas pesquisas ainda são necessárias sobre este grupo de gorgulhos.

Subfamília **Ceutorhynchinae**: Este é um grupo grande e amplamente distribuído (mais de 150 espécies norte-americanas), que inclui algumas pragas importantes. O "grape curculio" (gorgulho-da-videira), *Craponius inaequalis* (Say), é um besouro escuro, amplamente ovalado, de cerca de 3 mm de comprimento que se alimenta de folhas de videira. As larvas desenvolvem-se nas bagas de uva. O "iris weevil" (gorgulho-da-íris), *Mononychus vulpeculus* (Fabricius), ataca a íris (*Iris* sp., Iridaceae). As larvas se desenvolvem nas vagens e os adultos alimentam-se das flores. Várias espécies do gênero *Ceutorhynchus*, incluindo o "cabbage curculio" (broca-da-couve), *Ceutorhynchus rapae* Gyllenhal, constituem pragas de crucíferas cultivadas. Várias espécies de Ceutorhynchinae vivem em ambientes aquáticos e semiaquáticos. Espécies dos gêneros *Phrydiuchus*, *Microplontus*, *Mogulones* e *Trichosirocalus* foram introduzidas deliberadamente para o controle biológico de ervas daninhas.

Subfamília **Conoderinae**: Anteriormente Zygopinae, este é um grupo amplamente distribuído e representado na América do Norte por cerca de 40 espécies. Alimentam-se de várias plantas herbáceas, principalmente compostas e árvores (incluindo coníferas); algumas espécies estão associadas a *Agave* e algumas com visco (Loranthaceae).

Esta subfamília inclui os Tachygonini (chamados de "toat weevils", em inglês). Estes gorgulhos achatados de aparência estranha são encontrados nas folhas de carvalho, olmo ou alfarrobeira. As larvas são minadoras das folhas destas árvores. Os adultos, quando em repouso, ficam dependurados de cabeça para baixo nas folhas, presos por meio de seus fêmures posteriores espinhosos. Com frequência, caminham na face ventral das folhas. Este grupo é representado nos Estados Unidos por cinco espécies de *Tachygonus* que ocorrem do leste até o Arizona.

Subfamília **Cossoninae** – "**broad-nosed bark weevils**" (gorgulhos-da-casca-de-rostro-largo): Em geral, podem ser reconhecidos pelo rostro largo e curto e pelo espinho longo e curvo no ápice de cada tíbia anterior. Estes besouros medem de 1,5 mm a 6,5 mm de comprimento e quase sempre são pretos e brilhantes. Vivem (frequentemente em grandes números) sob a casca solta de árvores mortas e troncos de madeira. Alguns vivem sob madeira flutuante e ao longo da costa. Outros estão associados a folhas fibrosas mortas ou a caules de palmeiras e *Agave*.

Subfamília **Cryptorhynchinae:** Muitos membros deste grupo (187 espécies norte-americanas) possuem élitros rugosos e tuberculados. Em repouso, o rostro fica alojado em um sulco profundo no prosterno, que também se estende até a porção anterior do mesosterno. Os adultos estão associados à madeira morta, embora alguns sejam encontrados em plantas vivas e também em sementes. Espécies do gênero *Tyloderma* são encontradas em ambientes aquáticos. Muitas espécies são encontradas em montes de folhas e a espécie do sudoeste norte-americano *Liometophilus manni* Fall está associada a formigas. Muitas espécies não voam.

Subfamília **Cyclominae**: A maioria dos membros deste grupo desenvolve-se em plantas aquáticas ou subaquáticas e os adultos são encontrados próximos da água. Alguns constituem pragas de vegetais. O "vegetable weevil" (gorgulho-das-verduras), *Listroderes* *costirostris obliquus* (Klug), ataca muitos vegetais diferentes e representa uma praga importante nos estados do Golfo e na Califórnia. No grande gênero *Listronotus* (81 espécies), o "carrot weevil" (gorgulho-da-cenoura), *L. oregonensis* (LeConte), é uma praga de cenouras e outros vegetais no leste norte-americano. *Emphyastes fucicola* Mannerheim é um gorgulho de aparência estranha que vive em algas em decomposição nas praias arenosas da Costa Oeste da América do Norte.

Subfamília **Entiminae** – **entimíneos**: Os membros desta subfamília (que incluem os Otiorhynchini, Naupactini, Tanymecini, Thecesternini e Tropiphorini) são chamados em inglês de "broad-nosed weevils" porque o rostro é curto e largo. Muitos não voam, apresentando os élitros fundidos ao longo da sutura; as asas posteriores são vestigiais. Este é um grupo grande e amplamente distribuído (com 124 gêneros em 24 tribos na América do Norte), contendo algumas pragas importantes. Algumas espécies importantes deste grupo são os "white fringed beetles" (besouros-brancos-franjados) (três espécies de *Naupactus*), que constituem pragas agrícolas sérias nos estados do sul dos EUA. Estes besouros medem cerca de 12 mm de comprimento, com bordas elitrais esbranquiçadas e duas faixas brancas longitudinais na cabeça e no pronoto. Os besouros-brancos-franjados são partenogenéticos; os machos não são conhecidos. Outra espécie nociva deste grupo é o "Fuller rose weevil", *Naupactus godmanni* (Crotch), com 7 mm a 9 mm de comprimento. Ataca roseiras e muitas plantas de estufa, assim como plantas cítricas e outras árvores frutíferas. Como quase todos os entimíneos, as larvas vivem no solo e alimentam-se das raízes das plantas hospedeiras e os adultos alimentam-se das folhas. Os representantes do gênero *Sitona* (a maioria de cor pálida e medindo de 4 mm a 5 mm de comprimento) danificam seriamente os trifólios (*Trifolium* sp.). Os membros de uma espécie introduzida do gênero *Otiorhynchus* são muito comuns e alimentam-se de uma variedade de plantas. O "strawberry root weevil" (broca-da-raiz-do-morango), *O. ovatus* (L.), causa sérios danos em morangos e o "black vine weevil" (besouro-preto-das-vinhas), *O. sulcatus* (Fabricius), é uma praga importante do teixo (*Taxus*). *Thecesternus affinis* LeConte é um besouro preto fosco, recoberto por escamas amarelo-acastanhadas e medindo de 6,5 mm a 9,0 mm de comprimento. Em repouso, a cabeça e o rostro ficam completamente retraídos em uma grande cavidade triangular na frente do protórax. Estes besouros vivem sob pedras ou esterco de vaca seco.

Muitos Entiminae são encontrados em ambientes áridos, especialmente no sudoeste dos Estados Unidos. Alguns desenvolveram adaptações para viver na areia, que incluem longos e densos pelos pelo corpo e pernas largas para cavar. Este grupo inclui os gorgulhos mais encontrados em maiores altitudes.

Subfamília **Hiperinae** – "**clover weevil**" (**gorgulhos-do-trevo**): A maioria dos representantes deste pequeno grupo (17 espécies norte-americanas, todas do gênero *Hipera*) alimenta-se de vários trifólios e constitui pragas importantes de trifólios (*Trifolium* sp.). O "alfafa weevil" (gorgulho-da-alfafa), *H. postica* (Gyllenhal) (Figura 26-90D), e o "clover leaf beetle" (gorgulho-da-folha-do-trifólio), *H. punctata* (Fabricius), alimentam-se das pontas em crescimento das plantas e deixam apenas as nervuras das folhas; *H. meles* (Fabricius) alimenta-se das cabeças dos trifólios. Estes besouros têm cor escura e medem de 3 mm a 8 mm de comprimento.

Subfamília **Lixinae**: Os besouros mais comuns deste grupo são os do gênero *Lixus*, que são alongados e cilíndricos, medem de 10 mm a 15 mm de comprimento e têm o rostro curvado e quase do mesmo comprimento que o protórax. Em geral, vivem em plantas herbáceas perto da água. *Lixus concavus* Say, que se multiplica nos caules de labaça, girassol e ocasionalmente ruibarbo, é chamado comumente de "rhubarb curculio" (gorgulho-do-ruibarbo)". O adulto é escuro, recoberto por uma pubescência cinza. Mais de 100 espécies de Lixinae vivem na América do Norte, 69 do gênero *Lixus*. As espécies de alguns gêneros foram introduzidas para o controle biológico de ervas daninhas.

Subfamília **Mesoptiliinae**: Estes gorgulhos pequenos e cilíndricos podem ser reconhecidos pelos processos semelhantes a dentes nos ângulos anteriores do pronoto (Figura 26-48B, te). As larvas atacam árvores fazendo túneis nos ramos ou sob as cascas. Algumas espécies constituem pragas de árvores frutíferas ou ornamentais. Espécies de *Magdalis* (25 espécies na América do Norte) estão associadas a várias coníferas e madeira de lei.

Subfamília **Molytinae**: Como ocorre com os Curculioninae, este grupo reúne vários táxons antigamente alocados em outras subfamílias (por exemplo, Hylobiini, Prionomerini, Cholini, Lepyrini, Lymantini e Pisodini). A mais notável é a reclassificação de vários gorgulhos de Cryptorhynchinae como Molytinae. Isto inclui o grande gênero *Conotrachelus* e seus gêneros próximos.

A maioria dos representantes de Molytinae tem cor escura e tamanho médio (Figura 26-50). Várias espécies (especialmente as de *Hylobius*) constituem pragas

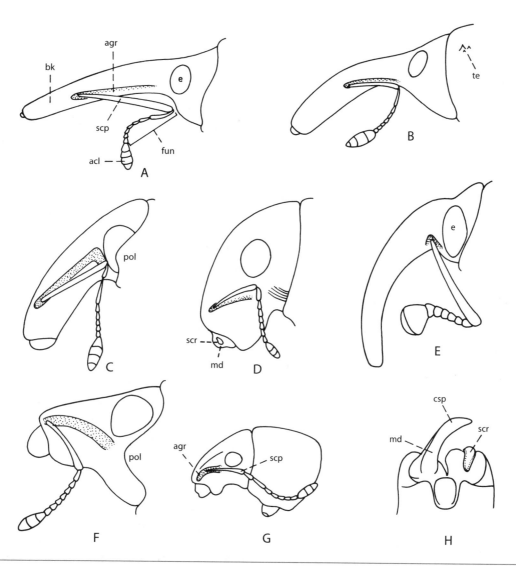

Figura 26-48 Características dos besouros-bicudos. A-G, cabeças, vista lateral; H, ápice do rostro, vista ventral. **A**, *Anthonomus* (Curculioninae, Anthonomini); B, *Magdalis* (Mesoptiliinae); **C**, *Listronotus* (Cyclominae); D, *Pandeletelius* (Enteminae); E, *Rhodobaenus* (Dryophthorinae); F, *Eudiagogus* (Entiminae); G e H, *Pantomorus* (Entiminae). *acl*, clava antenal; *agr*, escrobo; *bk*, ápice do rostro; *csp*, ápice da mandíbula; *e*, olho composto; *fun*, funículo (segmentos antenais entre o escapo e a clava); *md*, mandíbula; *pol*, lobo pós-ocular do protórax; *scp*, escapo, o segmento antenal basal; *scr*, cicatriz deixada na mandíbula após quebra do ápice; *te*, dentes no protórax.

importantes de pinheiros e outras coníferas. As espécies do importante gênero *Pissodes* são acastanhadas e cilíndricas, com a maioria medindo de 8 mm a 10 mm de comprimento; também são pragas importantes de coníferas. As larvas fazem túneis no eixo terminal de uma árvore jovem, matando-a, e um dos ramos laterais torna-se o eixo terminal, originando uma árvore com uma curvatura parcial para cima do tronco. Este tipo de árvore tem pouco valor como fonte de madeira serrada. O "white pine weevil" (gorgulho-branco-do-pinho), *Pissodes strobi* (Peck), é uma espécie comum que ataca o pinho branco do leste.

Uma das pragas mais importantes deste grupo é o "plum curculio" (gorgulho-da-ameixa), *Conotrachelus nenuphar* (Herbst), que ataca ameixeiras, cerejeiras, pessegueiros, macieiras e outras árvores frutíferas. As fêmeas depositam seus ovos em pequenas depressões feitas na fruta ao se alimentarem e, então, fazem um corte em forma de "C" ao lado da depressão contendo o ovo. As larvas se desenvolvem nas frutas e empupam no solo. O adulto mede cerca de 6 mm de comprimento, tem cor escura e apresenta dois tubérculos proeminentes em cada élitro. O gênero *Conotrachelus* é grande (63 espécies norte-americanas) e seus membros são

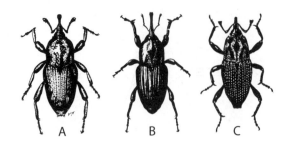

Figura 26-49 Bicudos (Dryophthorinae), ampliados 2X. A, o "curlewbug", *Sphenophorus callosus* (Olivier); B, o "maize billbug" (bicudo-do-milho), *S. maidis* Chittenden; C, o "timothy billbug", *S. zeae* (Walsh).

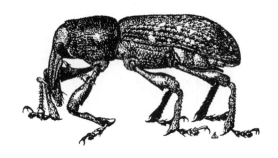

Figura 26-50 O gorgulho *Hylobius pales* (Herbst) (Molytinae), ampliado 5X.

amplamente distribuídos. As larvas desenvolvem-se em várias frutas e ramos. Larvas de espécies dos gêneros *Odontopus* e *Piazorhinus* são minadoras de folhas de sassafrás, magnólia e carvalho. O "bean stalk weevil" (gorgulho-do-caule-do-feijão), *Sternechus paludatus* (Casey), também é membro desta subfamília.

Subfamília **Platypodinae – brocas de madeira**: Os besouros deste grupo são alongados, delgados e cilíndricos, com a cabeça discretamente mais larga que o pronoto. São acastanhados e medem de 2 mm a 8 mm de comprimento. Os tarsos (que são 5-5-5) são muito delgados, com o primeiro tarsômero mais longo que os demais em conjunto (Figura 26-10K). As antenas são curtas e geniculadas, com clava grande não segmentada. O gênero *Platypus* foi recentemente subdividido em quatro gêneros distintos. Apenas sete espécies ocorrem na América do Norte.

Estes besouros são brocas de madeira e perfuram árvores vivas, mas raramente atacam uma árvore saudável. Atacam tanto árvores decíduas quanto coníferas. As larvas alimentam-se de fungos que são cultivados em suas galerias.

Subfamília **Scolytinae – besouros-da-casca e besouros-da-ambrósia**: Os escolitíneos são besouros pequenos e cilíndricos, raramente com mais de 6 mm ou 8 mm de comprimento, acastanhados ou pretos. As antenas são curtas e geniculadas e apresentam uma clava grande, em geral anelada. A subfamília contém dois grupos: os besouros-da-casca, que se alimentam da parte interna das cascas das árvores, e os besouros-da-ambrósia, que perfuram a madeira das árvores e alimentam-se de um tipo de fungo "ambrósia" que cultivam. Os besouros-da-casca diferem dos besouros-da-ambrósia por possuírem um espinho grande ou projeção no ápice das tíbias anteriores.

Os besouros-da-casca vivem nas cascas de árvores, logo na superfície da madeira, e alimentam-se do tecido suculento de floema. Algumas espécies, especialmente as dos gêneros *Ips* e *Scolytus*, escavam galerias profundas no alburno e costumam ser chamados de "engravers" (entalhadores). Embora todos os besouros-da-casca alimentem-se de árvores quase mortas, algumas espécies podem infestar árvores vivas, em especial coníferas, e matá-las. Os escolitíneos mais importantes economicamente pertencem a três gêneros: *Dendroctonus*, *Ips* e *Scolytus*. A árvore infestada é morta pelos fungos (chamados de "blue-stain", – manchadores azuis, ou "brown-stain", – manchadores marrons) introduzidos pelos besouros adultos e disseminados pelas larvas. Uma vez que os adultos e as larvas interrompem o fluxo de nutrientes quando se alimentam do floema, os fungos se disseminam para o interior e obstruem os vasos de transporte de água do alburno. Os besouros-da-casca destrutivos exibem uma coordenação notável de sua população voadora em um ataque em massa estritamente sincronizado, sobrepujando as defesas da árvore. Tanto os machos quanto as fêmeas respondem a uma combinação de odores da resina da árvore hospedeira e a sinais químicos (feromônios de agregação) dos primeiros colonizadores. Como resultado, milhares de besouros podem infestar a mesma árvore simultaneamente.

Em espécies monogâmicas, como *Dendroctonus pseudotsugae* Hopkins, o "Douglas fir beetle" (besouro-do-abeto-de-Douglas), a fêmea escava a galeria, libera o feromônio e aceita um macho como seu companheiro. Nas espécies polígamas, como *Ips pini* (Say), o "pine engraver" (entalhador-do-pinho), o macho realiza a perfuração inicial, mas apenas constrói uma câmara nupcial, na qual se acasalará com várias fêmeas que aceitarem fazer parte de seu harém. Cada fêmea perfura sua própria galeria de ovos fora da câmara nupcial.

Enquanto a fêmea do besouro-da-casca constrói sua galeria de ovos, o macho coopera seguindo-a para remover os restos da escavação, que são empurrados para fora do orifício de entrada. A fêmea deposita seus ovos em pequenos orifícios localizados em intervalos ao longo das laterais da galeria de ovos. Quando os ovos eclodem, as pequenas larvas ápodas em forma de "C" começam a se alimentar do floema, abrindo caminho em ângulos retos em relação à galeria de ovos. Conforme as larvas crescem e sofrem mudas, movendo-se para longe das galerias dos adultos, tornam-se maiores e são preenchidas com fezes ("frass"), formando galerias larvais com padrões característicos (Figura 26-51). Quando as larvas completam seu crescimento, empupam na extremidade distal de suas galerias. Os adultos emergem por orifícios redondos que perfuram na casca da árvore. Após a emergência da prole, a superfície de uma árvore infestada parece salpicada por orifícios de tiros.

Os besouros-da-casca têm mais impacto econômico nas florestas produtoras de madeira da América do Norte do que qualquer outro grupo de insetos, sendo responsabilizados pela perda de mais de 4 bilhões de unidades de madeira serrada anualmente – mais de 90% da mortalidade total causada por insetos. A maior parte da mortalidade de árvores causada pelos besouros-da-casca é provocada por cinco espécies de *Dendroctonus*: o "southern pine beetle" (besouro-do-pinheiro-do-sul), *D. frontalis* Zimmerman, no sul; o "Douglas fir beetle" (besouro-do-abeto-de-Douglas), *D. pseudotsugae*; o "western pine beetle" (besouro-do-pinho-do-oeste), *D. brevicomis* LeConte; o "moutain pine beetle" (besouro-do-pinho-das-montanhas), *D. ponderosae* Hopkins; e o "spruce beetle" (besouro-do-abeto), *D. obesus* (Mannerheim), no oeste. As infestações de besouros-da-casca são reconhecidas pelo murchamento da folhagem em grupos de árvores, pelas fezes ("frass") marrom-avermelhadas, pelos tubos de resina endurecidos no tronco ou por evidências da ação em grande escala de pica-paus na casca de árvore. A destruição de áreas irregulares nas árvores resulta da agregação de besouros que voam para uma fonte de feromônio atrativa, presente inicialmente em uma das árvores.

Cada espécie de besouro-da-casca tem um padrão característico das galerias dos adultos e das larvas e apresenta uma preferência por espécies de árvore em particular. Muitos, se não todos os escolitíneos, transportam fungos que se desenvolvem em árvores. As espécies destrutivas inoculam as árvores com fungos manchadores azuis ou marrons e os besouros-da-ambrósia dependem de seus fungos para alimentação. A doença do olmo holandês, transmitida pelos besouros-da-casca-do-olmo, é causada por um fungo introduzido da Europa pelo menor besouro-da-casca-do-olmo europeu, *Scolytus multistriatus* (Marsham). Estes besouros disseminaram a doença nos Estados Unidos, de Boston a Portland, Oregon, em 75 anos, eliminando completamente os olmos americanos de muitas de áreas urbanas.

Uma espécie de besouro-da-casca de importância agrícola é o "clover root borer"(broca-da-raiz-dos-trifólios), *Hylastinus obscurus* (Marsham), que muitas vezes danifica seriamente os trifólios. As larvas fazem túneis nas raízes dos trifólios, levando as plantas à morte.

Os besouros-da-ambrósia escavam a madeira das árvores, formando galerias nas quais vivem tanto adultos quanto larvas. Apenas árvores vivas ou recentemente mortas, com alto teor de umidade, são infestadas. Embora estes besouros não se alimentem de madeira, os fungos que cultivam mancham-na, reduzindo seu valor. A presença destes besouros pode fazer com que cargas inteiras de madeira de lei ou madeira serrada sejam recusadas em um porto estrangeiro. As larvas dos besouros-da-ambrósia se desenvolvem em pequenas células adjacentes às galerias principais e, na maioria das espécies, os adultos alimentam as larvas. Cada espécie

Figura 26-51 Diagrama ilustrando um corte de tora de madeira contendo galerias de besouros-da-casca (Scolytidae). A casca é cortada através da entrada de duas galerias, cada uma com um acúmulo de fezes ("frass") fino próximo da abertura externa. Três conjuntos de galerias de diferentes idades são mostrados. Em uma à esquerda, as larvas estão totalmente desenvolvidas e algumas já empuparam; existe uma célula pupal vazia com seu orifício de saída no canto esquerdo inferior do corte, de onde uma porção foi removida. Outro orifício de entrada é evidenciado pelo acúmulo de fezes ("frass") na casca, à esquerda.

ingere um tipo particular de fungo. Quando as fêmeas emergem e voam para outra árvore, carregam conídios dos fungos da árvore de onde provieram para o novo hospedeiro, e introduzem os fungos na galeria que escavaram. Após a eclosão dos ovos, as fêmeas cuidam das larvas até que estejam completamente desenvolvidas e empupem, mantendo os nichos larvais supridos com fungos frescos ou "ambrosia" e prevenindo que o nicho seja obstruído por fezes ("frass") ou crescimento excessivo de fungos.

COLETA E PRESERVAÇÃO DE COLEOPTERA

Tendo em vista que este é um grupo tão grande e diverso, a maioria dos métodos discutidos no Capítulo 35 para Coleta e Preservação de insetos são aplicáveis aqui. Vários procedimentos de coleta geral, porém, podem ser indicados: (1) muitas espécies podem ser coletadas por varredura em diferentes situações; (2) muitas espécies, com frequência as de cores chamativas, podem ser capturadas em flores; (3) várias espécies, como os besouros necrófagos e outras, podem ser obtidas por meio de armadilhas com iscas adequadas; (4) várias espécies são atraídas pelas luzes à noite e podem ser coletadas nas luzes ou em armadilhas luminosas; (5) besouros de muitos grupos são encontrados sob as cascas de árvores, madeira apodrecida, sob pedras e locais similares; (6) muitas espécies podem ser coletadas peneirando-se detritos ou montes de folhas; e (7) muitos besouros são aquáticos e podem ser capturados por diversos equipamentos e métodos aquáticos descritos no Capítulo 35.

A maioria dos besouros é preservada em alfinete (pelo élitro direito) ou em triângulos de papel. Ao se montar um besouro em triângulo, a superfície ventral do corpo e as pernas devem ficar visíveis. A extremidade do triângulo deve ser dobrada para baixo e o espécime fixado a esta ponta pelo lado direito do tórax. Às vezes, pode ser desejável montar dois espécimes em um mesmo triângulo (quando há certeza de que são da mesma espécie), um com o lado dorsal para cima e o outro com o lado ventral para cima. Muitos besouros menores devem ser preservados em álcool (70% a 80%) e montados em lâmina de microscópio para um estudo mais detalhado.

Referências

Alonso-Zarazaga, M. A.; C. H. C. Lyal. *A world catalogue of families and genera of Curculionoidae (Insecta: Coleoptera)*: excluding Scolytidae and Platypodidae. Barcelona: Entomopraxis, 1999. 315 p.

Arnett, R. H., Jr. "Recent and future systematics of the Coleoptera in North America", *Ann. Entomol. Soc. Amer.*, 60, p. 162–170, 1967.

Arnett, R. H., Jr. *The beetles of the United States:* a manual for identification. Ann Arbor: American Entomological Institute, 1968. 1112 p.

Arnett, R. H., Jr. (Ed.). *Bibliography of Coleoptera of North America North of Mexico:* 1758–1948. Gainesville: Flora and Fauna Publications, 1978. 180 p.

Arnett, R. H., Jr.; M. C. Thomas (Ed.). *American beetles.* v. 1. Nova York: CRC Press, 2001. 1443 p.

Arnett, R. H., Jr.; M. C. Thomas; P. E. Skelley; J. H. Frank (Ed.). *American beetles.* v. 2. Nova York: CRC Press, 2002. 861 p.

Arnol'di, L. V.; V. V. Zherikhin; L. M. Nikritin; A. G. Ponomarenko (Ed.). *Mesozoic Coleoptera.* Washington: Smithsonian Institution Libraries, 1992.

Beutel, R. "Über phylogenese und evolution der Coleoptera (Insecta), insbesondere der Adephaga", *Abh. Naturwiss. Ver. Hamburg,* 31, p. 1–164, 1997.

Beutel, R.; F. Haas. "Phylogenetic relationships of the suborders of Coleoptera (Insecta)", *Cladistics,* 16, p. 103–141, 2000.

Blatchley, W. S. *An illustrated and descriptive catalogue of the Coleoptera or beetles (exclusive of the Rhynchophora) known to occur in Indiana.* Indianapolis: Nature, 1910, 1385 p.

Blatchley, W. S.; C. W. Leng. *Rhynchophora or weevils of northeastern North America.* Indianapolis: Nature, 1916. 682 pp.

Bousquet, Y. (Ed.). *Checklist of the beetles of Canada and Alaska:* Publ. 1861/E. Ottawa: Research Branch, Agriculture Canada, 1991. 430 p.

Böving, A. G.; F. C. Craighead. "An illustrated synopsis of the principal larval forms of the order Coleoptera", *Entomol. Amer.,* (n.s.), 11, 1–4 p. 1–351, 1931.

Bradley, J. C. *A manual of the genera of beetles of America North of Mexico.* Ithaca: Daw, Illiston, 1930. 360 p.

Bright, D. E., Jr. *The bark beetles of Canada and Alaska.* Ottawa: Canadian Government Publishing Centre, 1976. The Insects and Arachnids of Canada, Parte 2, 241 p.

Brown, D. J.; C. H. Scholtz. "A phylogeny of the families of Scarabaeoidea (Coleoptera)", *Syst. Entomol.,* 24, p. 51–84, 1999.

Brues, C. T.; A. L. Melander; F. M. Carpenter. "Classification of insects", *Bull. Mus. Comp. Zool. Bull. Harvard,* 73, 917 p., 1954.

Burke, H. R. "Bionomics of the anthonomine weevils", *Annu. Rev. Entomol.,* 21, p. 283–303, 1976.

Caterino, M. S.; V. L. Shull; P. M. Hammond; A. P. Vogler. "Basal relationships of Coleoptera inferred from 18SrDNA sequences", *Zoologica Scripta,* 31, p. 41–49, 2002.

Cornell, J. F. "Larvae of the families of Coleoptera: A bibliographic survey of recent papers and tabular summary of seven selected English language contributions", *Coleop. Bull.,* 26, p. 81–96, 1972.

Craighead, F. C. "Insect Enemies of Eastern Forests", *U.S. Department of Agriculture, Misc. Publ.,* 657, 679 p., 1950.

Crowson, R. A. "The phylogeny of the Coleoptera", *Annu. Rev. Entomol.,* 5, p. 111–134, 1960.

Crowson, R. A. *The natural classification of the families of Coleoptera.* 2. ed. Oxford: E. W. Classey, 1968. 195 p.

Crowson, R. A. *The biology of the Coleoptera.* Londres: Academic Press, 1981. 802 p.

Dillon, E. S.; L. S. Dillon. *A manual of the common beetles of eastern North America.* Evanston: Row, Peterson, 1961. 884 p.

Downie, N. M.; R. H. Arnett, Jr. *The beetles of northeastern North America.* Gainesville: The Sandhill Crane Press, 1996. 1721 p., 2 v.

Erwin, T. L.; G. E. Ball; D. R. Whitehead; A. L. Halpern (Ed.). *Carabid beetles:* their evolution, natural history, and classification. The Hague: Junk, 1979. 644 p.

Gordon, R. D. "The Coccinellidae (Coleoptera) of America north of Mexico", *J. N.Y. Entomol. Soc.,* 93, p. 1–912, 1985.

Gorham, J. R. (Ed.). *Coleoptera. in insects and mite pests in foods:* an illustrated key. Washington: U.S. Department of Agriculture, Agriculture Research Service, U.S. Department Health and Human Service, 1991. p. 75–227, 2 volumes.

Hatch, M. H. *The Beetles of the Pacific Northwest.* Parte 1: Introduction and Adephaga. Seattle: University of Washington Press, 1953–1971. 5 volumes.

Headstrom, R. *The beetles of America.* Cranbury: A. S. Barnes, 1977. 488 p.

Hinton, H. E. *A monograph of the beetles associated with stored products.* Londres: British Museum, 1945. 443 p.

Hlavac, T. F. "The prothorax of Coleoptera: Origin, major features of variation", *Psyche,* 79, p. 123–149, 1972.

Hlavac, T. F. "The prothorax of Coleoptera: (Except Bostrichiformia – Cucujiformia)", *Bull. Mus. Comp. Zool.,* 147, p. 137–183, 1975.

Keen, F. P. "Insect enemies of western forests", *U.S. Department of Agriculture. Misc. Publ.,* 273, 280 p., 1952.

Kirejtshuk, A.G. Evolution of mode of life as the basis for division of the beetles into groups of high taxonomic rank. In: M. Zunino, X. Bellés; M. Blas. (Ed.) *Advances in coleopterology.* Barcelona: European Association of Coleopterology, 1992. p. 249–261.

Kissinger, D. G. *Curculionidae of America North of Mexico:* a key to the genera. South Lancaster: Taxonomic, 1964. 143 p.

Klausnitzer, B. "Probleme der Abgrenzung von Unterordnungen bei den Coleoptera", *Entomologische Abhandlungen staatliches Museum für Tierkunde in Dresden,* 40, p. 269–275, 1975.

Kukalová-Peck, J.; J. F. Lawrence. "Evolution of the hind wing in Coleoptera", *Can. Entomol.,* 125, p. 181–258, 1993.

Kuschel, G. "The Nearctic Nemonychidae (Coleoptera: Curculionoidea)", *Entomol. Scand.,* 20, p. 121–171, 1989.

Larson, D. J.; Y. Alarie; R. E. Roughley. *Predaceous diving beetles (Coleoptera: Dytiscidae) of the nearctic region, with emphasis on the fauna of Canada and Alaska.* Monographs in Biodiversity. Ottawa: NRC Press, 2000. 982 p.

Lawrence, J. F. Coleoptera. In: S. Parker. (Ed.) *Synopsis and classification of living organisms,* Nova York: McGraw-Hill. 1982. p. 482–553.

Lawrence, J. F. (Coord.). Order Coleoptera. In: F. W. Stehr. (Ed.) *Immature insects.* Dubuque: Kendall/Hunt, 1991. v. 2, 975 p, p. 144–658.

Lawrence, J. F.; E. B. Britton. *Australian beetles.* Carlton: Melbourne University Press, 1994.

Lawrence, J. F.; A. M. Hastings; M. J. Dallwitz; T. A. Paine; E. J. Zurcher. *Beetle larvae of the world:* descriptions, illustrations, and information retrieval for families and subfamilies. Melbourne: CSIRO Publishing. 1999. CD-ROM, Versão 1.1 do MS-Windows.

Lawrence, J. F.; A. M. Hastings; M. J. Dallwitz; T. A. Paine; E. J. Zurcher. *Beetles of the world:* a key and information system for families and subfamilies.

CDROM, Version 1.0 for MS-Windows. Melbourne: CSIRO Publishing. 1999.

Lawrence, J. F.; A. F. Newton, Jr. "Evolution and classification of beetles", *Ann. Rev. Ecol. Syst.*, 13, p. 261–290, 1982.

Lawrence, J. F.; A. F. Newtond. Families and subfamilies of Coleoptera (with selected genera, notes and references, and data on family-group names). In: Pakaluk, J.; Slipinski, S. A. (Ed.) *Biology, phylogeny, and classification of Coleoptera:* papers celebrating the 80th birthday of Roy A. Crowson. Warsaw: Muzeum i Instytut Zoologii PAN. 1995. 2 v., p. 779–1006.

Leech, H. B.; H. P. Chandler. Aquatic Coleoptera. In: R. L. Usinger. (Ed.) *Aquatic insects of California.* Berkeley: University of California Press, 1956. p. 293–371.

Leng, C. W.; A. J. Mutchler; R. E. Blackwelder; R. M. Blackwelder. *Catalogue of the Coleoptera of America North of Mexico.* Mt. Vernon, NY: John D. Sherman, 1920–1948. Catálogo original, 470 p., 1920. Primeiro suplemento de C. W. Leng e A. J. Mutchler, 78 p., 1927. Segundo e terceiro suplementos de C. W. Leng e A. J. Mutchler, 112 p., 1933. Quarto suplemento, por R. E. Blackwelder, 146 p., 1939. Quinto suplemento por R. E. Blackwelder e R. M. Blackwelder, 87 p., 1948.

Linsley, E. G. "The Cerambycidae of North America", *Univ. Calif. Publ. Entomol.*, 1961–1964. Parte 1: Introduction 18:1–135 (1961). Parte 2: Taxonomy and Classification of the Parandrinae, Prioninae, Spondylinae, and Aseminae; Univ. Calif. Publ. Entomol. 19:1–103 (1962). Parte 3: Taxonomy and classification of the subfamily Cerambycinae, tribes Opsimini through Megaderini; Univ. Calif. Publ. Entomol. 20:1–188 (1962). Parte 4: Taxonomy and classification of the subfamily Cerambycinae, tribes Elaphidionini through Rhinotragini; Univ. Calif. Publ. Entomol. 21:1–165 (1963). Parte 5: Taxonomy and classification of the subfamily Cerambycinae, tribes Callichromini through Ancylocerini; Univ. Calif. Publ. Entomol. 22:1–197 (1964).

Linsley, E. G.; J. A. Chemsak. "Cerambycidae of North America. Parte 6: Taxonomy and classification of the subfamily Lepturinae", *Univ. Calif. Publ. Entomol.*, 69, p. 1–138, ilus., 1972; 80, p. 1–186, 1976.

Moore, I.; E. F. Legner. *An illustrated guide to the genera of Staphylinidae of America north of Mexico, exclusive of the Aleocharinae (Coleoptera).* Berkeley: University of California, Division of Agriculture Science, 1979. 332 p.

Norstog, K. J.; P. K. S. Fawcett. "Insect-cycad simiosis and its relation to the pollination of *Zamia furfuracea* (Zamiaceae) by *Rhopalotria molli* (Curculionidae)", *Amer. J. Bot.*, 76, p. 1380–1394, 1989.

O'Brien, C. W.; G. J. Wibmer. "Annotated checklist of the weevils (Curculionidae *sensulato*) of North America, Central America, and the West Indies (Coleoptera: Curculionoidea)", *Mem. Amer. Entomol. Inst.*, 34, 382 p., 1982.

Pakaluk, J.; S. A. Slipinski. (Ed.) *Biology, phylogeny, and classification of coleoptera. papers celebrating the 80th Birthday of Roy A. Crowson.* Warszawa: Muzeum i Instytut Zoologii PAN, 1995.

Papp, C. S. *Introduction to north american beetles.* Sacramento: Entomography Publications, 1983, 335 p.

Peck, S. B.; M. C. Thomas. "A distributional checklist of the beetles (Coleoptera) of Florida", *Arthropods of Florida and Neighboring Land Areas,* 16, p. 1–180, 1998.

Reichert, H. "A critical study of the suborder Myxophaga, with a taxonomic revision of the Brazilian Torridinicolidae and Hydroscaphidae (Coleoptera)", *Arq. Zool. (São Paulo),* 24, 2, p. 73–162, 1973.

Rudinsky, J. A.; P. T. Oester; L. C. Ryker. "Gallery initiation and male stridulation of the polygamous bark beetle *Polygraphus rufipennis*", *Ann. Entomol. Soc. Amer.,* 71, p. 317–321, 1978.

Rudinsky, J. A.; L. C. Ryker. "Sound production in Scolytidae: Rivalry and premating stridulation of male Douglas fir beetle", *J. Insect Physiol.,* 22, p. 997–1003, 1976.

Ryker, L. C.; J. A. Rudinsky. "Sound production in Scolytidae: aggressive and mating behavior in the mountain pine beetle", *Ann. Entomol. Soc. Amer.,* 69, p. 677–680, 1976.

Ryker, L. C.; J. A. Rudinsky. "Sound production in Scolytidae: acoustic signals of male and female *Dendroctonus valens* LeConte", *Z. Ang. Entomol.,* 80, p. 113–118, 1976.

Van Tassell, E. R. "An audiospectrographic study of stridulation as an isolating mechanism in the genus *Berosus* (Coleoptera: Hydrophilidae)", *Ann. Entomol. Soc. Amer.,* 58, p. 407–413, 1965.

White, R. E. *A field guide to the beetles of North America.* Boston: Houghton Mifflin, 1983. 368 p.

Wood, S. L. *Catalogue of the Coleoptera of America North of Mexico:* Family Platypodidae. Fasc. 141. Washington: U.S. Department of Agriculture, Science, and Education Administration, 1979. 5 p.

Wood, S. L. "The bark and ambrosia beetles of North and Central America (Coleoptera: Scolytidae), a taxonomic monograph", *Gr. Basin Natur. Mem.* 6, 1359 p., 1982.

Wood, S. L. "A reclassification of the genera of Scolytidae (Coleoptera)", *Gr. Basin Natur. Mem.,* 10, 126 p., 1986.

CAPÍTULO 27

ORDEM NEUROPTERA[1,2]
SIALÍDEOS, CRISOPÍDEOS, ASCALAFÍDEOS E FORMIGAS-LEÃO

Os Neuroptera são insetos de corpo mole que têm quatro asas membranosas com muitas veias transversais e ramos extras das veias longitudinais (daí o nome da ordem). Em geral, existem várias veias transversais ao longo da área costal da asa, entre C e Sc. O setor radial tem, muitas vezes, alguns ramos paralelos. As asas anteriores e posteriores, nas espécies norte-americanas, têm forma e venação semelhantes e, em repouso, são mantidas como um telhado sobre o corpo. As peças bucais são do tipo mastigador, as antenas são geralmente longas e possuem muitos artículos e os tarsos têm cinco artículos; os cercos são ausentes.

Estes insetos sofrem metamorfose completa. As larvas são geralmente campodeiformes, com peças bucais do tipo mastigador. A maioria das larvas é predadora, mas as de Sisyridae alimentam-se de esponjas de água-doce e as de Mantispidae são parasitas dos ovissacos de ovos de aranhas. As mandíbulas das larvas de Megaloptera e Raphidioptera são relativamente curtas enquanto as das larvas de Planipennia são longas e falciformes. Em Planipennia, a alimentação faz-se por sucção dos líquidos do corpo da vítima através de um estreito canal formado entre mandíbulas e maxilas. Em Megaloptera e Raphidioptera, as pupas são livres de casulos, porém, em Planipennia, a pupação ocorre em casulo de seda. A seda é produzida pelos túbulos de Malpighi, saindo pelo ânus.

Os Neuroptera adultos são encontrados em vários locais, mas aqueles cujas larvas são aquáticas (Sialidae, Corydalidae e Sisyridae) vivem próximos à água. Os adultos não são bons voadores. A maioria dos adultos é predador. Alguns capturam apenas presas fáceis e os adultos de Megaloptera alimentam-se pouco ou não se alimentam.

CLASSIFICAÇÃO DOS NEUROPTERA

Os insetos aqui incluídos na ordem Neuroptera são divididos por alguns pesquisadores em três ordens: Megaloptera, Raphidioptera e Neuroptera. Outros incluem Raphidioptera dentro de Megaloptera. No entanto, os entomolólogos geralmente aceitam que os três grupos juntos formam um agrupamento monofilético, portanto, as diferentes classificações são compatíveis com os princípios da sistemática filogenética. Estamos tratando estes três grupos como subordens.

Um lista dos grupos da ordem, segundo Oswald e Penny (1991), é apresentada aqui. Nomes ou ortografias alternativas são fornecidas entre parênteses e grupos raros ou com pouca probabilidade de serem coletados por um colecionador amador estão indicados com um asterisco (*).

Subordem Megaloptera (Sialodea)
    Sialidae – sialídeos
    Corydalidae – coridalídeos
Subordem Raphidioptera (Raphidiodea, Raphidioidea)
    –
    Raphidiidae – rafidiídeos
    Inocelliidae – inoceliídeos
Subordem Planipennia (Neuroptera senso estrito)
    Superfamília Coniopterygoidea
        Coniopterygidae – coniopterigídeos*

---

[1] Neuroptera: *neuro*, nervo (referindo-se às veias alares); *ptera*, asas.
[2] As orientações neste capítulo foram fornecidas por Norman D. Penny.

Superfamília Ithonoidea
    Ithonidae – itonídeos *
Superfamília Hemerobioidea
    Mantispidae – mantispídeos
    Hemerobiidae (incluindo Sympherobiidae) – hemerobiídeos
    Chrysopidae – crisopídeos
    Dilaridae – dilariídeos*
    Berothidae – berotídeos*
    Polystoechotidae – crisopídeos gigantes*
    Sisyridae – sisirídeos
Superfamília Myrmeleontoidea
    Myrmeleontidae – formigas-leão
    Ascalaphidae – ascalafídeos

Duas interpretações um pouco diferentes da venação alar são encontradas nesta ordem, a de Comstock e a de Carpenter e colaboradores. A maior parte dos profissionais atuais, particularmente os que estudam Raphidioptera e Planipennia – seguindo Martynov (1928), Carpenter (1936, 1940) e outros –, acredita que um ramo anterior da veia média (indicado como MA nas figuras) persiste nesta ordem, ramificando-se a partir de M, próximo à base da asa, e usualmente se fusiona com Rs por uma curta distância. As diferenças nestas duas interpretações podem ser resumidas da seguinte forma:

Comstock (1940)	Carpenter et al. (1940)
R_4	R_{4+5}
R_5	MA
Basal r-m	Base de MA
M	MP
M_{1+2}	MP_{1+2}
M_{3+4}	MP_{3+4}
Cu_1	CuA
Cu_2	CuP

Chave para as famílias de Neuroptera

As famílias marcadas com um asterisco (*), nesta chave, são relativamente raras ou têm pouca probabilidade de serem coletadas pelo colecionador amador. Chaves para larvas são fornecidas por Neunzig e Baker (1991) e Tauber (1991a, 1991b).

1.	Asas posteriores mais largas na base que as asas anteriores, com área anal alargada e que se dobra como um leque quando em repouso (Figura 27-1A,B); veias longitudinais geralmente bifurcadas próximo da margem da asa; larvas aquáticas (subordem Megaloptera)	2
1'.	Asas anteriores e posteriores de tamanho e forma semelhantes, asas posteriores sem área anal alargada que se dobra como um leque quando em repouso (Figuras 27-1C,D, 27-2, 27-3, 27-4)	3
2(1).	Ocelos presentes; quarto artículo tarsal cilíndrico; corpo geralmente com 25 mm de comprimento ou mais; asas hialinas ou com áreas esfumaçadas	Corydalidae
2'.	Ocelos ausentes; quarto artículo tarsal dilatado e profundamente bilobado; corpo em geral com menos de 25 mm de comprimento; asas geralmente esfumaçadas	Sialidae
3(1').	Asas relativamente com poucas veias, Rs geralmente com apenas 2 ramos (Figura 27-3A); asas cobertas com pó esbranquiçado; insetos minúsculos	Coniopterygidae*
3'.	Asas com muitas veias, Rs geralmente com mais de 2 ramos (Figuras 27-1C,D, 27-2, 27-3B,C, 27-4); asas não cobertas por pó esbranquiçado; tamanho variável, mas em geral não minúsculos	4
4(3').	Protórax alongado (Figura 27-6)	5
4'.	Protórax de tamanho normal, não alongado	7
5(4).	Pernas anteriores raptoriais, originando-se da extremidade anterior do protórax (Figura 27-6B); insetos semelhantes aos mantídeos (louva-a-deus), amplamente distribuído	Mantispidae
5'.	Pernas anteriores não raptoriais, originando-se da extremidade posterior do protórax (Figura 27-6A); oeste dos Estados Unidos (subordem Raphidioptera)	6
6(5').	Ocelos presentes; estigma na asa anterior com uma veia transversal ; asas posteriores com Cu_2 e 1A fusionadas por uma curta distância, veia basal m-cu transversa (Figura 27-1C)	Raphidiidae
6'.	Ocelos ausentes; estigma na asa anterior sem veia transversal ; asas posteriores com Cu_2 e 1A separadas, veia basal m-cu oblíqua (Figura 27-1D)	Inocelliidae

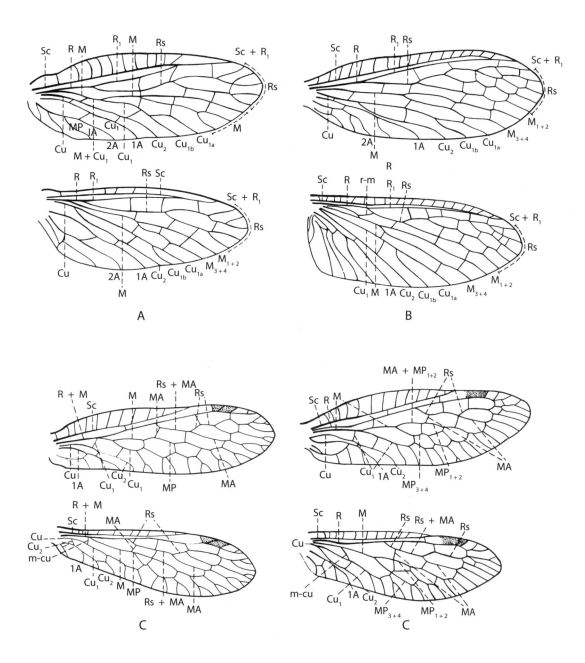

Figura 27-1 Asas de Neuroptera. A, *Sialis* (Sialidae); B, *Nigronia* (Corydalidae); C, *Agulla* (Raphidiidae); D, *Negha* (Inocelliidae). A venação em A e B está indicada de acordo com a interpretação de Comstock (1940) e em C e D de acordo com a interpretação de Carpenter (1936) e colaboradores. MA, mediaanterior; MP, mediaposterior.

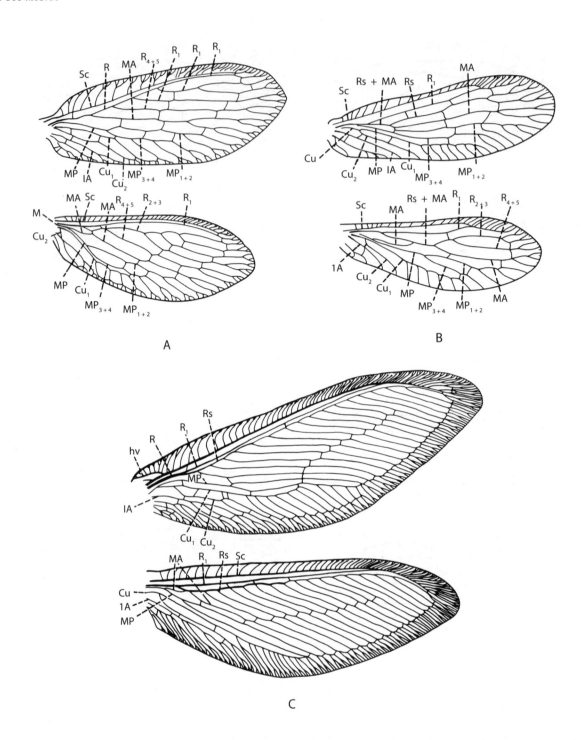

Figura 27-2 Asas de Neuroptera. A, *Ameromicromus* (Hemerobiidae); B, *Climacia* (Sisyridae); C, *Polystoechotes* (Polystoechotidae). A venação está indicada conforme a interpretação de Carpenter (1940) e colaboradores. *hv*, veia umeral ou recorrente; MA, mediaanterior; MP, mediaposterior.

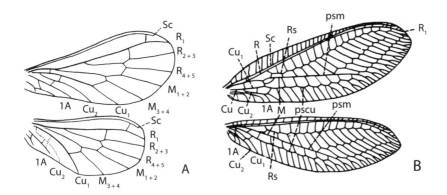

Figura 27-3 Asas de Neuroptera. A, *Coniopteryx* (Coniopterygidae); B, *Chrysopa* (Chrysopidae). A venação está indicada conforme a interpretação de Comstock (1940). *pscu*, pseudocúbito; *psm*, pseudomédia.

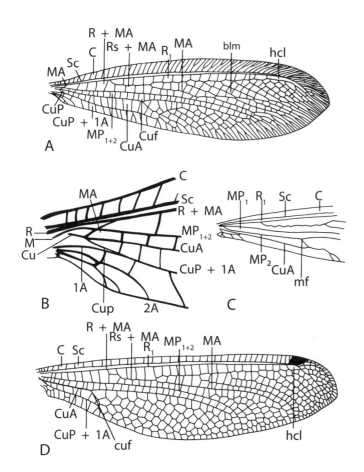

Figura 27-4 Asas de Myrmeleontoidea. A, asa frontal de *Dendroleon* (Myrmeleontidae); B, base da mesma asa apresentada em A, aumentada para mostrar detalhes; C, base da asa posterior de *Dendroleon*, com a maioria das veias transversais não apresentadas; D, asa anterior de um ascalafídeo. *bln*, linha banksiana; *cuf*, bifurcação cubital (bifurcação de CuA); *hcl*, célula hipostigmática ou "truss"; *mf*, bifurcação média (bifurcação de MP_2).

7(4').	Antenas clavadas ou nodosas; insetos com abdômen longo e delgado, que lembram libélulas ou donzelinhas (odonatos zigópteros) quanto ao aspecto geral (Figura 27-7) (superfamília Myrmeleontoidea)	8
7'.	Antenas filiformes, moniliformes ou pectinadas, não clavadas ou nodosas; não lembram libélulas ou donzelinhas (odonatos zigópteros) quanto ao aspecto geral	9
8(7).	Antenas com aproximadamente o mesmo comprimento de cabeça e tórax juntos (Figura 27-7); célula hipostigmática (célula atrás do ponto de fusão de Sc e R_1; Figura 27-4A, hcl) muito longa, com comprimento várias vezes a sua largura; olhos inteiros	Myrmeleontidae

8'.	Antenas tão longas quanto o corpo ou quase; célula hipostigmática curta, com comprimento de no máximo 2 ou 3 vezes a sua largura (Figura 27-4D, hcl); olhos inteiros (Haplogleninae) ou divididos horizontalmente (Ascalaphinae)	Ascalaphidae
9(7').	Pelo menos algumas, e em geral muitas, veias transversais costais bifurcadas (Figura 27-2A,C)	10
9'.	Todas (ou quase todas) as veias transversais costais simples (Figuras 27-2B e 27-3B)	13
10(9).	Asas anteriores aparentemente com 2 ou mais setores radiais (Figura 27-2A: R_2, R_3, R_{4+5})	Hemerobiidae
10'.	Asas anteriores apenas com 1 setor radial, que apresenta 2 ou mais ramos (Figura 27-2C, Rs)	11*
11(10').	Asas anteriores com uma veia umeral recorrente (Figura 27-2C, hv), cerca de 16 mm a 34 mm de comprimento	12*
11'.	Asas anteriores sem veia umeral recorrente, cerca de 9 mm a 13 mm de comprimento	Berothidae*
12(11).	Sc e R_1 na asa anterior fundidas distalmente; Rs na asa anterior com muitos ramos e as veias transversais que as unem formam uma veia razoavelmente distinta; porção basal livre de MA na asa posterior, longitudinal (Figura 27-2C); amplamente distribuídos	Polystoechotidae*
12'.	Sc e R_1 na asa anterior não fundidas distalmente; Rs na asa anterior apenas com alguns ramos e as veias transversais cruzadas que as unem são dispersas, não formam uma veia distinta; porção basal livre de MA na asa posterior, curta e oblíqua; sul da Califórnia	Ithonidae*
13(9').	Sc e R_1 na asa anterior não fundidas próximo do ápice da asa, Rs aparentemente não ramificada (Figura 27-3B); asas, pelo menos quando vivos, esverdeadas; insetos muito comuns	Chrysopidae
13'.	Sc e R_1 na asa anterior fundidas ou separadas apicalmente, Rs aparentemente ramificado (Figura 27-2B); asas não esverdeadas; insetos pouco comuns	14
14(13').	Antenas pectinadas nos machos, filiformes nas fêmeas; fêmea com ovipositor protraído aproximadamente do mesmo comprimento do corpo; asa posterior cerca do mesmo comprimento da asa anterior nos machos e cerca de dois terços do comprimento da asa anterior nas fêmeas; asa anterior medindo cerca de 3 mm a 5,5 mm de comprimento	Dilaridae*
14'.	Antenas filiformes nos dois sexos; fêmea sem ovipositor protraído; asa posterior com parte basal livre de MA presente, longitudinal (Figura 27-2B); asas alongadas-ovais, asa posterior quase do mesmo comprimento da asa anterior; asa anterior medindo cerca de 3,4 mm a 7 mm de comprimento	Sisyridae

Seguimos a interpretação de Comstock nas legendas das figuras de Megaloptera e também a interpretação de Carpenter e colaboradores na interpretação das figuras de outras asas desta ordem.

SUBORDEM **Megaloptera:** Os membros da subordem Megaloptera possuem as asas posteriores mais largas na base que as asas anteriores e esta área anal alargada é dobrada em leque quando em repouso. As veias longitudinais não possuem ramos próximos da margem da asa, como as de muitos outros insetos desta ordem. Os ocelos podem estar presentes ou ausentes. As larvas são aquáticas, com brânquias abdominais laterais e mandíbulas normais (não alongadas e falciformes, como em Planipennia). As pupas não ficam em casulos.

Família **Sialidae – Sialídeos:** Os sialídeos são insetos de cor escura, que medem cerca de 25 mm de comprimento ou menos, e são encontrados próximos à água. Os adultos, em geral, são semelhantes aos coridalídeos, mas são menores e não possuem ocelos. As larvas são aquáticas e costumam ser encontradas sob pedras, em córregos; são predadoras de pequenos insetos aquáticos. As larvas dos sialídeos diferem das de Corydalidae por possuírem um filamento terminal, sete pares de filamentos laterais e por não terem apêndices caudais com ganchos. A *Sialis infumata* Newman é uma espécie comum no leste dos Estados Unidos que mede cerca de 19 mm de comprimento e possui asas esfumaçadas. Existem 24 espécies de sialídeos nos Estados Unidos, todas do gênero *Sialis*.

Família **Corydalidae – Coridalídeos:** Estes insetos são semelhantes aos sialídeos, porém, em geral, são maiores (mais de 25 mm de comprimento), possuem ocelos, corpo mole e o voo é irregular. Geralmente, são encontrados perto da água. Algumas espécies são atraídas pela luz e podem ser encontradas a alguma distância da água. As larvas são aquáticas e vivem sob pedras, em córregos. Diferem das larvas de sialídeos por possuírem um par de apêndices caudais com ganchos, oito pares de filamentos laterais e por não terem filamento terminal. As larvas, às vezes, são chamadas de "hellgrammites" e com frequência são usadas por pescadores como iscas. A ação das mandíbulas pode causar uma mordida dolorosa.

Os maiores insetos deste grupo são *Corydalus* e *Dysmicohermes*, que têm asas anteriores com 50 mm de comprimento ou mais. Uma espécie comum do leste norte-americano (Figura 27-5) possui uma envergadura de cerca de 130 mm, e os machos apresentam mandíbulas extremamente longas.

As menores espécies deste grupo têm asas anteriores com menos de 50 mm de comprimento. A maioria pertence aos gêneros *Chauliodes*, *Neohermes* e *Nigronia*. Alguns possuem asas transparentes, mas outros (espécies de *Nigronia*) têm asas pretas ou esfumaçadas, com algumas pequenas áreas transparentes. As espécies dos gêneros *Chauliodes* e *Nigronia* apresentam antenas serrilhadas ou pectinadas. Nos Estados Unidos, existem 24 espécies em sete gêneros de Corydalidae.

SUBORDEM **Raphidioptera:** Os insetos da subordem Raphidioptera são peculiares porque possuem o protórax alongado, pouco semelhante ao dos Mantispidae, mas as pernas anteriores são semelhantes às outras pernas e se originam da extremidade posterior do protórax (Figura 27-6A). Estes insetos podem elevar a cabeça acima do corpo, de modo muito semelhante a uma cobra preparando o bote. Os adultos são predadores, mas podem capturar apenas presas pequenas e frágeis. A fêmea (que possui um ovipositor longo) deposita os grupos de ovos em rachaduras de cascas de árvores. As larvas são encontradas sob as cascas alimentando-se de pequenos insetos, como pulgões e lagartas. As moscas-serpentes ocorrem apenas em estados do oeste norte-americano.

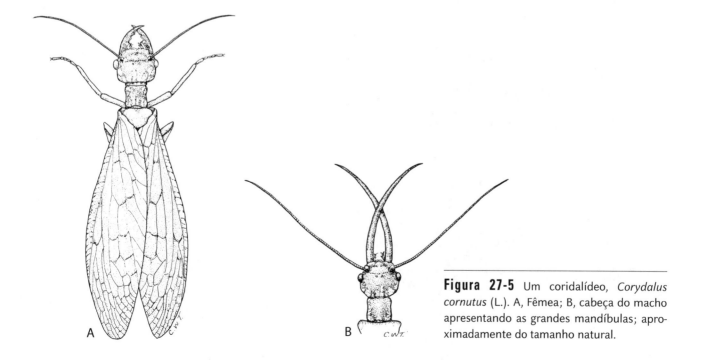

Figura 27-5 Um coridalídeo, *Corydalus cornutus* (L.). A, Fêmea; B, cabeça do macho apresentando as grandes mandíbulas; aproximadamente do tamanho natural.

Família **Raphidiidae:** Esta família é representada na América do Norte por 17 espécies de *Agulla* e duas de *Alena*, que são amplamente distribuídas no oeste, no centro do Texas e Califórnia, seguindo para o norte até a Colúmbia Britânica e Alberta, no Canadá. Variam em tamanho, com as asas anteriores variando de 6 mm a 17 mm de comprimento. As fêmeas são um pouco maiores que os machos.

Família **Inocelliidae:** Este grupo é representado na América do Norte por três espécies de *Negha*, que ocorrem da Califórnia a Nevada, nos EUA, seguindo para o norte até a Colúmbia Britânica, no Canadá. Os inoceliídeos são maiores que a maioria dos rafidiídeos, com a asa anterior variando em comprimento de cerca de 11 mm a 17 mm. Também apresentam antenas mais longas e espessas e pteroestigma maior e mais escuro que o dos rafidiídeos.

SUBORDEM **Planipennia:** Esta subordem inclui os coniopterigídeos, crisopídeos, formigas-leões e ascalafídeos. Alguns pesquisadores incluem apenas estes insetos na ordem Neuroptera. Os adultos não possuem ocelos, as asas anteriores e posteriores (nas espécies norte-americanas) são semelhantes em tamanho e forma e as veias longitudinais das asas têm ramos próximos da margem da asa. As larvas possuem mandíbulas longas e falciformes; o alimento é sugado por um canal formado entre mandíbulas e maxilas. A pupação ocorre dentro de casulo de seda.

Família **Coniopterygidae – Coniopterigídeos:** São insetos minúsculos, medindo cerca de 3 mm de comprimento ou menos e cobertos por pó esbranquiçado. Existem 55 espécies em oito gêneros na América do Norte; a maioria é relativamente rara. As larvas alimentam-se de pequenos insetos e ovos de insetos.

Família **Ithonidae:** Esta família é representada nos Estados Unidos por uma única espécie, pouco comum, *Oliarces clara* Banks, que foi coletada no sul da Califórnia. Este inseto possui uma envergadura de 35 mm a 40 mm e lembra *Sialis* com asas claras. As larvas são escarabeiformes e provavelmente alimentam-se de *Larrea tridentata*, arbusto dos desertos dos Estados Unidos. Os adultos têm comportamento "escalador", podendo ser encontrados em lugares altos quando em perigo durante emergências em massa. Quando vivos, os adultos possuem corpos azuis-esverdeados.

Família **Mantispidae – Mantispídeos:** Lembram os mantídeos (louva-a-deus) por possuírem o protórax alongado e pernas anteriores robustas e adaptadas para agarrar presas (Figura 27-6B). A envergadura das asas é de cerca de 25 mm. As larvas de algumas espécies (como *Plega*) alimentam-se de larvas de vespas e abelhas enquanto as de outras espécies (como *Mantispa* e *Climaciella*) alimentam-se de ovos de aranha. Os mantispídeos apresentam hipermetamorfose; as larvas de primeiro instar são ativas e campodeiformes e as dos instares subsequentes são escarabeiformes. Estes insetos são mais comuns no sul da América do Norte. Catorze espécies, em sete gêneros, são conhecidas nos Estados Unidos.

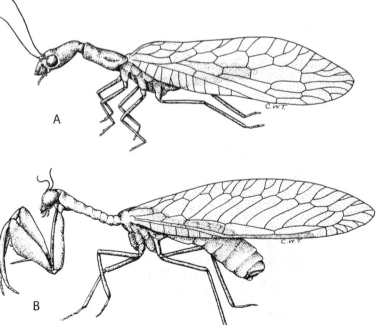

Figura 27-6 A, um rafidiídeo, *Raphidia adnixa* (Hagen); B, um mantispídeo, *Mantispa cincticornis* Banks.

Família **Hemerobiidae** – **Hemerobiídeos:** O aspecto destes insetos lembra o dos crisopídeos comuns (Chrysopidae), mas são castanhos em vez de verdes, menores, e com nervação das asas diferente. Os crisopídeos possuem um setor radial único, distinto, enquanto os hemerobiídeos parecem ter de dois a quatro ou mais (ou seja, duas a quatro veias ramificam-se a partir de R_1). A maioria dos hemerobiídeos parece ter três ou quatro setores radiais. Algumas espécies apresentam uma veia umeral recurvada e ramificada na asa anterior. Os hemerobiídeos são encontrados em áreas arborizadas; são muito menos comuns que os Chrysopidae. Os ovos não pedunculados são depositados sobre plantas e as larvas são predadoras. Esta é a terceira maior família da ordem, com 61 espécies norte-americanas em 6 gêneros.

Família **Chrysopidae** – **Crisopídeos:** Esta é a segunda maior família da ordem, com 84 espécies norte-americanas em 15 gêneros. Seus representantes são insetos comuns que geralmente vivem em gramíneas, plantas herbáceas e folhagens de árvores e arbustos. A maioria é esverdeada, com olhos acobreados. As espécies ocidentais de *Eremochrysa* são castanhas e lembram os hemerobiídeos. Alguns crisopídeos exalam um odor relativamente desagradável quando manipulados. As larvas da maioria das espécies são predadoras, principalmente de pulgões, e algumas vezes são chamadas de "aphidlions" (leões dos pulgões) (Figura 27-9B). Algumas larvas empilham detritos no dorso, carregando-os pelos arredores. Os adultos podem ser predadores (como *Chrysopa*), alimentar-se de pólen (como *Meleoma*) ou de honeydew (como *Eremochrysa*). Os ovos são depositados na folhagem; a fêmea produz um pedúnculo fino e alongado e fixa o ovo em sua extremidade. As larvas empupam no interior de casulos de seda, que são presos na superfície inferior das folhas. No final do outono, os adultos de *Chrysoperla* migram em grande número para a floresta, onde passam o inverno.

Família **Dilaridae** – **Dilarídeos:** Este grupo contém duas espécies norte-americanas raras. *Nallachius americanus* (MacLachlan), que possui MP na asa anterior bifurcada próximo da margem da asa, foi registrada em vários estados do leste da América do Norte, do Michigan até a Geórgia. *Nallachius pulchellus* (Banks), que possui MP na asa anterior bifurcada próximo de sua base, foi registrada em Cuba e no Arizona. Ao contrário da maioria dos Neuroptera, estes insetos repousam com as asas abertas e lembram pequenas mariposas. O ovipositor da fêmea é um pouco mais longo que seu corpo. Os machos possuem antenas plumosas. Os ovos são depositados em fendas ou sob a casca de árvores e as larvas são predadoras.

Família **Berothidae** – **Berotídeos:** Esta família é representada na América do Norte por 10 espécies muito raras do gênero *Lomamyia*. Os adultos são atraídos pela luz à noite. Em algumas espécies, a margem externa da asa anterior é um pouco recortada próximo ao ápice; as fêmeas de algumas espécies possuem escamas nas asas e no tórax. Os ovos são pedunculados e as larvas são predadoras de cupins.

Família **Polystoechotidae** – Estes crisopídeos possuem asas com uma envergadura de 40 mm a 75 mm. São muito raros e apenas duas espécies são conhecidas na América do Norte. A espécie mais comum, *Polystoechotes punctatus* (Fabricius), que é atraída por fumaça, desapareceu da metade leste dos Estados Unidos nos últimos 50 anos por motivos desconhecidos e mesmo no oeste está se tornando mais rara.

Família **Sisyridae** – **Sisirídeos:** Parecem-se muito com os hemerobiídeos. São encontrados perto de lagoas ou córregos, porque as larvas são aquáticas e alimentam-se de esponjas de água-doce. As larvas, quando totalmente desenvolvidas, emergem da água e empupam dentro de casulos de seda que são presos a objetos próximos da água; estes casulos são construídos no interior de coberturas de casulos hemisféricos.

Existem seis espécies de sisirídeos na América do Norte, três em cada um dos gêneros *Climacia* e *Sisyra*. Estes gêneros diferem entre si quanto à bifurcação de Rs. *Climacia* apresenta bifurcação única de Rs, localizada abaixo do pterostigma (Figura 27-2B) enquanto *Sisyra* apresenta duas bifurcações desta veia, localizada bem próxima ao pterostigma. *Climacia* é pálido com marcas escuras, enquanto *Sisyra* é uniformemente marrom-esfumaçado.

Família **Myrmeleontidae** – **Formigas-leão:** Esta é a maior família da ordem, com 92 espécies norte-americanas alocadas em 13 gêneros. Seus representantes são amplamente distribuídos, mas são mais abundantes no sul e oeste e menos comuns na parte norte dos Estados Unidos. Os adultos lembram donzelinhas (odonatos zigópteros), com abdômen longo e delgado (Figura 27-7). Diferem destas por apresentar corpo mais mole, antenas clavadas e relativamente longas e exibir nervação da asa muito diferente (compare as Figuras 27-4A e 10-5). Não são bons voadores e são atraídos pela luz. As asas são transparentes em algumas espécies e, em outras, há manchas irregulares (Figura 27-7).

As larvas de formigas-leão, ou furões, são criaturas arredondadas com mandíbulas longas e falciformes. A maioria (*Acanthoclisini* e *Dendroleontini*) fica aguardando suas presas na superfície do solo (em áreas arenosas) ou enterrada imediatamente abaixo da superfície, ou então realizam a perseguição da presa na superfície.

A maioria das larvas move-se bem tanto para a frente como para trás. Algumas espécies desta família (os

Myrmeleontini) capturam suas presas como uma armadilha de solo. Escondem-se no fundo de uma pequena cova cônica feita na areia ou terra fina e alimentam-se de formigas e outros insetos que caiam nesta armadilha. As covas medem cerca de 35 mm a 50 mm de diâmetro; costumam ser encontradas em locais secos. Nem sempre é fácil remover uma destas larvas de suas covas, porque permanecem imóveis quando perturbadas e, mesmo quando fora das covas, ficam cobertas por uma camada de areia ou terra, passando despercebidas. As larvas da formiga-leão empupam no solo, em casulo feito de areia e seda.

Este grupo contém várias características de venação distintas, algumas das quais têm valor taxonômico: (1) uma bifurcação característica no terço basal da asa (a bifurcação triangular de Comstock), formada pela bifurcação de CuA na asa anterior e de MP_2 na asa posterior; (2) a área de pré-bifurcação (a alça triangular de Comstock), a área entre MP_2 e CuA+1A na asa anterior; (3) a célula hipostigmática (a célula *truss* de Comstock), uma célula longa atrás do ponto de fusão de Sc e R_1 na parte distal da asa (Figura 27-4, hcl), e (4) as veias transversais pré-setoriais, aquelas basais à separação de Rs+MA de R_1, estendendo-se entre Rs+MA e MP na asa anterior e entre Rs+MA e MP_1 na asa posterior. Algumas espécies apresentam uma veia pouco distinta chamada de linha banksiana, estendendo-se longitudinalmente até a metade ou o terço distal da asa (Figura 27-4A, bln).

As espécies norte-americanas de formigas-leões estão organizadas em seis tribos da subfamília Myrmeleontinae: Acanthoclisini, Brachynemurini, Dendroleontini, Gnopholeontini, Myrmeleontini e Nemoleontini. Os Acanthoclisini e Gnopholeontini ocorrem apenas no oeste, porém as outras quatro tribos são amplamente distribuídas. Apenas as larvas de Myrmeleontini constroem armadilhas.

Família **Ascalaphidae – Ascalafídeos:** Estes insetos grandes, semelhantes a libélulas, possuem antenas longas e clavadas. São relativamente comuns no sul e sudoeste, mas são muito raros no norte da América do Norte. A maioria das espécies deposita os ovos em galhos, e após uma semana aproximadamente as larvas descem ao solo, onde vivem junto aos detritos. As larvas de algumas espécies podem ser arborícolas. Algumas larvas cobrem-se com detritos; outras apresentam uma coloração que as tornam pouco evidentes. São predadoras e aguardam as presas com suas grandes mandíbulas bem abertas. O fechamento das mandíbulas sobre a presa aparentemente é desencadeado pelo contato, e a presa em geral é paralisada em segundos pela mordida da larva de um ascalafídeo. A pupação ocorre dentro de um casulo de seda em meio a detritos e dura de algumas semanas a alguns meses. Alguns adultos são diurnos e outros, noturnos. A maioria das espécies norte-americanas voa durante o crepúsculo, chegando a 10 m acima do solo na escuridão completa. O voo dos adultos é eficiente, semelhante ao de uma libélula, com alguns períodos em que o inseto paira no ar e outros em que exibe um voo rápido. Alimentam-se de pequenos insetos e passam grande parte do tempo em repouso, de cabeça para baixo em um ramo vertical, com o corpo projetando-se do ramo em ângulo quase reto – semelhante a um pequeno galho. Aparentemente, não conseguem decolar da posição de repouso e precisam se aquecer por vários minutos, vibrando as asas. Os adultos de algumas espécies desenvolvem algumas cores nas asas poucos dias após a emergência. Existem 6 espécies, em dois gêneros, na América do Norte.

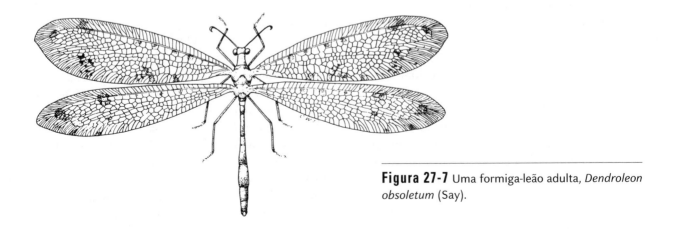

Figura 27-7 Uma formiga-leão adulta, *Dendroleon obsoletum* (Say).

COLETA E PRESERVAÇÃO DE NEUROPTERA

A maioria dos Neuroptera pode ser coletada com uma rede de insetos fazendo-se a varredura da vegetação. Adultos de Sialidae, Corydalidae e Sisyridae são encontrados perto de ambientes aquáticos (lagoas e córregos) nos quais as larvas vivem. O melhor modo para capturar muitos Neuroptera, particularmente os representantes dos grupos menos comuns, é com o uso de luzes. Os Polystoechotidae podem ser capturados fazendo-se fogueiras em locais afastados no final do outono, pois a fumaça é atrativa.

Os Neuroptera adultos são preservados em álcool, alfinetes, triângulos ou envelopes. Todos têm o corpo relativamente mole e, quando alfinetados, com frequência se dilatam ou encolhem, ficando distorcidos. Muitos espécimes alfinetados precisam de algum suporte para o abdômen, pelo menos até secarem. Formas muito pequenas podem ser montadas em triângulos, porém a preservação em álcool é melhor. Formas grandes e alongadas, como mariposas da água e formigas-leão, podem ser preservadas em envelopes.

Referências

Adams, P. A. "New antlions from the southwestern United States (Neuroptera: Myrmeleontidae)", *Psyche*, 63, p. 82–108, 1956.

Aspöck, U. "The present state of knowledge on the Rhaphidioptera of America (Insecta: Neuropteroidea)", *Polskie Pismo Entomol.*, 45, p. 537–546, 1975.

Aspöck, H.; U. Aspöck; H. Rausch. *Die Raphidioptera der Erde. Eine monographische Darstellung der Systematik, Taxonomie, Biologie, Oekologie und Corologie der rezenten Raphidopteren der Erde, mit einer zusammenfassender Uebersicht der fossilen Raphidiopteren (Insecta: Neuropteroidea)*. v. 1 e 2. Krefeld: Goecke and Evers, 1991.

Aspöck, U.; J. D. Plant; H. L. Nemeschkal. "Cladistic analysis of Neuroptera and their systematic position within Neuropterida (Insecta: Holometabola: Neuropterida: Neuroptera)", *Syst. Entomol.*, 26, p. 73–86, 2001.

Banks, N. "Revision of Nearctic Myrmeleontidae", *Bull. Mus. Comp. Zool. Harvard*, 68, p. 1–84, 1927.

Bickley, W. E.; E. G. MacLeod. "A synopsis of the Nearctic Chrysopidae with a key to the genera (Neuroptera)", *Proc. Entomol. Soc. Wash.* 58, p. 177–202, 1956.

Brooks, S. J.; P. C. Barnard. "The green lacewings of the world: a generic revision (Neuroptera: Chrysopidae)", *Bull. Brit. Mus. (Nat. Hist.) Entomol.*, 59, p. 117–286, 1990.

Carpenter, F. M. "Revision of the Nearctic Raphidiodea (recent and fossil)", *Proc. Amer. Acad. Arts Sci.*, 71, 2, p. 89–157, 1936.

Carpenter, F. M. "A revision of the nearctic Hemerobiidae, Berothidae, Sisyridae, Polystoechotidae, and Dilaridae (Neuroptera)", *Proc. Amer. Acad. Arts Sci.*, 74, 7, p. 193–280, 1940.

Carpenter, F. M. "The structure and relationships of *Oliarces* (Neuroptera)", *Psyche,* 58, p. 32–41, 1951.

Chandler, H. P. Megaloptera. In: R. L. Usinger. *Aquatic insects of California.* Berkeley: University of California Press, 1956. p. 229–233.

Comstock, J. H. *An introduction to entomology.* 9. ed. Ithaca: Comstock Publishing, 1940.

Froeschner, R. C. "Notes and keys to the Neuroptera of Missouri", *Ann. Entomol. Soc. Amer.* 40, p. 123–136, 1947.

Glorioso, M. J. "Systematics of the dobsonfly subfamily Corydalinae (Megaloptera: Corydalidae)", *Syst. Entomol.*, 6, p. 253–290, 1981.

Gurney, A. B. "Notes on Dilaridae and Berothidae, with special reference to the immature stages of the Nearctic genera (Neuroptera)", *Psyche*, 54, p. 145–169, 1947.

Gurney, A. B.; S. Parfin. Neuroptera. In: W. T. Edmondson. *Freshwater biology.* Nova York: Wiley, 1959. p. 973–980.

Henry, C. S. "The behavior and life histories of two north american ascalaphids", *Ann. Entomol. Soc. Amer.*, 70, p. 176–195, 1977.

Hoffman, K. M. Mantispidae. In: N. D. Penny. "A guide to the lacewings (Neuroptera) of Costa Rica", *Proc. Calif. Acad. Sci.*, 53, 12, p. 161–457, 2002.

Johnson, J. B.; K. S. Hagen. "A neuropterous larva uses an allomone to attack termites", *Nature,* 289, p. 506–507, 1981.

Lambkin, K. J. "A revision of the Australian Mantispidae (Insecta: Neuroptera) with a contribution to the classification of the family. Parte 1: General and Drepanicinae", *Austral. J. Zool.,*, Suppl. Ser. 116, p. 1–142, 1986a.

Lambkin, K. J. "A revision of the Australian Mantispidae (Insecta: Neuroptera) with a contribution to the classification of the family. Parte 2: Calomantispinae and Mantispinae", *Austral. J. Zool.,* Suppl. Ser. 117, p. 1–113, 1986b.

MacLeod, E. G.; K. E. Redborg. "Larval platymantispine mantispids (Neuroptera: Planipennia): possibly a subfamily of general predators", *Neuroptera Int.,* 2, p. 37–41, 1982.

Martynov, A. "Permian fossil insects of northeast Europe", *Trav. Mus. Geol. Acad. Sci. USSR,* 4, p. 1–117, 1928.

Meinander, M. "A revision of the family Coniopterygidae", *Acta Zool. Fenn.,* 136, p. 1–357, 1972.

Nakahara, W. "Contribution to the knowledge of the Hemerobiidae of western North America (Neuroptera)", *Proc. U.S. Nat. Mus.,* 116, p. 205–222, 1965.

Neunzig, H. H.; J. R. Baker. Order Megaloptera. In: F. W. Stehr. *Immature insects.* v. 2. Dubuque: Kendall/Hunt, 1991. p. 112–122.

Oswald, J. D. "Revision and cladistic analysis of the world genera of the family Hemerobiidae (Insecta: Neuroptera)", *J. N. Y. Entomol. Soc.,* 101, p. 143–299, 1993.

Oswald, J. D.; N. D. Penny. "Genus-group names of the Neuroptera, Megaloptera, and Raphidioptera of the world", *Occ. Pap. Calif. Acad. Sci.* 147, p. 1–94, 1991.

Parfin, S. "The Megaloptera and Neuroptera of Minnesota", *Amer. Midl. Nat.,* 47, 2, p. 421–434, 1952.

Parfin, S.; A. B. Gurney. "The spongillaflies with special reference to those of the western hemisphere (Sisyridae, Neuroptera)", *Proc. U.S. Natl. Mus.* 105, 3360, p. 421–529, 1956.

Penny, N. D.; P. A. Adams; L. A. Stange. "Species catalog of the Neuroptera, Megaloptera, and Rhaphidioptera of America north of Mexico", *Proc. Calif. Acad. Sci.,* 50, p. 39–114, 1997.

Penny, N. D.; C. A. Tauber; T. de Leon. "A new species of *Chrysopa* from western North America with a key to North American species (Neuroptera: Chrysopidae)", *Ann. Entomol. Soc. Amer.,* 93, p. 776–784, 2000.

Redborg, K. E.; E. G. MacLeod. *The developmental ecology of Mantispa uhleri Banks (Neuroptera: Mantispidae).* Champaign: University of Illinois Press, 1985. Ill. Biol. Monogr. n. 53.

Rehn, J. W. H. "Studies in North American Mantispidae (Neuroptera)", *Trans. Amer. Entomol. Soc.,* 65, p. 237–263, 1939.

Ross, H. H. "Nearctic alderflies of the genus *Sialis*", *Ill. Nat. Hist. Surv. Bull,.* 21, 3,, p. 57–78, 1937.

Smith, R. C. "The biology of the Chrysopidae", *N.Y. (Cornell) Agr. Expt. Sta. Mem.,* 58, p. 1285–1377, 1922.

Stange, L. A. "Revision of the antlion tribe Brachynemurini of North America (Neuroptera: Myrmeleontidae)", *Univ. Calif. Publ. Entomol.,* 55, p. 1–192, 1970.

Stange, L. A. "Reclassification of the New World antlion genera formerly included in the tribe Brachynemurini (Myrmeleontidae)", *Insecta Mundi,* 8, p. 67–119, 1994.

Tauber, C. A. "Taxonomy and biology of the lacewing genus *Meleoma* (Neuroptera: Chrysopidae)", *Univ. Calif. Publ. Entomol.,* 58, p. 1–94, 1969.

Tauber, C. A. Order Raphidioptera. In: F. W. Stehr. *Immature insects.* v. 2. Dubuque: Kendall/Hunt, 1991a. p. 123–125.

Tauber, C. A. Order Neuroptera. In: F. W. Stehr. *Immature insects.* v. 2. Dubuque: Kendall/Hunt, 1991b. p. 126–143.

Throne, A. L. "The Neuroptera – suborder Planipennia of Wisconsin. Parte 1: Introduction and Chrysopidae", *Mich. Entomol.* 4, 3, p. 65–78, 1971a.

Throne, A. L. "The Neuroptera – suborder Planipennia of Wisconsin. Parte 2: Hemerobiidae, Polystoechotidae, and Sisyridae", *Mich. Entomol.,* 4, 3, p. 79–87, 1971b.

Withycombe, C. L. "Some aspects of the biology and morphology of the Neuroptera, with special reference to the immature stages and their phylogenetic significance", *Trans. Entomol. Soc. Lond.,* 1924, p. 303–411, 1925.

CAPÍTULO 28

ORDEM HYMENOPTERA[1]
ABELHAS, VESPAS PARASITÁRIAS, FORMIGAS, VESPAS E MOSCAS-DE-SERRA

Do ponto de vista humano, esta ordem provavelmente é a mais benéfica de todas as classes de insetos. Contém muitas espécies que têm valor como parasitas ou predadores de pragas de insetos e inclui os polinizadores de plantas mais importantes, as abelhas. Os Himenóptera constituem um grupo muito interessante em sua biologia, pois exibem uma grande diversidade de hábitos e complexidade de comportamentos, culminando na organização social de vespas, abelhas e formigas.

Os membros alados desta ordem possuem quatro asas membranosas. As asas posteriores são menores que as anteriores e apresentam uma fileira de pequenos ganchos (hâmulos) na margem anterior, pelos quais a asa posterior é fixada em uma dobra na borda posterior da asa anterior. As asas contêm relativamente poucas veias, e algumas formas minúsculas não apresentam nenhuma veia. As peças bucais são mandibuladas, mas em muitos destes insetos, em especial nas abelhas, o lábio e as maxilas formam uma estrutura semelhante a uma língua pela qual o alimento líquido é recolhido (Figura 28-6). As antenas possuem 10 artículos ou mais e em geral são razoavelmente longas. Os tarsos costumam apresentar cinco artículos. O ovipositor é bem desenvolvido, mas, em alguns casos, é modificado em um ferrão, que funciona como órgão de ataque e de defesa. Uma vez que o ferrão é derivado de um órgão ovipositor, apenas as fêmeas podem ferroar. A metamorfose é completa e, na maioria das ordens, as larvas são semelhantes a um coró ou lagarta. As larvas da maioria das moscas-de-serra e das formas relacionadas são eruciformes e diferem das larvas de Lepidoptera por possuírem mais de cinco pares de falsas-pernas, pela ausência de ganchos nestas falsas-pernas e por apresentarem apenas um único par de ocelos. As pupas são exaradas e podem ser formadas em um casulo, no interior do hospedeiro (no caso de espécies parasitárias) ou em câmaras especiais.

O sexo na maioria dos Hymenoptera está associado à fertilização do ovo. Ovos fertilizados originam fêmeas e os não fertilizados originam machos.

CLASSIFICAÇÃO DE HYMENOPTERA

A ordem Hymenoptera era tradicionalmente dividida em duas subordens, os Symphyta (ou Chalastogastra) e os Apocrita. Quase todos os sínfitas são fitófagos. Atualmente, os entomologistas aceitam amplamente a ideia de que os Symphyta sejam, na verdade, um grupo parafilético. Na subordem Apocrita, o segmento basal do abdômen se funde ao tórax e é separado do restante do abdômen por uma constrição. O segmento abdominal fundido ao tórax é chamado de *propódeo*. O tagma locomotor de quatro segmentos resultante é conhecido como *mesossoma* (ou tronco). O tagma posterior é o *metassoma* (ou gáster). Os trocânteres parecem ter um ou dois artículos nos Apocrita e existem no máximo duas células fechadas na base da asa posterior (Figura 28-2). As larvas da maioria das espécies de Apocrita alimentam-se de outros artrópodes, embora fitofagia tenha evoluído várias vezes.

Uma sinopse da ordem Hymenoptera é fornecida na lista a seguir. Ortografias alternativas, sinônimos e outras organizações são fornecidos entre parênteses. A

---
[1] Hymenoptera: *hymeno*, deus do casamento; *ptera*, asas (referindo-se à união das asas anteriores e posteriores por meio de hâmulos).

classificação mais elevada da ordem permanece sujeita a alterações. O arranjo apresentado segue *grosso modo* o de Brothers (1975), Krombein et al. (1979), Rasnitsyn (1980) e Goulet e Huber (1993). Os grupos marcados com um asterisco (*) são relativamente raros ou têm pouca probabilidade de serem encontrados por um colecionador geral.

Superfamília Xyeloidea
    Xyelidae*
Superfamília Megalodontoidea
    Pamphiliidae (Lydidae) – moscas-de-serra enroladoras de folhas e fiandeiras*
Superfamília Tenthredinoidea
    Pergidae (Acorduleceridae)*
    Argidae (Hylotomidae)
    Cimbicidae (Clavellariidae)
    Diprionidae (Lophyridae) – moscas-de-serra das coníferas
    Tenthredinidae – moscas-de-serra comuns
Superfamília Cephoidea
    Cephidae – cefídeos
Superfamília Siricoidea
    Anaxyelidae (Syntexidae, Syntectidae) – anaxielídeos*
    Siricidae (Uroceridae) – vespas-da-madeira gigantes
    Xiphydriidae – vespas-da-madeira*
Superfamília Orussoidea
    Orussidae (Oryssidae, Idiogastra) – vespas-da-madeira parasitárias*
Subordem Apocrita (Clistogastra, Petiolata)
    Superfamília Stephanoidea
        Stephanidae*
    Superfamília Ceraphronoidea
        Megaspilidae (Ceraphronidae em parte, Calliceratidae em parte)
        Ceraphronidae (Calliceratidae em parte)
    Superfamília Trigonalyoidea
        Trigonalyidae (Trigonalidae)*
    Superfamília Evanioidea
        Evaniidae – evaniídeos
        Gasteruptiidae (Gasteruptionidae)
        Aulacidae (Gasteruptiidae em parte)
    Superfamília Ichneumonoidea
        Braconidae (incluindo Aphidiidae)
        Ichneumonidae (incluindo Paxylommatidae = Hybrizontidae)
    Superfamília Mymarommatoidea
        Mymarommatidae*
    Superfamília Chalcidoidea
        Mymaridae – vespas-fadas
        Trichogrammatidae
        Eulophidae (incluindo Elasmidae)
        Tetracampidae*
        Aphelinidae (Eulophidae em parte, Encyrtidae em parte)
        Signiphoridae (Encyrtidae em parte; Thysanidae)*
        Encyrtidae
        Tanaostigmatidae (Encyrtidae em parte) *
        Eupelmidae
        Torymidae (Callimomidae; incluindo Podagrionidae em parte)
        Agaonidae (Agaontidae, Torymidae em parte) – vespas-do-figo*
        Ormyridae
        Pteromalidae (incluindo Cleonymidae em parte, Chalcedectidae, Eutrichosomatidae e Miscogastridae)
        Eucharitidae (Eucharididae, Eucharidae)
        Perilampidae
        Eurytomidae – brocas-de-sementes
        Chalcididae (Chalcidae)
        Leucospidae (Leucospididae)
    Superfamília Cynipoidea
        Ibaliidae*
        Liopteridae*
        Figitidae (Alloxystidae, Eucoilidae, Charipidae, Cynipidae em parte)
        Cynipidae – vespas-galhadoras
    Superfamília Proctotrupoidea
        Pelecinidae
        Vanhorniidae (Proctotrupidae em parte, Serphidae em parte)*
        Roproniidae*
        Heloridae*
        Proctotrupidae (Serphidae)
        Diapriidae (incluindo Ambositridae, Belytidae, Cinetidae)
    Superfamília Platygastroidea
        Scelionidae
        Platygastridae (Platygasteridae)
    Superfamília Chrysidoidea (= Bethyloidea)
        Chrysididae (incluindo Cleptidae) – vespas invasoras
        Bethylidae
        Dryinidae
        Embolemidae (Dryinidae em parte)*
        Sclerogibbidae*
    Superfamília Apoidea
        Sphecidae (incluindo Ampulicidae, Pemphredonidae, Astatidae, Crabronidae, Mellinae, Nyssonidae, Philanthidae) – vespas-pedreiras, vespas-esfecíneas
        Melittidae*
        Colletidae (incluindo Hylaeidae) – abelhas coletíneas e hile

Halictidae – abelhas-do-suor
Andrenidae (incluindo Oxaeidae)
Megachilidae – abelhas-cortadoras-de-folhas
Apidae (incluindo Anthophoridae, Nomadidae, Euceridae, Ceratinidae, Xylocopidae, Bombidae) – abelhas-de-mel, mamangabas, abelhas-das-orquídeas, abelhas parasitas, abelhas-cavadoras e abelhas-carpinteiras
Superfamília Vespoidea
Tiphiidae (incluindo Thynnidae)
Sierolomorphidae*
Sapygidae *
Mutillidae (incluindo Myrmosinae) – formigas-feiticeiras
Bradynobaenidae (Mutillidae em parte)*
Pompilidae (Psammocharidae) – vespas caçadoras de aranhas
Rhopalosomatidae (Rhopalosomidae)*
Scoliidae
Vespidae (incluindo Eumenidae, Masaridae) – vespas de papel, vespas americanas, vespões, vespas construtoras, vespas-oleiras
Formicidae – formigas

CARACTERÍSTICAS UTILIZADAS NA IDENTIFICAÇÃO DE HYMENOPTERA

Venação alar

As características de venação são muito utilizadas para separar diversos grupos de Hymenoptera. Não há muitas veias ou células nas asas de himenópteros, mas a homologação desta venação com a de outras ordens mostrou ser um problema. Existem duas terminologias básicas em uso para a venação de Hymenoptera: um sistema tradicional que utiliza termos específicos para a ordem (Figura 28-3) e um desenvolvido por Ross (1936), que tentou homologar a venação em relação a outros insetos. Neste capítulo, em geral utilizaremos a modificação do sistema de Ross por Richards (1977) para fazer referência às veias (Figuras 28-1, 28-2). Em grupos com uma venação muito reduzida (Chalcidoidea e Proctotrupoidea especialmente), é muito mais simples fazer referência às veias por suas posições relativas (ver Figura 28-16B). Também seguiremos as sugestões de Michener (1944) em relação aos nomes de algumas células e usaremos os termos de posição *células marginais* e *submarginais* (Figura 28-3, *MC, SM*).

Características das pernas

As características das pernas utilizadas na identificação consistem principalmente no número de artículos do trocânter, no número e forma de esporões tibiais e na forma dos artículos tarsais. As moscas-de-serra e algumas superfamílias de Apocrita apresentam dois artículos trocantéricos (Figura 28-26A). De fato, o chamado segundo trocânter é na verdade uma subdivisão basal do fêmur e nunca é articulado distalmente. Nas abelhas (Apoidea), o primeiro artículo do tarso posterior é muito aumentado e achatado e, em alguns casos, pode parecer quase tão grande quanto a tíbia (Figura 28-13B,C).

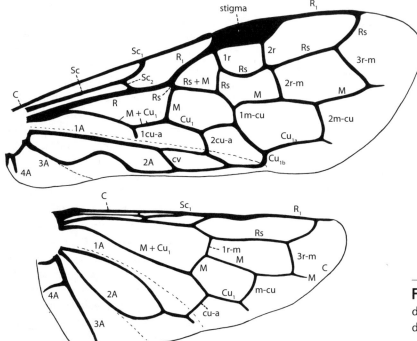

Figura 28-1 Asas de *Acantholyda* (Pamphiliidae) apresentando a terminologia de venação de Richards (1977).

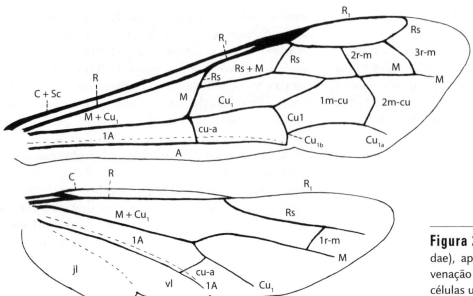

Figura 28-2 Asas de *Myzinum* (Tiphiidae), apresentando a terminologia de venação de Ross (1936) e os nomes das células usadas neste livro.

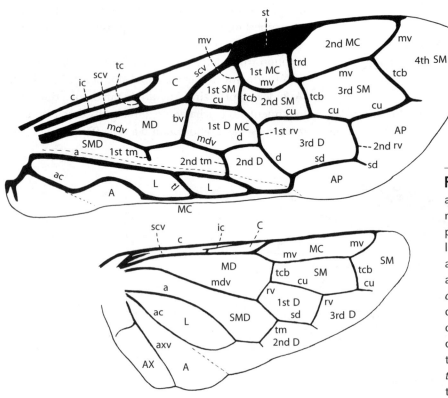

Figura 28-3 Asas de *Acantholyda*, apresentando o antigo sistema de terminologia (as veias são apresentadas por meio de letras minúsculas; as células, por maiúsculas). Veias: *a*, anal; *ac*, acessória, lanceolada ou subanal; *axv*, axilar; *bv*, basal; *c*, costal; *cu*, cubital; *d*, discoidal; *ic*, intercostal; *mdv*, mediana; *mv*, marginal ou radial; *rv*, recorrente; *scv*, subcostal; *sd*, subdiscal ou subdiscoidal; *st*, estigma; *tc*, costal transversa; *tcb*, cubitais transversas; *tl*, lanceolada transversa; *tm*, mediana transversa; *trd*, radial transversa ou marginal transversa. Células: *A*, anal; *AP*, apical ou posterior; *AX*, axilar; *C*, costal; *D*, discoidal; *L*, lanceolada; *MC*, marginal; *MD*, mediana; *SM*, submarginal; *SMD*, submediana. As células basais (asa posterior) são *MD*, *SMD* e *L*.

Em algumas superfamílias, o tamanho e a forma das coxas posteriores podem ajudar a separar as famílias.

Características das antenas

As antenas de Hymenoptera variam em forma, número de segmentos e localização na face. Em Apocrita, o número de artículos antenais e, em alguns casos, a forma das antenas podem diferir nos dois sexos. Na maioria dos aculeados, o macho possui 13 artículos antenais e a fêmea, 12. Nas formigas, as antenas são muito mais distintamente geniculadas nas rainhas e operárias que nos machos. Em Chalcidoidea, o flagelo antenal pode ser considerado como consistindo em três seções (Figura 28-22B): uma clava apical (*cva*), os segmentos anulares basalmente (*rg*) e o funículo entre os dois (*fun*). A clava é formada por um a três segmentos que são reconhecidos por sua associação próxima e não necessariamente por qualquer expansão. Os segmentos anulares (ou anéis) são segmentos minúsculos e reduzidos, às vezes visíveis apenas com um microscópio composto. A chave refere-se ao número de segmentos do funículo, que, em geral, são muito mais longos que os segmentos anulares e facilmente diferenciados deles. Em alguns casos, onde não estiver claro se um segmento representa um grande segmento anular ou um pequeno segmento funicular, este deve ser incluído na contagem do último.

Características torácicas

As características torácicas usadas na identificação de Hymenoptera envolvem principalmente a forma do pronoto e de alguns escleritos e sulcos mesotorácicos. A forma do pronoto, quando visto de cima, diferencia algumas famílias de moscas-de-serra, e sua forma vista lateralmente diferencia grupos de superfamílias de Apocrita. O pronoto em Apocrita pode parecer mais ou menos triangular em perfil, estendendo-se quase até as tégulas ou muito próximo a elas (Figura 28-4C: Stephanoidea, Ceraphronoidea, Ichneumonoidea, Cynipoidea, Evanioidea, Proctotrupoidea, Platygastroidea e alguns Vespoidea), um pouco quadrado e não chegando a atingir as tégulas (Figura 28-4A,B: Trigonalyoidea, Chrysidoidea, Chalcidoidea, alguns Vespoidea) ou curto e semelhante a um colarinho, com um pequeno lobo arredondado em cada lado (Figuras 28-4D e 28-10: Apoidea).

Alguns Apocrita (por exemplo, Chalcidoidea) apresentam um prepecto triangular distinto na parede lateral do mesotórax (Figura 28-4A, *pp*). A presença ou ausência de notaulos (Figura 28-4A, *nt*, às vezes chamados de *sulcos parapsidais*) e a forma das axilas (Figura

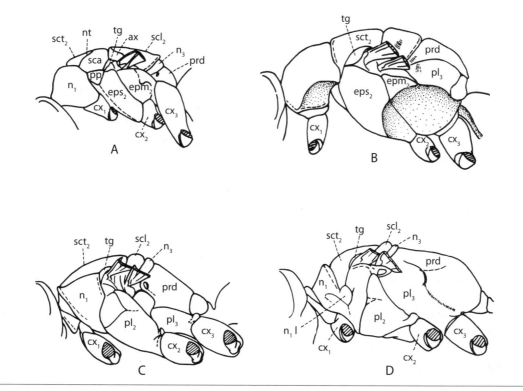

Figura 28-4 Estruturas mesossomáticas em Hymenoptera, vista lateral. A, Calcidoidea (Torymidae); B, vespa invasora (Chrysididae); C, vespa de papel (Vespidae); D, Sphecidae. *ax*, axila; *cx*, coxa; *emp*, epímero; *eps*, episterno; *n*, noto; *n₁l*, lobo pronotal; *nt*, notaulo; *pl*, pleura; *pp*, prepecto; *prd*, propódeo; *sca*, escápula; *scl*, escutelo; *sct*, escudo; *tg*, tégula.

28-4A, *ax*) com frequência servem para diferenciar famílias relacionadas. A maioria das moscas-de-serra (todas com exceção de Cephidae) apresenta um par de cencros dorsais sobre ou atrás do metanoto. Estes consistem em estruturas arredondadas e ásperas, que criam áreas escamosas de contato na parte posterior das asas anteriores e mantêm as asas no local quando estão dobradas sobre o corpo.

Características abdominais

Nas superfamílias Ichneumonoidea, Stephanoidea, Cynipoidea e Chalcidoidea, o ovipositor emerge do metassoma anteriormente até o ápice, na superfície ventral, e não fica retraído no corpo quando não utilizado (Figura 28-5A). Na maioria dos outros Apocrita, o ovipositor emerge do ápice do metassoma e fica retraído do corpo quando não utilizado (Figura 28-5B). A forma do metassoma ou do pecíolo pode diferenciar grupos relacionados em algumas superfamílias.

Outras características

Em algumas vespas, a forma dos olhos compostos difere nas diferentes famílias, com as margens internas ou medianas algumas vezes fortemente emarginadas. As estruturas das peças bucais usadas para separar os grupos de Hymenoptera correspondem principalmente à forma das mandíbulas e à estrutura da língua (ver Figura 28-6). A língua (lábio) fornece algumas características excelentes para identificar abelhas e deve ser estendida quando os espécimes estão frescos e ainda flexíveis. A cabeça e as características torácicas que envolvem a forma dos escleritos e sulcos são fáceis de visualizar, exceto quando o espécime é muito pequeno ou muito piloso. No último caso, pode ser necessário separar ou remover os pelos. Características como tamanho, forma ou cor do inseto fornecem meios fáceis de identificação em muitos grupos. "Minúsculo" significa 2 mm de

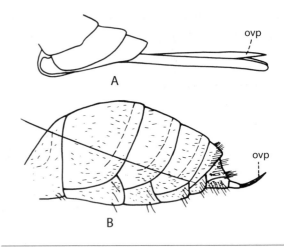

Figura 28-5 Posição do ovipositor em Hymenoptera. A, último esternito dividido ventralmente, o ovipositor emergindo da parte anterior até o ápice do abdômen (Ichneumonidae); B, último esternito não dividido ventralmente, o ovipositor emergindo do ápice do abdômen (Sphecidae). *ovp*, ovipositor.

comprimento ou menos; pequeno significa 2 mm a 7 mm de comprimento.

As principais dificuldades que provavelmente serão encontradas para se identificar um espécime pela chave, nesta ordem, são causadas pelo pequeno tamanho de alguns deles. Com isso, pode ser muito difícil enxergá-los – ou são tão pouco esclerotizados que podem se desmanchar quando secos. Os espécimes maiores não devem causar muita dificuldade. Incluímos aqui uma chave para todas as famílias de Hymenoptera representadas nos Estados Unidos e no Canadá, embora tenhamos noção de que o estudante terá algumas dificuldades para identificar os espécimes menores com esta chave. As contagens pelo número de antenômeros e tarsômeros são realizadas de forma mais adequada iluminando-se o espécime de baixo para cima, de modo que a estrutura seja vista em silhueta. Grupos relativamente raros ou de tamanho pequeno e com pouca probabilidade de ser encontrados e mantidos por um estudante iniciante estão marcados com um asterisco (*).

Chave para as famílias de Hymenoptera[2]

Em geral, o sistema de terminologia de venação usado por Richards (1977; Figura 28-1) é empregado nesta chave. Exceto quando indicado de outro modo, todas as características de venação referem-se à asa anterior. Para espécies com venação muito reduzida, são utilizados os termos de posição indicados na Figura 28-16B. As células são denominadas de acordo com a veia que forma seu limite anterior e continuamos a usar os termos *células submarginais* e *marginais*. As células usadas na chave estão marcadas nas figuras.

---

[2] Agradecemos aqui a generosa e significativa contribuição para a chave de G. A. P. Gibson, para a porção de Chalcidoidea, e de J. B. Whitfield, para abelhas.

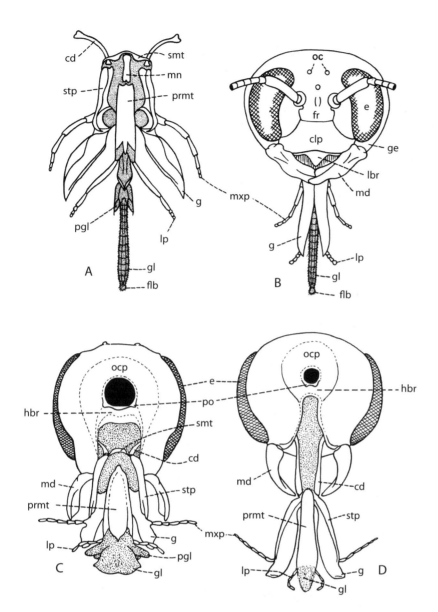

Figura 28-6 Estrutura cefálica e peças bucais de abelhas. A, peças bucais de *Xylocopa* (Apidae, Xylocopinae), vista posterior; B, mesma espécie, vista anterior; C, peças bucais de *Hylaeus* (Colletidae, Hylaeinae), vista posterior; D, peças bucais de *Sphecodes* (Halictidae), vista posterior. *cd*, cardo; *clp*, clípeo; *e*, olho composto; *flb*, flabelo; *fr*, fronte; *g*, gálea; *ge*, gena; *gl*, glossa; *hbr*, ponte hipostomal; *lbr*, labro; *lp*, palpo labial; *md*, mandíbula; *mn*, mento; *mxp*, palpo maxilar; *oc*, ocelo; *ocp*, occipício; *pgl*, paraglossa; *po*, pós-occipício; *prmt*, pré-mento; *smt*, submento; *stp*, estipe.

O número de células marginais ou submarginais refere-se ao número de células fechadas. Nenhuma chave satisfatória para os níveis de família ou abaixo dele está disponível para a abordagem de todas as larvas de Hymenoptera, porém Evans (1987) fornece as chaves mais atualizadas para a maioria dos grupos. Estas são especialmente úteis para larvas de moscas-de-serra.

| 1. | Base do abdômen amplamente unida ao tórax (Figuras 28-32 a 28-34), primeiro tergo abdominal dividido longitudinalmente (exceto em Orussidae e raramente em Tenthredinidae), é raro que estas metades sejam fundidas juntas, porém a linha de fusão é visível; tórax com 2 pares de espiráculos, localizados perto das bases das asas e não visíveis dorsalmente; trocanteres com 2 artículos; asas posteriores quase sempre com pelo menos 3 células basais fechadas (B na Figura 28-7); cencros presentes (exceto Cephidae); corpo nunca menor que 2 mm (moscas-de-serra) | 2 |

1'.	Base do abdômen aparente (o metassoma) contraída, mais ou menos peciolada; primeiro tergo abdominal verdadeiro incorporado no tórax funcional (mesossoma), portanto este com 3 pares de espiráculos, sendo o par posterior claramente visível dorsalmente; trocanteres com 1 ou 2 artículos; asas posteriores com 2 ou menos células basais fechadas (Figuras 28-2, 28-11, 28-12, 28-16, 28-17, 28-25, 28-30A-C); cencros ausentes; raramente metassoma evidentemente conectado ao mesossoma em espécies minúsculas (subordem Apocrita)	13
2(1).	Antenas inseridas sob uma crista frontal ampla abaixo dos olhos, logo acima das peças bucais; 1 célula submarginal (Figura 28-7D)	Orussidae*
2'.	Antenas inseridas acima da base dos olhos, perto da metade da face; 1 a 3 células submarginais	3
3(2').	Tíbia anterior com 1 esporão apical	4
3'.	Tíbia anterior com 2 esporões apicais	7
4(3).	Pronoto em vista dorsal mais largo que longo e mais curto ao longo da linha média do que lateralmente; mesonoto com 2 sulcos diagonais estendendo-se anterolateralmente a partir da margem anterior do escutelo; abdômen terminando em uma placa ou espinho em forma de lança localizado dorsalmente	Siricidae
4'.	Pronoto em vista dorsal em forma de U ou mais ou menos trapezoide; mesonoto sem sulcos diagonais; abdômen não termina em lança ou espinho localizado dorsalmente	5
5(4').	Pronoto em vista dorsal em forma de U, margem posterior profundamente curvada e muito curta ao longo da linha média; célula costal e também veia Sc_2 presentes (Figura 28-7B); abdômen cilíndrico	Xiphydriidae
5'.	Pronoto em vista dorsal não tem forma de U, margem posterior reta ou apenas discretamente curvada; célula costal presente ou ausente; veia Sc_2 ausente; abdômen mais ou menos achatado lateralmente	6
6(5').	Célula costal presente e distinta; esporão apical nas tíbias anteriores pectinado na margem interna; pronoto em vista dorsal muito mais largo que longo; Califórnia e Óregon	Anaxyelidae*
6'.	Célula costal ausente ou muito estreita (Figura 28-7A); esporão apical nas tíbias anteriores não pectinado na margem interna; pronoto em vista dorsal com comprimento aproximadamente igual à largura ou mais longo; amplamente distribuídos	Cephidae
7(3').	Antenas com 3 segmentos, terceiro segmento muito longo (Figura 28-8E), algumas vezes em forma de U.	Argidae

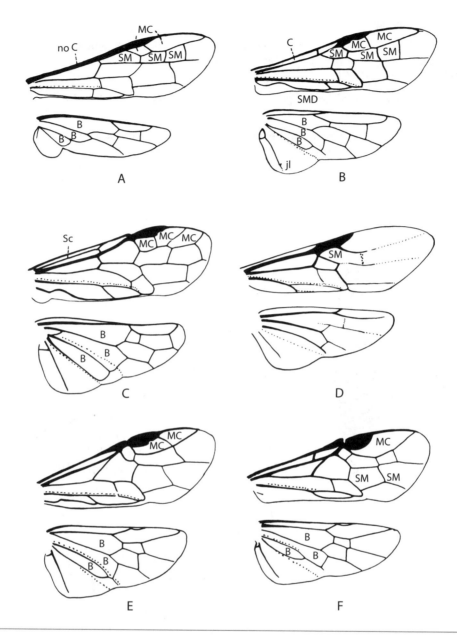

Figura 28-7 Asas de Symphyta. A, Cephidae (*Cephus*); B, Xiphydriidae (*Xiphydria*); C, Xyelidae (*Macroxyela*); D, Orussidae (*Orussus*); E, Tenthredinidae (*Dolerus*); F, Tenthredinidae (*Amauronematus*). *B*, célula basal; *C*, célula costal; *MC*, célula marginal; *sc*, veia subcostal; *SM*, célula submarginal.

7'.	Antenas com mais de 3 artículos	8
8(7').	Terceiro artículo antenal muito longo, mais longo que os artículos seguintes combinados (Figura 28-8D); 3 (raramente 2) células marginais e veia Sc presentes (Figura 28-7C)	Xyelidae*
8.	Terceiro artículo antenal curto (Figura 28-8A-C); 1 ou 2 células marginais (Figura 28-7E,F); veia Sc ausente	9
9(8').	Antenas clavadas, com 7 segmentos ou menos (Figura 28-8A); moscas-de-serra grandes e robustas que lembram mamangabas (Figura 28-32A)	Cimbicidae

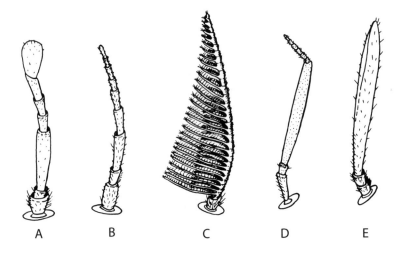

Figura 28-8 Antenas de Symphyta. A, Cimbicidae (*Cimbex*); B, Tenthredinidae (*Leucopelmonus*); C, macho de Diprionidae (*Neodiprion*); D, Xyelidae (*Macroxyela*); E, Argidae (*Arge*).

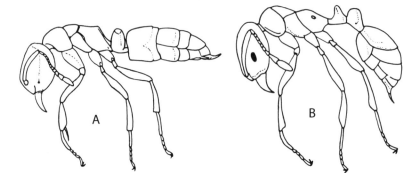

Figura 28-9 Formigas operárias. A, Ponerinae (*Ponera*); B, Myrmicinae (*Solenopsis*).

9'.	Antenas filiformes (Figura 28-8B), serrilhadas ou pectinadas (Figura 28-8C), rara e discretamente clavadas	10
10(9').	Antenas com 6 artículos; margem anterior do escutelo mais ou menos reta	Pergidae*
10'.	Antenas com mais de 6 artículos; margem anterior do escutelo em forma de V (Figura 28-32B,C)	11
11(10').	Veias Sc e Cu$_1$ e veia transversal cu-a geralmente presentes (Figura 28-1); antenas com 13 artículos ou mais	Pamphiliidae*
11'.	Veias Sc e Cu$_1$ ausentes e veia transveral cu-a presente (Figura 28-7E,F); antenas variáveis	12
12(11').	Antenas com 7 a 10 artículos e, em geral, filiformes (Figura 28-10B); 1 ou 2 células marginais (Figura 28-7E,F)	Tenthredinidae
12'.	Antenas com 13 artículos ou mais e serrilhadas ou pectinadas (Figura 28-8C); 1 célula marginal	Diprionidae
13(1').	Primeiro segmento metassomático (às vezes, os dois primeiros segmentos metassomáticos) possuindo uma corcova ou nodo e claramente diferenciado do restante do metassoma (Figuras 28-9, 28-65); antenas geralmente geniculadas, pelo menos nas fêmeas, com o primeiro artículo longo; pronoto mais ou menos quadrado em vista lateral, em geral não atingindo as tégulas (Figuras 28-9, 28-65); muitas vezes ápteros	Formicidae
13'.	Primeiro segmento metassomático diferente da descrição anterior, ou antenas não geniculadas; pronoto variável	14
14(13').	Asas bem desenvolvidas	15
14'.	Asas vestigiais ou ausentes	16
15(14).	Pronoto com um lobo arredondado em cada lado posteriormente que não atinge a tégula (Figuras 28-4D, 28-10); venação completa ou quase (Figuras 28-11, 28-12) (Apoidea)	16

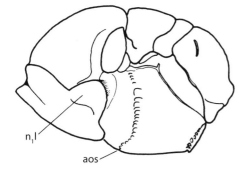

Figura 28-10 Mesossoma de *Hylaeus* (Colletidae, Hylaeinae); vista lateral. *aos*, sulco oblíquo anterior no mesepisterno; n_1l, lobo pronotal.

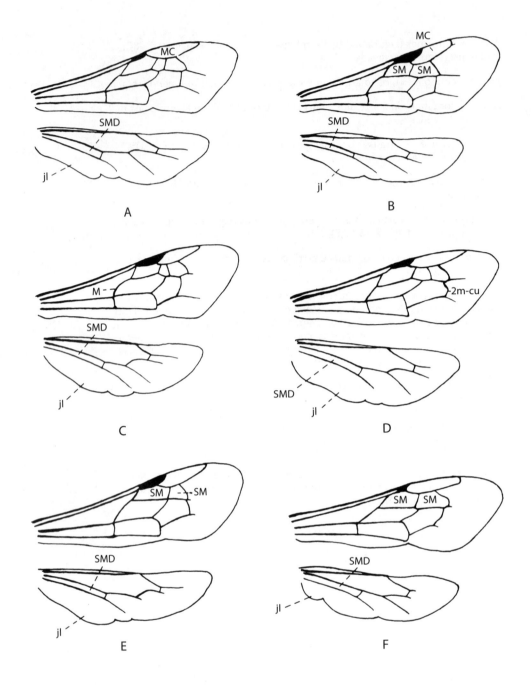

Figura 28-11 Asas de Apoidea. A, *Andrena* (Andrenidae, Andreninae); B, *Panurga* (Andrenidae, Panurginae); C, *Sphecodes* (Halictidae, Halictinae); D, *Colletes* (Colletidae, Colletinae); E, *Hylaeus* (Colletidae, Hylaeinae); F, *Coelioxys* (Megachilidae, Megachilinae). *jl*, lobo jugal; *MC*, célula marginal; *SM*, células submarginais.

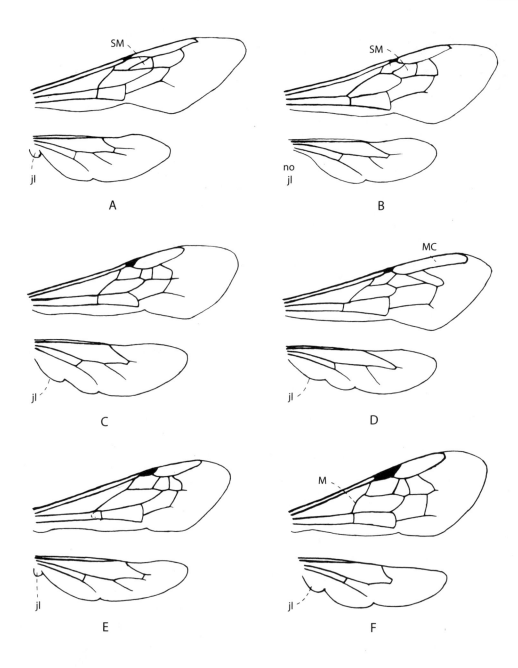

Figura 28-12 Asas de Apoidea. A, *Xylocopa* (Apidae, Xylocopinae); B, *Bombus* (Apidae, Apinae); C, *Melissodes* (Apidae, Apinae); D, *Apis* (Apidae, Apinae); E, *Nomada* (Apidae, Nomadinae); F, *Ceratina* (Apidae, Xylocopinae). *jl*, lobo jugal; *MC*, célula marginal; *SM*, segunda célula submarginal.

15'.	Pronoto sem um lobo arredondado em cada lado posteriormente (Figura 28-4A-C), se este lobo estiver presente (como na Figura 28-28), atinge (ou quase) a tégula; venação variável, algumas vezes muito reduzida	22
16(15).	Corpo relativamente glabro, com todos os pelos corporais não ramificados; primeiro artículo do tarso posterior semelhante em largura e espessura aos demais artículos e não mais longo que os demais tarsômeros combinados (Figura 28-13A); metassoma com frequência peciolado; margem posterior do pronoto (em vista dorsal) quase sempre reta	Sphecidae
16'.	Corpo em geral relativamente piloso, com pelo menos alguns pelos corporais (em especial no mesossoma) ramificados ou plumosos; primeiro artículo do tarso posterior mais largo que os demais artículos e com o mesmo comprimento ou mais longo que os demais tarsômeros combinados (Figura 28-15B-D); metassoma não peciolado; margem posterior do pronoto (em vista dorsal) mais ou menos arqueada	17
17(16').	Lobo jugal na asa posterior do mesmo comprimento ou maior que a célula M+Cu$_1$ (Figura 28-11A-E, *jl*); gáleas e glossa curtas	18
17'.	Lobo jugal na asa posterior mais curto que a célula M+Cu$_1$ ou ausente (Figuras 28-11F, 28-12); gáleas e glossa geralmente longas	20
18(17).	Glossa truncada, bilobulada apicalmente (Figura 28-6C); sulco oblíquo anterior presente no mesepisterno (Figura 28-10, *aos*); fronte com um sulco subantenal encontrando a superfície interna do alvéolo antenal (como na Figura 28-14C, *sas*)	Colletidae
18'.	Glossa pontiaguda ou um pouco arredondada apicalmente, não bilobulada (Figura 28-6A,B,D); sulco oblíquo anterior com frequência ausente no mesepisterno; fronte com um ou dois sulcos subantenais	19
19(18').	Asa anterior com o primeiro ramo livre de M fortemente arqueado (Figura 28-11C); fronte com 1 sulco subantenal encontrando a superfície interna do alvéolo antenal (como na Figura 28-14C); sulco oblíquo anterior presente no mesepisterno (como na Figura 28-10; *aos*); fóveas faciais ausentes	Halictidae

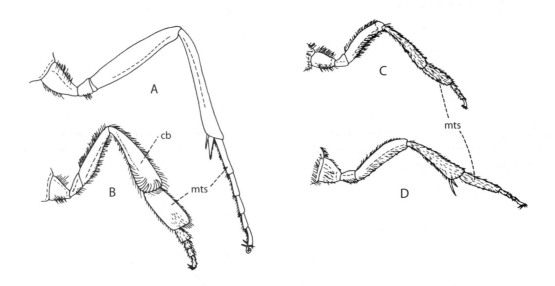

Figura 28-13 Pernas posteriores de Sphecoidea (A) e Apoidea (B-D). A, *Sphex* (Sphecidae); B, *Apis* (Apidae); C, *Andrena* (Andrenidae); D, *Nomada* (Apidae). *cb*, corbícula; *mts*, primeiro artículo tarsal (metatarso).

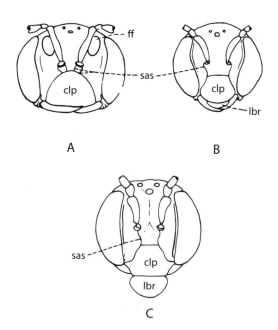

Figura 28-14 Cabeças de abelhas, vista anterior. A, Andrenidae (*Andrena*); B, Megachilidae (*Osmia*); C, Apidae (*Doeringiella*, Nomadinae). *clp*, clípeo; *ff*, fóvea facial; *lbr*, labro; *sas*, sulco subantenal.

19'.	Asa anterior com o primeiro ramo livre de M reto ou levemente arqueado (Figura 28-11A,B,D-F); fronte com 2 sulcos subantenais, um de cada lado do alvéolo antenal (Figura 28-14A); sulco oblíquo anterior quase sempre ausente no mesepisterno; fóveas faciais, pelo menos nas fêmeas, presentes e distintas, com frequência revestidas por uma lanugem densa e semelhante a feltro (Figura 28-14A)	Andrenidae
20(17').	Gáleas e glossa curtas ("língua" relativamente curta); artículos dos palpos labiais semelhantes e cilíndricos (como na Figura 28-6D)	Melittidae
20'.	Gáleas e glossa alongadas ("língua" comprida); primeiros 2 artículos dos palpos labiais alongados e um pouco achatados para formar uma bainha para a "língua" (Figura 28-6A,B)	21
21(20').	Asa anterior com 2 células submarginais (Figura 28-11F); labro mais longo que largo, porém apresentando uma ampla articulação com o clípeo; sulcos subantenais encontrando a superfície externa dos alvéolos antenais (Figura 28-14B); escopa, quando presente, no metassoma	Megachilidae

21'.	Asa anterior com 3 células submarginais (Figura 28-12A, B), raramente 2; caso haja 2, segunda célula submarginal será muito mais curta que a primeira; labro mais largo que longo ou com uma articulação estreita com o clípeo; sulcos subantenais encontrando as superfícies internas dos alvéolos antenais (Figura 28-14C); escopa, quando presente, em geral nas pernas posteriores (raramente, também no metassoma)	Apidae
22(15')	Venação discreta a consideravelmente reduzida, asas anteriores com 5 ou menos células fechadas e asas posteriores sem células fechadas (Figuras 28-16, 28-17, 28-25G)	23
22'.	Venação completa ou quase, asas anteriores com 6 ou mais células fechadas e asas posteriores com pelo menos 1 célula fechada (Figuras 28-25A-F,H, 28-27)	83
23(22).	Pronoto em vista lateral mais ou menos triangular e estendendo-se até as tégulas ou quase (Figura 28-4C); asas posteriores quase sempre sem um lobo jugal	24
23'.	Pronoto em vista lateral mais ou menos quadrado, não chegando a atingir as tégulas (Figura 28-4A,B); as formas com 3 ou mais células fechadas nas asas anteriores em geral apresentam um lobo jugal nas asas posteriores	46
24(23).	Metassoma originado no propódeo entre as bases das coxas posteriores ou apenas discretamente acima delas (como na Figura 28-15A-C); antenas variáveis	25
24'.	Metassoma originado no propódeo bem acima das bases das coxas posteriores (Figura 28-15D-F); antenas com 13 ou 14 artículos	84
25(24).	Asa anterior com célula marginal bem desenvolvida e veia costal ausente basalmente, sem estigma evidente (Figura 28-16A)	26
25'.	Asa anterior sem célula marginal (como na Figura 28-16B-E, 28-17A,E) ou veia costal presente basalmente (Figura 28-17B-D,F-H); estigma frequentemente presente	33

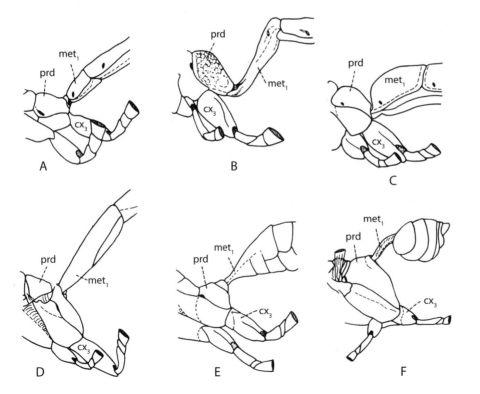

Figura 28-15 Base do metassoma em Hymenoptera Parasitica. A, Ichneumonidae; B, Ichneumonidae; C, Braconidae; D, Gasteruptiidae; E, Aulacidae; F, Evaniidae. met_1, primeiro segmento metassomático; cx_3, coxa posterior; prd, propódeo.

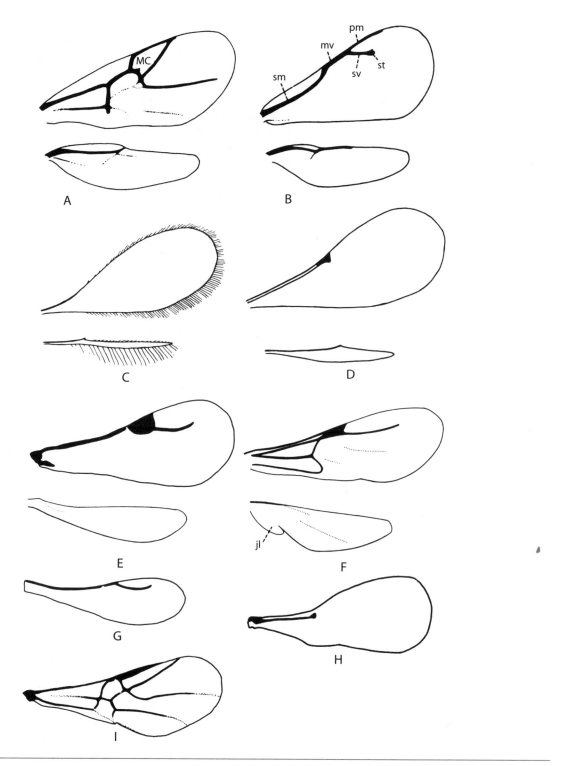

Figura 28-16 Asas de Hymenoptera. A, Cynipidae; B, Perilampidae; C, Mymaridae; D, Diapriidae (Diapriinae); E, Megaspilidae; F, Bethylidae; G, Ceraphronidae; H, Platygastridae; I, Ichneumonidae (Paxyllomatinae). *jl*, lobo jugal; *mv*, veia marginal; *pm*, veia pós-marginal; *sm*, veia submarginal; *st*, estigma; *sv*, veia estigmal.

26(25).	Primeiro artículo do tarso posterior com o dobro do comprimento dos outros artículos combinados, segundo artículo com um processo longo na superfície externa estendendo-se até a ponta do quarto tarsômero (Figura 28-17B); metassoma comprimido, mais longo que a cabeça e o mesossoma combinados; antenas com 13 artículos nas fêmeas e 15 artículos nos machos; 7 mm a 16 mm de comprimento	Ibaliidae*
26'.	Primeiro artículo dos tarsos posteriores muito mais curto, segundo artículo sem um processo longo na superfície externa; antenas variáveis, mas, em geral, com 13 artículos nas fêmeas e 14 nos machos; com 8 mm de comprimento ou menos	27
27(26').	Em vista lateral, tergo 4 ou 5 do metassoma maior que os outros segmentos	Liopteridae
27'.	Em vista lateral, tergo 2 ou 3 do metassoma maior que os demais	28
28(27',110).	Superfície dorsal do escutelo com elevação arredondada ou oval ou quilha no centro (Figura 28-17D); primeiro ramo de Rs bem mais longo que o primeiro ramo livre de M; segundo tergo metassomático mais longo que o terceiro; antenas com 11 a 16 artículos, em geral com 13 artículos nas fêmeas e 15 nos machos	Figitidae
28'.	Superfície dorsal do escutelo diferente da descrição anterior; venação, tergos metassomáticos e antenas variáveis	29
29(27').	Segundo tergo metassomático estreito, em forma de língua, mais curto que o terceiro (Figura 28-17C); primeiro ramo de Rs bem mais longo que o primeiro ramo livre de M	Figitidae*
29'.	Segundo tergo metassomático não apresenta forma de língua, ou (alguns Cynipinae) em forma de língua, mas muito mais longo que o terceiro	30

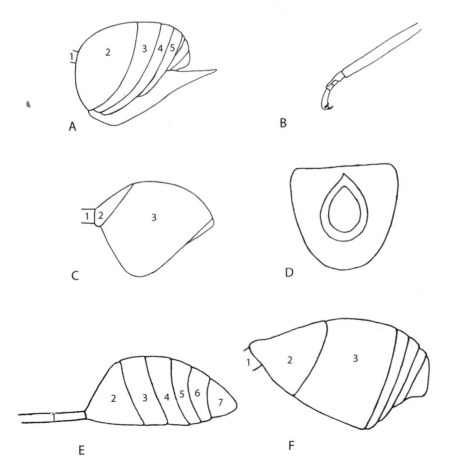

Figura 28-17 Caracteres de Cynipoidea. A, metassoma de *Diplolepis* (Cynipidae); B, tarso posterior de *Ibalia* (Ibaliidae); C, metassoma de *Callaspida* (Figitidae); D, escutelo de Figitidae (Eucoilinae), vista dorsal; E, metassoma de *Anacharis* (Anacharitinae); F, metassoma de Figitinae (Figitidae). Os tergitos metassomáticos estão numerados.

30(29').	Pecíolo do metassoma alongado, em visão lateral mais longo que largo; cabeça distintamente mais larga que o mesossoma	Figitidae
30'.	Pecíolo curto ou oculto; cabeça tão larga ou mais estreita que o mesossoma	31
31(30').	Pronoto dorsalmente com uma placa medial diferenciada; carena genal bem desenvolvida; escutelo algumas vezes prolongado em um espinho	Figitidae
31'.	Superfície superior do pronoto sem placa medial separada; carena genal fraca ou ausente; escutelo sem espinho posterior	32
32(31').	Cabeça lisa; tíbias médias e posteriores, em geral, com 1 esporão apical; garra tarsal sem dente basal	Figitidae
32'.	Cabeça com uma escultura grosseira; tíbias médias e posteriores com 2 esporões apicais; garra tarsal em geral com dente basal	Cynipidae
33(25').	Veia costal presente na porção basal da asa anterior e célula costal ausente (Figura 28-16I, 28-18E)	34
33'.	Veia costal ausente basalmente ou célula costal bem desenvolvida	35
34(33).	Tergos metassomáticos 2 e 3 fundidos; Rs e M separadas basalmente de 2r (Figura 28-18E)	Braconidae
34'.	Tergos metassomáticos 2 e 3 separados e sobrepostos; veias Rs e M não separadas até além de 2r (Figura 28-16I)	Ichneumonidae*
35(33',110').	Tíbia anterior com 2 esporões apicais; venação altamente reduzida: nenhuma célula fechada na asa anterior, veia estigmal distintamente arqueada na direção da margem costal, veia marginal estendendo-se da base da asa, veia submarginal ausente (Figura 28-16E,G) (veias raramente ausentes completamente) (Ceraphronoidea)	36
35'.	Tíbia anterior com 1 esporão apical; venação variável, veia submarginal presente; em formas com venação reduzida, a veia estigmal, se presente, é reta ou curvada para longe da margem costal	37
36(35).	Tíbia média com 2 esporões apicais; grande esporão apical na tíbia anterior bifurcado apicalmente; antenas com 11 artículos nos dois sexos; estigma da asa anterior geralmente grande, semicircular (Figura 28-16E) (raramente linear ou asas sem veias em machos de Lagynodinae)	Megaspilidae
36'.	Tíbia média com 1 esporão apical; grande esporão da tíbia anterior não bifurcado apicalmente; antenas da fêmea com 9 ou 10 artículos, antenas dos machos com 10 ou 11 artículos; estigma da asa anterior linear, parecendo semelhante à veia marginal, mas separado desta por uma fratura distinta (Figura 28-16G) (estigma e veia estigmal raramente ausentes)	Ceraphronidae
37(35',90).	Alvéolos antenais separados da margem do clípeo distintamente em mais de 1 diâmetro do alvéolo (Figura 28-19C, 28-50)	38
37'.	Alvéolos antenais contíguos com a margem dorsal do clípeo ou separados deste por menos de 1 diâmetro do alvéolo (Figura 28-19A,B)	43
38(37).	Antenas com 10 artículos; asas posteriores com lobo jugal	Embolemidae*
38'.	Antenas com 11 a 16 artículos; asas posteriores sem lobo jugal (Figuras 28-16D, 28-25G)	39
39(38').	Basitarso da perna posterior distintamente mais curto que os artículos seguintes; asa anterior com Rs bifurcada apicalmente (Figura 28-18A)	Pelecinidae
39'.	Basitarso da perna posterior distintamente mais longo que os artículos seguintes; asa anterior com Rs não bifurcada ou totalmente ausente	40
40(39').	Primeiro artículo antenal distintamente alongado, comprimento de pelo menos 2,5 vezes a largura; antenas geralmente originadas em uma saliência distinta (Figura 28-50); estigma ausente ou muito pequeno (Figuras 28-16D, 28-25G)	Diapriidae
40'.	Primeiro artículo antenal curto, quase sempre com o comprimento 2,2 vezes a largura; saliência antenal ausente; estigma presente (Figuras 28-18D,F-H)	41

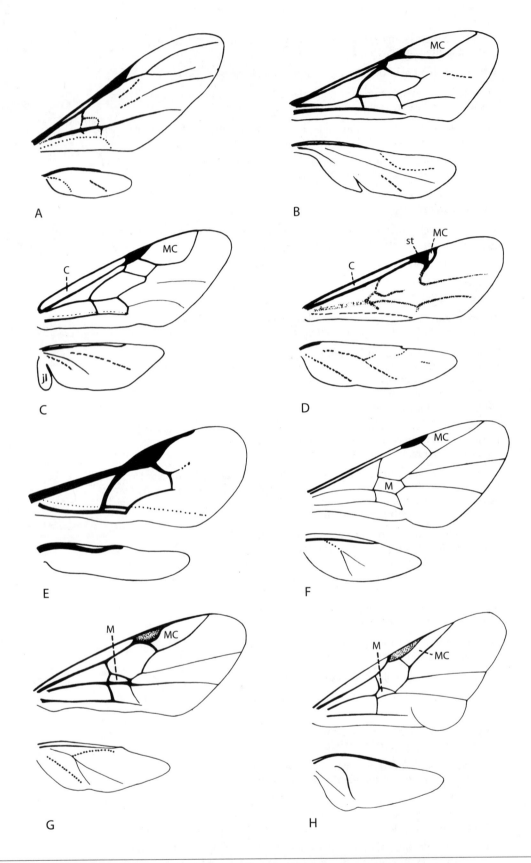

Figura 28-18 Asas de Hymenoptera. A, Pelecinidae; B, Chrysididae; C, Evaniidae; D, Proctotrupidae; E, Braconidae (Aphidiinae); F, Roproniidae; G, Vanhorniidae; H, Heloridae. *C*, célula costal; *jl*, lobo jugal; *M*, célula medial; *MC*, célula marginal; *st*, estigma.

ORDEM HYMENOPTERA 479

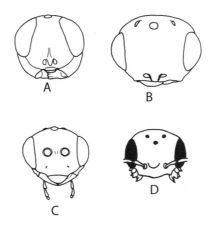

Figura 28-19 Estrutura cefálica em Platygastroidea e Proctotrupoidea, vista anterior. A, Scelionidae; B, Platygastridae; C, Proctotrupidae; D, Vanhorniidae.

41(40').	Antena com 13 artículos; célula medial não definida; célula marginal muito estreita (Figura 28-18D)	Proctotrupidae
41'.	Antena com 14 ou 16 artículos; célula medial definida (Figura 28-18F,H, M); célula marginal alongada (Figura 28-18F,H)	42
42(41').	Antena com 16 artículos (incluindo 1 artículo anular minúsculo após o pedicelo); metassoma discretamente mais largo que alto; em vista lateral, tergos desiguais em altura em relação aos esternos; célula medial triangular (Figura 28-18H, M)	Heloridae
42'.	Antena com 14 artículos (sem artículo anular); metassoma fortemente comprimido lateralmente; em vista lateral, os tergitos muito mais altos que os esternos; célula medial poligonal (Figura 28-18F, M)	Roproniidae
43(37').	Primeiro artículo antenal curto e robusto, comprimento menos de 2 vezes a largura; antena com 13 artículos; mandíbulas com as extremidades apontando para fora e amplamente separadas quando fechadas (Figura 28-19D); asa anterior com estigma espesso, célula marginal fechada (Figura 28-18G)	Vanhorniidae
43'.	Primeiro artículo antenal longo e delgado, com o comprimento distintamente maior que 2,5 vezes a largura; antena nunca com 13 artículos; mandíbulas normais, em contato ou cruzadas quando fechadas; asa anterior sem estigma, célula marginal nunca fechada	44
44(43').	Segundo tergo metassomático distintamente mais longo que todos os outros, várias vezes mais longo que o tergo 3	45
44'.	Tergo 2 não distintamente mais longo que outros, no máximo de comprimento desigual ao tergo 3	Scelionidae
45(44).	Asa anterior com veia estigmal e, em geral, pós-marginal; antenas com 11 ou 12 artículos, raramente 10 artículos	Scelionidae
45'.	Asa anterior sem veia estigmal ou pós-marginal (Figura 28-16H), muitas vezes totalmente sem veias; antena com 10 artículos ou menos	Platygastridae
46(23').	Venação muito reduzida (como na Figura 28-16B), as asas posteriores sem uma incisão separando o lobo jugal ou vanal; antenas geniculadas; mesossoma com um prepecto distinto (Figura 28-4A, pp); trocanteres geralmente com 2 artículos (Chalcidoidea)	47
46'.	Asas com mais veias, asas posteriores geralmente com um lobo (jugal ou vanal) separado por uma incisão distinta (Figuras 28-16F, 28-18B); antenas geralmente não geniculadas; trocanteres, em geral, com 1 artículo (Chrysidoidea)	80
47(46).	Fêmures posteriores muito volumosos e geralmente denteados ou denticulados na parte de baixo (Figura 28-20E); tíbias posteriores arqueadas	48
47'.	Fêmures posteriores não volumosos ou apenas discretamente volumosos e não denteados na parte de baixo ou com apenas 1 ou 2 dentes	51

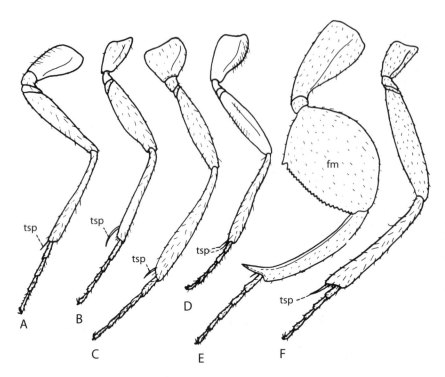

Figura 28-20 Pernas de Chalcidoidea. A, perna anterior, Eulophidae; B, perna anterior, Pteromalidae; C, perna posterior, Pteromalidae; D, perna posterior, Eurytomidae; E, perna posterior, Chalcididae; F, perna média, Encyrtidae. *fm*, fêmur; *tsp*, esporão tibial.

48(47).	Prepecto reduzido e estreito, ou quase totalmente oculto; ângulos laterais do pronoto quase atingindo a tégula; cor preta, marrom ou amarela, nunca metálica	49
48'.	Prepecto de tamanho normal, triangular, separando distintamente o pronoto da tégula; cor variável, com frequência metálica	50
49(48).	Asas anteriores dobradas longitudinalmente quando em repouso; ovipositor curvado para cima sobre o dorso da fêmea; tégulas alongadas	Leucospidae
49'.	Asas anteriores não dobradas longitudinalmente; ovipositor dirigido posteriormente; tégula oval, não alongada	Chalcididae
50(48').	Margens internas dos olhos divergindo ventralmente; antenas inseridas distintamente abaixo das margens inferiores dos olhos; corpo achatado	Pteromalidae
50'.	Margens internas dos olhos paralelas; antenas inseridas perto ou distintamente acima das margens inferiores dos olhos; corpo convexo (Podagrioninae)	Torymidae
51(47', 112').	Tarsos com 3 artículos; pubescência alar com frequência organizada em fileiras; insetos minúsculos	Trichogrammatidae
51'.	Tarsos com 4 ou 5 artículos; pubescência alar geralmente não organizada em fileiras; tamanho variável	52
52(51').	Pecíolo do metassoma com 2 segmentos, alongado; superfície da asa anterior com reticulações em forma de malha; espécies minúsculas de cor pálida, menos de 1 mm de comprimento	Mymarommatidae*
52'.	Pecíolo metassomático de 1 segmento ou metassoma séssil; asa anterior normal, geralmente com cerdas, sem reticulações; tamanho e cor variáveis	53
53(52').	Bases das antenas amplamente separadas, inseridas mais perto dos olhos que entre si; fronte com um sulco transversal distinto acima das inserções antenais e um par de sulcos longitudinais ao longo das margens medianas dos olhos (Figura 28-21); espécies pequenas a minúsculas, em geral com menos de 1 mm de comprimento	Mymaridae

Figura 28-21 Estrutura cefálica em Mymaridae.

53'.	Inserções antenais mais próximas entre si que dos olhos; fronte sem sulcos; tamanho variável	54
54(53').	Tarsos com 4 artículos	55
54'.	Tarsos com 5 artículos	60
55(54).	Funículo antenal com 4 artículos ou menos (Figura 28-22A,C)	56
55'.	Funículo antenal com 5 artículos ou mais (Figura 28-25B)	59
56(55).	Coxa posterior muito aumentada e achatada; superfície externa das tíbias posteriores com cerdas curtas e escuras organizadas em linhas em zigue-zague ou formando outro padrão distinto; asas anteriores estreitas; antenas dos machos ramificadas	Eulophidae
56'.	Coxa posterior de tamanho quase igual ao da coxa média; superfície externa da tíbia posterior sem cerdas formando um padrão; asas anteriores e antenas do macho variáveis	57
57(56').	Mesopleura convexa; clava antenal longa e não articulada (e flagelo parecendo ter 1 artículo) ou corpo minúsculo (< 1 mm)	58

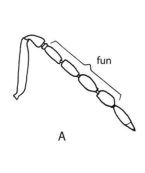

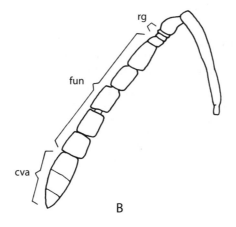

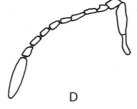

Figura 28-22 Antenas de Chalcidoidea. A, Eulophidae; B, Pteromalidae; C, Trichogrammatidae; D, Mymaridae. *cva*, clava; *fun*, funículo; *rg*, segmentos anulares.

57'.	Mesopleura com sulco bem desenvolvido para recepção do fêmur médio; clava antenal curta e dividida em 2 ou 3 artículos; corpo raramente < 1 mm	Eulophidae
58(57).	Axilas encontrando-se ao longo da linha média dorsal do mesotórax; notaulos ausentes; pequeno, porém > 1 mm de comprimento	Encyrtidae*
58'.	Axilas separadas medialmente; notaulos presentes; minúsculos (< 1 mm)	Aphelinidae*
59(55').	Em geral, notaulos ausentes; mesopleura convexa; esporão tibial médio longo, espesso; segmento basitarsal médio geralmente densamente setáceo na parte de baixo; machos e fêmeas; grandes, grupo muito comum	Encyrtidae
59'.	Notaulos completos; mesopleura com sulco para recepção do fêmur médio; esporão tibial médio curto, fino; basitarso "normal"; apenas machos	Tetracampidae*
60(54')	Cabeça longa, oblonga, com um sulco longitudinal profundo na parte de cima (Figura 28-44A); pernas anteriores e posteriores robustas, tíbias muito mais curtas que os fêmures, perna média mais delgada (fêmeas; Flórida, Califórnia, Arizona)	Agaonidae*
60'.	Cabeça e pernas diferentes da descrição anterior	61
61(60').	Funículo antenal com 4 artículos ou menos	62
61'.	Funículo antenal com 5 artículos ou mais	64
62(61).	Axilas não separadas do escutelo, formando juntas uma faixa transversal estreita que atravessa o mesossoma; propódeo com uma área triangular mediana; tíbia média com esporões laterais	Signiphoridae
62'.	Axilas distintamente separadas do escutelo; propódeo sem uma área triangular distinta; tíbia média apenas com esporões apicais	63
63(62').	Axilas contíguas medialmente; notaulos ausentes	Encyrtidae
63'.	Axilas amplamente separadas medialmente; notaulos presentes	Aphelinidae
64(61').	Mesopleura grande e convexa, geralmente sem um sulco femoral; esporão apical da tíbia média muito grande e robusto	65
64'.	Mesopleura com um sulco para recepção dos fêmures (Figuras 28-23D, 28-24); esporão apical da tíbia média não aumentado	67
65(64).	Coxas médias inseridas na frente da linha média da extensão da mesopleura e quase contíguas com as coxas frontais; prepecto plano; axilas mais largas que longas e encontrando-se medialmente	Encyrtidae
65'.	Coxas médias inseridas distintamente atrás da linha média da extensão da mesopleura e amplamente separadas das coxas anteriores; raramente com as coxas médias inseridas perto da linha média da extensão da mesopleura; nestes casos, o prepecto é fortemente protuberante, cobrindo a margem posterior da mesopleura; axilas não se encontram medianamente ou são mais longas que largas	66
66(65').	Prepecto inflado e cobrindo a porção posterior do pronoto (especialmente aparente quando visto de baixo); mesossoma compacto; Flórida, Califórnia, Arizona	Tanaostigmatidae *
66'.	Prepecto plano, não se projetando sobre o pronoto; mesossoma em geral alongado; amplamente distribuído	Eupelmidae
67(64').	Mandíbulas falciformes, com 1 ou 2 dentes na superfície interna; mesossoma fortemente elevado (Figura 28-23D); axilas contíguas e às vezes formando uma faixa transversal anteriormente ao escutelo; escutelo às vezes grande e projetado posteriormente; metassoma comprimido, segundo segmento muito grande	Eucharitidae*
67'.	Mandíbulas robustas, não falciformes, e com 3 ou 4 dentes no ápice; mesossoma não elevado; axilas separadas e triangulares; escutelo e metassoma de forma variável	68

ORDEM HYMENOPTERA 483

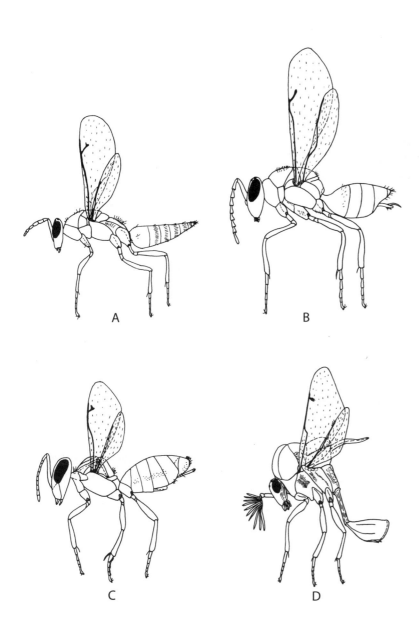

Figura 28-23 Chalcidoidea. A, Eulophidae; B, Encyrtidae; C, Eupelmidae; D, Eucharitidae.

68(67').	Metassoma dorsalmente com fileiras transversas de fóveas profundas ou com crênulas transversais fortemente desenvolvidas; metassoma da fêmea cônico e alongado; do macho, oblongo; cercos curtos, sésseis; tíbias posteriores com 2 esporões apicais ou com esporão interno distintamente mais longo que o externo e curvado ou os dois muito longos	Ormyridae
68'	Metassoma sem estas características; tíbias posteriores com 1 ou 2 esporões, estes relativamente retos e curtos, com frequência de difícil visualização	69
69(68').	Prepecto fundido com o pronoto ou fixado rigidamente a este e à porção anterior do mesepisterno; metassoma com pecíolo muito pequeno e pouco evidente, primeiros 2 tergos grandes fundidos dorsalmente e cobrindo pelo menos a metade do metassoma, metassoma parecendo curto e triangular em visão lateral (Figura 28-24B); mesossoma em geral grosseiramente pontilhado, robusto	Perilampidae

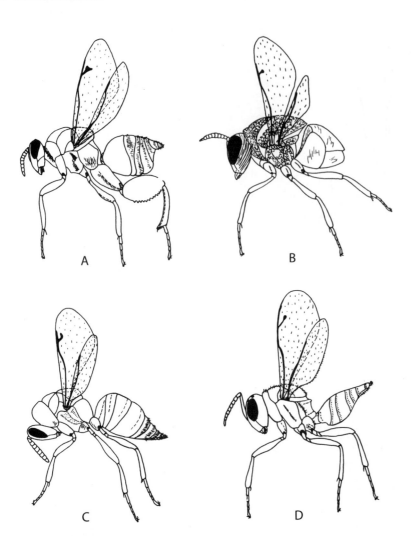

Figura 28-24 Chalcidoidea. A, Chalcididae; B, Perilampidae; C, Eurytomidae; D, Pteromalidae.

69'.	Prepecto presente como um esclerito independente, não fundido ao pronoto; metassoma com tergos 2 e 3 independentes (com exceção de alguns Pteromalidae); mesossoma geralmente com escultura fina dorsalmente, se grosseiramente pontilhado, então mais longo que alto	70
70(69').	Fêmeas; metassoma com bainhas ovipositoras do mesmo comprimento que o mesossoma e o metassoma combinados ou maiores, ou metassoma com bainhas ovipositoras e tergos apicais muito alongados para formar uma "cauda" distinta	Torymidae
70'.	Machos e fêmeas; tergos metassomáticos apicais não alongados, bainhas ovipositoras distintamente mais curtas que o comprimento combinado do mesossoma e do metassoma	71
71(70').	Fêmeas; bainhas ovipositoras com pelo menos um terço do comprimento das tíbias posteriores, com frequência mais longas; cercos alongados, em forma de pino; coxa posterior muito mais larga que as coxas frontais, mais ou menos triangular no corte transversal	Torymidae
71'.	Tanto machos quanto fêmeas; bainhas ovipositoras mais curtas; cercos muito curtos, pouquíssimo elevados sobre a superfície do metassoma; coxa posterior de tamanho desigual ao da coxa anterior, mais ou menos circular em corte transversal	72

72(71').	Machos; asa anterior com veia pós-marginal muito mais curta que a veia marginal, comprimento quase igual em relação à veia estigmal; coxas posteriores muito maiores que as coxas anteriores, mais ou menos triangulares no corte transversal; margens internas dos olhos paralelas em vista frontal	Torymidae
72'.	Machos e fêmeas; venação da asa anterior diferente da descrição anterior; coxas posteriores variáveis; se grandes e triangulares em corte transversal, então margens internas dos olhos divergindo ventralmente	73
73(72').	Colar do pronoto (porção posterior, excluindo a parte anterior estreitada, semelhante ao pescoço) pelo menos com a metade do comprimento do mesoscuto, alongado ou retangular em visão dorsal	74
73'.	Colar pronotal com menos da metade do comprimento do mesoscuto ou pronoto com os lados convergentes, em forma de sino	78
74(73).	Estigma da asa anterior com expansão nodosa evidente; funículo com 7 segmentos; prepecto grande, triangular	Torymidae
74'.	Estigma geralmente não muito aumentado; caso seja, então funículo com 6 segmentos grandes ou menos e prepecto pequeno e pouco evidente	75
75(74').	Cabeça ou corpo de cor parcialmente metálica	76
75'	Cabeça e corpo totalmente não metálicos	77
76(75).	Funículo com 5 segmentos; propódeo deprimido ou com sulco longitudinal medialmente	Eurytomidae
76'.	Funículo com no máximo 5 artículos ou propódeo uniformemente convexo ou achatado	Pteromalidae
77(75').	Antenas inseridas nas margens inferiores dos olhos ou acima; funículo geralmente com 6 artículos ou menos; se houver mais, propódeo com sulco longitudinal medialmente	Eurytomidae
77'.	Antenas inseridas abaixo das margens inferiores dos olhos; funículo com 7 segmentos ou propódeo achatado ou convexo, em geral com carina longitudinal medialmente	Pteromalidae
78(73').	Esporão tibial anterior curto, reto, com aproximadamente um quarto do comprimento do basitarso; propódeo distintamente setáceo medialmente; pronoto com comprimento do mesoscuto ou mais longo	Tetracampidae*
78'.	Esporão tibial anterior geralmente curvado distintamente; se não, então no máximo um quarto do comprimento do basitarso; propódeo nu; pronoto em geral distintamente mais curto que o mesoscuto	79
79(78').	Machos; esporão apical das tíbias médias longas, delgadas; ápice da tíbia frontal com 1 ou mais espinhos curtos e robustos no esporão tibial do lado oposto; sulco femoral na mesopleura com minúscula escultura reticular; mesopleura em geral com linha leve estendendo-se anteriormente a partir da coxa média	Eupelmidae
79'.	Machos e fêmeas; esporão apical da tíbia média curto e ápice da tíbia anterior sem espinhos; se de outro modo, sulco femoral da mesopleura com escultura grosseira, reticular ou pontilhada e linhas leves ausentes	Pteromalidae
80(46').	Antenas com 22 artículos ou mais e originadas em um ponto baixo na face; Arizona (machos)	Sclerogibbidae*
80'.	Antenas com 10 a 13 artículos	81
81(80').	Antenas com 10 artículos; tarsos anteriores da fêmea geralmente em forma de tenazes	Dryinidae*
81'.	Antenas com 12 ou 13 artículos; tarsos anteriores não têm forma de tenazes	82
82(81').	Metassoma com 3 a 5 tergos visíveis, o último muitas vezes denteado apicalmente; cabeça não alongada; corpo geralmente azul ou verde-metálico e grosseiramente esculpido	Chrysididae

82'.	Metassoma com 6 ou 7 tergos visíveis; cabeça geralmente oblonga e alongada; corpo preto	Bethylidae
83(22').	Metassoma originado no propódeo bem acima das bases das coxas posteriores (Figura 28-15D-F)	84
83'.	Metassoma originado no propódeo entre as bases das coxas posteriores ou apenas discretamente acima delas (como na Figura 28-15A-C)	87
84(24',83).	Asas posteriores com lobo jugal distinto (Figura 28-17C); metassoma curto, oval a circular e comprimido, com um pecíolo cilíndrico (Figura 28-15F)	Evaniidae
84'.	Asas posteriores sem um lobo jugal distinto (Figura 28-31E,F); metassoma alongado	85
85(84').	Protórax longo e semelhante a um pescoço; venação geralmente completa, asas anteriores com um estigma (Figura 28-25E,F); antenas com 14 artículos; comprimento superior a 8 mm; amplamente distribuídos	86
85'.	Protórax não é longo e não tem forma de pescoço; venação reduzida, muito semelhante à Figura 28-16A, asas anteriores sem estigma; antenas com 13 artículos nas fêmeas e 14 nos machos; comprimento menor que 8 mm; Texas	Liopteridae
86(85).	Uma veia transversal m-cu ou nenhuma e 1 célula submarginal ou nenhuma (Figura 28-25E); em geral preto, com antenas relativamente curtas	Gasteruptiidae
86'.	Duas veias transversais m-cu e 1 ou 2 células submarginais (Figura 28-25F); em geral, pretos com metassoma avermelhado, e antenas relativamente longas	Aulacidae
87(83').	Trocânter posterior com 2 artículos (Figura 28-26A), com o artículo distal às vezes pouco definido, raramente os trocanteres com 1 artículo; antenas com 14 artículos ou mais; asas posteriores sem um lobo jugal (Figura 28-25A-D); ovipositor variável, mas algumas vezes longo, com metade do comprimento do metassoma ou mais, e permanentemente protruso (Figura 28-5A)	88
87'.	Trocanteres posteriores com 1 artículo (Figura 28-26B); antenas geralmente com 12 artículos nas fêmeas e 13 nos machos; asas posteriores geralmente com um lobo jugal (Figura 28-27); ovipositor curto, emergindo do ápice do metassoma (geralmente como um ferrão) e retraído no metassoma quando não estiver em uso (Figura 28-5B)	92
88(87).	Cabeça um pouco esférica, separada em um pescoço longo e apresentando uma coroa de dentes; célula costal geralmente presente, porém estreita; 1 célula submarginal ou nenhuma; fêmea com um ovipositor longo; comprimento acima de 10 mm	Stephanidae*
88'.	Cabeça diferente da descrição anterior; venação, tamanho e ovipositor variáveis	89
89(88').	Célula costal presente (Figura 28-25D); ovipositor muito curto	90
89'.	Célula costal ausente (Figura 28-25A-C); ovipositor com frequência longo	91
90(89).	Venação um pouco reduzida, com no máximo 1 célula submarginal; antenas com 14 ou 15 artículos	37*

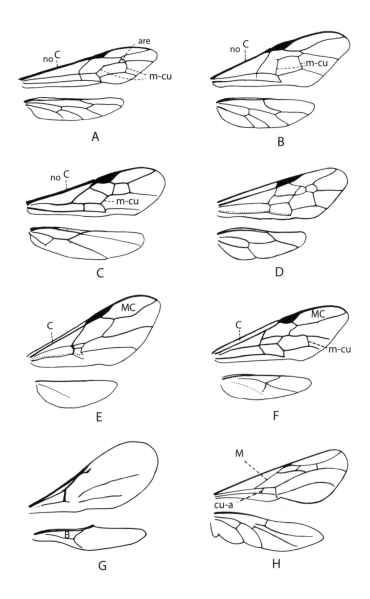

Figura 28-25 Asas de Hymenoptera. A, Ichneumonidae (*Megarhyssa*); B, Ichneumonidae (*Ophion*); C, Braconidae; D, Trigonalyidae; E, Gasteruptiidae; F, Aulacidae; G, Diapriidae (Belytinae); H, Rhopalosomatidae (*Rhopalosoma*). *are*, areoleta; *B*, célula basal; *C*, célula costal; *MC*, célula marginal.

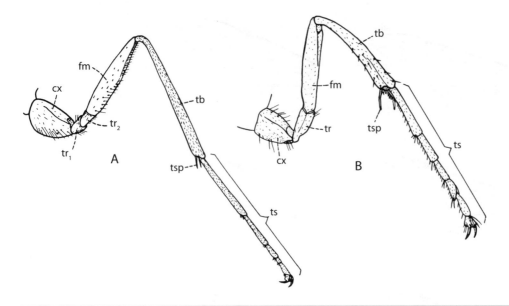

Figura 28-26 Pernas de Hymenoptera. A, Ichneumonidae; B, Sphecidae. *cx*, coxa; *fm*, fêmur; *tb*, tíbia; *tr*, trocânter; *ts*, tarso; *tsp*, esporões tibiais.

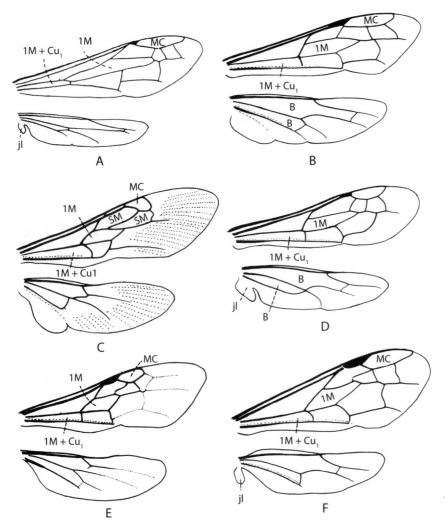

Figura 28-27 Asas de Hymenoptera. A, Vespidae (*Polistes*); B, Tiphiidae (*Myzinum*); C, Scoliidae (*Scolia*); D, Pompilidae; E, Mutillidae (*Dasymutilla*); F, Mutillidae (Myrmosinae). *B*, célula basal; *jl*, lobo jugal; *MC*, célula marginal; *SM*, célula submarginal.

90'.	Venação não reduzida, com 2 ou 3 células submarginais; antenas com 16 artículos ou mais	Trigonalyidae*
91(89').	Duas veias transversais m-cu (Figura 28-25A,B) ou, se apenas 1, o metassoma terá 3 vezes o comprimento do restante do corpo, com a ponta do propódeo prolongada além das coxas posteriores; tergos metassomáticos 2 e 3 independentes, sobrepostos; veia Rs+M ausente, primeira célula submarginal e célula 1M confluentes; tamanho variável, de alguns milímetros até 40 mm de comprimento ou mais (excluindo o ovipositor).	Ichneumonidae
91'.	Uma veia transversal m-cu (Figura 28-25C) ou nenhuma; primeira célula submarginal e célula 1M geralmente separadas pela veia Rs+M; metassoma não muito alongado, tergitos 2 e 3 (pelo menos) fundidos; propódeo não prolongado atrás das coxas posteriores; quase sempre insetos pequenos, raramente com mais de 15 mm de comprimento	Braconidae
92(87').	Célula 1M longa, muito mais longa que a célula 1M+Cu_1, e com aproximadamente metade do comprimento da asa (Figura 28-27A); asas geralmente dobradas longitudinalmente quando em repouso; 3 células submarginais; margem posterior do pronoto (em visão dorsal) em forma de U	Vespidae
92'.	Célula 1M geralmente mais curta que a célula 1M+Cu_1 e no máximo com um terço do comprimento da asa (Figura 28-27B-F); asas geralmente não dobradas longitudinalmente quando em repouso; 2 ou 3 células submarginais; margem posterior do pronoto (na visão dorsal) reta ou discretamente arqueada	93
93(92').	Mesopleura com um sulco transverso (Figura 28-28, *su*); pernas posteriores longas, fêmures posteriores em geral se estendendo até ou além do ápice do metassoma; corpo glabro	Pompilidae
93'.	Mesopleura sem um sulco transverso; pernas mais curtas, fêmures posteriores geralmente não se estendendo até o ápice do metassoma; corpo com frequência um pouco piloso	94
94(93').	Mesosterno e metasterno formando, juntos, uma placa dividida por um sulco transversal e sobreposta às bases das coxas médias e posteriores; coxas posteriores bem separadas (Figura 28-29A); membrana alar além das células fechadas com dobras longitudinais finas (Figura 28-27C); ápice do metassoma do macho com 3 espinhos retráteis; vespas grandes, com frequência de cores vivas	Scoliidae

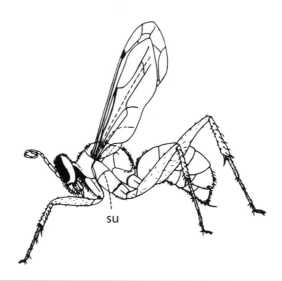

Figura 28-28 Uma vespa caçadora de aranhas (Pompilidae), apresentando o sulco transverso (*su*) atravessando a mesopleura.

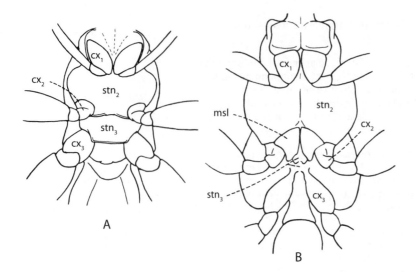

Figura 28-29 Mesossoma, vista ventral. A, *Scolia* (Scoliidae); B, *Tiphia* (Tiphiidae). *cx*, coxa; *msl*, lobo mesosternal; *stn₂*, mesosterno; *stn₃*, metasterno.

94'.	Mesosterno e metasterno não formando tal placa, embora possa haver um par de placas sobre as bases das coxas médias (Figura 28-29B); coxas posteriores contíguas ou quase; membrana alar além das células fechadas, em geral não pregueada; ápice do metassoma do macho sem os 3 espinhos retráteis; tamanho e cor variáveis	95
95(94').	Antenas claviformes (Figura 28-30D); 2 células submarginais (Figura 28-30A); 10 mm a 20 mm de comprimento; geralmente de cor preta e amarela; oeste dos Estados Unidos (Masarinae)	Vespidae
95'.	Antenas não claviformes; outras características variáveis	96
96(95').	Veia transversal cu-a com mais de dois terços do seu comprimento distalmente ao primeiro ramo livre de M (entre M+Cu₁ e Rs, Figura 28-25H); tarsos posteriores muito longos; artículos flagelares das antenas longos e delgados, cada um com 2 espinhos apicais; vespas marrom-claras, medindo de 14 mm a 20 mm de comprimento	Rhopalosomatidae*

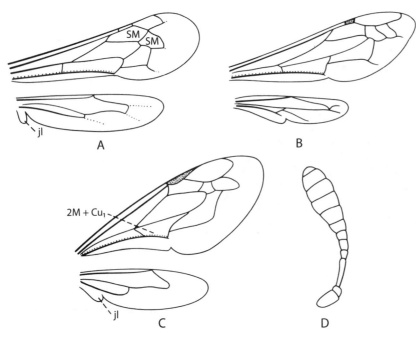

Figura 28-30 Características de Vespidae. A, asas de *Pseudomasaris* (Masarinae); B, asas de *Vespa* (Vespinae); C, asas de *Euparagia* (Euparagiinae); D, antena de *Pseudomasaris* (Masarinae). *jl*, lobo jugal; *SM*, célula submarginal.

96'.	Veia transversal cu-a oposta ao primeiro ramo livre de M ou quase (Figura 28-27E,F); tarsos diferentes da descrição anterior; artículos flagelares das antenas sem espinhos apicais; tamanho e cor variáveis	97
97(96').	Mesosterno com 2 extensões lobulares na parte de trás, que se projetam entre as bases das coxas médias e cobrem-nas parcialmente (Figura 28-29B); asas posteriores com um lobo jugal (Figura 28-2) (Brachycistidinae, Tiphiinae, Myzininae, Anthoboscinae)	Tiphiidae
97'.	Mesosterno sem estes lobos, no máximo com um par de minúsculas projeções em forma de dente na parte de trás; asas posteriores com ou sem lobo jugal	98
98(97').	Ápice da célula 2M+Cu$_1$ saliente acima e lobo jugal na asa posterior com cerca da metade do comprimento da célula 1M+Cu$_1$ (Figura 28-30C); comprimento de 6 mm a 7 mm; oeste dos Estados Unidos (Euparagiinae)	Vespidae*
98'.	Não exatamente como na descrição anterior	99
99(98').	Asas posteriores com um lobo jugal distinto (Figura 28-27F)	100*
99'.	Asas posteriores sem um lobo jugal distinto (Figura 28-27E)	104
100(99).	Segmentos metassomáticos separados por constrições fortes; olhos, geralmente, não emarginados	101
100'.	Metassoma sem tais constrições; olhos algumas vezes emarginados	102*
101(100).	Ápice do abdômen com espinho curvado para cima; lobo jugal da asa posterior com pelo menos metade do comprimento da célula M+Cu$_1$ (Methochinae)	Tiphiidae
101'.	Ápice do abdômen sem espinho curvado para cima; lobo jugal na asa posterior com menos de um terço do comprimento da célula M+Cu$_1$ (Myrmosinae)	Mutillidae
102(100').	Corpo glabro, marcado de amarelo ou branco; olhos profundamente emarginados; amplamente distribuídos (Sapyginae)	Sapygidae*
102'.	Geralmente, corpo muito piloso; cores e olhos variáveis; oeste dos Estados Unidos	103*
103(102').	Segundo tergo metassomático com linhas de feltro submarginais laterais (faixas longitudinais estreitas de pelos relativamente densos, intimamente compactados); em geral, muito pubescentes (machos)	Bradynobaenidae*
103'.	Segundo tergo metassomático sem linhas de feltro laterais; corpo e pernas revestidos por pelos longos e eretos; machos e fêmeas (*Fedtschenkia*, Califórnia)	Sapygidae*
104(99').	Preto-brilhantes, 4,5 mm a 6,0 mm de comprimento; segundo tergo metassomático sem linhas de feltro laterais (ver passo 103 da chave); machos sem espinhos no ápice do metassoma; olhos não emarginados medialmente; machos e fêmeas	Sierolomorphidae*
104'.	Não são preto-brilhantes, porém são muito pilosos e de cores vivas; o tamanho é variável, mas geralmente têm mais de 6 mm de comprimento; o segundo tergo metassomático possui linhas de feltro submarginais laterais; com 1 ou 2 espinhos no ápice do metassoma	105
105(104').	Tíbia média com 1 esporão apical; alvéolos antenais não projetados para tubérculos (oeste dos Estados Unidos)	Bradynobaenidae*
105'.	Tíbia média com 2 esporões apicais; alvéolos antenais projetados dorsalmente para tubérculos grandes (difusos)	Mutillidae
106(14').	Antenas com 16 artículos ou mais	107
106'.	Antenas com menos de 16 artículos	109
107(106).	Trocânteres posteriores com 1 artículo (raramente com 2 artículos); ovipositor emerge no ápice do metassoma e, geralmente, fica retraído no metassoma quando não está em uso; fêmeas; Arizona	Sclerogibbidae*

107'.	Trocanteres posteriores com 2 artículos; o ovipositor emerge na porção anterior ao ápice do metassoma e fica permanentemente estendido; amplamente distribuídos	108*
108(107').	Metassoma peciolado, pecíolo curvado e expandido apicalmente	Ichneumonidae*
108'.	Metassoma não peciolado ou, se for peciolado, não será curvado ou expandido apicalmente	Braconidae*
109(106').	Pronoto triangular em vista lateral, atingindo a tégula posteriormente	110
109'.	Pronoto mais ou menos quadrado em vista lateral, distintamente separado da tégula	111
110(109).	Metassoma lateralmente comprimido; o ovipositor emerge de um ponto anterior ao ápice do metassoma e fica permanentemente estendido (Cynipoidea ápteros)	28
110'.	Metassoma cilíndrico ou achatado dorsoventralmente, raramente comprimido lateralmente; o ovipositor emerge no ápice do metassoma e, em geral, permanece retraído quando não está em uso (Embolemidae, Proctotrupoidea, Platygastroidea, Ceraphronoidea ápteros)	35
111(109').	Primeiro artículo antenal alongado, antenas geniculadas; prepecto bem desenvolvido e triangular (Figura 28-4A, *pp*); o ovipositor emerge em um ponto anterior ao ápice do metassoma e fica permanentemente estendido (Chalcidoidea ápteros)	112
111'.	Antenas filiformes; o ovipositor emerge no ápice do metassoma, quase como um ferrão e, geralmente, fica retraído para o metassoma quando não está em uso (Figura 28-5B)	114
112(111).	Machos; associados a figos; cabeça prognata, intensamente esclerotizada, com frequência muito grande; ocelos ausentes	113
112'.	Machos e fêmeas; cabeça hipognata, de tamanho mais normal; ocelos presentes	51
113(112).	Metassoma muito alongado até um ponto apicalmente ou alargado na ponta; antenas curtas e robustas, com 3 a 9 artículos (ver também passo 60 da chave)	Agaonidae*
113'.	O metassoma não é pontiagudo ou aumentado apicalmente	Torymidae*
114(111').	Segundo segmento metassomático possui linhas de feltro laterais (ver passo da chave 103); corpo geralmente muito pubescente; antenas com 12 artículos, raramente 11 ou 13 artículos; fêmeas	115
114'.	Segundo segmento metassomático sem linhas de feltro laterais	116*
115(114).	Pronoto fundido ao mesoscuto de modo imóvel; linhas de feltro laterais no tergo 2, esterno 2 ou ambos; pleura torácica achatada	Mutillidae
115'.	Pronoto separado do restante do mesossoma por articulação distinta e flexível; linhas de feltro laterais presentes apenas no tergo 2; pleura torácica protuberante	Bradynobaenidae*
116(114').	Antenas com 10 artículos	Dryinidae*
116'.	Antenas com 12 ou 13 artículos	117*
117(116').	Antenas originadas na metade da face; tarsos posteriores muito longos, quase tão longos quanto as tíbias e os fêmures combinados; primeiro segmento metassomático longo e delgado; asas presentes, mas muito curtas (*Olixon*)	Rhopalosomatidae*
117'.	Antenas originadas em um ponto baixo na face, perto da margem do clípeo; tarsos e metassoma diferentes da descrição anterior	118
118(117').	Cabeça alongada, geralmente mais longa que larga; fêmures anteriores espessados no ponto médio; fêmeas	Bethylidae*
118'.	Cabeça não alongada, geralmente oval e mais larga que alta	119

119(118').	Mesosterno com 2 extensões lobulares na parte de trás cobrindo as bases das coxas médias (Brachycistidinae)	Tiphiidae
119'.	Mesosterno sem tais lobos, no máximo com um par de projeções minúsculas em forma de dente na parte posterior	120
120(119').	Mesossoma dividido em 3 partes (Methochinae)	Tiphiidae
120'.	Mesossoma dividido em 2 partes, com o protórax bem separado dos demais segmentos fundidos (Myrmosinae)	Mutillidae

As primeiras 12 famílias na discussão a seguir são tradicionalmente classificadas na subordem Symphyta. Embora este não seja um grupo monofilético (os Apocrita são mais intimamente relacionados aos Orussidae), este táxon ainda é amplamente usado na literatura. Preferimos tratar este grupo de maneira informal como *sínfitas* ou *moscas-de-serra*.

Com exceção da família Orussidae, os sínfitas são fitófagos ou xilófagos e a maioria alimenta-se externamente na folhagem. As larvas dos fitófagos externos são eruciformes (Figura 28-31) e diferem das larvas de Lepidoptera por possuírem mais de cinco pares de falsas-perna que não possuem gancho e apenas um par de estemas. As larvas de algumas espécies são broqueadoras de caules, frutas, madeira ou folhas (minadoras de folhas). Em geral, as falsas-pernas destas larvas são reduzidas ou ausentes. Todos os sínfitas possuem um ovipositor bem desenvolvido, usado para inserir os ovos nos tecidos da planta hospedeira. Em Tenthredinoidea e Megalodontoidea, o ovipositor é um pouco semelhante a uma serra, originando o nome comum "moscas-de-serra" dos membros deste grupo.

A maioria das moscas-de-serra têm uma única geração por ano e passa o inverno como larva totalmente desenvolvida ou como pupa, seja em um casulo ou local protegido. A maioria das espécies que se alimentam externamente passa o inverno em um casulo ou uma célula no solo, enquanto as espécies broqueadoras passam o inverno em seus túneis na planta hospedeira. Algumas espécies maiores podem necessitar de mais de um ano para completar seu desenvolvimento.

Família **Xyelidae:** Os Xyelidae são moscas-de-serra de tamanho pequeno a médio, na maioria medindo menos de 10 mm, que diferem das outras moscas-de-serra por possuírem três células marginais (Figura 28-7C) e o terceiro artículo antenal muito longo (mais longo que os demais artículos combinados) (Figura 28-8D). Ao contrário de todas as outras moscas-de-serra, com exceção de Pamphiliidae, a célula costal dos xielídeos é dividida por uma veia longitudinal, a subcosta. As larvas alimentam-se de várias árvores. Já as larvas de *Xyela* alimentam-se das pinhas estaminadas de pinheiros, as de *Pleroneura* e *Xyelecia* perfuram botões e brotos em desenvolvimento de abetos e outras espécies atacam nogueira e olmo. No início da primavera, os adultos podem ser capturados alimentando-se em amentilhos de salgueiros e bétulas. Este grupo é pequeno (24 espécies norte-americanas) e nenhum de seus membros tem muita importância econômica.

Família **Pamphiliidae – moscas-de-serra fiandeiras e enroladoras de folha:** Estas moscas-de-serra têm corpo robusto e medem menos de 15 mm de comprimento. Cerca de 75 espécies ocorrem na América do Norte. Algumas larvas são gregárias e outras se alimentam isoladamente. As gregárias vivem em ninhos de seda formados pela união de várias folhas e as solitárias vivem em um abrigo formado pelo enrolamento de uma folha. Os membros deste grupo são raros e apenas alguns têm grande importância

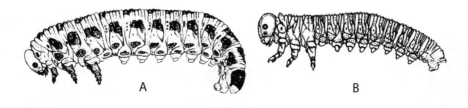

Figura 28-31 Larvas de moscas-de-serra. A, *Neodiprion lecontei* (Fitch) (Diprionidae); B, *Allantus cinctus* (L.) (Tenthredinidae).

econômica. Algumas espécies de *Acantholyda* e *Cephalcia* são pragas de coníferas; a *Neurotoma inconspicua* (Norton) alimenta-se de ameixas e a *Pamphilius persicum* MacGillivray (uma espécie enroladora de folhas) alimenta-se de pessegueiros.

Família **Pergidae:** As moscas-de-serra deste grupo (4 espécies norte-americanas) são razoavelmente pequenas e ocorrem desde os estados do leste, estendendo-se para oeste até o Arizona, mas são raras. Suas larvas alimentam-se de folhagem de carvalho e nogueira. As espécies norte-americanas pertencem ao gênero *Acordulecera*.

Família **Argidae:** Os Argidae constituem um grupo pequeno (cerca de 70 espécies norte-americanas) de moscas-de-serra de tamanho pequeno a médio e corpo robusto, facilmente reconhecidas pelas antenas características (Figura 28-8E). Os machos de algumas espécies apresentam o último artículo antenal em forma de U ou Y. A maioria dos argídeos é preta ou de cor escura. As larvas alimentam-se principalmente de vários tipos de árvores, mas *Arge umeralis* (Beauvois) alimenta-se de toxicodendro, *Sphacophilus celularis* (Say) alimenta-se da batata-doce e *Schizocerella pilicornis* (Holmgren) é minadora das folhas de *Portulaca*.

Família **Cimbicidae:** Os Cimbicidae são moscas-de-serra grandes e robustas com antenas clavadas. Apenas 12 espécies são encontradas nos Estados Unidos e Canadá. Algumas lembram mamangabas. A espécie mais comum é a mosca-de-serra-do-olmo, a *Cimbex americana* Leach, um inseto azul-escuro de 18 mm a 25 mm de comprimento (Figura 28-32A). A fêmea possui quatro manchas amarelas em cada lado do abdômen. A larva desta espécie, quando completamente desenvolvida, mede cerca de 40 mm de comprimento, tem o diâmetro de um lápis e é amarelo-esverdeada, com espiráculos pretos e uma faixa preta descendo pelas costas. Quando em repouso ou quando perturbada, assume uma posição espiralada. Com frequência, quando perturbada, ejeta um fluido, de glândulas localizadas acima dos espiráculos, que chega a atingir às vezes uma distância de vários centímetros. Esta espécie possui uma geração por ano e passa o inverno como larva completamente desenvolvida em um casulo no solo. Empupa na primavera e os adultos aparecem no início do verão. As larvas alimentam-se principalmente de olmo e salgueiro. Outras espécies costumam ser encontradas alimentando-se de madressilva.

Família **Diprionidae – Moscas-de-serra das coníferas:** Estas moscas-de-serra de tamanho médio possuem 13 segmentos antenais ou mais. As antenas são serrilhadas nas fêmeas e pectinadas ou bipectinadas nos machos (Figuras 28-8C, 28-32B,C). As larvas (Figura 28-31A) alimentam-se de coníferas. Às vezes causam danos sérios e espécies de *Diprion* e *Neodiprion* são importantes pragas de florestas, em especial no Canadá e norte dos Estados Unidos. Quarenta e cinco espécies ocorrem nesta área.

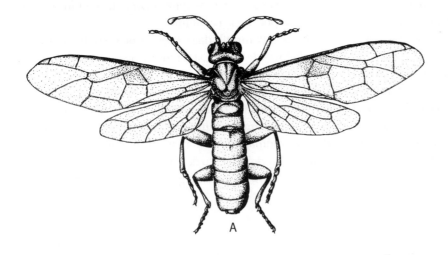

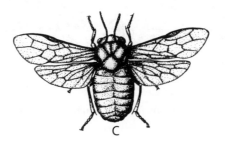

Figura 28-32 Moscas-de-serra. A, a mosca-de-serra-do-olmo, *Cimbex americana* Leach, macho (Cimbicidae); B, a mosca-de-serra-do-pinheiro, *Neodiprion lecontei* (Fitch), macho (Diprionidae); C, mesma espécie, fêmea. (B e C, desenho modificado de USDA.)

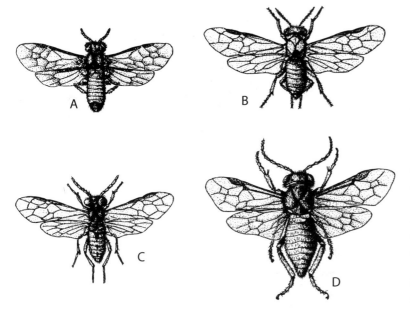

Figura 28-33 Moscas-de-serra comuns (Tenthredinidae). A, o minador das folhas de bétula, *Fenusa pusilla* (Lepeletier), macho; B, a mosca-de-serra da cerejeira e do espinheiro, *Profenusa canadensis* (Marlatt), fêmea; C, mesma espécie, macho; D, a mosca-de-serra da framboesa, *Priophorus morio* (Lepeletier), fêmea. (A, redesenhado de Friend e Bulletin do Connecticut Agricultural Experiment Station; B e C, desenho modificado de Parrot e Fulton e Bulletin of the Geneva, N.Y. Agricultural Experiment Station; D, desenho modificado de Smith e Kido e Hilgardia).

Família **Tenthredinidae – Moscas-de-serra comuns:** Este é um grupo muito grande (cerca de 800 espécies norte-americanas) e provavelmente 9 entre 10 moscas-de-serra encontradas pelo colecionador amador pertencem a esta família. Os adultos são insetos semelhantes a vespas, com frequência de cores vivas, e são encontrados em geral na folhagem ou em flores, procurando por plantas hospedeiras, parceiros para acasalamento ou presas (muitos adultos são predadores). Possuem tamanho pequeno a médio, raramente com mais de 20 mm de comprimento (Figura 28-33). As larvas (Figura 28-31B) são eruciformes, e a maioria alimenta-se externamente nas folhagens. Durante a alimentação, em geral mantêm o corpo (ou a parte posterior dele) enrolado sobre a borda da folha. Normalmente, há uma única geração por ano e o inseto passa o inverno em uma célula pupal ou casulo, no solo ou em uma situação protegida.

As larvas de moscas-de-serra alimentam-se principalmente de diversas árvores e arbustos, e algumas são muito destrutivas. A mosca-de-serra do lariço, *Pristiphora erichsonii* (Hartig), é uma praga muito destrutiva do lariço e, quando em grande quantidade, pode causar desfolhamento extensivo de extensas áreas. A espécie importada *Nematus ribesii* (Scopoli) é uma praga séria de groselha e de groselha espinhosa.

Algumas espécies deste grupo criam galhas e outras são minadoras de folhas. Espécies do gênero *Euura* formam galhas em salgueiros, sendo que uma das mais comuns é uma pequena galha oval no caule. O minador das folhas de bétula (Figura 28-33A), *Fenusa pusilla* (Lepeletier), que cria minas irregulares em bétula, é uma praga séria nos estados do nordeste. Possui duas ou três gerações por ano e empupa no solo.

O minador da folha do olmo, *Fenusa ulmi* Sundevall, mina as folhas de olmo e, com frequência, causa muitos danos.

A família Tenthredinidae é dividida em oito subfamílias, reconhecidas principalmente com base na venação alar. Os dois sexos apresentam cores diferentes em muitas espécies.

Família **Cephidae – Cefídeos:** Estas são moscas-de-serra delgadas, lateralmente comprimidas (Figura 28-34). As larvas perfuram os caules de gramíneas, salgueiros e árvores de pequenas frutas. *Cephus cinctus* Norton é broqueador de caules de trigo e, com frequência, é chamado de "mosca-de-serra do trigo" (Figura 28-34C). O adulto mede cerca de 9 mm de comprimento, é preto-brilhante e possui faixas e manchas amarelas. *Cephus cinctus* é uma praga importante do trigo nos estados do oeste. Uma espécie semelhante, *C. pygmaeus* (L.), ocorre no leste. *Janus integer* (Norton) é broqueadora de caules de groselhas. O adulto é preto-brilhante e mede cerca de 13 mm de comprimento. Há uma única geração por ano e o inseto passa o inverno em um casulo de seda no interior da planta, na qual a larva se alimenta. Treze espécies são encontradas no Canadá e nos Estados Unidos.

Família **Anaxyelidae – Anaxielídeos:** Esta família é representada apenas por uma única espécie viva, *Syntexis libocedrii* Rohwer, que ocorre no norte da Califórnia e no Óregon. A fêmea adulta é preta e mede 8 mm de comprimento. A larva perfura a madeira do cedro americano e do abeto de Douglas, com frequência em árvores que estão enfraquecidas, por exemplo, devido a incêndios.

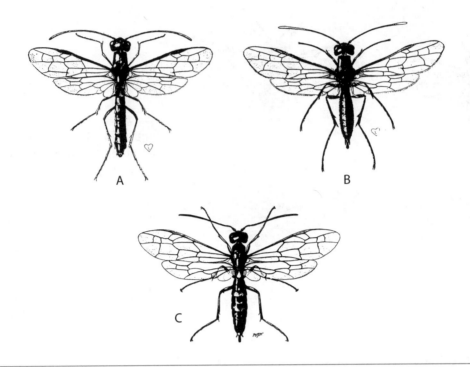

Figura 28-34 Cephidae. A, *Trachelus tabidus* (Fabricius), macho; B, mesma espécie, fêmea; C, a mosca-de-serra do trigo, *Cephus cinctus* Norton, fêmea.

Família **Siricidae – vespas-da-madeira gigantes:** As vespas-da-madeira gigantes são insetos razoavelmente grandes, em geral com 25 mm de comprimento ou mais, e as larvas são broqueadoras de madeira. Os dois sexos apresentam uma placa córnea semelhante a uma lança no último segmento abdominal e a fêmea possui o ovipositor longo. A maioria das 19 espécies norte-americanas ataca coníferas, porém a espécie mais comum do leste, *Tremex columba* (L.), ataca faia e outras árvores de madeira dura. *Tremex* é um inseto marrom e preto com cerca de 40 mm de comprimento. As larvas raramente são numerosas o suficiente para causar muito dano e as árvores mais atacadas em geral são velhas, fracas ou doentes. A pupação ocorre na escavação realizada pela larva, que termina perto da superfície da madeira. Espécies de siricídeos algumas vezes são transportadas acidentalmente em madeira para combustível, construção ou móveis e ocasionalmente podem ser encontradas muito além de sua distribuição geográfica normal.

Família **Xiphydriidae – vespas-da-madeira:** As vespas-da-madeira são insetos cilíndricos de tamanho pequeno a moderado (5 mm a 23 mm de comprimento) e semelhantes às vespas-da-madeira gigantes, mas sem a placa córnea no ápice do abdômen. As larvas perfuram galhos e ramos pequenos e mortos de árvores decíduas. Existem apenas 11 espécies norte-americanas, todas no gênero *Xiphydria*, e nenhuma é muito comum.

Família **Orussidae – vespas-da-madeira parasitárias:** Este é um grupo pequeno de insetos raros (9 espécies norte-americanas), cujos adultos são bastante parecidos com as vespas-da-madeira gigantes, mas consideravelmente menores (8 mm a 14 mm de comprimento). Até onde se sabe, as larvas são parasitas das larvas de besouros perfuradores de madeira (Buprestidae) e possivelmente outros Coleoptera e Hymenoptera broqueadores de madeira. Estas vespas parecem estar relacionadas aos Apocrita, e algumas autoridades costumam classificá-las em sua própria subordem, os Idiogastra. Os adultos voam do início da primavera até o início do verão e podem ser encontrados em troncos de árvores mortas e doentes.

SUBORDEM **Apocrita:** Os Apocrita diferem das moscas-de-serra por possuírem o primeiro tergo abdominal (o propódeo) intimamente associado ao tórax e separado por uma constrição distinta do restante do abdômen. Consequentemente, o tagma médio do corpo (o mesossoma) apresenta quatro segmentos. Por outro lado, as asas posteriores não possuem mais que duas células basais e as tíbias anteriores apresentam um único esporão apical (com exceção dos Ceraphronoidea). As larvas de Apocrita são semelhantes a um coró ou uma lagarta e seus hábitos alimentares são variáveis. A maioria é parasitária ou predadora de outros insetos, enquanto outras são fitófagas. Os adultos alimentam-se principalmente de flores, seiva, outros materiais vegetais e *honeydew*. Algumas espécies parasitárias ocasionalmente se alimentam dos fluidos corporais do hospedeiro (Figura 28-41B).

Muitas espécies desta subordem, durante o estágio larval, são parasitárias de outros insetos ou outros artrópodes e, devido a sua abundância, são muito importantes para manter o controle das populações de outros insetos. Com frequência, o termo *parasitoide* é usado para estes insetos. Tanto os parasitas reais quanto os parasitoides vivem no interior ou sobre o corpo de outro animal vivo (o hospedeiro) durante pelo menos uma parte do seu ciclo de vida. Em geral, um parasita não mata seu hospedeiro ou consome grande parte de seus tecidos, porém os estágios imaturos de parasitoides consomem todos ou a maior parte dos tecidos do hospedeiro, cedo ou tarde o matando. Neste sentido, os parasitoides são semelhantes aos predadores. A maioria dos Apocrita parasitários deposita seus ovos no interior ou sobre o corpo do hospedeiro e muitos possuem um ovipositor longo com o qual podem atingir hospedeiros em casulos, escavações ou em outras situações semelhantes. Em alguns casos, apenas um único ovo é depositado no hospedeiro (parasitismo solitário, exceto no caso de poliembrionia, ver adiante); em outros, alguns ou muitos ovos são depositados no mesmo hospedeiro (parasitismo gregário). A pupação chega a ocorrer sobre, no interior ou perto do hospedeiro, ou a certa distância. Algumas espécies são telítocas, ou seja, as fêmeas se desenvolvem a partir de ovos não fertilizados e os machos são raros ou totalmente ausentes. A poliembrionia ocorre em algumas espécies: um único ovo origina muitas larvas. Algumas espécies parasitárias são hiperparasitas, ou seja, atacam um inseto que já é parasita de outro inseto.

As superfamílias de Apocrita diferem na forma do pronoto, nas características do ovipositor e das antenas, no número de artículos trocantéricos e na venação alar. Praticamente todos os membros de Stephanidae, Ceraphronoidea, Trigonalyidae, Evanioidea, Ichneumonoidea, Proctotrupoidea, Platygastroidea, Chrysidoidea, Tiphioidea, Scoliidae e Rhopalosomatidae e a maioria dos Chalcidoidea e Cynipoidea são parasitas de outros insetos ou artrópodes. Os Apocrita evoluíram de formas com um ovipositor perfurador semelhante ao dos siricídeos, porém, como regra, a maioria das fêmeas das espécies parasitárias e fitófagas não consegue ferroar as pessoas. Em Chrysidoidea, Apoidea e Vespoidea, o ovipositor é modificado em um ferrão, cuja função primária é injetar veneno para paralisar o hospedeiro ou a presa ou como mecanismo de defesa. As fêmeas destes grupos muitas vezes podem infligir ferimentos dolorosos. Nestas espécies (agrupadas como Aculeata), o ovo não passa pelo ovipositor durante a postura, porém emerge de sua base. Os demais Apocrita são agrupados por algumas autoridades em um táxon chamado de Parasitica ou Terebrantes, porém este é um agrupamento parafilético heterogêneo.

A subordem Apocrita engloba de longe a maioria das espécies de Hymenoptera, com cerca de 16.000 das cerca de 17.100 espécies norte-americanas de Hymenoptera.

Família **Stephanidae:** Os estefanídeos constituem um grupo pequeno (8 espécies norte-americanas) de insetos raros que são parasitas de larvas dos besouros perfuradores de madeira. Os adultos medem cerca de 5 mm a 19 mm de comprimento, são delgados e superficialmente lembram os icneumonídeos mais comuns (Figura 28-35A). A cabeça é um pouco esférica, separada sobre pescoço, e possui uma coroa de cinco dentes ao redor do ocelo mediano. As coxas posteriores são longas e os fêmures posteriores são tumefeitos e denteados na parte de baixo. Este grupo é muito mais comum nos trópicos e a maioria das espécies norte-americanas ocorre no oeste. Os estefanídeos eram antigamente classificados em Ichneumonoidea, mas retêm muitas características consideradas ancestrais para os Apocrita como um todo e atualmente são classificadas em sua própria superfamília.

Família **Megaspilidae:** Tanto esta família quanto a seguinte são únicas entre os Apocrita porque possuem dois esporões tibiais anteriores. Juntas, formam a superfamília Ceraphronoidea. Os megaspilídeos alados podem ser reconhecidos pelo grande estigma semicircular ou elipsoide na asa anterior, de onde se originam a veia estigmal curvada (Figura 28-16E). Uma venação semelhante é encontrada em alguns driinídios, porém os megaspilídeos podem ser reconhecidos pela forma triangular do pronoto em vista lateral (Figura 28-35B). Algumas espécies são ápteras ou braquípteras; estas podem ser distinguidas dos cerafronídeos pela presença de dois esporões tibiais médios. Existem duas subfamílias, os Megaspilinae e os Lagynodinae, muito mais raros. Pouco se sabe sobre os hábitos destas vespas; surgiram a partir de espécies de Hemiptera Sternorrhyncha, como hiperparasitas de outros Hymenoptera, desde larvas de Neuroptera e Diptera e pupários de moscas. Alguns *Lagynodes* foram colhidos em formigueiros. Uma espécie comum, *Dendrocerus carpenteri* (Curtis), é hiperparasita de braconídeos parasitas de pulgões.

Família **Ceraphronidae:** Os cerafronídeos (Figura 28-35C) se diferenciam de outros Apocrita pela presença de dois esporões no ápice da tíbia anterior e, em geral com mais facilidade, por sua venação alar

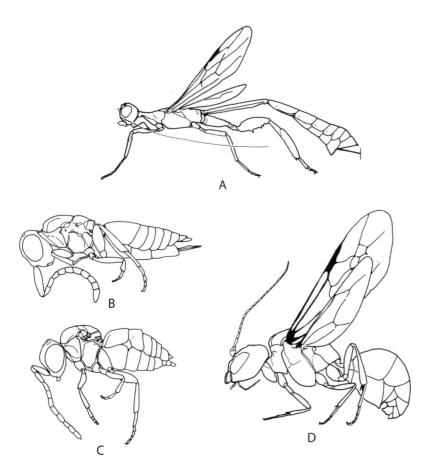

Figura 28-35 A, *Megischus bicolor* (Oeste-madeira) (Stephanidae), ovipositor truncado; B, Megaspilidae; C, Ceraphronidae; D, *Taeniogonalos gundlachii* (Cresson) (Trigonalyidae). (A e D redesenhado de Townes [1949, 1956].)

distintiva (Figura 28-16G). As veias são muito reduzidas, com uma longa veia marginal, um estigma linear (separado da veia marginal por uma fratura) e uma veia estigmal curvada. As formas não aladas são razoavelmente comuns e podem ser diferenciadas dos megaspilídeos pelo único esporão na tíbia média. Muito pouco se sabe sobre os hospedeiros dos cerafronídeos, porém espécies foram criadas tanto como parasitas primários de Diptera, Neuroptera e Hemiptera quanto como hiperparasitas de Diptera e Hymenoptera. Algumas foram colhidas em formigueiros, mas seus hospedeiros de verdade são desconhecidos. Estas criaturas são razoavelmente comuns, mas devido a seu pequeno tamanho raramente são mantidas por colecionadores. Espécimes podem ser encontrados facilmente por varredura ou peneiramento do solo e montes de folhas.

Família **Trigonalyidae:** Os trigonaliídeos constituem um grupo pequeno (quatro espécies norte-americanas) de insetos muito raros. Têm tamanho médio, em geral cores vivas e o corpo relativamente robusto. Parecem-se muito com vespas (Figura 28-35D), mas possuem antenas muito longas, com 16 artículos ou mais.

Os trigonaliídeos são parasitas de Vespidae ou de parasitas de lagartas. Algumas espécies exóticas são parasitas primários das larvas de moscas-de-serra. As fêmeas depositam grandes quantidades de minúsculos ovos na folhagem. No caso das espécies que atacam parasitas de lagartas, os ovos eclodem quando ingeridos por uma lagarta e a larva trigonaliídea ataca o icneumonídeo, taquinídeo ou outra larva parasita presente no interior desta lagarta. Em espécies que atacam larvas vespídeas, os entomologistas acreditam que os ovos sejam ingeridos por uma lagarta, que, por sua vez, é ingerida por uma vespa Vespidae, que, ao regurgitar a lagarta e alimentar suas formas jovens, transfere as larvas trigonaliídeas da lagarta para as larvas de vespa.

SUPERFAMÍLIA **Evanioidea:** Os membros da superfamília Evanioidea possuem o metassoma afixado em posição alta acima das coxas posteriores (Figura 28-15D-F), as antenas são filiformes e têm 13 ou 14 artículos, os trocanteres possuem dois artículos e a venação em geral é razoavelmente completa nas asas anteriores (asas anteriores com uma célula costal). Alguns espécimens (Gasteruptiidae e Aulacidae) lembram superficialmente os icneumonídeos.

Família **Evaniidae** – **evaniídeos:** Os evaniídeos são insetos pretos ou pretos e vermelhos, bastante parecidos com aranhas, medindo cerca de 10 mm a 25 mm de comprimento. O metassoma é muito pequeno e oval e está fixado por um pecíolo delgado ao propódeo, consideravelmente acima da base das coxas posteriores (Figura 28-15F); é transportado quase como uma bandeira (originando o nome comum desta família em inglês, "*ensign wasp*"). Os evaniídeos são parasitas de ootecas de baratas e é provável encontrá-las em edificações ou em solos de florestas onde haja baratas.

Família **Gasteruptiidae:** Estes insetos lembram os icneumonídeos, mas possuem antenas curtas e uma célula costal nas asas anteriores, sendo sua cabeça delimitada por um pescoço delgado. Apresentam uma ou nenhuma célula submarginal e uma ou nenhuma veia transversa m-cu (Figura 28-25E). Em geral, são escuros com marcas marrons ou laranjas. Os adultos são razoavelmente comuns e podem ser encontrados em flores, em particular *Pastinaca* (Apiaceae), cenouras silvestres e espécies relacionadas. As larvas são parasitas de vespas e abelhas solitárias e as fêmeas muitas vezes são encontradas voando ao redor dos locais de construção de ninhos destes hospedeiros, como toras de madeira morta.

Família **Aulacidae:** Os aulacídeos lembram os gasteruptiídeos, em geral são pretos com um metassoma avermelhado, possuem antenas mais longas e duas veias transversa m-cu nas asas anteriores (Figura 28-25F). Estes insetos são parasitas das larvas de besouros perfuradores de madeira e de vespas-da-madeira xifidriídeas, e os adultos podem ser encontrados ao redor de toras onde estejam os hospedeiros.

SUPERFAMÍLIA **Ichneumonoidea:** Os Ichneumonoidea constituem um grupo muito grande e importante, e seus membros são parasitas de outros insetos ou de animais invertebrados. Estes insetos têm um aspecto semelhante a vespas, mas (com algumas exceções) não são capazes de ferroar humanos. Os icneumonóideos são insetos muito comuns e podem ser reconhecidos pelas seguintes características: (1) as antenas são filiformes, em geral com 16 artículos ou mais, (2) os trocanteres posteriores possuem 2 artículos, (3) a célula costal é ausente, (4) o ovipositor origina-se anteriormente à extremidade do metassoma e fica permanentemente estendido (Figura 28-5A; às vezes, o ovipositor é muito curto e não apresenta protrusão além do ápice do metassoma) e (5) o pronoto em vista lateral é relativamente triangular.

Família **Braconidae:** Este é um grupo grande (mais de 1.900 espécies norte-americanas) e benéfico de Hymenoptera parasitários. Os adultos em geral são relativamente pequenos (as espécies neárticas raramente medem mais de 15 mm de comprimento). Lembram os icneumonídeos por não possuírem a célula costal, mas diferem porque têm no máximo uma veia transversa m-cu (Figura 28-25C) e porque o segundo e terceiro tergitos metassomáticos são fundidos. A biologia dos braconídeos é muito diversa (Figuras 28-36, 28-37). A família contém tanto ectoparasitas quanto endoparasitas, espécies solitárias e gregárias, parasitas primários e secundários, e todos os estágios de vida dos hospedeiros, de ovo a adulto, podem ser atacados (no caso das espécies que atacam ovos, a vespa adulta emerge da larva ou da pré-pupa do hospedeiro). Um número pequeno de espécies tropicais das Américas Central e do Sul e da Austrália é fitófago e forma galhas. Muitas espécies desta família têm serventia considerável no controle de insetos que representam pragas.

A classificação dos Braconidae é atualmente tema de revisão e discórdia. O número de subfamílias reconhecidas nos trabalhos recentes varia de 29 (Sharkey 1993) a 45 (van Achterberg 1993). Trinta e duas subfamílias são encontradas na região neártica (Wharton et al. 1997). Os Macrocentrinae, Agathidinae, Cheloninae, Microgastrinae e a maioria dos Rogadinae (Rhogadinae), Gnaptodontinae, Dirrhopinae, Miracinae, Acaeliinae, Homolobinae, Sigalphinae, Orgilinae e Cardiochilinae são parasitas de larvas de lepidópteros. As formas gregárias de Macrocentrinae parecem ser todas poliembrionárias. Os Cheloninae são parasitas de ovos e larvas: a fêmea realiza a postura no ovo do hospedeiro e o parasita amadurece e emerge da larva em estágio final ou de pupa. Espécies de *Apanteles* e gêneros relacionados (Microgastrinae) (Figura 28-37B-D) são muito comuns e familiares, porque as larvas gregárias de algumas espécies emergem em elevados números e tecem seus casulos em uma grande massa no corpo do hospedeiro. Helconinae, Histeromerinae, Cenocoeliinae e Doryctinae são parasitas de larvas de besouros, atacando principalmente os besouros perfuradores de madeira. Os Ichneutinae atacam larvas de moscas-de--serra e lepidópteros minadores de folhas; Alysiinae e Opiinae atacam Diptera. Braconinae foram criados em larvas ocultas de várias ordens de Holometabola. Os Euphorinae são muito ecléticos biologicamente: atacam hospedeiros das ordens Lepidóptera, Hemíptera, Himenóptera, Coleóptera, Neuroptera e Psocoptera. Esta subfamília inclui espécies que são parasitas de insetos adultos, assim como hiperparasitas. Os Aphidiinae constituem um grupo bem conhecido que é exclusivamente endoparasitário de ninfas e adultos de pulgões. Os Neoneurinae são endoparasitas de formigas operárias.

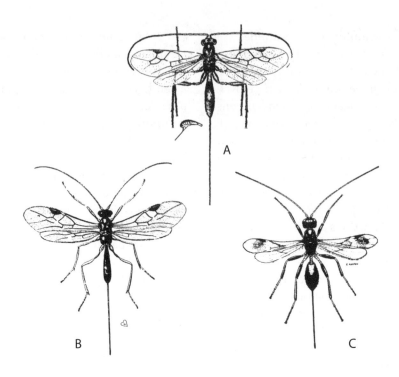

Figura 28-36 A, *Macrocentrus ancylivorus* Rohwer, fêmea (Macrocentrinae) (inserção, vista lateral do metassomo), parasita de várias mariposas tortricídeas; B, *Macrocentrus grandii* Goidanich, fêmea, parasita da broca europeia do milho; C, *Spathius canadensis* Ashmead, fêmea, parasita de besouros-da-casca (Scolytidae).

Blacinae atacam as larvas de Coleoptera, porém espécies de uma tribo foram criadas em larvas de boreídeos (Mecoptera).

Família **Ichneumonidae – Icneumonídeos:** Esta família é uma das maiores entre os Insecta, com mais de 3.300 espécies descritas na América do Norte, e seus membros estão em quase todos os lugares. Os adultos variam consideravelmente em tamanho, forma e cor, mas a maioria lembra vespas delgadas (Figuras 28-38, 28-39). Diferem dos aculeados porque suas antenas são mais longas e possuem mais artículos (em geral, 16 ou mais artículos antenais nos icneumonídeos e 12 ou 13 na maior parte dos aculeados) e porque não possuem célula costal nas asas anteriores. Em muitos icneumonídeos, o ovipositor é bastante longo (Figura 28-38A), com frequência mais longo que o corpo, e se origina atrás da extremidade do metassoma, ficando permanentemente estendido. Nos aculeados, o ovipositor emerge da ponta do metassoma e fica retraído quando não está em uso. Em icneumonídeos, 1M e 1R$_1$ (primeira célula discoidal e primeira submarginal) da asa anterior são confluentes, devido à perda da veia Rs+M, e a segunda célula submarginal (a célula 1Rs), situada em oposição à veia cruzada 2m-cu, com frequência é muito pequena (Figura 28-25A, are). Esta célula pequena (chamada de *areoleta*) é ausente em alguns icneumonídeos (Figura 28-25B). Os icneumonídeos (com algumas exceções) diferem dos braconídeos por possuírem duas veias transversal m-cu, com os braconídeos apresentando apenas uma ou nenhuma (Figuras 28-18E, 28-25C). Em muitas espécies, os dois sexos podem diferir consideravelmente em tamanho, forma do corpo ou até mesmo na presença de asas.

A maioria dos icneumonídeos é parasitoide, ou seja, a alimentação e o desenvolvimento da larva ocorrem em um único hospedeiro que ao final é morto. Algumas espécies, porém, são mais bem descritas como predadores móveis porque se alimentam de vários "hospedeiros" individuais antes de completar seu desenvolvimento – por exemplo, ovos em um casulo de ovos de aranha ou uma linha de pequenas larvas de abelhas carpinteiras dentro de um ninho. Os hospedeiros de icneumonídeos incluem espécies de insetos das ordens Lepidoptera, Hymenoptera, Diptera, Coleoptera, Neuroptera e Mecoptera, assim como aranhas e casulos de ovos de aranhas.

A variação de hospedeiros nas espécies individuais, porém, é muito grande, sendo que algumas atacam uma elevada variedade de hospedeiros e outras são altamente especializadas em uma ou algumas poucas espécies

ORDEM HYMENOPTERA 501

Figura 28-37 Braconidae. A, *Chelonus texanus* Cresson (Cheloninae), um parasita de várias larvas de mariposas noctuídeas; B, *Apanteles diatraeae* Muesebeck, macho (Microgastrinae), um parasita da broca-do-milho, *Diatraea grandiosella* Dyar; C, mesma espécie, fêmea; D, *Apanteles thompsoni* Lyle, fêmea, parasita da broca-europeia-do--milho; E, *Phanomeris phyllotomae* Muesebeck, fêmea (Rogadinae), parasita de moscas-de-serra minadoras de folhas de bétula.

de hospedeiros. A fêmea adulta deve localizar o hospedeiro e então realizar a postura sobre, no interior ou perto dele (neste último caso, em situações confinadas, como galerias na madeira), e a larva se alimenta do hospedeiro a partir da superfície externa por sua cutícula (como ectoparasita) ou pode viver no interior da hemocele do hospedeiro (como endoparasita). A maioria dos icneumonídeos é solitária, com um único indivíduo se desenvolvendo de um único hospedeiro, embora alguns sejam gregários. Muitas espécies são hiperparasitárias, ou seja, são parasitoides de outros parasitoides, em geral icneumonídeos, braconídeos ou taquinídeos.

A família Ichneumonidae é dividida em 24 subfamílias. No passado recente, alguns entomologistas discordaram sobre a nomenclatura usada. Em geral, os conceitos de sistemática dos icneumonídeos desenvolvidos por Townes (1969-1971) são amplamente seguidos. Usamos aqui os nomes dos grupos de famílias descritos por Fitton e Gauld (1976, 1978).

Os maiores icneumonídeos nos Estados Unidos e Canadá pertencem às subfamílias Rhyssinae e Pimplinae. Alguns podem medir 40 mm de comprimento ou mais só de corpo e o ovipositor pode ter o dobro do comprimento do corpo. Estes insetos atacam as larvas de vespas-da-madeira gigantes, vespas-da-madeira e coleópteros brocadores de madeira. O ovipositor longo é usado para colocar os ovos de icneumonídeo nos túneis do hospedeiro, tal ovipositor pode penetrar por 13 mm

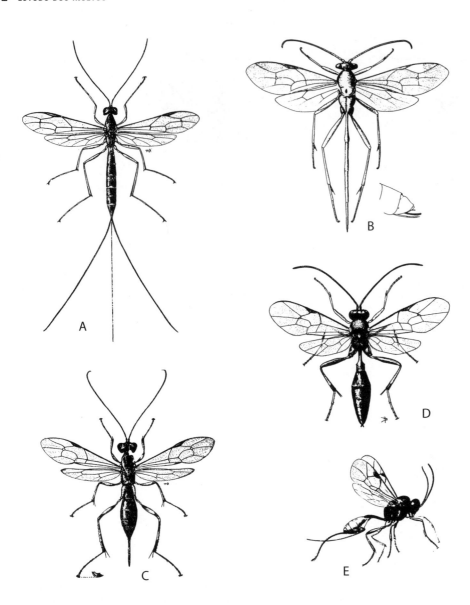

Figura 28-38 Ichneumonidae. A, *Rhysella nitida* (Cresson), fêmea (Rhyssinae); B, *Casinaria ambigua* (Townes), fêmea (Campopleginae) (a inserção mostra a extremidade do metassoma em visão lateral); C, *Phytodietus vulgaris* Cresson, fêmea (Tryphoninae); D, *Phobocampe unicincta* (Gravenhorst), fêmea (Campopleginae); E, *Tersilochus conotracheli* (Riley), fêmea (Tersilochinae).

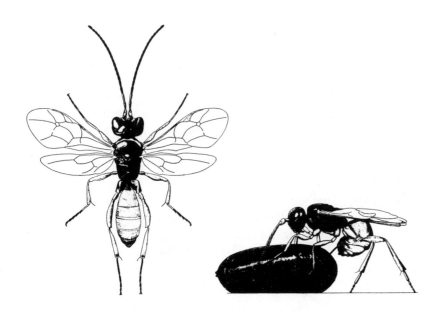

Figura 28-39 Um icneumonídeo hiperparasitário, *Phygadeuon subfuscus* Cresson (Phygadeuontinae). A, macho adulto; B, fêmea realizando a postura no pupário do hospedeiro. O hospedeiro deste icneumonídeo é uma mosca taquinídea, *Aplomyiopsis epilachnae* (Aldrich), que é parasita do besouro mexicano do feijão, *Epilachna varivestis* Mulsant (ver Figura 33-72).

de madeira ou mais. O árduo processo de inserção do ovipositor profundamente na madeira leva vários minutos. O ovo é muito deformado quando passa pelas válvulas, mas recupera sua forma após emergir na outra extremidade. A retração do ovipositor também é relativamente lenta. Não é raro encontrar objetos finos e pretos, semelhantes a agulhas, salientes na madeira de uma árvore morta. São os ovipositores de fêmeas que não conseguiram se soltar ou foram ingeridas por pássaros durante a postura. O gênero *Megarhyssa* contém várias espécies muito grandes, que atacam vespas-da-madeira gigantes. *Rhysella nitida* (Cresson) (Figura 28-38A) ataca vespas-da-madeira (Xiphydriidae). Outros Pimplinae são parasitas de larvas de lepidópteros, alguns (em especial, os da tribo Polysphinctini) atacam aranhas e outros atacam coleópteros brocadores de madeira.

Muitos icneumonídeos da subfamília Tryphoninae são parasitas de moscas-de-serra. *Phytodietus vulgaris* Cresson (Figura 28-38C) ataca mariposas tortricídeas. Alguns membros desta subfamília carregam os ovos no ovipositor, fixados por pedículos curtos. Quando um hospedeiro adequado é encontrado, os ovos são fixados por um pedículo à cutícula do hospedeiro e, se nenhum hospedeiro for encontrado, os ovos podem ser descartados. Em geral, as larvas parasitas completam seu desenvolvimento no casulo do hospedeiro.

Os membros da subfamília Phygadeuontinae são em sua maioria parasitas externos de pupas em casulos. Uns atacam larvas de besouros perfuradores de madeira, outros atacam larvas de dípteros, alguns atacam casulo de ovos de aranhas e alguns ainda são hiperparasitas de braconídeos ou outros icneumonídeos (Figura 28-39). Os membros da subfamília Ichneumoninae são parasitas internos de Lepidoptera. Realizam a postura na larva ou na pupa do hospedeiro, mas sempre emergem da pupa do hospedeiro. Na maioria das espécies desta subfamília, os dois sexos parecem muito diferentes e muitos são mimetizadores brilhantes e coloridos de vespídeos ou pompilídeos. Os Banchinae são parasitas internos de lagartas, os Ctenopelmatinae são principalmente parasitas de moscas-de-serra, realizando a postura na larva do hospedeiro e emergindo de seu casulo, os Oxytorinae atacam dípteros das famílias Mycetophilidae e Sciaridae e os Diplazontinae atacam Syrphidae, depositando seus ovos no ovo ou na larva jovem do hospedeiro e emergindo do seu pupário. Os Campopleginae são parasitas de larvas de lepidópteros. *Casinaria texana* (Ashmead) (Figura 28-38B) é um parasita da lagarta-tanque e *Phobocampe disparis* (Viereck) (Figura 28-38D) é um parasita da mariposa-cigana. Os Tersilochinae são parasitas de besouros. *Tersilochus conotracheli* (Riley) (Figura 28-38E) é parasita do gorgulho-da-ameixa.

Fêmeas de Ophioninae (que são parasitas de lagartas) possuem um metassoma muito comprimido e um ovipositor curto e muito afiado. A maioria dos icneumonídeos, quando manipulados, tenta ferroar, empurrando seu ovipositor contra os dedos da pessoa, mas na maioria dos casos isto quase não é sentido. O ovipositor dos Ophioninae, em contraste, pode realmente penetrar na pele e o efeito é muito semelhante ao de uma picada de agulha. A maioria destes icneumonídeos é amarelada a acastanhada e mede cerca de 25 mm de comprimento. Com frequência, são atraídos para as luzes à noite.

Família **Mymarommatidae:** Este pequeno grupo de espécies raras foi descoberto recentemente na América do Norte. Seus hospedeiros são desconhecidos, porém espécimes foram coletados em matas úmidas. Parecem semelhantes aos mimarídeos por possuírem a base da asa anterior contraída e a venação muito reduzida (mesmo para um calcidoídeo). A asa posterior é muito reduzida a uma faixa delgada que possui hâmulos no ápice. Os autores recentes classificaram os mimaromatídeos fora de Chalcidoidea, em sua própria superfamília, embora reconhecendo que os dois táxons estejam intimamente relacionados.

SUPERFAMÍLIA **Chalcidoidea:** Os calcidoídeos (superfamília Chalcidoidea) constituem um grande e importante grupo de insetos, com cerca de 2.200 espécies descritas na América do Norte. Quase todas são muito pequenas e algumas são minúsculas. Alguns Mymaridae, por exemplo, medem menos de 0,5 mm. Os calcidoídeos podem ser encontrados em quase todos os lugares, mas são tão pequenos que, com frequência, passam despercebidos – ou chegam a ser descartados – pelo estudante iniciante. A maioria mede apenas 2 mm ou 3 mm de comprimento, embora alguns (por exemplo, certos Leucospidae) possam atingir 10 mm ou 15 mm. Os membros deste grupo vivem em uma grande variedade de *habitats* e um colecionador raramente realiza uma varredura pela vegetação sem obter pelo menos alguns destes insetos.

Em geral, os calcidoídeos podem ser reconhecidos pela venação alar reduzida (Figura 28-16B), pelas antenas geralmente geniculadas que nunca contêm mais de 13 artículos, pelo pronoto um pouco quadrado que não atinge as tégulas e pelo prepecto grande e exposto presente na lateral do mesossoma (Figura 28-4A). A maioria dos calcidoídeos tem cor escura e muitos são azuis ou verde-metálicos. A forma do corpo varia muito neste grupo (Figuras 28-23, 28-24, 28-40 a 28-45) e alguns apresentam formas peculiares e até mesmo maravilhosas. As asas são reduzidas ou ausentes em muitas espécies.

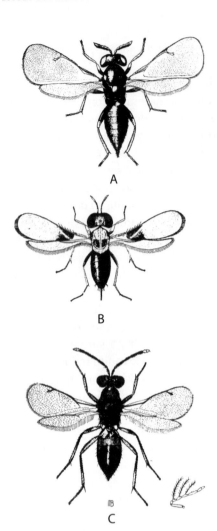

Figura 28-40 Chalcidoidea. A, *Baryscapus bruchophagi* (Gahan) (Eulophidae), parasita da vespa-galhadora *Bruchophagus platypterus* (Walker); B, *Centrodora speciosissima* (Girault), fêmea (Aphelinidae), parasita de cecidomiídeos e calcidoídeos que atacam o trigo; C, *Hemiptarsenus fulvicollis* (Oestemadeira), fêmea (Eulophidae), parasita de moscas-de-serra minadoras de folhas; D, *Ooencyrtus kuvanae* (Howard), fêmea (Encyrtidae), um parasita importado dos ovos da mariposa-cigana.

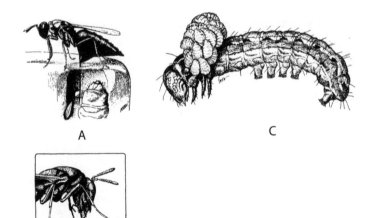

Figura 28-41 Alimentação e eclosão de calcidoídeos. A, *Pteromalus* (Pteromalidae) realizando a postura; B, *Pteromalus* alimentando-se no tubo criado pelo ovipositor; C, colônia de larvas de *Euplectrus* (Eulophidae) alimentando-se de uma lagarta.

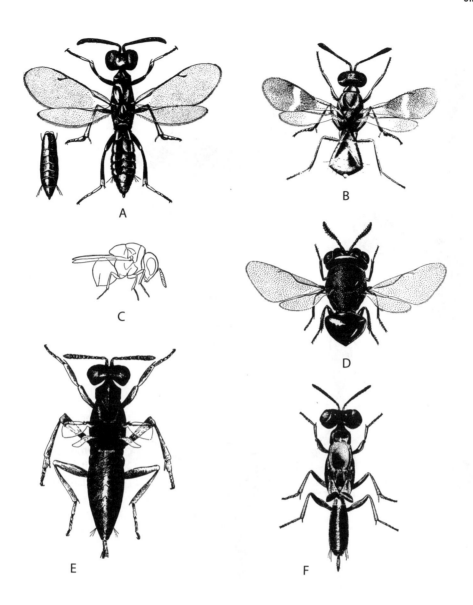

Figura 28-42 Chalcidoidea. A, B, E, F, Eupelmidae; C, D, Perilampidae. A, *Eupelmus allynii* (French), fêmea (a inserção corresponde ao metassoma do macho), um parasita da mosca de Hesse; B, *Anaestado japonicus* Ashmead, um parasita importado dos ovos da mariposa-cigana; C, *Perilampus platygaster* Say, um hiperparasita que ataca *Meteorus dimidatus* (Cresson), um parasita braconídeo do dobrador de folha das videiras, *Desmia funeralis* (Hübner) (Pyralidae), vista lateral; D, mesma espécie, vista dorsal; E, *Eupelmus atropurpureus* Dalman, fêmea, um parasita da mosca de Hesse; F, *Eupelmus vesicularis* (Retzius), fêmea, que ataca insetos das ordens Coleoptera, Lepidoptera e Hymenoptera.

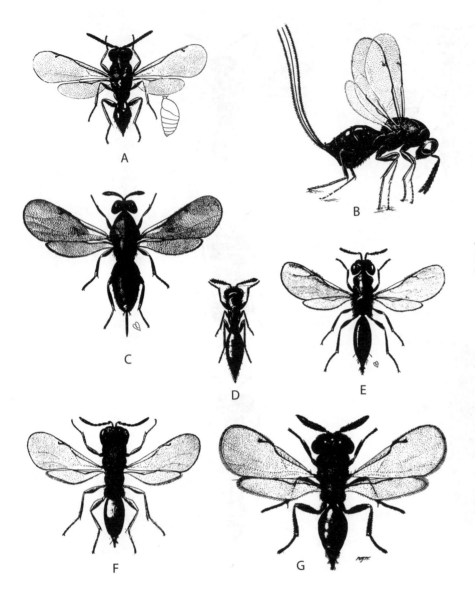

Figura 28-43 Chalcidoidea. A-C, Torymidae; D-G, Eurytomidae. A, *Torymus varians* (Walker), a vespa-da-semente-de-maçã, macho (a inserção corresponde à vista lateral do metassoma); B, mesma espécie, fêmea; C, *Idiomacromerus perplexus* (Gahan), fêmea, parasita da vespa *Bruchophagus platypterus* (G nesta figura); D, *Tetramesa maderae* (Walker), uma praga do trigo, fêmea áptera; E, *Tetramesa tritici* (Fitch), fêmea, outra praga do trigo; F, *Eurytoma pachyneuron* Girault, fêmea, parasita da mosca de Hesse e de *Tetramesa tritici* (Fitch) (E nesta figura); G, *Bruchophagus platypterus* (Walker), a broca-da-semente do trevo.

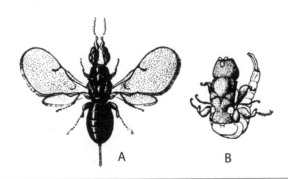

Figura 28-44 A vespa-do-figo *Blastophaga psenes* (L.). A, fêmea; B, macho.

Figura 28-45 Chalcidoidea. A, *Thinodytes cephalon* (Walker), fêmea, um parasita da mosca de Hesse; B, *Pteromalus eurymi* Gahan, parasita da lagarta-da-alfafa, *Colias eurytheme* Boisduval; C, *Homoporus nypsius* (Walsh e Riley), fêmea, parasita da mosca de Hesse; D, *Trichomalopsis subaptera* (Riley), fêmea, parasita da mosca de Hesse; E, mesma espécie, uma fêmea subáptera; F, *Callitula bicolor* Spinola, macho, parasita de várias moscas e platigastrídeos; G, mesma espécie, fêmea; H, *Conura side* (Walker) parasita de vários Coleoptera, Lepidoptera e Hymenoptera.

A maioria dos calcidoídeos é parasita de outros insetos, atacando principalmente os estágios de ovo ou larva do hospedeiro. Os hospedeiros, em sua maioria, pertencem às ordens Lepidoptera, Diptera, Coleoptera e Hemiptera Sternorrhynca. Uma vez que estas ordens contêm a maior parte das pragas de lavoura, os calcidoídeos constituem um grupo muito benéfico, ajudando a manter o controle das populações destas pragas. Muitas espécies foram importadas para os Estados Unidos para controlar pragas de insetos. Alguns calcidoídeos são fitófagos, com suas larvas alimentando-se dentro de sementes, caules ou galhas.

Esta superfamília é dividida em várias famílias. Algumas famílias consistem em insetos de aparência característica e são facilmente reconhecidas, mas em alguns casos a separação das famílias é muito difícil. Para complicar o assunto para o estudante, os entomologistas discordam quanto aos limites de determinadas famílias.

Família **Mymaridae – vespas-fadas:** Todos os mimarídeos são parasitas de ovos de outros insetos. Seus hospedeiros incluem espécies das ordens Odonata, Ortoptera, Psocoptera, Thysanoptera, Hemiptera, Coleoptera, Lepidoptera e Diptera. São diferenciados de todos os outros calcidoídeos por uma série de sulcos únicos na cabeça (Figura 28-21): um conjunto paralelo às bordas internas dos olhos compostos na fronte e no vértice e um sulco transversal característico que corre entre os olhos acima das inserções antenais. Por outro lado, a maioria das espécies se caracteriza pelas asas posteriores pediculadas, de lados paralelos, e pela base estreita das asas anteriores (Figura 28-16C). Todos estes insetos são minúsculos, em geral com menos de 1 mm de comprimento. Consequentemente, são pouco conhecidos, mas constituem um componente comum e diverso da maioria das faunas de insetos.

Família **Trichogrammatidae:** Os tricogramatídeos também são parasitas de ovos de insetos. São muito pequenos: por exemplo, os adultos do gêneros *Megaphragma*, parasitas dos ovos de trips, não medem mais de 0,18 mm em comprimento total. Os tricogramatídeos podem ser mais facilmente reconhecidos por seus tarsos de três artículos. Por outro lado, o metassoma é evidentemente fixado ao mesossoma e o segundo fragma projeta-se bastante para o seu interior (visível em espécimes em álcool); as antenas são curtas, com sete artículos ou menos (incluindo os artículos anulares) e a asa anterior com frequência possui cerdas arranjadas em linhas (estas três últimas características também aparecem em alguns outros calcidoídeos). O gênero *Trichogramma*, o grupo mais conhecido, é amplamente usado como agente de controle biológico. Contudo, não é tão abundante, seja em espécie ou em números totais, quanto os gêneros *Oligosita*, *Paracentrobia* e *Aphelinoidea*. Como ocorre com a maioria dos outros micro-himenópteros, embora muito comum, esta família, em geral, passa despercebida ou é negligenciada pelos colecionadores e, portanto, é relativamente pouco conhecida.

Família **Eulophidae:** Os Eulophidae constituem um grupo grande (mais de 500 espécies norte-americanas descritas) de insetos relativamente pequenos (1 mm a 3 mm de comprimento). São parasitas de uma grande variedade de hospedeiros, incluindo várias pragas de lavoura importantes (Figuras 28-40A,C, 28-41C). Sua biologia é extremamente variada, porém a maioria das espécies parasita o ovo ou a larva de seu hospedeiro. Os eulofídeos podem ser reconhecidos pelos tarsos de quatro artículos (Figura 28-20A) e pelas axilas que se estendem para a frente além das tégulas. Algumas espécies de Aphelinidae e Encyrtidae também possuem tarsos com quatro artículos. As características para sua diferenciação estão incluídas na chave e nas discussões destas famílias. Muitos eulofídeos apresentam cores metálico-brilhantes e os machos de muitas espécies exibem antenas pectinadas. Estas vespas em geral apresentam uma esclerotização relativamente fraca e os corpos dos espécimes, com frequência, colapsam quando secos.

Família **Tetracampidae:** Esta família rara parece combinar as características dos representantes maiores de Eulophidae e Pteromalidae. Alguns tetracampídeos machos apresentam tarsos com quatro artículos, porém tanto machos quanto fêmeas podem ser diferenciados dos outros eulofídeos e pteromalídeos norte-americanos pela pilosidade densa no propódeo. Apenas duas espécies foram reconhecidas na América do Norte. *Dipriocampe diprioni* (Ferrire), uma parasita de ovos, foi introduzida no Canadá para controlar a mosca-de-serra do pinheiro, *Neodiprion sertifer* (Geoffroy) (Diprionidae). *Epiclerus nearcticus* Yoshimoto ocorre no leste dos Estados Unidos e Canadá.

Família **Aphelinidae:** Este é um grupo de parasitas muito comum, porém pequenos, em geral com cerca de 1 mm de comprimento total. Foram classificados em diferentes momentos como Eulophidae e Encyrtidae, mas atualmente parece claro que devem ser reconhecidos como uma família independente. O número de artículos antenais é reduzido para oito ou menos (sem contar os artículos anulares minúsculos) como nos Eulophidae, porém a maioria das espécies apresenta os tarsos com cinco artículos, o metassoma parece claramente fixado ao propódeo (em muitos casos, o segundo fragma é visível e estende-se bastante para o metassoma), a veia marginal é alongada e as veias pós-marginais e estigmais são reduzidas. Alguns encirtídeos apresentam tarsos de quatro segmentos e segmentação antenal reduzida; os afelinídeos podem ser reconhecidos por sua veia marginal alongada. As espécies de afelinídeos com tarsos de cinco artículos (a maioria) podem ser distinguidas dos encirtídeos pelo número de artículos antenais reduzido, por seu pequeno tamanho, pelas veias estigmal e pós-marginal reduzidas e pela presença de um sulco na mesopleura para receber o fêmur médio.

Os afelinídeos atacam uma ampla variedade de hospedeiros, que parecem ser todos sésseis. As espécies mais conhecidas são as que atacam cochonilhas (Hemiptera). Várias espécies são muito importantes como agentes de controle biológico das cochonilhas hospedeiras. Outras espécies foram obtidas em pulgões, moscas-brancas, ovos de Hemiptera, Ortoptera e Lepidoptera, pupas de cecidomiídeos e como hiperparasitas de outros Hymenoptera que atacam Hemiptera. O curioso fenômeno de adelfoparasitismo é encontrado em alguns grupos: as fêmeas se desenvolvem como parasitas de cochonilhas, enquanto os machos se desenvolvem como hiperparasitas, atacando os parasitas de cochonilhas, com frequência fêmeas de sua própria espécie! Este grupo razoavelmente comum de parasitas em geral não é representado nas coleções porque são muito pequenos e os corpos colapsam quando secos.

Família **Signiphoridae:** Os signiforídeos são calcidoídeos pequenos, de corpo robusto, que atacam cochonilhas, moscas-brancas e outros Hemiptera esternorrincos, ou são hiperparasitas dos calcidoídeos que atacam estes Hemiptera. São criaturas muito raras, porém muito características devido à ampla fixação do metassoma, à clava antenal alongada e sem subdivisões, aos esporões laterais na tíbia média e à área triangular no propódeo.

Família **Encyrtidae:** Os Encyrtidae constituem um grupo grande e disseminado, com cerca de 345 espécies descritas na América do Norte. Em geral, medem cerda de 1 mm a 2 mm de comprimento e podem ser diferenciados da maioria dos outros calcidoídeos pela mesopleura ampla e convexa. Na maioria dos calcidoídeos, a mesopleura apresenta um sulco para os fêmures, porém os encirtídeos não possuem este sulco (assim como signiforídeos, tanaostigmatídeos, alguns afelinídios e eupelmídeos). Os encirtídeos diferem dos eupelmídeos por possuírem as coxas anteriores e médias muito aproximadas, o mesonoto convexo e apresentar notaulos incompletos ou ausentes. A maioria dos encirtídeos é parasita de Hemiptera esternorrincos – pulgões, cochonilhas, cochonilhas-pulverulentas e moscas-brancas – e são muito importantes como agentes de controle biológico destes insetos. O grupo também contém espécies que atacam insetos das ordens Neuroptera, Diptera, Lepidoptera, Coleoptera e Hymenoptera. Todos os estágios de vida, incluindo ovos, larvas, ninfas e adultos, são hospedeiros de várias espécies. Dois gêneros em particular, *Hunterellus* e *Ixodiphagus*, são notáveis porque parasitam o estágio ninfal de carrapatos. O gênero *Ooencyrtus* é comum; suas espécies são parasitas dos ovos de alguns Hemiptera, Neuroptera e Lepidoptera. *Ooencyrtus kuvanae* (Howard) (Figura 28-40D; também conhecido na literatura como *O. kuwanai*), por exemplo, foi introduzido como parasita dos ovos da mariposa-cigana. Algumas encirtídeos são hiperparasitas. A poliembrionia ocorre em várias espécies, com 10 a mais de 1.000 formas jovens desenvolvendo-se a partir de um único ovo.

Família **Tanaoestigmatidae:** Quatro espécies deste grupo raro foram registradas na Flórida, Arizona e Califórnia. As larvas parecem ser galhadoras.

Família **Eupelmidae:** Os Eupelmidae constituem um grupo grande (88 espécies norte-americanas) e algumas espécies são razoavelmente comuns. São semelhantes aos encirtídios, mas apresentam um mesonoto mais plano e possuem notaulos (Figura 28-42A,B,E,F). Alguns são ápteros ou têm asas muito curtas (Figura 28-42E,F). Os machos de muitas espécies são semelhantes ou indistinguíveis dos pteromalídios machos.

Muitos eupelmídeos são bons saltadores e, com frequência, cambaleiam após o salto, antes de apoiarem as pernas com mais firmeza. Seus saltos são realizados por músculos muito aumentados das pernas, que se inserem na mesopleura. O aumento da área de fixação destes músculos explica a mesopleura convexa, característica tanto de encirtídeos quanto de eupelmídios. Quando os eupelmídeos pulam, as pernas médias são literalmente jogadas para fora de seus soquetes e o mesonoto é contorcido tão fortemente que a cabeça e a ponta do metassoma realmente podem tocar a superfície das costas do animal. Muitos espécimes mantêm esta posição quando mortos, com o corpo em forma de U e as pernas médias estendidas anteriormente na frente da cabeça. As espécies deste grupo atacam uma grande variedade de hospedeiros e várias atacam hospedeiros de muitas ordens diferentes. As espécies da subfamília mais comum, os Eupelminae, podem ser coletadas em uma grande variedade de *habitats*. As subfamílias menos comuns são vistas com frequência em madeira morta, supostamente procurando por coleópteros perfuradores de madeira como hospedeiros.

Família **Torymidae:** Os torimídeos são insetos um pouco alongados, de 2 mm a 4 mm de comprimento, em geral com um ovipositor longo. As coxas posteriores são muito grandes e há notaulos distintos no mesoscuto (Figura 28-43A-C). Este grupo inclui espécies parasitárias e fitófagas: Toryminae, Erimerinae e Monodontomerinae atacam insetos galhadores e lagartas, Podagrioninae atacam ovos de mantídeos e os Idarninae e Megastigminae atacam sementes.

Família **Agaonidae** – **vespa-do-figo:** Este grupo é representado nos Estados Unidos por duas espécies, *Blastophaga psenes* (L.) e *Secundeisenia mexicana* (Ashmead). A primeira ocorre na Califórnia e no Arizona e a última na Flórida. *Blastophaga psenes* (Figura 28-44) foi introduzida nos Estados Unidos para possibilitar a produção de algumas variedades de figos. O figo de Smyrna, que é cultivado extensivamente na Califórnia, produz frutos apenas quando polinizado com pólen do figo selvagem, ou caprifigo, e a polinização é realizada totalmente por vespas-do-figo, que se desenvolve em uma galha nas flores fechadas do caprifigo. Os machos cegos e incapazes de voar (Figura 28-44B) emergem primeiro e podem acasalar com as fêmeas ainda nas galhas. A fêmea, ao emergir da galha, coleta o pólen das flores masculinas do caprifigo, armazenando-o em cestas especiais (corbículas). A fêmea poliniza figos dos dois tipos (figo de Smyrna e caprifigo), porém realiza a oviposição com sucesso apenas nas flores mais curtas do caprifigo. Os cultivadores de figo ajudam na polinização do figo Smyrna colocando os ramos do figo selvagem em suas figueiras cultivadas. Quando as vespas-do-figo emergem do figo selvagem, visitarão as flores do figo de Smyrna, polinizando-as deste modo.

Família **Ormyridae:** Os Ormyridae são semelhantes aos Torymidae, porém apresentam notaulos indistintos ou ausentes e têm um ovipositor muito curto. A maioria das espécies é azul ou verde-metálica e apresenta grandes fóveas distintivas nos segmentos metassomáticos. São parasitas de insetos galhadores.

Família **Pteromalidae:** Os Pteromalidae constituem um grande grupo de vespas parasitárias (cerca de 340 espécies norte-americanas descritas). O grande número de espécies é classificado em duas subfamílias grandes e pouco definidas, os Miscogastrinae e Pteromalinae. Por outro lado, muitos grupos pequenos, porém distintos, recebem um *status* de subfamília (por exemplo,

Spalangiinae, parasitas comuns dos pupários de moscas associadas ao esterco). Outros grupos, como Perilampidae e Eucharitidae, comumente são aceitos com o *status* de família, porém os entomologistas reconhecem que estão mais intimamente relacionados a subgrupos incluídos nos pteromalídeos. A classificação destas vespas está em estágio muito imaturo e um grau razoável de mistura dos táxons pode ser esperado conforme as espécies e suas relações sejam mais conhecidas.

Os pteromalídeos são morfológica e biologicamente diversos. Provavelmente, é mais fácil identificá-los ao eliminar as outras possibilidades do que tentar caracterizar a família. Em geral, os tarsos apresentam cinco artículos, o funículo antenal tem cinco artículos ou mais e o pronoto, quando observado em vista dorsal, é contraído anteriormente (dando a ele uma forma de sino, chamado de *campanular*). Embora as fêmeas de algumas famílias como Eupelmidae e Torymidae sejam em geral, muito distintas, algumas vezes pode ser difícil, se não impossível, diferenciar os machos dos pteromalídeos "típicos". A melhor estratégia para identificação consiste em avaliar inicialmente os espécimes pela chave e então verificar as descrições e as características das chaves de outros táxons de calcidoídeos. Outros que apresentam tarsos de cinco artículos são Perilampidae, Eupelmidae, Encyrtidae, Tanaoestigmatidae, Chalcididae, Leucospidae, Eurytomidae, Eucharitidae, Agaonidae, Torymidae, Ormyridae e Aphelinidae.

A maioria destes insetos é parasitária e ataca uma ampla variedade de hospedeiros. Muitos são valiosos no controle de pragas de lavouras. Algumas espécies atacam ovos, larvas, ninfas e pupas. É possível encontrar tanto parasitas solitários quanto gregários, e algumas espécies são hiperparasitárias. Os hospedeiros incluem espécies das ordens Lepidoptera, Hymenoptera, Hemiptera, Diptera e Coleoptera e aranhas e seus casulos de ovos. Algumas espécies formam galhas.

Os adultos de algumas espécies de pteromalídeos (e outros calcidoídeos, como alguns eulofídeos) alimentam-se dos fluidos corporais do hospedeiro, que exsudam da punção realizada pelo ovipositor do parasita. No caso de *Pteromalus cerealellae* (Ashmead), que ataca larvas da mariposa *Sitotroga cerealella*, que ficam fora do alcance do pteromalídeo adulto (na semente), um fluido viscoso é secretado do ovipositor e moldado em um tubo que se estende para baixo até a larva do hospedeiro. Por meio deste tubo, o adulto suga os fluidos corporais do hospedeiro (Figura 28-41A,B).

Família **Eucharitidae:** Os Eucharitidae são insetos de aspecto relativamente diferenciado com hábitos muito interessantes. Apresentam tamanho razoável (pelo menos para os calcidoídeos), em geral são pretos, azul-metálico ou verde-metálico, com o metassoma pedunculado e o escutelo espinhoso. O mesossoma muitas vezes parece um pouco corcunda (Figura 28-23D). Estes calcidoídeos são parasitoides de pupas de formigas. Os ovos são depositados, em grande quantidade, em folhas ou brotos, e eclodem em larvas pequenas e achatadas chamadas de *planídias*. Estas planídias simplesmente aguardam na vegetação ou no solo e fixam-se às formigas que passam, que as carregam até o formigueiro. Uma vez no formigueiro, a planídia deixa a formiga operária que a levou até lá e fixa-se às larvas de formiga. Consomem pouco ou nada das larvas de formiga, mas alimentam-se do hospedeiro após a larva empupar. Esta família apresenta uma diversificação especial em relação às espécies e exibe estruturas elaboradas nos trópicos, onde as formigas são mais diversificadas.

Família **Perilampidae:** Os Perilampidae são calcidoídeos de corpos robustos com o mesossoma grande e grosseiramente pontilhado e o metassoma pequeno, brilhante e triangular (Figuras 28-24B, 28-42C,D). Algumas espécies, incluindo o *Perilampus hyalinus* Say comum, apresentam cores metálicas brilhantes e lembram superficialmente as vespas invasoras (Chrysididae); a maioria das outras espécies é preta. Com frequência, os Perilampidae são encontrados em flores. Algumas espécies são hiperparasitas, atacando Diptera e Hymenoptera que parasitam lagartas e gafanhotos. Outras atacam insetos de vida livre nas ordens Neuroptera, Coleoptera e Himenoptera (moscas-de-serra). Os perilampídeos, como os eucaritídeos, depositam seus ovos na folhagem e os ovos eclodem em larvas planídias (pequenas, achatadas, capazes de ficar sem alimentação por um tempo considerável). Estas planídias permanecem na folhagem, fixando-se a um hospedeiro que passar pelo local (em geral, uma lagarta) e penetram em sua cavidade corporal. Se um hiperparasita entrar em uma lagarta que não esteja parasitada, não se desenvolve. Se a lagarta estiver parasitada, a larva perilampídea permanece inativa na lagarta até que o parasita da lagarta tenha empupado, e então ataca o parasita.

Família **Eurytomidae – brocas-de-sementes:** Os euritomídeos são semelhantes aos perilampídeos por possuírem o pronoto e o mesoscuto grosseiramente pontilhados, mas diferem por apresentar o metassoma arredondado ou oval e mais ou menos comprimido (Figuras 28-24C, 28-43D-G). O metassoma dos machos, muitas vezes, é fortemente peciolado. Podem ser diferenciados dos pteromalídeos pela forma quadrada do pronoto em visão dorsal e pelo mesossoma grosseiramente pontilhado. Em geral são pretos, mas podem ser amarelos ou mesmo apresentar cores metálicas. Sua constituição é mais delgada que a dos perilampídeos.

Os euritomídeos variam quanto aos hábitos. Muitos são parasitários, mas alguns são fitófagos. As larvas das espécies do gênero *Tetramesa* (Figura 28-43D,E) alimentam-se dos caules de gramíneas, algumas vezes produzindo galhas nos caules. Algumas constituem pragas sérias do trigo. A broca-da-semente do trevo, *Bruchophagus platypterus* (Walker) (Figura 28-43G), infesta sementes de *Trifolium* e outras leguminosas. Algumas espécies são hiperparasitárias.

Família **Chalcididae:** Os Chalcididae são calcidoídeos de tamanho razoável (2 mm a 7 mm de comprimento), com fêmures posteriores muito tumefeitos e denteados (Figuras 28-20E, 28-24A, 28-45H). Diferem dos leucospídeos por possuírem o ovipositor curto e porque as asas não ficam dobradas longitudinalmente quando em repouso. Pteromalídeos da subfamília Chalcedectinae também apresentam os fêmures posteriores aumentados, mas estas espécies têm cores metálicas. Os calcidídeos são pretos ou amarelos com várias marcas, mas nunca metálicos. Do mesmo modo, Podagrioninae (Torymidae) apresentam fêmures posteriores aumentados, porém, como a maioria dos outros calcidoídeos, possuem um prepecto grande e exposto. O prepecto de calcidídeos é bastante pequeno e em sua maior parte fica oculto internamente.

Os calcidídeos são parasitas de Lepidoptera, Diptera e Coleoptera. Alguns são hiperparasitários, atacando taquinídeos ou icneumonídeos.

Família **Leucospidae:** Os Leucospidae são insetos pretos ou marrons e amarelos, são parasitas de abelhas e vespas. São relativamente raros, mas ocasionalmente podem ser encontrados em flores. Têm um corpo robusto; muitos apresentam as asas dobradas longitudinalmente em repouso e parecem um pouco com um pequeno vespídeo. O ovipositor na maioria das espécies é longo e curvado para cima e para a frente sobre o metassoma, terminando sobre a parte posterior do mesossoma. Como os calcidídeos, os leucospídeos possuem os fêmures posteriores muito tumefeitos e denteados na superfície ventral.

SUPERFAMÍLIA **Cynipoidea:** Os membros da superfamília Cynipoidea constituem em sua maioria insetos pequenos ou minúsculos, com venação alar distintamente reduzida (Figura 28-16A). A maioria das espécies é preta e o metassoma é um pouco comprimido lateralmente. As antenas são filiformes, o pronoto estende-se para trás até as tégulas e o ovipositor emerge anteriormente ao ápice do metassoma. Na asa anterior, a célula marginal (célula R_1) é bem desenvolvida. Entre as mais de 800 espécies deste grupo nos Estados Unidos, cerca de 640 (todas da subfamília Cynipinae) são galhadoras ou inquilinas de galhas. As outras, até onde se sabe, são parasitas.

Família **Ibaliidae:** Os ibaliídeos são insetos pretos e amarelos relativamente grandes (7 mm a 16 mm de comprimento). Apresentam um metassoma um pouco alongado, com a célula marginal da asa anterior distintamente alongada. São parasitas das vespas-da-madeira gigantes (Siricidae) e podem ser encontrados mais facilmente sobre ou perto de toras que contenham estes hospedeiros.

Família **Liopteridae:** Estes insetos apresentam o metassoma peciolado e fixado bem acima das bases das coxas posteriores. Três espécies raras ocorrem no Texas e na Califórnia. Seus estágios imaturos são desconhecidos.

Família **Figitidae:** Este é um grupo diverso e suas espécies são parasitas de uma grande variedade de grupos. Cinco subfamílias estão representadas na região da América do Norte. Os Anacharitinae, que possuem o metassoma distintamente peciolado e o segundo tergo mais longo que o terceiro (Figura 28-17E), atacam os casulos de crisopídeos (Chrysopidae). Os Aspiceratinae, nos quais o segundo tergo metassomático é estreito e muito mais curto que o terceiro (Figura 28-17C), atacam as pupas de moscas sirfídeas. Os Charipinae são parasitas de psilídeos (Hemiptera) e hiperparasitas de pulgões, atacando Braconidae e Aphelinidae (Hymenoptera). Os Figitinae, nos quais o segundo tergo é apenas discretamente mais curto que o terceiro (Figura 28-17F), atacam pupas de Diptera. A subfamília Eucoilinae pode ser reconhecida pela elevação arredondada e caliciforme no escutelo (Figura 28-17D). Esta estrutura às vezes é bastante elaborada e o escutelo também pode ser desenvolvido em um espinho posterior. Os eucoilíneos são parasitas de pupas de moscas.

Família **Cynipidae – vespas galhadoras:** As vespas-galhadoras (Figura 28-46) constituem um grupo grande e muitas espécies são muito comuns. Nas subfamílias, existem espécies galhadoras ou inquilinas de galhas (em

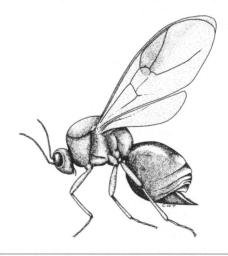

Figura 28-46 Uma vespa-galhadora, *Diplolepis rosae* (L.). Esta espécie se desenvolve em galhas de roseiras (Figura 28-47D).

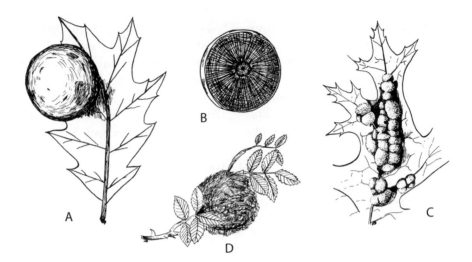

Figura 28-47 Galhas de Cynipidae. A, uma noz-de-galha, causada por *Amphibolips* sp.; B, outra noz-de-galha, aberta por um corte para mostrar o interior e a cápsula central onde a larva da vespa galhadora se desenvolve; C, a galha algodonosa de carvalho, causada por *Callirhytis lanata* (Gillette); D, uma galha semelhante ao musgo em roseira, causada por *Diplolepis rosae* (L.). (modificado de Felt [1940].)

raros casos, possivelmente ambas). A maioria das espécies de galhadoras ataca os carvalhos (*Quercus*) ou membros das famílias de roseiras (Rosaceae) (Figura 28-47). A vespa fêmea realiza a postura no tecido meristemático em crescimento ou que começará a crescer ativamente na primavera seguinte – por exemplo, brotos de galhos, flores ou folhas. A alimentação das larvas das vespas, às vezes, causa uma reação de crescimento na planta hospedeira formando uma galha. A larva da vespa alimenta-se do tecido da galha elaborada, empupa dentro deste revestimento e rói um orifício de saída para emergir. As galhas em si ocorrem em uma variedade de formas, tendo seu formato determinado pela espécie de vespa galhadora que se alimenta em seu interior. Muitas galhas são muito grandes e aparentes, como nos vários tipos de galhas de folhas de carvalho, mas algumas são formadas dentro dos caules ou ramos a até mesmo subterraneamente nas raízes (algumas espécies de vespas cavam mais de 1 metro para realizar a postura nas raízes de carvalho) e, portanto, não são visíveis para um observador casual. Muitas galhas são deiscentes, ou seja, caem da planta hospedeira no solo com o galhador ainda em seu interior. Algumas galhas continuam a crescer mesmo após a queda!

O ciclo de vida de diversos galhadores é muito complexo. Algumas espécies são muito semelhantes a outros Hymenoptera: são bissexuais, machos e fêmeas emergem de suas galhas e acasalam, as fêmeas acasaladas procuram então hospedeiros para realizar a postura; os ovos fertilizados desenvolvem-se em fêmeas e os ovos não fertilizados, em machos (um tipo de partenogênese, a arrenotoquia). Os Cinipídeos com este tipo de ciclo de vida são univoltinos e atacam uma grande variedade de plantas, além dos carvalhos e roseiras. Algumas espécies com este tipo geral de ciclo de vida abandonaram a produção de machos e reproduzem-se por partenogênese telítoca. Nestas, os ovos não completam a meiose e desenvolvem-se em fêmeas diploides; os machos são raros ou completamente ausentes.

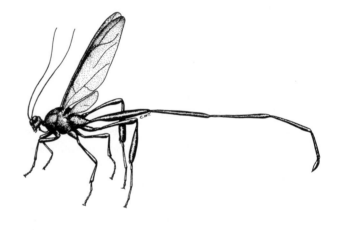

Figura 28-48 Pelecinidae, *Pelecinus polyturator* (Drury), fêmea, ampliado 1½x.

A partir deste ponto, são encontradas ainda mais complicações. Algumas espécies alternam gerações sexuadas e assexuadas. A geração sexuada consiste em machos e fêmeas, que emergem e acasalam e as fêmeas procuram um hospedeiro para realizar a postura. Porém, toda sua progênie se desenvolve em fêmeas (a chamada geração agâmica). Quando a geração agâmica tiver completado seu desenvolvimento larval, vespas adultas emergem, encontram um hospedeiro e realizam a oviposição. Alguns ovos não fertilizados originam machos da geração sexuada, enquanto outros originam fêmeas. Em algumas espécies, a ninhada de determinada fêmea agâmica consiste completamente em machos e, em outras, o desenvolvimento resulta completamente em fêmeas. Os mecanismos genéticos pelos quais o sexo das larvas da geração sexual é determinado são bem pouco compreendidos. As vespas adultas das gerações sexuais e agâmicas são muito diferentes em morfologia e produzem tipos diferentes de galhas em partes diferentes da planta hospedeira. Em alguns casos, as duas gerações devem se reproduzir em espécies diferentes de hospedeiros. Como resultado, as gerações sexuais e agâmicas são descritas como espécies separadas de vespas galhadoras, às vezes, inclusive, em um gênero diferente.

A espécie inquilina de algum modo perdeu a habilidade de induzir a planta hospedeira a produzir galhas. Estas vespas realizam a postura nas galhas produzidas por outras espécies e suas larvas alimentam-se do tecido de galhas elaboradas. As larvas inquilinas normalmente não parecem se alimentar diretamente da larva galhadora original, porém, a última não sobrevive para emergir.

SUPERFAMÍLIA **Proctotrupoidea:** Todos os membros desta superfamília são parasitas, atacando os estágios imaturos de outros insetos. A maioria é pequena ou minúscula e preta, podendo ser confundida com cinipoides, calcidoídeos ou alguns aculeados. Os membros menores deste grupo apresentam uma venação alar muito reduzida, porém podem ser diferenciados dos calcidoídeos pela estrutura do mesossoma e do ovipositor. O pronoto nos proctotrupoídeos parece triangular em vista lateral e estende-se até as tégulas e o ovipositor emerge da extremidade do metassoma e não em um ponto anterior à extremidade.

Família **Pelecinidae:** A única espécie norte-americana deste grupo é *Pelecinus polyturator* (Drury), um inseto grande e notável. A fêmea mede 50 mm ou mais de comprimento e é preto-brilhante, com um metassoma muito longo e delgado (Figura 28-48). O macho, que é extremamente raro, mede cerca de 25 mm de comprimento e possui uma parte posterior tumefeita no metassoma. Os machos, na parte sul da distribuição desta espécie, do México até a Argentina, são relativamente comuns. Quando capturada, a fêmea gira seu segmento metassomático e espeta o ovipositor, mas raramente penetra na pele. Este inseto é um parasita das larvas de Scarabaeidae e os adultos emergem da metade até o final do verão.

Família **Vanhorniidae:** Esta família está intimamente relacionada aos Proctotrupidae e contém apenas uma espécie na América do Norte, no leste. *Vanhornia eucnemidarum* Crawford é parasita das larvas dos besouros eucnemídeos. É caracterizada por suas mandíbulas exodônticas – ou seja, os dentes apicais apontam lateralmente e não medianamente (Figura 28-19D) – e por um ovipositor longo curvado para a frente sobre o corpo da fêmea.

Família **Roproniidae:** Esta família contém três espécies norte-americanas raras de *Ropronia*. Os adultos medem cerca de 8 mm a 10 mm de comprimento e apresentam um metassoma lateralmente achatado, relativamente triangular e peciolado e uma venação razoavelmente completa na asa anterior (Figuras 28-18F, 28-49). Os estágios imaturos são parasitas das moscas-de-serra.

Família **Heloridae:** Esta família contém duas espécies na América do Norte, *Helorus anomalipes* Panzer e *H. ruficornis* Foerster. Estes insetos pretos medem cerca de 4 mm de comprimento, com uma venação razoavelmente completa nas asas anteriores (Figura 28-18H). Ambos são parasitas das larvas de crisopídeos (Chrysopidae) e o helorídeo adulto emerge do casulo do hospedeiro.

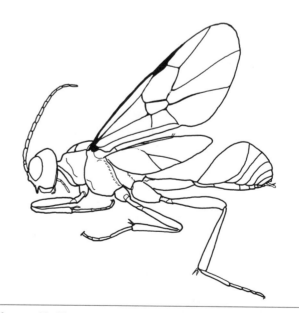

Figura 28-49 *Ropronia garmani* Ashmead. (modificado de Townes [1948].)

Família **Proctotrupidae:** A maioria dos Proctotrupidae mede cerca de 3 mm a 6 mm de comprimento (alguns são maiores). As espécies neárticas podem ser reconhecidas por um grande estigma na asa anterior, além do qual está uma célula marginal muito estreita (Figura 28-18D). Até onde se sabe, são parasitas solitários e gregários de larvas de Coleoptera e Diptera. As larvas da vespa consomem o hospedeiro e então empupam, com a extremidade do metassoma ainda no interior dos resíduos do hospedeiro (isto também ocorre em Pelecinidae).

Família **Diapriidae:** Os diapriídeos são insetos pequenos a minúsculos, a maioria parasita de Diptera imaturos. Podem ser reconhecidos pela projeção, aproximadamente no meio da face, de onde a antena se origina (Figura 28-50). A família contém quatro subfamílias. Os Ambositrinae são mais diversificados nos continentes do sul: Austrália (e Nova Zelândia), América do Sul e sul da África (e Madagáscar). Apenas uma única espécie estende sua distribuição até a região neártica: *Propsilloma columbianum* (Ashmead) é encontrada mais ao norte, até o sul do Canadá. Os Ismarinae são reconhecidos pela ausência da prateleira frontal típica dos diapriídeos; 11 espécies ocorrem nos Estados Unidos e no Canadá e, até onde se sabe no momento, constituem hiperparasitas de driinídeos. A maioria das cerca de 300 espécies norte-americanas desta família pertence a apenas duas subfamílias, Diapriinae e Belytinae. Os Diapriinae são pequenos a minúsculos e exibem uma venação alar muito reduzida, sem células fechadas nas asas posteriores (Figura 28-16D). A maioria é parasita de Diptera, mas alguns estão associados a formigas (em alguns casos, parasitas de formigas; em muitos casos, os entomologistas não sabem se os Diapriinae parasitam as formigas ou outros associados das formigas). Os Belytinae são maiores e apresentam uma célula fechada nas asas posteriores (Figura 28-25G). Os Diapriídeos são coletados facilmente por varredura, já os Belytinae são muito comuns em áreas úmidas e arborizadas, porque atacam os mosquitos dos fungos (Mycetophilidae) e outras moscas que se desenvolvem em fungos.

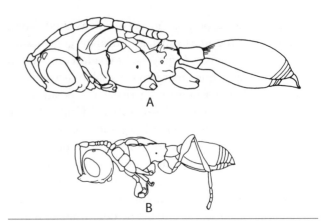

Figura 28-50 Diapriidae. A, Belytinae; B, Diapriinae.

SUPERFAMÍLIA **Platygastroidea:** Apenas duas famílias compõem este grupo, os Scelionidae e Platygastridae. Antigamente, eram classificadas em Proctotrupoidea, mas recentemente foram separadas destas famílias. O ovipositor da fêmea sofre extrusão por pressão hidrostática no metassoma, algumas vezes auxiliada por músculos que estão inseridos na base do ovipositor.

Família **Scelionidae:** Os Scelionidae são insetos pequenos, parasitas de ovos de aranhas e de insetos das ordens Orthoptera, Mantodea (no Velho Mundo e Austrália), Hemiptera, Embiidina, Coleoptera, Diptera, Lepidoptera e Neuroptera. Alguns foram usados com sucesso no controle de pragas de lavoura.

Os ovos dos hospedeiros de celionídeos variam quanto à forma e ao tamanho e as próprias vespas apresentam uma forma corporal bastante diversificada (Figura 28-51). Por exemplo, o gênero *Macroteleia* parasita ovos de Tettigoniidae (Orthoptera) e as vespas são relativamente grandes e alongadas. *Baeus*, em contraste, ataca os ovos esféricos de aranhas e as próprias fêmeas ápteras são quase esféricas. A maioria dos celionídeos apresenta os segmentos metassomáticos divididos em um grande esclerito mediano e em laterotergitos ou laterosternitos estreitos. Estas últimas estruturas são

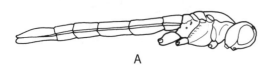
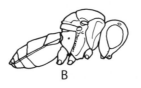

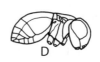

Figura 28-51 Scelionidae, ilustrando a variação na forma do corpo. A, *Macroteleia*; B, *Gryon*; C, *Baryconus*; D, *Baeus*.

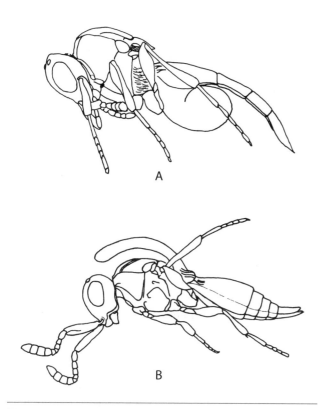

Figura 28-52 Platygastridae, ilustrando algumas modificações metassomáticas para acomodar o ovipositor alongado. A, *Synopeas*; B, *Inostemma*.

entrelaçadas para formar uma margem agudamente angulada no metassoma. Contudo, vários gêneros de celioníneos e toda a subfamília Telenominae apresentam laterosternitos reduzidos ou ausentes e laterotergitos muito aumentados. Como consequência, o metassoma destas espécies é arredondado lateralmente. Na maioria das espécies, as antenas possuem 12 artículos nos dois sexos, porém é comum encontrar diferentes graus de variáveis de redução no número de artículos. As fêmeas telenomíneas apresentam antenas de 11 ou 10 artículos. Para contrastar com o restante, as fêmeas de *Idris*, *Baeus* e gêneros relacionados apresentam antenas de 7 artículos com uma clava grande e não segmentada. Nas fêmeas de vários gêneros, o primeiro tergo metassomático é mais ou menos aumentado em uma protuberância semelhante a um corno, que aloja o ovipositor quando este não está em uso. As espécies desta família são muito comuns e a maior diversidade de adultos pode ser coletada na primavera e final do verão, quando os ovos de seus hospedeiros estão disponíveis.

Família **Platygastridae:** Os Platygastridae são insetos minúsculos, pretos, em geral brilhantes, com venação alar muito reduzida (Figura 28-16H). Em muitos casos, as asas são completamente desprovidas de veias. As antenas possuem 10 artículos e são fixadas em um ponto muito baixo na face, próximo ao clípeo (Figura 28-19B). A maioria dos platigastrídeos é parasita das larvas de Cecidomyiidae. *Platygaster hiemalis* Forbes é um agente importante no controle da mosca de Hesse. Algumas espécies atacam cochonilhas-pulverulentas e outras Sternorrhyncha (Hemiptera). A poliembrionia ocorre em várias espécies desta família, com até 18 jovens se desenvolvendo a partir de um único ovo. Vários grupos, particularmente do gênero *Inostemma*, apresentam um corno formado do primeiro tergo metassomático como nos celionídeos (Figura 28-52B). Em algumas espécies, este corno estende-se bastante sobre o mesossoma e seu ápice se encaixa na parte posterior da cabeça. Em outras, como no gênero *Synopeas*, o segundo esterno metassomático é aumentado em uma bolsa ou uma estrutura semelhante a um corno dentro da qual o ovipositor alongado é recolhido quando não está em uso (Figura 28-52A).

Família **Chrysididae – vespas invasoras:** As vespas invasoras são insetos pequenos, raramente com mais de 12 mm de comprimento, azul ou verde-metálicos. O corpo em geral é grosseiramente esculpido. Alguns calcidóideos e abelhas apresentam tamanhos e cores semelhantes, mas as vespas invasoras podem ser reconhecidas pela venação alar (Figura 28-18B) – uma venação razoavelmente completa na asa anterior, porém sem células fechadas na asa posterior – e pela estrutura do metassoma. Na maioria das espécies, o metassoma consiste em apenas três ou quatro segmentos visíveis e é escavado ventralmente. Quando uma vespa invasora é perturbada, enrola-se em forma de bola. A maior parte das vespas invasoras parasita externamente larvas completamente desenvolvidas de vespas ou abelhas. As espécies no gênero *Cleptes* atacam larvas de moscas-de-serra e as *Mesitiopterus* atacam os ovos de bichos-pau.

Família **Bethylidae:** Os Bethylidae são vespas de tamanho pequeno a médio, de cor escura. As fêmeas de muitas espécies são ápteras e têm aspecto semelhante ao de formigas. Em algumas espécies, ocorrem tanto formas aladas quanto não aladas em cada sexo. Estas vespas são parasitas das larvas de Lepidoptera e Coleoptera. Várias espécies atacam mariposas ou besouros que infestam grãos ou farinha. Algumas espécies ferroam as pessoas.

Família **Dryinidae:** Dryinidae constitui um grupo relativamente pequeno (111 espécies na região neártica) de parasitoides de Hemiptera Auchenorrhyncha. Com frequência, os dois sexos apresentam aspecto muito diferente e a associação pode ser esclarecida apenas por sua criação. Tanto machos quanto fêmeas possuem antenas de 10 artículos e são caracterizados por suas grandes cabeças e mandíbulas amplas e fortemente denteadas. A maioria das fêmeas é notável por apresentar os tarsos anteriores desenvolvidos em quelas, que são utilizadas para agarrar e segurar os cercopídeos usados como hospedeiros. A fêmea de driinídeo captura um adulto ou uma ninfa do hospedeiro com suas quelas, ferroa e paralisa a presa temporariamente e deposita um ovo entre dois segmentos torácicos ou abdominais. A larva parasitoide alimenta-se internamente no hospedeiro, embora durante a maior parte de seu desenvolvimento uma parte do corpo da larva fique projetado em uma estrutura sacular. Quando totalmente desenvolvido, o parasita deixa o hospedeiro e tece um casulo de seda nas proximidades. A poliembrionia ocorre em *Crovettia theliae* (Gahan), que ataca o membracídeo *Thelia bimaculata* (Fabricius), com 40 a 60 formas jovens desenvolvendo-se a partir de um único ovo. Muitas fêmeas adultas também são predadoras de cigarrinhas. Algumas fêmeas de driinídios são notáveis mimetizadoras de formigas e podem estar associadas aos cercopídeos mirmecófilos.

Família **Embolemidae:** Esta família pequena e rara às vezes é classificada com os driinídeos. Ambos apresentam antenas com 10 artículos nos dois sexos. As antenas dos embolemídeos se originam de uma projeção frontal semelhante à da família Diapriidae. Os machos são alados e as fêmeas, ápteras. Duas espécies de embolemídeos são conhecidas na América do Norte. *Ampulicomorpha confusa* Ashmead coletada em ninfas de Achilidae (Hemiptera Auchenorrhyncha) alimentando-se de fungos sob as cascas de árvores em toras caídas. Espécies de *Embolemus* (fora da América do Norte) foram colhidas em formigueiros contendo pulgões ou cochonilhas.

Família **Sclerogibbidae:** Esta família é representada na América do Norte por uma única espécie muito rara no Arizona, *Probethylus schwarzi* Ashmead. Alguns esclerogibídeos (em outras partes do mundo) são conhecidos como parasitas de Embiidina.

SUPERFAMÍLIA **Apoidea – Abelhas e vespas esfecídeas:** Os entomologistas diferem quanto à organização taxonômica das vespas esfecídeas e alguns dos nomes usados para elas. Seguimos aqui o arranjo de Bohart e Menke (1976), que classificam os esfecoídeos em uma única família, os Sphecidae. A classificação das abelhas também é um ponto de debate. Em um extremo, alguns pesquisadores colocam todas as abelhas em uma única família, a Apidae. Seguimos a classificação de Michener (2000), na qual as abelhas norte-americanas são classificadas em seis famílias. A identificação das abelhas em relação às famílias é difícil porque as características ficam ocultas por baixo de densos pelos corporais ou porque a língua é dobrada abaixo da cabeça. Os pelos podem ser raspados cuidadosamente ou empurrados para o lado com um alfinete entomológico e a língua pode ser estendida enquanto o espécime ainda está fresco e flexível.

As abelhas são insetos comuns e encontradas em quase todos os lugares, particularmente nas flores. Cerca de 3.500 espécies ocorrem na América do Norte. Muitas outras espécies de Hymenoptera podem ser colhidas em flores, alimentando-se de néctar. As abelhas são especiais pelo fato de visitarem as flores não apenas pelos carboidratos fornecidos pelo néctar, mas também para coletar o pólen produzido pela planta, com o qual abastecem seus ninhos. Na maioria das espécies, as larvas alimentam-se e desenvolvem-se em uma massa de pólen armazenada na célula pela abelha fêmea, em contraste com outros aculeados, cujas células são supridas por presas artrópodes (os Masarinae da família Vespidae também suprem seus ninhos com pólen). Os ninhos são construídos no solo, porém uma grande variedade de cavidades naturais pode ser usada, como ninhos de roedores abandonados, árvores ocas, orifícios de eclosão de besouros perfuradores de madeira

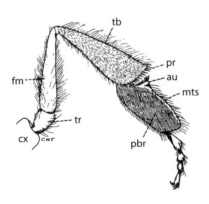

Figura 28-53 Perna posterior de uma abelha-de-mel, superfície interna, apresentando o aparelho para transporte do pólen. *au*, aurícula; *cx*, coxa; *fm*, fêmur; *mts*, primeiro artículo tarsal; *pbr*, escova de pólen; *pr*, rastelo de pólen ou pecten; *tb*, tíbia; *tr*, trocânter. O pólen é retirado dos pelos corporais por meio das pernas anterioress e médias e depositado nas escovas de pólen (*pbr*) das pernas posteriores. O pólen contido na escova de uma perna é então retirado pelo rastelo (*pr*) na outra, com o pólen caindo na superfície da aurícula (*au*); o fechamento do tarso sobre a tíbia força o pólen para cima, onde adere ao assoalho da cesta de pólen ou corbícula (que está na superfície externa da tíbia). Conforme este processo é repetido, primeiro de um lado e então do outro, o pólen é acumulado nas extremidades inferiores das cestas de pólen até que ambas estejam cheias.

ou caules ocos de plantas. Algumas espécies de abelhas colhem o pólen apenas de uma variedade muito restrita de hospedeiros; outras podem visitar praticamente qualquer planta florescente. A maioria das espécies é solitária, ou seja, cada fêmea é capaz de construir um ninho e reproduzir. Estas espécies constroem uma célula, que abastecem completamente com pólen (suprimento em massa), realizam a postura sobre ou perto do pólen e então fecham a célula e começam a construir outra. As abelhas eussociais suprem as células em seus ninhos progressivamente, trazendo mais pólen para as larvas conforme crescem ou fornecendo mel (coletado na forma de néctar de flores e concentrado por evaporação).

As abelhas estão intimamente relacionadas aos Sphecidae e seus parentes mais próximos provavelmente correspondem a algum subgrupo de esfecídeos. Juntos, formam um grupo distinto dentro de Hymenoptera. Seu pronoto termina lateralmente em lobos arredondados que não atingem as tégulas. As características diferenciais das abelhas não parasitárias envolvem, principalmente, o transporte de pólen (Figuras 28-13B, 28-53). A maioria das abelhas é bastante pilosa e, quando visitam as flores, certa quantidade de pólen fica grudada em seus pelos corporais. Este pólen é periodicamente escovado com as pernas e transportado em escovas de pelos chamados *escopas* (localizados na superfície ventral do metassoma em Megachilidae) ou em corbículas (as superfícies externas amplas, brilhantes e discretamente convexas das tíbias posteriores, Figura 28-13B, *cb*, como em espécies sociais de Apidae). Algumas espécies transportam o pólen em seu papo. As abelhas cleptoparasitas, ou seja, aquelas que vivem como "invasoras" de ninhos de outras abelhas, têm um aspecto semelhante ao de uma vespa, com poucos pelos corporais e sem um aparelho para transporte de pólen. Podem ser reconhecidas como abelhas por seus basitarsos posteriores mais achatados e pelos corporais plumosos.

As maxilas e o lábio das abelhas formam uma estrutura semelhante a uma língua, pela qual o inseto suga o néctar. Existe algum desenvolvimento de uma língua como esta em outros Hymenoptera, porém em muitas abelhas a língua é alongada e, consequentemente, elas podem atingir o néctar de flores com corolas profundas. A estrutura da língua difere consideravelmente em diferentes abelhas e fornece características usadas para a classificação.

Os dois sexos de abelhas diferem quanto ao número de artículos antenais e tergos metassomáticos. Os machos possuem 13 artículos antenais e sete tergos metassomáticos visíveis. As fêmeas possuem apenas 12 artículos antenais e seis tergos metassomáticos visíveis.

As abelhas coletoras de pólen desempenham um papel importante na polinização das plantas. Algumas plantas superiores são autopolinizadoras, porém a maioria apresenta polinização cruzada; ou seja, o pólen de uma flor deve ser transferido para o estigma de outra. A polinização cruzada é realizada por dois agentes principais, o vento e os insetos. Plantas polinizadas pelo vento incluem as gramíneas (como os grãos de cereais, capim-rabo-de-rato etc.), muitas árvores (como salgueiros, carvalhos, nogueiras, olmos, álamos e coníferas) e muitas plantas selvagens. As plantas polinizadas por insetos incluem a maioria das frutas de pomar, frutos de baga, muitos vegetais (particularmente cucurbitáceas), lavouras (como *Trifolium*, algodão e tabaco) e flores. A maior parte da polinização é realizada por abelhas – na maioria das vezes, principalmente abelhas-de-mel e mamangabas, porém grande parte da polinização é realizada por abelhas solitárias. Muitos cultivadores, ao trazer colmeias de abelhas-de-mel quando as plantas estão florescendo, são capazes de obter um rendimento muito maior de frutas de pomar, sementes de *Trifolium* e outras colheitas que dependem das abelhas para polinização. Considerando que o valor anual das lavouras polinizadas por insetos nos Estados Unidos corresponde a cerca de US$ 14,6 bilhões, as abelhas são muito valiosas.

Família **Sphecidae:** Os esfecídeos podem ser diferenciados de outras vespas pela estrutura do pronoto: em vista dorsal, a margem posterior é reta e há uma constrição entre ele e o mesoscuto (formando um colar); lateralmente, o pronoto termina em um lobo arredondado que não atinge a tégula. A maioria dos esfecídeos apresenta um sulco mais ou menos vertical na mesopleura, o sulco episternal, que está presente na maioria dos vespídeos, mas o sulco mesopleural em pompilídeos é transversal (Figura 28-28). Na maioria dos esfecídios, as margens internas dos olhos não são entalhadas. Este também é o caso dos pompilídeos, porém a maioria dos vespídeos não apresenta as margens internas dos olhos entalhadas.

As vespas esfecídeas diferem das abelhas, que apresentam uma estrutura pronotal semelhante, de vários maneiras: (1) todos os pelos corporais são simples (alguns são ramificados ou plumosos em abelhas); (2) o segmento basal do tarso posterior não é particularmente alargado ou achatado (como ocorre na maioria das abelhas) e tem em sua base, na superfície interna, uma escova de pelos localizada em uma discreta depressão, em oposição ao esporão tibial pectinado; (3) os esfecídeos são relativamente glabros, enquanto muitas abelhas são muito pilosas e (4) a margem posterior do pronoto em vista dorsal é reta (em geral, discretamente arqueada nas abelhas). A maioria dos Sphecidae apresenta tamanho moderado a grande, com venação alar completa, mas alguns são muito pequenos. O comprimento corporal nesta família varia de cerca de 2 mm a mais de 40 mm. Alguns esfecídeos muito pequenos apresentam uma venação alar muito reduzida, com apenas quatro ou cinco células fechadas na asa anterior. Nove subfamílias são encontradas na América do Norte.

Os membros desta grande família (mais de 1.100 espécies norte-americanas) são vespas solitárias, embora várias delas às vezes façam ninhos em uma pequena área e exibam um princípio de organização social (um pequeno número de espécies tropicais é eussocial). Constroem ninhos em várias situações. A maioria cava o solo, mas algumas fazem os ninhos em diferentes tipos de cavidades naturais (caules de planta ocos, cavidades na madeira etc.), enquanto outras constroem ninhos de lama. As fêmeas caçam presas artrópodes que servem como alimento para sua cria. A presa é ferroada e paralisada e, então, colocada no ninho. Na maioria dos casos, o ninho é completamente suprido antes que o ovo seja depositado, mas, em alguns casos, a vespa fêmea continua a fornecer novas presas enquanto sua cria cresce (o que é conhecido como *suprimento progressivo*). Alguns grupos de esfecídeos estão restritos a um tipo particular de presa como alimento larval, porém outros variam em sua seleção. Uma grande variedade de artrópodes é utilizada, incluindo Orthoptera, Blattodea, Hemiptera, Coleoptera, Diptera, Lepidoptera, Himenoptera e aranhas. Alguns são cleptoparasitários, não construindo ninhos, mas depositando seus ovos em ninhos de outras vespas, com as larvas ingerindo o alimento armazenado para as larvas do hospedeiro.

A subfamília Sphecinae, ou vespas esfecíneas, inclui insetos muito comuns, cuja maioria mede 25 mm de comprimento ou mais. Alguns dos maiores esfecídeos norte-americanos pertencem a esta subfamília. O nome comum refere-se ao pecíolo muito delgado do metassoma. Os dois gêneros *Sceliphron* e *Chalybion* são comumente chamados de "vespas pedreiras". Constroem ninhos de lama, que são supridos com aranhas. Estes ninhos consistem em várias células, cada uma com cerca de 25 mm de comprimento, colocadas lado a lado. São comuns nos tetos ou paredes de edifícios antigos. Duas espécies em cada um destes gêneros ocorrem nas regiões neárticas, sendo que as mais comuns são *S. caementarium* (Drury) e *C. californicum* (Saussure). A primeira é marrom-escura com manchas amarelas, pernas amarelas e asas transparentes e a última é azul-metálica com asas azuladas. Outra espécie de Sphecinae comum que constrói ninhos no solo é *Sphex ichneumoneus* (L.), que é marrom-avermelhada, com a ponta do metassoma preta.

O gênero *Trypoxylon* (Crabroninae) inclui as minguitas (algumas das quais atingem um comprimento de 25 mm ou mais), que fazem seus ninhos de lama, em forma de tubos (Figura 28-54). Outras espécies deste gênero comum criam ninhos no solo ou em várias cavidades naturais. Estas vespas suprem os ninhos com aranhas.

Muitos membros de Crabroninae são vespas de tamanho pequeno a médio, relativamente fortes. São insetos razoavelmente comuns e a maioria é preta com marcas amarelas ou totalmente pretas. Em geral, podem ser reconhecidas pela cabeça grande e quadrada, com as margens internas dos olhos retas, convergentes na parte de baixo, e uma única célula submarginal. Estas vespas variam quanto a seus hábitos de construção de ninhos, a maioria os faz no solo, mas algumas usam cavidades naturais como caules ocos ou cavidades na madeira. A principal presa consiste em moscas, mas algumas capturam outros insetos como besouros, percevejos, cercopídeos ou pequenos Hymenoptera.

As vespas caçadoras de cigarras (Nyssoninae: *Sphecius*) são insetos grandes (de até 40 mm de comprimento) que suprem seus ninhos com cigarras. Uma espécie comum, *S. speciosus* (Drury), é preta ou cor de ferrugem, com faixas amarelas no metassoma Figura 28-55A).

As vespas de areia (Nyssoninae) são vespas de corpos relativamente robustos e de tamanho moderado (Figura 28-55B). Este é um grupo razoavelmente grande (cerca de 75 espécies norte-americanas) e seus membros são comuns ao redor de praias, dunas de areia e outras áreas arenosas. Fazem seus ninhos em escavações e muitas podem construí-los em uma pequena área. Em algumas espécies, os adultos continuam a alimentar as larvas durante seu crescimento. Os adultos são muito ágeis, voam rápido e, embora possam ferroar, é possível passar por uma colônia – com as vespas agitadas voando ao redor – sem ser ferroado. *Stictia carolina* (Fabricius), um inseto de cerca de 25 mm de comprimento e preto com marcas amarelas, é comum no sul. Com frequência, caça moscas (principalmente Tabanidae) perto de cavalos e é chamada de "protetora dos cavalos". Outras vespas de areia são pretas com marcas amarelas, brancas ou verde-claras.

As espécies da tribo Philanthini (Philanthinae; Figura 28-55C) suprem os ninhos com abelhas, principalmente halictídeas, e são chamadas de "vespas caçadora de abelhas" ou "lobos das abelhas". São insetos comuns (29 espécies norte-americanas). Os Cercerini (Philanthinae) (Figura 28-55D) às vezes são chamados de "vespas-dos-gorgulhos" porque capturam besouros (Curculionidae, Chrysomelidae e Buprestidae). São

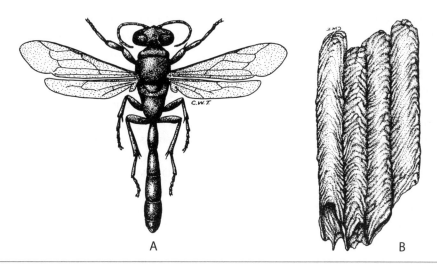

Figura 28-54 Sphecidae. A, adulto de *Trypoxylon clavatum* Say, ampliado 3½X; B, ninho de *T. politum* Say.

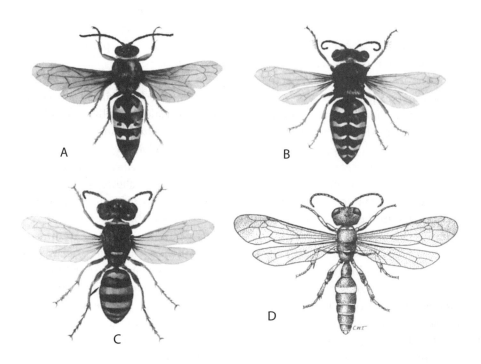

Figura 28-55 Sphecidae. A, a caçadora de cigarras, *Sphecius speciosus* (Drury), aproximadamente em tamanho natural; B, uma vespa-de-areia, *Bembix americanus spinolae* Lepeletier, ligeiramente aumentada; C, uma vespa caçadora de abelhas, *Philanthus ventilabris* Fabricius, ampliado 2X; D, uma vespa-dos-gorgulhos, *Cerceris clypeata* Dahlbom, ampliada 2X.

insetos comuns e um pouco mais de 100 espécies ocorrem na América do Norte.

Família **Melittidae:** Os melitídeos são abelhas pequenas, de cor escura, relativamente raras, com hábitos de construção de ninhos semelhantes aos de Andrenidae. Diferem de outras abelhas de língua curta (Colletidae, Halictidae e Andrenidae) porque o lobo jugal de sua asa posterior é mais curto que a célula M+Cu$_1$. Diferem dos Megachilidae e Apidae (as abelhas de língua longa) porque os artículos de seus palpos labiais exibem tamanhos semelhantes e são cilíndricos (os palpos labiais dos Megachilidae e Apidae possuem seus primeiros dois artículos alongados e achatados). As espécies fazem os ninhos em escavações no solo.

Três subfamílias e 31 espécies de Melittidae ocorrem na América do Norte: Macropidinae (com duas células submarginais e um estigma muito amplo), Dasypodinae (com duas células submarginais e um estigma estreito) e Melittinae (com três células submarginais).

Família **Colletidae:** Estas abelhas possuem a língua curta e truncada ou bilobulada no ápice (Figura 28-6C). A família é dividida em três subfamílias, Colletinae, Diphaglossinae e Hylaeinae, e mais de 150 espécies são conhecidas na América do Norte.

Os Colletinae, ou abelhas coletíneas, cavam o solo para fazer os ninhos e revestem suas escavações com uma substância fina e translúcida. Têm tamanhos moderados e são muito pilosas, com faixas de pubescência pálida no metasoma. Existem três células submarginais, e a segunda veia transversal m-cu é sigmoidal (Figura 28-11D). Noventa e sete espécies destas abelhas foram registradas na América do Norte. Os Hylaeinae, ou abelhas hileíneas, são abelhas pequenas, pretas, muito pouco pilosas, com marcas amarelas na face e apenas duas células submarginais (Figura 28-11E). Têm um aspecto muito semelhante ao de vespas e as pernas posteriores da fêmea não possuem escovas de pólen. O pólen para alimento larval é transportado até os ninhos no papo, misturado ao néctar, e não no corpo ou nas pernas. Estas abelhas fazem o ninho em vários tipos de cavidades e fendas, em caules de plantas ou em escavações no solo. As espécies norte-americanas pertencem ao gênero *Hylaeus* e muitas são abelhas muito comuns.

Família **Halictidae:** Os halictídeos são abelhas de tamanho pequeno a moderado, com cores metálicas, que podem ser reconhecidas pelo primeiro segmento livre da veia mediana fortemente arqueado (Figura 28-11C). A maioria faz seus ninhos em escavações no solo, em locais planos ou em barrancos. O túnel principal é vertical, com túneis laterais ramificados a partir deste e cada um terminando em uma única célula. Grandes quantidades destas abelhas criam ninhos próximos e muitas abelhas podem usar a mesma via de passagem para o exterior. Mais de 500 espécies de halictídeos ocorrem na América do Norte.

Três subfamílias de halictídeos ocorrem nos Estados Unidos: Halictinae (a maior e mais comum das três subfamílias), Nomiinae e Rophitinae. Os Rophitinae diferem das outras duas subfamílias por possuírem apenas duas células submarginais e um clípeo curto, não mais longo que o labro e fortemente convexo e saliente em perfil. Os Nomiinae, representados pelo gênero *Nomia*, apresentam a primeira e a terceira células submarginais aproximadamente do mesmo tamanho. Estas abelhas têm uma importância considerável na polinização de plantas.

Nos Halictinae, a terceira célula submarginal é mais curta que a primeira. Este grupo contém vários gêneros de abelhas razoavelmente comuns. Em *Agapostemon*, *Augochloropsis*, *Augochlorella* e *Augochlora*, a cabeça e o mesossoma têm uma cor verde-metálico-brilhante. Estas abelhas são pequenas, medem 14 mm de comprimento ou menos, e algumas abelhas do gênero *Augochlora* medem apenas alguns milímetros. Os outros gêneros razoavelmente comuns são *Lasioglossum* e *Sphecodes*. Em geral, sua cabeça e seu mesossoma são pretos ou verde-foscos. Alguns membros do gênero *Lasioglossum* frequentemente são atraídos para pessoas que estejam transpirando, sendo chamados de "abelhas do suor". As abelhas do gênero *Sphecodes* têm um aspecto parecido com o de vespas e todo o metasoma é vermelho. Estas são parasitas (cleptoparasitas) de outras abelhas.

Os Halictídeos são extremamente diversificados quanto à sua biologia social, estendendo-se pelo espectro de espécies solitárias, seja construindo ninhos isolados ou em congregações, até espécies primitivamente eussociais. O nível de "desenvolvimento" social parece estar interligado a limitações ambientais pouco compreendidas: algumas espécies apresentam grandes diferenças no comportamento social em diferentes partes de sua distribuição ou em diferentes épocas do ano. A eussocialidade em si não é uma meta evolucionária para o qual estas abelhas estejam progredindo de modo inevitável, porém representa uma estratégia adaptativa em um momento e local particulares. Na verdade, Michener (1974) alega que é bastante provável que, além de ter evoluído muitas vezes, a eussocialidade possa ter sido perdida também com a mesma frequência por diferentes espécies.

Família **Andrenidae:** Os andrenídeos são abelhas de tamanho pequeno a médio que podem ser reconhecidas pelos dois sulcos subantenais abaixo de cada alvéolo antenal (Figura 28-14A). Fazem os ninhos em escavações no solo, e suas escavações são semelhantes às dos halictídeos. Algumas vezes, grandes quantidades destas abelhas fazem ninho próximos, em áreas de vegetação escassa.

As cerca de 1.200 espécies de Andrenidae na América do Norte estão organizadas em três subfamílias, Andreninae, Oxaeinae e Panurginae. Os Andreninae apresentam o ápice da célula marginal pontiagudo ou estreitamente arredondado na margem costal da asa, e apresentam três células submarginais (Figura 28-11A). Os Panurginae apresentam um ápice truncado da célula marginal e possuem apenas duas células submarginais (Figura 28-11B). A grande maioria das espécies de Andreninae pertence ao gênero *Andrena*, que são abelhas muito comuns na primavera. A maioria dos Panurginae pertence ao gênero *Perdita*. Os Panurginae têm tamanho moderado a minúsculo e muitos possuem marcas amarelas ou de outras cores brilhantes. Os Oxaeinae são principalmente tropicais e representados nos Estados Unidos por duas espécies cada, nos gêneros *Protoxaea* e *Mesoxaea*, que ocorrem no sudoeste. Estas abelhas solitárias são grandes, apresentam um voo rápido e constroem seus ninhos em escavações profundas no solo.

Família **Megachilidae – abelhas cortadoras-de--folhas:** As abelhas cortadoras-de-folhas são em sua maioria abelhas de tamanho moderado, com corpos razoavelmente robustos. Diferem da maioria por possuírem duas células submarginais de comprimento aproximadamente igual (Figura 28-11F) e porque as fêmeas das espécies coletoras de pólen o carregam por meio de uma escopa na superfície ventral do metassoma e não nas pernas posteriores. O nome comum destas abelhas deriva do fato de que em muitas espécies as células dos ninhos são revestidas por pedaços cortados de folhas. Estes pedaços geralmente são cortados de modo muito esmerado e não é raro encontrar plantas das quais estas abelhas cortaram fragmentos circulares. Algumas espécies desta família são parasitárias. Os ninhos são feitos em vários locais, ocasionalmente no solo e com mais frequência em alguma cavidade natural, em geral na madeira. A grande maioria das espécies não parasitárias é solitária.

Esta família é representada na América do Norte apenas pela subfamília Megachilinae. Este é um grande grupo (mais de 600 espécies norte-americanas) de distribuição ampla. Alguns gêneros mais comuns de Megachilinae são *Anthidium, Dianthidium, Stelis, Heriades, Hoplitis, Osmia, Megachile* e *Coelioxys*. As abelhas dos gêneros *Stelis* e *Coelioxys* são parasitas. Uma espécie introduzida de *Megachile* é um polinizador importante da alfafa no oeste.

Família **Apidae – Abelhas parasitas, abelhas cavadoras, abelhas carpinteiras, mamangabas, abelhas das orquídeas, abelhas sem ferrão, abelhas-de-mel:** Até recentemente, as abelhas parasitas, abelhas cavadoras e abelhas carpinteiras eram classificadas na família Anthophoridae. As espécies norte-americanas destas abelhas de língua longa são divididas em três subfamílias: Nomadinae, Xylocopinae e Apinae.

Subfamília **Xylocopinae – Abelhas carpinteiras:** Estas abelhas não possuem um clípeo protuberante, as coxas anteriores são transversas e não há uma área triangular em forma de placa no último segmento metassomático. Estas abelhas fazem seus ninhos em madeira ou caules de plantas. Os dois gêneros norte-americanos deste grupo, *Ceratina* e *Xylocopa*, diferem em hábitos e consideravelmente em tamanho. As abelhas carpinteiras pequenas (*Ceratina*) são verde-azulado-escuras e medem cerca de 6 mm de comprimento. Superficialmente, são semelhantes a alguns halictídeos, em especial porque o primeiro segmento livre da veia medial é perceptivelmente arqueado, mas podem ser distinguidas de um halictídeo pelo lobo jugal muito menor nas asas posteriores (comparar as Figuras 28-11C e 28-12F). Estas abelhas escavam a medula dos caules de vários arbustos e fazem os ninhos em túneis produzidos deste modo (Figura 28-56). As abelhas carpinteiras grandes (*Xylocopa*) são abelhas robustas que medem cerca de 25 mm de comprimento, de aspecto semelhante ao de mamangabas, porém com o dorso de seu metassoma em grande parte glabro e com a segunda célula submarginal triangular (Figura 28-14A). Estas abelhas escavam galerias em madeira sólida.

Subfamília **Nomadinae – Abelhas parasitas:** Todas as abelhas deste grupo são parasitas de ninhos de outras abelhas. Em geral, têm um aspecto semelhante ao de vespas e apresentam relativamente poucos pelos no corpo. Não possuem um aparelho para transporte de pólen, o clípeo é um pouco protuberante, as coxas anteriores são um pouco mais largas que longas e o último tergo metassomático (pelo menos nas fêmeas) geralmente possui uma área triangular em forma de placa. Algumas destas abelhas (por exemplo, membros do grande gênero *Nomada*) são avermelhadas e de tamanho médio ou pequeno. Outras (por exemplo, *Epeolus* e *Doeringiella*, têm um tamanho moderado (13 mm a 19 mm) e cor escura, com pequenas áreas irregulares de pubescência pálida.

Subfamília **Apinae – Abelhas cavadoras, mamangabas, abelhas-de-mel e abelhas das orquídeas:** As abelhas cavadoras lembram os Nomadinae na forma do clípeo, das coxas anteriores e pela placa tergal no último

Figura 28-56 Ninho da abelha carpinteira pequena, *Ceratina dupla* Say.

segmento metassomático, mas são robustas e pilosas. A subfamília inclui tanto espécies parasitas quanto não parasitas. A maioria das últimas consiste em abelhas solitárias, mas algumas constroem ninhos de maneira comunitária. As abelhas cavadoras fazem os ninhos em escavações no solo ou em escarpas e as células são revestidas com uma cera fina ou uma substância semelhante a verniz.

As mamangabas podem ser reconhecidas por sua forma robusta e coloração preta e amarela; algumas têm marcas laranjas ou brancas. São abelhas relativamente grandes, a maioria medindo 20 mm de comprimento ou mais. As asas posteriores não possuem um lobo jugal (Figura 28-12B). As mamangabas são insetos muito comuns e polinizadoras importantes de alguns tipos de *Trifolium* devido a suas línguas muito longas.

A maioria das mamangabas faz seus ninhos no solo, em um ninho de camundongo ou de pássaro abandonado ou em situação semelhante. As colônias são anuais (pelo menos em regiões de clima temperado) e apenas as rainhas fertilizadas atravessam o inverno. Os ninhos são iniciados por rainhas fertilizadas solitárias quando o inverno termina. Estas rainhas são muito evidentes na primavera, quando procuram um local para estabelecer o ninho. A primeira ninhada gerada pela rainha consiste totalmente em operárias. Quando as operárias aparecem, assumem todas as tarefas da colônia, exceto a postura de ovos. Elas ampliam o ninho, coletam alimentos, que armazenam em "potes de mel" semelhantes a sacos construídos com cera e pólen, e cuidam das larvas. Mais tarde, no verão, machos e rainhas são produzidos, e quando chega o outono todos morrem, com exceção das rainhas.

Algumas espécies de *Bombus* são parasitas de outras mamangabas e alguns entomologistas costumam classificá-las no gênero *Psithyrus*. As fêmeas parasitas diferem de outros *Bombus* por possuírem a superfície externa das tíbias posteriores convexas e pilosas (normalmente planas ou côncavas e em grande parte glabras). Estas abelhas não possuem uma casta operária. As fêmeas invadem os ninhos de outras mamangabas e depositam seus ovos, deixando que as formas jovens sejam criadas pelas operárias do ninho hospedeiro.

As abelhas das orquídeas são metálicas brilhantes, de cores vivas, com distribuição tropical. Possuem uma língua muito longa, apresentam esporões apicais nas tíbias posteriores, não possuem um lobo jugal nas asas posteriores e o escutelo é projetado para trás sobre o metassoma. O nome comum se deve ao fato de os machos serem atraídos para orquídeas e importantes na sua polinização. Os machos não se alimentam deste pólen e as orquídeas não produzem néctar; os pesquisadores acreditam que os machos podem obter os precursores químicos dos feromônios sexuais das flores. As fêmeas não são atraídas para orquídeas. Tanto espécies parasitárias quanto não parasitárias são encontradas na subfamília. As últimas incluem espécies solitárias e parassociais. Uma espécie deste grupo, *Eulaema polychroma* (Mocsáry), foi registrada em Brownsville, Texas.

As abelhas-de-mel podem ser reconhecidas por sua coloração marrom dourada e sua forma característica, pela forma das células marginais e submarginais nas asas anteriores (Figura 28-12D) e pela ausência de esporões nas tíbias posteriores. Estas abelhas são insetos comuns e bem conhecidos e constituem as abelhas mais importantes na polinização das plantas. São extremamente valiosas, uma vez que produzem cerca de $ 300 milhões em produtos de mel e cera de abelha anualmente e suas atividades de polinização valem 130 a 140 vezes este valor.

Apenas uma única espécie de abelha-de-mel ocorre na América do Norte, a *Apis mellifera* L. Esta é uma espécie introduzida e a maioria de suas colônias está

Figura 28-57 Uma abelha parasita, *Nomada*.

em colmeias construídas por humanos. Os enxames que escapam fazem os ninhos em árvores ocas. As células no ninho estão em favos verticais, com duas camadas de células de espessura. As colônias de abelhas-de-mel são perenes, com a rainha e as operárias passando o inverno na colmeia. Uma rainha pode viver vários anos. Ao contrário das rainhas de mamangabas, uma rainha das abelhas-de-mel não consegue iniciar uma colônia sozinha. Como ocorre na maioria dos Hymenoptera, o sexo de uma abelha é controlado em grande parte pela fertilização dos ovos: ovos fertilizados originam fêmeas e não fertilizados originam machos. A determinação do desenvolvimento de uma abelha-de-mel larval destinada a ser fêmea operária ou rainha depende do tipo de alimento que receberá. Normalmente, existe apenas uma rainha na colônia das abelhas-de-mel. Quando uma nova é produzida, pode ser morta pela rainha antiga ou uma das rainhas (em geral, a rainha mais velha) pode deixar a colmeia em um enxame, juntamente com um grupo de operárias, e construir um ninho em outra parte. A nova rainha acasala durante um voo de acasalamento e, depois disso, nunca deixa o ninho, exceto para formar enxames. Os machos servem apenas para fertilizar a rainha e morrem no ato de acasalamento. Não permanecem muito tempo na colônia, uma vez que ao final são mortos pelas operárias.

As abelhas-de-mel norte-americanas, que foram introduzidas neste continente da Europa, não são particularmente agressivas e seu manuseio é fácil. Em 1956, uma cepa de abelha-de-mel africana foi trazida para o sul do Brasil com a intenção de se realizar um intercruzamento com a cepa europeia. Rainhas acasaladas e operárias acidentalmente escaparam e estabeleceram colônias selvagens. Esta cepa de abelhas tornou-se conhecida como "abelhas assassinas". Desde sua introdução, esta cepa disseminou-se por uma grande parte das Américas do Sul e Central e no sul dos Estados Unidos. Estas abelhas produzem mais mel que a cepa europeia, mas são muito agressivas. À menor perturbação, atacam pessoas ou animais com grande ferocidade, chegando a persegui-los por 100 a 200 metros (algumas vezes, até um quilômetro). Estas abelhas já chegaram a matar tanto gado quanto pessoas. As práticas de apicultura na América do Sul mudaram um pouco como resultado da introdução desta cepa: atualmente, as colônias são levadas para longe de povoados e áreas de criação de animais. Algumas tentativas estão sendo feitas para se reduzir a agressividade destas abelhas, mediante cruzamento e seleção.

As abelhas-de-mel possuem uma "linguagem" muito interessante, um meio para se comunicarem entre si (ver von Frisch 1967, 1971). Quando uma operária sai e descobre uma flor com um bom fluxo de néctar, retorna à colmeia e "conta" às outras operárias sua descoberta – o tipo de flor, sua direção a partir da colmeia e a distância. O tipo da flor em questão é comunicado por meio de seu odor, que pode estar tanto nos pelos corporais da abelha que retorna quanto no néctar que traz da flor. A distância e a direção da flor em relação à colmeia são "informadas" por meio de uma dança executada pela operária que a encontrou. Muitos insetos sociais possuem uma "linguagem" ou um meio de comunicação, porém sua natureza exata é conhecida em relativamente poucas espécies.

Família **Tiphiidae:** A maioria dos tifiídeos é facilmente reconhecida pelas lamelas em forma de placa que se estendem sobre as bases das coxas médias. A Tiphiinae é a maior subfamília, com cerca de 140 espécies norte-americanas. Seus membros são razoavelmente comuns e muito distribuídos. Eles são pretos, a maioria de tamanho médio e um pouco pilosos, com pernas curtas e espinhosas (Figura 28-58). As larvas são parasitas de larvas de Scarabaeidae. Uma espécie, *Tiphia popilliavora* Rohwer (Figura 28-75A), foi introduzida nos Estados Unidos para ajudar a controlar o besouro japonês. Os Myzininae, em geral, são um pouco maiores (comprimentos de até aproximadamente 25 mm) e mais delgados que os Tiphiinae; são pretos com marcas amarelas. O espinho curvado para cima na extremidade do metassoma dos machos parece um ferrão violento, mas não é perigoso. Catorze espécies ocorrem nos Estados Unidos e Canadá e algumas são razoavelmente comuns. Estas vespas são parasitas das larvas de Scarabaeidae. Os Brachycistidinae são vespas de tamanho médio, acastanhadas, um pouco pilosas e comuns no oeste. As fêmeas são ápteras e vistas mais raramente que os machos. Cerca de 70 espécies ocorrem na América do Norte, mas pouco se sabe sobre seus estágios imaturos. Os Anthoboscinae são representados por uma única espécie, *Lalapa lusa* Pate, que ocorre em Idaho e na Califórnia. Nada se sabe sobre seus estágios imaturos. Os Methochinae são vespas pequenas, pretas, cujas fêmeas são ápteras e bem menores que os machos. Cinco espécies ocorrem nos Estados Unidos e no Canadá e são amplamente distribuídas, mas raras. Os Methochinae são parasitas de larvas do besouro-tigre.

Família **Sierolomorphidae:** Os Sierolomorphidae constituem um grupo pequeno (seis espécies norte-americanas), mas amplamente distribuído, de vespas escuras brilhantes, que medem cerca de 4,5 mm a 6,0 mm de comprimento. São muito raras e nada se sabe sobre seus estágios imaturos.

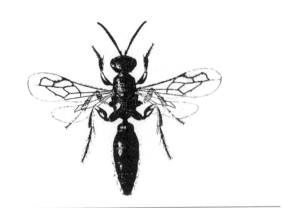

Figura 28-58 Tiphiidae. *Tiphia popilliavora* Rohwer, macho (Tiphiinae).

Família **Sapygidae:** Os Sapygidae constituem um grupo pequeno e raro (17 espécies norte-americanas). Os adultos têm tamanho moderado, são pretos com manchas ou faixas amarelas e pernas curtas. São parasitas de abelhas cortadoras-de-folhas (Megachilidae) e vespas.

Família **Mutillidae – formigas-feiticeiras:** Estas vespas também são chamadas de "formigas-de-veludo" porque as fêmeas são ápteras e semelhantes a formigas e cobertas por uma densa pubescência. Na maioria das fêmeas de mutilídeos, os segmentos mesossomáticos são completamente fundidos para formar uma estrutura imóvel como uma caixa (na subfamília Myrmosinae, a sutura pronotal e mesonotal é móvel). Os machos são alados e maiores que as fêmeas e também densamente pubescentes. A maioria das espécies apresenta "linhas de feltro" lateralmente no segundo tergo metassomático. As linhas de feltro são faixas longitudinais estreitas de pelos compactos relativamente densos. As fêmeas aplicam uma ferroada muito dolorosa. Algumas espécies podem estridular e produzem um som de guincho quando perturbadas. A maioria dos mutilídeos cuja história de vida é conhecida consiste em parasitas externos das larvas e pupas de várias vespas e abelhas. Alguns atacam besouros e moscas. Os mutilídeos são encontrados em áreas abertas. Este grupo é grande (cerca de 435 espécies norte-americanas) e a maioria das espécies ocorre no sul e no oeste, especialmente em áreas áridas.

Família **Bradynobaenidae:** Os bradinobenídeos eram anteriormente classificados na família Mutillidae porque muitos deles apresentam linhas de feltro laterais no segundo tergo metassomático. Os machos são alados e as fêmeas, ápteras. Os machos se distinguem dos mutilídeos pela presença de um lobo jugal na asa posterior. As fêmeas possuem uma articulação flexível entre o pronoto e o mesonoto. Quarenta e oito espécies são encontradas no oeste da América do Norte. A subfamília Typhoctinae é noturna, os Chyphotinae são diurnos. Seus hospedeiros e a biologia da larva são desconhecidos.

Família **Pompilidae – vespas caçadoras de aranhas:** Estes pompilídeos são vespas delgadas com pernas longas e espinhosas, um pronoto um pouco quadrado em visão lateral e um sulco transversal característico atravessando a mesopleura (Figuras 28-28, 28-59). Os membros mais comuns deste grupo medem de 15 mm a 25 mm de comprimento, mas algumas espécies ocidentais chegam a medir de 35 mm a 40 mm de comprimento. A maioria das vespas caçadoras de aranhas tem cor escura, com asas esfumaçadas ou amareladas. Algumas têm cores brilhantes. Com frequência, podem ser reconhecidas por seu hábito de tremular nervosamente as asas enquanto caminham à procura de uma presa (alguns dos mimetizadores de pompilídeos, por exemplo, entre os Sphecidae e Ichneumonidae, também têm este hábito). Os adultos são encontrados nas flores ou no solo procurando presas. As larvas da maioria das espécies alimentam-se de aranhas (razão do nome comum) embora estas não sejam as únicas vespas que atacam aranhas. As vespas caçadoras de aranhas capturam e paralisam a aranha e, então, preparam uma célula para ela no solo, em madeira apodrecida ou em uma fenda adequada em uma rocha. Algumas vespas caçadoras de aranhas primeiro constroem a célula e só depois caçam a aranha para supri-la. Algumas espécies atacam a aranha em sua própria célula ou toca e não a movem após a ferroada, realizando a oviposição sobre ela no local do ataque. Algumas espécies realizam a postura em aranhas que foram ferroadas por outra vespa. As vespas caçadoras de aranhas são razoavelmente comuns (290 espécies norte-americanas) e as fêmeas têm uma ferroada muito dolorosa.

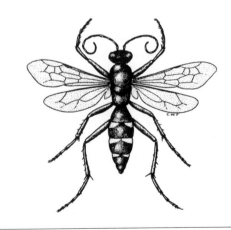

Figura 28-59 Uma vespa caçadora de aranhas, *Episyron quinquenotatus* (Say), ampliada 2½X.

Família **Rhopalosomatidae:** Este grupo inclui três espécies raras que ocorrem no leste: *Rhopalosoma nearcticum* Brues, *Liosphex varius* Townes e *Olixon banksii* (Brues). A *Rhopalosoma nearcticum* mede cerca de 14 mm a 20 mm de comprimento ou mais, é marrom-clara e lembra um icneumonídeo do gênero *Ophion*, mas não possui o metassoma comprimido; suas antenas têm apenas 12 (fêmea) ou 13 (macho) artículos e possuem apenas uma veia transversa m-cu na asa anterior (Figura 28-25H). *Olixon banksii* mede cerca de 6 mm de comprimento e apresenta asas muito reduzidas que se estendem apenas até a extremidade do propódeo. As larvas atacam grilos.

Família **Scoliidae:** Os Scoliidae são grandes, pilosos e pretos, com uma ou mais faixas amarelas no metassoma (Figura 28-60). As larvas destas vespas são parasitas externas das larvas de besouros Scarabaeidae. Os adultos costumam ser encontrados em flores. As fêmeas cavam o solo para localizar um hospedeiro. Quando encontram um coró, ferroam e paralisam a presa. Em seguida, cavam o solo e constroem a célula ao redor do coró. Muitos corós podem ser ferroados sem que a vespa realize a postura. Estes corós não se recuperam. Vinte e três espécies foram registradas na América do Norte.

Família **Vespidae – vespas de papel, vespas americanas, vespões, vespas construtoras, vespas-oleiras:** Este é um grupo relativamente grande (325 espécies norte-americanas) e seus membros são insetos muito comuns e bem conhecidos. A maioria é preta com marcas amarelas ou esbranquiçadas (Figura 28-62) ou acastanhadas (Figura 28-64A). Algumas espécies são eussociais e os indivíduos de uma colônia são distribuídos em três castas: rainhas, operárias e machos. As rainhas e as operárias possuem um ferrão muito eficaz. Em algumas espécies, existem diferenças muito pequenas entre as rainhas e as operárias, mas a rainha é maior.

Figura 28-60 *Scolia dubia* Say (Scoliidae), uma parasita do besouro melolontíneo.

Os vespídeos sociais constroem o ninho com um material semelhante ao papel, que consiste em madeira ou folhagem mastigada, elaborado pelo inseto. As colônias das regiões temperadas existem por uma única temporada. Apenas as rainhas atravessam o inverno e, na primavera, cada rainha inicia uma nova colônia. A rainha começa a construção de um ninho (ou pode usar um ninho construído no ano anterior) e cria sua primeira ninhada, que consiste em operárias. As operárias então assumem os trabalhos da colônia e a partir desse momento a rainha faz pouco além de depositar ovos. As larvas são alimentadas com insetos e outros animais.

Subfamília **Euparagiinae:** Este grupo pequeno e raro de vespídeos é encontrado apenas no oeste dos Estados Unidos. A subfamília contém apenas um gênero, *Euparagia*, com seis espécies neárticas registradas. Este é o grupo-irmão de todas as outras espécies de Vespidae e é exclusivo entre eles porque estes insetos não dobram suas asas longitudinalmente quando em repouso. Uma espécie, *E. scutellaris* Cresson, cria um ninho raso no solo e supre suas células com larvas de gorgulhos.

Subfamília **Masarinae:** Os membros desta subfamília são limitados ao oeste dos Estados Unidos. A maioria dos membros deste grupo consiste em vespas pretas e amarelas, com 10mm a 20 mm de comprimento. Diferem de outros vespídeos por possuírem apenas duas células submarginais e apresentar antenas clavadas. Fazem ninhos de lama ou areia fixados a rochas ou ramos e suprem seus ninhos com pólen e néctar. Este grupo é pequeno, com apenas 21 espécies (14 em gêneros *Pseudomasaris*) na América do Norte.

Subfamília **Eumeninae – vespas construtoras e vespas-oleiras:** Estas são vespas solitárias e, em termos de número de espécies, os vespídeos mais abundantes (260 espécies na América do Norte). Variam consideravelmente quanto aos hábitos de construção de ninhos, porém a maioria supre seus ninhos com lagartas. Algumas espécies utilizam cavidades em ramos ou toras de madeira para o ninho, outras cavam o solo e outras ainda fazem um ninho de lama ou argila (Figura 28-61B). A maioria é preta com marcas amarelas ou brancas ou totalmente pretas, variando em comprimento de cerca de 10 mm a 25 mm.

Subfamília **Vespinae – vespas americanas e vespões:** A maioria das 18 espécies norte-americanas de Vespinae pertence ao gênero *Vespula* (Figura 28-62B). Estas vespas são eussociais e seus ninhos consistem em muitas fileiras de células de papel hexagonais, todas envolvidas por um envelope de material semelhante ao papel (Figura 28-63). Algumas espécies constroem seus ninhos em locais abertos, fixados em ramos, sob um alpendre ou embaixo de qualquer

526 ESTUDO DOS INSETOS

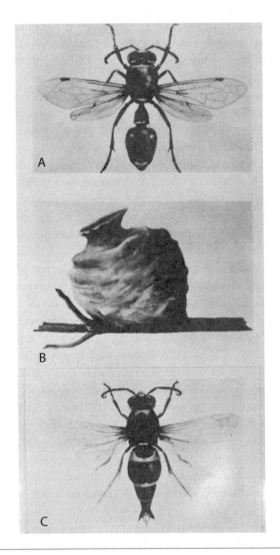

Figura 28-61 A, adulto, e B, ninho, de uma vespa-oleira, *Eumenes fraternus* Say; C, uma vespa construtora, *Rygchium dorsale* (Fabricius); esta espécie faz os ninhos em pequenas colônias em escavações verticais no solo.

superfície saliente. Outras espécies constroem os ninhos no solo. Os ninhos expostos mais comuns, alguns dos quais podem ter até 0,3 m de diâmetro, são criados pela vespa da cabeça branca, *Dolichovespula maculata* (L.), um inseto em grande parte preto com marcas branco-amareladas (Figura 28-62A). A maioria das vespas americanas (Figura 28-62B) constrói o ninho no solo.

Subfamília **Polistinae** – **vespas-de-papel:** Os Polistinae são alongados e delgados, com um metassoma fusiforme, avermelhados ou castanhos com marcas amarelas (Figura 28-64). São primitivamente eussociais; as colônias podem ser iniciadas por indivíduos ou por um pequeno grupo de fêmeas. Seus ninhos (Figura 28-64B) consistem em um único favo horizontal, mais ou menos circular, de células de papel, suspensos a partir de um suporte por um pedículo delgado. As células são abertas na superfície inferior enquanto as larvas estão crescendo, e são lacradas quando a larvas empupam. A espécie norte-americana mais comum desta subfamília pertence ao gênero *Polistes* (17 espécies). Por outro lado, duas espécies de *Mischocyttarus* ocorrem no sul e no oeste dos Estados Unidos, uma espécie de *Brachygastra* ocorre no sul do Texas e no sul do Arizona e duas espécies de *Polybia* foram registradas em Nogales, Arizona.

Família **Formicidae** – **Formigas:** Este é um grupo muito comum e difundido, bem conhecido de todos. As formigas são provavelmente os mais bem-sucedidos de todos os grupos de insetos. Ocorrem praticamente em todas as partes em *habitats* terrestres e o número de indivíduos supera a maioria dos outros animais terrestres. Os hábitos das formigas são muito elaborados e vários estudos foram feitos sobre o seu comportamento.

Embora a maioria das formigas seja facilmente reconhecida, alguns outros insetos são muito parecidos e mimetizam formigas, enquanto algumas formas aladas de formigas lembram vespas (das quais são derivadas). Um aspecto estrutural típico das formigas é a forma do pedicelo do metassoma, que possui um ou dois segmentos e apresenta um lobo vertical (Figuras 28-9, 28-65). As antenas são geniculadas (os machos podem possuir as antenas filiformes) e o primeiro artículo frequentemente costuma ser muito longo.

Todas as formigas são basicamente insetos eussociais (existem algumas espécies parasitárias) e a maioria das colônias contém pelo menos três castas: rainhas, machos e operárias (Figura 28-65). As rainhas são maiores que os membros das outras castas e aladas, embora as asas sejam perdidas após o voo de acasalamento. A rainha inicia uma colônia e realiza a maior parte da postura de ovos. Os machos são alados e, em geral, consideravelmente menores que a rainha. Têm vida curta e morrem logo após o acasalamento. As operárias consistem em fêmeas ápteras e estéreis, que compõem o maior volume da colônia. Nas colônias de formigas menores, existem apenas três tipos de indivíduos, mas em colônias muitos grandes pode haver dois ou três tipos dentro da casta operária. Eles podem variar em tamanho, forma ou comportamento.

As colônias de formiga variam muito em tamanho, de uma dezena até mais de vários milhares de indivíduos. As formigas criam ninhos em uma variedade de locais. Algumas utilizam cavidades de plantas (caules, nozes ou bolotas, galhas e assim por diante), outras (por exemplo, as formigas carpinteiras) escavam galerias na madeira, mas talvez a maioria das formigas da América

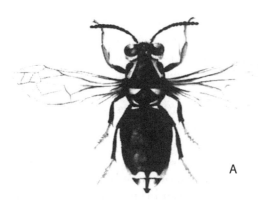 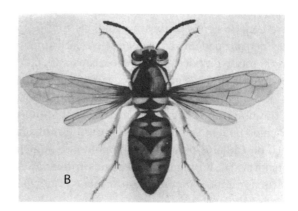

Figura 28-62 Vespinae. A, a vespa da cabeça branca, *Dolichovespula maculata* (L.); B, uma vespa americana, *Vespula maculifrons* (Buysson).

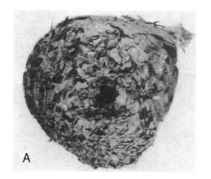 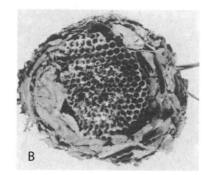

Figura 28-63 Ninhos da vespa da cabeça branca, *Dolichovespula maculata* (L.). A, um ninho visto de baixo, apresentando a abertura de entrada; B, um ninho com a superfície inferior do envelope externo removida para mostrar a fileira de células.

Figura 28-64 Uma vespa-de-papel, *Polistes fuscatus* Fabricius. A, fêmea adulta; B, adulto no ninho.

do Norte construa seus ninhos no solo. Os ninhos de formigas de solo podem ser pequenos e relativamente simples ou muito grandes e elaborados, consistindo em um labirinto de túneis e galerias. As galerias de alguns ninhos de solo maiores podem se estender por vários metros no subterrâneo. Algumas câmaras nestes ninhos subterrâneos podem servir como câmaras de ninhada, outras como câmaras para armazenamento de alimento. A maioria das formigas desloca suas ninhadas de uma parte do ninho para outra conforme as condições ambientais mudam.

Os machos e as rainhas na maioria das colônias de formigas são produzidos em grandes quantidades apenas uma vez por ano, quando emergem e envolvem-se em voos de acasalamento. Pouco após o acasalamento, os machos morrem. A rainha perde as asas após o voo de acasalamento, localiza um local adequado para construir o ninho, faz uma pequena escavação e produz sua primeira ninhada. Esta primeira ninhada, consistindo em operárias, é alimentada e cuidada pela rainha. Assim que as primeiras operárias aparecem, assumem o trabalho da colônia – construção de ninho, proteção das formas jovens, obtenção de alimentos etc. – e, a partir de então, a rainha faz pouco além de depositar os ovos. As rainhas de algumas espécies podem viver vários anos. Pode haver mais de uma rainha em algumas colônias. Em algumas espécies de formigas, algumas castas ou tipos de indivíduos podem não ser produzidos até que a colônia tenha vários anos de existência. Em algumas espécies, a rainha entra em uma colônia já estabelecida, que pode ser de sua própria espécie ou de uma diferente. No último caso, suas crias podem ser conhecidas como "parasitas sociais temporários" ou "parasitas sociais permanentes", dependendo do caso.

Os hábitos de alimentação das formigas são variados. Muitas são carnívoras, alimentando-se da carne de outros animais (vivos ou mortos); algumas são fitófagas, outras se alimentam de fungos e muitas se alimentam

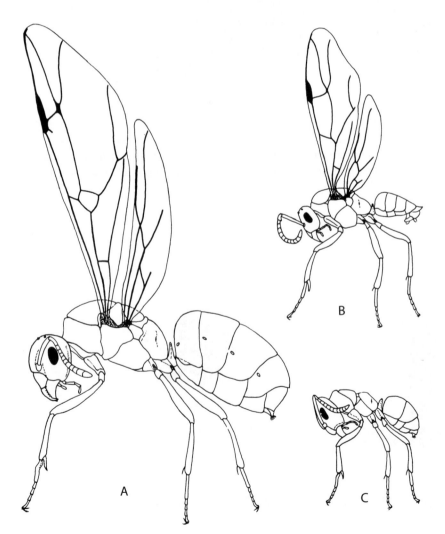

Figura 28-65 Castas de formiga (*Formica* sp.). A, rainha; B, macho; C, operária.

de seiva, néctar, *honeydew* e substâncias similares. As formigas no ninho alimentam-se das secreções de outros indivíduos e a troca de alimento entre indivíduos (trofalaxia) é normal.

As formigas produzem várias secreções exócrinas que funcionam para ataque, defesa e comunicação. Elas são emitidas para o exterior por aberturas na cabeça ou no ápice do metassoma. O ferrão serve como principal modo de ataque e defesa (Dolichoderinae e Formicinae não possuem ferrão). Todas as formigas podem morder, algumas de modo muito severo. Algumas formigas emitem ou ejetam do ânus uma substância de odor desagradável que serve como defesa. Muitas secreções de formigas atuam como substâncias de alarme, algumas estimulam a atividade do grupo e muitas (eliminadas pelos indivíduos que realizam o forrageamento) servem como trilha de odor que outros indivíduos podem seguir. Algumas destas secreções parecem desempenhar um papel na determinação das castas.

Subfamília **Ecitoninae:** Os Ecitoninae são as formigas-correição. São principalmente tropicais, porém um gênero (*Eciton*) ocorre nas regiões do sul e sudoeste dos Estados Unidos. Estas formigas são nômades e viajam em fileiras distintas ou "correições". São altamente predatórias. As rainhas deste grupo são ápteras.

Subfamília **Cerapachyinae:** Esta subfamília é representada na América do Norte por três espécies muito raras no Arizona e no Texas. As colônias são pequenas, com algumas dezenas de indivíduos ou menos. Estas formigas são predatórias.

Subfamílias **Ponerinae, Amblyoponinae, Ectatomminae e Procereratiinae:** Nestas subfamílias poneromorfas, o pedicelo apresenta apenas um segmento, mas existe uma constrição distinta entre os dois segmentos seguintes posteriormente ao pedicelo (Figura 28-9A). O único gênero comum no leste é o *Ponera*. As operárias medem cerca de 2 mm a 4 mm de comprimento e as rainhas são apenas um pouco maiores. Estas formigas formam pequenas colônias e constroem os ninhos em toras de madeira, tocos apodrecidos ou no solo sob vários objetos. Alimentam-se de outros insetos. Nos trópicos, as ponerinas são predadores importantes.

Subfamília **Pseudomyrmecinae:** Estas formigas são muito delgadas e fazem o ninho em ramos ocos, galhas e outras cavidades nas plantas. Em grande parte, têm hábitos arborícolas. As cinco espécies norte-americanas estão restritas ao sul dos Estados Unidos.

Subfamília **Myrmicinae:** Esta é a maior subfamília de formigas (300 espécies norte-americanas) e seus membros podem ser reconhecidos pelo fato de que o pedicelo do metassoma apresenta dois segmentos (Figura 28-9B). Os membros deste grupo são amplamente distribuídos e variam muito quanto aos hábitos. As formigas dos gêneros *Pogonomyrmex* e *Pheidole* são chamadas de "formigas ceifadeiras". Alimentam-se de sementes e as armazenam em seus ninhos. As formigas fungívoras do gênero *Trachymyrmex* alimentam-se de fungos que cultivam nos ninhos. As saúvas (*Atta*) cortam pedaços de folhas, carregando-as para seus ninhos e alimentam-se de um fungo que cresce nestas folhas. *Atta texana* (Buckley) é comum em algumas partes do sul e sudoeste e às vezes causa danos consideráveis devido ao corte das folhas.

As formigas lava-pés importadas, *Solenopsis invicta* Buren e *S. richteri* Forel, são pragas importantes no sudeste. Foram trazidas da América do Sul para o Alabama em 1918 e, desde então, se espalharam por grande parte do sudeste da Carolina até o Texas. A lava-pés vermelha importada, *S. invicta*, é a forma mais comum. A lava-pés preta importada, *S. richteri*, tem uma distribuição relativamente limitada em alguns estados do sudeste. Estas formigas são insetos agressivos com uma ferroada dolorosa, e, quando perturbadas, atacam rapidamente tanto pessoas quanto animais. As operárias medem cerca de 3 mm a 6 mm de comprimento e são marrom-avermelhadas. Um ninho maduro pode conter até 100 mil indivíduos ou mais. Os ninhos constituem montes de crosta dura que, algumas vezes, podem ter até um metro de altura e um metro de diâmetro, podendo ser construídos em terras agrícolas, ambientes domésticos, pátios de escolas e áreas de recreação, onde constituem não apenas um problema estético, mas um risco para pessoas e animais. Em fazendas, os formigueiros podem causar danos a equipamentos agrícolas e muitos trabalhadores evitam atuar em áreas onde vivem estas formigas, devido a suas picadas dolorosas. Uma espécie nativa relacionada, *S. molesta* Say, a formiga saqueadora, é uma espécie comum que infesta casas no sul e oeste. Formigas do gênero *Solenopsis* podem ser distinguidas de outras formigas mirmicíneas pelo fato de que as antenas possuem 10 artículos e uma clava com 2 artículos.

Subfamília **Dolichoderinae:** Nesta subfamília e na seguinte, o pedicelo do metassoma consiste em um único segmento e não há constrição entre os dois segmentos seguintes (como na Figura 28-65). Este é um grupo pequeno (19 espécies norte-americanas) e a maioria de seus membros ocorre na parte sul dos Estados Unidos. A maioria das espécies é muito pequena, com as operárias medindo menos de 5 mm de comprimento. Estas formigas apresentam glândulas anais que secretam um líquido de odor desagradável, que algumas vezes pode ser ejetado forçosamente do ânus a uma distância de vários centímetros. Uma espécie, a formiga argentina, *Linepithema humile* (Mayr), foi uma praga doméstica comum nos estados do sul antes do surgimento das formigas lava-pés importadas.

Subfamília **Formicinae:** Esta é a segunda maior subfamília de formigas (200 espécies norte-americanas) e sua distribuição é difusa. Os hábitos variam consideravelmente neste grupo. O gênero *Camponotus* inclui as formigas carpinteiras, algumas das quais constituem as maiores formigas da América do Norte; *C. pennsylvanicus* (DeGeer) é uma formiga grande e preta que escava uma série de galerias anastomosadas na madeira para seus ninhos. Ao contrário dos cupins, as formigas carpinteiras não se alimentam da madeira.

As formigas no gênero *Polyergus* são escravagistas e dependem totalmente dos escravos. Quando uma rainha de *Polyergus* inicia uma nova colônia, invade o ninho de outra espécie, em geral *Formica*, e mata a rainha daquela colônia. As operárias de *Formica* então adotam a rainha *Polyergus*. Para manter a colônia, as formigas *Polyergus* fazem ataques a colônias de *Formica*, matando as operárias e carregando as pupas para fora.

A casta operária de *Polyergus* é dedicada ao combate, enquanto as escravas realizam as atividades de construção de ninhos, criação da ninhada, forrageamento etc. As formigas *Polyergus* muitas vezes são chamadas de amazonas. *Polyergus lucidus* Mayr, uma espécie vermelha brilhante, é razoavelmente comum no leste dos Estados Unidos. O gênero *Lasius* contém algumas formigas pequenas do campo que criam formigueiros pequenos e alimentam-se em grande parte de *honeydew*. Muitas criam pulgões, armazenando os ovos de pulgão durante o inverno e colocando os pulgões jovens em sua "fábrica" alimentar na primavera.

Formica é um gênero muito grande, contendo cerca de 70 espécies norte-americanas. A maioria consiste em espécies construtoras de formigueiros. Os formigueiros de *F. exsectoides* Forel, uma espécie comum no leste dos Estados Unidos, às vezes medem 0,6 mm a 0,9 m de altura e 2 metros de diâmetro ou mais. As variedades de *F. sanguinea* Latreille nos Estados Unidos são escravagistas, com hábitos um pouco semelhantes aos das formigas amazonas. Periodicamente invadem os ninhos de outras espécies de *Formica* e carregam para fora as pupas de operárias. Algumas são ingeridas, mas outras são criadas e assumem seu lugar na colônia de *sanguinea*. As formigas-de-mel do gênero *Myrmecocystus*, que ocorrem no sudoeste dos Estados Unidos, são interessantes porque alguns indivíduos (chamados "repletos") servem como reservatórios para o *honeydew* coletado por outras operárias.

COLETA E PRESERVAÇÃO DE HYMENOPTERA

A maior parte dos métodos de coleta geral descritos no Capítulo 35 pode ser aplicada aos insetos desta ordem. Espécies de Hymenoptera podem ser vistas em quase todos os lugares; para garantir uma grande variedade de espécies, examine todos os *habitats* possíveis e utilize todos os métodos de coleta disponíveis. Muitas formas maiores e mais vistosas de Hymenoptera são comuns em flores. As espécies parasitárias podem ser criadas a partir dos hospedeiros parasitados ou podem ser colhidas por varredura. Técnicas de coleta passiva, como armadilhas de Malaise, armadilhas de interceptação de voo e armadilhas de bandejas, são extremamente eficazes para se capturar uma grande diversidade de espécies que, de outro modo, passariam despercebidas. Várias espécies procuram hospedeiros ou presas no subterrâneo e são mais facilmente coletadas com o uso de funis de Berlese ou Winkler.

Uma vez que muitos Hymenoptera ferroam, deve-se ter cuidado ao removê-los da rede. Um modo eficaz consiste em manter o inseto em uma dobra da rede e então colocar esta dobra no frasco exterminador até que o inseto esteja atordoado. Outro método efetivo consiste em confinar o inseto em uma extremidade da rede (quase todos os aculeados alados voarão para cima, na direção da luz), segurar a extremidade da rede por fora, abaixo do inseto, e então colocar esta área no interior do frasco exterminador, evertendo a extremidade da rede para o frasco. Em seguida, coloque a tampa sobre a rede e deslize a rede entre o frasco e a tampa para retirá-la. Alguns icneumonídeos maiores podem "ferroar", espetando seu ovipositor curto e afiado. Qualquer Hymenoptera grande deve ser manipulado com cuidado. Além da dor normalmente associada a uma ferroada, algumas pessoas apresentam reações alérgicas severas ao veneno, que podem colocar sua vida em risco. Muitos Hymenoptera equipados com ferrão que se alimentam de flores podem ser colhidos diretamente no frasco exterminador sem o uso de uma rede. A maioria dos Hymenoptera pode ser morta facilmente usando-se um frasco carregado com acetato de etila. Por outro lado, uma vez que são mais robustos que os Diptera, por exemplo, os Hymenoptera podem ser mortos e armazenados em álcool e, mais tarde, secos e montados. Com frequência, a varredura da vegetação e o esvaziamento do conteúdo da rede em álcool constituem o método mais rápido para capturar micro-himenópteros (ver Capítulo 35).

Monte os Hymenoptera menores em um microalfinete ou, se forem extremamente minúsculos, preserve-os em líquido ou monte-os em uma lâmina de microscópio. Em geral, é necessário montar as formas minúsculas em lâminas de microscópio para um estudo detalhado. Algumas das melhores características para a identificação de abelhas estão nas peças bucais; portanto, as peças bucais devem ser estendidas, se possível. Disponha todos os espécimes, tanto os alfinetados quanto os montados, em microalfinetes, de modo que as características das pernas, tórax e venação possam ser observadas facilmente.

Referências

Aguiar, A. P.; N. F. Johnson. "Stephanidae of America north of Mexico (Hymenoptera)", *Proc. Entomol. Soc. Wash.*, 105, p. 467-483, 2003.

Ananthakrishnan, T. N. *The biology of gall insects*. Londres: Edward Arnold, 1984. 362 p.

Andrews, F. G. "Taxonomy and host specificity of Nearctic Alloxystinae with a catalog of the world species (Hymenoptera: Cynipidae)", *Occasional Papers on Entomology, California Department of Food and Agriculture, Sacramento, CA*, n. 25, 128 p., 1978.

Austin, A. D.; M. Dowton. (Ed.) *Hymenoptera*: evolution, biodiversity and biological control. Collingwood: CSIRO Publishing, 2000. 468 p.

Bohart, R. M.; e A. S. Menke. *Sphecid wasps of the world*: a generic revision. Berkeley: University of California Press, 1976. 695 p.

Bolton, B. *Identification guide to the ant genera of the world*. Cambridge: Harvard University Press, 1994. 222 p.

Bolton, B. *A new general catalogue of the ants of the world*. Cambridge: Harvard University Press, 1995. 504 p.

Bolton, B. "Synopsis and classification of Formicidae", *Mem. Amer. Entomol. Inst.* 71, p. 1-370, 2003.

Brothers, D. J. "Phylogeny and classification of the aculeate Hymenoptera, with special reference to Mutillidae", *Univ. Kan. Sci. Bull.*, 50, 11, p. 483–648, 1975.

Carpenter, J. M. "The phylogenetic relationships and natural classification of the Vespoidea (Hymenoptera)", *Syst. Entomol.*, 7, p. 11–38, 1982.

Carpenter, J. M. "Cladistics of the Chrysidoidea (Hymenoptera)", *J. N.Y. Entomol. Soc.*, 94, p. 303–330, 1986.

Carpenter, J. M. "Phylogenetic relationships and classification of the Vespinae (Hymenoptera: Vespidae)", *Syst. Entomol.*, 12, p. 413–431, 1987.

Dessart, P.; P. Cancemi. "Tableau dichotomique dês genres de Ceraphronoidea (Hymenoptera) avec commentaires et nouvelles espèces", *Frustula Entomologica*, 7–8, p. 307–372, 1987.

Evans, H. E. "The Bethylidae of America north of Mexico", *Mem. Amer. Entomol. Inst.*, n. 27, 332 p., 1978.

Evans, H. E. Order Hymenoptera. In: F. Stehr. (Ed.) *Immature insects*. Dubuque: Kendall/Hunt, 1987. 754 p., p. 597–710.

Felt, E. P. *Plant galls and gall makers*. Ithaca: Comstock. 1940. 364 p.

Fitton, M. G.; I. D. Gauld. "The family-group names of the Ichneumonidae (excluding Ichneumoniae)", *Syst. Entomol.*, 1, p. 247-258, 1976.

Fitton, M. G.; I. D. Gauld. "Further notes on family group names of Ichneumonidae (Hymenoptera)", *Syst. Entomol.*, 3, p. 245-258, 1978.

Frisch, K. von. *The dance language and orientation of bees*. Cambridge: Belknap Press of Harvard University Press, 1967. 566 p.

Frisch, K. von. *Bees, their vision, chemical senses, and language*. Ed. rev. Ithaca: Cornell University Press, 1971. 157 p.

Gauld, I.; B. Bolton. *The Hymenoptera*. Londres: British Museum (Natural History), 1988. 332 p.

Gess, S. K. *The pollen wasps*: ecology and natural history of the masarinae. Cambridge: Harvard University Press, 1996. 340 p.

Gibson, G. A. P. "Some pro- and mesothoracic characters important for phylogenetic analysis of Hymenoptera, with a review of terms used for the structures", *Can. Entomol.*, 117, p. 1395–1443, 1985.

Gibson, G. A. P. "Evidence for monophyly and relationships of Chalcidoidea, Mymaridae, and Mymarommatidae (Hymenoptera: Terebrantes)", *Can. Entomol.*, 118, p. 205–240, 1986.

Gibson, G. A. P.; J. T. Huber; J. B. Woolley. (Ed.) *Annotated keys to the genera of nearctic Chalcidoidea (Hymenoptera)*. Ottawa: NRC Research Press, 1997. 794 p.

Goulet, H.; J. T. Huber. *Hymenoptera of the world*: an identification guide to families. Ottawa: Research Branch, Agriculture Canada Publication 1894/E, Centre for Land and Biological Resources Research, 1993. 668 p.

Graham, M. W. R. de V. "The Pteromalidae of northwestern Europe (Hymenoptera: Chalcidoidea)", *Bull. Brit. Mus. (Nat. Hist.) Entomol. Suppl.*, n. 16, 908 p., 1969.

Hanson, P. E.; I. D. Gauld. *The Hymenoptera of Costa Rica.* Oxford: Oxford University Press, 1995. 893 p.

Heraty, J. M. "A revision of the genera of Eucharitidae (Hymenoptera: Chalcidoidea) of the world", *Mem. Amer. Entomol. Inst.,* n. 68, 367 p., 2002.

Hölldobler, B.; E. O. Wilson. *The ants.* Cambridge: Belknap Press of Harvard University Press, 1990. 732 p.

Johnson, N. F.; L. Musetti. "Revision of the proctotrupoid genus *Pelecinus* Latreille (Hymenoptera: Pelecinidae)", *J. Nat. Hist.,* 33, p. 1513–1543, 1999.

Kimsey, L. S. "A re-evaluation of the phylogenetic relationships in the Apidae (Hymenoptera)", *Syst. Entomol.,* 9, p. 435–441, 1984.

Kimsey, L. S.; R. M. Bohart. *The chrysidid wasps of the world.* Oxford: Oxford University Press, 1990. 652 p.

Krombein, K. V. *Trap-nesting wasps and bees.* Washington: Smithsonian Press, 1967. 576 p.

Krombein, K. V.; P. D. Hurd, Jr.; D. R. Smith; B. D. Burks. *Catalog of Hymenoptera in America North of Mexico.* Washington: Smithsonian Institution Press, 1979. 2735 p., 3 vols.

Lindauer, M. *Communication among social bees.* Cambridge: Harvard University Press, 1977. 161 p.

Lofgren, C. S.; W. A. Banks; B. M. Glancey. "Biology and control of imported fire ants", *Annu. Rev. Entomol.,* 20, p. 1–30, 1975.

Marsh, P. M.; S. R. Shaw; R. A. Wharton. "An identification manual for the North American genera of the family Braconidae (Hymenoptera)", *Mem. Entomol. Soc. Wash.,* n. 13, 98 p., 1987.

Masner, L. "A revision of the Ismarinae of the New World (Hymenoptera, Proctotrupoidea, Diapriidae)", *Can. Entomol.,* 108, p. 1243–1266, 1976.

Masner, L. "Key to genera of Scelionidae of the Holarctic region, with descriptions of new genera and species (Hymenoptera: Proctotrupoidea)", *Mem. Entomol. Soc. Can.,* 113, 54 p., 1980.

Masner, L.; J. L. García. "The genera of Diapriinae (Hymenoptera: Diapriidae) in the New World", *Bull. Amer. Mus. Nat. Hist.,* 268, p. 1–138, 2002.

Michener, C. D. "Comparative external morphology, phylogeny, and a classification of the bees (Hymenoptera)", *Bull. Amer. Mus. Nat. Hist.,* 82, p. 151-326, 1944.

Michener, C. D. *The social behavior of bees:* a comparative study. Cambridge: Belknap Press of Harvard University Press, 1974. 404 p.

Michener, C. D. *The bees of the world.* Baltimore: Johns Hopkins University Press, 2000. 913 p.

Michener, C. D.; R. J. McGinley; B. N. Danforth. *The bee genera of North and Central America (Hymenoptera: Apoidea).* Washington: Smithsonian Institution Press, 1994. 209 p.

Michener, C. D.; M. H. Michener. *American social insects.* Nova York: Van Nostrand, 1951. 267 p.

Middlekauff, W. W. "The cephid stem borers of California (Hymenoptera: Cephidae)", *Bull. Calif. Insect Surv.,* 11, p. 1–19, 1969.

Middlekauff, W. W. "A revision of the sawfly family Orussidae for North and Central America (Hymenoptera: Symphyta, Orussidae)", *Univ. Calif. Publ. Entomol.,* 101, 46 p., 1983.

Morse, R. A. *Bees and beekeeping.* Ithaca: Cornell University Press, 1975. 296 p.

Naumann, I. D.; L. Masner. "Parasitic wasps of the proctotrupoid complex: A new family from Australia and a key to world families (Hymenoptera: Proctotrupoidea *sensu lato*)", *Austral. J. Zool.,* 33, p. 761–783, 1985.

Olmi, M. "A revision of the Dryinidae (Hymenoptera)", *Mem. Amer. Entomol. Inst.,* n. 37, 2 v., 1913 p., 1984.

Quicke, D. L. J. *Parasitic wasps.* Londres: Chapman & Hall, 1997. 470 p.

Rasnitsyn, A. P. "Origin and evolution of the lower Hymenoptera", *Tr. Paleontol. Inst.,* 123, p. 1–196, 1969. Texto em russo.

Rasnitsyn, A. P. "Early evolution of the higher Hymenoptera (Apocrita)", *Zool. Zh.,* 54, p. 848–859, 1975. Texto em russo.

Rasnitsyn, A. P. "Origin and evolution of the Hymenoptera", *Tr. Paleontol. Inst.,* 174, p. 1–190, 1980. Texto em russo.

Rasnitsyn, A. P. "An outline of evolution of the hymenopterous insects (Order Vespida)", *Oriental Insects,* 22, p. 115–145, 1988.

Richards, O. W. *Hymenoptera:* introduction and key to families. 2. ed. Londres: Royal Entomological Society of London, 1977.

Richards, O. W. *The social wasps of the americas, excluding the vespinae.* Londres: British Museum (Natural History), 1978. 580 p.

Ronquist, F. "Phylogeny of the Hymenoptera (Insecta): The state of the art", *Zool. Scr.,* 28, p. 3–11, 1999.

Ross, H. H. "The ancestry and wing venation of the Hymenoptera", *Ann. Entomol. Soc. Amer.,* 29, p. 99–111, 1936.

Ross, H. H. "A generic classification of Nearctic sawflies (Hymenoptera, Symphyta)", *Ill. Biol. Monogr.,* n. 15, p. 1–172, 1937.

Schneirla, T. C. *Army ants:* a study in social organization. San Francisco: Freeman, 1971. 350 p.

Seeley, T. D. *Honeybee ecology:* a study of adaptation in social life. Princeton: Princeton University Press, 1985. 201 p.

Sharkey, M. J. Family Braconidae. In: H. Goulet; J. T. Huber. (Ed.) *Hymenoptera of the world:* a guide to families. Ottawa: Agriculture Canada, 1993. p. 362–395.

Smith, D. R. "Key to Genera of Nearctic Argidae (Hymenoptera) with revisions of the genera *Atomacera* Say and *Sterictiphora* Billberg", *Trans. Amer. Entomol. Soc.*, 95, p. 439–457, 1969.

Smith, D. R. "Nearctic sawflies. Parte 1: Blennocampinae: Adults and larvae", *USDA Tech. Bull.*, n. 1397, 179 p., 1969.

Smith, D. R. "Nearctic sawflies. Parte 2: Selandriinae: Adults", *USDA Tech. Bull.*, n. 1398, 48 p., 1969.

Smith, D. R. "Nearctic sawflies. Parte 3: Heterarthrinae: Adults and larvae", *USDA Tech. Bull.*, n. 1429, 84 p., 1971.

Smith, D. R. "Conifer sawflies, Diprionidae: Key to North American genera, checklist of world species, and new species from Mexico", *Proc. Entomol. Soc. Wash.*, 76, p. 409–418, 1974.

Smith, D. R. "The xiphydriid woodwasps of North America", *Trans. Entomol. Soc. Amer.*, 102, p. 101–131, 1976.

Smith, D. R. "Nearctic sawflies. Parte 4: Allantinae: Adults and larvae", *USDA Tech. Bull*,. n. 1595, 172 p., 1979.

Townes, H. "The serphoid Hymenoptera of the family Roproniidae", *Proc. U.S. Natl. Mus.*, 98, p. 85–89, 1948.

Townes, H. "The Nearctic species of the family Stephanidae (Hymenoptera)", *Proc. U.S. Natl. Mus.*, 99, p. 361–370, 1949.

Townes, H. "The Nearctic species of Evaniidae (Hymenoptera)", *Proc. U.S. Natl. Mus.*, 99, p. 525–539, 1949.

Townes, H. "The Nearctic species of Gasteruptiidae (Hymenoptera)", *Proc. U.S. Natl. Mus.*, 100, p. 85–145, 1950.

Townes, H. "The Nearctic species of trigonalid wasps", *Proc. U.S. Natl. Mus.*, 106, p. 295–304, 1956.

Townes, H. "The genera of Ichneumonidae", *Mem. Amer. Entomol. Inst.*, n. 11, parte 1, 300 p., 1969; n. 12, parte 2, 537 p., 1969; parte 3, n. 13, 307 p., 1969; parte 4, n. 17, 372 p., 1971.

Townes, H. "A revision of the Rhopalosomatidae (Hymenoptera)", *Contrib. Amer. Entomol. Inst.*, 15, 1, 34 p., 1977.

Townes, H. "A revision of the Heloridae (Hymenoptera)", *Contrib. Amer. Entomol. Inst.*, 15, 2, 12 p., 1977.

Townes, H.; V. K. Gupta. "Ichneumon-flies of America north of Mexico. Parte 4: Subfamily Gelinae, tribe Hemigasterini", *Mem. Amer. Entomol. Inst.*, n. 2, 305 p., 1962.

Townes, H.; M. Townes. "Ichneumon-flies of America north of Mexico. Parte 7: Subfamily Banchinae, tribes Lissonotini and Banchini", *Mem. Amer. Entomol. Inst.*, n. 26, 614 p., 1978.

Townes, H.; M. Townes. "A revision of the Serphidae (Hymenoptera)", *Mem. Amer. Entomol. Inst.*, n. 32, 541 p., 1981. [Inclui Proctotrupidae e Vanhorniidae.]

van Achterberg, C. "Essay on the phylogeny of Braconidae (Hymenoptera: Ichneumonoidea)", *Entomol. Tidskr.*, 105, p. 41–58, 1984.

Waage, J.; D. Greathead. (Ed.) *Insect parasitoids.* Nova York: Academic Press. 389 p.

Wharton, R. A.; P. M. Marsh; M. J. Sharkey. (Ed.) "Manual of the New World genera of the family Braconidae (Hymenoptera)", *Special Publication International Society of Hymenopterists*, 1, p. 1–439, 1997.

Wilson, E. O. *The insect societies.* Cambridge: Harvard University Press, 1971. 548 p.

Yu, D. S.; K. Horstmann. "A catalogue of world Ichneumonidae (Hymenoptera)", *Mem. Amer. Entomol. Inst.*, 58, 1558 p., 1997.

CAPÍTULO 29

ORDEM TRICHOPTERA[1,2]

Os tricópteros são insetos de tamanho pequeno a médio e, no aspecto geral, um pouco semelhantes às mariposas. As quatro asas membranosas são muito pilosas (ocasionalmente, também possuem escamas) e quando em repouso são mantidas como um telhado sobre o abdômen. As antenas são longas e delgadas. A maioria dos tricópteros é de insetos de coloração relativamente fosca, mas alguns apresentam padrões evidentes. As peças bucais são do tipo mastigador, com os palpos bem desenvolvidos, porém com mandíbulas muito reduzidas. Os adultos alimentam-se principalmente de líquidos. Os tricópteros sofrem metamorfose completa e as larvas são aquáticas.

As larvas dos tricópteros são semelhantes a lagartas, com a cabeça bem desenvolvida, pernas torácicas e um par de apêndices semelhantes a ganchos na extremidade do abdômen. Os segmentos abdominais, às vezes, apresentam brânquias filamentosas. As larvas vivem em vários tipos de *habitats* aquáticos. Algumas vivem em lagoas ou lagos e outras vivem em córregos. Existem aquelas que são construtoras de casulos, já outras constroem redes sob a água e algumas poucas têm vida livre.

Os casulos das larvas construtoras são feitos de pedaços de folhas, galhos, grãos de areia, pequenas pedras ou outros materiais e têm vários formatos. Cada espécie constrói um tipo de casulo muito característico e, em algumas espécies, as larvas jovens constroem um casulo diferente daquele feito pelas larvas mais velhas. Os materiais utilizados para se fazer o casulo são unidos com seda ou podem ser cimentados. As larvas construtoras de casulo usualmente alimentam-se de plantas mortas ou vivas. As redes das espécies construtoras de redes (encontradas em córregos) são confeccionadas de seda tecida com glândulas salivares modificadas e podem ser espiraladas, digitiformes ou cupuliformes, com a extremidade aberta voltada contra a corrente.

Com frequência, ficam afixadas na superfície de uma pedra ou outro objeto sobre o qual a água esteja fluindo. As larvas passam a maior parte do tempo perto destas redes (em uma espécie de abrigo), alimentando-se dos materiais coletados. As larvas de detricópteros de vida livre, que não constroem casulos ou redes, em geral são predadoras.

As larvas prendem seus casulos em algum objeto na água quando completam seu crescimento, lacram a abertura (ou aberturas) do casulo e empupam em seu interior. Quando a pupa está totalmente desenvolvida, ela corta o casulo com suas mandíbulas (que estão bem desenvolvidas neste estágio) para escapar, nada até a superfície e então sai da água rastejando para uma pedra, graveto ou objeto semelhante. Por fim, o adulto emerge.

A venação alar dos tricópteros (Figura 29-1A) é muito generalizada e existem poucas veias transversais. A subcosta é birramificada, o rádio possui cinco ramificações, a média tem quatro ramificações na asa anterior e três ramificações na asa posterior e o cúbito tem três ramificações. As veias anais da asa anterior formam duas veias em forma de Y perto da base da asa. A maioria das espécies apresenta uma mancha característica na asa na bifurcação de R_{4+5}. A Cu_2 na asa posterior é fusionada basalmente com 1A por uma curta distância. Ao nomear as veias cubitais e anais nesta ordem, seguimos

---

[1] Trichoptera: *tricho*, pelos; *ptera*, asas.
[2] Este capítulo contou com a edição e adições substanciais de John C. Morse, Tatyana S. Vshivkov e David Ruiter.

ORDEM TRICHOPTERA 535

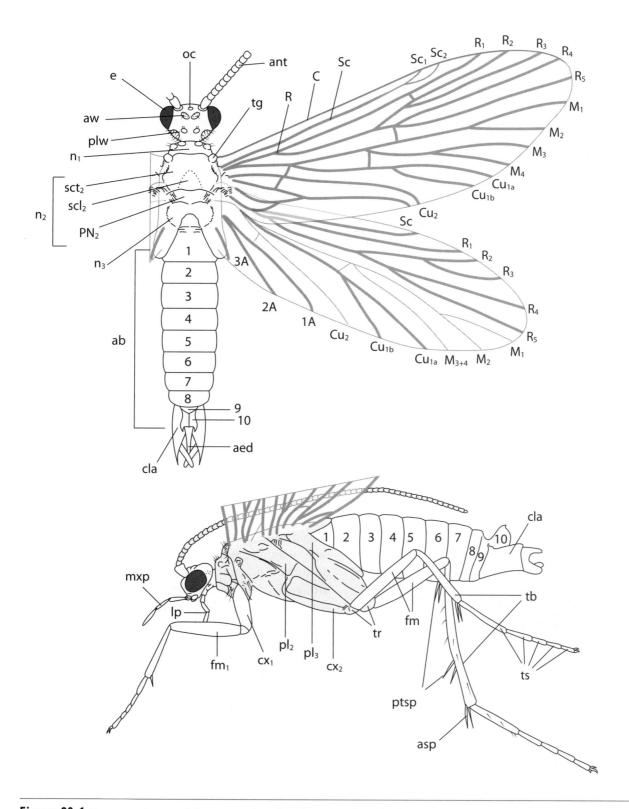

Figura 29-1 Estrutura de um tricóptero. A, vista dorsal; B, vista lateral. *ab*, abdômen; *aed*, edeago; *ant*, antena; *asp*, esporão apical; *aw*, tubérculo anterior; *cla*, clasper; *cx*, coxa; *e*, olho composto; *fm*, fêmur; *lp*, palpo labial; *mxp*, palpo maxilar; n_1, pronoto; n_2, mesonoto; n_3, metanoto; *oc*, ocelo; pl_2, mesopleura; pl_3, metapleura; *plw*, tubérculo posterolateral; PN_2, pós-noto do mesotórax; *ptsp*, esporão tibial pré-apical; scl_2, mesoscutelo; sct_2, mesoscuto; *tb*, tíbia; *tg*, tégula; *tr*, trocânter; *ts*, tarso; *1-10*, segmentos abdominais. (Redesenhado de Ross [1944].)

a interpretação de Ross (1944) e colaboradores, ao invés de Comstock (1940). As veias que chamamos de Cu_{1a} e Cu_{1b} são chamadas Cu_1 e Cu_2, respectivamente, por Comstock, que considera veias anais as demais veias. Em alguns grupos (por exemplo, Figura 29-1A), a parte basal de Cu_1 na asa anterior parece uma veia transversal.

A maioria dos tricópteros exibe um voo fraco. As asas são vestigiais no inverno nas fêmeas da espécie *Dolophilodes distinctus* (Walker).

Os ovos são depositados em massas ou fileiras de várias centenas, seja na água ou em objetos próximos. Os adultos de muitas espécies entram na água e fixam seus ovos em pedras ou outros objetos. Os ovos eclodem em alguns dias e, na maioria das espécies, a larva necessita de quase um ano para se desenvolver. Os adultos vivem cerca de um mês. Os tricópteros adultos são atraídos para as luzes.

A principal importância biológica deste grupo está no fato de as larvas constituírem uma parte importante da alimentação de muitos peixes e outros animais aquáticos. Com frequência, suas comunidades são utilizadas como indicadores da quantidade de poluição em córregos.

CLASSIFICAÇÃO DE TRICHOPTERA

A classificação das famílias que seguimos é a do Trichoptera World Checklist (Morse 2001), que reconhece 26 famílias na América do Norte. Esta organização, com outros arranjos ou ortografias entre parênteses, é descrita a seguir. As famílias raras ou com pouca probabilidade de localização, pelo coletor que não seja especialista, são indicadas por um asterisco (*).

Superfamília Hydropsychoidea
    Dipseudopsidae (Polycentropodidae em parte)*
    Ecnomidae*
    Hydropsychidae
    Polycentropodidae (Polycentropidae; Psychomyiidae em parte) – tricópteros construtores de teias espirais e tubos
    Psychomyiidae – tricópteros construtores de tubos e teias espirais
    Xiphocentronidae*
Superfamília Philopotamoidea
    Philopotamidae – filopotamídeos
Superfamília Hydroptiloidea
    Glossosomatidae (Rhyacophilidae em parte) – glossomatídeos
    Hydroptilidae – microtricópteros
Superfamília Rhyacophiloidea
    Hydrobiosidae (Rhyacophilidae em parte)*
    Rhyacophilidae – tricópteros primitivos
Superfamília Limnephiloidea
    Apataniidae (Limnephilidae em parte)
    Goeridae (Limnephilidae em parte)*
    Limnephilidae – tricópteros do norte
    Rossianidae (Limnephilidae em parte)
    Uenoidae (Limnephilidae em parte)*
    Brachycentridae
    Lepidostomatidae*
Superfamília Phryganeoidea
    Phryganeidae – grandes tricópteros
Superfamília Leptoceroidea
    Odontoceridae
    Calamoceratidae
    Leptoceridae – leptocerídeos
    Molannidae
Superfamília Sericostomatoidea
    Beraeidae*
    Helicopsychidae – helicopsiquídeos
    Sericostomatidae*

CARACTERES UTILIZADOS NA IDENTIFICAÇÃO DE TRICHOPTERA

Os principais caracteres utilizados para diferenciar as famílias de tricópteros adultos são os de cabeça e tubérculos torácicos, ocelos, palpos maxilares, esporões e espinhos nas pernas, e a venação alar.

A cabeça e os tubérculos torácicos, que têm valor considerável na separação das famílias, são estruturas bem definidas, semelhantes a uma verruga, no dorso do tórax. Em geral, possuem muitas cerdas maiores, diferentes dos pelos de revestimentos finos e curtos em outros lugares do noto. Estas cerdas, algumas vezes, não estão confinadas aos tubérculos e podem estar distribuídas em áreas setáceas lineares ou difusas). Variam em tamanho, número e organização. É muito difícil interpretar estes tubérculos em espécimes alfinetados, pois, com frequência, são destruídos ou distorcidos pelo alfinete. Por estes e outros motivos, os tricópteros devem ser preservados em álcool e não em alfinetes.

Os palpos maxilares quase sempre possuem cinco artículos nas fêmeas, mas podem aparecer em menor quantidade nos machos de alguns grupos. O tamanho e a forma dos artículos específicos podem variar em diferentes famílias. As variações mais importantes ocorrem no número de esporões tibiais, que pode variar até um máximo de quatro – dois esporões apicais e dois pré-apicais perto da metade da tíbia. A venação alar não é uma característica muito importante para diferenciar as famílias.

Chave para as famílias de Trichoptera

As famílias marcadas com um asterisco (*) na chave são pequenas ou têm pouca probabilidade de serem encontradas por um coletor que não seja especialista no grupo. As chaves para larvas são fornecidas por Wiggins (1996a, 1996b).

1.	Mesoscutelo com porção posterior formando uma área triangular plana com superfícies íngremes e mesoscuto sem tubérculos; alguns pelos da asa clavados; asas posteriores estreitas e pontiagudas apicalmente, com uma franja posterior de pelos do mesmo comprimento que a largura da asa; antenas curtas; insetos pequenos, menos de 6 mm de comprimento	Hydroptilidae
1'.	Mesoscutelo uniformemente convexo, sem porção triangular separada por superfícies íngremes ou mesoscuto com tubérculos; sem pelos alares clavados; asas posteriores mais largas e arredondadas apicalmente, a franja posterior, quando presente, terá pelos mais curtos; antenas do comprimento das asas ou mais; 5 mm a 40 mm de comprimento	2
2(1').	Ocelos presentes	3
2'.	Ocelos ausentes	12
3(2).	Palpos maxilares com 5 artículos, quinto artículo 2 ou 3 vezes o comprimento do quarto	Philopotamidae
3'.	Palpos maxilares com 3 a 5 artículos; se possuir 5 artículos, o quinto artículo terá aproximadamente o mesmo comprimento do quarto	4
4(3').	Palpos maxilares com 5 artículos, segundo artículo curto, com frequência mais ou menos arredondado, aproximadamente o mesmo comprimento do primeiro artículo	5
4'.	Palpos maxilares com 3 a 5 artículos; se possuir 5 artículos, o segundo artículo será mais delgado, mais longo que o primeiro	8
5(4).	Segundo artículo dos palpos maxilares arredondado ou globoso; amplamente distribuídos	6
5'.	Segundo artículo de palpos maxilares cilíndrico, não globoso; sudoeste dos Estados Unidos	Hydrobiosidae*
6(5).	Tíbia anterior com esporão pré-apical	Rhyacophilidae
6'.	Tíbia anterior sem esporão pré-apical	7
7(6').	Tubérculos pronotais amplamente separados	Glossosomatidae
7'.	Tubérculos pronotais próximos, mas não realmente em contato (*Palaeagapetus*)	Hydroptilidae*
8(4').	Tíbia média com 2 esporões pré-apicais	Phryganeidae
8'.	Tíbia média com 1 esporão pré-apical	9
9(8').	Margem costal da asa posterior com uma fileira de setas robustas, em gancho; setas paralabrais e escleritos ausentes	Uenoidae*
9'.	Margem costal da asa posterior com setas finas e pouco evidentes (Figuras 29-7E-J); setas paralabrais ou escleritos setáceos (*pls*) presentes	10
10(9').	Insetos pequenos, pretos ou cinza-escuros (comprimento da asa anterior 3 mm a 8 mm), sem um padrão de cores; labro curto, com a parte basal quase igual ou apenas discretamente mais curta que a parte distal; área anal da asa posterior fracamente desenvolvida (Figuras 29-2C-F)	11
10'.	Insetos médios a grandes (comprimento da asa anterior 12 mm a 35 mm), com várias cores e padrões; labro longo, com a parte basal evidentemente mais curta que a parte distal (Figura 29-2A); área anal da asa posterior mais larga (Figura 29-2B)	Limnephilidae

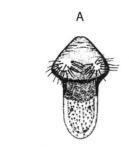

Figura 29-2 A, *Dicosmoecus atripes* (Hagen) (Limnephilidae), labro; B, *Limnephilus rhombicus* (L.) (Limnephilidae), asa posterior; C, *Goereilla baumanni* Denning (Rossianidae), asa posterior; D, *Rossiana montana* Denning (Rossianidae), asa posterior; E, *Manophylax annulatus* Wiggins (Apataniidae), asa posterior; F, *Allomyia bifosa* (Ross) (Apataniidae), asa posterior; G, *Austrotinodes mexicanus* Flint (Ecnomidae), asa anterior; R_{1b}, segundo ramo da primeira veia radial; R_2, R_3, R_4, R_5, segunda a quinta veias radiais; rs, veia transversal do setor radial.

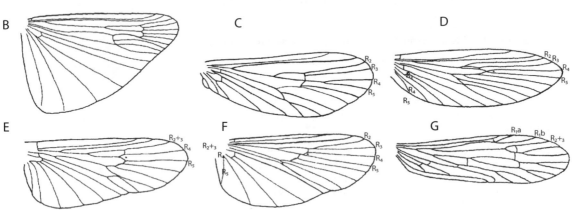

11(10).	Bifurcação na asa posterior de R_2 e R_3 séssil, originada no nível de uma ou mais veias transversais ou basalmente a elas (Figuras 29-2C,D); bifurcação na asa posterior de R_4 e R_5 distal, originada bem depois de qualquer outra bifurcação ou veia transversal da asa (Figuras 29-2C,D)	Rossianidae
11'.	Bifurcação da asa posterior de R_2 e R_3 ausente (Figura 29-2E) ou peciolada (Figuras 29-2F), originada além de todas as veias transversais; bifurcação da asa posterior de R_4 e R_5 quase basal, originada no nível das outras bifurcações da asa e veias transversais (Figuras 29-2E)	Apataniidae
12(2').	Palpos maxilares com 5 ou mais artículos	13
12'.	Palpos maxilares com menos de 5 artículos	19
13(12).	Artículo terminal dos palpos maxilares muito mais longo que o artículo anterior, com numerosas estrias transversas que os outros artículos não possuem	14
13'.	Artículo terminal dos palpos maxilares sem estas estrias transversas, semelhante em estrutura e comprimento ao artículo anterior ou alguns artículos com escovas de pelos longos	19
14(13).	Mesoscuto com um par de tubérculos	15
14'.	Mesoscuto sem tubérculos	Hydropsychidae
15(14).	Mesoscuto com um par de tubérculos pequenos e arredondados, que algumas vezes se tocam na linha média; amplamente distribuídos	16
15'.	Tubérculos mesoscutais grandes, um pouco quadrados, contínuos ao longo de toda a linha média do mesoscuto; sul do Texas	Xiphocentronidae*
16(15).	Tíbia anterior com um esporão pré-apical ou, se este esporão estiver ausente (*Cernotina*, Polycentropodidae), o artículo tarsal basal terá menos que o dobro do comprimento do esporão apical mais longo	17

16'.	Tíbia anterior sem esporão pré-apical e artículo tarsal basal com pelo menos o dobro do comprimento do esporão apical mais longo	Psychomyiidae
17(16).	R_1 na asa anterior ramificada; R_{2+3} não ramificada (Figura 29-2G); Texas	Ecnomidae*
17'.	R_1 na asa anterior não ramificada; R_2 e R_3 ramificadas	18
18(17').	Bifurcação de R_2 e R_3 na asa anterior originada na veia transversal do setor radial (rs) que fecha a célula discoidal (D); leste dos Estados Unidos e Canadá	Dipseudopsidae*
18'.	Bifurcação de R_2 e R_3 na asa anterior originada bem além da veia transversal do setor radial; amplamente distribuídos	Polycentropodidae
19(12', 13')	Artículos tarsais, exceto basal, com espinhos apenas ao redor do ápice; mesoscuto não possui tubérculo ou setas	Beraeidae*
19'.	Artículos tarsais com espinhos arranjados irregularmente; mesoscuto com tubérculos ou áreas setáceas	20
20(19').	Setas mesoscutais originadas em áreas que se estendem por quase todo o comprimento do mesoscuto	21
20'.	Setas mesoscutais confinadas a um par de tubérculos	23
21(20).	Artículo basal das antenas no máximo com o dobro do comprimento do segundo; dorso da cabeça com crista posteromesal	Calamoceratidae
21'.	Artículo basal das antenas com pelo menos 3 vezes o comprimento do segundo; dorso da cabeça sem crista posteromesal	22
22(21').	Antenas muito mais longas que o corpo; tíbias médias sem esporões pré-apicais	Leptoceridae
22'.	Antenas no máximo um pouco mais longas que o corpo; tíbias médias com 2 esporões pré-apicais	Molannidae
23(20').	Tubérculos no dorso da cabeça muito grandes, estendendo-se do olho até a linha média e, anteriormente, até metade da cabeça; antenas nunca mais longas que a asa anterior	Helicopsychidae
23'.	Tubérculos no dorso da cabeça menores, diferentes dos da descrição anterior, ou antenas com 1,5 vez o comprimento das asas anteriores	24
24(23').	Mesoscutelo com um único tubérculo grande ocupando a maior parte do esclerito	25
24'.	Mesoscutelo com um par de tubérculos ou, se parecendo possuir apenas 1 (Lepidostomatidae), o tubérculo ocupará apenas aproximadamente a metade anterior do esclerito	26
25(24).	Tubérculo mesoscutelar ocupando a maior parte do esclerito; palpos maxilares sempre com 5 artículos	Odontoceridae
25'.	Tubérculo mesoscutelar alongado e ocupando apenas a porção medial do esclerito; palpos maxilares com 5 artículos nas fêmeas, 3 artículos nos machos	Goeridae*
26(24').	Pronoto com 1 par de tubérculos; mesoscuto com uma fissura mediana profunda	Sericostomatidae*
26'.	Pronoto com 2 pares de tubérculos; fissura mediana do mesoscuto não tão profunda como na descrição anterior	27
27(26').	Tíbias médias com uma fileira irregular, tarsos médios com fileira dupla de espinhos; tíbia média com 1 a 2 esporões pré-apicais situados aproximadamente a dois terços do comprimento tibial, ou esporões pré-apicais ausentes	Brachycentridae
27'.	Tíbia média sem espinhos e tarsos médios com apenas alguns espinhos dispersos além dos apicais; tíbias médias com 2 esporões pré-apicais originados aproximadamente na metade do comprimento da tíbia	Lepidostomatidae*

Família **Ecnomidae:** Este é um grupo neotropical; uma espécie foi relatada recentemente no Texas, *Austrotinodes texensis* Bowles.

Família **Polycentropodidae – Tricópteros construtores de redes espirais e tendas:** Estes tricópteros variam em comprimento de 4 mm a 11 mm. A maioria é acastanhada com asas pontilhadas. As larvas vivem em várias situações aquáticas: algumas em córregos rápidos, algumas em rios e outras em lagos. Algumas (como *Polycentropus*) constroem redes em forma de trompa que colapsam relativamente rápido quando removidas da água.

Família **Dipseudopsidae – Tricópteros construtores de tubos:** As espécies do único gênero norte-americano (*Phylocentropus*) constroem tubos na areia nos fundos de córregos e cimentam as paredes destes tubos para criar uma estrutura razoavelmente rígida.

Família **Psychomyiidae – Tricópteros construtores de tubos:** Os membros deste grupo são muito semelhantes aos Polycentropodidae. Diferem nas características das pernas, como indicado na chave (parelha 16). As larvas destes tricópteros constroem tubos de seda.

Família **Xiphocentronidae:** Este grupo é representado na América do Norte por três espécies no sul do Texas e Arizona.

Família **Hydropsychidae –** Este é um grupo grande (151 espécies norte-americanas) e muitas espécies são razoavelmente comuns em pequenos córregos. Os adultos dos dois sexos possuem palpos maxilares de 5 artículos, com o último artículo alongado. Os ocelos são ausentes e o mesoscuto não possui tubérculos. A maioria das espécies é acastanhada, com as asas mais ou menos pontilhadas. As larvas vivem nas partes dos córregos onde a corrente é mais forte. Constroem um abrigo semelhante a um casulo feito de areia, cascalho ou resíduos e, perto deste abrigo, constroem uma rede cupuliforme com o lado côncavo da rede virado contra a correnteza. A larva alimenta-se de materiais apanhados na rede e a pupa forma-se em um abrigo semelhante a um casulo. Estas larvas são muito ativas e, se perturbadas durante a alimentação na rede, voltam muito rápido para seu abrigo.

Família **Philopotamidae – Filopotamídeos:** Estes tricópteros variam em comprimento de cerca de 6 mm a 9 mm e o último artículo dos palpos maxilares é alongado. Em geral, são acastanhados, com asas cinza. As fêmeas de *Dolophilodes distinctus* (Walker) emergem no inverno e apresentam asas vestigiais, mas as fêmeas que emergem nos meses mais quentes têm asas normais.

As larvas vivem em córregos rápidos e constroem redes digitiformes ou tubulares que são fixadas a pedras. Muitas destas redes, com frequência, são afixadas próximas umas às outras. As larvas permanecem na rede e consomem os alimentos que ficam presos ali; a pupa se forma em casulos feitos de pequenas pedras e revestidos com seda.

Família **Glossosomatidae – Glossosomatídeos:** Em geral, os adultos deste grupo são acastanhados, com asas mais ou menos pontilhadas, e seu comprimento varia de 3 mm a 13 mm. As antenas são curtas e os palpos maxilares possuem cinco artículos nos dois sexos. As larvas vivem em córregos rápidos. Elas constroem casulos em forma de sela ou em forma de tartaruga. Estes casulos são ovais, com uma superfície dorsal convexa composta por pedras relativamente grandes e superfície ventral plana, composta por pedras menores e grãos de areia. Quando estas larvas empupam, a superfície ventral do casulo é cortada e a parte superior é fixada a uma pedra.

Família **Hydroptilidae – Microtricópteros:** Este é um grupo grande (263 espécies norte-americanas) de pequenos tricópteros que medem cerca de 1,5 mm a 6 mm de comprimento. São muito pilosos e a maioria apresenta um padrão pontilhado. As larvas da maioria das espécies vivem em pequenos lagos. Estes insetos sofrem um tipo de hipermetamorfose: os instares iniciais são ativos e não constroem casulos, exceto o último instar, que constrói. Os ganchos anais são muito maiores nos instares ativos que no último instar. O casulo tem uma forma um pouco semelhante a uma bolsa, com cada extremidade aberta.

Família **Hydrobiosidae:** Os únicos membros deste grupo na América do Norte são três espécies de *Atopsyche*, que ocorrem no sudoeste. As larvas não fazem casulos e são predadoras.

Família **Rhyacophilidae – Tricópteros primitivos:** Estes insetos são muito semelhantes aos Glossosomatidae (que anteriormente eram considerados uma subfamília de Rhyacophilidae), mas diferem em hábitos. Estes tricópteros não constroem casulos e são predadores. Este é um grupo razoavelmente grande e todas as cerca de 127 espécies norte-americanas, com exceção de uma, pertencem ao gênero *Rhyacophila*.

Família **Goeridae:** Este é um grupo pequeno, representado na América do Norte por 11 espécies. Nestes tricópteros, os palpos maxilares possuem cinco artículos nas fêmeas e três artículos nos machos. As larvas vivem em córregos e constroem casulos com pequenas pedras, com duas pedras grandes coladas em cada lado e servindo como lastro.

Família **Limnephilidae:** Esta família possui 239 espécies na América do Norte. A maioria das espécies tem distribuição setentrional. O comprimento dos adultos varia de 7 mm a 23 mm e a maioria das espécies é acastanhada, com as asas pontilhadas ou exibindo padrões de manchas.

Os palpos maxilares têm três artículos nos machos e cinco artículos nas fêmeas. As larvas vivem em lagoas e córregos de corrente lenta. Os casulos são feitos com vários materiais e, em algumas espécies, os casulos feitos pelas larvas jovens são muito diferentes daqueles feitos palas larvas mais velhas. Os estágios larvais de uma espécie desta família, *Philocasea demita* Ross, que ocorre no Óregon, vivem em montes de folhas úmidas.

Família **Apataniidae:** Esta família foi separada recentemente de Limnephilidae e inclui 24 espécies ocidentais, 7 espécies orientais e 3 espécies transcontinentais, setentrionais-boreais. As larvas de *Apatania* são raspadoras que ingerem algas e outros materiais orgânicos fixados na superfície das pedras. Alimentam-se enquanto estão protegidas em casulos de areia, afunilados e curvados posteriormente.

Família **Rossianidae:** Esta é outra família que foi separada recentemente de Limnephilidae. Inclui duas espécies ocidentais, cada uma em seu próprio gênero. As larvas ingerem pedaços finos de resíduos orgânicos em fontes e podem consumir algas e fragmentos de folhas de musgos. Seus casulos minerais são afunilados e curvados.

Família **Uenoidae:** Este pequeno grupo possui 51 espécies norte-americanas. Os casulos larvais são feitos com grãos de areia ou pequenas pedras e são longos, delgados, afunilados e curvados ou lembram os casulos de Goeridae.

Família **Brachycentridae:** Das 37 espécies norte-americanas desta família, 33 pertencem a dois gêneros, *Brachycentrus* e *Micrasema*. As larvas jovens de *Brachycentrus* vivem perto de praias de pequenos córregos, onde se alimentam de algas. As larvas mais velhas movem-se até a metade do rio e fixam seus casulos em pedras, voltados contra a correnteza, e alimentam-se tanto de algas quanto de pequenos insetos aquáticos. Os adultos medem cerca de 6 mm a 11 mm de comprimento e são marrom-escuros a pretos, com as asas fulvas e quadriculadas. Os palpos maxilares possuem três artículos nos machos e cinco nas fêmeas.

Família **Lepidostomatidae:** Este grupo contém dois gêneros americanos, *Lepidostoma* e *Theliopsyche*, com 68 espécies (62 em *Lepidostoma*). As fêmeas possuem palpos maxilares com cinco artículos e os palpos maxilares dos machos possuem três artículos ou uma estrutura uniarticulada curiosamente modificada. Em geral, as larvas vivem em córregos ou fontes. Seus casulos são na maioria quadrados em corte transversal e compostos de folhas e fragmentos de cascas de árvores. Os casulos de algumas espécies são cilíndricos e feitos com grãos de areia.

Família **Phryganeidae – Grandes tricópteros:** Os adultos deste grupo são tricópteros razoavelmente grandes (14 mm a 25 mm de comprimento), com asas pontilhadas em cinza e marrom. Os palpos maxilares possuem quatro artículos nos machos e cinco nas fêmeas. As larvas vivem em pântanos e lagos; algumas poucas são encontradas em córregos. Os casulos larvais são delgados, cilíndricos, abertos nas duas extremidades e feitos de faixas estreitas de material vegetal, coladas longitudinalmente em anéis ou formando uma espiral.

Família **Odontoceridae:** Os adultos deste grupo medem cerca de 13 mm de comprimento, o corpo é escuro, as asas são marrons-acinzentadas com pontos claros. As larvas vivem em corredeiras de córregos rápidos, onde constroem casulos de areia cilíndricos e com frequência curvos. Quando estão prontas para empupar, grandes números fixam seus casulos em pedras, colados juntos e paralelamente.

Família **Calamoceratidae:** Os adultos deste grupo são marrom-alaranjados ou preto-acastanhados, com os palpos maxilares apresentando cinco ou seis artículos. As larvas vivem tanto em água parada quanto de fluxo rápido. Os casulos da maioria das espécies são planos e compostos por grandes pedaços de folhas ou cascas de árvores. Larvas da espécie *Heteroplectron* cavam um túnel ao longo do comprimento de um graveto ou pedaço de madeira, que então serve como casulo. Este grupo é pequeno (cinco espécies norte-americanas), com duas espécies ocorrendo no leste e três no oeste.

Família **Leptoceridae – Leptocerídeos:** Estes tricópteros são delgados, com frequência de cores pálidas, medem cerca de 5 mm a 17 mm de comprimento e apresentam antenas longas e delgadas que, em geral, têm quase duas vezes o comprimento do corpo. Esta grande família inclui 112 espécies norte-americanas. As larvas vivem em vários *habitats* e existe uma variação considerável dos tipos de casulos que criam. Algumas espécies fazem casulos longos, delgados e afunilados, algumas constroem casulos de ramos e outras constroem casulos em forma de cornucópia com grãos de areia ou pedaços de esponjas de água fresca.

Família **Molannidae:** Este grupo é pequeno (sete espécies norte-americanas) e as larvas conhecidas vivem em fundos arenosos de córregos e lagos. Os casulos larvais têm a forma de um escudo e consistem em um tubo cilíndrico central com expansões laterais. Os adultos, que medem cerca de 10 mm a 16 mm de comprimento, são cinza-acastanhados, com as asas um tanto pontilhadas, e os palpos maxilares possuem cinco artículos nos dois sexos. Os adultos em repouso ficam com as asas curvadas sobre o corpo, que é mantido em ângulo em relação à superfície na qual o inseto está repousando.

Figura 29-3 Tricóptero adulto. Exemplar de *Phryganea* sp.; possuem tamanho variando entre 20 mm e 30 mm de comprimento.

Família **Beraeidae:** Esta família contém apenas três espécies norte-americanas, no gênero *Beraea*, que ocorrem no nordeste e na Geórgia. Os adultos são acastanhados e medem cerca de 5 mm de comprimento. Os casulos larvais são curvados, lisos e feitos com grãos de areia.

Família **Helicopsychidae – Helicopsiquídeos:** Esta família contém um único gênero, *Helicopsyche*, com sete espécies norte-americanas. Os adultos podem ser reconhecidos pelo mesoscutelo curto com tubérculos transversais estreitas e hâmulos nas asas posteriores. Os adultos medem cerca de 5 mm a 7 mm de comprimento e têm uma cor semelhante à da palha, com as asas pontilhadas em castanho. As larvas constroem casulos de areia que são modelados como uma concha de caracol. Durante o desenvolvimento, as larvas vivem em fundos arenosos e, quando estão prontas para empupar, fixam seus casulos em agrupamentos de pedras. Os casulos medem cerca de 6 mm de largura.

Família **Sericostomatidae:** Este é um grupo pequeno (16 espécies norte-americanas), cujas larvas vivem tanto em lagos quanto em córregos. *Agarodes* e *Fattigia* são gêneros do leste e *Gumaga* ocorre no oeste. Os casulos larvais são afunilados, curvados, curtos, lisos e compostos de grãos de areia, algumas vezes também com fragmentos de madeira.

COLETA E PRESERVAÇÃO DE TRICHOPTERA

Os tricópteros adultos são encontrados perto da água. As preferências de *habitat* diferem entre as espécies, portanto, para obter um grande número de espécies, deve-se visitar diversos *habitats*. Os adultos podem ser coletados por varredura da vegetação ao longo das margens e perto de lagos e córregos, verificando-se a superfície inferior de pontes, e por coleta com luzes. O melhor modo para capturar os adultos é com o uso de luzes. A luz azul parece ser mais atraente que as de outras cores.

As larvas de tricópteros podem ser capturadas pelos vários métodos de coleta aquática discutidos no Capítulo 35. Muitas podem ser encontradas fixadas a pedras na água, outras serão encontradas na vegetação aquática e outras ainda podem ser capturadas com uma rede de mergulho usada para recolher resíduos do fundo ou da vegetação aquáticos.

Os tricópteros adultos e suas larvas devem ser preservados em álcool 80%. Os adultos podem ser alfinetados, porém a inserção do alfinete em geral danifica os tubérculos torácicos que são usados para diferenciar as famílias e, na maioria dos casos, é mais difícil identificar espécimes secos que os preservados em álcool. Com o emprego de luzes (por exemplo, faróis de automóveis), é possível capturar facilmente grandes números colocando-se um recipiente contendo cerca de 6 mm de álcool (ou água contendo um detergente) diretamente sob a luz. Os insetos eventualmente voam para dentro do álcool e podem ser apanhados. Espécimes atraídos para as luzes também podem ser recolhidos diretamente em um frasco de cianeto e então transferidos para o álcool, ou podem ser removidos da luz mergulhando-se o dedo indicador no álcool e passando-se o dedo molhado rápida, porém suavemente, no inseto. Um aspirador é um dispositivo útil para a coleta de espécies de tamanho pequeno.

Referências

Betten, C. "The caddis flies or Trichoptera of New York State", *N.Y. State Mus. Bull.*, 292, p. 1–570, 1934.

Comstock, J. H. *An introduction to entomology*. 9. ed. Ithaca: Comstock Publishing, 1940. 1064 p.

Denning, D. G. Trichoptera. In: R. L. Usinger; (Ed.) *Aquatic insects of California*. Berkeley: University of California Press, 1956. p. 237–270.

Flint, O. S., Jr. "Studies of Neotropical caddisflies. Part 16: The genus *Austrotinodes* (Trichoptera: Psychomyiidae)", *Proc. Biol. Soc. Wash.*, 86, 11, p. 127–142, 1973.

Holzenthal, R. W.; R. J. Blahnik. *Trichoptera, caddisflies*. Disponível em: http://tolweb.org/tree?group_Trichoptera&contgroup -Endopterygota. Acesso: em 4 fev. 2004. In: D. R. Maddison. (Ed.) *Tree of life web project*. Disponível em: http://tolweb.org/tree/#top. Acesso: 4 fev. 2004.

Merritt, R. W.; K. W. Cummins. (Eds.) *An introduction to the aquatic insects of North America*. 3. ed. Dubuque: Kendall/Hunt, 1996. 862 p.

Morse, J. C. "A checklist of the Trichoptera of North America, including Greenland and Mexico", *Trans. Amer. Entomol. Soc.*, 119, p. 47–93, 1993.

Morse, J. C. "Phylogeny of Trichoptera", *Annu. Rev. Entomol.*, 42, p. 427–450, 1997.

Morse, J. C. (Ed.). *Trichoptera world checklist*. Disponível em: http://entweb.clemson.edu/database/tricopt/index.htm (8 jan. 2001). Acesso em: 4 fev. 2004.

Morse, J. C.; R. W. Holzenthal. Trichoptera genera. In: R. W. Merritt; K. W. Cummins. (Ed.) *An introduction to the aquatic insects of North America*. 3. ed. Dubuque: Kendall/Hunt, 1996. 862 p., p. 350–386.

Nimmo, A. P. "The adult Rhyacophilidae and Limnephilidae (Trichoptera) of Alberta and eastern British Columbia and their post-glacial origins", *Quaest. Entomol.*, 7, 1, p. 3–234, 1971.

Pennak, R. W. *Fresh-water invertebrates of the United States*. 2. ed. Nova York: Wiley Interscience, 1978. 803 p.

Ross, H. H. "The caddis flies or Trichoptera of Illinois", *Ill. Nat. Hist. Surv. Bull.*, 23, 1, p. 1–236, 1944.

Ross, H. H. *Evolution and classification of the mountain caddisflies*. Urbana: University of Illinois Press, 1956. 213 p.

Ross, H. H. Trichoptera. W. T. Edmondson. (Ed.) *Fresh-water biology*. Nova York: Wiley. 1959. p. 1024–1049.

Ross, H. H. "The evolution and past dispersal of the Trichoptera" *Annu. Rev. Entomol.*, 12, p. 169–206, 1967.

Ruiter, D. E. "Generic key to the adult ocellate Limnephiloidea of the Western Hemisphere (Insecta: Trichoptera)", *Misc. Contrib. Ohio Biol. Surv.*, n. 5, 22 p., 2000.

Schmid, F. "Le genre *Rhyacophila* et la famille des Rhyacophilidae (Trichoptera)", *Mem. Soc. Entomol. Can.*, n. 66, 230 p., 1970.

Schmid, F. "Les insectes et arachnides du Canada. Partie 7, genera des Trichoptères du Canada et des états adjacents", *Direction de la Recheuche, Agriculture Canada*, Ottawa, 1692, 296 p. 1980.

Schmid, F. *Genera of the Trichoptera of Canada and adjoining or adjacent United States*. The insects and arachnids of Canada, Part 7. Ottawa: NRC Research Press, 1998. 319 p.

Smith, S. D. "The Arctopsychinae of Idaho (Trichoptera: Hydropsychidae)", *Pan-Pac. Entomol.*, 44, p. 102–112, 1968.

Wiggins, G. B. Order Trichoptera. In: F. W. Stehr. (Ed.) *Immature insects*. Dubuque: Kendall/Hunt, 1987. 754 p., p. 253–287.

Wiggins, G. B. *Larvae of north american caddisfly genera (Trichoptera)*. 2. ed. Toronto: University of Toronto Press, 1996a. 401 p.

Wiggins, G. B. Trichoptera. In: R. W. Merritt; K. W. Cummins. *An introduction to the aquatic insects of North America*. Dubuque: Kendall/Hunt. 1996b. p. 309–349.

Wiggins, G. B. *The caddisfly family Phryganeidae (Trichoptera)*. Toronto: University of Toronto Press, 1998. 306 p.

CAPÍTULO 30

ORDEM LEPIDOPTERA[1,2]
BORBOLETAS E MARIPOSAS

As borboletas e mariposas são insetos comuns e bastante conhecidos, facilmente reconhecidos pelas escamas nas asas (Figura 30-1), que se desprendem como poeira nos dedos das pessoas quando manipuladas. A maior parte do corpo e das pernas também é coberta por escamas. Esta ordem é grande, com mais de 11.500 espécies ocorrendo nos Estados Unidos e Canadá; seus membros são encontrados em quase todos os lugares, com frequência, em grandes números.

Lepidopteros possuem importância econômica considerável. As larvas da maioria das espécies são fitófagas e muitas constituem pragas sérias de plantas cultivadas. Algumas se alimentam de tecidos, enquanto outras de grãos armazenados ou farinhas. Contudo, os adultos de muitas espécies são vistosos e muito procurados por colecionadores e servem como modelos para arte e *design*. A seda natural é produzida por um membro desta ordem.

As peças bucais de uma borboleta ou mariposa são adaptadas para sugar. Algumas espécies possuem peças bucais vestigiais e não se alimentam no estágio adulto, e somente em uma família (Micropterigidae) são do tipo mastigador. O labro é pequeno e tem a forma de uma faixa transversal que atravessa a superfície inferior da fronte, na base da probóscide. As mandíbulas, exceto em Micropterigidae, estão ausentes. A probóscide, quando presente, é formada pelas gáleas das maxilas, são achatadas e longitudinalmente sulcadas; em geral, é longa e espiralada. Os palpos maxilares são pequenos ou ausentes, porém os palpos labiais quase sempre são bem desenvolvidos e estendem-se anteriormente na fronte (Figura 30-2B).

Os olhos compostos de uma borboleta ou mariposa consistem em um grande número de facetas. A maioria das mariposas possui dois ocelos, um em cada lado, próximo à margem do olho composto. Algumas espécies apresentam órgãos sensoriais denominados *quetosematas*.

Muitas famílias possuem órgãos auditivos chamados de tímpanos, que supostamente têm a função de detectar os sons de ecolocalização de alta frequência dos morcegos. Os Pyraloidea e todos os Geometroidea, com exceção

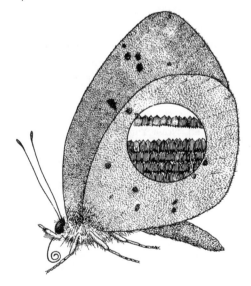

Figura 30-1 Uma borboleta com uma seção da asa ampliada para mostrar as escamas.

---

[1] Lepidoptera: *lepido*, escama; *ptera*, asas.
[2] Este capítulo foi editado por Ronald W. Hodges, com contribuições de Jerry Powell e Steven Passoa.

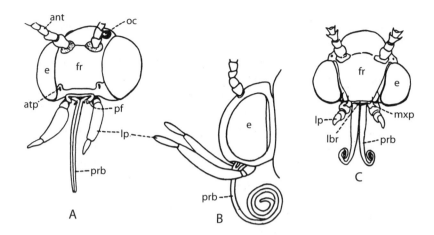

Figura 30-2 Estruturas cefálicas em Lepidoptera. A, *Synanthedon* (Sesiidae), vista anterior; B, mesma espécie, vista lateral; C, *Hyphantria* (Arctiidae). *ant*, antena; *atp*, fóvea tentorial anterior; *e*, olho composto; *fr*, fronte; *lbr*, labro; *lp*, palpo labial; *mxp*, palpo maxilar; *oc*, ocelo; *pf*, pilífero; *prb*, probóscide. (Redesenhado de Snodgrass.)

de Sematuridae, possuem estes órgãos no esternito anterior do abdômen, enquanto em Noctuoidea estes órgãos estão localizados ventrolateralmente no metatórax.

Membros desta ordem sofrem metamorfose completa e suas larvas, também denominadas *lagartas*, são familiares. Muitas larvas de lepidópteros apresentam um aspecto grotesco ou feroz que causa medo em algumas pessoas, mas a grande maioria é inofensiva quando manipulada. Algumas emitem um odor desagradável e apenas poucas espécies das regiões temperadas possuem pelos urticantes no corpo. O aspecto feroz provavelmente desempenha um papel de defesa perante possíveis predadores.

As larvas de Lepidoptera são eruciformes (Figura 30-3), com cabeça bem desenvolvida e corpo cilíndrico de 13 segmentos (3 torácicos e 10 abdominais). A cabeça possui seis estemas em cada lado, imediatamente acima das mandíbulas, e um par de antenas muito curtas. Cada segmento torácico contém um par de pernas e os segmentos abdominais 3-6 e 10 possuem um par de falsas-pernas. As falsas-pernas diferem um pouco das pernas torácicas. São mais robustas, não possuem articulações e apresentam na base diversos pequenos ganchos chamados crochetes. Algumas larvas, como as lagartas mede-palmos, apresentam menos de cinco pares de falsas-pernas e alguns licenídeos e microlepidópteros minadores de folhas não possuem pernas torácicas nem falsas-pernas. As únicas outras larvas eruciformes que provavelmente podem ser confundidas com as de Lepidoptera são as larvas das moscas-de-serra (Hymenoptera). Estas (Figura 28-31) apresentam apenas um ocelo a cada lado, as falsas-pernas não têm crochetes e possuem no máximo cinco pares de falsas-pernas. A maioria das larvas de moscas-de-serra mede 25 mm de comprimento ou menos, enquanto muitas larvas de lepidópteros são consideravelmente maiores.

A maioria das larvas de borboletas e mariposas é fitófaga, porém espécies diferentes alimentam-se de modos diferentes. Larvas maiores alimentam-se na borda das folhas e consomem todas as nervuras com exceção das maiores; as larvas menores esqueletizam as folhas ou fazem pequenos orifícios. Muitas larvas são minadoras de

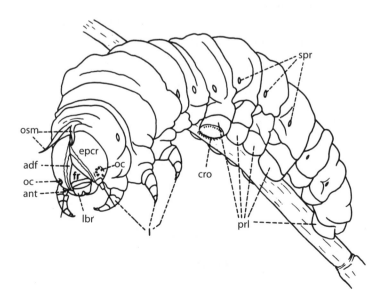

Figura 30-3 Larva de *Papilio* (Papilionidae). *adf*, área adfrontal; *ant*, antena; *cro*, crochetes; *epcr*, epicrânio; *fr*, fronte; *l*, pernas torácicas; *lbr*, labro; *osm*, osmetério (glândula odorífera); *prl*, falsas-pernas; *spr*, espiráculos; *st*, estemas.

folhas, alimentando-se no seu interior, e suas galerias podem ser lineares, em forma de trompete ou em forma de manchas. Algumas são galhadoras e outras são brocadoras de frutas, caules, madeira ou outras partes das plantas. Algumas poucas são predadoras de outros insetos.

As larvas de Lepidoptera apresentam glândulas sericígenas bem desenvolvidas, correspondentes às glândulas salivares modificadas que se abrem no lábio. Muitas larvas utilizam a seda para fazer um casulo e outras para construir abrigos. Espécies enroladoras ou dobradoras de folhas enrolam ou dobram a folha, fixando-a no lugar com seda, e alimentam-se no interior do abrigo assim formado. Outras larvas fixam algumas folhas juntas e alimentam-se no interior deste abrigo. Algumas das espécies gregárias, como as lagartas-de-tenda e as lagartas-de-teia, constroem um grande abrigo envolvendo muitas folhas e até mesmo ramos inteiros.

A pupação ocorre de várias formas. Muitas larvas formam um casulo elaborado e transformam-se em pupa em seu interior. Algumas constroem um casulo muito simples, enquanto outras não fazem nenhum casulo. As pupas (Figura 30-4) são obtectas, com os apêndices firmemente presos ao corpo. As pupas de mariposas são acastanhadas e relativamente lisas, enquanto as pupas de borboletas apresentam cores variáveis e, com frequência, são tuberculadas ou esculpidas. A maioria das borboletas não faz um casulo e suas pupas são também chamadas de crisálidas As crisálidas de algumas borboletas (Nymphalidae, Danainae, Satyrinae e Libytheinae) são fixadas a uma folha ou a um galho pelo cremaster, um processo com espinhos na extremidade posterior do corpo, e ficam dependuradas de cabeça para baixo (Figura 30-4B). Em outros casos (Lycaenidae, Pieridae e Papilionidae), a crisálida é fixada pelo cremaster, mas é mantida em uma posição mais ou menos vertical por um cinturão de seda aproximadamente na metade do corpo (Figura 30-4A). Algumas larvas de mariposas (Sphingidae, Saturniidae e Pyralidae) empupam no subsolo. Umas poucas larvas de mariposas constroem casulos elaborados, por exemplo, o casulo com trama de rede de *Urodus* (Urodidae), que é fixado a um ramo por um longo pedúnculo de seda.

A maioria dos lepidópteros apresenta uma geração por ano, passando o inverno como larva ou pupa. Algumas possuem duas ou mais gerações por ano e outras necessitam 2 ou 3 anos para completar uma geração. Muitas espécies passam o inverno no estágio de ovo; algumas, como adultos.

CLASSIFICAÇÃO DE LEPIDOPTERA

Os entomologistas têm feito vários arranjos com os principais grupos de Lepidoptera. Um dos primeiros foi a divisão da ordem em duas subordens, Rhopalocera (borboletas) e Heterocera (mariposas), com base principalmente nas características das antenas. Mais tarde, a ordem foi dividida em duas subordens com base na venação alar e na natureza do acoplamento alar: Jugatae ou Homoneura e Frenatae ou Heteroneura; os Jugatae apresentam jugo (e ausência de um frênulo) e uma venação semelhante nas asas anteriores e posteriores, enquanto os Frenatae apresentam frênulo (sem jugo) e venação reduzida nas asas posteriores.

No passado, os lepidopterólogos reconheciam duas divisões principais na ordem, os microlepidópteros e os macrolepidópteros (referindo-se ao tamanho médio dos insetos). Como utilizado neste livro (e pela maioria dos especialistas que empregam estes termos), os microlepidópteros incluem Monotrysia e alguns Ditrysia (Tineoidea, Gelechioidea, Yponomeutoidea e Tortricoidea).

Os arranjos mais recentes separaram os Micropterigidae em uma subordem própria e os Zeugloptera (alguns os consideram uma ordem relacionada aos Lepidoptera e Trichoptera), com os demais Lepidoptera divididos em duas subordens, Monotrysia e Ditrysia, com

Figura 30-4 Pupa de Lepidoptera. *Euthalia* sp.

base principalmente no número de aberturas genitais das fêmeas. Este arranjo coloca os Eriocraniidae, Acanthopteroctetidae, Hepialidae, Nepticuloidea e Incurvarioidea em Monotrysia e o restante em Ditrysia.

Outras autoridades (por exemplo, Common 1975) acreditam que os Eriocraniidae, os Acanthopteroctetidae e os Hepialidae diferem o suficiente dos outros grupos originalmente incluídos em Monotrysia para serem removidos daquela subordem e colocados em duas subordens separadas, os Dacnonypha (para Eriocraniidae e Acanthopteroctetidae) e os Exoporia (para Hepialidae e algumas famílias exóticas relacionadas).

Muitos autores apresentaram uma revisão da classificação de Lepidoptera em Kristensen (1998), eliminando as subordens e tratando as superfamílias como as unidades básicas de classificação mais elevada. Esta classificação é experimental em muitas áreas, mas reflete o que é conhecido atualmente sobre a fauna mundial. Muitos arranjos têm sido feitos desde a checklist de Hodges et al. (1983), a classificação usada neste livro e descrita a seguir (com ortografia, nomes ou arranjos alternativos entre parênteses). As famílias marcadas com um asterisco (*) são muito raras ou têm pouca probabilidade de serem capturadas por um colecionador comum.

Superfamília Micropterigoidea (Micropterygoidea)
  Micropterigidae (Micropterygidae)*
Superfamília Eriocranioidea
  Eriocraniidae*
Superfamília Acanthopteroctetoidea
  Acanthopteroctetidae*
Superfamília Hepialoidea
  Hepialidae
Superfamília Nepticuloidea (Stigmelloidea)
  Nepticulidae (Stigmellidae)*
  Opostegidae*
Superfamília Incurvarioidea
  Heliozelidae*
  Adelidae
  Prodoxidae (Incurvariidae, em parte)
  Incurvariidae
Superfamília Tischerioidea
  Tischeriidae*
Superfamília Tineoidea
  Tineidae (Tinaeidae, incluindo Hieroxestidae = Oinophilidae)
  Acrolophidae
  Psychidae (incluindo Talaeporiidae)
Superfamília Gracillarioidea
  Douglasiidae*
  Bucculatricidae (Bucculatrigidae)
  Gracillariidae (Lithocolletidae, Phyllocnistidae)
Superfamília Yponomeutoidea
  Yponomeutidae (Hyponomeutidae, incluindo Attevidae, Prayidae, Scythropiidae e Argyresthiidae)
  Ypsolophidae (Hypsolophidae, incluindo Ochsenheimeriidae)
  Plutellidae
  Acrolepiidae*
  Glyphipterigidae (Glyphipterygidae)
  Heliodinidae (Schreckensteiniidae)
  Bedellidae*
  Lyonetiidae*
Superfamília Gelechioidea
  Elachistidae (Stenomatidae, Ethmiidae, Azinidae, Depressariidae [Epigraphiidae, Cryptolechiidae, Haemilidae, Thalamarchellidae], Elachistidae [Cycnodiidae, Aphelosetiidae], Agonoxenidae [Blastodacnidae, Parametriotidae])
  Xyloryctidae (Scythrididae)
  Glyphidoceridae
  Oecophoridae ([Dasyceridae], Stathmopodidae, [Tinaegeriidae, Ashinagidae])
  Batrachedridae*
  Deoclonidae*
  Coleophoridae ([Haploptilidae, Eupistidae], Momphidae [Lavernidae], Blastobasidae, Pterolonchidae)
  Autostichidae (Symmocidae)*
  Peleopodidae*
  Amphisbatidae (Oecophoridae, em parte)
  Cosmopterigidae (Cosmopterygidae, incluindo Walshiidae)
  Gelechiidae (Anacampsidae, Litidae, Anomologidae, Anarsiidae)
Superfamília Zygaenoidea
  Epipyropidae*
  Megalopygidae (Lagoidae)*
  Limacodidae (Cochliidae, Eucleidae)
  Dalceridae (Acragidae)*
  Lacturidae*
  Zygaenidae
Superfamília Sesiodea
  Sesiidae (Aegeriidae)
Superfamília Cossoidea
  Cossidae (incluindo Zeuzeridae e Hypoptidae)
Superfamília Tortricoidea
  Tortricidae (incluindo Cochylidae [Phaloniidae], Sparganothidae, Olethreutidae e Eucosmidae)
Superfamília Galacticoidea
  Galacticidae*
Superfamília Choreutoidea
  Choreutidae
Superfamília Urodoidea
  Urodidae*

Superfamília Schreckensteinioidea
    Schreckensteiniidae
Superfamília Epermenioidea
    Epermeniidae*
Superfamília Alucitoidea
    Alucitidae (Orneodidae)
Superfamília Pterophoroidea
    Pterophoridae (incluindo Agdistidae)
Superfamília Copromorphoidea
    Copromorphidae*
    Carposinidae*
Superfamília Hyblaeoidea
    Hyblaeidae (Noctuidae, em parte)*
Superfamília Thyridoidea
    Thyrididae (Pyralidae, em parte)*
Superfamília Pyraloidea
    Pyralidae (incluindo Galleriidae, Chrysaugidae, Epipaschiidae e Phycitidae)
    Crambidae (incluindo Schoenobiidae, Nymphulidae e Pyraustidae)
Superfamília Hesperioidea
    Hesperiidae (incluindo Megathymidae)
Superfamília Papilionoidea
    Papilionidae (incluindo Parnassiidae)
    Pieridae (Asciidae)
    Lycaenidae (Cupidinidae, Ruralidae, incluindo Riodinidae = Nemeobiidae = Erycinidae)
    Nymphalidae (Argyreidae, incluindo Heliconiidae, Ithomiidae, Libytheidae, Morphidae, Brassolidae, Danaidae e Satyridae)
Superfamília Drepanoidea
    Drepanidae (incluindo Thyatiridae)*
Superfamília Geometroidea
    Sematuridae*
    Uraniidae (incluindo Epiplemidae)*
    Geometridae
Superfamília Mimallonoidea
    Mimallonidae (Lacosomidae, Perophoridae)*
Superfamília Lasiocampoidea
    Lasiocampidae
Superfamília Bombycoidea
    Bombycidae (incluindo Apatelodidae = Zanolidae)*
    Saturniidae (Attacidae, incluindo Ceratocampidae = Citheroniidae)
    Sphingidae (Smerinthidae)
Superfamília Noctuoidea
    Doidae*
    Notodontidae (incluindo Heterocampidae e Dioptidae)
    Noctuidae (Phalaenidae, incluindo Plusiidae, Agaristidae e Cuculliidae)
    Pantheidae (Noctuidae, em parte)
    Lymantriidae (Liparidae, Orgyidae)
    Nolidae (Noctuidae, em parte)
    Arctiidae (incluindo Lithosiidae, Syntomidae = Amatidae, Ctenuchidae, Eucromiidae, Thyretidae, Pericopidae)

CARACTERÍSTICAS USADAS NA IDENTIFICAÇÃO DE LEPIDOPTERA

As principais características usadas na identificação de adultos de Lepidoptera são as das asas (venação, formas de acoplamentos, formato das asas e estrutura das escamas). Outras características usadas incluem as antenas, peças bucais (principalmente os palpos e a probóscide), ocelos (presença ou ausência), pernas, genitálias masculina e feminina, abdômen e, com frequência, características gerais como tamanho e cor.

Venação alar [3]

A venação alar desta ordem é relativamente simples porque existem poucas veias transversais, raras ramificações das veias longitudinais e a venação é reduzida em alguns grupos. Os entomologistas diferem quanto à interpretação de algumas veias nas asas de lepidópteros. Aqui, seguiremos a interpretação de Comstock (Comstock 1940).

Ocorrem dois tipos de venação alar nesta ordem, homoneura e heteroneura. Na homoneura, a venação é semelhante nas asas anteriores e posteriores, com o mesmo número de ramificações de R em ambas as asas. Em heteroneura, a venação das asas posteriores é reduzida e Rs não é ramificada.

A venação homoneura ocorre nas superfamílias Micropterigoidea, Eriocranioidea, Acanthopteroctetoidea e Hepialioidea. Estes grupos apresentam a veia subcosta simples ou com duas ramificações, a radial com cinco ramificações (ocasionalmente, seis), a média com três ramificações e ainda três veias anais (Figura 30-5).

As demais superfamílias apresentam venação heteroneura. A radial das asas anteriores apresenta cinco ramificações (ocasionalmente, menos), porém nas asas posteriores o setor radial não é ramificado e R_1 se funde com a subcosta. A porção basal da média é atrofiada

---

[3] Alguns estudiosos chamam a veia mediocubital da terminologia de Comstock (1940) de M_4. Os três ramos da média, de acordo com Comstock, são M_1, M_2 e M_3. De acordo com aqueles estudiosos a Cu_1 e Cu_2 de Comstock representam CuA_1 e CuA_2, 1A é CuP, 2A é 1A e 3A é 2A.

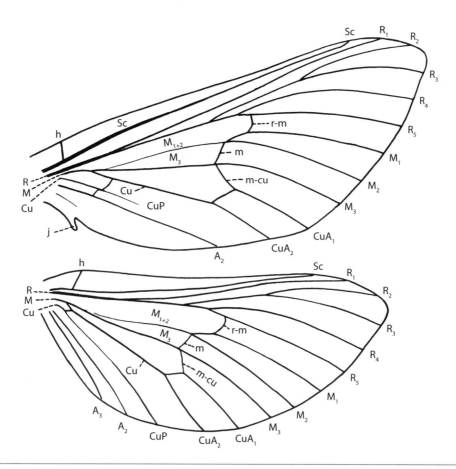

Figura 30-5 Venação homoneura de *Sthenopis* (Hepialidae). *j*, jugo.

em muitos casos, de modo que uma grande célula, comumente chamada de célula discal, é formada na parte central da asa. A primeira veia anal, com frequência, é atrofiada ou fundida com A_2. Uma venação heteroneura generalizada é apresentada na Figura 30-6.

As veias podem se fundir de vários modos nos grupos heteroneuros e esta fusão ou pedunculação são usadas na chave. A subcosta das asas anteriores é quase sempre livre com relação à célula discal e está situada entre esta e a costa. Os ramos da radial se originam na margem anterior da célula discal ou até seu canto superior. Com frequência, dois ou mais ramos da radial são pedunculados, ou seja, fundidos por alguma distância além da célula discal. Alguns ramos da radial ocasionalmente se fundem novamente além de seus pontos de separação, formando deste modo células acessórias (por exemplo, Figura 30-17A, *acc*). Os três ramos da média se originam no ápice da célula discal em ambas as asas, embora M_1 possa ser pedunculada com um ramo da radial por alguma distância além do ápice da célula discal (Figura 30-13). O ponto de origem de M_2, a partir da margem externa da célula discal, é uma característica importante usada para separar diferentes grupos: quando se origina da metade da margem externa da célula discal, como na Figura 30-20, ou anteriormente ao ponto médio, a veia cubital (Cu) que forma a margem inferior desta célula parece ter três ramificações; quando M_2 tem origem mais próxima de M_3 que de M_1 (Figuras 30-23 a 30-28), a cubital aparenta ter quatro ramificações.

As variações da venação das asas posteriores em grupos heteroneuros envolvem principalmente a natureza da fusão de $Sc+R_1$ e o número de veias anais. Em alguns casos, R é separada de Sc na base da asa e R_1 surge como uma veia entre Rs e Sc em algum ponto ao longo da margem superior da célula discal (Figura 30-17B). R_1 por fim também se funde com Sc e, a julgar pela traqueação pupal, a veia que atinge a margem da asa é Sc (a traqueia de R_1 é sempre pequena); contudo, esta veia na margem é chamada de $Sc+R_1$. Em muitos casos, Sc e R são fundidas na base ou podem ser separadas na base e fundir-se por uma curta distância ao longo da margem superior da célula discal (Figuras 30-26, 30-27). Nas famílias heteroneuras, a maioria dos autores chamam a 1A de Comstock (1940) de CuP; 2A de A_{1+2} e 3A de A_3.

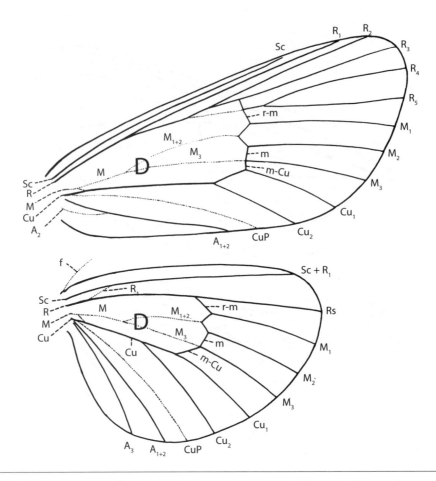

Figura 30-6 Venação heteroneura generalizada. As veias representadas por linhas pontilhadas são atrofiadas ou perdidas em alguns grupos. *D*, célula discal; *f*, frênulo.

Outras características das asas

As asas de cada lado são projetadas para operarem juntas através de um em quatro mecanismos básicos: uma fíbula, um jugo, um frênulo e um ângulo umeral expandido das asas posteriores. A fíbula é um lobo pequeno, mais ou menos triangular na base das asas anteriores (Figura 30-34B, fib), que fica sobreposto à base das asas posteriores. Este mecanismo ocorre em Micropterigoidea, Eriocranioidea e Acanthopteroctetoidea. O jugo é um pequeno lobo digitiforme na base das asas anteriores (Figura 30-5, *j*), que fica sobreposto à base da borda anterior das asas posteriores. Esta estrutura ocorre em Hepialoidea. O frênulo é uma grande cerda em machos ou um grupo de cerdas (na maioria das fêmeas) com origem no ângulo umeral das asas posteriores e encaixado sob um grupo de escamas (fêmea) ou em um gancho esclerotizado (machos), o retináculo, próximo à margem costal na face ventral das asas anteriores (Figura 30-6, *f*). O frênulo ocorre na maioria das demais superfamílias (exceto as borboletas e algumas mariposas). Nestes lepidópteros superiores nos quais o frênulo é ausente, o ângulo umeral das asas posteriores é mais ou menos expandido e encaixado sob a face ventral das asas anteriores. Outro acoplamento alar especializado, com espinhos entrelaçados e dobradura da asa, ocorre em Sesiidae.

Os Nepticuloidea, Incurvarioidea e Tischeroidea apresentam espinhos minúsculos, semelhantes a pelos, nas asas (sob as escamas). Estes são chamados de *acúleos* e estas asas podem ser descritas como *aculeadas* (os acúleos estão restritos à base das asas em Heliozelidae). Os acúleos podem ser vistos quando as escamas são descoradas ou removidas e não são móveis na base.

A maioria dos lepidópteros apresenta as asas anteriores mais ou menos triangulares e as asas posteriores um pouco arredondadas, porém muitos possuem asas mais alongadas. Muitos microlepidópteros menores apresentam asas lanceoladas, ou seja, tanto as asas anteriores quanto as posteriores são alongadas e pontiagudas apicalmente e as asas posteriores são mais estreitas que as anteriores (como na Figura 30-33), com frequência com uma larga franja de escamas semelhantes a pelos.

Características da cabeça

As antenas das borboletas (Figura 30-7A,B) são delgadas e intumescidas no ápice; as das mariposas (Figura 30-7C-E) são filiformes, setáceas ou plumosas. O artículo basal das antenas em alguns microlepidópteros é aumentado e, quando a antena é dobrada para baixo e para trás, este artículo se encaixa sobre o olho. Um artículo basal aumentado desta forma é chamado de *capuz ocular* (Figura 30-29B). A maioria das mariposas possui um par de ocelos localizados na superfície superior da cabeça próximo aos olhos compostos (Figura 30-2A, oc). Com frequência, estes ocelos podem ser vistos apenas pela separação dos pelos e das escamas. As características das peças bucais usadas com maior frequência nas chaves consistem na natureza dos palpos labiais e maxilares e da probóscide. Algumas famílias exóticas não seguem estas distinções entre mariposas e borboletas.

Características das pernas

As características das pernas que têm valor para identificação incluem a forma dos esporões tibiais e das garras tarsais, a presença ou ausência de espinhos nas pernas e, ocasionalmente, a estrutura da epífise. A epífise é uma estrutura móvel semelhante a um esporão na superfície interna das tíbias anteriores, provavelmente usada para limpar as antenas. As pernas anteriores são muito reduzidas em algumas borboletas, particularmente em Nymphalidae (Danainae, Satyrinae e Libytheinae) e nos machos de Riodininae.

Estudo da venação alar em Lepidoptera

Com frequência, é possível observar detalhes da venação em uma borboleta ou mariposa sem qualquer tratamento especial das asas ou, em alguns casos, colocando-se algumas gotas de álcool ou xileno ou removendo-se algumas escamas com uma raspagem cuidadosa da asa. Contudo, muitas vezes é necessário descolorir as asas para estudar todos os detalhes da venação alar. Um método para descolorir e montar as asas de Lepidoptera é descrito a seguir:.

Materiais necessários para clarificar e montar as asas de lepidópteros:

1. Três placas Petri, uma contendo álcool 95%, uma com ácido clorídrico 10% e uma com proporções iguais de soluções aquosas de cloreto de sódio e hipoclorito de sódio (água sanitária funciona razoavelmente bem no lugar desta mistura)
2. Uma placa Petri com água, de preferência destilada
3. Lâminas (de preferência 50 mm por 50 mm), máscaras e fita adesiva (ou lamínulas e rótulos colados com orifícios cortados no centro)
4. Pinças e agulha de dissecção

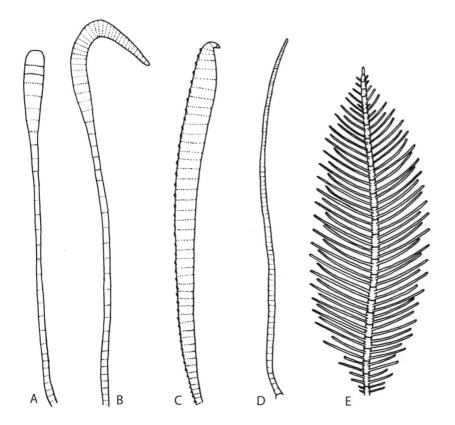

Figura 30-7 Antenas de Lepidoptera. A, *Colias* (Pieridae); B, *Epargyreus* (Hesperiidae); C, *Hemaris* (Sphingidae); D, *Drasteria* (Noctuidae); E, *Callosamia* (Saturniidae).

Procedimento para clareamento e montagem das asas:

1. Remova as asas de um lado do espécime, tendo cuidado para não dilacerar ou quebrar qualquer conexão, como o frênulo entre as asas anteriores e posteriores. O frênulo tem menor probabilidade de ser quebrado se as asas anterior e posterior forem removidas juntas.
2. Mergulhe as asas em álcool 95% por alguns segundos para umedecê-las.
3. Mergulhe as asas em ácido clorídrico 10% por alguns segundos.
4. Coloque as asas em uma mistura de cloreto de sódio e hipoclorito de sódio (ou alvejante) até que a cor seja removida. Este processo geralmente requer apenas alguns minutos. Se as asas demorarem muito para clarear, mergulhe-as novamente no ácido e devolva-as para a solução alvejante.
5. Enxague as asas em água para remover o excesso de alvejante.
6. Coloque as asas na lâmina, centralizadas e adequadamente orientadas (de preferência, com a base das asas para a esquerda). Este procedimento é realizado mais facilmente deixando-se as asas flutuarem na água (por exemplo, em uma placa Petri), e trazendo a lâmina de baixo para cima. As asas devem ser arrumadas na lâmina enquanto ainda estiverem úmidas.
7. Deixe a lâmina e as asas secarem. Se todo o alvejante não tiver sido removido, permanecendo resíduos, coloque a lâmina novamente na água, remova as asas cuidadosamente, limpe a lâmina e remonte as asas.
8. Coloque a máscara na lâmina ao redor das asas (insera data, rotulagem etc. na máscara), depois a lamínule e fixe. Antes de fixar a lâmina, certifique-se de que as asas estejam secas e de que as duas lâminas estejam perfeitamente limpas.

A lâmina que contém as asas removidas deve ser sempre etiquetada para que possa ser associada ao espécime da qual foi retirada. Uma lâmina preparada desta forma pode ser mantida indefinidamente e pode ser estudada sob microscópio ou projetada em uma tela para demonstração. No caso das asas de 13 mm de comprimento ou menos, é melhor não usar uma máscara. A máscara pode ser mais espessa que as asas, que podem deslizar ou enrolar-se depois que a lâmina for montada. A rotulagem pode ser feita com uma pequena faixa de papel fixada à superfície externa da lâmina com uma fita adesiva transparente. Asas pequenas também podem ser montadas sob uma lamínula, mantida na posição por meio de um rótulo de lâmina colado com um grande orifício cortado em seu centro.

Chave para as famílias de Lepidoptera

Esta chave é baseada em grande parte na venação alar, sendo que algumas vezes é necessário umedecer com xileno ou montar as asas de um espécime para examiná-las e seguir a chave. Para manter a concisão, as duas veias anteriores das asas posteriores são representadas por Sc e Rs, embora a maior parte da primeira veia corresponda a Sc+R_1 e a base da segunda veia possa ser R. Chaves para as larvas são fornecidas por Forbes (1923-1960), Peterson (1948) e Stehr (1987). Os grupos marcados com um asterisco (*) são relativamente raros ou têm pouca probabilidade de serem encontrados por um colecionador comum.

Várias famílias são definidas por características larvais ou pupais e, portanto, não podem ser classificadas de forma adequada em uma chave com base na morfologia dos adultos. Por este motivo, duas ou mais famílias podem estar incluídas no mesmo passo da chave.

1.	Asas presentes e bem desenvolvidas	2
1'.	Asas ausentes ou vestigiais (apenas fêmeas)	116
2 (1).	Asas anteriores e posteriores com venação e forma semelhantes; Rs nas asas posteriores com 3 ou 4 ramificações (Figuras 30-5, 30-34B); asas anteriores e posteriores unidas por jugo ou fíbula; sem probóscide enrolada	3*
2'	Asas anteriores e posteriores com venação e forma não semelhantes; Rs nas asas posteriores não ramificada; sem jugo ou fíbula, asas anteriores e posteriores unidas por frênulo ou por um ângulo umeral expandido nas asas posteriores; peças bucais na forma de uma probóscide enrolada	6

3 (2).	Envergadura alar de 25 mm ou mais	Hepialidae*
3'.	Envergadura alar de 12 mm ou menos	4*
4 (3').	Mandíbulas funcionais presentes; tíbias médias sem esporões; Sc nas asas anteriores bifurcada perto do ponto médio (Figura 30-34B)	Micropterigidae*
4'.	Mandíbulas vestigiais ou ausentes; tíbias médias com 1 esporão; Sc nas asas anteriores bifurcada perto da extremidade	5*
5 (4').	Ocelos presentes; M_1 nas duas asas não pedunculadas com R_{4+5}; veias anais nas asas anteriores fundidas distalmente; amplamente distribuídos	Eriocraniidae*
5'.	Ocelos ausentes; M_1 nas duas asas pedunculadas com R_4+5; veias anais nas asas anteriores separadas; oeste dos Estados Unidos	Acanthopteroctetidae*
6 (2').	Antenas filiformes, intumescidas ou nodosas no ápice (Figura 30-7A,B); sem frênulo; ocelos ausentes (borboletas)	7
6'.	Antenas de várias formas, mas não intumescidas no ápice (Figura 30-7C-E); se as antenas forem um pouco clavadas, então o frênulo está presente; ocelos presentes ou ausentes (mariposas)	15
7 (6).	Radial nas asas anteriores com 5 ramificações, todos os ramos simples e originados da célula discal (Figura 30-8); antenas amplamente separadas na base e em forma de gancho no ápice (Figura 30-7B); tíbias posteriores com esporão médio; insetos de corpo robusto	Hesperiidae
7'.	Radial nas asas anteriores com 3 a 5 ramificações; caso apresente 5 ramificações, haverá alguns ramos pedunculados além da célula discal (Figuras 30-9 a 30-14); antenas próximas na base, nunca com o ápice em forma de gancho (Figura 30-7A); tíbias posteriores nunca com esporão médio	8

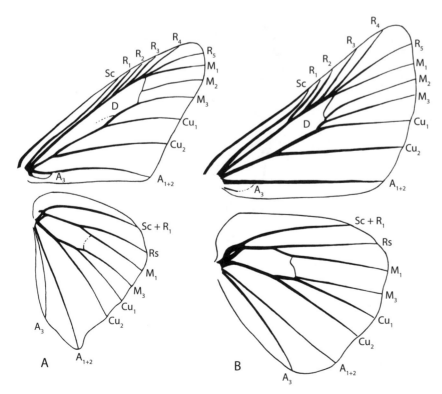

Figura 30-8 Asas de Hesperiidae. A, *Epargyreus* (Pyrginae); B, *Pseudocopaeodes* (Hesperiinae). D, célula discal.

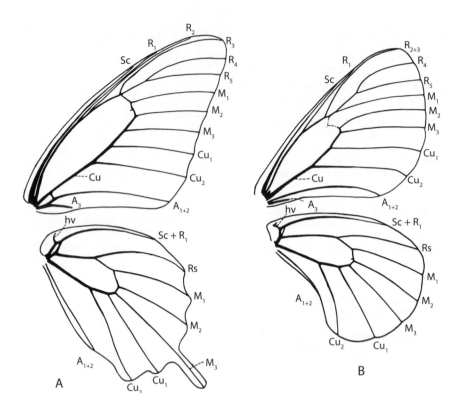

Figura 30-9 Asas de Papilionidae. A, *Papilio* (Papilioninae); B, *Parnassius* (Parnassiinae). *hv*, veia umeral.

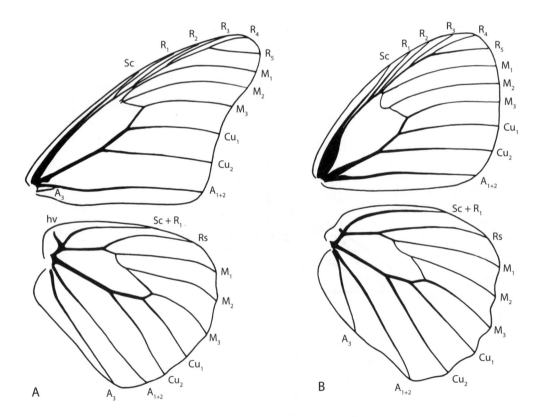

Figura 30-10 Asas de borboletas. A, *Danaus* (Nymphalidae, Danainae); B, *Cercyonis* (Nymphalidae, Satyrinae). *hv*, veia umeral.

ORDEM LEPIDOPTERA **555**

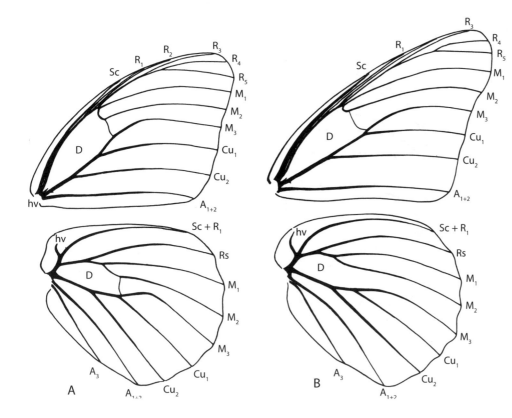

Figura 30-11 Asas de Nymphalidae. A, *Speyeria* (Heliconiinae) (célula discal na asa posterior fechada por veia vestigial); B, *Limenitis* (Limenitinae) (célula discal na asa posterior aberta). D, célula discal; *hv*, veia umeral.

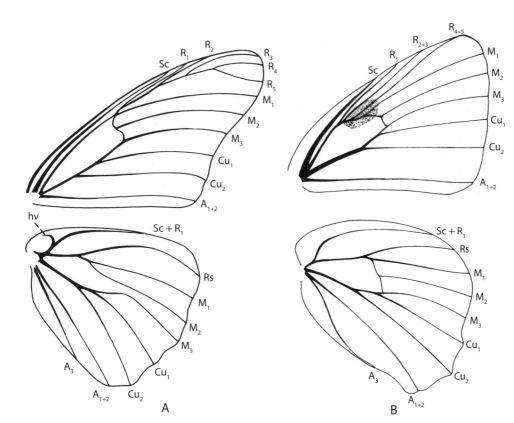

Figura 30-12 Asas de borboletas. A, *Agraulis* (Nymphalidae, Heliconiinae); B, *Thecla* (Lycaenidae, Lycaeninae), macho. A mancha escura perto da extremidade da célula discal é uma glândula odorífera. *hv*, veia umeral.

556 ESTUDO DOS INSETOS

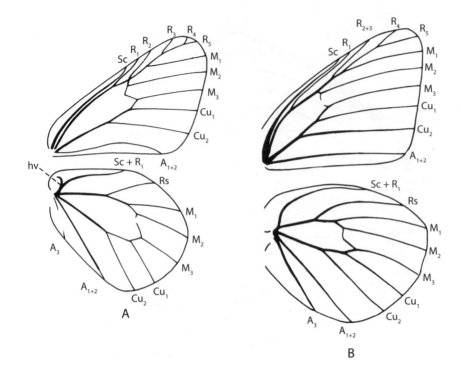

Figura 30-13 Asas de Pieridae. A, *Euchloe*; B, uma *Colias*. *hv*, veia umeral.

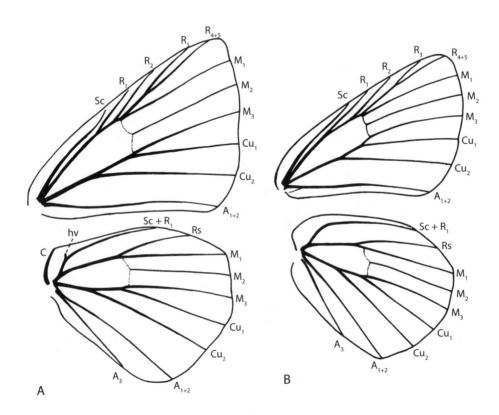

Figura 30-14 Asas de Lycaenidae. A, *Lephelisca* (Riodininae); B, *Lycaena* (Lycaeninae). *hv*, veia umeral.

8 (7').	Cubital nas asas anteriores aparentemente com 4 ramificações, asas posteriores com veia anal única (Figura 30-9); asas posteriores, em geral, com um ou mais prolongamentos semelhantes a uma cauda na margem posterior	Papilionidae
8'.	Cubital nas asas anteriores aparentemente com 3 ramificações, asas posteriores com 2 veias anais (Figuras 30-10 a 30-14); asas posteriores sem prolongamentos em forma de cauda na margem posterior	9
9 (8').	Palpos labiais muito longos, mais longos que o tórax, e com pelos espessos	Nymphalidae (Libytheinae)*
9'.	Palpos labiais de tamanho normal; mais curtos que o tórax	10
10 (9').	Radial nas asas anteriores com 5 ramificações (Figuras 30-10 a 30-12, 30-13A); pernas anteriores de tamanho reduzido	11
10'.	Radial nas asas anteriores com 3 ou 4 ramificações (Figuras 30-13B, 30-14, 30-39); pernas anteriores de tamanho normal	14
11 (10).	A_3 nas asas anteriores presente, porém curta, A_{1+2} parecendo apresentar bifurcação basal (Figura 30-10A); antenas dorsalmente sem escamas; borboletas relativamente grandes, acastanhadas ou alaranjadas	Nymphalidae (Danainae)
11'.	A_3 nas asas anteriores ausente, A_{1+2} aparentemente não bifurcada na base (Figuras 30-10B, 30-11, 30-12A, 30-13A); antenas dorsalmente com escamas	12
12 (11').	Algumas veias nas asas anteriores (em especial Sc) intumescidas na base (Figura 30-10B); asas anteriores mais ou menos triangulares; antenas intumescidas apicalmente, mas não distintamente nodosas; borboletas pequenas, acastanhadas ou acinzentadas com manchas ocelares nas asas	Nymphalidae (Satyrinae)
12'	Em geral, sem veias intumescidas na base das asas anteriores (Sc nas asas anteriores discretamente dilatada em alguns Nymphalidae); cor e forma das asas e antenas não como acima	13
13 (12').	M_1 nas asas anteriores pedunculada com R além da célula discal (Figura 30-13A); pernas anteriores normais ou apenas discretamente reduzidas, garras tarsais bífidas; borboletas pequenas, brancas, com manchas pretas ou alaranjadas (Pierídeos)	Pieridae
13'.	M_1 nas asas anteriores não pedunculada com R além da célula discal; pernas anteriores muito reduzidas e sem garras tarsais, não usadas para caminhar; borboletas de tamanho médio a grande, com colorido diferente do acima	Nymphalidae (Nynphalinae)
14 (10').	M_1 nas asas anteriores pedunculada com R além da célula discal (Figura 30-13B); borboletas de tamanho pequeno a médio, com coloração branca, amarela ou alaranjada, com manchas pretas	Pieridae
14'.	M_1 nas asas anteriores não pedunculada com R além da célula discal (Figura 30-14); colorido diferente do acima	Lycaenidae
15 (6').	Asas, em especial as posteriores, profundamente fendidas ou divididas em lobos plumosos; pernas longas e delgadas, com esporões tibiais longos	16
15'.	Asas não fendidas, ou asas anteriores apenas discretamente fendidas	17
16 (15).	Cada asa dividida em 6 lobos plumosos	Alucitidae*
16'.	Asas anteriores divididas em 2-4 lobos, asas posteriores divididas em 3 lobos (com exceção de Agdistis)	Pterophoridae
17 (15').	Uma parte das asas, em especial as asas posteriores, sem escamas; asas anteriores longas e estreitas, com comprimento correspondendo a pelo menos 4 vezes a sua largura (Figura 30-37); margem posterior das asas anteriores e margem costal das asas posteriores com uma série de espinhos recurvados e entrelaçados e pregas nas asas; mariposas de voo diurno, semelhantes a vespas	Sesiidae
17'	Asas com escamas ou, se apresentarem áreas nuas, então as asas anteriores são triangulares; asas sem espinhos entrelaçados	18

18 (17').	Asas posteriores muito mais amplas que suas franjas, mais largas que as asas anteriores, nunca lanceoladas; esporões tibiais variáveis, em geral curtos ou ausentes	19
18'.	Asas posteriores com as franjas tão longas quanto as asas ou mais, asas posteriores não mais largas que as asas anteriores, em geral lanceoladas (Figura 30-35); esporões tibiais longos, com o comprimento correspondendo a mais que o dobro da largura da tíbia	63
19 (18).	Asas posteriores com 3 veias anais além da célula discal	20
19'.	Asas posteriores com 1-2 veias anais além da célula discal	31
20 (19).	Asas posteriores com Sc e Rs fundidas por uma distância variável além da célula discal ou separadas, mas paralelas e muito próximas (Figura 30-15); Sc e R nas asas posteriores separadas ao longo da parte anterior da célula discal ou base de R atrofiada	Pyralidae, Crambidae
20'.	Asas posteriores com Sc e Rs amplamente separadas além da célula discal, base de R bem desenvolvida	21
21 (20').	Sc e Rs nas asas posteriores fundidas até próximo do final da célula discal ou pelo menos fundidas além da metade da célula (Figura 30-16)	22*
21'.	Sc e Rs nas asas posteriores separadas a partir da base ou fundidas por uma curta distância ao longo da metade basal da célula (Figuras 30-17, 30-18)	23
22 (21).	Asas em grande parte ou totalmente escuras, com escamas finas; R_5 nas asas anteriores com origem na célula discal (Figura 30-16A)	Zygaenidae*
22'.	Asas em grande parte amareladas ou brancas, densamente revestidas por finas escamas e pelos; R_5 nas asas anteriores pedunculada além da célula discal (Figura 30-16B)	Megalopygidae*
23 (21').	Asas anteriores com uma célula acessória (Figura 30-17A, acc)	24
23'.	Asas anteriores sem célula acessória (Figura 30-18)	27
24 (23).	Esporões tibiais curtos, não mais longos que a largura da tíbia; peças bucais em geral vestigiais	25
24'.	Esporões tibiais longos, comprimento de no máximo duas vezes a largura da tíbia; peças bucais bem desenvolvidas	63

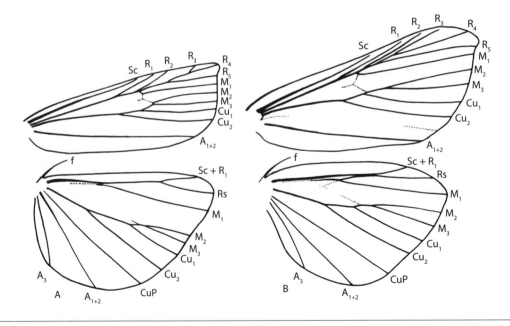

Figura 30-15 Asas de Pyraloidea. A, *Crambus* (Crambidae, Crambinae); B, *Pyralis* (Pyralidae, Pyralinae). *f*, frênulo.

ORDEM LEPIDOPTERA 559

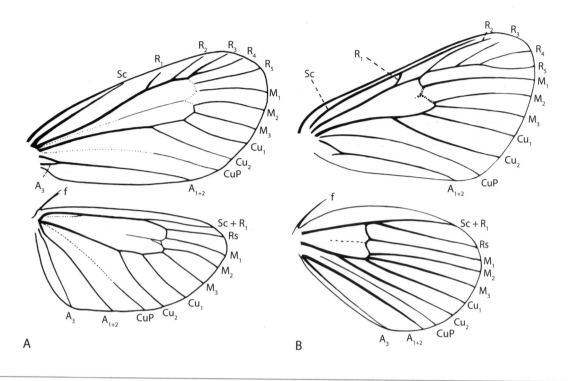

Figura 30-16 A, asas de *Malthaca* (Zygaenidae); B, asas de *Megalopyge* (Megalopygidae). *f*, frênulo.

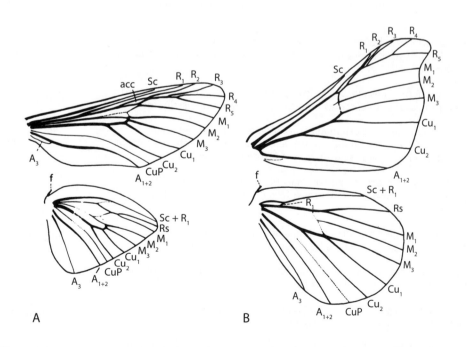

Figura 30-17 A, asas de *Prionoxystus* (Cossidae); B, asas de *Bombyx* (Bombycidae). *acc*, célula acessória; *f*, frênulo.

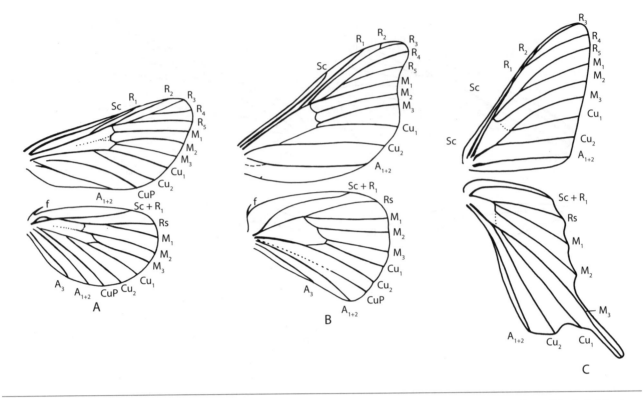

Figura 30-18 A, asas de *Euclea* (Limacodidae); B, asas de *Cicinnus* (Mimallonidae); C, asas de *Urania* (Uraniidae). *f*, frênulo.

25 (24).	Asas anteriores com alguns ramos de R pedunculados, célula acessória estendendo-se além da célula discal (Figura 30-17A)	26
25'.	Asas anteriores sem ramos de R pedunculados, célula acessória não se estendendo além da célula discal; antenas bipectinadas; mariposas pequenas	Epipyropidae*
26 (25).	Asas anteriores subtriangulares, comprimento cerca de 50% maior que a largura; asas densamente revestidas por escamas macias e pelos; Arizona	Dalceridae*
26'.	Asas anteriores mais alongadas, comprimento de pelo menos o dobro da largura; asas com escamas mais finas; amplamente distribuídos	Cossidae*
27 (23').	M_2 nas asas anteriores originada aproximadamente na metade do espaço entre M_1 e M_3 ou mais perto de M_1, cubital aparentemente com 3 ramificações (Figuras 30-17B, 30-18B); frênulo presente ou ausente	28*
27'.	M_2 nas asas anteriores originada mais perto de M_3 que de M_1, cubital aparentemente com 4 ramificações; frênulo bem desenvolvido (Figura 30-18A)	30
28 (27).	M_3 e Cu_1 nas asas anteriores pedunculadas por uma curta distância além da célula discal; frênulo bem desenvolvido; Califórnia e Texas	Notodontidae (Dioptinae*)
28'.	M_3 e Cu_1 nas asas anteriores não pedunculadas além da célula discal; frênulo pequeno ou ausente; amplamente distribuídos	29*
29 (28').	Asas anteriores com R_{2+3} e R_{4+5} pedunculadas independentes de R_1; Sc e Rs nas asas posteriores não ligadas por veia transversal (Figura 30-18B)	Mimallonidae*
29'.	Asas anteriores com R_2, R_3, R_4 e R_5 unidas em um pedúnculo comum; Sc e Rs nas asas posteriores ligadas na base por veia transversal (R_1) (Figura 30-17B)	Bombycidae*

30 (27').	CuP ausente nas asas anteriores, bem desenvolvida nas posteriores	Copromorphidae*
30'.	CuP vestigial tanto nas asas anteriores quanto nas posteriores, em geral desenvolvida apenas próximo da margem da asa (Figura 30-31A,B) (ver também 30")	Tortricidae
30".	CuP completa tanto nas asas anteriores quanto nas posteriores (Figura 30-18A)	Limacodidae
31 (19').	Asas anteriores com 2 veias anais distintas	32*
31'.	Asas anteriores com uma única veia anal completa (Figuras 30-19B, 30-20 a 30-28) ou com A_1 e A_2 fundindo-se perto da margem da asa ou ligadas por veia transversal (Figura 30-19A)	33
32 (31).	Ocelos presentes; comprimento das asas anteriores correspondendo a 3 vezes a largura ou mais (*Harrisina*)	Zygaenidae*
32'.	Ocelos ausentes; comprimento das asas anteriores correspondendo a no máximo o dobro da largura	Hyblaeidae*
33 (31').	Asas anteriores com uma única veia completa além da célula discal (A_{1+2}), CuP no máximo representada por uma dobra, A_3 ausente ou encontrando A_{1+2} basalmente, sendo que A_{1+2} parece bifurcada na base (Figuras 30-19B, 30-20 a 30-28)	34
33'	Asas anteriores com A_1 e A_2 fundidas perto da margem (Figura 30-19A) ou ligadas por veia transversal	Psychidae
34 (33).	Antenas espessadas, fusiformes (Figura 30-7C); Sc e Rs nas asas posteriores ligadas por veia transversal perto da metade da célula discal, as 2 veias próximas e paralelas até a extremidade da célula discal ou além (Figura 30-19B); mariposas de corpo robusto, em geral grandes (envergadura alar de 50 mm ou mais) com asas estreitas	Sphingidae
34'.	Antenas variáveis, raramente fusiformes; Sc e Rs na asas posteriores não ligadas por veia transversal, ou se a veia transversal estiver presente, então as 2 veias são fortemente divergentes além da veia transversal	35
35 (34').	M_2 nas asas anteriores originada aproximadamente na metade do espaço entre M_1 e M_3, cubital aparentente com 3 ramificações (Figuras 30-18B,C, 30-20 a 30-22) ou (raramente) com M_2 e M_3 ausentes, cubital aparentando menos de 3 ramificações	36

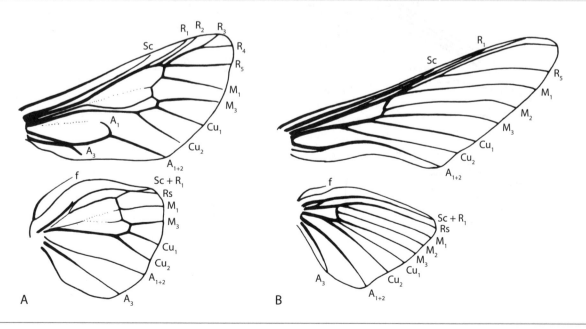

Figura 30-19 A, asas de *Thyridopteryx* (Psychidae); B, asas de *Hemaris* (Sphingidae). *f*, frênulo.

35'.	M_2 nas asas anteriores originada mais perto de M_3 que de M_1, cubital aparentemente com 4 ramificações (Figuras 30-23 a 30-28)	49
36 (35).	Sc e Rs nas asas posteriores intumescidas na base, fundidas até metade da célula discal e então divergindo; M_2 e M_3 nas asas anteriores algumas vezes ausentes; mariposas pequenas e delgadas	Arctiidae (Lithosiinae)
36'.	Sc e Rs nas asas posteriores não fundidas na base, embora possam estar fundidas distalmente ou ligadas por uma veia transversal	37
37 (36').	Antenas intumescidas apicalmente; olhos pilosos; Arizona	Sematuridae*
37'.	Antenas não intumescidas apicalmente ou, se forem, com olhos nus; amplamente distribuídos	38
38 (37').	Sc nas asas anteriores fortemente angulada na base, conectada ao ângulo umeral da asa por uma veia; além da curvatura, SC se funde ou chega perto de Rs por uma curta distância ao longo da célula discal (Figura 30-20)	Geometridae
38'.	Sc nas asas posteriores reta ou discretamente curva na base, sem a configuração anterior	39
39 (38').	Frênulo bem desenvolvido; Sc e Rs nas asas posteriores variáveis	40
39'.	Frênulo vestigial ou ausente; Sc e Rs nas asas posteriores nunca fundidas, mas algumas vezes tocando-se em um ponto além da base ou ligadas por uma veia transversal	45
40 (39).	Sc nas asas posteriores amplamente separada de Rs a partir de um ponto próximo da base da asa; M_1 nas asas anteriores pedunculada com R_5, separada de R_4	Uraniidae (Epipleminae)*
40'.	Sc nas asas posteriores próxima de Rs pelo menos até a metade da célula discal, muitas vezes além	41

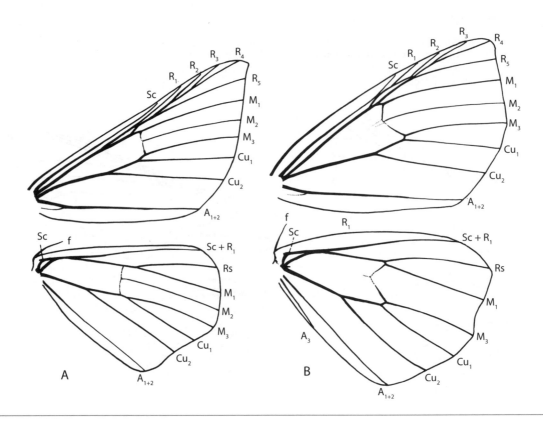

Figura 30-20 Asas de Geometridae. A, *Haematopsis*; B, *Xanthotype*. *f*, frênulo.

41 (40').	M_2 na asas posteriores com origem mais próxima de M_3 que de M_1, cubital aparentando ter 4 ramificações; M_1 nas asas posteriores com origem na célula discal, não pedunculada com Rs além da célula	Drepanidae (Thyatirinae)*
41'.	M_2 nas asas posteriores ausente ou com origem na metade do espaço entre M_1 e M_3 ou mais perto de M_1, cubital aparentemente com 3 ramificações; M_1 nas asas posteriores pedunculada com Rs por uma curta distância além da célula discal (Figura 30-21)	42
42 (41').	M_3 e Cu_1 nas asas anteriores e posteriores pedunculadas por uma curta distância além da célula discal; mariposas delgadas semelhantes a borboletas; Califórnia e Texas	Notodontidae(Dioptinae)*
42'.	Não como a descrição acima	43
43 (42').	Mariposas de corpo delgado; capuz timpânico na base do abdômen; Sc sinuosa ou dilatada na base	Geometridae*
43'.	Mariposas de corpo robusto; sem um capuz timpânico na base do abdômen	44
44 (43').	Sc e Rs nas asas posteriores próximas e paralelas ao longo de quase todo a extensão da célula discal (Figura 30-21B); probóscide presente; asas anteriores com escamas; garras tarsais com dentes rombudos na base	Notodontidae
44'.	Sc e Rs nas asas posteriores separando-se próximo da metade da célula discal (Figura 30-21A); probóscide ausente; asas anteriores com 1 ou 2 pequenas manchas claras próximas do ápice; garras tarsais simples	Bombycidae (Apatelodinae)*
45 (39').	Sc e Rs nas asas posteriores ligadas por uma veia transversal (Figura 30-17B); mariposas brancas de tamanho médio	Bombycidae*
45'.	Sc e Rs nas asas posteriores não ligadas por uma veia transversal (Figuras 30-18B,C, e 30-21A); cor variável, mas não brancas; tamanho médio a grande	46

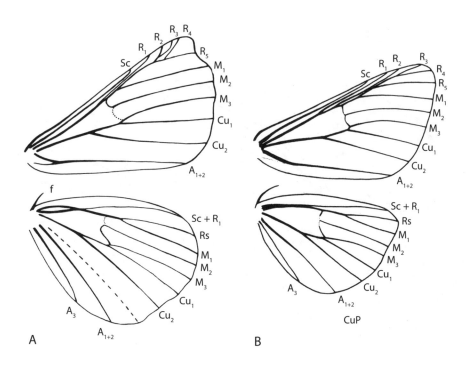

Figura 30-21 A, asas de *Apatelodes* (Bombycidae, Apatelodinae); B, asas de *Datana* (Notodontidae). *f*, frênulo.

46 (45').	Sc e Rs nas asas posteriores separando-se próximo da metade da célula discal, no final de uma aréola basal longa e estreita; Rs e M_1 nas asas posteriores pedunculadas além da célula discal (Figura 30-21A)	Bombycidae (Apatelodinae)*
46'.	Sc e Rs nas asas posteriores separando-se na base da asa; Rs e M_1 nas asas posteriores não pedunculadas além da célula discal (Figuras 30-18B,C, 30-22)	47
47 (46').	M_2 nas asas posteriores originada mais próximo de M_1 que de M_3 (Figura 30-22); envergadura alar entre 25mm a 150 mm	Saturniidae
47'.	M_2 nas asas posteriores originada aproximadamente na metade do espaço entre M_1 e M_3 (Figura 30-18B,C); tamanho variável	48*
48 (47').	Asas posteriores com 1 veia anal (Figura 30-18C); mariposas grandes semelhantes a uma borboleta rabo-de-andorinha; Texas	Uraniidae*
48'.	Asas posteriores com 2 veias anais (Figura 30-18B); não semelhantes a uma rabo-de-andorinha; amplamente distribuídos	Mimallonidae*
49 (35').	Todos os ramos da R e M nas asas anteriores originados separadamente da célula discal aberta (Figura 30-23A); asas com manchas claras	Thyrididae*
49'.	Asas anteriores com alguns ramos de R ou M fundidos além da célula discal (Figuras 30-23B, 30-24 a 30-28)	50
50 (49').	Asas posteriores com veia umeral, sem frênulo; Cu_2 nas asas anteriores com origem na metade ou no terço basal da célula discal (Figura 30-23B)	Lasiocampidae
50'.	Asas posteriores sem veia umeral, em geral com frênulo; Cu_2 nas asas anteriores com origem na metade distal da célula discal	51
51 (50').	Frênulo ausente ou vestigial; Sc e Rs nas asas posteriores aproximadas, em geral paralelas ao longo da célula discal ou fundindo-se além da metade da célula (Figura 30-24A); ápice das asas anteriores falciforme	Drepanidae

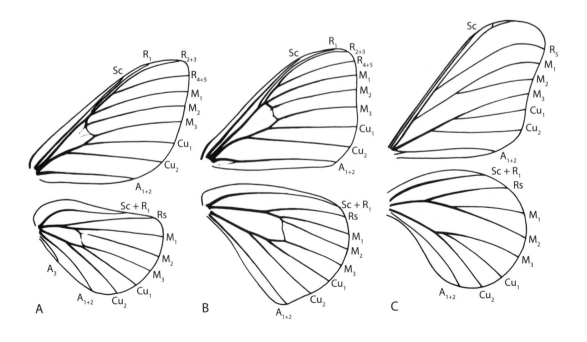

Figura 30-22 Asas de Saturniidae. A, *Anisota* (Ceratocampinae); B, *Automeris* (Hemileucinae); C, *Callosamia* (Saturniinae).

51'.	Frênulo bem desenvolvido; Sc e Rs nas asas posteriores não como na descrição anterior; ápice das asas anteriores não falciforme	52
52 (51').	Antenas intumescidas apicalmente; Sc nas asas posteriores fundidas com Rs apenas por uma curta distância na base da célula discal (Figura 30-24B); ocelos presentes; mariposas com envergadura alar de cerca de 25 mm, pretas com manchas brancas ou amarelas nas asas	Noctuidae (Agaristinae)
52'.	Antenas não intumescidas apicalmente; Sc nas asas posteriores variável; ocelos presentes ou ausentes	53
53 (52').	Sc nas asas posteriores aparentemente ausente (Figura 30-25A); mariposas de voo diurno	Arctiidae (Ctenuchinae)
53'.	Sc nas asas posteriores presente e bem desenvolvida	54
54 (53').	Sc e Rs nas asas posteriores fundidas por uma distância variável além da célula discal ou separadas, mas muito próximas e paralelas (Figura 30-15); Sc e Rs nas asas posteriores separadas ao longo da parte anterior da célula discal ou base de Rs atrofiada	55*
54'.	Asas posteriores com Sc e Rs amplamente separadas além da célula discal, base de Rs bem desenvolvida	56
55 (54).	Asas anteriores com comprimento correspondendo a pelo menos o dobro da largura, margem costal com frequência irregular ou lobada (se reta, M_2 e M_3 em geral pedunculadas); separação de Sc e Rs nas asas posteriores geralmente além da célula discal; probóscide com escamas; cor variável, raramente brancas	Pyralidae (Chrysauginae)*
55'.	Asas anteriores com comprimento menor que o dobro da largura, margem costal reta; M_2 e M_3 não pedunculadas; separação de Sc e Rs nas asas posteriores antes do final da célula discal; probóscide nua; mariposas brancas	Drepanidae (Eudeilinea)*

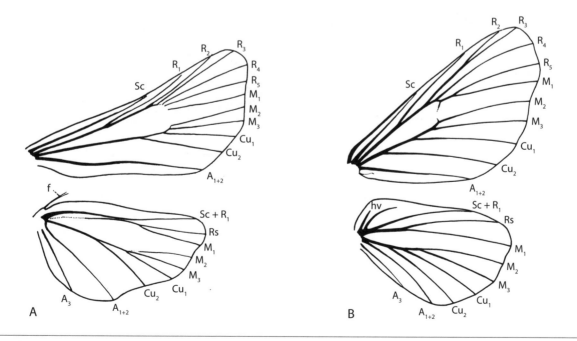

Figura 30-23 A, asas de *Thyris* (Thyrididae); B, asas de *Malacosoma* (Lasiocampidae). *f*, frênulo; *hv*, veia umeral.

56 (54').	Ápice das asas anteriores falciforme (Figura 30-24A); Sc e Rs nas asas posteriores separadas, mais ou menos paralelas ao longo da metade anterior da célula discal (como na Figura 30-24A)	Drepanidae (Drepana)*
56'.	Ápice das asas anteriores não falciforme; Sc e Rs nas asas posteriores não como descrito acima (Figura 30-25B), manchas ou faixas amarelas na asas, às vezes com tons metálicos; estados do Golfo do México e oeste dos Estados Unidos (Figuras 30-26 a 30-28)	57
57 (56').	Ocelos presentes	58
57'.	Ocelos ausentes	60
58 (57).	Segmento basal abdominal com 2 elevações arredondadas (capuz timpânico) dorsolateralmente, ocupando a extensão do segmento, separados por uma distância igual à sua largura; M_3 e Cu_1 nas asas posteriores em geral pedunculadas (Figura 30-25B); mariposas pretas ou acastanhadas com manchas ou faixas brancas ou amarelas nas asas, às vezes com tons metálicos; estados do Golfo do México e oeste dos Estados Unidos	Doidae*, Arctiidae (Arctiinae*)
58'.	Capuz timpânico não ocupando toda a extensão do segmento ou não aparente; M_3 e Cu_1 nas asas posteriores não pedunculadas; cor variável; amplamente distribuídos	59
59 (58').	Asas posteriores com Sc e Rs separadas antes da metade da célula discal, Sc não perceptivelmente dilatada na base; cubital nas asas posteriores aparentemente com 3 ou 4 ramificações (Figura 30-27); palpos labiais estendendo-se até a metade da região frontal ou além; mariposas de cor escura	Pantheidae

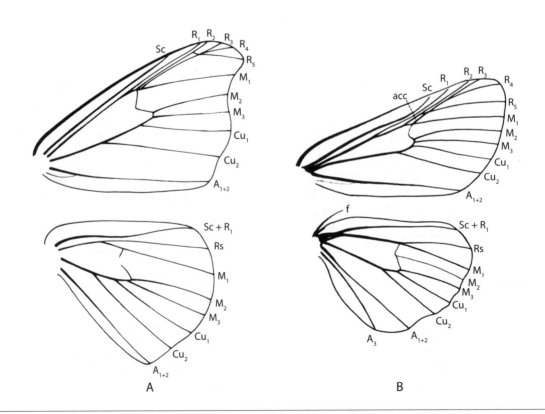

Figura 30-24 A, asas de *Oreta* (Drepanidae); B, asas de *Alypia* (Noctuidae, Agaristinae). *acc*, célula acessória; *f*, frênulo.

ORDEM LEPIDOPTERA **567**

59'.	Asas posteriores com Sc e Rs fundidas (além de uma aréola basal pequena) até a metade da célula discal ou, se não, com Sc intumescida na base; cubital nas asas posteriores aparentemente com 4 ramificações (Figura 30-26); palpos labiais não excedendo a metade da área frontal; mariposas de cores claras	Arctiidae
60 (57').	Asas anteriores com tufos de escamas elevadas; Sc e Rs nas asas posteriores fundidas (além de uma aréola basal pequena) até próximo da metade da célula discal; mariposas pequenas	Nolidae
60'.	Asas anteriores com escamas lisas; Sc e Rs nas asas posteriores não como descrito acima	61
61 (60').	Asas posteriores com a aréola basal relativamente grande, Sc e Rs fundidas apenas por uma curta distância no final da aréola (Figura 30-28)	Lymantriidae

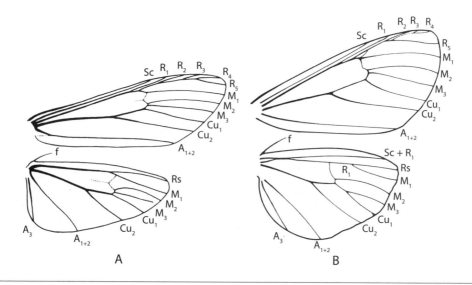

Figura 30-25 Asas de Arctiidae. A, *Cisseps* (Arctiinae, Ctenuchini); B, *Gnophaela* (Arctiinae, Pericopini). *f*, frênulo.

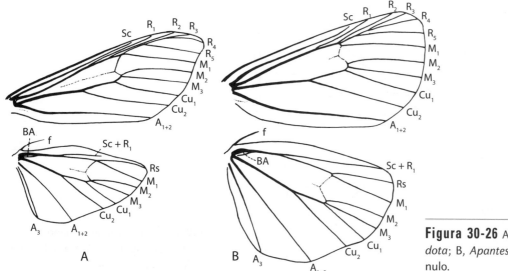

Figura 30-26 Asas de Arctiidae. A, *Halisidota*; B, *Apantesis*. *BA*, aréola basal; *f*, frênulo.

61'.	Asas posteriores com aréola basal muito pequena ou ausente, Sc e Rs fundidas por uma distância variável ao longo da célula discal, no máximo até a metade de célula	62
62 (61').	Palpos labiais curtos, não ultrapassando a metade da fronte; tamanho variável, envergadura alar de até cerca de 40 mm; cores brilhantes, avermelhadas, amareladas ou brancas	Arctiidae (Lithosiinae)
62'.	Palpos labiais longos, estendendo-se até a metade da fronte ou além; envergadura alar de 20 mm ou menos; mariposas de cores foscas	Noctuidae (Strepsimaninae)*
63 (18',24').	Artículo basal das antenas aumentado, côncavo na parte de baixo, formando um capuz ocular (Figura 30-29B)	64

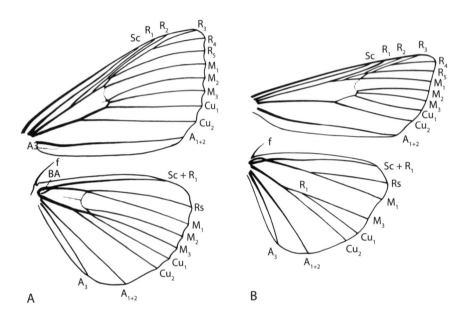

Figura 30-27 Asas de Noctuidae, com M_2 na asas posteriores presente e Cu aparentemente com 4 ramificações (A) e M_2 nas asas posteriores ausente e Cu aparentemente com 3 ramificações (B). *BA*, aréola basal.

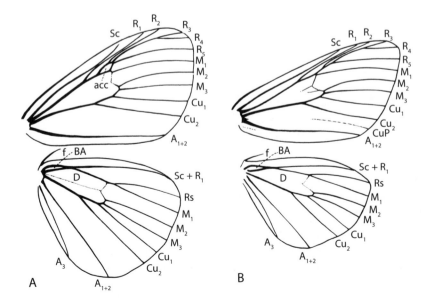

Figura 30-28 Asas de Lymantriidae. A, *Orgyia*; B, *Lymantria*. *BA*, aréola basal; *D*, célula discal; *f*, frênulo.

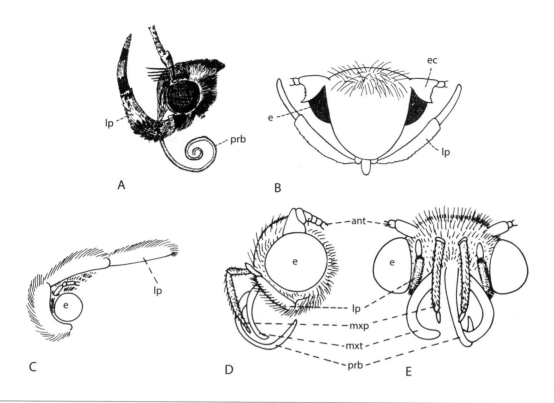

Figura 30-29 Estrutura cefálica em microlepidópteros. A, *Pectinophora* (Gelechiidae), vista lateral; B, *Zenodochium* (Coleophoridae, Blastobasinae), vista anterior; C, *Acrolophus* (Acrolophidae), vista lateral; D, vista lateral e E, vista anterior de *Tegeticula* (Prodoxidae). *ant*, antena; *e*, olho composto; *ec*, capuz ocular; *lp*, palpo labial; *mxp*, palpo maxilar; *mxt*, tentáculo maxilar; *prb*, probóscide. (A, redesenhado de Busck; B, redesenhado de Dietz.)

63'.	Artículo basal das antenas não formando um capuz ocular (Figura 30-29A)	68
64 (63).	Palpos maxilares bem desenvolvidos, evidentes; membrana alar aculeada (com espinhos minúsculos sob as escamas); probóscide com escamas	65*
64'.	Palpos maxilares vestigiais; membrana alar não aculeada; probóscide nua (exceto Blastobasinae)	66
65 (64).	Asas anteriores com apenas 3 ou 4 veias não ramificadas; envergadura alar maior que 3 mm; frequentemente brancas	Opostegidae*
65'.	Asas anteriores com veias ramificadas (Figura 30-30A); envergadura alar com 3mm ou menos; frequentemente com faixas metálicas	Nepticulidae*
66 (64').	Palpos labiais minúsculos e inclinados ou ausentes; ocelos ausentes	Bedellidae*, Bucculatricidae, Lyonetiidae*
66'.	Palpos labiais pelo menos de tamanho moderado, curvados para cima ou projetados para a frente; ocelos presentes ou ausentes	67
67 (66').	Asas pontiagudas no ápice; asas posteriores sem célula discal; veias além da célula discal nas asas anteriores divergentes e sem espessamento semelhante a um estigma entre C e R_1; probóscide nua (*Phyllocnistis*, etc.)	Gracillariidae

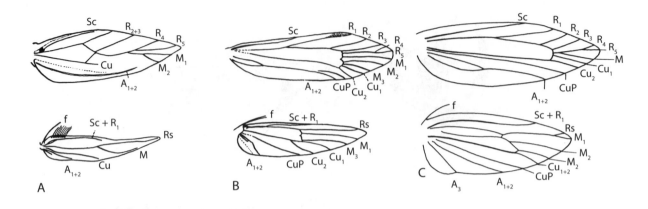

Figura 30-30 Asas de microlepidópteros. A, *Obrussa* (Nepticulidae); B, *Holcocera* (Coleophoridae, Blastobasinae); C, *Ochsenheimeria* (Ypsolophidae, Ochsenheimeriinae). *f*, frênulo. (A, redesenhado de Braun; B, redesenhado de Comstock 1975, segundo Forbes, com permissão de Comstock Publishing Co.; C, redesenhado de Davis.)

67'.	Asas mais ou menos arredondadas no ápice; asas posteriores com uma célula fechada; veias além da célula discal nas asas anteriores quase paralelas; asas anteriores com espessamento semelhante a um estigma entre C e R_1 (como na Figura 30-30B); probóscide com escamas	Coleophoridae (Blastobasinae: Calosima)*
68 (63').	Palpos maxilares bem desenvolvidos, dobrados em posição de repouso (Figura 30-29D,E)	69
68'.	Palpos maxilares vestigiais ou, se presentes, projetados para a frente em posição de repouso	73
69 (68).	Cabeça sem tufos de escamas; R_5, quando presente, estendendo-se até a margem costal das asas; mariposas achatadas; sul dos Estados Unidos, Flórida até Califórnia	Tineidae (Hieroxestinae)*
69'.	Cabeça com tufos de escamas, pelo menos no vértice, ou R_5 estendendo-se até a margem externa das asas; amplamente distribuídos	70
70 (69').	R_5 nas asas anteriores estendendo-se até a margem costal das asas ou ausente	71
70'.	R_5 nas asas anteriores estendendo-se até a margem externa das asas	Acrolepiidae*
71 (70).	Membrana alar aculeada (ver parelha 64); antenas lisas, em geral muito longas; fêmeas com ovipositor perfurador	72
71'.	Membrana alar não aculeada; antenas normalmente com uma área de escamas eretas em cada artículo; ovipositor membranoso, retrátil	Tineidae
72 (71).	Comprimento da parte dobrada dos palpos maxilares correspondendo a aproximadamente metade da largura da cabeça; mariposas de cor escura	Incurvariidae*
72'.	Comprimento da parte dobrada dos palpos maxilares correspondendo a aproximadamente dois terços da largura da cabeça; quase sempre mariposas esbranquiçadas	Prodoxidae
73 (68').	Primeiro artículo dos palpos labiais tão grande quanto o segundo ou maior, palpos recurvados para trás sobre a cabeça e o tórax (Figura 30-29C); ocelos ausentes; probóscide vestigial ou ausente; mariposas de tamanho moderado, robustas, semelhantes a noctuídeos com olhos pilosos	Acrolophidae
73'.	Sem a combinação de características acima	74
74 (73').	Margem externa das asas posteriores côncavas, ápice prolongado (Figura 30-31C); probóscide com escamas	Gelechiidae

ORDEM LEPIDOPTERA **571**

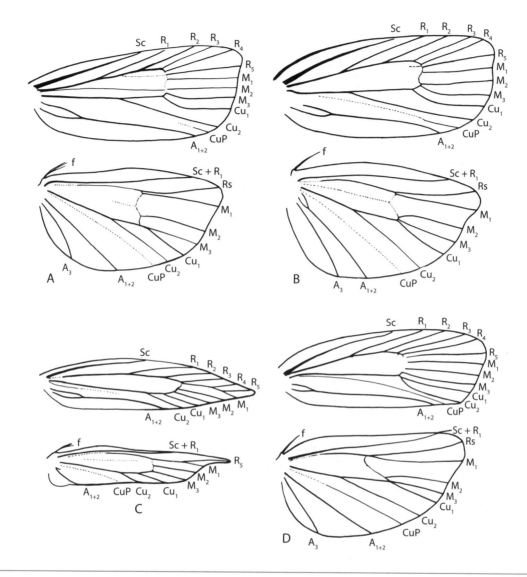

Figura 30-31 Asas de microlepidópteros. A e B, Tortricidae; C, Gelechiidae; D, Elachistidae (*Stenoma*, Stenomatinae). *f*, frênulo.

74'.	Asas posteriores com margem externa arredondada ou trapezoidal, região anal bem desenvolvida, venação completa ou quase (Figuras 30-31A,B,D, 30-32); probóscide com escamas ou nua (ver também 74'')	75
74''.	Asas lanceoladas ou lineares, pontiagudas ou estreitamente arredondadas no ápice, região anal e venação frequentemente reduzidas (Figuras 30-33, 30-34A)	90
75 (74').	CuP nas asas anteriores ausente	76*
75'.	CuP presente nas asas anteriores, pelo menos apicalmente	78
76 (75).	Terceiro artículo dos palpos labiais curto e rombudo, palpos semelhantes a um bico; R_5 raramente pedunculada com R_4, estendendo-se até a margem externa da asa (Cochylinae)	Tortricidae
76'.	Terceiro artículo dos palpos labiais longo e delgado, afunilado, palpos em geral voltados para cima até a metade da fronte ou além; R_5 nas asas anteriores pedunculada com R_4, estendendo-se até a margem costal da asa	77*

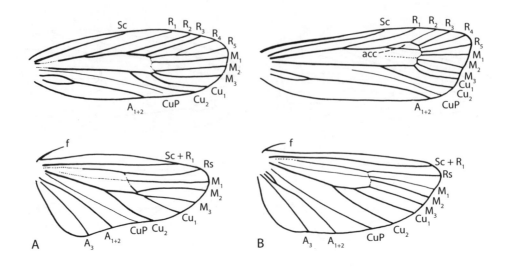

Figura 30-32 Asas de microlepidópteros. A, *Depressaria* (Elachistidae, Depressariinae); B, *Atteva* (Yponomeutidae). *acc*, célula acessória; *f*, frênulo.

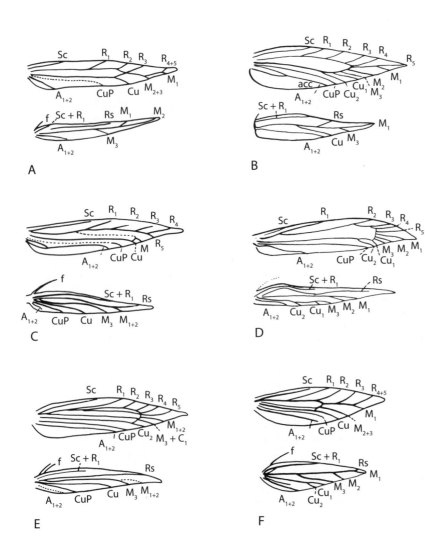

Figura 30-33 Asas de microlepidópteros. A, *Bedellia* (Bedellidae); B, *Tinagma* (Douglasiidae); C, *Coleophora* (Coleophoridae); D, *Gracillaria* (Gracillariidae); E, *Tischeria* (Tischeriidae); F, *Antispila* (Heliozelidae). *f*, frênulo. (Redesenhado de Comstock, com permissão de Comstock Publishing Co.; A, segundo Clemens; E e F, segundo Spuler.)

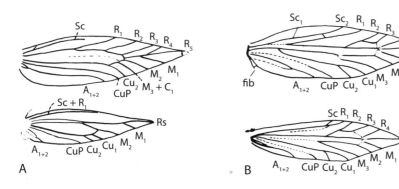

Figura 30-34 Asas de Lepidoptera. A, *Elachista* (Elachistidae); B, *Micropteryx* (Micropterigidae). *fib*, fíbula. (Redesenhado com permissão de Comstock, J. H. 1940. An introduction to entomology, 9th ed. Ithaca, NY: Comstock Publishing Company.)

77 (76').	Asas posteriores com todos os 3 ramos de M presentes	Copromorphidae*
77'.	Asas posteriores com M apresentando apenas 1 ou 2 ramificações	Carposinidae*
78 (75').	Asas anteriores com A_3 encontrando A_{1+2} perto de sua metade; Cu_2 originada no ápice da célula discal, aparentando ser continuação do tronco de Cu, M não ramificada, R_{4+5} pedunculada (Figura 30-30C); nordeste dos Estados Unidos	Ypsolophidae (Ochsenheimeriinae)*
78'.	Asas anteriores com A_3 encontrando A_{1+2} próximo da base, Cu_2 não como descrito acima, M normalmente com 2 ou 3 ramificações, R_{4+5} variável; amplamente distribuídos	79
79 (78').	Cu_2 nas asas anteriores com origem nos três quartos basais da célula discal (Figura 30-31A,B); terceiro artículo dos palpos labiais curto e rombudo, comprimento um pouco maior que a largura ou igual	Tortricidae
79'.	Cu_2 nas asas anteriores com origem no quarto distal da célula discal (Figura 30-31D); palpos labiais variáveis, porém com o terceiro artículo em geral longo e delgado	80
80 (79').	Palpos labiais e probóscide bem desenvolvidos	81
80'.	Palpos labiais e probóscide vestigiais (Solenobia)	Psychidae*
81 (80).	Vértice e parte superior da fronte com tufos de pelos eriçados e densos	82
81'.	Parte superior da fronte (em geral também o vértice) lisa, com escamas curtas	83
82 (81).	Membrana alar aculeada (ver parelha 64); antenas mais longas que as asas nos machos; fêmea com ovipositor perfurador; voo diurno	Adelidae*
82'.	Membrana alar não aculeada; antenas curtas; fêmea com ovipositor membranoso e retrátil; em geral noturnas	Tineidae
83 (81').	Rs e M_1 nas asas posteriores próximas em sua origem, pedunculadas ou fundidas (Figura 30-31D)	84*
83'.	Rs e M_1 nas asas posteriores separadas em sua origem, pelo menos pela metade da distância observada na margem da asa (Figura 30-32)	85
84 (83).	Asas anteriores suavemente arredondadas ou pontiagudas no ápice (Cerostoma)	Ypsolophidae*
84'.	Asas anteriores amplamente arredondadas ou rombudas no ápice (Figura 30-31D)	Elachistidae
85 (83').	Ocelos grandes e evidentes	86*
85'.	Ocelos pequenos ou ausentes	87
86 (85).	Costa fortemente arqueada; asas posteriores arredondadas, apenas discretamente mais longas que largas; probóscide com escamas na base	Choreutidae*
86'.	Costa não fortemente arqueada; asas posteriores mais ou menos alongadas, distintamente mais longas que largas; probóscide nua	Glyphipterigidae*
87 (85').	R_4 e R_5 nas asas anteriores pedunculadas; probóscide com escamas	88*
87'.	R_4 e R_5 nas asas anteriores não pedunculadas; probóscide nua	89

88 (87).	Asas anteriores com espessamento semelhante a um estigma entre C e R$_1$ (Figura 30-30B); asas posteriores mais estreitas que as anteriores	Coleophoridae (Blastobasinae)
88'.	Asas anteriores sem espessamento semelhante a um estigma; asas posteriores com a mesma largura que as anteriores (Figura 30-32A)	Elachistidae (Depressariinae), Amphisbatidae, Peleopodidae*
89 (87').	M$_1$ e M$_2$ nas asas posteriores pedunculadas	110*
89'.	M$_1$ e M$_2$ nas asas posteriores não pedunculadas	Urodidae*, Yponomeutidae
90 (74').	Fronte e vértice com pelos longos eriçados; antenas ásperas, com 1 ou 2 áreas de escamas eretas em cada segmento; ocelos ausentes	Tineidae
90'.	Fronte com escamas não eriçadas; antenas variáveis; ocelos presentes ou ausentes	91
91 (90').	Asas anteriores com célula discal fechada	92
91'.	Asas anteriores sem célula discal fechada	115*
92 (91).	Asas posteriores sem célula discal, com tronco de R próximo da metade da asa (bem separado de Sc) e com um ramo estendendo-se até C, a cerca de três quintos do comprimento da asa (Figura 30-33B); R$_5$ nas asas anteriores livre de R$_4$, porém pedunculada com M$_1$; palpos labiais robustos e inclinados	Douglasiidae*
92'.	Não como descrito acima	93
93 (92').	Célula discal nas asas anteriores um pouco oblíqua, ápice mais próximo da margem posterior que da margem anterior das asas, ramos da Cu muito curtos (Figura 30-33C)	94
93'.	Célula discal nas asas anteriores não oblíqua, com ápice mais próximo da margem posterior que da margem anterior das asas, ramos da Cu mais longos (Figuras 30-30B, 30-33D,F, 30-34A)	96*
94 (93).	Asas anteriores com espessamento semelhante a um estigma entre C e R$_1$ (Figura 30-30B); escapo da antena com uma fileira de pelos longos	Coleophoridae (Blastobasinae)
94'.	Asas anteriores sem espessamento semelhante a um estigma; escapo da antena variável	95
95 (94').	Tíbias anteriores delgadas, epífise apical ou ausente; antenas voltadas para frente quando em repouso	Coleophoridae
95'.	Tíbias anteriores robustas, epífise bem desenvolvida, na metade da tíbia; antenas voltadas para trás quando em repouso	Batrachedridae*, Cosmopterigidae*, Coleophoridae (Momphinae)
96 (93').	Asas anteriores com 5 veias atingindo a margem costal além de Sc	97*
96'.	Asas anteriores com 4 veias ou menos atingindo a margem costal além de Sc	107*
97 (96).	Célula acessória nas asas anteriores grande, com pelo menos metade do comprimento da célula discal (Figura 30-33E); vértice projetado cobrindo a base das antenas	Tischeriidae*
97'.	Célula acessória nas asas anteriores menor, com menos da metade do comprimento da célula discal ou ausente; vértice não como descrito acima	98*
98 (97').	Vértice mais ou menos adornado com pelos eriçados ou em tufos (*Parornix*)	Gracillariidae*
98'.	Vértice com escamas no plano, não eriçadas	99*
99 (98').	R$_1$ nas asas anteriores com origem na metade da célula discal, em geral aproximadamente no terço basal (Figura 30-33D,E)	100*
99'.	R$_1$ nas asas anteriores com origem na metade da célula discal ou além (Figuras 30-30B, 30-33F, 30-34A)	102*
100 (99).	Asa anterior com espessamento semelhante a um estigma entre C e R$_1$ (Figura 30-30B); R$_4$ e R$_5$ pedunculadas	Coleophoridae (Blastobasinae)
100'.	Asas anteriores sem espessamento semelhante a um estigma, R$_4$ e R$_5$ não pedunculadas (Figura 30-33D)	101*

101 (100').	Terceiro artículo dos palpos labiais pontiagudo; palpos maxilares dobrados sobre a base da probóscide	Cosmopterigidae (Limnaecia, Stagmatophora, Anoncia)*
101'.	Terceiro artículo dos palpos labiais em geral rombudos; palpos maxilares projetados para frente, rudimentares ou ausentes	Gracillariidae*
102 (99').	Asas anteriores com R_1 originada distintamente além da metade da célula discal, M não ramificada; venação das asas posteriores muito reduzida; ápice das asas anteriores prolongado e em ponta	Gracillariidae*
102'.	Asas anteriores com R_1 originada aproximadamente na metade da célula discal, M com 2 ou 3 ramificações; venação das asas posteriores completa; ápice das asas anteriores não como descrito acima	103*
103 (102').	Tarsos posteriores com grupos de cerdas mais ou menos distintos próximo das extremidades dos artículos; palpos labiais curtos, às vezes inclinados; probóscide nua	Schreckensteiniidae*
103'	Tarsos posteriores sem cerdas deste tipo; palpos labiais longos, curvados para cima, terceiro artículo longo e afunilado; probóscide com escamas	104*
104 (103').	R_4 e R_5 nas asas anteriores pedunculadas	105*
104'.	R_4 e R_5 nas asas anteriores não pedunculadas	106*
105 (104).	Asas posteriores lanceoladas, com venação completa (Borkhausenia)	Oecophoridae*
105'.	Asas posteriores em geral lineares, com venação reduzida	Cosmopterigidae*
106 (104').	Várias veias originadas na extremidade da célula discal entre a continuação dos troncos de R e Cu	Elachistidae (Agonoxeninae)*
106'.	Sem veias com origem na extremidade da célula discal entre a continuação dos troncos de R e Cu	Gelechiidae (Helice, Theisoa, etc.)*
107 (96').	Venação das asas anteriores reduzida, com 7 veias ou menos atingindo a margem das asas a partir da célula discal (Figura 30-33F)	108*
107'	Venação das asas anteriores completa ou quase, com 8-10 veias atingindo a margem das asas a partir da célula discal	109*
108 (107).	Vértice com escamas eriçadas	Gracillariidae (Cremastobombycia, Phyllonorycter = Lithocolletis)*
108'.	Cabeça totalmente com escamas não eriçadas	Heliozelidae*
109 (107').	Vértice mais ou menos ornamentado com tufos de pelos; M_1 e M_2 nas asas posteriores pednculadas	110*
109'.	Vértice liso; em geral sem ramos de M pedunculados nas asas posteriores	111*
110 (89,109).	Ocelos presentes	Galacticidae*, Plutellidae*
110'.	Ocelos ausentes	Yponomeutidae (Argyresthiinae)*
111 (109').	R_1 nas asas anteriores com origem aproximadamente a dois terços do comprimento da célula discal; 9 veias nas asas anteriores atingindo a margem a partir da célula discal	Xyloryctidae (Scythridinae)*
111'.	R_1 nas asas anteriores com origem próxima da metade da célula discal ou mais basalmente; 8-10 veias nas asas anteriores atingindo a margem a partir da célula discal	112*
112 (111').	Palpos labiais longos, voltados para cima (como na Figura 30-29A); venação das asas anteriores completa, com 10 veias atingindo a margem a partir da célula discal	113*
112'.	Palpos labiais mais curtos, de tamanho moderado ou pequeno, discretamente voltados para cima; venação das asas anteriores pouco reduzida, com apenas 8 ou 9 veias atingindo a margem a partir da célula discal	114*

113 (112).	Tíbias posteriores com cerdas rígidas, em tufos nos esporões; ocelos ausentes; probóscide nua	Epermeniidae*
113'.	Tíbias posteriores sem estas cerdas; ocelos presentes ou ausentes; probóscide com escamas	Elachistidae (Agonoxeninae*), Coleophoridae (Momphinae*), Cosmopterigidae*
114 (112').	Asas anteriores com apenas 1 ou 2 veias originadas no ápice da célula discal; asas posteriores com veia bifurcada no ápice (Figura 30-34A); probóscide com escamas	Elachistidae*
114'.	Asas anteriores com pelo menos 3 veias originadas no ápice da célula discal; asas posteriores sem veia bifurcada no ápice; probóscide nua	Heliodinidae*
115 (91').	Asas anteriores lineares, com apenas 3 ou 4 veias	Heliodinidae (Cycloplasis)*
115'.	Asas anteriores lanceoladas, com 7 veias atingindo a margem	Heliozelidae (Coptodisca)*
116 (1').	Mariposas que se desenvolvem e normalmente nunca deixam o envoltório construído e transportado pela larva	Psychidae
116'.	Mariposas que não se desenvolvem em um envoltório construído pela larva	117
117 (116').	Ocelos presentes	118*
117'.	Ocelos ausentes	119
118 (117).	Probóscide presente e nua; palpos maxilares curtos, quase ocultos; não aquáticas	Tortricidae*
118'.	Probóscide pequena, com escamas ou vestigial; palpos maxilares grandes; asas muito pequenas; mariposas aquáticas	Crambidae (Nymphulinae, Acentria)*
119 (117').	Corpo robusto, pernas curtas, em geral densamente pilosas; probóscide ausente ou vestigial	Lymantriidae
119'.	Corpo delgado, pernas longas, pilosas ou com escamas; probóscide presente	Geometridae

SUPERFAMÍLIA **Micropterigoidea:** Estas mariposas diferem de outros Lepidoptera por possuírem peças bucais mastigadoras, com as mandíbulas bem desenvolvidas, gáleas curtas e não formando uma probóscide. A venação é semelhante nas asas anteriores e posteriores e uma fíbula está presente (Figura 30-34B). As larvas possuem oito pares de falsas-pernas curtas e cônicas, cada uma com uma garra única.

Família **Micropterigidae – mariposas mandibuladas:** Este é um pequeno grupo, com apenas duas espécies norte-americanas, raramente encontradas. Uma espécie *Epimartyria auricrinella* (Walsingham), que apresenta uma envergadura alar de aproximadamente 8 mm, ocorre no leste. As larvas alimentam-se de musgos e hepáticas e os adultos alimentam-se de pólen.

SUPERFAMÍLIA **Eriocranioidea:** Estas mariposas lembram os Micropterigidae porque possuem venação semelhante nas asas anteriores e posteriores. As tíbias médias apresentam um esporão único (nenhum nos Micropterigidae). As fêmeas possuem um ovipositor córneo e perfurador. Há uma única abertura genital na fêmea, no nono esterno. A pupação ocorre no solo e as pupas, que são exaradas, apresentam mandíbulas bem desenvolvidas usadas para cortar e sair do casulo. As larvas são minadores de folhas. Os adultos têm mandíbulas vestigiais.

Família **Eriocraniidae:** Mariposas pequenas (envergadura alar entre 6,0 mm a 13,5 mm), semelhantes às traças-das-roupas em aspecto geral, mas que apresentam marcas metálicas nas asas. Uma das espécies desta família mais conhecidas no leste é *Dyseriocrania auricyanea* (Walsingham). Suas larvas são minadoras, formam manchas em carvalhos e castanheiras e passam o inverno como pupas no solo. As mariposas desta família voam logo no início do ano – fevereiro no norte da Flórida e fim de março na Virginia.

Família **Acanthopteroctetidae:** Estas mariposas lembram os Eriocraniidae, mas podem ser diferenciadas pelas características fornecidas na chave (descrição 5). A família foi estabelecida por Davis (1978a), com quatro espécies conhecidas nos estados do oeste, do noroeste até o sul dos Estados Unidos. *Acanthopteroctetes unifascia* Davis é minadora de folhas de *Ceanothus* (Rhamnaceae).

SUPERFAMÍLIA **Hepialoidea:** Estas mariposas apresentam venação semelhante nas asas anteriores e posteriores, acopladas por um jugo bem desenvolvido (Figura 30-5). A fêmea possui duas aberturas genitais, porém a da bolsa copuladora é muito próxima ao ovíporo no segmento 9. As larvas são brocadoras de raízes.

Família **Hepialidae – Mariposas-Fantasmas:** Estas são mariposas de tamanho médio a grande, com envergadura alar entre 25 mm a 75 mm. A maioria é marrom ou cinza com manchas prateadas nas asas. O nome "fantasma" refere-se ao fato de que algumas destas mariposas apresentam um voo extremamente rápido. Lembram superficialmente alguns Sphingidae. As mariposas menores desta família, com envergadura alar entre 25 mm e 50 mm, pertencem aos gêneros *Gazoryctria* e *Korscheltellus*. A maioria de suas larvas é brocadora das raízes de plantas herbáceas. Hepialídeos maiores pertencem ao gênero *Sthenopis*. A larva de *S. argenteomaculatus* (Harris) perfura raízes de amieiro e a de *S. thule* Strecker é brocadora das raízes de salgueiros.

GRUPO **Monotrysia:** Às vezes considerado subordem, este grupo compreende três superfamílias: Nepticuloidea, Incurvarioidea e Tischerioidea. As fêmeas apresentam uma única abertura genital, localizada no segmento 9. A venação das asas anteriores e posteriores é diferente (RS é ramificada nas asas anteriores, mas não nas posteriores), o frênulo está presente e as asas são aculeadas (exceto em Heliozelidae).

SUPERFAMÍLIA **Nepticuloidea:** Nos adultos deste grupo, o escapo antenal é expandido e cobre o olho. A célula das asas anteriores é aberta.

Família **Nepticulidae:** Os Nepticulidae são mariposas minúsculas e algumas espécies apresentam envergadura alar de apenas 3 mm. Mais de 80 espécies são conhecidas na América do Norte. A venação alar é um pouco reduzida e a superfície das asas apresenta pelos semelhantes a espinhos ou acúleos. O artículo basal da antena é aumentado para formar um capuz ocular, os palpos maxilares são longos e os palpos labiais, curtos. O macho possui um frênulo bem desenvolvido, porém o frênulo da fêmea consiste apenas de algumas pequenas cerdas. A maioria das espécies deste grupo é minadora de folhas de árvores ou arbustos. As minas são lineares quando as larvas são jovens e, com frequência, alargadas quando as larvas completam seu desenvolvimento. As larvas deixam as minas para empupar, tecendo casulos em resíduos na superfície do solo. Algumas espécies do gênero *Ectoedemia* são galhadoras. A maioria das espécies norte-americanas está incluída no gênero *Stigmella* (= *Nepticula*).

Família **Opostegidae:** Os Opostegidae são mariposas pequenas com asas posteriores lineares e com as veias radial, média e cubital não ramificadas nas asas anteriores. O primeiro artículo da antena forma um grande capuz ocular. As larvas são minadoras. Este é um pequeno grupo com um único gênero, *Pseudopostega*, com nove espécies na América do Norte.

SUPERFAMÍLIA **Incurvarioidea:** Nesta superfamília, a fêmea apresenta ovipositor alongado e perfurador.

Família **Heliozelidae – Heliozelídeos:** Os heliozelídeos são mariposas pequenas com asas lanceoladas. As asas posteriores não possuem célula discal (Figura 30-33F). As larvas da espécie *Coptodisca splendoriferella* (Clemens) são tanto minadoras de folhas quanto construtoras de abrigos. As larvas fazem uma mina linear em folhas de macieiras, cerejeiras silvestres e árvores relacionadas e esta mina é alargada progressivamente. Quando totalmente desenvolvida, a larva constrói um abrigo a partir das paredes de sua mina, revestidas com seda, que é fixado a um ramo ou um tronco de árvore. Existem duas gerações por ano, com as larvas da segunda geração passando o inverno no interior dos abrigos. As asas anteriores são cinza-escuras na base, com a parte apical amarela brilhante exibindo manchas marrons e prateadas. Trinta e uma espécies de heliozelídeos ocorrem na América do Norte.

Família **Adelidae – Adelídeos:** Nestas pequenas mariposas de voo diurno, as antenas do macho são muito longas, em geral apresentando o dobro do comprimento das asas. As larvas são minadoras de folhas quando jovens e constroem envoltórios quando mais velhas. Alimentam-se da folhagem de árvores e arbustos. Existem 18 espécies norte-americanas. Em geral, a espécie do leste mais encontrada é *Adela caeruleella* Walker.

Família **Prodoxidae:** As mariposas deste grupo com frequência são brancas e o comprimento da parte dobrada dos palpos maxilares corresponde a aproximadamente dois terços da largura da cabeça (Figura 30-29E, *mxp*). As mariposas mais conhecidas deste grupo são as mariposas-da-iuca (*Tegeticula*), das quais quatro espécies são conhecidas. A iuca é polinizada apenas por estes insetos. A mariposa fêmea coleta o pólen das flores de iuca por meio de tentáculos maxilares longos, enrolados e em forma de espinho (palpos) e, então, deposita seus ovos no ovário de outra flor. Após a postura, empurra o pólen que colheu no estigma da flor onde os ovos foram depositados. Esta ação garante a fertilização e o desenvolvimento das sementes de iuca, das quais as larvas se alimentam. A perpetuação da iuca é garantida porque são desenvolvidas mais sementes do que a quantidade necessária para o consumo das larvas. A "falsa mariposa-da-iuca" do gênero *Prodoxus* não possui os tentáculos maxilares e não pode polinizar iucas. Suas larvas alimentam-se dos galhos ou frutas desta planta.

Família **Incurvariidae:** Estas mariposas pequenas, de cor escura, apresentam a venação alar muito pouco reduzida e a superfície alar aculeada. As fêmeas possuem um ovipositor perfurador. As larvas de *Paraclemensia acerifoliella* (Fitch) são minadoras de folhas quando jovens e tornam-se construtoras de abrigos quando mais velhas. As larvas mais velhas cortam duas peças circulares da folha, colocando-as juntas para formar um envoltório. Quando a larva se movimenta, transporta este envoltório e se parece bastante com uma tartaruga. O inverno é passado como pupa no interior do abrigo. A mariposa adulta é azul metalizado brilhante ou verde azulada com cabeça alaranjada.

SUPERFAMÍLIA **Tischerioidea:** Neste grupo, as asas anteriores possuem célula discal fechada e escapo antenal não modificado. Apenas uma família é incluída.

Família **Tischeriidae:** Os Tischeriidae são mariposas pequenas nas quais a margem costal das asas anteriores é fortemente arqueada e o ápice, prolongado em ponta aguda. As asas posteriores são longas e estreitas, com venação reduzida (Figura 30-33E). O escapo antenal não é modificado e os palpos maxilares são pequenos ou ausentes. As larvas da maioria das espécies formam minas de manchas nas folhas de carvalho ou macieiras e em arbustos de amora-preta ou framboesa. O minador das folhas de macieira, *Tischeria malifoliella* Clemens, é uma espécie comum no leste e, com frequência, causa danos consideráveis: a larva cria uma mina em forma de trompa na superfície superior da folha, passa o inverno na mina e empupa na primavera. Ocorrem duas ou mais gerações por ano. Cerca de 50 espécies de Tischeriidae ocorrem na América do Norte.

SUPERFAMÍLIA **Tineoidea:** A principal sinapomorfia desta superfamília é a presença nas fêmeas de um par de pseudapófises ventrais delgadas em A10. As características adicionais consistem na presença de escamas eretas na fronte, de cerdas laterais nos palpos labiais e de probóscide com gáleas curtas e dissociadas.

Família **Tineidae:** A maioria dos tineídeos (cerca de 125 espécies norte-americanas) consiste em mariposas pequenas, cuja venação é bastante generalizada (ou um pouco reduzida), com R_5 terminando na margem costal. Os palpos maxilares apresentam cinco artículos e, em geral, são grandes e dobrados; os palpos labiais são curtos. As larvas de muitas espécies transportam seus casulos. Algumas são detritívoras e alimentam-se de fungos; outras, de tecidos de lã. As espécies deste grupo que atacam roupas e lãs (as traças-das-roupas) têm importância econômica considerável.

O tineídeo mais comum é a traça-das-roupas, *Tineola bisselliella* (Hummel). Adultos têm cor de palha, sem manchas escuras nas asas, e possuem envergadura alar entre 12 mm e 26 mm. As larvas alimentam-se de fibras de cabelo, lã, seda, feltro e materiais semelhantes. Não formam envoltórios. Quando totalmente desenvolvida, a larva forma um casulo com os fragmentos de seu material alimentar unidos por seda.

A segunda em importância entre as traças de roupas é a traça-das-roupas construtora de envoltório, *Tinea pellionella* L., que forma um envoltório de seda e fragmentos de seu material alimentar. Este envoltório é tubular e aberto em cada extremidade. A larva alimenta-se e empupa em seu interior. O adulto é acastanhado, com três manchas escuras em cada uma das asas anteriores.

As traças com menos importância nos Estados Unidos são as traças-dos-tapetes, *Trichophaga tapetzella* (L.), que constroem tubos de seda razoavelmente longos ou galerias para atravessar alguns tecidos, nos quais podem não se alimentar. Com frequência, estes tubos possuem fragmentos de tecido misturado com a seda. Onde esta espécie é encontrada, é muito destrutiva. O adulto tem envergadura alar entre 12 mm e 24 mm e as asas anteriores são pretas na base e brancas na porção apical.

Alguns especialistas classificam os gêneros *Phaeoses*, *Opogona* e *Oinophila* em Hieroxestidae (= Oinophilidae), porém Davis (1978b) os inclui em Tineidae. Estas espécies são pequenas (envergadura alar entre 7,5 mm e 22,0 mm, na maioria 15 mm ou menos) e com cores razoavelmente simples. Diferem da maioria dos Tineidae por possuírem uma cabeça com escamas não eriçadas e diferem de muitos outros microlepidópteros por possuírem palpos maxilares bem desenvolvidos (com dois artículos relativamente curtos em *Phaeoses*, com cinco artículos e com o mesmo comprimento dos palpos labiais ou mais nos outros dois gêneros). As mariposas ocorrem nos estados do sul, da Flórida até a Califórnia. *Opogona sacchari* (Bojer), a mariposa-da-banana, foi recém-classificada no sul da Flórida. É destrutiva em plantas ornamentais de viveiros como espécies de *Dracaena* e bambu.

Família **Acrolophidae:** Este grupo, as lagartas-de--teia escavadoras, consiste em mariposas de tamanho pequeno a médio que lembram noctuídeos. O primeiro artículo dos palpos labiais tem o mesmo tamanho do segundo ou mais (Figura 30-29D), os olhos geralmente são pilosos e a venação é completa, com três veias anais tanto nas asas anteriores quanto posteriores e R_5 terminando na margem externa ou no ápice da asa. As 48 espécies norte-americanas deste grupo são incluídas no gênero *Acrolophus*. As larvas criam uma rede tubular no solo, algumas vezes estendendo-se até 0,6 m de profundidade, na qual se recolhem quando perturbadas. Alimentam-se de raízes de gramíneas e também fazem teias nas folhas de gramíneas na superfície. Com frequência, estes insetos destroem jovens plantações inteiras de milho.

Família **Psychidae – bichos-de-cesto:** Estas mariposas recebem este nome devido aos cestos ou envoltórios característicos que as larvas formam e carregam. Estas cestos são vistos com facilidade em árvores durante o inverno após as folhas caírem. São feitos de seda e porções de folhas e galhos. As larvas empupam nestes cestos, e a maioria das espécies passa o inverno na forma de ovos nos cestos. Quando as larvas eclodem na primavera, constroem seus próprios cestos e os carregam conforme se alimentam. Quando totalmente desenvolvidas, fixam o cesto em um galho, fechando-o, e empupam em seu interior.

Os machos adultos deste grupo em geral são pequenos, com asas bem desenvolvidas, porém as fêmeas são ápteras, ápodas e vermiformes, e normalmente não deixam o cesto em que empuparam. Ao emergir, os machos voam e localizam um cesto contendo uma fêmea. O acasalamento ocorre sem que a fêmea deixe o cesto e os ovos são depositados mais tarde também no cesto.

Thyridopteryx ephemeraeformis (Haworth) é uma espécie comum de bicho-de-cesto, cujas larvas atacam principalmente o cedro vermelho e a tuia. Os machos adultos são mariposas pequenas, de cor escura e corpo pesado, com grandes áreas claras nas asas.

SUPERFAMÍLIA **Gracillarioidea:** Douglasiidae, Bucculatricidae e Gracillariidae diferem dos Tineoidea e Yponomeutoidea porque a pupa apresenta espinhos tergais abdominais, os machos adultos não têm lobos pleurais no segmento abdominal 8, a frente tem escamas não em tufos e não há cerdas nos palpos labiais.

Família **Douglasiidae:** Os Douglasiidae são minadores de folhas no estágio larval e os adultos são mariposas pequenas, com asas posteriores lanceoladas que não possuem célula discal (Figura 30-33B). ARs nas asas posteriores é separada da média próximo da metade da asa. Os ocelos são grandes. Apenas sete espécies de douglasideos ocorrem na América do Norte. As larvas de *Tinagma obscurofasciella* (Chambers) são minadoras de folhas de plantas da família Rosaceae.

Família **Bucculatricidae:** Estas pequenas mariposas possuem asas muito estreitas. As posteriores, com frequência, são lineares, com Rs estendendo-se pelo centro da asa (Figura 30-33A). Ocelos e palpos maxilares em geral estão ausentes. A fronte projeta-se abaixo do olho, o vértice possui um tufo ereto de escamas, o escapo antenal é aumentado e exibe uma fileira de escamas que cobre parcialmente o olho e a probóscide é curta (1,5X o diâmetro do olho ou menos). As larvas são minadoras de folhas ou vivem em teias entre as folhas. O bucculatricídio da macieira, *Bucculatrix pomifoliella* Clemens, passa o inverno em casulos brancos enfileirados, apoiados longitudinalmente nos ramos das macieiras. Os adultos emergem na primavera e realizam a postura na superfície inferior das folhas. As larvas entram na folha e criam uma mina sinuosa na superfície superior. Casulos de seda para muda são criados na superfície da folha antes que os casulos pupais sejam formados. Cerca de 100 espécies de *Bucculatrix* ocorrem na América do Norte.

Família **Gracillariidae – minadores de folhas:** Este é um grande grupo (275 espécies norte-americanas) de mariposas pequenas a minúsculas com asas lanceoladas. As asas anteriores não possuem célula acessória e as franjas das asas posteriores são mais longas (com frequência muito mais longas) que a largura da asa; em algumas espécies, há uma convexidade ao longo da margem costal próxima à base (Figura 30-33D). As mariposas adultas, em repouso, elevam a parte anterior do corpo, com a ponta das asas em contato com a superfície na qual estão pousadas. As larvas criam minas que formam manchas e a folha é dobrada.

O minador do carvalho branco, *Cameraria hamadryadella* (Clemens), é uma espécie comum do leste que se alimenta de vários tipos de carvalho. As minas estão na superfície superior das folhas e cada uma contém uma única larva. Muitas minas podem ocorrer em uma única folha. As larvas são achatadas, com apenas rudimentos de pernas e um protórax aumentado. A larva empupa em um casulo delicado no interior da mina. Passa o inverno como larva em folhas secas. A mariposa adulta é branca com faixas largas e irregulares de cor bronze nas asas anteriores.

Algumas espécies de *Phyllocnistis* criam minas sinuosas e intrincadas em folhas de álamo. A larva começa perto da ponta da folha e cria minas em direção à base, saindo na direção da borda da folha para atravessar a nervura principal. Empupa em um casulo de seda na extremidade da mina, em geral na área basal da folha.

SUPERFAMÍLIA **Yponomeutoidea:** Este grupo um tanto heterogêneo de famílias é caracterizado pelos machos que possuem expansões posteriores da pleura do segmento abdominal 8 envolvendo a genitália. Estas mariposas apresentam uma probóscide nua, o que as diferencia de Gelechioidea, que possuem aspecto semelhante.

Família **Yponomeutidae – Iponomeutídeos:** Yponomeutidae são mariposas pequenas, com cores vivas e asas razoavelmente estreitas. As veias principais nas asas anteriores são separadas e R_5 se estende até a margem externa. Rs e M_1 nas asas posteriores são separadas (Figura 30-32). Os ocelos estão ausentes. As mariposas do gênero *Yponomeuta* possuem asas anteriores brancas pontilhadas de preto. Suas larvas alimentam-se de folhas de rosáceas, como cerejeiras e macieiras. As larvas da lagarta-de-teia, *Atteva punctella* (Cramer), vivem em uma teia de seda frágil nas folhas da planta hospedeira. As pupas ficam suspensas em teias frouxas. As asas anteriores dos adultos são alaranjadas-brilhantes, marcadas com quatro faixas transversais de azul grafite, cada uma envolvendo uma fileira de manchas amarelas. Existem várias formas desta espécie, com quantidades variadas de manchas amarelas. O minador dos pinheiros, *Zelleria haimbachi* Busck, é amplamente distribuído e ataca vários tipos de pinheiros, algumas vezes causando muitos danos. As larvas de primeiro instar são minadoras das agulhas e os últimos instares alimentam-se da bainha, na base do cacho, cortando as agulhas e causando seu desprendimento. Cada larva elimina 6 a 10 cachos de agulhas.

As mariposas da subfamília Argyresthiinae apresentam asas mais estreitas (asas posteriores lanceoladas, com venação reduzida) e as bases fundidas de M_1 e M_2 nas asas posteriores formam um pedúnculo longo. Os Plutellidae possuem venação semelhante, mas apresentam ocelos (ausentes nos Argyresthiinae). As larvas destas mariposas são brocadoras de galhos, brotos e frutas ou são minadoras de folhas, e atacam várias árvores.

O gênero *Argyresthia* contém cerca de 50 espécies, cujos membros atacam as folhas, brotos e ramos de várias árvores. O minador *A. thuiella* (Packard) ataca as folhas de cedro. Os adultos são mariposas brancas com asas anteriores manchadas de marrom e apresentam envergadura alar de cerca de 8 mm. Muitos membros deste grupo possuem manchas metálicas nas asas anteriores. Os adultos, com frequência, repousam com a cabeça contra o substrato e o corpo mantido para cima, formando um ângulo.

Família **Ypsolophidae:** As mariposas desta família possuem Rs e M_1 pedunculadas ou coincidentes nas asas posteriores, os ocelos estão presentes e a cabeça tem escamas eriçadas. *Ypsolopha*, com 33 espécies, e a única espécie de *Ochsenheimeria* constituem esta família na América do Norte. As larvas de *Ypsolopha* criam teias abertas em muitas plantas (principalmente as lenhosas). *Ochsenheimeria* é um gênero do Velho Mundo, com uma espécie aparentemente estabelecida no nordeste dos Estados Unidos. Esta espécie é a broca do caule dos cereais, *Ochsenheimeria vacculella* F. von Roeslerstamm, uma praga do trigo e centeio na Europa e que pode se tornar uma praga semelhante nos Estados Unidos. Estas são mariposas pequenas (envergadura alar entre 11 mm e 14 mm), de corpo delgado, com as asas anteriores pontilhadas em castanho e asas posteriores pálidas. Podem ser reconhecidas pelas características na chave (descrição 78).

Estas mariposas realizam a postura no final do verão em pilhas de palha nos campos e os ovos eclodem na primavera. As larvas jovens minam o limbo das folhas e as larvas mais velhas escavam os caules. A pupação ocorre entre as folhas da planta hospedeira, e as mariposas emergem no início de junho.

Família **Plutellidae – mariposas costas de diamante:** Os Plutellidae são semelhantes aos Yponomeutidae, mas mantêm suas antenas para frente em repouso e M_1 e M_2 nas asas posteriores são pedunculadas. Diferem dos Ypsolophidae por possuírem Rs e M_1 separadas nas asas posteriores e de Acrolepiidae por possuírem M_2 e CuA_1 separadas nas asas posteriores. O nome "costas de diamante" refere-se ao fato de que nos machos de *Plutella xylostella* (L.) as asas, quando dobradas, exibem uma série de três manchas amarelas em forma de diamante ao longo da linha em que as asas se encontram. Esta espécie constitui uma praga considerável do repolho e outras plantas crucíferas. As larvas fazem orifícios nas folhas e empupam em casulos de seda nelas fixados. Existem 20 espécies de plutelídeos na América do Norte.

Família **Acrolepiidae:** Estas pequenas mariposas são semelhantes aos Plutellidae, mas possuem os palpos maxilares do tipo dobrado (porretos nos Plutellidae) e palpos labiais lisos (com um tufo de escamas nos Plutellidae). Este grupo é pequeno, com apenas três espécies norte-americanas. Uma destas, *Acrolepiopsis incertella* (Chambers), ocorre na parte norte dos Estados Unidos, da Nova Inglaterra até a Califórnia. Sua larva esqueletiza as folhas de *Smilax* ou, possivelmente, é brocadora de caules de lírios. As asas dos adultos são castanho-acinzentadas, com uma iridescência avermelhada e uma faixa branca oblíqua estendendo-se da margem interna perto da base até aproximadamente a metade da asa.

Família **Glyphipterigidae:** Os membros deste grupo são pequenas mariposas diurnas, de 7 mm a 15 mm de comprimento, com ocelos relativamente grandes e asas muito semelhantes às da Figura 30-30B. As larvas alimentam-se agindo principalmente como brocadoras de sementes em ciperáceas e juncos. A espécie norte-americana mais comum, *Glyphipterix impigritella* (Clemens), é encontrada no leste e também no oeste da Colúmbia Britânica até a Califórnia e Nevada. A larva é brocadora do caule e do eixo da folha de *Cyperus*. Trinta e seis espécies de glifipterigídeos ocorrem na América do Norte.

Família **Heliodinidae:** Os heliodinídeos são pequenas mariposas diurnas com asas posteriores muito estreitas, lanceoladas e com uma franja ampla; as asas anteriores possuem apenas cinco veias originadas na célula após seu ápice. Toda a cabeça tem escamas imbricadas, os ocelos estão presentes e a probóscide é nua. O adulto em repouso mantém as pernas posteriores elevadas acima das asas. A família é pequena (20 espécies norte-americanas) e as larvas conhecidas variam quanto aos hábitos. As larvas de *Cycloplasis panicifoliella* Clemens são minadoras de folhas de gramíneas do gênero *Panicum*, formando inicialmente uma mina linear que mais tarde é aumentada, formando uma mancha. Membros do gênero *Heliodines* são mariposas de voo diurno e cores alaranjada e preta brilhantes, que se alimentam de *Mirabilis* (maravilha) no meio-oeste.

Família **Bedelliidae:** O gênero único *Bedellia*, com duas espécies norte-americanas, não possui ocelos, tem asas estreitas (Figura 30-33A) e apresenta R_{3-5} e M pedunculadas nas asas anteriores. A larva minadora de folhas de *Bedellia somnulentella* (Zeller) pode ser uma praga da *Ipomoea*.

Família **Lyonetiidae:** Os adultos são muito semelhantes aos de Bedelliidae, porém o escapo antenal é expandido em um capuz ocular. As larvas são minadoras de folhas ou galhos. A pupação ocorre fora da mina. Cerca de 20 espécies de lionetídeos ocorrem na América do Norte.

SUPERFAMÍLIA **Gelechioidea:** As mariposas desta grande superfamília apresentam a base da probóscide com escamas, palpos labiais voltados para cima, palpos maxilares com escamas e dobrados sobre a base da probóscide e cabeça com escamas imbricadas; não possuem tímpanos torácicos ou abdominais e quetosemata. Estudos recentes levaram a uma nova classificação com base nas características dos estágios imaturos e adultos (Hodges, em Kristensen, 1998).

Família **Elachistidae:** Espécies de Elachistidae apresentam côndilos laterais entre os segmentos abdominais 5-6 e 6-7 da pupa. As cinco subfamílias, com 331 espécies, ocorrem amplamente na América do Norte.

Subfamília **Stenomatinae:** Estas mariposas são maiores que muitos microlepidópteros e as asas (Figura 30-31D) são relativamente amplas. As larvas vivem em teias nas folhas de carvalhos e outras árvores. *Antaeotricha schlaegeri* (Zeller) é uma espécie razoavelmente comum no leste. O adulto possui envergadura alar de cerca de 30 mm e as asas são branco-acinzentadas com manchas escuras. Em repouso, estas mariposas lembram excrementos de aves. A maioria das espécies é Neotropical.

Subfamília **Ethmiinae:** Algumas espécies deste grupo têm cores comuns, porém a maioria apresenta padrões razoavelmente brilhantes, com frequência pretos e brancos. Suas larvas alimentam-se principalmente das folhas e flores de plantas das famílias de Boraginaceae e Hydrophyllaceae. *Ethmia discostrigella* (Chambers) é desfolhadora do mogno da montanha (*Cercocarpus*). Surtos deste inseto esgotam as variações de inverno no Óregon e outras áreas do oeste. A maioria das 50 espécies norte-americanas de Ethmiinae ocorre no oeste.

Subfamília **Depressariinae:** Estas são mariposas pequenas e um tanto achatadas, com asas relativamente amplas e arredondadas apicalmente. A venação (Figura 30-32A) é completa, com CuP preservada nas asas anteriores, R_4 e R_5 nas asas anteriores pedunculadas ou coalescendo em toda a sua extensão e Rs e M_1 nas asas posteriores separadas e paralelas. A lagarta-de-teia de *Depressaria pastinacella* (Duponchel) ataca plantas relacionadas. As larvas fazem teias juntas e alimentam-se de botões de flores que estejam se abrindo e, então, escavam os caules para empupar. Os adultos aparecem no final do verão e hibernam em situações protegidas.

Subfamília **Elachistinae – minadoras de Gramíneas:** Os adultos deste grupo apresentam asas posteriores lanceoladas que exibem uma célula discal bem formada. A venação é apenas discretamente reduzida (Figura 30-34A). Esta subfamília tem 155 espécies norte-americanas.

Subfamília **Agonoxeninae:** Este é um grupo pequeno, mas amplamente distribuído, do qual muitos membros eram previamente classificados em outras famílias. Pouco se sabe sobre seus hábitos larvais, porém as larvas de *Chrysochista linneella* (Clerck) alimentam-se do câmbio de *Tilia* e alguns *Blastodacna* são brocadores de nozes e frutas.

Subfamília **Chimabachinae:** Este é um grupo europeu e apenas uma espécie, *Cheimophila salicella* (Hübner), ocorre na América do Norte. Foi introduzido na Colúmbia Britânica, onde é uma praga do mirtilo. Este grupo é considerado uma família independente em algumas classificações. As larvas apresentam as tíbias e tarsos metatorácicos intumescidos.

Família **Xyloryctidae:** A subfamília Scythridinae desta família ocorre na América do Norte. De acordo com Landry (1991), estas 41 espécies conhecidas podem constituir menos de 10% da extensão real da diversidade da família. A similaridade superficial não combina com a extrema diversidade estrutural das características genitais. As mariposas adultas podem ser reconhecidas pela cabeça e palpos labiais com escamas extremamente imbricadas, pelos ocelos (quando presentes) discretamente separados do olho e por R_4 e R_5 pedunculadas nas asas anteriores, com R_4 terminando na margem anterior e R_5 no ápice. As mariposas são diurnas ou noturnas. As larvas de *Scythris magnatella* Busck alimentam-se de ervas do gênero *Epilobium*, dobrando uma porção da folha para formar uma célula individual.

Família **Glyphidoceridae:** *Glyphidocera*, com 10 espécies, é o único gênero desta família principalmente Neotropical na América do Norte. As larvas de *Glyphidocera juniperella* Adamski alimentam-se de *Juniperus*.

Família **Oecophoridae:** Estas mariposas com frequência são muito coloridas. *Hofmannophila pseudospretella* (Stainton) é uma praga doméstica, originalmente da Europa. As larvas alimentam-se de tecidos vegetais mortos, possivelmente fungos.

Família **Batrachedridae:** Os adultos apresentam asas delgadas com uma franja larga nas asas posteriores. A maior parte das 24 espécies pertence ao gênero *Batrachedra*. Esta família inclui a praga das palmeiras, *Homaledra sabalella* (Chambers), que ocorre nos estados do sul dos Estados Unidos, onde suas larvas alimentam-se da superfície superior das folhas do "saw palmetto" (*Serenoa repens*). Um grupo de larvas cria uma cobertura de seda delicada sobre a porção lesada da folha, cobrindo-a com seus excrementos.

Família **Deoclonidae:** Esta família muito pequena possui uma espécie na América do Norte, *Deoclona yuccasella* Busck, com a larva criada a partir de vagens maduras de *Yucca whipplei*.

Família **Coleophoridae:** Três das quatro subfamílias apresentam um grande número de espécies. Embora abundantes, raramente são coletadas.

Subfamília **Coleophorinae – Coleoforíneos:** As mariposas desta subfamília são pequenas, com asas muito estreitas, agudamente pontiagudas. A célula discal nas asas anteriores é oblíqua e as veias Cu_1 e Cu_2 (quando presentes) são muito curtas. Não há ocelos ou palpos maxilares. Cerca de 150 espécies, a maioria no gênero Coleophora, ocorrem nos Estados Unidos. As larvas são minadoras de folhas quando jovens e construtores de envoltórios quando ficam maiores.

Coleophora malivorella Riley é uma praga comum de macieiras e outras árvores frutíferas. As larvas constroem envoltórios em forma de pistola com seda, pedaços de folhas e excrementos, que carregam consigo. Ao projetar a cabeça a partir de seus envoltórios, comem as folhas, criando orifícios. Passam o inverno como larvas nos envoltórios e as mariposas aparecem na metade do verão.

Coleophora serratella (L.) também ataca macieiras e outras árvores frutíferas. Esta espécie é semelhante ao coleoforíneo anterior, com exceção de que as larvas jovens são minadoras de folhas por duas ou três semanas antes de construírem seus envoltórios.

Subfamília **Blastobasinae:** Os Blastobasinae são mariposas pequenas nas quais as asas posteriores são pouco lanceoladas e mais estreitas que as asas anteriores (Figura 30-30B). A membrana das asas anteriores é discretamente espessada ao longo da costa. A larva de *Blastobasis glandulella* (Riley) alimenta-se no interior de bolotas escavadas por larvas dos gorgulhos das nozes. As larvas passam o inverno nas bolotas e os adultos aparecem no verão seguinte. Espécies de *Holcocera* atacam coníferas no oeste. As larvas de *Zenodochium coccivorella* (Chambers) são parasitas internos de fêmeas de coccídeos galhadores do gênero *Kermes*. Esta espécie foi encontrada na Flórida. Existem 113 espécies norte-americanas de blastobasíneos.

Subfamília **Momphinae:** Estas mariposas são pequenas, com as asas longas e estreitas e agudamente pontiagudas no ápice. São muito semelhantes a alguns Elachistinae e Cosmopteriginae e, uma vez que estas famílias são separadas principalmente pela estrutura da genitália masculina, alguns gêneros nestas famílias não podem ser identificados por nossa chave (que é baseada principalmente na venação alar). A maioria dos monfíneos apresenta padrões sutis, porém coloridos, nas asas anteriores, em especial no ápice das asas. A maioria das 40 espécies norte-americanas pertence ao gênero *Mompha*. Suas larvas são minadoras ou galhadoras principalmente em membros de Onagraceae.

Família **Autostichidae:** Os três gêneros e espécies são raramente coletados. Suas larvas são detritívoras de tecido vegetal. A maioria das espécies ocorre em áreas secas do Paleártico, do Mediterrâneo até a China.

Família **Peleopodidae:** Este grupo tropical é encontrado nos Estados Unidos apenas no extremo sul. Duas espécies ocorrem na América do Norte.

Família **Amphisbatidae:** Espécies desta família eram incluídas em Oecophoridae. As características genitais e abdominais são úteis para se reconhecer este grupo, originário principalmente do Novo Mundo. As larvas de *Machimia tentoriferella* Clemens enrolam ou amarram folhas de espécies de aproximadamente 20 gêneros de plantas. Adultos de *Psilocorsis reflexella* Clemens apresentam padrões de cores e características genitais altamente variáveis.

Família **Cosmopterigidae:** Este é um grupo de tamanho razoável (180 espécies norte-americanas) de pequenas mariposas que apresentam asas longas e estreitas, pontiagudas no ápice (Figura 30-35B). Algumas espécies apresentam cores relativamente vivas. A maioria destas mariposas é minadora de folhas no estágio larval. Outras, como de *Lymnaecia phragmitella* Stainton, alimentam-se das inflorescências da planta hospedeira. A lagarta rósea, *Pyroderces rileyi* (Walsingham) (Figura 30-35B), alimenta-se de cápsulas de algodão. Um membro um pouco aberrante deste grupo, *Euclemensia bassettella* Clemens (classificado na subfamília Antequerinae), é um parasita interno de fêmeas de coccídeos galhadores do gênero *Kermes*. A maioria das espécies do gênero *Cosmopterix*, que apresentam o mesmo padrão no mundo todo, tem cor escura, com uma faixa dourada perto do ápice nas asas anteriores.

Família **Gelechiidae:** Esta família é uma das maiores dos microlepidópteros (cerca de 850 espécies norte-americanas), e muitas espécies são razoavelmente comuns. As mariposas são todas muito pequenas. As veias R_4 e R_5 nas asas anteriores são pedunculadas na base (raramente, são fundidas em toda a sua extensão) e A_{1+2} é bifurcada na base. As asas posteriores apresentam uma margem externa um pouco pontiaguda e recurvada (Figura 30-31C). As larvas de gelequídeos variam em hábitos. Algumas são minadoras de folhas, outras formam galhas, muitas dobram ou enrolam folhas e uma espécie constitui uma praga de grãos armazenados.

A traça-dos-cereais, *Sitotroga cerealella* (Olivier), é uma praga considerável de grãos armazenados. A larva alimenta-se das sementes de milho, trigo e outros grãos e o adulto, ao emergir, deixa um orifício de emergência evidente em uma extremidade do grão. O grão pode ser infestado por este inseto no crescimento ou durante o armazenamento. O grão armazenado pode ser completamente destruído pelo inseto. A mariposa adulta é marrom-acinzentado-clara, com envergadura alar de cerca de 13 mm.

A lagarta-rosada, *Pectinophora gossypiella* (Sasobs) (Figura 30-35A), é uma praga de algodão no sul e sudoeste. As larvas atacam as cápsulas e perdas de até 50% da lavoura não são raras nos campos infestados por este inseto.

Muitas espécies do gênero *Gnorimoschema* formam galhas nos caules da planta alimentícia, com diferentes espécies atacando diferentes variações da planta. As galhas são alongadas, fusiformes, com paredes relativamente finas (Figura 30-36). A larva empupa na galha, porém, antes de empupar, corta uma abertura (não completamente pela parede) na extremidade superior da galha. Quando o adulto emerge, pode facilmente sair por esta abertura. A pupação ocorre na metade ou final do verão e os adultos emergem e depositam seus ovos em plantas mais velhas no outono. Os ovos eclodem na primavera seguinte.

Phthorimaea operculella (Zeller), o bicho-da-batatinha, é uma praga de batatas e plantas relacionadas. As larvas minam as folhas e perfuram os tubérculos. *Aroga websteri* Clarke causa desfolhamento periódico e mata a artemísia em grandes áreas na faixa oeste. Espécies do gênero *Coleotechnites* são minadores de folhas em coníferas. Às vezes constituem pragas sérias.

SUPERFAMÍLIA **Zygaenoidea:** Seis famílias constituem os Zygaenoidea na América do Norte. Estão associados ao fato de a larva de último instar apresentar a cabeça retrátil. A maioria raramente é coletada.

Família **Epipyropidae – parasitas de Fulgorídeos:** Estas mariposas são únicas, porque as larvas são parasitas de fulgorídeos (Fulgoroidea) e outros Hemiptera Auchenorrhyncha. A larva da mariposa alimenta-se na superfície dorsal do abdômen do fulgorídeo, sob suas asas. Estas mariposas são relativamente raras e apenas

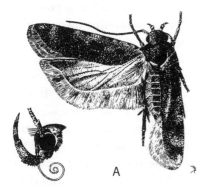
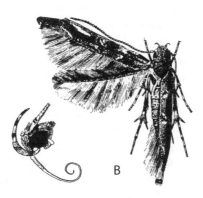

Figura 30-35 A, a lagarta-rosada, *Pectinophora gossypiella* (Sasobs) (Gelechiidae); B, adulto da lagarta rósea, *Pyroderces rileyi* (Walsingham) (Cosmopterigidae); ampliado 4X. Inserções: vistas laterais das cabeças.

uma única espécie ocorre nos Estados Unidos. Esta é *Fulgoroecia exigua* (Edwards), uma mariposa púrpura-acastanhado-escura com asas amplas, antenas pectinadas e envergadura alar entre 8 mm e 13 mm.

Família **Megalopygidae** – **mariposas-de-flanela:** Estas mariposas possuem uma cobertura densa de escamas misturadas com pelos finos e curvados, o que dá aos insetos um aspecto um tanto lanuginoso. Apresentam um tamanho de médio a pequeno e, em geral, têm cor acastanhada. As larvas também são pilosas e, além dos cinco pares de falsas-pernas usuais, apresentam dois pares semelhantes a ventosas e não possuem crochetes. As larvas, ou taturanas, possuem espinhos urticantes sob os pelos que podem causar irritação ainda mais intensa que aquelas causadas por limacodídeos. Os casulos são resistentes e equipados com uma tampa, como nos Limacodidae. Em geral, são formados em ramos. A mariposa-de-flanela *Lagoa crispata* (Packard) é uma espécie comum do leste dos Estados Unidos. É uma mariposa amarelada com manchas ou faixas acastanhadas nas asas e com envergadura alar de pouco mais de 25 mm. A larva alimenta-se de amora-preta, framboesa, maçã e outras plantas. Este grupo é pequeno, com apenas 11 espécies norte-americanas.

Família **Limacodidae** – **lagartas-lesmas:** Estes insetos são chamados "lagartas-lesmas" porque as larvas são curtas, carnosas e semelhantes a lesmas. As pernas torácicas são pequenas, não há falsas-pernas e as larvas se deslocam com um movimento rastejante. Muitas larvas apresentam formas curiosas ou marcas evidentes. Os casulos são densos, acastanhados e ovais, e apresentam uma tampa em uma das extremidades, que é empurrada para fora pelo adulto quando ele emerge. As mariposas adultas têm tamanho pequeno a médio, são robustas, pilosas e, em geral, acastanhadas, com uma mancha grande e irregular, verde, prateada ou de outra cor.

Uma das espécies mais comuns deste grupo é a lagarta-tanque, *Sibine stimulea* (Clemens). A larva é verde com uma mancha marrom em forma de sela no dorso. Estas larvas possuem pelos urticantes e podem causar irritação severa na pele. Alimentam-se de folhas de várias árvores.

Família **Dalceridae:** Este é um grupo Neotropical, com uma espécie relatada no Arizona, *Dalcerides ingenita* (Edwards). Esta mariposa é relativamente lanosa e lembra uma mariposa-de-flanela. Tem asas anteriores amarelo-escuras ou alaranjadas, asas posteriores alaranjadas e envergadura alar entre 18 mm e 24 mm.

Família **Lacturidae:** As seis espécies de *Lactura* eram anteriormente classificadas em Yponomeutidae. Ocorrem principalmente no sul dos Estados Unidos. *Lactura pupula* (Hübner) do sudeste apresenta asas

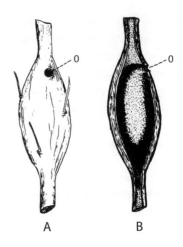

Figura 30-36 Galha do galhador, *Gnorimoschema* sp. (Gelechiidae). A, vista externa; B, a galha aberta por um corte. *o*, abertura; corte pela larva antes da pupação, pelo qual o adulto emerge e escapa.

anteriores de cor creme, possui linhas pretas anterior e distalmente e manchas pretas posteriormente. As asas posteriores são uniformemente alaranjadas.

Família **Zygaenidae** – **Zigaenídeos:** Os zigaenídeos são mariposas pequenas, cinzas ou pretas, em geral com um protórax avermelhado e muitas vezes de outras cores vivas. Algumas espécies exóticas, como as mariposas silvestres europeias e algumas grandes espécies chinesas, com frequência são muito coloridas. As larvas possuem pelos em tufos, e a espécie mais comum norte-americanas alimenta-se de videiras ou hera americana. A praga da videira, *Harrisina americana* (Guérin-Méneville), é uma espécie comum deste grupo. O adulto é uma mariposa pequena, de asas estreitas, esfumaçadas com um colar avermelhado, e as larvas são amarelas com manchas pretas. Várias destas larvas alimentam-se na mesma folha, alinhadas em filas de formação militar enquanto esqueletizam a folha. Existem 22 espécies norte-americanas de zigaenídeos.

SUPERFAMÍLIA **Sesioidea:** Sesiidae constitui a única família de Sesioidea na América ao norte do México.

Família **Sesiidae** – **Sesiídeos:** A maior parte de um ou ambos os pares de asas desta família não possuem escamas e muitas espécies são notavelmente parecidas com vespas. As asas anteriores são longas e estreitas, com as veias anais reduzidas, e as asas posteriores são amplas, com a área anal bem desenvolvida (Figura 30-37). Os sesiídeos apresentam um mecanismo de acoplamento das asas semelhante ao de Hymenoptera. Muitas espécies têm cores vivas e são ativas durante o dia. Os dois sexos, com frequência, exibem coloridos diferentes e, em alguns casos, diferem na quantidade de áreas claras nas asas. As larvas são brocadoras de

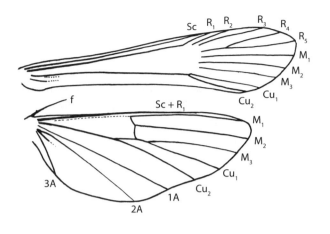

Figura 30-37 Asas de *Synanthedon* (Sesiidae). *f*, frênulo.

raízes, caules, taquaras ou troncos de plantas ou árvores e causam danos consideráveis. Existem 115 espécies de sesiídeos na América do Norte.

A broca do pessegueiro, *Synanthedon exitiosa* (Say), é uma das espécies mais importantes desta família. As fêmeas depositam seus ovos em troncos de pessegueiros perto do solo e as larvas perfuram a árvore imediatamente abaixo da superfície, envolvendo a árvore. Há uma geração por ano, e as larvas passam o inverno em suas escavações na árvore. A fêmea possui as asas anteriores completamente escamadas, e o abdômen é marcado com uma faixa alaranjada larga. O macho possui tanto as asas anteriores quanto posteriores em grande parte claras e o abdômen exibe anéis com várias faixas amarelas estreitas. Os adultos são ativos durante todo o verão. *S. pictipes* (Grote e Robinson) apresenta hábitos semelhantes, porém as larvas perfuram o tronco e ramos maiores. Os dois sexos lembram os machos de *S. exitiosa*.

A broca das curcubitáceas, *Melittia cucurbitae* (Harris), é uma praga de abóboras e plantas relacionadas. As larvas perfuram os caules e destroem a planta. Esta espécie passa o inverno como pupa no solo. Os adultos são um pouco maiores que as brocas do pessegueiro e apresentam asas anteriores verde-oliva e asas posteriores claras. As pernas posteriores são intensamente clavadas, com uma franja longa de escamas alaranjadas.

A broca da groselha, *Synanthedon tipuliformis* (Clerck), é uma mariposa pequena com envergadura alar de 18 mm. A larva perfura os caules de groselheiras e a pupação ocorre nos caules. Os adultos surgem no início do verão.

Feromônios sexuais de sesiídeos foram sintetizados para a captura de machos de algumas espécies de pragas, como a broca do pessegueiro, e estes feromônios atraem quase todos os sesiídeos machos.

Família **Cossidae – Mariposas Carpinteiras e Mariposas-leopardos:** Os cossídeos são brocadores e alimentam-se de madeira no estágio larval; este hábito inclui a família entre os Lepidoptera superiores. Os adultos têm tamanho médio, corpo pesado e as asas são manchadas ou pontilhadas. A larva carpinteira, *Prionoxystus robiniae* (Peck), é uma espécie comum que ataca várias árvores. O adulto é cinza pontilhado e apresenta envergadura alar de cerca de 50 mm. Estes insetos, algumas vezes, lesam as árvores de maneira grave. A mariposa-leopardo, *Zeuzera pyrina* (L.), uma mariposa discretamente menor com asas pálidas e marcadas com grandes pontos pretos, tem hábitos semelhantes. Estas mariposas necessitam de dois ou três anos para completar seu ciclo de vida. Cerca de 45 espécies ocorrem na América do Norte.

SUPERFAMÍLIA **Tortricoidea:** Todas as fêmeas dos membros da única família Tortricidae apresentam lobos ovipositores grandes e achatados. A veia CuA_2 se origina bem antes da extremidade da célula das asas anteriores e é característica dos adultos.

Família **Tortricidae:** Esta é uma das maiores famílias de microlepidópteros, com cerca de 1.200 espécies norte-americanas, e muitos de seus membros constituem mariposas comuns. Este grupo contém várias espécies de pragas importantes. Estas mariposas são pequenas, cinzas, pardas ou marrons e exibem faixas escuras ou áreas pontilhadas nas asas ou ocasionalmente coloridas com manchas metálicas. As asas anteriores apresentam o ápice relativamente quadrado. As asas em repouso são mantidas como um telhado sobre o corpo. Os hábitos das larvas variam, mas muitas espécies enrolam ou amarram folhas, alimentando-se de plantas perenes. Muitas são brocadoras de várias partes da planta.

Um tortricídeo que constitui uma praga importante de macieiras e outras frutas é o bicho-da-maçã, *Cydia pomonella* (L.). Os adultos aparecem no final da primavera e depositam os ovos, que são achatados e transparentes, sobre a superfície das folhas. As larvas jovens rastejam até macieiras jovens e roem, abrindo caminho até as frutas, entrando pela extremidade da florescência. Têm cores claras com cabeça escura. Completam seu desenvolvimento nas frutas e empupam no solo, sob cascas de árvores ou em situações semelhantes. No leste dos Estados Unidos, uma segunda geração ocorre no final do verão, com as larvas totalmente desenvolvidas passando o inverno em casulos sob as cascas de macieiras e outros locais protegidos.

A mariposa oriental das frutas, *Grapholitha molesta* (Busck), é uma espécie oriental amplamente distribuída nos Estados Unidos. Constitui uma praga de pêssegos e outras frutas. Apresenta várias gerações ao ano. As larvas da primeira geração são brocadoras de ramos verdes jovens e as larvas das gerações posteriores são brocadoras de frutas, de modo muito semelhante ao bicho-da-maçã. O inverno é passado no estágio de larva totalmente desenvolvida em um casulo.

Este grupo inclui várias pragas florestais consideráveis. Talvez a mais séria seja *Choristoneura*, particularmente *C. fumiferana* (Clemens) no leste e *C. occidentalis* Freeman no oeste. Estes insetos são desfolhadores muito sérios, alimentando-se dos brotos de novas folhagens e, às vezes, surgem em grandes surtos. Ataques contínuos podem matar a árvore. *Acleris gloverana* (Walsingham) com frequência causa danos extensos em várias coníferas nos estados da Costa Oeste e no oeste do Canadá. Às vezes, ocorre também em números epidêmicos. O gênero *Rhyacionia* contém as mariposas dos ponteiros – várias espécies cujas larvas minam brotos e botões de pinheiros jovens. As árvores atacadas raramente são mortas, mas ficam deformadas e seu crescimento é retardado. *Archips argyrospilus* (Walker) é um tortricídeo muito comum que cria um ninho de folhas disforme em árvores frutíferas e florestais e causa desfolhamento drástico.

Várias outras espécies desta família ocasionalmente são destrutivas em diversas lavouras. A traça da baga-da-uva, *Endopiza viteana* Clemens, alimenta-se no estágio larval das frutas da videira. Apresenta duas gerações ao ano. O enrolador das folhas de morango, *Ancylis comptana* (Frölich), ataca a folhagem de morangos e causa danos severos. *Rhopobota naevana* (Hübner) é uma praga comum que se alimenta de cabeças de trifólios, destruindo os brotos não abertos e reduzindo a colheita de sementes. Este inseto apresenta três gerações ao ano e passa o inverno como pupa.

Uma espécie desta família que apresenta alguma curiosidade é a mariposa do feijão saltador mexicano, *Cydia deshaisiana* (Lucas). A larva vive nas sementes de paredes finas de *Sebastiana* e, após consumir o interior da semente, joga-se forçosamente contra a parede fina quando perturbada, causando os movimentos saltadores da semente.

Esta família é dividida em três subfamílias, Chlidanotinae, Tortricinae e Olethreutinae.

A tribo Cochylini (Tortricinae) inclui várias espécies cujas larvas são tecedoras de teias e brocadoras. A maioria ataca plantas herbáceas. Os adultos são semelhantes aos outros Tortricidae, porém a veia CuP está completamente ausente nas asas anteriores e Cu_2 das asas anteriores é originada no quarto distal da célula discal; M_1 nas asas posteriores, em geral, é pedunculada com Rs. *Aethes rutilana* (Hübner) amarra as folhas para formar um tubo onde a larva vive. O adulto desta espécie apresenta envergadura alar de cerca de 25 mm, e as asas anteriores são alaranjadas, marcadas com quatro faixas transversais acastanhadas.

Existem 110 espécies norte-americanas de Cochylini e apenas três de Chlidanotinae. O último grupo é tropical e as espécies norte-americanas pertencem ao gênero *Thaumatographa* (= *Hilarographa*).

SUPERFAMÍLIA **Galacticoidea:** A pequena e relativamente anômala família Galacticidae apresenta uma espécie introduzida na América do Norte.

Família **Galacticidae:** Esta família inclui a lagarta-de-teia da mimosa, *Homadaula anisocentra* Meyrick, que foi introduzida e constitui um desfolhador drástico de mimosas e acácias-meleiras. Este inseto foi registrado nos Estados Unidos, pela primeira vez, em 1942, em Washington, DC. Desde então, se espalhou para o sul até a Flórida e para o oeste até Kansas e Nebraska e existe uma pequena colônia nas vizinhanças de Sacramento, Califórnia.

SUPERFAMÍLIA **Choreutoidea:** A única família Choreutidae era classificada em Yponomeutoidea, porém a probóscide com escamas e palpos maxilares muito pequenos são distintivos.

Família **Choreutidae:** Os membros desta família consistem em pequenas mariposas diurnas, um pouco semelhantes ao Tortricidae em aspecto geral, mas mais coloridas, com asas relativamente amplas, uma probóscide com escamas e ocelos grandes. As larvas são principalmente amarradoras de folhas. *Choreutes pariana* (Clerck) é uma praga de macieiras, especialmente na Colúmbia Britânica. Sua distribuição abrange o sul do Canadá, seguindo para o sul até a Nova Inglaterra, Colorado e Óregon. Esta espécie também ocorre na Europa, de onde foi trazida para a América do Norte. Espécies tropicais às vezes chegam até a Flórida e a fauna norte-americana total de coreutídeos consiste em cerca de 40 espécies.

SUPERFAMÍLIA **Urodoidea:** A família essencialmente tropical Urodidae é o único membro da superfamília Urodoidea na América do Norte.

Família **Urodidae:** *Urodes parvula* (Hy. Edwards) ocorre na Flórida, onde é comum. A larva alimenta-se de *Persea, Bumelia, Hibiscus* e outras plantas. A espécie europeia *Wockia asperipuntella* (Bruand) foi trazida ao nordeste dos Estados Unidos.

SUPERFAMÍLIA **Schreckensteinioidea:** Os membros da única família são semelhantes aos heliodiníideos e estatmopodíneos quanto à forma das asas e ao hábito do adulto de manter as pernas posteriores para cima quando em repouso. Diferem por não possuírem uma probóscide com escamas e ocelos.

Família **Schreckensteiniidae:** Três espécies desta família ocorrem na América do Norte. As larvas alimentam-se de *Rubus*.

SUPERFAMÍLIA **Epermenioidea:** Esta superfamília apresenta uma única família cosmopolita.

Família **Epermeniidae:** Este é um pequeno grupo (11 espécies norte-americanas) de mariposas anteriormente classificadas em Scythrididae. A margem posterior das asas anteriores apresenta um ou mais grupos triangulares de escamas. As larvas de *Epermenia pimpinella* Murtfeldt formam minas intumescidas em salsa. A pupa é envolta por um casulo relativamente frágil na superfície inferior de uma folha ou em um ângulo do pecíolo da folha.

SUPERFAMÍLIA **Alucitoidea:** A superfamília Alucitoidea, um grupo pequeno, de distribuição mundial, apresenta uma família na América do Norte.

Família **Alucitidae – mariposas poliplumadas:** Os alucitídeos lembram os pteroforídeos, porém apresentam as asas divididas em seis plumas. Apenas uma espécie nomeada nesta família, *Alucita hexadactyla* L., ocorre nos Estados Unidos. Os adultos apresentam envergadura alar de cerca de 13 mm. Este inseto foi introduzido e ocorre nos estados do nordeste. Existem várias espécies não descritas de Alucitidae na América do Norte.

SUPERFAMÍLIA **Pterophoroidea:** A única família dos Pterophoroidea ocorre quase no mundo todo.

Família **Pterophoridae – mariposas de plumas:** Estas mariposas são pequenas, delgadas e, em geral, cinzas ou acastanhadas, apresentando as asas divididas em duas ou três plumas. O gênero *Agdistis* é incomum por não possuir as divisões na asa. A asa anterior apresenta duas divisões e a asa posterior, três. As pernas são relativamente longas. Em repouso, as asas anteriores e posteriores são dobradas juntas e mantidas horizontalmente, em ângulo reto em relação ao corpo. As larvas das mariposas de plumas são enroladoras de folhas e brocadoras de caules e, às vezes, causam danos sérios. A mariposa de plumas, *Geina periscelidactilo* (Fitch), é comum em videiras. As larvas unem as porções terminais das folhas e alimentam-se no interior deste abrigo. Muitas mariposas de plumas apresentam pupas muito espinhosas. Este é um grupo de tamanho razoável, com mais de 146 espécies na América do Norte.

SUPERFAMÍLIA **Copromorphoidea:** A superfamília Copromorphoidea é um grupo relativamente pequeno de, no máximo, 16 espécies em duas famílias.

Família **Copromorphidae:** Este é um grupo predominantemente tropical, com apenas cinco espécies ocorrendo nos Estados Unidos e Canadá. São encontradas ao longo da costa do Pacífico, da Colúmbia Britânica até o México, e ao leste até o Colorado. São semelhantes aos Carposinidae, mas diferem por possuírem todos os três ramos de M presentes nas asas posteriores. A larva de *Lotisma trigonana* Walsingham é brocadora de frutos de *Arbutus* e *Gaultheria* (Ericaceae). As outras espécies da família pertencem ao gênero *Ellabela*.

Família **Carposinidae:** As mariposas deste grupo possuem asas relativamente amplas com tufos de escamas nas asas anteriores e não há M_2 (e, em geral, nem M_1) nas asas posteriores. Este grupo é pequeno, com apenas 11 espécies na América do Norte. As larvas que têm hábitos conhecidos são brocadoras de frutas, brotos de plantas e gemas nas árvores frutíferas. As larvas do bicho da groselha, *Carposina fernaldana* Busck, alimentam-se dos frutos da groselheira. A fruta infestada cedo ou tarde cai e as larvas empupam no solo.

Família **Hyblaeidae:** Estas mariposas são semelhantes aos Noctuidae, mas diferem por possuírem duas veias anais distintas nas asas anteriores. Este é um grupo tropical, do qual uma espécie ocasionalmente ocorre nos estados do sul. Esta espécie é *Hyblaea puera* (Cramer), que possui asas anteriores acastanhadas e posteriores amareladas com duas faixas transversais marrons escuras. Tem envergadura alar de cerca de 26 mm. As larvas de hiblaeídeos da Austrália podem regurgitar o conteúdo de seus intestinos, esguichando-o por vários centímetros quando perturbadas.

SUPERFAMÍLIA **Thyridoidea:** Os tiridoídeos não possuem tímpanos abdominais e exibem probóscide nua, características que os distinguem dos Pyraloidea. Suas larvas compartilham com os hiblaeídeos a capacidade de regurgitar o conteúdo intestinal.

Família **Thyrididae – Tirídídeos:** Com frequência, os tirídídeos são pequenos, de cor escura, e apresentam espaços claros nas asas. Todos os ramos da radial estão presentes e se originam na célula discal geralmente aberta (Figura 30-23A). Algumas larvas escavam ramos e caules e causam intumescimentos semelhantes a galhas. Outras se alimentam de flores e sementes. A espécie mais comum do leste provavelmente é *Dysodia ocultana* Clemens, que ocorre no vale de Ohio. As larvas de *Dysodia* formam rolos de folhas com um discreto, porém desagradável e perceptível, odor. Algumas espécies tropicais são mais coloridas e podem ocorrer nas Flórida Keys.

SUPERFAMÍLIA **Pyraloidea – Mariposas com Focinho e Mariposa das Gramíneas:** A superfamília Pyraloidea é a terceira maior da ordem, com mais de 1.375

espécies ocorrendo nos Estados Unidos e Canadá. A maioria dos piraloídeos consiste em mariposas pequenas e relativamente delicadas, e todas possuem órgãos timpânicos abdominais e uma probóscide com escamas. As asas anteriores são alongadas ou triangulares, com a cubital aparentando ter quatro ramificações, e as asas posteriores são amplas. As veias Sc e R nas asas posteriores são próximas e paralelas, em oposição à célula discal (a base de R, em geral, é atrofiada), e estão fundidas ou correm próximas e paralelas por uma curta distância além da célula discal (Figura 30-15). Uma vez que os palpos labiais são projetados, estas mariposas algumas vezes são chamadas de "mariposas com focinho".

Os membros desta superfamília variam muito em aspecto, venação e hábitos. A superfamília consiste em duas famílias, que são divididas em várias subfamílias, das quais apenas algumas são mencionadas aqui.

Família **Pyralidae:** Nesta família, o precinctorium está ausente e o envoltório timpânico é fechado medianamente. As subfamílias norte-americanas representativas são Galleriinae, Chrysauginae, Pyralinae, Epipaschiinae e Phycitinae.

Subfamília **Galleriinae:** O membro mais conhecido desta subfamília é a mariposa-das-colmeias ou mariposa-da-cera, *Galleria mellonella* (L.). A larva ocorre em colmeias de abelhas, nas quais se alimenta de cera. Em geral, não causa dano considerável. O adulto tem asas anteriores acastanhadas e envergadura alar de cerca de 25 mm.

Subfamília **Pyralinae:** Esta subfamília (27 espécies norte-americanas) constitui um grupo de pequenas mariposas. As larvas da maioria das espécies alimentam-se de matéria vegetal seca. Uma das espécies mais importantes desta subfamília é a mariposa-da-farinha, *Pyralis farinalis* L. A larva alimenta-se de cereais e farinha e cria tubos de seda nestes materiais. As larvas do feno de trevo, *Hypsopygia costalis* (Fabricius), vivem em montes antigos de feno de trevo.

Subfamília **Phycitinae:** Esta subfamília é grande (cerca de 400 espécies norte-americanas) e a maioria de seus membros possui asas anteriores longas e estreitas e asas posteriores amplas. Os hábitos das larvas variam consideravelmente. As espécies mais conhecidas desta subfamília são as que atacam grãos armazenados: a traça indiana dos cereais, *Plodia interpunctella* (Hübner), e a traça-da-farinha do mediterrâneo, *Anagasta kuehniella* (Zeller). A primeira é uma mariposa cinza com os dois terços apicais das asas anteriores marrom-escuros e a última é uniformemente cinza. As duas mariposas são relativamente pequenas. As larvas da traça indiana dos cereais alimentam-se de cereais, frutas secas, farinha e nozes e tecem teias sobre estes materiais. Com frequência, causam enormes perdas em suprimentos de alimentos armazenados. A traça-da-farinha do mediterrâneo ataca todos os tipos de grãos e constitui uma praga severa em silos, depósitos, mercados e casas.

A mariposa-dos-cactos, *Cactoblastis cactorum* (Berg), foi introduzida na Austrália para controlar o figo-da-índia. Esta mariposa destruiu, com sucesso, o crescimento denso de cactos sobre um território de muitas milhas quadradas em Nova Gales do Sul e Queensland. Atualmente, ocorre no sul dos Estados Unidos (Flórida, Georgia, Carolina do Sul), provavelmente como uma introdução acidental.

Várias espécies de *Dioryctria* são brocadoras do câmbio de troncos, ramos e brotos de pinhas frescas e outras coníferas. São especialmente danosas para plantações ornamentais e florestais e a espécie que ataca as pinhas provavelmente é a que mais causa danos entre as pragas de insetos que atacam sementes de árvores florestais.

Outra espécie interessante desta subfamília é o piralídeo *Laetilia coccidivora* Comstock, cuja larva é predadora dos ovos e formas jovens de várias cochonilhas.

Família **Crambidae:** Nesta família, o precinctorium está presente e o tímpano é aberto medianamente. As subfamílias presentes na América do Norte são Scopariinae, Crambinae, Schoenobiinae, Cybalomiinae, Nymphulinae, Evergestinae, Glaphyriinae e Pyraustinae.

Subfamília **Crambinae – mariposas de asas fechadas ou mariposas das gramíneas:** Estas são mariposas comuns nos campos, onde as larvas (conhecidas como "lagartas-de-teia dos gramados") são brocadoras de caules, coroas ou raízes de gramíneas. A maioria alimenta-se na base das gramíneas, onde constroem teias de seda. As mariposas são esbranquiçadas ou marrom-amarelado-pálidas e, em repouso, mantêm as asas próximas sobre o corpo (daí o nome "asa fechada"). Uma espécie de praga desta subfamília é a broca da cana-de-açúcar, *Diatraea saccharalis* (Fabricius) (Figura 30-38), cuja larva é brocadora de colmos de cana-de-açúcar. A maioria das espécies neste grupo pertence ao gênero *Crambus* e gêneros relacionados.

Subfamília **Nymphulinae:** As larvas da maioria dos Nymphulinae são aquáticas, respirando por meio de brânquias traqueais e alimentando-se de plantas aquáticas. *Synclita obliteralis* (Walker) vive em plantas aquáticas de estufas, em envoltórios feitos de seda. As fêmeas adultas mergulham para depositar os ovos.

Subfamília **Pyraustinae:** Esta subfamília é um grupo grande (mais de 375 espécies norte-americanas). Muitos de seus membros são relativamente grandes e exibem manchas evidentes. A espécie mais importante desta subfamília é a broca-do-milho europeia, *Ostrinia*

Figura 30-38 A broca da cana-de-açúcar, *Diatraea saccharalis* (Fabricius) (Crambidae, Crambinae), 2X.

nubilalis (Hübner), que foi introduzida nos Estados Unidos aproximadamente em 1917 e, desde então, se espalhou por uma grande parte dos estados centrais e do leste. As larvas vivem em colmos de milho e outras plantas e causam grandes danos. Esta espécie possui uma ou duas gerações ao ano. Passam o inverno no estágio larval. As mariposas adultas apresentam envergadura alar de um pouco mais 25 mm e são marrom-amareladas com manchas mais escuras. O dobrador de folha das videiras, *Desmia funeralis* (Hübner), é uma mariposa preta com duas manchas brancas na asa anterior e uma mancha branca na asa posterior. A larva alimenta-se de folhas de videira, dobrando a folha e fixando-a com seda. A lagarta do melão, *Diaphania hyalinata* (L.), é uma mariposa branco-brilhante que apresenta bordas pretas nas asas. A larva alimenta-se da folhagem de melões e plantas relacionadas. Outras espécies importantes desta subfamília são a broca-das-curcubitáceas, *Diaphania nitidalis* (Stoll), e a lagarta-de-teia das hortaliças, *Achyra rantalis* (Guenée).

SUPERFAMÍLIA **Hesperioidea**: Uma única família, Hesperiidae, está incluída nesta superfamília.

Família **Hesperiidae – Diabinhos**: Os hesperídeos, em sua maior parte, são pequenos e de corpo robusto e recebem este nome devido a seu voo rápido e errático. Diferem das borboletas (Papilionoidea) pelo fato de que nenhuma das cinco ramificações de R nas asas anteriores são pedunculadas e todas são originadas na célula discal (Figura 30-8). As antenas são amplamente separadas na base e as pontas são recurvadas ou em gancho (Figura 30-7B). A maioria dos hesperídeos quando em repouso mantém as asas anteriores e posteriores em um ângulo diferente. As larvas são lisas, com a cabeça grande e o pescoço contraído. Alimentam-se no interior de um abrigo de folhas e a pupação ocorre em um casulo feito de folhas e unido com seda. A maioria das espécies passa o inverno como larvas, seja em abrigos de folhas ou em casulos.

Quase 300 espécies de hesperídeos ocorrem na América do Norte. A maioria, incluindo todas as espécies do leste, pertence a duas subfamílias, Pyrginae (Hesperiinae de alguns autores) e Hesperiinae (os Pamphilinae de alguns autores). Duas outras subfamílias, Pyrrhopyginae e Heteropterinae, ocorrem no sul e no sudoeste dos Estados Unidos.

Subfamília **Pyrrhopyginae**: Estes hesperídeos apresentam a clava antenal completamente defletida, ou seja, a ponta da antena é dobrada para trás antes da clava. Este grupo é principalmente tropical, mas uma espécie, *Pyrrhopyge araxes* (Hewitson), ocorre no sul do Texas e do Arizona. Este é um hesperídeo grande (envergadura alar entre 45 mm e 60 mm), de cor escura, com manchas claras nas asas anteriores. Suas asas são mantidas horizontalmente em repouso. As larvas alimentam-se de carvalho.

Subfamília **Pyrginae**: Nas asas anteriores dos Pyrginae, a célula discal tem pelo menos dois terços do comprimento da asa. M_2 tem origem na metade do espaço entre M_1 e M_3 e não é curvada na base (Figura 30-8A). As tíbias médias não possuem espinhos. Os machos de algumas espécies apresentam uma prega costal, um bolsão longo em forma de fenda perto da margem costal da asa anterior que serve como órgão odorífero. Algumas espécies possuem tufos de escamas nas tíbias. A maioria dos hesperídeos deste grupo são insetos relativamente grandes e acinzentados ou quase pretos.

Uma das maiores e mais comuns espécies nesta subfamília é o hesperídeo de manchas prateadas, *Epargyreus clarus* (Cramer). É marrom-escuro com uma grande mancha amarelada na asa anterior e uma prateada na superfície ventral da asa posterior. A larva alimenta-se de robínia e plantas relacionadas. As espécies passam o inverno como pupa.

Subfamília **Heteropterinae**: Este grupo é representado na América do Norte apenas por cinco espécies (uma no gênero *Carterocephalus* e quatro no gênero *Piruna*), que raramente são encontradas.

Subfamília **Hesperiinae – diabinhos fulvos, diabinhos gigantes**: Nestes hesperídeos, a célula discal nas asas anteriores corresponde a menos de dois terços do comprimento da asa. M_2 nas asas anteriores é curvada na base e tem origem mais perto de M_3 que de M_1 (Figura 30-8B). As tíbias médias têm espinhos. Os hesperídeos fulvos são acastanhados, com uma faixa escura oblíqua (chamada de *estigma* ou *mácula*) atravessando a asa dos machos. Esta faixa escura consiste em escamas que servem como saída para as glândulas odoríferas. Os diabinhos gigantes possuem envergadura alar de 40 mm ou mais e a clava antenal não é recurvada como na maioria dos outros hesperídeos. Diabinhos gigantes têm corpo robusto e voam rápido. Em repouso, mantém as asas verticalmente sobre o corpo. As larvas são brocadoras de caules e raízes de iuca e plantas relacionadas. As lagartas do agave são as larvas do diabinho gigante.

SUPERFAMÍLIA **Papilionoidea – borboletas:** As características do tórax unem as quatro famílias que possuem cerca de 560 espécies na América do Norte. Seu tamanho grande, padrões de cor evidentes e hábitos diurnos tornam as borboletas um elemento proeminente da fauna norte-americana.

Família **Papilionidae – rabos-de-andorinha e parnasianas:** Duas subfamílias de papilionídeos ocorrem na América do Norte, os Papilioninae e os Parnassiinae. Às vezes, são classificadas como famílias. Os Papilioninae (rabos-de-andorinha) são borboletas grandes, de cor escura, que apresentam a radial nas asas anteriores com cinco ramificações e exibem um ou mais prolongamentos em forma de cauda na margem anal das asas posteriores. A Parnassiinae (parnasianas) têm tamanho médio e são brancos ou cinzas com manchas escuras; a radial das asas anteriores possui quatro ramificações e não há prolongamento em forma de cauda nas asas posteriores.

Subfamília **Parnassiinae – parnasianas:** As parnasianas são borboletas de tamanho médio, brancas ou cinzas com manchas escuras nas asas. A maioria possui duas pequenas manchas avermelhadas nas asas posteriores. Estas borboletas empupam no solo, entre folhas caídas, em estruturas soltas semelhantes aos casulos. Após o acasalamento, o macho secreta uma substância que endurece e seca sobre a abertura genital da fêmea, prevenindo assim que outros machos inseminem a mesma fêmea. As parnasianas têm distribuição principalmente boreal e em montanhas.

Subfamília **Papilioninae – rabos-de-andorinha:** Este grupo contém as maiores e algumas das borboletas de cores mais bonitas dentre as norte-americanas. Em muitas espécies, os dois sexos têm coloridos um pouco diferentes. Este grupo contém a maior borboleta do mundo, a asa-de-pássaro, do sudeste da Ásia e Austrália; algumas apresentam envergadura alar de cerca de 255 mm. As larvas têm corpo liso e apresentam uma glândula odorífera eversível ou osmetério (Figura 30-3, *osm*). Esta glândula é evertida a partir da parte superior do protórax, quando a larva é perturbada e emite um odor desagradável. Algumas larvas apresentam marcas semelhantes a olhos na extremidade anterior e se parecem com a cabeça de um pequeno vertebrado. Esta semelhança, juntamente com aspecto de "língua bifurcada" da glândula odorífera, faz com que pareçam muito ferozes – embora, na verdade, sejam inofensivas. A crisálida é fixada a vários objetos pelo cremaster e é mantida em posição mais ou menos vertical por um cinturão de seda aproximadamente na metade do corpo (Figura 30-4A). O inverno é passado na crisálida.

As rabos-de-andorinha são de distribuição ampla, porém as seguintes espécies são razoavelmente comuns nos estados do leste: a rabo-de-andorinha preta, *Papilio polyxenes asterius* Stoll, é em grande parte preta, com duas fileiras de manchas amarelas ao redor da margem das asas. A fêmea apresenta um tom de azul entre as duas fileiras de manchas amarelas nas asas posteriores. A larva alimenta-se de folhas de cenoura, salsa e plantas relacionadas. A rabo-de-andorinha tigrada, *Papilio glaucus* L. (Figuras 35-18), é uma rabo-de-andorinha grande e amarela, com faixas pretas nas asas anteriores e margens das asas pretas. Em alguns indivíduos, as asas são quase totalmente pretas. A larva se alimenta de folhas de cerejeiras, bétula, álamo e várias outras árvores e arbustos. A borboleta da pimenteira, *Papilio troilus* L., é escura, com uma fileira de pequenas manchas amareladas ao longo das margens das asas anteriores e áreas cinza-azuladas extensas na metade posterior das asas posteriores. A larva alimenta-se de folhas de benjoim e sassafrás. A rabo-de-andorinha zebra, *Eurytides marcellus* (Cramer), é listrada em preto e branco esverdeado e apresenta cauda relativamente longa. A larva alimenta-se de folhas de mamoeiro. Esta espécie exibe uma variação considerável, porque os adultos que emergem em diferentes estações diferem discretamente em relação a suas manchas. *Battus philenor* (L.) é em grande parte preta, com as asas posteriores apresentando tons de verde metálico posteriormente. A larva alimenta-se de folhas de papo-de-peru. A rabo-de-andorinha gigante, *Papilio cresphontes* Cramer, é uma borboleta grande, de cor escura, com faixas de grandes manchas amarelas nas asas. A larva alimenta-se principalmente de folhas de plantas cítricas no sul e de freixo-espinhoso no norte.

Família **Pieridae – branquinhas, gemas:** Os pierídeos são borboletas de tamanho médio a pequeno, de cor branca ou amarelada e com manchas pretas na margem da asa. A radial na asa anterior tem três ou quatro ramificações (raramente cinco ramificações em algumas espécies de pierídeos). As pernas anteriores são bem desenvolvidas e as garras tarsais são bífidas. As crisálidas são alongadas e estreitas e são fixadas por um cremaster e um cinturão de seda ao redor da metade do corpo. Muitos pierídeos são borboletas muito comuns e abundantes e, às vezes, são vistas em massas e em migrações.

As 63 espécies norte-americanas de pierídeos estão dispostas em três subfamílias, Pierinae (branquinhas e outras), Coliadinae (gemas ou amarelas) e Dismorphiinae. Dismorphiinae constitui um grupo tropical, do qual apenas uma espécie ocasionalmente chega ao sul do Texas.

Subfamília **Pierinae – branquinhas e outros Pieríneos ("orange-tip"):** Estas borboletas em sua maioria são brancas. Em geral, há uma veia umeral distinta nas asas posteriores e o terceiro artículo dos palpos labiais é longo e afunilado. Uma das espécies mais comuns deste grupo é a borboleta da couve, *Pieris rapae* (L.), cuja larva causa dano considerável a crucíferas e plantas relacionadas. Apresenta duas ou mais gerações por ano e passa o inverno como crisálida. A borboleta dos pinheiros, *Neophasia menapia* (Felder e Felder), é branca e muito destrutiva em pinheiros ponderosa nos estados do noroeste nos Estados Unidos.

Os pieríneos "orange-tip" são borboletas brancas, pequenas, com manchas escuras. A face ventral das asas é pontilhada de verde e as asas anteriores de muitas espécies são pontilhadas de alaranjado. Estas borboletas são principalmente ocidentais. Apenas duas espécies ocorrem no leste, e são relativamente raras. As larvas alimentam-se de plantas crucíferas.

Subfamília **Coliadinae – gemas:** Estes pierídeos são amarelos ou alaranjados e apresentam as asas com margens pretas. Raramente, são brancos com as margens das asas pretas. A veia umeral na asa posterior está ausente (Figura 30-13B), ou é representada apenas por um toco, e o terceiro artículo dos palpos labiais é curto. Muitas espécies ocorrem em duas ou mais formas de cores sazonais. Uma borboleta comum deste grupo é a lagarta-da-alfalfa, *Colias eurytheme* Boisduval. A maioria dos indivíduos desta espécie é alaranjada com as margens das asas pretas, porém algumas fêmeas são brancas. As larvas alimentam-se de trifólios e plantas relacionadas e causam danos sérios em lavouras. *C. philodice* Godart é amarela com margens pretas. Pode ser encontrada em grandes números ao redor de poças de lama ao longo de rodovias. A larva alimenta-se de trifólios. As fêmeas destas borboletas possuem uma faixa marginal preta nas asas, mais larga que a dos machos, e há manchas claras nesta faixa, particularmente nas asas anteriores.

Família **Lycaenidae – borboleta-cobre, bandeirinha, azulzinha, miletínea e metálica:** Estas são borboletas pequenas, delicadas, de cores vivas e algumas são muito comuns. O corpo é delgado, as antenas possuem anéis brancos e uma linha de escamas brancas envolve os olhos. A radial nas asas anteriores tem três ou quatro ramificações (três ramificações em alguns Lycaeninae, quatro ramificações em outros casos). M_1 nas asas anteriores tem origem no ângulo apical superior da célula discal ou perto dele (exceto em alguns Miletinae, ver Figura 30-39A) e não há veia umeral nas asas posteriores (exceto em Riodininae; Figuras 30-12B, 30-14B, 30-39). As pernas anteriores são normais nas fêmeas, mas são mais curtas e não possuem garras tarsais nos machos. As larvas de licenídeos são achatadas e semelhantes a lesmas; muitas secretam "honeydew", que atrai formigas, e algumas vivem em formigueiros.

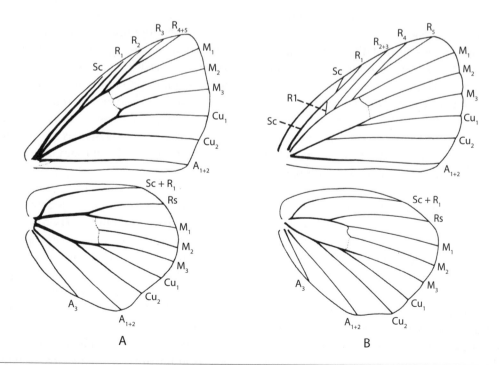

Figura 30-39 Asas de Lycaenidae. A, miletíneo (Miletinae); B, azulzinha (Lycaeninae).

As crisálidas são razoavelmente lisas e são fixadas pelo cremaster, com um cinturão de seda aproximadamente na metade do corpo. Os adultos apresentam um voo rápido.

Cerca de 160 espécies norte-americanas de Lycaenidae estão organizadas em três subfamílias, Riodininae, Miletinae (Gerydinae, Liphyrinae) e Lycaeninae (Polyommatinae, Theclinae).

Subfamília **Riodininae – Metálicas:** As metálicas são borboletas pequenas e de cores escuras que diferem dos outros licenídeos por possuírem a margem costal das asas posteriores espessada até o ângulo umeral e por apresentarem uma veia umeral curta (Figura 30-14A). A maioria das espécies deste grupo é tropical ou ocidental e apenas três ocorrem no leste. *Calephelis virginiensis* (Guérin-Méneville), com envergadura alar de cerca de 20 mm, ocorre nos estados do sul e a metálica do norte, *Calephelis borealis* (Grote e Robinson), com envergadura alar entre de 25 mm e 30 mm, até Nova York e Ohio. A primeira é razoavelmente comum no sul, porém a metálica do norte é muito rara. As larvas alimentam-se de tasna, cardo e outras plantas.

Subfamília **Miletinae – Miletíneos:** Os miletíneos diferem de outros licenídeos por possuírem M_1 nas asas anteriores pedunculadas com um ramo de R por uma curta distância além da célula discal (Figura 30-39A). *Feniseca tarquinius* (Fabricius) é o único membro deste grupo que ocorre nos Estados Unidos. É uma borboleta acastanhada com uma envergadura alar de cerca de 25 mm. A larva é predadora de pulgões e é uma das poucas larvas lepidópteras predadoras. Esta espécie é relativamente local e rara e (apesar de seu nome) viaja pouco.

Subfamília **Lycaeninae – borboletas-cobre, bandeirinhas, azulzinhas:** As borboletas-cobre são borboletas pequenas, vermelhas, alaranjadas ou castanhas (com um acobreado) com manchas pretas. O último ramo de R nas asas anteriores (R_{3-5}) é bifurcado (com os ramos R_3 e R_{4+5}) e tem origem no ângulo apical superior da célula discal (Figura 30-14B). Estas borboletas vivem em áreas abertas como pântanos e campos e ao longo de rodovias.

A borboleta-cobre americana, *Lycaena phlaeas americana* Harris, é uma das espécies mais comuns neste grupo. Os adultos são muito belicosos e, com frequência, "voam" para outras borboletas (e até mesmo para os colecionadores!). As larvas alimentam-se de labaça (Rumex).

As bandeirinhas são cinza-escuras ou acastanhadas, com faixas delicadas na face ventral das asas e manchas avermelhadas pequenas na margem posterior das asas posteriores. As asas posteriores possuem duas ou três caudas delicadas semelhantes a fios de cabelos. Existem apenas três ramos de R nas asas anteriores e o último não é ramificado (Figura 30-12B). Estas borboletas apresentam voo rápido e impetuoso e são comumente encontradas nos campos, ao longo de rodovias e em outras áreas abertas.

Uma das espécies mais comuns do leste dos Estados Unidos é a bandeirinha cinza, *Strymon melinus* Hübner. A larva é brocadora de frutas e sementes de leguminosas, algodão e outras plantas. A bandeirinha púrpura, *Atlides halesus* (Cramer), é a maior espécie do leste, com envergadura alar de pouco mais de 25 mm. Tem cores vivas – azul, púrpura e preta – e relativamente iridescentes. Ocorrem nos estados do sul. As espécies de *Incisalia* são pequenas, acastanhadas, ocorrem no início da primavera e não possuem caudas, mas exibem bordas onduladas nas asas posteriores.

As azulzinhas são borboletas pequenas, delicadas, de corpo delgado, cuja superfície superior das asas é azul. As fêmeas são mais escuras que os machos e algumas espécies ocorrem em duas ou mais formas de cores. O último ramo de R nas asas anteriores é bifurcado (como nas borboletas-cobre), mas se origina um pouco mais proximalmente ao ângulo apical anterior da célula discal (Figura 30-39B). Muitas larvas secretam "honeydew", o que atrai as formigas.

Uma das espécies mais comuns e dispersas neste grupo é a azulada-da-primavera, *Celastrina argiolus* (L.). Esta espécie exibe uma variação geográfica e sazonal considerável em tamanho e cor. As espécies de *Everes* apresentam prolongamentos delicados em forma de cauda nas asas posteriores.

Família **Nymphalidae – Ninfalídeos:** Este é um grupo relativamente grande (cerca de 210 espécies norte-americanas) e inclui muitas borboletas comuns. O nome comum da família refere-se ao fato de que as pernas anteriores são muito reduzidas, não possuem garras e apenas as pernas médias e posteriores são usadas para caminhar. As crisálidas são suspensas pelo cremaster (Figura 30-4B). Esta família é dividida em oito subfamílias.

Subfamília **Libytheinae – borboletas bicudas:** Estas borboletas pequenas e acastanhadas possuem palpos longos e projetados. Os machos apresentam pernas anteriores reduzidas, com apenas as pernas médias e posteriores sendo usadas para caminhar, enquanto as fêmeas apresentam pernas anteriores mais longas que são utilizadas na locomoção. Uma espécie, *Libytheana bachmanii* (Kirtland), é comum e amplamente distribuída. Esta é uma borboleta marrom--avermelhada com manchas brancas na parte apical das asas anteriores e com a margem externa das asas anteriores com entalhes relativamente profundos. A larva alimenta-se de olmeiro.

Subfamília **Heliconiinae – Heliconíneos, Fritilárias:** Os heliconíneos diferem de outros ninfalídeos por possuírem a veia umeral nas asas posteriores voltada para a base da asa (Figura 30-12A) e as asas anteriores relativamente longas e estreitas. Este grupo é basicamente tropical e apenas cinco espécies ocorrem nos Estados Unidos. O heliconíneo mais comum nos Estados Unidos é a borboleta zebra, *Heliconius charitonius* (L.), uma borboleta preta com faixas amarelas. Esta espécie ocorre nos estados do Golfo, mas é mais comum na Flórida. A crisálida, quando perturbada, costuma se contorcer de maneira característica. Um heliconíneo que ocorre em grande parte do sudeste dos Estados Unidos, estendendo-se para o norte até Nova Jersey e Iowa e com uma subespécie ocorrendo no sudoeste estendendo-se até o sul da Califórnia, é a fritilária-do-golfo, *Agraulis vanillae* (L.). Esta borboleta é marrom-alaranjada em tons vivos com manchas pretas. As borboletas deste grupo parecem apresentar fluidos corporais de sabor desagradável e são evitadas por predadores. As larvas alimentam-se de várias espécies de maracujá.

As fritilárias são borboletas acastanhadas com várias manchas pretas, consistindo principalmente em linhas curtas, onduladas e pontos. A face ventral das asas é marcada com manchas prateadas. As maiores fritilárias pertencem ao gênero *Speyeria*. As larvas de *Speyeria* são noturnas e alimentam-se de violetas. As fritilárias menores, entre 25 mm e 40 mm de envergadura alar, pertencem principalmente ao gênero *Boloria*. Suas larvas também se alimentam de violetas e outras plantas.

Subfamília **Nymphalinae – Ninfalíneos, borboletas-vírgulas, meias-luas e borboletas-pintadas:** Estas borboletas apresentam olhos pilosos, e as asas posteriores são anguladas ou apresentam uma cauda na extremidade de M_3. A borboleta-vírgula (*Polygonia*) tem tamanho pequeno a médio, é acastanhada com manchas pretas. As asas têm entalhes irregulares e possuem projeções semelhantes a caudas e a metade distal da margem posterior das asas anteriores é um pouco escavada. A face ventral das asas é mais escura e se parece muito com uma folha morta, havendo uma pequena mancha prateada em forma de C na face inferior das asas posteriores. As larvas alimentam-se principalmente de urtigas, olmos, engatadeiras e outras Urticaceae. *Nymphalis antiopa* (L.) é uma borboleta comum preto-acastanhada, com as margens das asas amareladas; as larvas são gregárias e alimentam-se principalmente de salgueiro, olmo e álamo. Esta é uma das poucas borboletas que passam o inverno no estágio adulto e os adultos aparecem no início da primavera.

Meias-luas e borboletas-pintadas são borboletas pequenas (envergadura alar de no máximo 25 mm a 40 mm), nas quais os olhos são nus e os palpos são densamente pilosos ventralmente. As meias-luas (*Phyciodes*) são borboletas pequenas e acastanhadas, com manchas pretas; suas asas (particularmente as anteriores) têm as margens pretas. Apresentam envergadura alar de cerca de 25 mm. As larvas alimentam-se principalmente de áster. As borboletas-pintadas (*Chlosyne*) são semelhantes às meias-luas, mas são um pouco maiores e as áreas mais escuras nas asas são mais extensas. As larvas alimentam-se de áster e plantas relacionadas.

Outro grupo de ninfalídeos (às vezes classificado na subfamília Vanessinae) tem olhos pilosos, porém a margem das asas posteriores é arredondada e não angulada ou formando uma cauda no final de M_3. Este grupo inclui a almirante vermelho, *Vanessa atalanta* (L.), uma borboleta muito comum e amplamente distribuída. A larva consome principalmente urtigas, alimentando-se em um abrigo formado pela união de algumas folhas, e em geral há duas gerações por ano. Duas espécies muito semelhantes e razoavelmente comuns deste grupo são a dama pintada, *V. cardui* (L.), e a borboleta de Hunter, *V. virginiensis* (Drury). Estas borboletas são marrom-alaranjadas e preto-acastanhadas na parte de cima, com manchas brancas nas asas anteriores. A dama pintada apresenta quatro manchas pequenas parecidas com olhos na face ventral das asas posteriores, enquanto a borboleta de Hunter possui duas destas manchas. As larvas da dama pintada alimentam-se principalmente de cardo, enquanto as da borboleta de Hunter alimentam-se de perpétuas.

Subfamília **Limenitidinae – Liminitidíneos, almirantes, vice-rei e outras:** Os membros deste grupo são borboletas de tamanho médio nas quais a clava antenal é longa e a veia umeral nas asas posteriores tem origem oposta à origem de Rs (Figura 30-11B). A vice-rei, *Limenitis archippus* (Cramer), é uma espécie comum deste grupo que parece muito com a monarca. Difere porque é discretamente menor, apresenta uma linha preta estreita atravessando as asas posteriores e possui apenas uma única fileira de manchas brancas na faixa marginal preta das asas. A semelhança da vice-rei com a monarca é um bom exemplo de mimetização protetora (ou Batesiana). A monarca é "protegida" por fluidos corporais de sabor desagradável e raramente é atacada por predadores. Acredita-se que a semelhança da vice-rei com a monarca proporcione a ela pelo menos alguma proteção contra os predadores. A larva da vice-rei, uma lagarta com aparência um tanto grotesca, alimenta-se de salgueiro, álamo e árvores relacionadas. Passam o inverno em abrigos de folhas formados pela união de algumas folhas com seda. *L. arthemis astyanax* (Fabricius), outra espécie comum deste grupo, é uma borboleta escura com manchas azuladas ou esverdeada pálidas e com manchas avermelhadas na face ventral das asas. A larva, que é semelhante à da vice-rei, alimenta-se de salgueiro, cerejeira e outras árvores e passa o inverno em um abrigo de folhas. Uma borboleta semelhante, *L. arthemis arthemis* (Drury), ocorre nos estados do norte. Apresenta uma ampla faixa branca atravessando as asas.

Subfamília **Charaxinae – Caraxíneos:** Quatro espécies de *Anaea* ocorrem nas partes centrais e no sudoeste dos Estados Unidos. As larvas alimentam-se de *Croton* (Euphorbiaceae).

Subfamília **Apaturinae – Borboletas do Olmeiro e Imperador:** Estas borboletas são um pouco semelhantes à dama pintada, porém as áreas escuras nas asas anteriores são acastanhadas em vez de pretas e os olhos são nus. As larvas alimentam-se de olmeiro e os adultos são encontrados ao redor destas árvores.

Subfamília **Satyrinae – Satiríneos, Ninfas da Mata e Árticas:** Estas borboletas têm tamanho pequeno a médio, são acinzentadas ou marrons e, em geral, apresentam manchas semelhantes a olhos nas asas. A radial das asas anteriores tem cinco ramificações e algumas veias das asas anteriores (particularmente Sc) são consideravelmente intumescidas na base (Figura 30-10B). As larvas alimentam-se de gramíneas. A crisálida é fixada pelo cremaster a folhas e outros objetos.

Uma das espécies mais comuns deste grupo é a ninfa das matas, *Cercyonis pegala* (Fabricius), uma borboleta marrom-escura de tamanho médio, com uma faixa amarelada larga atravessando a parte apical das asas anteriores. Esta faixa contém duas manchas brancas e pretas parecidas com olhos. Outra espécie comum é a satirínea da floresta, *Megisto cymela* (Cramer), uma borboleta cinza-acastanhada com manchas proeminentes semelhantes a olhos nas asas e com envergadura alar de cerca de 25 mm. *Enodia portlandia* (Fabricius), uma borboleta acastanhada com uma fileira de manchas pretas semelhantes a olhos ao longo da borda das asas posteriores, é uma espécie silvestre com voo rápido e o hábito de pousar em troncos de árvore. Entre as espécies mais interessantes deste grupo estão as borboletas árticas (*Oeneis*), que estão restritas à região ártica e aos topos de montanhas elevadas. *Oeneis melissa semidea* (Say) é restrita ao topo das White Mountains em New Hampshire e *O. polixenes katahdin* ocorre no Monte Katahdin, no Maine. *O. jutta* (Hübner) é uma espécie circumpolar de ampla distribuição que se estende mais para o sul que as outras espécies árticas. Podem ser encontradas nos pântanos do Maine, New Hampshire e Michigan em anos alternados.

Subfamília **Danainae – Danaíneos:** Os danaíneos são borboletas grandes e de cores vivas, acastanhadas com manchas pretas e brancas. As pernas anteriores são muito pequenas, sem garras, e não são usadas para caminhar. A radial nas asas anteriores tem cinco ramificações, a célula discal é fechada por uma veia bem desenvolvida e existe uma terceira veia anal curta nas asas anteriores (Figura 30-10A). As larvas alimentam-se de Asclepiadáceas. As crisálidas ficam dependuradas pelo cremaster em folhas ou outros objetos. Os adultos são "protegidos" por fluidos corporais de sabor desagradável e raramente são atacados por predadores.

A espécie mais comum deste grupo é a borboleta monarca, *Danaus plexippus* (L.), que ocorre em todo os Estados Unidos e grande parte do mundo. A monarca é uma borboleta alaranjada com as bordas das asas pretas. Na maior parte da faixa marginal preta, existem duas fileiras de pequenas manchas brancas. A lagarta é verde-amarelada com faixas pretas, apresentando dois processos filiformes em cada extremidade do corpo. A crisálida é verde-pálida com manchas douradas.

A monarca é uma das poucas borboletas que migram (ver Capítulo 4). Grandes números migram para o sul no outono, e a espécie reaparece no norte na primavera seguinte. O voo mais longo conhecido para uma monarca adulta (com base em um indivíduo marcado) corresponde a mais de 1.800 milhas (2.900 km), de Ontário até o México. A borboleta que migra para o sul no outono passa o inverno no sul e começa a voltar para o norte na primavera seguinte. Pode se reproduzir na região onde passa o inverno ou após um curto voo para o norte, na primavera. As borboletas que chegam ao norte dos Estados Unidos no verão não são os mesmos indivíduos que saíram de lá no outono anterior, porém correspondem à geração dos indivíduos que se reproduziram durante o inverno ou no caminho para o norte (ver Urquhart 1960). Após duas gerações de verão no norte, a geração de outono retorna ao mesmo local para passar o inverno no México, embora esteja separada por três gerações daquela do inverno anterior. Os principais locais de passagem de inverno da monarca estão no México, porém algumas passam o inverno na Flórida (ou Cuba) e no sul da Califórnia.

A borboleta-rainha, *Danaus gilippus* (Cramer), é uma espécie comum nos estados do sudeste dos Estados Unidos e é semelhante à monarca, mas é mais escura e não possui as linhas escuras ao longo das veias. Suas larvas também se alimentam de Asclepiadáceas. Uma subespécie da borboleta-rainha ocorre no sudoeste.

Família **Drepanidae:** As duas subfamílias deste grupo apresentam adultos com aspectos muito diferentes. As drepaníneas (Drepaninae) são pequenas, delgadas, usualmente de cores foscas e, em geral, podem ser reconhecidas pelo ápice falciforme das asas anteriores. Órgãos timpânicos abdominais internos estão presentes. A cubital nas asas anteriores parece ter quatro ramificações; nas asas posteriores, Sc+R$_1$ e Rs estão separadas ao longo da célula discal e o frênulo é pequeno ou está ausente. As larvas alimentam-se da folhagem de várias árvores e arbustos. A espécie mais comum deste grupo é *Drepana arcuata* Walker, uma mariposa esbranquiçada, marcada com linhas marrom-escuras e com envergadura alar de cerca de 25 mm. Ocorre nos estados do Atlântico. Este grupo é pequeno, com apenas cinco espécies na América do Norte.

As espécies da subfamília Thyatirinae são semelhantes aos Noctuidae, mas apresentam a cubital aparentando ter três ramificações nas asas anteriores e quatro ramificações nas asas posteriores; as veias Sc+R$_1$ e Rs nas asas posteriores são mais ou menos paralelas ao longo da margem anterior da célula discal. Possuem órgãos timpânicos abdominais em vez de torácicos. As larvas deste pequeno grupo (16 espécies norte-americanas) alimentam-se de várias árvores e arbustos.

SUPERFAMÍLIA **Geometroidea:** Três famílias constituem os Geometroidea. Duas apresentam órgãos timpânicos abdominais e todas exibem probóscides nuas.

Família **Sematuridae:** Esta família é representada nos Estados Unidos por uma única espécie, *Anurapteryx crenulata* Barnes e Lindsey, uma espécie mexicana que se estende até o Arizona. É a única família dos Geometroidea que não possui tímpanos abdominais.

Família **Uraniidae:** Os uranídeos apresentam as veias R$_5$ e M$_1$ pedunculadas e separadas de R$_4$ nas asas anteriores. A subfamília Uraniinae é um grupo tropical, com a maioria das espécies apresentando cores brilhantes e voo diurno. Uma única espécie, *Urania fulgens* (Walker), foi relatada no Texas. Esta espécie Neotropical lembra a borboleta rabo-de-andorinha. É escura com faixas esverdeado-pálido-metálicas nas asas e com a cauda das asas posteriores esbranquiçada. Apresenta envergadura alar entre 80 mm e 90 mm.

A subfamília Epipleminae constitui um grupo pequeno de mariposas com tamanho e aspecto geral semelhantes aos Geometridae, porém diferentes quanto à venação alar. Apresentam Sc+R e Rs nas asas posteriores bastante separadas desde um ponto próximo à base da asa. A cubital nas asas anteriores aparentemente tem três ramificações. As larvas apresentam pelos escassos e cinco pares de falsas-pernas. Oito espécies deste grupo ocorrem nos Estados Unidos. As mariposas têm cores simples e apresentam envergadura alar de cerca de 20 mm.

Família **Geometridae – Lagartas Mede-palmos, Geometrídeos:** Esta família é a segunda maior da ordem, com cerca de 1.400 espécies ocorrendo nos Estados Unidos e Canadá. As mariposas desta família são, em sua maioria, pequenas, delicadas e de corpo delgado. As asas, em geral, são amplas e marcadas com linhas onduladas finas. Os dois sexos muitas vezes apresentam cores diferentes e em algumas espécies as fêmeas são ápteras ou apresentam apenas asas rudimentares. Os geometrídeos são principalmente noturnos e costumam ser atraídos para as luzes. O aspecto mais característico da venação alar é a forma da subcosta nas asas posteriores (Figura 30-20). A parte basal desta veia forma uma curvatura abrupta para o ângulo umeral e geralmente é conectada por uma veia de suporte ao ângulo umeral. A cubital nas asas anteriores aparentemente tem três ramificações. Esta família, como todos os Geometroidea com exceção de Sematuridae, apresenta órgãos timpânicos no abdômen.

As larvas dos geometrídeos constituem as lagartas familiares chamadas "lagarta mede palmo" (Figura 30-40). Possuem dois ou três pares de falsas-pernas na extremidade posterior do corpo e nenhuma no meio. A locomoção é realizada quando as lagartas aproximam a extremidade posterior do corpo das pernas torácicas e então movem a extremidade anterior, avançando de um modo muito característico. Muitas lagartas mede-palmos, quando perturbadas, levantam-se quase eretas sobre as falsas-pernas posteriores e permanecem imóveis, parecendo-se com pequenos galhos.

Os Geometridae norte-americanos são divididos em seis subfamílias: Archiearinae, Oenochrominae, Ennominae, Geometrinae, Sterrhinae e Larentiinae. A maior é Ennominae, que inclui aproximadamente metade das espécies norte-americanas. Difere das outras subfamílias por possuir M$_2$ fraca ou ausente nas asas posteriores (Figura 30-20B).

Esta família contém lagartas que se alimentam de folhas de várias árvores decíduas e causam desfolhamento grave. Duas espécies comuns são a lagarta da primavera, *Paleacrita vernata* (Peck) (Ennominae), e a lagarta do outono, *Alsophila pometaria* (Harris) (Oenochrominae). A lagarta da primavera passa o inverno no estágio pupal e a fêmea deposita os ovos na primavera. A lagarta do outono passa o inverno no estágio de ovo. As larvas da lagarta da primavera possuem dois pares de falsas-pernas enquanto as larvas da lagarta do outono apresentam três pares. As fêmeas adultas das duas espécies são ápteras.

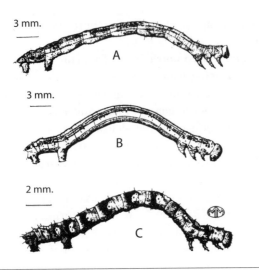

Figura 30-40 Larvas de Geometridae. A, *Pero morrisonarius* (H. Edwards); B, *Nepytia canosaria* (Walker); C, *Protoboarmia porcelaria indicatoria* Walker.

Muitos geometrídeos são mariposas comuns, mas apenas algumas são mencionados aqui. *Haematopis grataria* (Fabricius) (Sterrhinae) é uma mariposa amarelo-avermelhada com as margens das asas e duas faixas próximas às margens em tons de rosa. Apresentam envergadura alar de cerca de 25 mm ou menos e as larvas alimentam-se de morrião-dos-passarinhos. Uma das maiores mariposas desta família é o geometrídeo *Ennomos magnarius* Guenée (Ennominae). Apresenta envergadura alar de 35 mm a 50 mm. As asas são amarelo-avermelhadas com pequenas manchas marrons e vão mudando de tom até o marrom na direção da margem externa. As larvas alimentam-se de folhas de várias árvores. Muitos geometrídeos são verde-claros. Uma das espécies comuns deste tipo é *Dyspteris abortivaria* (Herrich-Schäffer) (Larentiinae). As asas anteriores são grandes e triangulares e as asas posteriores são pequenas e arredondadas. Estas mariposas apresentam envergadura alar de um pouco menos de 25 mm. A larva enrola e alimenta-se de folhas de videira.

Vários membros desta família constituem pragas florestais importantes. A lagarta enroladora, *Lambdina fiscellaria* (Guenée) (Ennominae), é uma espécie amplamente distribuída que ataca cicuta e outras coníferas com registros de números epidêmicos. Os adultos lembram os *Ennomos magnarius*. A lagarta do mogno da montanha, *Anacamptodes clivinaria profanata* (Barnes e McDunnough) (Ennominae), alimenta-se de mogno da montanha (*Cercocarpus*) e *Purshia* no noroeste, sendo destrutiva para ambas as espécies.

Uma espécie europeia da subfamília Ennominae, *Biston betularia* (L.), é um exemplo do fenômeno conhecido como melanismo industrial. Em áreas da Grã-Bretanha, onde a indústria pesada cobre os troncos das árvores com fuligem, os indivíduos de cor clara destas mariposas foram substituídos por variantes escuras, que são relativamente raras em outras partes do mundo. As formas mais escuras têm maior probabilidade de escapar da predação ao pousar nos troncos das árvores cobertas de fuligem do que as formas de cores claras.

SUPERFAMÍLIA **Mimallonoidea:** A única família deste grupo é Mimallonidae. São principalmente neotropicais.

Família **Mimallonidae – Mimalonídeos:** Estes insetos são chamados "sack-bearers" em inglês porque as larvas criam envoltórios de folhas, que carregam consigo. O grupo é pequeno, com 4 espécies norte-americanas em três gêneros (*Lacosoma*, *Naniteta* e *Cicinnus*). As mariposas no gênero *Lacosoma* têm cor amarelada e possuem cerca de 25 mm de envergadura alar, com a margem externa das asas anteriores profundamente ornamentadas. As do gênero *Cicinnus* são cinza-avermelhada pontilhadas com pequenos pontos pretos e uma linha escura estreita atravessando as asas, com envergadura alar de cerca de 32 mm e a margem distal das asas anteriores uniformemente arredondada (Figura 30-70B). A única espécie de *Naniteta*, *N. elassa* Franclemont, ocorre no sudoeste dos Estados Unidos.

SUPERFAMÍLIA **Lasiocampoidea:** A única família tem distribuição principalmente Neotropical.

Família **Lasiocampidae – lagartas-de-tenda e outras:** Estas mariposas têm tamanho médio e possuem corpos robustos, além de corpo, pernas e olhos pilosos. As antenas são um tanto plumosas nos dois sexos, porém os processos são mais longos no macho. Não há frênulo e o ângulo umeral das asas posteriores é expandido e suprido com veias umerais (Figura 30-23B). A maioria destas mariposas tem cor marrom ou cinza. As larvas alimentam-se de folhas de árvores, muitas vezes causando sérios danos. A pupação ocorre em um casulo bem formado. Trinta e cinco espécies de lasiocampídeos ocorrem na América do Norte.

A lagarta-de-tenda do leste, *Malacosoma americanum* (Fabricius), é um membro comum deste grupo no leste da América do Norte. Os adultos são marrom-amarelados. Aparecem na metade do verão e depositam os ovos em agrupamentos semelhantes a uma faixa ao redor de um galho. Os ovos eclodem na primavera seguinte. As formas jovens que eclodem a partir de uma postura são gregárias, e constroem um ninho de seda semelhante a uma tenda perto dos ovos. Esta tenda é usada como abrigo, com as larvas alimentando-se nos galhos próximos. As larvas alimentam-se de várias árvores diferentes, mas parecem preferir as cerejeiras. As larvas são pretas e um pouco pilosas e apresentam uma faixa amarela no dorso. Quando totalmente desenvolvidas, afastam-se e tecem seus casulos em lugares abrigados.

A lagarta-de-tenda da floresta, *Malacosoma disstria* Hübner, é amplamente distribuída, mas provavelmente é mais comum no sul e no sudoeste, onde às vezes causa desfolhamento de grandes áreas. As larvas diferem da lagarta-de-tenda do leste porque possuem uma fileira de manchas em forma de fechadura (ao invés de uma faixa) na região dorsal. Os adultos são um pouco mais pálidos que os da lagarta-de-tenda do leste.

As espécies do gênero *Tolype* são cinza-azuladas com manchas brancas. O nome comum "lappet moth" utilizado na língua inglesa refere-se ao fato de que as larvas apresentam um pequeno lobo ou babado em cada lado de cada segmento. As larvas de *T. vellida* (Stoll) alimentam-se de macieiras, álamo e lilás, e as de *T. laricis* (Fitch) alimentam-se de lariço. As duas espécies de *Artace* na América do Norte são comuns no sul e no sudoeste. São semelhantes à *Tolype*, mas são brancas com pontos pretos.

Os maiores lasiocampídeos norte-americanas correspondem às espécies de *Gloveria*, com algumas apresentando envergadura alar de 80 mm. Ocorrem no sudoeste e suas larvas alimentam-se das folhas de árvores e arbustos, em especial de carvalhos e *Ceanothus*.

SUPERFAMÍLIA **Bombycoidea:** As mariposas da superfamília Bombycoidea apresentam as coxas protorácicas da larva de último instar fundidas anteriormente, possuem cerdas D_1 de A8 originadas a partir de uma protuberância mesal e apresentam R_2+R_3 proximamente paralelas ou fundidas com o tronco de R_4+R_5 na asas anteriores.

Família **Bombycidae** – **bicho-da-seda:** Apenas uma única espécie da subfamília Bombycinae ocorre na América do Norte, o bicho-da-seda, *Bombyx mori* (L.). Este é nativo da Ásia e ocasionalmente é criado nos Estados Unidos. Este inseto há muito tempo é criado pela sua seda e é um dos insetos benéficos mais importantes. Após séculos de domesticação, atualmente é uma espécie totalmente doméstica e provavelmente não existe em forma selvagem. Muitas variedades diferentes de bichos-da-seda foram desenvolvidas por criadores. Aproximadamente uma centena de espécies constitui esta subfamília, cuja maioria ocorre na Ásia.

As mariposas adultas são brancas leitosa com várias linhas acastanhadas suaves atravessando as asas anteriores, e apresentam envergadura alar de cerca de 50 mm. O corpo é pesado e muito piloso. Os adultos não se alimentam, raramente voam e vivem apenas alguns dias. Cada fêmea deposita 300-400 ovos. As larvas são nuas, apresentam um processo anal curto e alimentam-se principalmente de folhas da amoreira. Desenvolvem-se completamente e tecem seus casulos em aproximadamente seis semanas. Quando usadas para fins comerciais, as pupas são mortas antes da emergência, porque a emergência das mariposas rompe as fibras do casulo. Cada casulo consiste em um único fio de cerca de 914 metros de comprimento. Aproximadamente 3 mil casulos são usados para produzir 450 gramas de seda.

A sericultura é praticada no Japão, na China, Espanha, França, Itália e no Brasil. Foi introduzida nos EUA nos estados do Atlântico Sul no período colonial, mas não obteve sucesso. A seda possui um valor comercial entre 200 a 500 milhões de dólares anualmente.

Subfamília **Apatelodinae:** Esta subfamília é representada na América do Norte por cinco espécies (em dois gêneros, *Apatelodes* e *Olceclostera*). Estas mariposas são semelhantes aos Notodontidae, mas apresentam pontos transparentes próximos ao ápice das asas anteriores. Apresentam envergadura alar entre 40 mm e 50 mm. As larvas alimentam-se de folhas de vários arbustos e árvores e empupam no solo.

Família **Saturniidae** – **bicho-da-seda gigante e mariposas reais:** Esta família inclui as maiores mariposas da América do Norte e alguns dos maiores lepidópteros do mundo. As maiores mariposas na América do Norte (*Hyalophora*) têm envergadura alar de cerca de 150 mm ou mais e algumas espécies tropicais de *Attacus* apresentam envergadura alar de cerca de 250 mm. Os menores saturnídeos na América do Norte exibem envergadura alar de cerca de 25 mm. Muitos membros desta família apresentam cores vivas ou evidentes e muitos exibem manchas parecidas com olhos translúcidas nas asas. As antenas são plumosas (bipectinadas ou quadripectinadas) em aproximadamente metade de seu comprimento ou mais e são maiores nos machos que nas fêmeas. As peças bucais são reduzidas e os adultos não se alimentam. As fêmeas produzem um feromônio sexual que os machos podem detectar a longas distâncias. Muitas espécies voam principalmente durante o dia ou no crepúsculo.

As larvas de saturnídeos (Figuras 30-74, 30-75B) constituem lagartas grandes e muitas possuem tubérculos ou espinhos evidentes. A maior parte (Saturniinae e a maioria dos Hemileucinae) empupa em casulos de seda que são fixados a ramos ou folhas de árvores e arbustos ou que são formados entre as folhas no solo. Algumas espécies (Ceratocampinae e alguns Hemileucinae) empupam no solo sem formar um casulo. A maioria das espécies passa o inverno no estágio pupal e apresenta uma geração por ano. Outras espécies deste grupo são usadas para produção de seda comercial. Algumas espécies asiáticas fornecem uma seda que forma tecidos fortes e resistentes, porém nenhuma espécie norte-americana mostrou-se satisfatória para a produção de seda comercial.

As 68 espécies norte-americanas de saturnídeos estão organizadas em três subfamílias, Ceratocampinae, Hemileucinae e Saturniinae.

Subfamília **Ceratocampinae – mariposas reais:** Os membros deste grupo possuem duas veias anais nas asas posteriores, a célula discal nas asas anteriores é fechada e M_2 nas asas anteriores é pedunculada com R por uma curta distância (Figura 30-22A). As antenas dos machos são pectinadas apenas na metade basal. As larvas são armadas com projeções tegumentares ou espinhos e empupam no solo.

O maior membro norte-americano deste grupo é a mariposa real da nogueira, *Citheronia regalis* (Fabricius), que apresenta envergadura alar de 125 mm a 150 mm. As asas anteriores são cinza ou verde-oliva, com manchas amarelas e veias marrom-avermelhadas. As asas posteriores são vermelho-alaranjadas, com manchas amarelas e o corpo é marrom-avermelhado com faixas amarelas. A larva é chamada de "demônio da nogueira". Quando totalmente desenvolvida, mede 100 mm a 130 mm de comprimento e apresenta espinhos curvos na parte anterior de seu corpo. Embora tenha aspecto muito feroz, esta lagarta é inofensiva. Alimenta-se principalmente de nogueira e caquis.

A mariposa imperial, *Eacles imperialis* (Drury), é uma mariposa amarelada grande, com manchas escuras salpicadas. Cada asa possui uma faixa diagonal marrom-rosada perto da margem. A larva alimenta-se de folhas de várias árvores e arbustos. Uma espécie relacionada do México, *E. oslari* Rothschild, entrou nos Estados Unidos pelo sul do Arizona. As mariposas do gênero *Anisota* são pequenas, com envergadura alar entre 25 mm e 40 mm. A maioria é acastanhada. A mariposa do bordo, *Dryocampa rubicunda* (Fabricius), é amarelo-pálida com faixas rosas.

Subfamília **Hemileucinae:** Alguns membros deste grupo (*Automeris*) apresentam uma veia anal nas asas posteriores, enquanto outros possuem duas. A célula discal nas asas anteriores é fechada (Figura 30-22B), M_1 nas asas anteriores não é pedunculada com R e as antenas dos machos são pectinadas até o ápice. A maioria das mariposas deste grupo apresenta envergadura alar de cerca de 50 mm.

A mariposa *Automeris io* (Fabricius) é uma das maiores e mais comuns deste grupo. Apresenta envergadura alar entre 50 mm e 75 mm e é amarela com uma grande mancha em forma de olho em cada asa posterior. A fêmea é maior que o macho e suas asas anteriores são mais escuras (marrom-avermelhadas). A larva é uma lagarta verde espinhosa com uma faixa avermelhada estreita, limitada ventralmente com branco, estendendo-se ao longo dos lados do corpo. Esta larva deve ser manipulada com cuidado, pois os espinhos podem irritar a pele.

A mariposa *Hemileuca maia* (Drury) é um pouco menor que a anterior, é escura com uma faixa amarela estreita passando por cada asa. Ocorre em todo o leste; não é encontrada comumente, mas pode ser localmente abundante. Tem hábitos em grande parte diurnos e sua larva (que possui pelos urticantes) empupa no solo. *Hemileuca nevadensis* Stretch é uma espécie semelhante que ocorre no oeste. Sua larva alimenta-se de salgueiro e álamo. Outras espécies de *Hemileuca* alimentam-se de folhas de outras árvores ou gramíneas. As *Hemileuca maia* apresentam um voo muito rápido e sua captura é difícil.

A mariposa pandora, *Coloradia pandora* Blake, uma espécie do oeste, é um pouco menor que *Automeris io*. É cinza com asas posteriores mais claras e apresenta uma mancha escura pequena próximo do centro de cada asa. Esta espécie é desfolhadora significativa de pinheiros no oeste.

Subfamília **Saturniinae – bicho-da-seda gigante:** Os membros desta subfamília possuem uma veia anal nas asas posteriores, a célula discal das asas anteriores pode ser aberta (Figura 30-22C) ou fechada e M_1 nas asas anteriores não é pedunculada com R. As antenas dos machos são pectinadas até o ápice.

O maior membro desta subfamília na América do Norte é a mariposa cecropia, *Hyalophora cecropia* (L.). A maioria dos indivíduos apresenta envergadura alar entre 130 mm e 150 mm. As asas são marrom-avermelhadas, cruzadas um pouco distalmente em relação à metade por uma faixa branca. Na metade de cada asa, há uma mancha branca em forma decrescente com bordas vermelhas. A larva é esverdeada e atinge o comprimento de cerca de 100 mm. Possui duas fileiras de tubérculos amarelos dorsalmente e dois pares de grandes tubérculos vermelhos nos segmentos torácicos. Os casulos são formados em galhos. Três espécies relacionadas e muito semelhantes de *Hyalophora* ocorrem no oeste.

A mariposa *Callosamia promethea* (Drury) às vezes é chamada de "mariposa do benjoim" porque suas larvas se alimentam de benjoim, sassafrás e plantas relacionadas. Esta mariposa é consideravelmente menor que a cecropia. A fêmea apresenta um padrão um pouco semelhante ao da mariposa cecropia, porém os machos são muito mais escuros, com uma faixa marginal amarelada estreita nas asas. Os machos voam durante à tarde e à noite e, quando voam, se parecem bastante com uma *Nymphalis antiopa*. O casulo é formado em uma folha. A larva impede que a folha caia, prendendo o pecíolo da folha firmemente ao galho com seda.

Uma das mariposas mais bonitas neste grupo é a mariposa luna, *Actias luna* (L.), uma mariposa verde-clara com caudas longas nas asas posteriores e com a margem costal das asas anteriores limitada por linhas estreitas em marrom-escuro. A larva esverdeada alimenta-se de folhas de nogueira e outras árvores e forma seu casulo em uma folha no solo.

Outra mariposa comum neste grupo é *Antheraea polyphemus* (Cramer), uma mariposas grande, marrom-amarelada, com uma mancha transparente em cada asa. A larva é semelhante à da mariposa luna e alimenta-se de folhas de várias árvores. Seu casulo é formado em uma folha no solo.

Família **Sphingidae – mariposas-esfinges ou falcão, lagartas-de-chifre:** As mariposas-esfinges são de tamanho médio a grande, de corpo pesado, com asas anteriores longas e estreitas. Algumas apresentam envergadura alar de 160 mm ou mais. O corpo é um pouco fusiforme, afunilado e pontiagudo, tanto anterior quanto posteriormente. As antenas são discretamente espessadas na metade ou na direção do ápice. As veias subcosta e radial nas asas posteriores são conectadas por uma veia transversal (R_1) aproximadamente em oposição ao ponto médio da célula discal (Figura 30-19B). A probóscide em várias espécies é muito longa, algumas vezes tão longa quanto o corpo ou mais. Existem cerca de 125 espécies de esfingídeos na América do Norte.

Estas mariposas são voadores potentes e voam com batimentos de asas muito rápidos. Algumas voam durante o dia, porém a maioria é ativa no crepúsculo ou ao anoitecer. A maioria alimenta-se de modo semelhante ao dos beija-flores, pairando na frente de uma flor e estendendo sua probóscide para ela. Estas mariposas, na verdade, às vezes são chamadas "mariposas beija-flores" e em muitas espécies o corpo é aproximadamente do tamanho de um beija-flor. Algumas espécies (por exemplo, *Hemaris*) possuem grandes áreas nas asas isentas de escamas e são chamadas de "mariposas-esfinges de asas claras". Estas não devem ser confundidas com as mariposas da família Sesiidae, que são menores e mais delgadas e possuem asas anteriores muito mais alongadas.

O nome "lagarta-de-chifre" deriva do fato de que as larvas da maioria das espécies apresentam um processo semelhante a um espinho na superfície dorsal do oitavo segmento abdominal. O nome "esfinge" provavelmente refere-se à posição semelhante a uma esfinge que algumas destas larvas assumem quando perturbadas. As larvas da maioria das espécies empupam no solo, em alguns casos formando pupas em forma de jarro (a probóscide da pupa parece um cabo). Algumas espécies formam um tipo de casulo entre as folhas na superfície do solo.

Uma das espécies mais comuns neste grupo é a lagarta-de-chifre do tomateiro, *Manduca quinquemaculata* (Haworth). A larva é uma lagarta verde e grande, que se alimenta de tomate, tabaco e batata. A larva de uma espécie semelhante, *M. sexta* (L.), alimenta-se de tabaco e outras plantas. Os adultos destas duas espécies são mariposas cinza grandes com envergadura alar de cerca de 100 mm. As asas anteriores têm faixas e existem cinco (*quinquemaculata*) ou seis (*sexta*) manchas amarelo-alaranjadas ao longo de cada lado do abdômen. Estas lagartas-de-chifre causam dano considerável às plantas das quais se alimentam. As lagartas-de-chifre são atacadas por parasitas braconídeos, que formam pequenos casulos de seda brancos na superfície externa da lagarta.

Os maiores esfingídeos norte-americanos (em termos de área de superfície alar) são as fêmeas de *Pachysphynx occidentalis* (Hy. Edwards) do sudoeste, com envergadura alar de até 160 mm. Uma espécie tropical, *Cocytius antaeus* (Drury), que raramente entra na América do Norte pelo sul do Texas e Flórida, pode ser ainda maior que *P. occidentalis*. O menor esfingídeo norte-americano provavelmente é *Cautethia grotei* Hy. Edwards, que apresenta envergadura alar de apenas um pouco mais de 30 mm.

SUPERFAMÍLIA **Noctuoidea:** Todos os noctuoídeos apresentam órgãos timpânicos torácicos, o que os diferencia dos outros Lepidoptera.

Família **Doidae:** Duas espécies do sudoeste, *Doa ampla* (Grote) e *Leuculodes lecteolaria* (Hulst), representam esta família recentemente reconhecida. As larvas de *D. ampla* alimentam-se de Euphorbiaceae.

Família **Notodontidae (incluindo Dioptidae, Heterocampidae) – Notodontídeos e lagartas do carvalho:** Os notodontídeos são mariposas acastanhadas ou amareladas semelhantes aos Noctuidae em aspecto geral. Os nomes das famílias e subfamílias (*not-*, costas; *-odont*, dente) referem-se ao fato de que algumas espécies possuem tufos que se projetam para trás na margem posterior das asas, sofrendo protrusão quando as asas são dobradas (são dobradas como um telhado sobre o corpo quando em repouso). As larvas apresentam tubérculos evidentes na superfície dorsal do corpo. Os notodontídeos podem ser facilmente distinguidos dos noctuídeos pela venação das asas anteriores (Figura 30-21B). Nos Notodontidae, M_2 das asas anteriores é originada na metade apical da célula discal e a cubital aparenta ter três ramificações, enquanto em Noctuidae M_2 das asas anteriores é originada mais próxima a M_3 e a cubital aparenta ter quatro ramificações (Figura 30-27). Esta família possui cerca de 140 espécies norte-americanas.

As larvas de notodontídeos alimentam-se de folhas de várias árvores e arbustos e são gregárias. Quando perturbadas, muitas vezes elevam as extremidades anterior e posterior do corpo e "congelam" nesta posição, permanecendo fixadas pelos quatro pares de falsas-pernas na metade do corpo. O par anal de falsas-pernas é rudimentar ou modificado em estruturas semelhantes a espinhos.

Neste grupo, a maioria das mariposas acastanhadas que apresentam linhas escuras e estreitas que atravessam as asas anteriores pertence ao gênero *Datana*. Às vezes, são chamadas de "handmaid moths". As larvas são escuras, com faixas amarelas longitudinais. A lagarta de pescoço amarelo, *D. ministra* (Drury), alimenta-se de folhas de macieiras e outras árvores. A lagarta da nogueira, *D. intergerrima* Grote e Robinson, alimenta-se principalmente de vários tipos de nogueira.

Schizura concinna (J. E. Smith) é uma espécie razoavelmente comum neste grupo. A larva é preta com faixas amarelas, sendo a cabeça e uma corcova no primeiro segmento abdominal, vermelhas. O adulto apresenta envergadura alar de pouco mais de 25 mm. As asas anteriores são cinza com manchas marrons e as asas posteriores são brancas com uma pequena mancha preta ao longo da margem anal. A larva se alimenta de folhas de macieiras, outras árvores frutíferas e vários arbustos.

As lagartas-do-carvalho constituem um grupo do Novo Mundo com a maioria dos representantes na América do Sul. Apenas duas espécies ocorrem nos Estados Unidos. A única espécie comum é a lagarta-do-carvalho da Califórnia, *Phryganidia californica* Packard. Os adultos são mariposas delgadas, pálidas, marrons, translúcidas, com veias escuras e apresentam envergadura alar de cerca de 30 mm. As larvas alimentam-se de folhas de carvalho e causam danos consideráveis.

Família **Noctuidae**: Esta é a maior família da ordem, com mais de 2.900 espécies nos Estados Unidos e Canadá. Estas mariposas têm hábitos principalmente noturnos e a maioria das mariposas atraídas para as luzes à noite pertence a esta família.

Os noctuídeos são mariposas de corpo pesado, com as asas anteriores um pouco estreitadas e as posteriores alargadas. Os palpos labiais são longos, as antenas semelhantes a pelos (às vezes, como escovas nos machos) e algumas espécies possuem tufos de escamas no dorso do tórax. A venação alar (Figuras 30-24B, 30-27) é bastante característica: M_2 nas asas anteriores tem origem mais próxima de M_3 que de M_1 e a cubital aparenta ter quatro ramificações, a subcostal e radial nas asas posteriores são separadas na base, mas fundem-se por uma curta distância na base da célula discal, e M_2 nas asas posteriores pode estar presente ou ausente.

As larvas de noctuídeos são lisas e de cores foscas e a maioria apresenta cinco pares de falsas-pernas. A maior parte alimenta-se de folhas, mas algumas são brocadoras e outras se alimentam de frutas. Várias espécies deste grupo constituem pragas de várias lavouras.

Os noctuídeos possuem um par de órgãos auditivos timpânicos localizados na base do metatórax. Estes órgãos estão presentes em várias outras famílias de mariposas e, em alguns casos, estão localizados no abdômen. Podem detectar frequências de 3 a mais de 100 kHz[4] e parecem funcionar na detecção e evasão de morcegos. Os morcegos podem detectar as presas (e os obstáculos) na escuridão completa por meio de um tipo de sonar. Emitem cliques de frequência muito elevada (às vezes, mais de 80 kHz) e localizam os objetos a partir dos ecos destes cliques.

A família Noctuidae é dividida em várias subfamílias, algumas das quais receberam a classificação de família. Não tentaremos caracterizar todas estas subfamílias e mencionaremos apenas algumas.

Subfamílias **Herminiinae, Strepsimaninae e Hypeninae**: Estas mariposas são os noctuídeos mais primitivos e são comumente chamados de "quadrifídeos" (M_2 na asa posterior é bem desenvolvida e a cubital parece, portanto, ter quatro ramificações). Muitas lembram os piralídios, mas podem ser diferenciadas por sua probóscide nua. *Nigetia formosalis* Walker (Strepsimaninae) é uma mariposa pontilhada bastante bonita, razoavelmente comum no leste dos Estados Unidos.

Subfamília **Catocalinae**: Este grupo inclui os catocalíneos, mariposas relativamente grandes e de cores notáveis do gênero *Catocala*. São espécies de florestas ou matas e suas larvas alimentam-se das folhas de várias árvores. As asas posteriores têm cores brilhantes com faixas concêntricas em vermelho, amarelo ou alaranjado. Em repouso, as asas posteriores ficam ocultas e as anteriores têm cores muito parecidas com as das cascas das árvores em que estas mariposas pousam. Este grupo inclui o maior noctuídeo dos Estados Unidos, a mariposa bruxa, *Ascalapha odorata* (L.). Esta é uma espécie escura com envergadura alar entre 100 mm e 130 mm. Está presente nos estados do sul, onde

---

[4] Três quilohertz correspondem à oitava mais alta do piano; o limite superior médio da audição em humanos corresponde a cerca de 15 ou 16 kHz.

as larvas alimentam-se de folhas de várias leguminosas. Os adultos às vezes aparecem nos estados do norte no final do verão. *Ascalapha* e espécies relacionadas, algumas vezes, são colocadas em uma subfamília separada, os Erebinae. Outros Catocalinae incluem grandes mariposas que se alimentam de gramíneas do gênero *Mocis*, que ocorrem no sudeste e nos trópicos.

Subfamília **Plusiinae – bicho-agrimensor:** Estes insetos são chamados de "bicho-agrimensor" porque as larvas apresentam apenas três pares de falsas-pernas e movem-se como as lagartas mede-palmos. O agrimensor do repolho, *Trichoplusia ni* (Hübner), é uma praga considerável do repolho e o agrimensor do aipo, *Anagrapha falcifera* (Kirby), ataca o aipo. Os adultos destes bichos-agrimensores são marrom-escuros, com envergadura alar entre 35 mm e 40 mm e apresentam uma pequena mancha prateada alongada na metade de cada asa anterior. Muitos plusiíneos possuem marcas douradas ou prateadas metálicas nas asas anteriores.

Subfamília **Acontiinae:** Este grupo contém alguns dos noctuídeos mais coloridos. *Cydosia nobilitella* (Cramer) é uma espécie comum no sudeste, confundida com as mariposas do gênero *Atteva*. Espécies de *Spragueia* também são comuns no leste e têm pontuações em alaranjado e preto. As pequenas mariposas dos gêneros *Tripudia* e *Cobubatha* no sudeste são confundidas com tortricídeos. Podem ser facilmente distinguidas pelos seus órgãos timpânicos torácicos.

Subfamília **Agaristinae – Agaristíneos:** Os agaristíneos são pretos com duas manchas esbranquiçadas ou amareladas em cada asa e apresentam envergadura alar de cerca de 25 mm. As antenas são discretamente clavadas. *Alypia octomaculata* (Fabricius) é uma espécie comum deste grupo. As larvas alimentam-se em videiras e hera americana, algumas vezes desfolhando-as completamente. Existem grandes agaristíneos no sudoeste. A espécie preta e amarela *Gerra sevorsa* (Grote) do Arizona lembra alguns arctiídeos.

Subfamília **Amphipyrinae:** Esta subfamília inclui o gênero *Spodoptera* (que contém várias espécies de lagartas de cereais) e algumas mariposas diurnas coloridas, como as espécies ocidentais de *Annaphila*.

Subfamílias **Noctuinae e Hadeninae:** As larvas de muitas espécies deste grupo (e também em algumas outras subfamílias) são chamadas de "lagarta-rosca" porque se alimentam das raízes e dos brotos de várias plantas herbáceas e cortam a planta na superfície do solo. As lagartas-rosca têm hábitos noturnos e escondem-se sob pedras ou no solo durante o dia. As mais importantes pertencem aos gêneros *Agrotis*, *Euxoa*, *Feltia* e *Peridroma* dos Noctuinae e *Lacinipolia*, *Nephelodes* e *Scotogramma* dos Hadeninae.

A lagarta da espiga, *Helicoverpa zea* (Boddie) (Heliothinae), é uma praga severa. A larva alimenta-se de várias plantas, incluindo milho, tomate e algodão, e às vezes é chamada de "lagarta do tomate" ou "lagarta do algodão". Quando se alimenta de milho, a larva entra na espiga e come os grãos da ponta da espiga. Escava frutos de tomate e cápsulas de algodão. Os adultos são amarelado-claros e variam um pouco em suas manchas.

A lagarta de cereais, *Pseudaletia unipuncta* (Haworth) (Hadeninae), alimenta-se de várias gramíneas e causa sérios danos ao trigo e ao milho. O nome comum deste inseto refere-se ao fato de que as larvas migram em grandes números para uma nova área de alimentação. As mariposas são marrom-claras com uma única mancha branca no meio das asas anteriores.

Família **Pantheidae:** Esta família difere dos Noctuidae por não possuir um capuz contratimpânico e por algumas características das larvas. Quase 25 espécies, principalmente *Panthea* e *Raphia*, ocorrem na América do Norte. As larvas alimentam-se principalmente de plantas lenhosas.

Família **Lymantriidae – mariposas de tufos e outras:** Os limantriídeos são mariposas de tamanho médio semelhantes aos Noctuidae, porém diferem por não possuírem ocelos e apresentarem uma aréola basal maior nas asas posteriores (Figura 30-28). Na maioria das espécies (Figura 30-28A), M_1 nas asas posteriores é pedunculada com Rs por uma curta distância além do ápice da célula discal. As larvas são relativamente pilosas e alimentam-se principalmente em árvores. As mariposas de tufo, cigana e da cauda marrom são pragas florestais e de árvores ornamentais. As mariposas de tufos são espécies nativas, enquanto as outras duas foram trazidas da Europa. Existem 32 espécies de limantriídeos na América do Norte.

A mariposa de tufo *Orgyia leucostigma* (J. E. Smith) é uma espécie comum na maior parte da América do Norte. Os machos são cinzas com asas posteriores mais claras e antenas plumosas, e as fêmeas são ápteras. Os ovos são depositados em troncos ou ramos de árvores, perto do casulo de onde a fêmea emergiu, e a espécie passa o inverno no estágio de ovo. A larva pode ser reconhecida pelos tufos ou escovas de pelos característicos.

A mariposa cigana, *Lymantria dispar* (L.), foi trazida da Europa para Massachusetts aproximadamente em 1866. Desde então, foi amplamente distribuída por toda a Nova Inglaterra e pelos estados do médio Atlântico, estendendo-se para o sul até a Virgínia, assim como para Ohio, Michigan e Wisconsin e causando danos generalizados em árvores florestais. As fêmeas são brancas com manchas pretas e os machos são cinza. As fêmeas apresentam envergadura alar entre 40 mm a 50 mm, os machos são um pouco menores. Os ovos são depositados nos troncos das árvores ou em locais semelhantes, em uma massa com os pelos corporais da fêmea. Passam o inverno e eclodem na primavera seguinte. As fêmeas são voadoras inaptas e raramente deslocam-se para longe do casulo de onde emergiram. A dispersão da espécie é realizada em grande parte pelas larvas jovens.

A mariposa de cauda marrom, *Euproctis chrysorrhoea* (L.), é outra praga de árvores florestais e ornamentais que foi introduzida da Europa. Apareceu, pela primeira vez, perto de Boston no início da década de 1890 e, desde então, se espalhou pela Nova Inglaterra. Os adultos são brancos, com envergadura alar entre 25 mm e 35 mm, e possuem pelos acastanhados na extremidade do abdômen. Os machos são um pouco menores que as fêmeas. Esta espécie passa o inverno como larva em um abrigo de folhas. Os dois sexos são alados. Os pelos das larvas, quando em contato com a pele humana, causam uma erupção cutânea irritante.

A mariposa de cetim, *Leucoma salicis* (L.), é uma espécie europeia que apareceu nos Estados Unidos em 1920. Alimenta-se de álamos e salgueiros e é uma praga ocasional de álamos plantados como árvores ornamentais ou quebra-vento. Após sua introdução, foi considerada uma praga importante, porém a introdução de alguns parasitas europeus reduziu muito seu número e importância.

Família **Nolidae:** Este grupo, que antigamente era considerado uma subfamília de Noctuidae, contém mariposas pequenas que apresentam cristas e tufos de escamas elevadas nas asas anteriores. *Nola ovilla* Grote é razoavelmente comum na Pensilvânia em troncos de faias e carvalhos. A larva alimenta-se de liquens que crescem nos troncos destas árvores. A larva de *N. triquetrana* (Fitch), uma mariposa cinza com envergadura alar entre 17 mm e 20 mm, alimenta-se de folhas de macieiras, mas raramente é numerosa o suficiente para causar grandes danos. A larva da lagarta do sorgo, *N. sorghiella* Riley, é uma praga do sorgo.

Família **Arctiidae – Mariposas-tigradas, Litosiíneos, Mariposas-vespas e Outras:** Kitching e Rawlins, em Kristensen 1998, propuseram uma reorganização considerável desta família que reconhece três subfamílias, das quais apenas duas são encontradas nos Estados Unidos e Canadá. Todas são caracterizadas pela presença de um par de glândulas de feromônios eversíveis dorsais, associadas às papilas anais das fêmeas. Existem mais de 260 espécies na América do Norte.

Subfamília **Lithosiinae – Litosiíneos:** Os litosiíneos são mariposas pequenas e delgadas e a maioria das espécies norte-americanas tem cores relativamente foscas. Algumas espécies tropicais, porém, são muito coloridas. As larvas da maioria das espécies alimentam-se de líquen. *Hypoprepia miniata* (Kirby) é um inseto muito bonito. Possui asas anteriores rosadas com três faixas cinza e as asas posteriores são amarelas e com amplas margens em cinza. A mariposa do líquen, *Lycomorpha pholus* (Drury), é uma mariposa pequena e escura com a base das asas amarelada. Parece-se um pouco com alguns besouros licídeos. Estas mariposas vivem em lugares rochosos e suas larvas alimentam-se do líquen que cresce nas rochas. Muitas espécies do gênero *Cisthene* têm cor cinza com várias marcas vermelhas ou possuem outras combinações de cores.

Subfamília **Arctiinae – mariposas-tigradas:** Este grupo contém a maioria das espécies da família e muitas são insetos muito comuns. Às vezes, algumas são ocasionalmente destrutivos para árvores e arbustos. Várias são muito coloridas e, portanto, populares entre os colecionadores. São amplamente distribuídas nas regiões temperadas e tropicais.

A maioria das mariposas-tigradas tem tamanho pequeno a médio e manchas ou faixas de cores vivas. Algumas são brancas ou uniformemente acastanhadas. A venação alar é muito semelhante à dos Noctuidae, porém Sc e Rs nas asas posteriores são fundidas até aproximadamente a metade da célula discal (Figura 30-26). Estas mariposas são principalmente noturnas e, em repouso, mantêm as asas como um telhado sobre o corpo. As larvas em geral são pilosas, algumas vezes em excesso. Os chamados bichos cabeludos pertencem a este grupo. Os casulos são feitos em grande parte com pelos do corpo das larvas.

As mariposas-tigradas dos gêneros *Apantesis* e *Grammia* apresentam asas anteriores pretas com faixas vermelhas ou amarelas e as asas posteriores rosadas com manchas pretas. Uma das maiores e mais comuns espécies do gênero é *G. virgo* (L.), que apresenta envergadura alar de aproximadamente 50 mm. A larva alimenta-se de caruru e outras ervas e passa o inverno no estágio larval.

Estigmene acrea (Drury) é outra mariposa-tigrada comum. Os adultos são brancos, com numerosas manchas pretas pequenas nas asas e o abdômen rosado com manchas pretas. As asas posteriores dos machos são amareladas. A larva alimenta-se de várias gramíneas e às vezes é chamada de "lagarta do charco".

Um dos bichos cabeludos mais conhecidos é a lagarta de *Pyrrharctia isabella* (J. E. Smith). A lagarta é marrom no meio e preta em cada extremidade, enquanto o adulto é marrom-amarelado com três linhas de pequenas manchas pretas no abdômen. Estas lagartas são vistas se deslocando pelas estradas no outono.

Passam o inverno como larvas e empupam na primavera. Alimentam-se de várias ervas. Algumas pessoas acreditam que a quantidade de preto na larva no outono varia proporcionalmente à severidade do inverno que está chegando.

Larvas de algumas mariposas-tigradas alimentam-se de folhas de árvores e arbustos e causam sérios danos. A lagarta-de-teia do outono, *Hyphantria cunea* (Drury), é uma espécie comum deste tipo. As larvas constroem grandes teias, que envolvem um galho de folhagem, onde se alimentam. Estas teias são comuns em muitos tipos de árvores no final do verão e no outono. Na América do Norte, esta espécie constitui apenas um incômodo, mas foi introduzida na Europa, onde se transformou em uma praga. Os adultos são brancos com algumas manchas escuras e apresentam envergadura alar de 25 mm. Algumas são completamente brancas ou podem apresentar quantidades variáveis de manchas pretas. As larvas da mariposa da nogueira, *Lophocampa caryae* (Harris) (Figura 30-41B), alimentam-se de folhas de nogueira e outras árvores. A larva é um pouco semelhante à das mariposas de tufos do gênero *Orgyia*. Os adultos (Figura 30-41A) são marrom-claros com manchas brancas nas asas.

As ctenuchas e as mariposas-vespas (tribo Ctenuchini) são mariposas pequenas, de voo diurno, e algumas apresentam aspecto semelhante ao de vespas (mas não tão semelhantes quanto Sesiidae). A maioria das espécies é tropical e muito colorida. Podem ser reconhecidas pela venação das asas posteriores (Figura 30-25A): a veia subcostal é aparentemente ausente. No oeste, algumas espécies de ctenuquídeos ocasionalmente são vistas voando em grandes números, como se estivessem migrando.

Ctenucha virginica (Esper), uma espécie comum no nordeste, apresenta asas preto-acastanhadas, um corpo metálico azulado-brilhante e cabeça alaranjada. A larva é amarelada e lanosa, e se alimenta de gramíneas. O casulo é formado em grande parte por pelos corporais da lagarta. *Cisseps fulvicollis* (Hübner) é um pouco menor que os ctenuquídeos, com asas mais estreitas e com a porção central das asas posteriores mais claras. Seu protórax é amarelado. A larva desta espécie alimenta-se de gramíneas e os adultos frequentam flores de solidago.

COLECIONANDO E PRESERVANDO LEPIDOPTERA

A ordem Lepidoptera contém vários insetos grandes e vistosos e muitos estudantes começam suas coleções com eles. Os lepidópteros, em geral, são razoavelmente fáceis de coletar, porém são mais difíceis de montar e preservar em boas condições que os insetos da maioria das outras ordens. Os espécimes devem ser sempre manipulados com muito cuidado porque as escamas, que conferem a cor aos espécimes, são facilmente raspadas e, em muitas espécies, as asas são facilmente rompidas ou quebradas.

Os lepidópteros podem ser coletados com uma rede ou colocados diretamente em um frasco letal sem o uso da rede. Uma rede para a coleta destes insetos deve ter uma malha razoavelmente leve, leve o suficiente para que o espécime possa ser visto. Após a captura, o espécime deve ser colocado em um frasco letal ou sedado o mais rapidamente possível para que não prejudique suas asas pela agitação e tentativa de fuga. Muitos colecionadores preferem inserir o frasco letal na rede para colocar o espécime no frasco sem manipulá-lo diretamente. O frasco deve ter uma potência tóxica suficiente para atordoar o inseto rapidamente. Se o espécime for removido para o frasco letal com as mãos, esta operação deve ser cuidadosa, segurando-se o exemplar através da rede pelo tórax, comprimindo-o discretamente para atordoá-lo e então colocando-o no frasco letal. Não comprima as espécies delicadas como azulzinhas e bandeirinhas. As mariposas grandes são mortas mais facilmente por uma injeção de álcool no tórax usando-se uma agulha hipodérmica (apenas algumas gotas são suficientes).

Muitas mariposas podem ser recolhidas diretamente para o frasco letal sem o uso de uma rede. Deve-se simplesmente colocar um recipiente de boca larga sobre o espécime quando estiver pousado em alguma superfície plana. O agente letal no frasco deve ser forte o suficiente para atordoar o inseto rapidamente, antes que ele possa se agitar muito no interior do frasco e prejudicar as asas.

Muitas espécies, em particular as borboletas, são encontradas em flores e podem ser coletadas durante a alimentação. Para se obter um grande número de espécies, deve-se visitar uma variedade de *habitats* e coletar em todas as estações. Muitas espécies vivem apenas em alguns *habitats* e outras possuem uma vida adulta curta, voando apenas por curtos períodos a cada ano.

Muitas mariposas são coletadas mais facilmente com luzes, em especial luzes ultravioletas ("negras") e de vapor de mercúrio. Podem ser capturadas em armadilhas, porém, espécimes coletados por meio dessa técnica apresentam condições inadequadas, exceto se precauções especiais forem tomadas. As armadilhas devem possuir uma tela com malha de ⅜ polegadas (1 cm) perto do fundo, para manter os espécimes grandes longe dos menores, e deve haver uma grande quantidade de papel dobrado ou material semelhante para fornecer locais de ocultação. Um veneno forte, como cianeto, é necessário e consequentemente deve-se ter muito cuidado ao se operar a armadilha. A armadilha de atordoamento pode ser feita usando-se blocos de gelo no fundo, com ampla provisão para manter a temperatura baixa. A temperatura baixa desta armadilha imobiliza os espécimes, que podem ser removidos pela manhã ou após algumas horas.

Os espécimes podem ser capturados com luzes se houver uma superfície plana e branca perto da luz sobre a qual os insetos possam pousar. Os espécimes podem ser recolhidos diretamente desta superfície para um frasco letal. Muitas espécies interessantes podem ser obtidas com iscas açucaradas (ver Capítulo 35).

Devem ser tomadas precauções para impedir que os espécimes sejam avariados após terem sido colocados no frasco letal. Não coloque espécimes grandes, de corpo pesado, no frasco junto com espécimes pequenos e delicados. Não deixe o frasco ficar muito cheio. Remova os espécimes assim que estejam mortos e os coloque em seguida em envelopes de papel. Talvez seja melhor matar mariposas pequenas em pequenos frascos de cianeto (como apresentado na Figura 35-2A), com pedaços de papel absorvente no seu interior para impedir que os insetos entrem em contato entre si.

O melhor modo de obter bons espécimes de muitas espécies é criá-los a partir de larvas ou pupas. Sugestões para criação são fornecidas no Capítulo 35. Com a criação, o colecionador não apenas obtém bons espécimes, mas também pode se familiarizar com os estágios larvais das diferentes espécies e plantas das quais as larvas se alimentam.

Espécimes de Lepidoptera podem ser preservados em uma coleção de duas maneiras: em envelopes de papel (como no caso de Odonata e alguns outros grupos) ou distendidos e alfinetados. Use envelopes no caso de armazenamento temporário ou no caso de coleções grandes, quando não houver espaço disponível para grandes números de espécimes abertos. Para exibir sua coleção, o tipo de montagem mais útil é a gaveta com tampa de vidro. As melhores coleções de Lepidoptera possuem espécimes alfinetados e distendidos. Muitos colecionadores acham melhor alfinetar as mariposas menores em campo e estendê-las mais tarde. Mariposas com envergadura alar de menos de 10 mm devem ser fixadas com um alfinete minúsculo e montagem dupla, como mostra a Figura 35-10D.

Todos os lepidópteros alfinetados ou montados sob vidro devem ser distendidos. Aconselha-se ao estudante iniciante ou à pessoa interessada principalmente em exibir sua coleção que os espécimes sejam distendidos em uma posição de cabeça para baixo (Figura 35-9). O estudante avançado ou a pessoa que tenha uma grande coleção deve alfinetá-los ou mantê-los em envelopes. Os métodos para distensão e montagem de Lepidoptera são descritos no Capítulo 35. É necessário um pouco de prática para se obter habilidade na distensão destes insetos e alguns espécimes menores colocarão à prova as habilidades e a paciência do colecionador, porém a coleção resultante valerá o esforço. Com o equipamento certo e a prática, mesmo os microlepidópteros podem ser distendidos. Alguns colecionadores distendem os microlepidópteros em campo, ou pelo menos "inflam" suas asas, ou seja, assopram os espécimes para levantá-las e separá-las.

Em uma grande coleção de Lepidoptera alfinetados, pode-se economizar espaço colocando-se os alfinetes no fundo da caixa em um ângulo e sobrepondo as asas de espécimes adjacentes. Isto é chamado de "disposição em telhado". Uma coleção deve ser protegida contra pragas de museu, colocando-se naftalina ou algum repelente semelhante nas caixas. Mantenha a coleção no escuro, porque muitos espécimes desbotam se expostos à luz por longos períodos.

Referências

Adamski, D.,; R. L. Brown. Morphology and systematics of North American Blastobasidae (Lepidoptera: Gelechioidea). *Mississippi Agric. and Forestry Exp. Sta. Tech. Bull.* 165, 170 p. 1989.

Allen, J. T. *The Butterflies of West Virginia and Their Caterpillars.* Pittsburgh: University of Pittsburgh Press, 224 p. 1997.

Anonymous. 1972. *An amateur's guide to the study of the genitalia of Lepidoptera.* Hanworth: The Amateur Entomologist's Society. 16 p.

Bordelon, C.,; E. Knudson. *Checklist of Lepidoptera of the Audubon Palm Grove Sanctuary, Texas.* Texas Lepidoptera Survey, Publ. 1. Houston: Knudson and Bordelon, 32 p. 1998.

Bordelon, C.,; E. Knudson. *Checklist of Lepidoptera of the Big Thicket National Preserve, Texas.* Texas Lepidoptera Survey, Publ. 2. Houston: Knudson and Bordelon, 42 p. 1998.

Bordelon, C.,; E. Knudson. *Checklist of Butterflies of the Lower Rio Grande Valley, Texas.* Texas Lepidoptera Survey, Publ. 9A. Houston: Knudson and Bordelon, 52 p. 2002.

Braun, A. F. "Elachistidae of North America (Microlepidoptera)". *Mem. Amer. Entomol. Soc.* 13:1–110. 1948.

Braun, A. F. "The genus *Bucculatrix* in America north of Mexico (Microlepidoptera)". *Mem. Amer. Entomol. Soc.* 18:1–208. 1963.

Braun, A. F. Tischeriidae of America north of México (Microlepidoptera). *Mem. Amer. Entomol. Soc.* 28:1–148. 1972.

Brewer, J. *Butterflies.* Nova York: Abrams, 176 p. 1976.

Brown, F. M., D. Eff, and B. Rotger. *Colorado Butterflies.* Denver: Denver Museum of Natural History, 368 p. 1957.

Bucheli, S., J.-F. Landry, and J. Wenzel. "Larval case architecture and implications of host-plant associations for North American *Coleophora* (Lepidoptera: Coleophoridae)". *Cladistics* 18:71–93. 2002.

Burns, J. M. *Evolution in skipper butterflies of the genus Erynnis.* Univ. Calif. Publ. Entomol. 37, 216 p. 1964.

Capinera, J. L.,; R. A. Schaefer. *Field identification of adult cutworms, armyworms, and similar crop pests collected from light traps in Colorado.* Fort Collins, CO: Cooperative Extension Service Colorado State University Bulletin 514A. 24 p. 1983.

Chapman, P. J.,; S. E. Lienk. *Tortricid Fauna of Apple in Nova York.* Geneva: N.Y. State Agricultural Experiment Station, Cornell University, 122 p. 1971.

Collins, M. M.,; R. D. Weast. *Wild Silk Moths of the United States:* Saturniinae. Cedar Rapids, IA: Collins Radio Company, 138 p. 1981.

Common, I. F. B. Lepidoptera (moths and butterflies). In: CSIRO, *The Insects of Australia*, p. 765–866. Melbourne: Melbourne University Press. 1970.

Common, I. F. B. "Evolution and classification of the Lepidoptera". *Annu. Rev. Entomol.* 20: 183–203. 1975.

Common, I. F. B. *Moths of Australia.* Carlton, Victoria: Melbourne University Press, 535 p. 1990.

Comstock, J. H. *An introduction to entomology,* 9th ed. Ithaca, NY: Comstock Publishing Company, 1064 p. 1940.

Covell, C. V., Jr. *A Field Guide to the Moths of Eastern North America.* Boston: Houghton Mifflin, 496 p. 1984.

Davis, D. R. "Bagworm moths of the western Hemisphere (Lepidoptera: Psychidae)". *Bull. U.S. Natl. Mus.* 244:1–233. 1964.

Davis, D. R. "A revision of the moths of the subfamily Prodoxinae (Lepidoptera: Incurvariidae)". *Bull. U.S. Natl. Mus.* 255:1–170. 1967.

Davis, D. R. "A revision of the American moths of the family Carposinidae (Lepidoptera: Carposinoidea)". *Bull. U.S. Natl. Mus.* 289:1–105. 1968.

Davis, D. R. "A review of the Ochsenheimeriidae and the introduction of the cereal stem moth, *Ochsenheimeria vacculella* into the United States (Lepidoptera: Tineoidea)". *Smithson. Contrib. Zool.* No. 192, 20 p. 1975.

Davis, D. R. "A revision of the North American moths of the superfamily Eriocranioidea with the proposal of a new family, Acanthopteroctetidae (Lepidoptera)". *Smithson. Contrib. Zool.* No. 51, 131 p. 1978a.

Davis, D. R. "The North American moths of the genera *Phaeoses, Opogona,* and *Oinophila,* with a discussion of the supergeneric affinities (Lepidoptera: Tineidae)". *Smithson. Contrib. Zool.* No. 282, 39 p. 1978b.

Davis, D. R., O. Pellmyr, and J. N. "Thompson. Biology and systematics of *Greya* Busck and *Tetragma*, new genus (Lepidoptera: Prodoxidae)". *Smithson. Contrib. Zool.* No. 524, 88 p. 1992.

Davis, D. R.,; G. Deschka. "Biology and systematics of the North American *Phyllonorycter* leafminers on Salicaceae, with a synoptic catalog of the Palearctic species (Lepidoptera: Gracillariidae)". *Smithson. Contrib. Zool.* 614:1–89. 2001.

Dominick, R. B. (Ed.). *The Moths of America North of Mexico.* Washington, DC: Wedge Entomological

Research Foundation, 1972. (Esta série contínua, quando completa, consistirá em manuais de identificação para todas as espécies de mariposas da América do Norte ao norte do México. Será publicada em aproximadamente 150 partes, totalizando 30 fascículos, escritas por especialistas selecionados. As partes publicadas até o momento estão relacionadas aqui juntamente com seus respectivos autores.).

Dornfeld, F. J. *The Butterflies of Oregon*. Forest Grove: Timber Press, 275 p. 1980.

Dos Passos, C. F. "A synoptic list of Nearctic Rhopalocera". *Lepidop. Soc. Mem.* 1; 145 p. 1964.

Duckworth, W. D. "North American Stenomidae (Lepidoptera: Gelechioidea)". *Proc. U.S. Natl. Mus.* 116:23–72. 1964.

Duckworth, W. D.,; T. D. Eichlin. A classification of the Sesiidae of America north of Mexico. *Occas. Pap. Ent. (Calif. Dept. Agr.)* 26:1–54. 1977.

Duckworth, W. D.,; T. D. Eichlin. The clearwing moths of California (Lepidoptera: Sesiidae). *Occas. Pap. Ent. (Calif. Dept. Agr.)* 27:1–80. 1978.

Ebner, J. A. *The butterflies of Wisconsin*. Milwaukee Public Museum Popular Science Handbook n. 12. Milwaukee: Public Museum, 205 p. 1970.

Ehrlich, P. R. "The comparative morphology, phylogeny, and higher classification of the butterflies (Lepidoptera: Papilionoidea)". *Univ. Kan. Sci. Bull.* 39(8):305–370. 1958.

Ehrlich, P. R.,; A. H. Ehrlich. *How to Know the Butterflies*. Dubuque, IA: William C Brown, 262 p. 1961.

Eichlin, T. D.,; H. B. Cunningham. "The Plusiinae (Lepidoptera: Noctuidae) of America north of Mexico, emphasizing genitalic and larval morphology." *USDA Tech. Bull.* 1567, 122 p. 1978.

Eichlin, T. D.,; W. D. Duckworth. Sesioidea: Sesiidae. In: R. B. Dominick (Ed.). *The Moths of America north of Mexico*. Washington, DC: Wedge Entomological Research Foundation. Fasc. 5.1, 176 p.

Emmel, T. C. 1975. *Butterflies*. Nova York: Knopf, 260 p. 1988.

Emmel, T. C.,; J. F. Emmel. "The butterflies of southern California". *Nat. Hist. Mus. Los Angeles County. Sci. Ser.* 26:1–148. 1973.

Evans, W. H. *Catalogue of American Hesperiidae*, 3 v. Londres: British Museum (Natural History), 521 p. 1951–1955.

Ferguson, D. C. Saturniidae: Citheroniinae and Hemileucinae in part. In: R. B. Dominick (Ed.), *The Moths of America North of Mexico*. Washington, DC: Wedge Entomological Research Foundation. Fasc. 20, Parte 2A, 153 p. 1972a.

Ferguson, D. C. Bombycoidea: Saturniidae (conclusão: Hemileucinae em parte, e Saturniinae). In: R. B. Dominick (Ed.), *The Moths of America North of Mexico*. Washington, DC: Wedge Entomological Research Foundation. Fasc. 20, Parte 2B, 264 p. 1972b.

Ferguson, D. C. Noctuoidea: Lymantriidae. In: R. B. Dominick (Ed.). *The Moths of America North of Mexico*. Washington, DC: Wedge Entomological Research Foundation. Fasc. 22.2, 110 p. 1978.

Ferguson, D. C. Geometroidea: Geometridae (part), subfamily Geometrinae. In: R. B. Dominick (Ed.). *The Moths of America North of Mexico*. Washington, DC: Wedge Entomological Research Foundation. Fasc. 18(1), 131 p. 1985a.

Ferguson, D. C. "Contributions toward reclassification of the world genera of the tribe Arctiini. Parte l: Introduction and a revision of the *Neoarctia-Grammia* group (Lepidoptera: Arctiidae; Arctiinae)". *Entomography* 3:181–275. 1985b.

Ferris, C. D,. and F. M. Brown (Eds.). *Butterflies of the Rocky Mountain States*. Norman: University of Oklahoma Press, 442 p. 1980.

Field, W. D. "A manual of the butterflies and skippers of Kansas". *Bull. Univ. Kan. Biol. Ser., Bull. Dept. Entomol.* 12:1–328. 1940.

Field, W. D. "Butterflies of the genus *Vanessa* and of the resurrected genera *Basaris* and *Cynthia* (Lepidoptera: Nymphalidae)". *Smithson. Contrib. Zool.* n. 84, 105 p. 1971.

Fletcher, D. S. *The Generic Names of the Moths of the World*. v. 3: Geometroidea. Londres: British Museum (Natural History). 1979.

Fletcher, D. S.,; I. W. B. Nye. *The Generic Names of the Moths of the World*. v. 4: Bombycoidea, Mimallonoidea, Sphingoidea, Castnioidea, Cossoidea, Zygaenoidea, Sesioidea. Londres: British Museum (Natural History). 1982.

Fletcher, D. S.,; I. W. B. Nye. *The Generic Names of the Moths of the World*. v. 5: Pyraloidea. Londres: British Museum (Natural History). 1984.

Forbes, W. T. M. Lepidoptera of Nova York and neighboring states. Parte I: Primitive forms, Microlepidoptera. Cornell Univ. Agr. Expt. Sta. Mem. 68, 729 p. (1923). Parte 2: Geometridae, Sphingidae, Notodontidae, Lymantriidae. Cornell Univ. Agr. Expt. Sta. Mem. 274, 263 p. (1948). Parte 3: Noctuidae. Cornell Univ. Agr. Expt. Sta. Mem. 329, 433 p. (1954). Parte 4: Agaristidae through Nymphalidae including butterflies. *Cornell Univ. Agr. Expt. Sta. Mem.* 371, 188 p. (1960). 1923–1960.

Ford, E. B. *Moths*. Londres: Collins, 266 p. 1944.

Franclemont, J. C. Mimallonoidea and Bombycoidea: Apatelodidae, Bombycidae, Lasiocampidae. In: R. B. Dominick (Ed.), *The Moths of America North of Mexico*. Washington, DC: Wedge Entomological Research Foundation. Fasc. 20, Parte 1; 86 p. 1973.

Freeman, H. A. Systematic review of the Megathymidae. J. Lepidop. Soc. 23 (Suppl. 1):1–59. 1969.

Garth, J. S.,; J. W. Tilden. California Butterflies. Berkeley: University of California Press, 208 p. 1986.

Handfield, L. *Le guide des papillons du Quebec (version scientifique)*. Ottawa: Broquet, 982 p. 1999.

Hardwick, D. F. "The corn earworm complex". Mem. Entomol. Soc. Can. 40:1–245. 1965.

Hardwick, D. F. "A generic revision of the North American Heliothidinae (Lepidoptera: Noctuidae)". Mem. Entomol. Soc. Can. 73:1–59. 1970a.

Hardwick, D. F. The genus *Euxoa* (Lepidoptera: Noctuidae) in North America. Parte 1: Subgenera *Orosagrotis*, 1970b. *Longivesica, Chorizagrotis, Pleonoctopoda*, and *Crassivesica*. Mem. Entomol. Soc. Canada 67:1–177.

Hardwick, D. F. *A monograph to the North American Heliothentinae (Lepidoptera: Noctuidae)*. Ottawa: D. F. Hardwick, 281 p. 1996.

Harris, L., Jr. *Butterflies of Georgia*. Norman: University of Oklahoma Press, 326 p. 1972.

Hasbrouck, F. F. "Moths of the family Acrolophidae in America north of Mexico (Microlepidoptera)". Proc. U.S. Natl. Mus. 114:487–706. 1964.

Heinrich, C. "Revision of the North American moths of the subfamily Eucosminae of the family Olethreutidae". Bull. U.S. Natl. Mus. 123:1–298. 1923.

Heinrich, C. "Revision of the North American moths of the subfamilies Laspyresiinae and Olethreutinae". Bull. U.S. Natl. Mus. Bull. 132:1–261. 1926.

Heinrich, C. "American moths of the subfamily Phycitinae". Bull. U.S. Natl. Mus. 207:1–581. 1956.

Heppner, J. B. *The Sedge Moths of North America (Lepidoptera: Glyphipterigidae)*. Gainesville, FL: Flora and Fauna, 254 p. 1985.

Heppner, J. B. "Faunal regions and the diversity of Lepidoptera". Tropical Lepidoptera 2 (Suppl. 1), 85 p. 1991.

Heppner, J. B. "Classification of Lepidoptera. Parte 1: Introduction". Holarctic Lepidoptera, 5 (Suppl. 1), 1148 p. 1998.

Heppner, J. B.,; W. D. Duckworth. "Classification of the superfamily Sesioidea (Lepidoptera: Ditrysia)". Smithson. Contrib. Zool. 314:1–144. 1981.

Hodges, R. W. "A revision of the Cosmopterigidae of America north of Mexico, with a definition of the Momphidae and Walshiidae (Lepidoptera)". Entomol. Amer. 42:1–171. 1962.

Hodges, R. W. "A review of the North American moths in the family Walshiidae (Lepidoptera: Gelechioidea)". Proc. U.S. Natl. Mus. 115:289–330. 1964.

Hodges, R. W. "Revision of the nearctic Gelechiidae. Parte 1: The *Lita* group (Lepidoptera: Gelechioidea)". Proc. U.S. Natl. Mus. 119:1–66. 1966.

Hodges, R. W. Sphingoidea: Sphingidae. In: R. B. Dominick (Ed.), *The Moths of America North of Mexico*. Washington, DC: Wedge Entomological Research Foundation. Fasc. 21. 158 p. 1971.

Hodges, R. W. Gelechioidea, Oecophoridae. In: R. B. Dominick (Ed.), *The Moths of America North of Mexico*. Washington, DC: Wedge Entomological Research Foundation. Fasc. 6.2. 142 p. 1974.

Hodges, R. W. Gelechioidea, Cosmopterigidae. In: R. B. Dominick (Ed.), *The Moths of America North of Mexico*. Washington, DC: Wedge Entomological Research Foundation. Fasc. 6.1. 166 p. 1978.

Hodges, R. W. Gelechioidea: Gelechiidae (part), Dichomeridinae. In: R. B. Dominick (Ed.), *The Moths of America North of Mexico*. Washington, DC: Wedge Entomological Research Foundation. Fasc. 7.1. 178 p. 1986.

Hodges, R. W. Gelechioidea: Gelechiidae (Parte Chionodes). In: R. B. Dominick (Ed.), *The Moths of America North of Mexico*. Washington, DC: Wedge Entomological Research Foundation. Fasc. 7.6. 348 p. 1999.

Hodges, R. W., et al. *Check List of the Lepidoptera of America North of Mexico*. Londres: E. W. Classey and Wedge Entomolological Research Foundation, 284 p. 1983.

Holland, W. J. *The Butterfly Book*, rev. ed. Nova York: Doubleday, 424 p. 1931.

Holland, W. J. *The Moth Book*. Nova York: Dover, 479 p. (First published in 1903). 1968.

Holloway, J. D., J. D. Bradley, and D. J. Carter. *CIE Guides to Insects of Importance to Man*. 1. Lepidoptera. Wallingford: CAB International. 262 p. 1987.

Hooper, R. R. *The Butterflies of Saskatchewan*. Regina, Canada: Museum of Natural History, 216 p. 1973.

Howe, W. H. (Ed.). *The Butterflies of North America*. Nova York: Doubleday, 632 p. 1975.

Kaila, L. "A review of *Coelopoeta* (Elachistidae), with descriptions of two new species". J. Lepidop. Soc. 49:171–178. 1995.

Kaila, L. "Revision of the Nearctic species of *Elachista*. Parte 1: The *tetragonella* group (Lepidoptera: Elachistidae)". Entomol. Scand. 227:217–238. 1996.

Kaila, L. "Revision of the Nearctic species of *Elachista* s.l. The *argentella* group (Lepidoptera: Elachistidae)". *Acta Zool. Fennica 206*, 93 p. 1997.

Kaila, L. "Revision of the Nearctic species of *Elachista* s.l. Parte 3: The *bifasciella*, *praelineata*, *saccharella*, and *freyerella* groups (Lepidoptera: Elachistidae)". *Acta Zool. Fennica* 211, 235 p. 1999.

Kimball, C. P. *Lepidoptera of Florida*. Arthropods of Florida and Neighboring Land Areas 1, 363 p. 1965.

Klots, A. B. *A Field Guide to the Butterflies*. Boston: Houghton Mifflin, 349 p. 1951.

Klots, A. B. *The World of Butterflies and Moths*. Nova York: McGraw-Hill, 207 p. 1958.

Knudson, E.,; C. Bordelon. *Checklist of Lepidoptera of Big Bend National Park, Texas.* Texas Lepidoptera Survey, Publ. 3. Houston: Knudson and Bordelon, 64 p. 1999.

Knudson, E.,; C. Bordelon. *Checklist of Lepidoptera of Guadalupe Mts. National Park, Texas.* Texas Lepidoptera Survey, Publ. 4. Houston: Knudson and Bordelon, 67 p. 2000.

Knudson, E.,; C. Bordelon. *Checklist of Lepidoptera of the Caprock Canyonlands, Texas.* Texas Lepidoptera Survey, Publ. 5. Houston: Knudson and Bordelon, 51 p. 2000.

Knudson, E.,; C. Bordelon. *Checklist of the Lepidoptera of Texas (parts 1 & 2)*. Texas Lepidoptera Survey, Publ. 6. Houston: Knudson and Bordelon, 50 p. 2000.

Knudson, E.,; C. Bordelon. *Checklist of Lepidoptera of the Davis Mountains, Texas.* Texas Lepidoptera Survey, Publ. 7. Houston: Knudson and Bordelon, 48 p. 2001.

Knudson, E.,; C. Bordelon. *Checklist of the Lepidoptera of the Texas Hill Country.* Texas Lepidoptera Survey, Publ. 8. Houston: Knudson and Bordelon, 72 p. 2001.

Knudson, E.,; C. Bordelon. *Texas Lepidoptera Atlas.* v. 7: Sesioidea. Houston: Knudson and Bordelon, 32 p. 2002.

Kristensen, N. P. (Ed.). *Handbuch der Zoologie 4 (Arthropoda), (2) (Insecta), (35) (Lepidoptera. Moths and butterflies 1 Evolution, systematics and biogeography).* Berlin: de Gruyter, 494 p. 1998.

Lafontaine, J. D. Noctuoidea: Noctuidae, Noctuinae (part: *Euxoa*). In: R. B. Dominick (Ed.), *The Moths of America North of Mexico.* Washington, DC: Wedge Entomological Research Foundation. Fasc. 27.2, 234 p. 1987.

Lafontaine, J. D. Noctuoidea: Noctuidae, (Parte Noctuinae). In: R. B. Dominick (Ed.), The Moths of America north of Mexico. Washington, DC: Wedge Entomological Research Foundation. Fasc. 27.3, 348 p. 1998.

Lafontaine, J. D.,; R. W. Poole. Noctuoidea: Noctuidae, (Parte Plusiini). In: R. B. Dominick (Ed.), The Moths of America north of Mexico. Washington, DC: Wedge Entomological Research Foundation. Fasc. 25.1, 182 p. 1991.

Landry, B. "A phylogenetic analysis of the major lineages of the Crambinae and of the genera of Crambini of North America (Lepidoptera:Pyralidae)". *Mem. Entomol.*: 242. 1995.

Landry, J.-F. "Systematics of nearctic Scythrididae (Lepidoptera: Gelechioidea): phylogeny and classification of supraspecific taxa, with a review of described species". *Mem. Entomol. Soc. Can.* 160:1–341. 1991.

Layberry, R. L., P. W. Hall, and J. D. Lafontaine. *The Butterflies of Canada.* Toronto: University of Toronto Press, 280 p. 1998.

MacKay, M. R. "Larvae of North American Olethreutidae (Lepidoptera)". *Can. Entomol. Suppl.* 10, 338 p. 1959.

MacKay, M. R. "The North American Aegeriidae (Lepidoptera): A revision based on late-instar larvae". *Mem. Entomol. Soc. Can.* 58:1–112. 1968.

MacKay, M. R. "Larvae of the North American Tortricinae (Lepidoptera: Tortricidae)". *Can. Entomol. Suppl.* 28, 182 p. 1977.

MacNeill, C. D. "The skippers of the genus *Hesperia* in western North America, with special reference to California (Lepidoptera: Hesperiidae)". *Univ. Calif. Publ. Entomol.* 35:1–230. 1964.

McCabe, T. L. "Atlas of Adirondack caterpillars with a host list, rearing notes and a selected bibliography of works depicting caterpillars". *N.Y. State Mus. Bull.* 470. 113 p. 1991.

McDunnough, J. *Check list of the Lepidoptera of Canada and the United States of America. So. Calif. Acad. Sci. Mem. Parte 1*: Macrolepidoptera, 274 p. (1938). Parte 2: Microlepidoptera, 171 p. (1939). 1938–1939.

McGuffin, W. C. "Guide to the Geometridae of Canada (Lepidoptera)". *Mem. Entomol. Soc. Can.* 50:1–67 (1967), 86:1–159 (1970), 101:1–191 (1977), 117:1–153 (1981). 1967–1981.

Miller, J. C.,; P. C. Hammond. *Macromoths of northwest forests and woodlands.* (USDA, Forest Service), Forest Health Technology Enterprise Team (FHTET)-98-18. Morgantown, WV, 133 p. 2000.

Miller, L. D.,; F. M. Brown. "A catalogue/checklist of the butterflies of America north of Mexico". *Mem. Lepidop. Soc.* 2:1–280. 1981.

Miller, W. E. *Guide to the olethreutine moths of midland North America (Tortricidae)*. USDA For. Serv. Agr. Handbook 660. Washington, DC, 104 p. 1987.

Morris, R. F. *Butterflies and moths of Newfoundland and Labrador:* The Macrolepidoptera. St. Johns: Agric. Can. Publ. 1691. 407 p. 1980.

Mosher, E. "A classification of the Lepidoptera based on characters of the pupa". *Bull. Ill. State Lab. Nat. Hist.* 12(2):17–159. 1916.

Munroe, E. G. Pyralidae: Scopariinae and Nymphulinae. In: R. B. Dominick (Ed.), *The Moths of America North of Mexico*. Washington, DC: Wedge Entomological Research Foundation. Fasc. 13, Parte 1A, 134 p. 1972a.

Munroe, E. G. Pyralidae: Odontiinae and Glaphyriinae. In: R. B. Dominick (Ed.), *The Moths of America North of Mexico*. Washington, DC: Wedge Entomological Research Foundation. Fasc. 13, Parte 1B, 125 p. 1972b.

Munroe, E. G. Pyralidae: The subfamily Evergestinae. In: R. B. Dominick (Ed.), *The Moths of America North of Mexico*. Washington, DC: Wedge Entomological Research Foundation. Fasc. 13, Parte 1C, 51 p. 1973.

Munroe, E. G. Pyralidae: Pyraustinae. In: R. B. Dominick (Ed.), *The Moths of America North of Mexico*. Washington, DC: Wedge Entomological Research Foundation. Fasc. 13, Parte 2A, 78 p. 1976a.

Munroe, E. G. Pyralidae: Pyraustinae, Tribe Pyraustini. In: R. B. Dominick (Ed.), *The Moths of America North of Mexico*. Washington, DC: Wedge Entomological Research Foundation. Fasc. 13, Parte 2B, 69 p. 1976b.

Neunzig, H. H. Pyraloidea: Pyralidae (part), Phycitinae (part – *Acrobasis* and allies). In: R. B. Dominick (Ed.), *The Moths of America North of Mexico*. Washington, DC: Wedge Entomological Research Foundation. Fasc. 15.2, 82 p. 1986.

Neunzig, H. H. Pyraloidea: Pyralidae, Phycitinae (part). In: R. B. Dominick (Ed.), The Moths of America north of Mexico. Washington, DC: Wedge Entomological Research Foundation. Fasc. 15.3, 165 p. 1990.

Neunzig, H. H. 1997. Pyraloidea: Pyralidae, Phycitinae (part). In: R. B. Dominick (Ed.), The Moths of America north of Mexico. Washington, DC: Wedge Entomological Research Foundation. Fasc. 15.4, 157 p.

Newton, P. J.,; C. Wilkinson. "A taxonomic revision of the North American species of *Stigmella* (Lepidoptera: Nepticulidae)". *Syst. Entomol.* 7:367–463. 1982.

Nielsen, M. C. *Michigan Butterflies and Skippers*. East Lansing, MI: Michigan State Univ. Ext. Bull., 248 p. 1999.

Nye, I. W. B. *The Generic Names of the Moths of the World. v. 1:* Noctuoidea (parte). Londres: British Museum (Natural History), 568 p. 1975.

Nye, I. W. B.,; D. S. Fletcher. *The Generic Names of the Moths of the World*. v. 6: Microlepidoptera. Londres: British Museum (Natural History), 368 p. 1986.

Opler, P. A. *A Field Guide to Eastern Butterflies*. Boston: Houghton Mifflin, 396 p. 1992.

Opler, P. A. *A Field Guide to Western Butterflies*, 2. ed. Boston: Houghton Mifflin, 540 p. 1999.

Opler, P. A.,; G. O. Krizek. *Butterflies East of the Great Plains:* An Illustrated Natural History. Baltimore: Johns Hopkins University Press, 294 p. 1984.

Parenti, U. *A guide to the Microlepidoptera of Europe*. Torino: Museo Regionale di Scienze Naturali. 426 p. 2000.

Peterson, A. "Larvae of Insects. Parte 1: Lepidoptera and Plant-Infesting Hymenoptera. *Ann Arbor, MI: J. E. Edwards*, 315 p. 1948.

Pogue, M. G. A world revision of the genus *Spodoptera* Guenée (Lepidoptera: Noctuidae)". *Mem Amer. Entomol. Soc.* 43:1–202. 2002.

Poole, R. W. Noctuidae. In: J. B. Heppner (Ed.), *Lepidopterorum Catalogus (new series)*. Nova York: E. J. Brill/ Flora and Fauna Publications. Fasc. 118, 1314 p. 1989.

Poole, R. W. Noctuoidea: Noctuidae, Cucullinae, Stirinae, Psaphidinae (part). In: R. B. Dominick (Ed.), *The Moths of America north of Mexico*. Washington, DC., 1995.

Wedge Entomological Research Foundation. Fasc. 26.1, 249 p.

Powell, J. A. "Biological and taxonomic studies on tortricine moths, with reference to the species in California". *Univ. Calif. Publ. Entomol.* 32:1–317. 1964.

Powell, J. A. "A systematic monograph of New World ethmiid moths (Lepidoptera: Gelechioidea)". *Smithson. Contrib. Zool.* No. 120, 302 p. 1973.

Powell, J. A.,; W. G. Miller. "Nearctic pine tip moths of the genus *Rhyacionia*; biosystematic review (Lepidoptera: Tortricidae, Olethreutinae)". *USDA For. Serv. Agr. Handbook* 514:1–51.1978.

Powell, J. A.,; D. Povolny. "Gnorimoschemine moths of coastal dune and scrub habitats in California (Lepidoptera: Gelechiidae)". *Holarctic Lepidoptera 8* (Suppl. 1), 53 p. 2001.

Pyle, R. M. *The Butterflies of Cascadia*. Seattle: Seattle Audubon Society, 420 p. 2002.

Rings, R. W. "A pictorial key to the armyworms and cutworms attacking vegetables in the north central states". *Ohio Agr. Res. Develop. Center, Res. Circ.* 231, 36 p. 1977.

Rings, R. W. "An illustrated key to common cutworm, armyworm, and looper moths in the north central states". *Ohio Agr. Res. Develop. Center, Res. Circ.* 227, 60 p. 1977.

Rings, R. W., E. H. Metzler, F. J. Arnold, and D. H. Harris. "The owlet moths of Ohio, order Lepidoptera, family Noctuidae". *Bull. Ohio Biol. Surv.*(n.s.), 9(2), 219 p. 1992.

Robinson, G. S., P. R. Ackery, I. J. Kitching, G. W. Beccaloni, and L. M. Hernández. "Hostplants of the moth and butterfly caterpillars of America north of Mexico". Mem. Amer. Entomol. Inst. 69. 824 p. 2002.

Rockburne, E. W., J. D. Lafontaine. "The cutworm moths of Ontario and Quebec". *Can. Dept. Agr. Publ.* 1593, 164 p. 1976.

Sargent, T. D. *Legion of Night:* The Underwing Moths. Amherst: University of Massachusetts Press, 222 p. 1976.

Scoble, M. J. *The Lepidoptera*: Form, Function, and Diversity. Oxford, UK: Oxford University Press, 404 p. 1992.

Scott, J. A. *The Butterflies of North America*. Stanford, CA: Stanford University Press, 583 p. 1986.

Selman, C. L. "A pictorial key to the hawkmoths (Lepidoptera: Sphingidae) of eastern United States (except Florida)". *Ohio Biol. Surv., Biol. Notes* No. 9, 21 p. 1975.

Shaffer, J. C. "A revision of the Peoriinae and Anerastiinae (auctorum) of America north of Mexico (Lepidoptera: Pyralidae)". *Bull. U.S. Natl. Mus.* 280:1–124. 1968.

Shull, E. M. *The Butterflies of Indiana*. Bloomington: Indiana University Press, 272 p. 1987.

Solis, M. A. "A phylogenetic analysis and reclassification of the genera of the *Pococera* complex (Lepidoptera: Pyralidae: Epipaschiinae)". *J. N.Y. Entomol. Soc.* 101:1–83. 1993.

Stehr, F. W. (Ed.). *Immature Insects*. Dubuque, IA: Kendall/Hunt, 754 p. 1987.

Stehr, F. W., E. F. Cook. "A revision of the genus *Malacosoma* Hübner in North America (Lepidoptera: Lasiocampidae): Systematics, biology, immatures, and parasites". *Bull. U.S. Natl. Mus.* 276:1–321. 1968.

Tietz, H. M. An Index to the *Described Life Histories, Early Stages and Hosts of the Macrolepidoptera of the Continental United States and Canada*, 2 v. Sarasota, FL: A.C. Allyn, 1042 p. 1973.

Tilden, J. W. *Butterflies of the San Francisco Bay Region.* Berkeley: University of California Press, 88 p. 1965.

Tilden, J. W., A. C. Smith. *A Field Guide to Western Butterflies*. Boston: Houghton Mifflin, 370 p. 1986.

Tuskes, P. M., J. P. Tuttle, and M. C. Collins. *The wild silk moths of North America:* A natural history of the Saturniidae of the United States and Canada. Ithaca, NY: Cornell University Press, 250 p. 1996.

Tyler, H. A. *The Swallowtail Butterflies of North America*. Healdsburg, CA: Naturegraph, 192 p. 1975.

Urquhart, F. A. *The Monarch Butterfly*. Toronto: University of Toronto Press, 361 p. 1960.

Villiard, P. *Moths and How to Rear Them*. Nova York: Funk and Wagnalls. 242 p. (Reprinted by Dover.), 1969.

Wagner, D. L., D. C. Ferguson, T. L. McCabe, and R. C. Reardon. "Geometroid caterpillars of Northestern and Appalachian forests". *(USDA Forest Service) Forest Health Technology Enterprise Team (FHTET)*-2001-10: 1–239. 2001.

Wagner, D. L., V. Giles, R. C. Reardon, and M. L. McManus. Caterpillars of eastern forests. *USFS Technology Transfer Bull.* FHTET-96-34:1–113. 1998.

Watson, A., D. S. Fletcher, and I. W. B. Nye. *The Generic Names of the Moths of the World*. v. 2: Noctuoidea (part). Londres: British Museum (Natural History), 228 p. 1980.

Watson, A., P. E. S. Walley. *The Dictionary of Butterflies and Moths in Color*. Nova York: McGraw-Hill, 296 p. 1975.

Wilkinson, C. A taxonomic study of the microlepidopteran genera *Microcalyptris* Braun and *Fomoria* Beirne occurring in the United States of America (Lepidoptera: Nepticulidae). *Tijds. Entomol.* 122:59–90. 1979.

Wilkinson, C., P. J. Newton. "The microlepidopteran genus *Ectoedemia* Busck (Nepticulidae) in North America". *Tijds. Entomol.* 124:27–92. 1981.

Wilkinson, C., M. J. Scobie. "The Nepticulidae (Lepidoptera) of Canada". *Mem. Entomol. Soc. Can.* 107:1–129. 1979.

Winter, W. D., Jr. "Basic techniques for observing and studying moths & butterflies". *Mem. Lepidop. Soc.* 5:1–444. 2000.

Zimmerman, E. C. *Insects of Hawaii*. v. 7: Macrolepidoptera. Honolulu: University of Hawaii Press, 542 p. 1958a.

Zimmerman, E. C. *Insects of Hawaii*. v. 8: Pyraloidea. Honolulu: University of Hawaii Press, 456 p. 1958b.

Zimmerman, E. C. *Insects of Hawaii*. v. 9: Microlepidoptera (2 partes). Honolulu: University of Hawaii Press, 1903 p. 1978.

CAPÍTULO 31

ORDEM SIPHONAPTERA[1,2]
PULGAS

As pulgas são insetos pequenos, ápteros e holometábolos. Com raras exceções, os adultos dependem da ingestão do sangue de vertebrados de sangue quente. Porém, as larvas têm vida relativamente livre e alimentam-se de material orgânico no *habitat* larval. Os corpos das pulgas adultas (Figura 31-1) tendem a ser lateralmente comprimidos, e apresentam cerdas e espinhos dirigidos posteriormente que aceleram o avanço pelas vestimentas do hospedeiro, ao mesmo tempo em que resistem aos movimentos em sentido contrário com frequência associados às atividades de higiene do hospedeiro. Os adultos apresentam corpos brilhantes e pilosos que variam do marrom-claro-amarelado ao quase preto.

A cápsula cefálica do adulto pode ser Fracticipita, com um sulco interantenal transverso completo conectando as fossas antenais dorsalmente, ou Integricipita, na qual o sulco interantenal está ausente. Em geral, contém um único tubérculo frontal (Figura 31-2A) medianamente na margem frontal e um número variável de fileiras de cerdas pré-antenais. Um par de olhos pode estar presente, ser vestigial ou ausente, porém, quando presente, origina-se ao longo da margem dorsocefálica de uma depressão linear oblíqua contendo as antenas, chamada *fossa antenal*. Em alguns grupos, as extremidades dorsais destas fossas estão fundidas internamente para formar uma *trabécula central* ou uma *área comum* oval ou circular (Figura 31-2A). A margem dorsal das fossas antenais apresenta várias pequenas cerdas ao longo da parte menor da sua extensão. O lobo genal estende-se abaixo e por atrás do olho e pode possuir um pente de dois ou mais espinhos (Figura 31-1), ou não possuir um pente de qualquer tipo. A porção pós-ocular da cápsula cefálica apresenta uma ou mais fileiras de cerdas pré-occipitais localizadas cefalicamente à fileira occipital. As antenas consistem em um escapo basal, um pedicelo e um flagelo de nove artículos ou clava. Alguns artículos podem ser pelo menos parcialmente fundidos, em especial nas fêmeas de algumas espécies. Nos machos, a superfície mediana da clava possui vários órgãos de suporte em forma de T que o macho usa para encaixar no esternito abdominal basal da fêmea durante a cópula. As peças bucais incluem um clípeo vestigial e mandíbulas e palpos maxilares pares, em geral com quatro artículos originados em um lobo maxilar triangular. O lábio possui um palpo labial com 2 a 5 artículos, embora até 10 artículos sejam conhecidos em espécies de *Chaetopsylla* (*Arctopsylla*) e até 20 em um gênero de outra região pertencente à mesma família. As peças bucais perfurantes consistem em um estilete epifaríngeo não pareado e em um par de estiletes maxilares derivados das lacínias, mantidos juntos pelos palpos labiais. De acordo com Snodgrass (1946), esta condição é específica da ordem, porque outros insetos com peças bucais perfuradoras-sugadoras possuem estiletes maxilares derivados das gáleas.

O tórax consiste em três segmentos distintos e um pouco separados. O pronoto é bem demarcado e pode apresentar de uma a três fileiras de cerdas e, com frequência, um pente distinto ao longo de sua margem posterior. Os pró-pleuritos e o prosterno perderam

---
[1] Siphonaptera: *siphon*, um tubo; *aptera*, áptero.
[2] Devemos ao Dr. Robert E. Lewis o crédito pela maior parte do material deste capítulo.

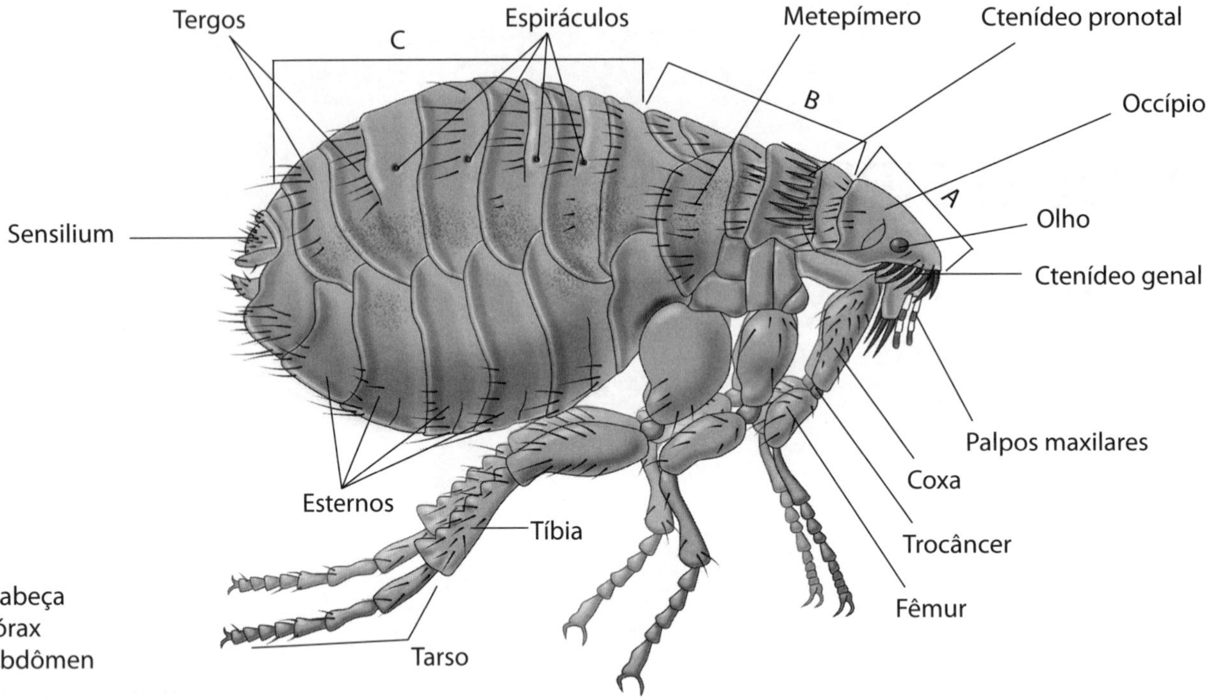

Figura 31-1 Uma pulga de gato adulta, *Ctenocephalides felis felis* (Pulicidae).

suas identidades individuais e formam uma estrutura combinada em forma de L, chamada de *prosternossoma*, que não possui cerdas. O mesonoto e os mesopleuritos são bem desenvolvidos, porém, devido à compressão lateral do corpo, o mesosterno é muito estreito e reduzido. O mesonoto pode conter várias fileiras regulares ou irregulares de cerdas e pode haver diversas pseudocerdas ao longo da margem posterior interna do colar mesonotal. Os escleritos pleurais são divididos em um mesepisterno anterior e em um mesepímero posterior por uma haste pleural subvertical. A margem posterior desta última é articulada com o segmento seguinte por uma placa de ligação lateral originada acima do espiráculo. O metatórax também é bem desenvolvido, com um metanoto distinto e metapleuritos grandes, em forma de escudo. O metanoto possui uma área metanotal lateral ventral menor, em forma de lobo, e a porção superior pode possuir um número variável de fileiras de cerdas regulares ou irregulares e alguns pequenos espinhos na margem posterior. Os metapleuritos são divididos por uma haste pleural subvertical grande, com a extremidade dorsal expandida para formar uma junta cupuliforme e articulada com o metanoto, que é revestido por resilina, uma proteína elástica, semelhante à borracha e incolor, mais desenvolvida nas espécies que são boas saltadoras. O metepisterno anterior, em geral, é relativamente isento de cerdas, porém o metepímero posterior possui um espiráculo e várias cerdas longas, cujo arranjo às vezes é útil na identificação.

As pernas da maioria das pulgas adultas têm formas e funções semelhantes, permitindo que os indivíduos se movam caminhando ou saltando. As exceções incluem espécies que ficam fixadas aos seus hospedeiros de modo mais ou menos permanente e aquelas que ficam restritas aos ninhos ou tocas de seus hospedeiros. No primeiro caso, toda ou parte da perna pode ser permanentemente perdida, enquanto no último, o indivíduo movimenta-se simplesmente rastejando. Em adultos típicos, a perna consiste em uma coxa grande e achatada, um trocânter pequeno, fêmur e tíbias achatadas e um tarso com 5 artículos ou tarsômeros, cujo segmento terminal possui três a cinco pares de cerdas plantares laterais e um par de garras apicais chamadas de *unhas* (Figura 31-1). A configuração das unhas evidentemente é determinada pela natureza da pelagem do hospedeiro.

O abdômen das pulgas adultas consiste em oito segmentos distintos mais uma área terminal combinada, na qual a segmentação é indistinta. O tergo 1 é pequeno e não modificado, mas pode conter algumas cerdas pequenas em sua margem caudal. O esternito abdominal 1 é vestigial nos dois sexos. Como resultado, o primeiro esternito visível é o de número 2. Os tergitos e esternitos 2 a 7 não são modificados. Os tergitos podem apresentar um número variável de fileiras de cerdas e pelo menos os segmentos anteriores também podem possuir cerdas marginais. Os esternitos possuem apenas uma única fileira de cerdas, situada na metade ventral de cada segmento. Os demais segmentos abdominais são modificados de modo variável para formar as genitálias interna e externa. A margem caudal do tergo 7 nos dois sexos possui várias cerdas antesensiliais. O tergo 8 possui uma fossa espiracular grande, de localização anterior em relação ao sensilium circular a oval, que pode ser convexo, plano ou discretamente côncavo, dependendo da família. Nas fêmeas, estes segmentos modificados contribuem para os lobos anais, os estiletes anais, os ductos genitais e as espermatecas. Em machos, os tergitos 9 a 11 contribuem para os lobos anais e o clasper, enquanto os esternitos 9 a 10 contribuem para os anexos esternais ventrais, se estiverem presentes. Diferentes entomologistas interpretam de modo variável as homologias do edeago (por exemplo, Traub 1950, Peus 1956, Smit 1970), porém, estudos adicionais são necessários antes que a organização e a função desta estrutura complicada sejam compreendidas nas várias famílias.

CARACTERÍSTICAS TAXONÔMICAS

Como já indicado, a identificação de pulgas adultas em nível de espécie envolve a análise da genitália, em especial a dos machos. Em muitos gêneros, a identidade das fêmeas apenas pode ser inferida apenas a partir da identificação dos machos acompanhantes. Contudo, várias características não genitais são usadas para identificação em nível genérico. A maioria é mencionada na introdução e não necessita de discussão mais profunda. Porém, as estruturas da genitália são muito mais complicadas e necessitam de uma explicação adicional.

Pouquíssimas características anatômicas das fêmeas são úteis para a identificação. Além das características somáticas usuais, estas são encontradas nos segmentos abdominais 7 a 11. Externamente, incluem o número de cerdas antesensiliais, a forma do estilete anal e dos lobos anais dorsais, a forma da margem posterior do esternito 7 e a disposição das setas do tergito e do esternito 8. As estruturas internas úteis, pelo menos em algumas espécies, incluem a forma da(s) espermateca(s) e a forma e grau de esclerotização dos ductos genitais.

Nos machos, o edeago é uma estrutura complicada que contém várias partes de função incerta, assim como as hastes do pênis, o órgão de penetração funcional. Embora as famílias variem de maneira considerável em relação a outras características da genitália, a seguir encontra-se uma descrição geral entre as famílias consideradas. Os tergitos 9 a 10 são modificados em órgãos pares denominado clasper, os processos fixos e móveis. Os primeiros são derivados da porção dorsal da extensão ventral, à semelhança de um cabo, do corpo do clasper, o manúbrio. Os últimos são articulados com a margem caudal do manúbrio. Os esternitos 8 a 9 são apendiculados e podem ser adornados com uma variedade de anexos ou outras modificações. O ápice do edeago também pode apresentar vários mecanismos de ancoragem, que garantem a integridade da união entre as genitálias masculina e feminina durante a reprodução. Entre as famílias norte-americanas, um ou mais destes segmentos modificados podem estar reduzidos ou até mesmo ausentes.

As características taxonômicas das larvas incluem a forma das peças bucais, o tamanho da estrutura reponsável por romper os ovos na região dorsal da cápsula cefálica (perdida com a exúvia de primeiro instar), a forma das antenas e do soquete antenal e suas estruturas sensoriais e a quetotaxia da cápsula cefálica, do tórax e dos segmentos abdominais. Embora as pernas estejam ausentes, o segmento abdominal terminal possui um par de suportes anais que pode ser usado para agarrar as fibras no ninho do hospedeiro. Prendendo-se ao substrato com as peças bucais e empurrando-o com os suportes anais, as larvas são capazes de avançar de modo relativamente rápido.

CLASSIFICAÇÃO DOS SIPHONAPTERA

Superfamília Ceratophylloidea
   Ceratophyllidae
      Ceratophyllinae (112): *Aetheca* (2), *Amalaraeus* (2), *Amaradix* (3), *Amonopsyllus* (1), *Amphalius* (1), *Ceratophyllus* (22), *Dasypsyllus* (2), *Eumolpianus* (7), *Jellisonia* (2), *Malaraeus* (3), *Margopsylla* (1), *Megabothris* (8), *Mioctenopsylla* (2), *Monopsyllus* (1), *Nosopsyllus* (2), *Opisodasys* (6), *Orchopeas* (15), *Oropsylla* (13), *Pleochaetis* (1), *Plusaetis* (2), *Psittopsylla* (1), *Rosickyiana* (1), *Tarsopsylla* (1), *Thrassis* (11), *Traubella* (2)

Dactylopsyllinae (15): *Dactylopsylla* (7), *Foxella* (1), *Spicata* (7)
Ischnopsyllidae
Ischnopsyllinae (11): *Hormopsylla* (1), *Myodopsylla* (6), *Nycteridopsylla* (3), *Sternopsylla* (1)
Leptopsyllidae
Leptopsyllinae (9): *Leptopsylla* (1), *Peromyscopsylla* (8)
Amphipsyllinae (9): *Amphipsylla* (3), *Ctenophyllus* (1), *Dolichopsyllus* (1), *Geusibia* (1), *Odontopsyllus* (2), *Ornithophaga* (1)
Superfamília Hystrichopsylloidea
Ctenophthalmidae
Anomiopsyllinae (9): *Anomiopsyllus* (9), *Callistopsyllus* (1), *Conorhinopsylla* (2), *Jordanopsylla* (2), *Megarthroglossus* (12), *Stenistomera* (3)
Ctenophthalminae (3): *Carteretta* (2), *Ctenophthalmus* (1)
Doratopsyllinae (4): *Corrodopsylla* (3), *Doratopsylla* (1)
Neopsyllinae (46): *Catallagia* (13), *Delotelis* (2), *Epitedia* (7), *Meringis* (17), *Neopsylla* (1), *Phalacropsylla* (5), *Tamiophila* (1)

Rhadinopsyllinae (28): *Corypsylla* (3), *Nearctopsylla* (12), *Paratyphloceras* (1), *Rhadinopsylla* (11), *Trichopsylloides* (1)
Stenoponiinae (2): *Stenoponia* (2)
Hystrichopsyllidae
Hystrichopsyllinae (7): *Atyphloceras* (3), *Hystrichopsylla* (4)
Superfamília Malacopsylloidea
Rhopalopsyllidae
Rhopalopsyllinae (4): *Polygenis* (3), *Rhopalopsyllus* (1)
Superfamília Pulicoidea
Pulicidae
Archaeopsyllinae (2): *Ctenocephalides* (2)
Hectopsyllinae (2): *Hectopsylla* (2)
Pulicinae (4): *Echidnophaga* (1), *Pulex* (3)
Spilopsyllinae (5): *Actenopsylla* (1), *Euhoplopsyllus* (1), *Hoplopsyllus* (1), *Spilopsyllus* (2)
Tunginae (2): *Tunga* (2)
Xenopsyllinae (1): *Xenopsylla* (1)
Superfamília Vermipsylloidea
Vermipsyllidae
Vermipsyllinae (6): *Chaetopsylla* (6)

Chave para famílias e subfamílias de Siphonaptera

1.	Coxa média sem crista interna na parte exterior (Figura 31-1); tíbia posterior sem dente apical; sensilium com 8 ou 14 focetas por lado (família Pulicidae)	15
1'.	Coxa média com crista interna na parte exterior; tíbias posteriores com um dente apical; sensilium com mais de 16 focetas por lado	2
2 (1').	Braço tentorial anterior presente na frente do olho; ctenídios genais e pronotais ausentes; haste mesopleural não bifurcada dorsalmente; margem ventral do pronoto não bilobulada; quinto segmento tarsal com 4 pares de cerdas plantares; tubérculo frontal originado em um sulco, com o ápice dirigido para a frente e para cima	Rhopalopsyllidae
2'.	Sem a combinação anterior de características	3
3 (2').	Pentes, cerdas marginais, cerdas antessensiliais e cerdas espiniformes na superfície interna das coxas posteriores e estiletes anais da fêmea todos ausentes (parasitas de carnívoros)	Vermipsyllidae
3'.	Algumas ou a maioria das estruturas anteriores presentes	4
4 (3').	Mesonoto com cerdas espiniformes marginais; superfície dorsal do sensilium plana; fêmeas com 1 espermateca	5
4'.	Mesonoto sem cerdas espiniformes; superfície dorsal do sensilium mais ou menos convexa; fêmeas com 1 ou 2 espermatecas	7

5 (4).	Sutura interantenal bem desenvolvida; ctenídio genal consistindo em 2 cerdas espatuladas largas e rombas; olhos ausentes ou vestigiais; parasitas de morcegos	Ischnopsyllidae
5'.	Sutura interantenal fraca ou ausente; ctenídio genal nunca presente; sem arco tentorial na frente do olho; olho presente, embora ocasionalmente reduzido, ou vestigial (parasitas de outros animais diferentes de morcegos, principalmente roedores, e algumas aves) (família Ceratophyllidae)	6
6 (5').	Olho sempre presente, embora um pouco reduzido em alguns casos, circular ou oval, seu centro às vezes é quase transparente (distribuição principalmente holártica em roedores e aves)	Ceratophyllinae
6'.	Olho muito reduzido a pequeno, oval e não pigmentado (exclusivamente neárticos em roedores da espécie *Geomys bursarius*; Geomyidae)	Dactylopsyllinae
7 (4').	Sutura interantenal e ctenídio genal presentes; olho presente, com frequência sinuoso; ctenídio pronotal sempre presente; tubérculo occipital ausente; espinhos marginais ou submarginais presentes (exceto em *Ornithophaga*) (família Leptopsyllidae)	8
7'	Sem a combinação anterior de características	9
8 (7')	Cabeça sempre fracticipita; ctenídio genal sempre presente	Leptopsyllinae
8'.	Cabeça sempre integricipita; ctenídio genal sempre ausente (vestigial em *Ornithophaga*)	Amphipsyllinae
9 (7')	Clava da antena do macho estendendo-se até o prosternossoma, sensilium fortemente convexo; fêmeas com 2 espermatecas	Hystrichopsyllidae
9'.	Clava da antena do macho não se estendendo para o prosternossoma; sensilium não tão fortemente convexo; fêmeas com 1 espermateca (família Ctenophthalmidae)	10
10 (9')	Palpos labiais com no máximo 2 artículos distintos; ctenídio genal bem desenvolvido, com pelo menos 9 espinhos, tergito 1 do abdômen com um pente bem desenvolvido (parasitas principalmente de pequenos roedores)	Stenoponiinae
10'	Palpos labiais com pelo menos 4 artículos; ctenídio genal às vezes ausente, quando presente, raramente com 9 espinhos; abdômen sem pentes	11
11 (10').	Clava da antena com alguns artículos parcialmente ou completamente fundidos, de modo que aparentam consistir em apenas 7 ou 8 artículos; crista pleural do metatórax curta, mais ou menos fraturada ou ausente; estrias, se presentes, no metepímero (principalmente em pequenos mamíferos, em especial roedores)	Rhadinopsyllinae
11'.	Clava de antena quase sempre com 9 artículos distintos; crista pleural do metatórax completa	12
12 (11').	Ctenídio genal ausente; pronoto e tergitos 2-7 com apenas 1 fileira de cerdas cada, fileira anterior vestigial (em pequenos roedores)	Anomiopsyllinae
12'.	Ctenídio genal bem desenvolvido ou tergitos 2-7 com pelo menos 2 fileiras bem desenvolvidas de cerdas cada, ou ambos	13
13 (12').	Ctenídio genal com 2 espinhos sobrepostos ou ausentes; se ausente, com estrias no segmento basal abdominal (em pequenos roedores)	Neopsyllinae
13'.	Ctenídio genal de algum outro tipo ou ausente; se ausente, estrias também ausentes	14
14 (13').	Ctenídio genal com 4 espinhos bem desenvolvidos e uniformemente separados, nenhum originado atrás do olho; sensilium com 13 depressões de cada lado (principalmente em roedores)	Doratopsyllinae
14'.	Ctenídio genal diferente da descrição anterior: reduzido a 3 ou 5 espinhos, 1 oculto atrás do outro em visão lateral, ou com 1 espinho originado atrás do olho; sensilium com mais de 13 focetas de cada lado (principalmente em pequenos roedores)	Ctenophthalminae
15 (1).	Superfície interna das coxas posteriores sem cerdas espiniformes; sensilium com 8 focetas por lado; pulgas pequenas com peças bucais intensamente barbadas	16
15'.	Superfície interna das coxas posteriores com cerdas espiniformes; sensilium com 14 focetas por lado; pulgas maiores com peças bucais menos barbadas	17

16 (15).	Ângulo apical anterior da coxa posterior projetada ventralmente como um dente largo; sem dente na base do fêmur posterior; genitália masculina com processo no clasper que lembra um par de garras em oposição; espiráculos nos segmentos abdominais 2-4 da fêmea minúsculos, vestigiais, os dos segmentos 5-8 muito aumentados; espécies tropicais	Tunginae
16'.	Ângulo anterior da coxa posterior sem dente apical; fêmur posterior com grande dente basal; genitália masculina com o corpo do clasper curto, com 3 processos posteriormente, 1 grande e trapezoide, os outros formando um par de tenazes; espiráculos da fêmea nos segmentos abdominais 2-7 de tamanho igual	Hectopsyllinae
17 (15').	Clava da antena assimétrica, artículos anteriores foliáceos e inclinados posteriormente	18
17'.	Clava de antena simétrica, elíptica em perfil	Spilopsyllinae
18 (17).	Haste pleural do mesotórax ausente	Pulicinae
18'.	Haste pleural de mesotórax presente	19
19 (18').	Falx fortemente esclerotizada; com ctenídio tanto genal quanto pronotal	Archaeopsyllinae
19'.	Falx ausente ou fracamente esclerotizada; nem ctenídio genal nem pronotal presente	Xenopsyllinae

Família **Ceratophyllidae:** Esta é a maior família de pulgas na América do Norte, com 125 espécies pertencentes a 28 gêneros. Considerando-se que apenas 45 gêneros são reconhecidos na fauna do mundo como um todo, parece ser uma família relativamente jovem do ponto de vista geológico, que está evoluindo rapidamente (Traub et al. 1983). Usando evidências geológicas, incluindo zoogeografia, estes autores propuseram que os ceratofilídeos se originam a partir de ancestrais leptopsilídeos, que coevoluíram em hospedeiros ciurídeos durante o período Oligoceno e que isto ocorreu onde hoje é a região Neártica. Acredita-se que os Leptopsyllidae, uma família mais antiga, tenham surgido e evoluído na região Paleártica, talvez a partir de algum ancestral histricopsiloide.

Subfamília **Ceratophyllinae:** As 112 espécies pertencentes a esta subfamília estão distribuídas em 25 gêneros. Várias são monotípicas, com apenas duas ou três espécies. Muitas possuem graus razoavelmente elevados de especificidade de hospedeiro, por exemplo, espécies de *Thrassis* em ciurídeos que vivem em tocas, espécies de *Ceratophyllus* em várias aves e diversos gêneros associados a pequenos roedores microtinos e cricetídeos. A maioria das espécies apresenta distribuição ocidental na América do Norte, mas algumas apresentam uma distribuição holártica real.

Subfamília **Dactylopsyllinae:** Esta pequena subfamília consiste em três gêneros e 15 espécies, todas restritas à região Neártica e constituindo parasitas específicos de alguns roedores subterrâneos (espécies de *Geomys* e *Thomomys*). Uma espécie, *Foxella ignota* (Baker), possui a distribuição mais ampla do que qualquer outra na subfamília. Foi dividida em várias subespécies, cuja maioria não representa táxons válidos.

Família **Ischnopsyllidae:** Este é um grupo único de pulgas que consiste em 11 espécies em quatro gêneros. Todas são parasitas exclusivos de morcegos, na maioria vespertilionídios, que pousam em minas e cavernas naturais em pedras. Evidências sugerem que o ciclo reprodutivo desta família é influenciado, principalmente, por alterações sazonais, pelo menos nos climas temperados.

Família **Leptopsyllidae:** Das 240 espécies da fauna mundial representadas nesta família, apenas 18 (7%) são encontradas na América do Norte. A maioria está na região Paleártica, e as espécies norte-americanas estão restritas, principalmente, à parte ocidental do continente. Uma espécie europeia, *Leptopsylla segnis* (Schönherr), é cosmopolita em *Mus musculus*, o camundongo doméstico. *Dolichopsyllus stylosus* é um parasita do castor da montanha. A maioria das outras espécies está associada a pequenos roedores, em especial os microtinos. As afinidades evolucionárias são discutidas brevemente em Ceratophyllidae.

Subfamília **Leptopsyllinae:** Apenas nove táxons pertencem a esta subfamília e um, *Leptopsylla segnis* Schönherr, não é nativo. As oito espécies restantes pertencem a *Peromyscopsylla*, parasitas de pequenos roedores.

Subfamília **Amphipsyllinae:** Os seis gêneros e nove espécies da América do Norte pertencentes a esta subfamília constituem principalmente parasitas de pequenos mamíferos. A maioria pertence aos gêneros paleárticos, porém a distribuição "remanescente" das espécies *Dolichopsyllus* e *Odontopsyllus*, se for realmente assim, desafia a explicação lógica. *Ornithophaga anomala*

Mikulin é um parasita holártico de aves, provavelmente pica-paus.

Família **Ctenophthalmidae:** Na América do Norte, 112 espécies são relacionadas a este táxon, fazendo com que seja a segunda maior das famílias neárticas. As seis subfamílias representadas aqui são parasitas de pequenos roedores e insetívoros.

Subfamília **Anomiopsyllinae:** Um dos 29 membros norte-americanas desta subfamília é um parasita de esquilos voadores (*Glaucomys volans* e *G. sabrinus*) no leste. As demais espécies estão no oeste e a maioria está associada a pequenos roedores, em especial espécies de *Neotoma* (ratos silvestres).

Subfamília **Ctenophthalminae:** Apenas três espécies desta grande subfamília são encontradas na região Neártica. As duas espécies de *Carteretta* são parasitas de pequenos roedores no sudoeste. *Ctenophthalmus pseudagyrtes* Baker estende-se por uma vasta área a leste das Montanhas Rochosas em uma grande variedade de hospedeiros, embora seja encontrado em pequenos roedores microtinos.

Subfamília **Doratopsyllinae:** As quatro espécies representadas aqui são todas associadas aos musaranhos (espécies de *Blarina* e *Sorex*) como seus hospedeiros preferidos.

Subfamília **Neopsyllinae:** Esta subfamília é bem representada na América do Norte, com 46 espécies reconhecidas. A maioria delas ocorre no oeste, com apenas 5 ou 6 distribuídas ao leste do rio Mississippi. Todas são parasitas de pequenos roedores: tâmias, *Tamias* spp.; esquilos de solo, *Spermophilus* spp.; roedores cricetídeos; ratos silvestres, *Neotoma* spp.; e o rato veadeiro, *Peromyscus* spp.

Subfamília **Rhadinopsyllinae:** A maioria dos 28 membros deste grupo é distribuída no oeste, onde constituem parasitas de musaranhos, toupeiras e pequenos roedores. Dois gêneros monotípicos, *Paratyphloceras oregonensis* Ewing e *Trichopsylloides oregonensis* Ewing, também são parasitas específicos do castor da montanha, ameaçado de extinção. Como grupo, a espécie parece consistir de pulgas de ninhos que passam o inverno na forma adulta.

Subfamília **Stenoponiinae:** As duas espécies representadas aqui são pulgas grandes, encontradas em roedores pequenos, uma espécie no leste e outra no oeste.

Família **Hystrichopsyllidae:** Como definida aqui, esta família contém sete espécies neárticas que estão associadas principalmente a pequenos roedores e insetívoros. Uma espécie, *Hystrichopsylla schefferi* Chapin, é parasita do roedor primitivo *Aplodontia rufa*, o castor da montanha, distribuído do norte da Califórnia até o sul da Colúmbia Britânica. Esta espécie tem a distinção de ser a maior pulga (8-10 mm de comprimento) do mundo.

Família **Rhopalopsyllidae:** Apenas 4 das 122 espécies pertencentes à fauna mundial ocorrem na América do Norte. São parasitas de tatus, gambás e vários pequenos roedores.

Família **Pulicidae:** Embora esta composição seja diversa, historicamente foi reconhecido que os elementos separados – no nível de família, subfamília ou tribo – estão filogeneticamente mais próximos entre si que os outros táxons da ordem. Atualmente, esta família possui na fauna mundial 181 espécies em 27 gêneros. Destas, 16 são conhecidas na América do Norte. Estão distribuídas nas seguintes subfamílias.

Subfamília **Archaeopsyllinae:** Os únicos dois táxons norte-americanos, *Ctenocephalides felis* (Bouché) e *C. canis* (Curtis), não são nativos da América do Norte. O primeiro é uma praga de animais de estimação e de criação e, com frequência, torna-se uma praga doméstica. Na última década, os pesquisadores obtiveram grande desenvolvimento no controle das pulgas usando o hormônio de crescimento juvenil e esta foi a espécie experimental. O último táxon é menos comum. Ambos são conhecidos como hospedeiros intermediários das tênias do cão, *Dipylidium caninum*.

Subfamília **Hectopsyllinae:** Este grupo tropical está associado a roedores e outros pequenos mamíferos. A espécie norte-americana *Hectopsylla psittacei* Frauenfeld é um parasita da andorinha-de-dorso-acanelado (*Petrochelidon pyrrhonota*) na Califórnia.

Subfamília **Pulicinae:** Apenas quatro espécies pertencentes aos dois gêneros desta família ocorrem na América do Norte. A pulga penetrante de galináceos, *Echidnophaga gallinacea* (Westwood), pode ser uma praga de aves domésticas, mas também infesta mamíferos de tamanho médio e aves selvagens. Os adultos tendem a se congregar em áreas no hospedeiro em que a higiene é difícil e podem permanecer fixados por longos períodos. *Pulex porcinus* Jordan e Rothschild é um parasita comum da queixada, *Pecari tajacu*. As outras duas espécies de Pulex, *P. irritans* Linnaeus e *P. simulans* Baker, infestam uma variedade de hospedeiros mamíferos de tamanho pequeno a médio e a primeira às vezes está associada a habitações humanas.

Subfamília **Spilopsyllinae:** As cinco espécies desta subfamília pertencem a quatro gêneros. Uma espécie é parasita de pássaros que fazem ninhos em buracos, nas duas costas da América do Norte. As outras quatro são encontradas em coelhos e lebres. As evidências sugerem que pelo menos *Spilopsyllus simplex* (Baker) e *S. inaequalis* (Baker) tenham desenvolvido um mecanismo fisiológico elaborado, pelo qual o ciclo reprodutor da pulga depende do ciclo reprodutor do hospedeiro. O processo é descrito com detalhes por Marshall (1981) com base nos estudos de Rothschild e colaboradores com a pulga europeia do coelho, *S. cuniculi* (Dale).

Subfamília **Tunginae:** As fêmeas desta subfamília tornam-se parasitas permanentes durante o estágio adulto. Enquanto os adultos machos são pequenos, têm vida curta e evidentemente não se alimentam, após a fixação as fêmeas ficam encapsuladas nos tecidos do hospedeiro e permanecem no local pelo resto de suas vidas. Das duas espécies aqui incluídas, *Tunga penetrans* (L.) e *T. monositus* Barnes e Radovsky, apenas a última foi estabelecida com alguma certeza na América do Norte (Hastriter 1997). Nos dois casos, a fixação da fêmea desencadeia uma resposta no tecido do hospedeiro, que, em última análise, causa o encapsulamento completo da pulga com exceção dos segmentos abdominais terminais, que permanecem abertos para o exterior por um pequeno poro na cápsula. Com a nutrição derivada dos fluidos tissulares secretados pelo hospedeiro, o abdômen da pulga fêmea aumenta até mil vezes (aproximadamente o tamanho de uma ervilha), o que é acompanhado pela produção de grandes quantidades de ovos, que são descarregados pelo poro na cápsula, caindo no solo e começando seu desenvolvimento. Após a produção de uma quantidade total de aproximadamente 100 ovos, o corpo morto da fêmea é eliminado do hospedeiro por pressão dos tecidos vizinhos. As fêmeas de *T. penetrans* ficam afixadas entre os artelhos e sob as unhas dos dedos dos pés em hospedeiros humanos. Nestes locais, se não tratados, pode ocorrer infecção ou outros problemas médicos.

Subfamília **Xenopsyllinae:** A maioria dos membros desta subfamília é nativa da África, Ásia ou Austrália. Porém, *Xenopsylla cheopis* (Rothschild), a pulga oriental do rato, é cosmopolita, tendo sido transportada (por agentes humanos) em ratos pretos e ratos marrons (*Rattus rattus* e *R. norvegicus*). Esta pulga costuma ser historicamente apontada como o principal vetor da peste bubônica durante as pandemias iniciais na Ásia e na Europa. Atualmente, não tem um papel principal na manutenção da praga silvestre na natureza. Contudo, é um hospedeiro intermediário da tênia *Hymenolepis diminuta*.

Família **Vermipsyllidae:** Esta família contém apenas três gêneros na fauna mundial, incluindo 6 espécies do gênero *Chaetopsylla* na América do Norte. Todas estão associadas a vários carnívoros (por exemplo, guaxinins, raposas, lobos e ursos) e todas tendem a apresentar sua distribuição nas partes mais frias das regiões Neártica e Paleártica.

COLECIONANDO E PRESERVANDO SIPHONAPTERA

As pulgas podem ser capturadas nos animais hospedeiros ou em seus ninhos ou tocas. Os métodos sugeridos para a captura de Phthiraptera também se aplicam aos Siphonaptera.

As pulgas devem ser preservadas em álcool etílico 75%, embora uma boa alternativa seja armazená-las secas em pequenos frascos e mantê-las imobilizadas por algodão não absorvente. Nunca preserve os adultos em um conservante à base de formaldeído, porque este tende a fixar os tecidos de um modo que impossibilita o clareamento adequado das pulgas para o estudo em lâminas de microscópio.

Normalmente é difícil encontrar ninhos de mamíferos, mas, após sua localização, podem continuar a produzir adultos por longos períodos, caso seu ressecamento seja evitado. Ninhos de aves são localizados com mais facilidade, porém a maioria dos ninhos em áreas abertas não contém pulgas. Os ninhos mais produtivos consistem em tocas ou cavidades naturais do solo, orifícios de árvores, ninhos de barro em edifícios ou superfícies de rochedos. Examine o material do ninho colocando-o sobre um fundo branco e despedaçando-o completamente. As pulgas vivas e outros invertebrados presentes nos ninhos podem ser recolhidos com um aspirador ou com um pincel de pelo de camelo umedecido em álcool. Mantenha o material do ninho por algumas semanas, de preferência em um saco de papel ou outro recipiente razoavelmente poroso, à temperatura ambiente, umedecendo-o periodicamente e examinando-o em intervalos de alguns dias para obter adultos que tenham emergido recentemente.

Nas áreas onde os adultos são particularmente abundantes, como quintais e construções externas, eles podem ser colhidos com um tecido branco ou, simplesmente, andando-se pela área recolhendo-se os adultos quando pularem em suas roupas. No último caso, as pulgas são mais visíveis em roupas de cores claras.

Referências

Adams, N. E.; R. E. Lewis. "An annotated catalogue of primary types of Siphonaptera in the National Museum of Natural History, Smithsonian Institution", *Smithson. Contrib. Zool.*, 560, p. 1–86, 1995.

Cheetham, T. B. "Male genitalia and the phylogeny of the Pulicoidea (Siphonaptera)", *Theses Zool.*, 8, p. 1–221, 1988.

Elbel, R. E. Order Siphonaptera. In: F. Stehr. (Ed.) *Immature insects*. v. 2. Dubuque: Kendall/Hunt, 1991. p. 674–689.

Ewing, H. E.; I. Fox. "The fleas of North America: Classification, identification, and geographic distribution of these injurious and disease-spreading insects", *U.S. Dept. Agric. Misc. Publ.*, 500, p. 1–143, 1943.

Fox, I. *Fleas of eastern United States*. Ames: Iowa State College Press, 1940. 191 p.

Hastriter, M. W. "Establishment of the tungid flea, *Tunga monositus* (Siphonaptera: Pulicidae) in the United States", *Great Basin Nat.*, 53, p. 281–283, 1997.

Holland, G. P. "The fleas of Canada, Alaska and Greenland", *Mem. Entomol. Soc. Can.*, 130, p. 1–631, 1985.

Hopkins, G. H. E.; M. Rothschild. *An illustrated catalogue of the Rothschild Collection of Fleas (Siphonaptera) in the British Museum (Natural History)*. Londres: British Museum (Natural History), 1953–1971. v. 1: Tungidae and Pulicidae, 1953. v. 2: Coptopsyllidae, Vermipsyllidae, Stephanocircidae, Ischnopsyllidae, Hypsophthalmidae and Xipiopsyllidae [and Macropsyllidae], 1956. v. 3: Hystrichopsyllidae (Acedestinae,.), 1962. v. 4: Hystrichopsyllidae (Ctentophthalminae,.), 1966. v. 5: (Leptopsyllidae and Ancistropsyllidae), 1971.

Hubbard, C. A. *Fleas of western North America*. Ames: Iowa State College Press, 1947. 533 p.

Lewis, R. E. Notes on the geographical distribution and host preferences in the order Siphonaptera. 1972. Parte 1: Pulicidae. 1973. *J. Med. Entomol.* 9, p. 511–520. Parte 2: Rhopalopsyllidae, Malacopsyllidae and Vermipsyllidae. 1974. *J. Med. Entomol.* 10, p. 255–260. Parte 3: Hystrichopsyllidae. *J. Med. Entomol.*, 11, p. 147–167. Parte 4: Coptopsyllidae, Pygiopsyllidae, Stephanocircidae and Xiphiopsyllidae. *J. Med. Entomol*, 11, p. 403–413. Parte 5: Ancistropsyllidae, Chimaeropsyllidae, Ischnopsyllidae, Leptopsyllidae and Macropsyllidae. *J. Med. Entomol.* 11, p. 525–540. Parte 6: Ceratophyllidae. *J. Med. Entomol.*, 11, p.658–676.

Lewis, R. E. "The Ceratophyllidae: Currently accepted valid taxa (Insecta: Siphonaptera)", *Theses Zool.*, 13, p. 1–267, 1990.

Lewis, R. E. Fleas (Siphonaptera). In: R. P. Lane; R. W. Crosskey. (Eds.) *Medical insects and arachnids*. Londres: Chapman & Hall. 1993. p. 529–575.

Lewis, R. E. "Résumé of the Siphonaptera (Insecta) of the world", *J. Med. Entomol*, 35, p. 377–389, 1998.

Lewis, R. E.; T. D. Galloway. "A taxonomic review of the *Ceratophyllus* Curtis, 1832 of North America (Siphonaptera: Ceratophyllidae: Ceratophyllinae)", *J. Vector Ecol.*, 26, p. 119–161, 2002.

Lewis, R. E.; D. Grimaldi. "A pulicid flea in Miocene amber from the Dominican Republic (Insecta: Siphonaptera: Pulicidae)", *Am. Mus. Novit.*, 3205, p. 1–9, 1997.

Lewis, R. E.; J. H. Lewis. "Notes on the geographical distribution and host preferences in the order Siphonaptera. Parte 7: New taxa described between 1972 and 1983, with a superspecific classification of the order", *J. Med. Entomol.*, 22, p. 134–152, 1985.

Lewis, R. E.; J. H. Lewis. "Catalogue of invalid genus--group and species-group names in Siphonaptera (Insecta)", *Theses Zool.*, 11, p. 1–263, 1989.

Lewis, R. E.; J. H. Lewis. "Notes on the geographical distribution and host preferences in the order Siphonaptera. Parte 8: New taxa described between 1984 and 1990, with a current classification of the order", *J. Med. Entomol.*, 30, p. 239–256, 1985.

Lewis, R. E.; J. H. Lewis. "Siphonaptera of North America north of Mexico: Vermipsyllidae and Rhopalopsyllidae", *J. Med. Entomol.*, 31, p. 82–98, 1994a.

Lewis, R. E.; J. H. Lewis. "Siphonaptera of North America north of Mexico: Ischnopsyllidae", *J. Med. Entomol,.* 31, p. 348–368, 1994b.

Lewis, R. E.; J. H. Lewis. "Siphonaptera of North America north of Mexico: Hystrichopsyllidae *s. str.*", *J. Med. Entomol.*, 31, p. 795–812, 1994c.

Lewis, R. E.; J. H. Lewis; C. Maser. *The fleas of the Pacific Northwest*. Corvallis: Oregon State University Press, 1988. 296 p.

Marshall, A. G. *The ecology of ectoparasitic insects*. Londres: Academic Press, 1981. 459 p.

Peus, F. Siphonaptera. In: S. L. Tuxen. (Ed.) *Taxonomist's glossary of genitalia in insects*. Copenhagen: Munksgaard, 1956. p. 122–131.

Pilgrim, R. L. C. "External morphology of flea larvae (Siphonaptera) and its significance in taxonomy", *Fla. Entomol.*, 74, p. 386–395, 1991.

Rothschild, M. "Recent advances in our knowledge of the order Siphonaptera", *Ann. Rev. Entomol.*, 20, p. 241-259, 1975.

Smit, F. G. A. M. Siphonaptera. In: S. L. Tuxen. (Ed.) *Taxonomist's glossary of genitalia in insects.* 2. ed. Copenhagen: Munksgaard, 1970. p. 141-156.

Smit, F. G. A. M. Siphonaptera. In: S. P. Parker. (Ed.) *Synopsis and classification of living organisms.* v. 2. Nova York: McGraw-Hill, 1982. p. 557-563.

Smit, F. G. A. M. Key to the genera and subgenera of Ceratophyllidae. In: R. Traub; M. Rothschild; J. F. Haddow. (Ed.) *The Rothschild Collection of Fleas. The family Ceratophyllidae*: Key to the genera and host relationships, with notes on their evolution, zoogeography and medical importance. Cambridge: Cambridge University Press, 1983. p. 1-41.

Smit, F. G. A. M. *An illustrated catalogue of the Rothschild Collection of Fleas (Siphonaptera) in the British Museum (Natural History).* v. 7: Malacopsylloidea (Malacopsyllidae and Rhopalopsyllidae). Oxford: Oxford University Press, 1987.

Smit, F. G. A. M.; A. M. Wright. *A catalogue of primary type-specimens of Siphonaptera in the British Museum (Natural History).* Londres: British Museum (Natural History), 1978. 71 p. Mimeografado.

Snodgrass, R. E. "The skeletal anatomy of fleas (Siphonaptera)", *Smithson. Misc. Coll.*, 104, p. 1-89, 1946.

Traub, R. "Siphonaptera from Central America and Mexico. A morphological study of the aedeagus with descriptions of new genera and species", *Fieldiana Zool. Mem.*, 1, p. 1-127, 1950.

Traub, R.; M. Rothschild; J. F. Haddow. *The Rothschild Collection of Fleas. The family Ceratophyllidae:* key to the genera and host relationships, with notes on their evolution, zoogeography and medical importance. Cambridge: Cambridge University Press. (distribuído por Academic Press, London), 1983. 288 p.

CAPÍTULO 32

ORDEM MECOPTERA[1,2]
MOSCAS-ESCORPIÃO E BITACÍDEOS

As moscas-escorpiões e os bitacídeos são insetos de tamanho médio (cerca de 9 mm a 25 mm de comprimento), corpo delgado, com a cabeça prolongada atrás dos olhos na forma de um bico ou rostro (Figura 32-1). O rostro é formado por um prolongamento do clípeo. Sua superfície posterior consiste parcialmente em maxilas e lábio alongados, porém as mandíbulas são comumente alongadas e estão na extremidade inferior do rostro. Na família relativamente incomum Panorpodidae, o rostro é curto (Figura 32-4A). A maioria dos Mecoptera possui quatro asas membranosas longas e estreitas. As asas anteriores e posteriores têm tamanho e forma semelhantes e apresentam uma venação também semelhante.

A venação da asa de Mecoptera é muito parecida com o padrão geral proposto por Comstock (1940) (ver Figura 2-10), com a maioria das veias longitudinais e seus ramos presentes e numerosas veias cruzadas. Uma característica distinta da venação nesta ordem é a fusão na asa posterior de Cu_1 com M por uma curta distância perto da base da asa, e uma fusão semelhante de Cu_2 com 1A (Figuras 32-2, 32-4B). Na asa anterior de Bittacidae, similarmente, Cu_1 é fundida com M por uma curta distância.

O nome comum, moscas-escorpiões, é derivado do segmento genital dos machos da família Panorpidae, que é bulboso e, em geral, curvado para a frente acima das costas, como o ferrão de um escorpião. Porém, estes insetos não picam e são bastante inofensivos.

As moscas-escorpiões sofrem metamorfose completa, com um desenvolvimento razoavelmente rápido da larva, seguido por um estágio pré-pupal prolongado. A pupação ocorre em uma célula oblonga escavada pela larva no solo. As larvas de Panorpidae e Bittacidae são eruciformes, com falsas-pernas curtas e pontiagudas nos segmentos abdominais 1-8. As de Panorpodidae e Boreidae são um pouco escarabeiformes, sem falsas-pernas, porém não possuem garras tarsais e suas pernas médias e posteriores são projetadas mais lateralmente do que as pernas anteriores. As larvas de Panorpidae são notáveis entre as larvas de holometábolos porque possuem olhos compostos de cerca de 30 omatídeos cada. Os olhos das larvas de bitacídeos possuem apenas 7 omatídeos em um agrupamento circular, os boreídeos possuem apenas 3 e os panorpodídeos não têm olhos. As larvas de Meropeidae são desconhecidas.

Considera-se que Mecoptera seja uma das ordens mais generalizadas de Holometabola. Fósseis de Mecoptera apareceram inicialmente nos estratos da era Permiana inferior e, naquele momento, Mecoptera aparentemente constituía uma das principais ordens. São conhecidas mais famílias e gêneros fósseis do que formas existentes na atualidade.

CLASSIFICAÇÃO DE MECOPTERA

Cinco famílias de Mecoptera estão representadas na América do Norte e existem quatro outras famílias restritas ao sul da América do Sul e à região australiana. A maioria dos espécimes encontrados por um coletor comum pertence apenas a duas famílias, os Panorpidae e os Bittacidae. As famílias de Mecoptera são definidas

---

[1] Mecoptera: *meco*, longas; *ptera*, asas.
[2] Este capítulo foi escrito por George W. Byers.

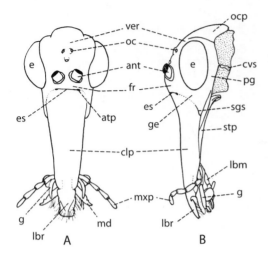

Figura 32-1 Cabeça de *Panorpa*. A, vista anterior; B, vista lateral. *ant*, antena; *atp*, fóvea tentorial anterior; *clp*, clípeo; *cvs*, esclerito cervical; *e*, olho composto; *es*, sulco epistomal; *fr*, fronte; *g*, gálea; *ge*, gena; *lbm*, lábio; *lbr*, labro; *md*, mandíbula; *mxp*, palpo maxilar; *oc*, ocelos; *ocp*, occipício; *pg*, pós-gena; *sgs*, sulco subgenal; *stp*, estipe; *ver*, vértice (Redesenhado de Ferris, G. F., e B. E. Rees. 1939. The Morphology of *Panorpa nuptialis* Gerstaecker (Mecoptera: Panorpidae). Microentomology 4:79-108).

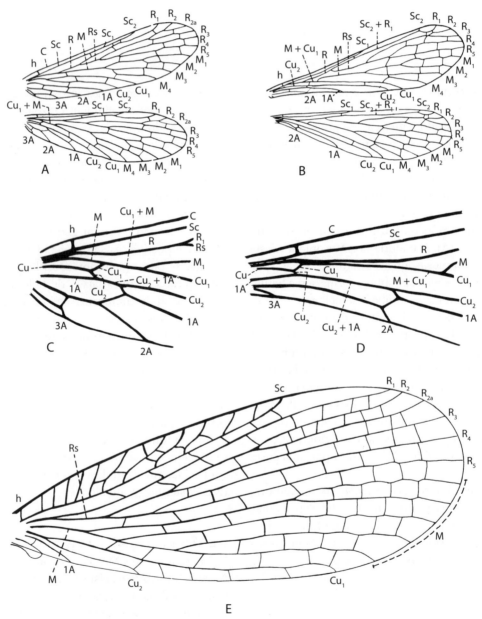

Figura 32-2 Asas de Mecoptera. A, *Panorpa* (Panorpidae); B, *Bittacus* (Bittacidae); C, base da asa posterior de *Panorpa*; D, base da asa posterior de *Bittacus*; E, asa anterior de *Merope* (Meropeidae).

Chave para as famílias de Mecoptera

1.	Tarsos com uma grande garra cada (Figura 32-3B); tarsos raptoriais, quinto artículo tarsal dobrado para trás de encontro ao quarto	Bittacidae
1'.	Tarsos com 2 garras pequenas cada (Figura 32-3A); quinto artículo tarsal não dobrado para trás de encontro ao quarto	2
2(1').	Asas reduzidas a ganchos endurecidos e delgados nos machos e coxins curtos, grosseiramente ovais e endurecidas nas fêmeas (Figura 32-5); insetos pequenos (2 mm a 7,4 mm), marrom-escuros a pretos	Boreidae
2'.	Asas quase sempre bem desenvolvidas e membranosas, nunca endurecidas; corpo marrom-amarelado a marrom, raramente preto, de 9 mm a 25 mm de comprimento	3
3(2').	Asas estreitas, comprimento correspondente a 3,5 vezes ou mais sua maior largura (se as asas forem reduzidas, o rostro é muito curto); célula costal sem veias cruzadas além de h (raramente, 1); M com 4 ramificações (Figuras 32-2A, 32-4B); enganchadores genitais do macho com segmento basal bulboso, segmento apical queliforme; ocelos evidentes em um tubérculo elevado	4

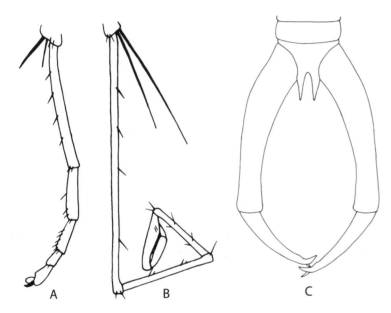

Figura 32-3 A, tarso de *Panorpa* (Panorpidae); B, tarso de *Bittacus* (Bittacidae); C, anexos anais de um macho de *Merope* (Meropeidae).

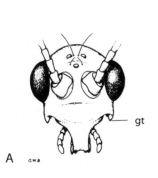
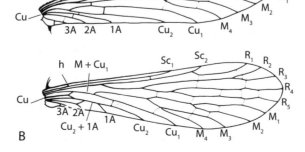

Figura 32-4 Características de *Brachypanorpa oregonensis* McLachlan (Panorpodidae). A, cabeça do macho, vista anterior; B, asas do macho. *gt*, dente genal.

3'.	Asas amplas, comprimento correspondente a aproximadamente 2,4 vezes sua maior largura; célula costal com 10 ou mais veias cruzadas além de h; M com 5 ou mais ramificações, venação reticulada (Figura 32-2E); enganchadores genitais do macho com artículos basais e apicais longos e delgados (Figura 32-43C); ocelos ausentes	Meropeidae
4(3).	Rostro alongado, comprimento correspondente a mais que o dobro da largura na base (Figura 32-1); asas bem desenvolvidas nos dois sexos, apresentando padrões com faixas transversais ou manchas; R_2 ramificada	Panorpidae
4'.	Rostro curto, apenas discretamente mais longo que a largura na base (Figura 32-4A); asas bem desenvolvidas nos machos, discretamente a muito reduzidas em fêmeas, uniformemente marrom-amareladas ou mais pálidos ao longo das veias cruzadas; R_2 não ramificada	Panorpodidae

em grande parte com base na venação alar e na estrutura tarsal, porém a classificação é sustentada por detalhes da morfologia dos adultos e larvas, hábitos alimentares e outros aspectos da biologia dos insetos.

Família **Panorpidae** – **Moscas-escorpiões comuns:** Nesta família, os anexos genitais dos machos são aumentados, formando uma estrutura em forma de bulbo que é transportada dorsalmente, lembrando um ferrão de escorpião. O abdômen da fêmea é afunilado posteriormente e possui dois cercos apicais curtos, digitiformes. A maioria destas moscas-escorpiões tem cor marrom-amarelada, porém algumas são de um marrom mais escuro a quase pretas. Suas asas possuem faixas transversais com manchas intercaladas, ou podem ser apenas pontilhadas. Uma espécie do sudeste dos Estados Unidos, *Panorpa lugubris* Swederus, é marrom-avermelhado-escuro com asas quase totalmente pretas. Embora a maioria das moscas-escorpiões meça cerca de 10 mm a 15 mm de comprimento, os machos de *Panorpa nuptialis* Gerstaecker, do centro-sul dos Estados Unidos, podem atingir o comprimento de 25 mm. As moscas-escorpiões são encontradas mais comumente em plantas baixas de folhas largas, nas bordas das matas ou em áreas de sombra sob árvores decíduas. Tanto os adultos quanto as larvas têm como principal fonte de alimentação os insetos mortos e, com menos frequência, outros tipos de animais mortos. Algumas vezes, os adultos alimentam-se de insetos aprisionados em teias de aranhas. A pupação ocorre em células oblongas preparadas pela larva de quarto instar logo abaixo da superfície do solo. Existem 54 espécies conhecidas no leste da América do Norte (do sudeste do Canadá até o norte da Flórida, estendendo-se para oeste até o sul de Manitoba e leste do Texas), todas do gênero holártico *Panorpa*. Várias espécies são difusas, como *P. helena* Byers, porém a maioria apresenta distribuições ecologicamente e geograficamente restritas.

Família **Bittacidae** – **Bitacídeos:** Os bitacídeos possuem corpo delgado, medem cerca de 12 a 22 mm de comprimento, são marrom-amarelado-claros a marrom-avermelhados, com pernas longas e delgadas e asas estreitas. Lembram grandes moscas tipulídeas, principalmente durante o voo. Suas asas são mais estreitas perto da base do que as dos Panorpidae (Figura 32-2A, B). Uma espécie da Califórnia central, *Apterobittacus apterus* (MacLachlan), é áptera. Incapazes de permanecer em pé nas superfícies, os bitacídeos adultos passam a maior parte do tempo dependurados por suas pernas anteriores ou pelas anteriores e médias em caules ou nas bordas de folhas. São predadores, capturando suas presas por meio dos tarsos posteriores raptoriais enquanto ficam pendurados ou voando em direção ascendente para os caules das plantas, quando fazem movimentos de varredura com as pernas posteriores. A presa, agarrada pelos tarsos posteriores, é levada às peças bucais, perfurada; em seguida, a hemolinfa e as partes moles são sugadas. Suas presas incluem insetos pequenos e de corpo mole como moscas, mariposas, lagartas, pulgões e, às vezes, aranhas. Os bitacídeos machos atraem as fêmeas para o acasalamento emitindo feromônios sexuais atraentes de vesículas evertidas no dorso do abdômen e, subsequentemente, oferecendo à fêmea uma presa capturada como refeição nupcial (Thornhill 1978).

Sete espécies de *Bittacus* ocorrem no leste da América do Norte e Califórnia. Uma única espécie de *Orobittacus*, *O. obscurus* Villagus & Byers, é conhecida na Califórnia central. Todos estes bitacídeos mantêm as asas ao longo do abdômen quando suspensos. *Hylobittacus apicalis* (Hagen), do leste dos Estados Unidos, fica dependurado com as asas abertas e, ao contrário das outras espécies, apresenta as pontas das asas visivelmente escuras.

Família **Panorpodidae** – **Panorpodídeos:** Três espécies de *Brachypanorpa* ocorrem no sul das Montanhas Apalache e duas nas regiões montanhosas do noroeste dos Estados Unidos. Estas moscas-escorpiões amarelado-foscas a marrom-amareladas possuem um rostro curto (Figura 32-4A). Os anexos genitais dos machos

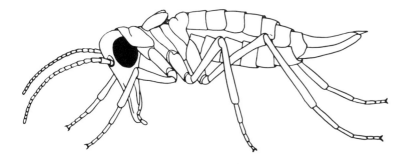

Figura 32-5 Um boreídeo, *Boreus brumalis* (Fitch), fêmea.

são grandes, como em Panorpidae, mas não são mantidos dorsalmente como o ferrão de um escorpião. Em uma espécie oriental e em duas ocidentais, as fêmeas apresentam asas rudimentares, estendendo-se apenas até a base do abdômen, enquanto nas outras espécies de cada região as fêmeas possuem asas que atingem ou ultrapassam discretamente a base do abdômen. Larvas sem olhos e relativamente escarabeiformes foram encontradas no solo, abaixo de áreas gramadas em matas, e supostamente alimentam-se de material vegetal. Os adultos raspam a superfície da vegetação herbácea para a nutrição.

Família **Meropeidae – Meropeídeos:** Uma única espécie, *Merope tuber* Newman, ocorre no leste dos Estados Unidos e áreas adjacentes do Canadá.

É um inseto acastanhado-fosco, com cerca de 10 mm a 12 mm de comprimento, um pouco achatado, com asas relativamente amplas que apresentam numerosas veias cruzadas (Figura 32-2E). O macho exibe enganchadores muito alongados em forma de tenazes no ápice do abdômen (Figura 32-3C). Esta espécie á distribuída do sudeste de Ontário, no Canadá, até a Geórgia e, para oeste, até Minnesota e Kansas, nos EUA. Tem hábitos discretos e, algumas vezes, é encontrada sob toras de madeira e pedras. Antigamente considerados raros, são capturados com razoável frequência em armadilhas de Malaise. Seu único parente vivo conhecido é uma espécie no sudoeste da Austrália.

Família **Boreidae – Boreídeos:** Estes insetos pequenos (2 mm a 7,4 mm de comprimento) atingem a forma adulta no inverno. São vistos com mais frequência na superfície da neve em razão do seu movimento e das cores escuras contrastantes. Contudo, também podem ser encontrados em musgos, onde as larvas se alimentam. As asas delgadas, endurecidas e semelhantes a ganchos do macho são usadas para prender a fêmea, que é carregada em suas costas durante o acasalamento. A família é representada no leste da América do Norte por duas espécies, *Boreus brumalis* Fitch (Figura 32-5), uma espécie preta-brilhante, e *B. nivoriundus* Fitch, que é marrom. No oeste, existem oito espécies adicionais de *Boreus*, sendo que as mais difundidas e comuns são *B. californicus* Packard, duas espécies de *Hesperoboreus* e uma espécie anômala de *Caurinus*.

COLETA E PRESERVAÇÃO DE MECOPTERA

Panorpidae e Bittacidae podem ser facilmente coletados individualmente com uma rede. São voadores bastante inaptos e, quando assustados, em geral voam apenas alguns metros. A varredura pode ser eficaz quando a vegetação não é densa e é quase necessária para a obtenção das fêmeas ápteras de *Brachypanorpa*. Os boreídeos podem ser capturados à mão na superfície da neve ou extraídos de musgos. As armadilhas de Malaise e armadilhas químicas mostraram-se úteis para a captura de *Merope* e também são capazes de aprisionar *Panorpa*. Geralmente, os Bittacidae são atraídos pela luz. Panorpídeos em geral são mantidos em alfinetes. Para se evitar a ruptura de pernas e asas, o processo de secagem de bitacídeos deve ser feito em envelopes de papel ou triângulos de papel dobrados, colando-os subsequentemente em diferentes pontos. Os boreídeos devem ser preservados em etanol 75% ou colados em diferentes pontos em triângulos.

Referências

Byers, G. W. "Notes on north american Mecoptera", *Ann. Entomol. Soc. Amer.*, 47, p. 484–510, 1954.

Byers, G. W. "The life history of *Panorpa nuptialis* (Mecoptera: Panorpidae)", *Ann. Entomol. Soc. Amer.* 56, p. 142–149, 1963.

Byers, G. W. "Families and genera of Mecoptera", *Proc. 12th Int. Congr. Entomol. London* (1964), p. 123, 1965.

Byers, G. W. "Zoogeography of the Meropeidae (Mecoptera)", *J. Kan. Entomol. Soc.*, 46, p. 511–516, 1973.

Byers, G. W. Order Mecoptera. In: F. W. Stehr. *Immature insects.* Dubuque: Kendall/Hunt, 1987. p. 246–252.

Byers, G. W.; R. Thornhill. "Biology of the Mecoptera", *Annu. Rev. Entomol.*, 28, p. 203–228, 1983.

Carpenter, F. M. "Revision of Nearctic Mecoptera", *Bull. Mus. Comp. Zool. Harvard*, 72, p. 205–277, 1931.

Carpenter, F. M. "The biology of the Mecoptera", *Psyche*, 38, p. 41–55, 1931.

Cooper, K. W. "A southern California *Boreus, B. notoperates*, n. sp. I: Comparative morphology and systematics (Mecoptera: Boreidae)", *Psyche*, 79, p. 269–283, 1972.

Cooper, K. W. "Sexual biology, chromosomes, development, life histories and parasites of *Boreus*, especially of *B. notoperates*, a southern California *Boreus* (Mecoptera: Boreidae), II", *Psyche*, 81, p. 84–120, 1974.

Ferris, G. F.; B. E. Rees. "The morphology of *Panorpa nuptialis* Gerstaecker (Mecoptera: Panorpidae)", *Microentomology*, 4, p. 79–108, 1939.

Hinton, H. E. "The phylogeny of the panorpoid orders", *Annu. Rev. Entomol.*, 3, p. 181–206, 1958.

Kaltenbach, A. "Mecoptera (Schnabelhafte, Schnabelfliegen)", *Handbuch der Zoologie* 4,2, 2/28, p. 1–111, 1978. Berlim: de Gruyter.

Penny, N. D. "A systematic study of the family Boreidae (Mecoptera)", *Univ. Kan. Sci. Bull.*, 51, p. 141–217, 1977.

Peterson, A. *Larvae of insects.* Ann Arbor: Edwards Bros., Parte II. Coleoptera, Diptera, Neuroptera, Siphonaptera, Mecoptera, Trichoptera, 1951.

Setty, L. R. "Biology and morphology of some north american Bittacidae", *Amer. Midl. Nat.*, 23, 2, p. 257–353, 1940.

Thornhill, R. "Sexually selected predatory and mating behavior of the hangingfly *Bittacus stigmaterus* (Mecoptera: Bittacidae)", *Ann. Entomol. Soc. Amer.*, 71, p. 597–601, 1978. [citação]

Tillyard, R. J. "The evolution of the scorpion-flies and their derivatives (Order Mecoptera)", *Ann. Entomol. Soc. Amer.*, 28, p. 1–45, 1935.

Webb, D. W.; N. D. Penny; J. C. Martin. "The Mecoptera, or scorpionflies, of Illinois", *Ill. Nat. Hist. Surv. Bull.*, 31, 7, p. 250–316, 1975.

Willmann, R. "The phylogenetic system of the Mecoptera", *Syst. Entomol.*, 12, p. 519–524, 1987.

CAPÍTULO 33

ORDEM STREPSIPTERA[1]
ESTREPSÍTEROS

Os Strepsiptera são insetos minúsculos, parasitas de outros insetos. Os dois sexos são muito diferentes; os machos têm vida livre e são alados, enquanto as fêmeas são ápteras e frequentemente não possuem pernas – e, na maioria das espécies, não deixam o hospedeiro.

Os machos de Strepsiptera (Figura 33-1A-C) são um pouco semelhante aos besouros, com olhos salientes, e suas antenas frequentemente possuem processos alongados em alguns artículos. As asas anteriores são reduzidas a estruturas claviformes que lembram os halteres dos Diptera. As asas posteriores são grandes e membranosas, em forma de leque, e possuem venação reduzida (apenas veias longitudinais). As fêmeas adultas da família Mengenillidae do Velho Mundo têm vida livre e apresentam uma cabeça distinta, com antenas simples de quatro ou cinco artículos, peças bucais mastigadoras e olhos compostos. As fêmeas das espécies parasitas geralmente não possuem olhos, antenas e pernas; a segmentação corporal é indistinta e a cabeça e o tórax são fundidos (Figura 33-1E). A metamorfose é completa.

A história de vida das formas parasitárias desta ordem é bastante complexa e envolve hipermetamorfose. O macho, ao emergir, procura e acasala-se com a fêmea, que nunca deixa seu hospedeiro. A fêmea produz grandes números – até vários milhares – de pequenas larvas, que saem do seu corpo e do corpo do hospedeiro para o solo ou vegetação. Estas larvas, algumas vezes chamadas de *triungulinos*, possuem olhos e pernas bem desenvolvidos (Figura 33-1F) e são razoavelmente ativas. Localizam e penetram no corpo do hospedeiro.

Uma vez ali, a larva sofre muda para um estágio sem pernas e vermiforme, que se alimenta na cavidade corporal do hospedeiro. Após várias mudas, empupa no interior da última exúvia larval. O macho, ao emergir, deixa seu hospedeiro e voa pelas redondezas. A fêmea permanece no hospedeiro, com a parte anterior de seu corpo saliente entre os segmentos abdominais do hospedeiro. Após a produção das formas jovens, a fêmea morre.

Espécies de Blattodea, Mantodea, Orthoptera, Hemiptera, Hymenoptera e Thysanura são hospedeiros de Strepsiptera. O hospedeiro nem sempre morre, mas pode ser prejudicado. A forma ou a cor do abdômen podem ser alterados e o órgão sexual pode ser lesado. O estrepsíptero macho em desenvolvimento geralmente causa mais lesão ao seu hospedeiro do que a fêmea.

Alguns entomólogos (por exemplo, Crowson 1960) alocam os Strepsiptera na ordem Coleoptera (geralmente como uma única família, os Stylopidae), principalmente graças à semelhança da história de vida (hipermetamorfose) entre estes insetos e Meloidae e Rhipiphoridae. Atualmente, a maioria reconhece o grupo como uma ordem distinta. Contudo, seu relacionamento com as outras ordens de insetos é muito controversa.

Até recentemente, a maior parte dos entomólogos considerava os Strepsiptera intimamente relacionados aos Coleoptera em razão, principalmente, de as duas ordens utilizarem as asas posteriores para acionar o voo. No entanto, estudos recentes com base em caracteres derivados de sequências de DNA têm indicado que os Strepsiptera de fato estão mais intimamente relacionados aos Diptera (por exemplo, ver Whiting e Wheeler

---

[1] Strepsiptera: *strepsi*, torcido; *ptera*, asas.

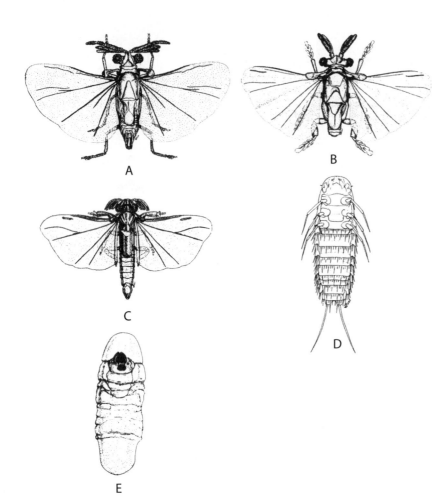

Figura 33-1 Strepsiptera. A, *Triozocera mexicana* Pierce (Corioxenidae), macho; B, *Neostylops shannoni* Pierce (Stylopidae), macho; C, *Halictophagus oncometopiae* (Pierce) (Halictophagidae), macho; D, *Stylops californica* Pierce (Stylopidae), triungulino, vista ventral; E, *Halictophagus oncometopiae*, fêmea, vista ventral.

1994, Wheeler et al. 2001). Whiting (1998) reinterpretou as evidências moleculares e morfológicas pertinentes aos relacionamentos da ordem. Contudo, esta conclusão não é universalmente aceita. Uma outra interpretação é que a relação observada com os Diptera, a partir da análise filogenética, é o resultado de problemas metodológicos (*long-branch attraction* ou "atração de ramos longos", ver Carmean e Crespi 1995 e artigos subsequentes). No entanto, a hipótese com maior sustentação ainda parece ser a de relação de grupo-irmão com os Diptera.

Chave para as famílias de Strepsiptera (machos)

1.	Tarsos com 2 artículos; antena com 4 artículos, terceiro artículo com um processo lateral longo	Elenchidae
1'.	Tarsos com 3 a 5 artículos; antena com 5 a 7 artículos, processo lateral presente no terceiro artículo, frequentemente nos artículos adicionais depois do terceiro.	2
2(1').	Tarsos com 3 artículos; antena com 6 a 7 artículos	Halictophagidae
2'.	Tarsos com 4 a 5 artículos; antena com 4 a 7 artículos	3
3(2').	Mandíbulas ausentes; tarsos com 4 a 5 artículos	Corioxenidae
3'.	Mandíbulas presentes; tarsos com 4 artículos	4
4(3').	Antena com 4 a 6 artículos, largos e achatados; parasitas de Hymenoptera (Apoidea, Sphecoidea, Vespoidea)	Stylopidae
4'.	Antena com 7 artículos, estreitos e arredondados; parasitas de formigas e, possivelmente, Orthoptera e Mantodea	Myrmecolacidae

Família **Corioxenidae:** Esta família é representada nos Estados Unidos por três espécies. *Triozocera mexicana* Pierce ocorre nos estados do sul dos Estados Unidos até o Brasil. É parasita do cidnídeo *Pangaeus bilineatus* (Say). *Floridaxenos monroensis* Kathirithamby e Peck foi descrito recentemente em Monroe County, Flórida. *Loania canadensis* Kinzelbach, do Canadá e dos Estados Unidos, é um parasita de percevejos da família Cymidae (*Kleidocerys*).

Família **Elenchidae:** Este grupo é representado por uma espécie amplamente distribuída, *Elenchus koebelei* (Pierce), encontrada no sul dos Estados Unidos. Estes insetos são parasitas dos fulgorídeos (Delphacidae).

Família **Halictophagidae:** Esta é a segunda maior família da ordem, com aproximadamente 14 espécies norte-americanas. Seus membros são parasitas de cigarrinhas, fulgorídeos, membracídeos e dos grilos tridactilídeos; espécies de outras partes do mundo parasitam baratas e moscas.

Família **Myrmecolacidae:** Esta família é única no sentido de que os dois sexos atacam diferentes insetos hospedeiros: os machos parasitam formigas e as fêmeas se desenvolvem em Orthoptera e Mantodea. Duas espécies da família foram registradas nos Estados Unidos, *Caenocholax fenyesi* Pierce nos estados do sul (oeste da Flórida ao Arizona) e *Stichotrema beckeri* (Oliveira e Kogan) no sul da Flórida. Os machos de *Caenocholax fenyesi* parasitam a formiga lava-pés, *Solenopsis invicta* Buren.

Família **Stylopidae:** Esta é a maior família da ordem, com 70 espécies nos Estados Unidos e no Canadá. A maioria de seus membros é parasita de abelhas (Andrenidae, Halictidae e Hylaeinae), mas alguns são parasitas de vespas (Polistinae, Eumeninae e Sphecinae). As larvas de primeiro instar de *Stylops pacifica* Bohart são transportadas das flores para o ninho de seu hospedeiro, *Andrena caerulea* Smith, dentro do papo de uma abelha forrageira.

COLETA E PRESERVAÇÃO DE STREPSIPTERA

O modo mais eficiente para coletar Strepsiptera consiste em capturar os hospedeiros parasitados e criar os parasitas. Abelhas, vespas, cigarrinhas, fulgorídeos e outros insetos podem abrigar Strepsiptera. Os hospedeiros parasitados frequentemente podem ser reconhecidos pelo abdômen distorcido e, às vezes, pela presença da extremidade do parasita, que se protrai entre dois segmentos abdominais do hospedeiro. Os machos de algumas espécies são atraídos pela luz. Os machos de *Stylops* são atraídos por fêmeas virgens nos hospedeiros (abelhas), que são colocados em gaiola teladas e podem ser coletados dentro das gaiolas ou voando ao seu redor (MacSwain 1949).

Os Strepsiptera devem ser preservados em álcool e, para um estudo detalhado, devem ser montados em lâminas.

Referências

Bohart, R. M. "A revision of the Strepsiptera with special reference to the species of North America", *Calif. Univ. Publ. Entomol.*, 7, 6, p. 91–160, 1941.

Bohart, R. M. "New species of *Halictophagus* with a key to the genus in North America (Strepsiptera, Halictophagidae)", *Ann. Entomol. Soc. Amer.*, 36, p. 341–359, 1943.

Carmean, D.; B. J. Crespi. "Do long branches attract flies?", *Nature*, 373, p. 234, 1995.

Crowson, R. A. "The phylogeny of the Coleoptera", *Annu. Rev. Entomol.*, 5, p. 114–134, 1960.

Johnson, V. "The female and host of *Triozocera mexicana* (Strepsiptera: Mengeidae)", *Ann. Entomol. Soc. Amer.*, 66, p. 671–672, 1972.

Kathirithamby, J. "Review of the order Strepsiptera", *Syst. Entomol.*, 14, p. 41–92, 1989.

Kathirithamby, J.; S. B. Peck. "Strepsiptera of south Florida and the Bahamas with the description of a new genus and species of Corioxenidae", *Can. Entomol.*, 126, p. 125–134, 1994.

Kinzelbach, R. K. "*Loania canadensis* n. gen. n. sp. Und die Untergliederung der Callipharixenidae (Insecta: Strepsiptera)", *Senckenbergiana Biol.*, 51, p. 99–107, 1970.

Kinzelbach, R. K. "Morphologische Befunde an Fächerfluglern und ihre phylogenetische Bedeutung (Insecta: Strepsiptera)", *Zoologica*, 119, (1,2), p.1–256, 1971.

Kinzelbach, R. K. "The systematic position of Strepsiptera (Insecta)", *Amer. Entomol.*, 36, p. 292–303, 1990.

MacSwain, J. W. "A method for collecting male *Stylops*", *Pan-Pac. Entomol.*, 25, p. 89-90, 1949.

Pierce, W. D. "The Strepsiptera are a true order, unrelated to the Coleoptera", *Ann. Entomol. Soc. Amer.*, 57, p. 603-605, 1964.

Wheeler, W. C.; M. Whiting; Q. D. Wheeler; J. M. Carpenter. "The phylogeny of the extant hexapod orders", *Cladistics,* 71, p. 113-169, 2001.

Whiting, M. F. "Phylogenetic position of the Strepsiptera: Review of molecular and morphological evidence", *Int. J. Insect Morphol. Embryol.*, 27, p. 53-60, 1998.

Whiting, M. F.; W. C. Wheeler. "Insect homeotic transformation", *Nature,* 368, p. 696, 1994.

Whiting, M. F.; J. M. Carpenter; Q. D. Wheeler; W. C. Wheeler. "The Strepsiptera problem: Phylogeny of the holometabolous insect orders inferred from 18S and 28S ribosomal DNA sequences and morphology", *Syst. Biol.*, 46, p. 1-68, 1997.

CAPÍTULO 34

ORDEM DIPTERA[1]
MOSCAS

Os Diptera constituem uma das maiores ordens de insetos, e seus membros são abundantes, em termos de indivíduos e espécies, em quase todos os lugares. A maioria dos Diptera pode ser facilmente diferenciada de outros insetos aos quais o termo *mosca* é aplicado (moscas-de-serra, moscas-da-pedra, moscas d'água e outros) pelo fato de possuírem um par das asas anteriores. As asas posteriores são reduzidas a pequenas estruturas nodosas chamadas *halteres*, que funcionam como órgãos de equilíbrio. Ocasionalmente, os insetos de muitas ordens possuem apenas um par das asas (algumas efemérides, alguns besouros, machos de cochonilhas e outros), porém, com exceção dos machos de cochonilhas, nenhum possui as asas posteriores reduzidas a halteres. Diptera, algumas vezes, são conhecidos como "moscas de duas asas", para distingui-los das "moscas" de outras ordens. Em língua inglesa, os nomes comuns dos Diptera são escritos com a palavra *"fly"* separada do nome (por exemplo, *fruit fly* – mosca-da-fruta), enquanto nos nomes comuns de moscas de outras ordens, a palavra *"fly"* é escrita junto à palavra descritiva (por exemplo, *butterfly* – borboleta).

A maioria dos Diptera consiste em insetos relativamente pequenos e de corpo mole, e alguns são minúsculos, porém muitos têm grande importância econômica. Por um lado, por exemplo, os pernilongos, borrachudos, mosquitos-pólvora, mutucas, moscas-de-estábulo e outros sugam o sangue e constituem pragas sérias de humanos e animais. A maioria das moscas hematófagas e algumas moscas detritívoras, como as moscas-domésticas e as varejeiras, são vetores importantes de doenças.

Os organismos causadores de malária, febre amarela, filariose, dengue, doença do sono, febre tifoide, disenteria e outras doenças são transportados e distribuídos por espécies de Diptera. Algumas moscas, como a mosca-de-Hesse e o bicho-da-maçã, são pragas importantes de plantas cultivadas. Por outro lado, muitas moscas são detritívoras úteis, outras são predadoras importantes ou parasitas de várias pragas de insetos, outras ajudam a polinizar plantas importantes e algumas atacam ervas daninhas.

As peças bucais de Diptera são do tipo sugador, porém sua estrutura varia consideravelmente dentro da ordem. Em muitas moscas, as peças bucais são perfuradoras; em outras, são absorventes ou lambedoras e, em algumas, as peças bucais são vestigiais e não chegam a ser funcionais.

Os Diptera sofrem metamorfose completa, e as larvas de muitos são chamadas de maggots em inglês. Em português, não há um nome em especial para as larvas de Diptera. Em geral, são ápodas e vermiformes. Nas famílias basais de Nematocera, a cabeça é bem desenvolvida e as mandíbulas movem-se lateralmente. Nas famílias mais derivadas (Brachycera), a cabeça é reduzida e os ganchos bucais movem-se em um plano vertical. Em algumas famílias de Brachycera, a cabeça da larva é esclerotizada e mais ou menos retrátil, enquanto outras não apresentam esclerotização da cabeça, exceto nas peças bucais. As pupas de Nematocera são do tipo obtecto, enquanto as de outros Diptera são coarctadas; ou seja, o estágio pupal ocorre no interior da última cutícula larval, que é chamada de *pupário*.

---

[1] Diptera: *di*, duas; *ptera*, asas.

As larvas de dípteros vivem em diversos *habitats*, porém a maioria vive em todo tipo de *habitat* aquático, incluindo córregos, lagoas, lagos, poças temporárias, água salobra e alcalina. As larvas fitófagas, vivem no interior de algum tecido de plantas, como minadoras de folhas, galhadoras, brocadoras de caule ou brocadoras de raízes. As larvas predadoras vivem em *habitats* diferentes: na água, no solo, sob cascas de árvores, pedras ou na vegetação. Muitas espécies alimentam-se, durante o estágio larval, de material vegetal ou animal em decomposição. Algumas larvas de moscas vivem em *habitats* relativamente incomuns: uma espécie, *Helaeomyia petrolei* (Coquillett) (família Ephydridae), vive em poças de petróleo bruto. Outros efidrídeos desenvolvem-se no Great Salt Lake, localizado no estado de Utah, nos Estados Unidos. Diptera adultos alimentam-se de diversos sumos vegetais ou animais, como néctar, seiva ou sangue. A maioria das espécies alimenta-se de néctar, porém muitos são hematófagos e outros ainda são predadores de outros insetos.

CLASSIFICAÇÃO DOS DIPTERA

A investigação das relações filogenéticas na ordem Diptera é uma área particularmente ativa e dinâmica. A compreensão entomológica das inter-relações está melhorando rapidamente e, como resultado, a classificação formal também é muito dinâmica. Um resumo recente das últimas descobertas pode ser encontrado em Yeates e Wiegmann (1999). Atualmente, há fortes evidências de que vários grupos tradicionalmente reconhecidos (como Nematocera) são parafiléticos. Dentro dos Brachycera, alguns táxons monofiléticos estão bem estabelecidos, porém muitas questões permanecem. Assim, atualmente não é possível aplicar consistentemente as classificações taxonômicas formais dentro da ordem e ainda assim representar de forma razoável o consenso existente entre os especialistas. Portanto, apresentaremos a classificação como uma listagem alinhada de famílias, porém omitindo em grande parte a indicação da classificação formal que cada agrupamento ocupa na hierarquia lineana. Os grupos marcados com um asterisco (*) são relativamente raros ou têm pouca probabilidade de ser encontrados por um coletor que não seja especialista no referido grupo.

Subordem Nematocera (Nemocera; Orthorrhapha em parte) – nematóceros
    Tipulomorpha
        Tipulidae (incluindo Limoniidae, Cylindrotomidae) – tipulídeos
        Trichoceridae (Trichoceratidae, Petauristidae) – tricocerídeos*
    Psychodomorpha
        Psychodidae – psicodídeos e mosquitos-palha
    Ptychopteromorpha
        Ptychopteridae (Liriopeidae) – pticopterídeos
        Tanyderidae – tipulídeos primitivos*
    Culicomorpha
        Ceratopogonidae (Heleidae) – mosquitos-pólvora, maruins
        Chaoboridae (Culicidae em parte)
        Corethrellidae (Corethridae)
        Chironomidae (Tendipedidae) – quironomídeos
        Culicidae – pernilongos
        Dixidae (Culicidae em parte)
        Simuliidae (Melusinidae) – borrachudos ou piuns
        Thaumaleidae (Orphnephilidae)*
    Blephariceromorpha
        Blephariceridae (Blepharoceridae, Blepharoceratidae) – blefaricerídeo*
        Deuterophlebiidae *
        Nymphomyiidae*
    Bibionomorpha
        Anisopodidae (Rhyphidae, Silvicolidae, Phryneidae; incluindo Mycetobiidae) – anisopodídeos
        Axymyiidae (Pachyneuridae em parte)
        Bibionidae (incluindo Hesperinidae) – bibionídeos
        Canthyloscelididae (Synneuridae, Hiperoscelididae)*
        Cecidomyiidae (Cecidomyidae, Itonididae) – cecidomiídeos ou mosquitos galhadores
        Mycetophilidae (Fungivoridae em parte, incluindo Ditomyiidae, Diadociddidae, Keroplatidae, Lygistorrhinidae) – mosquitos-do-fungo
        Pachyneuridae (Cramptonomyiidae)*
        Scatopsidae – escatopsídeos
        Sciaridae (Fungivoridae em parte) – mosquito-do--fungo, ciarídeos.
Subordem Brachycera (incluindo Cyclorrhapha e Orthorrhapha em parte) – braquíceros
    Xylophagomorpha
        Xylophagidae (Erinnidae; Rhagionidae em parte)
    Stratiomyomorpha
        Stratiomyidae (Stratiomyiidae; incluindo Chiromyzidae) – moscas-soldado
        Xylomyidae (Xylomyiidae; Xylophagidae em parte)
    Tabanomorpha (Orthorrhapha em parte)
        Athericidae (Rhagionidae em parte)

Pelecorhynchidae (Tabanidae em parte, Xylophagidae em parte)*
Rhagionidae (Leptidae) – ragionídeos
Tabanidae – mutucas, butucas e tavões
Vermileonidae (Rhagionidae em parte) – vermilionídeos*
Muscomorpha
- Nemestrinioidea
  - Acroceridae (Acroceratidae, Cyrtidae, Henopidae, Oncodidae) – acrocerídeos*
  - Nemestrinidae – nemestrinídeos*
- Asiloidea
  - Apioceridae (Apioceratidae) – apiocerídeos*
  - Asilidae (incluindo Leptogastridae) – asilídeos
  - Bombyliidae – bombilídeos
  - Hilarimorphidae (Rhagionidae em parte)
  - Mydidae (Mydaidae, Mydasidae)
  - Scenopinidae (Omphralidae) – scenopídeos *
  - Therevidae – terevídeos
Empidoidea
- Empididae (Empidae) – empidídeos
- Dolichopodidae (Dolochopidae) – dolicopodídeos
Cyclorrhapha
- Aschiza
  - Lonchopteridae (Musidoridae) – loncopterídeos
  - Phoridae – forídeos
  - Pipunculidae (Dorilaidae, Dorylaidae) – pipunculídeos
  - Platypezidae (Clythiidae) – platipezídeos*
  - Syrphidae – moscas sirfídeas ou moscas-das-flores
- Calypteratae (Calyptratae) – dípteros muscoides caliptrados
  - Anthomyiidae (Anthomyidae; Muscidae em parte)
  - Calliphoridae (Metopiidae em parte) – moscas verdes; moscas-varejeiras
  - Fanniidae (Muscidae em parte)
  - Hippoboscidae (Pupipara em parte, Nycteribiidae, Streblidae) – hipoboscídeos, moscas-de-morcegos*
  - Muscidae – moscas muscídeas: mosca-doméstica, mosca-da-face, mosca-do-chifre, mosca-do-estábulo, mosca tsé-tsé e outras.
  - Oestridae (incluindo Cuterebridae, Gasterophilidae e Hypodermatidae) – moscas-do-berne e gasterófilos*
  - Rhinophoridae (Tachinidae em parte)
  - Sarcophagidae (Stephanosomatidae; Metopiidae em parte) – sarcofagídeos, moscas-da-carne
  - Scathophagidae (Scatophagidae, Scatomyzidae, Scopeumatidae, Cordyluridae, Anthomyiidae em parte) – moscas-do-esterco
  - Tachinidae (Larvaevoridae; incluindo Phasiidae = Gymnosomatidae e Dexiidae) – taquinídeos
- Acalyptratae – dípteros muscoides acaliptrados
  - Superfamília Nerioidea
    - Micropezidae (incluindo Tylidae e Calobatidae = Trepidariidae) – micropezídeos
    - Neriidae – neriídeos*
    - Pseudopomyzidae*
  - Superfamília Diopsoidea
    - Diopsidae – diopsídeos*
    - Psilidae – psilídeos
    - Tanypezidae (Micropezidae em parte, Psilidae em parte, incluindo Strongylophthalmyiidae)
  - Superfamília Conopoidea
    - Conopidae – conopídeos
  - Superfamília Tephritoidea
    - Lonchaeidae (Sapromyzidae em parte) – lonqueídeos
    - Pallopteridae (Sapromyzidae em parte) – palopterídeos
    - Piophilidae (incluindo Neottiophilidae) – piofilídeos
    - Pyrgotidae* – pirgotídeos
    - Richardiidae (Otitidae em parte, incluindo Thyreophoridae)*
    - Tephritidae (Trypetidae, Trupaneidae, Trypaneidae, Euribiidae) – moscas-da-fruta
    - Ulidiidae (Otitidae, Ortalidae, Ortalididae) – ulidídeos
    - Platystomatidae (Otitidae em parte) – ulidídeos
  - Superfamília Lauxanioidea
    - Chamaemyiidae (Chamaemyidae, Ochthiphilidae) Lauxaniidae (Sapromyzidae)
  - Superfamília Sciomyzoidea
    - Coelopidae (Phycodromidae)
    - Dryomyzidae (incluindo Helcomyzidae)*
    - Ropalomeridae (Rhopalomeridae) *
    - Sciomyzidae (Tetanoceridae, Tetanoceratidae) – sciomizídeos, moscas-do-pântano
    - Sepsidae – sepsídeos
  - Superfamília Opomyzoidea
    - Acartophthalmidae (Clusiidae em parte)
    - Agromyzidae (Phytomyzidae) – moscas minadoras
    - Anthomyzidae (Opomyzidae em parte)
    - Asteiidae (Astiidae)
    - Aulacigastridae (Aulacigasteridae; Anthomyzidae em parte; Drosophilidae em parte)*

Clusiidae (Clusiodidae, Heteroneuridae)
Odiniidae (Odinidae, Agromyzidae em parte)
Opomyzidae (Geomyzidae)*
Periscelididae (Periscelidae)*
Superfamília Carnoidea
Braulidae (Pupipara em parte) – piolho-das-abelhas
Canacidae (Canaceidae) – efidrídeos*
Carnidae (Milichiidae em parte)*
Chloropidae (Oscinidae, Titaniidae)
Cryptochetidae (Chamaemyiidae em parte, Agromyzidae em parte)*
Milichiidae (Phyllomyzidae) – miliquídeos
Tethinidae (Opomyzidae em parte)*
Superfamília Sphaeroceroidea
Chyromyidae (Chyromyiidae)
Heleomyzidae (Helomyzidae, incluindo Trixoscelididae, Rhinotoridae)
Sphaeroceridae (Sphaeroceratidae, Borboridae, Cypselidae) – esferocerídeos
Superfamília Ephydroidea
Camillidae (Drosophilidae em parte)*
Curtonotidae (Cyrtonotidae; Drosophilidae em parte)
Diastatidae (Drosophilidae em parte)*
Drosophilidae – moscas-do-vinagre, mosquinhas-das-frutas
Ephydridae (Hydrellidae, Notiophilidae) – efidrídeos

CARACTERES USADOS NA IDENTIFICAÇÃO DE DIPTERA

Os principais caracteres usados na identificação de Diptera envolvem as antenas, pernas, asas e quetotaxia (a organização das cerdas, principalmente na cabeça e no tórax). Ocasionalmente, várias outras características são usadas, como as da cabeça, o tamanho, forma e cor do inseto.

Antenas

As antenas variam muito de uma família para a outra e, em algum grau, dentro de uma única família. Ocasionalmente, diferem entre os sexos da mesma espécie (por exemplo, pernilongos; ver Figura 34-34). Basicamente, as antenas de uma mosca consistem em três artículos: o escapo (o artículo basal), o pedicelo e o flagelo. Em Nematocera, o flagelo é dividido em quatro ou mais subdivisões distintas e móveis (que chamamos de artículos, mas que, algumas vezes, são chamados de *flagelômeros*). Em alguns Brachycera, o terceiro artículo antenal é subdividido, porém as divisões não são tão distintas quanto as presentes entre os três artículos básicos. Um artículo deste tipo é conhecido como "anelado" (Figura 34-1C,D,F). Essa anelação é às vezes difícil de visualizar a não ser que a antena seja adequadamente iluminada sob lupa. Em alguns casos, pode ser difícil decidir se uma antena deste tipo possui três artículos ou mais. O terceiro artículo antenal, em muitos Brachycera, possui um processo alongado: um estilo ou uma arista. Em geral, um estilo

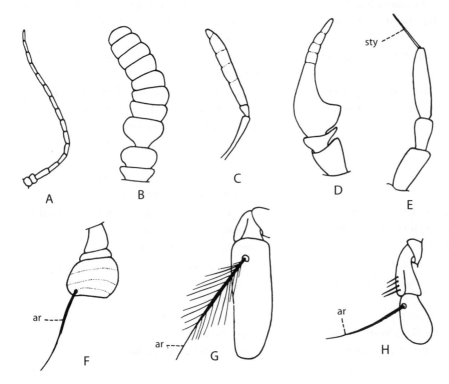

Figura 34-1 Antenas de Diptera. A, Mycetophilidae (*Mycomyia*); B, Bibionidae (*Bibio*); C, Stratiomyidae (*Stratiomys*); D, Tabanidae (*Tabanus*); E, Asilidae (*Asilus*); F, Stratiomyidae (*Pteticus*); G, Calliphoridae (*Calliphora*); H, Tachinidae (*Epalpus*). *ar*, arista; *sty*, estilo.

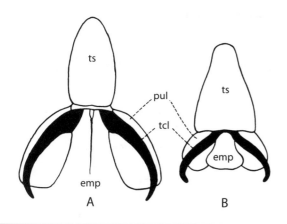

Figura 34-2 Extremidade apical do tarso, vista dorsal. A, asilídeo, com o empódio semelhante a uma cerda; B, mutuca, com o empódio pulviliforme. *emp*, empódio; *pul*, pulvilo; *tcl*, garra tarsal; *ts*, último artículo tarsal.

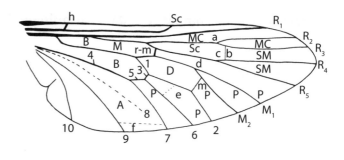

Figura 34-3 Venação generalizada de Diptera (terminologia para as veias de Comstock-Needham), com uma comparação das principais interpretações das veias posteriores à M_2. *A*, célula anal; *B*, células basais; *D*, célula discal; *MC*, células marginais; *P*, células posteriores; *SM*, células submarginais.

Interpretações das veias posteriores à M_2

Número da veia	Comstock[a]	Tillyard[b]	McAlpine[c]
1	M_3	M_{3+4}	M_3
2	M_3	M_3	M_3
3	m-cu	M_4	m-cu
4	Cu	Cu_1	CuA
5	Cu_1	M_4	CuA_1
6	Cu_1	M_4	CuA_1
7	Cu_2	Cu_1	CuA_2
8[d]	1A	Cu_2	CuP
9	2A	1A	A_1
10	3A	2A	A_2

[a] A terminologia usada neste livro (De Comstock, J. H., 1940).
[b] Tillyard, R. J., 1926.
[c] McAlpine et al., 1981. Em asas em que M_3 de Comstock é fusionada com Cu_1 de Comstock, estes autores não reconhecem M_3; se M_{1+2} for bifurcada, seus ramos são chamados de M_1 e M_2, mas, caso não seja bifurcada, os ramos são chamados de M (ver Figura 34-4).
[d] Quase sempre fraca, muitas vezes completamente ausente.

é terminal e razoavelmente rígido, enquanto uma arista é dorsal e semelhante a uma cerda. Tanto estilos quanto aristas podem parecer articulados, embora muitas vezes seja difícil visualizar os artículos (em particular em uma arista). Uma arista pode ser nua, pubescente ou plumosa. Em alguns Muscomorpha, a forma do segundo artículo antenal pode servir para separar diferentes grupos; por exemplo, os grupos caliptrados e acaliptrados de dípteros muscoides diferem na forma do segundo artículo antenal (Figura 34-19A,B).

Pernas

Os principais caracteres das pernas, usados para separar os grupos de moscas, consistem na estrutura do empódio, presença ou ausência de esporões tibiais e presença de determinadas cerdas tibiais. O empódio (Figura 34-2, *emp*) é uma estrutura originada entre as garras do último artículo tarsal. É semelhante a uma cerda ou ausente na maioria das moscas, porém, em algumas famílias (Figura 34-2B), é grande e membranoso e seu aspecto lembra os pulvilos, que são estruturas semelhantes a almofadas no ápice do último artículo tarsal, uma na base de cada garra (Figura 34-2, *pul*). Portanto, uma mosca pode ter no último artículo tarsal somente duas estruturas semelhantes a almofadas (os pulvilos), três estruturas semelhantes a almofadas (dois pulvilos e um empódio pulviliforme) ou nenhuma dessas estruturas (pulvilos e empódio ausentes). Os esporões tibiais são estruturas em forma de espinho, localizadas na extremidade distal da tíbia. As cerdas tibiais pré-apicais são cerdas presentes na parte externa ou na superfície dorsal da tíbia imediatamente proximal ao ápice (Figura 34-26B, *ptbr*).

Asas

Os entomologistas utilizam os caracteres da asa, em especial a venação, na identificação de moscas e muitas vezes é possível identificar uma mosca em relação à família ou além analisando apenas as asas. A venação desta ordem é relativamente simples e muitas famílias tendem a uma redução no número de veias. Algumas vezes, a cor da asa, sua forma ou as características dos lobos na sua base são úteis na identificação.

Na maioria das asas de moscas existe uma incisão na superfície posterior da asa, perto da base, que

Tabela 34-1 Uma comparação da terminologia de venação de Diptera

Comstock	Tillyard (1926)	McAlpine et al. (1981)	Sistema antigo
Veias			
C	C	C	Costal
Sc	Sc	Sc	Auxiliar
R_1	R_1	R_1	Primeira longitudinal
R_{2+3}	R_{2+3}	R_{2+3}	Segunda longitudinal
R_{4+5}	R_{4+5}	R_{4+5}	Terceira longitudinal
M_{1+2}	M_{1+2}	M_{1+2} ou M^a	Quarta longitudinal
m-cu	base de M_4	m-cu	Veia transversal discal
Cu	Cu	CuA	Quinta longitudinal
base de Cu_1	m-cu	base de CuA_1	Quinta longitudinal
Cu_1	M_4	CuA_1	Quinta longitudinal
Cu_2	Cu_1	CuA_2	Quinta longitudinal
$1A^b$	Cu_2	CuP	—
2A	1A	A_1	Sexta longitudinal
H	H	h	Veia transversal umeral
r-m	r-m	r-m	Veia transversal anterior
M	M	m-m	Veia transversal posterior
M_3	M_{3+4} e M_3	M_3	Quinta longitudinal
Células			
C	C	c	Costal
Sc	Sc	sc	Subcostal
R	R	br^c	Primeira basal
M	M	bm^d	Segunda basal
R_1, R_2	R_1, R_2	r_1, r_2	Marginal
R_3	R_3	r_3, r_{2+3}^e	Primeira submarginal
R_4	R_4	r_4	Segunda submarginal
R_5	R_5	r_5, r_{4+5}^f	Primeira posterior
M_1	M_1	m_1	Segunda posterior
$1^a M_2$	$1^a M_2$	d (discal)	Discal
$2^a M_2$	$2^a M_2$	m_2	Terceira posterior
M_3	M_3	M_3	Quarta posterior
Cu_1	M_4	cua_1	Quinta posterior
1A	Cu_2	cup	Anal
2A	1A	a_1	Axilar

^a Quando nenhuma M_3 é reconhecida e esta veia não é bifurcada.
^b Em geral fraca, muitas vezes ausente.
^c Célula radial basal.
^d Célula medial basal.
^e Quando R_{2+3} não é bifurcada.
^f Quando R_{4+5} não é bifurcada.

separa um pequeno lobo basal chamado de *álula*. Distalmente à álula está o ângulo anal da asa, e o lobo localizado ali é chamado de *lobo anal* (Figura 34-4C, al). Na base extrema da asa, basalmente à álula, frequentemente existem dois lobos chamados de caliptras (singular, caliptra). O mais próximo da álula é a

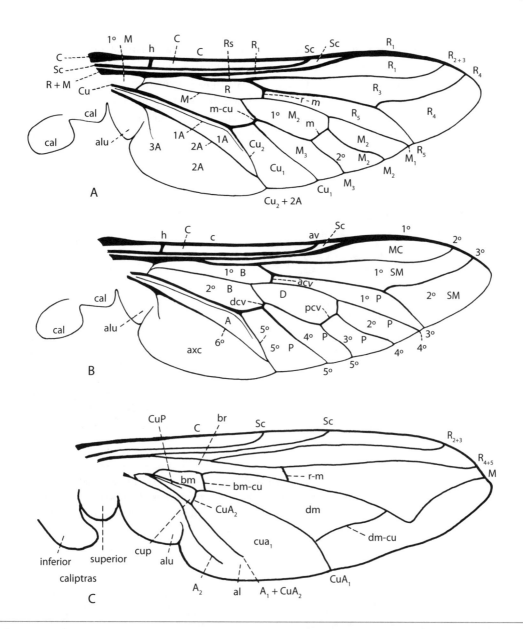

Figura 34-4 Asas de uma mutuca (A e B) e de um díptero muscoide caliptrado (C), mostrando as terminologias de venação. A, sistema de Comstock-Needham; B, um sistema antigo, no qual as veias longitudinais são enumeradas; C, a terminologia usada por McAlpine et al. (1981). Para uma legenda das letras em A e veias longitudinais em C, consulte o Capítulo 2. Marcação em B: *A*, célula anal; *acv*, veia transversal anterior; *alu*, álula; *av*, veia axilar; *axc*, célula axilar; *B*, células basais (primeira e segunda); *C*, célula costal; *c*, veia costal; *cal*, caliptras ou esquamas ; *D*, célula discal; *dcv*, veia transversal discal; *h*, veia transversal umeral; *MC*, célula marginal; *P*, células posteriores; *pcv*, veia transversal posterior; *Sc*, célula subcostal; *SM*, células submarginais ou apicais (primeira e segunda). Marcação em C: *al*, lobo anal; *alu*, álula; *bm*, célula medial basal; *bm-cu*, veia transversal mediocubital basal; *br*, célula radial basal; cua_1, célula cubital anterior; *cup*, célula cubital posterior; *dm*, célula medialdiscal; *dm-cu*, veia transversal mediocubital discal.

caliptra superior e o outro constitui a caliptra inferior. As caliptras podem variar em tamanho ou forma, nos diferentes grupos.

Duas terminologias de venação diferentes costumam ser usadas nesta ordem, a de Comstock-Needham e um sistema mais antigo, no qual as principais veias longitudinais são numeradas. A maioria dos especialistas utiliza a terminologia de Comstock-Needham, mas nem todos concordam com esta interpretação, principalmente em relação às veias posteriores à M_2. A Figura 34-3 mostra uma asa generalizada de Diptera, marcada com a terminologia de Comstock-Needham até M_2 e comparando as três principais interpretações das veias posteriores à M_2. Seguimos a interpretação de Comstock-Needham neste livro, mas ocasionalmente utilizaremos os termos do sistema mais antigo, em especial para algumas células da asa. A Tabela 34-1 compara as diferentes terminologias de venação usadas para a venação da asa de Diptera, e a Figura 34-4 mostra algumas asas de dípteros marcadas com esta terminologia.

Uma célula fechada é aquela que não atinge a margem da asa (por exemplo, a célula anal ou 1A na Figura 34-4A, B). Quando o espessamento da borda anterior da asa (a costa) termina perto da extremidade mais afilada ou ápice da asa (como na Figura 34-8B-F,J), costuma-se dizer que a costa se estende apenas até o ápice da asa. Quando não há um afinamento abrupto da margem anterior da asa perto do ápice (como na Figura 34-8G-I), costuma-se dizer que a costa continua ao longo da margem da asa.

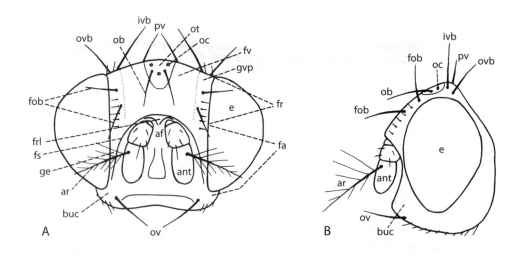

Figura 34-5 Áreas e quetotaxia da cabeça de uma mosca drosofilídea. A, vista anterior; B, vista lateral. *af*, fossa antenal; *ant*, antena; *ar*, arista; *buc*, buca; *e*, olho composto; *fa*, face; *fob*, cerdas fronto-orbitais; *fr*, fronte; *frl*, lúnula frontal; *fs*, sutura frontal; *fv*, vita frontal; *ge*, gena; *gvp*, placa genovertical ou orbital; *ivb*, cerda vertical interna; *ob*, cerda ocelar; *oc*, ocelo; *ot*, triângulo ocelar; *ov*, vibrissas orais; *ovb*, cerda vertical externa; *pv*, cerdas pós-verticais.

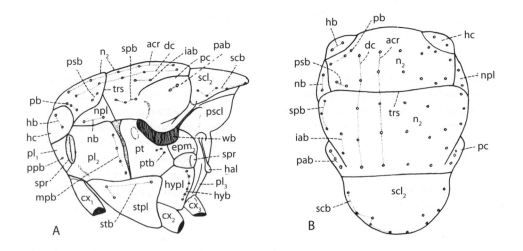

Figura 34-6 Áreas e quetotaxia do tórax de uma varejeira (Calliphoridae). A, vista lateral; B, vista dorsal. *acr*, cerdas acrosticais; *cx*, coxa; *dc*, cerdas dorsocentrais; *epm₂*, mesepímero; *hal*, haltere; *hb*, cerdas umerais; *hc*, calo umeral; *hyb*, cerdas hipopleurais; *hypl*, hipopleura; *iab*, cerdas intra-alares; *mpb*, cerdas mesopleurais; *n₂*, mesonoto; *nb*, cerdas notopleurais; *npl*, notopleura; *pab*, cerdas pós-alares; *pb*, cerdas pós-umerais; *pc*, calo pós-alar; *pl₁*, pró-pleura; *pl₂*, mesopleura; *pl₃*, metapleura; *ppb*, cerdas pró-pleurais; *psb*, cerdas pré-suturais; *pscl*, pós-escutelo; *pt*, pteropleura; *ptb*, cerdas pteropleurais; *scb*, cerdas escutelares; *scl₂*, mesoscutelo; *spb*, cerdas supra-alares; *spr*, espiráculo; *stb*, cerdas esternopleurais; *stpl*, esternopleura; *trs*, sutura transversa; *wb*, base da asa.

Algumas espécies muscoides apresentam um ou dois pontos na costa, onde a esclerotização é fraca ou ausente, ou onde a veia parece estar quebrada. Estes pontos de *quebras costais* podem ocorrer perto da extremidade de R₁ ou da veia transversal umeral (Figuras 34-22B e 34-24C-E, *cbr*). As quebras costais são mais bem visualizadas com luz transmitida. Alguns muscoides possuem uma série de pelos longos ou cerdas ao longo da costa, passando da extremidade de R₁ (Figura 34-22A,H). A costa neste caso é conhecida como espinhosa.

Quetotaxia

Para identificar algumas moscas, particularmente os grupos dos muscoides, utilizam-se o número, o tamanho, a posição e a organização das cerdas maiores na cabeça e no tórax. A terminologia usada na quetotaxia de moscas é ilustrada nas Figuras 34-5 e 34-6. As cerdas frontais (omitidas na Figura 34-5) estão na metade da fronte, entre o triângulo ocelar e a sutura frontal.

Suturas cefálica e torácica

A principal sutura cefálica usada na identificação das moscas é a sutura frontal (Figura 34-5, fs). Esta sutura tem a forma de um U invertido, estendendo-se, a partir das bases das antenas, lateroventralmente para as margens inferiores dos olhos compostos. Os dipterólogos costumam chamá-la de *sutura frontal*, mas não é igual às suturas frontais da Figura 2-13. Na verdade, é uma sutura ptilinal e marca o ponto de ruptura na parede cefálica pela qual o ptilino foi evertido no momento da emergência da mosca do pupário.

Tabela 34-2   Comparação das terminologias dos escleritos do tórax

Este livro		McAlpine et al. (1981)	
Símbolo	Nome de área	Símbolo	Nome de área
hC	calo umeral	pprn	pós-pronoto
npl	notopleura	npl	notopleura
pscl	pós-escutelo	sbsctl	subescutelo
pl₁	pró-pleura	prepm	pró-epímero
pl₂	mesopleura	anepst	anepisterno
PT	pteropleura	anepm	anepímero
stpl	esternopleura	kepst	catepisterno
hypl	hipopleura	mr	Mero
epm₂	mesepímero	ktg	catatergito

Chave para as famílias de Diptera

É possível que haja alguma dificuldade na análise de espécimes pequenos ou minúsculos, de modo que um microscópio estereoscópico (lupa) com ampliação considerável (90 a 120X) pode ser necessário. Talvez seja difícil ou impossível identificar pela chave os muscoides acaliptrados (que são determinados a partir da dicotomia 76), cujas cabeça ou cerdas torácicas estejam quebradas ou com excesso de cola (principalmente naqueles espécimes em montagem dupla com triângulo).

Na chave a seguir, as famílias marcadas com um asterisco (*) são relativamente raras ou têm pouca probabilidade de ser encontradas por um coletor que não seja especialista no referido grupo. As chaves para larvas podem ser encontradas em McAlpine et al. (1981).

1.	Asas presentes e bem desenvolvidas, mais longas que o tórax	2
1'.	Asas muito reduzidas, em geral mais curtas que o tórax, ou ausentes	141*
2 (1).	Asas extremamente estreitas, afiladas apicalmente, com venação muito reduzida e nenhuma célula fechada, com uma franja muito longa; flagelo antenal alongado, anelador na base, clavado; olhos separados dorsalmente, porém contíguos ventralmente; moscas pequenas, aquáticas, com menos de 2 mm de comprimento, delgadas, pálidas, fracamente esclerotizadas; encontradas em córregos rápidos em Quebec, New Brunswick e nos Montes Apalaches, estendendo-se para o sul até o Alabama	Nymphomyiidae*
2'.	Sem a combinação anterior de caracteres	3
3 (2').	Antenas com 6 ou mais artículos livremente articulados (Figura 34-1A,B), em alguns machos, são muito longas e plumosas (Figura 34-34B,D); Rs 1-4 ramificada, se 3-ramificada, quase sempre R₂₊₃ é bifurcada; palpos com 3-5 artículos (subordem Nematocera)	4

3'.	Antenas com 5 artículos (em geral 3) ou menos, terceiro artículo algumas vezes anelado (parecendo dividido em subartículos, mas não tão distintos quanto os 3 artículos antenais principais), muitas vezes possui um estilo ou arista terminal ou dorsal (Figura 34-1C-H), as antenas nunca são longas e plumosas: Rs 2-3 ramificado (em geral ramificada), se 3-ramificada quase sempre R_{4+5} é bifurcada; palpos com, no máximo, 2 artículos (subordem Brachycera)	31
4 (3).	Mesonoto com sutura em forma de V; pernas longas e delgadas (Figura 3434-28A)	5
4'.	Mesonoto sem sutura em forma de V; pernas variáveis	8
5 (4).	Ocelos presentes; sutura em forma de V no mesonoto desenvolvida de forma incompleta no ponto médio; 3A curta, metade do comprimento de 2A ou menos, e curvada	Trichoceridae *
5'.	Ocelos ausentes; sutura completa em forma de V no mesonoto; 3A geralmente com mais da metade do comprimento de 2A e relativamente reta ou ausente	6
6 (5').	R 5-ramificada, todos os 5 ramos atingindo a margem da asa; célula M_3 algumas vezes com uma veia transversal (*Protoplasa*, Figura 34-7E); 3A ausente	Tanyderidae *
6'.	R 4-ramificada, ou menos, atingindo a margem da asa; célula M_3 sem veia transversal; 3A presente ou ausente	7
7 (6').	Apenas 1 veia anal (2A) atingindo a margem da asa (3A ausente) e nenhuma célula discal fechada (Figura 34-7A); halteres com um pequeno processo na base	Ptychopteridae

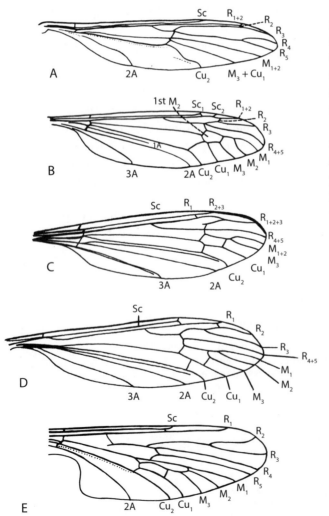

Entre o ápice do U e a base das antenas existe um pequeno esclerito, em forma de lua crescente, chamado de *lúnula frontal* (*frl*). A presença de uma sutura frontal distingue os muscoides das outras moscas. Em casos em que é difícil visualizar a sutura completa, as moscas que as possuem podem ser reconhecidas pela presença da lúnula frontal acima das bases das antenas.

Uma sutura transversa pela parte anterior do mesonoto (Figura 34-6, *trs*) separa a maioria dos muscoides caliptrados dos acaliptrados. Os muscoides caliptrados possuem suturas nas porções lateroposteriores do mesonoto, que separam os calos pós-alares (Figura 34-6, *pc*). Os muscoides acaliptrados não possuem estas suturas.

Os termos usados por McAlpine et al. (1981) para as várias áreas torácicas, em sua maior parte, são diferentes dos termos que utilizamos. Portanto, sua terminologia para a maioria das cerdas torácicas é um pouco diferente da nossa. Uma comparação destas duas terminologias é fornecida na Tabela 34-2.

Tamanho

Nas chaves e descrições deste capítulo, "tamanho médio" significa aproximadamente o tamanho de uma

Figura 34-7 Asas de tipulídeos. A, *Bittacomorpha* (Ptychopteridae); B, *Tipula* (Tipulidae, Tipulinae); C, Cylindrotominae (Tipulidae); D, Limoniinae (Tipulidae); E, *Protoplasa* (Tanyderidae).

mosca-doméstica ou de uma varejeira azul. "Pequeno" significa menor e "grande" significa maior que este tamanho. "Muito pequeno" ou "minúsculo" indica um comprimento inferior a 3 mm e "muito grande" significa 25 mm ou mais.

7'.	Duas veias anais que atingem a margem da asa (3A presente); R com 2 a 4 ramificações, célula discal fechada geralmente presente (Figura 34-7B-D); halteres sem um processo na base	Tipulidae
8 (4').	Asas amplas, mais largas no quarto basal, apresentam venação reduzida e desenvolvimento de pregas semelhantes a um leque; antenas muito longas nos machos, com pelo menos 3 vezes o comprimento do corpo, com 6 artículos; ocelos e peças bucais ausentes; oeste dos Estados Unidos	Deuterophlebiidae*
8'.	Sem a combinação anterior de caracteres	9
9 (8').	Ocelos presentes	10
9'.	Ocelos ausentes	22
10 (9).	Apresenta uma célula discal fechada	11
10'.	Não apresenta nenhuma célula discal fechada	13
11 (10).	Quarta célula posterior (M_3) aberta	12
11'.	Quarta célula posterior fechada; moscas de tamanho médio, alongadas, assemelhando-se às moscas-de-serra (*Rachicerus*)	Xylophagidae *
12 (11).	Os dois ramos de Rs são conectados por uma veia transversal; oeste da América do Norte, do Óregon até a Colúmbia Britânica	Pachyneuridae *
12'.	Os dois ramos de Rs não são conectados por uma veia transversal (Figura 34-8B); amplamente distribuídos	Anisopodidae (Anisopodeinae)
13 (10').	Venação reduzida, com 6 veias longitudinais ou menos (Figuras 34-8A,E; 34-9B; 34-10C,D)	14
13'.	Venação não tão reduzida, com 7 veias longitudinais ou mais (Figuras 34-8C,J, 34-9C, 34-10A,B)	18
14 (13).	Esporões tibiais presentes; olhos localizados acima das bases das antenas (exceto em machos de *Pnyxia*, nos quais os olhos são reduzidos); antenas com 16 artículos, em geral, com aproximadamente o mesmo comprimento da cabeça e do tórax combinados; C terminando no ápice da asa, não apresenta Rs ramificada, r-m alinhada com Rs (Figura 34-10C,D)	Sciaridae
14'.	Esporões tibiais ausentes; antenas com 15 artículos ou menos; outro caracteres variáveis	15
15 (14').	Antenas relativamente curtas e espessas, apenas um pouco mais longas que a cabeça; C terminando antes do ápice da asa	16
15'.	Antenas mais longas e delgadas; C variável	17
16 (15).	Palpos com 1 artículo; antenas com 12 artículos ou menos; C terminando na metade a três quartos da extensão da asa (Figura 34-9B); olhos bem separados abaixo das antenas; insetos comuns, amplamente distribuídos	Scatopsidae
16'.	Palpos com 4 artículos; antenas com 12-16 artículos; C terminando perto do ápice da asa; olhos estreitamente separados até quase contíguos ventralmente; insetos raros, conhecidos de Quebec à Califórnia até norte no Alasca	Canthyloscelididae *
17 (15').	Antenas com o mesmo comprimento, ou mais longas, do que a cabeça e o tórax combinados; C geralmente continuando ao longo da margem do ápice da asa, embora mais fraca na parte posterior; moscas de pernas longas, relativamente delicadas	Cecidomyiidae (Lestremiinae)
17'.	Antenas geralmente mais curtas que a cabeça e o tórax combinados; C geralmente terminando no ápice da asa; forma do corpo variável	Ceratopogonidae
18 (13').	Pernas longas e delgadas, inseto semelhante a um tipulídeo; ângulo anal da asa em projeção (Figura 34-8J); asas às vezes com uma rede de linhas finas entre as veias	Blephariceridae *
18'.	Sem a combinação anterior de caracteres	19
19 (18').	Esporões tibiais presentes; Rs simples ou 2-ramificada	20

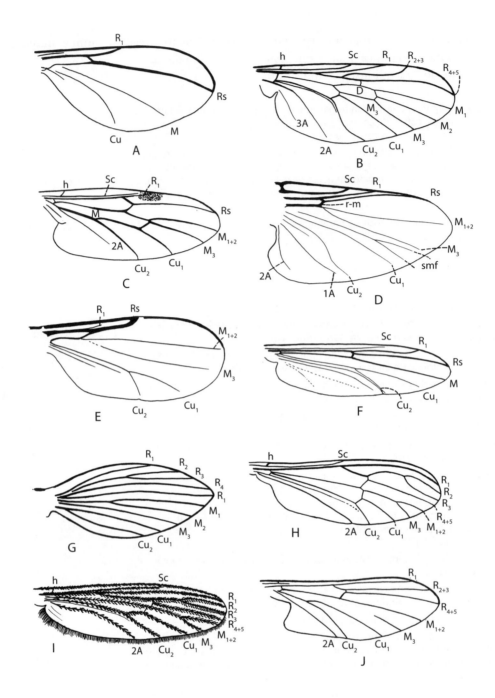

Figura 34-8 Asas de Nematocera. A, Cecidomyiidae; B, Anisopodidae (*Silvicola*); C, Bibionidae (*Bibio*); D, Simuliidae (*Simulium*); E, Ceratopogonidae; F, Chironomidae; G, Psychodidae (*Psychoda*); H, Dixidae (*Dixa*); I, Culicidae (*Psorophora*); J, Blephariceridae (*Blepharicera*). *D*, célula discal; *smf*, prega submediana.

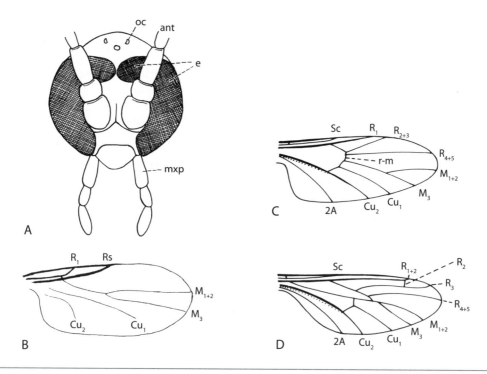

Figura 34-9 A cabeça de *Sciara* (Sciaridae), vista anterodorsal; B, asa de um escatopsídeo; C, asa de *Mycetobia* (Anisopodidae); D, asa de *Axymyia* (Axymyiidae). *ant*, antena; *e*, olho composto; *mxp*, palpo maxilar; *oc*, ocelo.

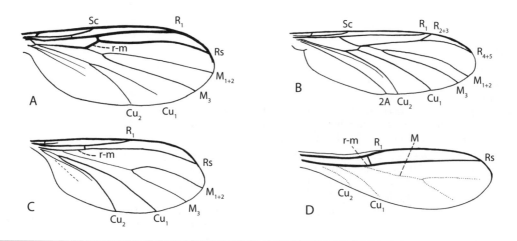

Figura 34-10 Asas de Mycetophilidae (A, B) e Sciaridae (C, D). A, Sciophilinae; B, Keroplatinae; C, *Sciara*; D, *Pnyxia*, macho.

19′	Esporões tibiais ausentes; Rs 3-ramificada, com R_2 parecendo muito com uma veia transversal e estendendo-se de R_{2+3} até, aproximadamente, a extremidade de R_1 (Figura 34-9D)	Axymyiidae*
20′ (19).	Antenas geralmente mais curtas que o tórax, relativamente robustas, originadas em um ponto baixo na face, abaixo dos olhos compostos; segunda célula basal (M) presente (Figura 34-8C); ângulo anal da asa geralmente bem desenvolvido	Bibionidae

20'.	Antenas variáveis, mais longas que o tórax, originadas aproximadamente na metade dos olhos compostos ou acima; segunda célula basal e forma da asa são variáveis	21
21 (20').	Células basais confluentes, fechadas distalmente por r-m e m-cu; Rs bifurcada em oposição a r-m; Sc completa, terminando em C; 2A atingindo a margem da asa (Figura 34-9C)	Anisopodidae (Mycetobia) *
21'.	Células basais variáveis; Rs simples ou bifurcada, se for bifurcada, será distal a r-m ou r-m será obliterada pela fusão de Rs e M; Sc e 2A variáveis; grupo grande e difuso	Mycetophilidae[2]
22 (9').	C terminando no ápice da asa ou perto (Figura 34-8A-F)	23
22'.	C continuando ao longo da margem do ápice da asa, embora seja mais fraca na parte posterior (Figura 34-8G-I)	25
23 (22).	Asas amplas, veias posteriores fracas (Figura 34-8D); antenas com aproximadamente o comprimento da cabeça; moscas de cor escura, raramente com mais de 3 mm de comprimento, com aspecto um pouco corcunda	Simuliidae
23'.	Asas mais estreitas e veias posteriores mais fortes (Figura 34-8E,F); antenas muito mais longas que a cabeça; configuração corporal diferente da descrição anterior	24
24 (23').	M 2-ramificada (Figura 34-8E), M3 raramente fraca ou ausente; cabeça arredondada atrás; metanoto arredondado, sem sulco mediano ou quilha; pernas de comprimento moderado, sendo que o par posterior é mais longo; pulvilos ausentes; espiráculo torácico anterior quase redondo; peças bucais da fêmea com mandíbulas e adaptadas para perfuração	Ceratopogonidae
24'.	M não ramificada (Figura 34-8F); cabeça achatada atrás; metanoto com sulco mediano ou quilha; pernas longas, com as pernas anteriores mais longas; pulvilos presentes ou ausentes; espiráculo torácico anterior distintamente oval; peças bucais sem mandíbulas, não adaptados para perfuração	Chironomidae
25 (22').	Primeiro artículo tarsal muito mais curto que o segundo, tarsos algumas vezes apresentando 4 artículos; mosquitos pequenos e frágeis com venação fraca, asas geralmente com menos de 7 veias longitudinais (Figura 34-8A)	Cecidomyiidae
25'.	Primeiro artículo tarsal mais longo que o segundo, tarsos com 5 artículos; outros caracteres variáveis	26
26 (25').	Antenas curtas, com aproximadamente o mesmo comprimento da cabeça, 2 artículos basais espessos, globosos; asas com 6-7 veias atingindo a margem da asa	Thaumaleidae *
26'.	Antenas com pelo menos o dobro do comprimento da cabeça, 2 artículos basais diferentes da descrição anterior; asas com 9-11 veias atingindo a margem da asa	27
27 (26').	Asas amplas, pontiagudas apicalmente, geralmente densamente pilosas e, em geral, mantidas como um telhado sobre o corpo em repouso; Rs geralmente 4-ramificada, M 3-ramificada (Figura 34-8G)	Psychodidae
27'.	Asas geralmente longas e estreitas ou, se forem largas, não serão pontiagudas apicalmente e nem densamente pilosas, embora possa haver escamas situadas ao longo das veias alares ou da margem da asa; Rs 3-ramificada ou menos, M 2-ramificada (Figura 34-8H,I)	28
28 (27').	Probóscide longa, estendendo-se bem além do clípeo (Figura 34-34); escamas presentes nas veias alares e na margem da asa, em geral também no corpo	Culicidae
28'.	Probóscide curta, estendendo-se pouco além do clípeo; sem escamas nas veias das asas ou no corpo	29
29 (28').	R_{2+3} um pouco arqueada na base (Figura 34-8H); veias alares com pelos curtos e pouco evidentes; antenas com pelos curtos e escassos	Dixidae
29'.	R_{2+3} quase reta na base; veias alares com pelos longos, densos e evidentes; antenas com pelos longos e abundantes em espirais distintas	30
30 (29').	Clípeo com cerdas numerosas; R_1 encontrando a margem costal perto do ápice da asa, mais próximo de R_2 que de Sc	Chaoboridae
30'.	Clípeo com pouquíssimas cerdas; R_1 encontrando a margem costal mais perto do ápice de Sc que de R_2	Corethrellidae

[2] *Hesperodes johnsoni* Coquillett (Keroplatinae), relatado em Massachusetts e Nova Jersey, não possui ocelos. Mede 12 mm de comprimento, é um membro da subfamília Keroplatinae e possui uma venação alar semelhante à apresentada na Figura 34-10B.

31 (3').	Empódios pulviliformes, tarsos com 3 estruturas apicais semelhantes a almofadas (Figura 34-2B)	32
31'.	Empódios semelhantes a cerdas ou ausentes, tarsos com, no máximo, 2 estruturas apicais semelhantes a almofadas (Figura 34-2A)	44
32 (31).	Cabeça pequena incomum, raramente com mais da metade da largura do tórax, de colocação baixa, consistindo quase totalmente nos olhos (tanto machos quanto fêmeas são holópticos); corpo parecendo corcunda (Figura 34-46); caliptras muito grandes	Acroceridae
32'.	Cabeça com mais da metade da largura do tórax; olhos nunca holópticos nas fêmeas; caliptras geralmente pequenas	33
33 (32').	Venação peculiar, ramos de Rs e M mais ou menos convergentes até o ápice da asa, M_{1+2} terminando antes do ápice da asa (Figura 34-11I); asas com uma veia composta estendendo-se da base de Rs até a margem da asa, terminando como M_3+Cu_1; tíbia sem esporões apicais	Nemestrinidae *
33'.	Venação normal, ramos de Rs e M divergindo até a margem da asa, ramos de M terminando bem depois do ápice da asa (Figuras 34-4, 34-11A,B, 34-12); tíbias médias e posteriores geralmente com esporões apicais	34
34 (33').	C terminando antes do ápice da asa; ramos de R mais ou menos agrupados perto da margem costal (Figura 34-11A); R_5 (ou R_{4+5} quando não for bifurcada) terminando antes do ápice da asa; célula discal (D, Figura 34-11A) curta, geralmente um pouco mais longa que larga; esporões tibiais geralmente ausentes	Stratiomyidae
34'.	Sem a combinação anterior de caracteres	35
35 (34').	Terceiro artículo antenal anelado (Figura 34-1C,D,F), ou antenas parecendo consistir em mais de 3 artículos	36
35'.	Terceiro artículo antenal mais ou menos globular ou oval, não anelado, geralmente apresentando um estilo alongado	42
36 (35).	Pós-escutelo bem desenvolvido (como na Figura 34-17B); caliptras grandes e evidentes; R_4 e R_5 divergentes, envolvendo o ápice da asa (Figura 34-4A,B)	37
36'.	Pós-escutelo não desenvolvido ou apenas fracamente desenvolvido; caliptras pequenas ou vestigiais; R_4 e R_5 variáveis	38
37 (36).	Caliptras superior e inferior grandes; primeiro tergito abdominal com entalhe na metade da margem posterior e com sutura mediana; célula anal fechada (Figura 34-4A,B); antenas geralmente originadas abaixo da metade da cabeça	Tabanidae
37'.	Caliptra superior grande, porém com a caliptra inferior dificilmente desenvolvida; primeiro tergito abdominal sem entalhe mediano ou sutura; célula anal aberta; antenas originadas acima da metade da cabeça	Pelecorhynchidae *
38 (36').	Terceiro artículo antenal alongado, com laterais paralelas ou afuniladas, com vários anéis e sem um estilo distinto	39
38'.	Terceiro artículo antenal globular ou oval, com estilo terminal ou parecendo apresentar 2 ou 3 artículos	40*
39 (38).	Célula M_3 aberta (Figura 34-12A,B); tíbias anteriores com esporão apical	Xylophagidae
39'.	Célula M_3 fechada (Figura 34-12C); tíbias anteriores sem esporões apicais	Xylomyidae
40 (38').	Antenas parecendo ter 5 artículos, terceiro artículo com estilo terminal curto, espesso, de 2 artículos; tíbias anteriores com esporão apical; 2 mm a 3 mm de comprimento	Rhagionidae (*Bolbomyia*) *

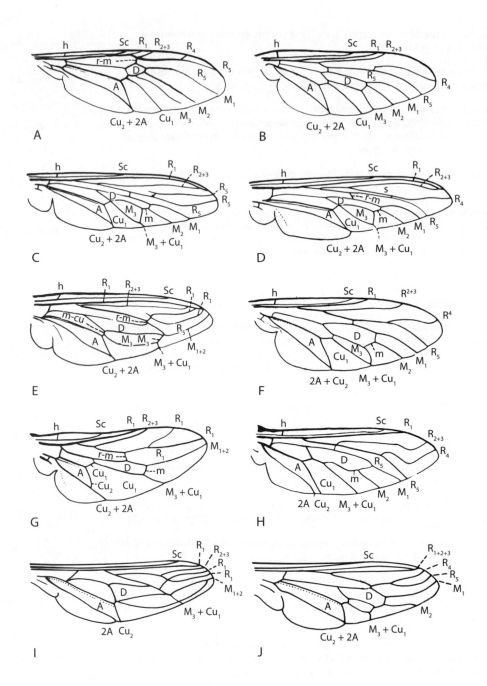

Figura 34-11 Asas de Brachycera. A, Stratiomyidae; B, Rhagionidae; C, Asilidae (*Efferia*); D, Asilidae (*Promachus*); E, Mydidae (*Mydas*); F, Therevidae; G, Scenopinidae; H, Bombyliidae; I, Nemestrinidae (*Neorhynchocephalus*); J, Apioceridae (*Apiocera*). *A*, célula anal; *D*, célula discal (primeira M_2).

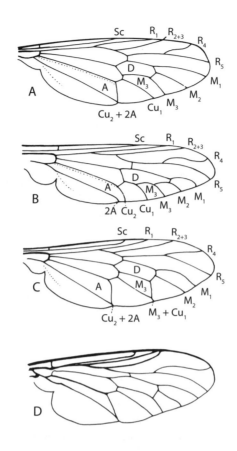

Figura 34-12 Asas de Brachycera. A, *Xylophagus* (Xylophagidae); B, *Coenomyia* (Xylophagidae); C, *Xylomya* (Xylomyidae); D, *Atherix* (Athericidae).

40'.	Antenas diferentes da descrição anterior, estilo no terceiro artículo antenal longo e delgado, podendo, ou não, parecer anulado; tíbias anteriores com ou sem esporões apicais	41*
41 (40').	Tíbias anteriores com 1-2 esporões apicais	Xylophagidae (*Dialysis*) *
41'.	Tíbia frontal sem esporões apicais	Rhagionidae*
42 (35').	Célula R_1 fechada, R_{2+3} encontrando R_1 na margem da asa (Figura 34-12D)	Athericidae*
42'.	Célula R_1 aberta, R_{2+3} encontrando C bem além da extremidade de R_1	43
43 (42').	Asas estreitadas basalmente, sem álulas; escutelo nu; moscas delgadas, cerca de 5 mm de comprimento; oeste dos Estados Unidos	Vermileonidae *
43'.	Asas não tão estreitas basalmente, uma álula quase sempre presente; escutelo piloso; tamanho variável, porém a maioria com mais de 5 mm de comprimento; amplamente distribuídos	Rhagionidae
44 (31').	Coxas muito separadas (Figura 34-13A); corpo um pouco achatado; ectoparasita de aves ou mamíferos	Hippoboscidae
44'.	Coxas próximas (vista ventral); o corpo geralmente não é achatado de modo especial; não ectoparasitas	45
45 (44').	Asas com ramos de R fortemente espessados e aglomerados na base anterior da asa, atrás de R, 3-4 veias fracas sem veias transversais além da base da asa (Figura 34-14G); pernas posteriores longas, fêmures achatados lateralmente; moscas pequenas, corcundas, 1 mm a 4 mm de comprimento (Figura 34-55)	Phoridae

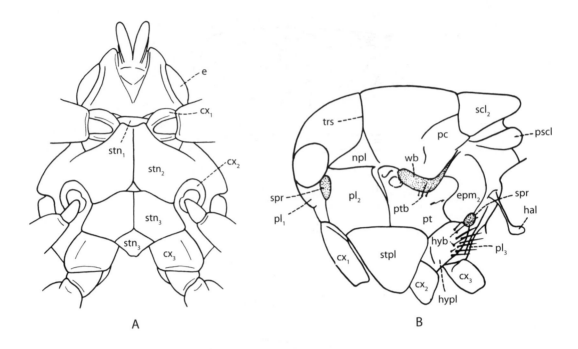

Figura 34-13 Estrutura torácica em dípteros muscoides. A, tórax de um hipoboscídeo (*Lynchia*), vista ventral; B, tórax de um taquinídeo (*Ptilodexia*), vista lateral. *cx*, coxa; *e*, olho composto; *epm₂*, mesepímero; *hal*, haltere; *hc*, calo umeral; *hyb*, cerdas hipopleurais; *hypl*, hipopleura; *npl*, notopleura; *pc*, calo pós-alar; *pl₁*, pró-pleura; *pl₂*, mesopleura; *pl₃*, metapleura; *pscl*, pós-escutelo; *pt*, pteropleura; *ptb*, cerdas pteropleurais; *scl₂*, mesoscutelo; *spr*, espiráculo; *stn₁*, prosterno; *stn₂*, mesosterno; *stn₃*, metasterno; *stpl*, esternopleura; *trs*, sutura transversal; *wb*, base da asa. Apenas as cerdas hipopleurais e pteropleurais são apresentadas em B.

45'.	Sem a combinação anterior de caracteres	46
46 (45').	Asas pontiagudas no ápice, sem veias transversais, exceto na base (Figura 34-14H); terceiro artículo antenal arredondado, com arista terminal; moscas pequenas, delgadas, acastanhadas ou amareladas, 2 mm a 5 mm de comprimento	Lonchopteridae
46'.	Asas arredondadas no ápice, quase sempre com veias transversais além da base da asa; antenas, tamanho, forma e cor variáveis	47
47 (46').	Rs com 3 ramificações	48
47'.	Rs com 2 ramificações ou não ramificada	55
48 (47).	Ramos de Rs e M₁ (ou M₁₊₂) terminando antes do ápice da asa (Figura 34-11E); moscas grandes, semelhantes aos asilídeos	49
48'.	M₁ (ou M₁₊₂) terminando além do ápice da asa; tamanho e forma variáveis	50
49 (48).	Com 1 ocelo ou nenhum; antenas longas, parecendo ter 4 artículos, clavadas (Figura 34-50); amplamente distribuídos	Mydidae
49'.	Com 3 ocelos; antenas mais curtas, aproximadamente o mesmo comprimento da cabeça, parecendo ter 3 artículos, terceiro artículo afunilado, não clavado; ocorrem nas regiões áridas do oeste norte-americano	Apioceridae *
50 (48').	Vértice afundado, topo da cabeça côncavo entre os olhos compostos (Figura 34-47D), olhos nunca holópticos	Asilidae

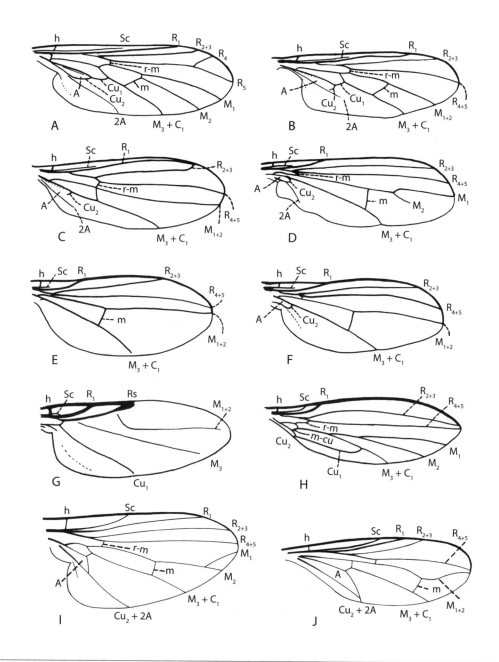

Figura 34-14 Asas de Brachycera. A-C, Empididae; D-F, Dolichopodidae; G, Phoridae; H, Lonchopteridae, fêmea; I, Platypezidae; J, Pipunculidae. *A*, célula anal (1A).

50'.	Vértice não afundado, olhos holópticos nos machos	51
51 (50').	Com 5 células posteriores, m-cu presente, M_3 e Cu_1 separadas ou fusionadas apenas na base (Figura 34-11F)	Therevidae
51'.	Com 4 células posteriores ou menos; se apresentar 5 (alguns *Caenotus*, família Bombyliidae, Figura 34-52C), as bases de M_3 e Cu_1 serão fusionadas e m-cu estará ausente	52
52 (51').	M_{1+2} terminando antes ou no ápice da asa (Figura 34-11G) ou fusionadas distalmente com R_{4+5}; 3 células posteriores	Scenopinidae

52'.	M_1 (ou M_{1+2}) terminando além do ápice da asa; 3 ou 4 células posteriores (Figuras 34-11H, 34-14A)	53
53 (52').	Célula anal aberta (Figura 34-9H), ou fechada perto da margem da asa, e ápice agudo; corpo frequentemente piloso e robusto	54
53'.	Célula anal fechada distante da margem da asa (Figura 34-14A) ou ausente ou, se fechada perto da margem da asa, o ápice não é agudo; corpo raramente piloso, em geral delicado	Empididae
54 (53).	Célula discal presente ou, se ausente, então R_{4+5} e M_{1+2} não são bifurcadas do mesmo modo, asas hialinas ou com padrões de manchas; geralmente mais de 5 mm de comprimento	Bombyliidae
54'.	Célula discal ausente; R_{4+5} e M_{1+2} bifurcadas do mesmo modo, cada bifurcação mais curta que seu tronco; asas hialinas a marrom-pálidas; moscas pequenas, geralmente com menos de 5 mm de comprimento	Hilarimorphidae *
55 (47').	Segundo artículo antenal mais longo que o terceiro, terceiro artículo com uma arista dorsal	Sciomyzidae (*Sepedon*)
55'.	Segundo artículo antenal igual ou um pouco mais longo que o terceiro, arista variável	56
56 (55').	Tarsos posteriores, pelo menos nos machos, quase sempre com 1 ou mais artículos expandidos ou achatados; asas relativamente largas basalmente, ângulo anal bem desenvolvido; célula anal fechada a alguma distância da margem da asa, pontiaguda apicalmente (Figura 34-14I); M_{1+2} frequentemente bifurcada apicalmente; sem sutura frontal; arista terminal; moscas pequenas, geralmente pretas, com menos de 10 mm de comprimento	Platypezidae*
56'.	Sem a combinação anterior de caracteres	57
57 (56').	Célula anal alongada, mais longa que a segunda célula basal, geralmente pontiaguda apicalmente e estreitada ou fechada perto da margem da asa (Figuras 34-14J, 34-15); sem sutura frontal; cerdas da cabeça geralmente ausentes	58
57'.	Célula anal geralmente mais curta, fechada a alguma distância da margem da asa ou ausente; se a célula anal for alongada e pontiaguda apicalmente (Figura 34-22C), uma sutura frontal estará presente e as cerdas da cabeça geralmente também estarão presentes	62
58 (57).	Probóscide geralmente muito longa e delgada, em geral, com o dobro do comprimento da cabeça ou mais, frequentemente dobrada; face ampla, com sulcos abaixo das antenas; abdômen clavado, curvado para baixo no ápice (Figura 34-63); célula R_5 fechada, pontiaguda apicalmente (Figura 34-15D)	Conopidae

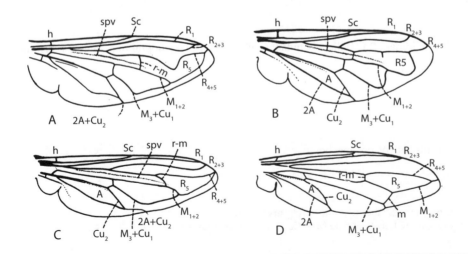

Figura 34-15 Asas de Syrphidae (A-C) e Conopidae (D). A, *Eristalis*; B, *Microdon*; C, *Spilomyia*; D, *Physocephala*. A, célula anal (1A); *spv*, veia espúria.

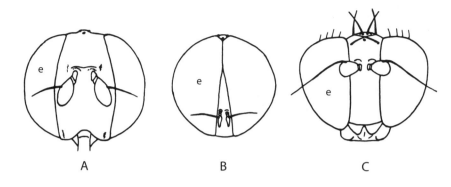

Figura 34-16 Cabeças de Diptera, vista anterior. A, Syrphidae (*Metasyrphus*); B, Pipunculidae (*Pipunculus*); C, Dolichopodidae (*Dolichopus*). *e*, olho composto.

58'.	Probóscide curta; face estreita, com sulcos abaixo das antenas; abdômen e célula R_5 variáveis	59
59 (58').	Célula R_5 fechada; geralmente com uma veia espúria cruzando r-m entre R_{4+5} e M (Figura 34-15A-C)	Syrphidae
59'.	Célula R_5 aberta, embora algumas vezes estreitada apicalmente; sem veia espúria	60
60 (59').	Cabeça muito grande, hemisférica, face muito estreita (Figura 34-16B); probóscide pequena e macia	Pipunculidae
60'.	Cabeça normalmente grande, face normal; probóscide delgada e rígida	61
61 (60').	R_{2+3} geralmente muito curta e terminando em R_1, raramente ausente ou terminando em C além do final de R_1; moscas minúsculas, 1,2 mm a 4,0 mm de comprimento, de constituição relativamente forte, com aspecto corcunda, geralmente acastanhadas ou acinzentadas; ocorrem na maior parte do oeste dos Estados Unidos	Bombyliidae (Cyrtosiinae e Mythicomyiinae)
61'.	R_{2+3} terminando em C bem além da extremidade de R_1; moscas relativamente delgadas, geralmente pretas, tamanho variável	Empididae (Hybotinae)
62 (57').	Sutura frontal ausente (Figura 34-16)	63
62'.	Sutura frontal presente (Figuras 34-5A, 34-23, 34-27)	65
63 (62).	Cabeça muito grande, hemisférica, face muito estreita (Figura 34-16B)	Pipunculidae (*Chalarus*)
63'.	Cabeça normalmente grande; face variável	64
64 (63').	Veia transversal r-m localizada no quarto basal da asa ou ausente; bifurcação de Rs geralmente dilatada (Figura 34-14D-F); genitália masculina frequentemente dobrada para frente sob o abdômen (Figura 34-54); corpo geralmente metálico	Dolichopodidae
64'.	Veia transversal r-m localizada além do quarto basal da asa, bifurcação de Rs geralmente não dilatada (Figura 34-14B,C); genitália masculina terminal, não é dobrada para frente no sentido do abdômen (Figura 34-53); corpo não metálico	Empididae
65 (62').	Abertura da boca pequena, peças bucais vestigiais (Figura 34-17A); corpo piloso, porém não composto de cerdas, inseto com aspecto semelhante a uma abelha, 9 mm a 25 mm de comprimento; R_5, algumas vezes também M_{1+2}, terminando antes do ápice da asa (Figura 34-18E,F); moscas-do-berne e gasterófilos	Oestridae *
65'.	Abertura regular da boca, peças bucais presentes, funcionais; corpo geralmente composto de cerdas; tamanho, R_5 e M_{1+2} variáveis	66
66 (65').	Segundo artículo antenal com uma sutura longitudinal na superfície externa (Figura 34-19A); tórax geralmente com uma sutura transversa completa (Figura 34-19C); caliptra inferior (mais interna) em geral grande (dipterosmuscoides caliptrados, exceto *Loxocera*, família Psilidae)	67
66'.	Segundo artículo antenal sem esta sutura (Figura 34-19B); tórax geralmente sem uma sutura transversa completa (Figura 34-19D); caliptra inferior geralmente pequena ou rudimentar (dípteros muscoides acaliptrados)	76
67(66).	Hipopleura e pteropleura com fileiras de cerdas (Figura 34-13B); célula R_5 estreitada ou fechada distalmente	68

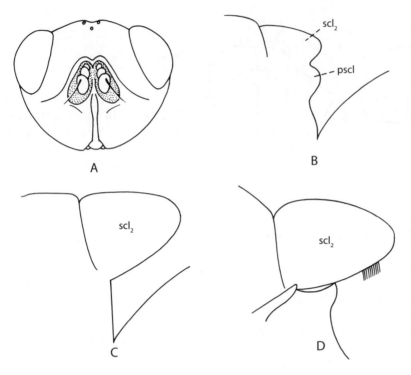

Figura 34-17 Características dos dípteros muscoides. A, cabeça de um gasterófilo (*Gasterophilus*, Oestridae), vista anterior; B-D, parte posterior do tórax, vista lateral: B, *Hypoderma* (Oestridae); C, uma mosca-do-berne (*Cuterebra*, Oestridae); D, um antomiídeo. *pscl*, pós-escutelo; *scl₂*, mesoscutelo.

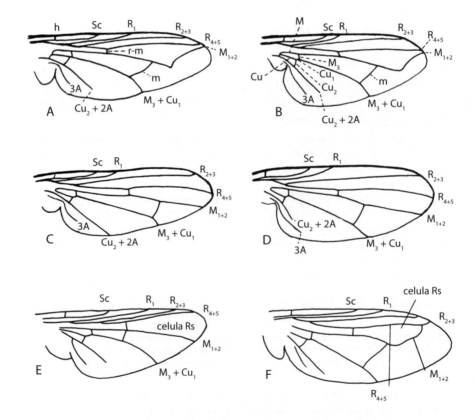

Figura 34-18 Asas dos dípteros muscoides caliptrados. A, Tachinidae; B, Muscidae (*Musca*); C, Scathophagidae; D, Fanniidae (*Fannia*); E, *Gasterophilus* (Oestridae); F, *Oestrus* (Oestridae).

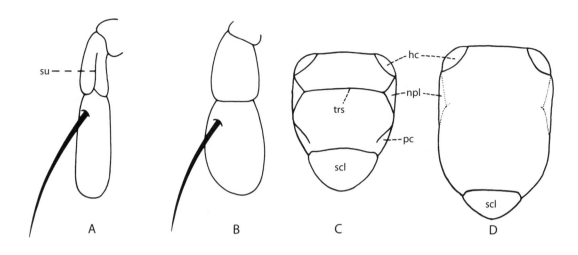

Figura 34-19 Antenas (A, B) e mesonotos (C, D) dos dípteros muscoides. A, caliptrada, mostrando a sutura (*su*) no segundo segmento; B, acaliptrada, que não possui a sutura no segundo segmento; C, caliptrada; D, acaliptrada. *hc*, calo umeral; *npl*, notopleura; *pc*, calo pós-alar; *scl*, escutelo; *su*, sutura; *trs*, sutura transversa.

67'.	Hipopleura geralmente sem cerdas; se apresentar cerdas hipopleurais, não haverá cerdas pteropleurais ou a probóscide será rígida e adaptada para perfuração, ou a célula R_5 não será estreitada distalmente	71
68 (67).	Pós-escutelo fortemente desenvolvido (Figura 34-13B, *pscl*); arista em geral nua	Tachinidae
68'.	Pós-escutelo não desenvolvido ou apenas fracamente desenvolvido, se for fracamente desenvolvido (Rhinophoridae), a metade superior será mais ou menos membranosa e côncava em perfil	69
69 (68').	Pós-escutelo fracamente desenvolvido; caliptras estreitas, margens internas dobradas para longe do escutelo; M_{1+2} dobradas para frente apicalmente e encontrando-se com R_{4+5}, célula R5 fechada	Rhinophoridae *
69'.	Pós-escutelo nem um pouco desenvolvido; caliptras diferentes da entrada anterior; M_{1+2} curvada para frente distalmente, porém célula R_5 estreitamente aberta na margem da asa (como na Figura 34-18A)	70
70 (69').	Em geral, 2 (raramente 3) cerdas notopleurais, cerda pós-umeral mais posterior localizada lateralmente à cerda pré-sutural (Figura 34-20A); arista geralmente plumosa além da metade basal; corpo frequentemente metálico, tórax raramente ou nunca apresenta faixas pretas sobre um fundo cinza	Calliphoridae
70'.	Em geral, 4 cerdas notopleurais e cerda pós-umeral mais posterior localizada de modo uniforme ou mesalmente à cerda pré-sutural (Figura 34-20B); arista geralmente plumosa apenas na metade basal; corpo não metálico, tórax frequentemente com faixas pretas sobre um fundo cinza	Sarcophagidae
71 (67').	Terceiro artículo antenal mais longo que a arista (Figura 34-21); vibrissas orais ausentes; mesonoto sem cerdas exceto acima das asas	Psilidae (Loxocera)
71'.	Terceiro artículo antenal não alongado como na descrição anterior; vibrissas orais presentes; mesonoto com cerdas	72
72 (71').	Sexta veia (Cu_2+2A) geralmente atingindo a margem da asa, pelo menos como uma prega (Figura 34-18C) ou, se não (alguns Scathophagidae), a caliptra inferior linear e a célula R_5 não serão estreitadas apicalmente	75

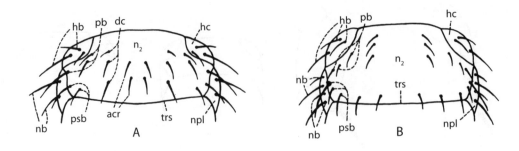

Figura 34-20 Parte anterior de mesonoto de A, uma varejeira (*Calliphora*), e B, uma mosca-da-carne (*Sarcophaga*). *acr*, cerdas acrosticais; *dc*, cerdas dorsocentrais; *hb*, cerdas umerais; *hc*, calo umeral; n_2, mesonoto; *nb*, cerdas notopleurais; *npl*, notopleura; *pb*, cerdas pós-umerais; *psb*, cerdas pré-suturais; *trs*, sutura transversa.

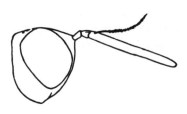

Figura 34-21 Cabeça de *Loxocera* (Psilidae), vista lateral.

72'.	Sexta veia nunca atingindo a margem da asa, mesmo como prega (Figura 34-18B,D); célula R_5 variável, porém frequentemente estreitada apicalmente (Figura 34-18B)	73
73 (72').	Superfície dorsal da tíbia posterior com cerda pré-apical e cerda submediana perto do comprimento médio; Cu_2+2A, quando prolongada, encontrando 3A antes da margem da asa (Figura 34-18D)	Fanniidae
73'.	Superfície dorsal da tíbia posterior apenas com cerda pré-apical, geralmente perto do ápice, mas algumas vezes perto dos dois terços do comprimento da tíbia; Cu_2+2A, quando prolongada, não encontrando 3A	74
74 (73').	Coxa posterior com fileiras de cerdas na superfície posterior; Cu_2+2A curta, terminando a menos da metade do caminho entre sua origem basal e a margem da asa	Fanniidae
74'.	Coxas posteriores sem cerdas na superfície posterior ou, quando presentes, Cu_2+2A estendendo-se por mais da metade do caminho até a margem da asa	Muscidae
75 (72).	Escutelo com pelos finos e eretos na superfície ventral (Figura 34-17D) ou, se os pelos estiverem ausentes (Fucelliinae), cerdas frontais cruciformes presentes; em geral, 2-4 cerdas esternopleurais	Anthomyiidae
75'.	Escutelo sem pelos finos na superfície ventral; cerdas frontais cruciformes ausentes; geralmente, apenas 1 cerda esternopleural	Scathophagidae
76 (66').	Probóscide muito longa e delgada, frequentemente 2 vezes o comprimento da cabeça ou mais, geniculada; segundo artículo antenal mais longo que o primeiro; abdômen frequentemente clavado (Figura 34-63); célula anal geralmente longa e pontiaguda, mais longa que a segunda célula basal (com exceção de *Dalmannia* e *Stylogaster*; em *Stylogaster*, o ovipositor é delgado e do comprimento do resto do corpo)	Conopidae

76'.	Probóscide geralmente curta e sólida, raramente mais longa que a cabeça; segundo artículo antenal geralmente mais curto que o primeiro (se for mais longo, a célula anal será mais curta que a segunda célula basal); célula anal geralmente muito curta ou ausente	77
77 (76').	Sc completa ou quase, terminando em C ou quase e livre de R_1 distalmente (Figuras 34-22, 34-23F); célula anal presente	78

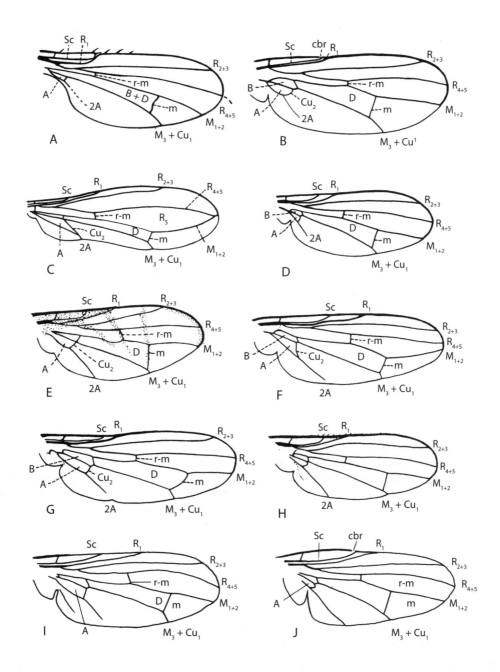

Figura 34-22 Asas de dípteros muscoides acaliptrados. A, Curtonotidae (*Curtonotum*); B, Piophilidae (*Piophila*); C, Micropezidae (*Taeniaptera*); D, Lauxaniidae (*Physegenua*); E, Platystomatidae (*Rivellia*); F, Ulidiidae (*Acrosticta*); G, Sciomyzidae (*Sepedon*); H, Heleomyzidae (*Amoebaleria*); I, Dryomyzidae (*Neurostena*); J, Lonchaeidae (*Lonchaea*). *A*, célula anal; *B*, segunda célula basal; *cbr*, quebra costal; *D*, célula discal (primeira M_2).

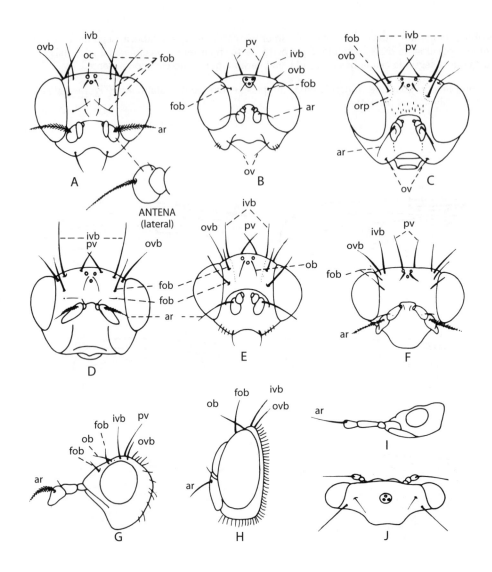

Figura 34-23 Cabeças de dípteros muscoides acaliptrados. A-F, vista anterior; G-I, vista lateral; J, vista dorsal. A, Clusiidae (*Clusia*); B, Piophilidae (*Piophila*); C, Heleomyzidae (*Heleomyza*); D, Lauxaniidae (*Camptoprosopella*); E, Chamaemyiidae (*Chamaemyia*); F, G, Sciomyzidae (*Tetanocera*); H, Lonchaeidae (*Lonchaea*); I, Neriidae (*Odontoloxozus*); J, Diopsidae (*Sphyracephala*). *ar*, arista; *fob*, cerdas fronto-orbitais; *ivb*, cerdas verticais internas; *ob*, cerdas ocelares; *oc*, ocelo; *orp*, placa orbital; *ov*, vibrissas orais; *ovb*, cerdas verticais externas; *pv*, cerdas pós-verticais.

77'.	Sc incompleta, não atingindo C, frequentemente fundindo-se com R_1 distalmente (Figura 34-24A,B); célula anal presente ou ausente	109
78 (77).	Ocelos presentes; tamanho variável; asas com ou sem cores	79
78'.	Ocelos ausentes; moscas de tamanho médio a grande, frequentemente com colorido considerável nas asas (Figura 34-65)	Pyrgotidae *
79 (78).	Cabeça mais ou menos saliente nas laterais, com antenas muito separadas (Figura 34-23J); escutelo bituberculado; fêmures anteriores muito dilatados	Diopsidae *

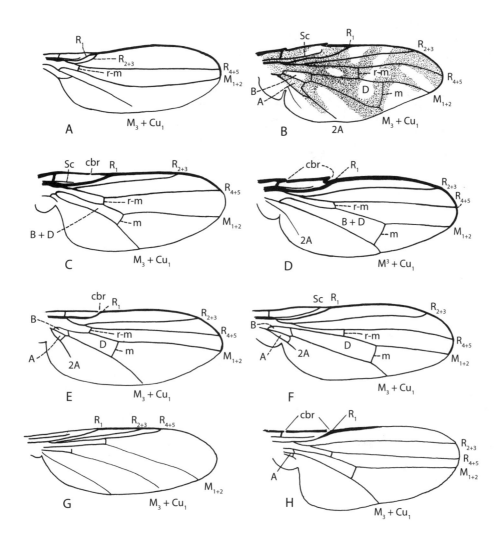

Figura 34-24 Asas de dípteros muscoides acaliptrados A, Asteiidae (*Asteia*) (extraído de Curran); B, Tephritidae; C, Chloropidae (*Epichlorops*); D, Ephydridae (*Ephydra*); E, Agromyzidae (*Agromyza*); F, Chamaemyiidae (*Chamaemyia*); G, Hippoboscidae (*Lynchia*); H, Milichiidae. *A*, célula anal; *B*, segunda célula basal; *cbr*, quebra costal; *D*, célula discal (primeira M_2).

79'.	Cabeça ligeiramente saliente nas laterais, antenas próximas; escutelo e fêmures anteriores geralmente diferentes da descrição anterior	80
80 (79').	Espiráculo torácico posterior com uma cerda ou mais (Figura 34-25D, *spbr*); cabeça esférica; abdômen alongado, estreitado na base (Figura 34-70); palpos quase sempre vestigiais (exceto em *Orygma*)	Sepsidae
80'.	Espiráculo torácico posterior sem cerdas; cabeça e abdômen geralmente diferentes dos da descrição anterior; palpos geralmente bem desenvolvidos	81
81 (80').	Dorso do tórax achatado; pernas e abdômen visivelmente providos de cerdas (Figura 34-68); espécies litorâneas	Coelopidae

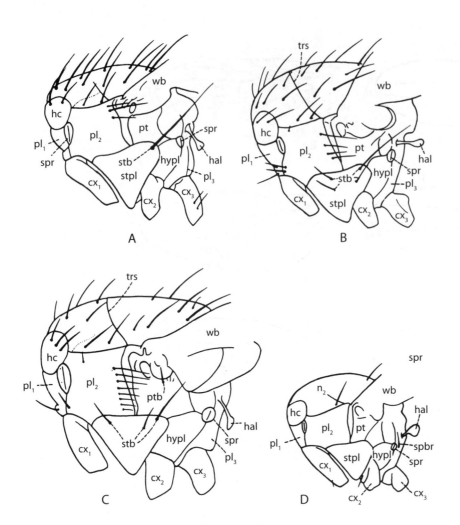

Figura 34-25 Tórax de dípteros muscoides, vista lateral. A, Scathophagidae (*Scathophaga*); B, Anthomyiidae (*Anthomyia*); C, Muscidae (*Musca*); D, Sepsidae (*Themira*). *cx*, coxa; *hal*, haltere; *hc*, calo umeral; *hypl*, hipopleura; n_2, mesonoto; pl_1, pró-pleura; pl_2, mesopleura; pl_3, metapleura; *pt*, pteropleura; *ptb*, cerdas pteropleurais; *spbr*, cerda espiracular; *spr*, espiráculo; *stb*, cerdas esternopleurais; *stpl*, esternopleura; *trs*, sutura transversa; *wb*, base da asa.

81'.	Dorso do tórax convexo, se não for achatado, as pernas não serão providas de cerdas; amplamente distribuído	82
82 (81').	Olhos com projeção proeminente e vértice afundado; fêmures, em especial os fêmures posteriores, aumentados; moscas tropicais de tamanho médio, geralmente marrom-escuras com marcas amareladas e as asas sem padrões de manchas; registradas na Flórida, Arizona e Novo México	83*
82'.	Olhos sem projeção proeminente e vértice não afundado; fêmures, tamanho e cor variáveis, mas geralmente diferentes da descrição anterior; amplamente distribuídos	84
83 (82).	Uma série de veias transversais entre C e R_{2+3}; R_1 terminando perto de Sc; célula R_5 não estreitada distalmente; Arizona e Novo México	Ulidiidae*
83'.	Sem veias transversais entre C e R_{2+3}; R_1 terminando muito além de Sc; célula R5 não estreitada distalmente; Flórida	Ropalomeridae *
84 (82').	Vibrissas orais presentes (Figura 34-23A,C, ov)	85
84'.	Vibrissas orais ausentes (Figura 34-23F-I)	92
85 (84).	Costa espinhosa (Figura 34-22A,H)	86

85'.	Costa não espinhosa	88
86 (85).	Segunda célula basal e discal confluentes (Figura 34-22A, *B+D*); arista plumosa	Curtonotidae*
86'.	Segunda célula basal e discal separadas (Figura 34-22B, *B* e *D*); arista geralmente não plumosa	87
87 (86').	Pós-verticais divergentes; veia anal (2A) atingindo a margem da asa; 4 ou 5 esternopleurais; 2 pares de fronto-orbitais; triângulo ocelar grande	Piophilidae (*Actenoptera*) *
87'.	Pós-verticais convergentes; outros caracteres geralmente diferentes da descrição anterior	Heleomyzidae
88 (85').	Segunda célula basal e discal confluentes (como na Figura 34-22A, *B+D*); pós-verticais ausentes	Aulacigastridae *
88'.	Segunda célula basal e discal separadas (Figura 34-22B, *B* e *D*); pós-verticais presentes	89
89 (88').	Dois a 4 pares de fronto-orbitais; segundo artículo antenal geralmente com projeção angular na superfície externa (Figura 34-23A); arista subapical; cor variável	Clusiidae
89'.	No máximo 2 pares de fronto-orbitais (Figura 34-23B); segundo artículo antenal sem projeção angular na superfície externa; arista sub-basal (Figura 34-23B); geralmente preto brilhante ou azulado metálico	90
90 (89').	Pós-verticais divergentes (Figura 34-23B); 2A não atingindo a margem da asa (Figura 34-22B)	Piophilidae
90'.	Pós-verticais convergentes; 2A variável	91*
91 (90').	2A atingindo a margem da asa; 1 par de fronto-orbitais	Heleomyzidae (*Borboropsis* e *Oldenbergiella*, oeste do Canadá e Alasca) *
91'.	2A não atingindo a margem da asa; 2 pares de fronto-orbitais; amplamente distribuídos	Chyromyidae *
92 (84').	Sc dobrada apicalmente para frente, no máximo em um ângulo de 90 graus e geralmente terminando antes de atingir C (Figura 34-24B); C com quebra perto da extremidade de Sc; asas geralmente com padrões de manchas (Figuras 34-66A, 34-67)	Tephritidae
92'.	Sc apicalmente dobrada para C em um ângulo menos abrupto e geralmente atingindo C (Figura 34-22F); C sem quebra perto da extremidade de Sc; asas variáveis	93
93 (92').	C com quebra apenas perto da veia transversal umeral; pós-verticais amplamente separadas e divergentes	Acartophthalmidae *
93'.	C íntegra, com quebra apenas perto da extremidade de Sc ou quebrada tanto perto da veia transversal umeral quanto no final de Sc; pós-verticais variáveis	94
94 (93').	Célula R_5 fechada ou muito estreitada apicalmente (Figura 34-22C); moscas delgadas, pernas geralmente longas e delgadas	95
94'.	Célula R_5 aberta, geralmente não estreitada apicalmente; forma do corpo e pernas variáveis, mas geralmente diferentes dos da descrição anterior	97
95 (94, 116).	Arista apical (Figura 34-23I), sudoeste dos Estados Unidos	Neriidae*
95'.	Arista dorsal; amplamente distribuídos	96
96 (95').	Cabeça, em perfil, mais alta que longa, olhos grandes, distintamente mais altos que longos; célula anal arredondada apicalmente; sem cerdas esternopleurais	Tanypezidae *
96'.	Cabeça, em perfil, com o comprimento igual à altura ou maior, olhos menores, não muito mais altos que longos; célula anal quadrada ou pontiaguda apicalmente; possui 1 cerda esternopleural ou nenhuma	Micropezidae
97 (94').	Algumas ou todas as tíbias com 1 ou mais cerdas dorsais pré-apicais (Figura 34-26B); C íntegra (Figura 34-22D,G,I); corpo geralmente com cores claras, pelo menos em parte	98

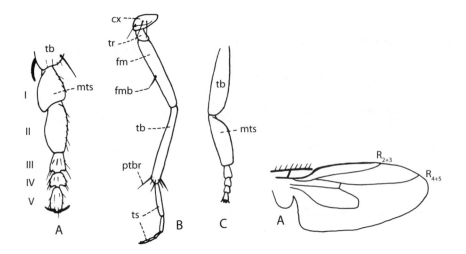

Figura 34-26 A, tarso posterior de *Copromyza* (Sphaeroceridae); B, perna média de *Tetanocera* (Sciomyzidae); C, perna posterior de *Agathomyia* (Platypezidae); D, asa de *Leptocera* (Sphaeroceridae). *cx*, coxa; *fm*, fêmur; *fmb*, cerda femoral; *mts*, primeiro artículo tarsal; *ptbr*, cerdas tibiais pré-apicais; *tb*, tíbia; *tr*, trocânter; *ts*, tarso; *I-V*, artículos tarsais 1-5.

97'.	Tíbia geralmente sem cerdas dorsais pré-apicais; se as cerdas estiverem presentes, o ovipositor será longo e esclerotizado, R_1 ou será setácea acima ou a veia que forma a extremidade da célula anal será dobrada (Figura 34-22F); C íntegra ou rompida perto da extremidade de Sc; cor variável	100
98 (97).	Pós-verticais convergentes (Figura 34-23D); 2A curta, não atingindo a margem da asa (Figura 34-22D); moscas pequenas, raramente com mais de 6 mm de comprimento	Lauxaniidae
98'.	Pós-verticais paralelas, divergentes ou ausentes; 2A atingindo a margem da asa, pelo menos como uma prega; tamanho variável	99
99 (98').	Fêmures com cerdas e uma cerda típica geralmente próxima da metade da face anterior do fêmur médio (Figura 34-26B); R_1 terminando na metade da asa (Figura 34-22G); antenas geralmente projetadas para a frente e a face geralmente estendida (Figura 34-23G)	Sciomyzidae *
99'.	Cerdas femorais não desenvolvidas; R_1 terminando além da metade da asa (Figura 34-22I); antenas geralmente não projetadas para a frente	Dryomyzidae *
100 (97').	Cu_2 dobrada distalmente na metade, célula anal com projeção distal aguda posteriormente (como nas Figuras 34-22F e 34-24B); asas geralmente com padrões de manchas	Ulidiidae
100'	Cu_2 reta ou curvada basalmente, célula anal sem uma projeção distal aguda posteriormente (Figura 34-22E); cor da asa variável	101
101 (100').	Costa rompida perto da extremidade de Sc	102
101'	Costa sem quebra perto da extremidade de Sc (Figuras 34-22E,F e 34-24F)	106
102 (101).	Segundo segmento abdominal geralmente com cerdas laterais; fêmures frequentemente espessados e espinhosos; asas geralmente com padrões de manchas	Richardiidae *
102'	Segundo segmento abdominal sem cerdas laterais; fêmures não são espessados	103
103 (102').	De uma a várias cerdas curvadas para cima, abaixo do olho composto; 3-5 pares de fronto-orbitais lateralmente inclinadas; pós-verticais divergentes; espécies litorâneas	Canacidae *
103'	Sem cerdas curvadas para cima, abaixo do olho composto; menos de 3 (geralmente 1) pares de fronto-orbitais lateralmente inclinados; pós-verticais paralelas ou divergentes; amplamente distribuídos	104
104 (103').	Cabeça hemisférica, em perfil, olhos grandes, ovais ou semicirculares (Figura 34-23H); terceiro artículo antenal alongado (Figura 34-23H); pós-verticais divergentes; 2A geralmente sinuosa; moscas pequenas, brilhantes, escuras, com abdômen amplo e plano; fêmea com ovipositor em forma de lança	Lonchaeidae

ORDEM DIPTERA **661**

104'.	Cabeça mais ou menos arredondada em perfil, olhos menores, arredondados ou discretamente ovais; pós-verticais paralelas ou discretamente divergentes; 2A não sinuosa; moscas de cor pálida, com marcas amarelas ou avermelhadas	105*
105 (104').	Costa espinhosa (como na Figura 34-22A); olhos ovais; Arizona e Califórnia (*Omomyia*)	Richardiidae *
105'.	Costa não espinhosa; olhos redondos; sul dos Estados Unidos e Canadá	Pallopteridae *
106 (101').	Pós-verticais convergentes (Figura 34-23E) ou ausentes; R_1 nua acima; moscas pequenas, geralmente cinzas	Chamaemyiidae
106'.	Pós-verticais divergentes ou ausentes; R_1 nua ou setácea acima; moscas de tamanho pequeno a médio, geralmente escuras e brilhantes	107
107 (106').	Olhos horizontalmente ovais, com comprimento de, aproximadamente, o dobro da altura; 1,5 mm a 2,5 mm de comprimento; moscas acinzentadas com marcas amareladas nas laterais do tórax, do abdômen e na fronte; registradas no Novo México, Óregon, New Brunswick e Newfoundland	Chamaemyiidae (*Cremifania*) *
107'.	Sem a combinação anterior de caracteres	108
108 (107').	Célula anal relativamente longa, com sua superfície anterior, no máximo, um quarto do comprimento da superfície posterior da célula discal (Figura 34-22E); cerdas esternopleurais ausentes; R_1 setácea acima	Platystomatidae
108'.	Superfície anterior da célula anal com menos de um quarto do comprimento da superfície posterior da célula discal; cerdas esternopleurais geralmente presentes; R_1 nua ou setácea acima	Ulidiidae
109 (77').	Sc dobrada apicalmente para frente em um ângulo de quase 90 graus e terminando antes de atingir C (Figura 34-24B); C rompida perto da extremidade de Sc; célula anal geralmente com uma projeção distal aguda posteriormente (Figura 34-24B); asas geralmente com padrões de manchas (Figuras 34-66A, 34-67)	Tephritidae
109'.	Sc e célula anal diferentes da descrição anterior; cor da asa variável	110
110 (109').	Artículo basal dos tarsos posteriores curto, dilatado, mais curto que o segundo artículo (Figura 34-26A)	Sphaeroceridae
110'.	Artículo basal dos tarsos posteriores normal, não dilatado, mais longo que o segundo artículo	111
111 (110').	Terceiro artículo antenal grande, atingindo quase a borda inferior da cabeça; arista ausente, porém, com um espinho curto ou tubérculo no ápice do terceiro artículo antenal; olhos grandes, verticalmente alongados; moscas pequenas, de cor escura, com menos de 2 mm de comprimento; Califórnia	Cryptochetidae *
111'.	Terceiro artículo antenal diferente do da descrição anterior, arista presente	112
112 (111').	R_{2+3} curta, terminando em C perto ou com R_1 (Figura 34-24A); pós--verticais divergentes	Asteiidae *
112'.	R_{2+3} mais longa, terminando em C bem além da R_1 e além da metade da asa (Figura 34-24C-F); pós-verticais variáveis	113
113 (112').	Costa íntegra, sem quebra umeral nem subcostal (Figura 34-24F)	114
113'.	Costa com pelo menos uma quebra subcostal, às vezes também com uma quebra umeral (Figura 34-24D)	118
114 (113).	Cerdas ocelares presentes, embora algumas vezes sejam fracas; arista variável	115
114'.	Cerdas ocelares ausentes; arista pubescente	Aulacigastridae (*Stenomicra*) *
115 (114).	Célula anal e 2A presentes, distintas	116
115'.	Célula anal e 2A atrofiadas, incompletas ou ausentes	117*
116 (115).	Célula R_5 estreitada apicalmente; pernas longas, delgadas	95

116′.	Célula R$_5$ não estreitada apicalmente; as pernas geralmente não são longas e delgadas	Chamaemyiidae
117 (115′).	R$_2$ unindo-se a C no terço basal da asa; célula R$_5$ ligeiramente estreitada distalmente; pós-verticais fracas ou ausentes; arista variável	Asteiidae (*Leiomyza*) *
117′.	R$_2$ unindo-se a C perto da metade da asa; célula R$_5$ não estreitada distalmente; pós-verticais curtas, divergentes; arista plumosa	Periscelididae *
118 (113′).	Costa rompida apenas perto da extremidade de Sc ou R$_1$ (Figura 34-24C,E)	119
118′.	Costa rompida perto da extremidade de Sc ou R$_1$ e também perto da veia transversal umeral (Figura 34-24D)	130
119 (118).	Célula anal presente (Figura 34-24E); triângulo ocelar variável	120
119′.	Célula anal ausente (Figura 34-24C); triângulo ocelar grande (Figura 34-27A)	Chloropidae
120 (119).	Costa com espinhos (como na Figura 34-22A,H); vibrissas orais presentes; pós-verticais convergentes; placas orbitais longas, atingindo quase o nível das antenas; geralmente com 2 pares de fronto-orbitais que são reclinadas ou lateralmente inclinadas	Ulidiidae*
120′.	Costa sem espinhos; outros caracteres variáveis	121
121 (120′).	Vibrissas orais presentes	122
121′.	Vibrissas orais ausentes	128
122 (121).	Triângulo ocelar grande (como na Figura 34-27A); 3-5 pares de fronto-orbitais lateralmente inclinadas; pós-verticais divergentes; moscas que vivem ao longo do litoral	Canacidae*

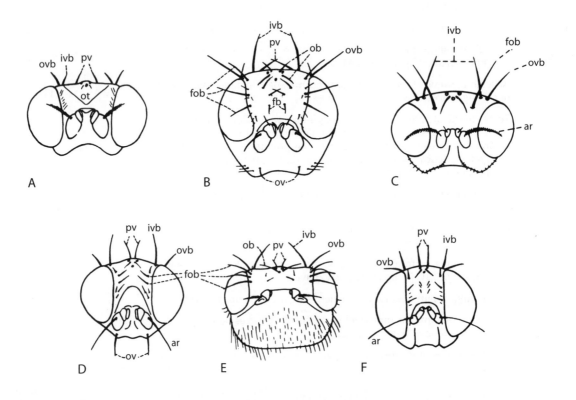

Figura 34-27 Cabeças de dípteros muscoides acaliptrados, vista anterior. A, Chloropidae (*Diplotoxa*); B, Tethinidae (*Tethina*); C, Opomyzidae (*Opomyza*); D, Agromyzidae (*Agromyza*); E, Ephydridae (*Ephydra*); F, Milichiidae (*Milichia*). *ar*, arista; *fb*, cerdas frontais; *fob*, cerdas fronto-orbitais; *ivb*, cerdas verticais internas; *ob*, cerdas ocelares; *ot*, triângulo ocelar; *ov*, vibrissas orais; *ovb*, cerdas verticais externas; *pv*, cerdas pós-verticais.

122'.	Triângulo ocelar pequeno; outros caracteres variáveis	123
123 (122').	Asas fortemente estreitadas na base, ângulo anal não distinto	Opomyzidae (*Geomyza*) *
123'.	Asas não tão estreitas na base, com ângulo anal distinto	124
124 (123').	Pós-verticais divergentes	125
124'.	Pós-verticais convergentes ou ausentes	126
125 (124).	Asas com padrões de manchas; cerdas tibiais pré-apicais geralmente presentes; 2 pares reclinados e 1 inclinado de fronto-orbitais	Odiniidae *
125'.	Asas hialinas, sem manchas; cerdas tibiais pré-apicais ausentes; fronto--orbitais, em geral, diferentes das da descrição anterior	Agromyzidae
126 (124').	Todas as fronto-orbitais são direcionadas para fora (Figura 34-27B)	Tethinidae*
126'.	Algumas ou todas as fronto-orbitais são reclinadas, nenhuma é direcionada para fora	127
127 (126').	Mesopleura nua	Anthomyzidae[3]
127'.	Mesopleura setácea	Chyromyidae *
128 (121').	Cerdas esternopleurais presentes; algumas vezes com veia acessória na seção apical de M_{1+2} estendendo-se para a segunda célula posterior	Opomyzidae*
128'.	Cerdas esternopleurais ausentes; M_{1+2} sem veia acessória na seção apical	129
129 (128').	Mesopleura com cerda grande, além de pelos finos; em geral, 2 cerdas notopleurais	Tanypezidae *
129'.	Mesopleura sem cerda grande, apenas com pelos finos; 1 cerda notopleural	Psilidae
130 (118').	Célula anal presente; pós-verticais geralmente bem desenvolvidas e convergentes; vibrissas orais, em geral, presentes	131
130'.	Célula anal ausente; pós-verticais e vibrissas orais variáveis	139
131 (130).	Cerdas ocelares presentes, bem desenvolvidas; a fronte nunca com uma faixa brilhante laranja; arista variável	132
131'.	Cerdas ocelares ausentes ou muito fracas; fronte com uma faixa brilhante laranja perto da margem anterior; arista plumosa	Aulacigastridae (*Aulacigaster*) *
132 (131).	Tíbias médias com cerda dorsal pré-apical; face tuberculada; arista nua ou pubescente, não plumosa	Heleomyzidae (*Cinderella*) *
132'.	Tíbias médias geralmente sem cerda dorsal pré-apical; não apresenta face tuberculada; arista variável, mas frequentemente plumosa	133
133 (132').	Todas as fronto-orbitais direcionadas de forma semelhante; arista com pubescência curta; pós-verticais discretamente convergentes; Arizona e Utah	Pseudopomyzidae*
133'.	Fronto-orbitais sem direção semelhante; arista variável, mas frequentemente plumosa; pós-verticais variáveis; amplamente distribuídos	134
134 (133').	Pelo menos 1 par de fronto-orbitais dobradas para dentro (Figura 34-27F); vibrissas orais, algumas vezes fracas	135
134'.	Nenhuma fronto-orbital dobrada para dentro; vibrissas orais bem desenvolvidas	136
135 (134).	Genas amplas, com uma fileira mediana de cerdas; probóscide curta e robusta	Carnidae *
135'.	Genas geralmente estreitas; se largas, as cerdas serão confinadas à margem inferior; probóscide variável, mas frequentemente delgada	Milichiidae
136 (134').	Costa com espinhos (Figura 34-22A); arista com cerdas plumosas longas; fronto-orbital proclinada originada abaixo da fronto-orbital reclinada	Curtonotidae *
136'.	Costa geralmente sem espinhos ou, se possuir espinhos (Diastatidae), as cerdas serão curtas, estendendo-se além da metade da asa; fronto-orbitais variáveis	137
137 (136').	Costa com espinhos, cerdas curtas, estendendo-se quase até o ápice da asa; fronto–orbital proclinada originando-se acima da fronto-orbital reclinada; arista com cerdas plumosas curtas	Diastatidae*

[3] Pseudopomyzidae serão aqui incluídos, se não for possível ver a quebra costal perto da veia cruzada umeral.

137'.	Costa sem espinhos; fronto-orbital proclinada geralmente originada abaixo da fronto-orbital reclinada; arista com cerdas plumosas longas	138
138 (137').	Cerda esternopleural presente; corpo não metálico; célula anal bem desenvolvida, fechada apicalmente; moscas amplamente distribuídas e comuns	Drosophilidae
138'.	Cerda esternopleural ausente; corpo metálico; célula anal pouco desenvolvida, aberta apicalmente; Ontário	Camillidae *
139 (130').	Face fortemente convexa, geralmente sem vibrissas orais (Figura 34-27E); pós-verticais, se presentes, divergentes	Ephydridae
139'.	Face um pouco côncava; vibrissas orais e pós-verticais variáveis	140*
140 (139').	Arista plumosa; tíbias com cerda dorsal pré-apical; corpo metálico; Ontário	Camillidae*
140'.	Arista discretamente pubescente, não plumosa; tíbias médias sem cerda dorsal pré-apical; amplamente distribuídos	Carnidae*
141 (1').	Flagelo antenal alongado, anelado basalmente e clavado; olhos separados dorsalmente, mas contíguos ventralmente; pequenas moscas aquáticas, menos de 2 mm de comprimento, delgadas, pálidas e fracamente esclerotizadas; encontradas em córregos rápidos em Quebec, New Brunswick, Montes Apalaches e no sul até o Alabama	Nymphomyiidae *
141'.	Sem a combinação anterior de caracteres	142*
142 (141').	Antenas com 6 ou mais artículos livremente articulados; palpos geralmente com 3-5 artículos (Nematocera)	143*
142'.	Antenas consistindo em 3 artículos ou menos; palpos não segmentados (Brachycera)	150*
143 (142).	Mesonoto com uma sutura em forma de V (como na Figura 34-28)	Tipulidae
143'.	Mesonoto sem uma sutura em forma de V	144*
144 (143').	Olho composto consistindo em uma única faceta; ocelos ausentes; cabeça e tórax pequenos, bem esclerotizados, abdômen espesso, fracamente esclerotizado, indistintamente segmentado; antenas espessas, com 8 artículos; 3,4 mm de comprimento; encontrado em montes de folhas na Virgínia	Cecidomyiidae (*Baeonotus*) *
144'.	Sem a combinação anterior de caracteres	145*
145 (144').	Pelo menos 1 ocelo presente	146*
145'.	Ocelos ausentes	Chironomidae (*Clunio*, Flórida; *Eretmoptera*, Califórnia) *
146 (145).	Tíbias com esporões apicais	147*
146'.	Tíbias sem esporões apicais	148*
147 (146).	Escutelo e halteres presentes; garras tarsais simples; asas presentes, aproximadamente a metade do tamanho normal; abdômen de tamanho normal	Scatopsidae (*Coboldia*) *
147'.	Escutelo, halteres e asas ausentes; garras tarsais variáveis; abdômen, às vezes, grandemente dilatado	Cecidomyiidae*
148 (146').	Olhos encontrando-se acima da base das antenas	Sciaridae (algumas fêmeas de *Bradysia* e *Epitapus*) *
148'.	Olhos não se encontrando acima das bases das antenas	149*
149 (148').	Palpos com 1 artículo; comprimento de cerca de 2 mm	Sciaridae (fêmeas de *Pnyxia*) *
149'.	Palpos com 3 artículos ou mais; comprimento de pelo menos 4 mm	Mycetophilidae (fêmeas de *Baeopterogyna*, região do Yukon e Alasca; e alguns *Boletina*, amplamente distribuídos) *

150 (142').	Tórax muito curto, em vista dorsal, menos da metade do comprimento da cabeça, lembrando segmentos abdominais; escutelo ausente; parasitas da abelha melífera.	Braulidae *
150'	Tórax pelo menos do comprimento da cabeça, diferindo dos segmentos abdominais; escutelo presente; hábitos variáveis, não são parasitas das abelhas melíferas.	151*
151 (150').	Coxas amplamente separadas (Figura 34-13A); segmentação abdominal às vezes obscura; garras tarsais denteadas; ectoparasitas de morcegos, aves ou mamíferos	Hippoboscidae *
151'.	Coxas geralmente contíguas; segmentação abdominal distinta; garras tarsais simples; geralmente não são ectoparasitas, mas às vezes (Carnidae) são associadas a aves implumes	152*
152 (151').	Sutura frontal e lúnula frontal presentes	153*
152'.	Sutura frontal e lúnula frontal ausentes	160*
153 (152).	Primeiro artículo dos tarsos posteriores é curto e dilatado, menor que o segundo artículo (Figura 34-26A)	Sphaeroceridae*
153'.	Primeiro artículo dos tarsos posteriores não é dilatado, mais longo que o segundo artículo	154*
154 (153').	Pró-pleura com crista vertical	Chloropidae (alguns Conioscinella) *
154'.	Pró-pleura sem crista vertical	155*
155 (154').	Face fortemente convexa	Ephydridae (algumas fêmeas de Hyadina e Nastima) *
155'.	Face côncava	156*
156 (155').	Pós-verticais presentes; pelo menos 2 pares de fronto-orbitais	157*
156'.	Pós-verticais ausentes; apenas 1 par de fronto-orbitais	Opomyzidae (alguns Geomyza) *
157 (156).	Pós-verticais paralelas ou quase; gena com um par de cerdas fortes na metade; associadas a aves	Carnidae (Carnus) *
157'.	Pós-verticais convergentes; gena sem uma fileira de cerdas fortes na metade; não estão associadas a aves	158*
158 (157').	Algumas ou todas as tíbias com uma cerda dorsal pré-apical; fronte sem fronto-orbitais fortes na metade inferior	159*
158'.	Tíbia sem cerdas dorsais pré-apicais; fronte com 2 pares de fronto-orbitais fortes na metade inferior	Anthomyzidaea (alguns Anthomyza)*
159 (158).	Arista plumosa; fronte com um par de fronto-orbitais proclinadas	Drosophilidae (Drosophila mutante) *
159'.	Arista nua ou com pubescência curta; sem fronto-orbitais proclinadas (alguns Lutomyia)	Heleomyzidae*
160 (152').	Antenas aparentemente consistindo em um único artículo globular com uma arista de 3 artículos; fêmures posteriores lateralmente achatados (algumas fêmeas)	Phoridae *
160'.	Antenas com 2 ou 3 artículos evidentes; arista, se presente, com 2 artículos; fêmures posteriores não achatados	161*
161 (160').	Vértice convexo; olhos compostos nus; probóscide alongada e projetada	Empididae (Chersodromia) *
161'.	Vértice escavado; olhos compostos pubescentes; probóscide curta e retraída	Dolichopodidae (fêmeas de alguns Campsicnemus) *

SUBORDEM **Nematocera – Nematóceros:** Esta subordem contém um pouco menos de um terço das espécies norte-americanas de moscas (quase 5.300), em 24 das 108 famílias. Seus membros podem ser reconhecidos pelas antenas multissegmentadas, que geralmente são longas. A maioria dos nematóceros é pequena, delgada, de pernas longas e com aspecto semelhante a um pernilongo ou mosquito. A venação alar varia de muito completa (Tanyderidae) a muito reduzida (por exemplo, Cecidomyiidae). Esta subordem contém os únicos Diptera que possuem um rádio com 5 ramificações. As larvas, exceto em Cecidomyiidae, apresentam uma cabeça bem desenvolvida, com mandíbulas denteadas ou em forma de escova, que se movem lateralmente. A maioria vive em água ou em *habitats* úmidos. As pupas são obtectas.

Os Nematocera são reconhecidos como um grupo parafilético, do qual os Brachycera são originados. O termo Nematocera será empregado aqui, pois continua sendo comumente usado em entomologia.

Este grupo contém muitas moscas de importância econômica considerável. Muitas são hematófagas e constituem pragas de humanos e animais (pernilongos, mosquitos-pólvora, borrachudos e mosquitos-palha), algumas destas atuam como vetores de doenças. Algumas moscas desta subordem (alguns Cecidomyiidae) são pragas importantes de plantas cultivadas. As larvas aquáticas dos Nematocera constituem um alimento importante de muitos peixes de água-doce.

Família **Tipulidae – Tipulídeos:** Esta é a maior família da ordem, com cerca de 1.600 espécies conhecidas na América do Norte. Muitos tipulídeos são insetos comuns e abundantes. Podem ser confundidos com pernilongos grandes, mas mesmo aqueles com peças bucais alongadas não podem picar. Alguns são menores que o menor dos pernilongos. As pernas geralmente são longas e delgadas (Figura 34-28) e se quebram facilmente. O corpo geralmente é alongado e delgado e as asas são longas e estreitas. Alguns tipulídeos são muito grandes: *Holorusia grandis* (Bergroth), dos estados do oeste, apresenta um comprimento corporal que, algumas vezes, ultrapassa 35 mm e uma envergadura de quase 70 mm. Muitas espécies apresentam asas nebulosas ou com padrões de manchas. Os tipulídeos diferem dos Trichoceridae por não possuírem ocelo, dos Tanyderidae porque possuem quatro ramos do rádio ou menos e, dos Ptychopteridae, porque possuem duas veias anais (Figura 34-7).

Os tipulídeos vivem principalmente em *habitats* úmidos com vegetação abundante. Contudo, existem espécies de gramados e, até mesmo, alguns que vivem em desertos. As larvas de muitas espécies são aquáticas

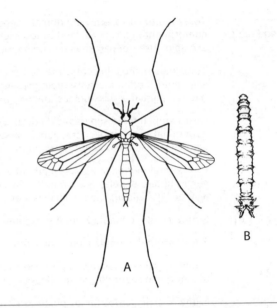

Figura 34-28 Uma tipulídeo (*Tipula* sp., família Tipulidae). A, adulto; B, larva.

ou semiaquáticas. Outras vivem no solo ou em fungos, musgos e madeira em decomposição. A maioria ingere o material vegetal em decomposição, mas alguns grupos aquáticos são predadores. As larvas de algumas espécies alimentam-se de raízes de plantas jovens e, se abundantes, podem danificar pastos e plantações de mudas. Os tipulídeos adultos geralmente vivem apenas alguns dias e provavelmente a maioria não se alimenta.

Os taxonomistas britânicos e americanos tradicionalmente agrupam as duas subfamílias Cylindrotominae e Limoniinae juntamente com esta família. A maioria das grandes tipulídeos pertence aos Tipulinae. São caracterizados por possuírem o artículo terminal, pertencente aos palpos maxilares, delgado e mais longo que o penúltimo artículo e antenas normalmente com 13 artículos. Limoniinae é um grupo muito grande de tipulídeos, com quase 1 mil espécies descritas nos Estados Unidos e Canadá. Quase todos os tipulídeos pequenos (com exceção de alguns grandes e muitos de tamanho médio) pertencem aos Limoniinae, nos quais as veias R_1 e R_{2+3} não são fusionadas (Figura 34-7D) e R_2 tem a forma de uma veia transversal curta entre R_1 e R_3, ou é ausente. Seus hábitos são muito semelhantes aos dos Tipulinae, com formas tanto aquáticas quanto terrestres. Em geral, as larvas são encontradas em associação a matéria orgânica em decomposição derivada de plantas e fungos. Espécies pequenas, ápteras, semelhantes a aranhas de *Chionea*, podem ser encontradas sobre a neve no inverno. Contudo, algumas espécies com peças bucais longas e delgadas (por exemplo, subgêneros *Geranomyia* do grande gênero *Limonia*) recolhem o néctar de diversas flores. A subfamília

Cylindrotominae constitui um pequeno grupo de tipulídeos, com apenas nove espécies registradas na América do Norte. Estas não são coletadas com frequência, mas podem ser reconhecidas pela fusão das veias R_1 e R_{2+3} bem antes do ápice da asa (Figura 34-7C). As larvas podem ser encontradas em musgos ou hepáticas ou, às vezes, nas folhas de plantas mais altas.

Família **Trichoceridae – Tricocerídeos:** São moscas de tamanho médio parecidas com os membros da família Tipulidae. Diferem dos tipulídeos porque possuem ocelos. Em geral, são vistos no outono ou início da primavera e alguns podem ser encontrados em dias amenos de inverno. Os adultos podem ser encontrados em ambientes externos, às vezes em grandes enxames, ou em cavernas, porões ou lugares escuros semelhantes. As larvas vivem em material vegetal em decomposição.

Família **Psychodidae – Psicodídeos e mosquitos-palha:** Os psicodídeos são moscas pequenas a minúsculas, geralmente muito pilosas, semelhantes a mariposas. As espécies mais comuns (Psychodinae) mantêm as asas como um telhado sobre o corpo. Os adultos vivem em lugares úmidos e sombreados e, às vezes, são abundantes em sarjetas ou esgotos. As larvas vivem em material vegetal em decomposição, lama, musgo ou água. As larvas de *Maruina* (Psychodinae), que ocorrem no oeste, vivem em córregos de fluxo rápido.

Esta família é representada nos Estados Unidos por 112 espécies, dispostas em quatro subfamílias: Psychodinae, Trichomyiinae, Phlebotominae e Bruchomyiinae. Em Psychodinae, os olhos apresentam uma extensão mediana que se estende acima da base das antenas. As outras três subfamílias possuem olhos ovais, sem uma extensão mediana. Os Trichomyiinae se diferem dos Phlebotominae e dos Bruchomyiinae porque suas Rs possuem três ramificações e apenas uma veia longitudinal entre as duas veias bifurcadas na asa. Nos Phlebotominae e Bruchomyiinae, Rs tem quatro ramificações, com duas veias entre as duas veias bifurcadas na asa (como na Figura 34-8G). Os Phlebotominae diferem dos Bruchomyiinae porque possuem uma probóscide longa. A maioria dos psicodídeos norte-americanos (95 espécies) pertence à subfamília Psychodinae. Os Trichomyiinae contêm apenas 3 espécies, os Phlebotominae, 13 e os Bruchomyiinae, apenas 1 (que ocorre na Flórida).

A maioria dos psicodídeos é inofensiva para humanos, mas os espécimes da subfamília Phlebotominae, em geral chamados de "mosquitos-palha", são hematófagos. Ocorrem nos estados do sul e nos trópicos. Os mosquitos-palha atuam como vetores de várias doenças em diversas partes do mundo: a febre papatasi (causada por um vírus) na região do Mediterrâneo e no sul da Ásia; calazar e o botão do oriente (causados por organismos do tipo leishmania), que ocorrem na América do Sul, norte da África e sul da Ásia; leishmaniose tegumentar (causada por leishmania), que ocorre na América do Sul; e a febre de Oroya ou verruga peruana (causada por um organismo do tipo Bartonella), que ocorre na América do Sul.

Família **Ptychopteridae – Pticopterídeos:** Estes mosquitos são semelhantes aos tipulídeos, mas possuem apenas uma veia anal atingindo a margem da asa e não apresentam uma célula discal fechada. Uma espécie razoavelmente comum desta família, *Bittacomorpha clavipes* (Fabricius), tem pernas longas, com faixas pretas e brancas, e o artículo basal dos tarsos é evidentemente dilatado. Estas moscas frequentemente são carregadas pelo vento, com suas longas pernas estendidas. *Bittacomorpha* e *Bittacomorphella* possuem asas transparentes e M_{1+2} não é bifurcada (Figura 34-7A). Em *Ptychoptera*, que lembram grandes mosquitos dos fungos, as asas geralmente têm padrões de manchas e M_{1+2} é bifurcada. Este é um grupo pequeno, conta com apenas 16 espécies norte-americanas. As larvas vivem no material vegetal em decomposição de pântanos e lagoas pantanosas.

Família **Tanyderidae – Tipulídeos primitivos:** Este grupo é representado na América do Norte por quatro espécies, das quais uma, *Protoplasa fitchii* Osten Sacken, ocorre no leste. Os taniderídeos são insetos de tamanho médio, com asas marcadas com faixas, e seus estágios larvais vivem em solo úmido e arenoso nas margens de grandes córregos.

Família **Ceratopogonidae – Mosquitos-pólvora ou maruins:** Estes mosquitos são muito pequenos, mas frequentemente são pragas sérias, particularmente ao longo do litoral ou nas praias de rios e lagos, em função de seus hábitos hematófagos. Seu tamanho pequeno é responsável pelo nome "mosquito-pólvora" e sua picada é desproporcional ao seu tamanho. Muitas espécies deste grupo atacam outros insetos e sugam o sangue do inseto hospedeiro como um ectoparasita. Mosquitos-pólvora foram relatados em mantídeos, bichos-pau, libélulas, sialídeos, crisopídeos, alguns besouros, algumas mariposas, tipulídeos e pernilongos. Muitas espécies maiores capturam insetos menores. Algumas espécies apresentam asas manchadas. A maioria dos mosquitos-pólvora que atacam as pessoas pertence aos gêneros *Culicoides* e *Leptoconops*. Estes insetos aparentemente não se distanciam muito do local onde vivem as larvas e frequentemente é possível evitar ataques de mosquito-pólvora afastando-se alguns metros do local.

Os mosquitos-pólvora são muito parecidos com os quironomídeos (Chironomidae), mas geralmente têm

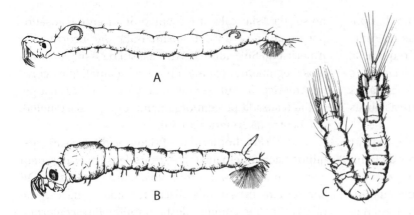

Figura 34-29 Larvas de Chaoboridae (A-B) e de (C) dixídeos. A, *Chaoborus flavicans* (Meigen); B, *Mochlonyx cinctipes* (Coquillet); C, *Dixa aliciae* Johannsen.

uma constituição mais robusta, com as asas mais largas e mantidas planas sobre o abdômen (em geral, mantidas mais ou menos como um telhado em Chironomidae); as asas frequentemente apresentam padrões de manchas fortes (transparentes em Chironomidae). Este grande grupo possui cerca de 580 espécies norte-americanas.

As larvas de mosquitos-pólvora são aquáticas ou semiaquáticas e vivem em areia, lama, vegetação em decomposição e na água presente em orifícios de árvores. As que vivem na praia aparentemente alimentam-se na zona entre as marés. Os hábitos alimentares das larvas não são bem conhecidos, mas provavelmente são detritívoras.

Família **Chaoboridae:** Estes insetos são muito semelhantes a pernilongos, mas diferem por possuírem uma probóscide curta e menos escamas nas asas. Não picam. As larvas (Figura 34-29A,B) são aquáticas e predadoras e suas antenas são modificadas em órgãos preênseis. As larvas de *Chaoborus* (Figura 34-29A) são quase transparentes, originando o nome "phanton midges", ou mosquitos fantasma, para este grupo. As larvas de algumas espécies (por exemplo, *Mochlonyx*, Figura 34-29B) possuem um tubo respiratório e têm um aspecto muito semelhante ao das larvas de pernilongo. Outras (como *Chaoborus*) não possuem tubo respiratório. As larvas vivem em vários tipos de agrupamentos e, às vezes, são muito abundantes. Com frequência, destroem grandes números de larvas de pernilongo. O grupo é pequeno (15 espécies norte-americanas), porém seus membros são insetos razoavelmente comuns.

Família **Corethrellidae:** É um grupo principalmente tropical, com apenas cinco espécies nos Estados Unidos e Canadá. Com frequência, é classificado junto com os Chaoboridae, dos quais pode ser distinguido pelo clípeo escassamente setáceo e por R_1 terminando longe do ápice da asa, mais perto de Sc que de R_2.

Família **Chironomidae – Quironomídeos:** Estes insetos estão em quase todos os lugares. São pequenos (1 mm a 10 mm de comprimento), delicados e com um aspecto semelhante ao de pernilongos (Figura 34-30C), mas não possuem escamas nas asas nem probóscide longa (não picam), as pernas anteriores geralmente são as mais longas e o metanoto apresenta uma quilha ou

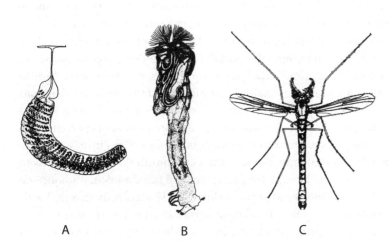

Figura 34-30 Um quironomídeo, *Chironomus plumosus* (L.). A, massa de ovos; B, pupa, vista lateral, com pele larval parcialmente desprendida; C, macho adulto.

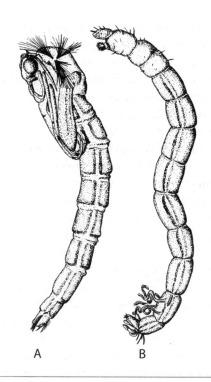

Figura 34-31 Pupa (A) e larva (B) de *Chironomus tentans* (Fabricius).

quironomídeos (Figura 34-31B) são aquáticas e vivem em todos os tipos de *habitats* aquáticos. Algumas vivem em material em decomposição, no solo, sob cascas e *habitats* semelhantes, que são úmidos e ricos em matéria orgânica. Muitas formas aquáticas vivem em tubos ou envoltórios, criados a partir de partículas finas de substrato cimentadas com secreção salivar. As larvas de muitas espécies são vermelhas (em razão da presença de hemoglobina na hemolinfa) e são conhecidas como vermes de sangue. As larvas de quironomídeos nadam por meio de movimentos em chicote característicos do corpo, parecidos com os movimentos de larvas de pernilongos. As larvas de quironomídeos são abundantes e constituem um alimento importante para muitos peixes de água-doce e outros animais aquáticos.

Família **Culicidae – Pernilongos:** Esta família é um grupo grande, abundante, bem conhecido e importante de dípteros. Os estágios larvais são aquáticos e os adultos podem ser reconhecidos pela venação alar (Figura 34-69), escamas ao longo das veias alares e probóscide longa. Os pernilongos exercem grande influência no bem-estar humano porque as fêmeas são hematófagas. Muitas espécies picam as pessoas e atuam como vetores na transmissão de várias doenças humanas importantes e perigosas.

um sulco. Os machos geralmente apresentam antenas plumosas. Os quironomídeos frequentemente ocorrem em grandes enxames, geralmente no início da noite. O zumbido deste enxame muitas vezes pode ser ouvido a uma distância considerável.

Este grupo é grande, com cerca de 1.090 espécies norte-americanas. As larvas da maioria dos

As larvas de mosquitos (Figura 34-32A,C) vivem em uma variedade de situações aquáticas – em lagos e poças aquáticas de vários tipos, em água contida em recipientes artificiais, orifícios de árvores e outras situações – mas cada espécie geralmente vive apenas em um tipo particular de *habitat* aquático. Os ovos (Figura 34-33) são depositados na superfície da água, em "jangadas"

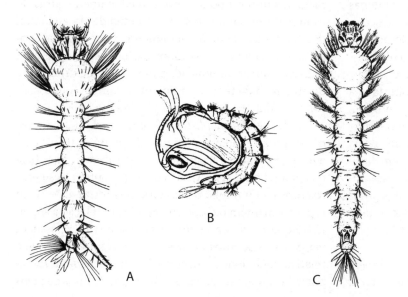

Figura 34-32 Larvas e pupa de pernilongos. A, larva de *Culex pipiens* L.; B, pupa de *C. pipiens*; C, larva de *Anopheles punctipennis* (Say).

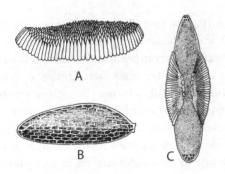

Figura 34-33 Ovos de pernilongos. A, jangada de ovos de *Culex restuans* Theobald; B, ovo de *Aedes taeniorhynchus* (Wiedemann); C, ovo de *Anopheles quadrimaculatus* Say, mostrando os flutuadores.

(*Culex*), isoladamente (*Anopheles*), ou perto da água (*Aedes*). No último caso, os ovos geralmente eclodem quando submersos. As larvas da maioria das espécies alimentam-se de algas e resíduos orgânicos, mas algumas poucas são predadoras e alimentam-se de outras larvas de mosquitos. As larvas de mosquitos respiram principalmente na superfície, em geral por um tubo respiratório na extremidade posterior do corpo. As larvas de *Anopheles* não possuem tubo respiratório e respiram por meio de um par de placas espiraculares na extremidade posterior do corpo.

As pupas de mosquitos (Figura 34-32B) também são aquáticas e, ao contrário da maioria das pupas de insetos, são muito ativas e frequentemente são chamadas de "acrobatas". Respiram na superfície da água por um par de pequenas estruturas semelhantes a trompas no tórax.

A maioria dos pernilongos adultos não se desloca para muito longe da água na qual passaram seu estágio larval. *Aedes aegypti* (L.), o vetor da febre amarela e da dengue, raramente se afasta mais de algumas centenas de metros do local de onde emergiu. Algumas espécies de *Anopheles* podem percorrer até um quilômetro e meio a partir do ponto de emergência. Em contraste, alguns pernilongos de águas salobras – por exemplo, *Aedes sollicitans* (Walker) – podem ser encontrados a muitos quilômetros do seu *habitat* larval. Os pernilongos adultos são ativos durante as horas do crepúsculo, à noite ou em sombras densas. Muitos passam o dia nas partes ocas das árvores, sob galerias ou em lugares semelhantes de repouso. Alguns adultos passam o inverno nestes locais. Apenas as fêmeas de mosquitos são hematófagas. Os machos (e, ocasionalmente, também as fêmeas) alimentam-se de néctar e outros sucos de plantas.

O sexo da maioria dos pernilongos pode ser facilmente determinado pela forma das antenas (Figura 34-34).

As antenas dos machos são muito plumosas, enquanto as das fêmeas apresentam apenas alguns pelos curtos. Na maioria dos mosquitos, a não ser no *Anopheles* (ver adiante), os palpos maxilares das fêmeas são muito curtos (Figura 34-34A), enquanto os dos machos são mais longos que a probóscide (Figura 34-34B).

A maioria dos mosquitos discutidos aqui (139 das 166 espécies registradas na América do Norte) pertence a quatro gêneros: *Anopheles*, *Aedes*, *Psorophora* e *Culex*. Estes gêneros contêm as espécies que são mais importantes do ponto de vista humano. Adultos de *Anopheles* são identificados de modo relativamente fácil: os palpos maxilares são longos nos dois sexos (Figura 34-34C,D) e clavados nos machos (geralmente curtos nas fêmeas de outros gêneros), o escutelo é homogeneamente arredondado (trilobulado em outros gêneros) e as asas geralmente são manchadas (e não tanto nos outros gêneros). A mancha das asas de *Anopheles* é decorrente de grupos de escamas de cores diferentes nas asas. Em posição de repouso, *Anopheles* mantém o corpo e a probóscide em uma linha reta e forma um ângulo em relação à superfície na qual o inseto está repousando (Figura 34-35A,B). Algumas espécies parecem estar de "cabeça para baixo" na posição de repouso. Adultos de outros gêneros mantêm o corpo em posição de repouso mais ou menos paralela à superfície, com a probóscide dobrada para baixo (Figura 34-35C).

Adultos de *Psorophora* possuem um grupo de cerdas (cerdas espiraculares) imediatamente na frente do espiráculo mesotorácico, enquanto *Aedes* e *Culex* não possuem cerdas espiraculares. Os mosquitos *Psorophora* são relativamente grandes e apresentam escamas longas e eretas nas tíbias posteriores. A característica que melhor diferencia os adultos de *Aedes* e *Culex* é a presença (*Aedes*) ou ausência (*Culex*) de cerdas pós-espiraculares (um grupo de cerdas imediatamente atrás do espiráculo mesotorácico). A extremidade do abdômen de uma fêmea de *Aedes* geralmente é pontiaguda, com os cercos salientes, e o tórax muitas vezes apresenta marcas brancas ou prateadas. Em *Culex*, a extremidade do abdômen da fêmea geralmente é romba, com os cercos retraídos, e a cor do tórax geralmente é fosca.

As larvas de *Anopheles* diferem das de outros mosquitos porque não possuem tubo respiratório (Figura 34-32C) e em repouso ficam situadas paralelas à superfície da água (Figura 34-36A). As larvas dos outros três gêneros possuem um tubo respiratório (Figura 34-32A) e, em repouso, mantêm o corpo em ângulo em relação à superfície da água (Figura 34-36B). As larvas de *Culex* possuem vários pares de tufos pilosos no tubo respiratório, que é relativamente longo e delgado. Larvas de *Aedes* e *Psorophora* apresentam apenas um único par de tufos de pelos

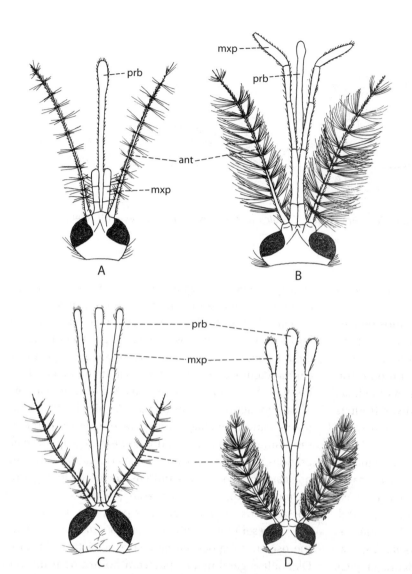

Figura 34-34 Estrutura cefálica em mosquitos, apresentando as características sexuais. A, *Aedes*, fêmea; B, mesma espécie, macho; C, *Anopheles*, fêmea; D, mesma espécie, macho. *ant*, antena; *mxp*, palpo maxilar; *prb*, probóscide.

no tubo respiratório. As larvas de *Aedes* e *Psorophora* geralmente diferem na esclerotização do segmento anal (a esclerotização circundando completamente o segmento em *Psorophora*, mas geralmente incompleta em *Aedes*). O tubo respiratório, nas larvas de *Aedes,* é relativamente curto e robusto.

As larvas de *Anopheles* vivem principalmente em poças de água no solo, pântanos e em locais onde haja vegetação considerável. Outros mosquitos podem se desenvolver em muitos lugares, porém os mosquitos *Aedes* e *Psorophora* mais abundantes desenvolvem-se em poças de água, matas e pântanos de água salobra e *Culex,* em recipientes artificiais. As espécies silvestres, que são tão problemáticas no início da estação, em grande parte consistem em espécies de *Aedes* e apresentam uma única geração por ano. Muitas espécies criadas em grandes corpos de água, escavações ou recipientes artificiais podem continuar a se reproduzir durante toda a estação, desde que as condições climáticas sejam favoráveis.

Os mosquitos atuam como vetores de várias doenças humanas muito importantes: a malária, causada por protozoários do gênero *Plasmodium* e transmitida por algumas espécies de *Anopheles*; a febre amarela, causada por um vírus e transmitida por *Aedes aegypti* (L.); a dengue, causada por um vírus e transmitida por *Aedes aegypti* (L.) e outras espécies de *Aedes*; a filariose, causada por uma filária (Nematoda) e transmitida principalmente por espécies de *Culex;* e alguns tipos de encefalite, causados por um vírus e transmitidos por várias espécies de mosquitos (principalmente espécies de *Culex* e *Aedes*). A febre do oeste do Nilo, recentemente introduzida, é causada por um vírus e transmitida por uma grande variedade de mosquitos, primariamente

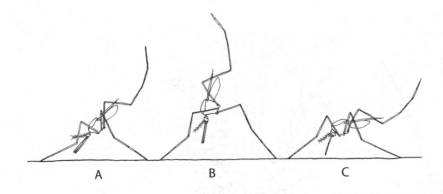

Figura 34-35 Posições de repouso dos mosquitos. A, B, *Anopheles*; C, *Culex* (Extraído de King, Bradley e McNeel.)

espécies do gênero *Culex*, que se alimentaram em aves infectadas.

As medidas de controle contra os mosquitos podem visar as larvas ou os adultos. As ações dirigidas para larvas podem envolver a eliminação ou a modificação dos *habitats* larvais (por exemplo, drenagem) ou o tratamento do *habitat* larval com inseticidas. As medidas dirigidas para adultos podem ser preventivas (roupas protetoras, telas e repelentes) ou inseticidas (em spray ou aerossol).

Família **Dixidae:** Os dixídeos são moscas pequenas e delgadas, semelhantes a pernilongos, com pernas e antenas longas. As asas não possuem escamas e a base de R_{2+3} é um pouco arqueada (Figura 34-8H). Os adultos não picam. As larvas (Figura 34-29C) são aquáticas e semelhantes às larvas de mosquitos *Anopheles*, mas não apresentam o tórax aumentado (ver Figura 34-32C). Alimentam-se na superfície da água como larvas anofelinas, porém a posição usual é com o corpo dobrado em U, e movem-se por movimentos alternados de endireitamento e curvatura do corpo. As larvas alimentam-se de micro-organismos e matéria orgânica em decomposição.

O grupo é pequeno (45 espécies norte-americanas), porém seus membros são razoavelmente comuns.

Família **Simuliidae – Borrachudos ou piuns:** Os borrachudos são insetos pequenos, geralmente de cor escura, com pernas curtas, asas largas e um aspecto corcunda (Figura 34-37). As fêmeas são hematófagas. Estes insetos são picadores agressivos e constituem pragas sérias em algumas partes do país. As picadas frequentemente causam inchaço considerável e, eventualmente, sangramento. Os borrachudos, às vezes, agrupam-se em grandes números e atacam o gado com tanta ferocidade que causam a morte dos animais; inclusive, há registros de mortes humanas provocadas por estes insetos. Os borrachudos são representados por cerca de 165 espécies; apresentam distribuição ampla, mas são mais numerosos nas regiões temperadas e subárticas do norte. Os adultos geralmente aparecem no fim da primavera e início do verão.

As larvas de borrachudos vivem em córregos, onde ficam fixadas em pedras e outros objetos por meio de uma ventosa em forma de disco localizada na extremidade posterior do corpo. As larvas (Figura 34-38C,G) têm um formato um pouco clavado, são alargadas

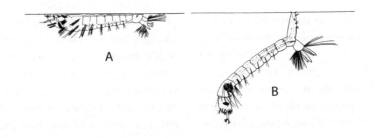

Figura 34-36 Posições de alimentação de larvas de mosquitos. A, *Anopheles*; B, *Culex*.

posteriormente e movem-se como uma lagarta mede-palmos. Sua locomoção é auxiliada por seda eliminada da boca. Empupam em casulos cônicos (Figura 34-38B,E) fixados em objetos na água. Estas larvas, às vezes, são extremamente abundantes. Os adultos são encontrados com frequência perto dos córregos onde as larvas vivem, mas podem viver em distâncias consideráveis deste local.

Os borrachudos dos Estados Unidos não são conhecidos como vetores de doenças humanas, porém, na África, México e América Central, algumas espécies deste grupo atuam como vetores da oncocercose, uma doença causada por uma filária (Nematoda) e caracterizada por grandes tumefações subcutâneas. Em alguns casos, os vermes chegam até os olhos e causam cegueira parcial ou completa.

Família **Thaumaleidae**: Os membros desta família são dípteros pequenos (3 mm a 4 mm de comprimento), relativamente corpulentos, com a cabeça implantada baixa no tórax. São amarelos avermelhados ou acastanhados. Vinte e quatro espécies ocorrem nos Estados Unidos, três no leste e as outras no oeste. São muito raros. Os adultos são encontrados geralmente ao longo dos córregos onde as larvas vivem.

Família **Blephariceridae** – **Blefaricerídeos**: Estes insetos são semelhantes a pernilongos ou a tipulídeos, com pernas longas, medindo cerca de 3 mm a 13 mm de comprimento. Diferem dos tipulídeos (Tipulidae) porque não possuem a sutura em forma de V no mesonoto. Algumas vezes, exibem uma rede de linhas finas entre as veias alares, o ângulo anal da asa é bem desenvolvido e a base de M_3 está ausente (Figura 34-8J). Os adultos são encontrados perto de córregos de fluxo rápido, mas não são comuns. As larvas vivem em água de fluxo rápido, subindo em pedras por meio de uma série de ventosas ventrais.

Família **Deuterophlebiidae** – Estes mosquitos são peculiares porque possuem asas largas e semelhantes a leques, e os machos têm antenas extremamente longas (cerca de quatro vezes o comprimento do corpo). Seis espécies de *Deuterophlebia* são conhecidas no oeste (Colorado a Califórnia, estendendo-se para o norte até Alberta), onde as larvas vivem em córregos de corrente rápida.

Família **Nymphomyiidae**: Duas espécies são conhecidas na região neártica, *Nymphomyia dolichopeza* Courtney, no sul dos Apalaches da Geórgia, Carolina do Norte e Carolina do Sul, e *Nymphomyia walkeri* (Ide), que foram recolhidas em córregos de Quebec e New Brunswick até o Alabama. As espécies são encontradas, tipicamente, em córregos montanhosos de água pura, com as larvas vivendo nas pedras e entre musgos

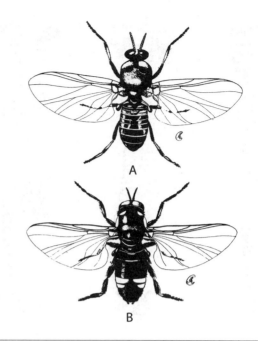

Figura 34-37 Um borrachudo, *Simulium nigricoxum* Stone. A, fêmea; B, macho.

aquáticos e outra vegetação. Durante a oviposição, o macho e a fêmea, em cópula, rastejam sob a água até um local para a postura. Enquanto estão ali, as asas frequentemente são quebradas, porém o mecanismo para isto é desconhecido. A única outra espécie conhecida na família é encontrada no leste da Ásia, da Índia até o Japão, e no extremo oriente da Rússia.

Família **Anisopodidae** – **Anisopodídeos**: Este é um pequeno grupo de mosquitos (nove espécies norte-americanas) encontrados geralmente em lugares úmidos na folhagem. Algumas espécies, às vezes, vivem em grandes enxames, compostos totalmente de machos. As larvas vivem em matéria orgânica em decomposição, seiva fermentada e materiais semelhantes, ou próximas a eles. Os adultos, frequentemente, são atraídos para a seiva que esteja escorrendo. Duas subfamílias ocorrem na América do Norte, Mycetobiinae e Anisopodeinae. Os Mycetobiinae não possuem uma célula discal e as duas células basais são confluentes em função da ausência da base de M (Figura 34-9C). Os Anisopodeinae possuem uma célula discal e as duas células basais são separadas pela base de M (Figura 34-8B). Os Mycetobiinae contêm uma espécie única, rara, mas amplamente distribuída, *Mycetobia divergens* Walker. Os anisopodídeos mais comumente encontrados são membros dos Anisopodeinae, que muitas vezes possuem manchas desbotadas nas asas.

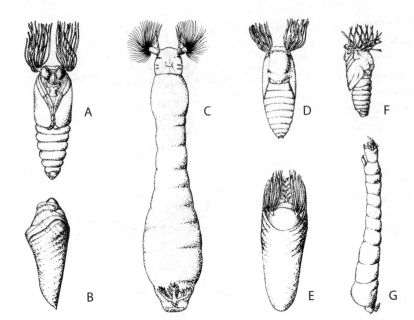

Figura 34-38 Estágios imaturos de um borrachudo. A-E, *Simulium nigricoxum* Stone; F-G, *S. pictipes* Hagen. A, pupa, vista ventral; B, envoltório pupal; C, larva, vista dorsal; D, pupa, vista dorsal; E, pupa no envoltório pupal; F, pupa, vista lateral; G, larva, vista lateral.

Família **Axymyiidae:** Esta família inclui duas espécies norte-americanas, *Axymyia furcata* McAtee, que ocorre no leste, e outras espécies de *Axymyia*, encontradas no Óregon. São dípteros de tamanho médio e corpo robusto, um pouco parecidos com os bibionídeos (*Bibio*), com antenas curtas e venação alar característica (Figura 34-9D). As larvas vivem em cavidades de madeira úmida e apodrecida. Estes insetos são relativamente raros e pouco se sabe sobre os hábitos dos adultos.

Família **Bibionidae – Bibionídeos:** Os bibionídeos são moscas de tamanho pequeno a médio, geralmente de cor escura, apresentando pelos ou cerdas, com antenas curtas originadas em uma localização baixa na face (Figura 34-39). Muitas possuem o tórax vermelho ou amarelo. As asas frequentemente exibem uma mancha escura perto da extremidade de R_1 (Figura 34-8C). Os adultos são mais comuns na primavera e início de verão e às vezes são abundantes. As larvas vivem na matéria orgânica em decomposição e entre raízes de plantas.

Um membro desta família, *Plecia nearctica* Hardy (Figura 34-39), que ocorre nos estados do Golfo, algumas vezes (geralmente em maio e setembro) reúne-se em enxames enormes. Os carros que passam por estes enxames ficam sujos com estas moscas, que podem entupir as ventoinhas do radiador e causar superaquecimento do veículo ou salpicar o para-brisa, atrapalhando a visão do motorista. Se a limpeza não for realizada rapidamente, a pintura do carro pode ser danificada. Uma vez que pares são comumentes vistos durante a cópula, estes insetos são frequentemente chamados de "besouro-do--amor". Constituem um problema especial na parte norte da Flórida peninsular e em outros estados do Golfo.

A subfamília Hesperininae é representada na América do Norte por uma única espécie, *Hesperinus brevifrons* Walker. É registrada no Alasca, Canadá e na parte oeste e nordeste dos Estados Unidos. Alguns entomologistas reconhecem a subfamília como uma família separada, que pode ser diferenciada pelas antenas alongadas e Rs ramificada.

Família **Canthyloscelididae:** Estas moscas raras são semelhantes aos Scatopsidae. Diferem por possuir os palpos com quatro artículos (um artículo em Scatopsidae). As larvas vivem em madeira em decomposição. Duas espécies ocorrem na América do Norte. São recolhidas do Quebec até a Califórnia e no norte até o Alasca.

Família **Cecidomyiidae – Cecidomiídeos ou mosquitos-galhadores:** Os mosquitos-galhadores são dípteros pequenos (na maioria, 1 mm a 5 mm de comprimento), delicados, de pernas e antenas longas e venação alar reduzida (Figuras 34-8A, 34-40, 34-41A). Este grupo é grande, com cerca de 1.200 espécies norte-americanas, das quais cerca de dois terços são mosquitos galhadores. As larvas das demais alimentam-se de plantas (sem produzir galhas) ou vivem na vegetação, madeira em decomposição ou em fungos. Algumas são predadoras de outros insetos pequenos.

As larvas dos mosquitos-galhadores constituem pequenos gusanos, com uma cabeça pequena e pouco desenvolvida e peças bucais minúsculas. O último instar

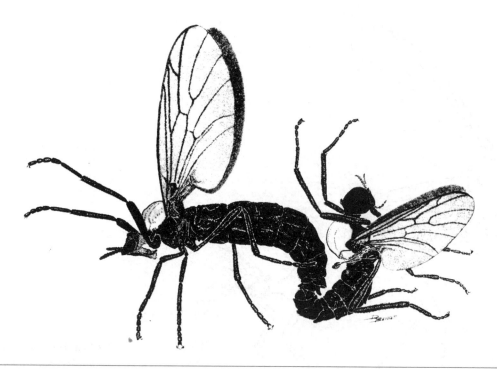

Figura 34-39 Um par em acasalamento de "besouro-do-amor", *Plecia nearctica* Hardy, uma espécie de bibionídeo.

larval da maioria das espécies possui um esclerito característico em forma de T ou em forma de trevo, na superfície ventral do protórax, chamado de "esterno" ou "espátula esternal". Muitas das larvas têm cores vivas – vermelho, laranja, rosa ou amarelo.

As galhas formadas pelos mosquitos-galhadores ficam situadas em todas as partes das plantas e geralmente são muito características. Muitas espécies de mosquitos-galhadores formam uma galha típica em determinada parte de uma espécie vegetal específica. Em algumas galhas, como a galha em forma de pinha do salgueiro e a mancha da folha do bordo (Figura 34-42), apenas uma larva se desenvolve. Já em outras, como a galha do caule de salgueiro, muitas larvas se desenvolvem.

A pedogênese (reprodução por larvas) ocorre em vários gêneros de mosquitos-galhadores. Em *Miastor metraloas* Meinert, cujas larvas vivem sob cascas de árvores, as larvas filhas são produzidas no interior de uma larva mãe, ao fim consumindo-a e escapando. Estas larvas podem produzir mais larvas de um modo semelhante, por várias gerações, e as últimas larvas empupam.

Uma das espécies de pragas mais importantes deste grupo é a mosca de Hesse, *Mayetiola destructor* (Say), que é uma praga séria do trigo (Figura 34-40). Este inseto passa o inverno como uma larva completamente desenvolvida em um pupário, sob a bainha das folhas do trigo de inverno. As larvas empupam e os adultos emergem na primavera. Estes adultos realizam a postura no trigo, e as larvas alimentam-se entre a bainha da folha e o caule, enfraquecendo os brotos ou chegando a matá-los. As larvas passam o verão em um pupário, e os adultos emergem no outono e depositam seus ovos

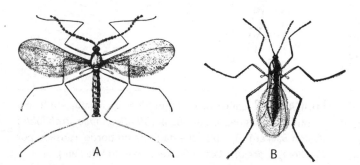

Figura 34-40 A mosca de Hesse, *Mayetiola destructor* (Say). A, macho; B, fêmea.

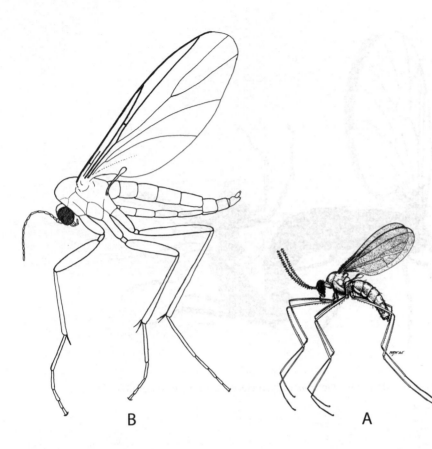

Figura 34-41 A, um cecidomiídeo, *Aphidolestes meridionaalis* Felt (que é predadora de pulgões); B, um ciarídeo, *Sciara* sp., 15X.

nas folhas do trigo de inverno. A lesão no trigo de inverno pode ser evitada retardando-se o plantio do trigo, de modo que, no momento em que o trigo começar a brotar, as moscas de Hesse adultas já terão emergido e morrido.

Outras espécies de importância econômica desta família são *Dasineura leguminicola* (Lintner), que é uma praga séria de trevos vermelhos em todos os Estados Unidos, o galhador de crisântemos *Rhopalomyia chrysanthemi* (Ahlberg), uma praga de crisântemos cultivados em estufas em várias partes do país, e o galhador da alfafa, *Asphondylia redesteri* Felt, que algumas vezes constitui uma praga séria de alfafa no sudoeste.

Os mosquitos galhadores norte-americanos estão agrupados em três subfamílias, Lestremiinae, Porricondylinae e Cecidomyiinae. Os Lestremiinae geralmente possuem ocelos, o artículo basal tarsal mais longo que o segundo e M_{1+2} está presente. As outras duas subfamílias não possuem ocelos e, em geral, nem M_{1+2}. O primeiro artículo tarsal é muito mais curto que o segundo ou os tarsos têm menos de cinco artículos. Em Cecidomyiinae, a seção basal de Rs é muito fraca ou ausente, enquanto em Porricondylinae a seção basal de Rs está presente e é tão forte quanto as outras veias. Os cecidomiídeos galhadores estão na subfamília Cecidomyiinae. As larvas das outras duas subfamílias vivem em vegetação ou madeira em decomposição, fungos ou em tecidos vegetais, sem produzir galhas. As larvas de alguns Cecidomyiinae também vivem em fungos ou tecidos vegetais sem produzir galhas e algumas poucas são predadoras.

A subfamília Lestremiinae inclui *Baeonotus microps* Byers, que originalmente era classificado em uma família própria, os Baeonotidae. Esta espécie não possui asas, halteres e ocelos; os olhos compostos têm uma única faceta e o abdômen é grande e indistintamente

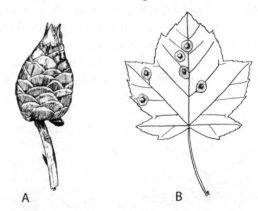

Figura 34-42 Galhas de cecidomiídeos. A, a galha em forma de pinha do salgueiro, causada por *Rhabdophaga strobiloides* (Osten Sacken); B, a mancha da folha do bordo, causada por *Cecidomyia ocelaris* Osten Sacken. (Extraído de Felt.)

segmentado. Este inseto foi recolhido em solo de florestas, sob de montes de folhas de carvalho, na Virgínia.

Família **Mycetophilidae – Mosquitos dos fungos:** Os mosquitos dos fungos são insetos semelhantes a pernilongos, delgados, com coxas alongadas e pernas longas. Em geral, são encontrados em lugares úmidos onde exista abundância de vegetação em decomposição ou fungos. O grupo é grande, com mais de 700 espécies norte-americanas descritas, e a maioria de seus membros representa insetos comuns. A maioria dos mosquitos dos fungos tem aproximadamente o tamanho dos pernilongos, mas alguns medem cerca de 13 mm de comprimento ou mais. As larvas da maioria das espécies vivem em fungos, solo úmido ou vegetação em decomposição. Algumas espécies são pragas de culturas de cogumelos. As larvas de Keroplatinae tecem teias mucosas. Algumas delas alimentam-se de fungos e outras são predadoras. Algumas larvas predadoras, como *Orfelia fultoni* (Fisher), são luminescentes. Alguns adultos do Keroplatinae, incluindo alguns dos maiores mosquitos dos fungos norte-americanos, alimentam-se de flores.

O reconhecimento de Sciaridae como uma família separada transforma Mycetophilidae em um grupo parafilético. Deste modo, as subfamílias atuais – Ditomyiinae (6 espécies em dois gêneros), Diadocidiinae (4 espécies em um gênero), Bolitophilinae (20 espécies em um gênero), Lygistorrhininae (1 espécie), Manotinae (1 espécie) e Keroplatinae (82 espécies em doze gêneros) – provavelmente devem ser reconhecidas em nível de família.

Família **Pachyneuridae:** Este grupo inclui uma única espécie norte-americana, *Cramptonomyia spenceri* Alexander, que ocorre no noroeste (Óregon, Washington e Colúmbia Britânica). Este é um díptero de tamanho médio, com pernas longas, delgadas, semelhante a um tipulídeo. As asas possuem uma veia transversal entre os ramos de Rs, uma célula discal fechada e uma mancha escura perto da extremidade de R_1. As antenas são delgadas e têm aproximadamente o mesmo comprimento da cabeça e do tórax combinados. Esta é uma mosca rara e seus estágios imaturos são desconhecidos. As larvas de outros gêneros da família vivem em madeira apodrecida.

Família **Scatopsidae – Escatopsídeos:** Estes dípteros são pretos ou acastanhados, geralmente medindo cerca de 3 mm de comprimento ou menos, e apresentam antenas curtas. As veias perto da margem costal da asa (C, R_1 e Rs) são pesadas, enquanto as demais veias são muito fracas, e Rs termina aproximadamente na metade a três quartos do comprimento da asa (Figura 34-9B). As larvas se alimentam de material em decomposição e excrementos. O grupo é pequeno (76 espécies norte-americanas), mas seus membros, às vezes, são razoavelmente abundantes.

Família **Sciaridae – Ciarídeos, mosquitos-do-fungo:** Estes mosquitos estão intimamente relacionados e são semelhantes aos Mycetophilidae (Figura 34-41B), porém possuem olhos que se encontram acima da base das antenas (Figura 34-9A) (exceto em *Pnyxia*) e a veia transversal r-m está alinhada e aparece como uma extensão basal de Rs (Figura 34-10C,D). Os ciarídeos geralmente são insetos escuros e vivem principalmente em lugares úmidos e sombreados. As larvas da maioria das espécies vivem em fungos e ocasionalmente tornam-se pragas de culturas de cogumelos. As larvas de algumas espécies atacam as raízes das plantas. Uma espécie, o mosquito da sarna da batata, *Pnyxia scabiei* (Hopkins), ataca as batatas e atua como vetor da sarna da batata. As fêmeas de *P. scabiei* possuem asas extremamente curtas e nenhum haltere. Ciarídeos são insetos razoavelmente comuns, com 170 espécies conhecidas nos Estados Unidos e Canadá.

SUBORDEM **Brachycera:** Esta subordem inclui 79 das 104 famílias e quase 14 mil das cerca de 20 mil espécies conhecidas de Diptera na América do Norte. A maioria de seus membros tem um corpo relativamente robusto e seu tamanho varia muito. As antenas geralmente possuem três artículos, porém o terceiro artículo às vezes é dividido em subartículos e frequentemente contém um estilo ou uma arista.

A subordem Brachycera é dividida em quatro infraordens, Xylophagomorpha, Stratiomyomorpha, Tabanomoarpha e Muscomorpha. Algumas classificações de Diptera limitam a subordem Brachycera a 19 famílias em Xylophagomorpha, Stratiomyomorpha, Tabanomorpha e as superfamílias Nemestrinoidea, Asiloidea e Empidoidea; as 60 famílias restantes de Muscomorpha são, então, agrupadas em uma terceira subordem, Cyclorrhapha. Aqui, os Cyclorrhapha são tratados como um grupo monofilético dentro de Muscomorpha. Todos os Cyclorrhapha apresentam Rs com duas ramificações, nenhum exibe o terceiro artículo antenal anelado e quase todos possuem uma arista no terceiro artículo antenal. Os demais Brachycera (com exceção de Dolichopodidae, muitos Empididae e alguns Stratiomyidae, Bombyliidae e Acroceridae) possuem Rs com três ramificações, com R_{4+5} bifurcada (em alguns Asilidae, pode parecer que R_{2+3} é bifurcada; ver Figura 34-11D).

As pupas de Brachycera são coarctadas. Nos grupos não incluídos em Cyclorrhapha, o adulto emerge a partir de uma abertura em forma de T localizada em uma extremidade. Em Cyclorrhapha, o adulto emerge a partir de uma abertura circular de uma extremidade (e daí o nome do grupo) e estes insetos, frequentemente, são chamados "circular-seamed flies" na língua inglesa. Os adultos empurram a extremidade do pupário com uma estrutura chamada de *ptilino*, um saco que é evertido a partir da frente da cabeça, acima da base das antenas. Após a emergência, o ptilino é recolhido para a cabeça. Em Calyptratae e Acalyptratae (um grupo monofilético chamado de Schizophora), uma ruptura na parede cefálica, pela qual o ptilino foi evertido, é marcada pela sutura frontal (também chamada de *sutura ptilinal*). Esta sutura está ausente em Aschiza, que por si só provavelmente constitui um grupo parafilético.

Família **Xylophagidae:** Os xilofagídeos são moscas relativamente raras, de tamanho médio a grande. São pretas, algumas vezes com marcas amarelas ou completamente amarelo-avermelhadas. Em geral, vivem em áreas arborizadas e alimentam-se de seiva ou néctar. As larvas vivem no solo (*Coenomyia*), sob cascas de árvores (*Xylophagus*) ou em toras de madeira em decomposição (*Rachicerus*). As moscas do gênero *Xylophagus* são delgadas e semelhantes aos icneumonídeos, porém os outros xilofagídeos são mais robustos. *Coenomyia ferruginea* (Scopoli) é grande (14 mm a 25 mm de comprimento), geralmente avermelhada ou acastanhada, com olhos pubescentes e largura e comprimento da segunda até a quinta célula posterior aproximadamente iguais (Figura 34-12B). As moscas do gênero *Rachicerus* são peculiares porque possuem antenas de múltiplos artículos, são serrilhadas ou um pouco pectinadas. A quarta célula posterior (M_3) é fechada, os olhos são emarginados imediatamente acima das antenas, e estes insetos medem cerca de 5 mm a 8 mm de comprimento. Outros xilofagídeos têm 10 mm de comprimento ou menos e são muito raros.

Família **Stratiomyidae – Moscas-soldados:** Este é um grupo razoavelmente grande (mais de 260 espécies norte-americanas conhecidas), cuja maioria tem tamanho médio ou maior (cerca de 18 mm de comprimento) e geralmente é encontrada em flores. Muitas espécies têm cores vivas e um aspecto semelhante ao das vespas. As larvas vivem em uma variedade de situações: algumas são aquáticas e alimentam-se de algas, materiais em decomposição ou pequenos animais aquáticos, algumas vivem em esterco ou outros materiais em processo de deterioração, outras ainda vivem sob cascas de árvores e algumas são encontradas em outras situações.

Em algumas espécies de moscas-soldados (por exemplo, *Stratiomys*, Figura 34-43A), o abdômen é largo e plano, as asas em repouso são mantidas para trás, juntas, sobre o abdômen, e as antenas (Figura 34-1C) são longas, com o terceiro artículo distintamente anelado. Em outras espécies (como as do gênero *Ptecticus*), o abdômen é alongado, geralmente estreitado na base, e o terceiro artículo antenal (Figura 34-1F) parece globular, com uma arista e anéis muito indistintos. A maioria das moscas-soldados tem cor escura, com ou sem marcas claras, porém algumas espécies são amareladas ou marrons claras. Os membros desta família são mais facilmente reconhecidos por sua venação alar: os ramos de R são relativamente pesados e estão aglomerados na parte anterior da asa, a membrana alar além das células fechadas possui pregas finas longitudinais e a célula discal é pequena (Figura 34-11A).

Família **Xylomyidae:** São moscas relativamente delgadas, semelhantes a vespas, medindo cerca de 5 mm a 15 mm de comprimento, de cores relativamente vivas com marcas pálidas sob um fundo escuro. As moscas mais comuns deste pequeno grupo (11 espécies norte-americanas) são as espécies de *Xylomyia*, que são delgadas e semelhantes a icneumonídeos. Diferem dos xilofagídeos, do gênero *Xylophagus* (cuja aparência é muito semelhante), porque possuem a célula M_3 fechada (Figura 34-12C). Os xilomiídeos são encontrados em áreas arborizadas. As larvas vivem sob cascas de árvores e são predadoras ou detritívoras.

Família **Athericidae:** Estas moscas eram anteriormente classificadas em Rhagionidae, mas diferem daquela família porque não possuem esporões nas tíbias anteriores e possuem a célula R_1 fechada na margem da asa (Figura 34-12D). Este grupo é pequeno, com apenas cinco espécies norte-americanas, e seus membros não são comuns. São encontrados na vegetação à beira de córregos. Os ovos são depositados na superfície inferior de pontes ou na vegetação sobre córregos. As larvas, ao eclodir, caem no córrego, onde vivem em corredeiras e alimentam-se de larvas de quironomídeos e outros insetos aquáticos. No caso de *Atherix* (amplamente distribuído), a fêmea permanece em sua massa de ovos e, por fim, morre ali. Outras fêmeas podem depositar ovos na mesma massa até que seja formada uma bola de tamanho considerável – consistindo em ovos e fêmeas mortas. As fêmeas de *Suragina concinna* (Williston), que ocorre no sudoeste do Texas e do México, são hematófagas, alimentando-se em pessoas e gado.

Família **Pelecorhynchidae:** Este grupo inclui oito espécies norte-americanas raras: sete espécies de *Glutops* e uma espécie de *Pseudoerinna*. As espécies de *Glutops* são menores que 10 mm e possuem R_4 e 2A relativamente retas; *Pseudoerinna jonesi* (Cresson) mede cerca de 13 mm a 15 mm de comprimento e tem R_4 e 2A um pouco sinuosas. Algumas espécies de *Glutops* ocorrem no leste, porém as outras espécies da família são ocidentais. As larvas vivem em solo úmido de charcos e

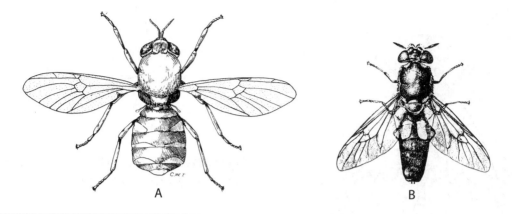

Figura 34-43 Moscas-soldados. A, *Stratiomys laticeps* Loew; B, *Hermatia illucens* (L.).

margens de córregos e são predadoras. Os adultos de algumas espécies alimentam-se de flores.

Família **Rhagionidae – Ragionídeos:** Os ragionídeos têm tamanho médio a grande, a cabeça um pouco arredondada, o abdômen relativamente longo e afunilado e as pernas razoavelmente longas (Figura 34-44). Muitas espécies possuem asas manchadas. O corpo pode ser nu ou coberto de pelos curtos. A maioria dos ragionídeos é acastanhada ou cinza, mas algumas espécies são pretas com manchas brancas, amarelas ou verdes. São comuns em florestas, especialmente perto de lugares úmidos, e geralmente são encontrados nas folhagens. Tanto adultos quanto larvas são predadores de uma variedade de pequenos insetos. A maioria dos ragionídeos não pica, porém várias espécies de *Symphoromyia* são pragas picadoras comuns nas montanhas ocidentais e áreas costeiras.

Este grupo inclui o gênero *Bolbomyia*, que, às vezes, é classificado em Xylophagidae. É um díptero minúsculo, de 2 mm a 3 mm de comprimento, preto fosco, com asas esfumaçadas e antenas características (ver parelha 40 da chave). Alguns outros gêneros, anteriormente incluídos em Rhagionidae, são classificados em outras famílias: *Atherix* na família Athericidae, *Vermileo* na família Vermileonidae e *Dialysis* na família Xylophagidae.

Família **Tabanidae – Mutucas e tavões:** Cerca de 350 espécies de tabanídeos ocorrem na América do Norte e muitos são comuns. São moscas de tamanho médio a grande, de corpo relativamente robusto. As fêmeas são hematófagas e, frequentemente, constituem pragas sérias para o gado e as pessoas. Os machos alimentam-se principalmente de pólen e néctar e costumam ser encontrados em flores. Os dois sexos são reconhecidos com muita facilidade pelos olhos, que são contíguos nos machos e separados nas fêmeas; os olhos têm cores vivas ou iridescentes. As larvas da maioria das espécies são aquáticas e predadoras e os adultos geralmente são encontrados perto de charcos, pântanos, lagoas e outros locais onde vivem as larvas. A maioria das mutucas tem um voo potente, e algumas espécies aparentemente exibem uma extensão de voo de vários quilômetros.

Os dois gêneros mais comuns de tabanídeos, que incluem cerca de 180 das 317 espécies norte-americanas, são *Tabanus* e *Chrysops*. Em *Tabanus*, as tíbias posteriores não possuem esporões apicais, a cabeça é um pouco hemisférica (discretamente côncava posteriormente nas fêmeas) e o terceiro artículo antenal (Figura 34-45A) possui um processo semelhante a um dente perto da base. *Tabanus* é um grande gênero, com cerca de 100 espécies norte-americanas, e inclui algumas pragas importantes. Uma das maiores moscas do gênero é *T. atratus* Fabricius, um inseto preto de 25 mm de comprimento ou mais. As chamadas mutucas verdes, moscas de cerca de 13 mm de comprimento, com olhos verdes e corpo marrom-amarelado, constituem pragas sérias em balneários. Em *Chrysops*, as tíbias posteriores possuem esporões apicais, a cabeça é mais arredondada, as caliptras são menores e o terceiro artículo antenal (Figura 34-45B) é alongado e não possui um processo basal semelhante a um dente. A maioria dos membros deste gênero tem aproximadamente o tamanho de uma mosca-doméstica ou pouco mais, são marrons ou pretos, com marcas escuras nas asas. Estes tabanídeos, chamados *tavões*, são encontrados perto de pântanos ou córregos e voam ao redor da cabeça das pessoas ou entram em seus cabelos.

Os ovos de tabanídeos geralmente são depositados em massas em folhas ou outros objetos perto ou sobre a água. A maioria das espécies passa o inverno no estágio larval e empupa durante o verão. *Goniops chrysocoma* Osten Sacken costuma ser encontrado em florestas; a fêmea permanece com sua massa de ovos, guardando-os até sua eclosão.

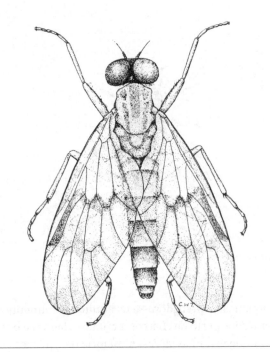

Figura 34-44 Ragionídeos. A, um ragionídeo comum, *Rhagio mystaceus* (Macquart).

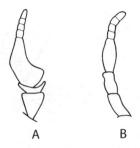

Figura 34-45 Antenas de tabanídeos. A, *Tabanus atratus* Fabricius; B, *Chrysops fuliginosus* Wiedemann.

Alguns tabanídeos, em particular algumas espécies de *Chrysops*, são vetores de doenças. Tularemia e antraz (e possivelmente outras doenças) podem ser transmitidas por tabanídeos nos Estados Unidos e, na África, uma doença causada por uma filária, *Loa loa* (Cobbold), é transmitida por tabanídeos.

Família **Vermileonidae – Vermilionídeos:** Este grupo inclui moscas pequenas (cerca de 5 mm de comprimento), delgadas, quase nuas, com antenas estiladas, pernas delgadas e um abdômen delgado e longo. As asas são estreitadas na base, sem álula ou ângulo anal desenvolvido. As larvas destas moscas constroem armadilhas de queda na areia, que são utilizadas para capturar presas (de modo muito semelhante às formigas-leões; ver Capítulo 27). Os adultos alimentam-se de néctar. Apenas duas espécies do gênero *Vermileo* ocorrem nos Estados Unidos, do Colorado até o Novo México e até a Califórnia. Os vermileonídeos são semelhantes aos Rhagionidae, com os quais eram classificados no passado, mas diferem por apresentar as asas mais estreitadas na base e possuir esporões apicais nas tíbias anteriores.

Família **Acroceridae – Acrocerídeos:** Estas moscas são muito raras, de tamanho pequeno a médio, com aspecto um pouco corcunda e a cabeça muito pequena (Figura 34-46). Algumas apresentam uma probóscide longa e delgada e se alimentam de flores. Outras não possuem probóscide e aparentemente não se alimentam no estágio adulto. As larvas são parasitas internas de aranhas. Os ovos são depositados em grandes números na vegetação e eclodem, originando pequenas larvas achatadas chamadas de planídias. A planídia eventualmente se fixa e entra no corpo de uma aranha que esteja de passagem. A pupação ocorre fora do hospedeiro, frequentemente em sua teia.

Família **Nemestrinidae – Nemestrinídeos:** Estas são moscas de tamanho médio, corpo relativamente robusto, com uma venação alar um pouco aberrante (Figura 34-11I). Algumas são pilosas e de aspecto semelhante a abelhas. Vivem em campos abertos de vegetação razoavelmente alta. Planam persistentemente durante o voo e alcançam altas velocidades. Algumas espécies vivem nas flores. O grupo é pequeno (6 espécies norte-americanas) e seus membros são relativamente raros. A maioria das espécies é ocidental. As espécies cujas larvas são conhecidas são parasitas de outros insetos: espécies de *Trichopsidea* parasitam gafanhotos e espécies de *Hirmoneura* atacam larvas de besouros escarabeídeos. Nemestrinídeos frequentemente são importantes no controle de populações de gafanhotos.

Família **Apioceridae – Apiocerídeos:** São moscas relativamente grandes e alongadas parecidas com alguns asilídeos (por exemplo, Figura 34-47B,C), mas não possuem o topo da cabeça escavado entre os olhos e apresentam uma venação alar diferente (M_1 e as veias anteriores a ela terminam antes do ápice da asa; ver Figura 34-11J). Este grupo é pequeno (59 espécies norte-americanas) e seus membros são relativamente raros. Ocorrem nas regiões áridas do oeste, onde frequentemente são encontrados em flores.

Família **Asilidae – Asilídeos:** Este é um grande grupo, com cerca de mil espécies norte-americanas, muitas das quais são bastante comuns. Os adultos podem ser encontrados em diversos *habitats*, porém cada espécie geralmente vive em um tipo característico. Os adultos são predadores e atacam uma variedade de insetos, incluindo vespas, abelhas, libélulas, gafanhotos e outras moscas. Com frequência, atacam um inseto do seu próprio tamanho ou maior. A maioria dos asilídeos captura

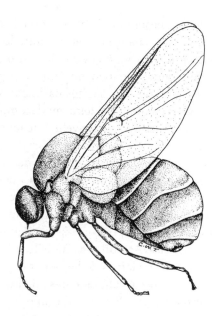

Figura 34-46 Um acrocerídeo, *Ogcodes* sp.

suas presas durante o voo, mas as moscas da subfamília Leptogastrinae geralmente atacam insetos em repouso. Alguns dos maiores asilídeos podem infligir uma picada dolorosa se forem manipulados de modo descuidado.

Nos asilídeos, o topo da cabeça é afundado entre os olhos (Figura 34-47D), a face é mais ou menos barbada e o tórax é robusto, com pernas longas e fortes. A maioria é alongada, com um abdômen afilado (Figura 34-47B,C), mas alguns têm o corpo robusto, são muito pilosos e lembram mamangabas ou outros Hymenoptera (Figura 34-47A). Outros ainda são muito delgados, quase como uma donzelinha (*Odonata zygoptera*) (Figura 34-48). As larvas vivem no solo, na madeira em decomposição e alimentam-se principalmente das larvas de outros insetos.

A família Asilidae é dividida em quatro subfamílias, Leptogastrinae, Laphriinae, Dasypogoninae e Asilinae. Os Leptogastrinae são classificados em uma família separada por alguns especialistas. São muito delgados e alongados (Figura 34-48) e geralmente vivem em áreas gramadas, onde se alimentam de presas pequenas, de corpo mole, em repouso.

Família **Bombyliidae – Bombilídeos:** É um grande grupo (com cerca de 900 espécies norte-americanas conhecidas) e seus membros são amplamente distribuídos. São insetos razoavelmente comuns, mais comuns em áreas áridas do sudoeste que em outros lugares. A maioria consiste em moscas de corpos robustos, densamente pilosas, de tamanho médio a grande. Algumas são delgadas e não muito pilosas e outras são muito pequenas (alguns Mythicomyiinae medem apenas 1,2 mm de comprimento). Muitas possuem uma probóscide longa e delgada.

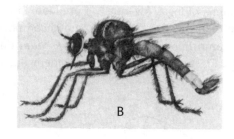

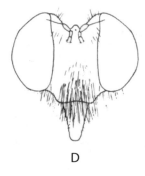

Figura 34-47 Asilídeos. A, *Laphria lata* Macquart; B, *Efferia* sp.; C, *Promachus vertebratus* (Say); D, cabeça de *Efferia*, vista anterior.

A classificação dos bombilídeos é uma área de pesquisa ativa e provavelmente será revisada no futuro. Os Mythicomyiinae são reconhecidos, por alguns, como uma família distinta. Alguns especialistas classificam uma espécie da América do Norte, *Apystomyia elinguis* Melander, da Califórnia, em sua própria família, os Apystomyiidae.

Os bombilídeos adultos são encontrados em flores, planando ou repousando no solo ou sobre a grama, em áreas abertas ensolaradas. Com frequência, visitam cisternas em regiões áridas. As asas em repouso geralmente são mantidas abertas. A maioria das espécies apresenta voo muito rápido e, quando apanhadas em uma rede de insetos, zumbem de um modo muito semelhante a abelhas. Muitas possuem faixas ou pontos nas asas.

As larvas, até onde se sabe, são parasitoides de estágios imaturos de outros insetos (Lepidoptera, Hymenoptera, Coleoptera, Diptera e Neuroptera) ou predadoras de ovos de gafanhotos.

Família **Hilarimorphidae:** Os hilarimorfídeos são moscas pequenas (1,8 mm a 7,2 mm de comprimento), robustas, de cor escura, com asas hialinas a marrom-pálidas. Existem 26 espécies, todas do gênero *Hilarimorpha*, na América do Norte. São amplamente distribuídas, mas raras. Adultos foram recolhidos em salgueiros, ao longo de córregos estreitos, com pedregulhos no fundo. Os estágios imaturos são desconhecidos.

Família **Mydidae** – As moscas dessa família são muito grandes e alongadas, com antenas longas, de quatro artículos. *Mydas heros* (Perty), do Brasil e Colômbia, mede cerca de 54 mm de comprimento e é um dos maiores dípteros conhecidos. Existem 51 espécies norte-americanas nesta família e a maioria é ocidental. A espécie com mais chance de ser encontrada no leste é *Mydas clavatus* (Drury), que é preta com o segundo segmento abdominal amarelo ou laranja (Figura 34-50). Pouco se sabe sobre os hábitos das moscas mydas, porém as larvas vivem na madeira em decomposição e são predadoras. Os adultos provavelmente também são predadores.

Família **Scenopinidae** – As moscas dessa família são muito raras, de tamanho médio ou pequeno, e geralmente de cor escura. O nome comum em inglês, "window flies", é derivado do fato de que uma espécie, *Scenopinus fenestralis* (L.) (Figura 34-51), algumas vezes é comum em janelas. Acredita-se que as larvas desta espécie alimentem-se de larvas do besouro do carpete. As larvas de outras espécies alimentam-se de madeira em decomposição e fungos. Este é um grupo de tamanho razoável, com 139 espécies norte-americanas, a maioria ocorrendo no oeste.

Família **Therevidae** – **Terevídeos:** Estas moscas têm tamanho médio, geralmente são um pouco pilosas ou providas de cerdas e apresentam um abdômen pontiagudo (Figura 34-52A,B). São superficialmente semelhantes a alguns asilídeos, porém o topo da cabeça não é escavado entre os olhos. Este é um grupo de tamanho razoável (cerca de 141 espécies norte-americanas), mas os adultos não são comuns. São encontrados, na maioria das vezes, em áreas secas e abertas, como campos e praias. Pouco se sabe sobre os hábitos alimentares dos adultos, mas provavelmente são fitófagos. As larvas são predadoras e geralmente vivem na areia ou madeira em decomposição.

Família **Empididae** – **Empidídeos:** Os empidídeos recebem em inglês o nome de "dance flies" (moscas

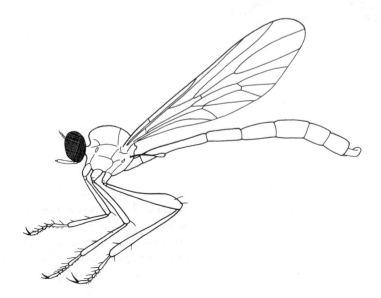

Figura 34-48 Uma mosca asilídea, *Psilonyx annulatus* (Say). 7½X (Leptogastrinae, Asilidae).

dançantes) porque os adultos, algumas vezes, são vistos em enxames, voando para cima e para baixo. Este grupo é grande (mais de 760 espécies norte-americanas) e muitas espécies são razoavelmente comuns. Todas são pequenas e algumas são minúsculas (comprimento de 1,5 mm a 12,0 mm). A maior parte tem cor escura, mas nenhuma é metálica. A maioria possui tórax grande e abdômen grande e afunilado. A genitália masculina é terminal e, muitas vezes, relativamente evidente (Figura 34-53).

Empidídeos são encontrados em varias situações, geralmente em locais úmidos onde haja abundância de vegetação. São predadores de insetos menores (alguns são predadores importantes de pernilongos), porém costumam frequentar flores e se alimentar de néctar.

Muitas espécies de empidídeos possuem hábitos de acasalamento muito interessantes. Os machos às vezes capturam uma presa e utilizam-na para atrair as fêmeas. Algumas espécies de *Hilara* e *Empis*, que ocorrem no noroeste dos Estados Unidos, constroem balões, que carregam consigo como um meio de atrair as fêmeas. Estes balões podem ser feitos de seda (tecida a partir do artículo basal dos tarsos anteriores) ou de um material espumoso eliminado pelo ânus, e geralmente carregam uma presa. As larvas de empidídeos vivem em diversos locais: no solo, vegetação em decomposição ou esterco, sob cascas de árvores ou na água. Provavelmente todas são predadoras.

Família **Dolichopodidae** – **Dolicopodídeos:** Os dolicopodídeos são moscas que variam entre pequenas e minúsculas. Geralmente, são metálicas: esverdeadas, azuladas ou acobreadas. São superficialmente semelhantes a muitos dípteros muscoides (Schizophora), mas não possuem sutura frontal e apresentam uma venação alar relativamente característica (Figura 34-14D-F): a veia transversal r-m é muito curta ou ausente e está localizada no quarto basal da asa; com frequência existe uma dilatação de Rs onde ela é bifurcada. A genitália masculina é grande e evidente e dobrada para frente sob o abdômen (Figura 34-54). Na fêmea, o ápice do abdômen é afilado. As pernas dos machos com frequência são ornamentadas de modo peculiar. Os membros do gênero *Melanderia*, que ocorrem ao longo da Costa do Pacífico, apresentam os lobos labelares do lábio modificados em estruturas semelhantes a mandíbulas.

Este grupo é grande (mais de 1.275 espécies norte-americanas) e seus membros são abundantes em muitos lugares, particularmente perto de pântanos e córregos, em matas e prados. Muitas espécies vivem apenas em um tipo particular de *habitat*. Os adultos são predadores de insetos menores. Os adultos de muitas

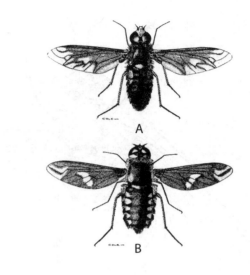

Figura 34-49 Bombilídeos. A, *Poecilanthrax alpha* (Osten Sacken); B, *P. signatipennis* (Cole).

espécies envolvem-se em danças de acasalamento relativamente incomuns. As larvas vivem na água ou lama, na madeira em decomposição, em caules de gramíneas e sob cascas de árvores. Não se sabe muito sobre seus hábitos alimentares, mas pelo menos alguns são predadores. As larvas do gênero *Medetera* vivem sob cascas de árvores e são predadoras de besouros da casca (Coleoptera: Curculionidae, Scolytinae).

Família **Lonchopteridae** – **Loncopterídeos:** Os membros deste grupo são moscas delgadas, amareladas ou acastanhadas, com menos de 5 mm de comprimento, asas um pouco pontiagudas no ápice e uma venação característica (Figura 34-14H). Em geral, são relativamente comuns em lugares úmidos, sombreados ou gramados. As larvas vivem na vegetação em decomposição. Os machos diferem das fêmeas na venação: a célula M_3 é fechada nas fêmeas (Figura 34-14H) e aberta nos machos. Os machos são extremamente raros, e estas moscas provavelmente são partenogênicas. Esta família contém apenas quatro espécies norte-americanas, no gênero *Lonchoptera*.

Família **Phoridae** – **Forídeos:** Os forídeos são moscas pequenas ou minúsculas facilmente reconhecidas pelo aspecto corcunda (Figura 34-55), a venação característica (Figura 34-14G), os fêmures posteriores lateralmente achatados e pelo modo instável como correm. Os adultos são razoavelmente comuns em muitos *habitats*, mas são mais abundantes perto de vegetação em decomposição. Os hábitos das larvas são muito variados. Algumas vivem em material animal ou vegetal em decomposição, algumas vivem em fungos; outras são

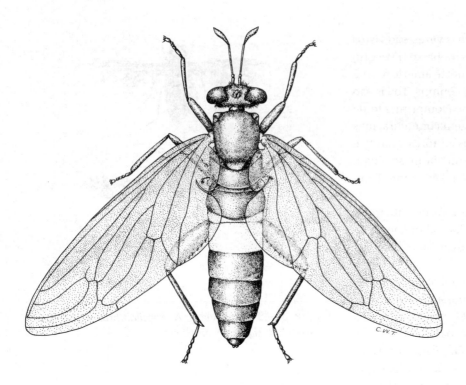

Figura 34-50 Uma mosca da família Mydidae, *Mydas clavatus* (Drury).

parasitas internos de vários insetos e outras ainda vivem como parasitas ou comensais em formigueiros ou cupinzeiros. Algumas das espécies que vivem em formigueiros ou cupinzeiros (e algumas outras também) apresentam asas reduzidas ou completamente ausentes. A maioria das 370 espécies ocorre na América do Norte.

Família **Pipunculidae – Pipunculídeos:** Os membros deste grupo são moscas pequenas com uma cabeça muito grande e composta principalmente dos olhos. As asas são um pouco estreitadas basalmente e a célula anal geralmente é longa e fechada perto da margem da asa (Figura 34-14J). Este grupo tem tamanho moderado (128 espécies norte-americanas), porém seus membros raramente são comuns. As larvas são parasitas de vários cercopídeos, principalmente cigarrinhas e fulgorídeos.

Figura 34-51 Uma mosca da família Scenopinidae, *Scenopinus fenestralis* (L.). (Redesenhado de USDA.)

Família **Platypezidae – Platipezídeos:** Estas moscas são assim chamadas em razão da forma peculiar de seus tarsos posteriores, que geralmente são achatados ou modificados (Figura 34-26C). Os tarsos costumam ser mais achatados nas fêmeas do que nos machos. Os platipezídeos são pequenos, geralmente pretos ou marrons e vivem em vegetação baixa, em matas úmidas. Com frequência, correm nas folhas seguindo um padrão irregular de zigue-zague. Os machos algumas vezes formam enxame de até 50 ou mais indivíduos. Os enxames dançam no ar, a cerca de um metro acima do solo, e os espécimens mantêm as pernas posteriores penduradas. As fêmeas entram nestes enxames para selecionar parceiros para o acasalamento. Se o enxame for perturbado pela passagem de uma rede, por exemplo, as moscas se dispersam e formam o enxame novamente em um local um pouco mais elevado (fora do alcance da rede). Os adultos do gênero *Microsania* são atraídos pela fumaça e, nos Estados Unidos, frequentemente são chamados de "moscas da fumaça". As larvas de platipezídeos vivem em fungos.

Família **Syrphidae – Sirfídeos ou moscas-das-flores:** Este é um grupo grande (cerca de 870 espécies norte-americanas) e várias de suas espécies são muito abundantes. Os sirfídeos podem ser encontrados em quase todos os lugares, mas diferentes espécies vivem em diferentes tipos de *habitats*. Os adultos costumam ser comuns perto de flores e passam muito tempo planando. Diferentes espécies variam um pouco em aspecto (Figura 34-56), porém (com algumas exceções)

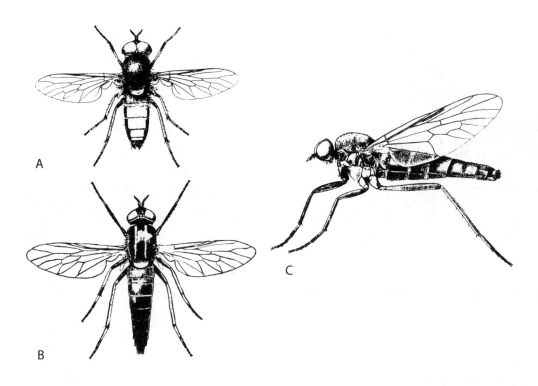

Figura 34-52 A, *Psilocephala aldrichi* Coquillet, fêmea (Therevidae); B, mesma espécie, macho; C, *Caenotus inornatus* Cole, fêmea (Bombyliidae).

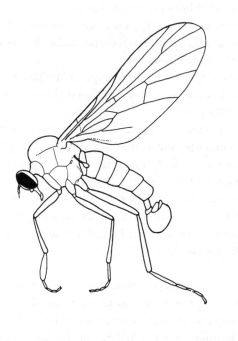

Figura 34-53 Um empidídeo (Empididae), 10X.

podem ser reconhecidas pela veia espúria na asa entre o rádio e a média (Figura 34-15A-C, *spv*). Muitas têm cores brilhantes e lembram várias abelhas ou vespas. Algumas parecem muito com abelhas melíferas, outras com mamangabas e outras com vespas, e a semelhança muitas vezes é notável. Nenhum dos sirfídeos pica ou ferroa.

As larvas dos sirfídeos variam consideravelmente em hábitos e aspecto. Muitas são predadoras de pulgões, outras vivem em ninhos de insetos sociais (formigas, cupins ou abelhas), outras vivem na vegetação em decomposição ou madeira apodrecida, algumas vivem em *habitats* aquáticos altamente poluídos e algumas se alimentam de plantas em crescimento. As larvas de *Eristalis*, que vivem em água altamente poluída, possuem um tubo respiratório muito longo e são comumente chamadas de "larvas rabo de rato." Os adultos deste gênero podem ser responsáveis pela miíase intestinal em humanos.

Calyptratae e **Acalyptratae** – Dípteros muscoides ou schizophora: Esse grupo possui 56 famílias e cerca

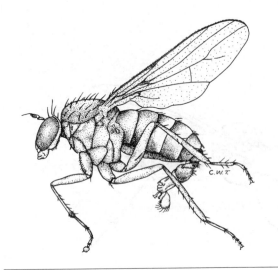

Figura 34-54 Um dolicopodídeo, *Dolichopus pugil* Loew, macho.

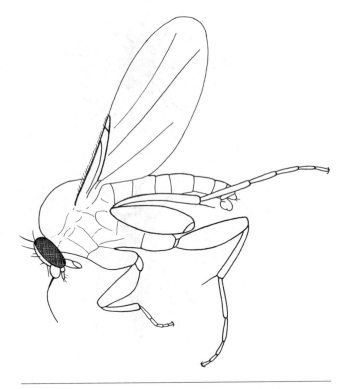

Figura 34-55 Um forídeo (Phoridae), ampliado 50X.

de 7 mil espécies norte-americanas conhecidas, constituindo cerca de um terço da ordem, e suas espécies podem ser encontradas em quase todos os lugares. Podem ser reconhecidas pela presença de uma sutura frontal (Figura 34-5A, *fs*) na superfície inferior da frente da cabeça, arqueada para cima sobre a base das antenas. A maioria tem um corpo relativamente robusto, com venação alar um pouco reduzida (Figuras 34-22, 34-24) e cerdas típicas na cabeça e no tórax (que fornecem caracteres taxonômicos).

Muitas dessas moscas são pequenas e a sua identificação é frequentemente difícil. Por outro lado, a distinção entre as famílias desse grupo não é muito clara, por isso, especialistas classificam muitos gêneros em diferentes famílias. Algumas espécies (por exemplo, as duas espécies de *Latheticomyia*, incluídas aqui na família Pseudopomyzidae) foram originalmente descritas como de posição incerta na família.

Os dípteros muscoides são classificados em dois grupos principais, Acalyptratae (45 famílias, Micropezidae a Ephydridae) e Calyptratae (10 famílias, Anthomyiidae a Tachinidae). Estes nomes referem-se ao desenvolvimento das calíptras, que são grandes e bem desenvolvidas na maioria das caliptradas e muito pequenas nas acaliptradas. Estes dois grupos também diferem (com algumas exceções) na estrutura do segundo artículo antenal (Figura 34-19A,B) e nas suturas da superfície dorsal do tórax (Figura 34-19C,D) (ver chave, parelha 66). Cada um destes grupos contém mais de 3.400 espécies norte-americanas.

Calyptratae – Dípteros muscoides caliptrados: Estas moscas vivem em quase todos os lugares, frequentemente em grandes números. Alguns grupos caliptrados são razoavelmente distintos e facilmente reconhecidos, porém outros não. Há diferentes opiniões quanto à classificação taxonômica de alguns.

Para fins de identificação, as famílias nesta seção podem ser divididas em quatros grupos:

1. De corpo achatado e coriáceo, com as coxas separadas, aladas ou ápteras; ectoparasitas de aves e mamíferos: Hippoboscidae
2. Robustas, pilosas, semelhante a abelhas, com as peças bucais reduzidas (moscas-do-berne e gasterófilos): Oestridae
3. Semelhantes à mosca-doméstica em aspecto geral, geralmente sem cerdas hipopleurais ou pteropleurais e a célula R_5, em geral, de lados paralelos: Scathophagidae, Anthomyiidae, Fanniidae e Muscidae
4. Semelhantes ao grupo 3, porém com cerdas hipopleurais e pteropleurais e a célula R_5 estreitada ou fechada distalmente: Calliphoridae, Sarcophagidae, Rhinophoridae e Tachinidae

Família **Anthomyiidae:** Este é um grupo grande (mais de 600 espécies norte-americanas), e a maioria dos espécimes é escura e tem aproximadamente o tamanho de uma mosca-doméstica ou menos. Diferem dos Muscidae por possuírem a veia anal (Cu_2+2A) atingindo a margem da asa, pelo menos como uma prega. A maioria dos Anthomyiidae possui pelos finos na face inferior do escutelo (Figura 34-17D). Os Anthomyiidae que não possuem estes pelos (Fucelliinae) possuem cerdas frontais cruzadas, geralmente quatro cerdas esternopleurais e exibem a costa com espinhos. A maioria dos Anthomyiidae é fitófaga no estágio larval e muitas se alimentam das raízes da planta hospedeira; algumas (Figura 34-57) constituem pragas sérias de hortaliças ou lavouras. As larvas de Fucelliinae, um pequeno grupo que ocorre principalmente no oeste e no Canadá, são aquáticas e predadoras.

Família **Calliphoridae – Moscas-varejeiras:** As varejeiras costumam ser encontradas praticamente em todos os lugares e muitas espécies têm importância econômica considerável. A maioria das varejeiras tem aproximadamente o tamanho de uma mosca-doméstica ou mais e muitas são azuis ou verdes metálicas (Figura 34-58). As moscas-varejeiras são muito semelhantes às moscas-da-carne (Sarcophagidae) e alguns especialistas colocam os dois grupos em uma única família, os Metopiidae. As varejeiras têm cores metálicas e a arista das antenas plumosa na extremidade distal, enquanto as moscas-da-carne são escuras, com faixas torácicas cinzas (Figura 34-59A), e apresentam aristas nuas ou apenas a metade basal plumosa. As moscas-varejeiras possuem duas (raramente três) cerdas notopleurais e as moscas-da-carne, em geral, possuem quatro (Figura 34-20).

A maioria das varejeiras é detritívora, com as larvas alimentando-se de animais em decomposição, excrementos e materiais semelhantes. A espécie mais comum é a que se alimenta de carne em decomposição. Esta espécie deposita seus ovos nos corpos de animais mortos e as larvas se alimentam dos tecidos em decomposição. Para a maioria das pessoas, um animal morto cheio de larvas (principalmente larvas de varejeiras) é uma visão nauseante, porém estes insetos estão realizando um serviço valioso ao ajudar a remover animais mortos do ambiente. As larvas de algumas espécies que se desenvolvem em carne putrefata, particularmente *Phaenicia sericata* (Meigen) e *Phormia regina* (Meigen), quando criadas em condições assépticas, são utilizadas no tratamento de doenças como a osteomielite em humanos. Porém, muitas destas moscas podem agir como vetores mecânicos de várias doenças. A disenteria frequentemente acompanha as altas populações de varejeiras.

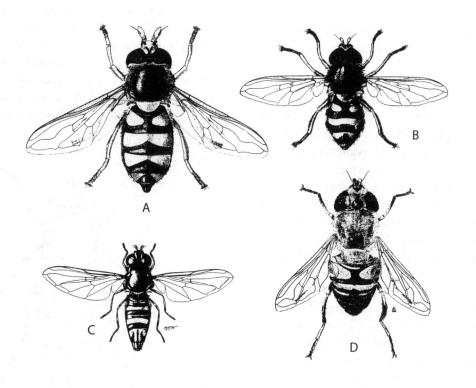

Figura 34-56 Moscas-sirfídeas. A, *Didea fasciata* Macquart; B, *Syrphus torvus* Osten Sacken; C, *Allograpta obliqua* (Say); D, *Eristalis tenax* (L.).

As moscas desta família são as "moscas-domésticas" do oeste dos Estados Unidos, especialmente no sudoeste. São muito mais comuns nas casas desta região do que as representantes do gênero *Musca*.

Algumas moscas-varejeiras depositam seus ovos em feridas abertas de animais ou pessoas. Em alguns casos, as larvas alimentam-se apenas de tecido em decomposição ou supurado, porém, em outros casos, podem atacar tecidos vivos. A mosca da bicheira, *Cochliomyia hominivorax* (Coquerel) (Figura 34-59B), é uma espécie da última categoria. Deposita seus ovos em feridas ou nas narinas do hospedeiro e suas larvas podem causar uma lesão considerável. Nos últimos anos, o número de moscas da bicheira no sul e sudoeste diminuiu muito em virtude da liberação de grandes números de machos estéreis destas moscas. As fêmeas acasalam apenas uma vez e, se a fêmea acasalar com um macho estéril, seus ovos não eclodem.

Quando as larvas das moscas tornam-se parasitas de humanos ou animais, a condição é chamada de miíase. Moscas como as da bicheira podem se desenvolver em feridas superficiais, causando miíase cutânea, ou na cavidade nasal, causando miíase nasal. Algumas outras moscas deste grupo sabidamente desenvolvem-se no intestino humano e causam miíase intestinal. A miíase em humanos é relativamente rara nos Estados Unidos e Canadá, e provavelmente é mais ou menos acidental. No sul e sudoeste, é muito importante em animais domésticos.

Família **Fanniidae**: Esta é uma pequena família de quatro gêneros e 112 espécies, a maioria no gênero *Fannia*. A maioria de suas espécies difere dos muscídeos por possuir a veia 3A curvada para fora distalmente, de modo que Cu_2+2A, se estendida, pode encontrá-la (Figura 34-18D). Este grupo, algumas vezes, é considerado uma subfamília de Muscidae. Estas moscas parecem muito com pequenas moscas-domésticas e, em algumas áreas, constituem uma praga doméstica mais importante que a *Musca domestica* L. As larvas desenvolvem-se em excremento e vários tipos de materiais em decomposição.

Família **Hippoboscidae – Hipoboscídeos e moscas-de-morcegos:** Este grupo inclui formas aladas e ápteras. A maioria das formas aladas é marrom-escura e um pouco menor que a mosca-doméstica, podendo ser encontradas em aves. Estas moscas são facilmente reconhecidas pelo corpo achatado e pelo aspecto coriáceo. São as únicas moscas que são encontradas em aves vivas. A mosca-das-ovelhas, *Melophagus ovinus* (L.), é um hipoboscídeo áptero razoavelmente comum. Tem cerca de 6 mm de comprimento, é marrom-avermelhada e o adulto é um parasita de ovelhas.

As moscas-de-morcegos são ectoparasitas desses mamíferos. Podem ser aladas, ápteras ou podem apresentar asas de tamanho reduzido. Algumas espécies não possuem ocelos e os olhos compostos são pequenos ou ausentes. As cinco espécies do gênero *Basilia* são pequenas, ápteras e parecidas com aranhas, com a cabeça dobrada para trás em um sulco no dorso do tórax. Os olhos compostos são pequenos e têm duas facetas. Apenas 11 espécies de moscas de morcegos ocorrem na América do Norte e são encontradas muito raramente. Ocorrem no sul e no oeste.

Família **Muscidae:** Este é um grupo grande (620 espécies norte-americanas conhecidas), e seus membros estão em quase todos os lugares. Muitos são pragas importantes. Os Muscidae diferem dos Anthomyiidae porque possuem a veia anal (Cu_2+2A) curta, não atingindo a margem da asa, e alguns possuem a célula R_5 estreitada apicalmente. A mosca-doméstica, *Musca domestica* L., desenvolve-se em todos os tipos de sujeira e frequentemente é muito abundante. É um vetor de febre tifoide, disenteria, bouba, antraz e algumas formas de conjuntivite. Não picam. A mosca-da-face, *Musca autumnalis* DeGeer, é uma praga importante do gado. Recebe seu nome em virtude do hábito de se agrupar na face do gado. A mosca-do-estábulo e a mosca-do-chifre são moscas que picam; mas, ao contrário dos pernilongos, mutucas e outros, os dois sexos podem picar. A mosca-do-estábulo, *Stomoxys calcitrans* (L.), é muito parecida externamente com a mosca-doméstica. Desenvolve-se principalmente em montes de palha em decomposição. A mosca-do-chifre, *Haematobia irritans* (L.), que é semelhante à mosca-doméstica

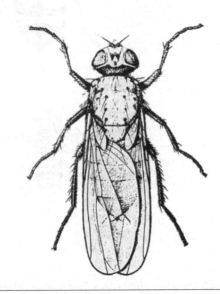

Figura 34-57 Fêmea adulta de *Hylemya platura* (Meigen) (Anthomyiidae), 8X.

Figura 34-58 Uma varejeira, *Lucilia illustris* (Meigen).

em aspecto, mas menor, é uma praga séria do gado que se desenvolve no esterco de vaca fresco.

Família **Oestridae – Gasterófilos e moscas-do-berne:** Os membros deste grupo são robustos, pilosos e um pouco semelhantes a abelhas. A abertura bucal é pequena e as peças bucais são vestigiais ou ausentes (Figura 34-17A). As larvas são endoparasitas de mamíferos e algumas constituem pragas importantes do gado.

As 41 espécies norte-americanas desta família estão distribuídas em seis gêneros: *Cuterebra* (26 espécies), *Gasterophilus* (4 espécies), *Hypoderma* (3 espécies), *Oestrus* (1 espécie), *Cephenemyia* (6 espécies) e *Suioestrus* (1 espécie).

Gasterophilus difere dos outros estrídeos por possuir M_{1+2} reta que atinge a margem da asa além de seu ápice da asa e m, aproximadamente, oposto a r-m (Figura 34-18E). Em outros estrídeos, M_{1+2} curva-se para a frente apicalmente e termina em R_{4+5} (*Oestrus*, Figura 34-18F) ou na margem da asa no ápice (*Cuterebra*, *Hypoderma* e *Cephenemyia*) e m está localizada distalmente a r-m. Espécies de *Cuterebra* apresentam um escutelo fortemente projetado e o pós-escutelo não é desenvolvido (Figura 34-13C), enquanto *Hypoderma*, *Oestrus* e *Cephenemyia* apresentam um escutelo muito curto e o pós-escutelo geralmente é bem desenvolvido (Figura 34-17B). Em *Hypoderma*, a porção apical de M_{1+2} (a parte além de m) se estende de modo quase reto até a margem da asa (Figura 34-60B), enquanto em *Cephenemyia* a porção apical de M_{1+2} continua na mesma direção por uma curta distância, ao longo de m, e então se curva para frente em ângulo reto, estendendo-se até a margem da asa (de modo semelhante à Figura 34-18A).

Gasterophilus, os gasterófilos, têm um aspecto muito semelhante ao das abelhas melíferas (Figura 34-60A). As larvas infestam o trato alimentar de cavalos e, com frequência, constituem pragas sérias. Três espécies ocorrem comumente nos Estados Unidos, *Gasterophilus intestinalis* (DeGeer), *G. nasalis* (L.) e *G. haemorrhoidalis* (L.). Uma quarta espécie, *G. inermis* (Brauer), é muito rara. Em *G. intestinalis*, os ovos são depositados nas pernas ou ombros do cavalo e são levados até a boca quando o animal lambe estas partes. Em *G. nasalis*, os ovos geralmente são depositados na superfície inferior da mandíbula e acredita-se que as larvas abram caminho pela pele até a boca. Em *G. haemorrhoidalis*, os ovos são depositados nos lábios do cavalo. As larvas se desenvolvem no estômago (*intestinalis*), duodeno (*nasalis*) ou reto (*haemorrhoidalis*). Quando prontas para empupar, saem do trato alimentar nas fezes e empupam no solo.

Espécies de *Cuterebra*, um tipo de mosca-do-berne, são moscas grandes, de corpo robusto, relativamente pilosas, que lembram abelhas. As larvas são parasitas de coelhos e roedores. Uma espécie tropical desta subfamília, *Dermatobia hominis* (L.) (Figura 34-60D), ataca o gado e, ocasionalmente, as pessoas. Esta espécie deposita os ovos em pernilongos (principalmente pernilongos do gênero *Psorophora*). Os ovos eclodem e as larvas penetram na pele quando o pernilongo se alimenta em gado ou humanos. A mosca-do-estábulos e outros muscídeos também servem como vetores de ovos de *D. hominis* para humanos.

As moscas-do-berne bovinas, *Hypoderma bovis* (L.) e *H. lineatum* (de Villers), são pragas sérias do gado bovino. Uma terceira espécie de *Hypoderma* é parasita do caribu. Os ovos destas moscas geralmente são depositados nas pernas do gado e as larvas penetram na pele e migram, com frequência pelo esôfago, até as costas, onde se desenvolvem em tumefações ou "bernes" logo abaixo da pele. Quando totalmente desenvolvidas, escapam pela pele e empupam no solo. As moscas-do-berne bovinas adultas voam muito rápido e, embora não piquem ou prejudiquem o gado durante a oviposição, são muito incômodas. O berne bovino pode afetar seriamente a saúde do gado, e os orifícios criados na pele pelas larvas quando escapam reduz o seu valor quando é transformada em couro.

A única espécie neártica de *Oestrus* é a parasita de ovelhas *Oestrus ovis* L. (Figura 34-60C). Esta mosca é vivípara e deposita suas larvas nas narinas das ovelhas (raramente, também em humanos). As larvas alimentam-se dos seios frontais das ovelhas. O gênero *Cephenemyia* inclui seis espécies que são parasitas de cervídeos (cervos, alces, veados etc.). Finalmente, *Suioestrus cookii* Townsend é um parasita de porcos.

Família **Rhinophoridae:** Estas moscas são semelhantes aos taquinídeos (com os quais eram classificadas antigamente), mas diferem por possuir um

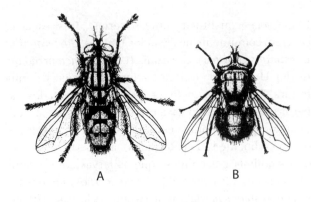

Figura 34-59 A, uma mosca-da-carne, *Sarcophaga haemorrhoidalis* (Fallén); B, a mosca da bicheira, *Cochliomyia hominivorax* (Coquerel) (Calliphoridae).

pós-escutelo fracamente desenvolvido e calíptras estreitas. Os olhos, algumas vezes, são pilosos. O grupo é pequeno, com apenas quatro espécies norte-americanas. *Melanophora roralis* (L.), que ocorre no leste, provavelmente é a espécie mais comum. É um parasita de isópodes.

Família **Sarcophagidae – Moscas-da-carne:** As moscas-da-carne são muito semelhantes a algumas moscas-varejeiras, mas geralmente são escuras com faixas torácicas cinzas (nunca metálicas) (Figura 34-59A). Os adultos são insetos comuns e alimentam-se de vários materiais contendo açúcar, como néctar, seiva, suco de frutas e melado. Os hábitos das larvas variam consideravelmente, mas quase todas se alimentam de algum tipo de matéria animal. Muitas são detritívoras, alimentando-se de animais mortos. Algumas são parasitas de outros insetos (em especial, vários besouros e gafanhotos). Poucas são parasitas de vertebrados, geralmente desenvolvendo-se em pústulas cutâneas, e algumas destas ocasionalmente infestam humanos. Muitas espécies (a maioria dos Miltogramminae) depositam seus ovos em ninhos de várias abelhas e vespas, onde suas larvas alimentam-se de materiais com os quais estes ninhos são supridos.

Família **Scathophagidae – Moscas-do-esterco:** Os membros deste grupo são muito semelhantes aos Anthomyiidae (a família na qual algumas vezes são classificados), mas diferem por não possuírem pelos finos na superfície inferior do escutelo, geralmente apenas uma cerda esterno-pleural e nenhuma cerda frontal cruciforme.

Provavelmente, os membros mais comuns dos Scathophagidae são amarelados e bastante pilosos (ver Figura 4-5) e suas larvas vivem no esterco. Outras espécies têm cores escuras, e as larvas vivem em várias situações: algumas são fitófagas (algumas são minadoras de folhas), algumas se alimentam de algas marinhas apodrecidas e outras são aquáticas. Os Scathophagidae constituem um grande grupo (149 espécies norte-americanas) e contêm muitas espécies comuns.

Família **Tachinidae:** Esta é a segunda maior família da ordem (pelo menos na América do Norte), com cerca de 1.350 espécies norte-americanas conhecidas, e seus membros são encontrados em quase todos os lugares. É um grupo muito valioso para os humanos, porque seus estágios larvais são parasitas de outros insetos e muitas espécies ajudam a manter o controle de espécies que constituem pragas.

Em geral, é relativamente fácil reconhecer os taquinídeos. Tanto as cerdas hipopleurais quanto as pteropleurais são desenvolvidas e o pós-escutelo é proeminente (Figura 34-13B). Os tergos geralmente são sobrepostos aos escleritos ventrais do abdômen, e este geralmente apresenta várias cerdas muito grandes e outras menores. A primeira célula posterior (R_5) é estreitada ou fechada distalmente e muitas espécies possuem aristas nuas. Muitos taquinídeos têm um aspecto geral muito semelhante a muscídeos e moscas-da-carne (Figuras 34-61, 34-62A). Muitos são grandes, com cerdas e um aspecto semelhante a abelhas ou vespas.

Os taquinídeos atacam muitos grupos diferentes de insetos e, embora a maioria dos taquinídeos seja mais ou menos restrita a hospedeiros específicos, algumas podem se desenvolver em uma grande variedade de hospedeiros. A maioria dos taquinídeos ataca as larvas de Lepidoptera, moscas-de-serra ou besouros, porém alguns atacam Hemiptera, Orthoptera e algumas outras ordens, e outros atacam outros artrópodes. Vários taquinídeos foram importados para os Estados Unidos para ajudar a controlar pragas introduzidas.

A maioria dos taquinídeos deposita os ovos diretamente no corpo do hospedeiro, e não é raro encontrar lagartas com vários ovos de taquinídeos sobre elas. Ao eclodir, a larva de taquinídeo geralmente escava seu hospedeiro e alimenta-se internamente (Figura 34-62B). Quando totalmente desenvolvida, deixa o hospedeiro e empupa nas proximidades. Alguns taquinídeos depositam seus ovos na folhagem. Os ovos geralmente eclodem em larvas achatadas peculiares chamadas planídias, que permanecem na folhagem até que possam se fixar a um hospedeiro adequado, quando este se aproxima do local. Em outras espécies que depositam seus ovos na folhagem, os ovos eclodem quando são ingeridos (juntamente com a folhagem) por uma lagarta. As larvas de taquinídeos continuam então a se alimentar dos órgãos internos da lagarta. Na prática, um inseto atacado por um taquinídeo invariavelmente morre.

ORDEM DIPTERA **691**

Figura 34-60 Gasterófilos e moscas-do--berne (Oestridae). A, um gasterófilo, *Gasterophilus intestinalis* (DeGeer), fêmea; B, mosca-do-berne bovina, *Hypoderma lineatum* (de Villers), fêmea; C, uma espécie parasita de ovelhas, *Oestrus ovis* L., fêmea; D, mosca--do-berne ou torsalo, *Dermatobia hominis* (L., Jr.), fêmea.

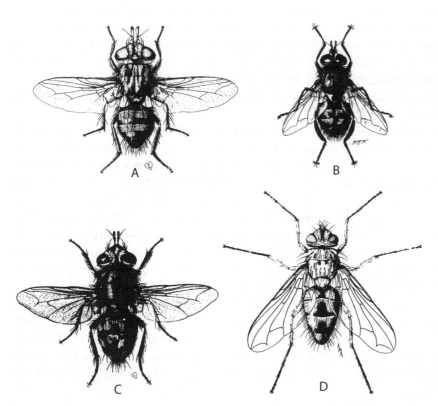

Figura 34-61 Moscas taquinídeas. A, *Euphorocera claripennis* (Macquart); B, *Winthemia quadripustulata* (Fabricius); C, *Archytas marmoratus* (Townsend); D, *Dexilla ventralis* (Aldrich).

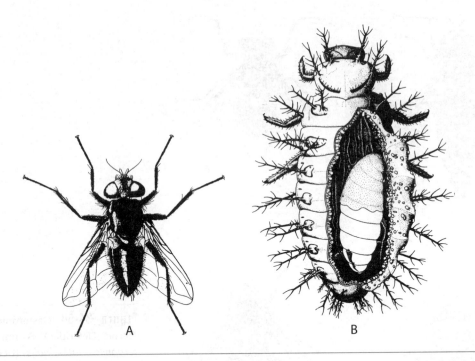

Figura 34-62 O taquinídeo do besouro-do-feijão, *Aplomyiopsis epilachnae* (Aldrich). A, adulto; B, larva do besouro-do-feijão dissecada para mostrar a larva deste taquinídeo em seu interior.

Acalyptratae – Dípteros muscoides acaliptrados: Este é um grupo grande e diverso (3.500 espécies). Muitos têm corpo de tamanho pequeno e, tradicionalmente, sua identificação representa um desafio para o estudante. A monofilia de Acalyptratae não é bem estabelecida e este pode inclusive representar um grupo parafilético.

Família **Micropezidae** – **Micropezídeos:** Os membros deste grupo são moscas de tamanho pequeno a médio, alongadas, com pernas muito longas. A primeira célula posterior (R_5) é estreitada apicalmente e a célula anal frequentemente é longa e afilada em sua extremidade (Figura 34-22C). Os adultos são encontrados perto de locais úmidos. Apenas 33 espécies ocorrem na América do Norte, mas o grupo é abundante nos trópicos, onde as larvas vivem em excrementos.

Família **Neriidae** – Este grupo é representado nos Estados Unidos por duas espécies que ocorrem no sudoeste. A espécie mais comum, *Odontoloxozus longicornis* (Coquillett), é distribuída do sul do Texas até o sul da Califórnia. É delgada, de tamanho médio, acinzentada com marcas marrons e possui pernas longas, delgadas e antenas longas eretas e projetadas para a frente (Figura 34-23I). As larvas se alimentam de cactos em decomposição e os adultos geralmente são encontrados apenas nesses cactos.

Família **Pseudopomyzidae** – As moscas deste grupo que ocorrem nos Estados Unidos, *Latheticomyia tricolor* Wheeler e *L. lineata* Wheeler, medem cerca de 2,5 mm a 3,5 mm de comprimento e são pretas com áreas amarelas na cabeça, tórax e pernas. As coxas anteriores são longas e delgadas, quase do comprimento da tíbia. Os fêmures anteriores possuem algumas cerdas fortes ventralmente na metade distal e os fêmures posteriores apresentam uma única cerda, aproximadamente a três quartos de seu comprimento. As asas são hialinas, a célula anal é bem desenvolvida, 2A não atinge a margem da asa e a segunda célula basal e a discal são confluentes. Podem ser coletadas durante o final do crepúsculo, usando-se armadilhas com iscas de banana, no Arizona e Utah.

Família **Diopsidae** – **Diopsídeos:** Este grupo é principalmente tropical e apenas duas espécies, *Sphyracephala brevicornis* (Say) e *S. subbifasciata* Fitch, ocorrem na América do Norte. A maioria das espécies tropicais possui os olhos situados na extremidade de longos pedúnculos, porém as espécies norte-americanas têm pedúnculos oculares relativamente curtos (Figura 34-23J). Os adultos são escuros e medem cerca de 4,5 mm de comprimento, com os fêmures anteriores distintamente dilatados. Estas espécies foram procriadas em laboratório (a partir de ovos depositados por adultos que viveram no inverno), porém pouco se sabe sobre sua história de vida em campo. As larvas alimentam-se de matéria orgânica úmida e provavelmente vivem em pântanos com esfagno. Os adultos geralmente são

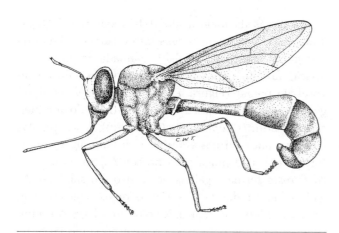

Figura 34-63 Um conopídeo, *Physocephala furcillata* (Williston).

encontrados nestes *habitats* ou nas proximidades, com frequência em dracúnculos.

Família **Psilidae** – **Psilídeos:** Os psilídeos são moscas de tamanho pequeno a médio, em geral relativamente delgadas, com antenas longas. Apresentam uma crista peculiar ou um enfraquecimento ao longo do terço basal da asa. No gênero *Loxocera*, o terceiro artículo antenal é muito longo e delgado (Figura 34-21). As larvas vivem em raízes ou galhas de plantas, e uma espécie, *Psila rosae* (Fabricius), o psilídeo da cenoura, causa lesão considerável a cenouras, aipo e plantas relacionadas.

Família **Tanypezidae:** Os Tanypezidae são moscas de tamanho médio com pernas relativamente longas e delgadas. Vivem em matas úmidas e são muito raros. Apenas três espécies ocorrem nos Estados Unidos (no nordeste) e nada se sabe sobre seus estágios imaturos.

Família **Conopidae** – **Conopídeos:** Os conopídeos são moscas acastanhadas de tamanho médio, muitas das quais lembram superficialmente pequenas vespas esfecíneas (Figura 34-63). O abdômen é alongado e delgado basalmente, a cabeça é discretamente mais larga que o tórax e as antenas são longas. Todas as espécies possuem uma probóscide muito longa e delgada. Em algumas espécies, a probóscide é geniculada. A venação alar (Figura 34-15D) é semelhante à dos Syrphidae (Figura 34-15A-C), porém não existe uma veia espúria. Os conopídeos podem ser separados dos sirfídeos que não possuem veia espúria por sua probóscide longa e delgada. Em um gênero (*Stylogaster*), o abdômen é delgado e, na fêmea, termina em um ovipositor muito longo, tão longo quanto o restante do corpo. Os adultos são encontrados em flores. As larvas são endoparasitas, principalmente de mamangabas e vespas adultas, e as moscas realizam a postura em seus hospedeiros durante o voo.

Família **Lonchaeidae:** Os lonqueídeos são moscas pequenas, brilhantes, escuras, com o abdômen oval em vista dorsal e um pouco pontiagudo apicalmente. Vivem principalmente em áreas úmidas ou sombreadas. As larvas são principalmente invasoras secundárias de tecidos vegetais doentes ou danificados. Algumas se alimentam de pinhas, frutas ou vegetais. O grupo contém cerca de 120 espécies norte-americanas e os adultos não são muito comuns.

Família **Pallopteridae** – **Palopterídeos:** As nove espécies norte-americanas deste grupo são raras e pouco conhecidas. São moscas de tamanho médio que geralmente apresentam asas com padrões de manchas e vivem em lugares úmidos e sombreados. As larvas das espécies norte-americanas são desconhecidas, porém as larvas das espécies europeias são fitófagas em brotos de flores e caules ou vivem sob cascas de árvores caídas, onde capturam larvas de besouros perfuradores de madeira.

Família **Piophilidae** – Essas moscas geralmente medem menos de 5 mm de comprimento e são pretas ou azuladas, relativamente metálicas (Figura 34-64A). As larvas são principalmente detritívoras e algumas vivem em queijos e carnes preservadas. As larvas de *Piophila casei* (L.) frequentemente constituem pragas sérias em queijos e carnes. Podem ser conhecidas pelo nome em inglês, "skipper flies", referindo-se ao fato de que as larvas podem saltar. Esta família inclui *Actenoptera hilarella* (Zetterstedt), antigamente classificada na família Neottiophilidae. Esta espécie europeia foi amplamente relatada no Canadá e no estado de Washington.

Família **Pyrgotidae:** Os pirgotídeos são moscas relativamente alongadas de tamanho médio a grande e frequentemente apresentam um colorido considerável nas asas. A cabeça é proeminente e arredondada e não há ocelos (Figura 34-65). Este é um pequeno grupo (nove espécies norte-americanas) e seus membros não são muito comuns. A maioria dos adultos é noturna e frequentemente é atraída para as luzes, suas larvas são parasitas de besouros-de-maio adultos.

Família **Richardiidae:** Este é um grupo pequeno (10 espécies norte-americanas) de moscas entre pouco comuns e raras, sobre as quais pouco se sabe. A maioria das espécies foi capturada em armadilhas por meio de iscas com frutas e uma espécie de *Omomyia* foi recolhida em iucás. Em *Omomyia*, a costa possui espinhos e os machos são muito pilosos. Estas moscas são conhecidas no Arizona e Novo México. A maioria das espécies desta família apresenta padrões de manchas nas asas.

Família **Tephritidae** – **Moscas-da-fruta:** Os membros deste grupo são moscas de tamanho pequeno a médio que geralmente apresentam manchas ou faixas nas asas, com as manchas formando padrões complicados

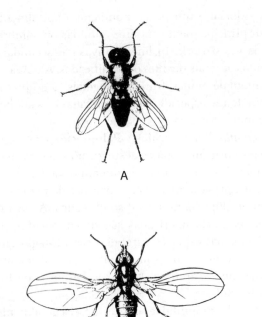

Figura 34-64 A, adulto de *Piophila casei* (L.) (Piophilidae); B, uma mosca minadora, *Cerodontha dorsalis* (Loew) (Agromyzidae).

e atraentes (Figuras 34-66, 34-67). Podem ser reconhecidas pela estrutura da subcosta, que se dobra apicalmente para frente em um ângulo quase reto e, então, vai desaparecendo. Na maioria das espécies, a célula anal apresenta uma projeção distal aguda posteriormente (Figura 34-24B). Os adultos são encontrados em flores ou na vegetação. Algumas espécies têm o hábito de mover lentamente suas asas para cima e para baixo enquanto repousam na vegetação. Algumas vezes, são chamadas de "moscas-pavão". Este grupo é grande (300 espécies norte-americanas) e muitas espécies são bastante comuns.

Figura 34-65 *Pyrgota undata* Wiedemann (Pyrgotidae).

As larvas da maioria dos tefritídeos são fitófagas e algumas constituem pragas muito sérias. A larva de *Rhagoletis pomonella* (Walsh), chamada de "mosca-da-maçã," faz túneis nos frutos de macieiras e outras árvores de pomar (Figura 34-66). Outras espécies deste gênero atacam cerejas. A mosca-da-fruta do mediterrâneo, *Ceratitis capitata* (Wiedemann), ataca plantas cítricas e outras frutas e muitas vezes ameaça se transformar em uma praga séria no sul. Espécies do gênero *Eurosta* formam galhas no tronco em solidago. As galhas são arredondadas e têm paredes espessas, com uma única larva no centro. No outono, a larva corta um túnel até a superfície, passa o inverno como larva na galha e empupa na primavera. No estágio larval, alguns tefritídeos são minadores de folhas.

Famílias **Ulidiidae** e **Platystomatidae** – **Ulidiídeos:** Os ulidiídeos constituem um grupo grande de moscas de tamanho pequeno a médio, com asas manchadas em preto, marrom ou amareladas e o corpo frequentemente brilhante e metálico. Em geral, são encontradas em locais úmidos e frequentemente são muito abundantes. Pouco se sabe sobre seus estágios larvais, porém algumas larvas são fitófagas e, ocasionalmente, danificam plantas cultivadas, enquanto outras vivem em materiais em decomposição. Estes grupos são mais abundantes nos trópicos, mas existem 133 espécies de Ulidiidae e 41 espécies de Platystomatidae na América do Norte.

Família **Chamaemyiidae** – Moscas predadoras de pulgões: Os camemiídeos são moscas pequenas, geralmente acinzentadas, com manchas pretas no abdômen. As larvas da maioria das espécies são predadoras de pulgões, cochonilhas e cochonilhas-pulverulentas. Uma espécie foi documentada em ninhos de pássaros.

Família **Lauxaniidae:** Os lauxaniídeos são moscas pequenas, relativamente robustas, raramente com mais de 6 mm de comprimento. Algumas exibem padrões de manchas nas asas, e sua cor varia consideravelmente. Em geral, podem ser distinguidas de outros dípteros muscoides acaliptrados pela subcosta completa, ausência de vibrissas orais, pós-verticais convergentes e cerdas tibiais pré-apicais. Este grupo é grande (158 espécies norte-americanas) e seus membros são comuns em lugares úmidos e sombreados. As larvas vivem na vegetação em decomposição.

Família **Coelopidae:** Os membros desta família são moscas de tamanho pequeno a médio, marrom-escuras ou pretas, que apresentam o dorso do tórax visivelmente achatado e o corpo e pernas com muitas cerdas (Figura 34-68). Estas moscas vivem ao longo da praia e são particularmente abundantes em locais onde várias algas marinhas tenham sido lançadas à terra. As larvas desenvolvem-se nas algas (principalmente as marinhas)

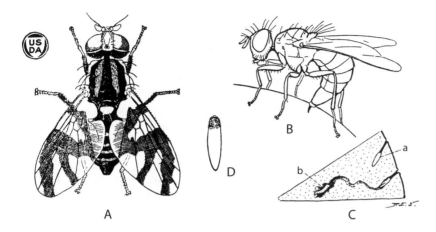

Figura 34-66 A mosca-da-maçã, *Rhagoletis pomonella* (Walsh) (Tephritidae). A, fêmea adulta, aumentada 7X; B, fêmea perfurando a casca da maçã como preparação para a postura de um ovo; C, corte de uma maçã mostrando um ovo inserido em *a*, e uma larva jovem fazendo um túnel para a polpa em *b*; D, um ovo (muito aumentado).

em números enormes, principalmente logo acima da marca da maré alta, em algas que tenham começado a apodrecer. Os adultos formam enxames sobre as algas e atraem grande número de aves marinhas, que se alimentam deles. Os adultos alimentam-se de flores e, algumas vezes, agrupam-se de modo tão intenso sobre as flores próximas à praia que uma única varredura de rede pode capturar centenas de indivíduos ou mais. Quatro das cinco espécies norte-americanas ocorrem ao longo da costa do Pacífico. A outra, *Coelopa frigida* (Fabricius), ocorre ao longo da costa do Atlântico, a partir de Rhode Island até o norte.

Família **Dryomyzidae:** Este é um grupo pequeno (11 espécies norte-americanas) de moscas relativamente raras e semelhantes aos Sciomyzidae. Três espécies em dois gêneros (*Helcomyza* e *Heterocheila*, anteriormente classificados na família Helcomyzidae) ocorrem ao longo da costa do Pacífico, do Óregon até o Alasca. Suas larvas vivem em algas apodrecidas. As demais espécies da família são amplamente distribuídas e geralmente são encontradas em matas úmidas. Suas larvas vivem em matéria orgânica em decomposição.

Família **Ropalomeridae:** Este é um pequeno grupo de cerca de 30 espécies, cuja maioria ocorre nas Américas Central e do Sul. Têm tamanho médio e geralmente são acastanhadas ou acinzentadas, com a primeira célula posterior (R_5) estreitada apicalmente, os fêmures espessados e as tíbias posteriores muitas vezes dilatadas. A única espécie norte-americana, *Rhytidops floridensis* (Aldrich), ocorre na Flórida, onde os adultos geralmente são encontrados ao redor de exsudatos frescos de palmeiras.

Família **Sciomyzidae – Moscas-do-pântano:** As moscas-do-pântano são de tamanho pequeno a médio, geralmente amareladas ou acastanhadas e apresentam antenas eretas que se estendem para a frente (Figura 34-69). Muitas espécies apresentam manchas ou padrões nas asas e uma cerda característica perto da metade da superfície anterior do fêmur médio. Este é um grupo de tamanho razoável (quase 191 espécies norte-americanas) e muitas espécies constituem insetos comuns. Geralmente, vivem ao longo das margens de lagos e córregos, pântanos, charcos e matas. As larvas alimentam-se de caramujos, ovos de caramujos e larvas, em geral como predadoras.

Família **Sepsidae – Sepsídeos:** Os sepsídeos são moscas pequenas, escuras e brilhantes (algumas vezes, com um tom avermelhado), que apresentam a cabeça esférica e o abdômen estreitado na base (Figura 34-70). Muitas espécies possuem uma mancha escura ao longo da margem costal da asa perto do ápice. As larvas vivem em excrementos e em vários tipos de material em decomposição. Os adultos são moscas comuns e, com frequência, são encontrados em números consideráveis perto dos materiais em que as larvas se desenvolvem.

Família **Acartophthalmidae:** Esta família é representada na América do Norte por duas espécies raras que foram capturadas em fungos apodrecidos e carniça do Massachusetts até o Óregon e o Alasca. Uma destas, *Acartophthalmus nigrinus* (Zetterstedt), mede cerca de 2 mm de comprimento e é preta, com as coxas anteriores e halteres amarelos.

Família **Agromyzidae – Moscas minadoras:** Estas moscas são pequenas e geralmente escuras ou amareladas (Figura 34-64B). As larvas são minadores de folhas e os adultos ocorrem em quase todos os lugares. A maioria das espécies é reconhecida mais facilmente por suas minas do que pelos insetos em si. *Phytomyza aquilegivora* Spencer é uma espécie relativamente comum que cria uma mina sinuosa em folhas de aquilégia. *Agromyza parvicornis* Loew cria uma mina em forma de mancha no milho e em várias espécies de gramíneas. *Phytoliriomyza clara* (Melander) mina as folhas de catalpa. A maioria dos agromizídeos cria minas sinuosas, ou seja, minas estreitas e tortuosas que aumentam de largura à medida que a larva cresce. Esta é a maior família de dípteros muscoides acaliptrados, com mais de 700 espécies norte-americanas.

Família **Anthomyzidae:** Estas moscas são pequenas e um pouco alongadas, e algumas espécies exibem asas desenhadas. Este é um grupo relativamente pequeno (10 espécies norte-americanas), porém seus membros, algumas vezes, são razoavelmente comuns em gramíneas e vegetação baixa, especialmente em áreas pantanosas. As larvas vivem em gramíneas e ciperáceas de pântanos.

Família **Asteiidae:** Esta família contém moscas pequenas a minúsculas (cerca de 2 mm de comprimento ou menos), cuja maioria pode ser reconhecida pela venação distintiva (Figura 34-24A): R_{2+3} que termina na costa perto de R_1. Em *Leiomyza*, R_{2+3} termina bem além de R_1, aproximadamente a três quartos do comprimento da asa. Apenas 18 espécies ocorrem na América do Norte e pouco se sabe sobre seus hábitos.

Família **Aulacigastridae:** Este grupo inclui sete espécies relativamente raras. *Aulacigaster leucopeza* (Meiger) é uma mosca pequena e escura, mede cerca de 2,5 mm de comprimento, com faixas brancas, marrons e laranjas na face. Os adultos vivem em fluxos de seiva de árvores lesadas (onde as larvas se desenvolvem). As outras espécies são amareladas a acastanhadas e costumam ser encontradas em gramíneas.

Família **Clusiidae:** Os clusiídeos são moscas pequenas (na maioria 3 mm a 4 mm de comprimento) e relativamente raras, nas quais as asas costumam ser esfumaçadas ou marcadas com marrom, em especial nas áreas apicais. A cor do corpo varia de amarelo-claro a preto. Em algumas espécies, o tórax é preto dorsalmente e amarelado lateralmente. As larvas, que vivem na madeira em decomposição e sob cascas de árvores, podem pular, de modo muito semelhante às larvas de moscas-saltadoras.

Família **Odiniidae:** Este é um pequeno grupo de moscas raras, classificadas anteriormente na família Agromyzidae. Diferem dos Agromyzidae por possuírem cerdas tibiais pré-apicais e asas com padrões de manchas. Os adultos vivem em fluxos de seiva fresca nas árvores, ao redor de fungos, madeira ou em troncos e tocos de árvores apodrecidas e locais semelhantes. Onze espécies ocorrem nos Estados Unidos, a maioria no leste.

Família **Opomyzidae:** Os opomizídeos são moscas pequenas a minúsculas, que geralmente são encontradas em áreas gramadas. As larvas conhecidas alimentam-se de caules de várias gramíneas. Apenas 13 espécies ocorrem na América do Norte e a maioria destas ocorre no oeste ou no Canadá; nenhuma é comum. Dez espécies de opomizídeos pertencem ao gênero *Geomyza* e possuem asas muito estreitadas na base, sem álula e sem desenvolvimento de um lobo anal.

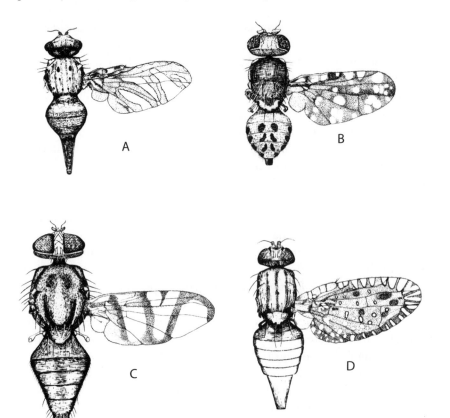

Figura 34-67 Moscas-da-fruta (Tephritidae). A, *Peronyma sarcinata* (Loew); B, *Acidogona melanura* (Loew); C, *Zonosemata electa* (Say); D, *Paracantha culta* (Wiedemann).

Família **Periscelididae:** As três espécies norte-americanas desta família são amplamente distribuídas, mas raras. Geralmente são encontradas ao redor da seiva que flui como resultado de ferimentos nas árvores. Uma espécie foi criada a partir da seiva de carvalho fermentada.

Família **Braulidae – Piolhos-das-abelhas:** Esta família contém uma única espécie, *Braula coeca* Nitzsch, que ocorre em várias partes do mundo, mas é muito rara na América do Norte. É áptera, mede cerca de 1,2 mm a 1,5 mm de comprimento e é encontrada em colmeias de abelhas, geralmente fixada a elas. Os adultos aparentemente alimentam-se do néctar e do pólen na boca da abelha.

Família **Canacidae – Canacídeos:** Os canacídeos são moscas pequenas que lembram os efidrídeos em aspecto e hábitos, mas apresentam apenas uma única quebra na costa, exibem uma célula anal e o triângulo ocelar é muito grande (como na Figura 34-27A). Os adultos das sete espécies raras norte-americanas vivem ao longo do litoral nas costas leste e oeste. As larvas vivem em algas lançadas na praia.

Família **Carnidae:** Este pequeno grupo (16 espécies norte-americanas) antigamente era considerado uma subfamília de Milichiidae. Estas moscas podem ser separadas dos Milichiidae pelos caracteres encontrados na chave (parelha 135). Uma espécie, *Carnus hemapterus* Nitzsch, é um ectoparasita hematófago de aves.

Família **Chloropidae – Moscas-das-gramíneas:** Os cloropídeos são moscas pequenas, relativamente nuas, e algumas espécies são amarelo-vivas e pretas. São muito comuns nos prados e outros locais gramados, embora possam ser encontradas em uma variedade de *habitats*. As larvas da maioria das espécies alimentam-se de caules de gramíneas e algumas constituem pragas sérias de cereais. Algumas são detritívoras e outras são parasitas ou predadoras. Alguns cloropídeos (por exemplo, *Hippelates*), que se desenvolvem na vegetação em decomposição e excrementos, são atraídos para secreções de animais e alimentam-se de pus, sangue e materiais semelhantes. São atraídos particularmente para os olhos e, algumas vezes, são chamados de "lambe-olhos". Estas moscas podem atuar como vetores da bouba e de conjuntivite. Este é um grupo relativamente grande, com 290 espécies norte-americanas.

Família **Cryptochetidae:** As moscas deste grupo são um pouco semelhantes aos borrachudos (Simuliidae) e apresentam hábitos semelhantes aos das lambe-olhos (*Hippelates*, família Chloropidae: ver parágrafo anterior). Podem ser reconhecidas pelo terceiro artículo antenal aumentado, que quase atinge a borda inferior da cabeça, e não possuem uma arista, mas exibem em seu ápice um espinho curto ou um tubérculo. Até onde se sabe, as larvas são parasitas de cochonilhas da família Margarodidae. Este é, principalmente, um grupo de moscas do Velho Mundo, e apenas uma espécie, *Cryptochetum iceryae* (Williston), ocorre nos Estados Unidos. Foi introduzida na Califórnia, vinda da Austrália, na década de 1880 para controle a cochonilha australiana, *Icerya purchasi*. Esta mosca mede cerca de 1,5 mm de comprimento e tem o corpo robusto, com cabeça e tórax azul-metálicos escuros e o abdômen verde brilhante. A introdução foi eficaz. Esta mosca é provavelmente um inimigo natural da cochonilha australiana, mais importante que a joaninha, *Rodolia cardinalis*, que também foi introduzida da Austrália para o controle desta cochonilha.

Família **Milichiidae:** Os miliquiídeos são moscas pequenas, geralmente pretas ou prateadas e, algumas vezes, bastante comuns em áreas abertas. As larvas geralmente vivem em materiais vegetais ou animais em decomposição. Muitas possuem uma probóscide delgada. Este grupo é pequeno, com 43 espécies norte-americanas.

Família **Tethinidae:** A maioria dos tetinídeos consiste em espécies litorâneas, que vivem em gramíneas de praia, pântanos de água salobra e ao redor de algas marinhas lançadas na praia. A maioria é encontrada ao longo da costa do Pacífico. As espécies do interior vivem principalmente em áreas alcalinas. Este é um grupo pequeno (27 espécies norte-americanas) e seus membros são moscas pouco comuns.

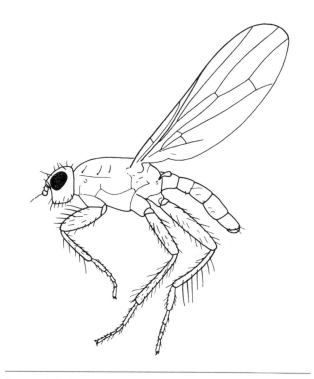

Figura 34-68 Uma espécie de celopídeo, *Coelopa* sp. (Coelopidae).

Família **Chyromyidae:** Este é um grupo pequeno (nove espécies norte-americanas), mas amplamente distribuído de moscas geralmente raras. Em geral, os adultos são recolhidos nas janelas ou na vegetação e alguns foram documentados em ninhos de aves e madeira apodrecida.

Família **Heleomyzidae:** Os heleomizídeos constituem um grupo razoavelmente grande (145 espécies norte-americanas) de moscas de tamanho pequeno a médio, cuja maioria é acastanhada. Muitas lembram superficialmente as moscas-do-pântano (Sciomyzidae), porém possuem vibrissas orais bem desenvolvidas, cerdas pós-verticais convergentes (Figura 34-23C), costa espinhosa (Figura 34-22H) e antenas menores e menos proeminentes. Os adultos geralmente são encontrados em locais sombreados e úmidos. As larvas da maioria das espécies alimentam-se de material vegetal ou animal em decomposição ou de fungos.

Família **Sphaeroceridae – Esferocerídeos:** Os esferocerídeos são moscas muito pequenas, pretas ou marrons, que geralmente podem ser reconhecidas pelas características dos tarsos posteriores (Figura 34-26A). Muitas possuem as veias longitudinais um pouco encurtadas e não atingem a margem da asa (Figura 34-26D). Este é um grupo de tamanho razoável (250 espécies norte-americanas), cujos membros são comuns em locais pantanosos perto de excrementos. Com frequência, vivem em grandes números perto de pilhas de esterco. As larvas vivem em excrementos e no lixo.

Família **Camillidae:** Estas moscas lembram os Drosophilidae, porém são metálicas, não apresentam cerdas esternopleurais e possuem a célula anal aberta

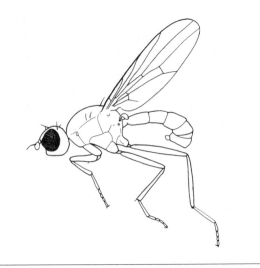

Figura 34-70 Um sepsídeo (Sepsidae), 15X.

apicalmente. Uma espécie, *Camilla glabra* (Fallén), foi relatada em Ontário. Nada se sabe sobre sua biologia.

Família **Curtonotidae:** Este grupo é representado na América do Norte por uma única espécie, *Curtonotum helvum* (Loew), que ocorre no leste. Esta espécie mede cerca de 6 mm de comprimento, tem um aspecto semelhante ao da *Drosophila* e é marrom-amarelado-clara com marcas marrom-escuras. Vive em gramíneas altas, em locais úmidos. A larva é desconhecida.

Família **Diastatidae:** Este é um grupo pequeno (seis espécies norte-americanas), mas amplamente distribuído, cujos membros lembram os Drosophilidae, mas geralmente têm cores escuras. São relativamente raros e pouco se sabe sobre seus hábitos.

Família **Drosophilidae – Moscas-do-vinagre ou Mosquinhas-das-frutas:** Estas moscas medem cerca de 3 mm a 4 mm de comprimento, geralmente são amarelas (Figura 34-71) e costumam ser encontradas perto de vegetação e frutas em decomposição. Este grupo é grande (182 espécies norte-americanas) e muitas espécies são muito comuns. As moscas-do-vinagre frequentemente constituem pragas domésticas quando há frutas presentes. As larvas da maioria das espécies vivem em frutas em decomposição e fungos. As larvas, na verdade, alimentam-se das leveduras que se desenvolvem nas frutas. Algumas espécies são ectoparasitas (de lagartas) ou predadoras (de cochonilhas-pulverulentas e outros pequenos Hemiptera) no estágio larval. Várias espécies deste grupo, em função do seu ciclo de vida curto, dos cromossomos gigantes da glândula salivar e da facilidade de cultura, foram utilizadas extensivamente em estudos genéticos sobre hereditariedade.

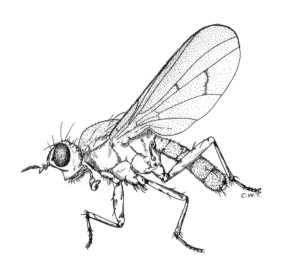

Figura 34-69 Uma mosca do pântano, *Tetanocera vicina* Macquart (Sciomyzidae), 7½X.

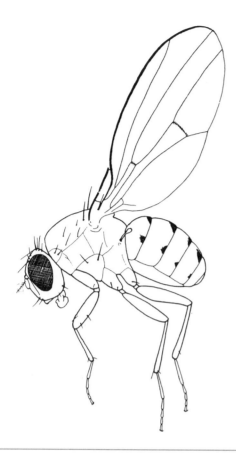

Figura 34-71 Uma mosca-do-vinagre, *Drosophila* sp., ampliada 20X.

Família **Ephydridae – Efidrídeos:** Este é um grande grupo (463 espécies norte-americanas) e algumas espécies são muito comuns. Os efidrídeos são pequenos ou muito pequenos. A maioria tem cores escuras e alguns apresentam asas com manchas. Os adultos são encontrados em locais úmidos: pântanos, praias de lagos, córregos e no litoral. As larvas são aquáticas e muitas espécies vivem em água salobra ou fortemente salina ou alcalina. Uma espécie do oeste, *Helaeomyia petrolei* (Coquillett), desenvolve-se em poças de petróleo bruto. Estas moscas frequentemente ocorrem em grande números. As poças de água ao longo da praia, algumas vezes, podem ficar cheias de adultos, que caminham ou ficam aglomerados na superfície da água (por exemplo, *Ephydra riparia* Fallén. Ao longo da praia do Great Salt Lake, Utah, Estados Unidos, os efidrídeos podem surgir do solo, em nuvens, e algumas varreduras com rede podem capturar uma porção deles. Antigamente, os nativos americanos reuniam os pupários do lago para comê-los.

COLETA E PRESERVAÇÃO DE DIPTERA

Os métodos gerais para a coleta de Diptera são semelhantes aos utilizados para a coleta de outros insetos. Para se obter uma grande variedade, deve-se coletar em *habitats* diversos. Muitas das espécies menores podem ser capturadas mais facilmente por varredura, colocando-se todos os insetos capturados no frasco mortífero e examinando-os cuidadosamente mais tarde. Armadilhas, como a apresentada na Figura 35-6B, que utiliza vários tipos de iscas, às vezes constituem-se dispositivos de coleta úteis.

A maioria dos Diptera, particularmente os espécimes menores, deve ser montada em poucas horas após sua captura, porque secam rapidamente e provavelmente serão danificados durante a montagem se estiverem secos demais. Muitos dos espécimes menores e mais delicados, como quironomídeos, pernilongos e formas semelhantes, devem ser manipulados com muito cuidado para evitar que os pelos e escamas minúsculas sejam removidos por atrito, já que estes costumam ser importantes para a identificação, particularmente se o espécime chegar a ser identificado até o nível de espécie. O único modo de obter bons espécimes de muitas destas formas delicadas consiste em criá-los e colocá-los no frasco mortífero sem o uso de rede para captura.

Os maiores Diptera são montados diretamente no alfinete em montagem simples e os espécimes menores são montados em triângulos em montagem dupla, alfinetes minúsculos ou lâminas de microscópio. Ao alfinetar um díptero, particularmente os muscoides, é importante que as cerdas do dorso do tórax sejam mantidas intactas; o alfinete deve ser inserido em um lado da linha média. Se o espécime for muito pequeno para ser alfinetado deste modo, deve ser montado em um triângulo de papel grosso. Espécimes montados em um triângulo devem estar sobre seu lado direito, com as asas juntas acima do corpo, estendendo-se ao longo dele, com o corpo em ângulo reto em relação ao triângulo (Figura 35-10). Se um espécime a ser montado em um triângulo morrer com suas asas dobradas para baixo, muitas vezes é possível colocá-las em posição vertical apertando-se suavemente seu tórax com uma pinça. Isso deve ser feito o mais rápido possível após a morte do inseto. Alguns dos espécimes minúsculos (especialmente Nematocera) devem ser preservados em fluidos e montados em lâminas de microscópio para estudo detalhado.

Referências

Alexander, C. P. "The crane flies of California", *Bull. Calif. Insect Surv.*, 8, p. 1–269, 1967.

Arnaud, P. H., Jr. "A host–parasite catalog of north american Tachinidae (Diptera)", *USDA Misc. Publ.* 1319, 860 p., 1978

Ashe, P. "A catalogue of chironomid genera and subgenera of the world including synonyms (Diptera: Chironomidae)", *Entomol. Scand. Suppl.*, 20, 68 p., 1983.

Bickel, D. J. Diptera. In: S. B. Parker (Ed.), *Synopsis and classification of living organisms*, pp. 563–599. Nova York: McGraw-Hill, 1982.

Blanton, F. S.; W. W. Wirth. "The sand flies (*Culicoides*) of Florida (Diptera: Ceratopogonidae)", *Arthropods of Florida and Neighboring Land Areas*, 10, p.1–204, 1979.

Borkent, A. "A world catalogue of fossil and extant Crethrellidae and Chaoboridae (Diptera), with a listing of references to keys, bionomic information and descriptions of each known life stage", *Entomol. Scand.*, 24, p. 1–24, 1993.

Borkent, A.; W. W. Wirth. "World species of biting midges (Diptera: Ceratopogonidae)", *Bull. Amer. Mus. Nat. Hist.*, 233, p. 1–257, 1997.

Brown, B. V. "Generic revision of Phoridae of the Nearctic region and phylogenetic classification of Phoridae, Sciadoceridae, and Ironomyiidae (Diptera: Phoridae)", *Mem. Entomol. Soc. Can.*, 164, p. 1–144, 1992.

Carpenter, S. J.; W. J. La Casse. *Mosquitoes of North America (North of Mexico)*. Berkeley: University of California Press, 1955. 360 p.

Cole, F. R. *The flies of western North America*. Berkeley: University of California Press, 1969. 693 p.

Courtney, G. W. "Phylogenetic analysis of the Blephariceromorpha, with special reference to mountain midges (Diptera: Deuterophlebiidae)", *Syst. Entomol.*, 16, p. 137–172, 1991.

Courtney, G. W. "Biosystematics of the Nymphomyiidae (Insecta: Diptera): Life history, morphology, and phylogenetic relationships", *Smithson. Contrib. Zool.*, 550, 41 p., 1994.

Crosskey, R. W.; T. M. Howard. *A new taxonomic and geographical inventory of world blackflies (Diptera: Simuliidae)*. Londres: Natural History Museum, 1997. 144 p.

Cumming, J. M.; B. J. Sinclair; D. M. Wood. "Homology and phylogenetic implications of male genitalia in Diptera, Eremoneura", *Entomol. Scand.*, 26, p. 120–151, 1995.

Curran, C. H. *The families and genera of north american Diptera*. Nova York: Author, 1934. 512 p. Reimpresso por Henry Tripp, Mount Vernon, NY, 1965

de Meyer, M. "World catalogue of Pipunculidae (Diptera)", *Brussels Studiedocumenten van het Koninklijk Belgisch Instituut voor Natuurwetenschappen*, 86, 172 p., 1996.

DeSalle, R.; D. Grimaldi. "Characters and the systematics of Drosophilidae", *J. Heredity*, 83, p. 182–188, 1992.

Disney, R. H. L. "Continuing the debate relating to the phylogenetic reconstruction of the Phoridae (Diptera)", *G. Ital. Entomol.*, 7, p. 103–117, 1994.

Evenhuis, N. L. *World catalog of bee flies (Diptera: Bombyliidae)*. Leiden: Backhuys, 1999. 756 p.

Felt, E. P. *Plant galls and gall makers*. Ithaca: Comstock, 1940. 364 p.

Friedrich, M.; D. Tautz. "Evolution and phylogeny of the Diptera: A molecular phylogenetic analysis using 28S rDNA sequences", *Syst. Biol.*, 46, p. 674–698.

Gillette, J. D. *Mosquitoes*. Londres: Weidenfeld and Nicolson, 1971. 274 p.

Griffiths, G. C. D. "The phylogenetic classification of Diptera-Cyclorrhapha, with special reference to the male postabdomen", *Series Entomologica*, 8, p. 1–340, 1972.

Griffiths, G. C. D. "Relationships among the major subgroups of Brachycera (Diptera): A critical review", *Can. Entomol.*, 126, p. 861–880, 1994.

Grimaldi, D. A. "A phylogenetic, revised classification of genera in the Drosophilidae (Diptera)", *Bull. Amer. Mus. Nat. Hist.*, 197, p. 1–139, 1990.

Hall, D. G. "The blow flies of North America", *Thomas Say Foundation Publ.*, 4, 477 p., 1948.

Harbach, R. E.; I. J. Kitching. "Phylogeny and classification of the Culicidae (Diptera)", *Syst. Entomol.*, 23, p. 327–370, 1998.

Hennig, W. Die *Larvenformen der Dipteren*. Berlim: Akademie-Verlag, 1948. Parte 1, 185 p.

Hennig, W. Die *Larvenformen der Dipteren*. Berlim: Akademie-Verlag, 1950. Parte 2: 458 pp.

Hennig, W. Die *Larvenformen der Dipteren*. Berlim: Akademie-Verlag, 1952. Parte 3, 628 p.

Huckett, H. C. "The Muscidae of northern Canada, Alaska, and Greenland (Diptera)", *Mem. Entomol. Soc. Can.* 42:1–369. 1965.

Hull, F. M. "Robberflies of the world: The genera of the family Asilidae", *U.S. Natl. Mus. Bull.*, 224 (2 vols.), 907 p., 1962.

James, M. T. "The soldier flies or Stratiomyidae of California", *Bull. Calif. Insect Surv.*, 6, 5, p. 79–122, 1960.

Johannsen, O. A. "The fungus gnats of North America", *Maine Agr. Expt. Sta. Bull.*, 172, p. 209–279; 180, p. 125–192; 196, p. 249–327; 200, p. 57–146.

Kessel, E. L.; E. A. Maggioncalda. "A revision of the genera of Platypezidae, with descriptions of five new genera, and considerations of the phylogeny, circumversion, and hypopygia (Diptera)", *Weismann J. Biol.*, 26, 1, p. 33–106, 1968.

Knight, K. L.; A. Stone. *A catalog of the mosquitoes of the world (Diptera: Culicidae)*. 2. ed., v. 6. College Park: Thomas Say Foundation. 1973., 611 p. Suplementa o v. 6 (1978, de K. L. Knight), 70 p.

Maa, T. C. "An annotated bibliography of batflies (Diptera: Streblidae, Nycteribiidae)", *Pac. Insects Monogr.*, 28, p. 119–211, 1971.

Matheson, R. *Handbook of the mosquitoes of North America*. Ithaca: Comstock, 1944. 314 p., ilus.

Mathis, W. M. "World catalog of the beach-fly family Canacidae (Diptera)", *Smithson. Contrib. Zool.*, 536, 18 p., 1992.

Mathis, W. M. "World catalog of the family Tethinidae (Diptera)", *Smithson. Contrib. Zool.*, 584, 27 p., 1996.

Mathis, W. M.; T. Zatwarnicki. "World catalog of shore flies (Diptera: Ephydridae)", *Mem. Entomol. Intern.*, 4, 423 p., 1995.

McAlpine, J. F. "Relationships of *Cremifania* Czerny (Diptera: Chamaemyiidae) and description of a new species", *Can. Entomol.*, 95, 3, p. 239–253, 1963.

McAlpine, J. F.; B. V. Peterson; G. E. Shewell; H. J. Teskey; J. R. Vockeroth; D. M. Wood. *Manual of nearctic Diptera*. v. 1, Monogr. n. 27. Ottawa: Research Branch, Agriculture Canada, 1981. 674 p.

McAlpine, J. F.; B. V. Peterson; G. E. Shewell; H. J. Teskey; J. R. Vockeroth; D. M. Wood. *Manual of nearctic Diptera*. v. 2, Monogr. n. 28. Ottawa: Research Branch, Agriculture Canada, 1987. p. 675–1332.

McAlpine, J. F.; D. V. Wood. *Manual of Nearctic Diptera*. v. 3, Monogr. n. 32. Ottawa: Research Branch, Agriculture Canada, 1989. p. 1333–1581.

McFadden, M. W. "The soldier flies of Canada and Alaska (Diptera: Stratiomyidae). Parte 1: Beridinae, Sarginae, and Clitellariinae", *Can. Entomol.*, 104, p. 531–561, 1972.

Moucha, J. "Horse-flies (Diptera: Tabanidae) of the world. Synoptic catalogue", *Acta Entomol. Mus. Nat. Prag.*, supl. 7, 319 p., 1976.

Oldroyd, H. *The natural history of flies*. Londres: Weidenfeld and Nicolson, 1964. 324 p.

Oosterbroek, P.; G. Courtney. "Phylogeny of the nematocerous families of Diptera (Insecta)", *Zool. J. Linn. Soc.*, 115, p. 267–311, 1995.

Oosterbroek, P.; B. Theowald. "Phylogeny of the Tipuloidea based on characters of larvae and pupae (Diptera, Nematocera): with an index to the literature except Tipulidae", *Tijdschr. Entomol.*, 134, p. 211–267, 1991.

Pape, T. "Catalogue of the Sarcophagidae of the world (Insecta: Diptera)", *Mem. Entomol. Intern.*, 8, 558 p., 1996.

Pape, T. "Phylogeny of Oestridae (Insecta: Diptera)", *Syst. Entomol.*, 26, p. 133–171, 2001.

Pechuman, L. L. "Horse flies and deer flies of Virginia (Diptera: Tabanidae)", *Va. Polytech. Inst. State Univ. Res. Div. Bull.*, 81, 92 p., 1973.

Pennak, R. W. *Fresh-water invertebrates of the United States*. 2. ed. Nova York: Wiley Interscience, 1978. 803 p.

Peters, T. M.; E. F. Cook. "The nearctic dixidae (Diptera)", *Misc. Publ. Entomol. Soc. Amer.*, 5, 5, p. 231–278, 1966.

Peterson, A. *Larvae of insects*. Parte II: Coleoptera, Diptera, Neuroptera, Siphonaptera, Mecoptera, Trichoptera. Ann Arbor: Edwards, 1951. 416 p.

Roback, S. D. "A classification of the muscoid Calyptrate Diptera", *Ann. Entomol. Soc. Amer.*, 44, p. 327–361, 1951.

Sabrosky, C. W. "On mounting micro-Diptera", *Entomol. News*, 48, p. 102–107, 1937.

Saether, O. A. "Phylogeny of Culicomorpha (Diptera)", *Syst. Entomol.*, 25, p. 223–234, 2000a.

Saether, O. A. "Phylogeny of the subfamilies of Chironomidae (Diptera)", *Syst. Entomol.*, 25, p. 393–403, 2000b.

Sinclair, B. J. "A phylogenetic interpretation of the Brachycera (Diptera) based on the larval mandible and associated mouthpart structures", *Syst. Entomol.*, 17, p. 233–252, 1992.

Sinclair, B. J.; J. M. Cumming; D. M. Wood. "Homology and phylogenetic implications of male genitalia in Diptera, lower Brachycera", *Entomol. Scand.*, 24, p. 407–432, 1993.

Skevington, J. H.; D. K. Yeates. "Phylogeny of the Syrphoidea (Diptera) inferred from mtDNA sequences and morphology with particular reference to classification of the Pipunculidae (Diptera)", *Mol. Phylogenet. Evol.*, 16, p. 212–224, 2000.

Spencer, K. A. "The Agromyzidae of Canada and Alaska", *Mem. Entomol Soc. Can.*, 64, p. 1–311, 1969.

Steffan, W. A. "A generic revision of the family Sciaridae (Diptera) of America north of Mexico", *Univ. Calif. Publ. Entomol.*, 44, p. 1–77, 1966.

Steyskal, F. C. "A key to the genera of Anthomyiinae known to occur in America north of Mexico, with notes on the genus *Ganperda* (Diptera: Anthomyiidae)", *Proc. Biol. Soc. Wash.*, 80, p. 1–7, 1967.

Stone, A. "A synoptic catalog of the mosquitoes of the world, Supplement 4 (Diptera: Culicidae)", *Proc. Entomol. Soc. Wash.*, 72, p. 137–171, 1970.

Stone, A.; C. W. Sabrosky; W. W. Wirth; R. H. Foote; J. R. Coulson. "A catalog of the Diptera of America North of Mexico", *USDA Agr. Handbook 276*, Washington DC, 1965. 1969 p.

Sublette, J. E. "Chironomid midges of California. Parte 2: Tanypodinae, Podonominae, and Diamesinae", *Proc. U.S. Natl. Mus.*, 115, p. 85–136, 1964.

Thompson, P. H. "Tabanidae of Maryland", *Trans. Amer. Entomol. Soc.*, 93, p. 463–519, 1967.

Thompson, F. C. *The BioSystematic Database of World Diptera.* http://www.sel.barc.usda.gov/Diptera/biosys.htm. Acesso: 25 mar. 2004.

Tillyard, R. J. *The insects of Australia and New Zealand.* Sydney: Angus and Robertson, 1926.

Vockeroth, J. R. "A revision of the genera of the Syrphini (Diptera: Syrphidae)", *Mem. Entomol. Soc. Can.*, 62, p. 1–176, 1969.

Wiegmann, B. M.; C. Mitter; F. C. Thompson. "Evolutionary origin of the Cyclorrhapa (Diptera): Tests of alternative morphological hypotheses", *Cladistics,* 9, p. 41–81, 1993.

Wiegmann, B. M.; S. C. Tsaur; D. W. Webb; D. K. Yeates; B. K. Cassel. "Monophyly and relationships of the Tabanomorpha (Diptera: Brachycera) based on 28S ribosomal gene sequences", *Ann. Entomol. Soc. Amer.*, 93, p. 1031–1038, 2000.

Wirth, W. W.; A. Stone. Aquatic Diptera. In: R. L. Usinger. (Ed.) *Aquatic insects of California.* Berkeley: University of California Press, 1956. p. 372–482.

Yeates, D. K. "The cladistics and classification of the Bombyliidae (Diptera, Asiloidea)", *Bull. Amer. Mus. Nat. Hist.*, 219, p. 1–191, 1994.

Yeates, D. K.; B. M. Wiegmann. "Congruence and controversy: Toward a higher–level phylogeny of Diptera", *Annu. Rev. Entomol.*, 44, p. 397–428, 1999.

CAPÍTULO 35

COLEÇÃO, PRESERVAÇÃO E ESTUDO DOS INSETOS

Um dos melhores modos de se aprender sobre os insetos é coletá-los. O manuseio dos espécimes e a preparação de coleções revelam muitas coisas que não podem ser ensinadas nos livros de texto. Muitas pessoas acreditam que colecionar insetos é extremamente interessante porque fornece não apenas a satisfação de estar em campo, mas também de aprender em primeira mão. O estudante pode desenvolver um interesse muito maior pelos insetos ao colecioná-los e manipulá-los do que simplesmente olhando figuras ou espécimes preservados. A observação de espécimes vivos permite que o estudante aprenda sobre seus *habitats*, hábitos e comportamento – informações muitas vezes tão valiosas quanto as características morfológicas para determinar sua posição taxonômica. Talvez o maior elogio que qualquer entomologista, mesmo um professor experiente, possa receber é ser chamado de um bom trabalhador de campo.

QUANDO E ONDE COLETAR

Na coleta de insetos – como ocorre com quase qualquer atividade –, o tempo e esforço despendidos estão diretamente correlacionados à proficiência obtida. Os não iniciados podem passar por *habitats* literalmente lotados de insetos sem sequer perceber sua presença. Poucas atividades em ambientes externos aguçam os poderes de observação e a percepção, testam a paciência e a habilidade e fornecem fontes intermináveis de deslumbramento como a coleta de insetos.

Os insetos podem ser encontrados praticamente em todos os lugares e em números consideráveis. Em quanto mais lugares você procurar, maior será a variedade que poderá coletar. O melhor momento para a coleta é o verão, porém os insetos estão ativos do início da primavera até o final do outono e muitos podem ser encontrados em hibernação durante o inverno. Os insetos são ativos durante todo o ano nas áreas do sul dos Estados Unidos. Os adultos de muitas espécies possuem uma faixa sazonal curta, portanto, uma pessoa que deseja obter a maior variedade deve coletar durante todo o ano. Uma vez que diferentes espécies estão ativas em diferentes momentos do dia, pelo menos alguns tipos de insetos podem ser coletados a qualquer hora. Condições climáticas ruins, como chuva ou baixa temperatura, reduzem a atividade de muitos insetos, dificultando sua localização ou coleta, enquanto outros são pouco afetados e podem ser coletados em qualquer tipo de clima. Se souber onde procurar, você poderá encontrar insetos a qualquer hora do dia e em qualquer dia do ano.

Uma vez que muitos tipos de insetos alimentam-se ou frequentam as plantas, a vegetação fornece um dos melhores lugares para coleta. Os insetos podem ser capturados, agitados ou varridos para fora da planta com uma rede. Diferentes espécies alimentam-se de diferentes tipos de plantas, portanto, todas as variedades de plantas devem ser examinadas. Todas as partes de uma planta podem conter insetos: a maioria provavelmente estará na folhagem ou nas flores, mas outros podem estar sobre ou no interior do caule, casca, madeira, frutas ou raízes.

Geralmente, vários tipos de resíduos contêm muitos tipos de insetos. Algumas espécies podem ser encontradas em fungos de folhas e montes de folhagem na superfície do solo, particularmente em matas ou áreas onde a vegetação é densa. Outras podem ser encontradas sob pedras, tábuas, cascas de árvores e objetos semelhantes, em material apodrecido ou em decomposição de todos os tipos, como fungos, plantas em decomposição, corpos de animais mortos, frutas podres e esterco. Muitos insetos, nestas situações, podem ser recolhidos com os dedos ou pinças. Outros podem ser obtidos peneirando-se os resíduos.

Os insetos podem ser encontrados dentro ou ao redor de edificações, em animais ou humanos. Muitos usam edificações, cavidades sob edificações, galerias e locais semelhantes como abrigo e algumas espécies são coletadas mais facilmente nestas situações. Outros insetos encontrados em edificações alimentam-se de tecidos, móveis, grãos, alimentos e outros materiais. Os insetos que atacam animais são encontrados ao redor deles e uma pessoa interessada em coletar espécies que atacam humanos pode chegar a eles com pouco esforço – simplesmente deixando que os insetos venham até ela.

Em noites quentes, os insetos são atraídos para as luzes e podem ser coletados nas lâmpadas da rua ou da varanda, em janelas ou telas de salas iluminadas ou com luzes colocadas especialmente para atraí-los. Esta é uma das maneiras mais fáceis de coletar muitos tipos de insetos.

Contudo, muitos insetos noturnos não são atraídos pelas luzes, e se deve procurá-los à noite e capturá-los à mão. O exame de troncos de árvores, folhas e outros tipos de vegetação, toras de madeira caídas, superfícies rochosas e outros *habitats* à noite revelará uma fauna considerável de artrópodes, não imaginada pelas pessoas que coletam apenas durante o dia. Lanternas e faróis de vários tipos são úteis para a coleta à noite, porém o melhor tipo de luz é uma lanterna de cabeça, pois não apenas deixa as duas mãos livres (e muitas vezes você desejará ter três ou quatro braços e mãos extras), mas também focaliza a sua atenção e percepção para áreas menores: a lâmpada ilumina apenas a área para a qual está direcionada. Escolha um modelo com uma faixa elástica para a cabeça e operada por uma bateria de 6 volts fixada ao cinto, disponível em quase qualquer grande loja de equipamentos para acampamento.

Um grande número de insetos – apenas nos estágios imaturos, em alguns casos, e todos os estágios em outros – é encontrado em ambientes aquáticos. Diferentes tipos de *habitats* aquáticos contêm diferentes espécies e diversos insetos podem ser encontrados em diferentes partes de qualquer lagoa ou córrego em particular. Alguns são encontrados na superfície, outros vivem na vegetação aquática, outros ficam fixados ou sob pedras ou outros objetos na água e outros ainda cavam a areia ou a sujeira do fundo. Muitos insetos aquáticos podem ser coletados à mão ou com pinças. Outros são mais facilmente capturados com o auxílio de vários tipos de equipamento de coleta aquática.

Os adultos de muitas espécies são mais facilmente obtidos com a coleta dos estágios imaturos e criação subsequente. Este processo envolve a coleta de casulos, larvas ou ninfas e sua manutenção em algum tipo de recipiente até o aparecimento dos adultos. Muitas vezes é possível obter espécimes melhores através deste método do que pela coleta de adultos no campo.

Embora muitas pessoas vejam os insetos simplesmente como pragas que devem ser removidas ou exterminadas, devemos lembrar que eles são classificados como vida selvagem em muitos estatutos. Por outro lado, várias espécies são formalmente consideradas ameaçadas ou em risco de extinção e, como tal, são protegidas, não apenas da coleta, mas também de perturbação em seu *habitat*. Em geral, é necessário obter-se permissão das autoridades para a coleta de insetos em áreas públicas, como parques e florestas estaduais e nacionais. As exigências para esta documentação variam muito e, em geral, os parques possuem restrições maiores. Os requerimentos para as autorizações necessárias devem ser obtidos muito antes da viagem para a coleta. O transporte de vida selvagem ou produtos de vida selvagem, incluindo insetos, entre limites estaduais e internacionais também é regulado. Nos Estados Unidos, para a coleta de espécies relacionadas no *Appendices of the Convention on International Trade in Endangered Species* (CITES), são necessárias autorizações para importação ou exportação. Qualquer comerciante legítimo que venda insetos importados deve ser capaz de fornecer ao comprador a documentação de que o espécime foi coletado legalmente no país de origem. As importações de vida selvagem também devem ser declaradas ao *U.S. Fish and Wildlife Service* (FWS). Viajantes que estejam chegando ou voltando aos Estados Unidos podem interagir com várias agências, cada uma com áreas de autoridade e interesse distintas. A rotina consiste em declarar os espécimes no formulário de entrada; um agente da alfândega então encaminha o viajante aos inspetores do USDA (U.S. Department of Agriculture). A declaração de importação para a FWS é feita preenchendo-se o formulário apropriado. Todas as leis e regulamentos envolvidos são constantemente examinados e revistos e é responsabilidade do importador (o viajante) conhecê-los e segui-los.

Uma queixa comum ouvida em relação ao crescente número de regulamentos e à burocracia associados à coleta de insetos é que um carro que passa por uma estrada mata grandes números de insetos sem necessidade de qualquer autorização. Entretanto, o estudante de entomologia dedicado é efetivamente impedido de coletar, embora o efeito negativo sobre a população de insetos provavelmente seja desprezível. Lembre-se, porém, de que estas leis e regulamentos foram projetados para controlar e prevenir a dizimação real e contínua das populações de vida selvagem, tanto por meios legais quanto ilegais, e o trabalho destes agentes não é interpretar individualmente tais regras, mas garantir sua execução. Oportunidades para comentários sobre os regulamentos propostos surgem regularmente e os indivíduos envolvidos devem levar suas queixas legítimas às agências apropriadas. Quando um período de comentários está aberto para um conjunto de regulamentos, isto costuma ser amplamente divulgado nas listas de discussões que servem à comunidade entomológica.

EQUIPAMENTO DE COLETA

O equipamento mínimo necessário para a coleta de insetos consiste em suas mãos e algum tipo de recipiente para os espécimes coletados. Porém, pode-se obter resultados muito melhores com uma rede e um frasco mortífero ou, melhor ainda, com uma mochila ou uma maleta contendo algum equipamento adicional. Para coletores em geral, o melhor é contar pelo menos com os seguintes itens:

1. Rede para insetos
2. Frascos mortíferos ou letais
3. Caixas pequenas contendo papel de limpeza
4. Envelopes ou papel para fazer envelopes
5. Frascos com conservante
6. Pinças
7. Uma lupa com aumento de 10X
8. Folhas de papel branco simples

Alguns destes itens, particularmente os frascos mortíferos, caixas, envelopes e frascos com conservante, são transportados mais facilmente em uma mochila ou uma pochete. As pinças e lupas podem ser fixadas em um cordão ao redor de seu pescoço e carregadas no bolso da camisa. A rigor, a lupa não constitui um meio de coleta, mas é útil para examinar os insetos no campo.

Outros itens de valor para alguns tipos de coleta são os seguintes:

9. Aspirador
10. Guarda-chuva entomológico ou lençol
11. Peneira
12. Armadilhas
13. Equipamento para coleta aquática
14. Lanterna de cabeça (para coleta noturna)
15. Faca com bainha
16. Pincel de pelo de camelo

Redes para insetos

Redes podem ser adquiridas em um fornecedor ou podem ser feitas em casa. É razoavelmente fácil fazer as redes em casa e sai muito mais barato. Porém, uma rede adquirida em casas comerciais sobrevive por mais tempo de uso. Cabos feitos de alumínio são leves e fortes. O comprimento do cabo corresponde a cerca de 1 metro, porém alguns modelos modulares permitem que o usuário aumente o comprimento em até 3 metros (ou mais). Cabos com dobradiças permitem que a rede toda seja armazenada de modo muito compacto. Porém, a flexibilidade da borda pode tornar estas redes não tão adequadas à varredura de vegetação fechada. Uma rede para coleta geral deve possuir uma malha com abertura suficiente para que o inseto possa ser visto através dela. Tramas mais finas são indicadas para insetos menores.

Uma rede usada com cuidado durará muito tempo. Deve ser mantida longe de espinhos robustos e de arame farpado (para evitar laceração) e mantida seca. Os insetos apanhados em uma rede úmida raramente são adequados para coleta e a umidade, no fim das contas, apodrece o tecido da rede.

Na coleta com rede, pode-se trabalhar de duas maneiras: procurando insetos específicos e então cap-

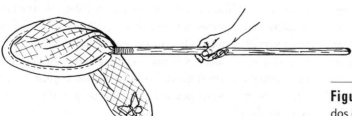

Figura 35-1 Uma rede de insetos virada para impedir a fuga dos espécimes capturados.

turando-os ou varrendo (simplesmente agitando a rede para frente e para trás pela vegetação). Em geral, o primeiro método é usado para a coleta de insetos maiores e, com frequência, exige certo grau de velocidade e habilidade. O último produz uma quantidade e uma variedade muito maior de insetos, embora ocasionalmente possa danificar alguns espécimes delicados.

Quando um inseto particularmente ativo é apanhado, algumas precauções devem ser tomadas para impedir que escape antes de poder ser transferido para o frasco mortífero. O método mais seguro consiste em dobrar a rede com o inseto no fundo (Figura 35-1). Então, o inseto deve ser segurado pela rede (desde que não seja capaz de ferroar) e transferido para o frasco. Se o inseto for capaz de ferroar (na dúvida, suponha que *pode* ferroar), existem três modos para a transferência para o frasco exterminador: (1) Pode-se colocar a dobra da rede, contendo o inseto, no frasco exterminador até que o inseto fique atordoado; então retira-se o inseto da rede e coloca-se no frasco. (2) Pode-se segurar o inseto através da rede com pinças, ao invés de seus dedos, e transferi-lo para o frasco. (3) Pode-se colocar o inseto em uma dobra da rede, atordoá-lo por pinçamento do tórax e então transferi-lo para o frasco exterminador. O primeiro método é provavelmente o melhor.

A varredura é o melhor modo para o colecionador obter o maior número e variedade de insetos. Após a varredura, você pode querer guardar toda a captura ou apenas alguns espécimes. É preferível realizar a transferência de toda a captura para o frasco mortífero, descartando, mais tarde, qualquer espécime que não seja desejado. O melhor modo de guardar toda uma captura consiste em agitar a rede para que os insetos fiquem no fundo e, então, colocar esta parte da rede no frasco mortífero (um frasco de boca larga é melhor), que é então fechado até que os insetos estejam atordoados. Em seguida, o conteúdo da rede deve ser depositado em uma folha de papel (em uma área protegida do vento). Manualmente, remova os maiores pedaços de vegetação ou outros resíduos e o restante deve ser colocado no frasco. Após ter esvaziado os resultados da varredura sobre a folha de papel, você pode recolher os espécimes (em campo) que quiser guardar, mas é melhor guardar toda a captura e realizar a classificação após ter voltado do campo. Se examinar os resultados da varredura sob um microscópio binocular, poderá encontrar (e guardar) muitos insetos interessantes que, de outro modo, poderiam passar despercebidos.

Inserir o frasco na rede é uma outra maneira de se depositar neste frasco os resultados de uma varredura (ou algum inseto único capturado). Este procedimento pode economizar tempo em comparação ao método descrito anteriormente, mas raramente obtém *todo* o material recolhido na varredura e, às vezes, alguns insetos podem escapar. Faça com que os insetos fiquem no fundo da rede com alguns movimentos de balanço, e prenda a rede imediatamente acima deles. Em seguida, segure a ponta da rede para cima (muitos insetos tendem a se mover para cima para escapar), introduza o frasco exterminador na rede (com a tampa removida), movendo-o rapidamente até passar o ponto de pinçamento, e faça com que os espécimes entrem no frasco. Em seguida, o frasco pode ser tampado por fora pelo tempo suficiente para atordoar os insetos ou pode-se passá-lo até a extremidade aberta da rede (com a tampa do frasco fora da rede), removendo-se então a tampa do lado de fora e tampando-se o frasco. Alguns insetos podem escapar com este método, porém um pouco de experiência minimiza as perdas.

Geralmente, a varredura é o único método prático para a captura de insetos pequenos ou minúsculos. Devido a seu tamanho, porém, estes espécimes tendem a secar muito rapidamente e os apêndices, em particular as antenas, estão sujeitos a quebra. Um modo de evitar este problema é colocar todo o conteúdo da rede em um saco plástico (um saco para armazenamento de alimentos de 3 litros funciona bem), preenchido cerca de um quarto a um terço da sua capacidade com água e uma ou duas gotas de detergente líquido (ou qualquer outro surfactante). O detergente reduz a tensão superficial da água, de modo que os insetos são rapidamente umedecidos e submersos. Os espécimes podem ser mantidos na água por períodos de até várias horas. Assim que possível, porém, devem ser lavados completamente em água limpa e então transferidos para álcool 70%. Esta transferência pode ser feita quando os espécimes estiverem sendo identificados (no mesmo dia em que forem coletados). Se não houver tempo suficiente naquele exato momento, pode-se transferir a captura do saco plástico para pequenos sacos de malha (feitos do mesmo material fino das redes de varredura). Em seguida, feche o saco de malha com um fecho de arame para embalagens e coloque em um recipiente com álcool. Após 24 horas, drene a bolsa e a coloque em álcool limpo. Você pode então identificar os espécimes em seus momentos de lazer. Este método funciona bem para coleta de Hymenoptera parasitários minúsculos e pequenos besouros, por exemplo, mas pode não ser apropriado para alguns outros grupos. Moscas pequenas podem ter suas cerdas taxonomicamente importantes quebradas e muitos mirídeos perdem suas pernas posteriores quando colocados em álcool.

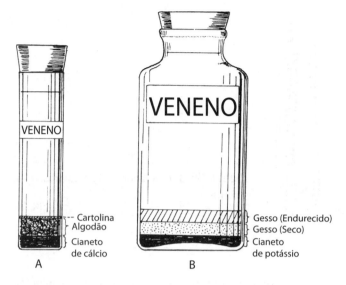

Figura 35-2 Frascos de cianeto. A, um frasco pequeno preparado com cianeto de cálcio; B, um frasco grande preparado com gesso calcinado.

Frascos mortíferos ou letais

Se o inseto precisar ser preservado após sua captura, deve ser morto de um modo que não cause danos ou quebras. Portanto, algum tipo de frasco letal é necessário. Frascos de vários tamanhos e formas podem ser usados, dependendo do tipo de inseto envolvido, e vários materiais diferentes podem ser empregados como agentes exterminadores. No campo, é desejável possuir dois ou três frascos mortíferos de tamanhos diferentes para insetos de tipos diferentes. Use sempre um frasco separado para Lepidoptera porque outros insetos (especialmente besouros) podem danificar suas asas delicadas e porque as escamas destas asas desprendem-se e aderem a outros insetos (fazendo com que pareçam empoeirados). É desejável que haja um ou mais frascos pequenos (talvez 25 mm de diâmetro e 100 a 150 mm de comprimento) para insetos pequenos e um ou mais frascos maiores para insetos maiores. Frascos com rolha são preferíveis aos com tampa de rosca, mas qualquer tipo serve. Garrafas ou frascos de boca larga são melhores que os de boca estreita. Todos os frascos letais, independentemente do agente usado para extermínio, devem ser rotulados como "VENENO" de modo evidente e todos os frascos de vidro devem ser reforçados com fita adesiva para impedir sua quebra e o derramamento de substâncias químicas venenosas.

Vários materiais podem ser usados como agentes tóxicos em um frasco mortífero. O frasco tradicional, preferido por muitos entomologistas, utiliza cianeto. Estes frascos matam rapidamente e têm longa duração, enquanto a maioria dos outros materiais mata mais lentamente e tem duração menor. Porém, o cianeto é extremamente venenoso. Mas, com algumas precauções, os frascos feitos com este produto podem ser tão seguros quanto os frascos com outros agentes.

Os frascos de cianeto podem ser feitos de dois modos (Figura 35-2). Aqueles que são preparados em frascos pequenos possuem um tampão de algodão e um pedaço de cartolina para manter o cianeto no frasco, enquanto os maiores possuem gesso calcinado para fazê-lo. Cianeto de sódio ou de potássio é usado na maioria dos frascos de cianeto. O cianeto de cálcio, algumas vezes, é usado em frascos mortíferos preparados em frascos pequenos.

Um frasco letal de cianeto de cálcio é feito como mostra a Figura 35-2A. Coloque o algodão e a cartolina firmemente no fundo e perfure alguns orifícios na cartolina. Para reduzir o risco de quebra, reforce o fundo e a borda do frasco com fita adesiva. Se o frasco for tampado com uma grande rolha, pode ser conveniente colocar o cianeto em um orifício no fundo da rolha e mantê-lo ali com um tampão de algodão e um tecido de cobertura. O cianeto de cálcio é um pó cinza escuro usado como fumegante. É extremamente venenoso. Deve ser manipulado com muito cuidado e apenas pessoas familiarizadas com suas propriedades devem utilizá-lo. Este tipo de frasco está pronto para uso assim que for preparado.

Um frasco de cianeto feito com gesso calcinado leva mais tempo para ser preparado, porém dura mais. Um frasco feito com cianeto de cálcio dura um mês ou dois, enquanto o feito com cianeto de sódio ou potássio e gesso dura um ano ou dois. O cianeto de potássio (ou sódio) deve estar em forma finamente granular ou em pó, e o frasco é preparado como apresentado na Figura 35-2B. Após derramar o gesso úmido, deixe o frasco

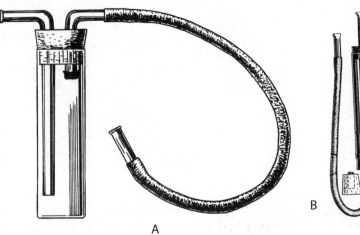

Figura 35-3 Aspiradores. A, tipo frasco; B, tipo tubo.

sem rolha, de preferência em ambientes externos em um local seguro e ventilado, até que o gesso fique completamente duro e seco (um dia ou dois). Coloque então a rolha, acrescente fita adesiva no fundo e fixe uma etiqueta de VENENO e, após um dia ou dois, para que o cianeto possa penetrar no gesso agora seco, o frasco estará pronto para uso.

Outros materiais usados como agentes em frascos mortíferos de insetos incluem acetato de etila, tetracloreto de carbono e clorofórmio. O acetato de etila é o menos perigoso dos três. Frascos que utilizam estes materiais são feitos colocando-se algum tipo de material absorvente no frasco, que é embebido com o agente. O algodão constitui um excelente material absorvente, mas, se for usado, deve ser coberto por um pedaço de cartolina ou tela; de outro modo, os insetos ficarão emaranhados no algodão e será difícil ou impossível removê-los sem avarias. Se acetato de etila ou tetracloreto de carbono for usado, o material absorvente pode ser gesso calcinado que tenha sido misturado com água, derramado no fundo do frasco e completamente seco. Os frascos letais feitos com estes materiais não duram muito tempo e devem ser recarregados com frequência. O tetracloreto de carbono e o clorofórmio são venenosos e as pessoas devem evitar inalar seus vapores. O acetato de etila é relativamente atóxico para humanos.

A eficiência do frasco exterminador depende em grande parte de como ele é usado. Nunca deve ser deixado sem tampa por mais tempo que o necessário para colocar os insetos em seu interior ou retirá-los. O gás que escapa reduz sua potência e um frasco sem tampa (particularmente um feito com cianeto) é um perigo. Mantenha o interior do frasco seco. Os frascos às vezes "transpiram"; ou seja, a umidade dos insetos (e algumas vezes do gesso) se condensa no interior do frasco, particularmente quando exposto à luz solar intensa. Esta umidade estraga os espécimes delicados. É uma boa ideia manter algumas tiras de papel de limpeza ou outro material absorvente no frasco o tempo todo para absorver a umidade e impedir que os insetos fiquem muito emaranhados entre si. Este material deve ser trocado com frequência e o frasco deve ser limpo periodicamente. Um frasco que tenha sido usado para Lepidoptera não deve ser usado para outros insetos, exceto se for inicialmente limpo para remoção de escamas que possam grudar em novos insetos colocados no frasco.

Outros tipos de equipamento de coleta

As redes aéreas, como as já descritas, constituem o equipamento de coleta padrão para a maior parte do trabalho, mas muitos outros dispositivos são úteis em algumas situações ou para a coleta de alguns tipos de insetos. Alguns dos mais importantes são descritos aqui. Com um pouco de habilidade, o colecionador poderá imaginar muitos outros.

Aspirador. Este é um dispositivo muito útil para capturar pequenos insetos, em particular quando se quiser mantê-los vivos. Dois tipos de aspiradores são apresentados na Figura 35-3. A sucção pelo bocal puxa os pequenos insetos para o frasco (A) ou tubo (B), e um tecido sobre a extremidade interna do bocal do tubo impede que os insetos sejam sugados para a boca. Entretanto, o tecido não impede significativamente a passagem de micro-organismos ou esporos de fungos que possam estar presentes em grande número no substrato. Com uma série destes frascos ou tubos, é possível substituir algum que esteja cheio de insetos por outro vazio e a coleta pode prosseguir com uma interrupção mínima.

Guarda-chuva entomológico. Muitos insetos que vivem na vegetação simulam a morte caindo da planta quando ela é chacoalhada discretamente. O colecionador pode tirar vantagem deste hábito colocando o dispositivo de coleta abaixo da planta, sacudindo-a então com um graveto. Os insetos que caem no dispositivo de coleta abaixo continuam a fingir que estão mortos e podem ser recolhidos facilmente. O melhor dispositivo para este tipo de coleta é o guarda-chuva entomológico (Figura 35-4E), uma estrutura em forma de guarda-chuva coberta por uma musselina branca ou lona leve. Um lençol branco ou até mesmo a rede de insetos aberta também podem ser usados para capturar insetos caídos da planta.

Peneiras. Muitos insetos pequenos e incomuns que ocorrem em lixo e folhiço são coletados mais facilmente por peneiração. O procedimento de coleta mais simples consiste em pegar um punhado de material e peneirá-lo lentamente sobre um grande pedaço de tecido, plástico ou cartolina branca. Os pequenos animais que caírem na superfície branca serão revelados por seus movimentos e podem ser recolhidos com um aspirador ou um pincel úmido. O material também pode ser peneirado sobre um tecido branco em uma pequena caixa com fundo de tela.

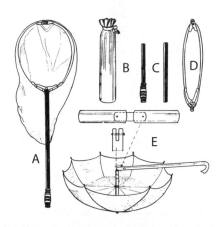

Figura 35-4 Uma rede dobradiça e um guarda-chuva entomológico. A rede (A) pode ser colapsada (D), o cabo removido e solto (C) e todas as partes colocadas em uma bolsa para transporte (B). O guarda-chuva entomológico (E) possui uma junta articulada no cabo e é mantido na posição ilustrada quando em uso.

Um dos modos mais efetivos para retirar insetos e outros animais do solo, resíduos ou montes de folhas consiste no uso de um funil de Berlese (Figura 35-5). Este é um funil comum, em geral grande, contendo um pedaço de tela ou tecido forte, com um frasco mortífero ou recipiente de álcool abaixo dele. O material a ser peneirado é colocado sobre a tela e uma lâmpada elétrica é colocada acima do funil. Assim que a parte superior do material no funil seca, os insetos e outros animais movem-se para baixo e por fim caem no recipiente abaixo do funil, onde

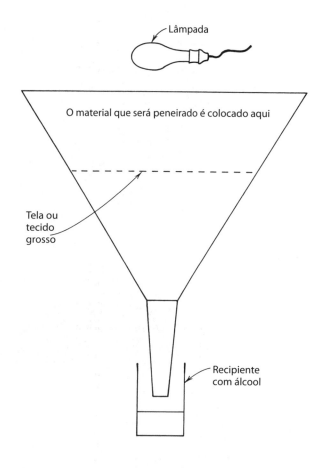

Figura 35-5 Um funil de Berlese. O funil pode ser apoiado a um suporte circular ou por três ou quatro pernas fixadas perto da metade do funil. A lâmpada pode ser uma luminária pescoço de ganso comum ou pode estar em um cilindro de metal colocado sobre o topo do funil. O material peneirado é colocado na tela.

são mortos. Um funil de Berlese constitui o melhor dispositivo para coleta de insetos, ácaros, pseudoescorpiões e pequenas aranhas habitantes de resíduos.

Qualquer pessoa que utilize um funil de Berlese perceberá que muitos animais coletados (por exemplo, colêmbolos e muitos ácaros) permanecem na superfície do álcool. O fato de muitos animais que habitam o solo e resíduos flutuarem no álcool ou na água torna possível a obtenção de muitos destes animais colocando-se este material na água. Muitos animais vão para a superfície, onde podem ser removidos e colocados no álcool.

Um funil de Winkler tem princípio semelhante a um funil de Berlese, mas é feito de tecido de um modo um pouco diferente. É muito mais leve e fácil de transportar no campo.

Armadilhas. As armadilhas constituem um método fácil e, em geral, muito eficaz para recolher diversos tipos de insetos. Uma armadilha consiste em qualquer dispositivo

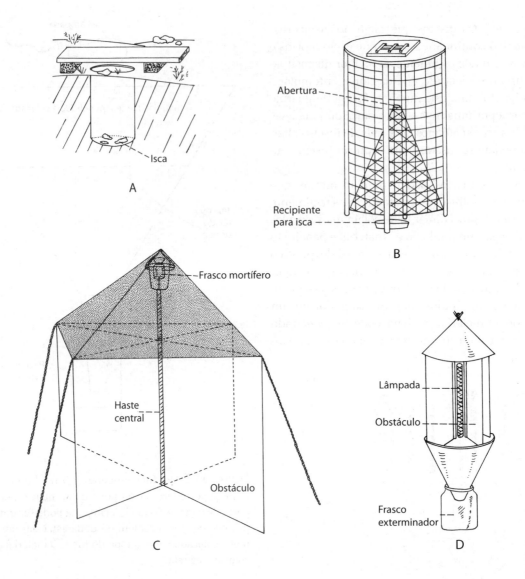

Figura 35-6 Armadilhas para insetos. A, armadilha de queda, consistindo em uma bandeja afundada no solo; B, armadilha para moscas, uma gaiola de tela cilíndrica com um cone de tela no fundo; a isca é colocada em um recipiente abaixo do centro do cone e as moscas atraídas para a isca por fim passarão pela abertura no topo do cone para a parte principal da armadilha, de onde podem ser removidas pela porta no topo; C, armadilha de Malaise, uma estrutura quadrada, semelhante a uma tenda, apoiada sobre uma haste central, com obstáculos de tela ou tecido atravessando as diagonais e um frasco mortífero no topo; D, armadilha luminosa; os espécimes atraídos para a luz passam pelo funil para o frasco letal no fundo.

que contenha algo para atrair os insetos e arranjada de maneira que impeça a sua saída. O atrativo usado e a forma da armadilha são determinados pelo tipo de inseto que se deseja coletar. O espaço aqui não permite uma descrição dos vários tipos de armadilhas, mas alguns podem ser mencionados. O colecionador habilidoso pode imaginar muitos outros que não estão descritos.

Uma armadilha ou outro dispositivo que usa luz como atrativo muitas vezes obtém insetos em grande quantidade e qualidade, mais do que em qualquer outro tipo de coleta. Luz negra, ultravioleta e lâmpadas de vapor de mercúrio atraem mais insetos (ou pelo menos alguns tipos) do que as lâmpadas comuns.

Uma armadilha luminosa para insetos pode ser feita de modo que os insetos que entrem nela sejam desviados por uma série de obstáculos para um frasco de cianeto ou um recipiente com álcool (Figura 35-6D). Uma armadilha deste tipo captura muitos insetos, porém os espécimes não estão em condições apropriadas. Espécimes em melhores condições podem ser coletados simplesmente aguardando-se na luz e colocando-se os insetos desejados diretamente em um frasco letal ou aspirador quando pararem em um objeto próximo à luz (por exemplo, uma parede, tela ou folha de papel).

Um dispositivo eficaz e muito popular é a armadilha de Malaise, que recebe este nome em homenagem ao Dr. René Malaise, da Suécia (Figura 35-6C). Muitas modificações desta armadilha foram desenvolvidas, porém todas consistem essencialmente em estruturas semelhantes a tendas com redes finas para as quais insetos voadores se dirigem. O princípio subjacente a este tipo de armadilha é que os insetos se movem para cima quando tentam escapar e, na armadilha de Malaise, por fim entram no aparelho de coleta no topo da armadilha e são mortos em um frasco contendo álcool, cianeto ou acetato de etila. Estas armadilhas em geral capturam insetos raros ou incomuns que não são capturados por colecionadores com o uso de métodos convencionais. As instruções para a construção de armadilhas de Malaise são fornecidas por Townes (1972).

Armadilhas do tipo apresentado na Figura 35-6B são úteis para capturar moscas que são atraídas para materiais em decomposição como carnes e frutas. Se a armadilha for visitada com frequência, os espécimes capturados podem ser retirados em boas condições. A diversidade da isca produz uma captura mais variada.

Armadilhas de queda do tipo apresentado na Figura 35-6A são úteis para capturar besouros necrófagos e outros insetos que não voam facilmente. Estas armadilhas podem ser feitas com um recipiente plástico grande, de preferência com alguns orifícios perfurados no fundo para impedir o acúmulo de água em seu interior, e com algum tipo de tela sobre a isca para permitir a fácil remoção dos insetos coletados. A armadilha é enterrada com seu topo no nível do solo. Os insetos atraídos para a isca cairão dentro do recipiente e não conseguirão sair. A isca pode ser um animal morto, um pedaço de carne que ao fim sofrerá decomposição, frutas, melaço ou algum material semelhante. Aqui, novamente, a variação da isca produz uma captura mais variada.

As armadilhas de bandeja são semelhantes em alguns aspectos a armadilhas de queda rasas. A bandeja (uma vasilha ou qualquer tipo de recipiente raso) é colocada no nível do solo ou um pouco afundada, preenchida até a metade com água, mais algumas gotas de detergente líquido para reduzir a tensão superficial. Bandejas amarelas são especialmente atraentes para muitas espécies. Os insetos são atraídos ou caem inadvertidamente na armadilha, ficam molhados e afundam. A vítima da bandeja deve ser removida com uma pequena rede de aquário. Armadilhas contendo apenas água devem ser visitadas todos os dias para remoção dos insetos antes que se decomponham. Vários conservantes podem ser acrescidos à água para retardar a decomposição. O preenchimento da armadilha com água saturada com sal é uma alternativa econômica, porém um pouco volumosa (uma grande quantidade de sal é necessária). Uma solução 50-50 de propilenoglicol (um aditivo alimentar) e água também funciona bem. O etilenoglicol, que já foi usado nestas armadilhas, é de fácil acesso, em particular como agente de anticongelamento, mas deve ser evitado porque é atrativo e tóxico para mamíferos. Armadilhas que não sejam visitadas por vários dias necessitam de algum tipo de cobertura sobre elas (como folhas de plástico suspensas) para impedir que a solução exterminador-conservante seja diluída pela água da chuva. Antes de colocar os espécimes em álcool, devem ser enxaguados completa e cuidadosamente em água. Isto visa a remover qualquer surfactante do espécime, assim como qualquer material que o inseto tenha eliminado do seu trato digestivo no momento da morte. Estes materiais coagulam durante a exposição ao álcool e é difícil ou impossível removê-los mais tarde. As armadilhas de bandeja são especialmente eficazes para capturar insetos minúsculos que são encontrados perto do solo, onde é difícil realizar uma varredura.

As armadilhas de interceptação de voo de certo modo correspondem a uma combinação das armadilhas de Malaise e de bandeja. Alguns insetos, em especial os pequenos, nunca atingem o aparelho de coleta no topo de uma Malaise. Podem rastejar pela rede, voar antes de atingir o topo ou cair fora da armadilha, no solo. Para capturar estes insetos, deve-se colocar uma vasilha, bandeja ou um dispositivo semelhante cheio de líquido mortífero/conservante (como descrito anteriormente) abaixo de um único painel de rede fina espalhada ao longo do trajeto de voo dos insetos. Um inseticida de ação rápida pode ser "aplicado" no tecido para capturar espécimes que possam pousar na rede. Os desenhos para este tipo de armadilha podem ser encontrados em Peck e Davies (1980) e Masner e Goulet (1981).

Insetos domésticos que não voam, como traças e baratas, podem ser capturados em uma caixa de topo aberto com isca. Coloque uma caixa com 100 ou 125 mm de profundidade no solo, construa uma rampa do solo até o topo da caixa e coloque como isca biscoitos para cachorros, biscoitos salgados ou algum material semelhante. Unte os 50 a 75 mm superiores do interior da caixa com petrolato, de modo que os insetos que entrem na caixa não consigam rastejar para fora.

Muitos insetos podem ser apanhados com "açúcar", ou seja, preparando-se uma mistura açucarada, que é espalhada nos troncos de árvore, tocos ou cercas. Várias misturas podem ser usadas, mas aquelas contendo compostos que possam fermentar provavelmente são as melhores. Podem ser feitas com melaço ou suco de frutas e um pouco de cerveja chocha ou rum.

Equipamento para coleta aquática. Muitos insetos aquáticos podem ser recolhidos com os dedos ou pinças durante exame de plantas, pedras ou outros objetos na água, porém vários podem ser coletados usando-se uma rede de imersão, um coador, um mergulhador ou outros dispositivos. A rede de imersão pode ser feita como uma rede aérea, porém a bolsa de coleta deve ser mais rasa (não mais profunda que o diâmetro da borda) e muito mais forte. O cabo deve ser pesado e a borda deve ser feita com uma haste de metal de 6 ou 9 mm e fixada firmemente ao cabo. A parte da bolsa que fica fixada à borda deve ser de lona e é desejável que possua um avental do mesmo material estendendo-se para baixo na frente da bolsa. A borda não precisa ser circular. Muitos colecionadores preferem que a borda esteja dobrada na forma da letra D, porque é possível arrastá-la reta pelo fundo. A bolsa pode ser feita com algodão pesado. Coadores como os de chá, com uma borda de 50 a 150 mm de diâmetro, são úteis para coleta aquática se não forem submetidos a uso intenso. Redes de imersão ou coadores podem ser usados para coletar formas de nado livre, formas na vegetação e formas que escavam a areia ou a sujeira do fundo. Uma boa captura pode ser obtida em córregos colocando-se a rede ou o coador em um local estreito na corrente e virando-se pedras ou perturbando-se o fluxo do fundo acima da corrente em relação à rede. A recuperação de insetos de sujeira e resíduos coletados em uma rede ou um coador nem sempre é fácil porque muitos não são percebidos até que se movam. Uma boa maneira de localizá-los consiste em derramar o conteúdo da rede em uma grande bandeja branca e esmaltada com um pouco de água. Contra o fundo branco, os insetos podem ser localizados mais facilmente e recolhidos. O melhor dispositivo para a coleta das formas pequenas de nado livre, como larvas de pernilongo ou larvas de outros mosquitos, consiste em um mergulhador branco esmaltado de cabo longo. Pequenas larvas podem ser vistas contra o fundo branco do mergulhador e podem ser removidas com um conta-gotas.

Outros Equipamentos. O colecionador deve ter uma folha de papel branco simples para transferir os resultados de varredura da rede para o frasco mortífero (como indicado anteriormente). Uma faca grande e pesada é útil para levantar cascas de árvores, cortar galhos ou escavar vários materiais. Um frasco de alfinetes entomológicos é útil para alfinetar pares em acasalamento antes que sejam colocados no frasco exterminador. Um caderno e um lápis sempre devem fazer parte do equipamento de um colecionador. Com frequência, a coleta de alguns tipos de insetos requer itens especiais de equipamento. A quantidade e o tipo de equipamento utilizado pelo colecionador dependem totalmente do tipo de coleta que ele ou ela espera fazer.

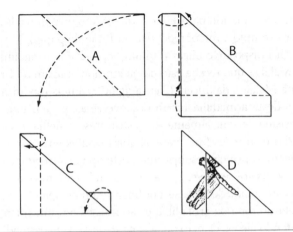

Figura 35-7 Dobra de envelopes em papel triangular para espécimes de insetos. Siga as etapas A, B e C.

O receptor de um GPS (sistema de posicionamento global) está se tornando rapidamente uma peça de equipamento necessária para o colecionador sério. Este dispositivo calcula a latitude, longitude e altitude por comparação dos sinais de rádio recebidos a partir de uma constelação de satélites em órbita. Em condições ideais, uma unidade GPS pode obter exatidão de centímetros. É um valioso item no caso de uma pesquisa, mas não é necessário para fins de coleta. Em condições normais, exatidões de ± 30 metros são facilmente obtidas e suficientes. As medidas de elevação, em geral, são menos precisas e o erro é mais significativo do ponto de vista biológico. A elevação provavelmente ainda é medida de modo mais adequado por um altímetro. Uma nota de cautela: a unidade GPS relatará sua posição em um nível muito elevado de precisão aparente. Como regra prática, 1 grau de latitude ou longitude no equador é equivalente a 100 km, 1 minuto = 1,7 km e 1 segundo = 27 m. Embora uma unidade GPS possa relatar facilmente uma posição decimal em graus como 48° 29,7345′ N, o último dígito implica uma precisão de aproximadamente ±17 cm, um valor que não é nem correto nem biologicamente relevante.

Lembre-se de que os sinais de rádio dos satélites são afetados por uma variedade de condições ambientais e, se uma alta exatidão for desejada, deve-se obter e calcular a média de diversas medidas ou utilizar um GPS diferencial (no qual as leituras de uma unidade móvel são comparáveis a um receptor fixo em um local bem conhecido). Finalmente, o cálculo da posição geográfica depende da representação matemática interna da forma da Terra, um dado geodésico. Registre os dados usados juntamente com a latitude e a longitude.

MANUSEIO DA COLETA

Um colecionador deve aprender, por experiência, quanto tempo leva para que os frascos letais matem um inseto. Alguns insetos morrem rapidamente, enquanto outros são muito resistentes ao agente mortal. Um pernilongo em um frasco de cianeto forte será morto em alguns minutos, enquanto alguns besouros-bicudos podem permanecer vivos no mesmo frasco por uma ou duas horas. Mantenha a captura no frasco mortífero até que o espécime esteja morto, mas não por muito mais tempo, pois alguns insetos podem ter suas cores alteradas, em particular quando o frasco contém cianeto. É aconselhável remover os insetos de dentro do frasco uma ou duas horas após sua morte.

Espécimes removidos do frasco letal, no campo, podem ser colocados em caixas de comprimidos ou envelopes de papel para armazenamento temporário. As caixas podem conter algum tipo de material absorvente, como papel absorvente, para reduzir a movimentação dos espécimes durante o transporte e absorver o excesso de umidade. Envelopes de papel, sejam envelopes de carta simples ou envelopes triangulares como o apresentado na Figura 35-7, são excelentes para armazenamento temporário de insetos alados grandes, como borboletas, mariposas ou libélulas. Estes envelopes triangulares podem ser feitos rapidamente a partir de uma folha de caderno e os espécimes permanecerão em boas condições dentro deles. Os dados da coleta (ver posteriormente) podem ser escritos na parte externa antes de se colocar o espécime.

Muitos insetos podem ser mortos com a aplicação direta de gotas de álcool etílico ou isopropílico 70% a 90%; desse modo podem ser armazenados quase que indefinidamente. Este método é usado de forma exclusiva para muitos insetos, como espécimes muito minúsculos que serão montados em lâminas de microscópio para estudo detalhado (colêmbolos, piolhos, pulgas e alguns Coleoptera, Hymenoptera e Diptera) e muitos insetos de corpo mole que podem encolher quando montados secos (grilos-camelos, cupins, efemérides, moscas-da-pedra, moscas-d'água e outros). Em contraste, formas adultas de Lepidoptera e Odonata não devem ser colocadas em álcool. Se tais equipamentos estiverem disponíveis, a coleta no campo pode ser armazenada temporariamente em um refrigerador ou pode ser congelada e mantida por um período prolongado. Qualquer colecionador logo aprenderá o melhor modo para matar e preservar vários tipos de insetos.

Processe a coleta de cada dia, assim que possível. Se os espécimes precisarem ser alfinetados no campo, faça isto antes que fiquem muito rígidos e não possam ser manipulados sem a ruptura dos apêndices. Muitos insetos pequenos secam extremamente rápido. Processe os insetos que precisarem de armazenagem em envelopes de papel (como Odonata e Lepidoptera) enquanto ainda estão macios o suficiente para dobrar as asas sobre o corpo. Coloque os espécimes que serão preservados em álcool assim que possível, após sua morte, ou mate-os diretamente com ele. Use um volume relativamente grande de álcool ou, após um dia, transfira os espécimes para álcool limpo para compensar os efeitos de diluição pelos fluidos corporais dos insetos. Embora o álcool diminua significativamente a taxa de decomposição, ele *não* a detém por completo. Espécimes armazenados em álcool continuam a deteriorar ao longo do tempo, particularmente em relação à cor. Por este motivo, mantenha o material armazenado em álcool em um ambiente escuro e frio, como um freezer.

É extremamente importante associar cada lote de insetos colhidos a uma etiqueta de dados indicando pelo menos o local e data da coleta e o nome de quem a realizou. Qualquer outro dado relevante, como elevação, *habitat*, método de coleta e o que o inseto estava fazendo também deve ser incluído. Um espécime sem estes dados talvez possa ser melhor do que nenhum – mas não muito! Um espécime com dados incorretos é ainda pior e cria problemas para os pesquisadores futuros, em especial especialistas em sistemática que dão uma importância considerável aos dados que acompanham os espécimes. Na maioria dos casos, apenas o colecionador pode fornecer estes dados e quanto mais se esperar para etiquetar a captura, maior será a probabilidade de erros na etiquetagem. É aconselhável não apenas incluir informações com a amostra colhida, mas também registrar os dados em seu próprio caderno. Lá, qualquer detalhe adicional sobre a coleta pode ser guardado sem limite de espaço para a escrita. Veja a seção posterior sobre etiquetagem para as diretrizes de preparação das etiquetas de dados que devem acompanhar cada inseto.

MONTANDO E PRESERVANDO INSETOS

Os insetos podem ser montados e preservados de vários modos. A maioria dos espécimes é alfinetada e, após secos, podem ser mantidos de modo definitivo. Espécimes muito pequenos para serem alfinetados podem ser montados em pontos, em alfinetes minúsculos ou em lâminas de microscópio. Insetos maiores e vistosos, como borboletas, mariposas, gafanhotos, libélulas e outros podem ser montados em vários tipos de gavetas de exibição com tampo de vidro. As formas de corpo mole (ninfas, larvas e muitos adultos) devem ser preservadas em conservantes.

Amolecimento

Todos os insetos devem ser montados assim que possível após sua coleta. Caso sequem, podem ficar frágeis e quebrar com facilidade no processo de montagem. Espécimes armazenados em pequenas caixas ou envelopes por muito tempo devem ser amolecidos antes da montagem. O amolecimento pode ser realizado com uma câmara úmida ou um fluido especial ou, algumas vezes, insetos de corpo duro como besouros podem ser amolecidos o suficiente para a alfinetagem por imersão em água quente por alguns minutos.

Uma câmara úmida pode ser feita com qualquer vidro ou lata de boca larga que possa ser fechado hermeticamente. O fundo do vidro deve ser coberto com areia ou um tecido molhado (de preferência, com a adição de um pouco de fenol para prevenir fungos); os insetos são colocados no vidro em caixas abertas e rasas e o vidro é fechado hermeticamente. Frascos especiais para esta finalidade também podem ser obtidos em casas comerciais. O colecionador deve aprender com a experiência quanto tempo leva para amolecer um inseto, porém, após um ou dois dias em câmaras deste tipo, os espécimes em geral estão suficientemente amolecidos para a montagem.

Espécimes inteiros ou partes destes com frequência podem ser preparados por imersão em um fluido relaxante por vários minutos. A fórmula deste fluido (conhecido como líquido de Barber) é a seguinte:

Álcool etílico 95%	50 ml
Água	50 ml
Acetato de etila	20 ml
Benzeno	7 ml

Outra técnica para amolecer um espécime consiste em injetar água potável em seu interior com uma seringa hipodérmica (com uma agulha de calibre 20 ou 25). Insira a agulha no tórax sob as asas e preencha completamente o tórax com água. Este método é particularmente útil para Lepidoptera (exceto os pequenos) que tenham sido mantidos em envelopes de papel. Após a injeção, devolva o espécime ao envelope por 5 a 20 minutos. Após esse espaço de tempo, o espécime deve estar amolecido o suficiente para permitir a montagem.

Limpeza dos espécimes

Raramente é necessário limpar os espécimes e, em geral, é melhor não fazê-lo. Um pouco de sujeira é preferível a um espécime avariado. A limpeza dos espécimes é desejável quando forem coletados na lama, esterco ou em material semelhante que possa ter ficado grudado no espécime. A maneira mais fácil para remover este material consiste em colocar o espécime no álcool ou em água com detergente. Caso o material a ser removido seja gorduroso, um líquido de limpeza pode ser usado.

Poeira, fibras, escamas de Lepidoptera etc. podem ser removidos por meio de um pincel de pelo de camelo seco ou embebido em um líquido de limpeza. Este método também pode remover camadas de óleo ou graxa que algumas vezes exsudem dos espécimes alfinetados. Limpadores ultrassônicos são capazes de limpar rápida e completamente os espécimes. Deve-se ter cuidado para não realizar uma limpeza ultrassônica excessiva, uma vez que as vibrações no fim das contas rompem a maioria dos espécimes.

Alfinetagem

A alfinetagem é o melhor método para preservar insetos de corpo duro. Espécimes alfinetados são bem conservados, mantêm seu aspecto normal e são facilmente manipulados e estudados. Em geral, as cores desbotam quando o inseto seca, porém é difícil evitar este desbotamento em qualquer circunstância. Em geral, cores vivas são mais bem preservadas se os espécimes forem secos rapidamente.

Alfinetes comuns não são ideais para a alfinetagem de insetos. São muito espessos, curtos e enferrujam. Os insetos devem ser alfinetados com um tipo especial de alfinete de aço conhecido como alfinete entomológico, os quais são mais longos que os comuns, podem ser obtidos em vários tamanhos (espessuras) e não enferrujam. Os tamanhos dos alfinetes entomológicos variam de 00 a 7. Alfinetes de número 2 ou 3 são melhores para uso geral; os tamanhos menores (ou seja, de menor diâmetro) são muito delgados para todos os fins, exceto os especializados. Os alfinetes de tamanho 7 são mais longos que os de outros tamanhos (e não são adequados para alguns insetos em caixas ou gavetas); estes alfinetes são usados para insetos muito grandes, como alguns besouros tropicais.

Os insetos são alfinetados verticalmente no corpo. Abelhas, vespas, moscas, borboletas e mariposas são alfinetadas no tórax, entre as bases das asas anteriores. Nas moscas e vespas, o alfinete deve ser inserido um pouco à direita da linha média. Percevejos devem ser alfinetados no escutelo, um pouco à direita da linha média se o escutelo for grande. Gafanhotos são alfinetados na parte posterior do pronoto, imediatamente à direita da linha média. Os besouros, tesourinhas e cercopídeos grandes são alfinetados na asa frontal direita, aproximadamente na metade do caminho entre as duas extremidades do corpo. O alfinete deve passar pelo metatórax e emergir pelo metasterno (ver Figura 26-4), de modo a não danificar as bases das pernas. É melhor alfinetar libélulas e donzelinhas horizontalmente no tórax, com a superfície esquerda mais para cima. Este método reduz o espaço necessário para alojá-las na coleção e um espécime alfinetado deste modo pode ser estudado tão facilmente quanto um alfinetado verticalmente. Se o espécime não estiver com as asas juntas sobre a região dorsal ao morrer, as asas devem ser movidas para esta posição e o espécime deve ser colocado em um envelope por um dia ou dois até que seque o suficiente para que as asas permaneçam nesta posição. Então, deve ser cuidadosamente alfinetado pela parte superior do tórax, abaixo da base das asas.

A maneira mais fácil de se alfinetar um inseto consiste em segurá-lo entre o polegar e o indicador de uma mão e inserir o alfinete com a outra. Todos os espécimes devem ser montados em uma altura uniforme no alfinete, cerca de 25 mm acima do ponto, mas deve-se deixar um espaço suficiente no alfinete acima do inseto (por exemplo, para insetos de corpo grande) para permitir uma sustentação confortável nos dedos. A uniformidade pode ser obtida com um bloco de alfinetagem. Existem vários modelos de blocos de alfinetagem (Figura 35-8); um tipo comum (Figura 35-8A) consiste em um bloco de madeira no qual três pequenos orifícios foram perfurados em profundidades diferentes, em geral 25 mm, 16 mm e 9,5 mm.

Se o abdômen ceder quando o inseto for alfinetado, como ocorre algumas vezes, o espécime deve ser colado em uma superfície vertical com o abdômen dependurado e deixado ali até que seque. Se o inseto for alfinetado em uma superfície horizontal, coloque um pedaço de papel rígido ou cartolina no alfinete abaixo do inseto para sustentá-lo até sua secagem. Outra alternativa consiste em apoiar o abdômen por baixo com um par de alfinetes cruzados.

Os anexos de um inseto alfinetado não precisam estar na mesma posição que tinham em vida (embora o aspecto da coleção melhore muito se estiverem), mas é desejável que estejam projetados discretamente para fora do corpo para que possam ser facilmente examinados. As pernas devem estar estendidas o suficiente para que todas as partes sejam facilmente visíveis e as asas devem ser estendidas afastadas do corpo para que a venação possa ser vista. Abelhas alfinetadas que tenham a língua estendida são muito mais fáceis de identificar que aquelas com as línguas dobradas contra a superfície inferior da cabeça. O ponto mais importante é que todas as manipulações de espécimes são realizadas mais facilmente enquanto o inseto ainda está fresco e flexível.

Os entomologistas utilizam vários tipos de placas de montagem para posicionar os anexos dos insetos enquanto estão secando. Podem ser feitas de madeira balsa, cortiça, poliestireno, cartolina ou qualquer material macio que permita que um alfinete seja inserido com profundidade suficiente para que a superfície inferior do espécime repouse em uma superfície plana. Alfinetes podem ser usados para arrumar as pernas, antenas ou outras partes em qualquer posição desejada e mantê-las ali até que o espécime seque. Quando o estudante estiver familiarizado com as características usadas na identificação dos vários grupos, poderá organizar e preparar seus espécimes adequadamente.

Uma lâmina de cortiça, madeira balsa ou outro material macio é muito útil para armazenamento temporário de insetos alfinetados até que possam ser identificados e colocados em caixas. Quando se planeja utilizar um armazenamento temporário deste tipo, é importante ler a seção sobre as pragas de coleção.

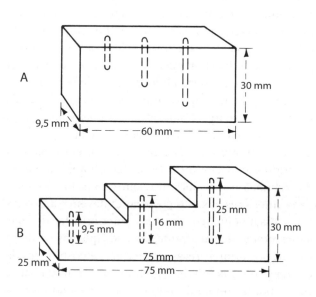

Figura 35-8 Blocos de alfinetagem. Podem ser peças retangulares de madeira contendo orifícios perfurados em diferentes profundidades (A) ou blocos modulados como degraus de escada, com orifícios perfurados até o fundo (B). O bloco do tipo apresentado em A em geral possui orifícios perfurados até as profundidades de 25 mm, 16 mm e 9,5 mm. Após a colocação de um espécime ou rótulo no alfinete, insira o alfinete no orifício apropriado até que toque o fundo – o mais profundo para o inseto, o orifício médio para a etiqueta que contém a localidade, a data e o coletor, e o último orifício para qualquer etiqueta adicional. Para insetos de corpo espesso, deve-se deixar espaço suficiente acima do inseto para que seja possível segurar o alfinete.

Distensão dos Insetos

Quando o espécime é alfinetado, a posição das pernas ou asas não importa muito, desde que todas as partes possam ser vistas e estudadas facilmente. Com mariposas, borboletas e alguns outros insetos, e no caso de insetos montados em caixas de exibição (ver a seguir), as asas devem ser distendidas antes que o inseto seja colocado na coleção. O método de distensão varia se o espécime tiver sido montado em alfinete ou não, e a posição na qual as asas devem ser colocadas depende do tipo de inseto.

Um inseto que será incluído em uma coleção alfinetada é distendido em uma placa de distensão. Placas de distensão podem ser obtidas em casas comerciais ou confeccionadas em casa. Um inseto que será montado sob vidro, como em uma montagem de Riker ou de vidro, pode ser distendido em qualquer superfície plana com um pedaço de papelão corrugado, uma lâmina de cortiça ou madeira balsa. Quando se utiliza uma placa de distensão, o inseto é distendido com a superfície dorsal para cima e o alfinete é deixado no inseto. Um espécime distendido em uma superfície plana para uma montagem de Riker é distendido em posição de cabeça para baixo e o alfinete *não* é deixado no corpo do inseto. Existem posições padronizadas para as asas de um inseto distendido. No caso de borboletas e mariposas (Figuras no Capítulo 30) e efemérides (Figura 9-1), as margens posteriores das asas anteriores devem ter uma distância na frente suficiente para que não haja uma grande lacuna na lateral entre as asas anteriores e posteriores. Com gafanhotos, libélulas, donzelinhas e a maioria dos outros insetos, as margens anteriores das asas posteriores devem estar retas transversalmente, com as asas anteriores localizadas suficientemente para frente, de modo que não ocultem as asas posteriores. As asas anteriores e posteriores de uma borboleta ou mariposa sempre ficam sobrepostas, com a borda frontal da asa posterior *sob* a borda posterior da asa anterior. Com outros insetos, as asas não ficam sobrepostas.

O processo de distensão de um inseto é relativamente simples, embora exija um pouco de prática para se obter a proficiência. Deve-se ter muito cuidado para não danificar o espécime. Borboletas e mariposas devem ser manipuladas com cuidado especial para evitar a remoção das escamas das asas; estes insetos devem ser manipulados com pinças. Se o espécime for montado em uma placa de distensão, primeiro deve ser alfinetado (como qualquer outro inseto) e, então, o alfinete ser inserido em um sulco da placa de distensão até que a base das asas esteja nivelada com a superfície da placa. Se o espécime precisar ficar de cabeça para baixo em uma superfície plana, o alfinete é inserido no tórax, de baixo para cima, e o inseto é alfinetado pelas costas em alguma superfície plana. É aconselhável colocar alfinetes ao longo de cada lado do corpo para impedir que saia do alinhamento.

As etapas para distensão de uma borboleta são apresentadas na Figura 35-9. As asas devem ser movidas para a posição com alfinetes e mantidas por faixas de papel ou outros materiais alfinetados na tábua, e as antenas orientadas e mantidas na posição por alfinetes. Deve-se manobrar as asas com alfinetes a partir de um ponto perto da base da asa, ao longo da margem frontal. As veias são mais pesadas neste ponto e há menor probabilidade de laceração da asa. Se for possível, evite colocar algum alfinete através da asa, pois isso deixará um orifício. O espécime deve ser fixado abaixo com segurança e, às vezes, pode ser necessário usar mais faixas de papel do que as apresentadas na Figura 35-9. Esta figura ilustra o método de distensão de um inseto de cabeça para baixo em qualquer superfície plana, e a etapa final deste processo consiste em segurar o lado dorsal do corpo para baixo com pinças e remover cuidadosamente o alfinete (G). Se o espécime for distendido em uma placa de distensão, as etapas são semelhantes, porém o alfinete é deixado no espécime.

O tempo que se demorará na distensão do espécime até sua secagem depende do seu tamanho e de outros fatores, como temperatura e umidade. Não existe uma tabela geral que determine o tempo necessário; você aprenderá com a experiência. Para determinar se o espécime está pronto para ser removido da placa de distensão, deve-se tocar o abdômen delicadamente com um alfinete: se o abdômen puder ser movido independente das asas, o espécime ainda não está seco; se o corpo estiver rígido, o espécime pode ser removido. Algumas mariposas maiores podem demorar uma semana ou mais para secar completamente. Em todos os casos, deve-se ter cuidado para não perder os dados sobre o espécime. Uma etiqueta de dados pode ser alfinetada ao lado do espécime enquanto ele estiver sendo distendido.

No trabalho de campo ou nos graus escolares inferiores, por exemplo, a colocação em uma montagem de Riker ou exibição semelhante é preferível à distensão de um espécime alfinetado. Estes espécimes são mais facilmente exibidos e estão menos sujeitos a quebra. Contudo, espécimes distendidos em boas coleções científicas são sempre alfinetados. As circunstâncias determinam que tipo de método de distensão deva ser utilizado.

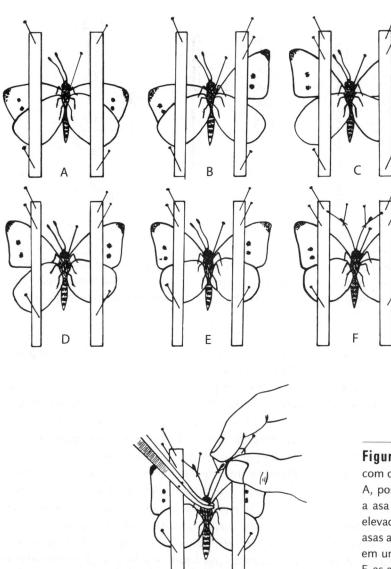

Figura 35-9 Etapas para a distensão de uma borboleta com o lado dorsal para baixo em uma superfície plana. A, posição antes de se começar a levantar as asas; B, a asa anterior elevada em um lado; C, a asa anterior elevada do outro lado, com as margens posteriores das asas anteriores em linha reta; D, a asa posterior elevada em um lado; E, a asa posterior elevada do outro lado; F, as antenas são orientadas e mantidas na posição por alfinetes; G, remoção dos alfinetes do corpo da borboleta.

Montagem de insetos pequenos

Insetos muito pequenos para alfinetagem podem ser montados em um cartão ou um triângulo (Figuras 35-10A-C, 35-11), em um microalfinete (Figura 35-10D), em uma lâmina de microscópio ou podem ser preservados em líquidos. A maioria dos espécimes pequenos é montada em triângulos.

Os triângulos são pedaços alongados de cartolina fina ou papel grosso, de cerca de 8 mm ou 10 mm de comprimento e 3 mm ou 4 mm de largura na base. Lembre-se de que uma coleção de insetos bem preparada pode durar vários séculos. Muitos tipos de papel não possuem esta longevidade, ficando amarelados e frágeis em alguns anos. Portanto, o triângulo deve ser feito de papel para arquivo de boa qualidade e livre de ácidos.

O triângulo é alfinetado pela base e o inseto é colado em sua extremidade. Os triângulos podem ser cortados com tesoura ou, de preferência, podem ser cortados com um tipo especial de perfurador (obtido em casas comerciais).

A colocação de um inseto em um triângulo é um processo muito simples. O triângulo é colocado em um alfinete, o alfinete é segurado pela extremidade afiada, o lado superior da ponta arredondada é tocada na cola e depois no inseto. Utilize o mínimo de cola possível (para que as partes do corpo não fiquem cobertas por ela), e o espécime deve estar orientado corretamente no triângulo. As posições padronizadas de um inseto montado em um triângulo são apresentadas na Figura 35-10A-C.

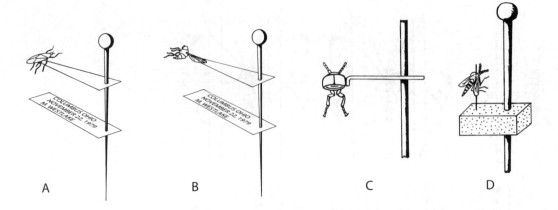

Figura 35-10 Métodos de montagem para insetos minúsculos. A, um percevejo na ponta de um triângulo com a superfície dorsal para cima; B, uma mosca com o lado esquerdo para cima; C, um besouro montado com a superfície dorsal para cima, fixado pela lateral a uma extremidade do triângulo dobrada para baixo; D, um mosquito montado em um micro-alfinete.

Se o inseto for colocado no triângulo com a superfície dorsal para cima (A), o triângulo não deve se estender além da metade do corpo. É importante não passar cola nas partes do corpo que serão examinadas para identificação. Besouros montados em triângulos devem sempre ter a superfície ventral do corpo visível.

A cola usada para a montagem dos insetos em triângulos deve ter secagem rápida e ficar dura após a secagem. De preferência, deve ser solúvel em água ou álcool para que os espécimes possam ser facilmente removidos, se necessário (por exemplo, para dissecção ou montagem em lâmina). A cola, quando usada com cuidado, também é útil para reparar espécimes quebrados e recolocar asas e pernas quebradas. Goma-laca é uma boa cola para triângulos. Pode ser comprada em casas comerciais ou preparada segundo as instruções de Martin (1977).

Secagem dos espécimes

Pequenos espécimes secam rapidamente ao ar livre, mas algumas vezes você pode querer acelerar artificialmente o processo de secagem de insetos maiores. Espécimes grandes eventualmente secam ao ar livre, porém não é aconselhável deixá-los expostos por muito tempo devido à probabilidade de serem atacados por dermestídeos, formigas ou outras pragas. Uma câmara com uma ou mais lâmpadas pode ser usada para a secagem rápida. Uma câmara de secagem simples pode ser feita a partir de uma caixa de madeira com uma porta em um dos lados. Tiras podem ser colocadas nas laterais da caixa para permitir que placas de montagem ou de distensão sejam arranjadas em várias distâncias em relação à fonte de calor (a lâmpada). Para permitir a saída de umidade, devem ser ventiladas com alguns pequenos orifícios nas laterais ou no topo.

Muitos artrópodes de corpo mole (larvas de insetos, aranhas e outros) podem ser desidratados por secagem em ponto crítico, liofilização, secagem a vácuo ou secagem química. Estas técnicas produzem espécimes que não são particularmente frágeis, não exibem distorção, sofrem muito pouca perda de cor e subsequentemente não exibem indicação de reabsorção de água ou decomposição. Após a desidratação, são alfinetados e armazenados como qualquer outro inseto. O equipamento e os procedimentos usados para secagem em ponto crítico são discutidos por Gordh e Hall (1979), os métodos de

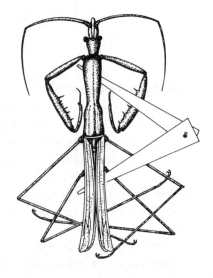

Figura 35-11 Um método de montagem de insetos longos e delgados que são muito pequenos para alfinetagem; estes insetos são montados em dois triângulos.

liofilização são descritos em Woodring e Blum (1963) e em Roe e Clifford (1976) e os de secagem a vácuo são descritos por Blum e Woodring (1963).

Um método recentemente desenvolvido para secagem química e que se tornou popular consiste no uso de HMDS (hexametildisilazano). Este produto químico altamente cáustico deve ser usado apenas em laboratórios equipados com ventilação adequada, de preferência uma capela para vapores. O método é o seguinte: os espécimes são desidratados por meio de sua passagem por concentrações de álcool cada vez maiores. Em geral, uma amostra em etanol 70% é transferida para uma solução 95% por, no mínimo, duas horas; a amostra é então transferida para uma solução de etanol 95%. Após duas horas, os espécimes são transferidos para álcool absoluto por, no mínimo, duas horas, seguido por uma transferência para um frasco de etanol 100%. Após as duas horas finais em álcool absoluto, o líquido é completamente removido e substituído por HMDS. Após 20 minutos, o HMDS é removido e substituído por HMDS fresco. Finalmente, os espécimes são colocados em um papel de filtro e, com boa ventilação, de preferência sob uma capela, são deixados para secar ao ar livre. Os intervalos de tempo citados variam muito e dependem da natureza dos espécimes, da quantidade de água inicial, da amostra e da qualidade das substâncias químicas usadas. A experiência ajudará a determinar o intervalo de tempo que funciona melhor para seu material.

Preservando insetos em líquidos

Qualquer tipo de inseto pode ser preservado em líquidos. Os insetos podem ser preservados temporariamente em fluidos até que surja a oportunidade de alfinetá-los e muitos colecionadores preferem armazenar suas coleções em líquidos e não secas, em envelopes ou caixas. Contudo, espécimes preservados em fluidos não são examinados tão facilmente quanto aqueles em alfinetes ou triângulos e, em geral, qualquer inseto que *possa* ser preservado seco deve ser montado em um alfinete ou triângulo.

A preservação em líquidos constitui o meio padrão de preservação para os seguintes espécimes: (1) insetos de corpo mole (por exemplo, efeméridas, moscas-d'água, moscas-da-pedra, mosquitos-pólvora e outros), que encolhem ou ficam distorcidos se alfinetados e secos ao ar livre; (2) insetos muito pequenos, que são estudados de maneira mais detalhada quando montados em uma lâmina de microscópio (por exemplo, piolhos, pulgas, trips, Collembola e outros); (3) larvas de insetos e a maioria das ninfas de insetos; e (4) outros artrópodes além de insetos.

Em geral, o líquido usado para preservação de insetos e outros artrópodes consiste em álcool etílico (70%-80%). A preservação ou fixação dos tecidos é melhor para muitas formas se algumas outras substâncias forem acrescentadas ao álcool. As modificações mais comumente usadas para o álcool etílico são as seguintes:

Solução de Hood:

| Álcool etílico 70%-80% | 95 ml |
| Glicerina | 5 ml |

Solução de Kahle:

Álcool etílico 95%	30 ml
Formaldeído	12 ml
Ácido acético glacial	4 ml
Água	60 ml

Solução alcoólica de Bouin:

Álcool etílico 80%	150 ml
Formaldeído	60 ml
Ácido acético glacial	15 ml
Ácido pícrico	1 g

Embora estas soluções sejam "classicamente" usadas, devemos realçar os perigos associados a alguns produtos químicos, em particular o formaldeído (cancerígeno) e o ácido pícrico (é explosivo quando seco).

O álcool etílico (e as modificações mencionadas) também pode ser usado como agente letal para muitos insetos e outros artrópodes, mas é insatisfatório para larvas de insetos. Os agentes letais comumente usados para larvas são os seguintes:

Mistura KAAD:

Álcool etílico 95%	70-100 mL
Querosene	10 mL
Ácido acético glacial	20 mL
Dioxano	10 mL

Mistura XA:

Álcool etílico 95%	50 mL
Xileno	50 mL

Quando a mistura KAAD for usada, reduza a quantidade de querosene para larvas de corpo mole como as lagartas. Larvas mortas em uma destas misturas estão prontas para transferência para armazenamento em álcool após ½ a 4 horas. No processo de transferência para o álcool, este deve ser trocado após os primeiros dias, porque é diluído pelos fluidos corporais do animal. Qualquer um destes agentes mortíferos provavelmente removerá as cores brilhantes das larvas, em especial tons de verde, amarelo e vermelho. Todos os fluidos letais e de preservação conhecidos provavelmente destruirão algumas cores.

Um problema recorrente quando os espécimes são preservados em fluidos é a evaporação dos líquidos. Os frascos são tampados com borracha, neoprene ou polietileno (jamais rolhas de cortiça) e é aconselhável usar obturadores de tamanhos grandes que não se estendam muito para fora do frasco. Frascos com tampas de rosca são satisfatórios se a tampa se encaixar firmemente. Tampas ou batoques são muito eficazes para reduzir a evaporação dos frascos com tampa de rosca. Frascos ou tubos de procaína (disponíveis de graça em qualquer dentista) são recipientes temporários ideais para muitas formas pequenas. Todos os recipientes devem ser adequadamente preenchidos com fluidos e examinados pelo menos uma ou duas vezes por ano para que o líquido evaporado possa ser substituído. A evaporação pode ser retardada cobrindo-se as tampas com algum tipo de material de vedação, como papel filme. Outro método consiste em colocar vários frascos pequenos e tampados em um grande frasco com uma guarnição de borracha.

Montagem em lâminas de microscópio

Muitos artrópodes pequenos (piolhos, pulgas, trips, mosquitos, ácaros e outros) e algumas partes do corpo em particular, como pernas ou genitália, são estudadas mais facilmente quando montados em lâminas de microscópio. O material montado deste modo é transferido para uma lâmina a partir do líquido de preservação e a montagem pode ser temporária ou permanente. Montagens temporárias são utilizadas para materiais que serão devolvidos para o líquido de preservação após o estudo. Estas montagens podem durar de alguns minutos a muitos meses, dependendo da maneira utilizada. As montagens permanentes são usadas para materiais que *não* serão devolvidos ao líquido de preservação após o estudo. Apesar de seu nome, estas montagens não duram indefinidamente, mas podem permanecer em boas condições por muitos anos. Espécimes montados em lâminas de microscópio para uso em aula são montagens permanentes. Espécimes de valor taxonômico particular, que o colecionador deseje manter indefinidamente, devem ser preservados em fluidos e montados para estudo apenas em montagens temporárias.

Muitos espécimes pequenos ou de corpo mole podem ser montados diretamente em um meio de montagem, mas outros (especialmente espécimes de cor escura ou de corpo espesso, ou estruturas como a genitália) devem ser "clarificados" antes da montagem. O processo de clareamento remove o tecido do interior do espécime, assim como algum pigmento. Em geral, não torna um espécime realmente claro ou transparente. Alguns meios de montagem possuem uma ação de clareamento inerente. Várias substâncias podem ser usadas especificamente como agentes clareadores, porém os mais comumente usados são o hidróxido de potássio (KOH), o ácido lático e a solução de Nesbitt. KOH pode ser usado para quase qualquer artrópode ou estrutura de artrópode. A solução de Nesbitt é usada para clarear artrópodes pequenos, como ácaros, piolhos e Collembola. Após o clareamento em KOH, o espécime deve ser lavado em água (de preferência, com a adição de um pouco de ácido acético) para remover ou neutralizar qualquer excesso de KOH. Espécimes em ácido láctico devem ser completamente lavados com água. O tratamento subsequente do espécime depende do tipo de meio no qual será montado. Espécimes clareados na solução de Nesbitt podem ser transferidos diretamente para algum meio de montagem, porém, com os outros meios, os espécimes devem passar por alguns reagentes primeiro.

O KOH usado para clareamento consiste em uma solução a 10%-15%. A fórmula para a solução de Nesbitt é a seguinte:

Solução de Nesbitt:

Hidrato de cloral	40 g
HCl concentrado	2,5 mL
Água destilada (para espécimes mais levemente esclerotizados)	25-50 mL

Observe que o hidrato de cloral é uma substância controlada e está disponível apenas para uso restrito. O KOH pode ser usado frio ou quente ou o espécime pode ser fervido nele. A fervura é mais rápida, mas algumas vezes pode distorcer o espécime. O clareamento em KOH frio requer de várias horas a um dia ou mais. O mesmo espécime pode ser clareado em alguns minutos por fervura. A solução de Nesbitt é usada fria e o clareamento pode exigir de algumas horas a alguns dias.

Espécimes pequenos podem ser montados em uma lâmina de microscópio regular sem qualquer suporte especial para lamínula além do meio de montagem. Espécimes maiores ou mais espessos devem ser montados em uma lâmina com uma depressão ou algum tipo de suporte para a lamínula, para mantê-la plana e impedir que o espécime seja achatado. O suporte para a lamínula em uma lâmina de microscópio comum pode consistir em pequenos pedaços de vidro (lamínula) ou um pedaço de arame fino dobrado formando uma alça. Alguns espécimes são estudados mais adequadamente em uma lâmina com depressão ou um pequeno prato sem lamínula, para que o espécime possa ser manipulado e examinado em diferentes ângulos. Se uma lamínula for adicionada, a maioria dos espécimes é montada com a superfície dorsal para cima. Pulgas são montadas com o lado esquerdo para cima e muitos ácaros são comumente montados com a superfície ventral para cima.

O meio usado com mais frequência para montagens de lâmina temporárias consiste em água ou álcool, glicerina e gel de glicerina. Água e álcool evaporam rapidamente e montagens com estes materiais duram apenas alguns minutos, exceto se outras substâncias forem acrescentadas. Lâminas temporárias feitas com glicerina ou gel de glicerina são melhores e duram relativamente mais tempo. Podem ser feitas de modo semipermanente pela colocação de um anel de betume, esmalte de unha ou material semelhante ao redor da borda da lamínula.

31°22,8′N 110°21,8′W USA, Arizona, Cochise Co. Bear Ck. Huachuca Co. 18.iv.1994 N.F. Johnson sweeping	31°22,8′N 110°21,8′W USA, Arizona, Cochise Co. Bear Ck. Huachuca Co. 18.iv.1994 N.F. Johnson sweeping	31°22,8′N 110°21,8′W USA, Arizona, Cochise Co. Bear Ck. Huachuca Co. 18.iv.1994 N.F. Johnson sweeping	31°22,8′N 110°21,8′W USA, Arizona, Cochise Co. Bear Ck. Huachuca Co. 18.iv.1994 N.F. Johnson sweeping
31°22,8′N 110°21,8′W USA, Arizona, Cochise Co. Bear Ck. Huachuca Co. 18.iv.1994 N.F. Johnson sweeping	31°22,8′N 110°21,8′W USA, Arizona, Cochise Co. Bear Ck. Huachuca Co. 18.iv.1994 N.F. Johnson sweeping	31°22,8′N 110°21,8′W USA, Arizona, Cochise Co. Bear Ck. Huachuca Co. 18.iv.1994 N.F. Johnson sweeping	31°22,8′N 110°21,8′W USA, Arizona, Cochise Co. Bear Ck. Huachuca Co. 18.iv.1994 N.F. Johnson sweeping
31°22,8′N 110°21,8′W USA, Arizona, Cochise Co. Bear Ck. Huachuca Co. 18.iv.1994 N.F. Johnson sweeping	31°22,8′N 110°21,8′W USA, Arizona, Cochise Co. Bear Ck. Huachuca Co. 18.iv.1994 N.F. Johnson sweeping	31°22,8′N 110°21,8′W USA, Arizona, Cochise Co. Bear Ck. Huachuca Co. 18.iv.1994 N.F. Johnson sweeping	31°22,8′N 110°21,8′W USA, Arizona, Cochise Co. Bear Ck. Huachuca Co. 18.iv.1994 N.F. Johnson sweeping
31°22,8′N 110°21,8′W USA, Arizona, Cochise Co. Bear Ck. Huachuca Co. 18.iv.1994 N.F. Johnson sweeping	31°22,8′N 110°21,8′W USA, Arizona, Cochise Co. Bear Ck. Huachuca Co. 18.iv.1994 N.F. Johnson sweeping	31°22,8′N 110°21,8′W USA, Arizona, Cochise Co. Bear Ck. Huachuca Co. 18.iv.1994 N.F. Johnson sweeping	31°22,8′N 110°21,8′W USA, Arizona, Cochise Co. Bear Ck. Huachuca Co. 18.iv.1994 N.F. Johnson sweeping

Figura 35-12 Exemplo de um documento processado em Word para etiquetas de coleta. As etiquetas estão impressas em 4 fileiras.

Com gel de glicerina, uma pequena quantidade é colocada na lâmina e liquefeita pelo calor. Em seguida, o espécime é colocado e orientado e uma lamínula é colocada sobre ele. Este material esfria, formando uma geleia sólida. Espécimes montados em gel de glicerina podem ser desmontados invertendo-se o processo. Os espécimes podem ser colocados em glicerina ou gel de glicerina diretamente da água ou do álcool.

Os meios usados para montagens de lâminas permanentes são de dois tipos: os de base aquosa e as resinas. Os espécimes podem ser montados em meios aquosos diretamente da água ou álcool. Estas montagens são menos permanentes que as montagens em resina, porém sua vida pode ser prolongada pela aplicação de anéis. Espécimes montados em resina (natural ou sintética) primeiro devem ser desidratados (pela passagem por concentrações sucessivas de álcool: por exemplo, 70%, 95% e 100%) e depois banhados em xilol, passando-se então para a resina. A resina mais utilizada é o bálsamo do Canadá. Existem muitos outros meios aquosos, porém um dos melhores é o seguinte:

Hidrato de cloral de Hoyer (Líquido de Berlese):

Água	50 mL
Goma arábica	30 g
Hidrato de cloral (ver comentários anteriores)	200 g
Glicerina	20 mL

A goma arábica deve estar na forma de cristais moídos ou pó, nunca em flocos. Filtre a mistura por lã de vidro antes do uso.

Todas as montagens em lâminas permanentes precisam secar por algum tempo. Devem ser mantidas em posição horizontal (com a lamínula para cima) durante a secagem e são mais bem armazenadas em caixas de lâminas nesta mesma posição.

Algumas vezes é desejável corar o inseto antes de montá-lo. Várias colorações diferentes são adequadas para este fim; a mais usada é a fucsina ácida. O procedimento seguido para o uso desta coloração em cochonilhas é descrito no Capítulo 22.

Estudos da genitália dos insetos

Muitos estudos taxonômicos dos insetos envolvem o estudo detalhado da genitália, em particular dos machos. A genitália consiste em estruturas esclerotizadas que algumas vezes podem ser estudadas no inseto seco sem qualquer tratamento especial do espécime, porém, na maioria dos casos, são parcialmente ou em grande parte internas e devem ser removidas e clareadas para estudo detalhado.

Os procedimentos seguidos para remoção e clareamento da genitália variam dependendo do tipo de inseto. Em alguns casos, o inseto (se montado seco) pode ser amolecido com o uso de um fluido (ver tópico anterior) ou colocando-se o espécime em uma câmara úmida por algum tempo e a genitália pode ser removida com uma pequena agulha de dissecação e então clareada em KOH. Em outros casos, o abdômen (ou sua parte apical) deve ser removido e clareado em KOH e a genitália é dissecada após o clareamento. O clareamento pode ser realizado em poucos minutos por fervura ou pode ser obtido deixando-se a genitália em KOH por um período mais longo à temperatura ambiente. No último caso, o clareamento pode exigir de algumas horas a alguns dias, dependendo da intensidade da esclerotização destas estruturas. O ácido láctico é mais suave como agente clareador do que KOH. O clareamento excessivo torna a genitália transparente, frágil e difícil de estudar. A genitália pode ser estudada com mais facilidade quando tingida com carmim bórax após o clareamento.

Após o clareamento da genitália, ela deve ser lavada em água com a adição de um pouco de ácido acético (cerca de 1 gota por 50 cm³ de água) e colocada em pequenas placas de glicerina para estudo. Pode ser montada em lâminas de microscópio, porém esta abordagem permite o estudo de apenas um ângulo. Em placas pequenas, pode ser virada e estudada em qualquer ângulo desejado.

Quando o estudo estiver completo, a genitália é armazenada em microfrascos de glicerina (frascos de cerca de 10 mm a 12 mm de comprimento) e estes são mantidos com os espécimes dos quais a genitália foi removida. Se a genitália veio de um espécime alfinetado, o frasco é colocado no alfinete (com o alfinete passando pela tampa do frasco) abaixo do espécime. A genitália removida de um espécime deve ser manipulada de modo que possa ser sempre associada ao espécime do qual se originou, assim como seus dados de coleta.

Etiquetagem

O valor científico de um espécime de inseto depende em grande parte das informações relativas aos dados e localidade de sua captura e também das informações adicionais como o nome do colecionador e o *habitat* ou planta em que o espécime foi recolhido. O estudante principiante pode ver esta tarefa de etiquetagem como desnecessária e tediosa, porém sempre chega o momento em que os dados relativos a um espécime tornam-se indispensáveis. Um coletor de insetos deve *sempre* etiquetar seus espécimes com, pelo menos, os seguintes dados: data, local e coletor. Dados adicionais são desejáveis, mas opcionais.

A etiqueta deve seguir este formato e ordem: coordenadas geográficas, localidade de coleta, data(s) da coleta, nome do coletor, método de coleta, *habitat* ou notas comportamentais. Por exemplo, veja a Figura 35-12. O local de coleta é a informação mais importante nesta etiqueta.

Os dados geográficos são reconhecidamente redundantes, porém a especificação das coordenadas, assim como a indicação política da localização, facilita a leitura e utilização da etiqueta. As coordenadas são registradas a um décimo de minuto de latitude e longitude. Como discutido anteriormente, a exatidão registrada e obtida varia por muitos motivos. Um décimo de minuto corresponde grosseiramente a 100 a 200 m e representa um nível razoável para muitas finalidades. Alguns preferem registrar coordenadas UTM ao invés de lat/long. UTM, *Universal Transversal Mercator*, é uma projeção, ou seja, um algoritmo para representação da Terra nas duas dimensões do mapa. As unidades relatadas correspondem a metros que, associados a um par de números base – o falso norte e o falso leste –, indicam de modo único a posição do ponto no planeta. Em alguns casos, é mais conveniente do que graus/minutos/segundos porque as unidades de latitude e longitude são iguais. A superfície da Terra é dividida em várias zonas para minimizar distorções no processo de projeção. A conversão de UTM para lat/long exige que se conheça em que zona as coordenadas ocorrem. Qualquer unidade GPS pode alternar facilmente entre coordenadas de registro em graus/minutos/segundos, graus decimais ou UTM.

A especificação da localidade de coleta começa em um nível mais geral, e se torna cada vez mais específica. É tradicional, na América do Norte, que o país não seja listado e a etiqueta comece com o estado ou província em que o espécime foi coletado. A inclusão do país acrescenta pouco à quantidade de texto na etiqueta e certamente ajuda a evitar qualquer ambiguidade futura. A especificação da localidade de coleta deve usar o nome de um local que possa ser encontrado e utilizado por outras pessoas e pode incluir um desvio, como "7 km S de West Bloomfield na SR56".

Armadilhas são comumente operadas por mais de um dia e as datas em que as armadilhas foram montadas e esvaziadas são indicadas pelo intervalo em dias.

As convenções para redação das datas variam muito e dados registrados, por exemplo, como 4/8/35 podem indicar 8 de abril de 1935 para uma pessoa ou 4 de agosto de 1935 para outras. Este problema pode ser facilmente evitado usando-se numerais romanos para representar o mês: 4.viii.1935. Também recomendamos que o ano seja especificado usando-se quatro dígitos.

O nome do coletor, possivelmente, é o dado menos importante da etiqueta. Em alguns casos, porém, pode ser muito útil do ponto de vista histórico ou para permitir um retorno ao coletor para mais informações. Às vezes, você encontrará etiquetas com a abreviação "coll." ou "leg." – significa coletor.

Informações suplementares incluem o método pelo qual o espécime foi coletado, por exemplo, varredura, Malaise; o *habitat* geral, como "leito de córrego seco"; ou notas comportamentais, como "alimentando-se em flores de solidago". Espécimes criados a partir de material vegetal, outros artrópodes e aqueles coletados em um hospedeiro vertebrado comumente apresentam a abreviação "ex:..." para indicar que o espécime veio "de" um determinado hospedeiro. Embora útil, é melhor obter informações mais específicas, como "criado a partir de larvas maduras de *Papilio* sp".

As etiquetas de dados podem ser escritas à mão com uma caneta de ponta fina, porém é mais eficaz imprimi-las em uma impressora a laser ou jato de tinta. A qualidade da impressora afeta a qualidade e especialmente a longevidade das etiquetas produzidas. Em geral, etiquetas produzidas com uma impressora a laser não devem ser expostas ao acetato de etila. Quando grandes números de etiquetas idênticas são necessários, como é comum em varreduras ou com o uso de armadilhas, as funções "copiar" e "colar" do processador Word garantem que todas as etiquetas sejam idênticas. Em geral, não devem ser impressas mais de 6 linhas de dados em uma única etiqueta. Se mais espaço for necessário, uma segunda etiqueta deve ser utilizada ao invés de se criar uma etiqueta larga ou longa. Se a etiqueta for escrita à mão, use tinta com boa fixação.

O aspecto de uma coleção de insetos alfinetados é muito influenciado pela natureza das etiquetas. Etiquetas pequenas, limpas, adequadamente orientadas acrescentam muito ao valor estético da coleção. As etiquetas devem estar em papel branco razoavelmente rígido e de preferência não maior que 6 por 19 mm. O papel deve ser de boa qualidade e livre de ácidos. Coloque as etiquetas em uma altura uniforme no alfinete, paralelamente e abaixo do inseto. Se apenas uma etiqueta for usada, coloque-a aproximadamente 16 mm acima da ponta do alfinete. Se mais de uma etiqueta for usada, a mais alta deve ficar a esta distância acima da ponta. Oriente as etiquetas de modo que todas possam ser lidas pelo mesmo lado. Preferimos que sejam lidas pelo lado esquerdo (Figura 35-13), mas algumas pessoas preferem que sejam lidas pelo lado direito. Para espécimes montados em triângulos, a etiqueta deve se estender paralelamente a eles (Figura 35-10A, B) e estar desviada do alfinete como o triângulo. Se houver duas ou mais etiquetas no alfinete (por exemplo, uma para localidade, data e coletor e outra para a planta hospedeira), as etiquetas devem estar paralelas e organizadas para que a leitura seja feita pelo mesmo lado.

Esta discussão se aplica a etiquetas contendo dados relativos à localidade, data e coletor, e não às etiquetas que identificam os insetos. As etiquetas de identificação são discutidas a seguir em "alojando, organizando e cuidando da coleção".

As etiquetas para espécimes preservados em fluidos devem ser escritas em papel moeda com nanquim ou outra tinta à prova d'água ou impressa como descrito acima e colocadas no interior do recipiente com o(s) espécime(s).

Já as etiquetas para espécimes montados em lâminas de microscópio são fixadas à superfície superior da lâmina em um ou nos dois lados da lamínula.

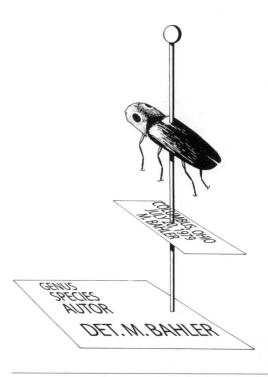

Figura 35-13 Etiqueta de identificação com nome científico do inseto e o nome da pessoa que identificou o espécime.

ALOJANDO, ORGANIZANDO E CUIDANDO DA COLEÇÃO

As considerações básicas para alojar, organizar e cuidar de uma coleção de insetos são as mesmas, independente de a coleção consistir em algumas caixas de espécimes ou milhares de gavetas de museu contendo milhões de espécimes. Os espécimes de uma coleção devem ser organizados sistematicamente e protegidos de pragas de museu, luz e umidade. A organização geral de uma coleção depende principalmente de seu tamanho, de sua finalidade e do método usado para a preservação dos espécimes (alfinetes, envelopes, líquidos, lâminas e assim por diante).

Os insetos alfinetados devem ser mantidos em caixas à prova de poeira, que possuam um fundo macio que permita a alfinetagem fácil. Vários tipos de caixas para insetos podem ser comprados em casas comerciais. O tipo mais usado é feito de madeira, com cerca de 230 X 330 mm X 60 mm de tamanho, com uma tampa de encaixe firme e uma lâmina de cortiça, compensado ou espuma plástica internamente no fundo. Estas caixas custam de 10 a 25 dólares nos Estados Unidos. As melhores caixas deste tipo são chamadas caixas de Schmitt. Caixas para alfinetagem satisfatórias, com baixo custo, podem ser feitas usando-se caixas de charutos ou caixas de papelão pesado, revestindo-se o fundo com uma lâmina de cortiça, madeira balsa, espuma plástica ou papelão corrugado mole. Este material do fundo deve ser colado ou cortado no local para que se encaixe de modo justo à caixa.

Para uma pequena coleção alojada em uma ou poucas caixas, uma organização semelhante à apresentada na Figura 35-14 é sugerida. É pouco provável que uma pessoa, com exceção do especialista, identifique os espécimes em sua coleção além do nível de família; para muitos colecionadores, particularmente iniciantes, pode ser difícil realizar a identificação até este ponto. A organização mais simples, portanto, consiste em apresentar os espécimes organizados por ordem e família, com a etiqueta de ordem (contendo o nome da ordem e o nome comum) em um alfinete separado e a etiqueta de família (contendo os nomes de família e o nome comum) em um alfinete separado ou no alfinete do primeiro inseto de uma fileira de espécimes daquela família. Existem várias maneiras de organizar os espécimes em uma pequena coleção, porém a organização deve ser limpa e sistemática e as etiquetas devem ser de fácil visualização.

A maioria das grandes instituições e muitos colecionadores particulares alojam suas coleções em gavetas de museu uniformes, com tampas de vidro que se encaixam em armários de aço. Os espécimes podem ser alfinetados diretamente nos fundos de cortiça ou espuma plástica destas gavetas, mas, em geral, são alfinetados em pequenas caixinhas unitárias de vários tamanhos que se encaixam perfeitamente nas gavetas (Figura 35-15). O sistema de caixinha unitária facilita a expansão rápida e a reorganização da coleção sem a necessidade de manipular espécimes individuais, o que consome tempo e é perigoso para estes espécimes. As caixinhas unitárias têm um tamanho conveniente para encaixe em um microscópio de dissecação, de modo que, exceto quando for necessário examinar a superfície ventral do espécime, ele possa ser examinado sem ser removido da caixinha, reduzindo assim a chance de quebra.

Em coleções maiores, como as de especialistas ou museus, em que os espécimes são identificados até o nível de espécie, a determinação das espécies é colocada em uma etiqueta branca simples ou com borda

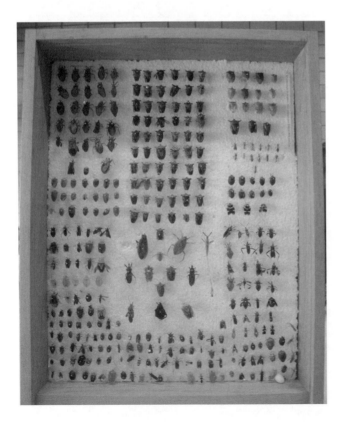

Figura 35-14 Uma caixa de uma coleção didática de Hemiptera do Museu de Zoologia da Universidade de São Paulo (MZUSP).

Figura 35-15 Uma coleção didática de Coleoptera do Museu de Zoologia da Universidade de São Paulo (MZUSP).

localizada em um ponto baixo no alfinete contra o fundo da caixa. Esta etiqueta contém o nome científico completo (gênero, espécie, subespécie, se houver), o nome do descritor, o nome da pessoa que fez a identificação e a data (tradicionalmente, apenas o ano) em que ela foi feita (Figura 35-13). Em grandes coleções, em que cada gaveta contém uma série de caixinhas unitárias (Figura 35-15), cada uma delas contém exemplares de apenas uma espécie.

Muitos colecionadores de insetos acabam se interessando e concentrando seus esforços em uma ordem, família ou gênero em particular. Por meio de contatos e trocas com outros colecionadores interessados naquele grupo, um colecionador pode construir uma coleção de tamanho considerável e estar em posição de contribuir para o conhecimento sobre aquele grupo por meio de publicações científicas. Alguns colecionadores preferem especializar-se em insetos de um determinado *habitat* (insetos aquáticos, perfuradores de madeira, insetos que frequentam flores, galhadores, minadores e assim por diante), insetos de importância médica, pragas de tipos específicos de plantas (Figura 35-16), insetos benéficos ou aqueles com hábitos particulares (predadores, parasitas, detritívoros etc.). As possibilidades são muitas.

Acreditamos que todas as pessoas interessadas em entomologia, independente do seu campo de interesse primário, devem se concentrar em um grupo taxonômico específico. Alguma satisfação é obtida com o conhecimento mesmo de um pequeno grupo de animais, e este tipo de estudo pode ser muito interessante para uma pessoa cujo principal interesse ou ocupação esteja em outro campo.

Montagem para exibição

Muitos colecionadores podem querer manter sua coleção em recipientes através das quais os insetos possam ser facilmente exibidos. Vários tipos de montagens podem ser úteis para este fim. Uma coleção alfinetada pode ser facilmente exibida se for montada em caixas com tampa de vidro ou em armários de parede com tampa de vidro. Em último caso, a parte posterior do armário deve ser coberta com um material que permita a alfinetagem fácil. Borboletas, mariposas e muitos outros insetos podem ser exibidos em montagens de Riker – caixas nas quais os insetos ficam diretamente sob uma cobertura de vidro, em cima de uma base de algodão (Figura 35-17). Estojos um pouco semelhantes às montagens de Riker, porém sem o algodão e com vidro nas partes superior e inferior (Figura 35-18A), são úteis para exibir um ou alguns espécimes (ou seja, um ou alguns em cada montagem). Também é possível colocar os espécimes entre lâminas de plástico ou embuti-los em plástico.

Uma montagem de Riker (Figura 35-17) consiste em uma caixa de papelão cheia de algodão com a maior parte da tampa removida e substituída por vidro e com a cobertura de vidro segurando os insetos no local sobre o algodão. As montagens de Riker podem ter quase qualquer tamanho (0,3 m por 0,4 m corresponde a aproximadamente o maior tamanho prático) e têm cerca de 19 mm a 25 mm de profundidade. Podem ser compradas em casas comerciais. Na colocação de insetos de corpo grande em uma montagem de Riker, deve ser feito um pequeno orifício no algodão com uma pinça para alojar o corpo do inseto. Assim que os

726 ESTUDO DOS INSETOS

Figura 35-16 Uma coleção ilustrativa de insetos comuns em Mata Atlântica do Museu de Zoologia da Universidade de São Paulo (MZUSP).

espécimes estiverem na caixa, a tampa é colocada de volta e fixada com alfinetes ou fita adesiva.

As montagens de vidro são semelhantes às montagens de Riker, porém sem algodão e com vidro no topo e no fundo (Figura 35-18). São excelentes para exibir espécimes individuais de mariposas, borboletas ou outros insetos.

Protegendo a coleção

Todas as coleções de insetos estão sujeitas a ataques de besouros dermestídeos, formigas e outras pragas de museu, e, para que a coleção dure por qualquer período de tempo, algumas precauções devem ser tomadas para protegê-la destas pragas. Vários materiais podem ser usados para este fim, porém um material comumente empregado é a naftalina (em forma de flocos ou bolas). Os flocos de naftalina podem ser colocados em uma pequena caixa de cartolina com alguns orifícios minúsculos, que é fixada firmemente ao fundo da caixa de insetos (geralmente em um canto). Paradiclorobenzeno (PDB) também pode ser usado, porém é volatilizado mais rapidamente que a naftalina e deve ser renovado em intervalos mais frequentes. Por outro lado, preocupações de saúde estão associadas à exposição em longo prazo a um hidrocarboneto clorado como o PDB. Para proteger espécimes em montagens de Riker, flocos de naftalina podem ser polvilhados sob o algodão durante a preparação da montagem. Verifique periodicamente a coleção para garantir que uma boa quantidade de repelente esteja presente. Se caixas ou gavetas forem armazenadas em armários fechados que não são abertos com frequência, o repelente deve durar mais tempo.

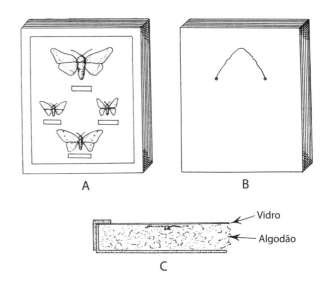

Figura 35-17 Montagem de Riker. A, vista frontal; B, vista posterior; C, corte transversal apresentando um espécime colocado abaixo do vidro sobre a base de algodão.

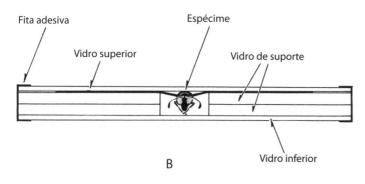

Figura 35-18 Uma montagem totalmente em vidro. A, montagem completa; B, corte transversal da montagem.

Observe que o paradiclorobenzeno e a naftalina são apenas repelentes e, embora mantenham possíveis pragas à distância, não matarão aquelas que já estejam na coleção. Se você encontrar uma caixa ou gaveta infestada por pragas, deve fumegá-la para destruí-las. O aquecimento de caixas, estojos ou montagens até 150°F (66°C) ou mais por várias horas (se as caixas forem construídas de modo que este aquecimento não as prejudique) destruirá qualquer dermestídeo ou outra praga que possam conter. Do mesmo modo, a redução rápida da temperatura para -30°F (-35°C) e a manutenção dos espécimes nesta temperatura por vários dias também é eficaz, embora mais lenta. Devido a preocupações sobre a exposição humana a produtos químicos durante muito tempo, muitas coleções institucionais de grande porte estão sendo direcionadas ao congelamento como meio de higienização. Muitas coleções foram arruinadas por pragas porque o colecionador deixou de protegê-las.

EMBALANDO E ENVIANDO INSETOS

Um inseto seco em um alfinete é um objeto frágil, que parece quase impossível de ser enviado pelo correio em uma caixa que possibilite a ele chegar ao seu destino intacto. Mas isto pode ser feito se algumas regras simples forem seguidas. A preparação dos espécimes para remessa depende, em grande parte, do tratamento que receberá durante o trânsito: eles serão virados de cabeça para baixo e jogados para os lados e submetidos a uma agitação severa e repetida. Portanto, as duas considerações mais importantes que devem ser garantidas é que todos os alfinetes estejam ancorados firmemente, para que não fiquem frouxos e balançando e quebrem os espécimes, e que a caixa em que estão alfinetados seja colocada em uma caixa maior, cercada por material de embalagem para amortecer os golpes que o pacote invariavelmente receberá.

Observe que estamos tratando aqui do transporte ou remessa de insetos *mortos*. Para transporte ou remessa de insetos vivos, verifique com os oficiais de quarentena e as autoridades postais.

Insira os espécimes alfinetados firmemente no fundo da caixa de insetos, de preferência com uma pinça de alfinetagem. O fundo da caixa deve ser de um material que proporcione um suporte firme para os alfinetes. Espécimes grandes devem ser apoiados por alfinetes adicionais para impedir que fiquem balançando e danifiquem outros espécimes. Utilize alfinetes adicionais para apoiar e sustentar anexos longos ou um abdômen longo. Coloque uma folha de cartolina cortada que se encaixe no interior da caixa (com uma fenda cortada de um lado para facilitar a remoção), sobre o topo dos espécimes alfinetados, e preencha o espaço entre estes e a tampa da caixa com uma base de algodão, uma camada de plástico bolha ou material semelhante. Este arranjo impede que os alfinetes sejam deslocados durante a remessa. *Nunca* inclua frascos de insetos em uma caixa de espécimes alfinetados, independente de quanto os frascos possam parecer presos com firmeza na caixa. A manipulação bruta que uma caixa comum receberá em trânsito pode deslocar até mesmo o frasco mais "firmemente" fixado e destruir os espécimes.

Se uma caixa com insetos alfinetados contiver espécimes cuja genitália (ou outras partes) tenha sido removida e armazenada em um microfrasco localizado no alfinete abaixo do inseto, tenha cuidado para garantir que estes frascos não fiquem frouxos e prejudiquem os espécimes na caixa. Prenda os alfinetes que contêm estes frascos com uma distância suficiente para que o frasco repouse no fundo da caixa. O frasco é então mantido na posição fixa por alfinetes entomológicos, um em cada extremidade do frasco e outros dois cruzando a metade do frasco.

Ao enviar espécimes preservados em fluidos, medidas devem ser adotadas para proteger os espécimes nos recipientes. Os recipientes devem ser preenchidos completamente com o líquido e às vezes é desejável adicionar algodão ou algum material semelhante no recipiente para impedir que o espécime fique balançando. Larvas pequenas e delicadas, como larvas de mosquitos, devem ficar em frascos completamente preenchidos com líquidos, de tal modo que não exista nem mesmo uma bolha de ar no frasco. Uma bolha de ar em um frasco pode ter o mesmo efeito sobre um espécime que um objeto sólido teria. Um método para remover todas as bolhas de ar consiste em usar tubos de vidro tampados com obturadores de borracha, preencher o frasco contendo o espécime até a borda e então inserir cuidadosamente o obturador com um alfinete pela lateral (para permitir que o excesso de líquido escape). Quando o obturador estiver no local, remova o alfinete.

Caso dois ou mais recipientes de insetos em líquidos forem embalados na mesma caixa, devem ser envolvidos em algodão, plástico bolha ou algum material macio semelhante, de modo que os dois frascos não fiquem em contato. Os meios conservantes mais comuns contêm etanol ou isopropanol, que são classificados como líquidos inflamáveis. Várias legislações regulam a remessa destes líquidos, seja por serviço postal ou por serviços de transporte comercial. No momento em que este livro foi escrito, o álcool não podia ser enviado por correio internacional ou por correio aéreo doméstico. Álcool pode ser enviado dentro dos Estados Unidos por correio terrestre, desde que as exigências de embalagem e remessa sejam satisfeitas. Para verificar o procedimento correto, entre em contato com empresas particulares questionando sobre seus regulamentos.

Insetos em montagens de vidro ou de Riker podem suportar solavancos consideráveis sem avarias, mas tenha cuidado para que o vidro destas montagens não seja quebrado. O ideal é embalar estas montagens com uma grande quantidade de material de embalagem macio e garantir que não haja contato entre duas montagens na caixa.

Material de insetos montados em lâminas de microscópio deve ser enviado em caixas de lâminas de madeira, plástico ou papelão pesado, de preferência caixas nas quais as lâminas estejam inseridas em sulcos nas bordas da caixa. Coloque faixas de material mole entre as lâminas e a tampa da caixa, de modo que as lâminas não balancem.

Espécimes secos em envelopes ou pequenas caixas devem ser embalados de modo que os espécimes não fiquem chacoalhando no interior da caixa. O interior das caixas deve ser acolchoado com algodão para imobilizar os espécimes e caixas contendo envelopes devem ser preenchidas com algodão ou papel bolha.

Caixas contendo insetos alfinetados, insetos em fluidos, lâminas de microscópio ou insetos secos em envelopes ou caixas menores que precisem ser enviadas pelo correio devem ser embrulhadas em papel, para isolar os fragmentos de material de embalagem, e colocadas no interior da caixa maior. Escolha uma caixa externa que permita pelo menos 50 mm de material de embalagem (tiras de papel, papel picado, algodão, lascas de isopor etc.) em todos os lados da caixa menor. Este material de embalagem não deve ficar frouxo, a ponto de permitir que a caixa interna seja jogada de um lado para outro, nem tão apertado que o efeito de amortecimento seja perdido.

Sempre que um material é enviado pelo correio, uma carta de acompanhamento deve ser enviada ao destinatário, notificando-o de sua remessa, e uma cópia da carta deve ser incluída no pacote. Pacotes com insetos mortos, enviados pelo correio, são marcados como "Insetos Secos (ou Preservados) para Estudo Científico". É adequado marcar estes pacotes para manipulação delicada em trânsito, embora nem sempre isto seja uma garantia do tratamento adequado. Material enviado para locais dentro dos Estados Unidos deve ter seguro, mas pode ser difícil fazer a avaliação de alguns materiais. A declaração "Sem Valor Comercial" em uma caixa enviada de um país para outro facilitará a passagem pela alfândega.

TRABALHO COM INSETOS VIVOS

Qualquer estudioso dos insetos que não faça nada além de coletar, matar e montar estes animais e estudar os espécimes mortos sentirá falta da parte mais interessante do estudo dos insetos. O estudante que dedicar algum tempo para estudar insetos *vivos* descobrirá que eles são animaizinhos fascinantes e, muitas vezes, impressionantes. Os insetos vivos podem ser estudados no campo ou em cativeiro. Muitos são mantidos em cativeiro, onde podem ser estudados com mais facilidade e mais proximamente que no campo.

Mantendo insetos vivos em cativeiro

Relativamente pouco equipamento e atenção são necessários para manter um inseto vivo em cativeiro, por um período curto. Os insetos podem ser trazidos do campo, mantidos em algum tipo de gaiola por um dia ou um pouco mais e então libertados. A criação de insetos adultos a partir de seus estágios imaturos ou a manutenção de culturas de insetos por mais de uma geração requer mais equipamento e atenção. Porém, é razoavelmente fácil criar ou cultivar vários tipos de insetos.

A criação de insetos adultos a partir de estágios imaturos constitui um excelente aprendizado sobre seus hábitos e história de vida. As atividades de insetos em gaiolas podem ser observadas com mais facilidade e certamente com maior profundidade do que no campo. Muitos insetos coletados em fase imatura, com o intuito de serem criados em cativeiro, podem estar parasitados e, então, o parasita surge ao invés do inseto hospedeiro, particularmente no caso de lagartas.

Gaiolas para Insetos. Quase qualquer coisa pode servir como uma gaiola adequada para manter insetos em cativeiro por um curto período ou para a criação de alguns tipos de insetos. O tipo mais simples de gaiola consiste em um frasco de vidro (ou plástico transparente) coberto por gaze, mantido no local por um cordão ou uma faixa de borracha (Figura 35-19A). O frasco pode variar em tamanho, desde um frasco pequeno até um vidro grande (4 litros ou maior), dependendo do tamanho e do número de insetos. Em alguns casos, alimento, água ou outros materiais necessários para o bem-estar dos insetos podem ser simplesmente colocados no fundo do vidro. Estes recipientes também são adequados para aquários. Mosquitos, por exemplo, podem ser criados em frascos que contenham apenas alguns centímetros cúbicos de água.

Gaiolas adequadas para a criação de alguns tipos de insetos ou para exibição podem ser confeccionadas com cartolina, gaze e plástico transparente. Qualquer caixinha de papelão pode ser usada. Seu tamanho depende do inseto que conterá. Orifícios feitos nas extremidades e cobertos com gaze fornecem a ventilação, plástico ou vidro transparente na frente proporciona visibilidade e o topo pode ser coberto com vidro, plástico transparente ou uma tampa opaca.

Um tipo de gaiola mais durável pode ser feito com uma tela de janela e usando-se uma estrutura de madeira ou metal. O fundo de uma grande lata de metal de 25 mm ou mais, com um cilindro de tela inserido (Figura 35-20B), transforma a lata em uma boa gaiola. Gaiolas de madeira e tela podem ser confeccionadas com uma abertura no topo, como uma tampa, ou com uma porta de um lado. Se a gaiola precisar ser usada para insetos razoavelmente ativos e o acesso frequente à gaiola for necessário, deve ter uma saliência semelhante a uma manga (Figura 35-20A).

Ao se criar um inseto fitófago, caso a planta da qual se alimenta não for muito grande, pode-se usar uma gaiola "vaso" (Figura 35-19C). O vegetal é plantado em um vaso ou numa grande lata, e um cilindro de vidro, plástico ou tela é colocado ao redor da planta, com o topo coberto por gaze.

Uma caixa de emergência como a apresentada na Figura 35-19D funciona bem para a criação de adultos a partir de larvas que vivem em resíduos, solo, excrementos e outros materiais. O material contendo as larvas é colocado na caixa, que é então fechada hermeticamente.

730 ESTUDO DOS INSETOS

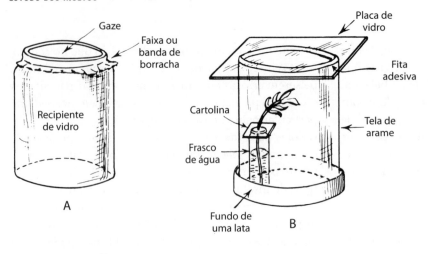

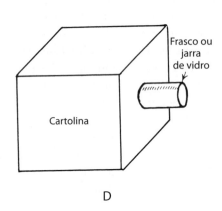

Figura 35-19 Alguns tipos de gaiolas para insetos. A, gaiola de vidro; B, gaiola de tela cilíndrica; C, gaiola "de vaso"; D, caixa de emergência.

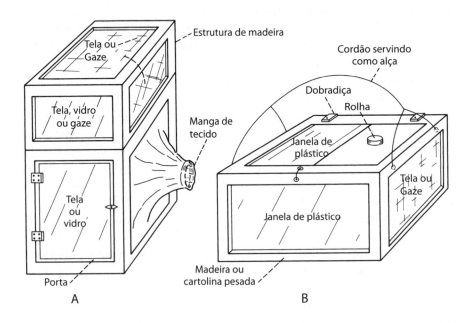

Figura 35-20 Gaiolas para insetos. A, gaiola de manga; B, uma gaiola para transporte no campo.

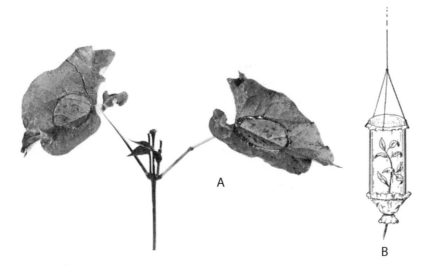

Figura 35-21 Métodos para engaiolamento de insetos no campo. A, uma substância pegajosa utilizada como barreira em uma folha para insetos pequenos e não voadores; B, gaiola de plástico e gaze para criação de insetos em sua planta alimentar.

Quando os adultos emergem, são atraídos para a luz que entra na caixa pelo frasco e passam para ele.

O melhor modo de criar insetos é deixá-los em seu *habitat* no campo e prendê-los ali. Muitos tipos de gaiolas podem ser construídos ao redor de um inseto no campo. No caso de um inseto fitófago, uma gaiola consistindo em um rolo de plástico transparente ou tela fina, com gaze em cada extremidade, pode ser colocada ao redor da parte da planta que contém o inseto (Figura 35-24B), ou uma gaiola feita com tela de janela em uma estrutura de madeira pode ser construída ao redor de parte da planta. Muitos insetos fitófagos podem ser confinados em alguma parte da planta por meio de barreiras de algum tipo, como faixas de substâncias pegajosas (Figura 35-24A). Insetos aquáticos podem ser criados em gaiolas de tela submersas em seus *habitats*. A tela deve ser suficientemente fina para impedir a fuga do inseto, porém grossa o bastante para permitir a entrada de material alimentar.

Gaiolas feitas de papelão pesado ou madeira, gaze e plástico podem ser facilmente adaptadas com uma alça e usadas para se trazer o material vivo do campo para o laboratório ou sala de aula. Com uma gaiola de transporte como a apresentada na Figura 35-23B, materiais grandes podem ser colocados na gaiola levantando-se a tampa, ou insetos isolados podem ser colocados na caixa por um orifício na tampa.

Quando se criam insetos em ambientes internos, deve-se garantir que as condições de temperatura e umidade sejam satisfatórias e, também, fornecer alimentos e água suficientes. Muitos insetos, como as lagartas que se alimentam de folhas, devem receber alimentos frescos

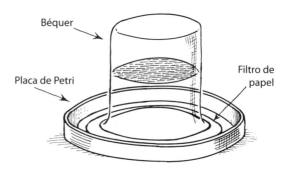

Figura 35-22 Método para fornecer água a insetos mantidos em gaiolas.

regularmente. Acrescente folhas frescas quase todos os dias, ou encontre um modo de manter grandes quantidades de folhagem fresca na gaiola por vários dias. Se o inseto precisar de água, esta pode ser fornecida por meio de um béquer invertido sobre uma placa de Petri (Figura 35-22), via um frasco cheio de água, tampado com algodão e colocado de lado na gaiola e por meio de uma esponja embebida em água ou algum meio semelhante.

Alguns Insetos Criados com Facilidade. Alguns dos insetos criados mais facilmente em ambientes internos são aqueles que normalmente vivem nestes ambientes, por exemplo, insetos que atacam farinhas, cereais ou outros produtos alimentícios armazenados. Estes podem ser mantidos e criados nos recipientes originais do alimento ou em um vidro coberto com gaze fina. Em geral, não é necessário fornecer umidade a estes insetos. Os vários estágios do inseto podem ser obtidos

Figura 35-23 Recipiente do tipo placa de vidro para criação de cupins.

peneirando-se a farinha e alguns deles podem ser acrescentados à farinha fresca para manter a cultura ativa.

Baratas são excelentes insetos para criação porque são razoavelmente grandes e ativas, a maioria das pessoas está familiarizada com elas e são abundantes e obtidas com facilidade na maioria dos lugares. Uma cultura pode ser iniciada aprisionando-se alguns adultos. Baratas podem ser criadas em vários tipos de recipientes, uma jarra de vidro ou de plástico grande coberta com gaze ou até mesmo uma caixa aberta, desde que a caixa tenha vários centímetros de profundidade e os 50 ou 75 mm superiores das laterais sejam untados com petrolato para que as baratas não consigam subir. Estes insetos são praticamente onívoros, e muitos materiais diferentes servirão como alimento adequado. Biscoitos caninos constituem um bom alimento. Um grande suprimento de água deve ser fornecido.

Muitos tipos de insetos que possuem estágios imaturos aquáticos podem ser criados facilmente a partir do estágio imaturo até o adulto. O tipo de aquário necessário depende do tipo de inseto que está sendo criado. Formas pequenas que se alimentam de resíduos orgânicos ou micro-organismos podem ser criados em recipientes pequenos como alguns frascos. As formas maiores e, em particular, os insetos predadores, necessitam de recipientes maiores. Larvas ou pupas de mosquitos, por exemplo, podem ser mantidas em pequenos recipientes com a mesma água na qual foram encontradas, com uma cobertura no recipiente para impedir a fuga dos adultos. Para frascos, a cobertura mais simples consiste em uma rolha de algodão. Em muitos casos, é necessário simular o *habitat* do inseto no aquário (por exemplo, ter areia ou lama no fundo e algumas plantas aquáticas presentes) e, no caso de insetos predadores, como ninfas de libélula, animais menores devem ser fornecidos como alimento. A água deve ser arejada para alguns tipos aquáticos. Ao se manter um aquário, tente manter todas as condições do aquário o mais semelhante possível às condições do *habitat* normal do animal.

Quando se tenta manter insetos aquáticos em laboratório, uma geração após a outra, deve ser feita uma provisão específica para os diferentes estágios da história de vida que, com frequência, necessitam de alimento, espaço ou outras condições especiais. Alguns mosquitos são mantidos de modo relativamente fácil em uma cultura em laboratório, em especial as espécies que normalmente se desenvolvem de forma contínua nos períodos mais quentes do ano, cujos adultos não requerem um grande espaço para seus voos de acasalamento. O mosquito da febre amarela, *Aedes aegypti*, é facilmente cultivado em laboratório[1]. Com uma temperatura de 30°C (85°F), o desenvolvimento do ovo até o adulto requer apenas de 9 a 11 dias. As fêmeas devem obter uma refeição de sangue antes que possam produzir ovos. O braço de uma pessoa pode fornecer esta refeição, porém um animal de laboratório, como um coelho (com o pelo raspado em uma porção do corpo), é melhor. Entretanto, deve-se observar que o governo dos Estados Unidos regula atentamente o uso e os cuidados com vertebrados em laboratório. Mosquitos adultos podem emergir em gaiolas com uma capacidade de cerca de 0,028 m³ (1 pé cúbico). Uma solução de mel na gaiola fornece alimento para os machos (que não se alimentam de sangue) e para as fêmeas antes de sua refeição de sangue.

Coloque um pequeno prato de água na gaiola para a deposição de ovos. Se blocos de papel ou madeira forem colocados nesta água, os ovos serão depositados sobre eles, na margem da água, à medida que ela recua. Estes ovos eclodem dentro de 10 a 20 minutos após serem colocados na água, em temperatura ambiente, mesmo após meses de seca. Se as larvas forem criadas em grande número, é melhor criá-las em frascos de vidro. Até 250 larvas podem ser criadas em um frasco de 150 mm preenchido até a metade com água. As larvas podem ser alimentadas com biscoito de cachorro triturado, que é polvilhado na superfície da água diariamente. Para as larvas de primeiro instar, use 30-35 miligramas por dia. Aumente esta quantidade para os instares sucessivos até 140-150 miligramas por dia para as larvas de quarto instar. As larvas de quarto instar empupam 7-9 dias

---

[1] Uma vez que esta espécie constitui um importante vetor de doença, precauções especiais devem ser tomadas para impedir a fuga de qualquer indivíduo criado.

após a eclosão dos ovos e os adultos emergem cerca de 24 horas mais tarde.

Em geral, é razoavelmente fácil criar insetos adultos a partir de galhas. O mais importante ao se criar a maioria dos insetos galhadores é manter a galha viva e fresca até a emergência dos adultos. A planta contendo a galha pode ser mantida fresca se colocada na água ou a galha pode ser engaiolada no campo. Se a galha não for coletada até que os adultos estejam quase prontos para emergir (o que é determinado por uma abertura em algumas), ela pode simplesmente ser colocada no interior de um frasco de vidro coberto com gaze, dentro de outro frasco com água. Este mesmo procedimento pode ser usado para a criação de adultos de minadores de folhas que empupam na folha. Se o minador empupar no solo (por exemplo, algumas moscas-de-serra), deve-se cultivar a planta que contém o inseto em algum tipo de gaiola de vaso.

Adultos de alguns insetos perfuradores de madeira são criados facilmente. Se o inseto perfurar madeira seca ou que esteja secando, a madeira que contém as larvas pode ser colocada em uma caixa de emergência como a apresentada na Figura 35-20D. Se o inseto perfurar apenas madeira viva, os adultos podem ser obtidos colocando-se algum tipo de gaiola sobre os orifícios de emergência (no campo).

Culturas de cupins são mantidas facilmente em laboratório e são úteis para demonstrar o comportamento social, os hábitos xilófagos e de cultivo de fungos destes insetos. Vários tipos de recipientes podem ser usados para a cultura de cupins, porém o melhor para fins de demonstração consiste em um frasco ou um tipo de recipiente com placa de vidro (Figura 35-23). Uma colônia de cupim pode durar bastante tempo, sem rainhas, em vários tipos de recipiente, mas será mais interessante se rainhas ou rainhas suplementares estiverem presentes.

Se um frasco de vidro for usado, coloque cerca de 6 mm de terra no fundo e uma lâmina de madeira do outro lado do frasco. Madeira balsa é a melhor porque os cupins estabelecem-se rapidamente nela. Coloque faixas finas e estreitas de uma madeira mais dura, em cada lado, entre a madeira balsa e o vidro, e coloque pedaços entre as lâminas de madeira balsa para mantê-las no local. Em um recipiente deste tipo, os cupins se estabelecem em poucas horas. Fazem túneis pela terra e pela madeira e constroem "jardins" de fungos (aparentemente, uma fonte importante de nitrogênio e vitaminas) entre a madeira e o vidro. A madeira será destruída em algumas semanas e deve ser recolocada. Água deve ser acrescentada com intervalos de alguns dias: um chumaço de algodão pode ser completamente umedecido e colocado entre o vidro e a madeira no topo de cada lado.

Um tipo de recipiente com placa de vidro se assemelha ao formigueiro descrito a seguir, porém possui uma estrutura de metal ao invés de madeira (Figura 35-23). O recipiente deve ter cerca de 0,3 m largura, 0,3 m de altura e 13 mm de espessura e deve ter uma bandeja na base para mantê-lo na posição vertical. Não é necessário usar terra neste tipo de recipiente. Coloque um pedaço de madeira balsa no recipiente, com faixas estreitas inseridas entre ela e as duas placas de vidro (anterior e posterior). Os cupins são introduzidos no espaço entre a madeira e o vidro. Coloque uma camada fina de algodão sobre o topo da madeira, entre as duas placas de vidro, embebendo-a completamente em água aproximadamente duas vezes por semana. Os jardins de fungos são mantidos aqui como na cultura em frascos.

O principal problema encontrado na criação de lagartas é o fornecimento de alimento adequado. Uma vez que muitas lagartas alimentam-se apenas de algumas espécies de plantas, deve-se conhecer a planta da qual a lagarta se alimenta. Lagartas podem ser criadas em quase qualquer tipo de gaiola, desde que a gaiola seja limpa e alimentos frescos sejam fornecidos regularmente. A planta que serve como alimento permanece fresca por mais tempo se colocada em um pequeno frasco de água dentro da gaiola. Uma cobertura no topo do frasco de água, ao redor do caule da planta, impede que as lagartas caiam na água (Figura 35-19B). Algumas lagartas exigem condições especiais para a pupação. Larvas de borboletas empupam nas folhas, nas laterais ou no topo da gaiola. A maioria das larvas de mariposas empupa no canto da gaiola ou sob algum tipo de resíduo. Larvas de mariposas que empupam no solo (por exemplo, as larvas de mariposas-esfinges) devem ser criadas em uma gaiola que contenha vários centímetros de terra.

Muitas mariposas grandes empupam no outono e emergem como adultos na primavera, e seus casulos podem ser recolhidos no outono. Se estes casulos forem levados para ambientes internos no outono, podem secar ou os adultos podem emergir no meio do inverno (embora a segunda possibilidade não seja tão ruim). O ressecamento pode ser prevenido colocando-se os casulos em um frasco com cerca de 25 mm de terra no fundo e pulverizando-se água sobre a terra e o casulo, uma vez por semana. Para impedir a emergência das mariposas na metade do inverno, devem ser mantidos em gaiolas de tela (de preferência, gaiolas contendo um pouco de terra ou resíduos) em ambientes externos (por exemplo, do lado de fora do parapeito de uma janela). Se uma mariposa emergente mantida em uma gaiola em um ambiente externo for uma fêmea e se a emergência ocorrer em um momento em que outras mariposas de sua espécie estejam voando, atrairá machos de uma distância considerável.

Devido a seu comportamento social, as formigas são animais muito interessantes para manutenção em gaiolas internas. O tipo mais simples de gaiola para formigas, particularmente para exibição, é uma gaiola vertical estreita com uma estrutura de madeira e laterais de vidro. Ela é preenchida com uma mistura de terra de formiga obtida por escavação de um formigueiro, de preferência pequeno e localizado sob uma pedra ou uma tábua. Esta mistura deve conter todos os estágios e castas, se possível. A rainha pode ser reconhecida por seu tamanho maior. As laterais de vidro da gaiola devem ser escurecidas, cobrindo-se com algum material opaco; do contrário, todos os túneis construídos pelas formigas ficarão distantes do vidro e não serão visíveis. Alimento e umidade devem ser fornecidos. O alimento pode ser fornecido colocando-se alguns insetos na gaiola de tempos em tempos ou colocando-se algumas gotas de melaço diluído ou mel em uma pequena esponja ou chumaço de algodão. A umidade pode ser fornecida mantendo-se uma esponja úmida ou um chumaço de algodão molhado na superfície inferior da tampa ou sobre a terra.

Uma colmeia de observação constitui uma excelente demonstração para aulas. Pode ser montada no interior de uma janela aberta e as abelhas podem entrar e sair quando quiserem, e ainda assim os estudantes podem observar tudo que acontece no interior da colmeia. O espaço aqui não permite uma descrição detalhada de como construir uma colmeia de observação. Para a montagem de uma colmeia de observação, a melhor maneira é entrar em contato com um apicultor local e pedir ajuda e sugestões.

A criação e a manutenção de vários insetos por um curto período de tempo em cativeiro é interessante. Insetos cantores como grilos, esperanças ou cigarras podem ser mantidos engaiolados, por algum tempo, com pouca dificuldade. Se insetos construtores de envoltório forem aprisionados, muitas vezes é possível observar como os envoltórios são feitos e, às vezes, materiais especiais (como pedaços coloridos de vidro usados para larvas de mosca d'água como grãos de areia) podem ser fornecidos para o inseto construir seu envoltório. O engaiolamento de insetos predadores com suas presas (particularmente mantídeos) ou insetos parasitoides com seus hospedeiros pode demonstrar estas inter-relações. Com um pouco de conhecimento sobre os hábitos alimentares e as necessidades de *habitat* das espécies, o estudante habilidoso, em geral, consegue imaginar métodos de criação para quase qualquer tipo de inseto.

FOTOGRAFANDO INSETOS

A fotografia de insetos, em especial as coloridas, tornou-se uma prática comum tanto para o entomologista profissional quanto para leigos. As fotografias de insetos são usadas amplamente para ilustrar livros, boletins ou artigos de periódicos, para uso em aulas e para ilustração de palestras públicas. Muitos livros foram publicados sobre a fotografia de insetos e outros temas de história natural, portanto, não precisamos entrar em detalhes sobre este assunto.

Uma grande variedade de lentes, filtros, adaptadores, flash sincronizado e outros equipamentos de iluminação estão disponíveis atualmente, de modo que o fotógrafo pode selecionar quase tudo que for necessário para fotografar, seja o inseto inteiro ou uma pequena parte dele. Existem lentes disponíveis para quase qualquer grau de ampliação desejado.

Fotos de insetos mortos ou montados são úteis para algumas finalidades, porém fotos de insetos vivos ou que pelo menos pareçam estar vivos e estejam em uma pose natural são muito melhores. Geralmente, a obtenção destas fotos é difícil, mas o problema pode ser resolvido de duas maneiras: (1) usando-se um equipamento que permita um tempo de exposição muito curto e chegando-se o mais perto possível do inseto sem perturbá-lo; e (2) entorpecendo o inseto temporariamente, de modo que haja mais tempo disponível para a fotografia. O uso de alguns produtos químicos (por exemplo, CO_2) ou o resfriamento do inseto podem condicioná-lo para este tipo de exposição fotográfica. Muitas vezes, é possível obter uma boa foto focalizando-se a câmera em um ponto onde o inseto eventualmente pousará e esperando que ele pouse ali. Muitos insetos podem ser fotografados quando a câmera é dirigida para uma flor, fotografando-se o inseto quando ele chegar a ela.

Foi desenvolvido um equipamento microfotográfico (câmera, iluminação etc.) que pode ser fixado (ou embutido) em um microscópio. Este equipamento permite a fotografia de insetos microscópicos ou partes de insetos minúsculos com uma grande ampliação. Um microscópio eletrônico de varredura (MEV) é outra peça que produz imagens de ampliação muito elevada, mostrando detalhes que não podem ser vistos com um microscópio comum.

Você pode conseguir fotos de considerável interesse entomológico sem fotografar qualquer inseto. Ninhos ou casulos de insetos, folhas avariadas ou outros objetos, túneis de perfuradores de madeira e objetos semelhantes constituem excelente material fotográfico e, em geral, são muito mais fáceis de fotografar que os insetos vivos.

A fotografia de insetos tornou-se um hobby entre muitos naturalistas e fotógrafos, que escolhem insetos, assim como flores e aves, devido a seus padrões de cor ou porque estão intrigados com os hábitos e biologia destes animais.

DESENHOS DE INSETOS

Um estudante sério, mais cedo ou mais tarde, terá a oportunidade de fazer desenhos de insetos ou de estruturas de insetos, seja para notas pessoais, como parte de um exercício de laboratório ou como parte de um relatório de pesquisa preparado para publicação. Você não precisa ser um artista natural para preparar bons desenhos de insetos. O primeiro objetivo do desenho entomológico é a exatidão e não o caráter artístico, e desenhos simples de linhas muitas vezes funcionam melhor que desenhos elaboradamente sombreados ou aquarelas.

A primeira finalidade do desenho de insetos ou de estruturas de insetos deve ser a exatidão. Um artista talentoso pode fazer um desenho razoavelmente preciso à mão livre, porém a maior parte das pessoas precisa de algum tipo de auxílio mecânico para obter a precisão necessária. Vários dispositivos e técnicas podem ajudar a criar um desenho de proporções corretas com um mínimo de esforço. Estes incluem uma câmara clara, um aparelho de projeção, papel quadriculado e medidas cuidadosas do espécime. A câmara clara é um dispositivo que se encaixa no trajeto de luz entre a ocular e a lente objetiva de um microscópio. Contém um sistema de prismas e espelhos arranjados de modo que, ao olhar por ele, você verá tanto o objeto sob o microscópio quanto o papel no qual o desenho deverá ser feito, podendo traçar exatamente o que estiver vendo no microscópio. É necessário um pouco de prática para se aprender a usar uma câmara clara, mas uma pessoa que entenda o truque pode conseguir desenhos precisos de modo bastante rápido. A câmara clara é uma peça de equipamento relativamente cara e provavelmente estará disponível apenas em laboratórios de pesquisa universitários bem equipados.

Qualquer inseto ou estrutura de inseto que seja razoavelmente plano e translúcido pode ser desenhado por projeção. O objeto a ser desenhado é projetado por um ampliador fotográfico, um projetor de slides ou outro aparelho em uma folha de papel e o desenho é traçado sobre a imagem projetada. Este é o método ideal para se fazer desenhos de asas de insetos, que podem ser montadas entre duas lâminas de vidro. Existem projetores elaborados que oferecem ampliações de 4X a 5X até várias centenas, mas são razoavelmente caros. Se você não precisar de uma ampliação tão grande, pode usar os ampliadores fotográficos, projetores de slides ou microprojetores.

O princípio do papel quadriculado pode ser usado para se fazer desenhos em uma escala diferente. O objeto a ser desenhado é observado por uma grade de linhas cruzadas e, então, desenhado em um papel de coordenadas, com os detalhes do objeto sendo colocados em um quadrado por vez. Para desenhar um objeto macroscópico, uma grade de linhas cruzadas pode ser montada na frente do objeto. Para objetos microscópicos, um disco transparente com linhas cruzadas finas gravadas é colocado na ocular do microscópio. Para copiar um desenho em escala diferente, uma grade em uma escala é colocada sobre o desenho a ser copiado e os detalhes do desenho são copiados, um quadrado por vez, em um papel de coordenada em uma escala diferente. Com um bom aparelho de fotocópia, reduções ou ampliações também podem ser feitas facilmente.

Um gráfico de parede ou qualquer desenho muito aumentado pode ser feito a partir de uma figura de texto por projeção ou pelo método do papel quadriculado. Desenhos de texto podem ser projetados por um projetor opaco e copiados ou ser aumentados em um gráfico por meio do princípio de grade descrito no parágrafo anterior.

Se você não possuir nenhum destes auxílios mecânicos, um grau de exatidão considerável ainda pode ser obtido pela medida cuidadosa do espécime a ser desenhado, fazendo-se então com que o desenho esteja de acordo com estas medidas. Objetos pequenos devem ser medidos com compassos.

O modo mais simples para se obter uma representação simétrica ao se desenhar um animal (ou parte de um animal) que seja bilateralmente simétrico consiste em desenhar apenas a metade direita ou esquerda do espécime e, então, copiar a outra metade a partir do primeiro lado.

A necessidade ou não do uso de sombra em um desenho depende do que se deseja mostrar. Muitos desenhos das estruturas de insetos (por exemplo, a maioria dos desenhos deste livro que exibem características anatômicas) mostram o que pretendem mostrar sem qualquer sombreamento ou talvez com algumas poucas linhas bem colocadas. Se você quiser mostrar um contorno ou uma textura da superfície, como em uma fotografia, um sombreamento mais elaborado é necessário. Este sombreamento pode ser feito por pontilhamento (uma série de pontos, como na Figura 5-23), linhas paralelas ou cruzadas (por exemplo, os olhos na Figura 11-5), uma série de pontos e linhas (por exemplo, a Figura 22-24), ou o uso de um tipo especial de papel de desenho contendo pequenas áreas elevadas (papel pontilhado, papel coquille, papel casca de ovo, papel Ross etc., que são usados para preparar desenhos como os das Figura 26-36). Adesivos de transferência com vários tipos de sombreamento, pontilhados, linhas, hachuriados e outros padrões fornecem um método rápido e ainda satisfatório de sombreamento e textura.

Os desenhos preparados para publicação são feitos com aproximadamente o dobro do tamanho com que serão reproduzidos. A redução subsequente tende a eliminar pequenas irregularidades do desenho original. Se a redução for muito grande, porém, as linhas finas desaparecem ou linhas próximas no desenho original parecem estar juntas no desenho impresso.

Para aprender como preparar bons desenhos, é necessário estudar bons desenhos em livros e artigos de pesquisa. Ao estudar cuidadosamente os detalhes destes desenhos, você aprenderá alguns truques para conseguir um efeito de contorno com sombreamento mínimo e aprenderá os melhores métodos de sombreamento para produzir os efeitos desejados. Também aprenderá um pouco sobre o estilo preferido de organização e desenho de etiquetas.

FONTES DE INFORMAÇÃO

Informações sobre insetos estão disponíveis na forma de literatura publicada por instituições federais e estaduais, organizações privadas como casas comerciais, museus e sociedades e um grande volume de livros e periódicos. Grande parte desta literatura está disponível em uma boa biblioteca e pode ser obtida com pouco ou nenhum custo para o estudante ou professor. Informações também estão disponíveis a partir de contatos com outras pessoas interessadas em insetos – amadores e profissionais em universidades, museus e estações experimentais. Materiais como slides, filmes e exibições estão disponíveis em casas comerciais, museus e em várias agências estaduais ou privadas.

Recursos eletrônicos

A internet provavelmente fornece as informações mais acessíveis e atualizadas. A facilidade com a qual páginas da web podem ser escritas e sua capacidade de incorporação de imagens causou uma explosão do número de recursos disponíveis. Uma rápida pesquisa no Google encontra 1,9 milhão de resultados para a palavra "inseto" e 585 mil para o termo "entomologia". Muitas destas páginas têm qualidade duvidosa e o ônus para o usuário é justamente determinar seu valor. Contudo, esta é a mesma situação da literatura tradicionalmente publicada, mesmo em periódicos que apresentem dados científicos revisados por colegas. A diferença é apenas uma questão de escala e, em nossa opinião, a possibilidade de acesso em tempo real transforma a internet, em geral, em um enorme benefício.

As páginas da web são notoriamente instáveis, ficando desatualizadas rapidamente, ou pior, deixando de existir. Por este motivo, hesitamos em recomendar sites específicos neste livro. A maioria das sociedades profissionais, departamentos de entomologia, serviços de extensão e museus de história natural mantêm sites de alta qualidade na web, que contêm uma grande variedade de informações valiosas. Uma vez que os serviços de indexação da web têm melhorado, estão fornecendo meios de localização mais rápidos e de melhor qualidade na internet.

Publicações governamentais

Muitas publicações governamentais estão disponíveis ao público sem custos. Publicações estão disponíveis para venda com custo nominal. Existe uma extensa literatura sobre insetos disponibilizada pelo governo.

Informações sobre publicações de várias agências governamentais podem ser obtidas na Division of Public Documents, Government Printing Office, Washington, DC 20402 (www.access.gpo.gov). Esta agência divulga várias listas de publicações (uma delas trata de insetos) que estão disponíveis sem custo. A maioria das publicações governamentais sobre insetos é publicada pelo U.S. Department of Agriculture (USDA) e as informações sobre as publicações deste departamento podem ser obtidas nas seguintes fontes: (1) lista 11, List of the Available Publications of the U.S. Department of Agriculture (revisada aproximadamente todos os anos), disponível em U.S. Department of Agriculture, Washington, DC 20250; (2) índices publicados pelo USDA; e (3) jornais de indexação, como o Bibliography of Agriculture.

Publicações estaduais nos Estados Unidos

Muitas publicações de agências estaduais estão disponíveis, de forma gratuita, para os residentes daquele estado específico. Em alguns estados, existem várias agências cujas publicações seriam interessantes para o estudante ou professor de entomologia, particularmente as estações experimentais agrícolas, serviços de extensão, departamentos de educação e conservação, pesquisas biológicas ou de história natural e museus estaduais. Informações sobre as publicações disponíveis, nestas agências, em geral podem ser obtidas escrevendo-se diretamente para elas.

Muitas estações experimentais agrícolas estão intimamente associadas a faculdades de agronomia e ficam localizadas na mesma cidade. O serviço de extensão quase sempre faz parte da faculdade de agronomia. Os departamentos estaduais de educação ou conservação estão localizados na capital. Museus estaduais estão localizados na capital ou na mesma cidade da universidade estadual. Muitas universidades estaduais contam com museus que contêm coleções de insetos e, com frequência, publicam artigos sobre o assunto. As pesquisas biológicas estaduais estão associadas a uma universidade estadual ou faculdade de agronomia.

Agências diversas

Casas comerciais de produtos biológicos são fontes úteis de equipamentos, materiais e publicações de interesse para um entomologista. Todas as casas comerciais publicam catálogos que são enviados, de forma gratuita ou a um custo nominal, para professores e escolas. Estes catálogos são valiosos para indicar o que pode ser obtido nas casas comerciais e muitas de suas ilustrações sugerem coisas que estudantes ou professores habilidosos podem preparar por si sós.

Muitas sociedades, museus e instituições de pesquisa publicam materiais úteis para entomologistas. As Sociedades Entomológicas (ver seção a seguir), organizações de pesquisa biológicas estaduais e organizações como o National Audubon Society (950 Third Ave. New York, NY 10022) enviam listas de suas publicações mediante solicitação.

Diretórios de entomologistas

Qualquer pessoa interessada em insetos achará vantajoso fazer contato com outras pessoas que tenham interesse semelhante. Uma pessoa que esteja localizada perto de uma universidade, museu ou estação experimental deve começar a conhecer as pessoas que trabalham ali e que estejam interessadas nos insetos. Pessoas de todo o país, interessadas nas várias fases da entomologia, geralmente podem ser localizadas na internet ou via consulta às listas de membros de várias Sociedades Entomológicas, que são publicadas em intervalos regulares nos periódicos das sociedades ou em vários diretórios.

Sociedades entomológicas

Existem muitas Sociedades Entomológicas nos Estados Unidos, cuja participação em geral é aberta para qualquer pessoa interessada em entomologia. As taxas variam, mas, em geral, correspondem a 10 dólares por ano ou mais. Os membros recebem publicações da sociedade, avisos de encontros e informativos. As sociedades de âmbito nacional promovem encontros apenas uma vez por ano. Sociedades locais menores podem realizar encontros mais frequentes.

Algumas das Sociedades Entomológicas mais conhecidas nos Estados Unidos e Canadá, com suas principais publicações, são as seguintes:

American Entomological Society: *Transactions of the American Entomological Society, Entomological News.*
Cambridge Entomological Club: *Psyche.*
Entomological Society of America: *Annals of the Entomological*
Society of America, Environmental Entomology, Journal of Economic Entomology, American Entomologist.
Entomological Society of Canada: *Canadian Entomologist, Memoirs of the Entomological Society of Canada.*
Entomological Society of Washington: *Proceedings of the Entomological Society of Washington.*
Florida Entomological Society: *The Florida Entomologist.*
Kansas (Central States) Entomological Society: *Journal of the Kansas Entomological Society.*
Michigan Entomological Society: *Great Lakes Entomologist.*
New York Entomological Society: *Journal of the New York Entomological Society.*
Pacific Coast Entomological Society, *The Pan-Pacific Entomologist.*

Referências

Blum, M. S.; J. P. Woodring. "Preservation of insect larvae by vacuum dehydration", *J. Kan. Entomol. Soc., 36*, p. 96–101, 1963.

DeLong, D. M.; R. H. Davidson. *Methods of collecting and preserving insects.* Columbus: Ohio State University Press, 1936. 20 p.

Gordh, G.; J. C. Hall. "A critical point drier used as a method of mounting insects from alcohol", *Entomol. News, 90*, p. 57–59, 1979.

Hodges, E. R. S. (Ed.). *The guild handbook of scientific illustration.* Nova York: Van Nostrand Reinhold, 1989. 575 p.

Knudson, J. W. *Collecting and preserving plants and animals.* Nova York: Harper & Row, 1972. 320 p.

Martin, J. E. H. Collecting, preparing, and preserving insects, mites, and spiders. In: *The Insects and Arachnids of Canada, Part 1.* Ottawa: Agriculture Canada, 1977. 182 p.

Masner, L., and H. Goulet. "A new model of flight-interception trap for some hymenopterous insects", *Entomol. News, 92*, p. 199-202, 1981.

Peck, S. B.; A. E. Davies. "Collecting small Beetles with large-area "window" traps", *Coleop. Bull., 34*, p. 237–239, 1980.

Roe, R. M.; C. W. Clifford. "Freeze-drying of spiders and immature insects using commercial equipment", *Ann. Entomol. Soc. Amer., 69*, p. 497-499, 1976.

Schauff, M. E. (Ed.). *Collecting and preserving insects and mites:* Techniques and tools. Disponível em www.sel.barc.usda.gov/selhome/collpres/collpress.htm. Acessado em 11 de fevereiro de 2004.

Southwood, T. R. E. *Ecological methods, with particular reference to the study of insect populations.* Londres: Methuen, 1966. 391 p.

Townes, H. "A light-weight Malaise trap", *Entomol. News, 83*, p. 239-247, 1972.

Woodring, J. P.; M. Blum. "Freeze-drying of spiders and immature insects", *Ann. Entomol. Soc. Amer., 56*, p. 138-141, 1963.

Zweifel, F. W. *A handbook of biological illustration.* Chicago: University of Chicago Press, 1961. 131 p.

GLOSSÁRIO

As definições aqui fornecidas se aplicam ao uso dos termos neste livro. Em outros locais, alguns termos podem ter significados adicionais ou diferentes.

abdômen, A mais posterior das três divisões do corpo.

ácido úrico, Substância química usada comumente por insetos terrestres para excreção de resíduos nitrogenados.

acroesternito, Parte de um esterno anterior à sutura antecostal.

acrotergito, Parte de um tergo anterior à sutura antecostal.

aculeado, Com acúleos (Lepidoptera); com um ferrão (Hymenoptera).

acúleo, Espinhos minúsculos na membrana alar (Lepidoptera).

acuminado, Afilado em uma ponta longa.

adéctica, Tipo de pupa na qual as mandíbulas são imóveis e não funcionais.

agâmico, Que se reproduz partenogenicamente, ou seja, sem acasalamento.

agudo, Pontiagudo; que forma um ângulo inferior a 90 graus.

alça anal, Grupo de células na asa posterior das libélulas, entre Cu_2, 1A e 2A, que podem ser arredondadas, alongadas ou em forma de pé.

alinoto, Placa notal do mesotórax ou metatórax de um inseto pterigoto.

álula, Um lobo na base da asa (Diptera); ver calíptra.

alvéolo antenal, Entalhe na cápsula cefálica no qual se encaixa o artículo basal da antena.

ametábolo, Sem metamorfose.

anal, Relativo ao último segmento abdominal (que possui o ânus); a parte basal posterior (por exemplo, da asa).

anapleurito, O mais alto e mais externo dos dois anéis subcoxais incompletos que formam os pleuritos torácicos.

anelado, Com segmentos ou divisões semelhantes a anéis.

anepímero, A parte do anapleurito posterior à sutura pleural.

anepisterno, A parte do anapleurito anterior à sutura pleural.

anexo superior, Um dos dois anexos superiores na extremidade do abdômen, um cerco (Odonata).

ângulo umeral, Ângulo ou a porção anterior basal da asa.

anteapical, Imediatamente proximal ao ápice.

anteclípeo, Divisão anterior do clípeo.

antecosta, Crista interna na porção anterior de um tergo ou esterno que serve como local de fixação para os músculos longitudinais.

antena anelada, Antena composta por três artículos, o escapo, o pedicelo e o flagelo; o flagelo apical, frequentemente, é subdividido (anelado); característica dos insetos verdadeiros.

antena geniculada, Antena com o primeiro artículo alongado e os demais artículos originando-se do primeiro em um ângulo.

antena segmentar, Antena composta por mais de três artículos musculares reais; limitada a Diplura e Collembola.

antena, Par de apêndices articulados localizados na cabeça acima das peças bucais, em geral com função sensorial.

antenífero, Pequeno processo na cabeça com o qual a antena se articula.

antênula, Primeiras antenas de Crustacea.

antepenúltima, Terceiro, contando a partir do último.

anterior, Frontal; na frente de.

anterodorsal, Na frente e no topo ou na superfície superior.

anteromesal, Na frente e ao longo da linha média do corpo.

anteroventral, Na frente e abaixo ou na superfície inferior.

ânus, Abertura posterior do trato alimentar.

aorta, Porção anterior e não pulsátil do vaso sanguíneo dorsal.

apêndice inferior, Um (Anisoptera) ou os dois apêndices (Zygoptera) mais internos dos apêndices abdominais terminais, utilizados para segurar a fêmea no momento da cópula (Odonata machos).

apêndice, Peça ou parte suplementar ou adicional (da asa de hemípteros).

apical, Na extremidade, ponta ou parte mais externa.

apódema, Invaginação da parede corporal formando um processo rígido que serve para fixação do músculo e para o fortalecimento da parede corporal.

apófise, Processo tubercular ou alongado da parede corporal, externo ou interno.

apófise (ou braço) pleural, Processo interno que se estende da sutura pleural às apófises esternais.

apófise esternal (ou braço esternal), Ver furca.

apólise, Separação da epiderme da cutícula (parte do processo de muda).

apomorfia, Característica derivada, ou seja, que exibe alteração em relação à condição ancestral.

apterigoto, Hexápode primitivamente sem asas.
áptero, Sem asa.
aquático, Que vive na água.
árculo, Veia transversal basal entre o rádio e o cúbito (Odonata).
área anal da asa, A porção posterior da asa que, geralmente, inclui as veias anais.
área costal, Porção da asa imediatamente atrás da margem anterior.
áreas adfrontais, Par de escleritos estreitos e oblíquos na cabeça de uma larva de lepidóptero.
aréola, Célula acessória (ver também aréola basal).
aréola basal, Pequena célula na base da asa; célula na base da asa entre Sc e R (Lepidoptera).
areoleta, Pequena célula na asa; em Ichneumonidae, a pequena célula submarginal em oposição à segunda veia transversal m-cu.
arista, Grande cerda, em geral de localização dorsal, no artículo apical da antena (Diptera).
aristado, Semelhante a uma cerda; com uma arista; antena aristada.
arólio, Estrutura almofadada no ápice do último artículo tarsal, entre as garras (Orthoptera); estrutura almofadada na base de cada garra tarsal (Hemiptera).
arqueado, Curvado como um arco ou arcado.
arrenotoquia, Forma de partenogênese na qual as fêmeas são produzidas a partir de ovos fertilizados e os machos a partir de ovos não fertilizados.
articulação, Junção entre dois segmentos ou estruturas.
aspirador, Dispositivo com o qual insetos podem ser apanhados por sucção.
assimétrico, Não apresenta igualdade nos dois lados.
atenuado, Muito delgado e afunilado distalmente de modo gradual.

átrio, Câmara; câmara no interior de uma abertura corporal.
atrofiado, De tamanho reduzido, rudimentar.
auricular, Pequeno lobo ou estrutura auricular (Hymenoptera).
avançar, Mover-se para frente.
axila, Esclerito triangular ou arredondado lateral ao escutelo e, em geral, imediatamente caudal à base da asa anterior (Hymenoptera).

banda, Marca transversa mais larga que uma linha.
basal (plano de orientação), Na direção da base.
basalar (ou *esclerito basalar*), Epipleurito localizado anteriormente ao processo pleural alar.
basisterno, Parte de um esterno torácico anterior à sutura esternocostal.
bicho agrimensor, Lagarta que se move fazendo uma alça com seu corpo, ou seja, colocando a parte posterior do abdômen próxima ao tórax e, então, estendendo a parte anterior do corpo para frente; lagarta mede-palmo.
bico, Estruturas salientes das peças bucais de um inseto sugador; probóscide, rostro.
bífido, Bifurcado ou dividido em duas partes.
bilobado, Dividido em dois lobos.
bipectinado, Que possui ramos nos dois lados como os dentes de um pente.
birramificado, Com dois ramos; consistindo em um endopodito e um exopodito (Crustacea).
bissexual, Com machos e fêmeas.
bituberculado, Com dois tubérculos ou saliências.
bivalve, Com duas válvulas ou partes, semelhante a um marisco.
blastoderme, Camada celular periférica no ovo de um inseto após a clivagem.

bolsa copulatória, Bolsa do aparelho reprodutor feminino que recebe a genitália masculina durante a cópula.
bossa, Proeminência lisa e lateral na base de uma quelícera (aranhas).
brânquia, Evaginação da parede corporal ou intestino posterior, que atua nas trocas gasosas em um animal aquático.
brânquias foliáceas, brânquias em forma de folhas de um caranguejo-ferradura.
braquíptero, Com asas curtas que não cobrem o abdômen.
buca, Esclerito na cabeça abaixo do olho composto e imediatamente acima da abertura da boca (Diptera).
búcula, Uma de duas cristas na superfície inferior da cabeça, em cada lado do rostro (Hemiptera).
bursicon, Hormônio envolvido no processo de esclerotização.

cabeça, Região corporal anterior, que contém os olhos, as antenas e as peças bucais.
calamistro, Uma ou duas fileiras de espinhos curvados no metatarso das pernas posteriores (aranhas).
calcar, Esporões móveis no ápice da tíbia.
calíptra, Um ou dois pequenos lobos na base da asa, localizados imediatamente acima do haltere (Diptera) (ver também escama).
calo, Tumefação arredondada.
calo pós-alar, Tumefação arredondada em cada lado do mesonoto, entre a base da asa e o escutelo (Diptera).
calo umeral, Um dos ângulos laterais anteriores do noto torácico, em geral, mais ou menos arredondado (Diptera).
câmara filtro, Modificação do canal alimentar em Homoptera, na qual a porção anterior do intestino médio está intimamente associada ao intestino posterior.

câmara genital, Ver bolsa copulatória.
câmera lúcida, Dispositivo que permite a realização de desenhos precisos de objetos vistos por um microscópio. Quando fixado à ocular de um microscópio, pode-se observar simultaneamente o objeto e o papel para desenho.
cantus, Processo cuticular que subdivide o olho (Coleoptera).
capitado, Com dilatação apical nodosa; antena capitada.
capuz do olho, Estrutura pendente ou cobrindo o olho composto (Lepidoptera).
capuz timpânico, Um de um par de tubérculos ou proeminências arredondadas na superfície dorsal do primeiro segmento abdominal (Lepidoptera).
carapaça, Cobertura dorsal dura que consiste em escleritos dorsais fusionados (Crustacea).
cardo (pl., *cardines*), Segmento ou divisão basal de uma maxila; um dos dois pequenos escleritos laterobasais no gnatoquilário de diplópode.
carena, Crista ou quilha.
carenado, Que possui crista ou quilha.
carnívoro, Que se alimenta de outros animais.
casta, Forma ou tipo de adulto em um inseto social.
casulo, Envoltório de seda em cujo interior a pupa é formada.
catapleurito, O mais baixo e mais interno dos dois anéis subcoxais incompletos que formam os pleuritos torácicos (também chamado de *catepleurito, katepleurito e coxopleurito*).
catepímero, Porção do catapleurito posterior à sutura pleural.
catepisterno, Porção do catapleurito anterior ao sulco pleural.
catepleurito, Ver catapleurito.
caudal (plano de orientação), Na direção da cauda ou da

extremidade posterior do corpo.

caudal (posição anatômica), Relativo à cauda ou à extremidade posterior do corpo.

cavidade coxal aberta, Cavidade limitada posteriormente por um esclerito do segmento seguinte (cavidades coxais anteriores, Coleoptera) ou uma cavidade tocada por um ou mais escleritos pleurais (cavidades coxais médias, Coleoptera).

cavidade coxal fechada, Cavidade limitada posteriormente por um esclerito do mesmo segmento torácico (cavidades coxais anteriores, Coleoptera) ou uma completamente cercada por escleritos esternais e não tocada por qualquer esclerito pleural (cavidades coxais médias, Coleoptera).

ceco, Estrutura em forma de saco ou tubular, aberta em apenas uma extremidade.

ceco gástrico, Ceco localizado na porção anterior do intestino médio.

cefálico (plano de orientação), Na direção da cabeça ou da extremidade anterior.

cefálico (posição anatômica), Em ou fixado à cabeça; anterior.

cefalotórax, Região corporal consistindo na cabeça e segmentos torácicos (Crustacea e Arachnida).

célula, Espaço na membrana da asa parcialmente (uma célula aberta) ou completamente (uma célula fechada) cercado por veias.

célula aberta, Célula na asa que se estende até sua margem e não se apresenta completamente cercada por veias.

célula acessória, Célula fechada na asa anterior de Lepidoptera formada pela fusão de dois ramos da rádio, em geral a célula R2.

célula anal, Célula na área anal da asa; célula 1A (Diptera).

célula anal basal, Célula anal próxima à base da asa; célula na base da asa entre 1A e 2A (Plecoptera).

célula anteapical, Célula na parte distal da asa (cigarrinhas).

célula apical, Célula próxima à ponta da asa.

célula axilar, Célula na área anal da asa.

célula basal, Célula próxima à base da asa, limitada ao menos em parte pelas porções não ramificadas das veias longitudinais; em Diptera, uma das duas células localizadas proximalmente à veia transversal anterior e à célula discal.

célula costal, Espaço na asa entre a costa e a subcosta.

célula discal, Célula mais ou menos aumentada na parte basal ou central da asa.

célula fechada, Célula da asa limitada por veias em todos os lados.

célula hipostigmática, Célula imediatamente atrás do ponto de fusão de Sc e R (Neuroptera, Myrmeleontoidea).

célula marginal, Célula na parte distal da asa beirando a margem costal.

célula posterior, Uma das células que se estende até a margem posterior da asa, entre a terceira e sexta veias longitudinais (Diptera).

célula radial, Célula limitada anteriormente por um ramo do rádio; célula marginal (Hymenoptera).

célula submarginal, Uma ou mais células situadas imediatamente atrás da célula marginal (Hymenoptera).

célula tormógena, Célula epidérmica associada a uma cerda que forma a membrana ou o soquete da cerda.

célula tricógena, Célula epidérmica a partir da qual uma cerda se desenvolve.

célula truss, Ver célula hipostigmática.

células nutritivas, Células responsáveis pela nutrição e associadas ao oócito em desenvolvimento.

cencro, Almofada áspera no metanoto de moscas-de--serra (Symphyta) que serve para segurar as asas no lugar quando dobradas sobre o dorso.

cerco, Unidade de um par de anexos na extremidade posterior do abdômen.

cerda antepigidial, Uma ou mais cerdas grandes na margem apical do sétimo (próximo ao último) tergo (Siphonaptera).

cerdas achatadas, Cerdas que ficam dispostas paralelamente ou em contato com a superfície corporal.

cerdas acrosticais, Uma ou mais fileiras longitudinais de pequenas cerdas ao longo do centro do mesonoto (Diptera).

cerdas dorsocentrais, Fileira longitudinal de cerdas no mesonoto, em posição imediatamente lateral às cerdas acrosticais (Diptera).

cerdas dorsoescutelares, Par de cerdas na porção dorsal do escutelo, uma em cada lado da linha média (Diptera).

cerdas espiraculares, Cerdas muito próximas ao espiráculo (Diptera).

cerdas esternopleurais, Cerdas na esternopleura (Diptera).

cerdas frontais, Cerdas acima das antenas, distantes da borda do olho composto (Diptera).

cerdas fronto-orbitais, Cerdas na fronte próximas aos olhos compostos (Diptera).

cerdas hipopleurais, Fileira mais ou menos vertical de cerdas na hipopleura, em geral diretamente acima das coxas posteriores (Diptera).

cerdas intra-alares, Fileira de duas ou três cerdas situadas no mesonoto acima da base da asa, entre as cerdas dorsocentrais e supra-alares (Diptera).

cerdas mentais, Cerdas do mento (Odonata).

cerdas mesopleurais, Cerdas na mesopleura (Diptera).

cerdas notopleurais, Cerdas na notopleura (Diptera).

cerdas ocelares, Cerdas situadas próximo aos ocelos (Diptera).

cerdas pós-umerais, Cerdas na superfície anterolateral do mesonoto, imediatamente posteriores ao calo umeral (Diptera).

cerdas pós-verticais, Par de cerdas atrás dos ocelos, em geral situadas na superfície posterior da cabeça (Diptera).

cerdas pré-suturais, Cerdas no mesonoto imediatamente anteriores à sutura transversa e adjacentes à notopleura (Diptera).

cerdas pró-pleurais, Cerdas localizadas na pró-pleura (Diptera).

cerdas pteropleurais, Cerdas na pteropleura (Diptera).

cerdas supra-alares, Fila longitudinal de cerdas na porção lateral do mesonoto, imediatamente acima da base da asa (Diptera).

cerdas umerais, Cerdas no calo umeral (Diptera).

cerdas verticais externas, Unidades localizadas mais lateralmente das grandes cerdas do vértice, entre os ocelos e os olhos compostos (Diptera).

cerdas verticais internas, Grandes cerdas de localização mais mediana no vértice, entre os ocelos e os olhos compostos (Diptera).

cérebro, O gânglio anterior do sistema nervoso, localizado acima do esôfago; em insetos, consistindo no protocérebro, deutocérebro e tritocérebro.

cervical, Relativo ao pescoço ou cérvix.

cérvix, Pescoço, região membranosa entre a cabeça e o protórax.

cesto de pólen, Ver corbícula.

cibário, Cavidade pré-oral circundada pelo labro anterior, a hipofaringe ou o lábio posterior e as mandíbulas e maxilas lateralmente.

ciclo de vida heterodinâmico, Ciclo de vida no qual existe um período de dormência.

ciclo de vida homodinâmico, Ciclo de vida no qual ocorre desenvolvimento contínuo, sem um período de dormência.

címbio, Tarso do pedipalpo de uma aranha macho.

cisto, Saco, vesícula ou estrutura em forma vesicular.

cladística, Escola da sistemática que procura reconhecer grupos monofiléticos com base em características derivadas compartilhadas.

cladograma, Diagrama ramificado que representa a distribuição de estados de características derivadas (apomorfias, homologias) entre os táxons; por extensão, o cladograma representa, então, as relações entre estes táxons e sua história evolucionária.

classe, Subdivisão de um filo ou subfilo, contendo um grupo de ordens relacionadas.

clava, Porção anal oblonga ou triangular da asa anterior (Hemiptera).

clava antenal, Artículos distais alargados de uma antena clavada.

clavado, Com a parte distal (ou artículos) alargada; antenas clavadas.

claviforme, Em forma de clava ou alargada no ápice; antenas claviformes.

cleptoparasita, Parasita que rouba algum recurso do hospedeiro.

clípeo, Esclerito na parte inferior da fronte, entre a fronte e o lábio.

collum, Tergito do primeiro segmento (Diplopoda).

colóforo, Estrutura tubular na superfície ventral do primeiro segmento abdominal da maioria dos Collembola.

cólon, Intestino grosso; parte do intestino posterior entre o íleo e o reto.

cólulo, Estrutura delgada e pontuda imediatamente anterior às fiandeiras (aranhas).

comensalismo, Vida conjunta de duas ou mais espécies, em que nenhuma é prejudicada por isso e pelo menos uma é beneficiada.

comissura, Estrutura (traqueia ou nervo) que conecta os lados esquerdo e direito de um segmento.

comportamento instintivo, Comportamento estereotipado não aprendido, no qual as vias nervosas envolvidas são hereditárias.

composto, olho, Ver olho composto.

comprimido, Achatado de um lado a outro.

conatos, Fundidos ou unidos de maneira imóvel.

côndilo, Processo nodoso que forma uma articulação.

cone sensorial ou botão sensorial, Minúsculo cone ou botão, de função sensorial.

conectivo, Estrutura (como traqueia ou nervo) que vai de um segmento a outro.

conectivo circunesofageal, Nervo que conecta os lobos tritocerebrais do cérebro ao gânglio subesofágico.

constrito, Estreitado.

contíguo, Que se tocam entre si.

convergente, que se aproxima distalmente.

coração, Porção pulsátil posterior do vaso sanguíneo dorsal.

corbícula, Área lisa na superfície externa da tíbia posterior, limitada em cada lado por uma franja de pelos longos e curvos, que serve como uma cesta de pólen (abelhas).

cordão nervoso ventral, Nervo pareado situado ao longo da superfície inferior da hemocele, contendo gânglios de organização segmentar.

cório, Porção basal alongada, em geral espessa, da asa anterior (Hemiptera).

córion, Camada externa do ovo de artrópode.

córnea, Parte cuticular de um olho.

córneo, Espessado ou endurecido.

corneto, Par de estruturas tubulares dorsais na parte posterior do abdômen (afídeos).

cornículas, Ver urogonfos.

coró, Larva escarabeiforme; larva de corpo espesso com cabeça bem desenvolvida e pernas torácicas, sem falsas-pernas abdominais e geralmente lenta.

corpo gorduroso, Órgão amorfo envolvido no metabolismo intermediário, armazenamento e excreção por armazenamento.

Corpus allatum (pl., *corpora allata*), Unidade de um par de pequenas estruturas imediatamente atrás do cérebro, envolvidas na secreção do hormônio juvenil.

costa, Veia longitudinal da asa que, em geral, forma a margem anterior da asa; ou uma crista esclerotizada na cutícula.

coxa, Segmento basal da perna.

coxoesterno, Esclerito que representa a fusão do esterno e os coxopoditos de um segmento.

coxopleurito, Ver catapleurito.

coxopodito, Segmento basal do anexo de um artrópode.

cremaster, Processo em forma de espinho ou gancho na extremidade posterior da pupa, frequentemente usado para fixação (Lepidoptera).

crenulado, Ondulado ou levemente franzido.

cribelo, Estrutura semelhante a uma peneira, situada em posição imediatamente anterior às fiandeiras (aranhas).

criptonefrídios, Túbulos de Malpighi intimamente associados ao intestino posterior e cercados por membrana, que separa este complexo do restante da hemocele.

crisálida, Pupa de uma borboleta.

crochetes, Espinhos em gancho na ponta das falsas-pernas de larvas de lepidópteros.

cruciforme, Cruzado; no formato de uma cruz.

cruzamento anal, Local em que A se ramifica posteriormente a partir de Cu+A (Odonata).

ctenídeo, Fileira de cerdas firmes como os dentes de um pente.

cúbito, Veia longitudinal imediatamente posterior à média.

cúneo, Peça apical mais ou menos triangular do cório, separada do restante do cório por uma sutura (Hemiptera).

cursorial, Adaptado para corrida; de hábito corredor.

cutícula, Camada acelular externa da parede corporal de um artrópode.

decíduo, Que possui uma ou mais partes que podem cair ou ser desprendidas.

déctica, Tipo de pupa com mandíbulas móveis e funcionais.

decumbente, Inclinado, deitado.

defletido, curvado para baixo.

dente, Segmento central da fúrcula de Collembola, preso ao manúbrio basalmente e com o mucro fixado apicalmente.

denteado, Com dentes ou com projeções semelhantes a dentes.

denticulado, Com minúsculas projeções semelhantes a dentes.

deprimido, Achatado dorsoventralmente.

deprimir, Abaixar um anexo (por ex., perna ou asa).

desigual, Com tamanho e comprimento aproximadamente iguais.

desmossomo, Forma de fixação subcelular entre as membranas plasmáticas de duas células adjacentes.

deutocérebro, Par médio de lobos do cérebro, que inerva as antenas.

deutoninfa, Terceiro instar de um ácaro.

diafragma dorsal, Parede muscular incompleta que separa a área ao redor do vaso sanguíneo dorsal (o seio pericárdico) do resto da hemocele.

diapausa, Período de parada do desenvolvimento e redução da taxa metabólica, durante a qual o crescimento, a diferenciação e a metamorfose cessam; período de dormência não imediatamente atribuído a condições ambientais adversas.

dicondílica, Junta com dois pontos de articulação.

dicóptico, Olhos separados na parte de cima (Diptera).

dilatado, Expandido ou alargado.

dioico, Que possui órgãos masculinos e femininos em indivíduos diferentes, qualquer ser individual, seja macho ou fêmea.

disco, Porção dorsal central do pronoto (Hemiptera).

distal (plano de orientação), Para longe do corpo, na direção da extremidade mais distante do corpo.

distal (posição anatômica), Próximo ou na direção da extremidade livre de um anexo; parte de um segmento ou anexo mais distante do corpo.

diurno, Ativo durante o dia.

divaricado, Que se estende para fora e, então, se curva para dentro, um na direção do outro distalmente (garras tarsais divaricadas).

divergente, Que se afasta distalmente.

dormência, Estado de quiescência ou inatividade.

dorsal (plano de orientação), Na direção das costas ou do topo.

dorsal (posição anatômica), No topo ou na parte mais alta; relativo às costas ou à superfície superior.

dorso, As costas ou a superfície superior (dorsal).

dorsolateral, No topo e ao lado.

dorsomesal, No topo e ao longo da linha média.

dorsoventral, De cima para baixo ou da superfície superior para a inferior.

ducto deferente, Ducto espermático que leva para fora de um testículo.

ducto eferente, Ducto curto que conecta o tubo espermático ao testículo com o ducto deferente.

ducto ejaculatório, Porção terminal do ducto espermático masculino.

ducto espermático, Tubo que conecta a bolsa copuladora de Lepidoptera ditrísia à vagina.

ecdise, Muda; processo de desprendimento do exoesqueleto.

ecdisona (ou ecdisteroide), Hormônio produzido pelas glândulas protorácicas que inicia a apólise.

eclosão, Saída do ovo.

ectoparasita, Parasita que vive no exterior de seu hospedeiro.

edeago, Órgão de penetração masculino; a parte distal do falo; pênis mais parâmeros.

elevar, Levantar um apêndice (por ex., perna ou asa).

élitro, Asa anterior espessada, coriácea ou córnea (Coleoptera, Dermaptera, alguns Hemiptera).

em quilha, Com uma crista elevada ou carena.

emarginado, Entalhado ou indentado.

embólio, Peça estreita do cório, ao longo da margem costal, separada do restante do cório por uma sutura (Hemiptera).

embólo, Estrutura do pedipalpo de uma aranha macho que contém o ápice do ducto espermático.

emergência, Ato de o inseto adulto deixar o envoltório pupal ou a última exúvia ninfal.

empódio, Estrutura em forma de almofada ou de cerda no ápice do último segmento tarsal, entre as garras (Diptera).

empupar, Transformar-se em uma pupa.

endito, Artículo basal do pedipalpo da aranha, que apresenta-se aumentado e funciona como uma mandíbula trituradora.

endocutícula (ou *endocuticula*), Camada mais interna e não esclerotizada da cutícula.

endofalo, Revestimento eversível interno do edeago masculino.

endoparasita, Parasita que vive no interior de seu hospedeiro.

endopodito, Ramo mesal de um anexo birramificado.

endopterigoto, Que apresenta asas que se desenvolvem internamente; com metamorfose completa.

endosqueleto, Esqueleto ou estrutura de suporte no interior do corpo.

entomófago, Que se alimenta de insetos.

epicrânio, Parte superior da cabeça, da fronte até o pescoço (Lepidoptera).

epicutícula Camada externa muito fina, não quitinosa da cutícula.

epiderme, Camada celular da parede corporal que secreta a cutícula.

epifaringe, Estrutura da peça bucal na superfície interna do labro ou clípeo; em insetos mastigadores, um lobo mediano na superfície posterior (ventral) do labro.

epífise, Almofada ou processo lobular móvel na superfície interna da tíbia anterior (Lepidoptera).

epífita, Planta aérea, que cresce de modo não parasitário em outra planta ou em um objeto inanimado.

epigino, Genitália externa feminina das aranhas.

epímero, Área de uma pleura torácica posterior à sutura pleural.

epipleura, Borda lateral dobrada para baixo de um élitro (Coleoptera).

epipleurito, Pequeno esclerito na área membranosa entre a pleura torácica e as bases das asas.

epiprocto, Processo ou anexo situado acima do ânus e parecendo surgir do décimo segmento abdominal; na verdade, a parte dorsal do décimo primeiro segmento abdominal.

episterno, Área de uma pleura torácica anterior à sutura pleural.

epistoma, Parte da face logo acima da boca; a margem oral (Diptera).

epitélio folicular, Camada de células epiteliais circundando o oócito.

escama, Estrutura em forma de crosta; calíptra; o palpígero (Odonata).

escapo, Artículo basal de uma antena.

escápula, Um de dois escleritos do mesonoto imediatamente laterais às suturas parapsidais (Hymenoptera); também chamado de parapse.

escavação de empréstimo, Orifício formado por uma escavação, cuja terra foi "emprestada" para uso em outra parte.

escavado, Cavado.

esclerito, Placa endurecida da parede corporal limitada por suturas ou áreas membranosas.

esclerito antecoxal, Esclerito do metasterno, imediatamente anterior às coxas posteriores.

esclerito cervical, Esclerito localizado na parte lateral do cérvix, entre a cabeça e o protórax.

escleritos axilares, Pequenas placas na base da asa que convertem as deformações do tórax em movimentos das asas.

esclerotização, Processo de endurecimento.

esclerotizado, Endurecido.

escopa, Tufo de pelos pequeno e denso.

escrobo, Estria ou sulco; escrobo antenal.

escutelo, Esclerito do noto torácico; o mesoscutelo, que se parece mais ou menos com um esclerito triangular atrás do pronoto (Hemiptera, Coleoptera).

escuto, Divisão média de um noto torácico, imediatamente anterior ao escutelo.

esôfago, Porção estreita do trato alimentar imediatamente posterior à faringe.

espatulado, Em forma de colher; largo apicalmente e estreitado basalmente e achatado.

espécie, Grupo de indivíduos ou populações semelhantes em estrutura e fisiologia, podendo cruzar entre si e produzir crias férteis. Diferem em estrutura e/ou fisiologia de outros grupos deste tipo e normalmente não cruzam com eles.

espermateca, Estrutura sacular na fêmea onde o esperma do macho é recebido e, com frequência, armazenado.

espermatóforo, Cápsula contendo esperma, produzida pelos machos de alguns insetos.

espermatogênese, Produção de espermatozoides.

espermatogônia, Célula germinativa primária do macho.

espermatozoide, Célula espermática funcional, em geral móvel.

espinasterno, Esclerito intersegmentar do ventre torácico que contém um apódema ou espinha mediana, associado ou unido ao esclerito imediatamente anterior a ele; também chamado de *interesternito*.

espinha, Crescimento externo em forma de espinho na cutícula.

espinhoso, Coberto por espinhos; costa espinhosa em Diptera.

espiráculo, Abertura externa do sistema traqueal; um poro respiratório.

esporão, Espinho móvel (quando em um segmento de perna, em geral localizado no ápice do segmento).

esporão tibial, Grande espinho na tíbia, em geral localizado na extremidade distal da tíbia.

estágio, Período entre as mudas de um artrópode em desenvolvimento.

estemas (sing., *estema*), Olhos laterais das larvas de insetos.

esternelo, Parte do eusterno posterior à sutura esternocostal (sulco).

esternito, Subdivisão do esterno; placa ventral de um segmento abdominal.

esterno, Esclerito na superfície ventral do corpo; o esclerito ventral de um segmento abdominal.

esternopleura, Esclerito na parede lateral do tórax, imediatamente acima da base da perna média (Diptera).

estigma, Espessamento da membrana alar ao longo da borda costal perto do ápice.

estilado, Com estilo; em forma de estilo; antena estilada.

estilete, Estrutura em forma de agulha; uma das estruturas perfuradoras em peças bucais sugadoras.

estilo, Processo digitiforme curto e delgado.

estilo, Processo semelhante a uma cerda no ápice de uma antena; processo digitiforme curto e delgado.

estipe, Segundo segmento ou divisão de uma maxila que contém o palpo, a gálea e a lacínia; lobos laterais do gnatoquilário de um diplópode.

estirado, Estendido, prolongado ou projetado.

estivação, Dormência durante uma estação quente ou seca.

estomodeu, Intestino anterior.

estria, Sulco ou linha deprimida.

estriado, Com sulcos ou linhas deprimidas.

estridular, Fazer ruído esfregando duas estruturas ou superfícies.

eussocial, Condição de vida em grupo na qual existe cooperação entre os membros para a criação dos jovens, divisão reprodutiva do trabalho e sobreposição de gerações.

eusterno, Placa ventral de um segmento torácico excluindo o espinasterno.

evaginação, Dilatação ou estrutura sacular no lado externo.

eversível, Capaz de ser evertido ou virado para fora.

excreção, Eliminação de resíduos metabólicos do corpo.

excreção por armazenamento, Remoção de resíduos metabólicos por isolamento em certos tecidos ou células.

exocutícula, Camada de cutícula esclerotizada por fora da endocutícula, entre a endocutícula e a epicutícula.

exoesqueleto, Esqueleto ou estrutura de suporte na parte externa do corpo.

exopodito, Ramo mais externo de um anexo birramificado.

exopterigoto, Com as asas se desenvolvendo na parte externa do corpo, como nos insetos com metamorfose simples.

externo, Lado de fora, a parte distante do centro (linha média) do corpo.

exúvia, exoesqueleto desprendido de um artrópode na época da muda.

face, Parte frontal da cabeça, abaixo da sutura frontal (Diptera).

faceta, Superfície externa de uma unidade individual do olho composto ou omatídio.

falo, Órgão copulatório masculino, incluindo qualquer processo que possa estar presente em sua base.

falotrema, Abertura externa do sistema reprodutor masculino no edeago.

falsa-perna, Uma das pernas abdominais carnosas de algumas larvas de insetos.

família, Subdivisão de uma ordem, subordem ou superfamília, contendo um grupo de gêneros, tribos ou subfamílias relacionados. Os nomes das famílias de animais terminam em *-idae*.

faringe, Parte anterior do intestino anterior, entre a boca e o esôfago.

fastígio, Superfície dorsal anterior do vértice (gafanhotos).

fêmur (pl., *fêmures*), Terceiro segmento da perna, localizado entre o trocânter e a tíbia.

fendido, Dividido ou bifurcado.

feromônio, Substância fornecida por um indivíduo que causa uma reação específica em outros indivíduos da mesma espécie, como atrativos sexuais, substâncias de alarme etc.

fezes, Excremento, o material que passa do trato alimentar pelo ânus.

fiandeira, Estrutura com a qual a seda é tecida, em geral digitiforme.

fíbula, Lobo jugal mais ou menos triangular na asa anterior que serve como um meio de união das asas frontais e posteriores (Lepidoptera).

filamento, Estrutura delgada, filiforme.

filamento caudal, Processo filiforme na extremidade posterior do abdômen.

filiforme, Semelhante a um fio de cabelo ou um fio, antena filiforme.

filo, Uma das principais divisões do reino animal.

filogenética, Escola da sistemática que tenta reconhecer grupos monofiléticos com base em características derivadas compartilhadas.

fitófago, Que se alimenta de plantas.

flabelado, Com processos ou projeções semelhantes a um leque; antena flabelada.

flabelo, Processo semelhante a leque ou folha (Hymenoptera).

flagelo, Estrutura semelhante a um chicote; parte da antena atrás do segundo artículo.

flagelômero, Subartículo do flagelo.

foice, Sutura interantenal com margens esclerotizadas internas conectando as extremidades superiores das fossas antenais (Siphonaptera).

foliáceo, Em forma de folha.

folículo, Cavidade, saco ou tubo minúsculo.

folículo espermático, Subdivisão tubular do testículo na qual ocorre a espermatogênese.

fontanela, Pequeno ponto deprimido e pálido na parte frontal da cabeça entre os olhos (Isoptera).

forame magno, Abertura na superfície posterior da cabeça, pela qual passam as estruturas internas que se estendem da cabeça ao tórax; também forame occipital.

forame occipital, Ver forame magno.

fórmula tarsal, Número de artículos tarsais nos tarsos anteriores, médios e posteriores, respectivamente.

fossa antenal, Cavidade ou depressão na qual as antenas estão localizadas.

fossorial, Adaptado para ou com o hábito de cavar.

fotoperíodo, Quantidade relativa de tempo durante o dia em que há luz.

fóveas tentoriais, Depressões em forma de sulco na superfície da cabeça, que marcam os pontos de união dos braços do tentório com a parede externa da cabeça. Em geral, existem duas fóveas tentoriais na sutura epistomal e uma na extremidade inferior de cada sutura pós-occipital.

fragma, Apódema laminar ou uma invaginação da parede dorsal do tórax.

frass, Fragmentos de plantas deixados por um inseto perfurador de madeira, em geral misturados a excrementos.

fratura costal, Ponto na costa em que a esclerotização é fraca ou está ausente ou a veia parece estar quebrada (Diptera).

frente, Porção da cabeça entre antenas, olhos e ocelos; a fronte.

frênulo, Cerda ou grupo de cerdas originadas no ângulo umeral da asa posterior (Lepidoptera).

fronte, Esclerito cefálico limitado pelos sulcos frontal (ou frontogenal) e epistomal, incluindo o ocelo mediano.

funículo, Artículos antenais entre o escapo e a clava (Coleoptera) ou entre o pedicelo e a clava (Hymenoptera).

furca, Bifurcação ou estrutura bifurcada; apódema bifurcado originado de um esterno torácico.

fúrcula, Aparelho de recuo bifurcado dos Collembola.

fusiforme, Alongado e cilíndrico, espessado no meio e mais fino nas extremidades.

gálea, Lobo externo da maxila, sustentado pelos estipes.

galha, Crescimento anormal de tecidos vegetais, causado pelo estímulo de um animal ou outro vegetal.

gânglio, Dilatação nodosa de um nervo, contendo uma massa coordenadora de células nervosas.

gânglio subesofágico, Tumefação nodular na extremidade anterior do cordão nervoso ventral, em geral logo abaixo do esôfago.

garra espúria, Garra falsa; cerda robusta que parece uma garra (aranhas).

garra tarsal, Garra no ápice do tarso, derivada de um artículo pré-tarsal da perna.

gáster, Parte arredondada do abdômen posterior até o segmento ou segmentos nodosos (Hymenoptera Apocrita).

gena, Parte da cabeça em cada lado abaixo e atrás dos olhos compostos, entre os sulcos frontal e occipital.

gena, Parte lateral da cabeça entre o olho composto e a boca.

gênero, Grupo de espécies intimamente relacionadas; primeiro nome em um nome científico binomial ou trinomial. Os nomes dos gêneros são latinizados, iniciam-se com letra maiúscula e, quando impressos, são grafados em itálico.

geniculado, Em forma de cotovelo ou dobrando abruptamente; antena geniculada.

genitália, Órgãos sexuais e estruturas associadas; órgãos sexuais externos.

geração, A partir de determinado estágio no ciclo de vida até o mesmo estágio na prole.

germário, Porção apical do ovaríolo ou folículo espermático.

ginandromorfo, Indivíduo anormal apresentando características estruturais dos dois sexos (geralmente masculino em um lado e feminino no outro).

glabro, Liso, sem pelos.

glândula acessória, Órgão secretor associado ao sistema reprodutor.

glândula labial, Órgão exócrino que se abre no lábio ou em sua base, em geral funciona como uma glândula salivar ou sericígena.

glândula odorífera, Glândula que produz uma substância odorífera.

glândulas da muda, Ver glândulas protorácicas.

glândulas protorácicas, Glândulas endócrinas localizadas no protórax que secretam ecdisona.

glândulas sebáceas, Glândulas que secretam gordura ou material oleoso.

globoso, globular, Esférico ou quase esférico.

glossa, Unidade de um par de lobos no ápice do lábio entre as paraglossas.

gnatoquilária, Estrutura em placa das peças bucais de Diplopoda, representando as maxilas fundidas e o lábio.

gonângulo, Esclerito da genitália externa feminina derivado da segunda gonocoxa, conectando a segunda gonocoxa, o nono tergo e a primeira gonapófise.

gonapófise, Processo mesal posterior de um gonopodo, nas fêmeas, formando o ovipositor; primeira ou segunda válvula.

gonobase, Porção basal da genitália externa masculina, a partir da qual os parâmeros e o edeago se originam; geralmente em forma de anel.

gonocoxa, Coxa modificada que forma uma parte da genitália externa (= valvífero).

gonoplaca, Bainhas laterais envolvendo o ovipositor em pterigotos (= terceira válvula).

gonopodo, Perna modificada que forma uma parte da genitália externa.

gonoporo, Abertura externa dos órgão reprodutores.

gonostilo, Estilo de um segmento genital (segmento abdominal 8 ou 9).

gregário, Que vive em grupos.

grupo externo, Em um estudo filogenético, táxons fora do foco de interesse; utilizado para formular hipóteses sobre a polaridade de estados dos caracteres (ou seja, ancestrais ou derivados) encontrados no grupo interno. O estado encontrado no grupo externo supostamente corresponde ao estado ancestral ou plesiomórfico.

grupo interno, Os táxons que constituem o foco de interesse em um estudo filogenético.

grupo monofilético, Grupo que consiste em uma espécie ancestral e todos os seus descendentes; reconhecido com base em características derivadas compartilhadas (sinapomorfias) entre seus membros.

grupo parafilético, Grupo de espécies, derivadas de um ancestral comum, porém não incluindo todos os seus descendentes; reconhecido com base em estados de caracteres ancestrais compartilhados (simplesiomorfias).

grupo polifilético, Grupo de espécies que não compartilham um ancestral comum; como um grupo não natural, em geral é proposto com base em características que representam características paralelas ou convergentes (homoplasias).

grupos-irmãos, Em um cladograma, os dois táxons (ou grupos de táxons) que se originam de um único nodo. Os grupos-irmãos são os parentes mais próximos uns dos outros.

gula, Esclerito na superfície ventral da cabeça entre o lábio e o forame magno.

gusano, Larva vermiforme; larva sem pernas e sem cápsula cefálica bem desenvolvida (Diptera).

gustação, Paladar, detecção de substâncias químicas em líquidos.

haltere (*ou balancin*), Pequena estrutura saliente em cada lado do metatórax, formada a partir da asa posteriores modificada (Diptera).

hâmulos, Ganchos minúsculos; série de ganchos minúsculos na margem da asa posterior, pelos quais as asas frontais e posteriores são unidas (Hymenoptera).

haustelado, Formado para sucção, mandíbulas não adequadas para mastigação (ou ausentes).

haustelo, Parte do rostro (Diptera).

hemiélitro, Asa anterior dos Hemiptera (Heteroptera).

hemimetábolo, Que apresenta metamorfose simples, como em Odonata, Ephemeroptera e Plecoptera (com ninfas aquáticas).

hemocele, Cavidade corporal preenchida com sangue.

hemócito, Célula sanguínea.

hemolinfa, Sangue dos artrópodes.

herbívoro, Que se alimenta de plantas.

hermafrodita, Que possui órgãos sexuais tanto masculinos quanto femininos.

hertz, Ciclos por segundo (Hz).

heterogamia, Alternação de reprodução bissexual com partenogênica.

heterômero, Três pares de tarsos que diferem no número de artículos (Coleoptera, por exemplo, com uma fórmula tarsal de 5–5–4).

hialino, Como vidro, transparente, incolor.

hibernação, Dormência durante o inverno.

hipermetamorfose, Tipo de metamorfose completa na qual os diferentes instares larvais representam dois ou mais tipos diferentes de larvas.

hiperparasita, Parasita cujo hospedeiro é outro parasita.

hipoderme, Ver epiderme.

hipofaringe, Estrutura mediana das peças bucais anterior ao lábio; os ductos das glândulas salivares geralmente estão associados à hipofaringe e em alguns insetos sugadores a hipofaringe é a estrutura da peça bucal que contém o canal salivar.

hipognato, Com a cabeça e as peças bucais localizadas ventralmente.

hipômero, Em Coleoptera, o lado de baixo do pronoto.

hipopleura, Parte inferior do mesepímero; esclerito no tórax localizado logo acima das coxas posteriores (Diptera).

holometábolo, Com metamorfose completa.

holóptico, Olhos contíguos na parte de cima (Diptera).

holótipo, Espécime designado pelo autor de uma nova espécie ou subespécie à qual o nome científico está ligado. Se for constatado que este espécime pertence a outra espécie ou subespécie, então o nome original torna-se sinônimo do segundo nome.

homologia, Característica compartilhada por duas espécies porque foram herdadas por ambas de um ancestral comum.

homônimo, Nome para duas ou mais coisas (táxons) diferentes.

honeydew, Líquido secretado pelo ânus de alguns Hemiptera.

hormônio cerebral, Mensageiro químico produzido por células neurossecretoras no cérebro que ativa as glândulas protorácicas para produzir ecdisona (também conhecido como *PTTH* ou *hormônio protoracicotrópico*).

hormônio protoracicotrópico, Ver hormônio cerebral.

hospedeiro, Organismo que abriga ou carrega em si um parasita; planta da qual um inseto se alimenta.

hz, Hertz (ciclos por segundo).

íleo, Parte anterior do intestino posterior.

imago, Estágio adulto ou reprodutivo de um inseto.

inclinado, Dobrado na direção da linha média do corpo.

infraepisterno, Subdivisão ventral de um episterno.

inquilino, Animal que vive no ninho ou no domicílio de outra espécie.

instar, A fase de um inseto entre mudas sucessivas, o primeiro instar ocorre entre a eclosão e a primeira muda.

intacto, Sem dentes ou entalhes, com um contorno liso.

interesternito, Esclerito intersegmentar na superfície ventral do tórax; o espinasterno.

intersticial, Situado entre dois artículos (trocânter intersticial de Coleoptera).

intestino, Porção anterior do intestino posterior, entre a válvula pilórica e o reto.

intestino anterior, Porção anterior do trato alimentar, da boca até o intestino médio.

intestino médio, Mesêntero ou a porção média do trato alimentar.

intestino posterior, Porção posterior do trato alimentar, entre o intestino médio e o ânus.

íntima, Revestimento cuticular do intestino anterior, do intestino posterior e das traqueias.

invaginação, Dobra ou dilatação para dentro.

isosmótico, Com uma concentração igual de solutos.

iteróparo, Quando um animal se reproduz, duas ou mais vezes, durante sua história de vida.

jugo, Processo lobular na base da asa anterior, que cobre a asa posterior (Lepidoptera); esclerito na cabeça (Hemiptera).

junta, Articulação de dois segmentos ou partes sucessivos.

khz, Quilo-hertz (quilociclos por segundo).

labelo, Ponta expandida do lábio (Diptera).

labial, De ou relativo ao lábio.

lábio, Uma das estruturas das peças bucais, o lábio inferior.

labro, Lábio superior, situado logo abaixo do clípeo.

labroepifaringe, Peça bucal representando o labro e a epifaringe.

lacínia, Lobo interno da maxila, sustentado pelos estipes.

lagarta, Larva eruciforme; larva de borboleta, mariposa, mosca-de-serra ou mosca-escorpião.

lamela, Placa foliácea.

lamelado, Com estruturas ou artículos em placa; antenas lameladas.

lâmina, Na cutícula, uma camada de cutícula com microfibrilas de quitina orientadas na mesma direção.

lâmina lingual, Uma de duas placas distais medianas na gnatoquilária de diplópodes.

lâmina vulvar, Margem posterior (em geral, prolongada posteriormente) do oitavo esternito abdominal (fêmeas de Anisoptera).

lanceolado, Em forma de lança, afinando em cada extremidade.

larva, Estágio imaturo, entre o ovo e a pupa, de um inseto que apresenta metamorfose completa; o primeiro instar de seis pernas dos ácaros; um estágio imaturo diferindo radicalmente do adulto.

larva campodeiforme, Larva com o formato semelhante ao do dipluro Campodea, ou seja, alongada e achatada, com pernas e antenas desenvolvidas e, em geral, ativa.

larva coarctada, Larva semelhante a um pupário de dípteros, na qual a exúvia do instar precedente não é eliminada completamente, mas permanece fixada à extremidade caudal do corpo; o sexto instar de um cantarídeo, ver também pseudopupa.

larva de Elateridae ou larva dos elaterídeos, Larva elateriforme; larva delgada, intensamente esclerotizada, com poucos pelos no corpo e com pernas torácicas, mas sem falsas-pernas; larva de um besouro tec-tec.

larva elateriforme, Larva que se assemelha a um elaterídeo, ou seja, delgada, intensamente esclerotizada, com pernas torácicas curtas e poucos pelos corporais.

larva eruciforme, Lagarta; larva com corpo mais ou menos cilíndrico, cabeça bem desenvolvida, pernas torácicas e falsas-pernas abdominais.

larva escarabeiforme, Larva semelhante a um coró, ou seja, com corpo espessado e cilíndrico, cabeça bem desenvolvida e pernas torácicas, sem falsas-pernas, em geral lenta.

larva escolitoide, Larva carnuda que lembra a larva de um besouro escolitídeo.

larva onisciforme, Ver larva platiforme.

larva planídia, Tipo de larva de primeiro instar em alguns Diptera e Hymenoptera que sofrem hipermetamorfose; larva que não tem pernas e é um pouco achatada.

larva platiforme, Larva extremamente achatada, como a larva de Psephenidae (também chamada *larva onisciforme*).

larva triungilino, Larva ativa de primeiro instar de Strepsiptera e alguns besouros que sofrem hipermetamorfose.

larva vermiforme, Larva sem pernas, com a forma de um verme, sem cabeça bem desenvolvida.

larviforme, Com a forma de uma larva.

lateral (plano de orientação), Para o lado, longe da linha média do corpo.

lateral (posição anatômica), De ou relativo ao lado (ou seja, o lado direito ou esquerdo).

laterotergito, Esclerito tergal localizado lateralmente ou dorsolateralmente.

lateroventral, Para o lado (longe da linha média do corpo) e abaixo.

lígula, Lobo (ou lobos) terminal do lábio, as glossas e paraglossas.

lima, Crista semelhante a uma lima na superfície ventral da tégmina, próximo à base; parte do mecanismo estridulatório dos grilos e esperanças.

linear, Em forma de linha, longo e muito estreito.

linha de feltro, Banda longitudinal estreita de pelos relativamente densos, pressionados de modo compacto (Mutillidae).

listra, Marca colorida longitudinal.

lobo anal, Um lobo na parte basal posterior da asa.

lobo jugal, Lobo na base da asa, na superfície posterior, proximal ao lobo vanal (Hymenoptera).

longitudinal, No sentido do comprimento de um corpo ou anexo.

lórica, Gena; esclerito na superfície lateral da cabeça (Hemiptera).

luminescente, Que produz luz.

lúnula frontal, Pequeno esclerito em forma crescente localizado logo acima da base das antenas e abaixo da sutura frontal (Diptera).

mandaruvá, Lagarta (larva de Sphingidae) com espinho ou chifre dorsal no último segmento abdominal.

mandibulado, Com mandíbulas adaptadas para mastigação.

mandibular, Uma das unidades do par anterior de estruturas pareadas das peças bucais.

marginado, Com uma borda lateral aguda ou sem forma de quilha.

maxila, Uma das estruturas pareadas das peças bucais imediatamente posterior às mandíbulas.

maxilar, De ou relativo à maxila.

maxilípede, Um dos anexos em Crustacea imediatamente posterior às segundas maxilas.

mecanismo de voo direto, Geração de movimentos das asas por meio de músculos que estiram sua base.

mecanismo de voo indireto, Geração de movimentos das asas por meio de músculos que produzem distorções no formato do tórax.

mecanorreceptor, Sensila sensível ao deslocamento físico.

média, Veia longitudinal entre o radio e o cúbito.

medial (plano de orientação), Na direção da linha média do corpo.

medial (posição anatômica), Em ou próximo à linha média do corpo.

mediano, No meio; ao longo da linha média do corpo.

membrana, Filme fino de tecido, em geral transparente; parte da superfície das asas entre as veias; parte fina e apical de um hemiélitro (Hemiptera).

membrana basal, Membrana acelular subjacente às células epidérmicas da parede corporal.

membrana peritrófica, Membrana dos insetos secretada pelas células de revestimento do intestino médio; esta membrana é secretada quando há alimento presente e forma um envelope ao seu redor. Em geral, é desprendida do intestino médio, permanece ao redor do alimento e é eliminada com as fezes.

membrana vitelina, Parede celular do ovo de um inseto; membrana fina situada abaixo do córion.

membranoso, Como uma membrana; fino e mais ou menos transparente (asas); fino e flexível (cutícula).

mento, Parte distal do lábio, que contém os palpos e a lígula; peça mediana, mais ou menos triangular no gnatoquilário de diplópodes.

meropleura, Esclerito consistindo do mero (parte basal) da coxa e da parte inferior do epímero.

mesêntero, Intestino médio ou a porção média do trato alimentar.

mesepímero, Epímero do mesotórax.

mesepisterno, Episterno do mesotórax.

mesinfraepisterno, Subdivisão ventral do mesepisterno (Odonata).

meso, Linha média do corpo ou um plano imaginário que divide o corpo nas metades direita e esquerda.

mesonoto, Esclerito dorsal do mesotórax.

mesopleura, O(s) esclerito(s) lateral(is) do mesotórax; a parte superior do episterno do mesotórax (Diptera).

mesoscutelo, Escutelo do mesotórax, em geral chamado simplesmente de escutelo.

mesoscuto, Escuto do mesotórax.

mesossoma, Em Apocrita (Hymenoptera), o tagma médio do corpo, consistindo nos três segmentos torácicos e no primeiro segmento abdominal verdadeiro (o propódeo).

mesosterno, Esterno, ou esclerito ventral, do mesotórax.

mesotórax, Segmento médio ou o segundo segmento do tórax.

metâmero, Segmento corporal primário (em geral, em referência ao embrião).
metamorfose, Mudança de forma durante o desenvolvimento.
metanoto, Esclerito dorsal do metatórax.
metascutelo, Escutelo do metatórax.
metassoma, Em Apocrita (Hymenoptera), o tagma posterior do corpo, consistindo em todos os segmentos posteriores ao propódeo.
metasterno, Esterno, ou esclerito ventral, do metatórax.
metatarso, Artículo basal do tarso.
metatórax, Terceiro segmento ou segmento posterior do tórax.
metazonito, Porção posterior de um tergo de diplópode, quando o tergo é dividido por um sulco transverso.
metepímero, Epímero do metatórax.
metepisterno, Episterno do metatórax.
metinfraepisterno, Subdivisão ventral do metepisterno (Odonata).
micrópila, Abertura (ou aberturas) minúscula no córion de um ovo de inseto, pela qual o espermatozoide entra no ovo.
miíase, Doença causada pela invasão de larvas de dípteros.
milímetro, 0,001 metro ou 0,03937 polegada (cerca de 1/25 polegada).
minador, Inseto que vive e se alimenta de células das folhas entre as suas superfícies superior e inferior.
minúsculo, Muito pequeno; inseto de poucos milímetros de comprimento ou menos seria considerado minúsculo.
miogênico, Produzido por músculo; contração de um músculo gerada pelo próprio músculo, sem um estímulo neuronal.
miriápode, Artrópode com muitas pernas; centopeia, diplópode, paurópodo ou sínfilo.
monécio, Que apresenta órgãos sexuais tanto masculinos quanto femininos, hermafrodita.
moniliforme, Em forma de conta, com artículos arredondados; antena moniliforme.
monocondílica, Junta com um único ponto de articulação.
montagem de Riker, Estojo de exibição coberto por vidro fino preenchido com batedura de algodão.
morfologia, Ciência da forma ou estrutura.
muda, Processo de troca do exoesqueleto; ecdise; trocar o exoesqueleto.
músculo assincrônico, Músculo de contração rápida no qual as contrações individuais não são iniciadas por impulso neuronal (comparar com músculo sincrônico ou neurogênico).
músculo flexor, Músculo que diminui o ângulo entre dois segmentos de um anexo.
músculo sincrônico, Músculo no qual cada contração é iniciada pela recepção de um impulso neuronal.
músculos longitudinais dorsais, Um dos grupos primários de músculos segmentares inseridos nas antecostas de segmentos sucessivos (fragmas no tórax) dorsalmente e no esterno ventralmente. Em segmentos pterotorácicos, a contração resulta no arqueamento do noto e contribui significativamente para a depressão das asas.
músculos tergoesternais, Um dos primeiros conjuntos de músculos segmentares inseridos no tergo dorsalmente e no esterno ventralmente; em segmentos pterotorácicos, a contração resulta em depressão do noto e contribui significativamente para a elevação das asas.
mutualismo, Vida conjunta de duas espécies de organismos em que ambas são beneficiadas pela associação.

nadadeira, Anexo abdominal que funciona como órgão de natação (Crustacea).
náiade, Ninfa aquática, que respira por brânquias.
neurogênico, Produzido por neurônio; contrações de um músculo estimuladas por impulso neuronal.
neurônio internuncial (ou *interneurônio),* Neurônio que se conecta a outros dois (ou mais) neurônios.
neurônio motor, Neurônio que faz uma sinapse com um músculo.
neurônio sensorial, Neurônio capaz de gerar um potencial de ação em resposta a um estímulo externo (como deslocamento físico, temperatura, umidade, substâncias químicas etc.).
ninfa, Estágio imaturo (após a eclosão) de um inseto sem um estágio pupal, com metamorfose simples; o estágio imaturo dos ácaros que têm oito pernas.
ninhos, No intestino médio, agrupamentos de células epiteliais regenerativas.
nodo, Veia transversal resistente próxima à metade da borda costal da asa (Odonata).
nodoso, Com a forma de um botão ou um nó.
nódulo, Tumefação semelhante a um botão ou um nó.
nome científico, Nome latinizado, internacionalmente reconhecido, de uma espécie ou subespécie. O nome científico de uma espécie consiste em um nome genérico e um nome específico e o de subespécie consiste em um nome genérico, específico e subespecífico. Os nomes científicos são sempre impressos em itálico.
notaulo, Linha longitudinal no mesoscuto de Hymenoptera que marca a separação dos músculos de voo longitudinal dorsal e dorsoventral; às vezes chamado de *notáulice, sulco parapsidal* ou *sutura parapsidal.*
noto, Esclerito dorsal de um segmento torácico; as segundas gonapófises fusionadas do ovipositor.

notopleura, Área no dorso torácico, na extremidade lateral da sutura transversa (Diptera).
noturno, Ativo à noite.

occipício, Porção posterior dorsal da cabeça, entre as suturas occipital e pós-occipital.
ocelo, Olho simples de um inseto ou outro artrópode.
olfato, Sentido de olfação; capacidade de detectar substâncias químicas em um gás.
olho composto, Olho constituído por muitos elementos individuais ou omatídios, cada um representado externamente por uma faceta; a superfície externa de um olho deste tipo consiste em facetas circulares muito próximas entre si ou facetas que estão em contato e têm uma forma mais ou menos hexagonal.
olisteter, Mecanismo de duplo encaixe que conecta a primeira e a segunda gonapófises do ovipositor.
omatídio, Unidade isolada ou seção visual de um olho composto.
oócito, Ovo.
oogênese, Produção de ovos.
oogônia, Células germinativas primárias da fêmea.
ooteca, Cobertura ou o envoltório de uma massa de ovos (Mantodea, Blattodea).
opérculo, Tampa ou cobertura.
opistognato, Com as peças bucais dirigidas para trás.
orais, vibrissas, Ver vibrissas orais.
oral, Relativo à boca.
ordem, Subdivisão de uma classe ou subclasse, contendo um grupo de superfamílias ou famílias relacionadas.
órgão cordotonal, Órgão sensorial, cujos elementos celulares formam uma estrutura alongada fixada nas duas extremidades à parede corporal.
órgão de Johnston, Órgão dos sentidos semelhante a um

órgão cordotonal, localizado no segundo artículo antenal da maioria dos insetos; este órgão atua na percepção dos sons em alguns Diptera.

órgão escolopóforo, Ver sensila campaniforme.

órgão pulsátil acessório, Órgão contrátil que movimenta a hemolinfa para dentro e para fora dos apêndices.

osmetério, Glândula corpulenta, tubular, eversível, em geral em forma de Y na extremidade anterior de algumas lagartas (Papilionidae).

óstio, Abertura em forma de fenda no coração do inseto.

ostíolo, Pequena abertura.

ovário, Órgão produtor de ovos da fêmea.

ovariólo, Divisão mais ou menos tubular de um ovário.

ovário panoístico, Ovaríolo sem células nutritivas.

ovaríolo meroístico, Ovaríolo com células nutritivas.

ovaríolo politrófico, Ovaríolo meroístico no qual os trofócitos passam para o vitelário com o oócito.

ovaríolo telotrófico, Ovaríolo meroístico no qual as células nutritivas permanecem no germário.

oviduto, Tubo que sai do ovário, pelo qual o ovo passa.

oviduto comum, Tubo mediano da genitália interna feminina que vai dos ovidutos laterais ao gonoporo.

oviduto lateral, Tubo na genitália interna feminina que conecta os ovários e o oviduto comum.

ovíparo, Que põe ovos.

ovipor, Ato de por ou depositar ovos.

oviporo, Abertura externa do sistema reprodutor feminino pela qual os ovos passam durante a oviposição.

ovipositor, Aparelho para postura de ovos; genitália externa da fêmea.

oviscapto, Modificação dos segmentos abdominais terminais de uma fêmea que serve como um órgão para a postura de ovos.

palheta, Ângulo anal afiado da asa anterior (tégmina) de um grilo ou esperança, parte do mecanismo estridulatório.

palpífero, Lobo dos estipes maxilares que contém o palpo.

palpígero, Lobo do mento do lábio que contém o palpo.

palpo, Processo articulado sustentado pelas maxilas ou pelo lábio; o pedipalpo de uma aranha.

palpo labial, Um de um par de pequenas estruturas semelhantes a uma antena originadas do lábio.

palpo maxilar, Pequena estrutura semelhante a uma antena originada da maxila.

papila, Pequena elevação com a forma de um mamilo.

papo, Porção posterior dilatada do intestino anterior, logo atrás do esôfago.

paracímbio, Anexo originado do címbio do pedipalpo de uma aranha macho.

paraglossa, Estrutura de um par de lobos no ápice do lábio, lateralmente às glossas.

parâmero, Estrutura da genitália masculina do inseto, geralmente um lobo ou processo na base do edeago.

paranoto, Expansão lateral do noto.

paraprocto, Um par de lobos que limitam o ânus latero-ventralmente.

parasita, Animal que vive dentro ou sobre o corpo de outro animal vivo (seu hospedeiro), pelo menos durante parte de seu ciclo de vida, alimentando-se dos tecidos de seu hospedeiro; a maioria dos insetos parasitas entomófagos matam seu hospedeiro (ver também parasitoide).

parasitário, Que vive como parasita.

parasitoide, Animal que se alimenta no interior ou sobre outro animal vivo por período relativamente longo, consumindo todos ou a maior parte de seus tecidos e por fim matando-o (também usado como adjetivo, descrevendo seu modo de vida). Insetos parasitoides neste livro são chamados de *parasitas*.

parcimônia, princípio da, Em um contexto científico, a suposição de que a explicação mais simples dos dados observados constitui a melhor hipótese.

partenogênese, Desenvolvimento do ovo sem fertilização.

patela, Segmento da perna entre o fêmur e a tíbia (aracnídeos).

paurometábolo, Com metamorfose simples, com os jovens e adultos vivendo no mesmo *habitat* e os adultos com asa.

pecilotérmico, De sangue frio, a temperatura corporal aumenta ou diminui com a temperatura ambiente.

peciolado, Fixado por um pedúnculo ou uma haste estreita.

pecíolo, Pedúnculo ou haste; pedúnculo ou haste estreitos pelo qual o metassoma está fixado ao mesossoma (Hymenoptera); em formigas, o primeiro segmento nodular do metassoma.

pecten, Estrutura com a forma de um pente ou de um rastelo.

pectinado, Com ramos ou processos semelhantes aos dentes de um pente; antenas pectinadas; garra tarsal pectinada.

pedicelo, Segundo artículo da antena; tronco do abdômen, entre o tórax e o gáster (formigas).

pedipalpos, Segundo par de anexos de um aracnídeo.

pedogênese, Produção de ovos ou formas jovens por um estágio imaturo ou larval de um animal.

pedunculado, Com um pedúnculo ou uma haste; com uma base estreita, em forma de haste; de veias fundidas para formar uma única veia.

pelágico, Que habita mar aberto; habitante do oceano.

pente genal, Fileira de espinhos resistentes localizada na borda anteroventral da cabeça (Siphonaptera).

pente pronotal, Série de espinhos fortes contidos na margem posterior do pronoto (Siphonaptera).

penúltimo, Antes do último.

perfil, Contorno visto de lado ou em vista lateral.

peristaltismo, Ondas de contração.

perístoma, Margem ventral da cabeça, que limita a boca.

pH, Medida de acidez ou alcalinidade de um meio. Valor de pH 7,0 indica neutralidade; valores menores indicam acidez e valores maiores, alcalinidade. Definido como $-\log[H^+]$.

pigídio, Último segmento dorsal do abdômen.

pilífero, Um de um par de projeções laterais no labro (Lepidoptera).

piloso, Coberto com pelos.

pintado, Com manchas ou faixas (asas pintadas).

placa espiracular, Esclerito laminar próximo ou ao redor do espiráculo.

placa genovertical, Área na cabeça acima da antena e próxima ao olho composto (Diptera), também chamada de *placa orbital*.

placa orbital, Ver placa genovertical.

placa subgenital, Esternito em forma de placa subjacente à genitália.

plastrão, Região formada por um grupo de pelos muito densos e muito finos usada para se manter uma bolha de ar próxima ao corpo; por meio dela ocorre a troca gasosa.

plesiomorfia, Estado ancestral de uma característica.

pleura, Área lateral de um segmento.

pleural, Relativo à pleura ou escleritos laterais do corpo; lateral.

pleurito, Esclerito lateral ou pleural.

pleurópodo, Anexos embrionários do primeiro segmento abdominal.

pleurotergito, Esclerito contendo tanto elementos pleurais quanto tergais.

plumoso, Em forma de pluma; antena plumosa.

poliembrionia, Ovo que se desenvolve em dois ou mais embriões.

politomia, Em um cladograma, um nodo que origina mais que dois ramos.

ponte hipostomal, Extensão mediana dos hipostomas em cada lado que se encontra abaixo do forame magno.

ponte pós-genal, Extensão das pós-genas em cada lado, que se encontram abaixo do forame magno.

ponte tentorial, Barra esclerotizada transversa, interna, que une os braços tentoriais e os suportes na cabeça.

pontuação, Pequena fóvea ou depressão.

pontuado, Escavado ou adornado com pontos.

pós-abdômen, Segmentos posteriores modificados do abdômen, que, em geral, são mais delgados que os segmentos anteriores (Crustacea; ver também o pós-abdômen em um escorpião).

pós-escutelo, Pequena porção transversa do noto torácico imediatamente atrás do escutelo; em Diptera, uma área imediatamente atrás ou abaixo do mesoscutelo.

pós-gena, Esclerito na superfície lateral posterior da cabeça, posteriormente à gena.

pós-mento, Porção basal do lábio, proximalmente à sutura labial.

pós-noto, Placa notal atrás do escutelo que exibe um fragma, muitas vezes presente em segmentos que contêm as asas.

pós-occipício, Borda posterior extrema da cabeça, entre a sutura pós-occipital e o forame magno.

pós-pecíolo, Segundo segmento de um pedicelo com dois segmentos (formigas).

posterior, Traseiro ou na parte de trás.

pré-apical, Situada imediatamente antes do ápice; cerdas tibiais pré-apicais de Diptera.

pré-basilar, Esclerito transverso estreito, imediatamente basal ao mento na gnatoquilária de alguns diplópodes.

pré-costa, A mais anterior das principais veias alares longitudinais, conforme Kukalová-Peck.

predador, Animal que ataca e se alimenta de outros animais (sua presa), em geral animais pequenos ou menos poderosos que ele. A presa é morta e ingerida inteiramente em sua maior parte; cada predador ingere muitas presas individuais.

pré-fêmur, O segundo segmento do trocanter da perna.

pré-genital, Anterior aos segmentos genitais do abdômen.

pré-mento, Parte distal do lábio, distalmente à sutura labial, na qual todos os músculos labiais têm suas inserções.

pré-oral, Anterior ou na frente da boca.

prepecto, Uma área ao longo da margem anteroventral do mesepisterno, estabelecida por uma sutura (Hymenoptera).

pré-pupa, Estágio quiescente entre o período larval e o período pupal; o terceiro instar de um tripes.

pré-tarso, Segmento terminal da perna, em geral consistindo em um par de garras e uma ou mais estruturas em forma de almofada.

probóscide, Coletivamente, as peças bucais prolongadas em forma de rostro.

processo notal da asa, Ponto no qual o noto se articula com a asa (ou os escleritos axilares na base da asa).

processo pleural alar, Estrutura que se articula com a asa (especificamente com o segundo esclerito axilar).

proclinado, Inclinado para frente ou para baixo.

proctodeu, Intestino posterior ou a porção mais posterior das três divisões principais do trato alimentar, dos túbulos de Malpighi ao ânus.

procurva, Linha que conecta uma série de olhos em uma aranha, na qual as extremidades da linha são anteriores ao seu centro.

procutícula, Modo como a cutícula é secretada inicialmente pela epiderme, antes que ocorra a esclerotização.

proeminência, Porção elevada, prolongada ou projetada.

proeminente, Elevado, prolongado ou projetado.

proepímero, Epímero do protórax.

proepisterno, Episterno do protórax.

prognato, Que tem a cabeça horizontal e as peças bucais projetadas para frente.

prolepronar, Virar a borda principal da asa para baixo.

pronoto, Esclerito dorsal do protórax.

pró-pleura, Porção lateral, ou pleura, do protórax.

propódeo, Porção posterior do mesossoma, que na verdade é o primeiro segmento abdominal unido ao tórax (Hymenoptera, subordem Apocrita).

propriocepção, Detecção pelo animal da posição de partes do seu próprio corpo.

pró-retas, Que se estende horizontalmente para frente; antenas projetadas para frente.

prossoma, Parte anterior do corpo, em geral o cefalotórax; parte anterior da cabeça ou cefalotórax.

prosterno, Esterno, ou esclerito ventral, do protórax.

protocérebro, Lobos dorsais do cérebro, inervando (entre outros) os olhos compostos e os ocelos.

protoninfa, Segundo instar de um ácaro.

protórax, O mais anterior dos três segmentos torácicos.

protruso, Protraído ou que se projeta a partir do corpo.

proventrículo, Válvula entre o intestino anterior e o intestino médio.

proximal (plano de orientação), Dirigido para a extremidade ou a porção mais próxima ao corpo.

proximal (posição anatômica), Mais próximo do corpo ou na base de um anexo.

prozonito, Porção anterior do tergo de um diplópode quando o tergo é dividido por um sulco transversal.

pruinoso, Coberto por um pó céreo e esbranquiçado.

pseudoarólio, Almofada no ápice do tarso semelhante a um arólio.

pseudoceloma, Áreas circulares de uma cutícula fina, corrugada na cabeça e no corpo de Collembola.

pseudocerco, Ver urogonfos.

pseudocúbito, Veia que se parece com o cúbito, mas na verdade é formada pela fusão dos ramos de M e Cu$_1$ (Neuroptera).

pseudomédia, Veia que se parece com a média, mas na verdade é formada pela fusão de ramos de Rs (Neuroptera).

pseudopupa, Larva coarctada; larva em condição quiescente semelhante a uma pupa, um ou dois instares antes do estágio pupal verdadeiro (Coleoptera, Meloidae).

pseudovipositor, Ver oviscapto.

pterália, Ver escleritos axilares.

pterigoto, Com asas; um membro da subclasse Pterygota.

pteroestigma, Mancha opaca espessada ao longo da margem costal da asa, próxima à ponta da asa (ver também estigma) (Odonata).

pteropleura, Esclerito na lateral do tórax, imediatamente abaixo da base da asa, consistindo na parte superior do mesepímero (Diptera).

pterotórax, Segmentos que contêm a asa do tórax (mesotórax e metatórax).

ptilino, Estrutura temporária semelhante a uma bexiga que pode ser inflada e estendida pela sutura frontal (ou ptilinal), imediatamente acima das bases das antenas, no momento da emergência do pupário (Diptera).

PTTH, Ver hormônio cerebral.

pubescente, Cheio de penugem, coberto com pelos curtos finos.

pulmão foliáceo, Cavidade respiratória contendo uma série de dobras semelhantes a folhas (aranhas).
pulviliforme, Em forma de lobo ou de almofada; configurado como um pulvilo; empódio pulviliforme.
pulvilo, Almofada ou lobo abaixo de cada garra tarsal (Diptera).
pupa, Estágio entre a larva e o adulto nos insetos com metamorfose completa, um estágio sem alimentação e, em geral, inativo.
pupa coarctada, Pupa envolvida em uma cápsula endurecida formada pela penúltima exúvia larval (Diptera).
pupa exarada, Pupa na qual os anexos são livres e não estão colados ao corpo.
pupa obtecta, Pupa na qual os apêndices estão mais ou menos aproximados à superfície corporal, como em Lepidoptera.
pupário, Envoltório formado pelo endurecimento da última exúvia larval, no qual a pupa é formada (Diptera).
pupíparo, Que origina larvas totalmente crescidas e prontas para empupar.

quadrado, De quatro lados.
quadrângulo, Célula imediatamente atrás do árculo (Odonata, Zygoptera).
quelícera, Unidade do par anterior de anexos nos aracnídeos.
quelífero, Em forma de tenaz, apresentando duas garras em oposição.
quelípede, Perna terminando em estrutura aumentada, em forma de tenaz (Crustacea).
quetotaxia, Organização e nomenclatura das cerdas no exoesqueleto (Diptera).
quimiorreceptor, Sensila capaz de detectar substâncias químicas (por olfato e/ou paladar).
quitina, Polissacarídeo nitrogenado, formado primariamente por unidades de N-acetilglicosamina, que ocorre na cutícula de artrópodes.

rabdoma, Estrutura em forma de bastonete sensível à luz, formada nas superfícies internas de células sensoriais adjacentes no omatídio de um olho composto.
rádio, Veia longitudinal entre a subcosta e a média.
raptorial, Adaptado para agarrar presas; pernas anteriores raptoriais.
rastelo de pólen, Fileira de cerdas em forma de pente no ápice da tíbia posterior de uma abelha.
reclinado, Inclinado para trás ou para cima.
recurvado, Curvado para cima ou para trás; em aranhas, uma linha que conecta uma série de olhos onde as extremidades são posteriores à metade da linha.
regra de Dyar, Aumento da largura da cápsula cefálica larval em um fator de 1,2 a 1,4 de uma muda para a seguinte.
relação, Em sistemática filogenética (cladística), a tendência relativa de ancestralidade comum.
reniforme, Em forma de rim.
réptil, O primeiro instar ativo de uma cochonilha.
reticulado, Como uma rede.
retina, Aparelho receptor de um olho.
reto, Região posterior do intestino posterior.
retrátil, Capaz de ser estendido e retraído novamente.
retroceder, Mover-se para trás.
rostro, Probóscide ou focinho.
rudimentar, De tamanho reduzido, pouco desenvolvido, embrionário.
rugoso, Enrugado.

saprófago, Que se alimenta de materiais vegetais ou animais mortos, como cadáveres, esterco, toras mortas etc.
secreção holócrina, Liberação de enzimas pela ruptura da célula inteira.
secreção merócrina, Liberação de enzimas pela membrana celular, sem destruição da célula inteira.
segmentação secundária, Subdivisão do corpo de artrópodes na qual os escleritos externamente visíveis e as membranas não correspondem à fixação interna do músculo longitudinal.
segmento, Subdivisão do corpo ou de um apêndice, entre juntas ou articulações.
seio pericárdico, Cavidade corporal que circunda o vaso sanguíneo dorsal, limitada ventralmente pelo diafragma dorsal.
seio perineural, Cavidade corporal que circunda o cordão nervoso ventral, limitada dorsalmente pelo diafragma ventral.
seio perivisceral, Cavidade corporal que circunda o sistema digestivo, o sistema reprodutor etc., entre os diafragmas dorsal e ventral.
semiaquático, Que vive em lugares úmidos ou parcialmente na água.
sensila, Órgão capaz de detectar estímulos externos.
sensila campaniforme, Órgão sensorial que consiste em uma área cuticular cupuliforme na qual o processo celular sensorial está inserido como o badalo de um sino.
serrado, Denteado ao longo da borda, como um serrote; antena serrilhada.
sérrula, Margem anterior serrilhada do segmento do endito basal no pedipalpo da aranha.
séssil, Fixado ou preso, incapaz de mover-se de um lugar para outro; fixado diretamente, sem uma haste ou pecíolo.
seta, Cerda.
setáceo, Como uma cerda; antena setácea.
setígero, Portador de cerdas curtas e rombas.

setor radial, Unidade posterior dos dois ramos principais do rádio.
sigmoide, Com a forma da letra "S".
simbionte, Organismo que vive em simbiose com outro organismo.
simbiose, Vida conjunta de duas espécies, em uma associação mais ou menos íntima, que beneficia a ambas.
simetria, Padrão definido da organização corporal; simetria bilateral, tipo de organização corporal na qual várias partes são organizadas de modo mais ou menos simétrico em qualquer lado de um plano vertical mediano, ou seja, em que os lados esquerdo e direito do corpo são essencialmente semelhantes.
simetria bilateral, Ver simetria.
simples, olho, Ver ocelo.
simples, Sem modificações, nem complicado; bifurcado, denteado, ramificado ou dividido.
simplesiomorfia, Estado de características ancestrais compartilhadas entre táxons.
sinapomorfia, Estado de características derivadas compartilhadas entre táxons; utilizada como base para reconhecimento de grupos monofiléticos.
sinônimo, Dois ou mais nomes para a mesma coisa (táxon).
sistemática, Estudo das relações entre os organismos.
soldado nasuto (ou nasuto), Indivíduo de uma casta de cupins no qual a cabeça se estreita anteriormente em uma projeção, com a forma de rostro.
subalar (ou esclerito subalar), Epipleurito localizado posteriormente ao processo pleural alar.
subapical, Localizado imediatamente proximo ao ápice.
sub-basal, Localizado imediatamente distal à base.

subclasse, Subdivisão principal de uma classe, contendo um grupo de ordens relacionadas.

subcosta, Veia longitudinal entre a costa e o rádio.

subcoxa, Segmento da perna de artrópodes primitivos, localizado basalmente à coxa, supostamente incorporado à parede torácica para formar os pleuritos torácicos (ver também anapleurito, catapleurito).

subespécie, Subdivisão de uma espécie, em geral uma raça geográfica. As diferentes subespécies de uma espécie não exibem diferenciação nítida. Mudam gradualmente entre si e são capazes de intercruzamento (para os nomes de subespécies, ver nome científico.)

subfamília, Divisão importante de uma família, contendo um grupo de tribos ou gêneros relacionados. Nomes de subfamílias terminam em *-inae*.

subgênero, Subdivisão importante de um gênero, contendo um grupo de espécies relacionadas. Em nomes científicos, nomes de subgêneros começam com letra maiúscula e são colocados entre parênteses após o nome do gênero.

subimago, Primeiro dos dois instares alados de uma efemérida depois que emerge da água.

submento, Parte basal do lábio.

subordem, Subdivisão importante de uma ordem, contendo um grupo de superfamílias ou famílias relacionadas.

subquadrângulo, Célula imediatamente atrás do quadrângulo (Odonata, Zygoptera).

subtriângulo, Célula ou grupo de células proximais ao triângulo (Odonata, Anisoptera).

sucessões, Grupos de espécies que ocupam sucessivamente determinado *habitat* conforme as mudanças de suas condições.

sulcado, Com uma fenda ou um sulco.

sulco, Estria formada por uma dobra interna da parede corporal; estria ou fenda.

sulco epigástrico, Sutura ventral transversa próxima à extremidade anterior do abdômen, ao longo da qual estão as aberturas dos pulmões foliáceos e dos órgãos reprodutores (aranhas).

sulco subantenal, Sulco na face que se estende ventralmente a partir da base da antena.

superfamília, Grupo de famílias intimamente relacionadas. Os nomes de superfamílias terminam em *-oidea*.

supinar, Virar a borda da asa para baixo.

suplementar, Veia adventícia formada por várias veias transversais alinhadas para formar uma veia contínua, localizada na parte de trás e mais ou menos paralelamente a uma das veias longitudinais principais (Odonata).

sutura, Estria externa, em forma de linha na parede corporal, ou uma área estreita, membranosa entre os escleritos; o limite entre dois escleritos fundidos; linha de fusão dos élitros (Coleoptera).

sutura (ou sulco) esternocostal, Sutura do esterno torácico, a marca externa da apófise esternal ou furca, que separa o basisterno do esternelo.

sutura (ou sulco) pleural, Sutura de uma pleura torácica que se estende da base da asa até a base da coxa, separando o episterno e o epímero.

sutura (ou sulco) subgenal, Sutura horizontal abaixo da gena, logo acima das bases da mandíbula e da maxila, uma extensão lateral da sutura epistomal.

sutura antecostal, Sulco externo que marca a posição da antecosta interna.

sutura claval, Sutura da asa anterior que separa a clava do cório (Hemiptera).

sutura coronal, Sutura longitudinal ao longo da linha média do vértice, entre os olhos compostos.

sutura epistomal, Sulco entre a fronte e o clípeo, conectando as fóveas tentoriais anteriores.

sutura frontal, Uma de duas suturas que se originam na extremidade anterior da sutura coronal e se estendem ventralmente para o sulco epistomal; uma sutura na forma de um "U" invertido, com a base do "U" cruzando a face acima das bases das antenas e os braços do "U" se estendendo para baixo em cada lado da face (Diptera; na verdade, uma sutura ptilinal).

sutura frontogenal (ou *sulco frontogenal*), Sutura mais ou menos vertical na frente da cabeça, entre a fronte e a gena.

sutura interantenal, Sutura que se estende entre as bases das duas antenas (Siphonaptera).

sutura labial, Sutura no lábio entre o pós-mento e o pré--mento.

sutura notopleural, Sutura entre o noto e os escleritos pleurais.

sutura occipital (ou *sulco occipital*), Sutura transversa na parte posterior da cabeça que separa o vértice do occipício dorsalmente e as genas das pós-genas lateralmente.

sutura pós-occipital, Sutura transversa na cabeça imediatamente posterior à sutura occipital.

sutura subocular (ou *sulco subocular*) Sutura que se estende ventralmente a partir do olho composto.

sutura transversa, Sutura que atravessa o mesonoto (Diptera).

sutura umeral, Sutura mesopleural (Odonata).

suturas gulares, Suturas longitudinais, uma em cada lado da gula.

tagma, Grupo de segmentos do corpo especializados em uma determinada função; por exemplo, cabeça, tórax e abdômen dos insetos.

tandem, Um atrás do outro, os dois conectados ou fixados conjuntamente.

tarso, Segmento da perna imediatamente atrás da tíbia, algumas vezes consistindo em um ou mais "artículos" ou subdivisões.

tarsômero, Subdivisão, ou "artículo," do tarso.

táxon, Grupo de organismos classificados juntos.

taxonomia, Ciência da classificação em categorias de hierarquia variável, descrição e nomenclatura destas categorias.

tégmina, Asa anterior espessada ou coriácea de um ortóptero.

tégula, Pequena estrutura em forma de escama sobreposta à base da asa anterior.

tegumento, Cobertura externa do corpo.

telitoquia, Forma de partenogênese na qual apenas fêmeas são produzidas a partir de ovos não fertilizados, com machos sendo muito raros ou ausentes.

telopodito, Porção da perna atrás do coxopodito.

telson, Parte posterior do último segmento abdominal (Crustacea); cauda em forma de espinha posterior de Xiphosura; porção não metamérica posterior do corpo.

tenáculo, Estrutura minúscula no lado ventral do terceiro segmento abdominal que serve como um gancho para a fúrcula (Collembola).

tenídio, Espessamento circular ou espiral na parede interna de uma traqueia.

tenro, Termo aplicado a indivíduos de corpo mole, pálidos, que sofreram muda recentemente.

tentório, Endoesqueleto da cabeça, geralmente consistindo em dois pares de apódemas.

tergito, Subdivisão do tergo.

tergo, Esclerito na superfície dorsal do corpo; esclerito dorsal de um segmento abdominal.

terminal, No fim; na extremidade posterior (do abdômen); último de uma série.

terrestre, Que vive na terra.

testículo, Órgão sexual masculino que produz esperma.

tíbia, Quarto segmento da perna, entre o fêmur e o tarso.

tilo, Região clipeal da cabeça (Hemiptera).

tímbale, Placa esclerotizada no órgão produtor de som de uma cigarra.

tímpano, Membrana vibratória; membrana auditiva ou timpânica.

tipo de espécie, Ver tipos.

tipo de gênero, Ver tipos.

tipos, Espécimes designados quando uma espécie ou grupo é descrito para servir como referência caso haja qualquer dúvida quanto à espécie ou ao grupo em que está incluído. O tipo de uma espécie ou subespécie (o holótipo) é um espécime, o tipo de um gênero ou subgênero é uma espécie e o tipo de uma tribo, subfamília, família ou superfamília é um gênero.

tórax, Região corporal atrás da cabeça, que contém as pernas e as asas.

toxicognato, Mandíbula venenosa (centopeias; uma perna modificada).

translúcido, Que permite a passagem da luz, mas não necessariamente transparente.

transverso, Através, em ângulos retos em relação ao eixo longitudinal.

traqueia, Tubo do sistema respiratório, revestido por tenídias, terminando externamente em um espiráculo e internamente nas traquéolas.

traquéola, Ramo terminal fino dos tubos respiratórios.

triângulo, Pequena célula ou grupo de células triangular perto da base da asa (Odonata, Anisoptera).

triângulo de papel, Pequeno pedaço de papel rígido, usado na montagem de pequenos insetos.

triângulo ocelar, Área triangular discretamente elevada, onde estão localizados os ocelos (Diptera).

tribo, Subdivisão de uma subfamília, contendo um grupo de gêneros relacionados. Os nomes das tribos terminam em *-ini*.

tricobótrios, Pelos minúsculos sensoriais nos tarsos (aranhas).

tripectinado, Que possui três fileiras de ramos em forma de dente.

tritocérebro, Lobos ventrais do cérebro.

trocânter, Segundo segmento da perna, entre a coxa e o fêmur.

trocantim, Pequeno esclerito na parede torácica imediatamente anterior à base da coxa.

trofalaxia, Troca de líquido do canal alimentar entre membros da colônia de insetos sociais e organismos hóspedes, seja mutuamente ou unilateralmente; trofalaxia pode ser estomodeal (da boca) ou proctodeal (do ânus).

trofócito, Ver células nutritivas.

tropismo, Orientação de um animal em relação a um estímulo, tanto positivo (voltado para o estímulo) quanto negativo (voltado para longe do estímulo).

truncado, Cortado em ângulo reto na extremidade.

tubérculo, Pequena protuberância nodular ou arredondada.

túbulos de Malpighi, Tubos excretores que se originam perto da extremidade anterior do intestino posterior e estendem-se até a cavidade corporal.

tufo da garra, Tufo denso de pelos abaixo das garras (aranhas).

umeral, Relativo ao ombro; localizado na porção basal anterior da asa.

úmero, Ombro; os ângulos posterolaterais do pronoto (Hemiptera).

unissexual, Que consiste ou envolve apenas fêmeas.

urina, Fluido contendo resíduos excretados.

urogonfos, Processos fixos ou móveis em forma de cerco no último segmento da larva de besouro (também chamados *pseudocercos* ou *cornículas*).

uropodo, Um dos pares terminais dos anexos abdominais, geralmente em forma de lobo (Crustacea).

vagina, Porção terminal do sistema reprodutor feminino, que se abre para o exterior.

valvíferos, Placas basais do ovipositor, derivadas dos segmentos basais dos gonopodos.

válvula pilórica, Válvula entre o intestino médio e o posterior.

válvulas, Três pares de processos que formam a bainha e as estruturas perfuradoras do ovipositor.

varredor, Animal que se alimenta de plantas ou animais mortos, materiais em decomposição ou resíduos de animais.

vaso sanguíneo dorsal, Tubo superior mediano que forma a porção primária do sistema circulatório dos artrópodes.

veia, Linha espessa na asa.

veia acessória, Ramo extra de uma veia longitudinal (indicada por um subscrito *a*; por exemplo, uma acessória de M_1 é designada como M_{1a}).

veia adventícia, Veia secundária, nem acessória, nem intercalar, geralmente resultante de veias transversais alinhadas para formar uma veia contínua.

veia auxilar, A subcosta (Diptera).

veia basal, Veia aproximadamente no meio da asa anterior, que se estende da veia mediana até a subcostal ou cubital; primeiro segmento livre de M (Hymenoptera).

veia claval, Veia na clava (Hemiptera).

veia côncava, Veia que se protrai a partir da superfície inferior da asa.

veia convexa, Veia que faz protrusão a partir da superfície superior da asa.

veia da ponte, Veia que aparece como a parte basal do setor radial, entre M_{1+2} e a veia oblíqua (Odonata).

veia de suporte, Veia transversal oblíqua; em Odonata, veia transversal oblíqua imediatamente atrás da extremidade proximal do estigma.

veia espúria, Espessamento semelhante a uma veia da membrana alar entre duas veias reais; veia longitudinal adventícia entre o rádio e a média, cruzando a veia transversal r-m (Diptera, Syrphidae).

veia estigmática, Veia curta que se estende posteriormente a partir da margem costal da asa, em geral um pouco atrás da metade da asa (Hymenoptera).

veia intercalar, Veia longitudinal extra que se desenvolve a partir de uma prega espessada na asa, mais ou menos na metade do caminho entre duas veias preexistentes (Ephemeroptera).

veia jugal, O mais posterior dos principais sistemas de veias longitudinais, de acordo com Kukalová-Peck.

veia marginal, Veia sobre ou discretamente interior à margem da asa; veia que forma o lado posterior da célula marginal (Hymenoptera).

veia oblíqua, Veia transversal inclinada; em Odonata, em que Rs cruza com M_{1+2}.

veia pós-marginal, Veia ao longo da margem anterior da asa anterior, além do ponto de origem da veia estigmal (Hymenoptera).

veia recorrente, Uma de duas veias transversas imediatamente posteriores à veia cubital (Hymenoptera); veia na base da asa entre a costa e a subcosta, que se estende obliquamente da subcosta até a costa (Neuroptera).

veia submarginal, Veia imediatamente atrás e paralela à margem costal da asa (Hymenoptera).

veia transversais anterior, Veia transversal r-m (Diptera).

veia transversal apical, Veia transversal próxima ao ápice da asa (Plecoptera; Hemiptera).

veia transversal cúbito-anal, Veia transversal entre o cúbito e uma veia anal.

veia transversal da ponte, Veia transversal anterior à veia da ponte (Odonata).

veia transversal discal, Veia transversal atrás da célula discal (Diptera).

veia transversal mediana, Veia transversal que conecta dois ramos da média.

veia transversal mediocubital, Veia transversal que conecta a média e o cúbito.

veia transversal posterior, Veia transversal no ápice da célula discal (Diptera).

veia transversal radial, Veia transversal que conecta R1 e o ramo do rádio imediatamente atrás dela.

veia transversal setorial, Veia transversal que conecta dois ramos do setor radial.

veia transversal umeral, Veia transversal na porção umeral da asa, entre a costa e a subcosta.

veia transversal Veia que conecta as veias longitudinais adjacentes.

veia umeral, Ramo da subcosta que serve para fortalecer o ângulo umeral da asa (Neuroptera; Lepidoptera).

veia Y, Duas veias adjacentes que se fundem distalmente, formando uma figura em Y (por exemplo, as veias anais na asa anterior).

veias transversais antenodais, Veias transversais ao longo da borda costal da asa, entre a base da asa e o nodo, que se estende da costa ao rádio (Odonata).

veias transversais pós-nodais, Série de veias transversais imediatamente atrás da margem costal da asa, entre o nodo e estigma, estendendo-se da margem costal da asa até R1 (Odonata).

ventral (plano de orientação), Na direção da superfície ventral ou superfície inferior do corpo; para baixo.

ventral (posição anatômica), Mais baixo ou abaixo; relativo à superfície inferior do corpo.

ventre, Superfície ventral.

ventrículo, Intestino médio.

vermiforme, Com a forma de um verme.

vértice, Topo da cabeça, entre os olhos e anterior à sutura occipital.

vesícula, Um saco, bolha ou cisto, com frequência extensível.

vesícula seminal, Estrutura, em geral sacular, na qual o líquido seminal do macho é armazenado antes de ser secretado; uma dilatação do ducto deferente.

vestigial, Pequeno, pouco desenvolvido, degenerado, não funcional.

vibrissas orais, Par de cerdas robustas, uma em cada lado da fronte, próximo ou imediatamente acima da margem oral e maiores que as outras cerdas no sulco das vibrissas (Diptera).

vita frontal, Área na cabeça entre as antenas e os ocelos (Diptera).

vitelário, Porção do ovaríolo onde ocorre a vitelogênese.

vitelogênese, Transferência de vitelogeninas ao oócito em desenvolvimento com aumento consequente no tamanho do oócito.

vitelogenina, Molécula precursora do vitelo.

vulva, Abertura da vagina (= oviporo).

zoófago, Que se alimenta de animais.

Referências

Borror, D. J. *Dictionary of word roots and combining forms.* Palo Alto: Mayfield, 1960. 134 p.

Brown, R. W. *Composition of scientific words.* Washington, DC: Author, 1954. 882 p.

Carpenter, J. R. *An ecological glossary.* London: Kegan, Paul, Trench, Trubner, 1938. 306 pp.

Dorland, W. A. N. *The american illustrated medical dictionary.* 16 ed. Philadelphia: W. B. Saunders, 1932. 1493 p.

Gordh, G.; D. H. Headrick. *A dictionary of entomology.* Wallingford: CABI Pub., 2001. 1050 p.

Hanson, D. R. *A short glossary of entomology with derivations.* Los Angeles: Author, 1959. 83 p.

Henderson, I. F.; W. D. Henderson. *A dictionary of scientific terms.* 3. ed. Londres: Oliver and Boyd, 1939. 383 p. Revisado por J. H. Kenneth.

Jaeger, E. C. *A source book of biological names and terms.* Springfield: C. C. Thomas, 1955. 317 p.

Jardine, N. K. *The dictionary of entomology.* Londres: West, Newman, 1913. 259 p.

Nichols, S. W. *The torre-bueno glossary of entomology.* Nova York: New York Entomological Society, 1989. 840 p.

Pennak, R. W. *Collegiate dictionary of zoology.* Nova York: Ronald Press, 1964. 583 p.

Smith, J. B. *Explanation of terms used in entomology.* Brooklyn: Brooklyn Entomological Society, 1906. 154 p.

Snodgrass, R. E. *Principles of insect morphology.* Nova York: McGraw-Hill, 1935. 667 p. Reimpresso em 1993 pela Cornell University Press.

Torre-Bueno, J. R. de la. *A glossary of entomology.* Lancaster: Science Press, 1937. 336 p.

Tuxen, S. L. (Ed.). *Taxonomist's glossary of genitalia of insects.* Edição revisada. Copenhagen: Munksgaard, 1970. 359 p.

Tweney, C. F.; L. E. C. Hughes. (Ed.) *Chambers' technical dictionary.* Nova York: Macmillan, 1940. 957 p.

ABREVIAÇÕES

A lista a seguir inclui todas as abreviações utilizadas nas figuras dos Capítulos 3 a 35. As abreviações usadas nos desenhos de asas para as veias e células (segundo a terminologia de Comstock-Needham) não estão listadas nas legendas das figuras, mas estão incluídas na lista a seguir. Numerais subscritos são usados para designar ramos das veias longitudinais. Estes numerais, com frequência, são usados para designar o segmento torácico específico em que uma estrutura está localizada (1, designando o protórax; 2, o mesotórax e 3, o metatórax). Ocasionalmente, numerais subscritos são empregados para designar o segmento abdominal específico em que um esclerito está localizado.

a, veia anal
A, veia anal, célula anal
ab, abdômen
ac, veia acessória
Ac, cruzamento anal (uma ramificação posterior a partir de Cu, com frequência, chamada de veia transversal cúbito-anal)
acc, célula acessória
acg, glândula acessória
acl, clava antenal
aclp, anteclípeo
acr, cerdas acrosticais
acs, acrosternito
act, acrotergito
acv, veia transversal anterior
adf, área adfrontal
aed, edeago
af, fossa antenal
agr, escrobo, (sulco no rostro para a recepção da antena)
al, lobo anal
alp, alça anal
alu, álula
am, músculo axilar
an, veia transversaisl antenodais
AN, alinoto
anc, fenda anal
ancs, sutura antecostal
anp, placa anal
anr, anel anal
ans, ânus
ant, antena
antc, antecosta
antl, antênula
ao, aorta dorsal
aos, sulco oblíquo anterior no mesepisterno
ap, apêndice
AP, célula apical
apc, veia transversal apical
apd, apódema

apo, apófise
ar, arista
arc, árculo
are, areoleta
aro, arólio
art, ponto de articulação
as, sulco antenal, espiráculo anterior
asc, esclerito antenal
ask, soquete antenal
asp, esporão apical
aspr, espiráculo anterior
at, trato alimentar
ata, braço anterior do tentório
atb, tubo anal
atp, fóvea tentorial anterior
au, aurícula
av, veia auxiliar
aw, verruga anterior
awp, processo notal anterior da asa

B, célula basal
ba, basalar
BA, célula anal basal, aréola basal
bc, bolsa copuladora
bcv, veia transversal daem ponte
bg, brânquias foliáceas
bk, bico, probóscide, rostro ou focinho
bl, blastoderme
bln, linha banksiana
bm, célula mediana basal, membrana basal
bm-cu, veia transversal mediocubital basal
bms, músculo basalar??
bp, bolsa incubadora
br, cérebro ou célula radial basal
brv, veia daem? ponte
bt, tubo respiratório
buc, bícula ou buca

bv, veia basal
bvn, veia de suporte

c, veia costal
C, veia costal, célula costal
ca, corpo alado Corpus allatum
cal, calíptra ou escama
cb, corbícula
cbr, fratura costal
cc, cone cristalino
cd, cardo
cec, conectivo circunesofágico
cen, cencros
cg, gânglio cerebral
ch, quelícera
cho, cório
chp, quelípede
cl, clípeo, clava
cla, clásper
clc, espinhos articulados ou esporões
clm, calamistro
clp, clípeo
clpl, clipelo
cls, sutura claval
clt, tufo da garra, tubérculo clipeal
clv, veia claval
cm, ceco gástrico ou ceco
cn, cólon
cna, córnea
cnge, células corneógenas
cnu, núcleos de clivagem
colm, collum, tergito do primeiro segmento corporal
com, traqueia comissural
comn, comissura tritocerebral
cor, cório
covd, oviduto comum
cp, papo
cph, prossoma ou cefalotórax
cpl, citoplasma cortical

cr, cerco, filamento caudal lateral, apêndice superior
crb, cribelo
cre, cremaster
crl, cristalino
crn, cornículo
cro, crochetes
crp, carapaça
cs, sutura coronal
csp, ápice da mandíbula, espiráculo caudal
cu, veia cubital
Cu, veia cubital
cua$_1$, célula cubital anterior
cuf, bifurcação cubital (bifurcação de CuA)
cun, cúneo
cup, célula cubital posterior
CuP, veia cubital posterior
cut, cutícula
cva, clava
cvs, esclerito cervical
cvx, cérvix
cx, coxa
cxc, cavidade coxal
cxg, sulco na coxa
cxp, coxopodito dos apêndices abdominais

d, veia discoidal ou intercostal
D, célula discal ou célula discoidal
dc, cerdas dorsocentrais
dcv, veia transversal discal
dlm, músculo longitudinal dorsal
dm, camada de cutícula sobre a terminação nervosa ou célula mediana?l discal
dm-cu, veia transversal médiocubital discal
do, ostíolos dorsais

dp, processo distal da célula sensorial
DSJ, estria disjugal
dta, braço dorsal do tentório
dtra, traqueia dorsal

e, olho, olho composto
ec, capuz do olho
ect, ectoderme
ef, sulco epigástrico
eg, ovo
ejd, ducto ejaculatório
el, élitro
emb, embólio
emp, empódio
en, endofalo
end, endocutícula, endoderme
endr, rudimentos endodérmicos
enl, endito
enp, endopodito
ep, epiderme
epcr, epicrânio
epg, epigino
eph, epifaringe
epi, epicutícula
epm, epímero
epp, epipleurito
epr, carena epistomal
eps, episterno
ept, epiprocto, filamento caudal mediano ou apêndice inferior
es, sulco epistomal
eso, esôfago
ex, exúvia
exl, exito ou epipodito
exm, músculo extensor
exo, exocutícula
exp, exopodito

f, frênulo
fa, face
fb, cerdas frontais
fc, canal alimentar
fch, câmara-filtro
fcn, conectivo do gânglio frontal
ff, fóvea facial
fg, gânglio frontal
fib, fíbula
fl, flagelo
flb, flabelo
flm, músculo flexor
fm, fêmur
fmb, cerdas femorais
fn, garra
fob, cerdas fronto-orbitais
fon, fontanela
for, forame magno
fr, fronte
frl, lúnula frontal
fs, sutura frontal
fu, apófise externa, furca
fun, funículo
fv, vita frontal

g, gálea
gap, gonapófise

gc, ctenídio genal
gcl, célula germinativa
gcx, gonocoxa
ge, gena
gen, genitália
gf, pinça genital
gh, pelo da glândula
gi, brânquias
gl, glossa
glc, célula glandular
gld, ducto da célula glandular
gls, espinhos da glândula
glt, tubérculo glandular
gn, gânglio do cordão nervoso ventral
gna, gnatoquilário
gon, gonângulo
gpl, gonoplaca
gr, resquícios de brânquias
gs, sutura gular
gst, gonóstilo
gt, dente da gena
gu, gula
gvp, placa genovertical ou orbital

h, veia transversal umeral
hal, halter
hb, cerdas umerais
hbr, ponte hipostomal
hc, calo umeral
hcl, célula hipostigmática
hd, cabeça
hg, porção anterior do intestino posterior
ho, corno
hp, placa umeral
hr, coração
hst, haustelo
hv, veia umeral ou recorrente
hyb, cerdas hipopleurais
hyp, hipofaringe, estilete intermediário
hypl, hipopleura

iab, cerdas intra-alares
iap, apêndice interno (paraprocto)
iar, saliência? interantenal
ias, sutura interantenal
iep, infraepisterno
il, íleo
ism, membrana intersegmentar
it, triângulo intercalado
ivb, cerdas verticais internas

j, jugo
jl, lobo jugal

l, perna
L, comprimento, lanceolado
lba, articulação labial
lbl, labelo
lbm, lábio, estilete ventral
lbn, nervo labial
lbr, labro, rostro

lbrn, nervo labral
lc, lacínia
lct, camada da cutícula
lg, lígula, lobo mediano
ll, lâmina lingual
lo, lórica o
lp, palpo labial
LP, placa lateral
ls, sutura labial
lst, cerdas laterais
ltra, principal tronco traqueal longitudinal

m, veia transversal mediana,
M, veia mediana, célula mediana
ma, articulação mandibular
MA, média anterior?
MC, célula marginal
mcf, filamento caudal mediano
mcp, micrópila
md, mandíbula
MD, célula mediana
mdn, nervo mandibular
mdp, placa mediana (da asa), placa média (do embrião)
mdu, microducto
mdv, veia mediana
mem, membrana
met, segmento metassomático
mf, bifurcação da mediana (bifurcação de MP_2)
mg, intestino médio ou mesêntero
mh, gancho móvel ou palpo
ml, lobo mediano
mm, macrodutos marginais
mn, mento
mo, boca
mp, peças bucais
MP, média posterior
mpb, cerdas mesopleurais
mpo, poro marginal em forma de "8"
ms, mesoderme
msd, mesoderme
msl, lobo mesosternal
mspl, suplementaro medianao
mst, cerdas do mento
mt, túbulos de Malpighi
mts, metatarso ou primeiro artículo tarsal
mu, mucro
mv, veia marginal
mx, maxila, estilete dorsal
mxa, articulação maxilar
mxl, lobo maxilar
mxn, nervo maxilar
mxp, palpo maxilar
mxt, tentáculo maxilar

n, noto
nb, cerdas notopleurais
nc, cordão nervoso ventral
nod, nodo
n_1l, lobo pronotal
npl, notopleura

npls, sutura notopleural
nt, notaulo
nu, núcleo
nv, neurônio

o, abertura
ob, cerdas ocelares
obv, veia oblíqua
oc, ocelo
ocp, occipício
ocpd, pedicelo ocelar
ocs, sulco ocular
ocg, gânglio occipital
og, gânglio óptico
op, opérculo
opl, lobo óptico
opt, ponto ocular
orp, placa orbital
os, sulco occipital
osm, osmetério (glândula odorífera)
ot, triângulo ocelar
ov, vibrissas orais
ovb, cerdas verticais externas
ovd, oviduto
ovl, ovaríolo
ovp, ovipositor
ovt, túbulo ovariano
ovy, ovário

p, palpo, lobo lateral
P, célula posterior
pa, pós-abdômen
pab, cerdas pós-alares
pb, cerdas pós-umerais
pbr, escova de pólen
pbs, pré-basilar
pc, calo pós-alar
pcb, ponte pré-coxal
pclp, pós-clípeo
pcn, canal do poro
pcv, veia transversal posterior
pdp, pedipalpo
pe, pênis?
ped, pedicelo
pf, pilífero
pg, pós-gena
pgc, célula pigmentar
pgl, paraglossa
ph, fragma
phtr, falotrema
phx, faringe
pj, mandíbula venenosa ou toxicognato
pl, pleura
plap, apófise pleural
plf, palpífero
plg, palpígero, ? Squama?ou perna anterior
pls, sutura pleural, sutura umeral
plw, verruga posterolateral
pm, veia pós-marginal
pmr, parâmero
pmt, pós-mento
pn, veia transversal pós-nodal
PN, pós-noto

pnwp, processo notal posterior da asa
po, pós-occipício
pol, lobo pós-ocular do protórax
por, carena? pós-occipital
pos, sutura pós-occipital
pp, prepecto
ppb, cerdas pró-pleurais
ppt, paraprocto
pr, rastelo de pólen ou pente
prb, probóscide
prc, ctenídio pronotal
prct, proctodeu
prd, propódeo
prl, perna anterior
prmt, prémento
pro, prossoma
ps, espiráculo posterior
psb, cerdas présuturais
pscl, pós-escutelo
pscu, pseudocúbito
psl, segundo lobo pareado
psm, pseudomédia
psp, espiráculo posterior
pt, pteropleura
ptar, pré-tarso
ptb, cerdas pteropleurais
ptbr, cerdas tibiais pré-apicais
ptl, patela Que horrível!!!
ptp, fóvea tentorial posterior
ptsp, esporão tibial préapical
pul, pulvilo
pv, cerdas pós-verticais
pvp, poro perivulvar
pwp, processo pleural alar
py, pigídio

q, quadrângulo

r, veia transversal radial
R, veia radial
rec, reto
ret, retina
rg, segmento anelar
rh, rabdoma

Rs, setor radial
rspl, suplemento radial
rv, veia recorrente
s, veia transversal setorial
sa, área sensitivao
sap, apêndice superior
sas, sutura subantenal
sb, subalar
sbm, músculo subalar
sc, veia subcostal ou canal salivar
Sc, veia subcostal, célula subcostal
sca, escápula
scb, cerdas escutelares
scl, escutelo
scn, cone sensorial
scp, escapo
scr, cicatriz na mandíbula onde o ápice foi quebrado
sct, escuto
scv, veia subcostal
sd, veia subdiscal ou subdiscoidal
sdp, poro do disco espiracular
se, ?cerda
sec, secreção do adulto
segn, gânglio subesofágico
sgo, abertura da glândula odorífera
sgp, placa subgenital
sgr crista subgenal
sgs, sulco subgenal
sh, concha bivalve
sl, ligamento suspensor
sld, duto salivar
slg, glândula salivar
sm, veia submarginal
SM, célula submarginal ou apical
SMD, célula submediana
smf, prega submediana
smm, macroducto submediano
smml, macroductos submarginais
smt, submento
smv, vesícula seminal

snc, célula sensorial
sos, sulco subocular
sp, espinho ou esporão
spb, cerdas supra-alares
spbr, cerdas espiraculares
spn, fiandeira
spr, espiráculo
spt, tubo espermático
spth, espermateca
spthg, glândula espermatecal
spv, veia espúria
sq, subquadrângulo
ss, soquete setal
st, estigma
stb, cerdas esternopleurais
std, estomodeu ou intestino anterior
stg, sulco prosternal
stl, lobo mesosternal
stn, esterno
stns, sutura prosternal
stp, estipe
stpl, esternopleura
str, subtriângulo
stra, traqueia espiracular
strp, pinos estridulatórios
sty, estilo, estilete ou estilos
stys, saco do estilete
su, sulco ou sutura
sv, veia estigmal
sw, nadadeira

t, tergo
tb, tíbia
tbr, cerdas tergais
tc, veia transversal costal
tcb, veia transversal cubital
tcl, garra tarsal
te, dentes no protórax
tg, tégula
th, tórax
thap, anexos torácicos
tl, veia transversal lanceolada
tm, veia transversal mediana
tmb, tímbalo

tmg, célula tormógena
tn, trocantim
tnt, tentório
tr, trocânter
trb, tricobótrios
trd, veia transversal radial ou ?marginal transversal?
trg, célula tricógena
tr gills, brânquias traqueais
tri, triângulo
trs, sutura transversal
ts, tarso
tsm, músculo tergoesternal
tsp, esporão tibial
tst, testículo
ttb, ponte tentorial
tub, tubérculo prosternal
tv, vesícula transversal
ty, tilo
tym, tímpano

un, unco
ur, urópodo

vag, câmara genital ou vagina
vc, círculo ventral
vd, ducto deferente
ve, ducto eferente
ver, vértice
vlv, válvula do ovipositor
vm, membrana vitelínica
vnt, ventrículo
vtra, traqueia ventral
vu, vulva

w, asa
wb, base da asa

x, conexão entre o esclerito axilar e o epipleurito

y, forma jovem em desenvolvimento
yc, célula vitelínica
yo, vitelo

TABELAS DE MEDIDAS

SISTEMA MÉTRICO PARA O INGLÊS

Comprimento
1 mm = 0,03937 pol
1 m = 39,37 pol = 3,28083 pés = 1,0936 jarda
1 km = 3280,833 pés = 0,62137 milhas

Área
1 mm^2 = 0,00155 pol^2
1 m^2 = 10,76387 pés^2 = 1,195986 jardas^2
1 hectare = 2,471 acres

Volume
1 cm^3 = 0,0610 pol^3
1 m^3 = 35.315 pés^3 = 1,3080 jardas^3
1 litro = 1,05671 quarto

Peso
1 g = 0,03527 onça
1 kg = 2,2046 libra
Velocidade
1 m/seg = 3,28083 pés/s = 2,23693 mph
1 km/h = 0,91134 pés/seg = 0,62137 mph

SISTEMA INGLÊS PARA O MÉTRICO

Comprimento
1 pol = 25,4001 mm = 2,54001 cm
1 pé = 304,8 mm = 0,3048 m
1 jarda = 914,4 mm = 0,9144 m
1 milha = 1609,35 m = 1,60935 km

Área
1 pol^2 = 6,452 cm^2
1 pé^2 = 929,088 cm^2
1 jarda^2 = 0,8361 m^2
1 acre = 0,40469 hectares

Volume
1 pol^3 = 16,387 cm^3
1 pé^3 = 28.316,736 cm^3 = 0,02832 m^3
1 jarda^3 = 764.551,872 cm^3 = 0,765 m^3

Peso
1 onça = 28,3495 g
1 libra = 453,5924 g = 0,45359 kg
Velocidade
1 pé/seg = 0,3048 m/seg = 1,09728 km/h
1 mph = 0,447 m/seg = 1,60935 km/h

CRÉDITOS

Este capítulo constitui uma extensão da página de direitos autorais. Fizemos todos os esforços para indicar a propriedade de todo o material protegido por *copyright* e garantir a permissão dos detentores dos direitos. Se surgir qualquer questão relacionada ao uso de qualquer material, ficaremos satisfeitos em fazer as correções necessárias nas futuras tiragens. Agradecemos aos seguintes autores, editores e agentes por permitirem o uso do material indicado.

Capítulo 2

2.1 – De R. E. Snodgrass, *Principles of insect morphology*, Cornell University Press, 1993, fig. 35C, p. 70.
2.3 – De K. Arms e P.S. Camp, *Biology*, Saunders College Publishing, 1987, p. 38.
2.7 – De R. E. Snodgrass, *Principles of insect morphology*, Cornell University Press, 1993, fig. 92A, p. 166 and 39B, p. 77.
2.9 – De R. E. Snodgrass, *Principles of insect morphology*, Cornell University Press, 1993, fig. 105, p. 194.
2.11 – De R. E. Snodgrass, *Principles of insect morphology*, Cornell University Press, 1993, fig. 122, p. 219.
2.12 – De R. E. Snodgrass, *Principles of insect morphology*, Cornell University Press, 1993, fig. 129, p. 232 and fig. 130, p. 233.
2.13 – De R. E. Snodgrass, *Principles of insect morphology*, Cornell University Press, 1993, fig. 56, p. 106.
2.14 – De R. E. Snodgrass, *Principles of insect morphology*, Cornell University Press, 1993, fig. 58B, p. 109.
2.20 – De R. E. Snodgrass, *Principles of insect morphology*, Cornell University Press, 1993, fig. 174C, p. 323.
2.21 (a, b) – De R. E. Snodgrass, *Principles of insect morphology*, Cornell University Press, 1993, fig. 168, p. 308.
2.21 (c) – De R. E. Snodgrass, *Principles of insect morphology*, Cornell University Press, 1993, fig. 168, p. 308, fig. 169E, p. 310.
2.22 – De R. Matheson, *Entomology for Introductory Courses*, Comstock Publishing Company, 1947, fig. 51, p. 63.
2.26 – De R. E. Snodgrass, *Principles of insect morphology*, Cornell University Press, 1993, fig. 249, p. 479.
2.28 – L. R. Nault, Ohio Agricultural Research and Development Center
2.29 (b, c) – De R. E. Snodgrass, *Principles of insect morphology*, Cornell University Press, 1993, fig. 28D, p. 539, fig. 283A, p. 545.
2.29 (d) – Eduardo Borges baseado em R. Matheson, *Entomology for introductory courses*, Comstock Publishing Company, 1947, fig. 38-1, p. 49. Copyright © 1951 de Robert Mathetson.
2.31 – De R. E. Snodgrass, *Principles of insect morphology*, Cornell University Press, 1993, fig. 284A, p. 553, fig. 292A, p. 568.
2.32 (a, c) – De R. E. Snodgrass, *Principles of insect morphology*, Cornell University Press, 1993, fig. 313A, p. 610, fig. 312D, p. 609.
2.33 – De R. E. Snodgrass, *Principles of insect morphology*, Cornell University Press, 1993, fig. 298B, p. 586.
2.35 – De R. E. Snodgrass, *Principles of insect morphology*, Cornell University Press, 1993, fig. 4B, p. 19, fig. 7A, 7C, p. 21.
2.36 – De R. E. Snodgrass, *Principles of insect morphology*, Cornell University Press, 1993, fig. 11, p. 26.
2.37 – De R. E. Snodgrass, *Principles of insect morphology*, Cornell University Press, 1993, fig. 13, p. 29.
2.38 – De P. A. Readio, "Studies on the biology of the genus Corizus (Coreidae, Hemipter)," *Annals of the Entomological Society of America*, v. 21, 1928, p. 189-201.
2.39 – De jps/Shutterstock.com.
2.41 – Arte de Eduardo Borges

Capítulo 4

4.1 – Jausa/Shutterstock.com
4.3 – Donald J. Borror
4.4 – Eduardo Borges (Esquema)
4.5 – sasipixel/Shutterstock.com
4.6 – Pete Oxford/Minden Pictures/Latinstock
4.8 – Carlos Leandro Firmo/Grupo de Estudos em Arachnida
4.9 – W. A Foster
4.10 (a, b) – W. A Foster

Capítulo 5

5.1 – U. S. Public Health Service
5.3 – Carlos Leandro Firmo/Grupo de Estudos em Arachnida
5.4 – Vicki Beaver/Alamy/Latinstock, . Yokochanie/Alamy/Latinstock
5.16 – Cosmin Manci/Shutterstock
5.28 – De J.H. Comstock. *An introduction to Entomology*. Comstock Publishing Company, 1933, fig. 31, p. 23.

Capítulo 6

6.5 (a) – De H. H. Ross, "How to collect and preserve insects," *Illinois Natural History Circular*, 39, 1949, fig. 38, p. 40.

Capítulo 7

7.1 (a, c) – De E. O. Essig, College Entomology, 1942, fig. 29, fig. 30.

Capítulo 10

10.2 (a) – De E. M. Walker, "The nymph of Aeschna verticalis Hagen." *The Canadian Entomologist* 73: 229-231, 1941, fig. 1, p. 230. de Entomological Society of Canada.

Capítulo 11

11.1 – Donald J. Borror
11.7 – Donald J. Borror

Capítulo 12

12-1 – Butterfly Hunter/Shutterstock.com

Capítulo 15

15.1 – Fulton e Oregon Agricultural Experiment Station.

Capítulo 16

16.2 –Eduardo Borges baseado em De T. H. Frison, "The stoneflies, or Plecoptera, of Illionois," *Illinois Natural History Survey Bulletin*, 20(4), 1935, fig. 1, p. 283.

Capítulo 18

18.1 – De A. M. Claudell, "Zoraptera not an apterous order," *Proceedings of the Entomological Society of Washington*, 22: 84-97, 1920.

Capítulo 19

19.5 – Davidson
19.6 (ambas) – Davidson

Capítulo 20

20.1 – Luciano Candisani/Minden Pictures/Getty Images

Capítulo 22

22.5 – De H.B. Hungerford, "Food habits of corixids," *Journal of the New York Entomological Society*, 25:1-5, 1917.
22.27 – De Osborn e Drake, "Tingitoidea of Ohio," *Ohio Biological Survey Bulletin*, 2(4): 217-215, 1916
22.21 – De R. C. Froeschner, "Contributions to a synopsis of the Hemiptera of Missouri, pt. I. Scutelleridae, Podopidae, pentatomidae, Cydnidae, Throeocoridae," *American Midland Naturalist*, 26(1): 122-146, 1941, fig. 19, 22, 29.
22.22 – Donald J. Borror
22.29 – Ohio Agricultural Research and Development Center
22.31 – Biól. Me. Dana Moreira Cruz/AgriPorticus
22.32 – Ohio Agricultural Research and Development Center

Capítulo 24

24.7 (a, c) – De K. M. Sommerman, "Description and bionomics of Caecilius manteri n. sp. (Corrodentia)," *Proceedings of the Entomological Society of Washington*, 45(2): 29-39, 1943, Pl. I, fig 3 e fig. 4.

Capítulo 25

25.1 – De R. E. Snodgrass, *Principles of Insect Morphology*, Cornell University Press, 1993, fig. 35C, p. 70

Capítulo 26

26.2 – Donald J. Borror
26.14 (a) – Tiger beetle, Cicindela sexguttata (Fabricius)
26.14 (b) – Tiger beetle, C. hirticollis Say, 3 1/2 x
26.20 – R. H. Arnett, Jr. e M. C. Thomas, *American beetles*, fig. 1.39. The American Entomological Institute, Ann Arbor, MI..
26.21 – De J. N. Knull, "The Buprestidae of Pennsylvania (Coleopter)," *The Ohio State University Studies*, 2(2), 1925.
26.22 – De J. N. Knull, "The Buprestidae of Pennsylvania (Coleopter)," *The Ohio State University Studies*, 2(2), 1925.
26.23 – Davidson
26.25 – J. N. Knull
26.28 (a) – De G. H. Griswold, "Studies on the biology of four common carpet beetles," *Cornell University Agricultural Experiment Station Memoir*, 240: 5-75, 1941, figs. 12, 28, 31, 34, 36.
26.32 (a e b) – USDA
26.32 – Dwight M. DeLong
26.36 (e) – USDA
26.37 – Ohio Agricultural Research and Development Center
26.39 – J. N. Knull.
26.42 – Ohio Agricultural Research and Development Center
26.43 – USDA
26.51 – De B. J. Kaston, "The native elm bark beetle Hylurgopinus rufipes in Connecticut," *Bulletin of the Connecticut Agricultural Experiment Station*, n. 420, 1939, Fig. 1.

Capítulo 28

28.36 (c) – De B. J. Kaston, "The native elm bark beetle Hylurgopinus rufipes in Connecticut," *Bulletin of the Connecticut Agricultural Experiment Station*, n. 420, 1939, Fig.18
28.41 (a, b) – De B. B. Fulton, "Notes on Habrocytus cerealellae, parasite of the Angoumois grain moth," *Annals of the Entomological Society of America*, v. 26, 1933, p. 536-553, fig. 1, fig. 2.
28.43 – USDA
28.44 – De I. J. Condit, "Caprifigs and Caprification," *Bulletin of the California Agricultural Experiment Station* 319: 341-375, 1920, fig. 5.
28.57 – Norman Johnson
28.60 – Davis, Luginbill e North Carolina Agricultural Experiment Station
28.64 (a, b) – USDA

Capítulo 29

29.1 – Eduardo Borges baseado em De H.H. Ross, "The caddis flies, or Trichopter, of Illinois, *Illinois Natural History Survey Bulletin*, 24(1):1-326, 1944, fig. 21.
29.2 (a) – Dr. John Morse.

29.2 (a, b) – Dr. John Morse.
29.2 (b) – De D. E. Ruiter, "Generic key to the adult ocellate Limnephiloidea of the Western Hemisphere (Insecta: Trichoptera)," *Misc. Contrib. Ohio Biological Survey Bulletin*, n. 5, 2000.
29.3 – Barbara Strnadova/Photo Researchers/Getty Images

Capítulo 30

30.4 – Matee Nuserm/Shutterstock.com
30.30 (b) – De J. H. Comstock, an *Introduction to Entomology*, Comstock Publishing Company, 1933, fig. 771, p. 629.
30.33 – De J. H. Comstock, an *Introduction to Entomology*, Comstock Publishing Company, 1933, fig. 755, 765, 759, 757, 754, 763.
30.34 – De J. H. Comstock, an *Introduction to Entomology*, Comstock Publishing Company, 1933, fig. 762, p. 622, fig. 719, p. 593.
30.40(a, b, c, d) – Dwight M. DeLong
30.41 (a, b) – Knull

Capítulo 31

31.1 – Arte de Eduardo Borges sobre ilustração Nancy Nehring/Getty Images.

Capítulo 34

34.28 – De O. A. Johannsen, "Aquatic Diptera, Part 1, Nemocera, exclusive of Chironomidae and Ceratopogonidae," *Cornell University Agricultural Experiment Station Memoir*, 164, 1933, fig. 96.
34.29 (a, b, c) – De O. A. Johannsen, "Aquatic Diptera, Part 1, Nemocera, exclusive of Chironomidae and Ceratopogonidae," *Cornell University Agricultural Experiment Station Memoir*, 164, 1933, fig. 132, fig. 152, fig. 166.
34.30 – De H. E. Branch. "The life history of Chironomus cristatus Fabr. With descriptions of the species," *Journal of the New York Entomological Society*, 31:15-30, 1923.
34.31 – De O.A. Johannsen, "Aquatic diptera, Part IV and Part V," *Cornell University Agricultural Experiment Station Memoir*, 210, 1937, fig. 134, fig. 135.
34.32 – De O. A. Johannsen, "Aquatic Diptera, Part 1, Nemocera, exclusive of Chironomidae and Ceratopogonidae," *Cornell University Agricultural Experiment Station Memoir*, 164, 1933, fig. 173, fig. 187, fig. 188.
34.38 (f, g) – De O.A. Johannsen, "Aquatic Diptera, Part 1, Nemocera, exclusive of Chironomidae and Ceratopogonidae," *Cornell University Agricultural Experiment Station Memoir*, 164, 1933, fig. 209, fig. 210.
34.44 (b) – De H. H. Ross. "The Rocky Mountain black fly, Symphoromyia atripes (Diptera: Rhagionidae)," *Annals of the Entomological Society of America*, v. 33, 1940, p. 254-257, pl. I, Fig. 1.
34.49 – De F. R. Cole. "Notes on Osten Sacken's group; Poecilanthrax; with descriptions of new species," *Journal of the New York Entomological Society*, 25:67-80, 1917.
34.61 (a, b) – De C. L. Metcalf. "Preliminary report on the life-histories of two species of Syrphidae," *The Ohio Naturalist*, 11(7):337-346, 1911
34.57 – Ohio Agricultural Research and Development Center

Capítulo 35

35.3 (b) – De D. M. DeLong e R. H. Davidson. *Methods of collecting and preserving insects*, 1936, fig. 4. Ohio State University Press.
35.4 – De D. M. DeLong e R. H. Davidson. *Methods of collecting and preserving insects*, 1936, fig. 2. Ohio State University Press.
35.7 – De D. M. DeLong e R. H. Davidson, *Methods of collecting and preserving insects*
, 1936, fig. 6. Ohio State University Press.
35.8 – De D. M. DeLong e R. H. Davidson. *Methods of collecting and preserving insects*, 1936, fig. 7. Ohio State University Press.
35.14 – Carlos Leandro Firmo/Grupo de Estudos em Arachnida
35.15 – Carlos Leandro Firmo/Grupo de Estudos em Arachnida
35.16 – Carlos Leandro Firmo/Grupo de Estudos em Arachnida
35.23 – Dwight M. DeLong